COLEÇÃO CIÊNCIA, TECNOLOGIA,
ENGENHARIA DE ALIMENTOS
E NUTRIÇÃO

Fundamentos de Engenharia de Alimentos

Volume 6

2ª edição

Coleção Ciência, Tecnologia, Engenharia de Alimentos e Nutrição

Vol. 1 Inocuidade dos Alimentos
Vol. 2 Química e Bioquímica de Alimentos
Vol. 3 Princípios de Tecnologia de Alimentos
Vol. 4 Limpeza e Sanitização na Indústria de Alimentos
Vol. 5 Processos de Fabricação de Alimentos
Vol. 6 Fundamentos de Engenharia de Alimentos
Vol. 7 A Qualidade na Indústria dos Alimentos
Vol. 8 Efeitos dos Processamentos Sobre o Valor Nutritivo dos Alimentos
Vol. 9 Análise Sensorial dos Alimentos
Vol. 10 Toxicologia dos Alimentos
Vol. 11 Análise de Alimentos
Vol. 12 Biotecnologia de Alimentos.

COLEÇÃO CIÊNCIA, TECNOLOGIA, ENGENHARIA DE ALIMENTOS E NUTRIÇÃO

Fundamentos de Engenharia de Alimentos

Volume 6

2ª edição

Editoras

Camila Gambini Pereira

M. Angela A. Meireles

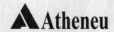

Rio de Janeiro • São Paulo
2020

EDITORA ATHENEU

São Paulo — Rua Avanhandava, 126 – 8º andar
Tel.: (11)2858-8750
E-mail: atheneu@atheneu.com.br

Rio de Janeiro — Rua Bambina, 74
Tel.: (21)3094-1295
E-mail: atheneu@atheneu.com.br

CAPA: Equipe Atheneu
PRODUÇÃO EDITORIAL/DIAGRAMAÇÃO: Rosane Guedes

CIP-BRASIL. CATALOGAÇÃO NA PUBLICAÇÃO
SINDICATO NACIONAL DOS EDITORES DE LIVROS, RJ

P49f
2. ed.
v. 6

    Pereira, Camila Gambini
    Fundamentos de engenharia de alimentos, volume 6 / Camila Gambini Pereira, Maria Angela de Almeida Meireles. - 2. ed. - Rio de Janeiro : Atheneu, 2020.
    ; 24 cm.   (Ciência, tecnologia, engenharia de alimentos e nutrição)

    Inclui bibliografia e índice
    ISBN 978-85-388-1068-1

    1. Alimentos. 2. Tecnologia de alimentos. I. Meireles, Maria Angela de Almeida. II. Título. III. Série.

20-62211   CDD: 664
                                  CDU: 664

Meri Gleice Rodrigues de Souza - Bibliotecária CRB-7/6439

06/01/2020   08/01/2020

PEREIRA, CAMILA GAMBINI; MEIRELES, M. ANGELA A.
Coleção Ciência, Tecnologia, Engenharia de Alimentos e Nutrição – Volume 6 – Fundamentos de Engenharia de Alimentos – 2ª edição

© Direitos reservados à EDITORA ATHENEU – São Paulo, Rio de Janeiro, 2020.

Sobre o Coordenador/Editoras

Coordenador

Anderson de Souza Sant´Ana

Graduação em Química Industrial, Universidade Severino Sombra. Mestre em Ciência de Alimentos, Faculdade de Engenharia de Alimentos, Universidade Estadual de Campinas – Unicamp, Campinas, SP. Doutorado em Ciência dos Alimentos, Faculdade de Ciências Farmacêuticas, Universidade de São Paulo – USP, São Paulo, SP. Pós-doutorado, Faculdade de Ciências Farmacêuticas, USP.

Editoras

Camila Gambini Pereira

Ph.D., Professora Associada, Chefe do Laboratório de Processos de Separação em Alimentos – LAPSEA. Docente Permanente do Programa de Pós-graduação em Engenharia Química – PPGEQ, Departamento de Engenharia Química – DEQ, Centro de Tecnologia – CT, Universidade Federal do Rio Grande do Norte – UFRN, Natal, RN. Pós-doutorado no Department of Thermodynamics and Molecular Simulation, IFP Energies Nouvelles, França.

M. Angela A. Meireles

Docente Permanente do Programa de Pós-graduação em Engenharia de Alimentos – FEA, Faculdade de Engenharia de Alimentos, Universidade Estadual de Campinas – Unicamp. Diretora de Inovação – Bioativos Naturais. Associate Editor da RSC Advances e da Heliyon – Food Science. Editor-in-Chief da The Open Food Science Journal e da Food and Public Health.

Sobre os Colaboradores

Ademir José Petenate
Ph.D., Diretor Presidente, EDTI, Campinas, SP. Professor Colaborador, Departamento de Estatística – DE/Instituto de Matemática, Estatística e Computação Científica da Universidade Estadual de Campinas – IMECC/Unicamp, Campinas, SP

Ana Carla Kawazoe Sato
Ph.D., Professor Doutor, Departamento de Engenharia de Alimentos – DEA/Faculdade de Engenharia de Alimentos – FEA/Universidade Estadual de Campinas – Unicamp, Campinas, SP

Ana Paula Manera
Ph.D., Professora Associada, Departamento de Engenharia de Alimentos da Universidade Federal do Pampa, Bagé, RS

Bruno Augusto Mattar Carciofi
Ph.D., Professor Adjunto, Departamento de Engenharia Química e de Alimentos, Centro Tecnológico Universidade Federal de Santa Catarina, Florianópolis, SC

Fernando Antonio Cabral
Ph.D., Professor Associado, Departamento de Engenharia de Alimentos – DEA/Faculdade de Engenharia de Alimentos – FEA/Universidade Estadual de Campinas – Unicamp, Campinas, SP

Franciny Campos Schmidt
Ph.D., Professor Adjunto do Departamento de Engenharia Química da Universidade Federal do Paraná – UFPR, Curitiba, PR

Francisco Maugeri Filho
Ph.D., Professor Titular, Departamento de Engenharia de Alimentos – DEA/Faculdade de Engenharia de Alimentos – FEA/Universidade Estadual de Campinas – Unicamp, Campinas, SP

Glaucia Helena Carvalho do Prado
Ph.D., Professora Vistante, Engenharia Química, Rose Hulman Institute Tecnology, Terre Haute, EUA

João Borges Laurindo
Ph.D., Professor Titular, Departamento de Engenharia Química e Engenharia de Alimentos, Centro Tecnológico, Universidade Federal de Santa Catarina – UFSC, Florianópolis, SC

Julian Martínez
Ph.D., Professor Associado, Departamento de Engenharia de Alimentos – DEA/Faculdade de Engenharia de Alimentos – FEA/Universidade Estadual de Campinas – Unicamp, Campinas, SP

Juliana Martin do Prado
Ph.D., Professor Adjunto, Centro de Engenharia, Modelagem e Ciências Sociais Aplicadas, Universidade Federal do ABC – UFABC, Santo André, SP

Leandro Danielski
Ph.D., Professor Associado, Departamento de Engenharia Química – DEQ, Universidade Federal de Pernambuco – UFPE, Recife, PE

Lúcio Cardozo Filho
Ph.D., Professor Titular, Departamento de Engenharia Química, Universidade Estadual de Maringá – UEM, Maringá, PR

Luis Antonio Minim
Ph.D., Professor Titular, Departamento de Tecnologia de Alimentos – DTA/Universidade Federal de Viçosa – UFV – Viçosa, MG

Marcelo Castier
Ph.D., Professor Adjunto, Engenharia Química, Texas A&M University at Qatar

Priscilla Carvalho Veggi
Ph.D., Professor Adjunto, Departamento de Engenharia Química, Universidade Federal de São Paulo – Unifesp, Diadema, SP

Rosana Goldbeck
Ph.D., Professora Doutora, Departamento de Engenharia de Alimentos – DEA/Faculdade de Engenharia de Alimentos – FEA/Universidade Estadual de Campinas – Unicamp, Campinas, SP

Rosiane Lopes da Cunha
Ph.D., Professor Associado, Departamento de Engenharia de Alimentos – DEA/Faculdade de Engenharia de Alimentos – FEA/Universidade Estadual de Campinas – Unicamp, Campinas, SP

Sandra Regina Salvador Ferreira
Ph.D., Professor Titular, Departamento de Engenharia Química e Engenharia de Alimentos, Universidade Federal de Santa Catarina. Florianópolis, SC

Sérgio Henriques Saraiva
Ph.D., Professor Associado, Departamento de Engenharia de Alimentos, Universidade Federal do Espírito Santo – UFES, Alegre, ES

Vivaldo Silveira Júnior
Ph.D., Professor Titular, Departamento de Engenharia de Alimentos – DEA/Faculdade de Engenharia de Alimentos – FEA/Universidade Estadual de Campinas – Unicamp, Campinas, SP

Vladimir Ferreira Cabral
Ph.D., Professor Adjunto, Departamento de Engenharia Química, Universidade Estadual de Maringá – UEM, Maringá, PR

Prefácio da Segunda Edição

Com o esgotamento da primeira edição deste livro, a pedido de docentes e estudantes de várias instituições de ensino superior do País, nos foi solicitada a 2ª edição do livro, originalmente lançado em 2013. Nesta nova edição, fizemos as correções que foram lançadas como errata a partir de 2013.

Algumas correções vieram do nosso próprio uso do livro em sala de aula, enquanto outras foram solicitadas pelos autores dos diversos capítulos que compõem este livro. Foram atualizados alguns *links* de programas para cálculo de propriedades termodinâmicas. Ademais, referências foram atualizadas, e novas discussões e novos exemplos também foram inseridos complementando os temas abordados.

Como estabelecido no prefácio preparado para a primeira edição:

> *Este livro foi elaborado com o propósito de ser o livro-texto para as disciplinas de introdução aos cálculos termodinâmicos e de processos. Consideramos que pode ser adotado como livro-texto para duas disciplinas, de quatro créditos (15 horas-aula por crédito) cada uma, ministradas simultaneamente, ou seja, em regime de requisito paralelo. O livro é adequado para alunos do segundo ano cursando Engenharia de Alimentos e para o terceiro e quarto anos para alunos dos cursos de ciência de alimentos, tecnologia de alimentos e nutrição.*

No entanto, vários capítulos têm conteúdo muito além do esperado para graduandos; deste modo, o livro é adequado também a diversos cursos de pós-graduação quando acompanhado de material bibliográfico complementar, tais como artigos científicos nas diversas áreas de conhecimento abrangidas neste livro. Espera-se que esta nova versão revisada alcance novos grupos de estudo e que possa servir de apoio aos diversos cursos de Engenharia de Alimentos e áreas correlatas.

Natal, 20/10/2019
Campinas, 20/10/2019

CAMILA GAMBINI PEREIRA
M. ANGELA A. MEIRELES

Prefácio da Primeira Edição

Nas duas últimas décadas, os cursos de Engenharia de Alimentos se multiplicaram em nosso país. Isso, entre outros fatores, se deve à vocação para o agronegócio natural num país com as dimensões e a riqueza de biodiversidade do Brasil. A profissão de engenheiro de alimentos e as demais profissões da área de alimentos no país fazem uso de livros didáticos redigidos para engenheiros químicos. Apesar das semelhanças entre essas duas especialidades da Engenharia de Processos, existem especificidades na área de alimentos que justificam plenamente a necessidade de livros didáticos redigidos especificamente para cursos de graduação em Engenharia de Alimentos. A atuação do engenheiro de alimentos na indústria é observada principalmente em operações de processamento de alimentos, qualidade e conservação de matérias-primas agroalimentares, além da atuação em empresas de produção e comercialização de equipamentos necessários para sua fabricação. Para o projeto e a otimização de processos, o engenheiro de alimentos precisa de informações globais e específicas de processo, referentes ao alimento utilizado e ao produto desejado. Mas qual será o grau de profundidade necessário para formar esse profissional? Bem, para ilustrar os requisitos deste livro, vamos emprestar do professor Ademir J. Petenate (diretor-presidente do EDTI e professor colaborador do DE/IMECC/Unicamp) o seguinte exemplo que ele sempre usa em seus cursos de Melhoria de Processos: "Todo ano uma grande fabricante de utilitários (SUV) promove um concurso cujo prêmio é um utilitário zero quilômetro. Para ganhar o prêmio, os competidores devem viajar do Brasil até a Patagônia com um utilitário fornecido pelo fabricante. Lá chegando, deverão demonstrar conhecimento absoluto de todos os detalhes de fabricação do utilitário! Bem, é aí que temos problemas: inúmeros concorrentes chegam até a Patagônia, mas não se qualificam para receber o prêmio por não dominarem todos ou mesmo alguns dos detalhes construtivos do automóvel. A questão é a seguinte: eles precisam mesmo conhecer os detalhes construtivos do utilitário para manejá-lo bem? Certamente não." Traduzindo esse exemplo para o nosso cotidiano, este livro foi redigido para os alunos que necessitam fazer cálculos estimativos para os mais diferentes processos encontrados na indústria de alimentos, mas não precisam conhecer os detalhes de todos os cálculos. Sabemos da grande diversidade de alimentos, ingredientes e produtos alimentícios encontrada no mercado. É certo que as especificidades de cada alimento

levadas em conta; no entanto, simplificações podem e devem ser feitas. Processos industriais, como secagem, evaporação, extração e destilação, necessitam do conhecimento de cálculos fundamentais de termodinâmica, balanço de massa e balanço de energia. Este livro foi elaborado com o propósito de ser o livro-texto para as disciplinas de introdução aos cálculos de termodinâmicos e de processos. Consideramos que pode ser adotado como livro-texto para duas disciplinas, de quatro créditos cada uma, ministradas simultaneamente, ou seja, em regime de requisito paralelo. O livro é adequado para alunos do segundo ano cursando Engenharia de Alimentos e também para alunos do terceiro e quarto anos dos cursos de Ciência de Alimentos, Tecnologia de Alimentos e Nutrição.

Campinas, 29/11/2012
Natal, 29/11/2012

M. ANGELA A. MEIRELES
CAMILA GAMBINI PEREIRA

Sumário

PARTE 1: FUNDAMENTOS DA TERMODINÂMICA

capítulo 1 A Origem da Termodinâmica Clássica e Seus Fundamentos 3
M. Angela A. Meireles
Camila Gambini Pereira

capítulo 2 Balanço Global para Grandezas que se Conservam: Massa, Energia e Entropia 9
M. Angela A. Meireles
Camila Gambini Pereira

capítulo 3 A Primeira Lei da Termodinâmica: O Balanço de Energia 17
Julian Martínez

capítulo 4 A Segunda Lei da Termodinâmica: O Balanço de Entropia 59
Julian Martínez

capítulo 5 Propriedades Termodinâmicas de Compostos Puros: Gás Ideal, Gases Reais, Líquidos e Sólidos 103
Fernando Antonio Cabral
M. Angela A. Meireles

capítulo 6 Equilíbrio de Fases: Sistemas Mono e Multicomponentes 157
Camila Gambini Pereira
M. Angela A. Meireles

capítulo 7 Equilíbrio de Fases para Sistemas Multicomponentes: Usando Equações de Estado 219
Sandra Regina Salvador Ferreira
Lúcio Cardozo Filho
Vladimir Ferreira Cabral

capítulo 8 Equilíbrio de Fases para Sistemas Multicomponentes: Usando Modelos para o Excesso de Energia de Gibbs 263
Sandra Regina Salvador Ferreira
Leandro Danielski
Marcelo Castier

capítulo 9 Compilação de Propriedades Estimadas para Óleos Voláteis: Aplicação a um Estudo de Caso dos Conceitos Termodinâmicos 309
M. Angela A. Meireles
Camila Gambini Pereira
Glaucia Helena Carvalho do Prado

PARTE 2: FUNDAMENTOS DE CÁLCULOS DE PROCESSOS

capítulo 10 Unidades e Dimensões 377
Camila Gambini Pereira
M. Angela A. Meireles

capítulo 11 Grandezas Físicas e Termofísicas 389
Camila Gambini Pereira
M. Angela A. Meireles

capítulo 12 Dados, Variação e Ciclo de Aprendizagem (PDSA) 411
Ademir José Petenate
M. Angela A. Meireles

capítulo 13 Balanço de Massa em Processos 433
Vivaldo Silveira Júnior
Bruno Augusto Mattar Carciofi
João Borges Laurindo

capítulo 14 Balanço de Massa em Sistemas Reativos 469
Francisco Maugeri Filho
Rosana Goldbeck
Ana Paula Manera

capítulo 15 Balanço de Massa em Processos com Reciclo, Desvio e Purga de Material 509
João Borges Laurindo
Vivaldo Silveira Júnior
Franciny Campos Schmidt

capítulo 16 Psicrometria para o Sistema Ar Úmido/Vapor d'Água 541
Fernando Antonio Cabral
M. Angela A. Meireles

capítulo 17 Balanço de Energia em Sistemas Complexos 557
Luis Antonio Minim
Sérgio Henriques Saraiva

capítulo 18 Balanço de Energia Mecânica 589
Rosiane Lopes da Cunha
Ana Carla Kawazoe Sato

capítulo 19 Propriedades Térmicas de Alimentos e Propriedades Termodinâmicas da Água 621
Juliana Martin do Prado
Priscilla Carvalho Veggi
Camila Gambini Pereira
M. Angela A. Meireles

Fatores de Conversão 809
Constante Universal dos Gases 810
Abreviaturas e Nomenclaturas 811
Índice Remissivo 819

PARTE 1

Fundamentos da Termodinâmica

CAPÍTULO 1

A Origem da Termodinâmica Clássica e Seus Fundamentos

- M. Angela A. Meireles
- Camila Gambini Pereira

CONTEÚDO

Objetivos do Capítulo 3
Introdução: O Que é Termodinâmica? 4
Uma Breve Perspectiva Histórica da Termodinâmica 4
Conceitos Fundamentais 4
Fatos Experimentais 6
Glossário dos Termos Frequentemente Utilizados em Engenharia ... 7
Resumo do Capítulo 8
Problema Proposto 8
Referências Bibliográficas 8

OBJETIVOS DO CAPÍTULO

Os objetivos do Capítulo 1 estão dirigidos aos fundamentos de Engenharia de Alimentos considerando-se os fundamentos da termodinâmica aplicada a processos encontrados em indústrias de alimentos e similares, como cosméticos, fármacos, etc. A discussão será feita considerando-se as limitações impostas para o estudo dessa área da Engenharia de Processos.

Introdução: O Que é Termodinâmica?

A partir de uma perspectiva leiga, encontramos no dicionário *Aurélio* a termodinâmica definida como a parte da física que investiga os processos de transformação de energia e o comportamento dos sistemas nesses processos. Para uma perspectiva técnica, buscamos a definição de Stanley Sandler, para quem a termodinâmica se dedica ao estudo das mudanças no estado (ou condições) de uma substância quando as variações da *energia interna* são importantes. (*Lembre-se que a energia interna é a forma de energia associada ao movimento, interações e ligações moleculares.*) Em um nível de sofisticação maior, os autores Modell e Reid (1983) estabeleceram que a essência da estrutura teórica da termodinâmica clássica é derivada de leis naturais que governam o *comportamento macroscópico* do sistema.

A termodinâmica é uma ciência construída a partir de fatos observados experimentalmente. Assim, neste livro, trataremos a termodinâmica como a ciência que permite o cálculo das transformações sofridas por um determinado sistema, usando uma coletânea de fatos experimentais que formam a base teórica dessa ciência.

Portanto, o objetivo deste capítulo é a introdução de alguns conceitos fundamentais para o desenvolvimento da termodinâmica e da aplicação desses conceitos na resolução de problemas reais da Engenharia de Alimentos e similares.

Uma Breve Perspectiva Histórica da Termodinâmica

O livro *Thermodynamics and Its Application*, escrito por M. Modell e R. C. Reid, de 1983, é um dos melhores livros sobre termodinâmica clássica. A perspectiva histórica descrita neste capítulo está baseada nesse livro. Segundo Modell e Reid (1983), a termodinâmica clássica tem origem no século XVII; no entanto, as leis da termodinâmica só foram estabelecidas por volta do século XIX. Os dois séculos e meio entre o início da termodinâmica clássica e seu estabelecimento como uma ciência com fundamentos gerais que se aplicam a qualquer sistema foram ocupados por discussões sobre a conservação do calor. Foi necessário o entendimento que não era o calor, mas sim a energia total de um sistema, que se conservava em qualquer processo até serem estabelecidos os diversos fatos experimentais que discutiremos a seguir. Mas existe uma grandeza termodinâmica intimamente relacionada ao calor que se conserva quando, e somente quando, um sistema sofre um processo denominado reversível. Essa grandeza é a entropia, e sua definição adveio da compreensão estabelecida pelo físico inglês James Prescott Joule da equivalência entre as diversas formas de energia: mecânica, elétrica e química ao calor. Antes de nomearmos os fatos experimentais, precisamos conhecer alguns conceitos básicos.

Conceitos Fundamentais

Para o estudo dos processos nos quais as mudanças de estado são predominantemente devidas às variações da energia interna, precisamos de algumas definições básicas:

- **Variável extensiva**: essa variável é dependente do tamanho do sistema; possuindo o valor da grandeza para uma quantidade preestabelecida de massa (ou moles); logo, tem as unidades da grandeza. Exemplo: massa (g), volume total (m^3), etc.

A Origem da Termodinâmica Clássica e Seus Fundamentos

- **Variável intensiva**: essa variável é independente do tamanho do sistema. Uma variável extensiva pode se tornar intensiva se o valor da grandeza for dividido pela massa (ou moles) do sistema. Importante: grandezas como temperatura, pressão, índice de refração, etc. são sempre intensivas e *não admitem a versão extensiva*.
- **Sistema**: é a região de estudo que pode ser especificada por um volume no espaço, ou uma quantidade de matéria.
- **Meio ambiente ou vizinhança**: refere-se à região externa à região de estudo.
- **Estado**: designa o estado termodinâmico de um sistema caracterizado por densidade, índice de refração, composição, pressão, temperatura, energia interna, entropia, energia de Gibbs e de Helmholtz, etc.
- **Fase**: designa o estado de agregação do sistema, isto é, líquido, gasoso ou sólido.

Quando você cursou a disciplina físico-química deve ter estudado os fundamentos básicos e as principais diferenças entre os diferentes estados da matéria. Aqui, faremos uma breve revisão da caracterização desses estados na trajetória de temperatura e pressão. A Figura 1.1 apresenta o diagrama de fases PT para uma substância pura. Nesse diagrama, podemos verificar as diferentes fases e as curvas de saturação.

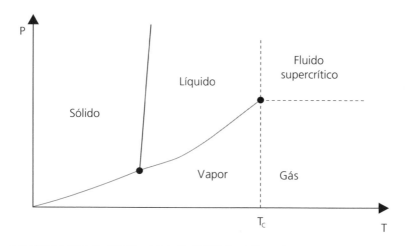

Figura 1.1 ▶ Diagrama de fases PT de uma substância pura.

A Figura 1.1 apresenta três regiões independentes relacionadas cada uma com uma fase: sólido, líquido, gasoso (gás/vapor[1]). As curvas que separam cada uma das regiões são chamadas curvas de saturação e representam o equilíbrio entre as fases. Assim, a ***curva de vaporização*** representa o equilíbrio líquido-vapor, a ***curva de fusão***, o equilíbrio sólido-líquido, e a ***curva de sublimação***, o equilíbrio sólido-vapor. O ponto que une as três curvas é chamado de **ponto triplo** e representa a coexistência entre as três fases. A curva de vaporização é finalizada em um ponto definido como **ponto crítico**; a partir desse ponto, o fluido se encontra no estado supercrítico. Nessas condições, o fluido apresenta proprieda-

---
[1] A definição "gás" é dada para o fluido não condensável, ou seja, que se encontra a $T > T_c$ e $P < P_c$. O vapor é definido para o fluido no estado gasoso que, a dada temperatura e pressão, pode se condensar.

des específicas que fazem dele um solvente com alto poder de solvatação. O ponto crítico é a máxima condição de temperatura (T_C: temperatura crítica) e pressão (P_C: pressão crítica) que um vapor pode condensar. No Capítulo 9 estão listados valores de T_C e P_C para diferentes substâncias puras (Tabela 9.2).

Fatos Experimentais

Os fundamentos da termodinâmica clássica podem ser estabelecidos através de fatos experimentais ou postulados. Neste livro, adotamos os fatos experimentais. São eles que permitem o estabelecimento das leis fundamentais da termodinâmica.

Fato Experimental Nº 1: em todo e qualquer processo três grandezas são conservadas: a massa total, a quantidade de movimento e a energia total que inclui a energia mecânica, potencial (em suas diversas formas), cinética, calor e trabalho. Portanto, podemos expressar esse fato como:

A geração de massa total = 0 ou $\dot{M}_{ger} = 0$

A geração de quantidade de movimento total = 0 ou $\dot{\tau}_{ger} = 0$

A geração de energia total = 0 ou $\dot{E}_{ger} = 0$

Em que $\dot{M}_{ger}, \dot{\tau}_{ger}, \dot{E}_{ger}$ representam a massa total, a quantidade de movimento total e a energia total.

Fato Experimental Nº 2: energia na forma de trabalho pode ser integralmente convertida em energia na forma de calor. No entanto, a conversão de calor em trabalho (ou energia mecânica) nunca será integral. (*Você aprenderá o real motivo desse evento no Capítulo 4.*) Apesar disso, a mesma mudança de estado pode ser obtida usando-se energia em qualquer uma dessas formas.

Fato Experimental Nº 3: um sistema no qual não exista escoamento de matéria (alimentação e/ou saída) e nem escoamento de energia atingirá um estado invariante com o tempo e a esse estado denominamos estado de equilíbrio estável.

Fato Experimental Nº 4: um sistema em equilíbrio com sua vizinhança nunca sairá espontaneamente desse estado. Ou seja, é necessário provocar uma mudança na vizinhança para que, como resultado, o sistema saia do estado de equilíbrio.

Fato Experimental Nº 5: os estados de equilíbrio que se desenvolvem naturalmente são estáveis a pequenas oscilações impostas no sistema pela vizinhança.

Fato Experimental Nº 6: o estado termodinâmico de um sistema em equilíbrio é completamente definido por duas grandezas (ou variáveis) independentes e pela massa do sistema. Ou seja, a maneira como um sistema se desloca de um estado termodinâmico a outro não influencia o valor das grandezas termodinâmicas no estado final; portanto, essas grandezas são funções de estado. Esse fato pode ser expresso como:

$$\theta = f_\theta(\theta_1, \theta_2, M) \tag{1.1}$$

A Origem da Termodinâmica Clássica e Seus Fundamentos

capítulo 1

Glossário dos Termos Frequentemente Utilizados em Engenharia

Essa deve ser uma das primeiras disciplinas que você cursa na área de engenharia; logo, você ainda não está habituado a certos termos frequentemente utilizados em enunciados e na resolução de problemas de engenharia. Nesta seção, trazemos uma breve descrição dos termos mais relevantes e que serão utilizados extensivamente neste livro.

Um processo pode ter uma etapa ou um conjunto de etapas que resultam na modificação ou transformação de um insumo em um produto com características próprias. Os processos podem ser contínuos, semicontínuos ou em bateladas. Nos processos contínuos ocorrem escoamentos contínuos dos reagentes e produtos. Nos processos semicontínuos, os reagentes ou o produto escoam para dentro ou para fora do sistema. Nos processos em batelada são utilizadas quantidades preestabelecidas de reagentes.

Balanço – o engenheiro faz balanço de diversas grandezas: massa total, massa de um composto, energia total, energia mecânica, quantidade de movimento e, quando trabalha na área administrativa, fará também balanços financeiros. Ou seja, o termo "balanço" se refere a uma avaliação do estado do sistema em termos de grandezas de interesse no processo em estudo.

As correntes referem-se às vazões de massa que são alimentadas, introduzidas no sistema ou descarregadas (removidas do sistema).

- Um sistema pode ter várias correntes de alimentação e várias correntes de saída. Nesses casos, os sistemas são classificados como sistemas abertos, pois interagem com o meio ambiente através do escoamento de matéria.
- Quando não existem correntes de alimentação e descarga, o sistema é classificado como fechado.
- Os sistemas abertos podem operar de duas maneiras: em regime permanente ou regime transiente.
- O regime de operação é classificado como regime permanente quando não existem modificações no sistema com o tempo de processo. Nesse caso, não poderá ocorrer acúmulo de nenhuma grandeza no interior do sistema.
- O regime de operação será classificado como transiente quando ocorrer o acúmulo (ou consumo) de uma grandeza no interior do sistema como resultado de diferenças nas correntes de alimentação e descarga.

Sistemas fechados operam sempre em regime transiente, pois as modificações do sistema ocorrem com o tempo de processo.

É denominada batelada uma determinada quantidade ou lote de produto. As bateladas podem ser preparadas em processos contínuos ou semicontínuos.

RESUMO DO CAPÍTULO

Neste capítulo, discutimos os fundamentos da termodinâmica clássica e estabelecemos os fatos experimentais que são a base da estrutura teórica dessa ciência experimental. Cada um dos fatos experimentais será chamado nos próximos capítulos. No Capítulo 13, será utilizada uma nomenclatura modificada para facilitar a escrita dos balanços de massas para diferentes processos encontrados nas indústrias de alimentos e similares.

PROBLEMA PROPOSTO

1.1. Para avaliar seu grau de entendimento, imagine dois processos na indústria de alimentos: um em regime permanente e outro transiente. Em seguida defina: i) o sistema; ii) a vizinhança; iii) a(s) fase(s) envolvida(s); iv) o estado de agregação; v) se há ou não correntes de alimentação e saída; e vi) se o processo ocorre em batelada ou em processo contínuo/semicontínuo.

REFERÊNCIAS BIBLIOGRÁFICAS

1. Reid RC, Modell M. Thermodynamics and its applications. 2nd Ed. New Jersey: Prentice-Hall; 1983.

2. Sandler SI. Chemical and engineering thermodynamics. 3rd Ed. New York: John Wiley & Sons; 1998.

CAPÍTULO 2

Balanço Global para Grandezas que se Conservam: Massa, Energia e Entropia

- M. Angela A. Meireles
- Camila Gambini Pereira

CONTEÚDO

Objetivo do Capítulo 9
Balanço Global para uma Grandeza que se Conserva 10
Fluxograma Simplificado para o Balanço da Grandeza θ 11
Balanço Global de Massa: Conceitos Gerais 13
Balanço Global de Massa Aplicado ao Regime Permanente ou Estacionário ... 13
Balanço Global de Massa Aplicado a Processos Semicontínuos 13
Balanço Global de Massa Aplicado a Processos em Batelada 15
Resumo do Capítulo 16

OBJETIVO DO CAPÍTULO

O objetivo deste capítulo é estabelecer as equações de balanço diferencial global para grandezas que se conservam, ou seja, para grandezas como massa, energia e entropia.

Balanço Global para uma Grandeza que se Conserva

Para escrever a equação matemática que descreve o balanço global precisaremos definir algumas características do sistema. A Figura 2.1 mostra um esquema de um sistema contendo diversos dispositivos; isto é, vários equipamentos comumente utilizados na indústria de processamento de alimentos. Nossa atenção será dirigida para a linha tracejada que representa os limites do sistema. Observa-se que existem correntes de alimentação e descarga (ou saída). Para escrevermos o balanço global para a grandeza genérica θ devemos considerar apenas a interação do sistema com o meio ambiente.

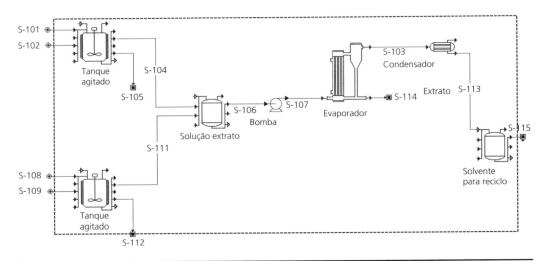

Figura 2.1 ▶ Fluxograma desenhado com o auxílio do software SuperPro Design v. 6.0 de uma planta para obtenção de oleorresina. (Adaptada de Takeuchi et al. In: Extracting Bioactive Compounds for Food Products: Theory and Applications. M. A. A. Meireles (Ed.). CRC Press; 2009.)

Portanto, para o caso do balanço global, podemos representar a Figura 2.1 de forma simplificada como mostrado na Figura 2.2; nessa figura permanecem apenas as correntes de alimentação (entrada) e saída (descarga).

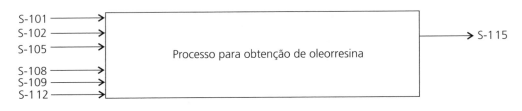

Figura 2.2 ▶ Fluxograma simplificado do processo para obtenção de oleorresina.

As correntes de alimentação e saída interagem com o sistema através do escoamento de massa; portanto, as correntes de alimentação e descarga serão sempre indicadas como uma taxa de alimentação (ou de descarga), ou seja, massa por unidade de tempo. Para processos que ocorrem em batelada, a massa será expressa por batelada e não por tempo.

Fluxograma Simplificado para o Balanço da Grandeza θ

Na Figura 2.3, mostramos um fluxograma genérico para um processo cujo sistema está indicado pelo retângulo; e as correntes de alimentação e de descarga estão indicadas por setas.

Figura 2.3 ▶ Fluxograma simplificado para o balanço global da grandeza θ.

O balanço para a grandeza θ deve considerar a quantidade da grandeza θ que se acumula no sistema durante o período de observação Δt, podendo ser calculada da seguinte forma:

$$\text{Acúmulo}\Big|_t^{t+\Delta t} = \left(\text{taxa de alimentação}\Big|_t^{t+\Delta t}\right)\Delta t - \left(\text{taxa de saída}\Big|_t^{t+\Delta t}\right)\Delta t + \left(\text{taxa de troca nos limites}\Big|_t^{t+\Delta t}\right)\Delta t + \left(\text{taxa de geração}\Big|_t^{t+\Delta t}\right)\Delta t \quad (2.1)$$

Ou

$$\theta(t+\Delta t) - \theta(t) = \dot{\theta}_E \Delta t - \dot{\theta}_S \Delta t + \dot{\theta}_{lim} \Delta t + \dot{\theta}_{ger} \Delta t \quad (2.2)$$

Em que:

- $\dot{\theta}_E$ = taxa de alimentação da grandeza θ;
- $\dot{\theta}_S$ = taxa de saída (ou descarte) da grandeza θ;
- $\dot{\theta}_{lim}$ = taxa de transferência da grandeza θ por interações com o meio ambiente devido à presença de limites móveis, diatérmicos e/ou que permitam a transferência de energia mecânica;
- $\dot{\theta}_{ger}$ = taxa de geração da grandeza θ.

Mas as taxas de alimentação e descarte estão associadas às vazões de entrada e saída de massa do sistema. Usando a grandeza θ em sua forma intensiva, ou seja, por unidade de massa ($\hat{\theta}$), a Equação (2.2) modifica-se para:

$$\theta(t+\Delta t) - \theta(t) = \hat{\theta}_E \dot{M}_E \Delta t - \hat{\theta}_S \dot{M}_S \Delta t + \dot{\theta}_{lim} \Delta t + \dot{\theta}_{ger} \Delta t \quad (2.3)$$

Dividindo a Equação (2.3) por Δt, temos:

$$\frac{\theta(t+\Delta t) - \theta(t)}{\Delta t} = \hat{\theta}_E \dot{M}_E - \hat{\theta}_S \dot{M}_S + \dot{\theta}_{lim} + \dot{\theta}_{ger} \quad (2.4)$$

Para utilizar a Equação (2.4) em cálculos de engenharia devemos tornar o período de observação infinitamente pequeno, ou seja, devemos tomar o limite da Equação (2.4) quando $\Delta t \to 0$:

$$\lim_{\Delta t \to 0} \frac{\theta(t+\Delta t)-\theta(t)}{\Delta t} = \lim_{\Delta t \to 0}\left(\hat{\theta}_E \dot{M}_E - \hat{\theta}_S \dot{M}_S + \dot{\theta}_{lim} + \dot{\theta}_{ger}\right) \qquad (2.5)$$

Recordando a definição de derivada, temos:

$$\frac{d\theta}{dt} = \hat{\theta}_E \dot{M}_E - \hat{\theta}_S \dot{M}_S + \dot{\theta}_{lim} + \dot{\theta}_{ger} \qquad (2.6)$$

A Equação (2.6) representa a equação geral para o balanço global que pode ser aplicado a grandezas que se conservam como massa, energia e entropia. Na Figura 2.1, vimos que determinado processo pode apresentar diversas correntes de entrada e saída. Na indústria, normalmente encontramos processos com várias correntes de alimentação, de descarga e de transferência nos limites do sistema; sendo assim, uma forma mais geral da Equação (2.6) resulta na seguinte expressão:

$$\frac{d\theta}{dt} = \sum_{k_E}\hat{\theta}_E \dot{M}_E - \sum_{k_S}\hat{\theta}_S \dot{M}_S + \sum_{k_{lim}}\dot{\theta}_{lim} + \dot{\theta}_{ger} \qquad (2.7)$$

Nos processos que ocorrem em regime permanente, o sistema será sempre aberto, as taxas de alimentação e saída serão iguais e não ocorrerá geração nem acúmulo da grandeza no interior do sistema. Logo, $\frac{d\theta}{dt} = 0$; então, a Equação (2.7) modifica-se para:

$$0 = \sum_{k_E}\hat{\theta}_E \dot{M}_E - \sum_{k_S}\hat{\theta}_S \dot{M}_S + \sum_{k_{lim}}\dot{\theta}_{lim} \qquad (2.8)$$

Para processos em batelada, as correntes de alimentação e descarga são nulas; logo:

$$\frac{d\theta}{dt} = \sum_{k_{lim}}\dot{\theta}_{lim} + \dot{\theta}_{ger} \qquad (2.9)$$

Para processos semicontínuos ou que ocorram em regime transiente, a Equação (2.7) poderá ser simplificada após análise detalhada do sistema selecionado. Por exemplo, para um processo para o qual as correntes de alimentação sejam nulas, temos:

$$\frac{d\theta}{dt} = -\sum_{k_S}\hat{\theta}_S \dot{M}_S + \sum_{k_{lim}}\dot{\theta}_{lim} + \dot{\theta}_{ger} \qquad (2.10)$$

Balanço Global de Massa: Conceitos Gerais

O grau de dificuldade na aplicação da Equação (2.7) para o estudo da conservação de massa é menor que para o estudo da conservação de energia e entropia. Isso se deve ao fato que energia e entropia podem ser carregadas para o interior do sistema ou para fora dele não só através das correntes de alimentação e descarga. Por exemplo, a energia térmica pode ser recebida ou perdida pelo sistema através de limites diatérmicos, ou seja, nesse caso $\dot{\theta}_{lim} \neq 0$. Para a transferência de massa, no entanto, o contato físico entre o sistema e o meio ambiente é necessário para a transferência de massa; logo $\dot{\theta}_{lim} = 0$.

O Fato Experimental N° 1 estabeleceu que não exista geração de massa e/ou energia totais. Logo, $\dot{\theta}_{ger} = 0$, para os balanços de massa e energia totais, temos:

$$\frac{d\theta}{dt} = \sum_{k_E} \hat{\theta}_E \dot{M}_E - \sum_{k_S} \hat{\theta}_S \dot{M}_S + \dot{\theta}_{lim} \qquad (2.11)$$

A seguir, discutiremos alguns casos especiais da Equação (2.11) aplicada ao balanço global de massa. Note que quando a Equação (2.11) é aplicada ao balanço de massa, as grandezas intensivas $\hat{\theta}_E$ e $\hat{\theta}_S$ são iguais à unidade. Adicionalmente, conforme discutido anteriormente, $\dot{\theta}_{lim} = 0$.

Balanço Global de Massa Aplicado ao Regime Permanente ou Estacionário

Processos como a produção de óleos vegetais englobam numerosas etapas; algumas dessas etapas são conduzidas em equipamentos que operam em regime permanente. Por exemplo, a desodorização do óleo vegetal ocorre em um equipamento denominado torre de absorção. Nesse equipamento, o óleo vegetal escoa descendentemente pela parede de uma coluna formando um filme delgado ou uma película. Vapor de água superaquecido é alimentado na base da coluna. O contato entre a fase líquida (óleo) e a fase gasosa (vapor de água superaquecido) promove a absorção de substâncias associadas ao aroma indesejável do óleo vegetal (Figura 2.4). Como o processo ocorre em regime permanente, temos que o termo de acúmulo é nulo; logo,

$$\dot{M}_{\text{óleo cru,E}} + \dot{M}_{\text{vapor d'água puro,E}} = \dot{M}_{\text{óleo desodorizado,S}} + \dot{M}_{\text{vapor d'água + aromas,S}} \qquad (2.12)$$

Balanço Global de Massa Aplicado a Processos Semicontínuos

Na produção de leite UHT, o produto passa por etapas de resfriamento e descanso antes de ser envasado. O leite UHT (envasado em embalagem tetrapack) passa pelas seguintes etapas: "O leite cru ou *in natura* é resfriado na fazenda e mantido resfriado por um período de

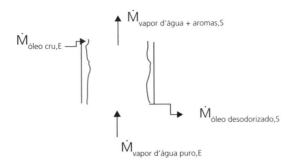

Figura 2.4 ▶ Fluxograma de uma coluna de desodorização de óleo vegetal.

2 dias. Chegando ao laticínio, ele é pasteurizado, resfriado e descansa, em geral, por mais 1 dia antes de ser submetido ao tratamento UHT. Na fazenda, o resfriamento é feito em um tanque de expansão (ou resfriamento) e, na fábrica, em trocadores de calor de placas. Na fazenda, o armazenamento do leite refrigerado é feito no próprio tanque de expansão e, na indústria, após o resfriamento em trocador de calor, o leite é armazenado em tanques estacionários ou grandes silos, ambos providos de isolamento térmico e de agitador, para evitar separação da gordura. A legislação exige temperatura menor que 7 °C na fazenda, podendo o leite chegar ao laticínio em temperatura maior, mas menor que 10 °C (o transporte é feito em caminhão com tanque isotérmico). A temperatura mais apropriada para o leite é menor que 5 °C, que é a usada no laticínio com o trocador de calor (geralmente resfriado a 3 °C). O período em que o leite permanece resfriado na indústria pode ser maior que 1 dia, o que geralmente é a causa de problemas de perda de qualidade. A pasteurização não seria necessária se o leite permanecesse resfriado somente por apenas 1 dia na indústria".[1] Um fluxograma simplificado do processo é mostrado na Figura 2.5.

Considerando as etapas de processamento na indústria, e selecionando como sistema o tanque de resfriamento, como esse dispositivo opera em regime semicontínuo (Figura 2.5); logo satisfaz a condição necessária para que o sistema seja aberto: (1) na primeira etapa recebendo o leite proveniente da fazenda, estará presente apenas a corrente de alimentação e (2) durante o envase será introduzida a corrente de saída e fechada a corrente de entrada. Então, aplicando a Equação (2.11) a cada uma das etapas, temos:

Etapa de captação do leite no tanque de resfriamento na indústria (1):

$$\frac{dM_{leite}}{dt} = \dot{M}_{leite,E} \qquad (2.13)$$

Etapa de envase (2):

$$\frac{dM_{leite}}{dt} = -\dot{M}_{leite,S} \qquad (2.14)$$

---

1 W. Viotto, informação pessoal.

Balanço Global para Grandezas que se Conservam: Massa, Energia e Entropia

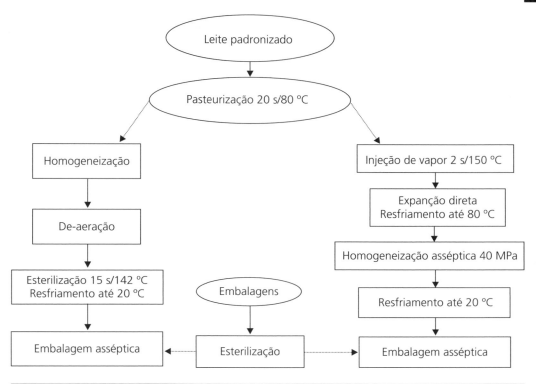

Figura 2.5 ▶ Fluxograma de resfriamento, pasteurização e envase de leite UHT. (Adaptada de Walstra, Wouters, Geurts, Milk for Liquid Consumption. In: Dairy Science and Technology, 2ª Ed., CRC Press, Boca Raton, EUA, 2006.)

Balanço Global de Massa Aplicado a Processos em Batelada

Na produção de vários tipos de biscoitos o processo é realizado em batelada; no qual cada batelada corresponde a uma fórmula ou receita. A produção de alguns tipos de bebidas isotônicas também é um processo que acontece em batelada. Considere, por exemplo, que para a formulação de um biscoito sejam necessários x-ingredientes em quantidades predeterminadas. Assumindo que o sistema é formado por uma batelada de biscoito, trata-se de um sistema fechado, então a Equação (2.11) modifica-se para:

$$\frac{dM_{biscoito}}{dt} = 0 \qquad (2.15)$$

Nesse caso, $\dot{M}_E = \dot{M}_S = 0$, pois não existe escoamento de matéria, tratando-se, portanto, de um sistema fechado. Então,

$$M_{biscoito} = \text{constante} = \text{massa de uma batelada} \qquad (2.16)$$

RESUMO DO CAPÍTULO

Neste capítulo, o balanço da grandeza genérica θ foi apresentado considerando-se um sistema que incluiu todas as possibilidades encontradas em cálculos de engenharia. A partir da Equação (2.11) é possível obtermos os balanços de massa, energia e entropia. Neste capítulo, discutimos brevemente algumas simplificações da Equação (2.11) quando aplicada ao balanço de massa total. A partir de agora será possível avaliar o consumo de massa, energia e entropia em diversos processos, desde os mais simples até os mais complexos. Nos Capítulos 3 e 4, a Equação (2.11) será aplicada aos balanços de energia total e entropia, respectivamente. Nos Capítulos 13 e 15, a Equação (2.11) será aplicada a diversos processos não reativos envolvendo balanços de massa. No Capítulo 14, a Equação (2.7) será utilizada para descrever o balanço de massa em sistemas reativos.

CAPÍTULO 3

A Primeira Lei da Termodinâmica: O Balanço de Energia

- Julian Martínez

CONTEÚDO

Objetivos do Capítulo 19
Introdução 20
O Que é Energia? 20
Energia Interna 20
Energia Externa 21
Transferência de Energia: O Balanço de Energia 21
Energia Contida em Correntes de Matéria 22
Calor 22
Trabalho 22
A Primeira Lei da Termodinâmica 24
Exemplo 3.1 – Cálculo do Trabalho de Expansão 26
Resolução 26
Simplificações do Balanço de Energia 27
Cálculos – item a 27
Cálculos – item b 28
Cálculos – item c 28

Cálculos – item d 29

Comentários 29

Exemplo 3.2 – Cálculo da Potência de uma Bomba 29

Resolução 30

Simplificações do Balanço de Massa 30

Simplificações do Balanço de Energia 31

Cálculos 32

Comentários 33

Simplificações da Primeira Lei da Termodinâmica 33

Sistemas Fechados 34

Processos em Regime Estacionário 35

Processos Adiabáticos 35

Calores Específicos para Gases Ideais 35

Exemplo 3.3 – Cálculo da Temperatura Final de um Gás Ideal
em Tanque Pulmão 37

Resolução 37

Simplificações do Balanço de Massa 38

Simplificações do Balanço de Energia 38

Cálculos 40

Comentários 40

A Primeira Lei da Termodinâmica Aplicada a Sistemas Reais 40

Exemplo 3.4 – Temperatura na Válvula de Alívio de uma Caldeira 41

Resolução 41

Simplificações do Balanço de Massa 41

Simplificações do Balanço de Energia 42

Comentários 42

Seleção de um Novo Sistema 42

Simplificações do Balanço de Massa 43

Simplificações do Balanço de Energia 43

Cálculos 43

Comentários 44

O Coeficiente de Joule-Thomson 44

Aplicações da Primeira Lei da Termodinâmica 44

Exemplo 3.5 – Cálculo da Quantidade de Vapor na Escaldagem de Aves 45

Resolução 45

Simplificações do Balanço de Massa 45

Simplificações do Balanço de Energia 46

Cálculos 46

Comentário 1 47

Comentário 2 48

Sistemas Heterogêneos 48

Exemplo 3.6 – Cálculo do Calor Necessário para Manter a Temperatura Constante em Tanque de Armazenamento de Vapor 48

Resolução 49

Simplificações do Balanço de Massa 49

Simplificações do Balanço de Energia 50

Cálculos – item a 50

Comentários 51

Cálculos – item b 51

Comentários 52

Cálculos – item c 52

Exemplo 3.7 – Compressão de Dióxido de Carbono 53

Resolução 53

Simplificações do Balanço de Massa 53

Simplificações do Balanço de Energia 54

Cálculos 54

Comentários 54

Resumo do Capítulo 55

Problemas Propostos 55

Referências Bibliográficas 57

OBJETIVOS DO CAPÍTULO

Os objetivos do Capítulo 3 são desenvolver o balanço de energia ou a primeira lei da termodinâmica e apresentar vários exemplos de aplicação dessa lei fundamental para o projeto de inúmeros processos que ocorrem no processamento de alimentos.

Introdução

Este capítulo trata do balanço global de energia. As equações apresentadas no Capítulo 2 são retomadas, substituindo a grandeza θ pela energia total (E). Trataremos das diferentes formas de energia que podem existir, bem como dos possíveis mecanismos de transferência de energia entre um sistema e sua vizinhança. Com o conhecimento das formas e dos mecanismos de transferência de energia, aplicaremos o balanço dessa grandeza a sistemas presentes em processos da indústria de alimentos. Inúmeros processos em indústrias de alimentos envolvem o uso ou a liberação de quantidades significativas de energia, seja para aquecer ou resfriar produtos, bombear líquidos ou mesmo gerar insumos como vapor ou gases comprimidos. A escolha adequada do sistema e o uso de algumas simplificações possíveis em determinados tipos de processo serão fundamentais para facilitar a resolução dos problemas apresentados. Ao final deste capítulo, o leitor deverá compreender a relação da energia com esses processos e aplicar com segurança o balanço dessa grandeza em situações simples e de alguma complexidade. A primeira lei da termodinâmica, tema deste capítulo, trata exatamente da conservação da energia. Portanto, não é possível formular e resolver balanços de energia sem o conhecimento e aplicação dessa lei.

O Que é Energia?

A pergunta que intitula a seção parece, a princípio, fácil de ser respondida. Certamente você já ouviu, leu e conversou sobre energia muitas vezes. Você sabe que precisa de energia para suas atividades diárias, para fazer exercícios físicos, andar, etc. Você também sabe que uma lâmpada precisa de energia para ser acesa, que uma geladeira precisa de energia para funcionar, assim como sua televisão, seu rádio, seu computador e seu carro. Além disso, se lhe perguntarem quem possui mais energia entre um copo de água quente e um copo de água fria, você não terá dúvidas em responder que é o primeiro.

Enfim, poderíamos escrever várias páginas com exemplos de situações nas quais usamos energia, ou onde podemos dizer que um sistema contém mais ou menos energia que outro. Porém, em nenhum caso respondemos, claramente, à questão que foi colocada: O QUE É ENERGIA?

A resposta que podemos dar a essa pergunta é: energia é uma propriedade. Isto é, uma característica de um sistema, que pode ser medida ou calculada de alguma maneira. Assim como um sistema, em determinado estado, possui pressão, temperatura, massa, volume, ele também tem sua energia. E a forma com a qual a energia pode ser quantificada depende do tipo de energia existente no sistema em questão.

Energia Interna

A energia interna (U) está relacionada com as interações e os movimentos microscópicos relativos dos átomos do sistema. Os movimentos de rotação e translação das moléculas têm energias cinéticas associadas, pois possuem velocidade. Ao mesmo tempo, forças intra e intermoleculares conferem ao sistema energia potencial. As energias cinética e potencial do sistema, em nível molecular, compõem a energia interna.

A Primeira Lei da Termodinâmica: O Balanço de Energia

Com essa descrição, já podemos compreender por que o copo de água quente, citado anteriormente, tem mais energia que o copo de água fria: sabemos que, quanto maior a temperatura, maior é a agitação das moléculas. Logo, as moléculas na água quente possuem mais energia cinética molecular; portanto, o copo de água quente possui mais **energia interna** em relação à água fria.

Energia Externa

Se a energia interna se refere ao comportamento das moléculas de um sistema, a energia externa está relacionada à situação do sistema como um todo. Nesse aspecto, podemos constatar que um sistema pode ter duas formas de energia externa:

Energia cinética (E_C), associada à velocidade do sistema, segundo a Equação (3.1):

$$E_C = \frac{1}{2}mv^2 \tag{3.1}$$

Energia potencial (E_P), associada à posição do centro de massa do sistema sujeito a um potencial externo.

Da mecânica básica, podemos ter energia potencial gravitacional (mgh), ou mesmo energia potencial elástica.

A **energia total** é, então, a soma das energias interna, cinética e potencial de um sistema, podendo ser expressa pela Equação (3.2):

$$E = U + \frac{1}{2}mv^2 + E_P \tag{3.2}$$

Note que a energia externa poderia ser incorporada à energia interna se considerássemos que cada molécula se move junto com o sistema e está sujeita, individualmente, ao potencial externo. No entanto, como geralmente os processos que alteram a energia externa (bombeamento de um líquido, por exemplo) não afetam diretamente a energia interna definida acima, optamos por separar as duas contribuições.

Transferência de Energia: O Balanço de Energia

Como já foi dito, a energia é uma propriedade. Então, se queremos estudar como a energia pode variar dentro de um sistema, devemos retomar o balanço global de uma grandeza qualquer, formulado no capítulo anterior, e analisar como cada termo desse balanço pode aparecer. Retomando a Equação (2.7):

$$\frac{d\theta}{dt} = \sum_{k_E} \hat{\theta}_E \dot{M}_E - \sum_{k_S} \hat{\theta}_S \dot{M}_S + \sum_{k_{lim}} \dot{\theta}_{lim} + \dot{\theta}_{ger} \tag{2.7}$$

Assim, a quantidade de energia acumulada em um sistema depende das taxas de entrada (alimentação) e de saída do sistema, das taxas de transferência de energia por interações com o meio ambiente. Não existe, em hipótese alguma, geração ou destruição de energia, conforme discutido no Capítulo 1. Então, o termo que representa a geração de energia no interior de um sistema é nulo, $\dot{E}_{ger} = 0$. Portanto, aplicando a Equação (2.7) à energia total, temos:

$$\frac{dE}{dt} = \sum_{k_E} \hat{E}_E \dot{M}_E - \sum_{k_S} \hat{E}_S \dot{M}_S + \sum_{k_{lim}} \dot{E}_{lim} \quad (3.3)$$

Para detalhar o balanço global de energia, vejamos quais são exatamente as formas de transferência de energia possíveis, e em quais termos da Equação (3.3) cada forma se encaixa.

Energia Contida em Correntes de Matéria

Em sistemas abertos, nos quais pode haver entrada ou saída de correntes de matéria, devemos lembrar que as quantidades de matéria entrando ou saindo do sistema possuem energia. Assim, esse tipo de energia se aplica aos termos de entrada e saída do balanço ilustrado na Equação (3.3).

Calor

Quando o sistema tem limites diatérmicos com o meio ambiente, a transferência de calor pode ocorrer do meio ambiente para o sistema ou vice-versa. A transferência de calor ocorre devido à existência de diferenças de temperatura entre o sistema e o ambiente.

Por convenção, admitiremos que Q é positivo quando o calor for transferido para o sistema, e negativo quando o calor for liberado pelo sistema. E, admitindo a possibilidade de haver mais que uma corrente de calor transferido, aplicamos a transferência de calor ao termo que representa as taxas de transferência de uma grandeza por interações com o ambiente (θ_{lim}) na Equação (2.7).

Trabalho

Trabalho é a energia transferida a um corpo através da aplicação de uma força ao longo de uma trajetória. Vejamos de que formas um sistema pode realizar trabalho sobre o ambiente, ou o ambiente pode realizar trabalho sobre o sistema. Para todas as formas de trabalho, por convenção, vamos considerar o trabalho como positivo quando ele for realizado sobre o sistema, e negativo quando ele for realizado pelo sistema sobre o meio ambiente.

1. Trabalho de eixo (W_S) é o trabalho realizado sem que ocorra a deformação dos limites do sistema. Esse tipo de trabalho aparece no caso de equipamentos com motores, onde energia de outra fonte é convertida em energia mecânica. Alguns exemplos de dispositivos que envolvem trabalho de eixo são bombas, compressores e turbinas. Vale observar que nos dois primeiros casos o trabalho será positivo e, no último, negativo.

2. A deformação dos limites de um sistema também resulta em trabalho. Para compreender essa forma de trabalho, lembraremos a definição da física clássica para um processo com força constante:

$$\dot{W}_{exp} = F\frac{dL}{dt} \quad (3.4)$$

Agora imaginemos a força F sendo aplicada a um sistema composto por um gás no interior de um cilindro com pistão móvel, conforme a Figura 3.1.

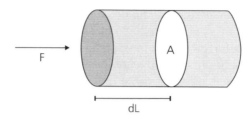

Figura 3.1 ▶ Força exercida sobre um gás no interior de um cilindro.

Sabendo que a força é o produto da pressão pela área da seção transversal do cilindro (A), e que o deslocamento dL é a variação do volume do gás dividida pela mesma área, podemos reescrever a Equação (3.4), tornando-a:

$$\dot{W}_{exp} = -P\frac{dV}{dt} \quad (3.5)$$

É importante notar que o sinal negativo na Equação (3.5) aparece porque a pressão exercida sobre o gás faz com que o volume diminua. Dessa forma, como $\frac{dV}{dt}$ é negativo, o trabalho exercido sobre o sistema permanece positivo, estando de acordo com a convenção que estabelecemos.

3. Por último, devemos observar um fenômeno que acontece em sistemas abertos, quando há escoamento de fluidos de fora para dentro, ou de dentro para fora do sistema. Tomemos como sistema uma tubulação pela qual escoa um determinado fluido, conforme mostra a Figura 3.2.

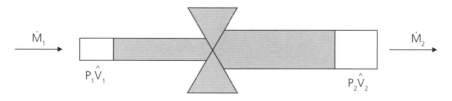

Figura 3.2 ▶ Desenho esquemático de um sistema com escoamento de fluido na entrada e na saída.

No esquema da Figura 3.2, uma quantidade de fluido de massa M_1, que possui pressão e volume específico P_1 e $\hat{V}_1$, respectivamente, deve exercer uma força para "empurrar" o fluido que está imediatamente à sua frente na tubulação e entrar no sistema. Essa força, aplicada ao longo do trajeto que o fluido percorre para entrar no sistema, resulta em trabalho realizado pelo fluido sobre o sistema. Esse trabalho pode ser calculado em função da pressão e do volume do fluido que entra, conforme a Equação (3.6):

$$\dot{W}_1 = F_1 \frac{dL_1}{dt} = P_1 \dot{V}_1 = P_1 \hat{V}_1 \dot{M}_1 \qquad (3.6)$$

Da mesma forma, uma quantidade de fluido com massa M_2, com pressão P_2 e volume específico $\hat{V}_2$, deve realizar força sobre o fluido que está imediatamente à sua frente, e fora do sistema, para sair. Essa força resulta em trabalho realizado pelo fluido, que nesse caso está dentro do sistema, sobre o meio ambiente. Como nesse caso é o sistema que realiza trabalho sobre o meio ambiente, o sinal desse trabalho deve ser negativo, como mostra a Equação (3.7):

$$\dot{W}_2 = F_2 \frac{dL_2}{dt} = -P_2 \dot{V}_2 = -P_2 \hat{V}_2 \dot{M}_2 \qquad (3.7)$$

Generalizando, podemos representar o trabalho $\dot{W}_{esc}$ resultante do escoamento de fluidos através dos limites do sistema usando um somatório das correntes de escoamento, conforme a Equação (3.8):

$$\dot{W}_{esc} = \sum_{k_E} \dot{M}_E \left(P\hat{V} \right)_E - \sum_{k_S} \dot{M}_S \left(P\hat{V} \right)_S \qquad (3.8)$$

Usando as diferentes formas de energia que podem atuar sobre sistema e com o auxílio da Equação (2.7) poderemos estabelecer a primeira lei da termodinâmica.

A Primeira Lei da Termodinâmica

A primeira lei da termodinâmica, baseando-se em observações experimentais, assegura que a energia total do universo é constante. Essa energia pode estar presente sob diferentes formas, mas sua quantidade total não se altera. Se considerarmos que o universo é um sistema qualquer mais o meio ambiente, concluímos que as variações nas energias totais do sistema e do ambiente são sempre opostas. Assim, toda a variação na quantidade de energia de um sistema é oriunda das suas interações com o ambiente, cujas formas acabamos de apresentar. Podemos agora escrever o balanço global de energia para um sistema, considerando apenas as formas de transferência de energia:

$$\frac{dE}{dt} = \dot{Q} + \dot{W}_S - P\frac{dV}{dt} + \sum_{k_E} \hat{E}_E \dot{M}_E + \sum_{k_E} \left(P\hat{V} \right)_E \dot{M}_E - \sum_{k_S} \hat{E}_S \dot{M}_S - \sum_{k_S} \left(P\hat{V} \right)_S \dot{M}_S \qquad (3.9)$$

A Primeira Lei da Termodinâmica: O Balanço de Energia

Em que:

$\dot{Q}$ = taxa de transferência de calor

$\dot{W}_S$ = taxa de trabalho de eixo

$P\dfrac{dV}{dt}$ = taxa de trabalho devido à deformação dos limites do sistema

$\sum\limits_{k_E} \hat{E}_E \dot{M}_E$ = taxa de transferência de energia contida em correntes de alimentação

$\sum\limits_{k_E} \left(P\hat{V}\right)_E \dot{M}_E$ = taxa de trabalho de escoamento associada às correntes de alimentação

$\sum\limits_{k_S} \hat{E}_S \dot{M}_S$ = taxa de transferência de energia contida em correntes de saída

$\sum\limits_{k_S} \left(P\hat{V}\right)_S \dot{M}_S$ = taxa de trabalho de escoamento associada às correntes de saída

E, destacando as três formas de energia (interna, cinética e potencial), temos:

$$d\dfrac{\left(U + E_c + E_p\right)}{dt} = \sum\limits_{k_E}\left(\hat{U}+\hat{E}_c+\hat{E}_p\right)_E \dot{M}_E - \sum\limits_{k_S}\left(\hat{U}+\hat{E}_c+\hat{E}_p\right)_S \dot{M}_S + \dot{Q} + \dot{W}_S - P\dfrac{dV}{dt} + \sum\limits_{k_E}\left(P\hat{V}\right)_E \dot{M}_E - \sum\limits_{k_S}\left(P\hat{V}\right)_S \dot{M}_S$$

(3.10)

A Equação (3.10) pode ser simplificada, introduzindo-se uma nova grandeza chamada **entalpia** e definida por:

$$H = U + PV \qquad (3.11)$$

Assim, como a energia interna, a entalpia pode ser expressa na sua forma intensiva, mássica ou molar. Logo, o balanço de energia pode, então, ser reescrito da seguinte forma, agrupando a energia interna com o trabalho de escoamento das correntes de entrada e saída:

$$\dfrac{d\left(U+E_c+E_P\right)}{dt} = \dot{Q} + \dot{W}_S - P\dfrac{dV}{dt} + \sum\limits_{k_E}\left(\hat{H}+\hat{E}_c+\hat{E}_P\right)_E \dot{M}_E - \sum\limits_{k_S}\left(\hat{H}+\hat{E}_c+\hat{E}_P\right)_S \dot{M}_S \quad (3.12)$$

Em alguns casos, pode ser conveniente trabalhar com o balanço de energia em base molar, em vez de mássica. Isso ocorre geralmente quando trabalhamos com gases, onde podemos expressar o número de moles como função da pressão, volume e temperatura. Para isso, basta substituir as correntes mássicas por molares, e as grandezas por unidade de massa ($\hat{\theta}$) por grandezas por unidade de mol ($\underline{\theta}$):

$$\dfrac{d\left(U+E_C+E_P\right)}{dt} = \dot{Q} + \dot{W}_S - P\dfrac{dV}{dt} + \sum\limits_{k_E}\left(\underline{H}+\underline{E}_C+\underline{E}_P\right)_E \dot{N}_E - \sum\limits_{k_S}\left(\underline{H}+\underline{E}_C+\underline{E}_P\right)_S \dot{N}_S \quad (3.13)$$

Exemplo 3.1

Cálculo do Trabalho de Expansão

Um gás ideal encontra-se no interior de um cilindro a 1,0 MPa e ocupa um volume de 1 m^3. A pressão é mantida através de um peso colocado sobre o pistão que mantém o gás no cilindro. Fora do cilindro a pressão é a atmosférica (0,1 MPa). Calcule o trabalho para os seguintes processos, onde todos ocorrem em uma temperatura constante:
a) O peso é retirado de uma vez só;
b) O peso é formado por duas peças. Quando a primeira é retirada, a pressão do gás se reduz a 0,5 MPa;
c) O peso é formado por grãos de areia, retirados um a um;
d) O peso é retirado de uma vez só, mas do lado externo há vácuo.

Resolução

Adotaremos, nesta e nas próximas resoluções dos exemplos, o ciclo de aprendizagem (PDSA) que estudaremos em detalhes no Capítulo 12. O PDSA é um roteiro com uma série de questões para nos ajudar a responder às perguntas formuladas no problema.

A primeira questão que deve ser respondida é: **QUAL É O SISTEMA?** Com base nessa resposta, poderemos definir se o sistema é aberto ou fechado, homogêneo ou heterogêneo, formado por uma ou mais substâncias, se seus limites são rígidos ou móveis, se ocorre ou não transferência de calor, se o processo ocorre em regime estacionário ou transiente, etc.

Neste exemplo, definiremos como sistema o gás presente no interior do cilindro. Como se trata da mesma quantidade de gás ao longo do processo, o sistema é fechado. Seus limites são móveis, pois a mudança de pressão resulta na variação de volume pelo deslocamento do pistão. O sistema é homogêneo e, embora não saibamos de que substância(s) se trata, podemos trabalhar como se fosse uma única substância com comportamento de gás ideal.

Nada foi especificado sobre a transferência de calor através dos limites do cilindro. E, sobre o regime, podemos afirmar que é transiente, já que algumas propriedades do sistema se alteram no processo.

Um desenho esquemático do sistema, com a representação das correntes de matéria e energia, é importante para a compreensão do processo. A Figura 3.3 ao lado ilustra nosso exemplo.

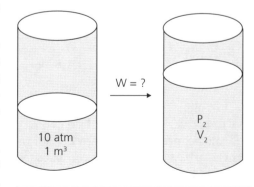

Figura 3.3 ▶ Expansão de um gás ideal no interior de um cilindro.

A Primeira Lei da Termodinâmica: O Balanço de Energia — capítulo 3

Uma vez definido o sistema, podemos formular matematicamente o problema. Em termodinâmica, a formulação matemática dos problemas consiste em escrever os balanços para as grandezas envolvidas no processo. Nesse caso, como o objetivo é calcular o trabalho em um sistema fechado, basta escrever o balanço de energia.

Simplificações do Balanço de Energia

O sistema é fechado, logo podemos eliminar os termos de entrada e saída de matéria. Energias cinética e potencial são nulas. Assim, o balanço de energia é o seguinte:

$$\frac{dU}{dt} = \dot{Q} + \dot{W}_S - P\frac{dV}{dt} \qquad (E3.1\text{-}1)$$

Como não existem dispositivos mecânicos acoplados a motores, como por exemplo, bombas, compressores ou turbinas, o trabalho $\dot{W}_S = 0$. Integrando a Equação (E3.1-1), temos:

$$\Delta U = Q - \int P dV \qquad (E3.1\text{-}2)$$

$$\text{onde } \dot{W}_{exp} = -\int P dV \qquad (E3.1\text{-}3)$$

Cálculos – item a

a) O peso é retirado de uma vez só. Nesse caso, a expansão do gás se dá contra a pressão da atmosfera, que é constante:

$$W_{exp} = -\int P dV = -P_{atm}\int dV = -P_{atm}(V_2 - V_1) \qquad (E3.1\text{-}4)$$

Como o gás é ideal, podemos usar:

$$P = \frac{NRT}{V} \qquad (E3.1\text{-}5)$$

E, como a temperatura é constante, assim como o número de moles (pois o sistema é fechado), sabemos que a pressão e o volume do gás variam de forma inversamente proporcional; logo:

$$(P_2 V_2 = P_1 V_1) \qquad (E3.1\text{-}6)$$

Portanto, da Equação (E3.1-6) temos que o volume final do gás será de 10 m³:

Fundamentos de Engenharia de Alimentos

$$W_{exp} = -P_{atm}(V_2 - V_1) = -1 \times 10^5 \, (Pa)(10-1)(m^3) = -9 \times 10^5 \, Pa.m^3 = -9 \times 10^5 \, J \quad \text{(E3.1-7)}$$

Cálculos – item b

O peso é formado por duas peças. Quando a primeira é retirada, a pressão do gás se reduz a 0,5 MPa. Aqui devemos separar o processo em duas etapas, calcular o trabalho de cada etapa e somar os resultados para obter o trabalho total do processo.

Na primeira etapa, ao retirar o peso, o gás passará a ser submetido a uma pressão constante e igual 0,5 MPa. Como a temperatura é constante, concluímos da Equação (E3.1-5) que o volume do gás duplicou, pois a pressão foi reduzida à metade. Então:

$$W_{exp,A} = -5 \times 10^5 \, (Pa)(2-1)(m^3) = -5 \times 10^5 \, J \quad \text{(E3.1-8)}$$

Na segunda etapa, o gás expandirá contra uma pressão constante e igual à atmosférica. E, se a pressão cai de 5 para 0,1 MPa, então, da Equação (E3.1-6) temos que o volume deve quintuplicar; logo:

$$W_{exp,B} = -1 \times 10^5 \, (Pa)(10-2)(m^3) = -8 \times 10^5 \, J \quad \text{(E3.1-9)}$$

Somando os trabalhos das duas etapas, temos o resultado desejado:

$$W_{exp} = W_{exp,A} + W_{exp,B} = -5 \times 10^5 - 8 \times 10^5 = -13 \times 10^5 \, J \quad \text{(E3.1-10)}$$

Cálculos – item c

O peso é formado por grãos de areia, retirados um a um. Nesse caso, a pressão sobre o gás é reduzida gradual e lentamente, desde o seu valor inicial até a pressão atmosférica. Ao mesmo tempo, o volume vai aumentando de forma inversamente proporcional à pressão. Ou seja, o sistema sofre mudanças infinitesimais a cada retirada de grão de areia. Então, para a integração da Equação (E3.1-2) deverá ser usada a Equação (E3.1-5); logo, o trabalho pode ser calculado por:

$$W_{exp} = -\int P dV = -\int \frac{NRT}{V} dV = -NRT \int \frac{dV}{V} \quad \text{(E3.1-11)}$$

Do enunciado do problema, temos que:

$$PV = NRT = (1,0 \, MPa)(1 \, m^3) = 1 \times 10^6 \, J$$

A Primeira Lei da Termodinâmica: O Balanço de Energia — capítulo 3

Ou seja, a pressão final é dez vezes menor que a inicial e o volume será dez vezes maior, portanto:

$$W_{exp} = -NRT\ln\left(\frac{V_2}{V_1}\right) = -10^6\ln\left(\frac{10}{1}\right) = -2,3\times10^6 \text{ J}$$

Cálculos – item d

O peso é retirado de uma vez só, mas do lado externo há vácuo. Nessa situação, a expansão do gás se dará contra o vácuo, ou seja, não haverá força alguma agindo sobre o gás, pois P = 0. Ora, se o trabalho por definição é o produto da força pelo deslocamento, nesse caso o trabalho é zero.

Comentários

Como previsto, os valores dos trabalhos calculados foram todos negativos, o que condiz com a convenção que adotamos: o gás está submetido a uma força que atua sobre o cilindro, e o deslocamento ocorre no sentido oposto.

Os resultados mostram como o trabalho realizado ao longo de um processo pode ter diferentes valores, mesmo mantendo-se inalterados os estados inicial e final do sistema. Aqui observamos claramente que grandezas como pressão, volume molar e temperatura são funções de estado, mas o trabalho não é.

Também percebemos que, quanto mais gradual é o processo, maior é o trabalho realizado pelo gás. Essas diferenças estão relacionadas com o conceito de processo reversível, que será abordado com detalhes no Capítulo 4. No entanto, podemos ter uma ideia do que é um processo reversível, se calcularmos o trabalho para os caminhos inversos dos itens a, b, c, d do Exemplo 3.1.

Exemplo 3.2

Cálculo da Potência de uma Bomba

Uma indústria de processamento de leite precisa pasteurizar leite a uma taxa de 100 L/min, e em seguida armazená-lo em um tanque para posterior envase. A pasteurização ocorre através de um trocador de calor tubular, no qual o leite entra a 5 °C e deve sair a 72 °C. Vapor d'água será utilizado no trocador de calor. O tanque de armazenamento fica em um pavimento superior da fábrica, de forma que é necessário bombear o leite até uma altura de 5 metros acima do nível inicial.

a) Calcule a potência necessária na bomba.
b) Calcule o calor transferido ao leite, admitindo que:
   - A tubulação tem diâmetro de uma polegada até a sucção da bomba, e meia polegada após a descarga;
   - O calor específico médio do leite ao longo do processo é de 3,85 kJ/kg.K e sua densidade é de 1.000 kg/m^3;

- As perdas de energia por atrito e por calor através das paredes da tubulação são desprezíveis.

Resolução

Neste exemplo, temos um caso de processo contínuo, que é comum em indústrias de alimentos. Quando nos deparamos com esse tipo de processo, é conveniente definir o sistema de forma que o regime seja permanente ou estacionário, isto é, as correntes de entrada e saída de matéria são as mesmas, e as propriedades no interior do sistema permanecem constantes com o tempo. Para isso, o sistema neste caso será a tubulação pela qual o leite escoa, incluindo a passagem pela bomba e pelo trocador de calor, conforme ilustra a Figura 3.4.

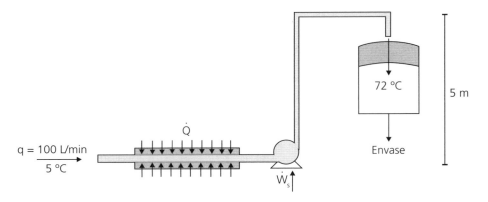

Figura 3.4 ▶ Pasteurização e armazenamento de leite.

Dessa forma, temos um sistema aberto, pois há entrada e saída de leite. Embora o leite seja uma mistura de várias substâncias, ele pode ser tratado como uma substância pura, usando as propriedades como uma média ponderada dos valores de seus componentes. Também constatamos que o sistema tem volume constante, pois seus limites são rígidos. E há transferência de calor através desses limites, mais especificamente no trocador de calor.

Em processos contínuos, convém escrever os balanços das grandezas na forma diferencial, pois vamos expressar os resultados em taxas. Faremos os balanços de massa e de energia.

Simplificações do Balanço de Massa

O processo ocorre em regime permanente, ou seja, ocorre em regime estacionário. Isso significa que não há acúmulo de massa no interior do sistema; logo:

$$\frac{dM}{dt} = \dot{M}_E - \dot{M}_S = 0 \qquad \text{(E3.2-1)}$$

Ou

$$\dot{M}_E = \dot{M}_S = \dot{M} \qquad \text{(E3.2-2)}$$

 Simplificações do Balanço de Energia

Partindo da Equação (3.12), que representa o balanço de energia na forma diferencial:

$$\frac{d(U + E_C + E_P)}{dt} = \dot{Q} + \dot{W}_S - P\frac{dV}{dt} + \sum_{k_E}\left(\hat{H} + \hat{E}_C + \hat{E}_P\right)\dot{M}_E - \sum_{k_S}\left(\hat{H} + \hat{E}_C + \hat{E}_P\right)\dot{M}_S \qquad \text{(E3.2-3)}$$

Como o processo ocorre em regime estacionário, podemos eliminar o termo de acúmulo. No somatório das correntes temos apenas duas, sendo uma de entrada e uma de saída. E o trabalho é apenas o trabalho de eixo exercido pela bomba. Portanto, o balanço de energia simplificado fica assim:

$$0 = \dot{Q} + \dot{W}_S + \left(\hat{H} + \hat{E}_C + \hat{E}_P\right)_E \dot{M}_E - \left(\hat{H} + \hat{E}_C + \hat{E}_P\right)_S \dot{M}_S \qquad \text{(E3.2-4)}$$

E, como as vazões de entrada e saída são iguais:

$$0 = \dot{Q} + \dot{W}_S + \left[\left(\hat{H} + \hat{E}_C + \hat{E}_P\right)_E - \left(\hat{H} + \hat{E}_C + \hat{E}_P\right)_S\right]\dot{M} \qquad \text{(E3.2-5)}$$

No balanço de energia simplificado, podemos substituir o termo de energia cinética pela sua definição Equação (3.1), e a energia potencial pelo produto mgh, pois o sistema está sujeito apenas ao campo gravitacional:

$$0 = \dot{Q} + \dot{W}_S + \dot{M}_E \hat{H}_E + \dot{M}_E \frac{v_E^2}{2} + \dot{M}_E g h_E - \dot{M}_S \hat{H}_S - \dot{M}_S \frac{v_S^2}{2} - \dot{M}_S g h_S \qquad \text{(E3.2-6)}$$

E, agrupando as correntes de entrada e saída da entalpia, da energia cinética e da energia potencial, temos:

$$0 = \dot{Q} + \dot{W}_S + \dot{M}\left(\hat{H}_E - \hat{H}_S\right) + \dot{M}\frac{v_E^2 - v_S^2}{2} + \dot{M}g\left(h_E - h_S\right) \qquad \text{(E3.2-7)}$$

Vamos considerar que não há perdas de calor para o ambiente e que todo calor transferido no trocador de calor seja utilizado para aumentar a temperatura do leite de 5 °C para 72 °C. Assim, podemos calcular o calor necessário para o aquecimento do leite usando a Equação (E3.2-8); você aprenderá mais tarde, quando estiver cursando a disciplina de Operações Unitárias de Transferência de Calor, que o cálculo dessa grandeza é bem mais envolvente. Por exemplo, a área de contato do leite com o trocador de calor será utilizada no cálculo da quantidade de calor. Mas por hora faremos o cálculo de forma simplificada.

$$\dot{Q} = \dot{M}C_p(T_S - T_E) \tag{E3.2-8}$$

Em que C_p é a capacidade calorífica do leite e T_E e T_S são, respectivamente, as temperaturas do leite na entrada e na saída do trocador de calor.

Cálculos

Agora temos que calcular a vazão mássica de leite e as velocidades de entrada e saída, a partir dos dados do problema. Para a vazão mássica temos que multiplicar a vazão volumétrica pela densidade do leite. Para simplificar, consideraremos as propriedades do leite iguais às da água. Sendo assim, a densidade é aproximadamente 1.000 kg/m³.

$$\dot{M} = q\rho$$

$$\dot{M} = 100 \frac{L}{min} \left(10^{-3} \frac{m^3}{L}\right) \left(\frac{1\,min}{60\,s}\right) \times 1.000 \frac{kg}{m^3}$$

$$\dot{M} = 1{,}67 \frac{kg}{s}$$

Para calcular a quantidade de calor usaremos o C_p médio da água. Então:

$$\dot{Q} = 1{,}67 \frac{kg}{s} \times 4{,}184 \frac{kJ}{kg.K} \times (345{,}15 - 298{,}15) K$$

$$\dot{Q} = 328{,}40 \text{ kJ/s}$$

As entalpias de entrada e saída do leite podem ser obtidas por aproximação dos valores das propriedades termodinâmicas tabeladas da água. Assim, temos:

$$\hat{H}_E(\text{saturada, } 5\,°C) = 20{,}98 \text{ kJ/kg}$$

$$\hat{H}_S(\text{saturada, } 70\,°C) = 292{,}98 \text{ kJ/kg}$$

$$\hat{H}_S(\text{saturada, } 75\,°C) = 313{,}93 \text{ kJ/kg}$$

O valor da entalpia a 72 °C pode ser obtido por interpolação:

$$\frac{\hat{H}_S(\text{saturada, } 72\,°C) - 292{,}98}{313{,}93 - 292{,}98} = \frac{72 - 70}{75 - 70}$$

$$\hat{H}_S(\text{saturada, } 72\,°C) = 301{,}36 \text{ kJ/kg}$$

A Primeira Lei da Termodinâmica: O Balanço de Energia

A velocidade, por sua vez, pode ser calculada dividindo a vazão volumétrica de leite pela área da seção transversal do tubo por onde ele escoa. Portanto:

$$v_E = \frac{q}{A_E} = 4 \times \frac{q}{\pi d_E^2} = 4 \times \frac{100 \text{ L/min} \times (10^{-3} \text{ m}^3/\text{L}) \times (1 \text{ min}/60 \text{ s})}{\pi (2,54 \times 10^{-2} \text{ m})^2} = 3,29 \text{ m/s}$$

$$v_S = \frac{q}{A_S} = 4 \times \frac{q}{\pi d_S^2} = 4 \times \frac{100 \text{ L/min} \times (10^{-3} \text{ m}^3/\text{L}) \times (1 \text{ min}/60 \text{ s})}{\pi (1,27 \times 10^{-2} \text{ m})^2} = 13,15 \text{ m/s}$$

Agora sim podemos calcular o trabalho:

$$\dot{W}_S = \dot{M}(\hat{H}_S - \hat{H}_E) + \dot{M}\left(\frac{v_S^2 - v_E^2}{2}\right) + \dot{M}g(h_S - h_E) - \dot{Q}$$

$$\dot{W}_S = 1,67 \frac{\text{kg}}{\text{s}} \times (301,36 - 20,98)\frac{\text{kJ}}{\text{kg}} + 1,67 \frac{\text{kg}}{\text{s}} \times \frac{(13,15^2 - 3,29^2)}{2} \frac{\text{m}^2}{\text{s}^2}$$
$$+ 1,67 \frac{\text{kg}}{\text{s}} \times 9,81 \frac{\text{m}}{\text{s}^2}(5\text{m}) - 328,40 \frac{\text{kJ}}{\text{s}}$$

$$\dot{W}_S = 468,23 \frac{\text{kJ}}{\text{s}} + 135,35 \frac{\text{kg.m}^2}{\text{s}^3} + 81,91 \frac{\text{kg.m}^2}{\text{s}^3} - 328,40 \frac{\text{kJ}}{\text{s}}$$

Lembrando que $J = \frac{\text{kg.m}^2}{\text{s}^2}$, então:

$$\dot{W}_S = 468,23 \frac{\text{kJ}}{\text{s}} + 135,35 \frac{\text{J}}{\text{s}} + 81,91 \frac{\text{J}}{\text{s}} - 328,40 \frac{\text{kJ}}{\text{s}} = 357,09 \text{ W}$$

Comentários

Na realidade, a potência da bomba deveria ser maior que a calculada, pois neste problema, desprezamos fatores como o atrito e a perda de pressão. Mesmo assim, podemos fazer uma observação importante a partir dos resultados. Embora contenha algumas simplificações que não refletem com exatidão o que acontece em um processo real, o Exemplo 3.2 ilustra em seus resultados as ordens de grandeza para as energias cinética e potencial, quando comparadas à entalpia e, consequentemente, à energia interna. Como podemos observar, as variações das energias cinética e potencial são muito baixas, podendo ser desprezadas no balanço de energia.

Simplificações da Primeira Lei da Termodinâmica

Para a maioria dos casos presentes na indústria de alimentos, o balanço de energia pode ser representado pela Equação (3.14):

$$\frac{dU}{dt} = \dot{Q} + \dot{W}_S - P\frac{dV}{dt} + \sum_{k_E}\hat{H}_E\dot{M}_E - \sum_{k_S}\hat{H}_S\dot{M}_S \tag{3.14}$$

De fato, a energia cinética só assume valores comparáveis aos da energia interna quando a velocidade do fluido é próxima à do som. A energia potencial, por sua vez, só tem valores consideráveis quando as variações de altura são importantes ou quando a temperatura ao longo do processo é praticamente constante.

A Equação (3.14), assim como as outras equações de balanço de energia apresentadas até aqui, está na forma diferencial, que é útil para processos contínuos e semicontínuos que ocorrem em regime permanente ou transiente.

No entanto, para processos em batelada, onde nosso interesse é definir o estado final de um sistema a partir do seu estado inicial e das transformações que ocorrem em um período delimitado de tempo, é mais conveniente usar a forma integrada do balanço de energia. Assim, integrando a Equação (3.14) em um intervalo de tempo $[t_1, t_2]$, temos:

$$\int_{t_1}^{t_2}\frac{dU}{dt}dt = \int_{U(t_1)}^{U(t_2)}dU = U_2 - U_1 = \Delta U = Q + W_S - \int_{V(t_1)}^{V(t_2)}PdV + \sum_{k_E}\hat{H}_E\Delta M_E - \sum_{k_S}\hat{H}_S\Delta M_S \tag{3.15}$$

E, em base molar:

$$\int_{t_1}^{t_2}\frac{dU}{dt}dt = \int_{U(t_1)}^{U(t_2)}dU = U_2 - U_1 = \Delta U = Q + W_S - \int_{V(t_1)}^{V(t_2)}PdV + \sum_{k_E}\underline{H}_E\Delta N_E - \sum_{k_S}\underline{H}_S\Delta N_S \tag{3.16}$$

Em problemas que aplicam a primeira lei da termodinâmica, a escolha do sistema pode ajudar a facilitar a resolução, mediante possíveis simplificações nos balanços de massa e energia. Nesta seção, veremos quais são as simplificações possíveis das Equações (3.14) e (3.15), para que possamos, em cada problema, escolher o sistema da forma mais conveniente.

Sistemas Fechados

Em sistemas fechados, não há correntes de entrada nem de saída de matéria, de modo que a massa inicial é igual à massa final do sistema. O balanço de energia simplificado se reduz às seguintes equações:

$$\frac{dU}{dt} = \dot{Q} + \dot{W}_S - P\frac{dV}{dt} \tag{3.17}$$

$$dU = \delta Q + \delta W_S - PdV \tag{3.18}$$

A Primeira Lei da Termodinâmica: O Balanço de Energia

Note que na Equação (3.18), a variação de energia interna e do volume é expressa pelos diferenciais dU e dV, enquanto as variações de calor e trabalho são expressas pelas variações δQ e δW. Isso ocorre porque energia interna e volume são funções de estado e calor e trabalho não são. A integração de dU resultará na variação do valor de energia interna dado por: $\Delta U = U_2 - U_1$. A integração de PdV estará sujeita à dependência da pressão com o volume, ao passo que a integração de calor e trabalho fornecerá os valores finitos: Q e W. Assim, a integração da Equação (3.18) resulta em:

$$\Delta U = Q + W_S - \int P dV \qquad (3.19)$$

Processos em Regime Estacionário

Em processos em regime estacionário ou permanente, a variação de qualquer grandeza do sistema com o tempo, ou seja, o acúmulo é nula. Isso significa que o valor final da energia interna é igual ao inicial, bem como a massa e o volume do sistema. Com essas simplificações, o balanço de energia pode ser escrito da seguinte forma:

$$\frac{dU}{dt} = 0 = \dot{Q} + \dot{W}_S - P\frac{dV}{dt} + \sum_{k_E} \hat{H}_E \dot{M}_E - \sum_{k_S} \hat{H}_S \dot{M}_S \qquad (3.20)$$

Ou

$$dU = 0 = \delta Q + \delta W_S - P dV + \sum_{k_E} \hat{H}_E dM_E - \sum_{k_S} \hat{H}_S dM_S \qquad (3.21)$$

Processos Adiabáticos

Processos adiabáticos são aqueles em que não ocorre transferência de calor entre o sistema e o meio ambiente. Nesse caso, o termo Q do balanço de energia deve ser zero. Na prática, porém, há casos em que podemos desprezar a troca de calor:

1. Quando as fronteiras do sistema são formadas por materiais de baixa condutividade térmica;
2. Quando o processo ocorre de forma rápida, não havendo tempo para uma transferência de quantidade significativa de calor.

Calores Específicos para Gases Ideais

No Exemplo 3.1, você deve ter notado que foi necessário estabelecer que o gás que sofreria expansão era um gás ideal; dessa forma fomos capazes de calcular valores numéricos para o trabalho de expansão. No Exemplo 3.2 você observou que a grandeza denominada capacidade calorífica foi necessária para o cálculo da demanda de energia térmica para elevar a temperatura do leite de 5 °C até 72 °C. Em todas as aplicações da primeira lei da termodinâmica para se estabelecer valores numéricos será necessária a substância ou a mistura de substâncias que participam do sistema. Portanto, deve estar claro que algumas propriedades da matéria devem ser medidas, calculadas ou estimadas para a resolução numérica do balanço de energia. Para tanto, definiremos duas grandezas denominadas:

- Calor específico a volume constante, dado pela Equação (3.22);
- Calor específico a pressão constante, dado pela Equação (3.23).

$$C_V = \left(\frac{\partial \underline{U}}{\partial T}\right)_{\underline{V}} \tag{3.22}$$

$$C_P = \left(\frac{\partial \underline{H}}{\partial T}\right)_P \tag{3.23}$$

De acordo com essas definições, a energia interna é função da temperatura e do volume, enquanto a entalpia é função da temperatura e da pressão. No caso específico de um gás ideal, essas grandezas são funções apenas da temperatura, de modo que:

$$C_V^* = \left(\frac{d\underline{U}}{dT}\right)_{\underline{V}} \tag{3.24}$$

$$C_P^* = \left(\frac{d\underline{H}}{dT}\right)_P \tag{3.25}$$

Neste ponto, é importante destacar que energia interna e entalpia, assim como outras grandezas termodinâmicas, são quantificadas sempre a partir de um **estado de referência**. Isto é, os valores de energia interna e entalpia são iguais às variações dessas grandezas em relação ao estado de referência. Então, das Equações (3.24) e (3.25) temos:

$$\underline{U} - \underline{U}_{ref} = \int_{T_{ref}}^{T} C_V^* dT \tag{3.26}$$

$$\underline{H} - \underline{H}_{ref} = \int_{T_{ref}}^{T} C_P^* dT \tag{3.27}$$

Usando a definição de entalpia dada pela Equação (3.11) juntamente com a lei dos gases ideais temos:

$$\underline{H} = \underline{U} + RT \tag{3.28}$$

A Primeira Lei da Termodinâmica: O Balanço de Energia capítulo 3

Portanto, como a entalpia e a energia interna dos gases ideais são funções apenas da temperatura, derivando a Equação (3.28) em relação à da temperatura, temos:

$$\frac{dH}{dT} = \frac{dU}{dT} + R\frac{dT}{dT} \quad (3.29)$$

Usando agora as Equações (3.24) e (3.25) obtemos:

$$C_P^* = C_V^* + R \quad (3.30)$$

Vale lembrar que, apesar de usarem os calores específicos a volume e pressão constantes, respectivamente, as Equações (3.24) a (3.30) são válidas para **qualquer processo envolvendo gases ideais**, uma vez que as grandezas U e H são funções de estado, isto é, suas variações independem do tipo de processo. Para sistemas envolvendo fluidos alimentícios, maiores detalhes sobre o cálculo dessas grandezas serão apresentados no Capítulo 11 deste livro.

Exemplo 3.3

Cálculo da Temperatura Final de um Gás Ideal em Tanque Pulmão

Uma indústria utiliza, em sua linha de produção, ar comprimido para diversas etapas do processamento. Para garantir o suprimento de ar comprimido, a indústria dispõe de um tanque pulmão onde o ar é armazenado a uma pressão de 1,013 MPa. O tanque é abastecido com ar proveniente de um compressor, na pressão de 2,026 MPa e 20 °C. Considerando que o tanque inicialmente contém ar a 101,3 kPa e 20 °C, calcule a temperatura do ar no interior do tanque após o enchimento. Considere o ar um gás ideal com C_V = 21 J/mol.K e despreze as perdas de calor através das paredes do tanque.

Resolução

Neste caso, o sistema será definido como o interior do tanque pulmão e seu conteúdo a cada instante. Como há entrada de ar no tanque, o sistema é aberto. Mais uma vez não temos uma substância pura, e sim uma mistura envolvida. Mas podemos tratar essa mistura como uma substância pura, atribuindo-lhe valores médios de propriedades. O enunciado recomenda desprezar as perdas de calor, de forma que os limites do sistema serão considerados adiabáticos. E, como o sistema é o interior do tanque, seus limites são rígidos, não havendo variação no volume. Escreveremos, então, os balanços de massa e energia para esse processo, ilustrado na Figura 3.5. E, como o processo não é contínuo, os balanços serão escritos na forma global.

Fundamentos de Engenharia de Alimentos

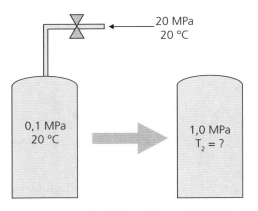

Figura 3.5 ▶ Enchimento de um tanque de ar comprimido.

Simplificações do Balanço de Massa

Como a substância envolvida no processo é um gás ideal, faremos os balanços de massa e energia em base molar. Dessa forma, poderemos aplicar a equação dos gases ideais quando for conveniente.

Para o balanço de massa, temos:

$$\frac{dN}{dt} = \sum_{k_E} \dot{N}_E \qquad \text{(E3.3-1)}$$

Como esse processo não ocorre em regime estacionário, e sim em regime transiente, o acúmulo não pode ser descartado. E, como existe apenas uma corrente de alimentação, temos:

$$dN = dN_E \qquad \text{(E3.3-2)}$$

Integrando a Equação (E3.3-1), temos:

$$N_2 - N_1 = \Delta N = \Delta N_E \qquad \text{(E3.3-3)}$$

Simplificações do Balanço de Energia

Em primeiro lugar, com a experiência adquirida no Exemplo 3.2, desprezaremos a energia cinética, admitindo que o seu valor é insignificante diante da variação da energia interna. Também desprezaremos a variação de energia potencial, pois não há variação de altura do sistema. Portanto, usando as Equações (3.13) e (E3.3-2), temos:

$$\frac{dU}{dt} = \dot{Q} + \dot{W}_S - P\frac{dV}{dt} + \underline{H}_E \dot{N}_E \qquad \text{(E3.3-4)}$$

A Primeira Lei da Termodinâmica: O Balanço de Energia — capítulo 3

Podemos cancelar o termo de calor, pois os limites do sistema são adiabáticos; não existe dispositivo mecânico, logo o termo do trabalho de eixo é nulo. Não existe deformação nos limites do sistema (variação de volume), logo o trabalho de expansão também é nulo. Logo,

$$dU = \underline{H}_E dN_E \qquad \text{(E3.3-5)}$$

Integrando a Equação (E3.3-5), temos:

$$U_2 - U_1 = \Delta U = \underline{H}_E \Delta N_E \qquad \text{(E3.3-6)}$$

Substituindo a Equação (E3.3-3), obtemos:

$$N_2 \underline{U}_2 - N_1 \underline{U}_1 = (N_2 - N_1)\underline{H}_E \qquad \text{(E3.3-7)}$$

Podemos, sabendo que o ar pode ser tratado como um gás ideal, usar a equação dos gases ideais para estimar o número de moles usando os dados presentes no enunciado do problema:

$$N_1 = \frac{P_1 V}{RT_1} \quad \text{e} \quad N_2 = \frac{P_2 V}{RT_2} \qquad \text{(E3.3-8)}$$

Em que $V = V_1 = V_2$, pois o volume do tanque é constante.

Quanto aos valores das energias internas e entalpias presentes no balanço de energia, podemos usar as Equações (3.26) e (3.27), que tratam das variações dessas grandezas em gases ideais. Para efetuar os cálculos, precisaremos adotar uma temperatura como valor de referência. Tomaremos, convenientemente, o zero absoluto como temperatura de referência e admitiremos que a energia interna e a entalpia valem zero nesse estado. Assim, temos:

$$\underline{U}_1 = C_V(T_1 - T_{ref}) = C_V T_1 \qquad \text{(E3.3-9)}$$

$$\underline{U}_2 = C_V(T_2 - T_{ref}) = C_V T_2 \qquad \text{(E3.3-10)}$$

$$\underline{H}_E = C_P(T_E - T_{ref}) = C_P T_E \qquad \text{(E3.3-11)}$$

Substituindo as Equações (E3.3-8) a (E3.3-11) no balanço de energia, Equação (E3.3-7), temos:

$$\left(\frac{PV}{RT}\right)_2 C_V T_2 - \left(\frac{PV}{RT}\right)_1 C_V T_1 = \left[\left(\frac{PV}{RT}\right)_2 - \left(\frac{PV}{RT}\right)_1\right] C_P T_E \qquad \text{(E3.3-12)}$$

Simplificando, lembrando que $V_1 = V_2$:

$$P_2 C_V - P_1 C_V = \left(\frac{P_2}{T_2} - \frac{P_1}{T_1}\right) C_P T_E \qquad \text{(E3.3-13)}$$

Finalmente, observamos que o problema fornece o valor de C_V, mas não o de C_P, mas esse valor pode ser obtido para um gás ideal usando a Equação (3.30).

Cálculos

Substituindo os dados do problema no balanço de energia simplificado, Equação (E3.3-13), temos:

$$\left(1{,}013\times10^6 - 1{,}013\times10^5\right)\times 21 = \left(\frac{1{,}013\times10^6}{T_2} - \frac{1{,}013\times10^5}{293{,}15}\right)\times(21+8{,}314)\times 293{,}15$$

$$T_2 = 393{,}6 \text{ K} = 120{,}5 \text{ °C}$$

Comentários

Como se esperava, a temperatura no interior do cilindro após o enchimento é maior que a temperatura inicial. No entanto, após algum tempo, devido à troca de calor através das paredes do cilindro, a temperatura interna se igualará à ambiente. Como efeito dessa variação, a pressão interna também será reduzida, proporcionalmente à temperatura.

É interessante observar que o valor calculado da temperatura, e consequentemente das demais propriedades do ar no final do processo, não depende da pressão da corrente de entrada do ar (*veja que esse valor não foi usado nos cálculos*). Isso ocorre porque consideramos o ar um gás ideal.

A Primeira Lei da Termodinâmica Aplicada a Sistemas Reais

Como vimos no exemplo anterior, o cálculo de variações de energia interna e de entalpia para gases ideais é relativamente simples, uma vez que essas grandezas dependem apenas da temperatura. No entanto, são poucos os casos práticos em que podemos tratar sistemas como gases ideais. No próprio Exemplo 3.3, essa consideração é algo grosseiro, pois o gás atinge uma pressão em que não se pode ignorar o efeito das interações entre suas moléculas. Então, como lidar com situações nas quais as substâncias envolvidas não são gases ideais?

Existem duas alternativas para resolver esses problemas. Uma delas é o uso de equações de estado, que serão abordadas no Capítulo 5. Neste capítulo, usaremos dados experimentais existentes para algumas substâncias, apresentados em tabelas ou diagramas.

A Primeira Lei da Termodinâmica: O Balanço de Energia

Exemplo 3.4

Temperatura na Válvula de Alívio de uma Caldeira

Uma caldeira, representada na Figura 3.6, foi projetada para produzir vapor a 2 MPa e 300 °C. Por motivos de segurança, a caldeira possui uma válvula de alívio, que é aberta sempre que a pressão interna atinge 4 MPa. Determine a temperatura do vapor que sai pela válvula de alívio.

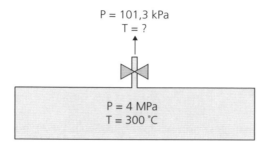

Figura 3.6 ▶ Caldeira geradora de vapor.

Resolução

Vamos definir como sistema, para este exemplo, o vapor que sai da caldeira através da válvula de alívio. A quantidade de vapor que sai não está especificada, mas podemos tomar 1 kg de vapor como base de cálculo. Portanto, temos como sistema uma massa fixa de água, ou seja, podemos defini-la como um "sistema fechado". O sistema é formado por uma substância pura, cujas propriedades podem ser encontradas em tabelas para água nos estados líquido e gasoso. Ao passar pela válvula o vapor se expande, de forma que o volume do sistema se altera. Ou seja, os limites do sistema não são rígidos. Por outro lado, nenhuma informação no enunciado indica se os limites são adiabáticos ou diatérmicos. Mas, se considerarmos que o processo de expansão do vapor ocorre de forma muito rápida, podemos supor que a troca de calor entre o sistema e o ambiente é pouco significativa. Então, consideraremos os limites adiabáticos.

Para os cálculos, usaremos os balanços globais de massa e energia, usando 1 kg de vapor como base de cálculo, uma vez que o processo não é contínuo.

Simplificações do Balanço de Massa

Como o sistema que definimos é fechado, temos:

$$\frac{dM}{dt} = \dot{M}_E - \dot{M}_S = 0 \tag{E3.4-1}$$

pois $\dot{M}_E = \dot{M}_S = 0$ para um sistema fechado; logo:

M = constante = 1 kg

Simplificações do Balanço de Energia

Partimos do balanço global de energia, já desprezando, uma vez mais, as energias cinética e potencial, e lembrando que as correntes de alimentação e saída são nulas, que assumimos processo adiabático e que não existe nenhum dispositivo mecânico, temos:

$$\frac{dU}{dt} = -P\frac{dV}{dt} \qquad \text{(E3.4-2)}$$

Ou

$$U_2 - U_1 = M(\hat{U}_2 - \hat{U}_1) = -\int_{\hat{V}_1}^{\hat{V}_2} PdV \qquad \text{(E3.4-3)}$$

No balanço de energia simplificado, Equação (E3.4-3), podemos substituir o valor da massa adotada como base de cálculo (1 kg), além da energia interna inicial, $\hat{U}_1$, cujo valor pode ser obtido na tabela de propriedades do vapor d'água:

$$\hat{U}_1 = \hat{U}(4\ \text{MPa},\ 300\ ^\circ\text{C}) = -2.725,3\ \text{kJ/kg}$$

Para obter a energia interna final, $\hat{U}_2$, devemos conhecer o valor de duas propriedades do vapor no estado final, isto é estado dois, assim como no caso de $\hat{U}_1$. Porém, apenas uma propriedade é conhecida: a pressão, que é igual à atmosférica, já que o vapor é liberado para o ambiente. Dessa forma, a resposta para o problema deve passar pelo cálculo do trabalho de expansão do vapor.

Comentários

O trabalho realizado depende da forma como a expansão ocorre na válvula. Como o enunciado não fornece informações que detalhem essa expansão, ficamos impossibilitados de calcular esse trabalho. Assim, não conseguimos chegar a uma resposta para esse problema.

Isso significa que o problema não tem solução? Talvez tenha, se escolhermos outro sistema. Retornemos então a essa etapa da resolução.

Seleção de um Novo Sistema

O sistema, agora, será o interior da válvula de alívio. Dessa vez o sistema é aberto, pois há entrada e saída de vapor na válvula. E, ao contrário do caso anterior, esse sistema tem limites rígidos, pois o interior da válvula possui volume constante. O processo continua sendo adiabático, se continuarmos considerando que ele ocorre de forma rápida. E, finalmente, podemos notar que é um processo em regime estacionário como ilustrado na Figura 3.7.

A Primeira Lei da Termodinâmica: O Balanço de Energia — capítulo 3

```
Vapor                              Vapor
4 MPa    ───►  ▷◁  ───►            1 atm
300 °C                             T = ?
```

Figura 3.7 ▶ Válvula de alívio em caldeira geradora de vapor.

Simplificações do Balanço de Massa

O processo é contínuo, ou seja, ocorre em regime estacionário. Isso significa que não há acúmulo de massa no interior do sistema; logo:

$$\frac{dM}{dt} = 0 = \dot{M}_E - \dot{M}_S \quad \text{(E3.4-4)}$$

Pois $\frac{dM}{dt} = 0$, logo $\dot{M}_E = \dot{M}_S$ para regime permanente.

Simplificações do Balanço de Energia

Partimos do balanço diferencial de energia, novamente desprezando as energias cinética e potencial, usando a Equação (E3.4-4), e lembrando que não existem dispositivos mecânicos ($\dot{W}_S = 0$) e o volume é constante ($P\frac{dV}{dt} = 0$), temos:

$$0 = \dot{M}\left(\hat{H}_E - \hat{H}_S\right) \quad \text{(E3.4-5)}$$

Ou simplesmente:

$$\hat{H}_E = \hat{H}_S$$

Cálculos

A corrente de entrada é formada por vapor a 4 MPa e 300 °C. Portanto, podemos encontrar a entalpia dessa corrente na tabela de propriedades do vapor d'água superaquecido:

$$\hat{H}_E = \hat{H}\left(4\text{ MPa, 300 °C}\right) = 2.960,7\text{ kJ/kg}$$

A corrente de saída é de vapor a pressão atmosférica ($1,013 \times 10^5$ Pa). E pelo balanço de energia, sabemos que a entalpia específica dessa corrente deve ser igual à da entrada, ou seja, 2.960,7 kJ/kg. Podemos procurar, na tabela, para qual temperatura o vapor tem essas propriedades.

Na tabela de vapor superaquecido, encontramos os seguintes dados:

$$\hat{H}(0,1 \text{ MPa}, 200 \text{ °C}) = 2.875,3 \text{ kJ/kg}$$

$$\hat{H}(0,1 \text{ MPa}, 250 \text{ °C}) = 2.974,3 \text{ kJ/kg}$$

Para facilitar os cálculos, consideramos 0,1 MPa como sendo a pressão de saída. E, para encontrar a temperatura de saída do vapor, faremos a interpolação a partir dos dados encontrados:

$$\frac{T_S - 200}{250 - 200} = \frac{2.960,7 - 2.875,3}{2.974,3 - 2.875,3}$$

$$T_S = 243,1 \text{ °C}$$

Assim, chegamos ao valor da temperatura do vapor que deixa a válvula e, como prevíamos, essa temperatura é menor que o vapor do interior da caldeira.

Comentários

Este exemplo nos mostra a importância da escolha do sistema para a resolução de problemas. Neste caso, ao escolher 1 kg de vapor como sistema, não conseguimos resolver o problema, devido à dificuldade em calcular o trabalho de expansão do vapor. Porém, ao escolher a válvula como sistema, nos livramos desse obstáculo e encontramos a temperatura de saída do vapor com facilidade.

O Coeficiente de Joule-Thomson

O fenômeno observado no exemplo anterior, em que um gás esfria ao ter sua pressão reduzida em um processo isentálpico, é conhecido como efeito **Joule-Thomson**. Desse efeito, podemos obter uma propriedade conhecida como **Coeficiente de Joule-Thomson**, que representa a variação da temperatura com a pressão em um processo isentálpico, e pode ser calculada por:

$$\mu = \left(\frac{\partial T}{\partial P}\right)_{\underline{H}} \tag{3.31}$$

Aplicações da Primeira Lei da Termodinâmica

Nos exemplos apresentados nesta seção vamos aplicar os balanços de massa, visto no capítulo anterior, e de energia, elaborado neste capítulo com base na primeira lei da termodinâmica. Na resolução dos problemas, daremos atenção especial à escolha do sistema, procurando sempre escolher aquele que nos leve à solução mais simples e prática. Em geral, as escolhas mais adequadas são aquelas que permitem uma ou mais simplificações no balanço de energia. Os exemplos são baseados em processos presentes em indústrias de alimentos, e suas resoluções visam encontrar um ou mais parâmetros desses processos.

Exemplo 3.5

Cálculo da Quantidade de Vapor na Escaldagem de Aves

A escaldagem é um processo usado em abatedouros de aves, que visa remover as penas para o corte posterior. O processo consiste em mergulhar as aves, já mortas, em um tanque de água quente por um determinado período, de forma que as penas se soltem da pele. Um abatedouro usa 1 m³ de água a 60 °C em seu tanque de escaldagem. Essa água é obtida mediante a injeção de vapor a 120 °C no tanque, que contém inicialmente água a 20 °C. Considerando que há uma perda de calor de 100 kJ/kg de água para o ambiente, determine a quantidade de vapor que deve ser injetada no tanque.

Resolução

Definiremos como sistema a água no interior do tanque, independentemente do seu estado físico. Temos, assim, um sistema aberto, pois há entrada de vapor no tanque, mas que opera em regime transiente, pois não há saída de água. E o sistema pode ser heterogêneo, já que a água pode estar presente nas fases líquida e gasosa. As propriedades da água, mais uma vez, podem ser encontradas em tabelas no Capítulo 19. Como o tanque tem volume constante, os limites do sistema são rígidos. Mas os limites não são adiabáticos, pois há perda de calor para o ambiente. Assim, podemos representar o processo na Figura 3.8.

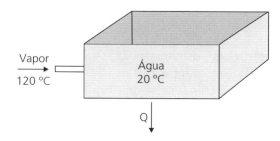

Figura 3.8 ▶ Tanque de escaldagem de aves.

Como podemos notar, se considerarmos o tempo entre o início da adição de vapor até que a água no tanque atinja a temperatura desejada, o processo ocorrerá em batelada, de forma que os balanços de massa e energia podem ser usados tanto na forma diferencial quanto na forma integrada.

Simplificações do Balanço de Massa

A variação da massa do tanque se deve apenas à entrada da corrente de vapor, não havendo saída de matéria:

$$\frac{dM}{dt} = \dot{M}_E \quad \Rightarrow \quad dM = dM_E \quad \text{(E3.5-1)}$$

Logo, integrando a Equação (E3.5-1) temos:

$$\Delta M = M_2 - M_1 = \Delta M_E \qquad \text{(E3.5-2)}$$

Simplificações do Balanço de Energia

Partimos do balanço global de energia, desprezando as energias cinética e potencial, e lembrando que não existem dispositivos mecânicos ($\dot{W}_S = 0$) e o volume é constante ($P\dfrac{dV}{dt} = 0$), temos:

$$\frac{dU}{dt} = \dot{Q} + \hat{H}_E \dot{M}_E \qquad \text{(E3.5-3)}$$

Portanto, a integração da Equação (E3.5-3) resulta em:

$$U_2 - U_1 = M_2 \hat{U}_2 - M_1 \hat{U}_1 = Q + \hat{H}_E \Delta M_E \qquad \text{(E3.5-4)}$$

E, aplicando o balanço de massa:

$$U_2 - U_1 = M_2 \hat{U}_2 - \left(M_2 - \Delta M_E\right)\hat{U}_1 = Q + \hat{H}_E \Delta M_E \qquad \text{(E3.5-5)}$$

Cálculos

Em primeiro lugar, vamos determinar a massa final de água no tanque, correspondente ao volume de 1 m³. Para isso, é necessário saber a densidade ou o volume específico da água no estado final, à pressão atmosférica e 60 °C.

Na tabela de líquido e vapor d'água saturados encontramos as propriedades da água a 60 °C, mas na pressão de saturação correspondente a essa temperatura, que é igual a 19,94 kPa. No entanto, como você aprenderá detalhadamente no Capítulo 5, a variação das propriedades de líquidos com a pressão é muito pequena, logo, pode ser desprezada. Assim, os valores das propriedades termodinâmicas da água líquida nessa temperatura serão aproximadamente iguais às propriedades da água líquida saturada. Usaremos os seguintes dados:

$$\hat{V}\left(\text{líquido saturado, 60 °C}\right) = 1{,}017 \times 10^{-3} \text{ m}^3/\text{kg}$$

$$\hat{U}\left(\text{líquido saturado, 60 °C}\right) = 251{,}11 \text{ kJ/kg}$$

Com o volume específico, calculamos a massa de 1 m³ de água a 60 °C:

$$M_2 = \frac{V_2}{\hat{V}_2} = \frac{1 \text{ m}^3}{1{,}017 \times 10^{-3} \text{ m}^3/\text{kg}} = 983{,}28 \text{ kg}$$

A Primeira Lei da Termodinâmica: O Balanço de Energia — capítulo 3

Para encontrar a energia interna da água a 20 °C, inicialmente no tanque, novamente nos deparamos com o mesmo problema. E mais uma vez, usaremos o valor encontrado para a água líquida saturada nessa temperatura:

$$\hat{U}(\text{líquido saturado, } 20\ °C) = 83{,}95\ kJ/kg$$

Por fim, precisamos da entalpia do vapor à pressão atmosférica e 120 °C. Esse valor pode ser calculado a partir de dados encontrados na tabela de vapor superaquecido:

$$\hat{H}(0{,}10\ MPa,\ 100\ °C) = 2.676{,}2\ kJ/kg$$

$$\hat{H}(0{,}10\ MPa,\ 150\ °C) = 2.776{,}4\ kJ/kg$$

Por interpolação, podemos estimar a entalpia da corrente de vapor a 120 °C:

$$\frac{\hat{H}_E - 2.676{,}2}{2.776{,}4 - 2.676{,}2} = \frac{120 - 100}{150 - 100}$$

$$\hat{H}_E = 2.716{,}3\ kJ/kg$$

Substituindo os valores no balanço de energia, Equação (E3.5-5) temos:

$$983{,}28\ kg \times 251{,}11\frac{kJ}{kg} - (983{,}28\ kg - \Delta M_E) \times 83{,}95\frac{kJ}{kg} = \Delta M_E \times 2.716{,}3\frac{kJ}{kg} + \left(-100\frac{kJ}{kg} \times 983{,}28\ kg\right)$$

$$\Delta M_E = 100{,}2\ kg$$

Comentário 1

Para resolver o Exemplo 3.5, entre outros dados, usamos a energia interna da água líquida a 60 °C e pressão atmosférica. Porém, nem sempre temos à disposição dados de líquidos sub-resfriados, como é o caso da água neste problema. Usamos neste caso o valor da energia interna da água líquida saturada a 60 °C, supondo ser essa uma boa aproximação. Será mesmo?

Os dados do National Institute of Standards and Technology (NIST) mostram que a entalpia da água a 0,1 MPa e 60 °C é de 251,25 kJ/kg, e o seu volume específico é de $1{,}01709 \times 10^{-3}\ m^3/kg$. Nessas condições, a água é um líquido sub-resfriado, pois se encontra abaixo do seu ponto de ebulição. Com esses dados, usando a Equação (3.13), obtemos uma energia interna de 251,15 kJ/kg. O valor da energia interna da água líquida saturada, que usamos na resolução, é de 251,11 kJ/kg, muito próximo do encontrado. Então, podemos afirmar que fizemos uma boa aproximação. De fato, podemos muitas vezes aproximar os valores de energia interna e entalpia de líquidos sub-resfriados para os valores de líquido saturado na mesma temperatura, por se tratarem de **fluidos incompressíveis**. Isto é, a pressão exerce muito pouca influência sobre as propriedades termodinâmicas desses materiais.

Outra aproximação válida para líquidos e sólidos é igualar os valores de energia interna e entalpia. Uma vez que os volumes específicos de sólidos e líquidos são muito baixos, o efeito do produto PV é pouco significativo na Equação (3.11), de forma que H e U são muito próximos. Para a água a 60 °C, por exemplo, temos:

$$\hat{U} = 251,15 \text{ kJ/kg}$$

$$P\hat{V} = 0,10 \text{ kJ/kg}$$

Logo:

$$\hat{H} = 251,25 \text{ kJ/kg} \approx \hat{U}$$

Comentário 2

Em algumas situações, somos obrigados a calcular propriedades de sistemas heterogêneos, por exemplo, misturas de água líquida e vapor. Nesses casos, é preciso conhecer as propriedades da substância nos estados líquido e gasoso, além das quantidades existentes em cada estado físico, como veremos a seguir.

Sistemas Heterogêneos

Em indústrias alimentícias nos deparamos constantemente com sistemas heterogêneos. Para calcular qualquer grandeza θ de um sistema heterogêneo podemos empregar a Equação (3.32):

$$\hat{\theta} = \overline{x}_L \hat{\theta}_L + \overline{x}_V \hat{\theta}_V \tag{3.32}$$

Em que:
$\overline{x}_L$ = fração mássica da fase líquida
$\overline{x}_V$ = fração mássica da fase gasosa
$\hat{\theta}_L$ = valor específico da grandeza na fase líquida
$\hat{\theta}_V$ = valor específico da grandeza na fase gasosa

Exemplo 3.6

Cálculo do Calor Necessário para Manter a Temperatura Constante em Tanque de Armazenamento de Vapor

Uma indústria usa vapor a alta pressão em vários dos seus processos. Para isso, ela dispõe de um tanque de armazenamento de vapor de 5 m³, volume suficiente para garantir o suprimento necessário. O vapor deve permanecer sempre a 250 °C.

Considere que em determinado momento 90% da massa de água no interior do tanque está no estado líquido, e que 50 kg de vapor devem ser usados na indústria. Calcule:

a) a massa total inicial no interior do tanque;
b) a porcentagem final de vapor no tanque;
c) o calor necessário para manter o conteúdo do tanque a 250 °C.

Resolução

Novamente, temos um exemplo no qual, pela nossa experiência, vimos que é conveniente definir um sistema com volume constante. Então, tomaremos o conteúdo do tanque como sistema. Trata-se de um sistema aberto, pois há saída de vapor do tanque. O sistema é heterogêneo, pois há água nos estados líquido e gasoso. Quanto à transferência de calor, fica claro que os limites são diatérmicos, pois é necessária a troca de calor para manter a temperatura constante no interior do tanque. A Figura 3.9 ilustra o processo com o sistema definido.

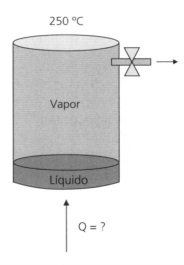

Figura 3.9 ▶ Tanque de armazenamento de vapor.

Outra vez, considerando o tempo total para utilização dos 50 kg de vapor, temos que o processo ocorre em batelada; podemos utilizar os balanços de massa e energia tanto na forma diferencial quanto na forma integral.

Simplificações do Balanço de Massa

A variação da massa no interior do tanque é devida à saída de vapor, não havendo nenhuma corrente de entrada:

$$\frac{dM}{dt} = -\dot{M}_s \quad \Rightarrow \quad dM = -dM_s \qquad \text{(E3.6-1)}$$

Integrando a Equação (E3.6-1), obtemos:

$$\Delta M = M_2 - M_1 = -\Delta M_S \tag{E3.6-2}$$

Ou

$$M_2 = M_1 - \Delta M_S \tag{E3.6-3}$$

Simplificações do Balanço de Energia

Novamente, desprezaremos as energias cinética e potencial; usando a Equação (E3.6-2) temos:

$$\int_{U(t_1)}^{U(t_2)} dU = U_2 - U_1 = \Delta U = Q + W_S - \int_{V(t_1)}^{V(t_2)} PdV - \hat{H}_S \Delta M_S \tag{E3.6-4}$$

Não há trabalho de eixo nem deformação nos limites do sistema, que são rígidos. Portanto, o trabalho envolvido no processo é zero. Assim, temos o balanço simplificado de energia:

$$U_2 - U_1 = M_2 \hat{U}_2 - M_1 \hat{U}_1 = Q - \hat{H}_S \Delta M_S \tag{E3.6-5}$$

E, aplicando o balanço de massa, Equação (E3.6-3) no balanço de energia:

$$U_2 - U_1 = \left(M_1 - \Delta M_S\right)\hat{U}_2 - M_1 \hat{U}_1 = Q - \hat{H}_S \Delta M_S \tag{E3.6-6}$$

Resolvendo para Q, temos:

$$Q = \left(M_1 - \Delta M_S\right)\hat{U}_2 - M_1 \hat{U}_1 + \hat{H}_S \Delta M_S \tag{E3.6-7}$$

Cálculos – item a

Para encontrar a massa inicial de água no tanque temos que saber, com exatidão, **o que há no tanque**. O enunciado do problema nos diz que há, em massa, 90% de líquido e a temperatura é de 250 °C. Portanto, há 10% de vapor. E, como há coexistência de líquido e vapor, podemos afirmar que se tratam de líquido e vapor saturados.

Não conhecemos a massa, mas é dado o volume ocupado pelo líquido e vapor saturados, que é igual ao volume do tanque, 5 m³. E a tabela de propriedades da água saturada nos fornece os volumes específicos do líquido saturado e do vapor saturado a 250 °C:

$$\hat{V}\left(\text{líquido saturado, } 250\,°C\right) = 1{,}251 \times 10^{-3}\ \text{m}^3/\text{kg}$$

$$\hat{V}\left(\text{vapor saturado, } 250\,°C\right) = 50{,}13 \times 10^{-3}\ \text{m}^3/\text{kg}$$

Com esses dados, podemos aplicar a Equação (3.32) para obter o volume específico do conteúdo inicial do tanque:

$$\hat{V}_1 = \overline{x}_{L1}\hat{V}_{L1} + \overline{x}_{V1}\hat{V}_{V1} = 0,9 \times 1,251 \times 10^{-3} + 0,1 \times 50,13 \times 10^{-3} = 6,14 \times 10^{-3} \text{ m}^3/\text{kg}$$

Assim, calculamos a massa inicialmente no tanque:

$$M_1 = \frac{V_1}{\hat{V}_1} = \frac{5 \text{ m}^3}{6,14 \times 10^{-3} \text{ m}^3/\text{kg}} = 814,3 \text{ kg}$$

Usando as frações mássicas, podemos também obter as massas de líquido e vapor:

Massa de água na forma de líquido saturado: $M_{L1} = 0,90 \, M_1 = 732,9 \text{ kg}$.

Massa de água na forma de vapor saturado: $M_{V1} = 0,10 \, M_1 = 81,4 \text{ kg}$.

Comentários

Como era esperado e lógico, a massa inicial no tanque é maior que os 50 kg de vapor retirados.

Cálculos – item b

Para encontrar as frações de líquido e vapor no final do processo, usaremos as informações disponíveis até o momento. Tudo o que sabemos é o volume total do sistema, que segue sendo de 5 m³ e a temperatura, que continua sendo de 250 °C. E agora, como temos a massa inicial, podemos calcular a massa final usando o balanço de massa:

$$M_2 = M_1 - \Delta M_S = 814,3 - 50 = 764,3 \text{ kg}$$

Com a massa e o volume finais, podemos calcular o volume específico final:

$$\hat{V}_2 = \frac{V_2}{M_2} = \frac{5 \text{ m}^3}{764,3 \text{ kg}} = 6,54 \times 10^{-3} \text{ m}^3/\text{kg}$$

Observamos que esse volume específico é maior que o volume específico do líquido saturado e menor que o do vapor saturado a 250 °C. Isso significa que, assim como no início, temos no final um sistema com líquido e vapor em equilíbrio. E aplicaremos a Equação (3.32) para obter as frações de líquido e vapor finais:

$$\hat{V}_2 = \overline{x}_{L2}\hat{V}_{L2} + \overline{x}_{V2}\hat{V}_{V2}$$

$$\hat{V}_2 = \overline{x}_{L2} \times 1,251 \times 10^{-3} + (1 - \overline{x}_{L2}) \times 50,13 \times 10^{-3} = 6,54 \times 10^{-3}$$

$$\overline{x}_{L2} = 0,89 \qquad \overline{x}_{V2} = 0,11$$

Comentários

Este resultado talvez não seja o que esperávamos a princípio. Como vemos, a fração de vapor aumentou, embora somente vapor tenha sido retirado do tanque. Por outro lado, devemos lembrar que manter constante a temperatura, e ao mesmo tempo ter líquido e vapor saturados, implica manter a pressão constante no interior do tanque. Não usamos esse dado nos cálculos, mas podemos ver na tabela que a pressão de saturação da água a 250 °C é de 3,973 kPa. Então, para manter essa pressão, é necessário que parte do líquido presente no interior do tanque seja vaporizada.

Cálculos – item c

Para calcular o calor adicionado ao tanque, vamos aplicar o balanço de energia. Para isso, devemos ter os valores das energias internas inicial e final, além da entalpia da corrente de saída.

Para as energias internas aplicaremos novamente a Equação (3.32), pois já conhecemos as frações mássicas de líquido e vapor. Usaremos as energias internas do líquido e do vapor saturados a 250 °C, encontradas na tabela de água saturada:

$$\hat{U}(\text{líquido saturado, 250 °C}) = 1.080,39 \text{ kJ/kg}$$

$$\hat{U}(\text{vapor saturado, 250 °C}) = 2.602,4 \text{ kJ/kg}$$

Portanto:

$$\hat{U}_1 = \bar{x}_{L1}\hat{U}_{L1} + \bar{x}_{V1}\hat{U}_{V1} = 0,9 \times 1.080,39 + 0,1 \times 2.602,4 = 1.232,59 \text{ kJ/kg}$$

$$\hat{U}_2 = \bar{x}_{L2}\hat{U}_{L2} + \bar{x}_{V2}\hat{U}_{V2} = 0,89 \times 1.080,39 + 0,11 \times 2.602,4 = 1.247,81 \text{ kJ/kg}$$

Quanto à entalpia, como a corrente de saída é composta apenas por vapor, usaremos a entalpia do vapor saturado a 250 °C. Aqui é interessante notar que, embora o enunciado não detalhe o que ocorre **durante** o processo, estamos admitindo que a temperatura permaneça constante. Até então, tínhamos usado apenas o fato de uma temperatura final ser igual à inicial. Pela tabela de água saturada, temos:

$$\hat{H}_S = \hat{H}(\text{vapor saturado, 250 °C}) = 2.801,5 \text{ kJ/kg}$$

Finalmente, aplicamos o balanço de energia usando os dados obtidos:

$$Q = (814,3 - 50) \times 1.247,81 - 814,3 \times 1.232,59 + 50 \times 2.801,5 = 90.078,15 \text{ kJ}$$

Como era de se esperar, é necessário adicionar calor ao sistema para manter a temperatura constante. Mas ressaltamos que, embora saibamos quanto calor deve ser adicionado, não sabemos como deve ser adicionado o calor (qual taxa, qual mecanismo, etc.). Tudo o que sabemos e podemos controlar, com os dados disponíveis, são os estados inicial e final do sistema.

/ A Primeira Lei da Termodinâmica: O Balanço de Energia   capítulo 3

Exemplo 3.7

Compressão de Dióxido de Carbono

Para ser usado como solvente em um processo de descafeinização de grãos de café, o dióxido de carbono precisa ser levado de 4,0 MPa e 25 °C até uma pressão de 30,0 MPa. Considerando que esse processo é realizado com auxílio de um compressor isolado termicamente, calcule a potência necessária para pressurizar 20 kg/h de CO_2.

Resolução

A essa altura, algumas informações do enunciado já nos permitem definir rapidamente o tipo de sistema que adotaremos. Nesse caso, ao observar que é dada a vazão de CO_2, imediatamente imaginamos um sistema aberto com processo em regime estacionário. Assim, definiremos como sistema o interior do compressor, que possui entrada e saída de CO_2. O compressor tem limites rígidos, portanto seu volume é constante. E, sendo termicamente isolado, tem seus limites adiabáticos. O processo está esquematizado na Figura 3.10.

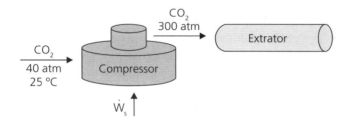

Figura 3.10 ▶ Pressurização de dióxido de carbono.

A substância envolvida no processo, o CO_2, pode ter suas propriedades encontradas em **webbook.nist.gov/chemistry/fluid**.

Faremos os balanços de massa e energia para esse processo. E pela nossa experiência, sabemos que em processos em regime estacionário devem ser feitos balanços na forma diferencial.

Simplificações do Balanço de Massa

Da forma como o sistema foi definido, temos um processo em regime estacionário, ou seja, não há variação de massa dentro do sistema. Portanto:

$$\frac{dM}{dt} = 0 = \dot{M}_E - \dot{M}_S \qquad \text{(E3.7-1)}$$

$$\dot{M}_E = \dot{M}_S = \dot{M} \qquad \text{(E3.7-2)}$$

Simplificações do Balanço de Energia

Como já é usual, partiremos do balanço diferencial de energia, já descartando as energias potencial e cinética:

$$\frac{dU}{dt} = 0 = \dot{Q} + \dot{W} + \hat{H}_E \dot{M}_E - \hat{H}_S \dot{M}_S \quad \text{(E3.7-3)}$$

Ou

$$0 = \delta Q + \delta W_S - PdV + \hat{H}_E dM_E - \hat{H}_S dM_S \quad \text{(E3.7-4)}$$

Como os limites são adiabáticos, não há transferência de calor. E, como não há deformação nos limites do sistema, o trabalho se resume ao trabalho de eixo. Assim, o balanço de energia torna-se:

$$\dot{W}_S = \dot{M}\left(\hat{H}_S - \hat{H}_E\right) \quad \text{(E3.7-5)}$$

Cálculos

Para calcular a potência do compressor temos que obter as entalpias do CO_2 na entrada e na saída do sistema. Esses valores podem ser encontrados num diagrama de propriedades do CO_2. Para a entalpia de entrada, cruzando a linha de 60 atm com a temperatura de 25 °C, obtemos uma entalpia de aproximadamente 170 kcal/kg, que corresponde, no sistema internacional de unidades, a 710,6 kJ/kg.

Da mesma forma, para encontrar a entalpia de saída, precisamos da pressão e da temperatura do CO_2 nessa situação. Mas o enunciado do problema só informa a pressão, de forma que, com o balanço de energia, conseguimos chegar à seguinte equação:

$$\dot{W}_S = (20 \text{ kg/h})\left(\hat{H}_S - 710,6\right)$$

Comentários

Com as informações que o enunciado do problema fornece, não conseguimos avançar além deste ponto na resolução. É inevitavelmente necessário conhecer alguma outra informação sobre o CO_2 que sai do compressor. Essa informação poderia ser a temperatura, como no caso da corrente de entrada, mas poderia também ser outra propriedade intensiva qualquer do CO_2. Aqui vale lembrar que o estado de um sistema composto por um componente em uma única fase pode ser completamente determinado a partir de duas propriedades intensivas quaisquer. Neste caso, temos apenas uma propriedade, a pressão. Então, com as informações e com o conhecimento que temos até agora, este problema não pode ser resolvido.

A Primeira Lei da Termodinâmica: O Balanço de Energia

capítulo 3

RESUMO DO CAPÍTULO

Este capítulo mostrou como é possível, usando os balanços de massa e energia, encontrar soluções para vários tipos de problemas presentes na indústria. Vimos como a escolha adequada do sistema e as possíveis simplificações são importantes para chegar à resposta com facilidade. Mesmo assim, nos deparamos com problemas que ainda não podem ser resolvidos por carência de informações ou, quem sabe, por ainda não termos usado todo o nosso conhecimento. Lembremos do que foi observado no Exemplo 3.1, no início deste capítulo. Será que isso pode ser útil? No Capítulo 4 tentaremos responder a essa questão, para poder resolver problemas como o do Exemplo 3.7.

PROBLEMAS PROPOSTOS

3.1. Um mol de gás ideal, com $C_P = 29{,}1$ J/mol.K, e inicialmente pressão atmosférica à 25 °C, passa por um ciclo formado pelas seguintes etapas:
   a) Compressão adiabática até atingir 0,8 MPa.
   b) Expansão isotérmica até 0,4 MPa.
   c) Expansão adiabática até atingir a temperatura inicial.
   d) Processo isotérmico até o estado inicial.

   Calcule o calor, o trabalho e as variações de energia interna e entalpia para cada etapa do processo e para o ciclo completo.

   Dado: nos processos adiabáticos considere válida a equação abaixo:

   $$\frac{T_2}{T_1} = \left(\frac{P_2}{P_1}\right)^{\frac{\gamma-1}{\gamma}} \quad \text{em que} \quad \gamma = \frac{C_P}{C_V}$$

3.2. Um compressor produz ar a 1,0 MPa e 50 °C a partir de ar à pressão atmosférica e temperatura ambiente (20 °C). Admitindo que nesse intervalo de pressões o ar pode ser considerado gás ideal com $C_P = 29{,}1$ J/mol.K, e que 10% da energia consumida no processo é perdida na forma de calor:
   a) Calcule a potência necessária para comprimir 10 kg/h de ar.
   b) Qual é a temperatura de saída do ar, caso não haja perda de calor?

3.3. Vapor d'água a 300 °C e 5 MPa escoa com vazão de 1 kg/s através de uma tubulação com 5 cm de diâmetro. Ao passar por uma válvula, o vapor é expandido até a pressão atmosférica e a tubulação tem seu diâmetro duplicado. Determine a temperatura de saída do vapor:
   a) Desprezando o efeito da energia cinética.
   b) Considerando o efeito da energia cinética.

3.4. Uma indústria usa dióxido de carbono (CO_2) a altas pressões como solvente para extração de óleos essenciais. O CO_2 é fornecido à indústria em cilindros de 0,04 m³ contendo 25 kg do solvente.
   a) Estime a pressão do CO_2 no interior do cilindro, a 25 °C. Qual é o estado físico do CO_2 nessa situação?
   b) Em um processo de extração são usados 5 kg de CO_2. A temperatura do CO_2 permanece constante. Calcule o calor trocado através das paredes do cilindro.

3.5. A extração do Problema 3.4 ocorre a 20 MPa e 40 °C. Para separar o óleo essencial do CO_2, a mistura é levada até a pressão atmosférica através de uma válvula, onde ocorre o efeito Joule-Thomson.
  a) Determine a temperatura do CO_2 após essa expansão.
  b) A temperatura encontrada indica que pode haver congelamento de água, presente no ar ambiente, na válvula, causando o entupimento da mesma. Para evitar esse problema a válvula deve ser aquecida. Quanto calor deve ser fornecido?
  c) Se o CO_2 fosse um gás ideal, qual seria a sua temperatura final?

3.6. Um liquidificador funciona com potência de 750 W. Ao bater um litro de água no liquidificador, considere que toda a energia transferida pelo motor é transformada em energia interna da água.
  a) Qual será a variação da temperatura da água após um minuto?
  b) Baseado na sua experiência, quais considerações deveriam ser feitas para se obter uma resposta mais realista?

3.7. Um tanque de 5 m³ contém vapor saturado a 200 °C. Cinquenta litros de água líquida a 50 °C são adicionados ao tanque.
  a) Determine a temperatura final e as frações mássicas e volumétricas de líquido e vapor no tanque.
  b) Quanto calor deve ser adicionado para manter apenas vapor no tanque, sem líquido?

3.8. Muitas vezes os bares servem a cerveja "estupidamente gelada", a temperaturas menores que o seu ponto de fusão, mas mesmo assim, no estado líquido. Porém, sabemos que se agitarmos um pouco a garrafa, parte da cerveja congela. A temperatura de fusão da cerveja é de –2,2 °C, a entalpia de fusão é de 301,45 kJ/kg e o calor específico é de 3,852 kJ/kg.K. Calcule qual é a quantidade de cerveja que congela em uma garrafa de 600 cm³ inicialmente a –5 °C. Desconsidere as trocas de calor com o ambiente.

3.9. A esterilização de alimentos enlatados é feita em autoclaves, mediante a transferência de calor úmido a alta pressão. No interior de uma autoclave de 0,500 m³ as latas entram em contato com vapor saturado a 125 °C. Para a operação, água líquida é colocada na autoclave, sendo aquecida a pressão atmosférica até a ebulição. O ar presente no interior da autoclave é, então, eliminado através de uma válvula, e o vapor d'água é pressurizado.
  a) Estime a quantidade de água líquida a 20 °C que deve ser colocada na autoclave para gerar o vapor nas condições necessárias.
  b) Calcule o calor necessário para a produção desse vapor, considerando o ar como um gás ideal com densidade de 1,2 kg/m³, massa molecular de 29 kg/kmol e $C_P = 27,435 + 0,618.10^{-2}\,T - 0,090.10^{-5}\,T^2$, T em Kelvin e C_P em J/mol.K.

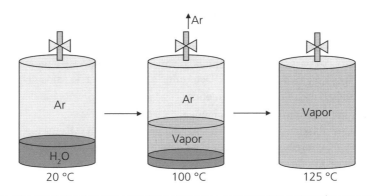

Figura P3.9 ▶ Pressurização de uma autoclave com vapor.

A Primeira Lei da Termodinâmica: O Balanço de Energia

capítulo 3

3.10. Uma caldeira deve gerar 10 kg/s de vapor à pressão atmosférica de 150 °C, a partir de água a 80 °C. Para isso, calor é fornecido à água mediante a queima de óleo combustível. Como não há isolamento térmico, 10% do calor produzido na queima do óleo é perdido para o ambiente. Sabendo que a entalpia de combustão do óleo é de 10.200 kcal/kg, calcule a vazão de óleo necessária para garantir a produção do vapor na quantidade e condição exigida.

3.11. Suco de laranja concentrado é produzido através da evaporação de água. Partindo de 0,10 m³ de um suco integral deseja-se obter um suco com 50% de sólidos, em massa. A concentração é feita em um evaporador de 10 m³ com pressão controlada, que conta com um agitador de pás, que funciona com potência de 2 kW durante 2 horas. Calcule o calor necessário para a evaporação, considerando que:

a) O processo ocorre à pressão atmosférica.

b) A evaporação ocorre em pressão reduzida (50% da pressão atmosférica).

Dados:

O suco de laranja integral tem a seguinte composição, em massa: 89% de água, 0,59% de proteína, 0,14% de gordura, 9,85% de carboidratos, 0,20% de fibras e 0,41% de cinzas.

Os calores específicos dos sólidos podem ser calculados pelas seguintes equações:

Proteínas: $C_P = 2,0082 + 1,2089 \times 10^{-3} T - 1,3129 \times 10^{-6} T^2$

Gordura: $C_P = 1,9842 + 1,4733 \times 10^{-3} T - 4,8008 \times 10^{-6} T^2$

Carboidratos: $C_P = 1,5488 + 1,9625 \times 10^{-3} T - 5,9399 \times 10^{-6} T^2$

Fibras: $C_P = 1,8459 + 1,8306 \times 10^{-3} T - 4,6509 \times 10^{-6} T^2$

Cinzas: $C_P = 1,0926 + 1,8896 \times 10^{-3} T - 3,6817 \times 10^{-6} T^2$

Em que:

C_P = calor específico (kJ/kg.K)

3.12. Uma bomba é usada para transportar 1,0 m³/h de suco de laranja a 10 °C em uma tubulação. A pressão de descarga da bomba é de 0,5 MPa, e a sucção é a pressão atmosférica. O trabalho realizado sobre líquidos em uma bomba pode ser aproximado por VΔP. Calcule a potência requerida pela bomba e a temperatura de descarga do suco. O calor específico do suco de laranja é de 3,890 kJ/kg.K.

REFERÊNCIAS BIBLIOGRÁFICAS

1. American Society of Heating, Refrigeration and Air-Conditioning Engineers. Fundamentals Handboox, Cap. 30 – Thermal Properties of Foods, ASHRAE, EUA, 1998.

2. Fennema, O.R.; Powrie, W.D.; Marth, E.H. Low-temperature Preservation of Foods and Living Matter, Marcel Dekker Inc, New York, EUA, 1973.

3. Himmelblau, D.M. Engenharia Química – Princípios e Cálculos, 6ª edição, LTC Editora, Rio de Janeiro – RJ, 1999.

4. Moran, M.J.; Shapiro, H.N. Princípios de Termodinâmica para Engenharia, 6ª edição, LTC Editora, Rio de Janeiro – RJ, 2009.

5. NIST – National Institute of Standards and Technology (webbook.nist.gov/chemistry/fluid).

6. Sandler, S.I. Chemical, Biochemical and Engineering Thermodynamics, 4ª edição, Jonh Wiley & Sons, New York, EUA, 2006.

7. Smith, J.M.; Van Ness, H.C.; Abbout, M.M. Introdução à Termodinâmica de Engenharia Química. 5ª edição. LTC Editora, Rio de Janeiro – RJ, 2000.

8. Sonntag, R.E.; Borgnakke, C. Introdução à Termodinâmica para Engenharia, 1ª edição, LTC Editora, Rio de Janeiro – RJ, 2003.

9. Stoecker, W.F.; Jabardo, J.M.S. Refrigeração Industrial, 2ª edição, Editora Edgard Blucher, São Paulo – SP, 2002.

CAPÍTULO 4

A Segunda Lei da Termodinâmica: O Balanço de Entropia

- Julian Martínez

CONTEÚDO

Objetivo do Capítulo 61
Introdução 62
Entropia 62
Exemplo 4.1 – Cálculo da Geração de Entropia 65
Resolução 65
Simplificações do Balanço de Entropia 65
Cálculos 65
Comentários 66
A Segunda Lei da Termodinâmica 66
Exemplo 4.2 – Cálculo do Trabalho em Trajetória Composta por
Sucessivos Estados de Equilíbrio 67
Resolução 67
Simplificação do Balanço de Energia 68
Cálculos 68
Comentários 68
Exemplo 4.3 – Cálculo da S_{ger} na Esterilização de Latas de Molho 69

Resolução 69

Simplificação do Balanço de Entropia 69

Comentários 70

Eficiência Térmica de Processos 71

Exemplo 4.4 – Cálculo da Conversão de Calor em Trabalho 71

Resolução 71

Simplificações do Balanço de Energia 72

Simplificações do Balanço de Entropia 72

Comentários 72

Consequências da Segunda Lei da Termodinâmica: A Eficiência da Conversão Térmica 72

Exemplo 4.5 – Cálculo da Eficiência de um Processo Cíclico 73

Resolução 73

Simplificações do Balanço de Energia 73

Simplificações do Balanço de Entropia 74

Comentários 74

O Ciclo de Carnot 75

Variação de Entropia em Gases Ideais 76

Exemplo 4.6 – Cálculo da Entropia de um Gás Ideal 77

Resolução 77

Simplificação do Balanço de Energia 77

Simplificação do Balanço de Entropia 78

Comentários 1 81

Comentários 2 81

Aplicações da Segunda Lei da Termodinâmica 82

Exemplo 4.7 – Compressão Irreversível de um Gás Real 82

Resolução 82

Simplificações do Balanço de Entropia 83

Comentários 84

Exemplo 4.8 – Cálculo da Eficiência de um Compressor 84

Resolução 84

Simplificações do Balanço de Energia 85

Simplificações do Balanço de Entropia 85

A Segunda Lei da Termodinâmica: O Balanço de Entropia

capítulo 4

Comentários 86
Exemplo 4.9 – O Ciclo Rankine 86
Resolução 87
Comentário 1 91
Comentário 2 94
Ciclos de Refrigeração 94
Exemplo 4.10 – Cálculo do Coeficiente de Performance 94
Resolução 95
Balanço de Energia 95
Balanço de Entropia 96
Balanço de Energia 96
Balanço de Entropia 96
Balanço de Energia 96
Balanço de Entropia 97
Balanço de Energia 97
Balanço de Entropia 97
Comentários 100
Resumo do Capítulo 100
Problemas Propostos 100
Referências Bibliográficas 101

OBJETIVO DO CAPÍTULO

Este capítulo tem como objetivo introduzir o balanço de entropia, aplicando a segunda lei da termodinâmica a processos presentes na indústria de alimentos. A compreensão e aplicação dessa lei, em vários exemplos aqui apresentados, permitirão ao leitor verificar os limites existentes em processos reais, e como é possível obter a máxima eficiência neles.

Introdução

No Capítulo 3, a primeira lei da termodinâmica, que trata da conservação de energia, foi aplicada a diversos processos existentes em indústrias de alimentos. Usando os balanços de massa e energia somos capazes de resolver vários problemas, encontrando parâmetros que nos ajudam a dimensionar equipamentos e projetar processos. Ainda assim, percebemos que em certos casos os balanços de massa e de energia não são suficientes para resolver os problemas apresentados. É necessária alguma nova informação para que a solução possa ser encontrada.

Por outro lado, os exemplos do Capítulo 3 apresentaram algumas constatações que, se analisadas cuidadosamente, podem nos levar a essa informação que precisamos. Vimos, por exemplo, que dependendo da forma como um processo é conduzido, o trabalho realizado pode variar e que, quanto mais etapas intermediárias o processo tem, maior é o trabalho realizado. Também sabemos, praticamente por senso comum, que o calor é transferido naturalmente de um corpo mais quente para outro mais frio, e que jamais ocorre o contrário. A questão é: será que podemos "equacionar" de alguma forma essas informações? E se pudermos, será que isso pode nos ajudar a resolver problemas até agora sem resposta?

Neste capítulo, procuraremos equacionar essas informações. Vamos usar a ideia de equilíbrio para conceituar uma nova grandeza, a entropia, e assim desenvolver uma nova equação de balanço, que poderá ser aplicada junto com os balanços de massa e de energia na resolução de problemas. O conceito de processo reversível, citado no Capítulo 3, será retomado também neste capítulo e relacionado com o equilíbrio e com a entropia.

Entropia

Imaginemos um sistema fechado, isolado e com volume constante, e façamos o balanço para uma grandeza qualquer, θ, nesse sistema, conforme a Equação (2.7):

$$\frac{d\theta}{dt} = \sum_{k_E} \hat{\theta}_E \dot{M}_E - \sum_{k_S} \hat{\theta}_S \dot{M}_S + \sum_{k_{lim}} \dot{\theta}_{lim} + \dot{\theta}_{ger} \qquad (2.7)$$

Como o sistema é fechado, não há entrada nem saída de matéria. E como é isolado e com volume constante, também não há variação da grandeza θ devido a interações com o ambiente. Portanto, podemos simplificar o balanço, que se resume à Equação (4.1):

$$\frac{d\theta}{dt} = \dot{\theta}_{ger} \qquad (4.1)$$

Agora, de acordo com o Fato Experimental Nº 4, Capítulo 1, se o sistema se encontra em um estado de equilíbrio, podemos afirmar que os valores de todas as suas propriedades (pressão, temperatura, energia interna, etc.) são constantes, ou seja, não variam com o tempo. Naturalmente, o mesmo pode ser dito a respeito de θ, que é uma propriedade como as outras. Então, no equilíbrio:

A Segunda Lei da Termodinâmica: O Balanço de Entropia

$$\frac{d\theta}{dt} = \dot{\theta}_{ger} = 0 \qquad (4.2)$$

E, se o sistema não está em equilíbrio, a propriedade θ varia com o tempo. Aqui, arbitrariamente definiremos que no equilíbrio a propriedade θ atinge seu valor máximo, de forma que, fora do equilíbrio:

$$\frac{d\theta}{dt} = \dot{\theta}_{ger} > 0 \qquad (4.3)$$

Dessa forma, conseguimos expressar matematicamente o fato que todo processo natural tende a levar um sistema a um estado de equilíbrio. E à grandeza θ damos o nome de ENTROPIA.

A entropia, em um sistema fechado, isolado e com volume constante, só pode variar se houver geração da mesma dentro do sistema. Mas, se deixarmos de lado essas restrições, temos outras formas possíveis de variar a entropia:

1. Assim como ocorre com energia interna e entalpia, as correntes de matéria que atravessam os limites de um sistema aberto possuem sua entropia. Portanto, pode haver variação de entropia no sistema devido à entrada ou saída de massa.
2. A transferência de calor através dos limites de um sistema também resulta em variação de entropia. Nesse caso, a variação de entropia é igual à quantidade de calor trocado dividida pela temperatura do sistema durante a troca de calor.

Somando essas duas formas de variação de entropia à geração, podemos escrever um balanço diferencial de entropia para um sistema qualquer, através da Equação (4.4):

$$\frac{dS}{dT} = \sum \frac{\dot{Q}}{T} + \dot{S}_{ger} + \sum_{k_E} \hat{S}_E \dot{M}_E - \sum_{k_S} \hat{S}_S \dot{M}_S \qquad (4.4)$$

E da mesma forma que fizemos com outras grandezas, podemos escrever o balanço global de entropia:

$$\Delta S = \sum \frac{Q}{T} + S_{ger} + \sum_{k_E} \hat{S}_E \Delta M_E - \sum_{k_S} \hat{S}_S \Delta M_S \qquad (4.5)$$

A definição da entropia transferida através da troca de calor deixa evidente a unidade de medida da entropia, que no sistema internacional é Joule/Kelvin.

Os balanços de entropia apresentados nas Equações (4.4) e (4.5) nos colocam diante de um obstáculo na tentativa de calcular a variação de entropia em processos reais: no termo de variação de entropia pela troca de calor, a temperatura do sistema durante a troca dificilmente é constante. E, quando essa temperatura varia, torna-se difícil calcular o termo em questão. Para eliminar esse problema nos valemos de um artifício algébrico, somando e subtraindo o mesmo valor ao termo de geração de entropia:

$$\sum \frac{\dot{Q}}{T} = \sum \frac{\dot{Q}}{T} - \sum \frac{\dot{Q}}{T_{AMB}} + \sum \frac{\dot{Q}}{T_{AMB}} \qquad (4.6)$$

Em que:

T_{AMB} = temperatura do meio ambiente.

Rearranjando a Equação (4.6), temos:

$$\sum \frac{\dot{Q}}{T} = \sum \left(\frac{\dot{Q}}{T} - \frac{\dot{Q}}{T_{AMB}} \right) + \sum \frac{\dot{Q}}{T_{AMB}} = \dot{Q} \sum \left(\frac{T_{AMB} - T}{TT_{AMB}} \right) + \sum \frac{\dot{Q}}{T_{AMB}} \qquad (4.7)$$

Agora analisemos o termo $\dot{Q} \sum \left(\frac{T_{AMB} - T}{TT_{AMB}} \right)$ da Equação (4.7) e seus possíveis valores:

1. Se a temperatura do meio ambiente for maior que a temperatura do sistema, ocorrerá transferência de calor do meio ambiente para o sistema, ou seja, $\dot{Q}$ será positivo. Dessa forma, o termo também terá sinal positivo.
2. Se a temperatura do sistema for maior que a do meio ambiente, ocorrerá transferência de calor do sistema para o meio ambiente, de forma que $\dot{Q}$ será negativo. E analisando o termo todo, vemos que ele será novamente positivo.
3. Finalmente, se as temperaturas do sistema e do meio ambiente forem iguais, o termo destacado valerá zero (o que pode também ser justificado pelo fato que não haveria troca de calor).

Portanto, observamos que o termo em destaque sempre será maior ou igual a zero, da mesma forma que a geração de entropia em qualquer processo. Assim, incorporamos esse termo à geração de entropia, pois ele representa a geração de entropia resultante da troca de calor. E assim, podemos reescrever os balanços diferencial e global de entropia:

$$\frac{dS}{dt} = \sum \frac{\dot{Q}}{T_{AMB}} + \dot{S}_{ger} + \sum_{k_E} \hat{S}_E \dot{M}_E - \sum_{k_S} \hat{S}_S \dot{M}_S \qquad (4.8)$$

$$\Delta S = \sum \frac{Q}{T_{AMB}} + S_{ger} + \sum_{k_E} \hat{S}_E \Delta M_E - \sum_{k_S} \hat{S}_S \Delta M_S \qquad (4.9)$$

Ou, em base molar:

$$\frac{dS}{dt} = \sum \frac{\dot{Q}}{T_{AMB}} + \dot{S}_{ger} + \sum_{k_E} \underline{S}_E \dot{N}_E - \sum_{k_S} \underline{S}_S \dot{N}_S \qquad (4.10)$$

$$\Delta S = \sum \frac{Q}{T_{AMB}} + S_{ger} + \sum_{k_E} \underline{S}_E \Delta N_E - \sum_{k_S} \underline{S}_S \Delta N_S \qquad (4.11)$$

A Segunda Lei da Termodinâmica: O Balanço de Entropia — capítulo 4

Agora, a temperatura do meio ambiente aparece no balanço de entropia em vez da temperatura do sistema. Isso é vantajoso, pois sempre é mais fácil medir ou estimar a temperatura do meio ambiente, que será menos sujeita a variações ao longo de processos com tempo limitado.

Exemplo 4.1

Cálculo da Geração de Entropia

Calcule a geração de entropia de 1 kg de vapor do Exemplo 3.4.

Resolução

O Exemplo 3.4 consistia na estimativa da temperatura de saída do vapor através de uma válvula de alívio de uma caldeira. Com os balanços de massa e energia foi possível estimar essa temperatura, usando a válvula como sistema. Agora, continuaremos adotando a válvula como sistema e faremos o balanço de entropia para o mesmo processo.

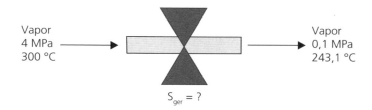

Figura 4.1 ▶ Expansão de vapor através de uma válvula de alívio.

Simplificações do Balanço de Entropia

Lembrando que o processo ocorre em regime estacionário $\left(\dfrac{dS}{dt}=0\right)$, e que por ser um processo rápido, podemos desprezar as trocas de calor ($\dot{Q}=0$), temos então o balanço de entropia simplificado:

$$\hat{S}_E \dot{M}_E - \hat{S}_S \dot{M}_S + \dot{S}_{ger} = 0 \qquad \text{(E4.1-1)}$$

E, como o sistema possui uma massa fixa (M = 1 kg), então, a forma integrada da Equação (4.1-1) se torna:

$$S_{ger} = 1\,\text{kg}\left(\hat{S}_S - \hat{S}_E\right) \qquad \text{(E4.1-2)}$$

Cálculos

A corrente de entrada é formada por vapor a 4 MPa e 300 °C. Na tabela de propriedades do vapor superaquecido, encontramos:

$$\hat{S}(4\ \text{MPa}, 300\ °C) = 6{,}3615\ \text{kJ/kg.K}$$

A corrente de saída, por sua vez, é de vapor à pressão atmosférica e 243,1 °C, encontrada na resolução do Exemplo 3.4. Na tabela de propriedades do vapor superaquecido (Capítulo 19), encontramos os seguintes valores para a pressão de 0,1 MPa:

T (°C)	$\hat{S}$ (kJ/kg.K)
200	7,8343
250	8,0333

Interpolando os valores encontrados, calculamos a entropia do vapor que sai da válvula:

$$\hat{S}(0{,}1\ \text{MPa}, 243{,}1\ °C) \simeq 8{,}0058\ \text{kJ/kg.K}$$

Assim, substituindo os valores no balanço de entropia, calculamos a entropia gerada nesse processo:

$$S_{ger} = 1\ \text{kg}(8{,}0058 - 6{,}3615) = 1{,}6443\ \text{kJ/K}$$

Comentários

O valor da entropia gerada é positivo, o que condiz com o resultado previsto pela Equação (4.3). A seguir, vamos compreender por que a geração de entropia sempre deve ser positiva ou igual a zero.

A Segunda Lei da Termodinâmica

Retomemos a Equação (4.3), já sabendo que a grandeza à qual ela se refere é a entropia. Então, para um sistema fechado, isolado e com volume constante:

$$\frac{dU}{dt} = \dot{S}_{ger} > 0 \tag{4.12}$$

E, no equilíbrio, podemos aplicar a Equação (4.2):

$$\frac{dS}{dt} = \dot{S}_{ger} = 0 \tag{4.13}$$

Então, podemos afirmar que:

$$\dot{S}_{ger} \geq 0 \tag{4.14}$$

A Segunda Lei da Termodinâmica: O Balanço de Entropia

Essa observação, já constatada no Exemplo 4.1, é uma evidência da segunda lei da termodinâmica: **A geração de entropia de qualquer processo real é sempre maior ou igual a zero**. E, pela Equação (4.13), fica evidente que a geração de entropia só pode ser **igual a zero** quando o sistema está no equilíbrio.

As Equações (4.8) a (4.11) com a restrição dada pela Equação (4.14) formam um conjunto denominado segunda lei da termodinâmica.

Então, podemos nos perguntar: existe algum processo em que a geração de entropia é zero?

Se a geração de entropia é zero apenas no equilíbrio, os processos sem geração de entropia devem, obrigatoriamente, ser formados por sucessivos estados de equilíbrio. Vejamos um exemplo desse tipo de processo, retornando ao Exemplo 3.1.

Exemplo 4.2

Cálculo do Trabalho em Trajetória Composta por Sucessivos Estados de Equilíbrio

Para o item c do Exemplo 3.1, calcule o trabalho do processo inverso, ou seja, a compressão do gás através da adição sucessiva de grãos de areia, como mostra a Figura 4.2.

Resolução

Assim como foi feito no Exemplo 3.1, neste caso adotaremos o mesmo sistema, ou seja, o gás ideal no interior do cilindro. Esse gás estava inicialmente com uma pressão de 1,0 MPa, ocupando um volume de 1 m^3. A retirada dos grãos de areia, um a um, causou a expansão do gás e consequentemente a realização de 2.300 kJ de trabalho sobre o ambiente.

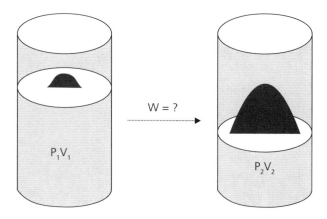

Figura 4.2 ▶ Compressão de um gás através da adição de grãos de areia.

Simplificação do Balanço de Energia

Novamente temos um sistema fechado, no qual a primeira lei da termodinâmica se reduz a:

$$\Delta U = Q + W \qquad \text{(E4.2-1)}$$

E, como a temperatura final é igual à inicial e o gás é ideal, sabemos que não há variação de energia interna, de modo que:

$$W = -Q \qquad \text{(E4.2-2)}$$

Cálculos

Como os grãos de areia são colocados um a um sobre o pistão, a pressão exercida sobre o gás aumenta gradualmente, de 0,1 até 1,0 MPa. Então, o trabalho pode ser calculado da mesma forma que no item c do Exemplo 3.1, invertendo os estados inicial e final:

$$W = -\int P dV = -\int \frac{NRT}{V} dV = -NRT \int \frac{dV}{V} \qquad \text{(E4.2-3)}$$

Como a pressão final é dez vezes maior que a inicial, o volume deve ser dez vezes menor:

$$W = -NRT \ln \frac{V_2}{V_1} = -10^6 \ln \frac{1}{10} = 2,3 \times 10^6 \, J \qquad \text{(E4.2-4)}$$

Comentários

Portanto, o trabalho necessário para a compressão do gás é exatamente igual, em módulo, ao trabalho realizado na expansão do gás. Isso indica que o *caminho* percorrido pelo sistema na expansão e na compressão é exatamente o mesmo, como mostra o gráfico da Figura 4.3.

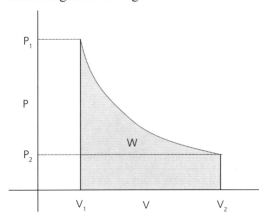

Figura 4.3 ▶ Representação gráfica da expansão e compressão isotérmicas de um gás ideal.

A Segunda Lei da Termodinâmica: O Balanço de Entropia

No Exemplo 4.2, apresentamos um exemplo de **processo reversível**, que pode ser definido da seguinte forma:

Um **processo reversível** é aquele no qual um sistema é levado de um estado inicial a um estado final por um determinado caminho, podendo retornar ao estado inicial **pelo mesmo caminho**, sem que ocorra perda ou ganho de energia.

Como vimos isso só é possível se o processo for constituído por uma sucessão de infinitos estados de equilíbrio. Concluímos então que **não há geração de entropia em processos reversíveis**.

Por outro lado, um processo **irreversível** é um processo natural, que leva um sistema de um estado de não equilíbrio a um estado de equilíbrio. Nesse caso, como prevê a segunda lei da termodinâmica, a geração de entropia deve sempre ser positiva.

Exemplo 4.3

Cálculo da S_{ger} na Esterilização de Latas de Molho

Uma autoclave opera a 125 °C com o objetivo de esterilizar molho de tomate enlatado. As latas de molho estão inicialmente a 20 °C. Considerando que a autoclave é devidamente isolada, de modo que não há perdas de calor para o ambiente, avalie a geração de entropia no processo de esterilização.

Resolução

Adotaremos como sistema o conjunto formado pela autoclave e as latas de molho no seu interior. Note que, ao adotar esse sistema, estamos dizendo que o estado inicial, onde as temperaturas são diferentes, é um estado de não equilíbrio. Porém, se adotássemos apenas a autoclave, ou apenas as latas como sistema, o estado inicial seria de equilíbrio, pois a temperatura seria uniforme (Figura 4.4).

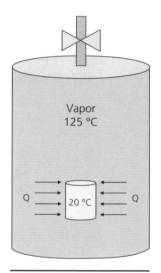

Figura 4.4. ▶ Transferência de calor em um processo de esterilização.

Simplificação do Balanço de Entropia

Partindo do balanço global de entropia, da Equação (4.9):

$$\Delta S = \sum \frac{Q}{T_{AMB}} + S_{ger} + \sum_{k_E} \hat{S}_E \Delta M_E - \sum_{k_S} \hat{S}_S \Delta M_S \quad \text{(E4.3-1)}$$

Como o sistema "autoclave + latas" é fechado e isolado, o balanço se reduz a:

$$\Delta S = S_{ger} \quad \text{(E4.3-2)}$$

Agora, para determinar a variação de entropia, dividiremos o sistema em dois, sabendo que a soma das variações de entropia dos dois sistemas será igual à variação de entropia do sistema original:

$$\Delta S = \Delta S_{autoclave} + \Delta S_{latas} \quad \text{(E4.3-3)}$$

Tanto a autoclave quanto as latas são sistemas fechados, mas não isolados, de forma que a variação de entropia de cada um é consequente do calor trocado:

$$\Delta S_{autoclave} = \frac{Q_{autoclave}}{T_{autoclave}} \quad \text{(E4.3-4)}$$

$$\Delta S_{latas} = \frac{Q_{latas}}{T_{latas}} \quad \text{(E4.3-5)}$$

Sabemos também que o calor cedido pela autoclave é exatamente igual ao calor recebido pelas latas, ou seja, $\left(\frac{Q_{autoclave}}{T_{autoclave}}\right) = -\left(\frac{Q_{latas}}{T_{latas}}\right)$. Então, substituindo no balanço de entropia:

$$\Delta S = \Delta S_{autoclave} + \Delta S_{latas} = \frac{-Q}{T_{autoclave}} + \frac{Q}{T_{latas}} = S_{ger} \quad \text{(E4.3-6)}$$

Ou

$$S_{ger} = Q\left(\frac{1}{T_{latas}} - \frac{1}{T_{autoclave}}\right) \quad \text{(E4.3-7)}$$

Portanto, para saber o valor exato da geração de entropia, teríamos que conhecer os valores das temperaturas da autoclave e das latas ao longo do processo, além de quantidades e propriedades do vapor usado na autoclave e do produto no interior da lata, para calcular a quantidade de vapor trocado.

No entanto, podemos fazer, com toda segurança, uma afirmação: a temperatura das latas será sempre menor que a da autoclave, para que a transferência de calor ocorra da autoclave para as latas e não ao contrário. Pela equação acima, associada a essa afirmação, notamos que a entropia gerada S_{ger} será obrigatoriamente positiva. Essa constatação está de acordo com o previsto pela segunda lei da termodinâmica e mostra que o processo em questão é irreversível.

Comentários

Neste exemplo, o equilíbrio seria atingido quando as temperaturas na autoclave e nas latas de molho fossem iguais. E o valor dessas temperaturas deve estar entre 20 e 125 °C. Dizer que o processo é reversível é afirmar que, apenas mediante transferência de calor, seria possível levar as latas até 20 °C e a autoclave até 125 °C, partindo da temperatura de equilíbrio. Em processos reais, a temperatura do vapor

A Segunda Lei da Termodinâmica: O Balanço de Entropia capítulo **4**

na autoclave quase não se altera enquanto ocorre a esterilização. Obviamente a reversibilidade desse processo não é observada, uma vez que perdas de energia são facilmente verificadas em sistemas como esse, tornando o processo irreversível.

Eficiência Térmica de Processos

O conhecimento da segunda lei da termodinâmica, agora com sua representação matemática dada pelas Equações (4.8) a (4.11) e (4.14), pode nos ajudar a compreender os limites do que pode ser obtido em processos reais. Esses limites existem, e a primeira evidência disso foi obtida no Exemplo 3.1. Naquele caso, observamos que o máximo trabalho possível na expansão de um gás pode ser obtido, teoricamente, através de um processo reversível. Vejamos outro caso em que é possível detectar esses limites.

Exemplo 4.4

Cálculo da Conversão de Calor em Trabalho

Um equipamento é construído para produzir trabalho a partir de calor, através de um processo cíclico. Avalie a possibilidade de se converter todo o calor absorvido em trabalho.

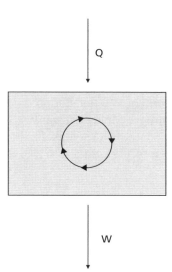

Figura 4.5 ▶ Equipamento para produzir trabalho a partir de calor.

Resolução

Para definir o sistema neste exemplo, vamos nos valer da informação que o processo é cíclico. Ora, se temos um ciclo, sabemos que o estado final é igual ao estado inicial, e nos convém adotar como sistema a substância que passa por esse processo. Então, teremos um sistema fechado.

Simplificações do Balanço de Energia

Como o processo é cíclico, a energia interna final é igual à inicial. Aplicando a primeira lei da termodinâmica para um sistema fechado, desprezando as energias potencial e cinética, temos:

$$\Delta U = Q + W = 0 \tag{E4.4-1}$$

$$W = -Q \tag{E4.4-2}$$

Simplificações do Balanço de Entropia

Novamente partimos do balanço global de entropia:

$$\Delta S = \sum \frac{Q}{T_{AMB}} + S_{ger} + \sum_{k_E} \hat{S}_E \Delta M_E - \sum_{k_S} \hat{S}_S \Delta M_S \tag{E4.4-3}$$

Como não há entrada nem saída de matéria, e o processo é cíclico:

$$\Delta S = \frac{Q}{T_{AMB}} + S_{ger} = 0 \tag{E4.4-4}$$

$$S_{ger} = \frac{-Q}{T_{AMB}} \tag{E4.4-5}$$

Comentários

A temperatura obviamente é positiva. E o calor, como é transferido do ambiente para o sistema, também é positivo. Logo, a entropia gerada é negativa! Seria isso possível? Não! E, sabemos que esse resultado contraria a segunda lei da termodinâmica, ou seja, as Equações [Equações (4.8) a (4.11) com a restrição dada pela Equação (4.14)].

Consequências da Segunda Lei da Termodinâmica: A Eficiência da Conversão Térmica

Pela segunda lei da termodinâmica, a entropia gerada deve ser **sempre** maior ou igual a zero. Então, concluímos que o processo descrito no Exemplo 4.4 não pode ocorrer na realidade! Daqui, temos uma nova forma de expressar a segunda lei da termodinâmica, conhecida como Enunciado de Kelvin-Planck:

> *"É impossível construir um dispositivo que opere em ciclo e cujo único efeito seja a conversão completa de calor em trabalho".*

A Segunda Lei da Termodinâmica: O Balanço de Entropia — capítulo 4

Ora, se já provamos que jamais conseguiremos converter todo o calor em trabalho, nossa pergunta passa a ser que parcela desse calor pode ser transformada em trabalho, e que porcentagem é perdida. Definiremos, então, a **eficiência térmica** de um ciclo pela Equação (4.15):

$$\eta = \frac{|W|}{Q_E} \qquad (4.15)$$

Em que:

η = eficiência térmica do ciclo

Q_E = calor recebido pelo sistema no ciclo

Exemplo 4.5

Cálculo da Eficiência de um Processo Cíclico

Considere um ciclo formado pelas seguintes etapas reversíveis:

I. Expansão isotérmica de um fluido à temperatura T_1.
II. Expansão adiabática do fluido, que passa de T_1 a T_2.
III. Compressão isotérmica do fluido à temperatura T_2.
IV. Compressão adiabática do fluido, que retorna à temperatura T_1.

   a) Encontre uma expressão para a eficiência térmica desse ciclo.
   b) Em alguma hipótese a eficiência pode ser 100%?

Resolução

Como se trata de um ciclo, convém adotar o fluido como sistema. Temos, assim, um sistema fechado passando por quatro etapas até retornar ao estado inicial. Vejamos como ficam os balanços de energia e entropia para o ciclo completo.

Simplificações do Balanço de Energia

Como o sistema é fechado, não há correntes de entrada e saída de matéria. E como o processo é cíclico, a variação de energia interna total é zero; logo:

$$\Delta U = Q + W = 0 \qquad \text{(E4.5-1)}$$

As etapas II e IV são adiabáticas, portanto só há transferência de calor nas etapas I e III:

$$Q_I + Q_{III} + W = 0 \qquad \text{(E4.5-2)}$$

Fundamentos de Engenharia de Alimentos

Simplificações do Balanço de Entropia

Novamente sabemos que a variação de entropia do processo é zero, pois se trata de um ciclo. Analisando cada etapa, temos em todas elas sistemas fechados e processos reversíveis, de modo que não há correntes de entrada e saída, nem geração de entropia ($S_{ger} = 0$). E nas etapas I e III há variação de entropia devido à transferência de calor. Assim:

$$\Delta S_I = \frac{Q_I}{T_1} \tag{E4.5-3}$$

$$\Delta S_{II} = 0 \tag{E4.5-4}$$

$$\Delta S_{III} = \frac{Q_{III}}{T_2} \tag{E4.5-5}$$

$$\Delta S_{IV} = 0 \tag{E4.5-6}$$

$$\Delta S = \frac{Q_I}{T_1} + \frac{Q_{III}}{T_2} = 0 \tag{E4.5-7}$$

Desse balanço, podemos isolar Q_{III}:

$$Q_{III} = -Q_I \frac{T_2}{T_1} \tag{E4.5-8}$$

Substituindo Q_{III} no balanço de energia, Equação (E4.5-2), pela expressão acima, temos:

$$Q_I - Q_I \frac{T_2}{T_1} + W = 0 \tag{E4.5-9}$$

Rearranjando:

$$\frac{-W}{Q_I} = 1 - \frac{T_2}{T_1} = \eta \tag{E4.5-10}$$

Comentários

Portanto, a eficiência térmica desse ciclo reversível pode ser calculada conhecendo apenas as temperaturas entre as quais o fluido varia. E, pela equação deduzida, vemos que a eficiência térmica só poderia ser 100% se T_2 fosse o zero absoluto, que é inatingível. Portanto, o resultado obtido para esse ciclo está de acordo com o enunciado de Kelvin-Planck. O processo descrito neste exemplo é conhecido como **Ciclo de Carnot**.

O Ciclo de Carnot

A representação gráfica do Ciclo de Carnot, em um diagrama de pressão em função do volume, pode ser útil para calcular o trabalho realizado no ciclo através da área delimitada pelos processos, conforme mostra a Figura 4.6.

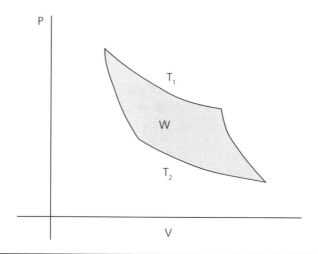

Figura 4.6 ▶ Representação do Ciclo de Carnot em um diagrama PV.

No entanto, observamos que das etapas que compõem o ciclo, duas são isotérmicas (I e III) e duas são isentrópicas (II e IV). Dessa forma, é mais fácil e conveniente representar o Ciclo de Carnot em um diagrama que mostre a temperatura em função da entropia, como mostra a Figura 4.7.

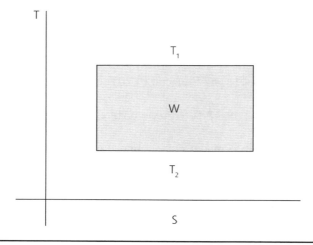

Figura 4.7 ▶ Representação do Ciclo de Carnot em um diagrama TS.

Variação de Entropia em Gases Ideais

Nesta seção, vamos desenvolver uma equação para calcular a variação de entropia em um gás ideal, em função da variação de outras propriedades do gás. Essa equação pode ser útil na análise de processos envolvendo ar, vapor e outros gases a baixas pressões. Para começar, imaginemos um sistema fechado, com $E_C = E_P = 0$, onde aplicamos a primeira lei da termodinâmica:

$$dU = \delta Q_{rev} + \delta W_{rev} = \delta Q_{rev} + \delta W_{exp} \Rightarrow dU = \delta Q - PdV \qquad (4.16)$$

Note que nesse caso o trabalho reversível é igual ao trabalho de expansão.

Agora, considerando um processo reversível, podemos expressar o calor usando a variação de entropia. Do balanço de entropia para um sistema fechado em processo reversível, temos:

$$dS = \frac{\delta Q_{rev}}{T} \Rightarrow \delta Q_{rev} = TdS \qquad (4.17)$$

Substituindo a Equação (4.17) na Equação (4.16) obtemos:

$$dU = TdS - PdV \qquad (4.18)$$

A Equação (4.18) é denominada Equação Fundamental da Termodinâmica na representação da energia interna. Essa equação também pode ser expressa em termos da entalpia. Da definição de entalpia temos:

$$H = U + PV \qquad (4.19)$$

Derivando a Equação (4.19) temos:

$$dH = dU + d(PV) = dU + PdV + VdP \qquad (4.20)$$

Substituindo a Equação (4.18) na Equação (4.20) obtemos:

$$dH = TdS - PdV + PdV + VdP = TdS + VdP \qquad (4.21)$$

Agora aplicaremos duas informações que conhecemos sobre gases ideais:

$$d\underline{H} = C_p^* dT \qquad (4.22)$$

E

$$\underline{V} = \frac{RT}{P} \qquad (4.23)$$

Substituindo as Equações (4.22) e (4.23) na Equação (4.21) obtemos:

$$C_P^* dT = Td\underline{S} + RT\frac{dP}{P} \qquad (4.24)$$

Dividindo a Equação (4.24) pela temperatura, temos:

$$d\underline{S} = C_P^* \frac{dT}{T} - R\frac{dP}{P} \qquad (4.23)$$

Essa equação pode ser integrada entre as temperaturas e pressões iniciais e finais, fornecendo a expressão para a variação de entropia em um gás ideal:

$$\Delta\underline{S} = \underline{S}(T_2,P_2) - \underline{S}(T_1,P_1) = \int_{T_1}^{T_2} C_P^* \frac{dT}{T} - R\ln\frac{P_2}{P_1} \qquad (4.25)$$

É importante observar que a Equação (4.25) permite calcular a variação de entropia em função, apenas, dos estados inicial e final do gás. Isto é, o caminho percorrido pelo processo, descrito pelo calor e pelo trabalho envolvido, não tem influência no valor da variação de entropia. Então, a Equação (4.25), embora tenha sido deduzida usando dados de um processo reversível, é válida e pode ser aplicada a qualquer processo envolvendo gases ideais em sistema fechado.

Exemplo 4.6

Cálculo da Entropia de um Gás Ideal

Um gás ideal, com $C_P^* = 29,314$ J/mol.K e inicialmente a 0,1 MPa e 25 °C, passa por um ciclo de processos reversíveis composto pelas seguintes etapas:

I) Aquecimento a volume constante até 300 °C.
II) Expansão isotérmica até a pressão inicial.
III) Resfriamento isobárico até o estado inicial.
    a) Calcule calor, trabalho e variações de energia interna, entalpia e entropia para cada etapa do ciclo e para o ciclo completo.
    b) Calcule a eficiência térmica do ciclo.

Resolução

Definiremos como sistema o gás que passa pelas transformações descritas. Como não foi informada a quantidade desse gás, vamos fazer os balanços usando os valores das propriedades por mol.

Simplificação do Balanço de Energia

Como se trata de um sistema fechado, podemos aplicar para cada etapa do processo e também para o ciclo completo a Equação (E4.6-1):

$$\Delta U = Q - \int PdV \qquad \text{(E4.6-1)}$$

Note que para o sistema escolhido, o trabalho de eixo é nulo $(W_S = 0)$.

Simplificação do Balanço de Entropia

Novamente, podemos simplificar o balanço de entropia sabendo que o sistema é fechado e os processos são reversíveis ($S_{ger} = 0$). Além disso, como o sistema é um gás ideal, podemos escrever:

$$\Delta \underline{S} = \frac{Q}{T} = C_P^* \ln \frac{T_f}{T_i} - R \ln \frac{P_f}{P_i} \qquad \text{(E4.6-2)}$$

Vamos encontrar as respostas etapa por etapa. Mas antes disso é conveniente ilustrar o ciclo em um diagrama, identificando todas as informações possíveis. A Figura 4.8 mostra o ciclo descrito nesse exemplo:

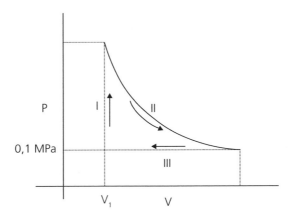

Figura 4.8 ▶ Ciclo de processos reversíveis em um gás ideal.

Etapa I: Aquecimento a volume constante até 300 °C

Esta etapa é um processo com volume constante, o que significa que não há deformação nos limites do sistema ($-PdV = 0$), consequentemente:

$$\Delta \underline{U}_I = Q_I \qquad \text{(E4.6-3)}$$

Para gases ideais, as variações de energia interna e de entalpia podem ser calculadas por:

$$\Delta \underline{U}_I = C_V^* \Delta T_I \qquad \text{(E4.6-4)}$$

$$\Delta \underline{H}_I = C_P^* \Delta T_I \qquad \text{(E4.6-5)}$$

A Segunda Lei da Termodinâmica: O Balanço de Entropia

E para um gás ideal, podemos encontrar o valor de C_V usando:

$$C_P^* = C_V^* + R \tag{E4.6-6}$$

Portanto,

$$C_V^* = C_P^* - R = 29,314 - 8,314 = 21,0 \text{ J/mol.K}$$

$$\Delta \underline{U}_I = Q_I = C_V^* \Delta T_I = 21,0(573,15 - 298,15) = 5.775 \text{ J/mol}$$

$$\Delta \underline{H}_I = C_P^* \Delta T_I = 29,314(573,15 - 298,15) = 8.061,35 \text{ J/mol}$$

$$W_I = 0$$

Para a variação de entropia, vamos aplicar a Equação (E4.6-2). Mas para isso precisamos saber a pressão final do gás nessa etapa. Como o volume permanece constante, segundo a equação dos gases ideais, a pressão deve variar de forma proporcional à temperatura. Portanto:

$$P_f = P_i \frac{T_f}{T_i} = 0,1 \frac{573,15}{298,15} = 0,192 \text{ MPa}$$

Assim, calculamos a variação de entropia:

$$\Delta \underline{S}_I = C_P^* \ln \frac{T_f}{T_i} - R \ln \frac{P_f}{P_i} = 29,314 \ln \frac{573,15}{298,15} - 8,314 \ln \frac{0,192}{0,1} = 13,735 \text{ J/mol.K}$$

Etapa II: Expansão isotérmica até a pressão inicial
Esta etapa é isotérmica. Como não há mudança de temperatura, temos:

$$\Delta \underline{U}_{II} = C_V^* \Delta T_{II} = 0$$

$$\Delta \underline{H}_{II} = C_P^* \Delta T_{II} = 0$$

$$W_{exp} = -Q_{II} = -\int_{\underline{V}_i}^{\underline{V}_f} P d\underline{V} \tag{E4.6-7}$$

Como o gás é ideal, sabemos que $P = RT/\underline{V}$, substituindo na equação acima:

$$W_{exp} = -Q_{II} = -\int_{\underline{V}_i}^{\underline{V}_f} RT \frac{d\underline{V}}{\underline{V}} \tag{E4.6-8}$$

Integrando, temos:

$$W_{II} = -Q_{II} = RT\ln\frac{\underline{V}_f}{\underline{V}_i} \qquad \text{(E4.6-9)}$$

E como a temperatura é constante, o produto de pressão por volume também é constante, de forma que:

$$W_{II} = -Q_{II} = RT\ln\frac{P_i}{P_f} = 8{,}314 \times 573{,}15\ln\frac{0{,}1}{0{,}192} = -3.108 \text{ J/mol}$$

$$Q_{II} = 3.108 \text{ J/mol}$$

Finalmente, calculamos a variação de entropia. Nesse caso, a Equação (E4.6-2) pode ser simplificada pelo fato de a temperatura ser constante:

$$\Delta\underline{S}_{II} = -R\ln\frac{P_f}{P_i} = -8{,}314\ln\frac{0{,}1}{0{,}192} = 5{,}423 \text{ J/mol.K}$$

Etapa III: Resfriamento isobárico até o estado inicial
Nesta etapa, como a pressão é constante, a Equação (E4.6-1) fica:

$$\Delta\underline{U}_{III} = Q_{III} - P_{III}\Delta\underline{V}_{III} \qquad \text{(E4.6-10)}$$

Mas

$$\Delta\underline{U}_{III} = C_V^*\Delta T_{III} = 21{,}0(298{,}15 - 573{,}15) = -5.775 \text{ J/mol}$$

E

$$\Delta\underline{V}_{III} = \underline{V}_I - \underline{V}_{III} = \frac{RT_i}{P_i} - \frac{RT_{II}}{P_i} = \frac{R}{P_i}(T_i - T_{II})$$

$$W_{exp} = -P_{III}\Delta\underline{V}_{III} = -P_i\frac{R}{P_i}(T_i - T_{II}) = -8{,}314(298{,}15 - 573{,}15) = 2.286{,}35 \text{ J/mol}$$

$$Q_{III} = -5.775 - 2.286{,}35 = -8.061{,}35 \text{ J/mol}$$

A variação da entalpia pode ser verificada usando os cálculos anteriores:

$$\Delta\underline{H}_{III} = \Delta\underline{U}_{III} + P_{III}\Delta\underline{V}_{III} = -5.775 + (-2.286) = 8.061{,}35 \text{ J/mol}$$

A variação da entropia, como a pressão é constante, será dada por:

$$\Delta\underline{S}_{III} = \int\frac{\delta Q_{III}}{T} = C_P^*\ln\frac{T_f}{T_i} = 29{,}314 \times \ln\frac{298{,}15}{573{,}15} = -19{,}158 \text{ J/mol.K}$$

Comentário 1

Os resultados para a etapa III poderiam ter sido calculados usando o fato de o processo ser cíclico:

Nesse caso, usaríamos nosso conhecimento sobre o que acontece em um processo cíclico. Ou seja, quando as propriedades termodinâmicas de estado retornam aos seus valores iniciais, a variação delas no ciclo completo deve ser zero. Então, podemos usar essa informação para calcular as variações de energia interna, entalpia e entropia dessa etapa:

$$\Delta \underline{U}_{III} = -(\Delta \underline{U}_I + \Delta \underline{U}_{II}) = -5.775 \text{ J/mol}$$

$$\Delta \underline{H}_{III} = -(\Delta \underline{H}_I + \Delta \underline{H}_{II}) = -8.061,35 \text{ J/mol}$$

$$\Delta \underline{S}_{III} = -(\Delta \underline{S}_I + \Delta \underline{S}_{II}) = -(13,735 + 5,423) = -19,158 \text{ J/mol.K}$$

Comentário 2

Como já sabemos, a variação de qualquer propriedade termodinâmica ao final de um ciclo é zero. Isso se aplica, portanto, à energia interna, entalpia e entropia. Para o calor e trabalho devemos somar os valores obtidos em cada etapa:

$$Q_{ciclo} = Q_I + Q_{II} + Q_{III} \qquad \text{(E4.6-11)}$$

$$Q_{ciclo} = 5.775 + 3.108 - 8.061,35 = 821,65 \text{ J/mol}$$

E, como a variação da energia interna do ciclo $\Delta \underline{U}_{ciclo}$ é zero:

$$W_{exp,ciclo} = -Q_{ciclo} \qquad \text{(E4.6-12)}$$

$$W_{exp,ciclo} = -821,65 \text{ J/mol}$$

A Tabela 4.1 resume os resultados obtidos.

Tabela 4.1 ▶ Resultados do Exemplo 4.6.

Etapa	Q (J/mol)	W (J/mol)	$\Delta \underline{U}$ (J/mol)	$\Delta \underline{H}$ (J/mol)	$\Delta \underline{S}$ (J/mol.K)
I	5.775	0	5.775	8.061,35	13,735
II	3.108	−3.108	0	0	5,423
III	−8.061,35	2.286,35	−5.775	−8.061,35	−19,158
Ciclo	821,65	−821,65	0	0	0

Para calcular a eficiência térmica do ciclo, devemos levar em conta o trabalho total do processo e o calor recebido pelo sistema. Pelos resultados, vemos que o gás recebeu calor nas etapas I e II; logo:

$$\eta = \frac{|W|}{Q_I + Q_{II}} = \frac{821{,}65}{5.775 + 3.108} = 0{,}092$$

Ou seja, o processo foi capaz de transformar 9,2% do calor recebido em trabalho. Mesmo sendo um ciclo de processos reversíveis, a eficiência térmica é baixa. E se considerássemos uma ou mais das etapas irreversíveis, a eficiência térmica seria ainda menor.

Aplicações da Segunda Lei da Termodinâmica

Nesta seção veremos alguns casos em que a segunda lei da termodinâmica, ou seja, o balanço de entropia, com a restrição dada pela Equação (4.14), pode auxiliar na resolução de problemas. A identificação de processos reversíveis e irreversíveis aparece em vários exemplos presentes na indústria, seja em equipamentos como bombas, compressores e turbinas, ou simplesmente em processos envolvendo misturas ou mudanças de fase.

Exemplo 4.7

Compressão Irreversível de um Gás Real

Refaça o Exemplo 3.7, considerando que o processo de compressão é irreversível com 70% de eficiência (E_f).

Resolução

Em primeiro lugar, retomemos os dados do Exemplo 3.7. Nesse problema, CO_2 é levado de 4,0 até 30,0 MPa, e a sua temperatura inicial é de 25 °C. O objetivo é saber a potência do compressor. Para chegar a essa informação, é necessário saber a temperatura de saída do CO_2, que nos permite encontrar a entalpia da saída. Do Capítulo 3, temos:

$$\dot{W}_S = (20 \text{ kg/h})(\hat{H}_S - 710{,}6)$$

Nesse ponto, temos que usar a nova informação que nos é dada: o processo é irreversível e sua eficiência é de 70%. Isso significa que, em um processo reversível, o compressor usaria 70% da energia que usa no processo real. Traduzindo, para a potência do compressor:

$$W_S(\text{reversível}) = 0{,}7 W_S(\text{irreversível})$$

Então, se conseguirmos encontrar a potência requerida para um processo reversível, chegaremos à resposta do problema. E para isso usaremos o balanço de entropia:

$$\frac{dS}{dt} = \sum \frac{\dot{Q}}{T_{AMB}} + \dot{S}_{ger} + \sum_{k_E} \hat{S}_E \dot{M}_E - \sum_{k_S} \hat{S}_S \dot{M}_S$$

Simplificações do Balanço de Entropia

Como o sistema definido é o compressor, o processo ocorre em regime estacionário, de forma que não há variação da entropia com o tempo $\left(\frac{dS}{dt} = 0\right)$. Também consideramos o processo adiabático ($\dot{Q} = 0$). E agora, para um processo reversível, sabemos que não há geração de entropia ($\dot{S}_{ger} = 0$). Finalmente, lembrando que as vazões mássicas de entrada e saída são iguais, temos:

$$\hat{S}_E = \hat{S}_S \qquad \text{(E4.7-1)}$$

Para encontrar a entropia do CO_2 que entra no compressor usamos as propriedades dessa substância. Pelo diagrama, a 4,0 MPa e 25 °C (Perry e Green, 1997), temos:

$$\hat{S}_E = \hat{S}(4,0 \text{ MPa}, 25 \text{ °C}) \approx 0,96 \text{ kcal/kg.K} = 4,01 \text{ kJ/kg.K}$$

O balanço de entropia nos levou a uma nova informação sobre o estado do CO_2 na saída do compressor. Agora sabemos, além da pressão de saída, a entropia, que vale 4,01 kJ/kg.K. Então, usando essas duas propriedades do CO_2 e com o auxílio do diagrama de propriedades do CO_2 podemos encontrar a temperatura e a entalpia correspondentes a essa entropia e a uma pressão de 30,0 MPa.

$$T_s = T(30,0 \text{ MPa}, 0,96 \text{ kcal/kg.K}) \approx 143 \text{ °C}$$

$$\hat{H}_S = \hat{H}(30,0 \text{ MPa}, 0,96 \text{ kcal/kg.K}) \approx 187 \text{ kcal/kg.K} = 781,66 \text{ kJ/kg}$$

Com a entalpia encontrada, voltamos ao balanço de energia no compressor:

$$W_S = 20 \text{ kg/h} \times (781,66 - 710,6) = 1.421,2 \text{ kJ/h} = 0,39 \text{ kW}$$

Essa é a potência requerida para o compressor se o processo fosse reversível. Para um processo irreversível com 70% de eficiência, temos:

$$W_S(\text{irreversível}) = \frac{W_S(\text{reversível})}{0,7} = \frac{0,39}{0,7} = 0,56 \text{ kW}$$

Com esse valor podemos retornar ao balanço de energia e calcular a entalpia de saída, que nos leva à temperatura de saída do CO_2 no processo real:

$$\dot{W}_S = 20 \text{ kg/h} \times (\hat{H}_S - 710,6) = 0,56 \text{ kW} = 2.030 \text{ kJ/h}$$

$$\hat{H}_S = 710,6 + \frac{2.030}{20} = 812,1 \text{ kJ/kg} = 194,1 \text{ kcal/kg}$$

Voltando ao diagrama do CO_2 (Perry e Green, 1997), procuramos a temperatura para a qual a pressão vale 30,0 MPa e a entalpia vale 192,1 kcal/kg:

$$T_S = T(30,0 \text{ MPa}, 194,1 \text{ kcal/kg}) \approx 152 \text{ °C}$$

Comentários

Essa é a temperatura real de saída do CO_2 do compressor. Note que o caminho inverso da resolução desse problema permite encontrar a eficiência do compressor a partir da pressão e da temperatura de saída do CO_2. Assim, é possível determinar a eficiência de equipamentos medindo essas propriedades.

Exemplo 4.8

Cálculo da Eficiência de um Compressor

Uma câmara frigorífica funciona usando HFC-134a como fluido refrigerante. O ciclo frigorífico tem uma etapa de compressão, na qual o gás entra saturado a –20 °C e sai a 1 MPa e 100 °C. Determine a eficiência do compressor considerando o processo adiabático.

Resolução

Escolheremos o compressor como sistema, de forma que temos um processo em regime estacionário, ilustrado na Figura 4.9.

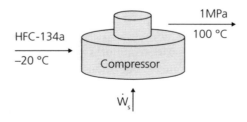

Figura 4.9 ▶ Compressor para HFC-134a em câmara frigorífica.

A Segunda Lei da Termodinâmica: O Balanço de Entropia

Primeiramente calcularemos o trabalho do compressor no processo real, descrito no enunciado do problema. Do balanço de massa, sabemos que as massas de entrada e saída são iguais, pois o regime é estacionário; logo $\frac{dM}{dt} = 0$.

Simplificações do Balanço de Energia

Como o processo é adiabático e em regime estacionário, temos:

$$0 = \dot{W}_S + \dot{M}\left(\hat{H}_E - \hat{H}_S\right) \tag{E4.8-1}$$

$$\dot{W}_S = \dot{M}\left(\hat{H}_S - \hat{H}_E\right) \tag{E4.8-2}$$

Pelo diagrama de propriedades do HFC-134a (Perry e Green, 1997), encontramos as entalpias de entrada e de saída:

$$\hat{H}_E = \hat{H}(\text{gás saturado}, 20\,°C) \simeq 388 \text{ kJ/kg}$$

$$\hat{H}_E = \hat{H}(1\text{ MPa}, 100\,°C) \simeq 482 \text{ kJ/kg}$$

Portanto, a potência do compressor é:

$$\frac{\dot{W}_S}{\dot{M}} = \hat{H}_S - \hat{H}_E = 482 - 388 = 94 \text{ kJ/kg}$$

A eficiência do compressor é definida pela relação entre as potências do processo reversível e do real (irreversível). Então, temos que encontrar a potência que, teoricamente, um compressor demandaria para operar reversivelmente. Para isso usaremos o balanço de entropia.

Simplificações do Balanço de Entropia

Para um processo em regime estacionário, adiabático e reversível, assim como no exemplo anterior, teremos:

$$\hat{S}_E = \hat{S}_S \tag{E4.8-3}$$

A entropia de entrada do HFC-134a no compressor é:

$$\hat{S}_E = \hat{S}(\text{gás saturado}, -20\,°C) \simeq 1{,}75 \text{ kJ/kg.K}$$

Como a entropia de saída deve ser igual à de entrada, devemos percorrer um caminho isentrópico entre o ponto de entrada e a pressão de saída, 1 MPa. No final desse trajeto encontramos a temperatura e a entalpia do HFC-134a na saída do compressor:

$$T_S = T(1\ MPa, 1,75\ kJ/kg.K) \simeq 50\ °C$$

$$\hat{H}_S = \hat{H}(1\ MPa, 1,75\ kJ/kg.K) \simeq 430\ kJ/kg.K$$

Com o valor da entalpia, retornamos ao balanço de energia no compressor e calculamos a potência para o processo reversível:

$$\frac{\dot{W}_S^{rev}}{\dot{M}} = \hat{H}_S - \hat{H}_E = 430 - 388 = 52\ kJ/kg$$

A eficiência do compressor é dada pela razão entre a potência do processo reversível e a do processo real (irreversível):

$$E_f = \frac{\dot{W}_S(\text{reversível})}{\dot{W}_S(\text{irreversível})} = \frac{52}{94} = 0,55$$

Comentários

Neste exemplo, assim como no exemplo anterior, notamos que as irreversibilidades presentes em processos com compressores resultam em um gasto adicional de energia, que leva o gás comprimido a ter uma temperatura de saída bem mais alta que a necessária. O objetivo do engenheiro, ao projetar um compressor, é reduzir ao máximo essa temperatura, evitando assim o desperdício de energia na compressão do gás.

No bombeamento de líquidos, o efeito das irreversibilidades é semelhante ao que ocorre em compressores. Porém, como as substâncias bombeadas são líquidos, embora a energia necessária seja maior, o efeito sobre a temperatura é pouco notado.

Exemplo 4.9

O Ciclo Rankine

O Ciclo Rankine (Figura 4.10) é um dos mais usados industrialmente na produção de energia a partir de vapor. Esse ciclo consiste nas seguintes etapas:

I. Bombeamento adiabático de água até a pressão da caldeira.
II. Aquecimento e vaporização da água na caldeira.
III. Expansão adiabática do vapor em uma turbina até a pressão inicial.
IV. Condensação do vapor, que retorna à bomba para um novo ciclo.

A Segunda Lei da Termodinâmica: O Balanço de Entropia

capítulo 4

Um Ciclo Rankine opera com pressão de 5 MPa na caldeira, da qual o vapor sai a 500 °C. A temperatura no condensador é de 60 °C.

a) Considerando que todas as etapas do ciclo são reversíveis, calcule sua eficiência térmica.
b) Calcule a eficiência térmica do ciclo caso a bomba e a turbina operem com 80% de eficiência.

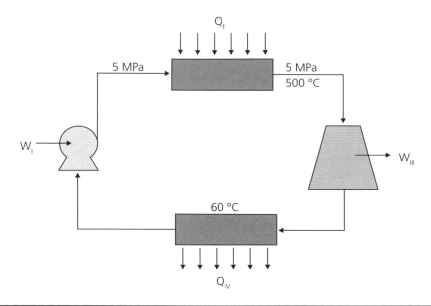

Figura 4.10 ▶ Fluxograma do Ciclo Rankine.

 Resolução

a) Para calcular a eficiência térmica do ciclo, devemos calcular o trabalho realizado e o calor recebido pela água ao longo do processo. Para isso, dividiremos o ciclo nas quatro etapas, para encontrar o calor trocado e o trabalho em cada uma delas. Em cada etapa, teremos um processo em regime estacionário no qual a água entra e sai do equipamento com a mesma vazão:

$$\frac{dM}{dt} = 0, \text{ logo } \dot{M}_E = \dot{M}_S = \dot{M} \tag{E4.9-1}$$

Etapa I: Bombeamento adiabático de água até a pressão da caldeira

Nessa etapa, ocorre o bombeamento da água, que passa da pressão inicial até a pressão da caldeira, 5 MPa. Como o processo é adiabático e em estado estacionário, temos o seguinte balanço de energia:

$$\frac{dU}{dt} = 0 = \dot{W}_{S,I} + \dot{M}\left(\hat{H}_1 - \hat{H}_2\right) \tag{E4.9-2}$$

Logo

$$\dot{W}_{S,I} = \dot{M}\left(\hat{H}_2 - \hat{H}_1\right) \tag{E4.9-3}$$

Nota-se que, como o sistema nesse caso é a bomba, não há deformação nos seus limites, de modo que $-PdV = 0$.

Para calcular o trabalho, como não conhecemos a temperatura final podemos usar os dois procedimentos descritos a seguir:

i) Usando o Balanço de Entropia:

Como o bombeamento é reversível, temos que:

$$\hat{S}_2 = \hat{S}_1 = \hat{S}(\text{líquido saturado}, 60\,°C) = 0{,}8312 \text{ kJ/kg.K}$$

Logo, usando a pressão P_2 e a entropia $\hat{S}_2$ podemos determinar a temperatura T_2 e a entalpia $\hat{H}_2$:

ii) Usando a definição de entalpia na Equação (E4.9-3), temos:

$$\dot{W}_{S,I} = \dot{M}\left(\hat{U}_2 + P_2\hat{V}_2 - \hat{U}_1 - P_1\hat{V}_1\right) \tag{E4.9-4}$$

Em líquidos, já sabemos que o volume varia de modo quase imperceptível, mesmo com grandes mudanças de pressão. Assim, podemos considerar que o volume é aproximadamente constante. Além disso, o efeito do bombeamento na elevação da temperatura é muito pequeno. E como a energia interna em líquidos pode ser aproximada por uma função apenas da temperatura, vamos admitir que não há variação de energia interna da água nessa etapa:

$$\hat{U}_1 \simeq \hat{U}_2 \tag{E4.9-5}$$

$$\hat{V}_1 \simeq \hat{V}_2 \tag{E4.9-6}$$

Logo

$$\dot{W}_{S,I} = \dot{M}\hat{V}_1\left(P_2 - P_1\right) \tag{E4.9-7}$$

A água vai para a bomba após sair do condensador, portanto podemos considerá-la no estado de líquido saturado a 60 °C. Nessas condições, pela tabela de propriedades da água, encontramos:

$$P_1 = P^{sat}(60\,°C) = 19{,}94 \text{ kPa}$$

$$\hat{V}_1 = \hat{V}(\text{líquido saturado}, 60\,°C) = 1{,}017 \times 10^{-3}\ m^3/kg$$

$$\hat{H}_1 = \hat{H}(\text{líquido saturado}, 60\,°C) = 251{,}13\ kJ/kg$$

$$\hat{S}_1 = \hat{S}(\text{líquido saturado}, 60\,°C) = 0{,}8321\ kJ/kg.K$$

Com os valores da pressão e do volume específico, calculamos o trabalho na bomba:

$$\frac{\dot{W}_{S,I}}{\dot{M}} = \hat{V}_1(P_2 - P_1) = 1{,}017 \times 10^{-3}\left(5 \times 10^6 - 19{,}94 \times 10^3\right) = 5.065\ J/kg$$

Etapa II: Aquecimento e vaporização da água na caldeira

Nessa etapa, a água a 5 MPa é aquecida na caldeira, onde se transforma em vapor que segue sendo aquecido até atingir 500 °C. Nessa etapa não há trabalho envolvido. O processo, novamente em regime estacionário, tem o seguinte balanço de energia:

$$\frac{dU}{dt} = 0 = \dot{Q}_{II} + \dot{M}\left(\hat{H}_2 - \hat{H}_3\right) \qquad \text{(E4.9-8)}$$

$$\dot{Q}_{II} = \dot{M}\left(\hat{H}_3 - \hat{H}_2\right) \qquad \text{(E4.9-9)}$$

A entalpia no estado (3) pode ser encontrada na tabela de propriedades do vapor superaquecido, 5 MPa e 500 °C:

$$\hat{H}_3 = \hat{H}(5\ MPa, 500\,°C) = 3.433{,}8\ kJ/kg$$

Já a entalpia no estado (2) pode ser obtida do balanço de energia para a Etapa I, na qual já conhecemos o valor do trabalho:

$$\frac{\dot{W}_{S,II}}{\dot{M}} = \hat{H}_2 - \hat{H}_1 = 5{,}065\ kJ/kg$$

$$\hat{H}_2 = \hat{H}_1 + \frac{\dot{W}_S}{\dot{M}} = 251{,}13 + 5{,}065 = 256{,}20\ kJ/kg$$

Assim, calculamos o calor recebido pela água na caldeira:

$$\frac{\dot{Q}_{II}}{\dot{M}} = \hat{H}_3 - \hat{H}_2 = 3.433{,}8 - 256{,}20 = 3.177{,}6\ kJ/kg$$

Etapa III: Expansão adiabática do vapor em uma turbina até a pressão inicial

Nessa etapa, ocorre a expansão do vapor em uma turbina. Como o processo é adiabático e em regime estacionário, podemos escrever o seguinte balanço de energia:

$$\frac{dU}{dt} = 0 = \dot{W}_S + \dot{M}\left(\hat{H}_3 - \hat{H}_4\right)$$ (E4.9-10)

$$\dot{W}_S = \dot{M}\left(\hat{H}_4 - \hat{H}_3\right)$$ (E4.9-11)

Assim como na bomba, na turbina $-PdV = 0$, pois não há deformação nos limites do sistema.

A entalpia no estado (3) já é conhecida. Mas não sabemos nada sobre o estado (4), além da pressão, que deve ser igual à do estado (1). Precisamos do valor de outra propriedade no estado (4) e, para obtê-lo, usaremos novamente o balanço de entropia. Como o processo é adiabático, reversível e ocorre em regime estacionário:

$$\frac{dS}{dt} = 0 = \dot{M}\left(\hat{S}_3 - \hat{S}_4\right)$$ (E4.9-12)

$$\hat{S}_4 = \hat{S}_3$$ (E4.9-13)

A entropia no estado (3) pode ser encontrada na tabela de propriedades do vapor superaquecido, a 5 MPa e 500 °C:

$$\hat{S}_4 = \hat{S}_3 = \hat{S}(5\text{ MPa}, 500\text{ °C}) = 6{,}9759 \text{ kJ/kg.K}$$

Agora temos dois valores de propriedades, a pressão e a entropia, que nos permitem definir o estado (4). Na tabela de propriedades da água, encontramos os seguintes dados na pressão de 19,94 kPa:

$$\hat{S}(\text{vapor saturado}, 19{,}94\text{ kPa}) = 0{,}8312 \text{ kJ/kg.K}$$

$$\hat{S}(\text{líquido saturado}, 19{,}94\text{ kPa}) = 7{,}9096 \text{ kJ/kg.K}$$

Como vemos, a entropia no estado (4) está entre os valores para líquido e vapor saturados, o que indica que no estado (4) há água líquida e vapor coexistindo. Devemos, então, determinar as frações mássicas de líquido e vapor, pois:

$$\hat{S} = \overline{x}_{L4}\hat{S}_{L4} + \overline{x}_{V4}\hat{S}_{V4} = 6{,}9759 \text{ kJ/mol.K}$$

$$6{,}9759 = \overline{x}_{L4}(7{,}9096) + \overline{x}_{V4}(0{,}8312)$$

Rearranjando, encontramos:

$$\overline{x}_{L4} = 0{,}13 \quad \overline{x}_{VA} = 0{,}87$$

A Segunda Lei da Termodinâmica: O Balanço de Entropia — capítulo 4

Com essas frações podemos calcular a entalpia no estado (4), usando os valores de entalpia de líquido e vapor saturados a 19,94 kPa:

$$\hat{H}(\text{vapor saturado}, 19,94\text{ kPa}) = 2.609,6 \text{ kJ/kg}$$

$$\hat{H}(\text{líquido saturado}, 19,94\text{ kPa}) = 251,13 \text{ kJ/kg}$$

Então, da mesma forma, podemos encontrar a entalpia da mistura:

$$\hat{H}_4 = \overline{x}_{L4}\hat{H}_{L4} + \overline{x}_{V4}\hat{H}_{V4} = 2.303,0 \text{ kJ/kg}$$

Assim, calculamos o trabalho realizado na turbina usando o balanço de energia:

$$\frac{\dot{W}_{S,III}}{\dot{M}} = \hat{H}_4 - \hat{H}_3 = -1.130,8 \text{ kJ/kg}$$

Nesse caso, o trabalho é negativo, por ser realizado do sistema sobre a vizinhança.
Etapa IV: Condensação do vapor, que retorna à bomba para um novo ciclo

Nessa etapa, ocorre a condensação do vapor, que retorna ao estado de líquido saturado a 60 °C. Assim como na Etapa II, esse processo ocorre em regime estacionário e não há trabalho. Portanto, o balanço de energia é dado por:

$$\dot{Q}_{IV} + \dot{M}(\hat{H}_4 - \hat{H}_1) = 0$$

$$\frac{\dot{Q}_{IV}}{\dot{M}} = \hat{H}_1 - \hat{H}_4 = 251,13 - 2.303,0 = -2.051,9 \text{ kJ/kg}$$

Como esperado, o calor é negativo, pois o vapor deve ceder calor à vizinhança para condensar.

Comentário 1

Com a definição dos quatro estados pelos quais a água passa, podemos ilustrar o ciclo em um diagrama de temperatura por entropia através da Figura 4.11.

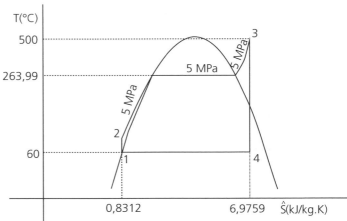

Figura 4.11 ▶ Esquema do Ciclo Rankine em um diagrama TS.

E, calculando a eficiência térmica:

$$\eta = \frac{|W_I + W_{III}|}{Q_{II}} = \frac{|5{,}065 - 1.130{,}8|}{3.177{,}6} = 0{,}35$$

Isto é, este Ciclo Rankine é capaz de transformar apenas 35% do calor absorvido em trabalho. O restante do calor é perdido no condensador. Também podemos observar a diferença na ordem de grandeza dos trabalhos da bomba (Etapa I) e da turbina (Etapa III). A expansão e a compressão de gases (Etapa III) envolvem muito mais energia que as mesmas operações em líquidos (Etapa I).

Como o ciclo é composto por processos reversíveis, a eficiência térmica de 35% é a máxima que um ciclo pode atingir operando nas condições dadas. Portanto, para um ciclo com processos de bombeamento e expansão irreversíveis, esperamos obter uma eficiência térmica ainda menor.

A eficiência de processos de compressão e expansão se reflete no trabalho necessário, ou realizado, nessas operações. Na bomba, o processo reversível é o que requer menos trabalho. Então, se a eficiência da bomba é de 80%, o processo reversível demanda 80% do trabalho do processo real, isto é:

$$\dot{W}_{real} = \frac{\dot{W}_{reversível}}{0{,}8} = \frac{5{,}065}{0{,}8} = 6{,}331 \text{ kJ/kg}$$

Com o valor do trabalho real, calculamos a entalpia no estado (2):

$$\frac{\dot{W}_{s,Real}}{\dot{M}} = \hat{H}_{2,Real} - \hat{H}_1$$

$$\hat{H}_{2,real} = \hat{H}_1 + \frac{\dot{W}_{S,Real}}{\dot{M}} = 251{,}13 + 6{,}331 = 257{,}46 \text{ kJ/kg}$$

Com as entalpias nos estados (2) e (3), podemos obter o calor recebido pela água na caldeira para chegar a vapor a 5 MPa e 500 °C:

$$\frac{\dot{Q}_{real}}{\dot{M}} = \hat{H}_3 - \hat{H}_{2,Real} = 3.433{,}8 - 257{,}46 = 3.176{,}3 \text{ kJ/kg}$$

Finalmente, vamos calcular o trabalho realizado pela turbina no processo real. Como a eficiência da turbina é de 80%, o trabalho da expansão irreversível é 80% do trabalho do processo reversível; logo:

$$E_{f,Turbina} = \frac{\dot{W}_{S,Real}}{\dot{W}_{S,Reversível}} \quad \text{(E4.9-14)}$$

$$\dot{W}_{real} = 0{,}8\,\dot{W}_{reversível} = 0{,}8(-1.130{,}8) = -904{,}6 \text{ kJ/kg}$$

Com o valor do trabalho, encontramos a nova entalpia no estado (4), fazendo o balanço de energia na turbina:

$$\hat{H}_{4,Real} = \hat{H}_3 + \frac{\dot{W}}{\dot{M}} = 3.433,8 - 904,6 = 2.529,2 \text{ kJ/kg}$$

Com essas informações, já é possível calcular a eficiência térmica do processo real:

$$\eta_{Real} = \frac{|W_I + W_{III}|}{Q_{II}} = \frac{|6.331 - 904,6|}{3.176,3} = 0,28$$

Como previsto, a eficiência térmica é menor que no ciclo completamente reversível. Fazendo o balanço de entropia para as etapas I e III, onde há geração de entropia, temos:

$$\dot{S}_{ger,I} = \dot{M}\left(\hat{S}_2 - \hat{S}_1\right) > 0 \rightarrow \hat{S}_2 > \hat{S}_1$$

$$\dot{S}_{ger,III} = \dot{M}\left(\hat{S}_4 - \hat{S}_3\right) > 0 \rightarrow \hat{S}_4 > \hat{S}_3$$

Portanto, há um aumento na entropia da água nessas duas etapas. A Figura 4.12 ilustra o ciclo real no diagrama TS.

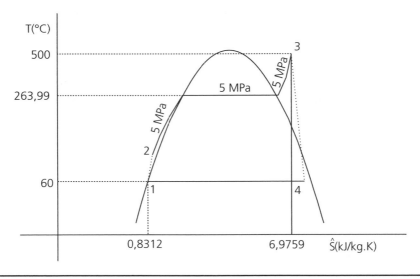

Figura 4.12 ▶ Esquema de Ciclo Rankine com processos irreversíveis.

Comentário 2

O ciclo do Exemplo 4.9 apresenta um problema operacional, tanto no caso reversível quanto no irreversível. Em ambos, observamos que na saída da turbina parte do vapor é condensado. A presença de líquido nas turbinas pode causar desgaste por erosão, devendo ser minimizada. Uma alternativa para evitar a presença de líquido seria aumentar a temperatura do vapor na entrada da turbina (ou seja, na saída da caldeira), de forma que a Etapa III ocorresse completamente na fase gasosa.

Como vimos, ciclos como o Rankine ou o Carnot consistem na realização de trabalho a partir de calor absorvido por alguma substância, e a medida da eficiência desses ciclos se baseia na porcentagem de calor perdido pelo sistema, isto é, calor que não é convertido em trabalho.

Ciclos de Refrigeração

Vamos analisar agora os ciclos de refrigeração usados em câmaras frigoríficas, geladeiras, túneis de congelamento, aparelhos de ar-condicionado, e em vários outros processos onde é necessária a manutenção de temperaturas baixas. Um processo de refrigeração consiste, resumidamente, em remover calor do produto que se deseja resfriar e para isso é necessário que a substância refrigerante esteja a uma temperatura mais baixa que a desejada para o produto.

Os próprios ciclos Rankine ou Carnot, operando no sentido inverso ao apresentado nos exemplos anteriores, se tornam ciclos de refrigeração. A Etapa IV do Exemplo 4.9, por exemplo, se realizada do estado 1 até o estado 4, consiste na transferência de calor do ambiente para a água que evapora. Se imaginarmos que nesse caso o "ambiente" é o interior de uma câmara fria, ou uma sala climatizada, temos um ciclo no qual a água é o fluido refrigerante.

Na realidade, a água é pouco usada industrialmente como fluido refrigerante, pois suas propriedades termodinâmicas tornam inviáveis processos de resfriamento nas temperaturas desejadas para alimentos. O uso da água é viável em sistemas de resfriamento de ar, em temperaturas próximas à ambiente. Algumas substâncias comumente usadas como refrigerantes são os CFCs, HCFCs (ambos abandonados pelo risco de redução da camada de ozônio atmosférica), HFCs, amônia, CO_2, entre outras.

Existem vários tipos de ciclos de refrigeração: com compressão, absorção, bomba de calor, em um ou mais estágios, etc. No exemplo a seguir analisaremos um ciclo com compressão de vapor em um estágio.

Exemplo 4.10

 Cálculo do Coeficiente de Performance

A Figura 4.13 ilustra um ciclo de refrigeração com compressão de vapor, no qual o fluido refrigerante passa pelas seguintes etapas:

A Segunda Lei da Termodinâmica: O Balanço de Entropia

capítulo 4

i. Evaporação em contato com o ambiente que se deseja resfriar.
ii. Compressão do gás.
iii. Condensação até se obter líquido saturado.
iv. Expansão em uma válvula.

O coeficiente de performance (COP) de um ciclo de refrigeração é dado pela razão entre o calor removido do ambiente e a energia consumida pelo compressor, ou seja:

$$COP = \frac{Q}{W}$$

Uma câmara frigorífica opera com temperatura de evaporação de $-30\ °C$ e condensação a $40\ °C$, usando HFC-134a.

a) Ilustre o processo em diagramas de temperatura *versus* entropia e pressão *versus* entalpia.
b) Calcule o COP do ciclo, admitindo reversibilidade na compressão.
c) Calcule o COP se a compressão apresenta uma eficiência de 50%.

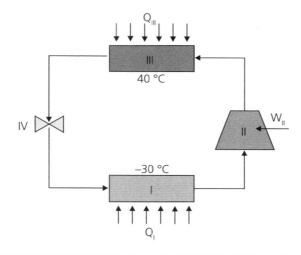

Figura 4.13 ▶ Fluxograma de um ciclo de refrigeração por compressão.

Resolução

a) Para ilustrar o ciclo em diagramas de propriedades é necessário fazer os balanços de energia e entropia para as quatro etapas e detectar onde há variações de pressão, temperatura, entalpia e entropia, e onde essas grandezas se conservam. Para todas as etapas, consideraremos processos em regime estacionário, com correntes de entrada e saída de refrigerante iguais.

Etapa I: Evaporação em contato com o ambiente que se deseja resfriar

Balanço de Energia:

No evaporador, ocorre troca de calor entre o refrigerante e o ambiente; como não há trabalho, então:

$$Q_I = M(\hat{H}_2 - \hat{H}_1)$$ (E4.10-1)

Como o refrigerante recebe calor do ambiente, concluímos que $\hat{H}_2 > \hat{H}_1$.
Balanço de Entropia:
Para um processo em regime estacionário, temos:

$$M(\hat{S}_1 - \hat{S}_2) + \frac{Q_I}{T} + S_{ger} = 0$$ (E4.10-2)

Como o calor é positivo e a entropia gerada é maior ou igual a zero, obrigatoriamente $\hat{S}_2 > \hat{S}_1$.
A temperatura e a pressão permanecem constantes durante a evaporação, como em qualquer processo de mudança de fase.
Etapa II: Compressão do gás
Balanço de Energia:
Admitindo que o processo de compressão seja adiabático, temos:

$$W_{II} = W_S = M(\hat{H}_3 - \hat{H}_2)$$ (E4.10-3)

O trabalho em um compressor é positivo, pois é realizado do ambiente sobre o sistema. Dessa forma, sabemos que $\hat{H}_3 > \hat{H}_2$. A pressão, por sua vez, vai da pressão de saturação do HFC-134a a –30 °C até a pressão de saturação a 40 °C. Logo, ocorre um aumento de pressão.
Balanço de Entropia:
Como o processo é adiabático e em regime estacionário:

$$M(\hat{S}_2 - \hat{S}_3) + S_{ger} = 0$$ (E4.10-4)

Portanto, se o processo de compressão for reversível, $\hat{S}_3 = \hat{S}_2$. Se a compressão for irreversível, haverá aumento na entropia do gás: $\hat{S}_3 > \hat{S}_2$, pois a geração de entropia será positiva.
Quanto à temperatura, o aumento da pressão e da entalpia do gás indica que a temperatura também deve aumentar nessa etapa, ao final da qual teremos HFC-134a gasoso e superaquecido.
Etapa III: Condensação até se obter líquido saturado
Balanço de Energia:
Da mesma forma que na Etapa I, na condensação há apenas troca de calor entre o refrigerante e o ambiente, de modo que:

$$Q_{III} = M(\hat{H}_4 - \hat{H}_3)$$ (E4.10-5)

Na condensação, o refrigerante perde calor para o ambiente, portanto $\hat{H}_4 < \hat{H}_3$.

Balanço de Entropia:

O balanço para a condensação é semelhante ao da evaporação:

$$M\left(\hat{S}_4 - \hat{S}_3\right) + \frac{Q_{III}}{T} + S_{ger} = 0 \qquad \text{(E4.10-6)}$$

A entropia no início dessa etapa é a do gás superaquecido na pressão de saída do compressor. E ao final da condensação, a entropia é a do líquido saturado na mesma pressão, que obviamente é menor que a inicial, logo: $\hat{S}_4 < \hat{S}_3$.

A pressão permanece constante ao longo dessa etapa. Já a temperatura diminui até chegar à temperatura de condensação do refrigerante e depois permanece constante.

Etapa IV: Expansão em uma válvula

Balanço de Energia:

Na expansão do refrigerante em uma válvula não há realização de trabalho (lembremos que estamos adotando a válvula como sistema, então não há trabalho de eixo nem deformação de seus limites). E se considerarmos que a expansão ocorre de forma rápida, podemos desprezar a troca de calor ao longo dessa etapa, de modo que:

$$\Delta U = M\left(\hat{H}_1 - \hat{H}_4\right) = 0 \qquad \text{(E4.10-7)}$$

Logo,

$$\hat{H}_1 = \hat{H}_4 \qquad \text{(E4.10-8)}$$

Portanto, a expansão na válvula pode ser considerada isentálpica e ocorre o efeito Joule-Thomson descrito no Capítulo 3. Com a diminuição da pressão, a temperatura do refrigerante também diminui até a temperatura de evaporação.

Balanço de Entropia:

Como o processo é considerado adiabático, temos:

$$M\left(\hat{S}_4 - \hat{S}_1\right) + S_{ger} = 0 \qquad \text{(E4.10-9)}$$

$$M\left(\hat{S}_1 - \hat{S}_4\right) = S_{ger} > 0 \qquad \text{(E4.10-10)}$$

O processo de expansão na válvula só pode ser irreversível, pois para efetuar o caminho inverso seria necessário realizar trabalho para comprimir o refrigerante. Portanto, sabemos que $\hat{S}_1 > \hat{S}_4$.

Usando as informações obtidas nos balanços das quatro etapas, construímos os diagramas PH e TS para o ciclo, representados na Figura 4.14. Nos diagramas as linhas pontilhadas indicam a mudança do ciclo devido à compressão irreversível.

Fundamentos de Engenharia de Alimentos

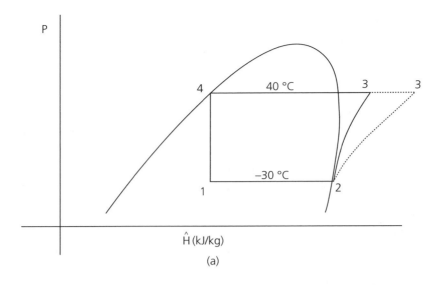

(a)

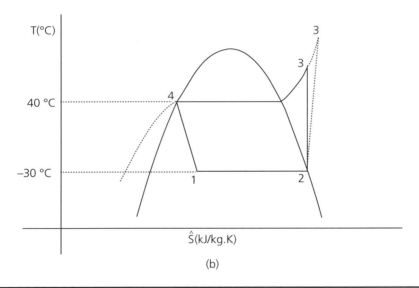

(b)

Figura 4.14 ▶ Ciclo de refrigeração por compressão em diagramas (a) PH e (b) TS.

b) Para calcular o COP desse ciclo, precisamos dos valores do trabalho de compressão (Etapa II) e do calor trocado na evaporação (Etapa I):

$$W_{II} = W_S = M\left(\hat{H}_3 - \hat{H}_2\right) \tag{E4.10-11}$$

$$Q_I = M\left(\hat{H}_2 - \hat{H}_1\right) \tag{E4.10-12}$$

Logo, temos que encontrar as entalpias do refrigerante nos estados (1), (2) e (3). No estado 2 temos vapor saturado a –30 °C. Pelo diagrama de propriedades do HFC-134a encontramos o valor da entalpia nesse ponto:

$$\hat{H}_2 = \hat{H}(\text{vapor saturado}, -30,0\ °C) \simeq 380\ kJ/kg$$

Do estado (3) conhecemos apenas a temperatura, que é de 40 °C. Mas sabemos também que as entropias nos estados (2) e (3) são iguais, pois a compressão é reversível. Pelo diagrama (Figura 4.14), a entropia no estado (2) é de aproximadamente 1,75 kJ/kg.K. Traçando uma linha isentrópica nesse valor, entre o estado (2) e a temperatura de 40 °C, determinamos o estado (3) e encontramos a entalpia do refrigerante nessa condição:

$$\hat{H}_3 = \hat{H}(40\ °C, 1,75\ kJ/kg.K) \simeq 430\ kJ/kg$$

Com as entalpias dos estados (2) e (3) calculamos o trabalho do compressor:

$$\frac{W_{II}}{M} = \hat{H}_3 - \hat{H}_2 = 50\ kJ/kg$$

A entalpia no estado (1), necessária para calcular o calor de evaporação, é igual à entalpia no estado (4), que corresponde ao líquido saturado a 40 °C. Pelo diagrama de propriedades do HFC-134a podemos encontrar esse valor:

$$\hat{H}_1 = \hat{H}_4 = \hat{H}(\text{líquido saturado}, 40\ °C) \simeq 258\ kJ/kg$$

Assim, calculamos o calor recebido pelo refrigerante na evaporação:

$$\frac{Q_I}{M} = \hat{H}_2 - \hat{H}_1 = 122\ kJ/kg$$

E, finalmente, podemos calcular o coeficiente de performance desse ciclo:

$$COP = \frac{Q_I}{W_{II}} = \frac{122\ kJ/kg}{50\ kJ/kg} = 2,44$$

c) Se o compressor tem 50% de eficiência, seu consumo de energia será o dobro do consumo de um processo reversível. Então:

$$W_{II} = 2W_{II}(\text{reversível}) = 100\ kJ/kg$$

$$\hat{H}_3 = \hat{H}_2 + W_{II} = 480\ kJ/kg$$

$$COP = \frac{Q_I}{W_{II}} = \frac{122\ kJ/kg}{100\ kJ/kg} = 1,22$$

Fundamentos de Engenharia de Alimentos

 Comentários

A aplicação da segunda lei da termodinâmica a um ciclo de refrigeração por compressão mostra como processos reais são menos eficientes, ou seja, demandam mais energia que os processos reversíveis. Nesse caso, as principais irreversibilidades ocorrem na compressão, onde fatores como atrito, ruído e outras formas de dissipação de energia reduzem a eficiência dessa etapa. Embora seja impossível obter uma eficiência de 100%, o engenheiro deve se preocupar em minimizar as irreversibilidades, para obter assim a maior economia possível de energia no processo.

RESUMO DO CAPÍTULO

Este capítulo apresentou a aplicação da segunda lei da termodinâmica, representada matematicamente no balanço de entropia. Através desse novo balanço aplicado a várias situações presentes na indústria de alimentos, foi possível notar que embora a energia possa ser transformada, existem limites para essas transformações que fazem com que muitos processos reais tenham eficiências baixas. O conceito de processo reversível, agora associado à segunda lei da termodinâmica, é usado nos exemplos para expor os limites possíveis em cada processo.

 PROBLEMAS PROPOSTOS

4.1. Um tanque rígido e isolado está dividido em duas partes com volumes iguais. Em uma das partes há um gás ideal, e na outra há vácuo. Ao se remover instantaneamente a divisão, calcule calor, trabalho e variações de pressão, temperatura, energia interna e entropia no tanque, e analise se o processo é reversível.

4.2. A concentração de suco de laranja em um evaporador resulta na eliminação de 0,13 kg/s de água, que deixa o equipamento no estado líquido a 70 °C. O engenheiro responsável pela fábrica propõe reutilizar essa água, misturando-a a vapor produzido na caldeira, para gerar vapor saturado a 150 °C que é usado como fonte de calor no próprio evaporador do suco. A caldeira da indústria produz vapor a 5 MPa e 400 °C. No processo de mistura está prevista a perda de calor de 50 kJ para cada kg de vapor saturado produzido.
   a) Que quantidade de vapor saturado a 150 °C pode ser produzida com esse processo, e quanto vapor da caldeira deve ser usado?
   b) O processo sugerido pelo engenheiro é possível?

4.3. Após ser usado como meio de aquecimento no evaporador, o vapor saturado do problema 4.2 se torna água líquida saturada a 100 °C. O estagiário da fábrica sugere separar essa água em duas correntes, sendo uma de água líquida a 5 °C, que pode ser usada nos tanques de limpeza das laranjas, e outra de vapor saturado a 100 °C, útil em outro estágio de evaporação. Calcule as vazões de cada corrente e comente a viabilidade da proposta do estagiário.

A Segunda Lei da Termodinâmica: O Balanço de Entropia

capítulo 4

4.4. Um Ciclo Carnot funciona com um mol de gás ideal ($C_V^* = 2,5R$) que recebe calor de uma fonte a 300 °C e cede calor a um reservatório a 10 °C. Calcule a eficiência térmica do ciclo, demonstrando que ela depende apenas das duas temperaturas.

4.5. Um Ciclo Rankine trabalha com água à pressão de 5 MPa na caldeira e temperatura de 20 °C na entrada da bomba. Desprezando as irreversibilidades na bomba e admitindo 60% de eficiência na turbina, estime:
   a) A temperatura mínima do vapor na saída da caldeira para garantir que não haja líquido na saída da turbina.
   b) A eficiência térmica do ciclo.

4.6. Uma turbina admite 100 kg/s de vapor a 10 MPa e 800 °C e expande esse vapor até 0,1 MPa e 200 °C. Desprezando as perdas de calor, calcule a eficiência da turbina.

4.7. Uma caldeira produz vapor a 1 atm e 150 °C a partir de água líquida a 90 °C. O calor é fornecido por uma corrente de 30 kg/s de nitrogênio, que entra na caldeira a 400 °C e sai a 200 °C. Para cada kilograma de vapor gerado, há uma perda de 50 kJ de calor para o ambiente, que está a 25 °C. Considerando o nitrogênio um gás ideal com $C_P = 7/2\,R$, calcule:
   a) A taxa de produção de vapor.
   b) A entropia gerada na caldeira.

4.8. Uma câmara frigorífica deve levar 10 kg de frango de 10 a –18 °C, para posterior estocagem. A câmara funciona com um sistema de compressão de amônia, que opera com temperaturas de evaporação e condensação de –40 e 40 °C, respectivamente. As perdas de calor através das paredes da câmara são de 30% do total removido na evaporação da amônia.
   a) Calcule a massa de amônia que deve circular.
   b) Faça um gráfico do COP do ciclo em função da eficiência do compressor.

Seguem alguns dados:

Porcentagem de água no frango: 66%

Entalpia de fusão da água: 334,4 kJ/kg

C_P (frango acima do ponto de fusão) = 3,31 kJ/kg.K

C_P (frango abaixo do ponto de fusão) = 1,55 kJ/kg.K

4.9. Um compressor succiona ar à pressão atmosférica de 25 °C e o leva até 10 atm. A temperatura do ar na descarga do compressor é de 500 °C. Considerando o processo adiabático e o ar como um gás ideal ($C_P^* = 3,5\,R$), calcule a energia perdida devido às irreversibilidades do processo.

4.10. Uma usina de açúcar usa o bagaço da cana como combustível em uma caldeira, gerando 4000 kg/h de vapor a 20 atm e 600 °C. O engenheiro da usina propõe comprar uma turbina para gerar energia elétrica a partir da expansão do vapor até a pressão atmosférica. Calcule a taxa de geração de energia para:
   a) Uma turbina operando adiabática e isentropicamente.
   b) Uma turbina operando adiabaticamente com eficiência de 90%.
   c) Calcule a taxa de geração de entropia em ambas as turbinas.

REFERÊNCIAS BIBLIOGRÁFICAS

1. American Society of Heating, Refrigeration and Air-Conditioning Engineers. *Fundamentals handbook*. Cap. 30: "Thermal properties of foods". EUA: ASHRAE; 1998.

2. Fennema OR, Powrie WD, Marth EH. Low-temperature preservation of foods and living matter. New York: Marcel Dekker Inc.; 1973.

3. Himmelblau DM. Engenharia química: princípios e cálculos. 6ª Ed. Rio de Janeiro: LTC Editora; 1999.
4. Huang FH, Li MH, Lee LL, Starling KE, Chung FTH. J. Chem. Eng. Jpn 1985; 18(6): 490-496.
5. Joback KG. Thesis in chemical engineering. Cambridge: Massachusetts Institute of Technology; 1989.
6. Kim H, Lin HM, Chao KC. Ind. Eng. Chem. Fundam 1986; 25:75-84.
7. Lee BI, Kesler MG. AIChE J 1975; 21,510.
8. Moran MJ, Shapiro HN. Princípios de termodinâmica para engenharia. 6ª Ed. Rio de Janeiro: LTC Editora; 2009.
9. Perry R.H., Green D.W. Perry's Chemical Engineers' Handbook. (7ª Ed.) McGraw-Hill.
10. Peng DY, Robinson DB. A new two-constant equation of state. Ind. Eng. Chem. Fundam 1976; 15:59-64.
11. Sandler SI. Chemical, biochemical, and engineering thermodynamics. 4ª Ed. New York: John Wiley & Sons; 2007.
12. Smith JM, Van Ness HC, Abbott MM. Introdução à termodinâmica da engenharia química. 5ª Ed. Rio de Janeiro: LTC Editora; 2000.
13. Sonntag RE, Borgnakke C. Introdução à termodinâmica para engenharia. 1ª Ed. Rio de Janeiro: LTC Editora; 2003.
14. Stoecker W F, Jabardo JMS. Refrigeração industrial, 2ª Ed. São Paulo: Editora Edgard Blucher; 2002.

CAPÍTULO 5

Propriedades Termodinâmicas de Compostos Puros: Gás Ideal, Gases Reais, Líquidos e Sólidos

- Fernando Antonio Cabral
- M. Angela A. Meireles

CONTEÚDO

Objetivos do Capítulo	104
Introdução	105
A Lei Combinada da Termodinâmica: Representação da Energia Interna	105
A Equação Fundamental na Representação da Entalpia	108
A Equação Fundamental na Representação da Energia livre de Gibbs	108
A Equação Fundamental na Representação da Energia livre de Helmholtz	109
Uso da Lei Combinada para Cálculo de Propriedades Termodinâmicas	109
Propriedades das Equações Diferenciais	111
Algumas Propriedades de Derivadas Parciais	112
Exemplo 5.1 – Conversão da Função $\underline{U} = f(\underline{S}, \underline{V})$ em $\underline{U} = f(T, \underline{V})$	112
Resolução	112
Comentários	114
Fluidos (Gases, Líquidos e Fluidos Supercríticos)	116
Casos Particulares: Propriedades Termodinâmicas de Gases Ideais	116
Exemplo 5.2 – Cálculo do C_p^* pelo método de Joback	119
Resolução	119
Comentários	120

Casos Particulares: Líquidos e Sólidos Incompressíveis 120

Expressões para Calcular Energia Interna e Entropia Quando $d\underline{V} = 0$ 122

Expressões para Entalpia e Entropia com $\left(\partial \underline{V} / \partial T\right)_p \approx 0$ 122

Exemplo 5.3 – Cálculo da Energia Interna, Entropia e Entalpia 123

Resolução 124

Comentários 129

Escolha da Trajetória para Calcular a Variação nas Propriedades Termodinâmicas 129

Grandeza Desvio ou Residual 132

Transformação de Integrais do tipo $\int \underline{V}dP$ em $\int Pd\underline{V}$ 133

Equações de Estado Volumétricas 135

Equação do Virial 135

Exemplo 5.4 – Cálculo de Volume Molar Usando Correlações Generalizadas de Pitzer e de Lee-Kesler 137

Resolução 137

Comentários 138

Equações Cúbicas do Tipo Van Der Waals 139

Cálculo das Variações de Entalpia (ΔH) e de Entropia (ΔS) Usando a Equação de Estado de Peng-Robinson 149

Procedimento para Cálculo de Propriedades Termodinâmicas Usando Equações de Estado e o Gás Ideal como Referência 150

Programa Computacional para Cálculo de Propriedades Termodinâmicas Usando a Equação de Estado de Peng-Robinson – PropriTerm 151

O Princípio dos Estados Correspondentes 151

Resumo do Capítulo 153

Problemas Propostos 153

Referências Bibliográficas 155

OBJETIVOS DO CAPÍTULO

Os objetivos do Capítulo 5 são apresentar ao leitor as diferentes metodologias que podem ser empregadas para o cálculo de propriedades termodinâmicas de substâncias puras.

Propriedades Termodinâmicas de Compostos Puros: Gás Ideal, Gases Reais, Líquidos e Sólidos capítulo **5**

Introdução

Nos capítulos precedentes as equações provenientes dos balanços de massa, de energia e de entropia inter-relacionaram a entropia e as diferentes formas de energia. Na resolução dos exercícios, os valores das propriedades termodinâmicas já eram conhecidos e foram retirados de tabelas ou de diagramas. Queremos agora saber como esses valores foram calculados ou ainda, em algumas situações particulares, queremos saber como podemos estimá-los. O principal objetivo deste capítulo é obter expressões para calcular as propriedades termodinâmicas de substâncias puras a partir do conhecimento de dados de calor específico e de propriedades P$\underline{V}$T. Já sabemos que para um fluido puro em uma única fase, duas variáveis são suficientes para caracterizá-lo e que na prática é mais fácil medir densidade (ou volume específico) em função da temperatura e pressão que medir diretamente as propriedades termodinâmicas, como por exemplo, a energia interna, a energia livre de Gibbs, etc. Portanto, é apropriado escrever as equações que calculam as propriedades termodinâmicas em função de T, P ou $\underline{V}$. Por exemplo, é conveniente escrever a energia interna em função da temperatura e do volume específico $\underline{U} = f(T,\underline{V})$ ou em função de temperatura e pressão $\underline{U} = f(T,P)$. Queremos então deduzir expressões para se poder calcular as propriedades $\Delta\underline{S}$, $\Delta\underline{H}$, $\Delta\underline{U}$, $\Delta\underline{A}$, $\Delta\underline{G}$, conhecendo-se valores de volume específico $\underline{V}$ (ou de densidade) em função da temperatura e pressão e valores de calores específicos C_P ou C_V. Para atingirmos essa meta, empregaremos: 1) a Equação Fundamental da Termodinâmica **d$\underline{U}$ = Td$\underline{S}$ − Pd$\underline{V}$** que foi obtida pela combinação dos balanços de energia (primeira lei da termodinâmica) e de entropia (segunda lei da termodinâmica), 2) as propriedades termodinâmicas escritas na forma diferencial em função de temperatura e pressão (T, P) ou de temperatura e volume (T, $\underline{V}$) e 3) algumas propriedades das equações diferenciais parciais, ou seja, neste capítulo o seu conhecimento de cálculo de funções de várias variáveis será utilizado. Com isso, reescreveremos as propriedades termodinâmicas em função de C_P ou de C_V e de propriedades volumétricas (P$\underline{V}$T). Mesmo escritas dessa maneira, ainda temos em princípio o inconveniente dos valores de calores específicos para gases reais serem função de temperatura e pressão e não só de temperatura como nos gases ideais. Como as propriedades termodinâmicas são funções de estado, esse problema é contornado, pois podemos escolher para fazer os cálculos trajetos termodinâmicos mais adequados, passando pela condição de gás ideal, onde o calor específico é função apenas da temperatura. Por fim discutiremos as diferentes maneiras de se inter-relacionar propriedades volumétricas (P$\underline{V}$T).

A Lei Combinada da Termodinâmica: Representação da Energia Interna

No Capítulo 4, aplicamos os balanços de massa, energia e entropia a 1 mol de substância pura; para um processo reversível ($\delta S_{ger} = 0$) chegamos à Equação (4.18):

$$d\underline{U} = Td\underline{S} - Pd\underline{V} \qquad (4.18)$$

Como foi discutido no Capítulo 2, o sistema fechado pode ser um caso especial de sistema aberto, ou seja, todo sistema aberto pode ser tratado como fechado pela redefinição dos limites do sistema. Logo, pela redefinição do sistema, podemos reescrever a Equação (4.18) para um sistema aberto considerando um sistema generalizado ao qual aplicaremos os balanços de massa, energia e entropia. Vamos escolher um sistema isotérmico em cujas fronteiras podem escoar calor e matéria, conforme o esquema da Figura 5.1.

Figura 5.1 ▶ Esquema do sistema idealizado.

Aplicando-se os balanços de massa, de energia e de entropia, obtém-se o sistema de equações representado pelas Equações (5.1) a (5.3).

$$\frac{dN}{dt} = \sum_k \dot{N}_k \tag{5.1}$$

$$\frac{dU}{dt} = \sum_k \dot{N}_k \underline{H}_k + \dot{Q} - P\frac{dV}{dt} \tag{5.2}$$

$$\frac{dS}{dt} = \sum_k \dot{N}_k \underline{S}_k + \frac{\dot{Q}}{T} + \dot{S}_{ger} \tag{5.3}$$

Note que nas Equações (5.1) a (5.3) o termo $\sum_k \dot{N}_k$ representa o escoamento de matéria nas correntes de alimentação e de saída do sistema. Note também que tanto na Equação (5.3) quanto na Equação (4.18) usamos a temperatura na qual ocorre a transferência de calor e não a temperatura da vizinhança como discutido no Capítulo 4 na Seção "Entropia".

Quando calculamos as propriedades termodinâmicas sempre usamos uma trajetória na qual a substância atravesse numerosos estados de equilíbrio entre os estados termodinâmicos inicial e final. Por esse motivo, escolheremos uma trajetória reversível para a qual a geração de entropia é nula ($\dot{S}_{ger} = 0$); integrando as Equações (5.2) e (5.3) e usando-se a Equação (5.1) obtém-se as Equações (5.4) e (5.5).

$$dU = \sum_k \underline{H}_k dN_k + \delta Q - PdV \tag{5.4}$$

$$dS = \sum_k \underline{S}_k dN_k + \frac{\delta Q}{T} \tag{5.5}$$

Propriedades Termodinâmicas de Compostos Puros: Gás Ideal, Gases Reais, Líquidos e Sólidos capítulo 5

Ou

$$\delta Q = TdS - T\sum_{k}\underline{S}_k dN_k \qquad (5.6)$$

Substituindo a Equação (5.6) na Equação (5.4) obtemos:

$$dU = TdS - PdV + \sum_{k}(\underline{H} - T\underline{S})_k dN_k \qquad (5.7)$$

A energia livre de Gibbs[1] é definida como:

$$G = H - TS \qquad (5.8)$$

Logo,

$$dU = TdS - PdV + \sum_{k}\underline{G}_k dN_k \qquad (5.9)$$

Para um sistema fechado, por exemplo, para 1 mol de substância, a Equação (5.9) reduz-se à Equação (4.18):

$$d\underline{U} = Td\underline{S} - Pd\underline{V} \qquad (5.10)$$

Note que na Equação (5.10) a energia interna é a variável dependente e a entropia e o volume específico são as variáveis independentes, ou seja $\underline{U} = f(\underline{S}, \underline{V})$.

A Equação (5.10) resolvida para a entropia:

$$d\underline{S} = \frac{1}{T}d\underline{U} + \frac{P}{T}d\underline{V} \qquad (5.11)$$

Na Equação (5.11), a entropia é a variável dependente enquanto a energia interna e o volume específico são as variáveis independentes. Note que a entropia é a função inversa da energia interna.

As Equações (4.18), (5.9) a (5.11) são denominadas Equações Fundamentais da Termodinâmica e são também conhecidas como a Lei Combinada por terem sido obtidas da combinação dos balanços de energia e entropia.

Existem outras formas de se representar a Lei Combinada que podem ser obtidas através das definições de entalpia ($H = U + PV$), energia livre de Gibbs ($G = H - TS$) e energia livre de Helmholtz[2]:

$$A = U - TS \qquad (5.12)$$

---
1 A forma mais moderna e sugerida pela IUPAC é "energia de Gibbs".
2 A forma mais moderna e sugerida pela IUPAC é "energia de Helmholtz".

A Equação Fundamental na Representação da Entalpia

Diferenciando-se a equação que define a entalpia ($H = U + PV$), temos:

$$dH = dU + PdV + VdP \qquad (5.13)$$

Substituindo a Equação (5.9) na Equação (5.13), obtemos:

$$dH = TdS - PdV + \sum_k \underline{G}_k dN_k + PdV + VdP \qquad (5.14)$$

Ou

$$dH = TdS + VdP + \sum_k \underline{G}_k dN_k \qquad (5.15)$$

Na Equação (5.15), a variável dependente é a entalpia e as variáveis independentes são a entropia, a pressão e a massa molar; logo, $H = f(S,P,N)$. E, para sistema fechado:

$$d\underline{H} = Td\underline{S} + \underline{V}dP \qquad (5.16)$$

Logo, $\underline{H} = f(\underline{S},P)$.

A Equação Fundamental na Representação da Energia Livre de Gibbs

Derivando a Equação (5.8), obtemos:

$$dG = dH - TdS - SdT \qquad (5.17)$$

Substituindo-se a Equação (5.13) na Equação (5.17), temos:

$$dG = dU + PdV + VdP - TdS - SdT \qquad (5.18)$$

Substituindo a Equação (5.7) na Equação (5.18), obtemos:

$$dG = TdS - PdV + \sum_k \underline{G}_k dN_k + PdV + VdP - TdS - SdT \qquad (5.19)$$

Ou

$$dG = -SdT + VdP + \sum_k \underline{G}_k dN_k \qquad (5.20)$$

Na Equação (5.20), a variável dependente é a energia livre de Gibbs e as variáveis independentes são a temperatura, a pressão e a massa molar; logo, $G = f(T,P,N)$. E, para sistema fechado:

$$d\underline{G} = -\underline{S}dT + \underline{V}dP \qquad (5.21)$$

Logo, $\underline{G} = f(T,P)$.

A Equação Fundamental na Representação da Energia Livre de Helmholtz

Para se obter uma expressão da Lei Combinada usando-se a energia livre de Helmholtz vamos diferenciar a Equação (5.12):

$$dA = dU - TdS - SdT \qquad (5.22)$$

Substituindo-se a Equação (5.9) na Equação (5.22), obtemos:

$$dA = TdS - PdV + \sum_k \underline{G}_k dN_k - TdS - SdT \qquad (5.23)$$

Ou

$$dA = -SdT - PdV + \sum_k \underline{G}_k dN_k \qquad (5.24)$$

Na Equação (5.24), a variável dependente é a energia livre de Helmholtz e as variáveis independentes são a temperatura, o volume e a massa molar; logo, $A = f(T,V,N)$. E, para sistema fechado:

$$d\underline{A} = -\underline{S}dT - Pd\underline{V} \qquad (5.25)$$

Logo, $\underline{A} = f(T,\underline{V})$.

Uso da Lei Combinada para Cálculo de Propriedades Termodinâmicas

Agora que já conhecemos as diferentes representações da Equação Fundamental da Termodinâmica, vamos fazer uma mudança de variáveis nas equações do tipo $d\underline{U} = Td\underline{S} - Pd\underline{V}$. Por exemplo, vamos escrever a energia interna que é função da entropia e do volume segundo a Equação (5.10) em função da temperatura e do volume, ou seja, desejamos uma equação em que $\underline{U} = f(T,\underline{V})$. Para generalizar os resultados, vamos usar as variáveis $\underline{X},\underline{Y},\underline{Z}$ para designar quaisquer três variáveis intensivas, que podem ser selecionadas do conjunto:

P, T, $\underline{V}$, $\underline{S}$, $\underline{U}$, $\underline{H}$, $\underline{A}$, $\underline{G}$. Se duas variáveis forem fixadas, isto é, os valores dessas grandezas forem escolhidos *a priori*, então o *estado termodinâmico* da substância pura, se esta se encontra em uma única fase, está determinado (Veja o Fato Experimental Nº 6, Capítulo 1). Por exemplo, se fixamos a pressão e a temperatura, o valor das outras variáveis $\underline{V}$, $\underline{S}$, $\underline{U}$, $\underline{H}$, $\underline{A}$, $\underline{G}$ está obrigatoriamente determinado. *Se quaisquer duas variáveis* forem definidas como *variáveis independentes*, as outras serão *variáveis dependentes*.

Usando as propriedades das equações diferenciais parciais, podemos escrever as propriedades já vistas nas diferentes formas equivalentes.

$$\underline{U} = f(\underline{S},\underline{V}) \implies d\underline{U} = Td\underline{S} - Pd\underline{V}$$

Ou

$$d\underline{U} = \left(\frac{\partial \underline{U}}{\partial \underline{S}}\right)_{\underline{V}} d\underline{S} + \left(\frac{\partial \underline{U}}{\partial \underline{V}}\right)_{\underline{S}} d\underline{V} \qquad (5.26)$$

$$\underline{H} = f(\underline{S},P) \implies d\underline{H} = Td\underline{S} + \underline{V}dP$$

Ou

$$d\underline{H} = \left(\frac{\partial \underline{H}}{\partial \underline{S}}\right)_{P} d\underline{S} + \left(\frac{\partial \underline{H}}{\partial P}\right)_{\underline{S}} dP \qquad (5.27)$$

$$\underline{A} = f(\underline{V},T) \implies d\underline{A} = -Pd\underline{V} - \underline{S}dT$$

Ou

$$d\underline{A} = \left(\frac{\partial \underline{A}}{\partial \underline{V}}\right)_{T} d\underline{V} + \left(\frac{\partial \underline{A}}{\partial T}\right)_{\underline{V}} dT \qquad (5.28)$$

$$\underline{G} = f(P,T) \implies d\underline{G} = \underline{V}dP - \underline{S}dT$$

Ou

$$d\underline{G} = \left(\frac{\partial \underline{G}}{\partial P}\right)_{T} dP + \left(\frac{\partial \underline{G}}{\partial T}\right)_{P} dT \qquad (5.29)$$

De maneira análoga na forma extensiva, por exemplo, para a energia interna:

$$U = f(S,V,N) \implies dU = TdS - PdV + \sum_{k} \underline{G}_k dN_k$$

Ou

$$dU = \left(\frac{\partial U}{\partial S}\right)_{V,N} dS + \left(\frac{\partial U}{\partial V}\right)_{S,N} dV + \left(\frac{\partial U}{\partial N}\right)_{S,V} dN \qquad (5.30)$$

Observe que pelas propriedades das equações diferenciais, temos as seguintes relações para as Equações (5.26) a (5.30):

$$\left(\frac{\partial U}{\partial S}\right)_{V,N} = \left(\frac{\partial \underline{U}}{\partial \underline{S}}\right)_{\underline{V}} = T \qquad (5.31)$$

$$\left(\frac{\partial U}{\partial V}\right)_{S,N} = \left(\frac{\partial \underline{U}}{\partial \underline{V}}\right)_{\underline{S}} = -P \qquad (5.32)$$

$$\left(\frac{\partial U}{\partial N}\right)_{S,V} = \underline{G} \qquad (5.33)$$

Propriedades das Equações Diferenciais

As grandezas termodinâmicas que podem ser controladas experimentalmente são a temperatura, a pressão e o volume. Logo, nosso objetivo é escrever as propriedades termodinâmicas, tais como U,H,S,G,A, em função de temperatura e pressão, $\underline{\theta} = f(T,P)$, ou $\underline{\theta} = f(T,\underline{V})$, e calor específico. Para tanto vamos recordar algumas definições importantes e algumas propriedades das equações diferenciais.

Definições especiais:

$$C_V = \left(\frac{\partial \underline{U}}{\partial T}\right)_{\underline{V}} = \text{calor específico a volume constante} \qquad (5.34)$$

$$C_P = \left(\frac{\partial \underline{H}}{\partial T}\right)_P = \text{calor específico a pressão constante} \qquad (5.35)$$

$$\alpha = \frac{1}{\underline{V}}\left(\frac{\partial \underline{V}}{\partial T}\right)_P = \text{coeficiente de expansão térmica} \qquad (5.36)$$

$$\kappa_T = -\frac{1}{\underline{V}}\left(\frac{\partial \underline{V}}{\partial P}\right)_T = \text{compressibilidade isotérmica} \qquad (5.37)$$

$$\mu = \left(\frac{\partial T}{\partial P}\right)_{\underline{H}} = -\frac{\left[\underline{V} - T\left(\frac{\partial \underline{V}}{\partial T}\right)_P\right]}{C_P} = \text{coeficiente de Joule-Thomson} \qquad (5.38)$$

Algumas Propriedades de Derivadas Parciais

As Equações (5.39) a (5.43) escritas para as variáveis $\underline{X}$, $\underline{Y}$, $\underline{Z}$ e $\underline{K}$ que designam grandezas termodinâmicas intensivas podem ser usadas para conversão de um grupo de variáveis em outro. Por exemplo, converter a função $\underline{U} = f(\underline{S}, \underline{V})$ na função $\underline{U} = f(T, \underline{V})$.

$$\left(\frac{\partial \underline{X}}{\partial \underline{Y}}\right)_{\underline{Z}} = \frac{1}{\left(\frac{\partial \underline{Y}}{\partial \underline{X}}\right)_{\underline{Z}}} \quad (5.39)$$

$$\frac{\partial}{\partial \underline{Z}}\bigg|_{\underline{Y}}\left(\frac{\partial \underline{X}}{\partial \underline{Y}}\right)_{\underline{Z}} = \frac{\partial}{\partial \underline{Y}}\bigg|_{\underline{Z}}\left(\frac{\partial \underline{X}}{\partial \underline{Z}}\right)_{\underline{Y}} \quad (5.40)$$

$$\left(\frac{\partial \underline{X}}{\partial \underline{Y}}\right)_{\underline{X}} = 0 \qquad \left(\frac{\partial \underline{X}}{\partial \underline{X}}\right)_{\underline{Z}} = 1 \quad (5.41)$$

$$\left(\frac{\partial \underline{X}}{\partial \underline{K}}\right)_{\underline{Z}} = \left(\frac{\partial \underline{X}}{\partial \underline{Y}}\right)_{\underline{Z}} \cdot \left(\frac{\partial \underline{Y}}{\partial \underline{K}}\right)_{\underline{Z}} \quad (5.42)$$

$$\left(\frac{\partial \underline{X}}{\partial \underline{Y}}\right)_{\underline{Z}} \cdot \left(\frac{\partial \underline{Z}}{\partial \underline{X}}\right)_{\underline{Y}} \cdot \left(\frac{\partial \underline{Y}}{\partial \underline{Z}}\right)_{\underline{X}} = -1 \quad \text{(produto triplo)} \quad (5.43)$$

Exemplo 5.1

Conversão da Função $\underline{U} = f(\underline{S}, \underline{V})$ em $\underline{U} = f(T, \underline{V})$

Mostre o uso das Equações (5.39) a (5.43) convertendo a função $\underline{U} = f(\underline{S}, \underline{V})$ em $\underline{U} = f(T, \underline{V})$.

Resolução

Da Lei Combinada, temos: $d\underline{U} = Td\underline{S} - Pd\underline{V}$. O primeiro passo para a resolução do problema será encontrar uma expressão para o diferencial da entropia $d\underline{S}$ em função de $(T, \underline{V})$. Então, vamos escrever o diferencial exato da função $\underline{S} = f(T,\underline{V})$.

$$d\underline{S} = \left(\frac{\partial \underline{S}}{\partial T}\right)_{\underline{V}} dT + \left(\frac{\partial \underline{S}}{\partial \underline{V}}\right)_{T} d\underline{V} \quad \text{(E5.1-1)}$$

Da Lei Combinada na representação da energia livre de Helmholtz, Equação (5.25), temos: $d\underline{A} = -Pd\underline{V} - \underline{S}dT$ e, portanto:

$$\left(\frac{\partial \underline{A}}{\partial \underline{V}}\right)_T = -P \qquad \text{(E5.1-2)}$$

$$\left(\frac{\partial \underline{A}}{\partial T}\right)_{\underline{V}} = -\underline{S} \qquad \text{(E5.1-3)}$$

Mas, pela Equação (5.40), sabemos que as Equações (E5.1-2) e (E5.1-3) se inter-relacionam pois:

$$\left.\frac{\partial}{\partial T}\right|_{\underline{V}}\left(\frac{\partial \underline{A}}{\partial \underline{V}}\right)_T = \left.\frac{\partial}{\partial \underline{V}}\right|_T\left(\frac{\partial \underline{A}}{\partial T}\right)_{\underline{V}} \qquad \text{(E5.1-4)}$$

$$\therefore \left.\frac{\partial}{\partial T}\right|_{\underline{V}}(-P) = \left.\frac{\partial}{\partial \underline{V}}\right|_T(-\underline{S}) \quad \Rightarrow \qquad \text{(E5.1-5)}$$

$$\left(\frac{\partial \underline{S}}{\partial \underline{V}}\right)_T = \left(\frac{\partial P}{\partial T}\right)_{\underline{V}} \qquad \text{(E5.1-6)}$$

Substituindo a Equação (E5.1-6) na Equação (E5.1-1), obtemos:

$$d\underline{S} = \left(\frac{\partial \underline{S}}{\partial T}\right)_{\underline{V}} dT + \left(\frac{\partial P}{\partial T}\right)_{\underline{V}} d\underline{V} \qquad \text{(E5.1-7)}$$

Nosso segundo passo será encontrar uma expressão para o primeiro termo do segundo membro da Equação (E5.1-7) em termos de $(T, \underline{V})$. Para tanto, vamos derivar a Equação (5.10) em função da temperatura mantendo o volume constante:

$$\left(\frac{\partial \underline{U}}{\partial T}\right)_{\underline{V}} = T\left(\frac{\partial \underline{S}}{\partial T}\right)_{\underline{V}} - P\left(\frac{\partial \underline{V}}{\partial T}\right)_{\underline{V}} \qquad \text{(E5.1-8)}$$

Note que $(\partial \underline{V} / \partial T)_{\underline{V}} = 0$; usando a definição de calor específico a volume constante dada na Equação (5.34), temos:

$$C_V = T\left(\frac{\partial \underline{S}}{\partial T}\right)_{\underline{V}} \qquad \text{(E5.1-9)}$$

113

Logo,

$$\left(\frac{\partial \underline{S}}{\partial T}\right)_{\underline{V}} = \frac{C_V}{T} \qquad \text{(E5.1-10)}$$

Substituindo-se a Equação (E5.1-10) na Equação (E5.1-7), obtemos:

$$d\underline{S} = \frac{C_V}{T}dT + \left(\frac{\partial P}{\partial T}\right)_{\underline{V}} d\underline{V} \qquad \text{(E5.1-11)}$$

Finalmente, substituindo-se a Equação (5.1-11) na Equação (5.10), obtemos:

$$d\underline{U} = T\left[\frac{C_V}{T}dT + \left(\frac{\partial P}{\partial T}\right)_{\underline{V}} d\underline{V}\right] - Pd\underline{V} \qquad \text{(E5.1-12)}$$

Ou

$$d\underline{U} = C_V dT + \left[T\left(\frac{\partial P}{\partial T}\right)_{\underline{V}} - P\right]d\underline{V} \qquad \text{(E5.1-13)}$$

Comentários

A derivação da Equação (5.10), de maneira muito simplificada, equivale a uma divisão dos diferenciais totais da Equação (5.10) por dT, mantendo o volume constante. Essa propriedade dos diferenciais exatos é muito útil na mudança de variáveis das inúmeras equações diferenciais encontradas nos cálculos termodinâmicos. De maneira análoga, podemos deduzir outras expressões como envolvendo outras propriedades termodinâmicas. Por exemplo:

$$d\underline{S} = \frac{C_p}{T}dT - \left(\frac{\partial \underline{V}}{\partial T}\right)_{P} dP \qquad \text{(E5.1-14)}$$

$$d\underline{H} = C_p dT + \left[\underline{V} - T\left(\frac{\partial \underline{V}}{\partial T}\right)_{P}\right]dP \qquad \text{(E5.1-15)}$$

Na Tabela 5.1, reunimos algumas relações termodinâmicas importantes já vistas até o momento para sistemas fechados homogêneos. Com essas relações, é possível calcular variações de propriedades termodinâmicas tais como $\Delta \underline{U}$, $\Delta \underline{H}$, $\Delta \underline{S}$, partindo de valores conhecidos de propriedades P$\underline{V}$T e de C_P ou C_V. Inicialmente aplicaremos as equações para cálculos de propriedades de gases ideais, de líquidos e de sólidos incompressíveis e na sequência de gases reais, fluidos e sólidos compressíveis.

Propriedades Termodinâmicas de Compostos Puros: Gás Ideal, Gases Reais, Líquidos e Sólidos — capítulo 5

Tabela 5.1 ▶ Relações termodinâmicas para substâncias puras em sistemas fechados homogêneos.

Definições		
$\underline{H} = \underline{U} + P\underline{V}$ (5.45)	$\underline{G} = \underline{H} - T\underline{S}$ (5.46)	$\underline{A} = \underline{U} - T\underline{S}$ (5.47)

Equações Fundamentais da Termodinâmica

$$d\underline{U} = Td\underline{S} - Pd\underline{V} \quad (5.48) \qquad d\underline{S} = \frac{1}{T}d\underline{U} + \frac{P}{T}d\underline{V} \quad (5.49) \qquad d\underline{A} = -Pd\underline{V} - \underline{S}dT \quad (5.50)$$

$$d\underline{H} = Td\underline{S} + \underline{V}dP \quad (5.51) \qquad d\underline{S} = \frac{1}{T}d\underline{H} - \frac{\underline{V}}{T}dP \quad (5.52) \qquad d\underline{G} = \underline{V}dP - \underline{S}dT \quad (5.53)$$

Identidades Resultantes das Equações Fundamentais

$$\left(\frac{\partial \underline{U}}{\partial \underline{S}}\right)_{\underline{V}} = T = \left(\frac{\partial \underline{H}}{\partial \underline{S}}\right)_{P} \quad (5.54) \qquad \left(\frac{\partial \underline{H}}{\partial P}\right)_{\underline{S}} = \underline{V} = \left(\frac{\partial \underline{G}}{\partial P}\right)_{T} \quad (5.55)$$

$$\left(\frac{\partial \underline{U}}{\partial \underline{V}}\right)_{\underline{S}} = -P = \left(\frac{\partial \underline{A}}{\partial \underline{V}}\right)_{T} \quad (5.56) \qquad \left(\frac{\partial \underline{A}}{\partial T}\right)_{\underline{V}} = -\underline{S} = \left(\frac{\partial \underline{G}}{\partial T}\right)_{P} \quad (5.57)$$

Relações de Maxwell Resultantes das Equações Fundamentais

$$\left(\frac{\partial T}{\partial \underline{V}}\right)_{\underline{S}} = -\left(\frac{\partial P}{\partial \underline{S}}\right)_{\underline{V}} \quad (5.58) \qquad \left(\frac{\partial \underline{S}}{\partial \underline{V}}\right)_{T} = \left(\frac{\partial P}{\partial T}\right)_{\underline{V}} \quad (5.59)$$

$$\left(\frac{\partial T}{\partial P}\right)_{\underline{S}} = \left(\frac{\partial \underline{V}}{\partial \underline{S}}\right)_{P} \quad (5.60) \qquad \left(\frac{\partial \underline{S}}{\partial P}\right)_{T} = -\left(\frac{\partial \underline{V}}{\partial T}\right)_{P} \quad (5.61)$$

Relações Termodinâmicas Escritas como Função de P, T, V, C_P ou C_V

$$d\underline{U} = Td\underline{S} - Pd\underline{V} = C_V dT + \left[T\left(\frac{\partial P}{\partial T}\right)_{\underline{V}} - P\right]d\underline{V} \quad (5.62)$$

$$d\underline{S} = \frac{C_V}{T}dT + \left[\left(\frac{\partial P}{\partial T}\right)_{\underline{V}}\right]d\underline{V} \quad (5.63)$$

$$d\underline{H} = Td\underline{S} + \underline{V}dP = C_P dT + \left[\underline{V} - T\left(\frac{\partial \underline{V}}{\partial T}\right)_{P}\right]dP \quad (5.64)$$

$$d\underline{S} = \frac{C_P}{T}dT - \left[\left(\frac{\partial \underline{V}}{\partial T}\right)_{P}\right]dP \quad (5.65)$$

Fluidos (Gases, Líquidos e Fluidos Supercríticos)

As propriedades P$\underline{V}$T de fluidos podem ser representadas pela Equação (5.44).

$$P\underline{V} = ZRT \tag{5.44}$$

Em que $Z = P\underline{V}/RT$ é o fator de compressibilidade e R é a constante dos gases ideais.

A não idealidade de um gás é convenientemente expressa pelo fator Z. Para gases reais Z é normalmente menor que a unidade, exceto em altas temperaturas e pressões reduzidas. O fator de compressibilidade também é usado para líquidos e, nesse caso, é normalmente bem menor que a unidade.

Um gás é definido como gás ideal quando se encontra em condições de pressão e temperatura tais que as interações entre as moléculas podem ser desprezadas. Nesse caso, o fator Z será unitário e a Equação (5.44) modifica-se para:

$$P\underline{V} = RT \tag{5.66}$$

Por apresentar uma particularidade importante, vamos diferenciar as capacidades caloríficas de gases ideais com um asterisco C_V^* e C_P^*.

Casos Particulares: Propriedades Termodinâmicas de Gases Ideais

Pode-se demonstrar a partir das relações termodinâmicas representadas pelas equações diferenciais exatas da Tabela 5.1 que para gases ideais, energia interna, entalpia e capacidades caloríficas $\underline{U}$, $\underline{H}$, C_V^* e C_P^* são funções só da temperatura e não da pressão. Devido à sua particularidade, as expressões para calcular as propriedades termodinâmicas de gases ideais se tornam simples.

Substituindo a Equação (5.66) e a sua derivada em relação à temperatura, e mantendo o volume constante, $\left(\dfrac{\partial P}{\partial T}\right)_{\underline{V}} = \dfrac{R}{\underline{V}}$ na Equação (E5.1-13), temos:

$$d\underline{U} = C_V dT + \left[T\dfrac{R}{\underline{V}} - \dfrac{RT}{\underline{V}}\right]d\underline{V} = C_V dT \tag{5.67}$$

A Equação (5.67) implica que $\underline{U} = f(T)$ caso o calor específico $C_V = f(T)$. O calor específico a volume constante é uma função apenas da temperatura somente para gases ideais; neste caso, usamos a nomenclatura $C_V^* = f(T)$. Vamos confirmar essa assertiva demonstrando que para gases ideais, $\left(\dfrac{\partial \underline{U}}{\partial P}\right)_T = 0$. Para tanto, vamos derivar a Equação (5.62) em relação à pressão mantendo a temperatura constante:

$$\left(\dfrac{\partial \underline{U}}{\partial P}\right)_T = \left(\dfrac{\partial \underline{U}}{\partial T}\right)_{\underline{V}}\left(\dfrac{\partial T}{\partial P}\right)_T + \left(\dfrac{\partial \underline{U}}{\partial \underline{V}}\right)_T\left(\dfrac{\partial \underline{V}}{\partial P}\right)_T = \left(\dfrac{\partial \underline{U}}{\partial T}\right)_{\underline{V}}(0) + (0)\left(\dfrac{\partial \underline{V}}{\partial P}\right)_T = 0 \quad (5.68)$$

Através da Equação (5.68), confirmamos que a energia interna de um gás ideal é função apenas da temperatura; logo, o calor específico a volume constante de um gás ideal é também função apenas da temperatura, portanto:

$$C_V^* = \left(\dfrac{\partial \underline{U}}{\partial T}\right)_{\underline{V}} = \dfrac{d\underline{U}}{dT} \quad (5.69)$$

A Equação (5.69) é igual à Equação (3.24). Por um procedimento análogo se pode mostrar que:

$$C_P^* = \left(\dfrac{\partial \underline{H}}{\partial T}\right)_P = \dfrac{d\underline{H}}{dT} \quad (5.70)$$

A Equação (5.70) é igual à Equação (3.25). Finalmente, para o cálculo da entropia de gases ideais podemos usar a Equação (E5.1-11) ou (E5.1-14) e a Equação (5.66). Por exemplo, substituindo-se a Equação (5.66) na Equação (E5.1-14), obtemos:

$$d\underline{S} = \dfrac{C_P^*}{T}dT - \left(\dfrac{\partial \underline{V}}{\partial T}\right)_P dP = \dfrac{C_P^*}{T}dT - \dfrac{R}{P}dP \quad (5.71)$$

Logo,

$$\Delta \underline{S} = \underline{S}(T_2, P_2) - \underline{S}(T_1, P_1) = \int_{T_1}^{T_2}\dfrac{C_P^*}{T}dT - \int_{P_1}^{P_2}\dfrac{R}{P}dP \quad (5.72)$$

E, quando C_P^* é constante:

$$\Delta \underline{S} = C_P^* \ln\left(\dfrac{T_2}{T_1}\right) - R \ln\left(\dfrac{P_2}{P_1}\right) \quad (5.73)$$

Alternativamente, se usarmos a Equação (E5.1-11) e a Equação (5.66), temos:

$$d\underline{S} = \frac{C_V^*}{T}dT + \left[\left(\frac{\partial P}{\partial T}\right)_{\underline{V}}\right]d\underline{V} = \frac{C_V^*}{T}dT + \frac{R}{\underline{V}}d\underline{V} \qquad (5.74)$$

Ou

$$\Delta \underline{S} = \underline{S}(T_2, \underline{V}_2) - \underline{S}(T_1, \underline{V}_1) = \int_{T_1}^{T_2} \frac{C_V^*}{T}dT + \int_{\underline{V}_1}^{\underline{V}_2} \frac{R}{\underline{V}}d\underline{V} \qquad (5.75)$$

O calor específico de gases ideais em geral pode ser expresso pela Equação (5.76):

$$C_P^* = a + bT + cT^2 + dT^3 \qquad (5.76)$$

Como para gases ideais $C_P^* = C_V^* + R$, então:

$$C_V^* = (a - R) + bT + cT^2 + dT^3 \qquad (5.77)$$

A Tabela 5.2 reúne algumas relações importantes para o cálculo de propriedades termodinâmicas de gases ideais. Valores para as constantes a, b, c e d da Equação (5.76) para cálculo de C_P^* de algumas substâncias na condição de gás ideal podem ser encontrados em Reid et al. (1987).

Tabela 5.2 ▶ Relações importantes para o cálculo de propriedades de gases ideais.

Energia Interna			
$d\underline{U} = C_V^* dT$	(5.78)	$\underline{U}(T) = \underline{U}(T_r) + \int_{T_r}^{T} C_V^* dT$	(5.79)
Entalpia			
$d\underline{H} = C_P^* dT$	(5.80)	$\underline{H}(T) = \underline{H}(T_r) + \int_{T_r}^{T} C_P^* dT$	(5.81)
Entropia			
$d\underline{S} = \frac{C_P^*}{T}dT - \frac{R}{P}dP$	(5.82)	$\underline{S}(T,P) = \underline{S}(T_r,P_r) + \int_{T_r}^{T} \frac{C_P^*}{T}dT - R\ln\left(\frac{P}{P_r}\right)$	(5.83)
$d\underline{S} = \frac{C_V^*}{T}dT + \frac{R}{\underline{V}}d\underline{V}$	(5.84)	$\underline{S}(T,\underline{V}) = \underline{S}(T_r,\underline{V}_r) + \int_{T_1}^{T_2} \frac{C_V^*}{T}dT + R\ln\left(\frac{\underline{V}}{\underline{V}_r}\right)$	(5.85)

Continua

Propriedades Termodinâmicas de Compostos Puros: Gás Ideal, Gases Reais, Líquidos e Sólidos capítulo 5

Tabela 5.2 ▶ Relações importantes para o cálculo de propriedades de gases ideais. (*Continuação*)

$C_P^* = C_V^* + R$	(5.86)
Estado de referência para os gases ideais: $\underline{H}(T_r) = 0 \Rightarrow \underline{U}(T_r) = -RT$ **Ou**	(5.87)
$\underline{U}(T_r) = 0 \Rightarrow \underline{H}(T_r) = RT$ Em que, T_r e P_r são respectivamente a temperatura e a pressão no estado de referência.	(5.88)

Para casos onde não existem valores experimentais de calor específico, poderemos estimá-los por métodos de contribuição de grupos, tais como os de Joback (1984), de Yoneda (1979) e de Thinh et al. (1971,1976) descritos em Reid et al. (1987).

Exemplo 5.2

Cálculo do C_P^* pelo método de Joback

Obtenha uma expressão para o calor específico a pressão constante, C_P^*, do *n*-hexano pelo método de Joback. Compare o valor estimado a 300 K por esse método com o valor obtido usando-se a Equação (5.76) e as constantes apresentadas em Reid et al. (1987).

Resolução

A Equação (5.89) reportada por Joback (1984) foi obtida correlacionando-se valores de C_P^* divulgados na literatura e usando-se o princípio de contribuição de grupos, onde n_j é o número de grupos do tipo j e Δ são as contribuições para cada grupo da molécula. A temperatura T é dada em K e C_P^* em J/mol.K.

$$C_P^* = \left(\sum_j n_j \Delta_a - 37,93\right) + \left(\sum_j n_j \Delta_b + 0,210\right)T + \left(\sum_j n_j \Delta_c - 3,91 \times 10^{-4}\right)T^2 + \\ + \left(\sum_j n_j \Delta_d + 2,06 \times 10^{-7}\right)T^3 \quad (5.89)$$

A molécula de n-hexano (CH_3-CH_2-CH_2-CH_2-CH_2-CH_3) possui dois grupos $-CH_3$ e quatro grupos $>CH_2$. Na Tabela 5.3, encontram-se os valores das contribuições [obtidos da Tabela 6.1 de Reid et al., 1987].

Tabela 5.3 ▶ Contribuições dos diversos grupos que compõem o *n*-hexano para o valor C_P^* segundo o método de Joback.

Grupos	nº	Δ_a	Δ_b	Δ_c	Δ_d
$-CH_3$	2	19,5	$-8,08 \times 10^{-3}$	$1,53 \times 10^{-4}$	$-9,67 \times 10^{-8}$
$>CH_2$	4	$-0,909$	$9,50 \times 10^{-2}$	$-5,44 \times 10^{-5}$	$1,19 \times 10^{-8}$
TOTAL	6	35,364	0,36394	$8,84 \times 10^{-5}$	$-1,45799 \times 10^{-7}$

Substituindo-se os valores de $\sum_j n_j \Delta$ na Equação (5.89), ficamos com:

$$C_P^* = -2,566 + 0,57394T - 3,025 \times 10^{-4} T^2 + 0,60201 \times 10^{-7} T^3 \quad (5.90)$$

Substituindo-se o valor da temperatura, 300 K, na expressão obtida para o *n*-hexano, obtém-se: $C_P^* = 144,0$ J/mol.K.

Usando as constantes apresentadas por Reid et al. (1987), obtemos $C_P^* = 148,3$ J/mol.K.

Comentários

Comparando-se os dois valores observa-se que a diferença entre os valores calculados pelos dois métodos foi de apenas 2,9%.

Casos Particulares: Líquidos e Sólidos Incompressíveis

Para uma análise qualitativa das propriedades de fluidos, vamos analisar a Figura 5.2 que contém um diagrama para as propriedades P<u>V</u>T (Figura 5.2 (a)) e um para as propriedades P<u>H</u>T (5.2(b)), cujos valores foram calculados pela equação de estado de Peng-Robinson (1976).

Pode-se observar na Figura 5.2 (a) que na região de líquidos, o volume molar <u>V</u> é praticamente constante com o aumento da pressão $(\partial \underline{V}/\partial P)_T = 0$ a temperatura constante, exceto próximo ao ponto crítico onde se observam mudanças consideráveis, indicando que nessa região não podemos admitir que o fluido seja incompressível $(\partial \underline{V}/\partial P)_T \neq 0$. Em geral, a pressões baixas, bem abaixo da pressão crítica, podemos considerar que os líquidos são incompressíveis. Os sólidos também são considerados incompressíveis. Observa-se também na Figura 5.2 (a) que o volume molar <u>V</u> varia pouco com a temperatura, então podemos em algumas situações considerar que $(\partial \underline{V}/\partial T)_P \approx 0$.

Na Figura 5.2 (b), podemos observar que na região de gases a baixa pressão, onde os gases podem ser considerados ideais, os valores de entalpia estão representados por linhas verticais e paralelas, indicando que essa propriedade só depende da temperatura. Para pressões mais elevadas (gases reais), as isotermas com os valores de entalpia mostram alterações com o aumento de pressão, indicando que dependem também da pressão. Para líquidos observa-se que a entalpia em pressões baixas é praticamente constante com a pressão, mas em pressões elevadas observam-se pequenas alterações e próximo ao ponto crítico, maiores alterações, indicando maior dependência da pressão.

Propriedades Termodinâmicas de Compostos Puros: Gás Ideal, Gases Reais, Líquidos e Sólidos   capítulo 5

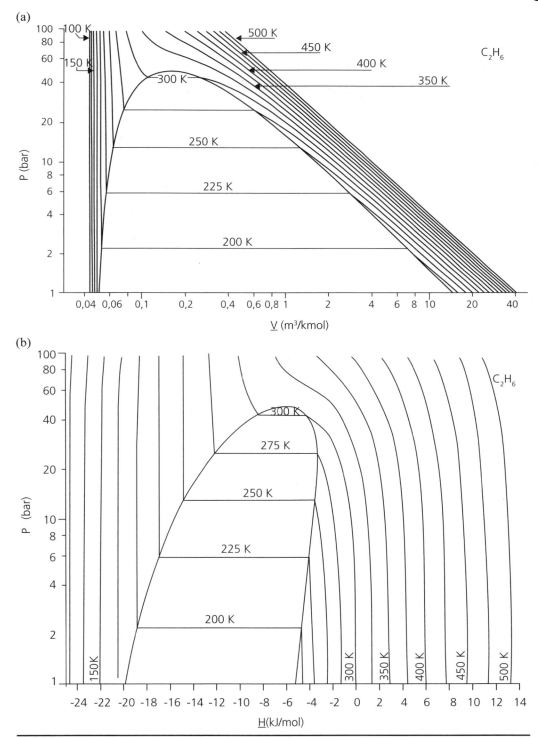

Figura 5.2 ▶ Esquema de diagramas P$\underline{V}$T e P$\underline{H}$T para etano obtidos pela equação de estado de Peng-Robinson.

Podemos obter importantes simplificações nos cálculos das propriedades termodinâmicas (a partir das equações da Tabela 5.1) nas condições em que os fluidos ou sólidos podem ser considerados incompressíveis ($(\partial \underline{V}/\partial P)_T = 0$).

Expressões para Calcular Energia Interna e Entropia Quando d$\underline{V}$ = 0

Considere as Equações (5.62) e (5.63):

$$d\underline{U} = Td\underline{S} - Pd\underline{V} = C_V dT + \left[T\left(\frac{\partial P}{\partial T}\right)_{\underline{V}} - P \right] d\underline{V}$$

$$d\underline{S} = \frac{C_V}{T} dT + \left[\left(\frac{\partial P}{\partial T}\right)_{\underline{V}} \right] d\underline{V}$$

Quando d$\underline{V}$ = 0 temos:

$$d\underline{U} = Td\underline{S} = C_V dT \qquad (5.91)$$

Logo,

$$d\underline{S} \cong \frac{C_V}{T} dT = \frac{d\underline{U}}{T} \qquad (5.92)$$

Expressões para Entalpia e Entropia com ($\partial\underline{V}/\partial T)_P \approx 0$

Considere as Equações (5.64) e (5.65):

$$d\underline{H} = Td\underline{S} + \underline{V}dP = C_P dT + \left[\underline{V} - T\left(\frac{\partial \underline{V}}{\partial T}\right)_P \right] dP$$

$$d\underline{S} = \frac{C_P}{T} dT - \left[\left(\frac{\partial \underline{V}}{\partial T}\right)_P \right] dP$$

Se, $(\partial \underline{V}/\partial T)_P \approx 0$, então:

$$d\underline{H} = Td\underline{S} + \underline{V}dP \approx C_P dT + \underline{V}dP \qquad (5.93)$$

E

$$d\underline{S} \approx \frac{C_P}{T} dT \tag{5.94}$$

Igualando-se as Equações (5.92) e (5.94) obtemos $C_V \approx C_P$. Logo, podemos concluir que:

$$d\underline{U} = C_V dT \approx C_P dT \tag{5.95}$$

Logo, das Equações (5.93) e (5.95):

$$d\underline{H} \approx C_P dT + \underline{V} dP \tag{5.96}$$

Lembrando que como $\underline{H} = \underline{U} + P\underline{V}$, então $d\underline{H} = d\underline{U} + Pd\underline{V} + \underline{V}dP$; portanto, usando a Equação (5.96), temos:

$$d\underline{H} = d\underline{U} + Pd\underline{V} + \underline{V}dP \approx C_P dT + \underline{V}dP \Rightarrow d\underline{H} \approx d\underline{U} + \underline{V}dP \tag{5.97}$$

Para sólidos temos ainda mais uma particularidade, pois os valores de C_P tendem a zero quando a temperatura tende ao zero absoluto e tendem a um valor igual a três vezes o valor da constante universal dos gases ideais para temperaturas elevadas:

$$\lim_{T \to \infty}(C_P) = 3R = 24{,}942 \; J\!/\!_{mol.K} \quad \text{(DuLong e Petit)} \tag{5.98}$$

Exemplo 5.3

Cálculo da Energia Interna, Entropia e Entalpia

Calcule a energia interna, a entalpia e a entropia específicas da água a 50 MPa e 20 °C, conhecendo-se o valor dessas propriedades a 5 MPa e 20 °C (Veja a Tabela 5.4). Propriedades P$\underline{V}$T a 0, 20 e 40 °C em algumas condições de pressão também são fornecidas na Tabela 5.4. Compare os resultados com o valor experimental reportado na Tabela 5.4, nas seguintes situações:

a) Considere fluido incompressível $\left(\partial \hat{V}/\partial P\right)_T = 0$ e calcule $\Delta \hat{U}$, $\Delta \hat{S}$ e $\Delta \hat{H} = \Delta \hat{U} + \Delta(P\hat{V})$

b) Considere fluido incompressível $\left(\partial \hat{V}/\partial P\right)_T = 0$ e despreze também a variação do volume específico com a temperatura $\left(\partial \hat{V}/\partial T\right)_P \approx 0$.

c) Considere a solução exata usando as equações da Tabela 5.1 sem simplificações.

 Resolução

Para resolver esse exercício, utilizaremos as equações apresentadas na Tabela 5.1.

a) Quando consideramos a água um fluido incompressível a temperatura constante, $d\hat{V} = 0$ e $dT = 0$; logo, das Equações (5.62), (5.63) e (5.64) (Tabela 5.1) temos que $d\hat{U} = 0$ e $d\hat{S} = 0$.

Como $\Delta\hat{U} = 0$, então teríamos $\hat{U}(50\text{ MPa}, 20\text{ °C}) = \hat{U}(5\text{ MPa}, 20\text{ °C}) = 83,65$ kJ/kg. No entanto, pela Tabela 5.4, o valor correto da energia interna a 50 MPa e 20 °C é 81,00 kJ/kg, ou seja, uma diferença de 3,27%.

Analogamente para a entropia, se $\Delta\hat{S} = 0$, então teríamos $\underline{S}(50\text{ MPa}, 20\text{ °C}) = \underline{S}(5\text{ MPa}, 20\text{ °C}) = 0,2956$ kJ/kgK. Novamente, da Tabela 5.4, o valor correto da entropia a 50 MPa e 20 °C é 0,2848 kJ/kg.K, ou seja, uma diferença de 3,56%.

Para estimar a entalpia, utilizaremos a seguinte relação: $\Delta\hat{H} = \Delta\hat{U} + \Delta(P\hat{V})$. Como $\Delta\hat{U} = 0$, então:

$$\Delta\hat{H} = 0 + \Delta(P\hat{V})$$

$$\Delta(P\hat{V}) = (50\text{ MPa})(0,0009804\frac{m^3}{kg}) - (5\text{ MPa})(0,0009995\frac{m^3}{kg}) =$$

$$= 0,0440225\text{ MPa}\frac{m^3}{kg} = 44,0225\frac{kJ}{kg}$$

Sendo assim:

$$\Delta\hat{H} = 0 + \Delta(P\hat{V}) = \hat{H}(50\text{ MPa}, 20\text{ °C}) - \hat{H}(5\text{ MPa}, 20\text{ °C})$$

Logo,

$$\hat{H}(50\text{ MPa}, 20\text{ °C}) = \hat{H}(5\text{ MPa}, 20\text{ °C}) + \Delta(P\hat{V}) = 88,65\frac{kJ}{kg} + 44,02\frac{kJ}{kg} = 132,67\frac{kJ}{kg}$$

Da Tabela 5.4, temos que o valor da entalpia a 50 MPa e 20 °C é 130,02 kJ/kg.K; portanto, observa-se uma diferença de 2,04%.

b) Quando consideramos a água um fluido incompressível a temperatura constante, $d\hat{V} = 0$ e $dT = 0$; logo, das Equações (5.62), (5.63) e (5.64) (Tabela 5.1) temos que $d\hat{U} = 0$ e $d\hat{S} = 0$. E, como $\left(\partial\hat{V}/\partial T\right)_P \approx 0$, temos que $d\hat{H} = \hat{V}dP$.

$\Delta\hat{U} = 0$ a resolução é igual à do item a)

$\Delta\hat{S} = 0$ a resolução é igual à do item a)

Propriedades Termodinâmicas de Compostos Puros: Gás Ideal, Gases Reais, Líquidos e Sólidos — capítulo 5

Tabela 5.4 ▶ Propriedades termodinâmicas da água subresfriada.

T (°C)	$\hat{V}$ (m³/kg)	$\hat{U}$ (kJ/kg)	$\hat{H}$ (kJ/kg)	$\hat{S}$ (kJ/kg.K)
P = 5 MPa				
0	0,0009977			
20	0,0009995	83,65	88,65	0,2956
40	0,0010056			
P = 10 MPa				
0	0,0009952			
20	0,0009972	83,36	93,33	0,2945
40	0,0010034			
P = 15 MPa				
0	0,0009928			
20	0,0009950	83,06	97,99	0,2934
40	0,0010013			
P = 20 MPa				
0	0,0009904			
20	0,0009928	82,07	102,62	0,2923
40	0,0009992			
P = 30 MPa				
0	0,0009856			
20	0,0009886	82,17	111,84	0,2899
40	0,0009951			
P = 50 MPa				
0	0,0009766			
20	0,0009804	81,00	130,02	0,2848
40	0,0009872			

Na temperatura de 20 °C, e variação de pressão de 5 MPa até 50 MPa, os valores do volume variam de 0,0009995 m³/kg a 5 MPa a 0,0009804 m³/kg a 50 MPa. Pelo Teorema do Valor Médio podemos usar o valor médio, isto é média aritmética do volume nesse intervalo, ou seja, $\hat{V} = 0,00098995$ m³/kg. Então,

$$\Delta\hat{H} = \hat{V}\Delta P = \left(0,00098995 \frac{m^3}{kg}\right)\Delta P$$

$$\hat{H}(50 \text{ MPa}, 20\,^\circ\text{C}) = \hat{H}(5 \text{ MPa}, 20\,^\circ\text{C}) + (0{,}00098995\,\frac{m^3}{kg})(50-5)\text{MPa}$$

$$\hat{H}(50 \text{ MPa}, 20\,^\circ\text{C}) = 88{,}65\,\frac{kJ}{kg} + (0{,}00098995\,\frac{m^3}{kg})(45 \text{ MPa}) = 88{,}65\,\frac{kJ}{kg} + 44{,}55\,\frac{kJ}{kg} = 133{,}20\,\frac{kJ}{kg}$$

Da Tabela 5.4, temos que o valor da entalpia a 50 MPa e 20 °C é 130,02 kJ/kg (diferença de 2,45%).

c) Como os dados da Tabela 5.1 foram representados no formato $\hat{V} = f(T,P)$, as Equações (5.62) ou (5.63), Tabela 5.1, não podem ser utilizadas pois requerem informações no formato $P = f(T,\hat{V})$. Então faremos os cálculos usando as Equações (5.64) e (5.65) para calcular as variações de entalpia e de entropia e usaremos a relação $\Delta \hat{U} = \Delta \hat{H} - \Delta\left(P\hat{V}\right)$ para calcular a variação da energia interna.

Dessa forma, sendo:

$$d\hat{H} = \hat{C}_P dT + \left[\hat{V} - T\left(\frac{\partial \hat{V}}{\partial T}\right)_P\right]dP \qquad (5.64)$$

E sabendo que pela Equação (5.61) $\left(\frac{\partial S}{\partial P}\right)_T = -\left(\frac{\partial V}{\partial T}\right)_P$, então, substituindo a Equação (5.61) na Equação (5.64), e integrando à temperatura constante, tem-se:

$$\Delta \hat{H} = \int \left[\hat{V} + T\left(\frac{\partial \hat{S}}{\partial P}\right)_T\right]dP \qquad (E5.3\text{-}1)$$

Para a entropia, sendo:

$$d\hat{S} = \frac{\hat{C}_P}{T}dT - \left[\left(\frac{\partial \hat{V}}{\partial T}\right)_P\right]dP \qquad (5.65)$$

E da mesma forma, substituindo a Equação (5.61) na Equação (5.65), e integrando à temperatura constante, tem-se:

$$\Delta \hat{S} = \int \left[\left(\frac{\partial \hat{S}}{\partial P}\right)_T\right]dP \qquad (E5.3\text{-}2)$$

Para calcular $\Delta \hat{H}$, precisamos de valores de $\hat{V} + T(\partial \hat{S}/\partial P)_T$ para integrar em P; e para calcular $\Delta \hat{S}$, precisamos de valores de $(\partial \hat{S}/\partial P)_T$ para integrar em P. Pela Tabela 5.4, podemos obter o valor de $(\partial \hat{S}/\partial P)_T$ na faixa de pressão de 5 a 50 MPa, sendo este igual a $-2,400 \times 10^{-7}$ m³/kg.K. Observa-se ainda, através dos dados da Tabela 5.4, que o termo $\hat{V} + T(\partial \hat{S}/\partial P)_T$ é uma função linear em P. Sendo assim, os valores de $\Delta \hat{H}$ e $\Delta \hat{S}$ obtidos pela integração das Equações (E5.3-1) e (E5.3-2) são:

$$\Delta \hat{H} = \int_{5 \text{ MPa}}^{50 \text{ MPa}} \left[\hat{V} + T \left(\frac{\partial \hat{S}}{\partial P} \right)_T \right] dP = 41,3742 \text{ kJ/kg}$$

e

$$\Delta \hat{S} = \int_{5 \text{ MPa}}^{50 \text{ MPa}} \left[\left(\frac{\partial \hat{S}}{\partial P} \right)_T \right] dP = -0,01080 \text{ kJ/kg.K}$$

Para o cálculo de $\Delta \hat{U}$:

$$\Delta \hat{U} = \Delta \hat{H} - \Delta \left(P \hat{V} \right) = 41,3742 \frac{\text{kJ}}{\text{kg}} - 44,0225 \frac{\text{kJ}}{\text{kg}} = -2,6483 \frac{\text{kJ}}{\text{kg}}$$

Portanto:

$$\Delta \hat{U} = \hat{U}(50 \text{ MPa}, 20 \text{ °C}) - \hat{U}(5 \text{ MPa}, 20 \text{ °C}) = -2,6483 \frac{\text{kJ}}{\text{kg}}$$

$$\hat{U}(50 \text{ MPa}, 20 \text{ °C}) = \Delta \hat{U} + \hat{U}(5 \text{ MPa}, 20 \text{ °C}) = -2,6483 \frac{\text{kJ}}{\text{kg}} + 83,65 \frac{\text{kJ}}{\text{kg}}$$

$$= 81,002 \frac{\text{kJ}}{\text{kg}}$$

Na Tabela 5.4, o valor da energia interna a 50 MPa e 20 °C é 81,00 kJ/kg, demonstrando a veracidade dos cálculos e das relações termodinâmicas.

Uma alternativa para o cálculo de $\Delta \hat{H}$ e $\Delta \hat{S}$ seria calcular as propriedades através das derivadas de volume específico. A Tabela 5.5 reporta valores da derivada $(\partial \hat{V}/\partial T)_P$. Note que para calcular numericamente a derivada $(\partial \hat{V}/\partial T)_P$ na temperatura desejada, 20 °C, utilizamos os valores do volume específico nas temperaturas de 0 e 40 °C; ou seja, o valor da temperatura desejada está no ponto central do intervalo (0,40). Na Tabela 5.5 encontram-se também valores do termo $\hat{V} - T(\partial \hat{V}/\partial T)_P$ que são necessários para os cálculos da Equação (5.64).

Tabela 5.5 ▶ Derivadas do volume específico.

T (°C)	$\hat{V}$ (m³/kg)	$(\partial \hat{V}/\partial T)_P$	$\hat{V} - T(\partial \hat{V}/\partial T)_P$
P = 5 MPa			
0	0,0009977		
20	0,0009995	$1,975 \times 10^{-7}$	$9,416 \times 10^{-4}$
40	0,0010056		
P = 10 MPa			
0	0,0009952		
20	0,0009972	$2,050 \times 10^{-7}$	$9,371 \times 10^{-4}$
40	0,0010034		
P = 15 MPa			
0	0,0009928		
20	0,0009950	$2,125 \times 10^{-7}$	$9,327 \times 10^{-4}$
40	0,0010013		
P = 20 MPa			
0	0,0009904		
20	0,0009928	$2,200 \times 10^{-7}$	$9,2831 \times 10^{-4}$
40	0,0009992		
P = 30 MPa			
0	0,0009856		
20	0,0009886	$2,375 \times 10^{-7}$	$9,190 \times 10^{-4}$
40	0,0009951		
P = 50 MPa			
0	0,0009766		
20	0,0009804	$2,650 \times 10^{-7}$	$9,027 \times 10^{-4}$
40	0,0009872		

A integracão numérica das Equações (E5-3-1) e (E5.3-2) poderia ser realizada usando-se a regra de Simpson.

$$\int_a^b f(x)dx \approx \frac{h}{3}\left[f(x_1) + 4f(x_2) + 2f(x_3) + 4f(x_4) + \ldots + 4f(x_{n-1}) + f(x_n) \right] \quad \text{(E5.3-3)}$$

Em que $x_1 = a$, $x_n = b$ e $x_{n+1} = x_n + h$ e o número de intervalos, n, deve ser ímpar. No entanto, os intervalos de pressão (h) para os valores de $f(x_i)$ não são iguais, nem o número de intervalos é ímpar. Vamos então interpolar os valores das derivadas da Tabela 5.5 no ponto central e usar a regra de Simpson simples como descrita pela Equação (E5.3.4):

$$\int_a^b f(x)dx \approx \frac{h}{3}\left[f(a) + 4f(x_M) + f(b)\right] \qquad \text{(E5.3-4)}$$

No ponto central, a pressão será 27,5 MPa e as interpolações das derivadas de $(\partial \hat{V}/\partial T)_P$ e de $\hat{V} - T(\partial \hat{V}/\partial T)_P$ serão iguais a $2{,}331 \times 10^{-7}$ e $9{,}213 \times 10^{-4}$, respectivamente.

Usando os valores de $(\partial \hat{V}/\partial T)_P$ e a Equação (E5.3-4), obtemos:

$$\Delta \hat{S} = -\int_{5\,\text{MPa}}^{50\,\text{MPa}} \left[\left(\frac{\partial \hat{V}}{\partial T}\right)_P\right] dP = -0{,}010462 \text{ kJ/kg.K}$$

Então,

$$\hat{S}(50\,\text{MPa}, 20\,°C) = \hat{S}(5\,\text{MPa}, 20\,°C) + \Delta \hat{S} = 0{,}2956\frac{\text{kJ}}{\text{kg.K}} - 0{,}010462\frac{\text{kJ}}{\text{kg.K}} = 0{,}2851\frac{\text{kJ}}{\text{kg.K}}$$

Da Tabela 5.4, o valor da entropia a 50 MPa e 20 °C é 0,2848 kJ/kg.K; logo, a diferença é 0,1%.

Usando o mesmo procedimento para entalpia, obtemos que:

$$\Delta \hat{H} = \int_{5\,\text{MPa}}^{50\,\text{MPa}} \left[\hat{V} - T\left(\frac{\partial \hat{V}}{\partial T}\right)_P\right] dP = 41{,}4713\frac{\text{kJ}}{\text{kg}}$$

Então,

$$\hat{H}(50\,\text{MPa}, 20\,°C) = \hat{H}(5\,\text{MPa}, 20\,°C) + \Delta \hat{H} = 88{,}65\frac{\text{kJ}}{\text{kg}} + 41{,}4713\frac{\text{kJ}}{\text{kg}} = 130{,}12\frac{\text{kJ}}{\text{kg}}$$

Da Tabela 5.4, o valor da entalpia a 50 MPa e 20 °C é 130,02 kJ/kg; logo, a diferença é 0,08%.

Como $\Delta \hat{U} = \Delta \hat{H} - \Delta(P\hat{V})$ dos cálculos anteriores temos:

$$\Delta \hat{U} = \Delta \hat{H} - \Delta(P\hat{V}) = 41{,}4713\frac{\text{kJ}}{\text{kg}} - 44{,}0225\frac{\text{kJ}}{\text{kg}} = -2{,}5512\frac{\text{kJ}}{\text{kg}}$$

Portanto,

$$\hat{U}(50 \text{ MPa},\ 20\ °C) = \hat{U}(5 \text{ MPa},\ 20\ °C) + \Delta \hat{U} = 83{,}65 \frac{\text{kJ}}{\text{kg}} - 2{,}55 \frac{\text{kJ}}{\text{kg}} = 81{,}10 \frac{\text{kJ}}{\text{kg}}$$

Na Tabela 5.4, o valor da energia interna a 50 MPa e 20 °C é 81,00 kJ/kg; logo, a diferença é de 0,1%.

Comentários

Para calcular numericamente as derivadas apresentadas na Tabela 5.5 usamos o Teorema do Valor Médio [você deve ter estudado esse teorema na disciplina de cálculo de funções de várias variáveis. Este é um exemplo de aplicação de tal teorema, formulado originalmente pelo matemático Joseph-Louis Lagrange (1736-1813)]. A integração numérica que foi realizada usando a regra de Simpson, alternativamente, poderia ter sido conduzida com a regra do trapézio:

$$\int_a^b f(x)\,dx \approx \frac{h}{2}\Big[f(x_1) + 2f(x_2) + 2f(x_3) + \ldots + f(x_n) \Big] \qquad \text{(E5.3-5)}$$

Escolha da Trajetória para Calcular a Variação nas Propriedades Termodinâmicas

No exemplo 5.3, mostramos um exemplo de cálculo de variação de entalpia, de energia interna e de entropia em uma trajetória isotérmica, portanto, não foram necessários valores do calor específico, C_P. Mas, se desejássemos calcular variação dessas propriedades, por exemplo, a variação de entalpia, entre duas condições com temperaturas e pressões diferentes, $\Delta \underline{H} = \underline{H}(T_2, P_2) - \underline{H}(T_1, P_1)$, precisaríamos integrar a Equação (5.64):

$$d\underline{H} = C_P dT + \left[\underline{V} - T \left(\frac{\partial \underline{V}}{\partial T} \right)_P \right] dP$$

também no termo de temperatura. Para integrá-la, precisamos escolher trajetórias, ora variando a pressão mantendo a temperatura constante, ora variando a temperatura mantendo a pressão constante. No caso do Exemplo 5.3 com água, qual trajetória termodinâmica seria mais apropriada?

Sabemos que o calor específico é função da temperatura e pressão $C_P = f(T, P)$. Normalmente conhecemos valores de C_P em algumas condições específicas. Para água líquida normalmente conhecemos valores de C_P em função da temperatura na pressão atmosférica; para gases é mais comum conhecermos valores para a condição de gás ideal, onde a capacidade calorífica C_P^* é função só da temperatura.

Propriedades Termodinâmicas de Compostos Puros: Gás Ideal, Gases Reais, Líquidos e Sólidos capítulo 5

Se desejássemos calcular valores de C_P em diferentes condições de pressão a partir de valores conhecidos de propriedades P$\underline{V}$T e de valores de C_P na temperatura T_1 e na pressão P_1, poderíamos calcular valores de C_P na mesma temperatura T_1 e em outra pressão, por exemplo, P_2. Então, usando a definição de calor específico dada pela Equação (5.35) e a propriedade das derivadas parciais dada pela Equação (5.40), da Equação (5.64) temos:

$$\left(\frac{\partial C_P}{\partial P}\right)_T = -T\left(\frac{\partial^2 \underline{V}}{\partial T^2}\right)_P \tag{5.99}$$

A Equação (5.99) mostra que o cálculo de valores de C_P em diferentes condições de pressão exige grande esforço computacional. No entanto, como as propriedades termodinâmicas são funções de estado, podemos escolher trajetórias termodinâmicas mais adequadas e que minimizem os esforços computacionais; para isso podemos usar os valores de C_P em uma dada condição de pressão na qual esses valores são conhecidos.

Para o cálculo de propriedades de gases, é conveniente a escolha de uma trajetória termodinâmica que passe pela condição de gás ideal, pois nessa condição normalmente se conhecem valores de C_P^*; além disso, esse valor é função só da temperatura.

Por exemplo, considere as Equações (5.64) e (5.65) da Tabela 5.1, integrando essas equações da condição (1), ou seja, a temperatura é igual a T_1 e a pressão é igual a P_1 até a condição (2) em que a temperatura é igual a T_2 e a pressão é igual a P_2. Usando a trajetória mostrada na Figura 5.3, que representa de forma esquemática a trajetória termodinâmica conveniente para o plano P-T, escolhemos a trajetória termodinâmica que passa pela condição de gás ideal, para tanto, expandimos o gás da pressão $P = P_1$ até a pressão $P = 0$ mantendo a temperatura constante e igual a T_1; lembre-se que na pressão $P = 0$ todo gás se comporta como gás ideal. Em seguida, aquecemos o gás da temperatura $T = T_1$ até a temperatura $T = T_2$ mantendo a pressão $P = 0$ e por último pressurizamos o gás de $P = 0$ até $P = P_2$ mantendo a temperatura $T = T_2$ constante. Então, como

$$d\underline{H} = C_P dT + \left[\underline{V} - T\left(\frac{\partial \underline{V}}{\partial T}\right)_P\right]dP \tag{5.64}$$

$$d\underline{S} = \frac{C_P}{T}dT - \left[\left(\frac{\partial \underline{V}}{\partial T}\right)_P\right]dP \tag{5.65}$$

Integrando as Equações (5.64) e (5.65) temos:

$$\Delta \underline{H} = \underbrace{\int_{P_1,T_1}^{0,T_1}\left[\underline{V} - T\left(\frac{\partial \underline{V}}{\partial T}\right)_P\right]dP}_{(1)} + \underbrace{\int_{0,T_1}^{0,T_2} C_P^* dT}_{(2)} + \underbrace{\int_{0,T_2}^{P_2,T_2}\left[\underline{V} - T\left(\frac{\partial \underline{V}}{\partial T}\right)_P\right]dP}_{(3)} \tag{5.100}$$

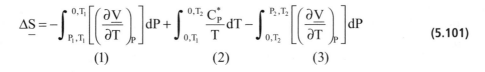

$$\Delta \underline{S} = -\int_{P_1,T_1}^{0,T_1}\left[\left(\frac{\partial \underline{V}}{\partial T}\right)_P\right]dP + \int_{0,T_1}^{0,T_2}\frac{C_P^*}{T}dT - \int_{0,T_2}^{P_2,T_2}\left[\left(\frac{\partial \underline{V}}{\partial T}\right)_P\right]dP \qquad (5.101)$$

$$\qquad\qquad (1) \qquad\qquad\qquad (2) \qquad\qquad\qquad (3)$$

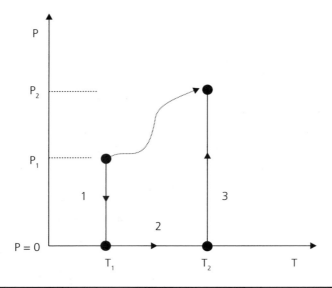

Figura 5.3 ▶ Esquema de uma trajetória termodinâmica para cálculo de variação de entalpia e de entropia.

Para calcular $\Delta \underline{U}$ e $\Delta \underline{S}$, integraremos as Equações (5.62) e (5.63) entre as condições (1) e (2). A Figura 5.4 representa de forma esquemática a trajetória termodinâmica conveniente no plano $\underline{V}$-T. Escolhemos uma trajetória que passa pela condição de gás ideal; para tanto, expandimos o gás do volume específico $\underline{V} = \underline{V}_1$ até $\underline{V} = \infty$, onde $P = 0$ mantendo a temperatura constante e igual T_1; lembre-se que quando $\underline{V} = \infty$ todo gás se comporta como um gás ideal. Em seguida, aquecemos o gás da temperatura T_1 até a temperatura T_2 mantendo constante o volume específico ($\underline{V} = \infty$, onde $P = 0$) e, por último, comprimimos o gás de $\underline{V} = \infty$ até $\underline{V} = \underline{V}_2$ mantendo a temperatura T_2 constante. Logo,

$$d\underline{U} = C_V dT + \left[T\left(\frac{\partial P}{\partial T}\right)_{\underline{V}} - P\right]d\underline{V} \qquad (5.62)$$

$$d\underline{S} = \frac{C_V}{T}dT + \left[\left(\frac{\partial P}{\partial T}\right)_{\underline{V}}\right]d\underline{V} \qquad (5.63)$$

Propriedades Termodinâmicas de Compostos Puros: Gás Ideal, Gases Reais, Líquidos e Sólidos — capítulo 5

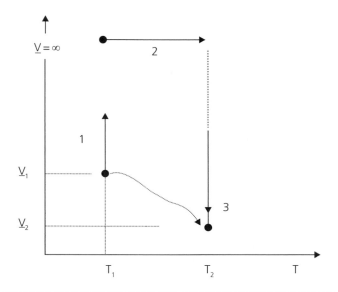

Figura 5.4 ▶ Esquema de uma trajetória termodinâmica para cálculo de variação de energia interna e de entropia.

$$\Delta \underline{U} = \int_{\underline{V}_1,T_1}^{\infty,T_1}\left[T\left(\frac{\partial P}{\partial T}\right)_{\underline{V}} - P\right]d\underline{V} + \int_{\infty,T_1}^{\infty,T_2} C_V^* dT + \int_{\infty,T_2}^{\underline{V}_2,T_2}\left[T\left(\frac{\partial P}{\partial T}\right)_{\underline{V}} - P\right]d\underline{V} \qquad (5.102)$$
$$\quad\quad\quad (1) \quad\quad\quad\quad\quad\quad (2) \quad\quad\quad\quad\quad (3)$$

$$\Delta \underline{S} = \int_{\underline{V}_1,T_1}^{\infty,T_1}\left[\left(\frac{\partial P}{\partial T}\right)_{\underline{V}}\right]d\underline{V} + \int_{\infty,T_1}^{\infty,T_2} \frac{C_V^*}{T} dT + \int_{\infty,T_2}^{\underline{V}_2,T_2}\left[\left(\frac{\partial P}{\partial T}\right)_{\underline{V}}\right]d\underline{V} \qquad (5.103)$$
$$\quad\quad\quad (1) \quad\quad\quad\quad\quad\quad (2) \quad\quad\quad\quad\quad (3)$$

Grandeza Desvio ou Residual

Como as expressões para se calcular propriedades termodinâmicas de gases ideais (Tabela 5.2) são simples, é conveniente calcular as propriedades termodinâmicas das substâncias reais usando como referência as propriedades termodinâmicas do gás ideal, nas mesmas condições de temperatura e pressão ou de temperatura e volume específico, ficando escritas só em função de propriedades P$\underline{V}$T. Por exemplo, para entalpia, usando a Equação (5.64), Tabela 5.1, e integrando da condição de gás ideal, ou seja, $\underline{V} = \underline{V}^\circ$, P = 0, até a pressão do sistema, P = P, mantendo a temperatura constante e igual à temperatura do sistema (T), temos:

$$\underline{H}(T,P) - \underline{H}^\circ(T,P) = \int_{0,T}^{P,T}\left[\underline{V} - T\left(\frac{\partial \underline{V}}{\partial T}\right)_P\right]dP - \int_{0,T}^{P,T}\left[\underline{V}^\circ - T\left(\frac{\partial \underline{V}^\circ}{\partial T}\right)_P\right]dP \qquad (5.104)$$

133

Como para gases ideais o segundo termo do lado direito da Equação (5.104) é nulo, ficamos com:

$$\underline{H}(T,P) - \underline{H}^\circ(T,P) = \int_{0,T}^{P,T} \left[\underline{V} - T\left(\frac{\partial \underline{V}}{\partial T}\right)_P \right] dP \qquad (5.105)$$

Para calcular a entropia usaremos a Equação (5.65), Tabela 5.1; integrando entre os mesmos limites anteriores, temos:

$$\underline{S}(T,P) - \underline{S}^\circ(T,P) = -\int_{0,T}^{P,T} \left[\left(\frac{\partial \underline{V}}{\partial T}\right)_P\right] dP + \int_{0,T}^{P,T} \left[\left(\frac{\partial \underline{V}^\circ}{\partial T}\right)_P\right] dP \qquad (5.106)$$

Para gases ideais, o termo $(\partial \underline{V}^\circ / \partial T)_P = R/P$, que substituído no segundo termo do lado direito da Equação (5.106) resulta em:

$$\underline{S}(T,P) - \underline{S}^\circ(T,P) = -\int_{0,T}^{P,T} \left[\left(\frac{\partial \underline{V}}{\partial T}\right)_P - \frac{R}{P}\right] dP \qquad (5.107)$$

Analogamente, da Equação (5.63), Tabela 5.1, temos:

$$\underline{S}(T,\underline{V}) - \underline{S}^\circ(T,\underline{V}) = \int_{\infty,T}^{\underline{V},T} \left[\left(\frac{\partial P}{\partial T}\right)_{\underline{V}}\right] d\underline{V} - \int_{\infty,T}^{\underline{V}^\circ,T} \left[\left(\frac{\partial P}{\partial T}\right)_{\underline{V}}\right] d\underline{V} \qquad (5.108)$$

Para gases ideais o termo $(\partial P / \partial T)_{\underline{V}} = R/\underline{V}$, que substituído no segundo termo do lado direito da Equação (5.108) resulta em:

$$\underline{S}(T,\underline{V}) - \underline{S}^\circ(T,\underline{V}) = \int_{\infty,T}^{\underline{V},T} \left[\left(\frac{\partial P}{\partial T}\right)_{\underline{V}} - \frac{R}{\underline{V}}\right] d\underline{V} \qquad (5.109)$$

Transformação de Integrais do Tipo $\int \underline{V}dP$ em $\int Pd\underline{V}$

As equações para cálculo de propriedades termodinâmicas são integrais do tipo $\int \underline{V}dP$ ou do tipo $\int Pd\underline{V}$. Todas as equações de estado analíticas que relacionam propriedades P$\underline{V}$T que veremos no próximo tópico são explícitas em termos de pressão, ou seja, $P = f(T,\underline{V})$; nesses casos convém que as equações para cálculo de propriedades sejam integrais do tipo $\int Pd\underline{V}$. Para tanto, será necessário fazer uma mudança de variável. (*Você se lembra deste tópico quando estudou cálculo de funções de várias variáveis? Por exemplo, você deve ter*

Propriedades Termodinâmicas de Compostos Puros: Gás Ideal, Gases Reais, Líquidos e Sólidos   capítulo 5

usado mais de uma vez as coordenadas esféricas no lugar das retangulares para resolver equações diferenciais envolvendo formas esféricas.)

Para efetuar as mudanças de variáveis, vamos retomar as Equações (5.105) e (5.107) para a entalpia residual e a entropia residual que foram escritas como integrais do tipo $\int \underline{V}dP$. Queremos reescrevê-las na forma mais apropriada para uso com equações de estado do tipo de van der Waals na forma $\int Pd\underline{V}$.

Vamos inicialmente aplicar a regra do produto triplo no termo $\left[\underline{V} - T\left(\frac{\partial \underline{V}}{\partial T}\right)_P\right]dP$, tal que,

$$\left(\frac{\partial \underline{V}}{\partial T}\right)_P \cdot \left(\frac{\partial P}{\partial \underline{V}}\right)_T \cdot \left(\frac{\partial T}{\partial P}\right)_{\underline{V}} = -1 \Rightarrow \left(\frac{\partial \underline{V}}{\partial T}\right)_P dP\bigg|_T = -\left(\frac{\partial P}{\partial T}\right)_{\underline{V}} d\underline{V}\bigg|_T \quad (5.110)$$

Sabemos que $d(P\underline{V}) = Pd\underline{V} + \underline{V}dP$, então $\underline{V}dP = d(P\underline{V}) - Pd\underline{V}$; logo, substituindo esses resultados na Equação (5.105), temos:

$$\underline{H}(T,P) - \underline{H}^o(T,P) = \int_0^P \left[\underline{V} - T\left(\frac{\partial \underline{V}}{\partial T}\right)_P\right]dP = \int_0^P \underline{V}dP - \int_0^P T\left(\frac{\partial \underline{V}}{\partial T}\right)_P dP$$

$$\underline{H}(T,P) - \underline{H}^o(T,P) = \int_{P\underline{V}=RT}^{P\underline{V}(P,T)} d(P\underline{V}) - \int_{\underline{V}=\infty}^{\underline{V}(P,T)} Pd\underline{V} - \int_{\underline{V}=\infty}^{\underline{V}(P,T)} T\left(-\frac{\partial P}{\partial T}\right)_{\underline{V}} d\underline{V}$$

$$\underline{H}(T,P) - \underline{H}^o(T,P) = P\underline{V} - RT + \int_{\underline{V}=\infty}^{\underline{V}(P,T)} \left[T\left(\frac{\partial P}{\partial T}\right)_{\underline{V}} - P\right]d\underline{V} \quad (5.111)$$

$$\underline{H}(T,P) - \underline{H}^o(T,P) = RT\left(\frac{P\underline{V}}{RT}\right) - RT + \int_{\underline{V}=\infty}^{\underline{V}(P,T)} \left[T\left(\frac{\partial P}{\partial T}\right)_{\underline{V}} - P\right]d\underline{V} \quad (5.112)$$

Usando a definição do fator de compressibilidade, $Z = P\underline{V}/RT$, temos:

$$\underline{H}(T,P) - \underline{H}^o(T,P) = RT(Z-1) + \int_{\underline{V}=\infty}^{\underline{V}(P,T)} \left[T\left(\frac{\partial P}{\partial T}\right)_{\underline{V}} - P\right]d\underline{V} \quad (5.113)$$

Analogamente, para a entropia, temos:

$$\underline{S}(T,P) - \underline{S}^{o}(T,P) = R\ln(Z) + \int_{\underline{V}=\infty}^{\underline{V}(P,T)} \left[\left(\frac{\partial P}{\partial T} \right)_{\underline{V}} - \frac{R}{\underline{V}} \right] d\underline{V} \qquad (5.114)$$

Note que as Equações (5.109) e (5.114) são diferentes, pois o desvio de entropia (ou a entropia residual) da Equação (5.109) foi definido como a diferença entre a entropia da substância na temperatura e volume do sistema e a entropia do gás ideal na mesma temperatura e volume, enquanto, na Equação (5.114), as propriedades do estado de referência que continua sendo o gás ideal são calculadas na temperatura e pressão do sistema.

Equações de Estado Volumétricas

A equação dos gases ideais que inter-relaciona propriedades P$\underline{V}$T é amplamente usada em muitas situações práticas; entretanto, sua aplicabilidade se restringe exclusivamente a gases e em condições tais que as interações intermoleculares podem ser desprezadas. O desenvolvimento de equações de estado para fluidos reais tem em geral seguido quatro tipos de abordagens: a) equações do tipo do virial e correlações generalizadas; b) equações de estado cúbicas; c) equações que usam o princípio dos estados correspondentes; e d) equações derivadas da termodinâmica estatística. Neste capítulo, veremos a descrição das três primeiras. Maiores detalhes sobre EDEs derivadas da termodinâmica estatística serão vistas no Capítulo 7, juntamente com a aplicação das EDEs para estudo da termodinâmica de misturas multicomponentes.

Equação do Virial

A equação conhecida como equação do virial (Equação 5.115) é uma expansão em série, ou seja, uma expansão polinomial do termo $\frac{1}{\underline{V}^n}$; nesse caso, a expansão em série permite corrigir o fator de compressibilidade Z do gás ideal.

$$\frac{P\underline{V}}{RT} = 1 + \frac{B(T)}{\underline{V}} + \frac{C(T)}{\underline{V}^2} + \ldots \qquad (5.115)$$

Ou

$$Z = 1 + B(T)\rho + C(T)\rho^2 + \ldots \qquad (5.116)$$

Onde B(T), C(T) são o segundo e o terceiro coeficientes do virial e são funções da temperatura, ou seja, $B(T) = f(T)$ e $C(T) = f(T)$.

Embora dados para calcular o segundo coeficiente do virial sejam abundantes, raras informações são avaliadas sobre o terceiro coeficiente e pouquíssimas sobre o quarto coeficiente. Como a equação do virial é uma expansão do fator de compressibilidade de um gás ideal, os termos de alta ordem não podem ser ignorados na região de altas densidades. No entanto, esses termos não podem ser estimados devido ao nosso conhecimento insuficiente das forças intermoleculares e nem podem ser determinados empiricamente na região de baixa convergência da série (Anderko, 1990). Na prática, esse tipo de equação é empregado para gases em pressões não muito elevadas e é frequentemente utilizado na forma truncada no segundo coeficiente do virial, como na Equação (5.117).

$$Z = 1 + \frac{BP}{RT} \tag{5.117}$$

Correlações generalizadas para calcular o fator de compressibilidade Z são frequentemente escritas em função da temperatura e da pressão reduzidas. Um terceiro parâmetro que é usado para correlacionar os valores de propriedades PVT é o fator acêntrico ω definido por Pitzer [veja a Equação 5.149 de definição do fator acêntrico no tópico de equações de estado do tipo cúbicas].

A correlação de Pitzer para o fator de compressibilidade Z foi escrita pela Equação (5.118):

$$Z = Z^{(0)} + \omega Z^{(1)} \tag{5.118}$$

em que $Z^{(0)}$ é o fator de compressibilidade de moléculas esféricas quando ω = 0, e $Z^{(1)}$ é o desvio que indica a acentricidade das moléculas.

Valores de $Z^{(0)}$ e $Z^{(1)}$ em função da temperatura e pressão reduzida foram mostrados por Pitzer et al. (1955). No entanto, muitas modificações foram propostas, sendo que as correlações de Lee e Kesler (1975) são as mais usadas. Valores de $Z^{(0)}$ e $Z^{(1)}$ reportados por Lee e Kesler (1975) podem ser extraídos das Tabelas 3-2 e 3-3 de Reid et al. (1988).

A Equação (5.119) representa a equação do virial e a correlação generalizada de Pitzer para a equação truncada no segundo coeficiente do virial

$$Z = 1 + \frac{BP}{RT} = 1 + B^{(0)} \frac{P_r}{T_r} + \omega B^{(1)} \frac{P_r}{T_r} \tag{5.119}$$

para moléculas apolares

$$B^{(0)} = 0{,}083 - \frac{0{,}422}{T_r^{1,6}} \tag{5.120}$$

$$B^{(1)} = 0{,}139 - \frac{0{,}172}{T_r^{4,2}} \tag{5.121}$$

onde P_r é a pressão reduzida $\left(P_r = \dfrac{P}{P_c}\right)$, T_r é a temperatura reduzida $\left(T_r = \dfrac{T}{T_c}\right)$, P_c e T_c são, respectivamente, a pressão e a temperatura críticas da substância. (Veja na página 142 a difinição do ponto crítico.)

Exemplo 5.4

Cálculo de Volume Molar Usando Correlações Generalizadas de Pitzer e de Lee-Kesler

Calcule o volume molar do *n*-butano a 510 K e 22,8 bar considerando:
a) Gás ideal.
b) Correlação do fator de compressibillidade generalizado.
c) Correlação do segundo coeficiente do virial generalizado.
  Dados: $T_c = 425{,}1$ K, $P_c = 37{,}96$ bar, $\omega = 0{,}200$

Resolução

a) Pela equação dos gases ideais, temos:

$$\underline{V} = \frac{RT}{P} = \frac{(8{,}314\ \text{Pa.m}^3/\text{mol.K}) \times (510\ \text{K})}{(22{,}8 \times 10^5\ \text{Pa})} = 1{,}8597 \times 10^{-3}\ \text{mol/m}^3 \quad \text{(E5.4-1)}$$

b) Pela correlação do fator de compressibillidade generalizado, temos:

$$T_r = \frac{510}{425{,}1} = 1{,}200 \quad \text{(E.5.4-2)}$$

$$P_r = \frac{22{,}8}{37{,}96} = 0{,}60 \quad \text{(E.5.4-3)}$$

Usando a correlação de Lee-Kesler (Tabelas 3-2 e 3-3 de Reid et al., 1988), temos:

$$Z^{(0)} = 0{,}8779 \quad Z^{(1)} = 0{,}0326$$

e $Z = Z^{(0)} + \omega Z^{(1)} = 0{,}8779 + 0{,}200 \times 0{,}0326 = 0{,}88442$

$$\underline{V} = \frac{ZRT}{P} = \frac{(0{,}88442) \times (8{,}314\ \text{Pa.m}^3/\text{mol.K}) \times (510\ \text{K})}{(22{,}8 \times 10^5\ \text{Pa})} = 1{,}6448 \times 10^{-3}\ \text{mol/m}^3$$

c) Pela correlação do segundo coeficiente do virial generalizado:

$$B^{(0)} = 0{,}083 - \frac{0{,}422}{T_r^{1{,}6}} = -0{,}2322$$

$$B^{(1)} = 0{,}139 - \frac{0{,}172}{T_r^{4{,}2}} = 0{,}05902$$

$$Z = 1 + \frac{BP}{RT} = 1 + B^{(0)}\frac{P_r}{T_r} + \omega B^{(1)}\frac{P_r}{T_r} = 1 + (-0{,}2322)\frac{0{,}60}{1{,}20} + 0{,}200(0{,}05902)\frac{0{,}60}{1{,}20} = 0{,}8898$$

Propriedades Termodinâmicas de Compostos Puros: Gás Ideal, Gases Reais, Líquidos e Sólidos   capítulo 5

$$\underline{V} = \frac{ZRT}{P} = \frac{(0{,}8898) \times (8{,}314 \text{ Pa.m}^3/\text{mol.K}) \times (510 \text{ K})}{(22{,}8 \times 10^5 \text{ Pa})} = 1{,}6548 \times 10^{-3} \text{ mol/m}^3$$

Comentários

Comparando-se os dois últimos métodos, observa-se que os valores calculados de volume molar diferem em apenas 0,6%.

O tipo da equação do virial serviu de inspiração para o desenvolvimento de equações de estado empíricas válidas para uma ampla faixa de densidades, tais como a Equação (5.121) de Beattie & Bridgeman (1927):

$$P = RT\rho + \left(B_0 RT - A_0 - CR/T^2\right)\rho^2 + \left(aA_0 - bB_0 RT - cB_0 R/T^2\right)\rho^3 + \left(bB_0 cR/T^2\right)\rho^4 \quad (5.121)$$

e a Equação (5.122) de Benedict-Webb-Rubin (1940):

$$\frac{P\underline{V}}{RT} = 1 + \left(B - \frac{A}{RT} - \frac{C}{RT^3}\right)\frac{1}{\underline{V}} + \left(b - \frac{a}{RT}\right)\frac{C(T)}{\underline{V}^2} + \frac{a\alpha}{RT\underline{V}^5} + \frac{\beta}{RT^3\underline{V}}\left(1 + \frac{\gamma}{\underline{V}^2}\right).\exp\left(\frac{-\gamma}{\underline{V}^2}\right) \quad (5.122)$$

Em que as constantes a, b, A, B, C, α, β, γ são específicas para cada substância.

Essas equações, juntamente com a equação BWR modificada de Cox et al. (1971) e de Starling e Han (1972), são os exemplos mais populares desse tipo de equação.

Para algumas substâncias mais conhecidas, normalmente existem dados experimentais de propriedades P$\underline{V}$T disponíveis tanto para a fase gasosa quanto para a fase líquida. Portanto, é interessante correlacionar as propriedades P$\underline{V}$T a uma expressão geral para cálculo de propriedades termodinâmicas. Um exemplo é a Equação (5.123) proposta por Huang et al. (1984) para o dióxido de carbono. Essa equação contém 27 parâmetros e permite alta precisão no cálculo da densidade e das propriedades termodinâmicas para a faixa de temperatura de 216 a 423 K e pressão até 310,3 MPa. Essa equação reproduz os dados experimentais reportados pela IUPAC (Angus et al., 1976).

$$\begin{aligned} Z &= \frac{P}{\rho RT} \\ &= 1 + b_2 \rho_r + b_3 \rho_r^2 + b_4 \rho_r^3 + b_5 \rho_r^4 + b_6 \rho_r^5 + b_7 \rho_r^2 \exp(-c_{21}\rho_r^2) + \\ & \quad b_8 \rho_r^4 \exp(-c_{21}\rho_r^2) + c_{22} \exp(-c_{27}(\Delta T)^2) + \\ & \quad c_{23}(\Delta\rho/\rho_r)\exp(-c_{25}(\Delta\rho)^2 - c_{27}(\Delta T)^2) + \\ & \quad c_{24}(\Delta\rho/\rho_r)\exp(-c_{26}(\Delta\rho)^2 - c_{27}(\Delta T)^2) \end{aligned} \quad (5.123)$$

Em que $T_r = T/T_c$, $P_r = P/P_c$, $\rho_r = \rho/\rho_c$ são propriedades reduzidas, $\Delta T = 1 - T_r$ e $\Delta\rho = 1 - 1/\rho_r$. As propriedades críticas do CO_2 são: $T_c = 304{,}19 \text{ K}$, $P_c = 7{,}36 \text{ MPa}$

e $\rho_c = 10,63$ kmol/m³. Os parâmetros b_2, b_3, ..., b_8 são funções da temperatura, como mostrados a seguir:

$$b_2 = C_1 + \frac{C_2}{T_r} + \frac{C_3}{T_r^2} + \frac{C_4}{T_r^3} + \frac{C_5}{T_r^4} + \frac{C_6}{T_r^5} \tag{5.124}$$

$$b_3 = C_7 + \frac{C_8}{T_r} + \frac{C_9}{T_r^2} \tag{5.125}$$

$$b_4 = C_{10} + \frac{C_{11}}{T_r} \tag{5.126}$$

$$b_5 = C_{12} + \frac{C_{13}}{T_r} \tag{5.127}$$

$$b_6 = \frac{C_{14}}{T_r} \tag{5.128}$$

$$b_7 = \frac{C_{15}}{T_r^3} + \frac{C_{16}}{T_r^4} + \frac{C_{17}}{T_r^5} \qquad b_8 = \frac{C_{18}}{T_r^3} + \frac{C_{19}}{T_r^4} + \frac{C_{20}}{T_r^5} \tag{5.129}$$

As constantes C_i, com $i = 1, 2, ..., 27$, são mostradas na Tabela 5.6.

Equações Cúbicas do Tipo Van Der Waals

Em 1873, Van Der Waals dá a primeira grande contribuição às equações de estado do tipo cúbicas, introduzindo a ideia que a pressão da substância a uma dada temperatura e a um volume específico pode ser calculada através da soma de dois termos (repulsão e atração) através de uma adaptação da equação do gás ideal. Van Der Waals apresenta a primeira equação de estado (Equação 5.130) que qualitativamente representa as fases líquidas e vapor. Ele introduziu dois parâmetros a e b, independentes da temperatura, que estão relacionados à força de atração intermolecular e covolume das moléculas, respectivamente.

$$P = \frac{RT}{\underline{V} - b} - \frac{a}{\underline{V}^2} \tag{5.130}$$

A pressão na Equação (5.130) pode ser representada por um termo de natureza repulsiva (primeiro termo à direita) e outro de natureza atrativa (segundo termo à direita).

Tabela 5.6 ▶ Valores das constantes C_i para a Equação (5.123).

i	C_i	i	C_i	i	C_i
1	0,376194	10	0,216124	19	–3,047110
2	0,118836	11	–0,583148	20	2,323160
3	–3,043790	12	$0,119747 \times 10^{-1}$	21	1,073790
4	2,274530	13	$0,537278 \times 10^{-1}$	22	$-0,599724 \times 10^{-4}$
5	–1,238630	14	$0,265216 \times 10^{-1}$	23	$0,885339 \times 10^{-4}$
6	0,250442	15	–2,794980	24	$0,316418 \times 10^{-2}$
7	–0,115350	16	5,623930	25	10,00
8	0,675104	17	–2,938310	26	50,00
9	0,198861	18	0,988759	27	80.000,00

A Figura 5.5 mostra uma representação esquemática de um diagrama P$\underline{V}$T que pode ser obtido por qualquer equação de estado do tipo cúbica. Mostra também o envelope de fases líquido-vapor, o ponto crítico e duas isotermas.

As curvas AG e GD representam as curvas de saturação para o líquido e vapor respectivamente. Os seguimentos AB e CD representam o estado metaestável (líquido superaquecido e vapor sub-resfriado, respectivamente), que podem ser obtidos em condições especiais. Os pontos B, C e G representam pontos de inflexão da função $P = f(T,\underline{V})$, logo obedecem à condição $(\partial P / \partial \underline{V})_T = 0$ que representa o limite de estabilidade intrínseca. A curva que contém os pontos B, C e G é denominada curva do limite de estabilidade ou "curva espinodal" que para componentes puros é a curva de instabilidade intrínseca.

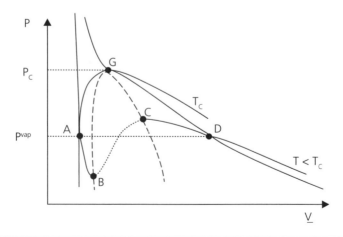

Figura 5.5 ▶ Diagrama P$\underline{V}$T esquemático contendo o envelope de fases e 2 isotermas para substâncias puras.

O ponto crítico, representado por G, contido na curva espinodal é o limite da coexistência das fases líquida e vapor. No ponto crítico, $\left(\partial P / \partial \underline{V}\right)_{T_c} = 0$ e $\left(\partial^2 P / \partial \underline{V}^2\right)_{T_c} = 0$. As propriedades P$\underline{V}$T no ponto crítico, denominadas temperatura crítica T_c, pressão crítica P_c e volume crítico $\underline{V}_c$, são propriedades características de cada substância. A Tabela 5.7 reporta valores de propriedades críticas para algumas substâncias. Propriedades críticas de outras substâncias podem ser encontradas em Reid et al. (1987).

Tabela 5.7 ▶ Constantes críticas e outras propriedades para algumas substâncias puras.

Substância	Símbolo	Massa molecular g.mol⁻¹	T_b K	T_c K	P_c MPa	$\underline{V}_c$ m³/kmol	Z_c	ω
Acetileno	C_2H_2	26,038	189,2	308,3	6,140	0,113	0,271	0,184
Amônia	NH_3	17,031	239,7	405,6	11,28	0,0724	0,242	0,250
Benzeno	C_6H_6	78,114	353,3	562,1	4,894	0,259	0,271	0,212
Metano	CH_4	16,043	11,7	190,6	4,600	0,099	0,288	0,008
Etano	C_2H_6	30,070	184,5	305,4	4,884	0,148	0,285	0,098
Propano	C_3H_8	44,097	231,1	369,8	4,246	0,203	0,281	0,152
n-Pentano	C_5H_{12}	72,151	309,2	469,6	3,374	0,304	0,262	0,251
n-Hexano	C_6H_{14}	86,178	341,9	507,4	2,969	0,370	0,260	0,296
n-Decano	$C_{10}H_{22}$	142,286	447,3	617,6	2,108	0,603	0,247	0,490
Hidrogênio	H_2	2,016	20,4	33,2	1,297	0,065	0,305	-0,22
Nitrogênio	N_2	28,013	77,4	126,2	3,394	0,0895	0,290	0,040
Oxigênio	O_2	31,999	90,2	154,6	5,046	0,0732	0,288	0,021
Dióxido de carbono	CO_2	44,01	194,7	304,2	7,376	0,0940	0,274	0,225
Água	H_2O	18,015	373,2	647,3	22,048	0,056	0,229	0,344

Fonte: Adaptada de Reid et al. The Properties of Gases and Liquids, 4ª Ed. New York: McGraw-Hill; 1988.

Van Der Waals admitiu que os parâmetros a e b da Equação (5.130) são independentes da temperatura e que seus valores podem ser calculados por expressões relacionadas às constantes críticas, as quais são obtidas a partir da aplicação do critério de estabilidade (Equação 5.131) e de equilíbrio (Equação 5.132) no ponto crítico, resultando nas Equações (5.133) e (5.134). Pode-se também demonstrar que a equação admite um fator de compressibilidade no ponto crítico de valor universal, $Z_c = 0,375$, que é muito superior aos valores reais reportados na Tabela 5.7.

$$\left.\frac{\partial P}{\partial \underline{V}}\right|_{T_c, P_c} = 0 \qquad (5.131)$$

$$\left.\frac{\partial^2 P}{\partial \underline{V}^2}\right|_{T_c, P_c} = 0 \qquad (5.132)$$

$$a = \frac{27\,R^2\,T_c^2}{64 P_c} \qquad (5.133)$$

$$b = \frac{R\,T_c}{8\,P_c} \qquad (5.134)$$

$$Z_c = \frac{3}{8} \qquad (5.135)$$

A Equação (5.130) também pode ser escrita na forma cúbica usando a variável Z:

$$Z^3 - (B+1)Z^2 + AZ - AB = 0 \qquad (5.136)$$

Em que:

$$A = \frac{a(T_c)P}{(RT)^2} \qquad B = \frac{bP}{RT} \qquad Z = \frac{PV}{RT}$$

A Equação (5.130) na forma cúbica deverá ser resolvida analiticamente (método de Tartaglia) ou numericamente para se obter as 3 raízes da equação que podem ser 3 raízes reais ou 1 raiz real e 2 complexas. A Figura 5.6 esquematiza uma isoterma no diagrama P$\underline{V}$T e as respectivas raízes em $\underline{V}$ = ZRT/P.

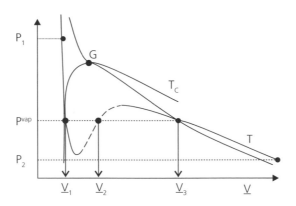

Figura 5.6 ▶ Diagrama P$\underline{V}$T representando as raízes da equação cúbica.

Quando representamos as diferentes isotermas no diagrama P$\underline{V}$T, podemos encontrar as seguintes situações:

a) $T < T_c$: uma isoterma na temperatura T menor que a temperatura crítica T_c. Nesse caso, a isoterma admite três raízes reais ou uma raiz real e duas complexas. Para selecionarmos as raízes precisamos conhecer a pressão de vapor $P^{vap}(T)$ na temperatura T em questão.

a.1) $P < P^{vap}$: se a pressão for menor que a pressão de vapor, a maior raiz representa o volume molar do vapor superaquecido e as outras duas raízes são complexas (ex. raízes na pressão P_2 da Figura 5.6) ou são reais se cortarem a região metaestável, mas devem ser desconsideradas, pois uma delas pode representar um líquido superaquecido (estado metaestável) e a outra não tem significado físico (fica situada na região instável, entre B e C da Figura 5.5).

a.2) $P = P^{vap}$: se a pressão for a própria pressão de vapor, obtemos três raízes reais, sendo que a maior raiz representa o volume molar do vapor saturado e a menor, o volume molar do líquido saturado e a raiz intermediária não tem significado físico.

a.3) $P > P^{vap}$: se a pressão for maior que a pressão de vapor, a menor raiz representa o volume molar do líquido sub-resfriado e as outras duas raízes são complexas (ex. raízes na pressão P_1 da Figura 5.6) ou são reais se cortarem a região metaestável, mas devem ser desconsideradas, pois uma delas pode representar um vapor sub-resfriado (estado metaestável) e a outra não tem significado físico (fica situada na região instável, entre B e C da Figura 5.5).

b) $T = T_c$: para $P = P_c$, a isoterma admite três raízes reais e iguais para o volume molar, que representam o volume molar no ponto crítico. Para $P \neq P_c$, a isoterma admite uma raiz real e duas complexas. Se $P \geq P_c$, a raiz representa o fluido supercrítico e se $P < P_c$, a raiz representa a fase gasosa.

c) $T > T_c$: a isoterma admite uma raiz real e duas complexas. Se $P > P_c$, a raiz representa o fluido supercrítico e se $P < P_c$, a raiz representa a fase gasosa.

Devemos enfatizar que a equação de estado de Van Der Waals não consegue reproduzir bem valores experimentais de propriedades P<u>V</u>T, por isso não é usada para calcular propriedades termodinâmicas. Sua importância é histórica, pois foi a primeira equação desse tipo capaz de descrever a transição de fases líquido-vapor e serviu de base para o desenvolvimento de outras equações de estado. Muitas equações de estado foram propostas desde então a fim de melhorar a predição do termo atrativo. Algumas dessas equações são apresentadas a seguir.

Redlich & Kwong (1949) propuseram a primeira equação cúbica com dois parâmetros do tipo de Van Der Waals (Equação 5.137) que obteve ampla aceitação para cálculo de fugacidades de fluidos apolares (hidrocarbonetos). Introduziu a dependência de temperatura no termo de contribuição atrativa da equação. Foi proposta para satisfazer as condições de contorno nos limites de alta e de baixa densidade. Nas condições de baixa densidade, a equação fornece um segundo coeficiente do virial razoável e para altas densidades, adotou-se $b = 0,26 \underline{V}_c$, onde se tem notado que o volume reduzido é aproximadamente de 0,26.

$$P = \frac{RT}{\underline{V} - b} - \frac{a}{T^{1/2} \underline{V}(\underline{V} + b)} \qquad (5.137)$$

Em que:

$$a = 0,42748 \frac{R^2 T_c^{2,5}}{P_c} \tag{5.138}$$

$$b = 0,0867 \frac{RT_c}{P_c} \tag{5.139}$$

$$Z_c = \frac{1}{3} \tag{5.140}$$

Na forma cúbica, a Equação (5.138) fica igual a:

$$Z^3 - Z^2 + (A - B - B^2) - AB = 0 \tag{5.117}$$

Em que:

$$A = \frac{aP}{(RT)^2}\sqrt{T} \qquad B = \frac{bP}{RT} \qquad Z = \frac{P\underline{V}}{RT}$$

Como a dependência da temperatura no termo de contribuição atrativa é essencial para reproduzir valores experimentais de pressão de vapor, surgiram nesse sentido novas propostas de equações de estado do tipo cúbicas, melhorando a função de dependência da temperatura no termo atrativo, sendo que a de Soave (1972) e a de Peng e Robinson (1976) são as equações cúbicas mais utilizadas atualmente.

Soave (1972) modificou o termo $a/T^{1/2}$ da equação de Redlich e Kwong (RK), reescrevendo-o em função da temperatura usando o termo a(T) de uma maneira mais generalizada, ajustando valores desse parâmetro em função da temperatura para que a modelagem termodinâmica empregando essa equação reproduzisse valores de pressão de vapor de substâncias apolares a $T = 0,7T_c$. O intuito foi o de correlacionar esse parâmetro com a temperatura e com o fator acêntrico ω de Pitzer definido pela Equação 5.149 (Pitzer, 1955). A equação cúbica de Soave-Redlich-Kwong (SRK) com dois parâmetros é descrita pela Equação (5.142) de forma análoga à equação RK.

$$P = \frac{RT}{\underline{V} - b} - \frac{a(T)}{\underline{V}(\underline{V} + b)} \tag{5.142}$$

Em que:

$$a(T_C) = 0,42748 \frac{R^2 T_C^2}{P_C} \tag{5.143}$$

$$b = 0{,}8664 \frac{RT_c}{P_c} \tag{5.144}$$

$$Z_c = \frac{1}{3} \tag{5.145}$$

$$a(T) = a(T_c)\alpha(T_r, \omega) \tag{5.146}$$

A correção $\alpha(T_r, \omega)$ do parâmetro $a(T)$ se relaciona com a temperatura reduzida através da Equação (5.147):

$$\alpha^{1/2} = 1 + k_m \left(1 - T_r^{1/2}\right) \tag{5.147}$$

Em que k_m é uma constante específica para cada substância. Para substâncias apolares, os valores de k_m foram correlacionados ao fator acêntrico ω, pela Equação (5.148):

$$k_m = 0{,}480 + 1{,}574\omega - 0{,}176\omega^2 \tag{5.148}$$

O fator acêntrico ω foi definido como uma propriedade que representa a esfericidade ou a acentricidade das moléculas. Pitzer observou que a pressão de vapor de moléculas esféricas (Ar, Kr, Xe) na forma reduzida eram iguais e o seu valor na temperatura reduzida $T_r = 0{,}7$ era $P_r^{sat} = 0{,}1$, ou $\log(P_r^{sat}) = -1$ (Figura 5.7). Com base nessas observações, Pitzer definiu o fator acêntrico pela Equação (5.149), para que o fator acêntrico de moléculas esféricas sejam iguais a zero ($\omega = 0$) e de moléculas não esféricas sejam diferentes de zero ($\omega \neq 0$), indicando a sua acentricidade.

$$\omega = -\log_{10}\left(P_r^{sat}\right)\Big|_{T_r=0{,}7} - 1{,}000 \tag{5.149}$$

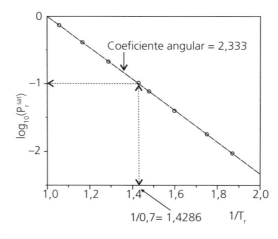

Figura 5.7 ▶ Representação esquemática da pressão de vapor em função da temperatura para moléculas esféricas.

Propriedades Termodinâmicas de Compostos Puros: Gás Ideal, Gases Reais, Líquidos e Sólidos — capítulo 5

Dados de pressão de vapor e de propriedades críticas são necessários para se estimar o valor da pressão de vapor na temperatura $T = 0,7T_c$, valor necessário para calcular o fator acêntrico como definido pela Equação (5.149). Em geral, esses valores estão disponíveis para inúmeras substâncias facilmente encontradas no processamento químico (indústria do petróleo e demais indústrias químicas). No entanto, quando se trabalha com substâncias de interesse da indústria de alimentos, e, portanto menos comuns, os valores de pressão de vapor raramente estão disponíveis na literatura. Para muitas substâncias, a única informação experimental disponível é a temperatura normal de ebulição, T_b, e alguma estimativa (geralmente obtida por métodos de contribuição de grupos) de suas propriedades críticas. Nesses casos, podemos estimar o fator acêntrico pela fórmula de Edmister (Reid et al., 1987). Edmister admitiu que as pressões de vapor podem ser correlacionadas pela equação empírica:

$$\log_{10}(P_r^{vap}) = A - \frac{B}{T_r} \qquad (5.150)$$

A Equação (5.150), que é a equação de uma reta, pode, então, ser usada para estimar o valor da pressão de vapor na temperatura $T = 0,7T_c$ usando-se as coordenadas de dois pares de pontos (T, P) conhecidos: sendo um deles a pressão crítica e a temperatura crítica (T_c, P_c) e o outro a temperatura do ponto normal de temperatura de ebulição, isto é (T_b, P = 101,3 kPa). Usando esses valores na Equação (5.150) e substituindo-se o resultado na Equação (5.149), obtemos:

$$\omega = \frac{3}{7}\left[\frac{T_b}{T_b - T_c}\right] \times \log_{10}\left(\frac{P_b}{P_c}\right) - 1,000 \qquad (5.151)$$

Peng e Robinson (1976) propuseram a Equação (5.152), cúbica com dois parâmetros, seguindo a mesma abordagem feita por Soave (1972), modificando apenas o termo atrativo da equação para melhorar a predição da densidade de líquidos e, portanto, melhorar a predição de pressões de vapor.

$$P = \frac{RT}{\underline{V} - b} - \frac{a(T)}{\underline{V}(\underline{V}+b) + b(\underline{V}-b)} \qquad (5.152)$$

Em que:

$$a(T_c) = 0,45724 \frac{R_2 T_c^2}{P_c} \qquad (5.153)$$

$$b = 0,07780 \frac{RT_c}{P_c} \qquad (5.154)$$

$$a(T) = a(T_c)\alpha(T_r, \omega) \qquad (5.155)$$

$$\alpha^{1/2} = 1 + k_m\left(1 - T_r^{1/2}\right) \qquad (5.156)$$

$$k_m = 0{,}37464 + 1{,}54226\omega - 0{,}26992\omega^2 \quad \text{(5.157)}$$

$$Z_c = 0{,}307 \quad \text{(5.158)}$$

Na forma cúbica, a Equação (5.152) é dada pela Equação (5.159):

$$Z^3 - (1-B)Z^2 + (A - 3B^2 - 2B)Z - (AB - B^2 - B^3) = 0 \quad \text{(5.159)}$$

Em que:

$$Z = \frac{P\underline{V}}{RT} \qquad A = \frac{a(T)P}{RT^2} \qquad B = \frac{bP}{RT}$$

Devemos ressaltar que todas as equações de estado do tipo cúbicas são aproximações. Descrevem relativamente bem propriedades P$\underline{V}$T de líquidos e de vapores de hidrocarbonetos (exceção para a equação de Van Der Waals). Descrevem relativamente bem propriedades de vapores (distantes da região crítica) para a grande maioria das substâncias. Os piores resultados situam-se próximo à região crítica. Para ilustrar esse comportamento, comparam-se na Figura 5.8 algumas isotermas de propriedades P$\underline{V}$T para o CO_2 com valores experimentais e calculados pela equação de estado de Peng-Robinson.

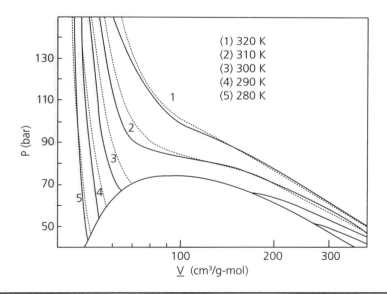

Figura 5.8 ▶ Diagrama P$\underline{V}$T para o CO_2 com isotermas (——) contendo valores experimentais (Angus et al., 1976) e (----) calculados pela equação de Peng-Robinson.

Pode-se verificar na Figura 5.8 que a equação de estado de Peng-Robinson calcula bem as propriedades do CO_2 gasoso. Os maiores desvios são encontrados na região de alta densidade (líquido ou fluido supercrítico) situada próxima ao ponto crítico.

Propriedades Termodinâmicas de Compostos Puros: Gás Ideal, Gases Reais, Líquidos e Sólidos — capítulo 5

Muitas equações de estado foram propostas para correlacionar propriedades P$\underline{V}$T; algumas são do tipo cúbicas com dois ou mais de dois parâmetros ou não são cúbicas. Algumas também consideram uma expressão mais realista para o termo repulsivo, empregando a expressão obtida por Carnahan & Starling (1969). Como um exemplo de equação mais complexa, vamos considerar a equação CCOR (*Cubic Chain-of-rotators*) de Kim et al. (1986) e de Leet et al. (1986), uma equação do tipo cúbica com mais de dois parâmetros que foi obtida a partir da simplificação da equação não cúbica COR de Chien et al. (1983) e do termo não atrativo da equação de Carnahan & Starling (1969) e descrita pela Equação (5.160).

$$P = \frac{RT(1+0,77\,b/\underline{V})}{\underline{V}-0,42\,b} + C^R \frac{0,055\,RTb/\underline{V}}{\underline{V}-0,42\,b} - \frac{a}{\underline{V}(\underline{V}+c)} - \frac{bd}{\underline{V}(\underline{V}+c)(\underline{V}-0,42\,b)} \quad (5.160)$$

Em que a, b, c, d, C^R são parâmetros do modelo relacionados às propriedades críticas e Z_c.

Na Figura 5.9, comparam-se propriedades P$\underline{V}$T calculadas pela equação CCOR com valores experimentais. No geral, essa equação reproduz bem os valores experimentais, exceto na temperatura e pressão logo acima da crítica.

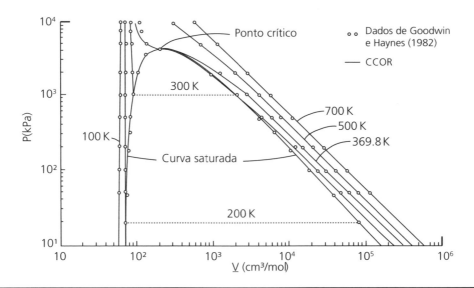

Figura 5.9 ▶ Comparação entre propriedades P$\underline{V}$T experimentais do propano com valores calculados pela equação CCOR de Kim et al. (1986).

Uma equação desse tipo (CCOR) é superior à equação de estado de Peng-Robinson para representar propriedades P$\underline{V}$T de substâncias puras. No entanto, quando a empregamos no cálculo de propriedades de misturas, que serão discutidas nos Capítulos 6, 7, 8 e 9, a modelagem termodinâmica requer que se aplique uma regra de mistura às constantes da equação para se poder calcular as constantes médias da mistura. No caso da mistura, a equação de Peng-Robinson fica mais adequada, pois se aplica uma regra de mistura aos dois parâmetros *a* e *b* que possuem significado físico, enquanto os parâmetros adicionais nas equações mais complexas com mais de dois parâmetros não possuem significado físico e com isso perdem qualidade na predição de propriedades de mistura. Em muitas situações, as equações mais simples como a equação de Peng--Robinson podem ser superiores às equações mais complexas no cálculo de propriedades de mistura.

Cálculo das Variações de Entalpia (ΔH̲) e de Entropia (ΔS̲) Usando a Equação de Estado de Peng-Robinson

Aplicando-se a Equação (5.152) de Peng-Robinson, e sua derivada em relação à temperatura a volume constante, Equação (5.161):

$$\left(\frac{\partial P}{\partial T}\right)_{\underline{V}} = \frac{R}{\underline{V}-b} - \left(\frac{da}{dT}\right)\frac{1}{\underline{V}(\underline{V}+b)+b(\underline{V}-b)} \tag{5.161}$$

nas expressões que representam a entalpia residual, Equação (5.113), e entropia residual, Equação (5.114), obtemos as seguintes expressões específicas para cálculo das funções residuais:

$$\underline{H}(T,P) - \underline{H}^0(T,P) = RT(Z-1) + \frac{T\left(\frac{da(T)}{dT}\right) - a(T)}{2\sqrt{2}b}\ln\left[\frac{Z+(1+\sqrt{2})B}{Z+(1-\sqrt{2})B}\right] \tag{5.162}$$

$$\underline{S}(T,P) - \underline{S}^0(T,P) = R\ln(Z-B) + \frac{\frac{da}{dT}}{2\sqrt{2}b}\ln\left[\frac{Z+(1+\sqrt{2})B}{Z+(1-\sqrt{2})B}\right] \tag{5.163}$$

Em que:

$$\frac{da}{dT} = -0,45724\frac{R^2T_C^2}{P_C}k_m\sqrt{\frac{\alpha}{TT_C}} \tag{5.164}$$

A Tabela 5.8 apresenta expressões para cálculo de propriedades termodinâmicas obtidas quando o estado de referência adotado é a substância na condição de gás ideal a 25 °C e 1 bar.

Propriedades Termodinâmicas de Compostos Puros: Gás Ideal, Gases Reais, Líquidos e Sólidos

Tabela 5.8 ▶ Expressões para cálculo de entalpia e entropia usando a equação de estado de Peng-Robinson e adotando como referência o gás ideal a 25 °C e 1 bar.

Referência: Gás ideal a 25 °C, 1 bar
$\underline{H}(298{,}15\ K, 0{,}1\ MPa)\quad \underline{S}(298{,}15\ K, 0{,}1\ MPa)\quad \underline{U}(298{,}15\ K, 0{,}1\ MPa) = -R(298{,}15\ K)$
$\underline{H}(T,P) - \underline{H}°(25\ °C, 1\ bar) = \left(\underline{H} - \underline{H}°\right)_{T,P} + \int_{298,15}^{T} C_p^* \, dT$
$\underline{H}(T,P) - \underline{H}°(25\ °C, 1\ bar) = RT(Z-1) + \dfrac{T\left(\dfrac{da}{dT}\right)-a}{2\sqrt{2}\,b}\ln\left[\dfrac{Z+\left(1+\sqrt{2}\right)B}{Z+\left(1-\sqrt{2}\right)B}\right] + \int_{298,15}^{T} C_p^* \, dT$
$\underline{S}(T,P) - \underline{S}°(25\ °C, 1\ bar) = \left(\underline{S} - \underline{S}^{IG}\right)_{T,P} + \int_{298,15}^{T} \dfrac{C_p^*}{T}\, dT - R\ln\left(\dfrac{P}{1\,bar}\right)$
$\underline{S}(T,P) - \underline{S}°(25\ °C, 1\ bar) = R\ln(Z-B) + \dfrac{\dfrac{da}{dT}}{2\sqrt{2}\,b}\ln\left[\dfrac{Z+\left(1+\sqrt{2}\right)B}{Z+\left(1-\sqrt{2}\right)B}\right] + \int_{298,15}^{T} \dfrac{C_p^*}{T}\, dT - R\ln\left(\dfrac{P}{1\,bar}\right)$
$\Delta \underline{U} = \Delta \underline{H} - \Delta(P\underline{V})$

Antes de calcularmos as propriedades termodinâmicas, necessitamos conhecer o estado termodinâmico do fluido: se é líquido, gás ou fluido supercrítico. Para tanto necessitamos conhecer a pressão de vapor da substância na temperatura em questão e verificar se a pressão é maior ou menor que esta para podermos escolher as raízes Z da solução analítica da equação cúbica.

Para determinarmos a pressão de vapor, deveremos aplicar os critérios de equilíbrio de fases para substâncias puras para determinar qual é a pressão de equilíbrio ou qual é a pressão de vapor. Esse conceito será discutido no Capítulo 6.

Procedimento para Cálculo de Propriedades Termodinâmicas Usando Equações de Estado e o Gás Ideal como Referência

1. Dados de entrada: propriedades críticas (P_c, T_c), fator acêntrico ω e constantes da equação para o cálculo da capacidade calorífica, C_P^*, do gás ideal.
2. Definição do estado de referência.
3. Cálculo dos parâmetros $a(T_c)$ e b.
4. Cálculo dos parâmetros k_m e $\alpha(T, \omega)$.

5. Cálculo do parâmetro a(T).
6. Cálculo da pressão de vapor (Capítulo 6).
7. Cálculo das raízes da equação de estado cúbica em Z.
8. Escolha das raízes.
9. Cálculo das propriedades termodinâmicas.

Programa Computacional para Cálculo de Propriedades Termodinâmicas Usando a Equação de Estado de Peng-Robinson – PropriTerm

O programa computacional denominado PropiTerm[3] calcula propriedades termodinâmicas de substâncias puras empregando a equação de estado de Peng-Robinson e poderá ser utilizado para a resolução dos problemas propostos neste livro. Os dados de entrada são as propriedades críticas, as constantes a, b, c, e d para cálculo de C_p^* do gás ideal e o estado de referência como gás ideal. O programa calcula a pressão de vapor na temperatura desejada e, em seguida, faz a escolha das raízes Z^L e Z^V correspondentes ao estado de agregação líquido e gasoso, respectivamente. Com essas informações, calcula os volumes específicos $\underline{V}^L$ e $\underline{V}^V$, as entalpias $\underline{H}^L$ e $\underline{H}^V$, as entropias $\underline{S}^L$ e $\underline{S}^V$ e a fugacidade.[4]

O Princípio dos Estados Correspondentes

Proposto por Van Der Waals em 1873, o princípio dos estados correspondentes expressa uma generalização das propriedades quando estas são escritas na forma reduzida: $P_r = P/P_c$, $T_r = T/T_c$ e $\underline{V}_r = \underline{V}/\underline{V}_c$.

A ideia desse princípio é considerar que as propriedades P$\underline{V}$T das substâncias na forma reduzida são iguais. Pode-se demonstrar que a própria equação cúbica de Van Der Waals obedece ao princípio dos estados correspondentes. Para mostrar isso, vamos usar a equação de Van Der Waals, Equação (5.130), e reescrevê-la em termos de propriedades reduzidas: $P_r = P/P_c$, $T_r = T/T_c$ e $\underline{V}_r = \underline{V}/\underline{V}_c$ usando as Equações (5.133) e (5.134) que podem ser reescritas como:

$$a = 3P_c \underline{V}_c^2 \qquad (5.165)$$

$$b = \frac{\underline{V}_c}{3} \qquad (5.166)$$

---

[3] Os cálculos também podem ser realizados de forma simples usando as equações que estão detalhadas no livro do Reid e Prausnitz (1987).

[4] O conceito e a aplicação dessa propriedade serão apresentados no Capítulo 6.

Substituindo-se as Equações (5.165) e (5.166) na Equação (5.130) obtêm-se:

$$P = \frac{RT}{\underline{V} - \frac{\underline{V}_c}{3}} - \frac{3P_c \underline{V}_c^2}{\underline{V}^2} \quad \Rightarrow \quad \frac{P}{P_c} = \frac{3RT/P_c}{3\underline{V} - \underline{V}_c} - \frac{3}{\underline{V}_r^2}$$

Então,

$$P_r = 3\left(\frac{RT}{P_c \underline{V}_c}\right) \frac{T/T_c}{\left(3\frac{\underline{V}}{\underline{V}_c} - 1\right)} - \frac{3}{\underline{V}_r^2} \quad \Rightarrow \quad P_r = 3\left(\frac{8}{3}\right) \frac{T_r}{(3\underline{V}_r - 1)} - \frac{3}{\underline{V}_r^2}$$

Logo,

$$\left(P_r + \frac{3}{\underline{V}_r^2}\right)(3\underline{V}_r - 1) = 8T_r \tag{5.167}$$

Essa forma reduzida da Equação (5.167) sugere que para qualquer fluido que obedeça à equação de Van Der Waals, suas propriedades na forma reduzida são iguais, independentemente da natureza das moléculas. A comparação de dados experimentais de propriedades P$\underline{V}$T (Veja por exemplo, a Figura 4.6-7 p. 231 de Sandler (1999)) mostra que existem diferenças entre as propriedades na forma reduzida, indicando que o princípio dos estados correspondentes é uma aproximação.

Em geral, o princípio baseia-se na predição de propriedades termodinâmicas a partir de correlações que generalizam as propriedades de fluidos similares. Para uma melhor predição, as moléculas podem ser agrupadas em classes: de moléculas esféricas, de moléculas não esféricas, ou agrupadas por momento de dipolo, etc.

Se para uma classe de substâncias (substâncias similares), uma equação de estado reproduz valores P$\underline{V}$T de um membro dessa classe, a equação poderá predizer valores para outras moléculas da mesma classe. O fato que um número de diferentes moléculas podem ser representados por uma equação de estado volumétrica sugere que é possível construir correlações generalizadas, aplicáveis para muitas moléculas diferentes.

Como as equações de estado do tipo cúbica não são precisas para representar propriedades P$\underline{V}$T, o que se faz na prática é aplicar o conceito dos estados correspondentes usando dados experimentais na forma $Z = f(P_r, T_r)$. Inserindo dados de diferentes substâncias nessa forma, se verifica que os desvios entre as diferentes classes de substâncias são devidos principalmente às diferenças nos valores de Z_c. Então, estimativas melhores podem ser obtidas se usarmos a $Z = f(P_r, T_r, Z_c)$, ou alternativamente na forma $Z = f(P_r, T_r, \omega)$.

Use as Figuras 4.6-3, 4.6-4 e 4.6-5 de Sandler (1999) para estimativas do fator de compressibilidade Z, da entalpia e da entropia para fluidos com $Z_c = 0,27$.

RESUMO DO CAPÍTULO

Neste capítulo, diversas relações na forma analítica, tabular e gráfica foram utilizadas para estimar propriedades termodinâmicas de substâncias puras. O capítulo também abordou aplicação de equações de estado e uso do Princípio dos Estados Correspondentes no cálculo das propriedades termodinâmicas de substâncias puras.

PROBLEMAS PROPOSTOS

5.1. A partir das sugestões contidas nos itens a seguir, mostre que:

$$d\underline{S} = \frac{C_P}{T}dT - \left(\frac{\partial \underline{V}}{\partial T}\right)_P dP \quad \text{(Tome como base o Exemplo 5.1)}$$

a) Escreva $\underline{S} = f(T, P)$ na forma diferencial, use a propriedade das equações diferenciais, Equação (5.40) e a equação da energia livre de Gibbs $d\underline{G} = \underline{V}dP - \underline{S}dT$ e mostre que

$$\left(\frac{\partial \underline{S}}{\partial P}\right)_T = -\left(\frac{\partial \underline{V}}{\partial T}\right)_P$$

b) Usando $d\underline{H} = Td\underline{S} + \underline{V}dP$, mostre que $\left(\dfrac{\partial \underline{S}}{\partial T}\right)_P = \dfrac{C_P}{T}$

5.2. Escreva $d\underline{H}$ em função de C_P e propriedades P$\underline{V}$T e mostre que:

$$d\underline{H} = C_P dT + \left[\underline{V} - T\left(\frac{\partial \underline{V}}{\partial T}\right)_P\right]dP$$

5.3. Usando a Equação 5.64 da Tabela 5.1, mostre que o coeficiente de Joule-Thomson

$$\mu = \left(\frac{\partial T}{\partial P}\right)_H \quad \text{pode ser escrito como:} \quad \mu = \frac{-\left[\underline{V} - T\left(\dfrac{\partial \underline{V}}{\partial T}\right)_P\right]}{C_P}$$

5.4. Usando a Equação 5.64 da Tabela 5.1, mostre que $\left(\dfrac{\partial C_P}{\partial P}\right)_T = -T\left(\dfrac{\partial^2 \underline{V}}{\partial T^2}\right)_P$

5.5 Derive a equação de Van Der Waals no ponto crítico (Equações 5.131 e 5.132) e mostre que:

a) $b = \dfrac{\underline{V}_c}{3}$ e $a = \dfrac{9}{8}RT_c\underline{V}_c$

b) Substitua esses valores de a e b na equação de Van Der Waals, multiplique-a por $\underline{V}/RT$ e mostre que $Z_c = 3/8$.

c) Sendo $Z_c = P_c\underline{V}_c/RT_c$ e $Z_c = 3/8$, mostre que

$$a = \frac{27}{64}\frac{R^2T_c^2}{P_c} \qquad b = \frac{1}{8}\frac{RT_c}{P_c}$$

5.6. Rescreva a Equação (5.130) de Van Der Waals na Equação (5.136) cúbica em Z

$$Z^3 - (B+1)Z^2 + AZ - AB = 0, \text{ onde: } A = \frac{aP}{(RT)^2} \quad B = \frac{bP}{RT} \quad Z = \frac{PV}{RT}$$

5.7. A fórmula de Edmister para estimativa do fator acêntrico ω foi obtida pela interpolação da pressão de vapor entre dois pares de pontos conhecidos e usando a Equação (5.150).

$$\log_{10}(P_r^{vap}) = A - \frac{B}{T_r}$$

a) Mostre que para admitir o ponto crítico o parâmetro B=A.
b) Aplicando a definição de Pitzer para o fator acêntrico, os pares de temperatura crítica e pressão crítica e de temperatura normal de ebulição e pressão normal, deduza a Equação 5.151.

5.8. Calcule o volume molar, a entalpia e a entropia da água a 20 °C e 5 MPa e a 20 °C e 50 MPa usando a equação de estado de Peng-Robinson. Compare com os valores da Tabela 5.4 do Exemplo 5.3.

Comentários:
1) Os valores de volume específico, entalpia e entropia da Tabela 5.4 estão em m³/kg, kJ/kg e em kJ/kg.K respectivamente e a referência para essa Tabela é água líquida a 0 °C;
2) O programa Propiterm calcula propriedades onde se pede uma referência na condição de gás ideal (por exemplo a 25 °C e 1 bar) e os resultados estão em J/mol.

a) Como os valores de entalpia e entropia são relativos a um estado de referência, use o programa para calcular as propriedades nas condições apropriadas, faça as diferenças necessárias e transforme as unidades de J/mol para kJ/kg para a comparação. Quais serão os desvios obtidos?
b) No item (c) do exemplo 5.3, foi pedido para calcular as propriedades a 50 MPa e 20 °C a partir dos valores conhecidos a 50 MPa e 20 °C. Com os valores obtidos no item (a) desse exercício, compare a diferença de entalpia e entropia reportada na Tabela 5.4 com a diferença dessas propriedades obtidas pela equação de estado de Peng-Robinson.

5.9. Idem exercício anterior usando o princípio dos estados correspondentes.

5.10. Sabendo-se das grandezas desvio de entalpia e entropia:

$$\underline{H}(T,P) - \underline{H}^o(T,P) = RT(Z-1) + \int_{\underline{V}=\infty}^{\underline{V}(P,T)} \left[T\left(\frac{\partial P}{\partial T}\right)_{\underline{V}} - P \right] d\underline{V}$$

$$\underline{S}(T,P) - \underline{S}^o(T,P) = R\ln(Z) + \int_{\underline{V}=\infty}^{\underline{V}(P,T)} \left[\left(\frac{\partial P}{\partial T}\right)_{\underline{V}} + \frac{R}{\underline{V}} \right] d\underline{V}$$

aplique a equação de estado de Peng-Robinson e mostre que os valores de entalpia e de entropia podem ser calculados por:

$$\underline{H}(T,P) - \underline{H}^o(T,P) = RT(Z-1) + \frac{T\left(\frac{da}{dT}\right) - a}{2\sqrt{2}b} \ln\left[\frac{Z+(1+\sqrt{2})B}{Z+(1-\sqrt{2})B}\right]$$

$$\underline{S}(T,P) - \underline{S}^o(T,P) = R\ln(Z-B) + \frac{\left(\frac{da}{dT}\right)}{2\sqrt{2}b} \ln\left[\frac{Z+(1+\sqrt{2})B}{Z+(1-\sqrt{2})B}\right]$$

5.11. Mostre que para a equação de Peng-Robinson

$$\frac{da}{dT} = -0,45724 \frac{R^2 T_c^2}{P_c} k_m \sqrt{\frac{\alpha}{TT_c}}$$

Onde $B = \dfrac{bP}{RT}$

5.12. 153 mol de CO_2 está inicialmente contido em um cilindro a 150 °C e 50 bar e deve ser comprimido isotermicamente por um pistão sem atrito para uma pressão final de 300 bar. Calcule: (i) o volume do gás inicial e final comprimido, (ii) o trabalho feito para comprimir esse gás e (iii) o escoamento total de calor na compressão. Resolver, admitindo que o CO_2 é:
a) Um gás ideal.
b) Obedece o princípio dos estados correspondentes.
c) Obedece a equação de estado de Peng-Robinson.
d) A partir de propriedades reais calculadas a partir de propriedades P$\underline{V}$T experimentais. Dados: $\underline{V}_1 = 0,6527$ m³/mol $\underline{V}_2 = 0,08925$ m³/mol $\underline{H}_1 = 39,535$ kJ/mol
$\underline{H}_2 = 34,726$ kJ/mol $\underline{S}_1 = 0,193$ kJ/mol.K $\underline{S}_2 = 0,169$ kJ/mol.K.

REFERÊNCIAS BIBLIOGRÁFICAS

1. Anderko A. Equation-of-state methods for the modelling of phase equilibria. Fluid Phase Equilibria 1990; 61(1-2): 145-225.
2. Angus S, Armstrong B, Reuck KM. Carbon dioxide: international thermodynamic table of the fluid state. 3rd Ed. New York: Pergamon Press; 1976.
3. Beattie JA, Bridgeman OC. J. Am. Chem. Soc 1927; 63:1665.
4. Benedict M. Webb GR, Rubin LC. J. Chem. Phys 1940; 8: 334-345.
5. Carnahan NF, Starling KE. J. Chem. Phys 1969; 51: 635-636.
6. Chien MC, Greenkorn RA, Chao KC. AIChE J 1983; 29: 560.
7. Cox KW, Bono JL, Kwok YC, Starling KE. Ind. Eng. Chem. Fundam 1971; 10: 245-250.
8. Goodwin RD, Haynes WM. NBS Monogr. (U.S.) 1982; 170.
9. Huang FH, Li MH, Lee LL, Starling KE, Chung FTH. J Chem Eng Jpn 1985; 18(6): 490-496.
10. Joback KG. Thesis, Massachusetts Institute of Technology, Cambridge, Mass., June; 1989.
11. Kim H, Lin H-M, Chao K-C. Ind. Eng. Chem Fundam 1986; 25: 75-84.
12. Lee BI, Kesler MG. AIChE J. 1975; 21: 510.
13. Leet WA, Lin H-M, Chao K-C. Ind Eng Chem Fundam 1986; 25: 701-703.
14. Peng DY, Robinson DB. Ind Eng Chem Fundam 1976; 15: 59-64.
15. Pitzer KS, Lippman DZ, Curl RF, Huggins CM, Peterson DE, J Am Chem Soc 1955; 77: 3433-3340.
16. Redlich O, Kwong JNS Chem Rev 1949; 44: 233-244.
17. Reid RC, Prausnitz JM, Poling BE. The Properties of Gases and Liquids, McGraw-Hill, NY; 1987.
18. Sandler SI. Chemical and Engineering Thermodynamics, 3ª Ed. Jonh Wiley & Sons, NY; 1999.
19. Soave G. Chem. Engng Sci 1972; 27: 1197-1203.
20. Starling KE, Han MS. Hydrocarb. Process. 1972; 51: 129-132.
21. Thinh T-P, Trong TK. Can J Chem Eng 1976; 54: 344.
22. Thinh T-P, Trong TK. Can J Chem Eng 1976; 54: 344.
23. Yoneda Y. Bull Chem Soc Japan 1979; 52: 1297.

Equilíbrio de Fases: Sistemas Mono e Multicomponentes

- Camila Gambini Pereira
- M. Angela A. Meireles

CONTEÚDO

Objetivos do Capítulo 159
Introdução 159
O Princípio do Equilíbrio de Fases: Condição de Equilíbrio ... 159
Equilíbrio e Estabilidade 163
Critérios de Equilíbrio e Estabilidade em Sistemas Termodinâmicos ... 164
Potencial Químico, Fugacidade e Coeficiente de Fugacidade ... 166
Condições de Equilíbrio e Estabilidade em Termos da Fugacidade ... 168
Fugacidade para um Componente Puro 169
A. Cálculo da Fugacidade para uma Substância Gasosa Pura ... 170
Exemplo 6.1 – Cálculo da Fugacidade do Vapor d'Água 171
Resolução 171
Comentários 173
Exemplo 6.2 – Uso da Equação do Virial para Cálculo da Fugacidade ... 173
Resolução 173
Comentários 174
Exemplo 6.3 – Uso das Correlações de Lee-Kester 175
Resolução 175
Comentários 176
B. Cálculo da Fugacidade para uma Substância Líquida Pura ... 176

Exemplo 6.4 – Cálculo da Fugacidade de um Líquido 178
Resolução 178
Comentários 179
C. Cálculo da Fugacidade para uma Substância Sólida Pura 179
Propriedades Termodinâmicas na Mudança de Fase 180
Equação de Antoine 183
Equação de Reidel 184
Equação de Harlecher-Braum 184
Equação de Wagner 184
Exemplo 6.5 – Cálculo da Pressão de Vapor 184
Resolução 185
Comentários 186
Termodinâmica de Misturas e Grandezas Parciais Molares 186
Exemplo 6.6 – Cálculo das Entalpias Parciais Molares em
Sistema Binário 194
Resolução 194
Comentários 196
Mistura Ideal de Gases e Mistura de Gases Ideais 196
Observação I: Mistura Ideal de Gases (MIG) *vs* Mistura de
Gases Ideais (MGI): A Grande Dúvida! 198
Mistura Ideal 199
Observação II: MIG e MI Semelhantes em Quê? 199
Grandezas Excedentes 200
A Fugacidade em Misturas Multicomponentes 201
Coeficiente de Atividade e Atividade 203
Energia de Gibbs Excedente e Coeficiente de Atividade 204
Equilíbrio de Fases em Sistemas Multicomponentes 206
Atividade de Água 207
A Lei de Raoult 208
Exemplo 6.9 – Aplicação da Lei de Raoult 210
Resolução 210
Comentários 210
Exemplo 6.10 – Equilíbrio Líquido-Vapor na Destilação *Flash* 212
Resolução 213
Comentários 216
Resumo do Capítulo 216
Problemas Propostos 216
Referências Bibliográficas 218

Equilíbrio de Fases: Sistemas Mono e Multicomponentes   capítulo 6

> **OBJETIVOS DO CAPÍTULO**
>
> Os objetivos deste capítulo são apresentar os conceitos que fundamentam o equilíbrio de fases em sistemas puros e multicomponentes. Serão tratadas grandezas tais como potencial químico, fugacidade, grandezas excedentes, etc.

Introdução

Em nosso dia a dia, nos deparamos constantemente com eventos e situações que nos remetem ao equilíbrio. A ideia do equilíbrio está em tudo que nos rodeia: pense no oxigênio que circula em suas veias, na evaporação da água da chuva, ou no aroma do café recém-preparado. Nessas situações, substâncias "transitam" de uma fase para outra para atingirem o equilíbrio. O equilíbrio é encontrado mesmo em sistema constituído por diferentes substâncias; nos alimentos de um modo geral, vemos vários exemplos de equilíbrio em sistemas multicomponentes.

Na indústria, processos onde existe contato entre diferentes fases – como extração, destilação e adsorção – necessitam do conhecimento dos fundamentos de equilíbrio. Nesses processos, o contato entre as fases promove a transferência de substâncias, e a troca de constituintes é a característica principal dos processos de separação. Sendo assim, o conhecimento do equilíbrio de fases é importante não só na análise de processos, como também para efeitos de projeto, otimização e simulação dos mesmos. Como observamos no enunciado da segunda lei da termodinâmica, sistemas se modificam na direção ao estado de equilíbrio. Por exemplo, um cubo de gelo, ao ser colocado à temperatura ambiente, recebe calor e inicialmente se funde (*você já deve ter observado que a temperatura se mantém constante durante esse processo*); posteriormente, o calor é utilizado para aquecimento até que seja atingida a temperatura final igual à do ambiente. Outro exemplo é o do resfriamento do chá quente até atingir a temperatura ambiente. O que observamos nesses dois exemplos foi a tendência do sistema ao equilíbrio térmico. Em sistemas multifásicos e multicomponentes, a composição das fases depende de variáveis como temperatura e pressão. Neste capítulo, estudaremos os fundamentos e as principais características envolvendo o equilíbrio de fases de sistemas mono e multicomponentes.

O Princípio do Equilíbrio de Fases: Condição de Equilíbrio

O termo equilíbrio se refere a uma condição na qual não se verificam mais modificações nas propriedades do sistema em relação ao tempo. No equilíbrio, não há força motriz que altere o estado termodinâmico do sistema, ou seja, todas as forças motrizes que se opõem e que possam provocar alguma modificação no sistema estão equilibradas. Nessa condição, o sistema é considerado uniforme e não existem gradientes de temperatura, pressão, concentração ou velocidade. Atingido o equilíbrio estável, o sistema não se modifica espontaneamente; ele permanecerá em equilíbrio a menos que ocorram interações com a vizinhança capazes de afetar esse estado.

A condição de equilíbrio estável, descrita pelo Fato Experimental Nº 3, Capítulo 1, estabelece que os gradientes impostos ao sistema sejam nulos. Nesse sentido, em princípio o equilíbrio só é atingido em sistemas fechados, uma vez que em sistemas abertos massa flui para dentro e para fora através das fronteiras do sistema. (*Você já deve ter aprendido; releia o Item "O balanço global de massa aplicado ao regime permanente ou estacionário", do Capítulo 2, que em processos que são conduzidos em regime permanente não ocorrem variações das propriedades do sistema com o tempo. Mas note que o estado do sistema nesses processos não é um estado de equilíbrio, pois existe o escoamento de matéria*). Vale lembrar que para essa massa fluir é necessário aplicar um gradiente de pressão, e, portanto, o sistema não se encontra em equilíbrio. Aliás, é o fato de o sistema não estar em equilíbrio que permite, por exemplo, a concentração de etanol por destilação em colunas que operam continuamente.

Intuitivamente temos que pelo fato de não poder haver influência das vizinhanças, a temperatura e a pressão do sistema devem permanecer constantes. Assim, não há gradientes de pressão e temperatura. Mas por quê? Além disso, o que faz com que uma substância seja transferida de uma fase para outra? Não pense que é a concentração. Por exemplo, considere um sistema formado por água e óleo vegetal; a água e o óleo são colocados num recipiente, agitados vigorosamente e a mistura é deixada em repouso até que o sistema atinja o equilíbrio. Nesse caso, como a água e o óleo são imiscíveis ou muito pouco miscíveis ocorre a formação de duas fases: uma fase rica em água, ou seja, com alto teor de água, e outra fase rica em óleo. A concentração de água na fase rica em óleo é diferente da concentração de água na fase rica em água. Observe que em ambas as fases tanto a água o quanto o óleo estão presentes, mas, em concentrações diferentes, muito embora estejam em equilíbrio. Sendo assim, a concentração não é a força motriz para a transferência de espécies químicas para se atingir o equilíbrio entre duas fases. Na realidade, a transferência de um constituinte de uma fase para a outra está relacionada com a natureza química, em particular relacionada com uma grandeza termodinâmica que não é diretamente mensurável, o potencial químico. Pelo exposto, o equilíbrio de fases requer simultaneamente o equilíbrio térmico, o equilíbrio mecânico e o equilíbrio químico. O porquê dessas condições é o que estudaremos a seguir.

Considere um sistema simples constituído por um único componente colocado em um reservatório fechado. O sistema possui limites rígidos e é dividido em dois subsistemas (α e β); no entanto, os limites entre os subsistemas α e β são móveis e permeáveis. Na Figura 6.1 é mostrada uma representação genérica do sistema; usando essa ilustração vamos avaliar as relações entre as grandezas termodinâmicas quando o sistema estiver em equilíbrio.

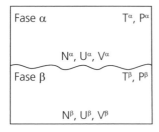

Figura 6.1 ▶ Desenho esquemático de um problema termodinâmico de equilíbrio de fases.

Equilíbrio de Fases: Sistemas Mono e Multicomponentes capítulo 6

A análise parte da formulação das equações básicas da termodinâmica. Então, aplicando a primeira e a segunda leis da termodinâmica ao sistema indicado pelo quadrado tracejado, temos:
Para a Primeira Lei da Termodinâmica:

$$\frac{dU}{dt} = \dot{Q} + \dot{W} \tag{6.1}$$

Pois, como o sistema é fechado, sabemos que $\dot{N}_E = \dot{N}_S = 0$.
Para a Segunda Lei da Termodinâmica, temos:

$$\frac{dS}{dt} = \frac{\dot{Q}}{T} + \dot{S}_{ger}, \text{ com } \dot{S}_{ger} \geq 0 \tag{6.2}$$

Desejamos encontrar as condições necessárias para que esse sistema permaneça em equilíbrio. Sendo assim, nenhuma energia, seja na forma de trabalho mecânico seja na forma de energia térmica, pode ser adicionada ou retirada do sistema. Portanto, as Equações (6.1) e (6.2) modificam-se para:

$$\frac{dU}{dt} = 0 \tag{6.3}$$

$$\frac{dS}{dt} = \dot{S}_{ger}, \text{ com } \dot{S}_{ger} \geq 0 \tag{6.4}$$

Ou seja, a energia interna do sistema permanecerá constante enquanto o sistema estiver em equilíbrio. E, sendo a entropia uma função crescente, ela atinge seu valor máximo no equilíbrio, onde $\dot{S}_{ger} = 0$ e $\frac{dS}{dt} = 0$ ou $(dS = 0)$. Essa característica é específica para um sistema fechado, isolado, adiabático, com limites rígidos. Observe que por se tratar de um sistema bifásico com um único componente, bastam duas propriedades intensivas para se estabelecer o estado termodinâmico do sistema (reveja o Fato Experimental Nº 6). Neste caso, as duas variáveis independentes são o volume e a energia interna.

Vamos retornar à Figura 6.1: temos ali um sistema adiabático ($\dot{Q} = 0$), com limites rígidos ($d\underline{V} = 0$) e impermeáveis ($dN = 0$) dividido em duas fases α e β, constituído pelas mesmas espécies, mas, em proporções diferentes. No entanto, o fluxo de calor, o fluxo de espécies e a variação de pressão entre as fases são permitidos. Sendo assim, temos:

$$N = N^\alpha + N^\beta \quad \Rightarrow \quad dN = 0 = dN^\alpha + dN^\beta \quad \Rightarrow \quad dN^\alpha = -dN^\beta \tag{6.5}$$

$$U = U^\alpha + U^\beta \quad \Rightarrow \quad dU = 0 = dU^\alpha + dU^\beta \quad \Rightarrow \quad dU^\alpha = -dU^\beta \tag{6.6}$$

$$V = V^\alpha + V^\beta \quad \Rightarrow \quad dV = 0 = dV^\alpha + dV^\beta \quad \Rightarrow \quad dV^\alpha = -dV^\beta \tag{6.7}$$

Mas note que, segundo Equação (6.4), $dS \geq 0$, sendo $dS = 0$ se, e somente se, o sistema estiver em equilíbrio; logo:

$$S = S^\alpha + S^\beta \quad \Rightarrow \quad dS = dS^\alpha + dS^\beta \tag{6.8}$$

Considerando que a entropia é uma função da energia interna, volume e número de moles: $S = f(U,V,N)$, podemos aplicar a regra da cadeia e teremos:
Para a fase α:

$$dS^\alpha = \left(\frac{\partial S^\alpha}{\partial U^\alpha}\right)_{V^\alpha, N^\alpha} dU^\alpha + \left(\frac{\partial S^\alpha}{\partial V^\alpha}\right)_{U^\alpha, N^\alpha} dV^\alpha + \left(\frac{\partial S^\alpha}{\partial N^\alpha}\right)_{V^\alpha, U^\alpha} dN^\alpha \tag{6.9}$$

Utilizando as relações entre as propriedades termodinâmicas, a Equação (6.9) modifica-se para:

$$dS^\alpha = \frac{1}{T^\alpha} dU^\alpha + \frac{P^\alpha}{T^\alpha} dV^\alpha - \frac{G^\alpha}{T^\alpha} dN^\alpha \tag{6.10}$$

Analogamente, para a fase β, temos:

$$dS^\beta = \frac{1}{T^\beta} dU^\beta + \frac{P^\beta}{T^\beta} dV^\beta - \frac{G^\beta}{T^\beta} dN^\beta \tag{6.11}$$

Substituindo as igualdades das Equações (6.5), (6.6) e (6.7), na Equação (6.11), a variação da entropia da fase β torna-se:

$$dS^\beta = -\frac{1}{T^\beta} dU^\alpha - \frac{P^\beta}{T^\beta} dV^\alpha + \frac{G^\beta}{T^\beta} dN^\alpha \tag{6.12}$$

A entropia total do sistema é então obtida somando-se as variações das entropias das fases α, Equação (6.10), e β, Equação (6.12); logo:

$$dS = \left(\frac{1}{T^\alpha} - \frac{1}{T^\beta}\right) dU^\alpha + \left(\frac{P^\alpha}{T^\alpha} - \frac{P^\beta}{T^\beta}\right) dV^\alpha - \left(\frac{G^\alpha}{T^\alpha} - \frac{G^\beta}{T^\beta}\right) dN^\alpha \tag{6.13}$$

Para satisfazer a condição de equilíbrio, $dS = 0$, os coeficientes da Equação (6.13) devem ser iguais a zero; logo:

$$\frac{1}{T^\alpha} - \frac{1}{T^\beta} = 0 \quad \Rightarrow \quad T^\alpha = T^\beta \qquad (Equilíbrio\ Térmico) \tag{6.14}$$

$$\frac{P^\alpha}{T^\alpha} - \frac{P^\beta}{T^\beta} = 0 \quad \Rightarrow \quad P^\alpha = P^\beta \qquad (Equilíbrio\ Mecânico) \tag{6.15}$$

$$\frac{G^\alpha}{T^\alpha} - \frac{G^\beta}{T^\beta} = 0 \quad \Rightarrow \quad \underline{G}^\alpha = \underline{G}^\beta \qquad (Equilíbrio\ Químico) \tag{6.16}$$

Portanto, um sistema bifásico estará na condição de equilíbrio se, e somente se, as Equações (6.14), (6.15) e (6.16) forem satisfeitas simultaneamente. Se o sistema for multifásico, ou seja, contenha π fases, a condição de equilíbrio será:

$$T^\alpha = T^\beta = T^\gamma = \ldots = T^\pi \quad (Equilíbrio\ Térmico) \quad \textbf{(6.17)}$$

$$P^\alpha = P^\beta = P^\gamma = \ldots = P^\pi \quad (Equilíbrio\ Mecânico) \quad \textbf{(6.18)}$$

$$\underline{G}^\alpha = \underline{G}^\beta = \underline{G}^\gamma = \ldots = \underline{G}^\pi \quad (Equilíbrio\ Químico) \quad \textbf{(6.19)}$$

Equilíbrio e Estabilidade

No Capítulo 4, quando discutimos a segunda lei da termodinâmica, vimos que as mudanças provocadas pela vizinhança em um sistema não são necessariamente irreversíveis. A reversibilidade está diretamente relacionada com a facilidade do sistema em retornar ao estado de equilíbrio original, sem gasto ou ganho de energia. Partindo desse pressuposto é possível qualificar o grau de equilíbrio do sistema em termos de sua estabilidade em diferentes situações.

O estado de equilíbrio pode ser classificado em 4 tipos, onde cada um pode ser descrito por analogia com o deslocamento de um corpo rígido esférico sobre uma superfície sólida como mostrado na Figura 6.2. O equilíbrio é considerado **estável** quando, após sofrer perturbações, o sistema retorna ao seu estado original, no qual a sua energia potencial é menor. Nesse caso, independentemente da intensidade da perturbação, o sistema sempre retornará ao seu estado inicial. O equilíbrio é considerado **instável** quando pequenas perturbações são capazes de alterar seu estado original, se deslocando para uma condição diferente da original na qual sua energia potencial seja menor. Um exemplo de sistema instável é o líquido sub-resfriado, que é o líquido abaixo das condições normais de temperatura de solidificação. Embora atenda aos requisitos de condição de equilíbrio, qualquer pequena perturbação nesse sistema pode causar o congelamento do líquido. Sistemas em equilíbrio instável são raros na natureza; só são possíveis sob condições muito bem controladas. Existe ainda o equilíbrio considerado **metaestável**, no qual, após pequenas perturbações, o sistema retorna ao seu estado original; no entanto, se a perturbação for grande, o estado final do sistema se modifica. A maior parte dos sistemas é considerada metaestável. O último caso é o equilíbrio **neutro**; nesse caso, o estado se modifica a qualquer perturbação; no entanto, a energia potencial do sistema permanecerá inalterada. Na prática, sistemas metaestáveis podem ser tratados como estáveis, porque condições externas podem atuar como barreiras às perturbações – por exemplo, uso de paredes adiabáticas, rígidas e impermeáveis.

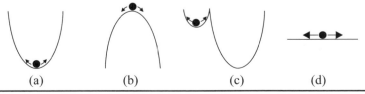

Figura 6.2 ▶ Representação da classificação dos estados de equilíbrio: (a) estável, (b) instável, (c) metaestável e (d) neutro. (Adaptada de Tester e Model, 1997.)

Critérios de Equilíbrio e Estabilidade em Sistemas Termodinâmicos

Na discussão anterior, verificamos que o equilíbrio é obtido quando $dS = 0$. No entanto, em termos de cálculo, estar na condição $dS = 0$ não é suficiente para que a entropia seja máxima. Essa condição pode ser obtida em qualquer ponto de crítico da função entropia, seja ele ponto de máximo, ponto de mínimo ou ponto de inflexão. Sendo assim, para garantir que quando $dS = 0$ a entropia se encontre em um ponto de máximo, é necessário que $dS^2 < 0$. (*Você, quando estudou em cálculo as funções de várias variáveis, aprendeu que nos pontos críticos de uma função a primeira derivada é igual a zero, que o valor da segunda derivada determinará se a função tem naquele ponto crítico um máximo ($dS^2 < 0$), um mínimo ($dS^2 > 0$) ou uma inflexão. E, se o valor da segunda derivada também for zero ou a função tem um ponto de inflexão ou teremos que encontrar a derivada de maior ordem que seja diferente de zero. Se for positiva, a função tem um ponto de mínimo; se for negativa, a função tem um ponto de máximo*). Essa característica determina a estabilidade do sistema no equilíbrio. Observe que essa conclusão foi obtida partindo-se de um sistema isolado, adiabático, com limites fixos, em que $d\underline{U} = 0$ e $d\underline{V} = 0$ ou $dU = 0$, $dV = 0$ e $dN = 0$. Ou seja, são resultantes das imposições feitas ao sistema.

Da mesma forma, é possível estabelecer os critérios de equilíbrio e estabilidade para sistemas sujeitos a outras restrições. Assim, para um sistema fechado, com a temperatura e o volume constantes, os balanços de energia e entropia nos fornecem:

$$\frac{dU}{dt} = \dot{Q} \tag{6.20}$$

$$\frac{dS}{dt} = \frac{\dot{Q}}{T} + \dot{S}_{ger}, \text{ com } \dot{S}_{ger} \geq 0 \tag{6.21}$$

Substituindo a Equação (6.20) na Equação (6.21), temos:

$$\frac{dS}{dt} = \frac{1}{T}\left(\frac{dU}{dt}\right) + \dot{S}_{ger} \tag{6.22}$$

Rearranjando:

$$\frac{d(U - TS)}{dt} = \frac{dA}{dt} = -T\dot{S}_{ger} \tag{6.23}$$

Da Equação (6.23), temos que como $T > 0$ e $\dot{S}_{ger} \geq 0$, $\frac{dA}{dt} \leq 0$. No equilíbrio, sabemos que não há variação das propriedades do sistema, assim $dA = 0$. Como A é uma função decrescente, ela atinge um valor mínimo no equilíbrio. Assim, o ponto de crítico observado no equilíbrio, $dA = 0$, representa um ponto de equilíbrio estável quando $d^2A > 0$.

Observe que muito embora as condições de equilíbrio (T, P e $\underline{G}$ constantes) tenham sido obtidas para um sistema isolado, adiabático, com limites rígidos, condições de equilíbrio podem ser obtidas para outras restrições por um procedimento análogo. Ou seja, as condições de equilíbrio termodinâmico não se alteram com o tipo de sistema, conforme estabelecido pelo Fato Experimental Nº 6 no Capítulo 1. O que se modifica são os critérios para que o sistema permaneça em equilíbrio de forma estável.

Vejamos agora um sistema fechado, a temperatura e pressão constantes. Aplicando a primeira e a segunda leis da termodinâmica, temos:

$$\frac{dU}{dt} = \dot{Q} - P\frac{dV}{dt} \qquad (6.24)$$

Ou

$$\dot{Q} = P\frac{dV}{dt} - \frac{dU}{dt} \qquad (6.25)$$

Para a segunda lei, temos:

$$\frac{dS}{dt} = \frac{\dot{Q}}{T} + \dot{S}_{ger}, \text{ com } \dot{S}_{ger} \geq 0 \qquad (6.26)$$

Ou

$$T\frac{dS}{dt} = \dot{Q} + T\dot{S}_{ger} \qquad (6.27)$$

Substituindo a Equação (6.25) na Equação (6.27), temos:

$$T\frac{dS}{dt} = \left(\frac{dU}{dt} + P\frac{dV}{dt}\right) + T\dot{S}_{ger} \qquad (6.28)$$

Rearranjando:

$$\frac{dU}{dt} + P\frac{dV}{dt} - T\frac{dS}{dt} = -T\dot{S}_{ger} \qquad (6.29)$$

Como a temperatura e a pressão são constantes:

$$\frac{d(U + PV - TS)}{dt} = \frac{dG}{dt} = -T\dot{S}_{ger} \qquad (6.30)$$

Assim, como $T > 0$ e $\dot{S}_{ger} \geq 0$, temos que $\frac{dG}{dt} \leq 0$. Ou seja, o critério de equilíbrio para esse sistema é que $dG = 0$. E, por ser uma função decrescente, o critério de estabilidade é dado por $d^2G > 0$.

Para sistemas abertos, os critérios de equilíbrio e estabilidade também podem ser formulados se fizermos uma avaliação de um elemento de fluido dentro do fluxo de massa. Nesse sistema, desde que o elemento de fluido se mova com a mesma velocidade que o fluido da vizinhança, não haverá influência ou perturbação externa que possa alterar o equilíbrio. Dessa forma, o elemento de fluido pode ser considerado um sistema fechado e, consequentemente, qualquer uma das situações anteriores podem ser aplicadas a esse sistema. A Tabela 6.1 apresenta resumidamente os critérios de equilíbrio e estabilidade para os diferentes sistemas estudados.

Usando os critérios de equilíbrio e estabilidade, as seguintes relações podem ser demonstradas:

$$C_V = T\left(\frac{\partial \underline{S}}{\partial T}\right)_{\underline{V}} > 0 \qquad (6.31)$$

$$\kappa_T = -\frac{1}{\underline{V}}\left(\frac{\partial \underline{V}}{\partial P}\right)_T > 0 \qquad (6.32)$$

$$\left(\frac{\partial P}{\partial \underline{V}}\right)_T < 0 \qquad (6.33)$$

Essas restrições são importantes principalmente para avaliar as variações nas propriedades em sistemas reais – como a aplicação das equações de estado (veja o Problema 6.1).

Tabela 6.1 ▶ Critérios de equilíbrio e estabilidade para diferentes sistemas (Sandler, 1989).

Sistema	Restrições	Critérios de equilíbrio	Critérios de estabilidade
Isolado, adiabático, limites fixos	U = constante V = constante	S = máximo dS = 0	$d^2S < 0$
Isotérmico, fechado, limites fixos	T = constante V = constante	A = mínimo dA = 0	$d^2A > 0$
Isotérmico, isobárico, sistema fechado	T = constante P = constante	G = mínimo dG = 0	$d^2G > 0$
Isotérmico, isobárico, sistema aberto com velocidade do sistema igual a do fluido.	T = constante P = constante M = constante	G = mínimo dG = 0	$d^2G > 0$

Potencial Químico, Fugacidade e Coeficiente de Fugacidade

Para um sistema bifásico em equilíbrio, as seguintes condições devem ser satisfeitas: $T^\alpha = T^\beta$, $P^\alpha = P^\beta$, $\underline{G}^\alpha = \underline{G}^\beta$.

Gibbs definiu uma função chamada **potencial químico** (μ_i) que permite expressar o problema do equilíbrio de forma matemática:

$$\mu_i = \left(\frac{\partial N\underline{G}}{\partial N_i}\right)_{T,P,N_{j\neq i}} \quad (6.34)$$

ou sendo $\underline{G} = \dfrac{G}{N}$, então:

$$\mu_i = \left(\frac{\partial \underline{G}}{\partial N_i}\right)_{T,P,N_{j\neq i}} \quad (6.35)$$

O potencial químico é uma propriedade termodinâmica que não pode ser medida diretamente; sendo assim, só terá utilidade para os cálculos de engenharia se conseguirmos estabelecer uma forma de mensurar essa grandeza mesmo que indiretamente. No Capítulo 5, aprendemos que a energia de Gibbs é função da pressão e temperatura, ou seja, $d\underline{G} = -\underline{S}dT + \underline{V}dP$. Assim, para um mol de um fluido puro, a uma temperatura constante, temos:

$$d\underline{G} = \underline{V}dP \quad (6.36)$$

Para um gás ideal, sabemos que $\underline{V}^{GI} = \dfrac{RT}{P}$, assim, da Equação (6.36):

$$d\underline{G}^{GI} = \frac{RT}{P}dP \quad (6.37)$$

Integrando-se entre o estado de referência no qual $P = P^0$ até a pressão P, temos:

$$\underline{G}^{GI}(T,P) - \underline{G}^{GI,0}(T,P^0) = RT\ln\frac{P}{P^0} \quad (6.38)$$

A Equação (6.38) é válida somente para gases ideais. Em 1901, Lewis generalizou o resultado obtido para o gás ideal, introduzindo o conceito de **fugacidade**. Assim, temos:

$$\underline{G}(T,P) - \underline{G}^0(T,P^0) = RT\ln\frac{f}{f^0} \quad (6.39)$$

Em que f^0 é a fugacidade do componente puro no estado de referência na temperatura e na pressão do sistema.

Por conveniência, usando como referência o gás ideal, temos:

$$\underline{G}(T,P) - \underline{G}^{GI,0}(T,P^0) = RT\ln\frac{f}{P^0} \quad (6.40)$$

Subtraindo a Equação (6.40) da Equação (6.38), obtemos:

$$\underline{G}(T,P) - \underline{G}^{GI}(T,P) = RT\ln\frac{f}{P} \quad (6.41)$$

A Equação (6.41) introduz uma propriedade definida em termos de unidade de pressão, cuja característica permite indicar o limite da idealidade do sistema. A baixas pressões a fugacidade da substância aproxima-se da pressão do sistema ($f \to 0$ quando $P \to 0$), ou seja, a fugacidade torna-se igual à pressão quando esta se encontra baixa o suficiente para que o fluido tenha o comportamento de um gás ideal.

Outra grandeza relacionada ao potencial químico é o **coeficiente de fugacidade** que é definido como a razão entre a fugacidade da substância e a pressão:

$$\phi = \frac{f}{P} \tag{6.42}$$

Assim, o valor do coeficiente de fugacidade tende à unidade quando a fugacidade se aproxima da pressão do sistema. Essa condição é obtida quando o sistema encontra-se a baixas pressões, ou seja, $\phi \to 1$ quando $f \to P$ (para $P \to 0$).

Essas duas propriedades (ϕ e f) são essenciais nos cálculos de equilíbrio de fases. Embora seja um conceito abstrato, veremos que é a partir dessas propriedades que os problemas envolvendo os diversos tipos de sistemas serão resolvidos.

Condições de Equilíbrio e Estabilidade em Termos da Fugacidade

Sabemos que a igualdade dos potenciais químicos, $\underline{G}^\alpha = \underline{G}^\beta$, a T e P constantes, é condição suficiente para a existência do equilíbrio de fases. Vamos aplicar esse conceito usando a Equação (6.41):

$$\underline{G}^{GI,\alpha} + RT^\alpha \ln \frac{f^\alpha}{P^\alpha} = \underline{G}^{GI,\beta} + RT^\beta \ln \frac{f^\beta}{P^\beta} \tag{6.43}$$

Em ambas as fases, o estado de referência é o mesmo, ou seja, o gás é ideal; logo, $\underline{G}^{GI,\alpha} = \underline{G}^{GI,\beta}$, então a Equação (6.43) torna-se:

$$RT^\alpha \ln \frac{f^\alpha}{P^\alpha} = RT^\beta \ln \frac{f^\beta}{P^\beta} \tag{6.44}$$

Como $T^\alpha = T^\beta$, $P^\alpha = P^\beta$, então:

$$f^\alpha = f^\beta \tag{6.45}$$

A Equação (6.45) estabelece que a condição de equilíbrio de fases pode ser expressa através da igualdade entre as fugacidades, ou seja, a Equação (6.45) é equivalente à Equação (6.19). Dessa forma, o equilíbrio químico pode ser expresso em termos das igualdades das energias de Gibbs ou das fugacidades entre as fases. E, de forma similar, utilizando a Equação (6.42) temos que:

$$\phi^\alpha = \phi^\beta \tag{6.46}$$

Fugacidade para um Componente Puro

Para calcular a fugacidade de um componente puro, vamos integrar a Equação (6.36) entre duas condições tal que $P = P_1$ e $P = P_2$ a uma temperatura constante:

$$\underline{G}(T,P_2) - \underline{G}(T,P_1) = \int_{P_1}^{P_2} \underline{V} dP \qquad (6.47)$$

Essa equação pode ser empregada para qualquer substância; escrevendo a Equação (6.47) para um gás ideal, temos:

$$\underline{G}^{GI}(T,P_2) - \underline{G}^{GI}(T,P_1) = \int_{P_1}^{P_2} \underline{V}^{GI} dP \qquad (6.48)$$

Subtraindo a Equação (6.48) da Equação (6.47) temos:

$$\left[\underline{G}(T,P_2) - \underline{G}^{GI}(T,P_2)\right] - \left[\underline{G}(T,P_1) - \underline{G}^{GI}(T,P_1)\right] = \int_{P_1}^{P_2} \left(\underline{V} - \underline{V}^{GI}\right) dP \qquad (6.49)$$

Sabemos que a baixas pressões ($P \rightarrow 0$) os gases se comportam como gases ideais. Assim, se atribuirmos para a pressão P_1 o valor zero, teremos $\underline{G}(T,P_1=0) = \underline{G}^{GI}(T,P_1=0)$ e portanto a Equação (6.49) torna-se:

$$\underline{G}(T,P_2) - \underline{G}^{GI}(T,P_2) = \int_{0}^{P_2} \left(\underline{V} - \underline{V}^{GI}\right) dP \qquad (6.50)$$

ou simplesmente, omitindo o subíndice (2):

$$\underline{G}(T,P) - \underline{G}^{GI}(T,P) = \int_{0}^{P} \left(\underline{V} - \underline{V}^{GI}\right) dP \qquad (6.51)$$

Observe que o termo $\left(\underline{G}(T,P) - \underline{G}^{GI}(T,P)\right)$ nos remete ao conceito de fugacidade (Equação 6.41); então podemos estabelecer que:

$$\ln \phi = \ln \frac{f}{P} = \frac{1}{RT} \int_{0}^{P} \left(\underline{V} - \underline{V}^{GI}\right) dP \qquad (6.52)$$

ou ainda, sendo $\underline{V}^{GI} = \dfrac{RT}{P}$, temos:

$$\ln \phi = \ln \frac{f}{P} = \frac{1}{RT} \int_{0}^{P} \left(\underline{V} - \frac{RT}{P}\right) dP \qquad (6.53)$$

A Equação (6.53) é a equação geral utilizada para o cálculo da fugacidade ou coeficiente de fugacidade de um componente a determinada temperatura e pressão. A resolução da Equação (6.53) requer determinação do volume molar do componente, que é função da pressão e temperatura. Esse cálculo pode ser feito através do uso de uma equação de estado. Conforme discutido no Capítulo 5, as equações de estado são explícitas na pressão e implícitas no volume. Logo, para realizar a integração da Equação (6.53), precisamos fazer uma mudança de variável; aplicaremos um procedimento similar ao do item "Transformação de integrais do tipo $\int \underline{V}dP$ em $\int Pd\underline{V}$" do Capítulo 5. Partindo da relação:

$$dP\underline{V} = Pd\underline{V} + \underline{V}dP \tag{6.54}$$

E lembrando que o fator de compressibilidade é dado por $Z = \dfrac{P\underline{V}}{RT}$, temos:

$$dZ(RT) = Pd\underline{V} + \underline{V}dP \tag{6.55}$$

Rearranjando:

$$dP = \frac{RT}{\underline{V}}dZ - \frac{P}{\underline{V}}d\underline{V}$$

Ou

$$dP = \frac{P}{Z}dZ - \frac{P}{\underline{V}}d\underline{V} \tag{6.56}$$

Então, substituindo a Equação (6.56) na Equação (6.53), e rearranjando obtemos:

$$\ln \phi = \ln \frac{f}{P} = \frac{1}{RT}\int_{\underline{V}\infty}^{\underline{V}}\left(\frac{RT}{\underline{V}} - P\right)d\underline{V} - \ln Z + (Z-1) \tag{6.57}$$

Como as equações de estado podem ser expressas em termos do fator de compressibilidade Z, o cálculo da fugacidade através da Equação (6.57) é bem mais simples. Caso o fator de compressibilidade Z seja descrito como função da pressão, os cálculos se tornam mais simples. Usando $Z = \dfrac{P\underline{V}}{RT}$ na Equação (6.53) temos:

$$\ln \phi = \int_0^P (Z-1)\frac{dP}{P} \tag{6.58}$$

A diferença de aplicação da Equação (6.57) ou (6.58) para o cálculo da fugacidade de uma substância pura no estado gasoso, líquido ou sólido reside na escolha do estado de referência e, por consequência, na forma de determinar a fugacidade.

A. Cálculo da Fugacidade para uma Substância Gasosa Pura

Para uma substância gasosa é possível determinar a fugacidade através de três formas: *tabelas termodinâmicas*, *equações de estado* ou *correlações específicas*.

Equilíbrio de Fases: Sistemas Mono e Multicomponentes   capítulo 6

A determinação da fugacidade por meio de *Tabelas termodinâmicas* é feita a partir do cálculo das energias de Gibbs, utilizando a Equação (6.41). Sabemos que tabelas termodinâmicas apresentam valores de entalpia, entropia, energia interna e volume específicos em função da temperatura e da pressão. Dessa forma, o cálculo da energia de Gibbs é feito com base nos valores tabelados e com uso das relações entre as propriedades termodinâmicas.

Exemplo 6.1

Cálculo da Fugacidade do Vapor d'Água

Determine a fugacidade e o coeficiente de fugacidade do vapor d'água a 350 °C, 15 MPa.

Resolução

Para a resolução desse problema, utilizaremos a Equação (6.41), que emprega dados da energia de Gibbs:

$$RT \ln \frac{f}{P} = \underline{G}(T,P) - \underline{G}^{GI}(T,P)$$

Para a determinação de $\underline{G}(T,P)$ e $\underline{G}^{GI}(T,P)$ faremos uso da definição de energia de Gibbs:

$$\underline{G}(T,P) = \underline{H}(T,P) - T\underline{S}(T,P)$$

Então, a partir dos valores das propriedades tabeladas para o vapor apresentadas no Capítulo 19 podemos utilizar a equação acima para calcular $\underline{G}(T,P)$ e $\underline{G}^{GI}(T,P)$.
Do Capítulo 19, temos:

$$\hat{H}(350\ °C, 15\ MPa) = 2.692,4\ kJ/kg$$
$$\hat{S}(350\ °C, 15\ MPa) = 5,4421\ kJ/kg.K$$

Então:

$$\hat{G}(350\ °C,\ 15\ MPa) = \hat{H} - T\hat{S} = 2.692,4\ kJ/kg - 623\ K \times 5,4421\ kJ/kg.K$$
$$= -698,0283\ kJ/kg$$

Logo,

$$\underline{G}(350\ °C,\ 15\ MPa) = -698,0283\ kJ/kg \times 18,015\ kg/kmol = -12.574,98\ kJ/kmol$$

Para o cálculo de $\underline{G}^{GI}(350\ °C,\ 15\ MPa)$ usaremos a Equação (6.48):

$$\underline{G}^{GI}(T, P_2) - \underline{G}^{GI}(T, P_1) = \int_{P_1}^{P_2} \underline{V}^{GI} dP = \int_{P_1}^{P_2} \frac{RT}{P} dP$$

Resolvendo a integral temos:

$$\underline{G}^{GI}(T, P_2) - \underline{G}^{GI}(T, P_1) = RT \ln \frac{P_2}{P_1} \qquad \text{(E6.1-1)}$$

171

Então,

$$\underline{G}^{GI}(T, P_2) = RT \ln \frac{P_2}{P_1} + \underline{G}^{GI}(T, P_1) \tag{E6.1-2}$$

Então, para calcular o valor de $\underline{G}^{GI}(350\ °C, 15\ MPa)$ precisamos conhecer o valor de $\underline{G}^{GI}(350\ °C, P_1)$. A pressão P_1 deve ser baixa. Vamos considerar que seja igual a 0,01 MPa. Usando os valores de entalpia e entropia da tabela para vapor d'água na pressão 0,01 MPa podemos calcular $\underline{G}^{GI}(350\ °C, 0,01\ MPa)$. Na tabela estão disponíveis os seguintes valores:

Para a entalpia:

$\hat{H}(300\ °C,\ 0,01\ MPa) = 3.076,5\ kJ/kg$

$\hat{H}(400\ °C,\ 0,01\ MPa) = 3.279,6\ kJ/kg$

Interpolando, temos:

$\hat{H}(350\ °C,\ 0,01\ MPa) = \hat{H}(400\ °C,\ 0,01\ MPa) -$

$- \dfrac{50 \times (\hat{H}(400\ °C,\ 0,01\ MPa) - \hat{H}(300\ °C,\ 0,01\ MPa))}{100}$

$\hat{H}(350\ °C,\ 0,01\ MPa) = 3.178,05\ kJ/kg$

Para a entropia:

$\hat{S}(300\ °C,\ 0,01\ MPa) = 9,2813\ kJ/kg.K$

$\hat{S}(400\ °C,\ 0,01\ MPa) = 9,6077\ kJ/kg.K$

Interpolando, temos:

$\hat{S}(350\ °C,\ 0,01\ MPa) = \hat{S}(400\ °C,\ 0,01\ MPa) -$

$- \dfrac{50 \times (\hat{S}(400\ °C,\ 0,01\ MPa) - \hat{S}(300\ °C,\ 0,01\ MPa))}{100}$

$\hat{S}(350\ °C,\ 0,01\ MPa) = 9,4445\ kJ/kg.K$

Então:

$\hat{G}^{GI}(350\ °C,\ 0,01\ MPa) = 3.178,05\ kJ/kg - 623\ K \times 9,4445\ kJ/kg.K$
$= -2.705,87\ kJ/kg$

$\underline{G}^{GI}(350\ °C,\ 0,01\ MPa) = -2.705,87\ kJ/kg \times 18,015\ kg/kmol = -48.746,25\ kg/kmol$

Logo,

$\underline{G}^{GI}(350\ °C, 15\ MPa) = RT \ln \dfrac{P_2}{P_1} + \underline{G}^{GI}(350\ °C,\ 0,01\ MPa) =$

$= \left(8,314\ kJ/kmol.K \times 623\ K \times \ln \dfrac{15\ MPa}{0,01\ MPa} \right) - 48.746,25\ kJ/kmol$

Equilíbrio de Fases: Sistemas Mono e Multicomponentes   capítulo 6

$\underline{G}^{GI}(350\,°C, 15\,MPa) = -10.866,533\,kJ/kmol$

Consequentemente,

$$\ln\phi^V = \ln\frac{f^V}{P} = \frac{\underline{G}(350\,°C, 15\,MPa) - \underline{G}^{GI}(350\,°C, 15\,MPa)}{RT} =$$

$$= \frac{-12.574,98 - (-10.886,533)}{8,314 \times 623} = -0,32984$$

$\phi^V = 0,719$

$f^V = 10,785\,MPa$

Comentários

A determinação da fugacidade através do uso de equação de estado é a forma mais empregada para substâncias gasosas:

$$\ln\frac{f^V}{P} = \frac{1}{RT}\int_{\underline{V}\infty}^{\underline{V}=Z^V RT/P}\left(\frac{RT}{\underline{V}} - P\right)d\underline{V} - \ln Z^V + (Z^V - 1) \quad \text{(E6.1-3)}$$

Em que, o super-índice V designa a fase vapor. A escolha de um determinado tipo de equação de estado depende da natureza química e do estado termodinâmico do composto. Por exemplo, a equação de virial descreve bem o comportamento de gases a pressões que não excedam a 1,0 MPa. Aplicações das equações de estado no cálculo da fugacidade serão estudadas no Capítulo 7.

Exemplo 6.2

Uso da Equação do Virial para Cálculo da Fugacidade

Determine a fugacidade e o coeficiente de fugacidade do etileno a 200 °C e 7 MPa empregando a equação do virial, sabendo que para esse composto os valores dos parâmetros da equação são: B = –40 cm³/mol; C = –200 cm⁶/mol².

Resolução

Podemos partir da equação do virial truncada no segundo termo expressa em termos da pressão:

$$Z = 1 + B'P + C'P^2 \quad \text{(E6.2-1)}$$

em que $B' = \dfrac{B}{RT}$ e $C' = \dfrac{C - B^2}{(RT)^2}$

173

Temos também que:

$$\ln \phi = \int_0^P (Z-1)\frac{dP}{P} = \int_0^P \left(B'P + C'P^2\right)\frac{dP}{P} \quad \text{(E6.2-2)}$$

Logo,

$$\ln \phi = \int_0^P \left(B' + C'P\right)dP \quad \text{(E6.2-3)}$$

Integrando, temos:

$$\ln \phi = B'P + \frac{C'}{2}P^2 \quad \text{(E6.2-4)}$$

Usando os dados do problema vamos calcular os valores das constantes B' e C':

$$B' = \frac{-40 \times 10^{-6}\, m^3/mol}{8{,}314\ N.m/mol.K \times 473\ K} = -1{,}017 \times 10^{-8}\, Pa^{-1}$$

$$C' = \frac{-200 \times 10^{-12}\, m^6/mol^2 - \left(-40 \times 10^{-6}\, m^3/mol\right)^2}{\left(8{,}314\, N.m/mol.K \times 473\ K\right)^2} = -1{,}164 \times 10^{-16}\, Pa^{-2}$$

Substituindo os valores de B', C' e P= 7 MPa:

$$\ln \phi = \left(-1{,}017 \times 10^{-8}\right) \times \left(7 \times 10^6\right) + \frac{\left(-1{,}164 \times 10^{-16}\right)}{2}\left(7 \times 10^6\right)^2 = -0{,}0734$$

$\phi = 0{,}9286$

E, então:

$f = 6{,}5$ MPa

Comentários

O valor da fugacidade é aproximadamente 7,1% menor que a pressão, ou seja, qualquer cálculo que empregue o valor da pressão, erroneamente assumindo que o etileno se comporta como gás ideal a 200 °C e 7 MPa, estará introduzindo nos cálculos essa diferença.

É possível ainda determinar a fugacidade de substâncias gasosas utilizando correlações generalizadas para cálculo do fator de compressibilidade (Z). Vimos no Capítulo 5 a utilização de correlações como a de Lee/Kessler (Exemplo 5.4) expressa em termos das propriedades reduzidas:

Equilíbrio de Fases: Sistemas Mono e Multicomponentes   capítulo 6

$$Z = 1 + \frac{BP}{RT} = 1 + \left(\frac{BP_c}{RT_c}\right)\frac{P_r}{T_r}$$

Se utilizarmos a Equação (6.58) escrita para as variáveis reduzidas, para o estado gasoso temos:

$$\ln \phi^V = \int_0^{P_r} (Z-1)\frac{dP_r}{P_r} \quad (6.59)$$

Como vimos no Capítulo 5, existem gráficos e tabelas que expressam o fator de compressibilidade em função das variáveis reduzidas. A resolução nesses casos é feita graficamente ou analiticamente através da integração dos dados; e sendo assim, a fugacidade é obtida em função das propriedades reduzidas. Se a temperatura reduzida e a pressão reduzida são conhecidas, podemos usar a expressão:

$$\log \phi^V = \log \phi^0 - \varpi \log \phi^1 \quad (6.60)$$

em que ϕ^0 e ϕ^1 são dados tabelados que podem ser encontrados em Reid et al. (1987).

Exemplo 6.3

Uso das Correlações de Lee-Kester

Refaça o Exemplo 6.2 utilizando as correlações de Lee-Kester. Dados: $T_{c,etileno}$ = 282,4 K, $P_{c,etileno}$ = 5,036 MPa, e ω = 0,085.

Resolução

Começamos pelo cálculo das propriedades reduzidas:

$$T_r = \frac{T}{T_c} = \frac{473}{282,4} = 1,62$$

$$P_r = \frac{P}{P_c} = \frac{7}{5,036} = 0,14$$

Pelas tabelas de ϕ^0 e ϕ^1, interpolando, temos que para T_r = 1,055 e P_r = 0,139 → log ϕ^0 = –0,01737 e log ϕ^1 = –0,00125. Então, aplicando a Equação (6.60):

$$\log \phi^V = (-0,0177) - 0,085 \times (-0,00125) = -0,017264$$

$$\phi^V = 0,9610$$

E, então:
f = 6,73 MPa

Comentários

A diferença entre os valores de fugacidade calculados pela equação de virial e a correlação de Lee-Kester é de 3,5%; essa é uma diferença pequena, mas poderá resultar em estimativas significativamente diferentes de algumas variáveis em cálculos de projeto. (*Que estratégia poderia ser utilizada em cálculos de projetos para selecionar qual é o método mais adequado para se estimar a fugacidade?*)

B. Cálculo da Fugacidade para uma Substância Líquida Pura

No caso de líquidos, o cálculo da fugacidade também pode ser realizado conforme os três métodos de cálculo: *tabelas termodinâmicas*, *equações de estado* ou *correlações específicas*. No entanto, nem sempre é possível a utilização de todas essas formas devido ao estado de referência. Quando uma determinada equação de estado pode descrever adequadamente a fase líquida, a Equação (6.57) pode ser diretamente aplicada:

$$\ln \frac{f^L}{P} = \frac{1}{RT} \int_{\underline{V}_\infty}^{\underline{V}=Z^L RT/P} \left(\frac{RT}{\underline{V}} - P \right) d\underline{V} - \ln Z^L + \left(Z^L - 1 \right) \qquad (6.61)$$

em que o o super-índice L indica fase líquida.

No entanto, se a equação de estado não é apropriada para descrever a fase líquida, então utilizamos dados experimentais do tipo $\underline{V} = f(P)$ a uma temperatura constante e aplicamos o procedimento a seguir. Usando a Equação (6.53) para a fase líquida, temos:

$$\ln \phi^L = \ln \frac{f^L}{P} = \int_0^P \left(\frac{\underline{V}}{RT} - \frac{1}{P} \right) dP \qquad (6.62)$$

Assim, vamos integrar do estado de referência no qual a pressão é nula, $P = 0$, até a pressão do sistema, $P = P$. No entanto, o estado de referência $P = 0$ corresponde ao estado de um gás ideal. Como estamos tratando de uma substância na fase líquida, conduziremos a integração ao longo dessa descontinuidade, ou seja, a trajetória utilizada será a seguinte:

1. Integramos do estado de referência, onde $P = 0$ (estado gasoso) até a pressão de vapor, onde $P = P^{vap}$ (na qual coexistem as fases gasosa e líquida), sempre a temperatura constante e igual à do sistema;
2. Em seguida, integramos da pressão de vapor, onde $P = P^{vap}$ (estado de vapor saturado) até $P = P^{vap}$ (estado de líquido saturado);
3. Finalmente, integramos de $P = P^{vap}$ (estado de líquido saturado) até a pressão $P = P$ do sistema (estado líquido).

Devemos lembrar ainda que os volumes específicos de líquido e vapor são diferentes, $\underline{V}^L \neq \underline{V}^V$, e, portanto, diferentes valores serão utilizados. Então, separando a Equação (6.62) nas três de integração, temos:

Equilíbrio de Fases: Sistemas Mono e Multicomponentes

$$\ln\frac{f^L}{P} = \int_0^{P^{vap}}\left(\frac{\underline{V}^V}{RT}-\frac{1}{P}\right)dP + RT\ln\left(\frac{f}{P}\right)_{\text{mudança de fase}} + \int_{P^{vap}}^{P}\left(\frac{\underline{V}^L}{RT}-\frac{1}{P}\right)dP \quad (6.63)$$

Note as seguintes igualdades:

1)
$$\int_0^{P^{vap}}\left(\frac{\underline{V}^V}{RT}-\frac{1}{P}\right)dP = \ln\left(\frac{f}{P}\right)_{sat} = \ln\phi^{sat} = \ln\left(\frac{f}{P}\right)_{vap} \quad (6.64)$$

2)
$$RT\ln\left(\frac{f}{P}\right)_{\text{mudança de fase}} = \underline{G}^L(T,P) - \underline{G}^V(T,P) = 0 \quad (6.65)$$

3)
$$\int_{P^{vap}}^{P}\left(\frac{\underline{V}^L}{RT}-\frac{1}{P}\right)dP = \int_{P^{vap}}^{P}\frac{\underline{V}^L}{RT}dP - \int_{P^{vap}}^{P}\frac{1}{P}dP = \int_{P^{vap}}^{P}\frac{\underline{V}^L}{RT}dP - \ln\frac{P}{P^{vap}} \quad (6.66)$$

Assim, substituindo as Equações (6.64), (6.65) e (6.66) na Equação (6.63), obtemos:

$$\ln\frac{f^L}{P} = \ln\left(\frac{f}{P}\right)_{sat} + \int_{P^{vap}}^{P}\frac{\underline{V}^L}{RT}dP - \ln\frac{P}{P^{vap}} \quad (6.67)$$

Rearranjando a Equação (6.67), temos:

$$\ln f^L - \ln P = \ln f^{V,sat} - \ln P^{vap} + \int_{P^{vap}}^{P}\frac{\underline{V}^L}{RT}dP - \ln P + \ln P^{vap} \quad (6.68)$$

Então:

$$\ln f^L = \ln f^{V,sat} + \int_{P^{vap}}^{P}\frac{\underline{V}^L}{RT}dP \quad (6.69)$$

Assim, temos a seguinte expressão para o cálculo da fugacidade de uma substância líquida pura:

$$\ln\frac{f^L}{f^{V,sat}} = \int_{P^{vap}}^{P}\frac{\underline{V}^L}{RT}dP \quad (6.70)$$

Ou ainda:

$$f^L = f^{V,sat}\exp\left[\int_{P^{vap}}^{P}\frac{\underline{V}^L}{RT}dP\right] \quad (6.71)$$

O termo exponencial da Equação (6.71) é chamado de **Fator de Correção de Poynting**. Esse fator corrige a fugacidade pelo fato de a pressão do sistema ser maior que a pressão de vapor do componente na temperatura do sistema. O fator de correção de Poynting é importante apenas para pressões muito elevadas em que o volume molar do líquido é relativamente grande.

Fundamentos de Engenharia de Alimentos

Como estamos avaliando a fugacidade de uma substância líquida, é possível assumir que se trata de um fluido incompressível, dessa forma: $\underline{V} \neq f(P)$ e a Equação (6.71) tornam-se:

$$f^L = f^{V,sat} \exp\left[\frac{\underline{V}^L (P - P^{vap})}{RT}\right] \quad (6.72)$$

Note que para pressões do sistema próximas à pressão de vapor, o fator de correção de Poynting pode ser desprezado; então:

$$f^L = f^{V,sat} \quad (6.73)$$

Se o sistema estiver a baixas pressões é possível admitir que a fase vapor seja ideal; sendo assim, temos:

$$f^L = f^{V,sat} = P^{vap} \quad (6.74)$$

Exemplo 6.4

Cálculo da Fugacidade de um Líquido

Determine a fugacidade da água pura a 350 °C e 20 MPa. Dados:

$\hat{V}^L (350\ °C) = 0,001740\ m^3/kg$ e $P^{vap}(350\ °C) = 16,513\ MPa$

Resolução

Usando o procedimento utilizado na resolução do Exemplo 6.1, a fugacidade da água saturada a 350 °C pode ser calculada como:

$\hat{G}^V(350\ °C, saturado) = \hat{H}^V(350\ °C, saturado) - 623\ K \times \hat{S}^V(350\ °C, saturado)$

Da Tabela para vapor d'água obtemos:

$\hat{H}^V(350\ °C, saturado) = 2.563,9\ kJ/kg$

$\hat{S}^V(350\ °C, saturado) = 5,2112\ kJ/kg.K$

$\hat{G}^V(350\ °C, saturado) = 2.563,9\ kJ/kg - 623\ K \times 5,2112\ kJ/kg.K = -682,68\ kJ/kg$

$\underline{G}^V(350\ °C, saturado) = -682,68\ kJ/kg \times 18\ kg/kmol = -12.288,2\ kJ/kmol$

Para o cálculo da energia de Gibbs a 350 °C na pressão de saturação, ou seja, $\underline{G}^{GI}(350\ °C,\ 16,513\ MPa)$ usaremos o procedimento do Exemplo 6.1. Assim,

$$\underline{G}^{GI}(350\ °C,\ 16,513\ MPa) = RT \ln\frac{P_2}{P_1} + \underline{G}^{GI}(350\ °C,\ 0,01\ MPa) \quad \text{(E6.4-1)}$$

$$\underline{G}^{GI}(350\ °C,\ 16{,}513\ MPa) = \left(8{,}314\ kJ/kmol.K \times 623\ K \times \ln\frac{16{,}513\ MPa}{0{,}01\ MPa}\right)$$
$$-48.746{,}25\ kJ/kmol = -10.368{,}78\ kJ/kmol$$

Portanto,

$$RT\ln\frac{f^{V,sat}}{P^{vap}} = \underline{G}(350\ °C,\ saturado) - \underline{G}^{GI}(350\ °C,\ 16{,}513\ MPa)$$
$$= (-12.288{,}2 - (-10.368{,}78))kJ/kmol$$

$$RT\ln\frac{f^{V,sat}}{P^{vap}} = -1.919{,}42\ kJ/kmol$$

$$\ln\frac{f^{V,sat}}{P^{vap}} = -0{,}37057$$

$$f^{V,sat} = 11{,}40\ MPa$$

$$f^{V,sat} = f^{L,sat} = 11{,}40\ MPa$$

Para concluir os cálculos, vamos usar a Equação (6.71):

$$f^L = f^{V,sat}\exp\left[\int_{P^{vap}=16{,}513MPa}^{P=20MPa}\frac{\underline{V}^L}{RT}dP\right] \qquad \textbf{(E6.4-2)}$$

Analisando os valores do volume específico da água saturada entre 15 MPa e 20 MPa (Capítulo 19), observamos que a variação de volume é de $3\times10^{-6}\ m^3.kg^{-1}$; portanto, podemos simplificar a Equação (E6.4-2); logo:

$$f^L = f^{V,sat}\exp(0{,}00174\ m^3/kg \times (20-16{,}513)\,MPa) = 11{,}47\ MPa \qquad \textbf{(E6.4-3)}$$

Comentários

O erro mais comum nesse tipo de cálculo reside em não utilizar a Equação (E6.4-1) que faz a correção da fugacidade do gás ideal para as condições de temperatura e pressão do sistema em estudo.

C. Cálculo da Fugacidade para uma Substância Sólida Pura

Para o caso de uma substância sólida pura usamos o mesmo raciocínio utilizado para uma substância em fase líquida. Sendo assim, obtemos a seguinte expressão:

$$f^S = P^{sat}\left(\frac{f}{P}\right)_{sat}\exp\left[\frac{1}{RT}\sum_{j=1}\int_{P_j}^{P_{j+1}}\underline{V}^S dP\right] \qquad \textbf{(6.75)}$$

em que $P^{sat} = P^{subl}$.

Como as pressões de sublimação são pequenas, em geral, podemos usar $\left(\dfrac{f}{P}\right)_{sat} = 1$, então a Equação (6.75) torna-se:

$$f^S = P^{subl} \tag{6.76}$$

Para pressões altas ou moderadas, a Equação (6.75) torna-se:

$$f^S = P^{subl} \exp\left[\dfrac{\underline{V}^S\left(P - P^{sat}\right)}{RT}\right] \tag{6.77}$$

Propriedades Termodinâmicas na Mudança de Fase

Como se comportam as grandezas termodinâmicas na mudança de fase? Sabemos que a temperatura e a pressão se mantêm constantes; com certeza já observamos esse fato experimental, por exemplo, na fervura de água. Mas o que acontece com o volume ou a densidade da substância? Também já observamos experimentalmente que o gelo flutua na água, ou seja, a água no estado sólido possui densidade menor e, portanto, volume específico maior que a água no estado líquido. Logo, como os volumes específicos das fases sólida e líquida são diferentes, necessariamente, a grandeza volume específico (ou densidade) tem uma descontinuidade na mudança de fase. Por outro lado, na seção "Equilíbrio e estabilidade" foi estabelecido que a energia de Gibbs (ou a fugacidade) permanece constante durante a mudança de fase (veja a Equação 6.19). Nesta seção vamos avaliar o que acontece com as demais grandezas termodinâmicas, – como, energia interna, entalpia, etc. – na transição de fase. Nosso intuito é entender como as propriedades se relacionam na mudança de fase e como essa informação nos será útil nos cálculos envolvendo as diferentes formas do equilíbrio. Se avaliarmos o diagrama de fases pressão contra temperatura para uma substância pura (Figura 6.3), observaremos a presença de três linhas que indicam a coexistência das fases: líquido-vapor sólido-líquido e sólido-vapor. Observamos ainda que para cada temperatura existe uma pressão de saturação que determina uma certa mudança de fase. Mas você sabe dizer por que essas linhas possuem esse comportamento? Nosso objetivo é desenvolver uma expressão que nos permita calcular a pressão de saturação para uma dada temperatura e entender o comportamento das linhas de saturação. A resposta para essas perguntas é obtida partindo da análise do equilíbrio de fases. Então vejamos. Da Equação (6.19), temos:

$$\underline{G}^\alpha(T,P) = \underline{G}^\beta(T,P) \tag{6.78}$$

Para uma pequena mudança na temperatura de equilíbrio dT, uma sutil mudança é observada na pressão de saturação dP^{sat}. E, para avaliar o efeito dessa mudança, tomamos a variação infinitesimal de energia de Gibbs:

$$d\underline{G}^\alpha = d\underline{G}^\beta \tag{6.79}$$

Sabemos que:

$$d\underline{G} = \underline{V}dP - \underline{S}dT \tag{6.80}$$

Então, aplicando a Equação (6.80) para ambas as fases, temos:

$$\underline{V}^\alpha dP - \underline{S}^\alpha dT = \underline{V}^\beta dP - \underline{S}^\beta dT \tag{6.81}$$

Lembre-se que temperatura, pressão e energia de Gibbs são funções contínuas na transição de fases, ou seja, $T^\alpha = T^\beta = T$, $P^\alpha = P^\beta = P$ e $\underline{G}^\alpha(T,P) = \underline{G}^\beta(T,P)$. Assim sendo, rearranjando a Equação (6.81), encontramos:

$$\left(\frac{\partial P}{\partial T}\right)_{\underline{G}^\alpha = \underline{G}^\beta} = \frac{\underline{S}^\alpha - \underline{S}^\beta}{\underline{V}^\alpha - \underline{V}^\beta} = \frac{\Delta \underline{S}}{\Delta \underline{V}} \tag{6.82}$$

Sabemos também que: $\underline{G} = \underline{H} - T\underline{S}$. Portanto, aplicando para ambas as fases, temos:

$$\underline{H}^\alpha - T\underline{S}^\alpha = \underline{H}^\beta - T\underline{S}^\beta \tag{6.83}$$

Rearranjando, temos:

$$\underline{S}^\alpha - \underline{S}^\beta = \frac{\underline{H}^\alpha - \underline{H}^\beta}{T} \tag{6.84}$$

Ou seja:

$$\Delta \underline{S} = \frac{\Delta \underline{H}}{T} \tag{6.85}$$

Então, substituindo a Equação (6.85) na (6.82), tem-se:

$$\left(\frac{\partial P}{\partial T}\right)_{\underline{G}^\alpha = \underline{G}^\beta} = \frac{\Delta \underline{H}}{T \Delta \underline{V}} \tag{6.86}$$

A Equação (6.86) é chamada de **Equação de Clapeyron**. Ela fornece a informação de como a pressão de saturação, ou seja, a pressão na transição de fases, muda com a variação da temperatura. Assim, podemos escrever P^{sat} indicando a pressão de saturação nos diferentes tipos de equilíbrio: para equilíbrio líquido-vapor, denotamos a $P^{sat} = P^{vap}$ (pressão de vapor); e para equilíbrio sólido-vapor, indicamos $P^{sat} = P^{subl}$ (pressão de sublimação). Assim, podemos escrever a Equação (6.86) da seguinte forma:

$$\left(\frac{\partial P^{sat}}{\partial T}\right) = \frac{\Delta \underline{H}}{T \Delta \underline{V}} \tag{6.87}$$

Observe que a Figura 6.3 apresenta curvas cujas inclinações são diferentes de zero. Portanto, $\Delta \underline{H}$ e $\Delta \underline{V}$ são diferentes de zero na transição de fase. Além disso, observamos que as inclinações também são diferentes de infinito e, portanto, $\Delta \underline{V}$ é diferente de zero. Na curva de fusão podemos ter duas situações. Normalmente, $\Delta \underline{H}$ e $\Delta \underline{V}$ são maiores que zero, pois:

$$\Delta \underline{H}^{fusão} = \underline{H}^L - \underline{H}^S > 0$$

e

$$\Delta \underline{V}^{fusão} = \underline{V}^L - \underline{V}^S > 0$$

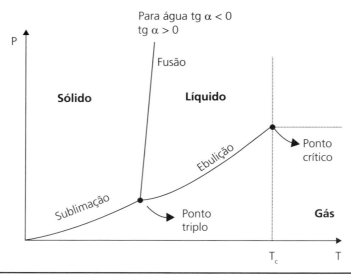

Figura 6.3 ▶ Diagrama de fases de uma substância pura.

Nesse caso, a curva de fusão possui inclinação positiva. Uma exceção ocorre com a água. Embora $\Delta \underline{H}^{fusão} = \underline{H}^{água\ líquida} - \underline{H}^{gelo} > 0$, para a variação de volume verifica-se que $\Delta \underline{V}^{fusão} = \underline{V}^{água\ líquida} - \underline{V}^{gelo} < 0$, pois $\rho^{gelo} < \rho^{água\ líquida}$, o que faz com que $\underline{V}^{gelo} > \underline{V}^{água\ líquida}$. Portanto, para a água a inclinação da curva de fusão é negativa. Esse resultado comprova matematicamente o fato experimental discutido no início da seção.

Vamos retornar ao estudo na transição líquido-vapor, a partir da Equação (6.87) podemos escrever:

$$\left(\frac{\partial P^{vap}}{\partial T}\right) = \frac{\Delta \underline{H}^{vap}}{T\Delta \underline{V}^{vap}} \quad (6.88)$$

Para valores de temperatura em que a pressão de vapor não seja muito elevada, observa-se experimentalmente que $\underline{V}^V >>> \underline{V}^L$; logo $\Delta \underline{V} = \underline{V}^V - \underline{V}^L \approx \underline{V}^V$. Como a pressão de vapor é baixa, a fase vapor pode ser tratada como sendo um gás ideal, onde $\underline{V}^{GI} = \frac{RT}{P}$. Sendo assim, a Equação (6.88) torna-se:

Equilíbrio de Fases: Sistemas Mono e Multicomponentes

capítulo 6

$$\left(\frac{\partial P^{vap}}{\partial T}\right) = \frac{\Delta \underline{H}^{vap}}{T\underline{V}^V} = \frac{\Delta \underline{H}^{vap}}{T\left(\frac{RT}{P^{vap}}\right)} = \frac{P^{vap}\Delta \underline{H}^{vap}}{RT^2} \tag{6.89}$$

Ou ainda:

$$\frac{1}{P^{vap}} dP^{vap} = \frac{\Delta \underline{H}^{vap}}{RT^2} dT \tag{6.90}$$

Integrando, temos:

$$\int_{P_1^{vap}}^{P_2^{vap}} \frac{1}{P^{vap}} dP^{vap} = \int_{T_1}^{T_2} \frac{\Delta \underline{H}^{vap}}{RT^2} dT \tag{6.91}$$

E, quando $\Delta \underline{H}^{vap} \neq f(T)$,

$$\ln \frac{P_2^{vap}}{P_1^{vap}} = -\frac{\Delta \underline{H}^{vap}}{R}\left(\frac{1}{T_2} - \frac{1}{T_1}\right) \tag{6.92}$$

A Equação (6.92) pode ainda ser escrita em termos da integral indefinida:

$$\ln P^{vap} = -\frac{\Delta \underline{H}^{vap}}{RT} + C \tag{6.93}$$

A Equação (6.93) permite a determinação do calor latente de vaporização, $\Delta \underline{H}^{vap}$, através do coeficiente angular da reta. A consideração que $\Delta \underline{H}^{vap} \neq f(T)$ só é válida para pequenos intervalos de temperatura. Sendo assim, as Equação (6.92) e (6.93) só podem ser aplicadas quando os intervalos de temperatura são relativamente pequenos.

Equação de Antoine

Equações similares à Equação (6.93) são apresentadas por diversos autores para correlacionar a pressão de vapor de uma substância com a temperatura. A equação mais aplicada é a **Equação de Antoine**:

$$\ln P^{vap} = A - \frac{B}{T+C} \tag{6.94}$$

Em que A, B e C são parâmetros empíricos definidos para cada substância. Os valores das constantes de Antoine para algumas substâncias são apresentados em Reid et al. (1987).

Outras equações também são empregadas para se calcular a pressão de vapor de diversos compostos, como apresentados a seguir:

Equação de Reidel

$$\ln P^{vap} = A + \frac{B}{T} + C \ln T + DT^6 \tag{6.95}$$

Equação de Harlecher-Braum

$$\ln P^{vap} = A + \frac{B}{T} + C \ln T + D \frac{P^{vap}}{T^2} \tag{6.96}$$

Equação de Wagner

$$\ln P^{vap} = \frac{A\tau + B\tau^{1,5} + C\tau^3 + C\tau^6}{1 - \tau} \tag{6.97}$$

em que $\tau = 1 - T_r$.

Para vários compostos, o *Design Institute for Physical Properties Data – DIPPR* desenvolveu a seguinte equação:

$$\ln P^{vap} = A - \frac{B}{T+C} + DT + E \ln T \tag{6.98}$$

Exemplo 6.5

Cálculo da Pressão de Vapor

Dados de pressão de vapor para o ácido palmítico foram determinados experimentalmente (Pool e Ralston, 1942), conforme apresentado na Tabela 6.2. A partir desses dados, estime o calor latente de vaporização desse composto a 250 °C.

Tabela 6.2 ▶ Dados de pressão de vapor do ácido palmítico.

P^{vap} (kPa)	0,133	0,267	0,533	1,067	2,133	4,266	8,532	17,065	34,130	68,260	101,323
T (°C)	167,4	179,0	192,2	206,1	221,5	238,4	257,1	278,1	303,6	332,6	351,5

Fonte: Pool WO e Ralston AW. Boiling Points of n-Alkyls Acids. Industrial and Engineering Chemistry, 1942; 1104-1105.

Resolução

A partir desses dados podemos plotar valores de $\ln P^{vap}$ vs $1/T$ e obtemos o seguinte diagrama (Figura 6.4):

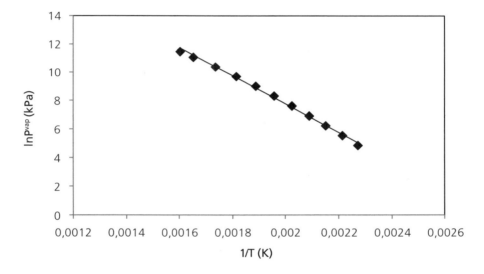

Figura 6.4 ▶ Diagrama $\ln P^{vap}$ vs $1/T$ para o ácido palmítico; pressão em kPa e temperatura em Kelvin.

O ajuste dos dados experimentais à Equação (6.93) resulta em:

$$\ln P^{vap} = -\frac{9.916,6038}{T} + 27,6087 \qquad \text{(E6.5-1)}$$

O ajuste foi realizado usando-se o software Statistica 7.0. O ajuste forneceu um coeficiente de correlação $R^2 = 0,9967$ e pela equação temos que o coeficiente angular da reta é $-\frac{\Delta \underline{H}^{vap}}{R} = -9.916,6038$, ou seja:

$$\Delta \underline{H}^{vap} = 82,446 \text{ kJ/mol}$$

Comentários

A Figura 6.4 mostra que o comportamento da pressão de vapor é linear com o inverso da temperatura para o intervalo considerado. Esse não é sempre o caso; podemos ter que subdividir o intervalo de temperatura em subintervalos para os quais o comportamento seja linear.

Termodinâmica de Misturas e Grandezas Parciais Molares

Até o momento, abordamos o equilíbrio de fases para sistemas formados por uma única substância. A partir de agora, nosso objetivo será avaliar sistemas multicomponentes. Antes de entrarmos especificamente no estudo do equilíbrio de fases é importante entender o que acontece em um sistema multicomponente com relação às suas propriedades termodinâmicas. Para um sistema com n componentes em uma única fase, a regra das fases de Gibbs estabelece que:

$$F = 2 - \pi + n = 2 - 1 + n = 1 + n$$

Ou seja, o número de propriedades intensivas necessárias para se definir o sistema está diretamente relacionado com o número de compostos nela presente. Sendo assim, temos:

$$\underline{U} = \underline{U}(T, P, x_1, x_2, ..., x_{n-1}) \qquad (6.99)$$

$$\underline{V} = \underline{V}(T, P, x_1, x_2, ..., x_{n-1}) \qquad (6.100)$$

A questão do equilíbrio de fases não está relacionada somente ao número de compostos presentes no sistema, mas também à natureza química das espécies que a formam. Nesse sentido, veremos que as interações intermoleculares em uma mistura multicomponente são mais complexas que as encontradas em sistemas contendo compostos puros. Quando um sistema é formado por um único componente, as interações intermoleculares são idênticas, do tipo *i-i*. Quando se tem uma mistura multicomponente, além das interações entre as mesmas espécies, tipo *i-i, j-j*, serão observadas também interações entre as diferentes espécies, tipo *i-j* e *j-i*, pois não são simétricas. A consequência dessas interações é a variação das propriedades do sistema. Quanto maior o número de espécies que formam a mistura, maior o efeito das interações intermoleculares. E não se trata somente da quantidade de compostos presentes na mistura. A intensidade e o tipo de interação – seja ela de atração ou repulsão, relativas às forças tipo dipolo-dipolo, dipolo-dipolo induzido e pontes de hidrogênio – têm efeito direto sobre a estruturação molecular da solução formada. Assim, as propriedades da mistura dependem da natureza e da quantidade das espécies que compõem a mistura.

Considere a seguinte situação: 50 mL de água foram misturados com 50 mL de etanol na pressão ambiente e a uma temperatura de 20 °C. A primeira impressão é que obteríamos 100 mL de solução, certo? Errado. Na realidade, ao misturarmos essas duas quantidades de substâncias, o que se verifica é um volume de mistura de 96,35 mL. O que aconteceu? Essa diferença observada no volume é decorrente das interações intermoleculares. As propriedades da solução formada serão completamente diferentes das propriedades das substâncias puras iniciais. Assim, o que temos para o volume da solução é:

$$\underline{V} = x_1 \underline{V}_1 + x_2 \underline{V}_2 + \Delta \underline{V}_{mist} \qquad (6.101)$$

em que x_i é a fração molar do componente i (1,2), $\underline{V}_i$ é o volume molar do componente i, e $\Delta \underline{V}_{mist}$ é a variação do volume devido às interações intermoleculares.

Esse comportamento também é observado para as outras propriedades. Observe a Figura 6.5. Temos que a variação da entalpia da solução pode ser positiva ou negativa dependendo do tipo de substância presente na mistura. Geralmente uma variação positiva está ligada a uma diminuição na intensidade das ligações intermoleculares no ato da mistura, o que provoca um aumento da propriedade da solução. Por outro lado, uma variação negativa indica que as interações entre moléculas diferentes são mais atrativas que interações entre moléculas iguais. Em termos de entalpia, uma variação positiva indica que calor deve ser cedido para que a temperatura se mantenha constante. O inverso também é válido.

Para caracterizar o efeito de cada substância sobre as propriedades da mistura, definimos uma nova propriedade termodinâmica chamada **Propriedade Parcial Molar** $(\overline{\theta}_i)$, em que:

$$\overline{\theta}_i = \left(\frac{\partial N\underline{\theta}}{\partial N_i} \right)_{T,P,N_{j \neq i}} \qquad (6.102)$$

Então:

$$N\underline{\theta} = \sum N_i \overline{\theta}_i \qquad (6.103)$$

Ou simplesmente:

$$\underline{\theta} = \sum x_i \overline{\theta}_i \qquad (6.104)$$

A grandeza parcial molar sugere que 1 mol do componente i a uma determinada temperatura e pressão possui um conjunto de propriedades termodinâmicas $(\overline{H}_i, \overline{U}_i, \overline{S}_i, ...)$ que é responsável pela propriedade da solução. Ou seja, a grandeza da solução $(\underline{H}, \underline{U}, \underline{S}, ...)$ é a soma ponderada pelas frações molares das grandezas parciais molares. Assim, para uma mistura binária, tem-se a seguinte expressão para o volume da solução:

$$\underline{V} = x_1 \overline{V}_1 + x_2 \overline{V}_2 \qquad (6.105)$$

Fundamentos de Engenharia de Alimentos

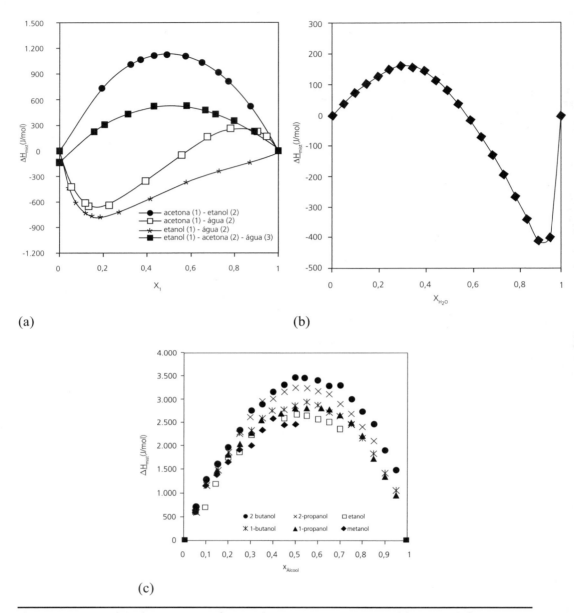

Figura 6.5 ▶ Entalpia da mistura em função da concentração a 25 °C: (a) mistura bifásica ou trifásica do sistema acetona-etanol-água (Byun et al., 1992); (b) água-propanol (International Critical Tables McGraw-Hill, New York, 1929, adaptada de Sandler, 1999); (c) álcool (C1-C4)-óleo de oliva (Resa et al., 2002).

Lembre-se que: $\overline{\theta}_i \neq \underline{\theta}_i$, pois $\overline{\theta}_i$ é a propriedade parcial molar do componente i na mistura e $\underline{\theta}_i$ é a propriedade molar do componente i puro. Assim, podemos escrever as propriedades parciais molares para todas as propriedades intensivas de uma substância como mostrado na Tabela 6.3:

Equilíbrio de Fases: Sistemas Mono e Multicomponentes

capítulo 6

Tabela 6.3 ▶ Propriedades intensivas de uma substância *i* em uma mistura.

Energia interna	$\overline{U}_i = \left(\dfrac{\partial N\underline{U}}{\partial N_i}\right)_{T,P,N_{j\neq i}}$	(6.106)
Entalpia	$\overline{H}_i = \left(\dfrac{\partial N\underline{H}}{\partial N_i}\right)_{T,P,N_{j\neq i}}$	(6.107)
Volume	$\overline{V}_i = \left(\dfrac{\partial N\underline{V}}{\partial N_i}\right)_{T,P,N_{j\neq i}}$	(6.108)
Energia de Helmholtz	$\overline{A}_i = \left(\dfrac{\partial N\underline{A}}{\partial N_i}\right)_{T,P,N_{j\neq i}}$	(6.109)
Entropia	$\overline{S}_i = \left(\dfrac{\partial N\underline{S}}{\partial N_i}\right)_{T,P,N_{j\neq i}}$	(6.110)
Energia de Gibbs	$\overline{G}_i = \left(\dfrac{\partial N\underline{G}}{\partial N_i}\right)_{T,P,N_{j\neq i}}$	(6.111)

No capítulo anterior, aprendemos a relacionar matematicamente qualquer propriedade termodinâmica. Portanto, pelo fato de a propriedade parcial molar ser uma propriedade termodinâmica, as relações entre as propriedades continuam valendo para as propriedades parciais molares. Isso é possível uma vez que a formulação da propriedade parcial molar é descrita igualmente para qualquer propriedade em termos da derivada em função de N_i, a T, P e $N_{j\neq i}$, constantes. Por exemplo, considere uma propriedade $\underline{\theta} = f(\underline{\theta}_1, \underline{\theta}_2)$, em que:

$$\underline{\theta} = \underline{\theta}_1 + \underline{\theta}_2 \qquad (6.112)$$

Podemos escrever:

$$N\underline{\theta} = N\underline{\theta}_1 + N\underline{\theta}_2 \qquad (6.113)$$

Se derivarmos a expressão acima em função de N_i, à temperatura, pressão e $N_{j\neq i}$ constantes, lembrando que $N = N_1 + N_2 + ... + N_n$, teremos:

$$\left(\frac{\partial N\underline{\theta}}{\partial N_i}\right)_{T,P,N_{j\neq i}} = \left(\frac{\partial N\underline{\theta}_1}{\partial N_i}\right)_{T,P,N_{j\neq i}} + \left(\frac{\partial N\underline{\theta}_2}{\partial N_i}\right)_{T,P,N_{j\neq i}} \qquad (6.114)$$

A expressão acima é a própria $\overline{\theta}_i$ escrita em função das propriedades parciais molares:

$$\overline{\theta}_i = \overline{\theta}_{1,i} + \overline{\theta}_{2,i} \tag{6.115}$$

Assim temos, por exemplo, as seguintes relações fundamentais:

$$\overline{H}_i = \overline{U}_i + P\overline{V}_i \tag{6.116}$$

$$\overline{A}_i = \overline{U}_i - T\overline{S}_i \tag{6.117}$$

$$\overline{G}_i = \overline{H}_i - T\overline{S}_i \tag{6.118}$$

É importante observar que o potencial químico é uma propriedade parcial molar, uma vez que de acordo com a Equação (6.34):

$$\mu_i = \left(\frac{\partial N\underline{G}}{\partial N_i}\right)_{T,P,N_{j \neq i}} \tag{6.34}$$

Uma relação muito útil entre as propriedades parciais molares de diferentes componentes em uma mistura é a **equação de Gibbs-Duhem**. Vamos retornar à Equação (6.103):

$$N\underline{\theta} = \sum N_i \overline{\theta}_i \tag{6.103}$$

Se considerarmos uma variação infinitesimal em $\underline{\theta}$, a uma temperatura e pressão constantes, chegamos à igualdade:

$$dN\underline{\theta}\Big|_{T,P} = \sum d\left(N_i \overline{\theta}_i\right)\Big|_{T,P} \tag{6.119}$$

$$dN\underline{\theta}\Big|_{T,P} = \sum \left[N_i d\overline{\theta}_i + \overline{\theta}_i dN_i\right]_{T,P} \tag{6.120}$$

Mas, pela Equação (6.102), temos:

$$dN\underline{\theta} = \sum \overline{\theta}_i \, dN_i \Big|_{T,P,N_{j \neq i}} \tag{6.121}$$

Comparando a Equação (6.121) com a (6.120), fica fácil entender que o primeiro termo da Equação (6.120) após a igualdade é nulo:

$$\sum \left[N_i d\overline{\theta}_i\right]_{T,P} = 0 \tag{6.122}$$

Essa mesma expressão pode ser obtida por outro caminho. Considerando $N\underline{\theta}$ uma função da temperatura, pressão e número de moles de cada substância, podemos escrever pela regra da cadeia:

$$dN\underline{\theta} = \left.\frac{\partial N\underline{\theta}}{\partial T}\right|_{P,Ni} dT + \left.\frac{\partial N\underline{\theta}}{\partial P}\right|_{T,Ni} dP + \sum_{i=1}^{n} \left.\frac{\partial N\underline{\theta}}{\partial N_i}\right|_{T,P,Nj\neq i} dN_i \qquad (6.123)$$

Introduzindo a Equação (6.102) no último termo da Equação (6.123), temos:

$$dN\underline{\theta} = N\left(\frac{\partial \underline{\theta}}{\partial T}\right)_{P,Ni} dT + N\left(\frac{\partial \underline{\theta}}{\partial P}\right)_{T,Ni} dP + \sum_{i=1}^{n} \overline{\theta}_i dN_i \qquad (6.124)$$

Subtraindo a Equação (6.120) da Equação (6.124), encontra-se:

$$0 = N\left(\frac{\partial \underline{\theta}}{\partial T}\right)_{P,Ni} dT + N\left(\frac{\partial \underline{\theta}}{\partial P}\right)_{T,Ni} dP + \sum_{i=1}^{n} \overline{\theta}_i dN_i - \sum \left[N_i d\overline{\theta}_i + \overline{\theta}_i dN_i\right]_{T,P} \qquad (6.125)$$

$$0 = N\left(\frac{\partial \underline{\theta}}{\partial T}\right)_{P,Ni} dT + N\left(\frac{\partial \underline{\theta}}{\partial P}\right)_{T,Ni} dP - \sum_{i=1}^{n} N_i d\overline{\theta}_i \qquad (6.126)$$

A equação acima é chamada de **Equação de Gibbs-Duhem**, escrita em sua forma mais completa. Para temperatura e pressão constantes, a Equação (6.126) torna-se igual à Equação (6.122):

$$0 = \sum_{i=1}^{n} \left[N_i d\overline{\theta}_i\right]_{T,P}$$

Essa igualdade pode ainda ser apresentada em termos da fração molar:

$$\sum \left[x_i d\overline{\theta}_i\right]_{T,P} = 0 \qquad (6.127)$$

A partir da Equação (6.127) é possível propor expressões similares para qualquer propriedade termodinâmica:

$$\begin{bmatrix} \sum \left[x_i d\overline{V}_i\right]_{T,P} = 0 \\ \sum \left[x_i d\overline{H}_i\right]_{T,P} = 0 \\ \sum \left[x_i d\overline{U}_i\right]_{T,P} = 0 \\ \vdots \end{bmatrix}$$

Assim, aplicando a Equação (6.127) para o volume de um sistema binário, a uma temperatura e pressão constantes, e derivando em relação à x_1, temos:

$$x_1 \frac{d\overline{V}_1}{dx_1} + x_2 \frac{d\overline{V}_2}{dx_1} = 0 \tag{6.128}$$

A utilidade da equação de Gibbs-Duhem está em sua versatilidade que permite ser empregada em diversas situações. É uma ferramenta importante para expressar a consistência termodinâmica de relações entre propriedades, de modelos termodinâmicos e de dados experimentais. Uma das aplicações é justamente na análise das propriedades parciais molares. Considere o volume de uma solução binária, a temperatura e pressão constantes. Como vimos anteriormente, é possível escrever as seguintes expressões (Equações 6.101 e 6.105):

$$\underline{V} = x_1 \underline{V}_1 + x_2 \underline{V}_2 + \Delta \underline{V}_{mist} \tag{6.101}$$

$$\underline{V} = x_1 \overline{V}_1 + x_2 \overline{V}_2 \tag{6.105}$$

Igualando as Equações (6.101) e (6.105) temos:

$$x_1 \underline{V}_1 + x_2 \underline{V}_2 + \Delta \underline{V}_{mist} = x_1 \overline{V}_1 + x_2 \overline{V}_2 \tag{6.129}$$

Rearranjando, obtemos:

$$\Delta \underline{V}_{mist} = x_1 \left(\overline{V}_1 - \underline{V}_1 \right) + x_2 \left(\overline{V}_2 - \underline{V}_2 \right) \tag{6.130}$$

As propriedades parciais molares são regidas pela forma como as substâncias se comportam na mistura, ou seja, são dependentes do tipo de interação intermolecular. Sendo assim, observe que mesmo a temperatura e pressão constantes $\overline{V}_i$ é uma propriedade variável, dependente da fração molar da substância. Por outro lado, $\underline{V}_i$ é uma propriedade fixa, definida para uma de substância pura a uma determinada pressão e temperatura.

A Equação (6.130) indica que a variação de $\Delta \underline{V}_{mist}$ é proporcional à quantidade de cada constituinte e também à diferença entre a propriedade parcial molar e a propriedade molar do composto puro. Ou seja, quanto maior a interação entre os constituintes, maior será a diferença entre $\overline{V}_i$ e $\underline{V}_i$ e, portanto, maior será o valor de $\Delta \underline{V}_{mist}$; por outro lado, quanto mais concentrada a mistura está em uma determinada substância, mais as propriedades da mistura se aproximam das propriedades da substância presente em alta concentração. A Figura 6.5 ilustra esse comportamento. Observe que para frações molares iguais a zero ou 1, o valor de $\Delta \underline{V}_{mist}$ é zero. Generalizando, temos:

$$\Delta \underline{\theta}_{mist} = \sum_{i=1}^{n} x_i (\overline{\theta}_i - \underline{\theta}_i) \tag{6.131}$$

Equilíbrio de Fases: Sistemas Mono e Multicomponentes   capítulo 6

Vamos retornar à análise de uma propriedade de uma solução binária, a temperatura e pressão constantes. Aplicando a Equação (6.104), para a propriedade $\underline{\theta}$ para um sistema binário:

$$\underline{\theta} = x_1 \overline{\theta}_1 + x_2 \overline{\theta}_2 \tag{6.132}$$

Derivando em relação a x_1:

$$\frac{\partial \underline{\theta}}{\partial x_1} = \frac{\partial \left(x_1 \overline{\theta}_1\right)}{\partial x_1} + \frac{\partial \left(x_2 \overline{\theta}_2\right)}{\partial x_1} \tag{6.133}$$

$$\frac{\partial \underline{\theta}}{\partial x_1} = \frac{x_1 \partial \overline{\theta}_1}{\partial x_1} + \frac{\overline{\theta}_1 \partial x_1}{\partial x_1} + \frac{x_2 \partial \overline{\theta}_2}{\partial x_1} + \frac{\overline{\theta}_2 \partial x_2}{\partial x_1} \tag{6.134}$$

Rearranjando e lembrando que $x_1 + x_2 = 1$, e $dx_2 = -dx_1$, temos:

$$\frac{\partial \underline{\theta}}{\partial x_1} = \overline{\theta}_1 - \overline{\theta}_2 + \frac{x_1 \partial \overline{\theta}_1}{\partial x_1} + \frac{x_2 \partial \overline{\theta}_2}{\partial x_1} \tag{6.135}$$

Note que os dois últimos termos representam a equação de Gibbs-Duhem, em que $\frac{x_1 \partial \overline{\theta}_1}{\partial x_1} + \frac{x_2 \partial \overline{\theta}_2}{\partial x_1} = 0$. Sendo assim, a Equação (6.135) torna-se:

$$\frac{\partial \underline{\theta}}{\partial x_1} = \overline{\theta}_1 - \overline{\theta}_2 \tag{6.136}$$

Multiplicando a equação acima por x_2 e redistribuindo, temos:

$$x_2 \overline{\theta}_1 = x_2 \overline{\theta}_2 + x_2 \frac{\partial \underline{\theta}}{\partial x_1} \tag{6.137}$$

Mas $\underline{\theta} = x_1 \overline{\theta}_1 + x_2 \overline{\theta}_2$, então:

$$x_2 \overline{\theta}_1 = \left(\underline{\theta} - x_1 \overline{\theta}_1\right) + x_2 \frac{\partial \underline{\theta}}{\partial x_1} \tag{6.138}$$

$$\left(x_1 + x_2\right) \overline{\theta}_1 = \underline{\theta} + x_2 \frac{\partial \underline{\theta}}{\partial x_1} \tag{6.139}$$

Ou ainda:

$$\overline{\theta}_1 = \underline{\theta} + x_2 \frac{\partial \underline{\theta}}{\partial x_1} \tag{6.140}$$

Fundamentos de Engenharia de Alimentos

De maneira análoga, é possível obter a equação que descreve a propriedade parcial molar do componente 2; logo:

$$\bar{\theta}_2 = \underline{\theta} - x_1 \frac{\partial \underline{\theta}}{\partial x_1} \tag{6.141}$$

Para uma mistura de n componentes, temos:

$$\bar{\theta}_i = \underline{\theta} - \sum_{k \neq i} x_k \left. \frac{\partial \underline{\theta}}{\partial x_k} \right|_{T,P,x_{l \neq i,k}} \tag{6.142}$$

As Equações (6.140), (6.141) e (6.142) são úteis quando temos dados experimentais ou equações que expressam determinada propriedade em termos da fração molar de um dos componentes. As propriedades mais facilmente mensuráveis são o volume e a entalpia, mas também é possível determinar indiretamente os valores de entropia, energia de Helmholtz e energia de Gibbs para misturas. Partindo-se da equação empírica (ou dos dados experimentais) da propriedade podemos então obter as demais propriedades parciais molares, como será discutido no Exemplo 6.6.

Exemplo 6.6

Cálculo das Entalpias Parciais Molares em Sistema Binário

Dados experimentais indicam que a variação da entalpia da solução água (1)-clorofórmio (2) a 25 °C é representada pela equação abaixo. Com base nessa equação determine as expressões de $\bar{H}_1$ e $\bar{H}_2$ em função da fração molar da água (1).

$$\underline{H}(\text{kJ/mol}) = -3,904 x_1^2 (1,849 + x_2) + 7,1923 x_1 (x_1 - x_2) + 0,0548 \tag{E6.6-1}$$

Resolução

O primeiro passo é deixar a expressão da entalpia molar em termos da fração molar da água. Então, usando $x_2 = 1 - x_1$, temos:

$$\underline{H} = -3,904 x_1^2 (1,849 + 1 - x_1) + 7,1923 x_1 (x_1 - 1 + x_1) + 0,0548 \tag{E6.6-2}$$

Rearranjando:

$$\underline{H} = 3,904 x_1^3 + 3,2621 x_1^2 - 7,1923 x_1 + 0,0548 \tag{E6.6-3}$$

Então, derivando em relação a x_1, temos:

$$\frac{\partial \underline{H}}{\partial x_1} = 11{,}712x_1^2 + 6{,}5242x_1 - 7{,}1923 \qquad \text{(E6.6-4)}$$

Aplicando a Equação (6.140) na Equação (E6.6-4) para a entalpia parcial molar da água (1), encontramos:

$$\overline{H}_1 = \underline{H} + x_2 \frac{\partial \underline{H}}{\partial x_1} \qquad \text{(E6.6-5)}$$

$$\overline{H}_1 = \left(3{,}904x_1^3 + 3{,}2621x_1^2 - 7{,}1923x_1 + 0{,}0548\right) + \left(1 - x_1\right)\left(11{,}712x_1^2 + 6{,}5242x_1 - 7{,}1923\right)$$

$$\overline{H}_1 = -7{,}808x_1^3 + 8{,}4499x_1^2 + 6{,}5242x_1 - 7{,}1375 \qquad \text{(E6.6-6)}$$

E da mesma forma para o clorofórmio, componente (2), temos:

$$\overline{H}_2 = \underline{H} - x_1 \frac{\partial \underline{H}}{\partial x_1} \qquad \text{(E6.6-7)}$$

$$\overline{H}_2 = \left(3{,}904x_1^3 + 3{,}2621x_1^2 - 7{,}1923x_1 + 0{,}0548\right) - x_1\left(11{,}712x_1^2 + 6{,}5242x_1 - 7{,}1923\right)$$

$$\overline{H}_2 = -7{,}808x_1^3 - 3{,}2621x_1^2 + 0{,}0548 \qquad \text{(E6.6-8)}$$

Os resultados encontram-se mostrados graficamente na Figura 6.6.

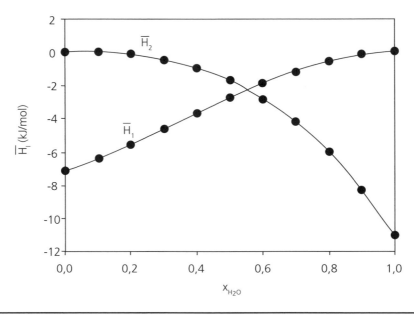

Figura 6.6 ▶ Entalpia parcial molar das espécies do sistema água (1)-clorofórmio (2) a 25 °C.

Comentários

A análise da Figura 6.6 mostra claramente que a propriedade parcial molar varia com a composição da mistura.

Mistura Ideal de Gases e Mistura de Gases Ideais

Vimos no Capítulo 5 que para um gás ideal as seguintes relações são válidas:

$$P\underline{V} = RT \quad \text{ou} \quad PV = NRT$$

$$\underline{U} = f(T)$$
$$\underline{H} = f(T)$$

Uma Mistura Ideal de Gases (MIG) é uma mistura de densidade tão baixa que as moléculas quase não interagem umas com as outras; dessa forma, os gases nela presentes se comportam de maneira ideal. Observe que mistura ideal de gases não é necessariamente uma mistura de gases ideais (leia mais no quadro apresentado na página 198). Assim sendo:

$$PV^{MIG} = NRT = (N_1 + N_2 + ...)RT \tag{6.143}$$

$$V^{MIG} = \sum_{k=1}^{n} N_k \frac{RT}{P} \tag{6.144}$$

O volume parcial molar do componente *i* de uma MIG é dado por:

$$\overline{V}_i^{MIG} = \left(\frac{\partial V^{MIG}}{\partial N_i}\right)_{T,P,Nj \neq i} = \frac{\partial}{\partial N_i}\bigg|_{T,P,Nj \neq i} \sum_{k=1}^{n} N_k \frac{RT}{P} \tag{6.145}$$

$$\overline{V}_i^{MIG} = \frac{RT}{P} \frac{\partial (N_1 + N_2 + ... + N_i + ...N_n)}{\partial N_i}\bigg|_{T,P,Nj \neq i} \tag{6.146}$$

$$\overline{V}_i^{MIG} = \frac{RT}{P} \frac{\partial N_i}{\partial N_i}\bigg|_{T,P,Nj \neq i} = \frac{RT}{P} \tag{6.147}$$

Portanto:

$$\overline{V}_i^{MIG} = \frac{RT}{P} = \underline{V}_i^{GI} \tag{6.148}$$

Na MIG, como não existe interação entre as moléculas (hipótese) exceto no momento do choque, a energia interna de uma mistura ideal de gases também é função apenas da temperatura. Assim, a energia interna parcial molar de um componente *i* de uma MIG é dada por:

$$\overline{U}_i^{MIG}(T,x) = \left(\frac{\partial U^{MIG}(T,N)}{\partial N_i}\right)_{T,P,N_{j\neq i}} = \frac{\partial}{\partial N_i}\bigg|_{T,P,N_{j\neq i}} \sum_{k=1}^{n} N_k \underline{U}_i^{GI}(T) = \underline{U}_i^{GI}(T) \quad (6.149)$$

Sabemos que a entalpia é uma função expressa em termos de energia interna, pressão e volume. Assim, para uma MIG onde $\overline{V}_i^{MIG} = \underline{V}_i^{GI}$ e $\overline{U}_i^{MIG} = \underline{U}_i^{GI}$ tem-se:

$$\overline{H}_i^{MIG} = \overline{U}_i^{MIG} + P\overline{V}_i^{MIG} = \underline{U}_i^{GI} + P\underline{V}_i^{GI} = \underline{H}_i^{GI} \quad (6.150)$$

Observe que pelo fato de o volume, a energia interna e a entalpia parciais molares de um componente *i* de uma MIG serem iguais às suas propriedades para o gás ideal puro $\left(\overline{V}_i^{MIG} = \underline{V}_i^{GI};\ \overline{U}_i^{MIG} = \underline{U}_i^{GI};\ \overline{H}_i^{MIG} = \underline{H}_i^{GI}\right)$, a variação dessas propriedades na solução formada devido à mistura dos compostos é zero. Então:

$$\Delta \underline{V}^{MIG} = \sum_i x_i \left(\overline{V}_i^{MIG} - \underline{V}_i^{GI}\right) = 0 \quad (6.151)$$

$$\Delta \underline{U}^{MIG} = \sum_i x_i \left(\overline{U}_i^{MIG} - \underline{U}_i^{GI}\right) = 0 \quad (6.152)$$

$$\Delta \underline{H}^{MIG} = \sum_i x_i \left(\overline{H}_i^{MIG} - \underline{H}_i^{GI}\right) = 0 \quad (6.153)$$

Para as outras propriedades ($\underline{A}, \underline{S}, \underline{G}$ ou A, S, G), o efeito da mistura promove um adicional sobre a propriedade da solução. Isso porque o ato de misturar não é um processo reversível e, portanto, a entropia do sistema varia em relação à referência que é a do gás ideal. Logo, as energias de Helmholtz e energia de Gibbs também são alteradas. Assim, através das relações termodinâmicas (Capítulo 5), é possível mostrar que:

$$\overline{A}_i^{MIG} = \underline{A}_i^{GI} + RT \ln x_i \quad (6.154)$$

$$\overline{S}_i^{MIG} = \underline{S}_i^{GI} - R \ln x_i \quad (6.155)$$

$$\overline{G}_i^{MIG} = \underline{G}_i^{GI} + RT \ln x_i \quad (6.156)$$

As variações das propriedades de solução em uma mistura ideal de gases são dadas por:

$$\Delta \underline{A}^{MIG} = RT \sum_i x_i \ln x_i \quad (6.157)$$

$$\Delta \underline{S}^{MIG} = -R \sum x_i \ln x_i \tag{6.158}$$

$$\Delta \underline{G}^{MIG} = RT \sum x_i \ln x_i \tag{6.159}$$

Portanto, para uma Mistura Ideal de Gases, temos as seguintes grandezas (Tabela 6.4) parciais molares, como será discutido no Exemplo 6.6.

Tabela 6.4 ▶ Grandezas parciais molares para Mistura Ideal de Gases.

$\overline{V}_i^{MIG} = \underline{V}_i^{GI}$	$\Delta \underline{V}^{MIG} = 0$
$\overline{U}_i^{MIG} = \underline{U}_i^{GI}$	$\Delta \underline{U}^{MIG} = 0$
$\overline{H}_i^{MIG} = \underline{H}_i^{GI}$	$\Delta \underline{H}^{MIG} = 0$
$\overline{A}_i^{MIG} = \underline{A}_i^{GI} + RT \ln x_i$	$\Delta \underline{A}^{MIG} = RT \sum x_i \ln x_i$
$\overline{S}_i^{MIG} = \underline{S}_i^{GI} - R \ln x_i$	$\Delta \underline{S}^{MIG} = -R \sum x_i \ln x_i$
$\overline{G}_i^{MIG} = \underline{G}_i^{GI} + RT \ln x_i$	$\Delta \underline{G}^{MIG} = RT \sum x_i \ln x_i$

Observação I: Mistura Ideal de Gases (MIG) *vs* Mistura de Gases Ideais (MGI): A Grande Dúvida!

A princípio você poderia achar que a primeira terminologia não está correta, uma vez que muitos livros de termodinâmica em português, em grande parte traduzidos, citam somente Mistura de Gases Ideais. Você poderia pensar ainda que as duas terminologias são iguais (será?). Na realidade, a diferença entre as duas é bem sutil. Enquanto na primeira (MIG) estamos trabalhando com uma mistura ideal composta por gases com interação nula, na segunda (MGI) precisamente a mistura é composta por gases ideais. Note que para a MIG, a idealidade está definida para a mistura; para a MGI a idealidade está nos gases que compõem a mistura. Ou seja, a mistura ideal de gases pode ser composta ou não por gases ideais.

As propriedades que caracterizam a molécula do gás, como forma, tamanho e potencial intermolecular (requisito importante, mas não imprescindível para a MIG), possuem influência no volume da molécula e, portanto, na densidade da mistura. Assim, independentemente do tipo de molécula, a definição de mistura ideal de gases é baseada na idealidade da mistura em si, podendo as moléculas serem gases ideais ou não.[1] Existe ainda na literatura a terminologia "Mistura Ideal de Gases Ideais"; parece redundante, mas não é.

Em ambos os casos, MIG ou MGI, a densidade da mistura é baixa o suficiente para considerarmos que ocorre nula ou pouca interação entre as moléculas. Para efeito de cálculos, essa diferença não é percebida, uma vez que em ambos os casos a inexistência de interação molecular faz com que $\overline{V}_i^{MIG} = \overline{V}_i^{MGI} = \underline{V}_i^{GI}$. E, sendo assim, nos capítulos subsequentes utilizaremos a terminologia "mistura de gases de comportamento ideal".

---
[1] Mais informações podem ser encontradas em Tester e Modell (1996).

Mistura Ideal

Em alguns sistemas reais, o volume parcial molar do componente i na solução é igual ao volume molar do componente puro. Por exemplo, quando as estruturas químicas são muito similares, as interações moleculares do tipo i-j ou j-i são muito próximas às interações moleculares do tipo i-i e j-j; logo, as propriedades da mistura ou solução se modificam pouco em relação às propriedades dos compostos puros. Por exemplo, a mistura benzeno-tolueno tem comportamento termodinâmico muito similar aos comportamentos dos compostos puros. E, por analogia a uma MIG, define-se **Mistura Ideal** (MI) ou **Solução Ideal**, seja ela líquida ou gasosa, aquela que apresenta as propriedades mostradas na Tabela 6.5:

Tabela 6.5 ▶ Propriedades parciais molares para a Mistura Ideal.

$\overline{V}_i^{MI} = \underline{V}_i$	$\Delta \underline{V}^{MI} = 0$	(6.160)
$\overline{U}_i^{MI} = \underline{U}_i$	$\Delta \underline{U}^{MI} = 0$	(6.161)
$\overline{H}_i^{MI} = \underline{H}_i$	$\Delta \underline{H}^{MI} = 0$	(6.162)
$\overline{A}_i^{MI} = \underline{A}_i + RT \ln x_i$	$\Delta \underline{A}^{MI} = RT \sum x_i \ln x_i$	(6.163)
$\overline{S}_i^{MI} = \underline{S}_i - R \ln x_i$	$\Delta \underline{S}^{MI} = -R \sum x_i \ln x_i$	(6.164)
$\overline{G}_i^{MI} = \underline{G}_i + RT \ln x_i$	$\Delta \underline{G}^{MI} = RT \sum x_i \ln x_i$	(6.165)

Note que a mistura ideal é menos restrita que a mistura ideal de gases ou mistura de gases ideais. Em uma Mistura Ideal de Gases, $\overline{V}_i^{MIG} = \underline{V}_i^{GI}$, então todos os volumes dos componentes pertencentes à MIG serão iguais a $\dfrac{RT}{P}$. No entanto, em uma Mistura Ideal, a restrição é somente que $\overline{V}_i^{MI} = \underline{V}_i$, ou seja, os volumes parciais molares dos componentes na mistura são iguais aos seus volumes molares quando puros, mas não necessariamente esses volumes serão iguais entre si.

Observação II: MIG e MI Semelhantes em Quê?

Embora o estado de agregação seja diferente (MIG: gasoso, MI: líquido) e, portanto, com interações visivelmente diferentes, a analogia MIG e MI continua sendo válida. A analogia está justamente no fato da idealidade da mistura, seja ela líquida ou gasosa. Pelo fato de o estado de agregação ser diferente, as condições de análise serão diferentes (uso de referências diferentes), mas a característica de idealidade é válida para ambos os casos, sob diferentes aspectos.

Continuação

> Embora dito "ideal", misturas reais podem apresentar COMPORTAMENTO ideal (ex: hexano-heptano, benzeno-tolueno). A idealidade para uma MI não está na inexistência de interação como em uma MIG, e sim em como ocorrem essas interações. Para uma MI, as interações observadas são as mais simples possíveis. Na realidade, interações intermoleculares sempre vão existir, mesmo para um líquido puro (nesse caso a interação será do tipo *i-i*). O comportamento ideal para misturas líquidas é baseado na semelhança molecular; dessa forma, em uma mistura ideal (MI), cada composto "*i*" interage com "*j*" como se fosse *i-i*. O mesmo pode ser dito a respeito para mistura de gases com comportamento ideal. A diferença com mistura ideal de gases está no fato de haver em líquidos maior proximidade molecular e, portanto, haver maior interação molecular (sendo todas consideradas do tipo *i-i*). E em se tratando de gases, a idealidade continua valendo para a mistura; nesse caso, devido à baixa densidade, apresenta tão pouca interação que pode ser considerada inexistente. Por isso as referências de idealidade são diferentes para os diferentes estados de agregação. No entanto, o conceito de idealidade continua sendo válido, sendo este baseado na forma mais simples de interação presente em determinada mistura de acordo com seu estado de agregação.

Grandezas Excedentes

No mundo real, misturas podem ser ou não ideais. Como em muito de nossos cálculos tomamos como referências sistemas ideais, é importante qualificarmos e quantificarmos o quanto um sistema real se distancia de um sistema ideal. A propriedade que expressa o quanto a mistura real difere da mistura ideal é chamada de **Grandeza Excedente**, definida como:

$$\underline{\theta}^E = \underline{\theta} - \underline{\theta}^{MI} \qquad (6.166)$$

para o componente *i*, temos:

$$\overline{\theta}_i^E = \overline{\theta}_i - \overline{\theta}_i^{MI} \qquad (6.167)$$

ou ainda, como $\overline{\theta}_i^{MI} = \underline{\theta}_i$, temos que:

$$\overline{\theta}_i^E = \overline{\theta}_i - \underline{\theta}_i \qquad (6.168)$$

Vamos então introduzir esse conceito para as diferentes grandezas termodinâmicas. Por simplicidade, usaremos as grandezas em sua forma intensiva. Para o volume, temos que o volume excedente ou o excesso de volume é dado por:

$$\underline{V}^E = \underline{V} - \underline{V}^{MI} \qquad (6.169)$$

Em que $\underline{V} = \sum x_i \overline{V}_i$ e $\underline{V}^{MI} = \sum x_i \underline{V}_i$, então:

$$\underline{V}^E = \sum x_i \left(\overline{V}_i - \underline{V}_i \right) \qquad (6.170)$$

Para a entalpia excedente ou excesso de entalpia, temos:

$$\underline{H}^E = \underline{H} - \underline{H}^{MI} \tag{6.171}$$

Em que $\underline{H} = \sum x_i \overline{H}_i$ e $\underline{H}^{MI} = \sum x_i \underline{H}_i$, então:

$$\underline{H}^E = \sum x_i \left(\overline{H}_i - \underline{H}_i \right) \tag{6.172}$$

Para a energia de Gibbs excedente temos:

$$\underline{G}^E = \underline{G} - \underline{G}^{MI} \tag{6.173}$$

Das Equações (6.104) e (6.165) temos que $\underline{G} = \sum x_i \overline{G}_i$ e $\underline{G}^{MI} = \sum x_i \underline{G}_i + RT \sum x_i \ln x_i$, então:

$$\underline{G}^E = \sum x_i \left(\overline{G}_i - \underline{G}_i \right) - RT \sum x_i \ln x_i \tag{6.174}$$

Note que $\underline{\theta}^E$ não é necessariamente igual a $\Delta\underline{\theta}_{mist}$. Embora para volume, entalpia e energia interna essas quantidades sejam numericamente iguais, o mesmo pode não acontecer para outras propriedades intensivas. Além disso, propriedades excedentes são, por definição, diferentes das propriedades de solução, $\Delta\underline{\theta}_{mist}$, por isso tenha em mente o conceito de cada uma dessas propriedades: $\Delta\underline{\theta}_{mist}$ indica a variação da propriedade $\underline{\theta}$ quando diferentes substâncias são misturadas para formarem uma determinada solução; e $\underline{\theta}^E$ indica o quanto a propriedade da solução real, $\underline{\theta}$, difere da propriedade em uma solução ideal, $\underline{\theta}^{MI}$. Comparando as Equações (6.131) e (6.174) fica claro que $\underline{\theta}^E$ é diferente de $\Delta\underline{\theta}_{mist}$. Analogamente, obtemos as expressões para a entropia excedente e para a energia de Helmholtz excedente de uma mistura real:

$$\underline{S}^E = \sum x_i \left(\overline{S}_i - \underline{S}_i \right) + R \sum x_i \ln x_i \tag{6.175}$$

$$\underline{A}^E = \sum x_i \left(\overline{A}_i - \underline{A}_i \right) - RT \sum x_i \ln x_i \tag{6.176}$$

A Fugacidade em Misturas Multicomponentes

Para um componente puro, o estado de referência selecionado foi o gás ideal através das Equações (6.41) e (6.51), ou simplesmente:

$$\ln \phi = \ln \frac{f}{P} = \frac{\underline{G}(T,P) - \underline{G}^{GI}(T,P)}{RT} = \frac{1}{RT} \int_0^P \left(\underline{V} - \underline{V}^{GI} \right) dP$$

Para sistemas multicomponentes, as frações molares de seus constituintes na mistura devem ser consideradas. Assim, com base na equação anterior, podemos calcular a fugacidade de um componente *i* em uma mistura ($\hat{f}_i$) tendo com referência uma Mistura Ideal de Gases (MIG), ou seja:

$$\ln \hat{\phi}_i = \ln \frac{\hat{f}_i}{x_i P} = \frac{\overline{G}_i(T,P,x) - \overline{G}_i^{MIG}(T,P,x)}{RT} = \frac{1}{RT} \int_0^P \left(\overline{V}_i - \overline{V}_i^{MIG} \right) dP \quad (6.177)$$

Ou ainda, como $\overline{V}_i^{MIG} = \underline{V}_i^{GI}$, temos que:

$$\ln \hat{\phi}_i = \ln \frac{\hat{f}_i}{x_i P} = \frac{\overline{G}_i(T,P,x) - \overline{G}_i^{MIG}(T,P,x)}{RT} = \frac{1}{RT} \int_0^P \left(\overline{V}_i - \underline{V}_i^{GI} \right) dP \quad (6.178)$$

Em que $\hat{\phi}_i$ é o coeficiente de fugacidade da espécie *i* na mistura. Note que a fugacidade tanto na Equação (6.52) quanto na Equação (6.178) foi definida usando como estado de referência o gás ideal. Na Equação (6.178), por se tratar de uma mistura, a referência passou a ser uma mistura ideal de gases.

Para misturas em fase condensada, líquida ou sólida, o componente na temperatura e pressão do sistema pode não existir em fase gasosa; nesse caso, se o gás ideal é adotado como o estado de referência, este será um estado de referência hipotético ou virtual. Para evitar o uso de estados de referência hipotéticos é comum, para misturas líquidas e/ou sólidas, utilizar a substância pura como referência; ou seja, usamos como o estado de referência a Mistura Ideal. Nessa situação, a Equação (6.178) modifica-se para:

$$\ln \frac{\hat{f}_i^L}{x_i f_i^0} = \frac{\overline{G}_i(T,P,x) - \overline{G}_i^0(T,P,x)}{RT} = \frac{1}{RT} \int_0^P \left(\overline{V}_i - \overline{V}_i^0 \right) dP \quad (6.179)$$

Em que f_i^0 é a fugacidade do composto *i* no estado de referência. A escolha do estado de referência dependerá da aplicação; no entanto, o estado de referência mais comumente empregado é o dos compostos puros na mesma temperatura e pressão do sistema em estudo. Nesse caso, a Equação (6.179) será reescrita como:

$$\ln \frac{\hat{f}_i^L}{x_i f_i} = \frac{\overline{G}_i(T,P,x) - \overline{G}_i^{MI}(T,P,x)}{RT} = \frac{1}{RT} \int_0^P \left(\overline{V}_i - \underline{V}_i \right) dP \quad (6.180)$$

Em que, f_i é a fugacidade do composto *i* puro na temperatura e pressão do sistema em estudo. Esse estado de referência é denominado simétrico. Se, por exemplo, são selecionados estados de referência diferentes para os vários compostos da mistura, então, o estado de referência será denominado assimétrico. Para as aplicações de interesse em alimentos e áreas afins, o estado de referência adotado será sempre o simétrico.

Coeficiente de Atividade e Atividade

A partir da Equação (6.179) incorporamos uma nova grandeza chamada **coeficiente de atividade**, γ_i. Essa grandeza expressa a razão entre o valor da fugacidade do componente *i* na fase condensada real, $\hat{f}_i^L$, e a fugacidade do componente *i* no estado de referência, ou seja:

$$\gamma_i = \frac{\hat{f}_i^L}{x_i f_i^0} \tag{6.181}$$

Em que f_i^0 é a fugacidade do componente *i* no estado de referência. Ou, a partir da Equação (6.180), quando o estado de referência é o composto puro nas mesmas condições de temperatura e pressão do sistema, temos:

$$\gamma_i = \frac{\hat{f}_i^L}{x_i f_i} \tag{6.182}$$

Assim como o coeficiente de fugacidade, o coeficiente de atividade indica o quanto o sistema se afasta do comportamento ideal. Portanto, para uma Mistura Ideal (MI), a fugacidade do composto na mistura é igual à fugacidade do composto puro, logo:

$$\overline{G}_i(T,P,x) = \overline{G}_i^{MI}(T,P,x) \tag{6.183}$$

Temos da Equação (6.179) ou da Equação (6.180) que:

$$\ln \frac{\hat{f}_i^L}{x_i f_i} = \ln \gamma_i = 0 \tag{6.184}$$

Portanto,

$$\gamma_i = 1 \tag{6.185}$$

Ou seja, para uma Mistura Ideal, $\gamma_i = 1$.

Retornando, se subtrairmos da fugacidade de um componente na mistura a sua fugacidade quando puro, teremos:

$$\frac{\overline{G}_i(T,P,x) - \underline{G}_i(T,P)}{RT} = \ln \frac{\hat{f}_i^L}{f_i} \tag{6.186}$$

A Equação (6.186) define uma nova grandeza termodinâmica denominada atividade, tal que:

$$a_i = \frac{\hat{f}_i^L}{f_i} \tag{6.187}$$

Conceitualmente, a atividade indica o quanto ativa é a substância em relação a um estado padrão. Nas Equações (6.182) e (6.187) o estado padrão adotado foi o composto puro nas mesmas condições de temperatura e pressão do sistema. Comparando a Equação (6.187) com a Equação (6.182), temos:

$$a_i = x_i \gamma_i \tag{6.188}$$

Da Equação (6.185), para a Mistura Ideal ($\gamma_i = 1$) temos:

$$a_i = x_i \tag{6.189}$$

Energia de Gibbs Excedente e Coeficiente de Atividade

Da Equação (6.167) podemos escrever para o componente *i*:

$$\overline{G}_i^E = \overline{G}_i - \overline{G}_i^{MI} \tag{6.190}$$

Somando e subtraindo $\overline{G}_i^{MIG}$ na Equação (6.190), obtemos:

$$\overline{G}_i^E = (\overline{G}_i - \overline{G}_i^{MIG}) + (\overline{G}_i^{MIG} - \overline{G}_i^{MI}) \tag{6.191}$$

O primeiro termo do segundo membro da Equação (6.191) representa a fugacidade do componente *i* em uma mistura conforme a Equação (6.177):

$$\ln \frac{\hat{f}_i}{x_i P} = \frac{\overline{G}_i - \overline{G}_i^{MIG}}{RT} \tag{6.177}$$

Para o segundo termo da Equação (6.191) podemos usar as Equações (6.156) e (6.165):

$$\overline{G}_i^{MIG} = \underline{G}_i^{GI} + RT \ln x_i \tag{6.156}$$

$$\overline{G}_i^{MI} = \underline{G}_i + RT \ln x_i \tag{6.165}$$

Subtraindo a Equação (6.165) da Equação (6.156), encontramos:

$$\overline{G}_i^{MIG} - \overline{G}_i^{MI} = \underline{G}_i^{GI} - \underline{G}_i \tag{6.192}$$

Note que o termo $\underline{G}_i^{GI} - \underline{G}_i$ é a própria definição de fugacidade do componente i puro conforme a Equação (6.41):

$$\underline{G}_i(T,P) - \underline{G}_i^{GI}(T,P) = RT \ln \frac{f_i}{P} \tag{6.41}$$

Logo,

$$\overline{G}_i^{MIG} - \underline{G}_i^{MI} = \underline{G}_i^{GI} - \underline{G}_i = -RT \ln \frac{f_i}{P} \tag{6.193}$$

Substituindo as Equações (6.177) e (6.193) na Equação (6.191), obtemos:

$$\overline{G}_i^E = RT \ln \frac{\hat{f}_i}{x_i P} - RT \ln \frac{f_i}{P} \tag{6.194}$$

Portanto,

$$\overline{G}_i^E = RT \ln \frac{\hat{f}_i}{x_i f_i} \tag{6.195}$$

Comparando as Equações (6.181) e (6.195) encontramos:

$$\overline{G}_i^E = RT \ln \gamma_i \tag{6.196}$$

A Equação (6.196) representa a relação direta entre a energia de Gibbs parcial molar do componente i na mistura e o coeficiente de atividade deste componente.

Logo, para a mistura temos:

$$\underline{G}^E = \sum x_i \overline{G}_i^E = RT \sum x_i \ln \gamma_i \tag{6.197}$$

Para uma mistura binária, a Equação (6.197) torna-se:

$$\frac{\underline{G}^E}{RT} = x_1 \ln \gamma_1 + x_2 \ln \gamma_2 \tag{6.198}$$

A Equação (6.198) é um instrumento de cálculo que permite definir e descrever o tipo de mistura que se observa em determinado sistema. Nos limites quando $x_1 \to 1$ e $x_2 \to 0$, a solução encontra-se quase pura no componente 1, ou seja, possui um comportamento próximo ao do composto 1; sendo assim, o valor da energia de Gibbs excedente é zero ($\underline{G}^E = 0$). Esse resultado é coerente, uma vez que a propriedade $\underline{G}^E$ representa o quanto a energia de Gibbs excede o comportamento de uma mistura ideal, ou seja, se a mistura se comporta como uma mistura ideal, $\gamma_1 \to 1$, então a função excedente é nula.

A Equação (6.198) é de grande utilidade nos cálculos de equilíbrio de fases. Diversos modelos são apresentados para o cálculo do coeficiente de atividade, cada um com uma particularidade de aplicação. O estudo desses modelos será realizado no Capítulo 8.

Equilíbrio de Fases em Sistemas Multicomponentes

No início do capítulo mostramos que o estado de equilíbrio só é estabelecido quando se estabelecem entre as diversas fases a igualdade das temperaturas, a igualdade das pressões e a igualdade das energias de Gibbs molares, e vimos que esta última condição pode ser substituída pela igualdade das fugacidades. Entendemos que, para qualificar o estado de equilíbrio deveríamos conseguir quantificar a fugacidade das substâncias, estando ela pura ou em mistura. Note que utilizaremos a seguinte notação: y_i será a fração molar do componente i na fase leve e x_i será a fração molar do componente i na fase pesada; os índices L e V representam as fases leve e pesada para o equilíbrio líquido-vapor. Então, aplicando as condições para o equilíbrio, temos:

$$T^V = T^L \tag{6.199}$$

$$P^V = P^L \tag{6.200}$$

$$\hat{f}_i^V = \hat{f}_i^L \tag{6.201}$$

Para resolver a Equação (6.201) teremos que considerar o tipo de equilíbrio com o qual estamos trabalhando. Assim, se uma das fases for vapor, como por exemplo, no equilíbrio líquido-vapor ou no equilíbrio sólido-vapor, usaremos o coeficiente de fugacidade para descrever a fase vapor; logo, da Equação (6.177), temos:

$$\hat{\phi}_i^V = \frac{\hat{f}_i^V}{y_i P} \tag{6.202}$$

Quando uma das fases é líquida, como por exemplo, no equilíbrio líquido-vapor, no equilíbrio líquido-líquido, no equilíbrio sólido-líquido, podemos descrever a fase líquida usando tanto o coeficiente de fugacidade quanto o coeficiente de atividade. Quando usamos o coeficiente de fugacidade, da Equação (6.177) temos:

$$\hat{\phi}_i^L = \frac{\hat{f}_i^L}{x_i P} \tag{6.203}$$

Portanto,

$$\hat{f}_i^V = \hat{\phi}_i^V y_i P = \hat{f}_i^L = \hat{\phi}_i^L x_i P \quad \Rightarrow \quad \hat{\phi}_i^V y_i = \hat{\phi}_i^L x_i \tag{6.204}$$

No entanto, quando usamos o coeficiente de atividade, da Equação (6.182) temos:

$$\gamma_i = \frac{\hat{f}_i^L}{x_i f_i} \tag{6.205}$$

Portanto,

$$\hat{f}_i^V = \hat{\phi}_i^V y_i P = \hat{f}_i^L = \gamma_i x_i f_i \quad \Rightarrow \quad \hat{\phi}_i^V y_i P = \gamma_i x_i f_i \tag{6.206}$$

Quando o equilíbrio líquido-vapor é descrito usando-se as Equações (6.202) e (6.203), o método de cálculo é denominado abordagem ϕ-ϕ (lê-se fi-fi) em alusão ao uso dos coeficientes de fugacidade das fases líquida e vapor. Quando o equilíbrio líquido-vapor é descrito pelas Equações (6.202) e (6.205), o método de cálculo é denominado abordagem γ-ϕ (lê-se gama-fi) em alusão ao fato de usarmos os coeficientes de atividade e fugacidade.

Para o equilíbrio líquido-líquido as Equações (6.202) a (6.204) continuam válidas, mas o super-índice L representará a fase líquida mais pesada e o super-índice V representará a fase líquida mais leve. Em geral, esse tipo de equilíbrio é descrito usando-se os coeficientes de atividade para ambas as fases líquidas. Logo,

$$\gamma_i^V = \frac{\hat{f}_i^V}{y_i f_i} \qquad (6.207)$$

$$\gamma_i^L = \frac{\hat{f}_i^L}{x_i f_i} \qquad (6.208)$$

Como o estado de referência é o mesmo nas duas fases líquidas, igualando-se as fugacidades, das Equações (6.207) e (6.208) temos:

$$\hat{f}_i^L = \gamma_i^L x_i f_i = \hat{f}_i^V = \gamma_i^V y_i f_i \quad \Rightarrow \quad \gamma_i^L x_i = \gamma_i^V y_i \qquad (6.209)$$

Nos Capítulos 7 e 8, você verá detalhadamente o emprego de cada uma dessas abordagens.

Atividade de Água

A Equação (6.206) é bastante empregada em alimentos. Para entender como a Equação (6.206) é usada em alimentos, vamos utilizar as Equações (6.202) e (6.205) e uma descrição simplificada de um alimento. Os alimentos são formados de água, carboidratos, proteínas, lipídeos e minerais. Vamos analisar o comportamento de um alimento armazenado no ar-ambiente. Nesse caso, temos duas fases: fase alimento e fase ar-ambiente. Os carboidratos, as proteínas, os lipídeos e os minerais têm baixíssima (ou nenhuma) pressão de sublimação. Logo, o equilíbrio que se estabelece entre o alimento e o ar-ambiente é, na realidade, entre a água presente na fase alimento com a água, na verdade vapor d'água, presente na fase ar-ambiente. Então, muito embora tenhamos vários compostos e o alimento seja uma mistura complexa, existe apenas uma equação de equilíbrio que é dada pela igualdade da fugacidade da água na fase alimento com a fugacidade da água na fase ar-ambiente:

$$\hat{f}_{H_2O}^{a\,lim} = \hat{f}_{H_2O}^{ar} \qquad (6.210)$$

Em que, $\hat{f}_{H_2O}^{a\,lim}$ é a fugacidade da água na fase alimento e $\hat{f}_{H_2O}^{ar}$ é a fugacidade da água na fase ar-ambiente. Substituindo as Equações (6.202) e (6.205) na Equação (6.210), obtemos:

$$\hat{\phi}_{H_2O}^{ar} y_{H_2O} P = x_{H_2O} \gamma_{H_2O} f_{H_2O} \qquad (6.211)$$

Os alimentos são armazenados à pressão ambiente; logo, a fase ar-ambiente pode ser tratada como ideal, portanto,

$$\hat{\phi}_{H_2O}^{ar} = 1 \qquad (6.212)$$

Além disso, a baixas pressões, a fugacidade do composto puro é aproximadamente igual à sua pressão de vapor na temperatura do sistema, ou seja,

$$f_{H_2O} = P_{H_2O}^{vap} \qquad (6.213)$$

Substituindo-se as Equações (6.212) e (6.213) na Equação (6.211), obtemos:

$$y_{H_2O} P = x_{H_2O} \gamma_{H_2O} P_{H_2O}^{vap} \qquad (6.214)$$

Rearranjando, temos:

$$x_{H_2O} \gamma_{H_2O} = \frac{y_{H_2O} P}{P_{H_2O}^{vap}} = \frac{\overline{P}_{H_2O}}{P_{H_2O}^{vap}} \qquad (6.215)$$

Em que $\overline{P}_{H_2O}$ é a pressão parcial do vapor d'água. Logo, o segundo membro da Equação (6.215) é igual à umidade relativa do ar ambiente (UR). A atividade de água é definida como:

$$a_{H_2O} = x_{H_2O} \gamma_{H_2O} \qquad (6.216)$$

Então,

$$\frac{\overline{P}_{H_2O}}{P_{H_2O}^{vap}} = UR = a_{H_2O} \qquad (6.217)$$

A Lei de Raoult

Existem alguns sistemas que admitem simplificações. Vamos, por exemplo, analisar o equilíbrio líquido-vapor de um sistema cujos componentes são formados por espécies químicas similares. Quando as moléculas dos compostos que formam a mistura são quimicamente muito similares, como discutido anteriormente, as interações moleculares do tipo *i-i* e *i-j* ou *j-i* são muito semelhantes, portanto, o comportamento desse sistema será bem mais simples. Nesse caso, a fase condensada poderá ser descrita pelas equações da mistura ideal (MI). Se, adicionalmente, a pressão do sistema for baixa, a fase vapor poderá ser adequadamente descrita pelas equações da Mistura Ideal de Gases (MIG). Vamos aplicar nas Equações (6.203) e (6.205) essas restrições. Como o comportamento da fase gasosa se aproxima do comportamento de um gás ideal, temos que $\hat{\phi}_i^V = 1$, e a fugacidade da fase vapor torna-se:

$$\hat{f}_i^V = y_i P_i \qquad (6.218)$$

Como a fase líquida tem comportamento de mistura ideal, então: $\gamma_i = 1$. Mas, como o sistema encontra-se a baixa pressão, então da Equação (6.74) temos que $f_i = P_i^{vap}$, e a Equação (6.205) se reduz a:

Equilíbrio de Fases: Sistemas Mono e Multicomponentes

$$\hat{f}_i^L = x_i P_i^{vap} \qquad (6.219)$$

Usando o critério da isofugacidade, isto é igualando as Equações (6.218) e (6.219), obtemos:

$$y_i P = x_i P_i^{vap} \qquad (6.220)$$

A Equação (6.220) é chamada de **Lei de Raoult**; a equação possui aplicação limitada devido às várias restrições impostas para a sua obtenção. Ela só pode ser empregada quando ambas as fases líquida e vapor se comportam de forma ideal, ou seja, podem ser descritas por uma MI e por uma MIG, respectivamente. Para uma mistura binária:

$$y_1 P = x_1 P_1^{vap} \qquad (6.221)$$

$$y_2 P = x_2 P_2^{vap} \qquad (6.222)$$

Somando as Equações (6.221) e (6.222) e sabendo que $y_1 + y_2 = 1$:

$$P = x_1 P_1^{vap} + x_2 P_2^{vap} \qquad (6.223)$$

A Figura 6.7 mostra a variação das pressões parciais de cada espécie e a pressão total do sistema em função da fração molar do componente mais volátil para um sistema binário que segue a Lei de Raoult. Uma característica interessante observada na Figura 6.7 é que a pressão de equilíbrio para sistemas que seguem a Lei de Raoult é uma função linear da fração molar da fase líquida. Uma vez estabelecida à pressão de equilíbrio, é possível determinar a composição da fase vapor através das Equações (6.221) e (6.222).

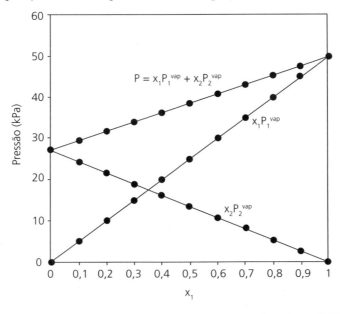

Figura 6.7 ▶ Representação da pressão total de equilíbrio e pressões parciais ($x_i P_i^{vap}$) das espécies em um sistema que segue a Lei de Raoult.

Exemplo 6.9

Aplicação da Lei de Raoult

Sabe-se que o equilíbrio líquido-vapor do sistema hexano/*n*-heptano pode ser descrito pela Lei de Raoult. Calcule a composição da fase vapor em equilíbrio com uma mistura líquida contendo 30% molar de hexano a 45 °C. As pressões de vapor dos compostos puros são descritas pelas Equações (E6.7-1) e (E6.7-2).

$$\ln P^{vap}_{hexano}(kPa) = 13,9193 - \frac{2.696,04}{T(°C) + 224,317} \quad \text{(E6.7-1)}$$

$$\ln P^{vap}_{n\text{-heptano}}(kPa) = 13,8622 - \frac{2.910,26}{T(°C) + 216,432} \quad \text{(E6.7-2)}$$

Resolução

Primeiro precisamos determinar as pressões de vapor de cada componente na temperatura de 45 °C:

$$\ln P^{vap}_{hexano}(kPa) = 13,9193 - \frac{2.696,04}{45 + 224,317} = 3,9086 \quad \Rightarrow \quad P^{vap}_{hexano} = 49,831 \, kPa$$

$$\ln P^{vap}_{n\text{-heptano}}(kPa) = 13,8622 - \frac{2.910,26}{45 + 216,432} = 2,7302 \quad \Rightarrow \quad P^{vap}_{n\text{-heptano}} = 15,336 \, kPa$$

Então, pela equação de Raoult temos que a pressão do sistema é determinada através da Equação (6.223):

$$P = x_{hexano} P^{vap}_{hexano} + x_{n\text{-heptano}} P^{vap}_{n\text{-heptano}}$$

$$P = 0,30 \times 49,831 + 0,7 \times 15,336 = 25,6845 \, kPa$$

e a fração molar do hexano na fase vapor é dada por:

$$y_{hexano} = \frac{x_{hexano} P^{vap}_{hexano}}{P} = \frac{0,30 \times 49,831}{25,6845} = 0,582$$

Como, $y_{hexano} + y_{n\text{-heptano}} = 1 \quad \Rightarrow \quad y_{n\text{-heptano}} = 0,418$

Comentários

Esse resultado indica que a fase líquida contendo 30% molar de hexano está em equilíbrio com a fase vapor contendo 58,2% de hexano na pressão de 25,6845 kPa. É possível realizarmos esses cálculos para toda faixa de composição $y_{n\text{-heptano}} \subset (0;1)$; assim, podemos construir o diagrama P *vs* xy a dada temperatura, conforme ilustra a Figura 6.8.

Equilíbrio de Fases: Sistemas Mono e Multicomponentes

capítulo 6

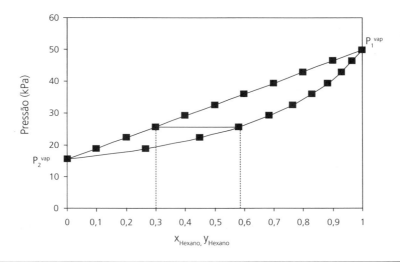

Figura 6.8 ▶ Diagrama P *vs* xy para o sistema hexano/n-heptano a 45 °C.

Na Figura 6.8, as curvas representam a condição de saturação líquido-vapor. A curva superior é a curva de líquido saturado, também chamada de **curva de ponto de bolha**; a curva inferior é a curva de vapor saturado, chamada de **curva do ponto de orvalho**. A região entre as curvas é a região de duas fases: líquida e vapor, e a linha que liga as curvas de saturação a uma dada pressão, nesse caso representado em $x_{n\text{-heptano}} = 0{,}30$, é chamada de linha de união ou linha de amarração (ou *tie-line*, em inglês). Essa linha descreve a composição exata do equilíbrio líquido-vapor para determinada condição de temperatura e pressão. Podemos ainda representar o equilíbrio líquido-vapor de um sistema binário através dos diagramas T *vs* xy (Figura 6.9) e x *vs* y (Figura 6.10). Esse último diagrama é mais empregado nos estudos de destilação.

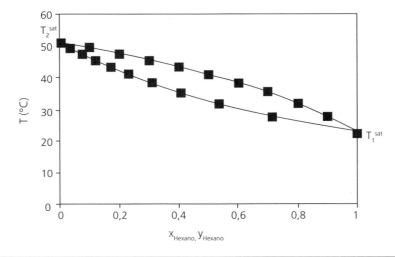

Figura 6.9 ▶ Diagrama T *vs* xy para o sistema hexano/n-heptano a 20 kPa.

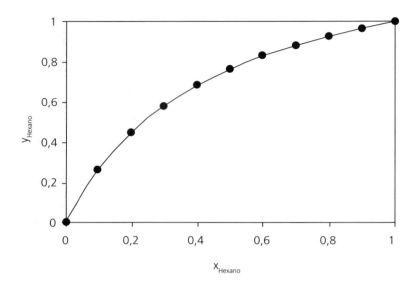

Figura 6.10 ▶ Diagrama x *vs* y para o sistema hexano/*n*-heptano a 45 °C.

A aplicação dos diagramas nos cálculos de equilíbrio de fases em sistemas reais será discutida em detalhes nos Capítulos 7 e 8.

Exemplo 6.10

Equilíbrio Líquido-Vapor na Destilação *Flash*

Uma das importantes aplicações do equilíbrio líquido-vapor é na destilação, largamente empregada na indústria de alimentos. O processo de separação por destilação é baseado na diferença de volatilidade entre os componentes. Quanto mais volátil um componente é em relação ao outro, mais facilmente será sua separação por destilação. O caso mais simples de destilação é o chamado *flash* ou vaporização instantânea, representado na Figura 6.11. A destilação do tipo *flash* é definida como uma destilação contínua em um único estágio onde uma determinada corrente de alimentação F é vaporizada (ou parcialmente vaporizada) a uma certa temperatura T e pressão P produzindo uma fase vapor V rica no componente mais volátil e uma fase líquida L rica no componente menos volátil. O processo pode ocorrer isotermicamente ou adiabaticamente, neste exemplo abordaremos um caso isotérmico.

Equilíbrio de Fases: Sistemas Mono e Multicomponentes — capítulo 6

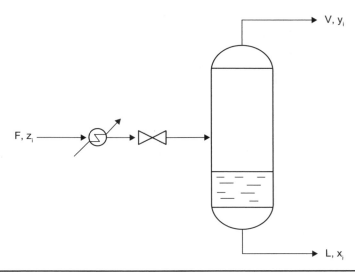

Figura 6.11 ▶ Desenho esquemático de uma unidade de destilação *flash*.

Considere um sistema binário composto por hexano (1)/n-heptano (2), que será submetido a um destilador do tipo *flash*, com alimentação F = 100 kmol/h contendo 40% molar do componente 1. O processo ocorre a 85 °C a uma pressão de 100 kPa. As constantes de Antoine desses componentes encontram-se na Tabela 6.6. Sabendo que o processo ocorre à temperatura constante, e que o sistema segue a Lei de Raoult, determine a quantidade de vapor formada e as composições das correntes de saída.

Tabela 6.6 ▶ Constantes de Antoine para hexano e n-heptano.

Componente	A	B	C
hexano	13,8193	2.696,04	224,317
n-heptano	13,8622	2.910,26	216,432

$$\ln P^{vap} = A - \frac{B}{T+C}, \text{ com } P^{vap}[=] \text{ kPa, e } T[=]\ °C$$

 Resolução

Para resolver um problema do tipo *flash* é necessário considerarmos que se trata de um processo de separação que ocorre em função da existência do equilíbrio de fases. E, sendo assim, utilizaremos equações de balanço de massa (global e por componente) e de equilíbrio.

Primeiramente, através das constantes de Antoine apresentadas na Tabela 6.6, podemos determinar as pressões de vapor de cada componente:

Para o componente 1:

$$\ln P_1^{vap} = 13{,}8193 - \frac{2.696{,}04}{100 + 224{,}317} = 5{,}103 \qquad \text{e então} \qquad P_1^{vap} = 164{,}546 \text{ kPa}$$

E para o componente 2:

$$\ln P_2^{vap} = 13{,}8622 - \frac{2.910{,}26}{T + 216{,}432} = 4{,}207 \qquad \text{e então} \qquad P_2^{vap} = 67{,}183 \text{ kPa}$$

Pensando no processo, por se tratar de uma operação contínua, não há acúmulo de massa. No Capítulo 2, vimos que neste caso $\frac{dN}{dt} = 0$. Então, o balanço de massa global é dado por:

$$\frac{dN}{dt} = \dot{N}_E - \dot{N}_S = 0 \qquad \text{(E6.10-1)}$$

Ou seja: $\dot{N}_E = \dot{N}_S$

Pelo desenho esquemático representado na Figura 6.11, podemos indicar que:

$$F = V + L \qquad \text{(E6.10-2)}$$

E, em termos do balanço de massa por componente, podemos escrever:

$$z_i F = y_i V + x_i L \qquad \text{(E6.10-3)}$$

Assim, utilizando as informações do exercício, temos que:

$$100 = V + L \qquad \text{(E6.10-4)}$$

Ou ainda:

$$L = 100 - V \qquad \text{(E6.10-5)}$$

E no balanço de massa por componentes, temos que:

$$(0{,}40) \times 100 = y_1 V + x_1 (100 - V) \qquad \text{(E6.10-6)}$$

Sabendo que o sistema segue a lei de Raoult, é possível correlacionar as frações molares das correntes de saída pela equação:

$$y_i P = x_i P_i^{vap} \qquad \text{(E6.10-7)}$$

Ou seja:
Para o componente 1:

$$y_1 P = x_1 P_1^{vap} \qquad \text{(E6.10-8)}$$

E, portanto:

$$y_1 = \frac{x_1 \times 164{,}546}{100} = 1{,}645 x_1 \qquad \text{(E6.10-9)}$$

E para o componente 2:

$$y_2 P = x_2 P_2^{vap} \qquad \text{(E6.10-10)}$$

E, portanto:

$$y_2 = \frac{x_2 \times 67{,}183}{100} = 0{,}672 x_2 \qquad \text{(E6.10-11)}$$

Sabendo que $y_1 + y_2 = 1$, e somando as Equações (E6.10-9) e (E.6.10-11), encontramos:

$$1{,}645\, x_1 + 0{,}672\, x_2 = 1 \qquad \text{(E6.10-12)}$$

E, portanto:

$$1{,}645\, x_1 + 0{,}672 \times (1 - x_1) = 1 \qquad \text{(E6.10-13)}$$

Temos que: $\quad x_1 = 0{,}337 \quad$ e $\quad x_2 = 0{,}663$

Retornando às Equações (E6.10-9) e (E6.10.11), determinamos:

$$y_1 = 1{,}645 \times 0{,}337 = 0{,}555 \quad \text{e} \quad y_2 = 0{,}672 \times 0{,}663 = 0{,}445$$

(observe que $y_1 + y_2 = 1$)

E assim, pelo balanço representado pela Equação (E6.10-5), encontramos a quantidade de vapor formada:

$$(0{,}40) \times 100 = y_1 V + x_1 (100 - V) \qquad \text{(E6.10-14)}$$

$$40 = 0{,}555 \times V + 0{,}337 (100 - V) \qquad \text{(E6.10-15)}$$

$$V = 28{,}9 \text{ kg/h}$$

e também

$$L = 70{,}1 \text{ kg/h}$$

Fundamentos de Engenharia de Alimentos

 Comentários

Observe que para resolver esse problema, foi necessário compreender que as correntes de saída V e L saem do *flash* em equilíbrio. E que só é possível a resolução as Equações (E6.10-5) e (E6.10-6) fazendo o uso das equações de equilíbrio. No exercício em questão, o sistema avaliado é ideal em ambas as fases, o que assegurou a uso da Lei de Raoult.

RESUMO DO CAPÍTULO

Neste capítulo, estudamos o equilíbrio de fases para sistemas mono e multicomponentes. As grandezas termodinâmicas utilizadas na determinação das condições de equilíbrio de fases foram discutidas. As abordagens ϕ-ϕ e γ-ϕ utilizadas para o cálculo do equilíbrio empregando-se equações de estado e modelos para a energia de Gibbs excedente serão discutidas nos Capítulos 7 e 8, respectivamente.

 PROBLEMAS PROPOSTOS

6.1. Um aluno de Engenharia, tentando descrever o equilíbrio líquido-vapor através da aplicação de uma equação cúbica de estado, construiu o diagrama P *vs* $\underline{V}$ representado pela Figura P6.1 para uma dada substância pura. Baseado nos critérios de estabilidade, explique a veracidade do comportamento das curvas I e II.

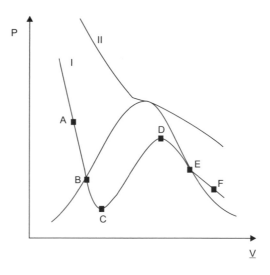

Figura P6.1 ▶ Representação de uma EDE para o equilíbrio líquido vapor de uma substância pura.

Equilíbrio de Fases: Sistemas Mono e Multicomponentes capítulo 6

6.2. Dados do fator de compressibilidade do nitrogênio em função da pressão foram coletados para diferentes valores, conforme apresentado na Tabela P6.2 a seguir. A partir desses dados, determine a fugacidade do nitrogênio a 273 K, a 270 e 530 bar.

Tabela P6.2 ▶ Fator compressibilidade do nitrogênio em função da pressão.

P (bar)	(Z-1)/P
1,01325	-450
10,1325	-430
50,6625	-300
101,3250	-146
151,9875	20
202,650	181
303,975	451
405,300	641
607,950	874
810,600	995
1013,250	1070

6.3. Os dados da Tabela P6.3 se referem ao etano a 25 °C. Com base nesses dados, calcule a razão f^L / f^{sat} a 42 bar a 25 °C e verifique se o etano encontra-se nas condições próximas de saturação. A pressão de vapor do etano é dada pela Equação (P6.3-1).

$$\ln P(\text{bar}) = 9,0435 - \frac{1511,42}{T(K) - 17,16} \quad \textbf{(P6.3-1)}$$

Tabela P6.3 ▶ Dados de volume molar do etanol em função da pressão.

P (bar)	$\underline{V} \times 10^3$ (m³/mol)
1,013	24,268
5,066	4,699
10,133	2,248
15,199	1,010
20,265	0,755
25,331	0,579
35,464	0,445
40,530	0,326
41,543	0,300
41,847	0,292
42,556	0,270

6.4. Medidas experimentais de transição de fase do tolueno indicam que a pressão de vapor desse composto é descrita pela Equação (P6.4-1). Sabendo que o calor latente de fusão do tolueno é 6,689 kJ/mol, estime o calor latente de sublimação do tolueno.

$$\ln P(kPa) = 4,5273 - \frac{340,35}{T(K)} \qquad \text{(P6.4-1)}$$

6.5. Mostre através das relações termodinâmicas as igualdades expressas nas Equações (6.153), (6.154) e (6.155).

6.6. Utilizando a definição de funções excedentes, encontre as equações que descrevem o excesso de entropia e de energia de Helmholtz.

6.7. Na aula de laboratório, você foi incumbido de preparar uma solução de água(1)/metanol(2). Dados experimentais indicam que o volume da solução é representado pela Equação (P6.7-1) na pressão de 1 bar e temperatura de 25 °C. Qual é o volume da solução final se, no preparo da solução, forem utilizados 250 mL de água e 250 mL de metanol? Dados: $\rho_{H2O,25°C} = 0,997$ g/cm^3 e $\rho_{MeOH,25°C} = 0,786$ g/cm^3.

$$\underline{V}(\times 10^6 m^3/mol) = -0,9432 x_1^3 + 4,965 x_2^2 + 18,2065 (x_1 - x_2) + 17,3495 \qquad \text{(P6.7-1)}$$

6.8. A energia interna de uma solução líquida binária, a 25 °C e 1 bar, é representada pela Equação (P6.8-1)

$$\underline{U} = 150 x_1 + 225 x_2 + (15 x_1 + 7,5 x_2) x_1 x_2 \qquad (J/mol) \qquad \text{(P6.8-1)}$$

Determine:
a) As expressões para $\overline{U}_1$ e $\overline{U}_2$ em termos de x_1.
b) Os valores numéricos das energias internas dos componentes puros $\underline{U}_1$ e $\underline{U}_2$.
c) Os valores numéricos das energias internas parciais molares a diluição infinita $\overline{U}_1^\infty$ e $\overline{U}_2^\infty$.
d) Os valores numéricos das energias internas parciais molares em excesso $\overline{U}_1^E$ e $\overline{U}_2^E$, para a solução contendo 35% molar da espécie 1.

6.9. O sistema benzeno-tolueno apresenta características que podem ser descritas pela Lei de Raoult. Utilizando dados da pressão de vapor de cada componente puro, construa:
a) O diagrama P vs x,y para o sistema a T = 45 °C.
b) O diagrama T vs x,y para o sistema a P = 15 kPa.

6.10. Deseja-se armazenar maçãs por um curto período de tempo (2 a 3 dias) em uma câmara refrigerada. Considerando-se que é indesejável qualquer processo de desidratação e/ou condensação durante esse período, determine a umidade relativa que deve ser mantida no interior da câmara. A temperatura da câmara é igual a 10 °C; nessa temperatura a pressão de vapor da água é igual a 0,01276 bar; a atividade de água (a_w) dos legumes é 0,90.

REFERÊNCIAS BIBLIOGRÁFICAS

1. Prausnitz JM, Lichtenthaler RN, Azevedo EG. Molecular thermodynamics of fluid-phase equilibria. 2nd Ed. New Jersey: Prentice-Hall; 1986.
2. Sandler SI. Chemical and engineering thermodynamics. 3rd Ed. New York: John Wiley & Sons; 1999.
3. Tester JW, Modell M. Thermodynamics and its applications. 3rd Ed. New Jersey: Prentice-Hall; 1996.

CAPÍTULO 7

Equilíbrio de Fases para Sistemas Multicomponentes: Usando Equações de Estado

- Sandra Regina Salvador Ferreira
- Lúcio Cardozo Filho
- Vladimir Ferreira Cabral

CONTEÚDO

Objetivos do Capítulo	220
Introdução	221
Mistura de Gases de Comportamento Ideal	221
Propriedades Residuais	223
Exemplo 7.1 – Cálculo da Fugacidade do Etileno	225
Resolução	226
Comentários	226
Coeficiente de Fugacidade para Componentes em uma Mistura e Relação Fundamental de Propriedades Residuais	226
Equações de Estado PVT	229
Equações de Estado Cúbicas	230
Equações Derivadas da Termodinâmica Estatística	235
Equações de Estado PVT para Misturas	237
Regras de Misturas para a Lei dos Estados Correspondentes	237
Regras de Mistura para a Equação do Virial	238
Regras de Mistura para Equações de Estado Cúbicas	239
Extensão da Equação SAFT para Misturas	240

Diagramas de Fases 240

Cálculo do Equilíbrio de Fases Usando a Formulação ϕ-ϕ 243

Exemplo 7.2 – Cálculo do ELV para o Sistema CO_2(1) e Propano(2) 244

Resolução 244

Exemplos de Aplicações para a Engenharia de Alimentos 250

Resumo do Capítulo 251

Problemas Propostos 251

Dados Experimentais para Resolução dos Problemas Propostos 256

Referências Bibliográficas 260

OBJETIVOS DO CAPÍTULO

Os objetivos do capítulo são apresentar o estudo de equilíbrio de fases em sistemas simples e complexos utilizando diferentes equações de estado, fundamentando cada EDE apresentada histórica e conceitualmente. Para isso será apresentado como os parâmetros podem ser obtidos a partir de dados experimentais de equilíbrio de fases.

Introdução

O conhecimento do equilíbrio de fases de sistemas representa um papel importante na produção de alimentos, uma vez que grande parte das operações realizadas nas indústrias alimentícias envolve contato de mais de uma fase, como, por exemplo, processos de extração, destilação, adsorção, secagem, entre outros encontrados industrialmente. Além disso, os alimentos são dispersões multifásicas produzidas em processos de fabricação que criam microestruturas em que, por exemplo, cristais de gelo, de gordura, gotas de soluções aquosas de biopolímeros e bolhas de ar se combinam para formar diferentes fases. De forma geral, as propriedades dessas dispersões são fortemente dependentes da composição de cada uma das fases. Por exemplo, a percepção do sabor, particularmente o aroma, é determinada pelo modo como as moléculas aromatizantes estão distribuídas entre as várias fases presentes no alimento. Dessa maneira, saber descrever ou predizer esses fenômenos é essencial para que o engenheiro de alimentos seja capaz de projetar e aperfeiçoar corretamente os processos de produção de alimentos.

A descrição do equilíbrio de fases e, por conseguinte, a avaliação das propriedades físicas de produtos alimentícios pode ser realizada através da utilização de equações de estado (EDEs). As EDEs, conforme discutido no Capítulo 5, possibilitam a representação do comportamento tanto de fases gasosas quanto de fases condensadas e podem ser aplicadas para condições de baixa e de alta pressão. Entretanto, embora exista crescente evolução de estudos nessa área, essas equações ainda não representam quantitativamente as propriedades de fases condensadas. O equilíbrio líquido-vapor está presente em diversos processos de produção de produtos alimentícios. Por exemplo: processos de produção de bebidas destiladas, processos de destilação para obtenção de compostos voláteis de aromas para posterior utilização na fabricação de produtos finais, processos de extração que utilizam a tecnologia supercrítica, entre outros. Para alguns desses sistemas, o uso das EDEs é adequado, portanto, neste capítulo aplicaremos as EDEs discutidas no Capítulo 5 para a descrição do equilíbrio líquido-vapor de sistemas multicomponentes. Será discutida a estratégia para a avaliação de propriedades termodinâmicas de mistura de gases que leva em conta as propriedades de mistura de gases de comportamento ideal e o conceito de propriedades residuais, também discutidos no Capítulo 5. Nos Capítulos 5 e 6, foi introduzido o conceito das equações de estado volumétricas, como equação do virial, equações cúbicas, equações baseadas na lei dos estados correspondentes e sua aplicação para descrever o comportamento termodinâmico de substâncias puras e misturas. Neste capítulo discutiremos a utilização dessas equações para descrever o comportamento termodinâmico de misturas assim como aplicações das EDEs na Engenharia de Alimentos.

Mistura de Gases de Comportamento Ideal

A estratégia de utilização de estados de referência ou de um estado padrão na estimativa de propriedades de substâncias puras e de suas misturas é frequentemente utilizada na termodinâmica. Nesse tipo de abordagem, uma grandeza genérica, em base molar ($\underline{\theta}$), é calculada da seguinte maneira:

$$\underline{\theta} = \underline{\theta}^{ref} - \underline{\theta}^{corr} \tag{7.1}$$

Em que $\underline{\theta}^{ref}$ é a propriedade $\underline{\theta}$ de interesse avaliada no seu estado de referência, geralmente uma condição idealizada, e $\underline{\theta}^{corr}$ é a correção em relação ao valor real da propriedade. Para a fase gasosa, o estado de referência comumente utilizado é o de gás ideal. As propriedades do gás ideal puro já foram abordadas no Capítulo 5 deste livro; as propriedades de misturas de gases de comportamento ideal (MGI) foram discutidas no Capítulo 6.

As propriedades termodinâmicas de misturas podem ser avaliadas através da soma ponderada da propriedade parcial molar de interesse em relação à fração molar da substância presente na mistura ($\overline{\theta}_i$), como abordado no Capítulo 6. No caso de uma mistura de gases de comportamento ideal, essa relação é representada pela seguinte equação:

$$\underline{\theta}^{MGI} = \sum_{i=1}^{n} x_i \overline{\theta}_i^{MGI} \tag{7.2}$$

em que $\underline{\theta}^{MGI}$ é uma grandeza molar genérica da mistura de gases de comportamento ideal, x_i é a fração molar do componente *i* na mistura e $\overline{\theta}_i^{MGI}$ é a propriedade parcial molar do componente *i* no estado de gás ideal. O volume, a energia interna e a entalpia parciais molares de um componente em uma mistura de gases de comportamento ideal são iguais ao volume, à energia interna e à entalpia do gás ideal puro na mesma temperatura da mistura e na mesma pressão do sistema de interesse, ou seja,

$$\overline{\theta}_i^{MGI} = \underline{\theta}_i^{GI}(T, P) \tag{7.3}$$

para $\overline{\theta}_i^{MGI}$ igual ao volume, energia interna e entalpia (reveja as Equações (6.148) a (6.150)). Essa constatação vem do fato que o modelo do gás ideal, por ser uma idealização, admite moléculas de volume zero que não interagem entre si. Dessa forma, cada componente, no interior da mistura de gases de comportamento ideal, não tem suas propriedades alteradas pela presença dos outros componentes da mistura. Assim, a pressão parcial de um componente em uma mistura gasosa representa a pressão que aquele componente isolado exerceria se ocupasse todo o volume da mistura. A Equação (6.104) é a representação em linguagem matemática desse fato e é essa mesma equação que permite escrever que:

$$P_i = x_i P \tag{7.4}$$

Ou seja, em uma mistura homogênea de gases ideais, cujas moléculas se movimentam de forma randômica, a lei de Dalton para pressão parcial estabelece que cada gás que forma a mistura se comporta como se estivesse sozinho, ocupando todo o volume, na temperatura da mistura, e que a pressão total do sistema é a soma das pressões parciais de cada componente do sistema.

Propriedades Residuais

Trabalhamos com o conceito de gás ideal nos Capítulos 5 e 6; o modelo do gás ideal é útil para a descrição do comportamento dos gases a baixas pressões e serve como um padrão de referência na descrição do comportamento dos gases reais. Essa avaliação comparativa das propriedades na fase gasosa é realizada mediante a introdução do conceito de propriedades residuais, conforme as Equações (5.105) e (5.107). Ou seja, de propriedades que medem o afastamento em relação ao comportamento ideal, servindo de padrão de comparação com o comportamento de gases reais.

As propriedades residuais são definidas como a diferença entre o valor de uma propriedade molar de um fluido no estado real e o valor dessa mesma propriedade na condição de gás ideal nas mesmas condições de temperatura, pressão e composição. Ou seja, a diferença $\underline{G}_i - \underline{G}_i^{GI}$ presente na Equação (6.41) define um novo tipo de propriedade termodinâmica denominada *propriedade residual* ($\underline{\theta}^R$). Assim,

$$\underline{\theta}^R = \underline{\theta} - \underline{\theta}^{GI} \tag{7.5}$$

No caso da Equação (6.41), a diferença $\underline{G}_i - \underline{G}_i^{GI}$ definiu a energia de Gibbs residual, $\underline{G}_i^R$. Entretanto, outras propriedades residuais podem ser descritas como apresentado na Equação (7.5), como o volume residual $\underline{V}_i^R$, a entalpia residual $\underline{H}_i^R$ e a entropia residual $\underline{S}_i^R$; por exemplo, essas mesmas grandezas foram definidas nas Equações (5.107) e (5.109). A partir da Equação (7.5), a Equação (6.41) pode, então, ser reescrita da seguinte maneira:

$$\frac{\underline{G}_i^R}{RT} = \ln \phi_i \tag{7.6}$$

Assim, para avaliarmos o coeficiente de fugacidade de uma espécie pura é necessário o conhecimento da energia de Gibbs residual desse componente. Para tanto, vamos derivar a Equação (7.5) em relação à pressão mantendo a temperatura constante:

$$\left(\frac{\partial \underline{\theta}^R}{\partial P} \right)_T = \left(\frac{\partial \underline{\theta}}{\partial P} \right)_T - \left(\frac{\partial \underline{\theta}^{GI}}{\partial P} \right)_T \tag{7.7}$$

Ou

$$d\underline{\theta}^R = \left[\left(\frac{\partial \underline{\theta}}{\partial P} \right)_T - \left(\frac{\partial \underline{\theta}^{GI}}{\partial P} \right)_T \right] dP \Big|_T \tag{7.8}$$

A integração da Equação (7.8) em relação à pressão de $P \to 0$ até a pressão de interesse P resulta em:

$$\int_{P\to 0}^{P} d\underline{\theta}^R = \int_{P\to 0}^{P}\left[\left(\frac{\partial \underline{\theta}}{\partial P}\right)_T - \left(\frac{\partial \underline{\theta}^{GI}}{\partial P}\right)_T\right]dP\bigg|_T \qquad (7.9)$$

Ou

$$\underline{\theta}^R(T,P) - \underline{\theta}^R(T,P\to 0) = \int_{P\to 0}^{P}\left[\left(\frac{\partial \underline{\theta}}{\partial P}\right)_T - \left(\frac{\partial \underline{\theta}^{GI}}{\partial P}\right)_T\right]dP\bigg|_T \qquad (7.10)$$

O termo $\underline{\theta}^R(T,P\to 0)$ representa a propriedade residual no limite em que $P\to 0$; nessa condição, o sistema tende ao comportamento de gás ideal e, dessa maneira, segundo a definição da Equação (7.5), o termo $\underline{\theta}^R(T,P\to 0)$ deve ser igual a zero. Assim,

$$\underline{\theta}^R(T,P) = \int_{P\to 0}^{P}\left[\left(\frac{\partial \underline{\theta}}{\partial P}\right)_T - \left(\frac{\partial \underline{\theta}^{GI}}{\partial P}\right)_T\right]dP\bigg|_T \qquad (7.11)$$

Aplicando-se a Equação (7.11) para a energia de Gibbs, obtemos a seguinte relação:

$$\underline{G}_i^R(T,P) = \int_{P\to 0}^{P}\left[\left(\frac{\partial \underline{G}_i}{\partial P}\right)_T - \left(\frac{\partial \underline{G}_i^{GI}}{\partial P}\right)_T\right]dP\bigg|_T \qquad (7.12)$$

Em que $\left(\frac{\partial \underline{G}_i}{\partial P}\right)_T$ é o volume molar do componente i ($\underline{V}_i$) e consequentemente $\left(\frac{\partial \underline{G}_i^{GI}}{\partial P}\right)_T$ é o volume molar do componente i na condição de gás ideal ($\underline{V}_i^{GI} = RT/P$). Logo:

$$\underline{G}_i^R(T,P) = \int_{P\to 0}^{P}\left[\underline{V}_i - \frac{RT}{P}\right]dP \qquad (7.13)$$

A Equação (6.51) é idêntica à Equação (7.13). Usando o fator de compressibilidade da espécie i pura $Z_i = \frac{P\underline{V}_i}{RT}$ na Equação (7.13) obtemos:

$$\frac{\underline{G}_i^R}{RT}(T,P) = \int_{P\to 0}^{P}\left[\frac{P\underline{V}_i}{RT} - 1\right]\frac{dP}{P} = \int_{P\to 0}^{P}[Z_i - 1]\frac{dP}{P} \qquad (7.14)$$

Na Equação (7.14) está implícito que o fator de compressibilidade possui a seguinte dependência $Z_i = Z_i(T,P)$, ou seja, Z_i é função explícita da temperatura e da pressão. Substituindo-se a Equação (7.14) na Equação (7.6), obtemos:

$$\ln \phi_i = \int_{P\to 0}^{P}[Z_i - 1]\frac{dP}{P} \qquad (7.15)$$

A partir da Equação (7.15) verificamos que o coeficiente de fugacidade está relacionado diretamente com as propriedades PVT do sistema. Nessa equação, essas propriedades PVT são representadas pelo fator de compressibilidade Z_i, que pode ser avaliado a partir de informação experimental ou através de uma equação de estado PVT.

As equações de estado PVT são expressões algébricas que relacionam pressão, temperatura e volume molar. Algumas das principais equações de estado PVT propostas na literatura foram apresentadas no Capítulo 5 e serão utilizadas neste capítulo, com as necessárias adaptações, para descrever o comportamento volumétrico de misturas.

Outra característica interessante da Equação (7.15) é que, apesar da mesma ter sido desenvolvida para um componente puro, ela pode ser aplicada para o caso de uma mistura de gases. Nessa situação, basta que saibamos calcular o fator de compressibilidade para a mistura como um todo, ou seja, é necessário saber como utilizar as equações de estado PVT para o caso de mistura de gases. Esse procedimento é realizado através da introdução das regras de mistura.

Exemplo 7.1

Cálculo da Fugacidade do Etileno

O gás etileno é produzido durante o amadurecimento de frutas climatéricas e desempenha um importante papel na qualidade das mesmas por estimular o desenvolvimento de cor, textura, aroma e sabor dos frutos (Larotonda et al., 2008). Considere os dados experimentais da Tabela 7.1, adaptados de Jong et al. (1999), e que representam o efeito da pressão no fator de compressibilidade do etileno na temperatura de 60 °C. Com base nesses dados obtenha os valores do coeficiente de fugacidade e da fugacidade do C_2H_4 para os diferentes valores de pressão da Tabela 7.1 para a temperatura de 60 °C.

Tabela 7.1 ▶ Valores do fator de compressibilidade para o etileno na temperatura de 60 °C (Jong et al., 1999).

P (bar)	Z
1,0133	0,994
25,15	0,910
50,40	0,785
93,24	0,590
118,44	0,548
133,56	0,540
158,76	0,560
161,28	0,570

Resolução

Para a resolução do problema empregamos a Equação (7.15) e a definição de coeficiente de fugacidade, Equação (6.52); os valores calculados encontram-se na Tabela 7.2.

Tabela 7.2 ▶ Valores de coeficiente de fugacidade para o etileno em diferentes condições de pressão, a 60 °C.

P (MPa)	Z	ϕ_i	f_i (MPa)
0,10133	0,994	0,994018	0,101
2,515	0,910	0,913931	2,30
5,040	0,785	0,806541	4,07
9,324	0,590	0,663650	6,19
11,844	0,548	0,636354	7,54
13,356	0,540	0,631284	8,43
15,876	0,560	0,644036	10,23
16,128	0,570	0,650509	10,50

Comentários

Os valores de coeficiente de fugacidade na Tabela 7.2 a foram apresentados com 6 dígitos significativos apenas para evitar erros de arredondamento; já as fugacidades, por serem a resposta final, foram apresentadas com apenas 4 algarismos significativos. Observe que os coeficientes de fugacidade são próximos da unidade para pressões de até 2,5 MPa, ou seja, o etileno poderia ser tratado como gás ideal até essa pressão. Conforme os valores de pressão aumentam, mais diminuem os valores do coeficiente de fugacidade e, consequentemente, da fugacidade indicando o afastamento do comportamento de gás ideal.

Coeficiente de Fugacidade para Componentes em uma Mistura e Relação Fundamental de Propriedades Residuais

A definição da fugacidade de um componente em uma mistura pode ser feita utilizando-se como referência a equação do potencial químico de um componente em uma mistura de gases de comportamento ideal. No caso de uma solução real, a equação do potencial químico é escrita da seguinte maneira:

$$\mu_i = \Gamma(T) + RT \ln \hat{f}_i \qquad (7.16)$$

Em que $\Gamma(T)$ é uma função da temperatura, sendo que a pressão parcial foi substituída por $\hat{f}_i$ que representa a fugacidade do componente i em uma mistura. Aplicando a Equação (7.16) para uma mistura de gases de comportamento ideal, obtemos:

$$\mu_i^{GI} = \Gamma(T) + RT \ln \frac{\hat{f}_i}{x_i P} \qquad (7.17)$$

A subtração da Equação (7.17) da Equação (7.16) nas mesmas condições de temperatura e pressão resulta em:

$$\mu_i - \mu_i^{GI} = \overline{G}_i - \overline{G}_i^{GI} = \overline{G}_i^R = RT \ln \frac{\hat{f}_i}{x_i P} \qquad (7.18)$$

Na Equação (7.18) os potenciais químicos da mistura real e da mistura de gases de comportamento ideal foram substituídos, respectivamente, por suas energias de Gibbs parciais molares [veja as Equações (6.34) e (6.111)]. A razão adimensional:

$$\hat{\phi}_i = \frac{\hat{f}_i}{x_i P} \qquad (7.19)$$

é o coeficiente de fugacidade do componente i na mistura [veja a Equação (6.177)].

A Equação (7.18) é análoga à Equação (7.6) que relaciona ϕ_i com o $\underline{G}_i^R$. Para a mistura de gases de comportamento ideal, $\overline{G}_i^R$ é necessariamente igual a zero, logo $\hat{\phi}_i^{GI} = 1$ e $\hat{f}_i^{GI} = x_i P$. Essa última conclusão mostra que a fugacidade do componente i em uma mistura de gases de comportamento ideal é igual à sua pressão parcial. De maneira mais formal, as conclusões anteriores podem ser descritas através da seguinte relação:

$$\lim_{P \to 0} \left(\frac{\hat{f}_i}{x_i P} \right) = \hat{\phi}_i^{GI} = 1 \qquad (7.20)$$

A comparação entre as Equações (7.3) e (7.5) estabelece que:

$$\underline{\theta}^{ref} = \underline{\theta}^{GI} \quad e \quad \underline{\theta}^{corr} = \underline{\theta}^{R} \qquad (7.21)$$

Dessa maneira, as propriedades residuais corrigem as diferenças que existem entre as propriedades dos fluidos na condição de gás ideal e aquelas na condição real do sistema. Assim, as Equações (7.1) e (7.5) representam o ponto de partida de uma estratégia para cálculo sistemático de propriedades termodinâmicas de misturas de gases. O termo referente às propriedades de misturas de gases de comportamento ideal já foi descrito anteriormente.

Cabe aqui o desenvolvimento das relações necessárias ao cálculo das propriedades residuais de misturas.

As propriedades residuais podem ser calculadas usando-se a forma diferencial da energia de Gibbs residual, ou seja:

$$d\left(\frac{N\underline{G}^R}{RT}\right) = \frac{1}{RT}d\left(N\underline{G}^R\right) - \frac{N\underline{G}^R}{RT^2}dT \tag{7.22}$$

A Equação (7.22) pode ser modificada usando-se a Equação Fundamental da Termodinâmica na representação da energia de Gibbs, ou seja, a Equação (5.20) escrita para misturas; assim temos:

$$d\underline{G} = -\underline{S}dT + \underline{V}dP + \sum_{i=1}^{n}\overline{G}_i dN_i \tag{7.23}$$

Escrevendo a Equação (7.23) em termos das grandezas residuais temos:

$$d\left(N\underline{G}^R\right) = -N\underline{S}^R dT + N\underline{V}^R dP + \sum_{i=1}^{n}\overline{G}_i^R dN_i \tag{7.24}$$

Da definição de energia de Gibbs, em termos das grandezas residuais, temos:

$$N\underline{G}^R = N\underline{H}^R - TN\underline{S}^R \tag{7.25}$$

Substituindo-se as Equações (7.24) e (7.25) na Equação (7.22) obtemos:

$$d\left(\frac{N\underline{G}^R}{RT}\right) = \frac{1}{RT}\left(-N\underline{S}^R dT + N\underline{V}^R dP + \sum_{i=1}^{n}\overline{G}_i^R dN_i\right) - \frac{N\underline{H}^R - TN\underline{S}^R}{RT^2}dT \tag{7.26}$$

Rearranjando, obtemos:

$$d\left(\frac{N\underline{G}^R}{RT}\right) = \frac{N\underline{V}^R}{RT}dP - \frac{N\underline{H}^R}{RT^2}dT + \sum_{i=1}^{n}\frac{\overline{G}_i^R}{RT}dN_i \tag{7.27}$$

A Equação (7.27) é chamada de *relação fundamental de propriedades residuais* e corrobora o fato de a energia de Gibbs ser função da temperatura, da pressão e do número de moles de cada composto do sistema. Ou seja, a energia de Gibbs residual é função das mesmas variáveis independentes da Equação Fundamental da Termodinâmica na representação da energia de Gibbs, Equação (5.20). Portanto, o conhecimento da razão $\frac{\underline{G}^R}{RT}$ em função de suas variáveis naturais permite o cálculo de todas as outras propriedades residuais. Da Equação (7.27) e usando a Equação (7.9) obtemos as seguintes relações:

$$\frac{\underline{V}^R}{RT} = \left[\frac{\partial\left(\underline{G}^R/RT\right)}{\partial P}\right]_T = \left[\frac{\partial \ln \phi}{\partial P}\right]_T \qquad (7.28)$$

$$\frac{\underline{H}^R}{RT} = -T\left[\frac{\partial\left(\underline{G}^R/RT\right)}{\partial T}\right]_P = -T\left[\frac{\partial \ln \phi}{\partial T}\right]_P \qquad (7.29)$$

$$\frac{\overline{G}_i^R}{RT} = \ln \hat{\phi}_i = \left[\frac{\partial\left(N\underline{G}^R/RT\right)}{\partial N_i}\right]_{P,T,N_{j\neq i}} = \left[\frac{\partial\left(N \ln \phi\right)}{\partial P}\right]_{P,T,N_{j\neq i}} \qquad (7.30)$$

Em que $\hat{\phi}$ representa o coeficiente de fugacidade da mistura. A Equação (7.30) mostra que $\ln \hat{\phi}_i$ é a propriedade parcial molar do termo $\frac{G^R}{RT}$. Dessa forma, como os valores de $\ln \hat{\phi}_i$ são propriedades parciais molares de $\frac{G^R}{RT}$, então, de acordo com as Equações (6.102) e (6.177), temos:

$$\frac{\underline{G}^R}{RT} = \sum_{i=1}^{n} x_i \ln \hat{\phi}_i \qquad (7.31)$$

As relações anteriores mostram que para a obtenção das propriedades residuais é necessário informação de dados PVT do sistema. Esses dados podem ser obtidos por via experimental ou então através das equações de estado PVT. Dessa forma, a próxima seção apresenta uma revisão das principais equações de estado PVT propostas na literatura.

Equações de Estado PVT

As equações de estado PVT são relações algébricas que relacionam a pressão (P), o volume molar ($\underline{V}$) e a temperatura absoluta do sistema (T), sendo consideradas equações volumétricas. Além das informações PVT do sistema, as equações de estado (EDE) permitem também calcular, como mostrado nas seções anteriores, o afastamento do comportamento dos fluidos em relação ao estado de gás ideal. Esse afastamento é representado pelas propriedades residuais. As equações de estado PVT possibilitam ainda o cálculo do equilíbrio de fases e essa aplicação será apresentada nas seções posteriores. No Capítulo 5, foram apresentadas as EDEs de Van der Waals, Redlich-Kwong, Soave e Peng-Robinson. Também foi discutida a aplicação dessas EDEs para descrever as propriedades volumétricas de substâncias puras. Neste capítulo, usaremos essas EDEs para descrever o comportamento de misturas.

A equação de estado PVT mais simples para gases, consistente com a Lei de Boyle e a Lei de Charles, é a equação dos gases ideais:

$$P\underline{V} = RT \tag{7.32}$$

Ou

$$Z = \frac{P\underline{V}}{RT} = 1 \Rightarrow P = \frac{ZRT}{\underline{V}} \tag{7.33}$$

em que Z é o fator de compressibilidade que expressa a não idealidade do gás. Para um gás ideal $Z = 1$. Para gases reais, é normalmente menor que 1 exceto em condições de temperatura e pressão muito elevadas. A equação do gás ideal pode ser utilizada para representar exclusivamente o comportamento de gases a baixa pressão. Não é recomendado seu uso em condições de pressões moderadas ou altas ($P > 1,0$ MPa). A equação do gás ideal também não prediz a ocorrência da transição de fases líquido-vapor.

Existem diversas equações de estado PVT propostas na literatura para aplicações na Engenharia em função da importância desse tema para o campo da Física no século XIX. Mas, é importante salientar que atualmente o foco dos estudos desse campo da ciência se encontra na resolução das diversas deficiências das EDEs: por exemplo, melhorar a descrição das fases condensadas. São diversas as formas convenientes de classificar as EDEs. Considerando a classificação das EDEs através de sua origem, podemos sugerir os seguintes tipos:

1. Equações baseadas na lei dos estados correspondentes.
2. Equações do tipo virial.
3. Equações de estado cúbicas.
4. Equações derivadas da termodinâmica estatística.

Os três primeiros tipos de EDEs foram descritos no Capítulo 5. Aqui, iremos detalhar o uso das EDEs cúbicas (ou do tipo Van der Waals, conforme classificação do Capítulo 5) para descrever o comportamento de misturas e, também, o uso das EDEs classificadas como equações derivadas da termodinâmica estatística.

Equações de Estado Cúbicas

A equação de Van der Waals, proposta em 1873, foi a primeira EDE capaz de representar simultaneamente e de forma qualitativa o comportamento das fases líquida e vapor:

$$P = \frac{RT}{\underline{V} - b} - \frac{a}{\underline{V}^2} \tag{7.34}$$

Em que b é o parâmetro de correção de volume da equação e a representa o parâmetro atrativo entre as moléculas. O parâmetro volumétrico representa parte do volume molar que não é acessível para uma molécula no interior do gás, devido à presença das outras moléculas. Essa contribuição aumenta o valor predito para a pressão pela Equação (7.34) quando comparada com a equação do gás ideal na mesma densidade e temperatura. De acordo com Van der Waals, o último termo da direita na Equação (7.34) é independente da temperatura e está relacionado com as forças de atração existentes entre as moléculas no interior do fluido. A pressão exercida por um gás no interior de um reservatório é reflexo das colisões das moléculas do gás contra as paredes do reservatório. Dessa maneira, a pressão do gás está diretamente relacionada com a força e a frequência dessas colisões. A suposição da existência de forças de atração entre as moléculas do gás sugere uma diminuição da força e da frequência das colisões resultando, portanto, numa diminuição da pressão exercida pelo gás. Por isso, o termo atrativo contribui para a diminuição do valor predito para a pressão pela Equação (7.34).

A determinação dos parâmetros a e b para uma substância pura pode ser realizada das seguintes maneiras:

1. Os parâmetros podem ser ajustados diretamente a partir de dados experimentais, normalmente pressão de vapor e densidade do líquido ou do vapor. Como na EDE de Van der Waals, esses parâmetros não possuem uma dependência explícita com a temperatura; esse método pode ser empregado usando-se dados para uma única temperatura. Para outras equações nas quais os parâmetros são dependentes da temperatura, o cálculo é feito para a uma determinada faixa de temperaturas.

2. Calcular os parâmetros a partir de informações do ponto crítico da substância pura. A Figura 7.1 apresenta as predições da equação de Van der Waals em um diagrama pressão *versus* volume, em três temperaturas distintas: T_2, T_1 e T_c. Quando expandida, a Equação (7.34) torna-se uma equação cúbica no volume e, dessa maneira, fornece três raízes para cada par de valores de temperatura e pressão. A isoterma $T_2 < T_c$ cruza

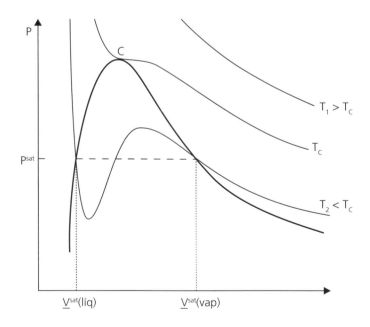

Figura 7.1 ▶ Diagrama P *versus* $\underline{V}$ para a equação de Van der Waals.

a região do equilíbrio líquido-vapor e, nessa condição, a equação de Van der Waals, na pressão P^{sat}, fornece duas raízes com significado físico, $\underline{V}^{sat}$ (líq) e $\underline{V}^{sat}$ (vap), das suas três raízes. A raiz real positiva de maior valor representa o volume do vapor saturado, $\underline{V}^{sat}$ (vap), enquanto a raiz real positiva de menor valor representa o volume do líquido saturado, $\underline{V}^{sat}$ (líq). A raiz de valor intermediário deve ser, então, descartada. Na temperatura $T_1 > T_c$, a equação de Van der Waals fornece apenas uma raiz com significado físico, já que tal isoterma se encontra na região do vapor. A isoterma da temperatura do ponto crítico T_c apresenta uma característica interessante exatamente na condição do ponto crítico. Nesse ponto, a linha da isoterma crítica possui inclinação zero. Esse comportamento é expresso matematicamente da seguinte maneira:

$$P = P_c \tag{7.35}$$

$$\left(\frac{\partial P}{\partial \underline{V}}\right)_{T_c} = 0 \tag{7.36}$$

$$\left(\frac{\partial^2 P}{\partial \underline{V}^2}\right)_{T_c} = 0 \tag{7.37}$$

Dessa forma, conhecidos os valores de T_c e P_c, obtemos um sistema com três equações e três incógnitas: a, b e $\underline{V}_c$. No caso da equação de Van der Waals, esse sistema de equações possui a seguinte solução:

$$a = \frac{27\,R^2 T_c^2}{64\,P_c} \tag{7.38}$$

$$b = \frac{RT_c}{8\,P_c} \tag{7.39}$$

A equação de Van der Waals tem interesse histórico por ter sido a primeira equação de estado cúbica proposta. Embora não seja quantitativamente precisa, essa equação é, entretanto, capaz de reproduzir qualitativamente uma série de fenômenos relacionados ao equilíbrio líquido-vapor.

O desenvolvimento moderno das equações de estado cúbicas se iniciou no ano de 1949, quando Redlich e Kwong (citados por Sandler, 1999) apresentaram uma modificação na equação de Van der Waals. Essa modificação consistia na introdução de uma dependência explícita da temperatura e do volume no termo atrativo da equação de Van der Waals, como apresentado a seguir:

$$P = \frac{RT}{\underline{V} - b} - \frac{a}{T^{1/2}\,\underline{V}(\underline{V} + b)} \tag{7.40}$$

Equilíbrio de Fases para Sistemas Multicomponentes: Usando Equações de Estado — capítulo 7

A equação proposta por Redlich e Kwong foi a primeira equação cúbica de estado que conseguiu bons resultados para os cálculos de fugacidade. Nessa equação, os parâmetros a e b podem ser avaliados como descrito anteriormente pelas Equações (7.36) e (7.37) e as equações análogas às Equações (7.38) e (7.39) são:

$$a = \frac{27\,R^2 T_c^{2,5}}{64\,P_c} \qquad (7.41)$$

$$b = \frac{RT_c}{8\,P_c} \qquad (7.42)$$

Embora tenha apresentado melhorias na equação de Van der Waals, a equação de Redlich e Kwong, Equação (7.40), não reproduz com precisão a pressão de vapor de espécies puras e tampouco as propriedades volumétricas de líquidos. Grande parte dos desenvolvimentos posteriores das equações de estado cúbicas está relacionada com aprimoramentos do termo atrativo, visando melhorar a descrição do comportamento PVT do sistema. A estratégia padrão empregada no desenvolvimento de EDEs consiste no uso das condições do ponto crítico, Equações (7.36) e (7.37), para obter o parâmetro atrativo a_c no ponto crítico e, com isso, introduzir uma correção dependente da temperatura que possui a seguinte forma:

$$a(T) = a_c \alpha(T) \qquad (7.43)$$

A função $\alpha(T)$ é igual a 1 no ponto crítico e é ajustada em outras condições de tal forma a produzir melhores predições para uma ampla faixa de temperaturas. Essa estratégia foi utilizada primeiramente por Wilson (1964, citado por Sandler, 1999) e depois por Soave (1972, citado por Sandler, 1999) e por Peng e Robinson (1976). A Tabela 7.3 apresenta as propostas de equações de estado de cada um desses autores.

Nas equações apresentadas na Tabela 7.3, ω é o fator acêntrico definido pela Equação (5.149) e T_r é a temperatura reduzida. As modificações propostas por Soave (1972, citado por Sandler, 1999) e por Peng-Robinson (1976, citado por Sandler, 1999) foram as que obtiveram melhores resultados para a predição da pressão de vapor de compostos apolares, principalmente para hidrocarbonetos leves. Essas alterações tornaram essas equações importantes ferramentas para o cálculo do equilíbrio líquido-vapor em pressões moderadas e altas. Dessa maneira, as equações de Soave e de Peng-Robinson são amplamente utilizadas em aplicações industriais. As vantagens dessas equações são as seguintes: (1) requerem pouca informação de entrada (propriedades críticas e fator acêntrico), (2) utilizam pequeno tempo computacional e (3) fornecem boa predição do equilíbrio líquido-vapor para substâncias apolares, especialmente hidrocarbonetos leves. Em contrapartida, essas equações apresentam as desvantagens de não descreverem adequadamente os seguintes aspectos: (1) o volume do líquido, (2) as propriedades de moléculas de cadeia longa e (3) o comportamento dos fluidos próximo a regiões críticas e em pressões inferiores a 1,3 kPa.

Tabela 7.3 ▶ Equações de estado cúbicas para $a(T) = a_c \alpha(T)$.

Wilson (1964)	
$P = \dfrac{RT}{(\underline{V}-b)} - \dfrac{a(T)}{\underline{V}(\underline{V}+b)}$	(7.44)
$a_c = \dfrac{0,42748\,R^2 T_c^2}{P_c}$	(7.45)
$b = \dfrac{0,08664\,RT_c}{P_c}$	(7.46)
$\alpha = T_r\left[1 + \left(1,57 + 1,62\omega\right)\left(\dfrac{1}{T_r} - 1\right)\right]$	(7.47)
Soave (1972)	
$P = \dfrac{RT}{(\underline{V}-b)} - \dfrac{a(T)}{\underline{V}(\underline{V}+b)}$	(7.48)
$a_c = \dfrac{0,42748\,R^2 T_c^2}{P_c}$	(7.49)
$b = \dfrac{0,08664\,RT_c}{P_c}$	(7.50)
$\alpha = \left[1 + \left(0,480 + 1,574\omega - 0,176\omega^2\right)\left(1 - T_r^{1/2}\right)\right]^2$	(7.51)
Peng-Robinson (1976)	
$P = \dfrac{RT}{(\underline{V}-b)} - \dfrac{a(T)}{\underline{V}(\underline{V}+b) + b(\underline{V}-b)}$	(7.52)
$a_c = 0,45724\left(\dfrac{R^2 T_c^2}{P_c}\right)$	(7.53)
$b = 0,07780\left(\dfrac{RT_c}{P_c}\right)$	(7.54)
$\alpha = \left[1 + \left(0,37464 + 1,54226\omega - 0,26992\omega^2\right)\left(1 - T_r^{1/2}\right)\right]^2$	(7.55)

Outra estratégia utilizada no aprimoramento das equações de estado cúbicas consiste na introdução de um parâmetro adicional. Por exemplo, Harmens e Knapp (1980) e Patel & Teja (1982) introduziram um terceiro parâmetro c nas seguintes equações de estado, respectivamente:

$$P = \frac{RT}{\underline{V} - b} - \frac{a}{\underline{V}^2 + cb\underline{V} - (c-1)b^2} \quad (7.56)$$

$$P = \frac{RT}{\underline{V} - b} - \frac{a}{\underline{V}^2 + (b+c)\underline{V} - bc} \quad (7.57)$$

As Equações (7.56) e (7.57) se reduzem à equação de Peng-Robinson, Equação (7.52), quando o parâmetro c assume os valores: 2 na Equação (7.56) ou b na Equação (7.57), respectivamente.

Ainda, devido ao maior número de parâmetros, as Equações (7.56) e (7.57) são capazes de predizer com maior exatidão dados de pressão do vapor e de volume molar do líquido. Além disso, com a escolha apropriada dos parâmetros, essas equações são capazes também de representar as propriedades de fluidos polares. Entretanto, essa classe de equações ainda falha na predição de propriedades de fluidos próximos da condição crítica. Outra desvantagem desse tipo de equação é que o terceiro parâmetro, c, deve ser obtido a partir de dados adicionais de componente puro, além de requerer uma equação adicional que relacione as composições molares do sistema.

Muitas outras equações cúbicas foram propostas utilizando as estratégias anteriormente apresentadas. Revisões como as de Anderko (1990), Sandler (1999) e Valderrama (2003) apresentam em detalhes as aplicações e as desvantagens das equações de estado cúbicas.

Equações Derivadas da Termodinâmica Estatística

Em termos de Engenharia de Processos, o ponto de vista macroscópico dos sistemas é mais relevante que o microscópico, e o campo da termodinâmica associado com essa visão é a *termodinâmica clássica*. Em contrapartida, cada vez mais a visão de produto tem suplantado a simples observação do processo, particularmente para a área de alimentos em que o mercado consumidor tem se mostrado cada vez mais conhecedor dos produtos consumidos, aumentando o grau de exigência sobre os mesmos. Essa visão de produto, particularmente para sistemas complexos como os alimentos, é melhor interpretada através da observação microscópica dos sistemas. O campo da termodinâmica associado com essa ótica é a *termodinâmica estatística*, que emprega a observação que ocorre em nível molecular, considerando o comportamento médio de um grupo de moléculas. Assim, uma classe de equações de estado derivada da termodinâmica estatística surgiu para incrementar a descrição de sistemas complexos.

Essa classe de equações de estado permite a representação de sistemas macroscópicos em termos de propriedades microscópicas, podendo ser desenvolvida a partir da equação fundamental da termodinâmica na representação para a energia de Helmholtz residual.

Vários tipos de equações de estado podem ser derivadas da termodinâmica estatística, mas o detalhamento sobre essa classe de ferramentas não é o objetivo deste livro. Podemos apenas citar alguns dos mais representativos modelos derivados dessa classe de equações de estado, como o modelo SAFT (*Statistical Associating Fluid Theory*) que se tornou muito popular, principalmente para o cálculo de equilíbrio de fases. Várias revisões na literatura abordam esse tipo de equação, como os livros de Sandler (1999) e Prausnitz et al. (1999).

Modelos derivados da termodinâmica estatística (como o modelo SAFT) têm particular importância na área de alimentos devido à complexidade dos sistemas aí envolvidos. Os aminoácidos, por exemplo, são a base de formação da vida, apresentando grande importância econômica tanto na área de alimentos como farmacêutica e, portanto, o conhecimento do equilíbrio de fases de sistemas que contenham aminoácidos e outros componentes complexos é fundamental para a otimização de processos. Para essas situações, modelos derivados da termodinâmica estatística podem descrever mais adequadamente os sistemas.

O modelo SAFT admite que as moléculas de um fluido são uma mistura de segmentos esféricos que interagem de acordo com um potencial de interação intermolecular específico. Nesse modelo, são permitidos dois tipos de ligações entre as esferas: covalentes, para formar cadeias, e pontes de hidrogênio, para interações específicas, como apresentado na Figura 7.2. A Figura 7.2 contém um esquema das diversas etapas envolvidas na formação do potencial de interação intermolecular específico que a equação SATF admite. A primeira contribuição (etapa *a*) reflete as interações entre as esferas rígidas, em determinada

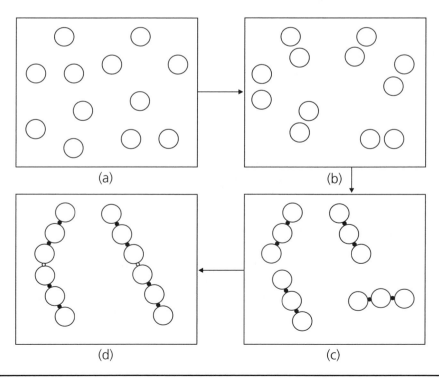

Figura 7.2 ▶ Esquema de formação de uma molécula no modelo SAFT (Prauznitz et al., 1999).

densidade e temperatura. A etapa *b* representa a contribuição devido às interações de Van der Waals (ou dispersão) entre os segmentos moleculares. A terceira contribuição (etapa *c*) representa a variação das ligações covalentes entre segmentos, resultando na formação da cadeia. A quarta contribuição (etapa *d*) contabiliza a mudança devido às interações entre sítios específicos, localizados na superfície dos segmentos como, por exemplo, as pontes de hidrogênio. Huang e Radosz (1991) apresentam valores para os parâmetros da equação SAFT para um grande grupo de espécies químicas, incluindo hidrocarbonetos, compostos aromáticos, éteres, álcoois, ácidos carboxílicos, ésteres, cetonas, aminas e polímeros.

Fica evidente que equações como a SAFT, que têm seu desenvolvimento baseado em uma perspectiva microscópica, apresentam parâmetros com significados físicos bem definidos e contribuições que podem ser incluídas explicitamente no modelo como: tamanho, forma e polaridade das moléculas além da associação entre elas. Entretanto, cada termo adicionado aumenta a complexidade da equação.

Equações de Estado PVT para Misturas

As equações de estado PVT utilizadas para representar o comportamento das misturas são as mesmas equações utilizadas para fluidos puros apresentadas na seção anterior. O único requisito para estender a aplicação dessas equações é o emprego de parâmetros que representem a mistura. Essa aproximação é feita usando as regras de mistura. A seguir, são apresentadas as regras de misturas utilizadas para cada uma das categorias de equações abordadas anteriormente.

Regras de Misturas para a Lei dos Estados Correspondentes

Não existe uma teoria para a aplicação das correlações generalizadas, como a Equação (5.118, Pitzer), para misturas. Dessa maneira, são sugeridas regras de mistura lineares simples para a determinação de parâmetros pseudocríticos da mistura; ou seja, o fator acêntrico (ω_m), a temperatura (T_{cm}) e a pressão (P_{cm}) pseudocríticas da mistura podem ser obtidos por:

$$\omega = \sum_i y_i \omega_i \tag{7.58}$$

$$\frac{G^R}{RT} = \sum_{i=1}^{n} x_i \ln \hat{\phi}_i \tag{7.59}$$

$$P_{cm} = \sum_i y_i P_{c_i} \tag{7.60}$$

em que y_i representa a fração molar do componente *i* na mistura e T_{c_i} e P_{c_i} representam as propriedades críticas do componente *i* puro. A partir dessas definições, é possível descrever os parâmetros pseudorreduzidos da mistura da seguinte maneira:

$$T_{pr} = \frac{T}{T_{cm}} \qquad (7.61)$$

$$P_{pr} = \frac{P}{P_{cm}} \qquad (7.62)$$

Então, no caso de uma mistura, a temperatura pseudorreduzida (T_{pr}) e a pressão pseudorreduzida (P_{pr}) servem como dados de entrada para a Equação (5.118).

Regras de Mistura para a Equação do Virial

No caso da equação do virial, em princípio, necessita-se de regras de misturas para cada um dos coeficientes do virial. Entretanto, como visto nas seções anteriores, para fins práticos, a equação do virial é truncada no segundo termo, na maioria das vezes, tornando a mesma adequada para gases reais que se desviam apenas moderadamente da idealidade. Dessa maneira, a seguir é apresentada uma regra de mistura apenas para o segundo coeficiente do virial. O segundo coeficiente de virial, para misturas, é função tanto da temperatura como da composição da mistura. A dependência do parâmetro B em relação à composição pode ser obtida através da teoria da Mecânica Estatística resultando na seguinte relação:

$$B = \sum_i \sum_j y_i y_j B_{ij} \qquad (7.63)$$

em que B_{ij} é o segundo coeficiente do virial para as interações entre as moléculas dos componentes i e j. No caso de uma mistura binária, a Equação (7.63) indica os seguintes coeficientes: B_{11}, B_{12}, B_{21} e B_{22}. Os parâmetros B_{11} e B_{22} representam, na verdade, os coeficientes das espécies 1 e 2 puras, enquanto os coeficientes B_{12} e B_{21} são denominados coeficientes cruzados, que representam as interações entre as moléculas das espécies 1 e 2. Nesse caso, admite-se que $B_{12} = B_{21}$. Os coeficientes cruzados B_{ij} são determinados usando as regras de combinação. No caso do segundo coeficiente do virial, Prausnitz et al. (1999) sugerem a seguinte regra de combinação baseada no princípio dos estados correspondentes:

$$\frac{B_{ij} P_{c_{ij}}}{R T_{c_{ij}}} = B^0 + \omega_{ij} B^1 \qquad (7.64)$$

em que B^0 e B^1 são avaliados utilizando-se as Equações (5.120) e (5.121). Os termos ω_{ij}, $P_{c_{ij}}$ e $T_{c_{ij}}$ são determinados empregando-se as seguintes equações:

$$\omega_{ij} = \frac{\omega_i + \omega_j}{2} \qquad (7.65)$$

$$T_{c_{ij}} = \sqrt{T_{c_i} T_{c_j}} \left(1 - k_{ij}\right) \qquad (7.66)$$

$$P_{c_{ij}} = \frac{Z_{c_{ij}} R T_{c_{ij}}}{V_{c_{ij}}} \qquad (7.67)$$

$$Z_{c_{ij}} = \frac{Z_{c_i} + Z_{c_j}}{2} \qquad (7.68)$$

$$V_{c_{ij}} = \left(\frac{V_{c_i}^{1/3} + V_{c_j}^{1/3}}{2}\right)^3 \qquad (7.69)$$

Sendo que k_{ij} é um parâmetro empírico denominado parâmetro de interação binária, introduzido na Equação (7.66) para melhorar a performance da equação do virial na descrição do comportamento de misturas. O parâmetro k_{ij} é calculado, na maioria das vezes, via correlação de dados experimentais do equilíbrio líquido-vapor de sistemas binários. Quando $i = j$, nas equações anteriores, essas relações retornam os valores dos parâmetros dos componentes puros e k_{ij} é considerado igual a zero. Quando $i \neq j$, $k_{ij} = k_{ji}$ e as equações da regra de combinação retornam os valores de B_{ij} para serem utilizados na Equação (7.64).

Regras de Mistura para Equações de Estado Cúbicas

A regra de mistura mais empregada para equações de estado cúbicas é a regra de mistura de Van der Waals. Essa regra tem dependência quadrática com a composição tanto para o parâmetro a como para o parâmetro b das equações cúbicas:

$$a = \sum_i \sum_j y_i y_j a_{ij} \qquad (7.70)$$

$$b = \sum_i \sum_j y_i y_j b_{ij} \qquad (7.71)$$

Como no caso da equação do virial, é necessário definir regras de combinação para os parâmetros cruzados a_{ij} e b_{ij}. As equações adotadas são as seguintes:

$$a_{ij} = \sqrt{a_i a_j} \left(1 - k_{ij}\right) \qquad (7.72)$$

$$b_{ij} = \frac{1}{2}\left(b_i + b_j\right)\left(1 - l_{ij}\right) \qquad (7.73)$$

em que a_i e b_i são os parâmetros para espécie pura i e k_{ij} e l_{ij} são os parâmetros de interação binária, que podem ser calculados a partir de dados experimentais do equilíbrio líquido-vapor dos binários que representam os sistemas. Novamente, esses parâmetros são introduzidos para melhorar a predição das equações cúbicas para o caso de misturas. Geralmente, admite-se que $l_{ij} = 0$ e, dessa forma, a Equação (7.73) torna-se:

$$b = \sum_i y_i b_i \qquad (7.74)$$

A regra de combinação, Equações (7.72) e (7.73), utilizada na regra de mistura de Van der Waals baseia-se na relação direta entre o parâmetro a da equação de estado e o parâmetro atrativo (ε) do potencial de interação intermolecular para uma interação cruzada (Hirschfelder, 1954). Além disso, o parâmetro b se relaciona com o volume de uma esfera rígida, embora sem base teórica rigorosa. Assim, as regras de mistura para equações cúbicas de estado são justificadas com os mesmos argumentos utilizados na obtenção da regra de mistura do segundo coeficiente do virial.

Apesar dessas falhas, a regra de mistura de Van der Waals pode ser usada com relativa segurança na predição do comportamento de misturas que não apresentem grandes diferenças químicas entre seus componentes, ou seja, as diferenças dos tamanhos das moléculas e das interações entre os componentes não podem ser discrepantes. Inúmeras outras regras de mistura para equações cúbicas de estado estão disponíveis na literatura e permitem a ampliação da validade das mesmas, alcançando maiores níveis de precisão na descrição de sistemas reais. Dentre as mais utilizadas citamos a de Huron-Vidal, Hadachi-Lou, Panagiotopoulos-Reid e Adachi-Sugie, entre outras.

Extensão da Equação SAFT para Misturas

A extensão do modelo SAFT para misturas pode ser encontrada nos trabalhos de Chapman et al. (1990) e de Huang e Hadosz (1991).

Diagramas de Fases

Antes da apresentação dos detalhes referentes aos cálculos do equilíbrio de fases, cabe introduzir aqui alguns conceitos referentes ao diagrama líquido-vapor para misturas binárias. No equilíbrio bifásico de sistemas binários da regra das fases de Gibbs, temos:

$$F = 2 + N - \pi = 2 + 2 - 2 = 2 \qquad (7.75)$$

A Equação (7.75) estabelece que o equilíbrio líquido-vapor pode existir, por exemplo, para uma temperatura fixa, mas para valores diversos de pressões e composições, e é claro que dentro de um intervalo finito de valores. Em outras palavras, pode-se dizer que o equilíbrio líquido-vapor vai existir, para uma temperatura fixa, em uma determinada região do plano pressão *versus* composição. De maneira análoga, para uma pressão constante, o

Equilíbrio de Fases para Sistemas Multicomponentes: Usando Equações de Estado

capítulo 7

equilíbrio líquido-vapor ocorrerá em uma determinada região do plano temperatura *versus* composição. Assim, são definidos os dois principais tipos de diagramas para o equilíbrio líquido-vapor, um a uma temperatura constante (Figura 7.3a) e outro a uma pressão constante (Figura 7.3b).

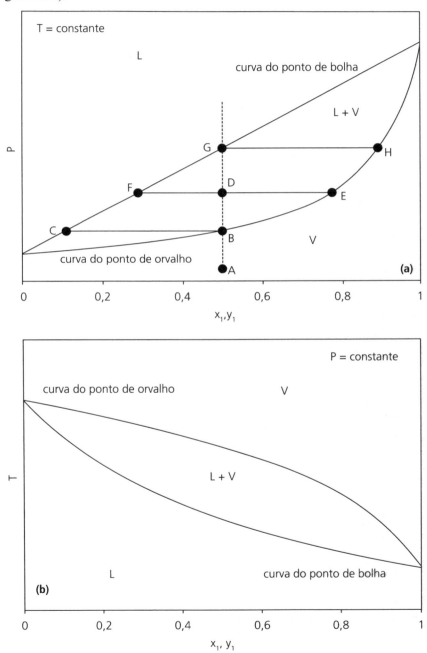

Figura 7.3 ▶ Diagramas P-xy (a) e T-xy (b) para o equilíbrio líquido-vapor.

A Figura 7.3 apresenta de forma esquemática cada um desses diagramas. Na Figura 7.3A é apresentado o diagrama P-xy em temperatura constante. Nesse diagrama, a parte inferior é domínio apenas da fase vapor, aqui representada pela letra V. A parte superior é domínio da fase líquida, representada pela letra L. A parte inferior e a superior desse diagrama são separadas por duas linhas contínuas que definem um envelope de coexistência das fases líquida e vapor. A curva superior é designada curva do ponto de bolha, enquanto a curva inferior é chamada de curva do ponto de orvalho. A região entre essas duas curvas é a da coexistência líquido-vapor. Para uma melhor compreensão dos detalhes desse diagrama, considere um processo de compressão a uma temperatura constante de um vapor com estado dado pelo ponto A marcado no diagrama. Por estado do vapor, entenda-se que são conhecidas as coordenadas de pressão e composição do sistema, já que a temperatura é conhecida. Esses valores são lidos diretamente nos diagramas, onde as frações molares do líquido (x) e vapor (y) são expressas em função da fração molar do componente 1. A fração molar do componente 2 é determinada por diferença, já que os somatórios das frações molares, tanto na fase líquida como na fase vapor, têm de totalizar uma unidade. Assim, $x_2 = 1 - x_1$ e $y_2 = 1 - y_1$. Nesse diagrama, a ascensão sobre a linha vertical tracejada, que passa pelo ponto A, representa o processo de compressão a uma temperatura constante. Antes de atingir o ponto B desse diagrama, o sistema é constituído apenas por uma fase vapor. No momento em que é tocada a curva de orvalho, surge a primeira gota de líquido do sistema que tem o seu estado dado pelo ponto C, localizado sobre a curva do ponto de bolha. Essa pressão, na qual surge a primeira gota de líquido, é chamada de pressão do ponto de orvalho. A linha horizontal tracejada que liga os pontos B e C é chamada de linha de amarração. Essa linha mostra as fases líquida e vapor em equilíbrio em determinada pressão. O contínuo aumento da pressão leva o sistema para o ponto D do diagrama, que ainda está dentro da região líquido-vapor. Nessa situação, a linha de amarração que passa pelo ponto D mostra que o vapor e o líquido em equilíbrio, nessa pressão, têm os seus estados dados, respectivamente, pelas coordenadas dos pontos E e F do diagrama. Do ponto B para o ponto D, mais vapor se condensou, aumentando, dessa maneira, a quantidade da fase líquida e diminuindo a da fase vapor. Quando a pressão atinge o ponto G sobre a curva do ponto de bolha, o sistema é formado quase exclusivamente por líquido, entretanto ainda persiste uma última bolha de vapor que tem o seu estado dado pelo ponto H do diagrama. A pressão, na qual ainda se verifica uma última bolha de vapor em equilíbrio com o líquido, é chamada de pressão do ponto de bolha. Um leve aumento da pressão a partir desse ponto faz com que o sistema entre na região de apenas uma fase, nesse caso, a do líquido.

Análise semelhante pode ser realizada para o diagrama T-xy (Figura 7.3B). Nesse diagrama, há uma inversão na localização dos domínios da fase vapor e líquida quando comparado com o diagrama P-xy. Nesse caso, o domínio da fase vapor é na parte superior do diagrama, enquanto o da fase líquida é na parte inferior. Dessa maneira, também verifica-se uma inversão na localização das curvas do ponto de bolha e do ponto de orvalho.

Sobre uma linha de amarração pode ser aplicada a chamada regra da alavanca. Essa regra permite a determinação das quantidades relativas de líquido e vapor presentes no sistema. Sua expressão é dada pela seguinte relação:

$$N^V (y_1 - z_1) = N^L (z_1 - x_1) \tag{7.76}$$

em que N^V e N^L representam os números de moles na fase vapor e na fase líquida, respectivamente, e z_1 representa a fração molar global do componente 1 que, por exemplo, é representada pelo valor da abscissa do ponto D no diagrama P-xy da Figura 7.3B. Dessa maneira, a diferença $(y_1 - z_1)$ pode ser obtida pelo comprimento do segmento $\overline{ED}$ e de maneira análoga a diferença $(z_1 - x_1)$ é determinada pelo comprimento do segmento $\overline{FD}$.

As curvas do ponto de bolha e do ponto de orvalho se interceptam nas extremidades dos diagramas P-xy e T-xy. Esses pontos de interseção, sobre as composições $x_1 = y_1 = 0$ e $x_1 = y_1 = 1$, determinam as propriedades das espécies puras 2 e 1, respectivamente. No diagrama P-xy, esses pontos determinam as pressões de vapor dos componentes 2 e 1 puros na temperatura do diagrama; no diagrama T-xy, esses pontos determinam as temperaturas de ebulição dos componentes 2 e 1 na pressão fixa do diagrama. Se as condições dos diagramas estão acima da condição crítica de um dos componentes, as linhas do ponto de bolha e do ponto de orvalho não se tocam no eixo que representa o componente em estado supercrítico.

Cálculo do Equilíbrio de Fases Usando a Formulação ϕ-ϕ

O equilíbrio líquido-vapor está presente em diversos processos de produção de alimentos como comentado anteriormente. Uma das abordagens possíveis para esse tipo de problema é empregar as equações de estado para ambas as fases em equilíbrio. Essa metodologia é denominada formulação ϕ-ϕ por ser baseada na utilização dos coeficientes de fugacidade.

O fundamento de aplicação dessa formulação é baseado no conceito de isofugacidade na condição do equilíbrio de fases, introduzido no Capítulo 6. Dessa maneira, a seguinte relação, chamada de isofugacidade, é válida para cada um dos componentes da mistura, aqui representada pela enésima espécie química presente no sistema:

$$\hat{f}_i^V = \hat{f}_i^L \qquad (6.201)$$

em que $\hat{f}_i^V$ e $\hat{f}_i^L$ representam as fugacidades do componente *i* na fase vapor e na fase líquida, respectivamente. Utilizando-se as definições do coeficiente de fugacidade de um componente numa mistura temos:

$$\hat{f}_i^V = y_i \hat{\phi}_i^V P \qquad (6.202)$$

$$\hat{f}_i^L = x_i \hat{\phi}_i^L P \qquad (6.203)$$

Logo,

$$y_i \hat{\phi}_i^V = x_i \hat{\phi}_i^L \qquad (6.204)$$

em que $\hat{\phi}_i^V$ e $\hat{\phi}_i^L$ representam os coeficientes de fugacidade do componente *i* na fase vapor e na fase líquida. Os coeficientes de fugacidade são calculados utilizando-se as relações anteriormente apresentadas. A aplicação dessa formulação é ilustrada pelo exemplo a seguir.

Exemplo 7.2

Cálculo do ELV para o Sistema $CO_2(1)$ e Propano(2)

A mistura de $CO_2(1)$ e propano(2) pode ser utilizada em processos de extração de óleos essenciais que empregam a tecnologia supercrítica. Dessa forma, considere uma mistura equimolar líquida dessas duas espécies em equilíbrio com uma fase vapor na temperatura de 270 K. Encontre a pressão e a composição da fase vapor nas condições acima e, para isso, utilize a equação de estado de Peng-Robinson.

Resolução

A Equação (6.204) pode ser aplicada para esse problema da seguinte maneira:

$y_1 \hat{\phi}_1^V (T,P,y_1) = x_1 \hat{\phi}_1^L (T,P,x_1)$	(E7.2-1)
$y_2 \hat{\phi}_2^V (T,P,y_1) = x_2 \hat{\phi}_2^L (T,P,x_1)$	(E7.2-2)

Nessas equações é apresentada explicitamente a dependência dos coeficientes de fugacidade. No caso de misturas binárias, a composição do sistema é função da fração molar de apenas um componente, já que a fração molar da outra espécie pode ser determinada por diferença. Aqui se utilizou as frações molares do componente 1 na fase vapor e na fase líquida como a composição independente. As equações anteriores também podem ser escritas da seguinte maneira:

$$y_1 = k_1 x_1 \qquad (E7.2-3)$$

$$y_2 = k_2 x_2 \qquad (E7.2-4)$$

Sendo que:

$$k_1 = \frac{\hat{\phi}_1^L}{\hat{\phi}_1^V} \qquad (E7.2-5)$$

$$k_2 = \frac{\hat{\phi}_2^L}{\hat{\phi}_2^V} \qquad (E7.2-6)$$

A resolução desse problema de equilíbrio de fases resume-se na solução do sistema de equações acima, para o qual são conhecidas a temperatura T e a composição da fase líquida x_1 e tem-se como incógnitas a pressão P e a composição da fase vapor y_1. Esse conjunto de variáveis determina um problema do tipo pressão do ponto de bolha. Outros tipos de problemas de equilíbrio de fases podem ser propostos modificando-se o conjunto de variáveis conhecidas e desconhecidas. A Tabela 7.4 apresenta os diversos tipos de problemas para o equilíbrio líquido-vapor.

Equilíbrio de Fases para Sistemas Multicomponentes: Usando Equações de Estado   capítulo 7

A resolução do problema proposto pode ser obtida usando-se a estratégia que o somatório das frações molares na fase vapor deve ser igual à unidade. Assim,

$$y_1 + y_2 = 1 \qquad \text{(E7.2-7)}$$

Tabela 7.4 ▶ Tipos de problemas para o equilíbrio líquido-vapor.

Tipo de problema	Valores especificados	Incógnitas	Estratégia de resolução
P do Ponto de Bolha	T e x	P e y	$\sum_i y_i = \sum_i k_i x_i = 1$
T do Ponto de Bolha	P e x	T e y	$\sum_i y_i = \sum_i k_i x_i = 1$
P do Ponto de Orvalho	T e y	P e x	$\sum_i x_i = \sum_i y_i / k_i = 1$
T do Ponto de Orvalho	P e y	T e x	$\sum_i x_i = \sum_i y_i / k_i = 1$

Substituindo as relações de equilíbrio representadas pelas Equações (E7.2-3) e (E7.2-4) na Equação (E7.2-7), temos:

$$k_1 x_1 + k_2 x_2 = 1 \qquad \text{(E7.2-8)}$$

Assim, para cálculos do tipo ponto de bolha, o problema é encontrar os valores de k_1 e k_2 que satisfaçam a Equação (E7.2-7), ou seja, a condição $y_1 + y_2 = 1$. De uma forma mais geral, a Equação (E7.2-8) pode ser escrita da seguinte maneira:

$$\sum_i y_i = \sum_i k_i x_i = 1 \qquad \text{(E7.2-9)}$$

Existem várias propostas para a resolução desse problema. Elliot e Lira (1999) propõem o algoritmo apresentado na Figura 7.4.

Para iniciar os cálculos, as informações de entrada incluem os valores conhecidos da temperatura, T, da composição da fase líquida e os parâmetros para a equação de estado. No caso da equação de Peng-Robinson, são necessários os valores de T_c, P_c e ω de cada componente do sistema. Nesse caso, $T_{c_1} = 304{,}2$ K, $T_{c_2} = 369{,}8$ K, $P_{c_1} = 73{,}83$ bar, $P_{c_2} = 42{,}48$ bar, $\omega_1 = 0{,}224$ e $\omega_2 = 0{,}152$. Também são fornecidas estimativas para a pressão P e a composição da fase vapor, as variáveis que serão determinadas. O processo iterativo é iniciado avaliando-se os valores dos coeficientes de fugacidade de cada componente na fase

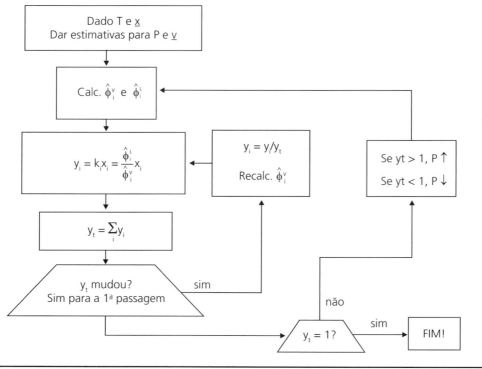

Figura 7.4 ▶ Algoritmo para o cálculo do problema de pressão do ponto de bolha.

líquida e na fase vapor. A seguir, calculam-se novas estimativas para a composição da fase vapor utilizando-se as Equações (E7.2-3) e (E7.2-4), ou seja, $y_i = k_i x_i$. Então, é calculado o somatório das frações molares na fase vapor ($y_T = \sum_i y_i$). Contudo, a restrição $y_T = 1$ não foi ainda imposta e, provavelmente, teremos $y_T \neq 1$. Dessa forma, os valores de y_i são normalizados da seguinte maneira:

$$y_i = \frac{y_i}{\sum_i y_i} \qquad \text{(E7.2-10)}$$

Esse procedimento assegura que os valores de y_i's usados nos cálculos subsequentes vão somar a unidade. Esses novos valores de y_i's são usados para reavaliar os valores para os coeficientes de fugacidade na fase vapor, ϕ_i's, e, consequentemente, novos valores para a composição da fase vapor. Se o valor de y_T se modificou, então, os valores de y_i's são normalizados repetindo-se a sequência de cálculos descrita acima. Várias iterações levam a valores estáveis de y_T, nesse ponto, e verificamos se o y_T é igual a uma unidade. Se não for o caso, o valor de P é ajustado utilizando-se um esquema racional. Então, o processo iterativo é reiniciado com esse novo valor de P até que o y_T seja igual a uma unidade.

Equilíbrio de Fases para Sistemas Multicomponentes: Usando Equações de Estado   capítulo 7

Um dos pontos cruciais na implementação desse algoritmo é o cálculo dos coeficientes de fugacidade. Nesse caso, empregaremos a equação de Peng-Robinson. A dificuldade surge pelo fato que as equações cúbicas possuem a dependência do fator de compressibilidade em termos de temperatura e volume, ou seja, $Z = Z(T, \underline{V})$. Entretanto, as equações desenvolvidas anteriormente para o coeficiente de fugacidade de uma espécie em uma mistura admitem dependência do seguinte tipo: $Z = Z(T, P)$. Dessa maneira, é necessário o desenvolvimento de novas relações para o cálculo dos coeficientes de fugacidade que levem em conta essa dependência. Essa relação é obtida considerando, inicialmente, a Equação (6.177) reescrita da seguinte maneira:

$$d\left(\frac{N\underline{G}^R}{RT}\right) = \frac{N(Z-1)}{P}dP - \frac{N\underline{H}^R}{RT^2}dT + \sum_{i=1}^{n}\ln\hat{\phi}_i dN_i \qquad (E7.2\text{-}11)$$

Nessa equação, o volume residual foi substituído pela seguinte relação:

$$\frac{\underline{V}^R}{RT} = \frac{\underline{V}}{RT} - \frac{\underline{V}^{GI}}{RT} = \frac{\underline{V}}{RT} - \frac{RT}{P}\frac{1}{RT} = \left(\frac{P\underline{V}}{RT} - 1\right)\frac{1}{P} = \frac{Z-1}{P} \qquad (E7.2\text{-}12)$$

Derivando-se a Equação (E7.2-11) em relação ao número de moles do componente i (N_i), mantendo-se constante a temperatura (T), o volume ($N\underline{V}$) e os números de moles dos outros componentes diferentes de i (N_J), obtemos:

$$\ln\hat{\phi}_i = \left(\frac{\partial N\underline{G}^R/RT}{\partial N_i}\right)_{T,N\underline{V},N_j} - \frac{N(Z-1)}{P}\left(\frac{\partial P}{\partial N_i}\right)_{T,N\underline{V},N_j} \qquad (E7.2\text{-}13)$$

Como $P = NZRT/N\underline{V}$, temos que:

$$\left(\frac{\partial P}{\partial N_i}\right)_{T,N\underline{V},N_j} = \frac{P}{NZ}\left[\frac{\partial(NZ)}{\partial N_i}\right]_{T,N\underline{V},N_j} \qquad (E7.2\text{-}14)$$

A determinação do termo $\left(\dfrac{\partial N\underline{G}^R/RT}{\partial N_i}\right)_{T,N\underline{V},N_j}$ depende do conhecimento de $N\underline{G}^R/RT$ em função da temperatura e do volume. Essa relação é obtida a partir das Equações (6.59) e (6.129), resultando em:

$$\frac{\underline{G}^R}{RT} = \int_{P\to 0}^{P}[Z_i - 1]\frac{dP}{P} \qquad (E7.2\text{-}15)$$

e da seguinte identidade matemática:

$$\frac{dP}{P} = \frac{dZ}{Z} - \frac{d\underline{V}}{\underline{V}}$$ (E7.2-16)

Substituindo a Equação (E7.2-16) na Equação (E7.2-15), obtemos:

$$\frac{G^R}{RT} = Z - 1 - \ln Z - \int_{\underline{V} \to \infty}^{\underline{V}} [Z-1] \frac{d\underline{V}}{\underline{V}}$$ (E7.2-17)

A equação final para o termo $\ln \hat{\phi}_i$ é obtida quando $\left(\frac{\partial N \underline{G}^R / RT}{\partial N_i} \right)_{T, N\underline{V}, N_{j \neq i}}$ é determinado utilizando-se a Equação (E7.2-17) e esse resultado, juntamente com a Equação (E7.2-14), é substituído na Equação (E7.2-13), chegando-se a:

$$\ln \hat{\phi}_i = -\int_{\underline{V} \to \infty}^{\underline{V}} \left\{ \left[\frac{\partial (NZ)}{\partial N_i} \right]_{T, N\underline{V}, N_{j \neq i}} - 1 \right\} \frac{d\underline{V}}{\underline{V}} - \ln Z$$ (E7.2-18)

Sendo que $\frac{\partial (NZ)}{\partial N_i}$ e Z são calculados utilizando-se a equação de Peng-Robinson que possui a seguinte forma quando expressa em termos do fator de compressibilidade:

$$Z = \frac{\underline{V}}{(\underline{V}-b)} - \frac{a(T)}{RT\left[(\underline{V}+b) + b(\underline{V}-b)\right]}$$ (E7.2-19)

Nesse caso, a(T) e b são os parâmetros da mistura que são avaliados utilizando-se as regras de mistura expressas pelas Equações (7.72) e (7.73), respectivamente. Aqui se admite que k_{ij} e l_{ij} são iguais a zero. A partir das últimas duas expressões, temos:

$$\ln \hat{\phi}_i = \frac{\tilde{b}_i}{b}(Z-1) - \ln \frac{(\underline{V}-b)Z}{\underline{V}} - \frac{a/bRT}{2\sqrt{2}}\left(1 + \frac{\tilde{a}_i}{a} + \frac{\tilde{b}_i}{b}\right) \ln\left(\frac{\underline{V}+2,414\,b}{\underline{V}-0,414\,b}\right)$$ (E7.2-20)

em que $\tilde{b}_i$ e $\tilde{a}_i$ representam as derivadas de Nb e Na em relação ao número de moles do iésimo componente, ou seja:

$$\tilde{b}_i = \left(\frac{\partial Nb}{\partial N_i} \right)_{T, N_{j \neq i}}$$ (E7.2-21)

$$\tilde{a}_i = \left(\frac{\partial Na}{\partial N_i} \right)_{T, N_{j \neq i}}$$ (E7.2-22)

Note que para calcular o termo $\ln \hat{\phi}_i$ utilizando-se a Equação (E7.2-20), é necessário primeiro determinar o volume do líquido ou do vapor usando-se a Equação (E7.2-19). A implementação desse algoritmo resulta nos valores apresentados na Tabela 7.5.

Tabela 7.5 ▶ Resultados convergidos para o Exemplo 7.2.

T(K)	P(bar)	x_1	y_1	$\ln\hat{\phi}_1^V$	$\ln\hat{\phi}_2^V$	$\ln\hat{\phi}_1^L$	$\ln\hat{\phi}_2^L$
270	16,47	0,5000	0,8255	−0,1228	−0,3392	0,3786	−1,3921

Repetindo-se os cálculos anteriores para outros valores de x_1, é possível construir uma tabela similar à Tabela 7.5 e, por conseguinte, criar o diagrama P-xy para a temperatura de 270 K. Esse diagrama é apresentado na Figura 7.5, onde a curva do ponto de bolha é dada pelos valores da fração molar x_1 e da pressão P, enquanto a curva do ponto de orvalho é dada pelos valores de fração molar y_1 e da pressão P. Nesse diagrama são apresentados também os dados experimentais de CO_2 e propano nessa mesma temperatura. Verifica-se que a equação de Peng-Robinson prediz qualitativamente o comportamento desse sistema. Para os cálculos que permitiram a construção da Figura 7.5 foram consideradas apenas as propriedades críticas e o fator acêntrico. Para melhorar o desempenho da equação na descrição dos dados experimentais, pode-se atribuir valores para os parâmetros de interação binária. Na Figura 7.6 são mostrados os resultados obtidos refazendo-se os cálculos usando $k_{12} = k_{21} = 0,1326$ e $l_{12} = l_{21} = 0$. Pode-se observar que a concordância entre os resultados experimentais e os calculados pela equação de Peng-Robinson, agora, é excelente.

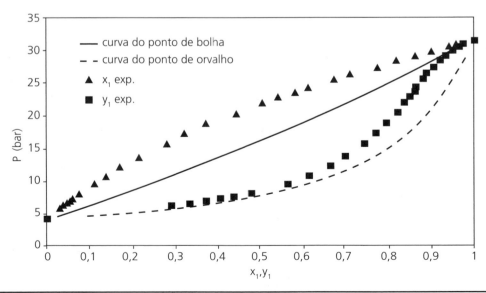

Figura 7.5 ▶ Diagrama P-xy para o sistema CO_2(1)-propano(2) para a temperatura de 270 K. Dados experimentais de Webster e Kidnay (2001) e DIPPR.

Os outros tipos de problemas do equilíbrio líquido-vapor podem ser resolvidos de forma similar àquela apresentada neste Capítulo. A Tabela 7.4 apresenta as estratégias de resolução utilizadas em cada um deles. Os algoritmos para a resolução desses problemas podem ser encontrados nos livros de Smith et al. (2000), Elliot e Lira (1999) e Sandler (1999).

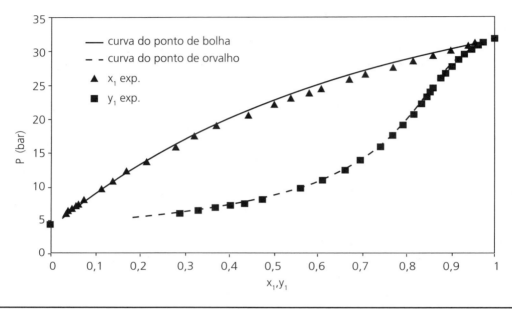

Figura 7.6 ▶ Diagrama P-xy para o sistema $CO_2(1)$-propano(2) para a temperatura de 270 K usando-se $k_{12} = k_{21} = 0,1326$ e $l_{12} = l_{21} = 0$. Dados experimentais de Webster e Kidnay (2001) e DIPPR.

Exemplos de Aplicações para a Engenharia de Alimentos

Podemos facilmente sugerir diversas aplicações, para os diferentes modelos descritos neste Capítulo, para as indústrias de transformação em geral. Particularmente, para a área de alimentos, destaca-se o emprego das equações de estado na descrição do comportamento PVT de substâncias puras e de misturas utilizadas na produção ou formulação de alimentos e também para a descrição da pressão de vapor, informação útil na definição de parâmetros de processo. Além disso, para modelagem do equilíbrio de fases, a importância das equações de estado reside não apenas na formulação φ-φ descrita neste capítulo como também na formulação γ-φ, objeto de discussão no Capítulo 8.

Sobre o emprego da formulação φ-φ para a indústria de alimentos destacamos as operações onde são empregadas altas pressões, como a extração supercrítica ou com líquido pressurizado, a esterilização a alta pressão, entre outras. Nessas operações, onde ocorre o contato de mais de uma fase, o equilíbrio entre as mesmas pode ser obtido empregando-se equações de estado que descrevam adequadamente o sistema em estudo.

Equilíbrio de Fases para Sistemas Multicomponentes: Usando Equações de Estado   capítulo 7

Soluções aquosas formadas por proteínas ou polissacarídeos são de grande utilidade na indústria de alimentos, onde o conhecimento do comportamento de fases desses sistemas é fundamental para o desenvolvimento de novos produtos alimentícios. Um exemplo desses sistemas foi estudado por Schainka e Smit, (2007), que avaliaram as propriedades de soluções aquosas de β-lactoglobulina e dextrana e avaliaram os coeficientes do virial cruzados para esses sistemas.

O equilíbrio de fases de soluções etanólicas encontradas em bebidas alcoólicas foi analisado por Faúndez e Valderrama (2009) utilizando a equação de estado de Peng-Robinson e a regra de mistura de Wong-Sandler. O principal objetivo dos autores foi determinar a concentração dos componentes aromáticos na mistura.

RESUMO DO CAPÍTULO

Neste capítulo foi discutido o emprego de equações de estado como uma importante ferramenta para a descrição do equilíbrio de fases para sistemas complexos, particularmente na área de alimentos. Alguns exemplos de suas aplicações podem ser observados através dos problemas propostos neste capítulo.

PROBLEMAS PROPOSTOS

O Brasil é um grande produtor de matérias-primas empregadas na obtenção de óleos essenciais, fragrâncias, aromas e especiarias, os quais possuem alto valor agregado. A extração com fluido supercrítico (EFSC) é uma tecnologia que vem sendo empregada, particularmente a partir das duas últimas décadas, para a obtenção de diversos extratos naturais. Essa técnica caracteriza-se como um procedimento de obtenção de produtos de elevada qualidade, sem os inconvenientes relacionados à presença de resíduos de solvente e de alteração das propriedades do extrato, geralmente associados aos processos de extração convencionais, realizados em condição de pressão atmosférica.

Um óleo essencial é uma mistura complexa formada de vários componentes, sobre a qual informações experimentais ainda são escassas, o que torna difícil seu tratamento termodinâmico. Essas dificuldades podem ser contornadas pelo uso de equações de estado (EDEs) no tratamento termodinâmico da EFSC.

Em processos de altas pressões, como no caso da EFSC, a modelagem termodinâmica mais adequada ainda é a partir da igualdade dos coeficientes de fugacidade (abordagem, "ϕ-ϕ") para ambas as fases. A obtenção dos coeficientes de fugacidade pode ser feita usando EDEs.

Dentre as equações de estado, as equações cúbicas de estado (ECE) são atualmente as mais importantes, em virtude da sua forma simples e da variedade de problemas para os quais elas podem ser empregadas. As equações de Peng-Robinson, de Soave-Redlich-Kwong, de Soave e de Patel-Teja são as mais empregadas nos problemas de equilíbrio de fases. Contudo, até recentemente, as aplicações dessas equações se limitavam a misturas de hidrocarbonetos e de alguns gases inorgânicos. Recentemente, regras de misturas mais eficientes têm sido propostas no sentido de eliminar essa limitação e permitir que as EDEs sejam aplicadas a uma maior variedade de misturas de compostos orgânicos.

O exemplo selecionado para a aplicação dos conceitos desenvolvidos neste capítulo foi o cálculo da solubilidade do óleo essencial de laranja no dióxido de carbono, de importância fundamental para o projeto e a otimização para o processo de desterpenação do óleo essencial de laranja, de grande interesse industrial. Para exemplificar o uso da metodologia do cálculo da solubilidade de óleos essenciais em dióxido de carbono foi escolhido o óleo essencial de laranja, cuja composição foi determinada por Santana (1996).

No entanto, para alcançar esse objetivo, são necessárias várias informações e cálculos intermediários, que são propostos na forma de itens. Embora esses itens estejam diretamente relacionados entre si eles podem ser resolvidos separadamente como diversos exercícios.

7.1 Obtenha a expressão do coeficiente de fugacidade empregando a EDE de Peng-Robison usando a regra de mistura quadrática de Van Der Waals de segunda-ordem (PR-VdW2) para os parâmetros de interação a e b.

$$a = \sum_{i,j} x_i x_j a_{ij} \quad \text{(P7.1)}$$

$$b = \sum_{i,j} x_i x_j b_{ij} \quad \text{(P7.2)}$$

onde $a_{ij} = a_{ji}$ e $b_{ij} = b_{ji}$.

$$a_{ij} = (a_i a_j)^{1/2} (1 - k_{ij}) \quad \text{(P7.3)}$$

$$b_{ij} = \left(\frac{b_i + b_j}{2}\right)(1 - k_{ij}'') \quad \text{(P7.4)}$$

em que k_{ij} e k_{ij}'' são parâmetros de interação binária, determinados a partir do ajuste de dados experimentais de equilíbrio de fases.

Sugestão para resolução: use a equação do coeficiente de fugacidade expressa em função do volume molar. A vantagem dessa forma é que a maioria das equações de estado é explícita em pressão, facilitando a derivação do termo $\left(\dfrac{\partial P}{\partial N_i}\right)_{T,V,N_{j \neq i}}$.

$$\ln \hat{\phi}_i = \int_{\underline{V}}^{\infty} \left(\frac{N}{RT} \frac{\partial P}{\partial N_i} \bigg|_{T,V,N_{j \neq i}} - \frac{1}{\underline{V}} \right) d\underline{V} - \ln\left(\frac{PV}{RT}\right) \quad \text{(P7.5)}$$

em que $\underline{V} = \dfrac{V}{N}$.

7.2 Para o cálculo da solubilidade do óleo de laranja no dióxido de carbono é necessário o conhecimento dos parâmetros de interações binárias dos componentes que estão presentes no óleo essencial. A determinação dos parâmetros de interações binárias pode ser feita usando dados experimentais de equilíbrio de fases dos componentes constituintes do óleo de laranja no dióxido de carbono. Na Tabela P7.1 encontram-se os sistemas sugeridos para a obtenção dos parâmetros k_{ij} e k_{ij}''. A partir das informações experimentais de ELV, apresentadas no fim deste capítulo, calcule os parâmetros k_{ij} e k_{ij}'' para a EDE de PR-VdW-2.

Equilíbrio de Fases para Sistemas Multicomponentes: Usando Equações de Estado   capítulo 7

Tabela P7.1 ▶ Sistemas selecionados para a obtenção dos parâmetros k_{ij} e k_{ij}''.

Sistemas	Nº de dados	T (K)	P (bar)	Tipo de dados	Referência
CO$_2$/Linalol	13	313,2-333,4	40-110	P-T-x-y	Iwai et al. (1994)
CO$_2$/α-Pineno	34	313,1-328,1	78-95	P-T-x-y	Pavlícek e Richter (1993)
CO$_2$/α-Pineno	23	313,2	46-75	P-T-y	Pavlícek e Richter (1993)
CO$_2$/d-Limoneno	20	308,2-323,2	30-95	P-T-x-y	Giacomo et al. (1989)
CO$_2$/d-Limoneno	15	313,2-333,2	39-103	P-T-y	Iwai et al. (1996)

Sugestão para resolução: use o programa XSEOS (Thermodynamic Properties using Excess Gibbs Free Energy Models and Equations of State). Os exemplos resolvidos na paleta *"Physical Properties from the Mattedi-Tavares-Castier (MTC) Equation of State"* do programa XSEOS auxiliam no cálculo de parâmetros a partir de dados experimentais. A paleta *"Physical Properties from the Peng-Robinson Equation of State with Quadratic Mixing Rule for the b-parameter"* auxilia a empregar o modelo termodinâmico proposto pelo exercício.

7.3. Para obter a solubilidade do óleo de laranja no dióxido de carbono é necessário conhecer *a priori* a composição molar do óleo essencial de laranja, dada pela Tabela P7.2. Além da composição é necessário o conhecimento das propriedades dos componentes puros que foram utilizadas no cálculo dos parâmetros de interação binária, as quais são fornecidas na Tabela P7.3.

Obs: A definição de solubilidade adotada para esse problema se relaciona diretamente com a quantidade necessária de dióxido de carbono para solubilizar completamente uma dada amostra de óleo, conforme o processo representado na Figura P7.1. Ou seja, representa a máxima concentração de soluto na fase solvente, dada a condição de processo.

Tabela P7.2 ▶ Composição molar do óleo essencial de laranja determinado por Santana (1996) e propriedades de seus componentes.

Componentes	z_i^*	$P_{c,i}$(bar)	$T_{c,i}$(K)	$T_{b,i}$(K)	ω^3
Linalol[1]	0,00727	25,82	635,99	472,15	0,7617
α-Pineno[1]	0,00610	28,90	630,87	429,35	0,3242
β-Mirceno[1]	0,00726	28,08	642,32	440,15	0,3425
Sabineno[2]	0,00177	29,35	640,12	437,15	0,3547
d-Limoneno[1]	0,97760	27,56	661,11	451,15	0,3170

[1]CRC (1975); [2]Joback (citado por Reid et al., 1987); [3]Lee-Kesler (citado por Reid et al., 1987).

Sejam $\vec{z}^* = \left(z_1^*, z_2^*, ..., z_{nc-1}^*\right)$ e $\vec{y} = \left(y_1, y_2, ..., y_{nc}\right)$ as respectivas composições molares do óleo essencial original e da mistura final representados na Figura P7.1, e seja a relação entre o número de moles dessas duas misturas representada por:

$$\gamma = \frac{N_{\text{Óleo}}}{N_{\text{Mistura}}} \quad (P7.6)$$

Tabela P7.3 ▶ Propriedades de componentes puros presentes no óleo de laranja.

Componente	P_C (bar)	T_C (K)	T_{eb} (K)	ω^3
Linalol[2]	25,82	635,99	472,15	0,7617
α-Pineno[2]	28,90	630,87	429,35	0,32417
d-Limoneno[2]	27,56	661,11	451,15	0,31698
CO_2[1]	73,815	304,19	194,7	0,2276

[1]DIPPR [1984]; [2]CRC [1975]; [3]Lee-Kesler (Reid et al., 1987).

A fase rica em CO_2 será representada por V e a fase pobre por L. Tomando por base $N_{mistura} = 1$ mol, a composição da fase rica em CO_2 (V) quando a fase pobre (L) desaparece pode ser dada por:

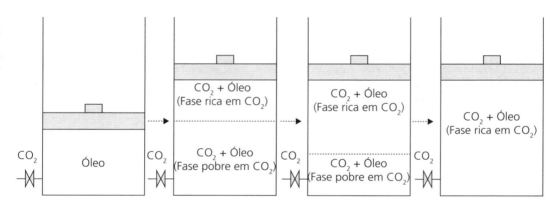

Figura P7.1 ▶ Etapas do processo de solubilização de uma amostra de óleo essencial em dióxido de carbono a temperatura e pressão constantes.

$$N_i^* = z_i^* N_{\text{Óleo}} = z_i^* \gamma \qquad \text{em que i = 1, 2,\ldots,}(n_c-1) \qquad \text{(P7.7)}$$

$$N_{nc}^* = N_{CO_2}^* = 1 - N_{\text{Óleo}} = 1 - \gamma \qquad \text{(P7.8)}$$

A solubilidade (Y*) será definida pela relação entre a massa de óleo ($m_{\text{Óleo}}$) e a massa de CO_2 (m_{CO_2}) usadas no processo indicado na Figura P7.1, ou seja:

$$Y^* = \frac{m_{\text{Óleo}}}{m_{CO_2}} = \frac{\sum_{i=1}^{nc-1} N_i^* MM_i}{N_{CO_2}^* MM_{CO_2}} = \frac{\gamma \sum_{i=1}^{nc-1} z_i^* MM_i}{(1-\gamma) MM_{CO_2}} \qquad \text{(P7.9)}$$

em que: MM_i é a massa molecular do componente i do óleo essencial; MM_{CO2} é a massa molecular do CO_2; N_i^* é o número de moles do componente i do óleo essencial; N_{CO2}^* é o número de moles do CO_2 e z_i^* a fração molar do componente i do óleo essencial.

Após algumas manipulações algébricas, não demonstradas aqui, obtém-se que:

$$\gamma = \frac{\left(\dfrac{1}{K_{CO_2}} - 1\right)}{\left[\dfrac{1}{K_{CO_2}} - \sum_{i=1}^{N-1} \dfrac{z_i^*}{K_i}\right]} \qquad (P7.10)$$

em que K_i: coeficiente de partição do componente i presente no óleo de laranja entre duas fases (líquida e vapor); K_{CO_2}: coeficiente de partição do CO_2 presente na mistura entre duas fases (líquida e vapor).

Portanto, para o cálculo da solubilidade conforme definição da Equação (P7.9), faz-se necessário o cálculo do coeficiente de partição para os componentes do óleo de laranja e para o dióxido de carbono presentes na mistura óleo de laranja + CO_2 em uma temperatura e pressão constante.

Para a obtenção do coeficiente de partição dos componentes envolvidos na mistura óleo de laranja e dióxido de carbono, faz-se necessário o cálculo das frações molares na fase líquida, x_i, e na fase vapor, y_i, conhecida a temperatura e pressão do sistema.

$$K_i = \frac{y_i}{x_i} \qquad (i = 1, 2, \ldots, n_c) \qquad (P7.11)$$

Utilizando os dados contidos nas Tabelas P7.2 e P7.3 e os k_{ij} e $k_{ij}^{''}$, parâmetros obtidos no item 7.2, calcule a solubilidade do óleo de laranja no CO_2 para as condições dadas na Tabela P7.4 usando a equação de PR-VdW2 e compare com os dados experimentais obtidos por Santana (1996).

Tabela P7.4 ▶ Dados experimentais de solubilidade do óleo de laranja em dióxido de carbono a 308,15 K determinado por Santana (1996).

P (bar)	Solubilidade (mg/g)
50	1,7±0,1
60	2,8±0,1
65	3,1±0,1
70	3,6±0,1

Na Tabela P7.5 são apresentados os parâmetros de interação obtidos utilizando os pontos experimentais disponíveis nas referências citadas na Tabela P7.1, caso não deseje utilizar os parâmetros de interação k_{ij} e $k_{ij}^{''}$ calculados no item 7.2.

Fundamentos de Engenharia de Alimentos

Tabela P7.5 ▶ Parâmetros de interação k_{ij} e $k_{ij}^{"}$.

Equação cúbica	Peng-Robinson	
Parâmetros	$k_{ij} \times 10^2$	$k_{ij}^{"} \times 10^2$
CO_2/Linalol	4,281	–3,156
CO_2/α-Pineno	9,482	–2,820
CO_2/d-Limoneno	10,15	1,960

Sugestão para resolução: use o programa XSEOS (Thermodynamic Properties using Excess Gibbs Free Energy Models and Equations of State). Veja o exemplo resolvido na paleta "*Physical Properties from the Peng-Robinson Equation of State with Quadratic Mixing Rule for the b-parameter*" do programa XSEOS.

 Dados Experimentais para Resolução dos Problemas Propostos

Dados experimentais de transição de fases líquido-vapor a alta pressão necessários para a estimativa de parâmetros de modelos de coeficientes de fugacidade usando equações cúbicas de estado propostos no Capítulo 7.

Tabela P7.6 ▶ Dados experimentais de ELV para o sistema CO_2 (1) + linalol (2).

Dados	P, bar	T, K	x_{CO2}	y_{CO2}
1	60,00	313,20	0,5933	0,9997
2	69,90	313,20	0,7122	0,9995
3	74,90	313,20	0,7852	0,9992
4	79,90	313,20	0,9103	0,9985

Tabela P7.7 ▶ Dados experimentais de ELV para o sistema CO_2 (1) + linalol (2).

Dados	P, bar	T, K	x_{CO2}	y_{CO2}
1	40,00	323,20	0,3449	0,9997
2	60,00	323,20	0,5167	0,9996
3	79,90	323,20	0,6906	0,9991
4	90,00	323,20	0,8062	0,9980

Tabela P7.8 ▶ Dados experimentais de ELV para o sistema CO_2 (1) + linalol (2).

Dados	P, bar	T, K	x_{CO2}	y_{CO2}
1	50,00	333,20	0,3864	0,9995
2	69,90	333,20	0,5351	0,9993
3	90,00	333,20	0,6799	0,9987
4	99,90	333,20	0,7431	0,9974
5	109,60	333,20	0,8294	0,9932

Tabela P7.9 ▶ Dados experimentais de ELV para o sistema CO_2 (1) + d-Limoneno (2).

Dados	P, bar	T, K	x_{CO2}	y_{CO2}
1	59,70	313,20	0,5805	0,9989
2	69,30	313,20	0,7004	0,9985
3	75,30	313,20	0,8025	0,9974
4	78,70	313,20	0,8871	0,9969

Tabela P7.10 ▶ Dados experimentais de ELV para o sistema CO_2 (1) + d-Limoneno (2).

Dados	P, bar	T, K	x_{CO2}	y_{CO2}
1	30,00	308,20	–	0,99978
2	40,00	308,20	–	0,99978
3	50,00	308,20	–	0,99961
4	60,00	308,20	–	0,99939
5	70,00	308,20	–	0,99917
6	72,50	308,20	–	0,99803

Tabela P7.11 ▶ Dados experimentais de ELV para o sistema CO_2 (1) + d-Limoneno (2).

Dados	P, bar	T, K	x_{CO2}	y_{CO2}
1	30,00	315,00	–	0,99965
2	40,00	315,00	–	0,99961
3	50,00	315,00	–	0,99943
4	60,00	315,00	–	0,99921
5	70,00	315,00	–	0,99873
6	82,50	315,00	–	0,99651
7	83,80	315,00	–	0,99407

Tabela P7.12 ▶ Dados experimentais de ELV para o sistema CO_2 (1) + d-Limoneno (2).

Dados	P, bar	T, K	x_{CO2}	y_{CO2}
1	30,00	323,20	–	0,99947
2	40,00	323,20	–	0,99943
3	50,00	323,20	–	0,99921
4	60,00	323,20	–	0,99907
5	70,00	323,20	–	0,99849
6	80,00	323,20	–	0,99778
7	85,00	323,20	–	0,99691
8	90,00	323,20	–	0,99591
9	95,00	323,20	–	0,99498

Tabela P7.13 ▶ Dados experimentais de ELV para o sistema CO_2 (1) + α-Pipeno (2).

Dados	P, bar	T, K	x_{CO2}	y_{CO2}
1	34,25	313,15	0,3007	0,9976
2	46,47	313,15	0,4312	0,9977
3	57,38	313,15	0,5548	0,9975
4	58,52	313,15	0,5656	0,9974
5	70,18	313,15	0,7185	0,9970
6	70,41	313,15	0,7239	0,9967
7	76,92	313,15	0,8609	0,9948
8	78,25	313,15	0,9065	0,9943

Tabela P7.14 ▶ Dados experimentais de ELV para o sistema CO_2 (1) + α-Pipeno (2).

Dados	P, bar	T, K	x_{CO2}	y_{CO2}
1	45,48	323,15	0,3664	0,9973
2	65,68	323,15	0,5384	0,9978
3	68,03	323,15	0,5559	0,9969
4	68,80	323,15	0,5647	0,9953
5	75,89	323,15	0,6362	0,9958
6	76,94	323,15	0,6482	0,9954
7	84,10	323,15	0,7356	0,9934
8	87,02	323,15	0,7817	0,9927
9	87,45	323,15	0,7901	0,9919
10	91,11	323,15	0,8571	0,9907
11	91,34	323,15	0,8620	0,9907
12	93,22	323,15	0,8992	0,9881
13	93,38	323,15	0,9018	0,9883
14	94,81	323,15	0,9370	0,9852
15	95,25	323,15	0,9437	0,9842
16	95,40	323,15	0,9495	0,9834

Equilíbrio de Fases para Sistemas Multicomponentes: Usando Equações de Estado

capítulo 7

Tabela P7.15 ▶ Dados experimentais de ELV para o sistema CO_2 (1) + α-Pipeno (2).

Dados	P, bar	T, K	x_{CO2}	y_{CO2}
1	48,60	328,15	0,3717	0,9971
2	50,21	328,15	0,3845	0,9963
3	58,13	328,15	0,4435	0,9973
4	63,59	328,15	0,4870	0,9971
5	76,78	328,15	0,6004	0,9957
6	77,95	328,15	0,6096	0,9960
7	84,58	328,15	0,6714	0,9943
8	85,31	328,15	0,6784	0,9927
9	94,59	328,15	0,7872	0,9899
10	95,01	328,15	0,7943	0,9892

Tabela P7.16 ▶ Dados experimentais de ELV para o sistema CO_2 (1) + α-Pipeno (2).

Dados	P, bar	T, K	x_{CO2}	y_{CO2}
1	46,30	313,15	–	0,99865
2	47,30	313,15	–	0,99858
3	49,30	313,15	–	0,99857
4	52,70	313,15	–	0,99855
5	53,00	313,15	–	0,99849
6	53,60	313,15	–	0,99846
7	57,30	313,15	–	0,99805
8	58,00	313,15	–	0,99804
9	59,90	313,15	–	0,99800
10	60,70	313,15	–	0,99794
11	64,90	313,15	–	0,99761
12	65,20	313,15	–	0,99763
13	66,90	313,15	–	0,99779
14	66,90	313,15	–	0,99773
15	68,60	313,15	–	0,99725
16	69,10	313,15	–	0,99725
17	70,50	313,15	–	0,99770
18	72,60	313,15	–	0,99722
19	73,40	313,15	–	0,99660
20	73,70	313,15	–	0,99628
21	74,40	313,15	–	0,99659
22	74,80	313,15	–	0,99587
23	75,40	313,15	–	0,99553

REFERÊNCIAS BIBLIOGRÁFICAS

1. Abbott MM, Prausnitz JM. Modelling the excess Gibbs energy. In: Models for thermodynamic and phase equilibria calculation, Sandler SI. New York: Marcel Dekker, Inc.; 1994.
2. Anderko A. Equation-of-state methods for the modelling of phase equilibria. Fluid Phase Equilibria; 1990; 61(1-2): 145-225.
3. Azevedo EG. Termodinâmica aplicada. 2ª Ed. Lisboa: Escolar Editora; 2000.
4. Belton P (editor). The chemical physics of food. Oxford: Blackwell Publishing; 2007.
5. Weast RC, Astle MJ, Beyer WH, The CRC Handbook of Chemistry and Physics; Cleveland, CRC Press; 1975.
6. Chapman WG, Gubbins KE, Jackson G, Radosz M. New reference equation of state for associating liquids. I&EC Research 1990; 29:1709-1721.
7. Faúndez CA, Valderrama JO. Low pressure vapor–liquid equilibrium in ethanol + congener mixtures using the Wong–Sandler mixing rule. Thermochimica Acta; 2009; 490(1-2): 37-42.
8. Giacomo G, Brandani V, Re GD, Mucciante V. Solubility of essential oil components in compressed supercritical carbon dioxide. Fluid Phase Equilibria 1989; 52: 405-411.
9. Gupta MC. Statistical thermodynamics. 2nd Ed. New Delhi: New Age International Publishers; 2003.
10. Hartel RW. Physical chemistry of foods. Basic Symposium Series; 1992.
11. Hirschfelder JO. Molecular theory of gases and liquids. New York: Wiley; 1954.
12. Huang SH, Radosz M. Equation of state for small, large, polydisperse, and associating molecules: extension to fluid mixtures. Ind. Eng. Chem. Res 1991; 30: 1994-2005 (SAFT p/mistura).
13. Iway Y, Hosotani N, Morotomi T, Koga Y, Arai Y. High-pressure vapor-liquid equilibria for carbon dioxide + linalool. J. Chem. Eng. Data 1994; 39: 900-902.
14. Iway Y, Hotosani N, Morotomi Y, Koga Y, Arai Y. High-pressure vapor-liquid equilibria for carbon dioxide + limonenene. J. Chem. Eng. Data 1996; 41: 951-922.
15. Jonge T, Pruysen A, Patten T. Coriolis flow meters for critical phase ethylene measurement. 4th International Symposium on Fluid Flow Measurement. Denver; jun. 1999.
16. Larotonda FDS, Genena AK, Dantela D, Soares HM, Laurindo JB, Moreira RFPM, Ferreira SRS. Study of banana (Musa aaa Cavendish cv Nanica) trigger ripening for small scale process. Brazilian Archives of Biology and Technology 2008; 51(5) 1033-1047.
17. Michelsen ML. A modified Huron-Vidal mixing rule for cubic equations of state. Fluid Phase Equilibria 1990; 60(1-2): 213-219.
18. Pavlícek J, Richter M. High pressure vapor-liquid equilibrium in the carbon dioxide – α-pinene system. Fluid Phase Equilibria 1993; 90: 125-133.
19. Peng DY, Robinson DB. A new two-constant equation of state. Ind. Eng. Chem. Fundam 1976; 15: 59-64.
20. Prausnitz JM, Lichtenthaler RN, Azevedo EG. Molecular thermodynamics of fluid-phase equilibria. 2nd Ed. New Jersey: Prentice-Hall; 1986.
21. Reid RC, Prausnitz JM, Polin BE. The properties of gases and liquids. New York: Mc-Graw-Hill; 1987.
22. Sandler SI. Chemical and engineering thermodynamics. 3rd Ed. New York: John Wiley & Sons; 1999.
23. Santana HB. Desenvolvimento de uma metodologia para a determinação da solubilidade de componentes de óleo essencial em dióxido de carbono. Tese de Mestrado em Engenharia de Alimentos. Campinas: Faculdade de Engenharia de Alimentos, Universidade Estadual de Campinas; 1996.
24. Schaink HM, Smit JAM. Protein-polysaccharide interactions: the determination of the osmotic second virial coefficients in aqueous solutions of β-lactoglobulin and dextran. Food Hydrocolloids 2007; 21(8): 1389-1396.

25. Smith JM, Van Ness HC, Abbott MM. Introdução à termodinâmica da engenharia química. 5ª Ed. Rio de Janeiro: LTC Editora; 2000.
26. Smith JM, Van Ness HC, Abbott MM. Introduction to chemical engineering thermodynamics. 7th Ed. New York: McGraw Hill; 2005.
27. Valderrama JO. The state of the cubic equations of state. Ind. Eng. Chem. Res 2003; 42: 1603-1618.
28. Walas SM. Phase equilibria in chemical engineering. Stoneham, MA: Butterworth Publishers; 1985.
29. Webster LA, Kidnay AJ. Vapor–Liquid Equilibria for the ethane–Propane–Carbon Dioxide Systems at 230 K and 270 K. J. Chemical and Engineering Data 2001: 46(3):759-764.
30. DIPPR-Design Institute for Physical Properties. Sample Chemical Database.

CAPÍTULO 8

Equilíbrio de Fases para Sistemas Multicomponentes: Usando Modelos para o Excesso de Energia de Gibbs

- Sandra Regina Salvador Ferreira
- Leandro Danielski
- Marcelo Castier

CONTEÚDO

Objetivos do Capítulo	264
Introdução	265
Solução Ideal	266
Lei de Henry e Regra de Lewis-Randall	267
Exemplo 8.1 – Cálculo da Fração Molar de CO_2 em Bebida Gaseificada	269
Resolução	269
Comentários	270
Grandezas Excedentes: A Energia de Gibbs Excedente (G^E)	270
Coeficiente de Atividade	272
Exemplo 8.2 – Cálculo da G^E/RT	274
Resolução	274
Comentários	275
Modelos para a Energia de Gibbs Excedente	276
Modelos Moleculares	278
Equação de Margules de uma Constante	278
Exemplo 8.3 – Cálculo do ELV Usando o Modelo de Margules	279
Resolução	279
Comentários	280
Equação de Margules de Duas Constantes	281

Equação de Margules de Três Constantes..281
Equação de Redlich-Kister..282
Equação de Wohl (1946)...282
Equação de van Laar..282
Modelo de Flory-Huggins...284
Modelos Derivados da Teoria de Composição Local..................................285
Equação de Wilson (1964)...285
Modelo NRTL (Non Random Two Liquid)..287
Modelo UNIQUAC (Universal Quasi-Chemical)...288
Modelos de Contribuição de Grupos..290
Modelo ASOG..292
Modelo UNIFAC...292
Modelos de Coeficiente de Atividade em Termos de Frações Mássicas..........294
Soluções Eletrolíticas..294
Determinação de Parâmetros de Modelos de G^E a partir de Dados
de Diluição Infinita..295
Formulação γ-ϕ para Cálculo do ELV...295
Exemplo 8.4 – Cálculo do ELV Usando Modelo para G^E......................296
Resolução..297
Comentários...297
Aplicação do ELV para Sistemas Líquidos Não Ideais..............................298
Equilíbrio Líquido-Líquido (ELL)...298
Equilíbrio Sólido-Líquido (ESL)...299
Exemplos de Aplicações para a Engenharia de Alimentos......................302
Resumo do Capítulo...303
Problemas Propostos..303
Referências Bibliográficas..305

OBJETIVOS DO CAPÍTULO

Neste capítulo serão discutidos os modelos para o excesso de energia de Gibbs e sua aplicação no cálculo de equilíbrio de fases. Para o equilíbrio líquido-vapor serão apresentados os modelos de Margules, Redlich-Kister, Wohl, van Laar, Wilson, NRTL, UNIQUAC e UNIFAC. Ao final do capítulo serão ainda discutidos os princípios dos equilíbrios líquido-líquido, sólido-líquido e gás-líquido.

Introdução

O projeto de equipamentos e processos para a transformação eficiente de matérias-primas em produtos industrializados é um grande desafio para as áreas tecnológicas, especialmente para a Engenharia de Alimentos. Essa intrincada área de conhecimento envolve os princípios fundamentais da Engenharia e os aspectos econômicos das operações, como também as especificidades dos produtos alimentícios ditadas pela ciência de alimentos.

Portanto, o conhecimento de propriedades físicas e de transporte, e de dados de equilíbrio de fases para produtos alimentícios é fundamental para o projeto de equipamentos e processos. Apesar disso, a disponibilidade limitada desses dados experimentais, particularmente devido à complexa composição e estrutura dos alimentos, dificilmente atende à demanda da indústria.

Para solucionar esse problema, a Engenharia de Projetos dispõe de uma grande diversidade de métodos para estimar as propriedades de compostos e de misturas de interesse industrial, permitindo a ampliação de escala e o desenvolvimento de equipamentos e processos. Dentre as ferramentas disponíveis para a descrição do comportamento de materiais, citamos as equações de estado (EDEs), descritas no Capítulo 7, e as expressões para a energia de Gibbs Excedente ($\underline{G}^E$). Apesar dos avanços na representação de fases condensadas usando EDEs, os modelos de $\underline{G}^E$ são muito usados para descrever o comportamento de misturas líquidas (ou sólidas) a baixas pressões, tipicamente abaixo de 1,0 MPa.

Além dos alimentos sólidos tradicionais, misturas líquidas têm papel importante na indústria de alimentos. Essas misturas se apresentam na forma de insumos das indústrias, de produtos prontos ou como participantes de etapa intermediária de produção, como soluções de sacarose ou salinas utilizadas para a desidratação osmótica de alimentos. Exemplos desses importantes e complexos sistemas são: óleos essenciais, sucos de frutas, bebidas lácteas, energéticos, xaropes, corantes, soluções aquosas, soluções proteicas, bebidas alcoólicas, entre outros.

Assim, com o objetivo de apresentar ferramentas para descrição de sistemas líquidos, este capítulo discute os modelos para estimativa da energia de Gibbs excedente, também conhecidos como modelos de coeficiente de atividade. Antes da discussão dos modelos propriamente ditos, são apresentadas algumas considerações iniciais sobre soluções ideais, propriedades excedentes e estados-padrão. Na sequência, apresentam-se os modelos clássicos para a energia de Gibbs excedente, $\underline{G}^E$, inicialmente para sistemas binários, mostrando a dependência de composição e de temperatura dos sistemas. Em seguida, faz-se uma abordagem mais específica com a descrição de modelos que envolvem a teoria da composição local. Dentre os modelos de coeficiente de atividade apresentados neste capítulo estão: Margules, Redlich-Kister, Porter, Wohl, van Laar, Flory-Huggins, Wilson, NRTL, UNIQUAC, ASOG e UNIFAC. Discussões sobre equilíbrio líquido-líquido (ELL), equilíbrio líquido-vapor (ELV) e equilíbrio sólido-líquido (ESL), assim como aplicações dos modelos de coeficiente de atividade para a área de Engenharia de Alimentos, também são tratadas neste capítulo.

Solução Ideal

O equilíbrio de fases pode ser descrito através da fugacidade dos componentes do sistema em cada fase (sólida, líquida ou gasosa), mediante o conceito de *isofugacidade* (Capítulo 6). Sabemos, entretanto, que apesar das notáveis melhorias nas EDEs nos últimos anos, seu emprego para a descrição de fases condensadas frequentemente produz resultados limitados e, portanto, muitas vezes torna-se essencial a representação dos sistemas condensados em comparação com um estado de referência adequado. Esse procedimento é similar ao empregado na descrição da fase gasosa, que utiliza o modelo de gás ideal como estado de referência.

A utilização de estados-padrão ou estados de referência para a definição de propriedades termodinâmicas que representem uma substância pura ou uma mistura é importante por permitir que uma propriedade seja descrita em relação a uma condição fixa, normalmente representando a forma mais estável daquela substância ou mistura. Essa condição, embora seja arbitrária, deve representar o estado de agregação molecular ou um estado de referência do sistema. Para a fase gasosa, por exemplo, o estado de referência comumente empregado é o de gás ideal (Capítulo 6).

Por analogia, para a fase condensada é empregado o modelo de solução ideal, ou mistura ideal, como estado de referência. Esse conceito foi introduzido com a consideração que, em misturas ideais, as forças intermoleculares são as mesmas existentes para os componentes puros. Uma mistura é considerada ideal quando a entalpia de mistura ($\Delta \underline{H}^{MI}$) e o volume de mistura ($\Delta \underline{V}^{MI}$) são zero, ou seja, não existe efeito térmico e variação de volume no processo de mistura. Na prática, essa consideração de solução ideal pode ser empregada para soluções muito diluídas ou para misturas formadas por substâncias muito parecidas em termos moleculares (moléculas de volumes e formas similares). Exemplos dessas misturas são sistemas formados por alguns hidrocarbonetos de massa molar similar, entre outras soluções.

A descrição do equilíbrio de fases requer o conhecimento do comportamento do potencial químico ou da fugacidade para as fases em estudo. Em processos onde o equilíbrio líquido-vapor (ELV) é importante, deseja-se descrever o comportamento dos componentes do sistema na fase vapor (V) e na fase líquida (L). Portanto, o objetivo deste capítulo é avaliar a fase líquida, o que se inicia com a apresentação das equações fundamentais, obtidas de forma análoga à fase gasosa.

As propriedades que representam a fase de solução ideal são definidas como θ^{MI}, em que θ é uma propriedade termodinâmica genérica (exceto temperatura, pressão e frações molares). Particularmente, a expressão que representa μ_i^{MI}, o potencial químico do componente *i* na mistura ideal, é:

$$\mu_i^{MI} = \overline{G}_i^{MI} = \underline{G}_i(T,P) + RT \ln x_i \tag{8.1}$$

em que $\overline{G}_i^{MI}$ é a energia de Gibbs parcial molar do componente *i* na solução ideal; $\underline{G}_i(T,P)$ é a energia de Gibbs molar do componente *i* puro na temperatura T e na pressão P e x_i é a fração molar do componente *i* na solução.

É importante observar que a Equação (8.1) não tem sentido sem a definição de estados de referência. Ou seja, para a determinação do potencial químico do componente i na solução ideal, é necessário conhecer o comportamento da energia de Gibbs de cada componente puro no estado de mistura ideal, nas mesmas condições de temperatura e pressão.

Ademais, para misturas formadas por componentes completamente miscíveis em todas as proporções, sem distinção entre solutos e solventes, é aceitável o uso do estado padrão definido pela regra de Lewis-Randall para todos os componentes. Por outro lado, quando um soluto é muito pouco solúvel no solvente, o estado-padrão descrito pela Lei de Henry é mais aceitável. Essas definições de estado-padrão são discutidas no próximo item através do efeito da concentração dos componentes da mistura na fugacidade (ou no potencial químico), como forma de expressar modelos para soluções ideais.

Lei de Henry e Regra de Lewis-Randall

Como apresentado no Capítulo 6, a Lei de Raoult expressa a distribuição de um componente entre uma fase líquida e uma fase gasosa, considerando-se ambas ideais. A expressão para a Lei de Raoult indica que a pressão parcial de um componente é função da pressão de vapor dos componentes individuais e da fração molar do componente na mistura ideal, podendo ser descrita através da seguinte relação:

$$y_i P = p_i = x_i P_i^{sat} \qquad (8.2)$$

A Equação (8.2) indica que a fugacidade do componente i na fase líquida ideal, $\hat{f}_i^{MI}$, é linearmente proporcional à fração molar do componente i na fase líquida. De modo mais geral, a dependência da fugacidade do componente i na fase líquida ideal, $\hat{f}_i^{MI}$, com a fração molar de i na solução (x_i) é dada por:

$$\hat{f}_i^{MI} = x_i f_i^o \qquad (8.3)$$

em que f_i^o é uma constante de proporcionalidade que independe da fração molar de i na solução, mas depende das condições de temperatura e pressão do sistema.

O valor de f_i^o é arbitrário, mas há duas formas convencionais de escolhê-lo, através da regra de Lewis-Randall ou da Lei de Henry, dependendo das características do componente i nas condições de temperatura e pressão do sistema. Quando o componente existe como líquido puro na temperatura e pressão do sistema, é usual aplicar a regra de Lewis-Randall, segundo a qual f_i^o, na Equação (8.3), é a fugacidade do líquido puro (f_i). Por exemplo, água pura a 25 °C está abaixo de sua temperatura crítica (componente subcrítico) e existe na forma líquida para uma faixa de valores de pressão, onde é convenientemente tratada através da regra de Lewis-Randall. Sob algumas condições, a fugacidade de um líquido puro pode ser aproximada pela pressão de vapor do componente i, conforme aparece no lado direito da Equação (8.2). Contudo, a 25 °C, componentes como oxigênio e nitrogênio puros não existem em forma líquida, sob qualquer pressão, pois essa temperatura é maior que suas temperaturas críticas (componentes supercríticos). Para aplicar a Equação (8.3) em situações como essa, é comum adotar a regra de Henry, segundo a qual f_i^o, na Equação (8.3), é a constante de Henry. De forma geral, é usual adotar a regra de Lewis-Randall como definição de comportamento ideal para os componentes subcríticos de uma mistura e a regra de Henry, para os componentes supercríticos.

Portanto, pela regra de Lewis-Randall, temos que:

$$\hat{f}_i^{MI} = x_i f_i \tag{8.4}$$

em que f_i é a fugacidade do componente i puro. Quando a fração molar de i na solução tende para a unidade ($x_i \to 1$), o valor da fugacidade do composto i na solução ideal tende ao valor de f_i.

Pela regra de Henry, temos que:

$$\hat{f}_i^{MI} = x_i H_{ij} \tag{8.5}$$

em que H_{ij} é a constante de Henry do componente i no solvente j, em dada condição de temperatura e pressão do sistema.

A Figura 8.1 ilustra a diferença entre os conceitos de idealidade de acordo com as regras de Lewis-Randall e de Henry para o caso de uma mistura de dois componentes.

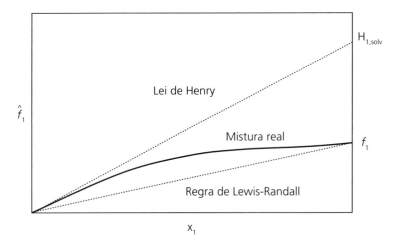

Figura 8.1 ▶ Efeito da composição na fugacidade parcial para o componente 1 de uma mistura binária.

A curva contínua da Figura 8.1 representa a fugacidade do componente 1 em uma fase líquida em função de sua fração molar nessa fase, para um sistema mantido a uma certa condição de temperatura e pressão. Esse componente é subcrítico, pois sua curva de fugacidade em fase líquida existe até a condição de componente puro ($x_1 = 1$). A reta tracejada inferior representa a definição de comportamento ideal de acordo com a regra de Lewis-Randall. Observa-se que a fugacidade do composto 1 na mistura real é bem aproximada pela regra de Lewis-Randall nas vizinhanças de $x_1 = 1$. De fato, é possível mostrar que a reta que representa a regra de Lewis-Randall é tangente à curva da fugacidade do composto 1 na mistura em $x_1 = 1$. A reta tracejada superior representa a definição de comportamento ideal de acordo com a regra de Henry. A fugacidade do composto 1 na mistura real é bem descrita pela Lei de Henry nas proximidades de $x_1 = 0$, o que corresponde a uma situação em que o composto 1 se encontra bastante diluído na solução, como no caso da solubilidade de componentes supercríticos em líquidos a baixas pressões. Podemos provar que a reta que representa a regra de Henry é tangente à curva da fugacidade do composto 1 na mistura em $x_1 = 0$.

Na Figura 8.1, observamos ainda que o valor da fugacidade na mistura real difere de ambas as definições de comportamento ideal. Para calcular a fugacidade de um componente em uma mistura real, é necessário usar um fator de correção chamado de coeficiente de atividade (ver Capítulo 6), cujo valor depende do tipo de definição de comportamento ideal adotado para cada componente de uma mistura. Seções subsequentes deste capítulo discutirão o cálculo de coeficientes de atividade em detalhes.

A Lei de Henry é particularmente útil como tratamento aproximado de problemas tais como a dissolução de gases em líquidos, comumente observados em indústria de bebidas gaseificadas, de compostos aromáticos em soluções aquosas ou alcoólicas, tratamento de águas residuárias, entre outros sistemas de interesse para a indústria de alimentos. A Tabela 8.1 apresenta valores da constante de Henry para vários gases em diferentes solventes.

O uso da regra de Lewis-Randall como referência de comportamento ideal em sistemas em que todos os componentes sejam subcríticos é imediato. Por outro lado, embora seja possível a aplicação da regra de Henry para sistemas com múltiplos componentes subcríticos e supercríticos, seu emprego não é trivial. Portanto, dentro do escopo deste capítulo, a discussão e a aplicação dessa regra é limitada para sistemas envolvendo um componente subcrítico (solvente) e outro supercrítico (soluto).

Exemplo 8.1

Cálculo da Fração Molar de CO_2 em Bebida Gaseificada

Considere que a constante de Henry do dióxido de carbono (CO_2) em um refrigerante de guaraná, na temperatura de 9 °C e 0,6 MPa (garrafa fechada), é 97,575 MPa. Nessas condições, determine a fração molar de CO_2 dissolvido no refrigerante, que está em equilíbrio com a fase gasosa que é praticamente CO_2 puro, nas condições de temperatura e pressão citadas. Embora a pressão seja moderada, considere o desvio da idealidade da fase vapor definido através da equação do virial truncada no segundo termo, onde o segundo coeficiente do virial do CO_2 puro é: $B_{CO2} = -110$ cm³/mol.

Resolução

Embora o refrigerante de guaraná seja uma mistura multicomponente, para efeitos de cálculo vamos considerar o líquido sem o CO_2 como um pseudocomponente puro. Assim, podemos tratar o refrigerante de guaraná como sistema binário. Considerando o equilíbrio de fases:

Fundamentos de Engenharia de Alimentos

$$\hat{f}_i^V = \hat{f}_i^L \qquad \text{(E8.1-1)}$$

A fase vapor é tratada considerando-se o desvio da idealidade, como apresentado no Capítulo 6. Aplicando para o CO_2 (1), temos:

$$\hat{f}_{CO2}^V = y_{CO2}\hat{\phi}_{CO2}P \qquad \text{(E8.1-2)}$$

Utilizando Equação (6.58) $\hat{\phi}_i$ pode ser determinado pela expressão a seguir, aplicada com devidas correções de unidades para temperatura, pressão e constante dos gases (R):

$$\hat{\phi}_{CO2} = \exp\left(\frac{BP}{RT}\right) = \exp\left(\frac{-110(6)}{83{,}14 \times 282{,}15}\right) = 0{,}9747 \qquad \text{(E8.1-3)}$$

Para a fase líquida e considerando que a concentração de CO_2 dissolvido no guaraná é pequena, assumimos a validade da Lei de Henry. Assim:

$$\hat{f}_{CO2}^{MI} = x_{CO2}H_{CO2,\,guaraná} \qquad \text{(E8.1-4)}$$

Empregando as Equações (E8.1-1), (E8.1-2) e (E8.1-4), temos:

$$1 \times 0{,}9747 \times 6 = x_{CO2} \times 975{,}75 \qquad \text{(E8.1-5)}$$

Comentários

Dessa forma, a solubilidade do CO_2 no refrigerante de guaraná, nas condições de temperatura e pressão apresentadas e em termos de fração molar, é $x_{CO2} = 0{,}006$.

Grandezas Excedentes: A Energia de Gibbs Excedente ($\underline{G}^E$)

O modelo de gás ideal é útil para a descrição do comportamento dos gases e serve como um padrão de referência na comparação com gases reais. A avaliação comparativa das propriedades na fase gasosa é realizada mediante a introdução do conceito de grandezas residuais, como descrito nos Capítulos 6 e 7. A energia de Gibbs residual ($\underline{G}^R$) e o coeficiente de fugacidade estão diretamente relacionados aos dados experimentais PVT e podem ser correlacionados através de equações de estado (EDEs).

Analogamente, o comportamento de uma fase líquida real pode ser representado através de propriedades que meçam seu afastamento em relação ao comportamento ideal. Nesse caso, não é mais o comportamento de gás ideal, mas é o de solução ideal que serve como padrão para a comparação com o comportamento de soluções reais. Esse desvio é calculado através da definição de grandezas excedentes ($\underline{\theta}^E \equiv \underline{\theta} - \underline{\theta}^{MI}$), como discutido no Capítulo 6.

Tabela 8.1 ▶ Valores da constante de Henry do soluto *i* no solvente ($H_{i,solv}$).

Solvente	Soluto	T (°C)	$H_{i,solv}$ (kPa)	Referência
Água	N_2	25	$9,224 \times 10^7$	Sandler, 1999
	H_2		$7,158 \times 10^7$	
	NH_3		97,58	
			$H_{i,solv}$ (MPa)	
Água	NH_3	0	2,1	Spalding, 1963
	SO_2	0	16,5	
		50	85,0	
	CO_2	0	71,0	
		50	287,0	
	CH_4	0	2.288,0	
		50	5.800,0	
	O_2	0	2.550,0	
		50	5.800,0	
	H_2	0	5.800,0	
		50	7.900,0	
H_2	CO	−205	64,848	Orentlicher e Prausnitz, 1964
		−185	40,530	
	C_2H_6	−129	263,445	
		−45	122,603	
	C_3H_8	−45	169,213	
		9	104,365	

A relação fundamental de grandezas excedentes é obtida da mesma forma que a relação fundamental de grandezas residuais e, para a energia de Gibbs, é definida como segue:

$$d\left(\frac{N\underline{G}^E}{RT}\right) = \frac{N\underline{V}^E}{RT}dP - \frac{N\underline{H}^E}{RT^2}dT + \sum_i \frac{\overline{G}_i^E}{RT}dN_i \qquad (8.6)$$

A Equação (8.6) representa forma diferencial da relação fundamental para $\underline{G}^E$, que pode ser descrita como a função geradora para todas as outras propriedades excedentes, que estão interligadas. A propriedade $\underline{G}^E$ não pode ser medida diretamente, mas pode ser quantitativamente avaliada através de dados de equilíbrio de fases.

Adicionalmente, a propriedade parcial molar excedente para cada componente $\overline{\theta}_i^E$ pode ser expressa de forma análoga à propriedade parcial molar, $\overline{\theta}_i$ (Capítulo 6), sendo que a expressão para $\overline{G}_i^E$ é descrita como segue:

$$\overline{G}_i^E \equiv \left(\frac{\partial N \underline{G}^E}{\partial N_i} \right)_{P,T,N_{j \neq i}} \tag{8.7}$$

Coeficiente de Atividade

A propriedade parcial molar excedente fornece uma importante informação relacionada com a influência da espécie química *i* no desvio da idealidade, diferente da propriedade global que indica o desvio da solução em relação ao comportamento ideal. Assim, a influência da espécie química no desvio da idealidade está relacionada ao coeficiente de atividade (γ_i), conforme descrito no Capítulo 6 através das equações a seguir.

$$\gamma_i = \frac{\hat{f}_i^L}{\hat{f}_i^{ideal}} = \frac{\hat{f}_i^L}{x_i f_i^0} \tag{6.181}$$

e

$$\overline{G}_i^E = RT \ln \gamma_i \tag{6.196}$$

Observando as Equações (8.4) e (8.5), vale lembrar que há duas definições de idealidade de uso corrente, ou seja, as regras de Lewis-Randall e de Henry. Portanto, o valor de f_i^0 que aparece no denominador da Equação (6.181) pode ser a fugacidade do líquido puro ou a constante de Henry. O valor do coeficiente de atividade depende, portanto, da referência adotada para o comportamento ideal. Para distingui-los, adotamos a seguinte notação:

$$\gamma_i = \frac{\hat{f}_i}{x_i f_i} \tag{8.8}$$

$$\gamma_i (HL) = \frac{\hat{f}_i}{x_i H_{i,j}} \tag{8.9}$$

As Equações (8.8) e (8.9) mostram que o coeficiente de atividade representa o desvio em relação ao comportamento de solução ideal, ou seja, $\gamma_i = \hat{f}_i / \hat{f}_i^{MI}$. Retornando à Figura 8.1, que mostra a fugacidade do composto 1 em uma mistura binária, o valor de γ_1 corresponde ao fator de correção que transforma a reta tracejada da regra de Lewis-Randall na curva de fugacidade do composto 1 na mistura real. O valor de $\gamma_1(HL)$ é o fator análogo que transforma a reta tracejada da regra de Henry na curva de fugacidade do componente 1 na mistura real. De posse dessas interpretações, observamos ainda que a reta tracejada da regra de Lewis-Randall é tangente à curva da fugacidade do componente 1 na mistura real em $x_1 = 1$ e, consequentemente, $\lim_{x_1 \to 1} \gamma_1 \equiv 1$. Por outro lado, a reta tracejada da regra de Henry é tangente à curva da fugacidade do componente 1 na mistura real em $x_1 = 0$ e, dessa forma, $\lim_{x_1 \to 0} \gamma_1(HL) \equiv 1$. Nessa condição, em que a fração molar do componente 1 tende para zero e ele se torna "infinitamente diluído", podemos definir o coeficiente de atividade da diluição infinita através de:

$$\lim_{x_1 \to 0} \gamma_1 \equiv \gamma_1^\infty \tag{8.10}$$

Os valores de γ_1^∞ e $\gamma_1(HL)$ estão relacionados. Para obter essa relação, escreve-se a expressão de $\hat{f}_1$ de duas formas diferentes, a partir das Equações (8.8) e (8.9):

$$\hat{f}_1 = x_1 \gamma_1 f_1 = x_1 \gamma_1(HL) H_{1,2} \tag{8.11}$$

Temos, portanto, que:

$$\gamma_1 f_1 = \gamma_1(HL) H_{1,2} \tag{8.12}$$

A igualdade expressa pela Equação (8.12) deve valer em qualquer composição e, em particular, na condição em que o composto 1 encontra-se à diluição infinita. Impondo-se tal condição na Equação (8.12), temos:

$$\gamma_1^\infty f_1 = 1 \times H_{1,2} \tag{8.13}$$

Substituindo a Equação (8.13) na Equação (8.12), deduzimos que:

$$\gamma_1(HL) = \frac{\gamma_1}{\gamma_1^\infty} \tag{8.14}$$

É mais frequente encontrar expressões para γ_1^∞ que para $\gamma_1(HL)$ na literatura. A importância da Equação (8.14) é que ela permite converter os valores de uma forma de representação em outra.

Aplicando a definição de coeficiente de atividade dada pela Equação (6.181), na Equação (8.6), temos:

$$d\left(\frac{N\underline{G}^E}{RT}\right) = \frac{N\underline{V}^E}{RT} dP - \frac{N\underline{H}^E}{RT^2} dT + \sum_i \ln \gamma_i dN_i \tag{8.15}$$

A Equação (6.195) também mostra a relação entre o coeficiente de atividade e uma propriedade parcial molar. Assim, a expressão para γ_i é:

$$\ln \gamma_i = \left[\frac{\partial \left(N\underline{G}^E / RT \right)}{\partial N_i} \right]_{P,T,N_{j \neq i}} \qquad (8.16)$$

A Equação (8.16) demonstra que $\ln \gamma_i$ é uma propriedade parcial molar em relação a $\underline{G}^E/RT$. Desta forma, $\ln \gamma_i$ assume as características das propriedades parciais molares (Capítulo 6), descritas através das Equações (8.17) e (8.18). Esta última representa a relação de Gibbs-Dühem para a condição de temperatura e pressão constantes:

$$\frac{\underline{G}^E}{RT} = \sum_i x_i \ln \gamma_i \qquad (8.17)$$

$$\sum_i x_i \, d \ln \gamma_i = 0 \qquad (8.18)$$

A definição das propriedades excedentes é útil porque os valores de $\underline{V}^E$, $\underline{H}^E$ e γ_i podem ser experimentalmente obtidos. Coeficientes de atividade são obtidos a partir de dados de equilíbrio de fases e valores de $\underline{V}^E$ e $\underline{H}^E$ são provenientes de experimentos de misturas.

Exemplo 8.2

Cálculo da $\underline{G}^E/RT$

Componentes aromatizantes apresentam inúmeras aplicações nas indústrias de alimentos, seja em uso direto ou na forma de soluções. Assim, para maior conhecimento sobre esses produtos, considere que a expressão abaixo representa razoavelmente a dependência da fugacidade de uma solução aquosa de um determinado composto aromatizante em função da concentração molar desse aroma. Com base nesse comportamento e nos estados-padrão de Lewis-Randall, determine o valor de $\underline{G}^E/RT$ para uma solução aquosa com 10% molar de aroma.

$$f = \exp\left[2{,}4 + 1{,}8 x_{aroma} + 0{,}36 x_{aroma}^2 \right] (bar) \qquad \text{(E8.2-1)}$$

Resolução

Aplicando as Equações (6.182) e (8.17) para um sistema binário, chegamos à seguinte expressão, em que o subscrito w representa a água:

Equilíbrio de Fases para Sistemas Multicomponentes: Usando Modelos ... capítulo 8

$$\frac{G^E}{RT} = x_{aroma} \ln \gamma_{aroma} + x_w \ln \gamma_w \qquad \text{(E8.2-2)}$$

Ou ainda:

$$\frac{G^E}{RT} = x_{aroma} \ln \left(\frac{\hat{f}_{aroma}}{x_{aroma} f_{aroma}} \right) + x_w \ln \left(\frac{\hat{f}_w}{x_w f_w} \right) \qquad \text{(E82-3)}$$

Rearranjando, temos:

$$\frac{G^E}{RT} = x_{aroma} \ln \hat{f}_{aroma} + x_w \ln \hat{f}_w - x_{aroma} \ln f_{aroma} - x_w \ln f_w - x_{aroma} \ln x_{aroma} - x_w \ln x_w$$

(E8.2-4)

Usando as propriedades das grandezas parciais molares, temos que a fugacidade da mistura pode ser escrita como:

$$\ln f = \sum x_i \ln \hat{f}_i = x_{aroma} \ln \hat{f}_{aroma} + x_w \ln \hat{f}_w \qquad \text{(E8.2-5)}$$

Substituindo a Equação (E8.2-5) na Equação (E8.2-4), obtemos:

$$\frac{G^E}{RT} = \ln f - x_{aroma} \ln f_{aroma} - x_w \ln f_w - x_{aroma} \ln x_{aroma} - x_w \ln x_w \qquad \text{(E8.2-6)}$$

As fugacidades da água pura e do aroma puro, f_w e f_{aroma}, são obtidas impondo-se $x_{aroma} = 0$ e $x_{aroma} = 1$ na Equação (E8.2-1), respectivamente. Substituindo na Equação (E8.2-6), temos:

$$\frac{G^E}{RT} = 2,4 + 1,8 x_{aroma} + 0,36 x_{aroma}^2 - 4,56 x_{aroma}$$
$$-2,4 x_w - x_{aroma} \ln x_{aroma} - x_w \ln x_w \qquad \text{(E8.2-7)}$$

Logo, para uma fração molar de aroma igual a 0,10, obtém-se:

$$\frac{G^E}{RT} = 0,2967 \qquad \text{(E8.2-8)}$$

Comentários

Sistemas que apresentam valores de coeficiente de atividade diferente de um, ou seja, que desviam da idealidade em relação ao comportamento de solução ideal, apresentam características de equilíbrio de fases diferentes daquelas apresentadas pela Lei de Raoult. Adicionalmente, o resultado do problema indicou um valor de G^E maior que zero, comprovando o desvio da idealidade citado.

O comportamento envolvendo as fases líquida e vapor, que desviam da idealidade, pode ser exemplificado através da Figura 8.2, que mostra um diagrama a uma temperatura constante, onde a reta central representa o comportamento descrito para sistemas ideais (Lei de Raoult). A curva superior representa sistemas que desviam positivamente da Lei de Raoult. A curva inferior representa desvio negativo da Lei de Raoult.

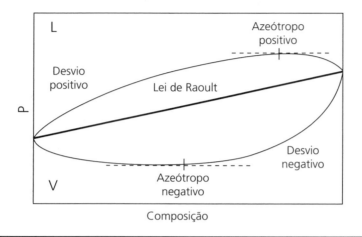

Figura 8.2 ▶ Esquema de diagrama de fases líquido-vapor para sistemas binários.

Modelos para a Energia de Gibbs Excedente

As propriedades de fases líquidas dependem da estrutura dos componentes e das forças intermoleculares presentes. Assim, o emprego de um estado de referência condensado, a solução ideal, permite avaliar a fugacidade da fase líquida através da energia de Gibbs excedente, $\underline{G}^E$. Segundo a Equação (8.15), $\underline{G}^E/RT$ é função de temperatura, pressão e composição. Porém, em casos de misturas líquidas em pressões baixas e moderadas, a influência da pressão em $\underline{G}^E$ torna-se uma função muito fraca. Como consequência, a dependência do coeficiente de atividade com a pressão é normalmente negligenciada na análise termodinâmica desses sistemas. Logo, a energia de Gibbs excedente pode ser descrita como segue:

$$\frac{\underline{G}^E}{RT} = g(T,P,x) = g(T,x) \tag{8.19}$$

Para a condição de temperatura constante, podemos representar a Equação (8.15) por:

$$\frac{\underline{G}^E}{RT} = g(x_1, x_2, ..., x_N) \quad \text{(T constante)} \tag{8.20}$$

Como descrito pelas Equações (8.16), (8.19) e (8.20), teorias de soluções permitem quantificar o coeficiente de atividade através de $\underline{G}^E$. Em função da diversidade dos sistemas de interesse nas indústrias químicas e de alimentos, há diversos modelos de $\underline{G}^E$.

Destaca-se adicionalmente que o conhecimento do comportamento de $\underline{G}^E$ permite calcular diversas propriedades dos sistemas através das relações termodinâmicas. Ou seja, o comportamento do equilíbrio de fases de um sistema pode ser determinado medindo-se um pequeno número de dados de equilíbrio e calculando-se os demais. Isso é possível usando-se as relações da energia de Gibbs com as outras grandezas termodinâmicas, como, por exemplo, as propriedades excedentes, as propriedades parciais molares, o coeficiente de atividade, entre outras.

Antes da descrição de modelos empíricos para representar o comportamento de $\underline{G}^E$ em função da composição do sistema é importante uma classificação básica de soluções. De acordo com Sandler (1999), misturas líquidas podem ser divididas em **misturas simples** e **não simples**. As primeiras são formadas por substâncias que, no estado puro e na condição de temperatura e pressão da mistura, são líquidos. **Misturas não simples** são formadas por pelo menos uma substância que, em seu estado puro e na condição de temperatura e pressão da mistura, não se encontra no estado líquido.

Essa classificação é particularmente importante para aplicação na indústria de alimentos, onde **misturas não simples** são comumente encontradas. Exemplos de soluções formadas por sólidos dissolvidos em líquidos são soluções salinas, xaropes, soluções conservantes ou estabilizantes, corantes, entre outros. Adicionalmente, soluções formadas por gases dissolvidos em líquidos são comumente encontradas em bebidas gaseificadas, sistemas de atmosfera modificada e processos de inertização com nitrogênio de misturas líquidas suscetíveis à oxidação. Essas misturas podem ser avaliadas através da Lei de Henry, usando o conceito de soluções diluídas.

Os modelos de $\underline{G}^E$ descritos nesse item são adequados para as **misturas simples**, importantes para a indústria de alimentos tanto em produtos finais, por exemplo, sucos, óleos entre outros produtos, como em insumos para alimentos, como aromas, corantes, etc. Vale ressaltar, contudo, que é possível obter expressões para coeficientes de atividade de componentes de **misturas não simples** a partir de modelos para $\underline{G}^E$ para **misturas simples** (Equação 8.14).

Diversos modelos são comumente utilizados para a correlação de coeficientes de atividade. Esses modelos podem ser classificados conforme sua aplicação, embora a forma geral mais empregada seja a classificação como modelos empíricos dependentes da composição.

No caso específico de sistemas binários em T constante, a função mais comumente utilizada é do tipo $g(x) = \underline{G}^E/(x_1 x_2 RT)$, em que o procedimento corriqueiro consiste em expressar essa função na forma de uma série de potências da composição, particularmente para x_1, portanto:

$$\frac{\underline{G}^E}{x_1 x_2 RT} = a + bx_1 + cx_1^2 + \ldots \quad \text{(T constante)} \tag{8.21}$$

Na prática, a aplicação da Equação (8.21) gera diferentes modelos envolvendo diversos parâmetros ajustáveis. Em se tratando de sistemas binários, a Equação (8.21) deve atender ao seguinte requisito, com base nas Equações (8.10) e (8.17) aplicadas para sistema biná-

ao seguinte requisito, com base nas Equações (8.10) e (8.17) aplicadas para sistema binário: quando $x_1 = 0$, $g(0) = \ln \gamma_1^\infty$ e quando $x_2 = 0$, $g(1) = \ln \gamma_2^\infty$. Assim, uma grande quantidade de modelos tem sido proposta para expressar a relação entre $\underline{G}^E$ e a composição do sistema, como descrito pelos modelos mais comumente mencionados na literatura.

Modelos Moleculares

Modelos moleculares são, por definição, aqueles nos quais os parâmetros ajustáveis representam o tamanho das moléculas ou as interações entre as moléculas das espécies na mistura, diferentemente dos modelos de contribuição de grupos em que as interações e os parâmetros se referem aos grupos funcionais com os quais as moléculas são constituídas. A seguir, são relacionados os modelos de $\underline{G}^E$ mais comuns.

Equação de Margules de uma Constante

Para sistemas binários, a equação de Margules de dois sufixos, assim também chamada porque a expansão em $\underline{G}^E$ é quadrática na fração molar, expressa a energia de Gibbs excedente como segue, tendo os coeficientes de atividade determinados com base nas Equações (8.7) e (8.16):

$$\frac{\underline{G}^E}{RT} = A x_1 x_2 \tag{8.22}$$

$$\ln \gamma_1 = A x_2^2 \tag{8.23}$$

$$\ln \gamma_2 = A x_1^2 \tag{8.24}$$

em que A é um parâmetro binário ajustável através da análise de dados experimentais, característico do par de substâncias, independente da composição, mas dependente da temperatura. A constante A pode ser positiva ou negativa, e, embora geralmente seja dependente de T, frequentemente pode-se considerar constante para intervalos reduzidos de temperatura.

Essas relações matemáticas podem ser exemplificadas através da análise do sistema acetona(1)/metanol(2) a 55 °C na Figura 8.3. Nessa figura, observa-se que os coeficientes de atividade calculados são imagens especulares uma da outra em função da composição. Esse resultado não pode ser generalizado a outros modelos, pois decorre da simetria da função de $\underline{G}^E$ na equação de Margules de dois sufixos com a composição, como representado pelas Equações (8.23) e (8.24). Além disso, quando $x_i \to 1$, obtemos $\gamma_i \to 1$, com $\hat{f}_i \to f_i$. Isso tem sentido físico, já que a fugacidade de um componente em uma mistura tende à de um líquido puro à medida que se torna mais concentrada naquele determinado componente, quando se usa a regra de Lewis-Randall.

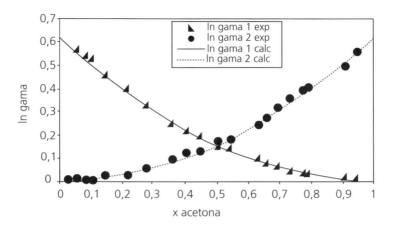

Figura 8.3 ▶ Representação dos coeficientes de atividade para a equação de Margules de uma constante para o sistema acetona(1)/metanol(2) a 55 °C. (Adaptada de Freshwater e Pike, 1967.)

Exemplo 8.3

Cálculo do ELV Usando o Modelo de Margules

Considere que o modelo de coeficiente de atividade descrito pela Equação (8.22) é válido para representar um determinado sistema binário, cujo valor da constante A é 0,95. Determine a composição das fases líquida e vapor em equilíbrio para a pressão total 760 mmHg e temperatura de 60 °C. Nessa temperatura, as pressões de vapor dos componentes puros são: $P_1^{sat} = 980$ mmHg e $P_2^{sat} = 557$ mmHg.

Resolução

Para a condição de pressão de 760 mmHg, consideramos fase vapor ideal, portanto $\hat{f}_i^V = y_i P$. Para a fase líquida, na qual assumimos válido o modelo de energia de Gibbs excedente descrito pela Equação (8.22), como a pressão do sistema é baixa, podemos assumir para a fase líquida que a fugacidade do composto puro é igual à sua pressão de vapor, logo $\hat{f}_i^L = x_i \gamma_i P_i^{sat}$. Assim, a relação de equilíbrio para o sistema é dada por:

$$y_i P = x_i \gamma_i P_i^{sat} \qquad \text{(E8.3-1)}$$

$$P = x_1 \gamma_1 P_1^{sat} + x_2 \gamma_2 P_2^{sat} = 760 \text{ mmHg} \qquad \text{(E8.3-2)}$$

Assim, aplicando o modelo de coeficiente de atividade descrito pelas Equações (8.23) e (8.24) e empregando o valor da constante do modelo (A) igual a 0,95 para os dois componentes, temos:

$$\ln \gamma_1 = 0,95 x_2^2 \qquad \text{(E8.3-3)}$$

$$\ln \gamma_2 = 0,95 x_1^2 \qquad \text{(E8.3-4)}$$

Combinando as Equações (E8.3-2), (E8.3-3) e (E8.3-4) e usando que $x_2 = 1 - x_1$, temos:

$$P = x_1 \times e^{0,95(1-x_1)^2} \times 980 + (1 - x_1) \times e^{0,95 x_1^2} \times 557 = 760 \text{ mmHg} \qquad \text{(E8.3-5)}$$

A resolução numérica dessa equação fornece o valor de x_1, a partir do qual se pode obter o valor de x_2 e dos correspondentes coeficientes de atividade:

$$x_1 = 0,1354 \quad ; \quad x_2 = 0,8646$$

$$\gamma_1 = 2,0342 \quad ; \quad \gamma_2 = 1,0176$$

Retornando à relação de equilíbrio, Equação (E8.3-1), temos:

$$y_1 = \frac{0,1354 \times 2,0342 \times 980}{760} = 0,3552$$

Assim, o valor de composição da fase vapor para o componente 2 é $y_2 = 0,6448$.

Comentários

O modelo proposto para descrição do desvio da idealidade da fase líquida é simples e fornece uma estimativa inicial para o comportamento real do sistema, permitindo assim a determinação da composição das fases em equilíbrio. Uma forma de confirmar a validade do modelo sugerido seria através da comparação dos resultados calculados com dados experimentais de equilíbrio de fases do sistema estudado.

As equações de Margules de uma constante fornecem uma boa representação para muitas misturas de moléculas similares em tamanho, forma e natureza química. Para sistemas de maior complexidade química, particularmente misturas de moléculas não similares, essas relações não são adequadas. Em geral, a energia de Gibbs excedente não representa uma função simétrica com a fração molar, e os coeficientes de atividade não se comportam de forma especular, como na Figura 8.3. Assim, outras expressões para a energia de Gibbs excedente se fazem necessárias.

Equação de Margules de Duas Constantes

Essa equação, uma extensão da equação de Margules de uma constante, é também chamada de equação de três sufixos porque a expansão em $\underline{G}^E$ é de terceira ordem. As expressões para $\underline{G}^E$ e os coeficientes de atividade, também obtidos considerando-se a Equação (8.16) para uma mistura binária, são:

$$\frac{\underline{G}^E}{RT} = x_1 x_2 \left[A + B(x_1 - x_2) \right] \tag{8.25}$$

$$\ln \gamma_1 = (A + 3B) x_2^2 - 4B x_2^3 \tag{8.26}$$

$$\ln \gamma_2 = (A - 3B) x_1^2 + 4B x_1^3 \tag{8.27}$$

Aqui, A e B são os parâmetros binários necessários, mais uma vez característicos do par de substâncias, dependentes da temperatura e independentes da composição. A equação de Margules de três sufixos fornece maior flexibilidade na modelagem termodinâmica e foi derivada admitindo volumes molares semelhantes e mostra maior eficácia na representação de misturas mais complexas. Nesse caso, ao contrário da equação de Margules com uma constante, a energia de Gibbs excedente não é uma função simétrica da fração molar e os coeficientes de atividade não se comportam de forma especular em função da concentração.

Equação de Margules de Três Constantes

Da mesma maneira que a equação de dois sufixos, essa equação é uma extensão da equação original de uma constante, mas com uma dependência de quarta ordem de $\underline{G}^E$ com a composição e três parâmetros binários:

$$\frac{\underline{G}^E}{RT} = x_1 x_2 \left[A + B(x_1 - x_2) + C(x_1 - x_2)^2 \right] \tag{8.28}$$

$$\ln \gamma_1 = (A + 3B + 5C) x_2^2 - 4(B + 4C) x_2^3 + 12C x_2^4 \tag{8.29}$$

$$\ln \gamma_2 = (A - 3B + 5C) x_1^2 + 4(B - 4C) x_1^3 + 12C x_1^4 \tag{8.30}$$

Por apresentar mais parâmetros binários (A, B e C), essa equação é mais flexível que as anteriores e, portanto, é capaz de representar mais adequadamente misturas com maior complexidade.

Equação de Redlich-Kister

A equação de Redlich-Kister é composta por uma série de potências equivalente à Equação (8.17). Como apresentado por Smith et al. (2000), essa expansão pode ser expressa pela equação:

$$\frac{\underline{G}^E}{RTx_1x_2} = B + C(x_1 - x_2) + D(x_1 - x_2)^2 + \ldots \qquad (8.31)$$

O modelo mais simples derivado da expansão de Redlich-Kister considera as constantes $B = C = D = \ldots = 0$. Com isso, $\underline{G}^E/RT = 0$, e $\ln \gamma_1 = \ln \gamma_2 = 0$. Sendo assim, os coeficientes de atividade são unitários, representando uma solução ideal.

A partir daí, o modelo mais simples aplicável para sistemas não ideais também é resultante da expansão de Redlich-Kister e apresenta como equação resultante o modelo de Porter, que é aplicável para misturas binárias simétricas que mostram pequeno desvio da idealidade. Nesse modelo os parâmetros da Equação (8.31) são $C = D = \ldots = 0$. Com essa consideração e aplicando-se a Equação (8.16), chegamos às expressões para Margules de um parâmetro, Equações (8.22), (8.23) e (8.24). Se $D = \ldots = 0$ a equação é equivalente à equação de Margules de duas constantes:

$$\frac{\underline{G}^E}{RTx_1x_2} = B + C(x_1 - x_2) = B + C(2x_1 - 1) \qquad (8.32)$$

Equação de Wohl (1946)

Também chamada de expansão de Wohl, essa equação corresponde a uma série de potências para a energia de Gibbs excedente, assim como a equação de Redlich-Kister. A equação é expressa em termos de frações-q, (q_i), que representam frações volumétricas dos componentes do sistema binário. A expansão de Wohl também permite atribuir significado físico aos termos do modelo, que também possui termos interativos de até quatro sufixos. Como resultado, as equações desse modelo são adequadas para sistemas binários e podem ser estendidas para sistemas multicomponentes.

Equação de van Laar

O modelo de van Laar representa uma equação útil na descrição dos coeficientes de atividade de misturas mais complexas por ser expressa através de uma série de potências. Apesar disso, a forma mais comum desse modelo é truncada em dois parâmetros. O modelo de van Laar representa o inverso da expressão $\underline{G}^E/x_1x_2RT$ como uma função linear de x_1 (Smith et al., 2005), podendo ser representado pelas seguintes equações:

$$\frac{x_1x_2}{\underline{G}^E/RT} = B' + C'(x_1 - x_2) = B' + C'(2x_1 - 1) \qquad (8.33)$$

Essa expressão pode também ser escrita da seguinte maneira:

$$\frac{x_1 x_2}{\underline{G}^E/RT} = B'(x_1+x_2) + C'(x_1-x_2) = (B'+C')x_1 + (B'-C')x_2 \qquad (8.34)$$

Fazendo $B'+C' = \dfrac{1}{A'_{12}}$ e $B'-C' = \dfrac{1}{A'_{12}}$, obtemos:

$$\frac{\underline{G}^E}{x_1 x_2 RT} = \frac{A'_{12} A'_{21}}{A'_{12} x_1 + A'_{21} x_2} \qquad (8.35)$$

em que as constantes B' e C' ou A'_{12} e A'_{21} apresentam as mesmas características já citadas para os outros modelos e podem ser obtidas através da regressão de dados experimentais em uma faixa de composições ou com o emprego das propriedades críticas dos componentes da mistura mediante o uso de equações de estado. As equações para os coeficientes de atividade, obtidas considerando-se a Equação (8.16), ficam:

$$\ln \gamma_1 = \frac{A'_{12}}{\left(1 + \dfrac{A'_{12} x_1}{A'_{21} x_2}\right)^2} \qquad (8.36)$$

$$\ln \gamma_2 = \frac{A'_{21}}{\left(1 + \dfrac{A'_{21} x_2}{A'_{12} x_1}\right)^2} \qquad (8.37)$$

O modelo de van Laar descreve adequadamente o coeficiente de atividade de soluções binárias formadas por componentes de natureza química semelhante, embora com diferentes tamanhos moleculares. O modelo apresenta melhor desempenho na descrição de sistemas simples formados preferencialmente por moléculas apolares, como misturas de hidrocarbonetos. Para a situação particular nas quais as constantes de van Laar são idênticas, a equação se reduz à equação de Margules de uma constante.

A forma multicomponente para o coeficiente de atividade descrito pela equação de van Laar [considerando a Equação (8.16)] é representada pela seguinte relação:

$$\ln \gamma_i = \sum_{i=1}^{n} A_{ij} z_i - \sum_{i=1}^{n} A_{ij} z_i z_j - \frac{1}{2} \sum_{j=1}^{n} \sum_{k=1}^{n} (A_{jk} A_{ij} / A_{ji}) z_j z_k \qquad (8.38)$$

em que os termos de segunda ordem de componentes iguais e os termos de terceira ordem e superiores na fração de volume são desprezados, ou seja, $z_{ij} = z_{ji}$, $z_{ii} = 0$ e $z_{ijk} = z_{ikj} = z_{kij} = z_{iii} = 0$. Ainda, a fração de volume do sistema multicomponente é descrita através de:

$$z_i = \frac{x_i A_{ji} / A_{ij}}{\sum_j x_j A_{ji} / A_{ij}}$$ (8.39)

Em tempo: deve-se mencionar que a equação de Margules, a expansão de Redlich-Kister e as equações de van Laar são casos particulares de tratamentos baseados em equações para $\underline{G}^E$ obtidas através de polinômios. Apesar de essas funções apresentarem grande flexibilidade no ajuste de dados de ELV para sistemas binários, as mesmas não incorporam uma dependência explícita dos parâmetros com a temperatura dos sistemas investigados.

Modelo de Flory-Huggins

A teoria de Flory-Huggins foi proposta por Flory (1941) e por Huggins (1941), separadamente, para atender a descrição de sistemas que desviam forte e negativamente da Lei de Raoult. O modelo resultante é particularmente útil para descrever o comportamento de sistemas que apresentam moléculas de tamanhos muito diferentes. Os sistemas poliméricos, que são o foco particular desse modelo, apresentam essa característica, sendo formados por moléculas de tamanho muito diferenciado (polímero e solvente) e, portanto, têm comportamento distinto de soluções de pequenas moléculas, claramente devido à grande diferença de tamanho molecular entre polímero e solvente. Ademais, esse modelo pode ser considerado uma forma corrigida do modelo de Margules de dois parâmetros em termos de tamanho molecular.

Polímeros naturais de grande importância para a área de alimentos são amidos, formados por carboidratos de cadeia longa, e açúcares de vegetais como cana e beterraba, que podem fornecer etanol, além de proteínas animais e vegetais e de celulose, que é um polímero de glicose.

As equações para a energia de Gibbs excedente e os coeficientes de atividade para uma mistura binária que representam o modelo são apresentados como segue (Sandler, 1999):

$$\frac{G^E}{RT} = \left[x_1 \ln \frac{\varphi_1}{x_1} + x_2 \ln \frac{\varphi_2}{x_2} \right] + \chi(x_1 + mx_2)\varphi_1\varphi_2$$ (8.40)

$$\ln \gamma_1 = \ln \frac{\varphi_1}{x_1} + \left(1 - \frac{1}{m}\right)\varphi_2 + \chi\varphi_2^2$$ (8.41)

$$\ln \gamma_2 = \ln \frac{\varphi_2}{x_2} + (m-1)\varphi_1 + \chi\varphi_1^2$$ (8.42)

Para esse modelo, as frações de volume φ_1 e φ_2 são dadas por:

$$\varphi_1 = \frac{x_1}{x_1 + mx_2} \quad e \quad \varphi_2 = \frac{mx_2}{x_1 + mx_2}$$ (8.43)

em que $m = \dfrac{V_2}{V_1}$ é a razão entre os volumes molares e χ é o parâmetro de interação de Flory, dependente da temperatura e o único parâmetro ajustável do modelo de Flory-Huggins.

O modelo de $\underline{G}^E$ proposto por Flory-Huggins é composto por dois termos distintos, como mostra a Equação (8.40). O primeiro termo do lado direito da equação representa as contribuições entrópicas de mistura, que leva em conta os efeitos geométricos, de tamanho e de forma das moléculas, enquanto o segundo representa a contribuição entálpica da mistura, que considera as interações energéticas intermoleculares na mistura. Esses termos são comumente tratados como termo combinatorial e termo residual.

A divisão de $\underline{G}^E$ em duas contribuições (combinatorial e residual) será retomada na sequência através do modelo UNIQUAC e dos métodos de contribuição de grupos UNIFAC e ASOG.

Modelos Derivados da Teoria de Composição Local

O conceito de composição local apresenta grande campo de aplicação para a descrição do equilíbrio de fases de misturas e para a representação do comportamento de $\underline{G}^E$. Importantes modelos empregam essa teoria, como por exemplo, os modelos de Wilson (1964), NRTL e UNIQUAC, que apresentam grande aplicação prática na determinação do equilíbrio de fases líquido-vapor e, além disso, não são derivados da teoria de Wohl.

Equação de Wilson (1964)

A equação de Wilson (1964) foi proposta para representar a energia de Gibbs excedente para misturas com número n de componentes mediante o emprego de expressões com $n(n-1)$ parâmetros binários. Esse modelo relaciona $\underline{G}^E$ com as frações molares, baseando-se principalmente em considerações moleculares, usando o conceito ou a teoria da composição local. Segundo essa teoria, a composição local ao redor de uma molécula central difere da composição global em função da competição de interações moleculares entre as diferentes espécies existentes. Assim, no interior de uma solução líquida, composições locais, diferentes da composição global da mistura, são supostamente responsáveis pelas orientações moleculares de curto alcance e não aleatórias que resultam de diferenças no tamanho molecular e das forças intermoleculares. A teoria da composição local pode ser explicada através da visualização da Figura 8.4.

A Figura 8.4 mostra uma molécula central que, por hipótese, interage apenas com as moléculas que a rodeiam e cujos centros estão situados no interior do círculo tracejado. O número de moléculas que se encontram no interior do círculo tracejado rodeando a molécula central é chamado de número de coordenação, que geralmente se admite ser igual a 10. No exemplo da Figura 8.4, observamos que, das 10 moléculas ao redor da molécula central, 6 são moléculas do tipo (2) (círculos brancos). Assim, se definirmos a molécula central com sendo molécula do tipo (1), temos que a fração molar local de moléculas do tipo (2) ao redor da molécula do tipo (1), x_{21}, é igual a 6/10. Se repetirmos esse procedimento para cada molécula central do tipo (1), obtemos o valor médio das composições locais ao redor de moléculas do tipo (1). O termo x_{21} é relativo somente às moléculas que circundam a molécula central, desconsiderando o efeito da molécula central na quantidade total presente naquela região. Procedimento análogo pode ser repetido considerando como molécula central cada um dos demais tipos de moléculas presentes em solução. Adicionalmente, a soma das frações molares locais deve ser unitária, que, em uma mistura binária, resulta em $x_{21} + x_{11} = 1$ e $x_{12} + x_{22} = 1$.

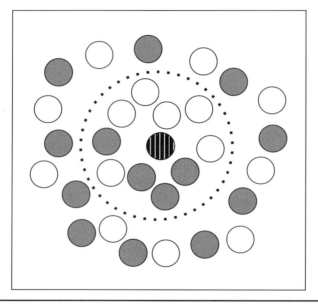

Figura 8.4 ▶ Sistema hipotético com 15 moléculas escuras (1) e 15 moléculas brancas (2), com frações molares locais de $x_{11} = 0,6$ e $x_{21} = 0,4$. A molécula central (hachurada, tipo1) é a base para descrição da composição local. (Adaptada de Abbott e Prausnitz, 1994.)

As equações para o cálculo de $\underline{G}^E$ e dos coeficientes de atividade obtidos através da Equação (8.16) aparecem abaixo como função dos parâmetros binários Λ_{12} e Λ_{21}. Esses parâmetros binários estão relacionados com os volumes molares dos líquidos puros e as diferenças de energia características das interações moleculares:

$$\frac{\underline{G}^E}{RT} = -x_1 \ln(x_1 + \Lambda_{12} x_2) - x_2 \ln(x_2 + \Lambda_{21} x_1) \tag{8.44}$$

$$\ln \gamma_1 = -\ln(x_1 + \Lambda_{12} x_2) + x_2 \left[\frac{\Lambda_{12}}{x_1 + \Lambda_{12} x_2} - \frac{\Lambda_{21}}{\Lambda_{21} x_1 + x_2} \right] \tag{8.45}$$

$$\ln \gamma_2 = -\ln(x_2 + \Lambda_{21} x_1) - x_1 \left[\frac{\Lambda_{12}}{x_1 + \Lambda_{12} x_2} - \frac{\Lambda_{21}}{\Lambda_{21} x_1 + x_2} \right] \tag{8.46}$$

em que os parâmetros binários ajustáveis da equação de Wilson são definidos por:

$$\Lambda_{12} \equiv \frac{\underline{V}_1}{\underline{V}_2} \exp\left(-\frac{\lambda_{12}-\lambda_{11}}{RT}\right) \quad \text{e} \quad \Lambda_{21} \equiv \frac{\underline{V}_2}{\underline{V}_1} \exp\left(-\frac{\lambda_{12}-\lambda_{22}}{RT}\right) \quad (8.47)$$

Os parâmetros λ_{12}, λ_{11} e λ_{22} da equação anterior representam as energias de interação entre as moléculas designadas nos índices subscritos.

A equação de Wilson fornece uma boa representação da energia de Gibbs excedente para uma variedade de misturas e é particularmente útil para soluções de compostos polares ou com tendência à associação em solventes não polares, onde equações como van Laar ou Margules não são adequadas.

Os modelos de composição local possuem flexibilidade limitada no ajuste de dados experimentais, porém são adequados para a maior parte dos problemas práticos de Engenharia. A equação de Wilson não é adequada para descrever sistemas com miscibilidade limitada ou completamente imiscíveis, ou seja, não é útil para cálculos de equilíbrio líquido-líquido (ELL).

A equação de Wilson pode ser facilmente estendida para soluções multicomponentes, sem a necessidade de suposições adicionais e sem a introdução de novas constantes. A equação de Wilson para sistemas multicomponentes é então escrita como (Sandler, 1999):

$$\frac{G^E}{RT} = -\sum_i x_i \ln\left[\sum_j x_j \Lambda_{ij}\right] \quad (8.48)$$

$$\ln \gamma_i = -\ln\left[\sum_{j=1}^{c} x_j \Lambda_{ij}\right] - \sum_{j=1}^{c} \frac{x_j \Lambda_{ji}}{\sum_{k=1}^{c} x_k \Lambda_{jk}} \quad (8.49)$$

onde $\Lambda_{ij} = 1$ para $i = j$.

Assim, obtêm-se dois parâmetros, Λ_{ij} e Λ_{ji}, para cada par de componentes na mistura multicomponente. Por exemplo, em um sistema ternário, os três pares ij possíveis estão associados aos parâmetros Λ_{12} e Λ_{21}; Λ_{13} e Λ_{31}; Λ_{23} e Λ_{32}.

Os parâmetros do modelo são encontrados a partir dos dados experimentais de sistemas binários (par de componentes) e podem ser usados para predizer o comportamento de misturas multicomponentes. Essa característica constitui uma grande vantagem na utilização dos modelos de composição local.

Modelo NRTL (Non-Random Two-Liquid)

Renon e Prausnitz (1968) desenvolveram a equação NRTL (do inglês **N**on-**R**andom **T**wo--**L**iquid), que é baseada também no conceito de composição local, mas, diferentemente do modelo de Wilson, o modelo NRTL é aplicável para sistemas de miscibilidade parcial, ou seja, também descreve o ELL. Para misturas binárias, esse modelo apresenta três parâmetros ajustáveis (α, τ_{12}, τ_{21}) e é representado pelas seguintes equações:

$$\frac{G^E}{RT} = x_1 x_2 \left[\frac{\tau_{21} G_{21}}{x_1 + x_2 G_{21}} + \frac{\tau_{12} G_{12}}{x_2 + x_1 G_{12}} \right] \tag{8.50}$$

$$\ln \gamma_1 = x_2^2 \left[\tau_{21} \left(\frac{G_{21}}{x_1 + x_2 G_{21}} \right)^2 + \frac{\tau_{12} G_{12}}{(x_2 + x_1 G_{12})^2} \right] \tag{8.51}$$

$$\ln \gamma_2 = x_1^2 \left[\tau_{12} \left(\frac{G_{12}}{x_2 + x_1 G_{12}} \right)^2 + \frac{\tau_{21} G_{21}}{(x_1 + x_2 G_{21})^2} \right] \tag{8.52}$$

em que:

$$\tau_{12} = \frac{g_{12} - g_{22}}{RT} \quad \text{e} \quad \tau_{21} = \frac{g_{21} - g_{11}}{RT} \tag{8.53}$$

$$G_{12} = \exp(-\alpha \tau_{12}) \quad \text{e} \quad G_{21} = \exp(-\alpha \tau_{21}) \tag{8.54}$$

O significado dos parâmetros g_{ij} é similar aos λ_{ij} da equação de Wilson, representando a energia característica das interações *i-j*. O parâmetro α está relacionado com a não aleatoriedade da mistura, isto é, com o fato que os componentes na mistura não se distribuem aleatoriamente, mas seguem um padrão ditado pela composição local. Quando α é zero, a mistura é completamente aleatória, e a equação se reduz à equação de Margules.

Para sistemas moderadamente não ideais, o modelo NRTL não oferece muita vantagem sobre os modelos de van Laar ou Margules de duas constantes, mas, para sistemas fortemente não ideais, essa equação pode fornecer uma boa representação dos dados experimentais, embora sejam necessários dados de boa qualidade para estimar os três parâmetros.

O modelo NRTL pode ser estendido para misturas multicomponentes sem a introdução de novas constantes e as equações para a descrição desses sistemas podem ser encontradas em literatura específica da área. É oportuno salientar que os parâmetros para modelos multicomponentes são determinados através de dados para misturas binárias como, por exemplo, dados de equilíbrio de fases.

Modelo UNIQUAC (Universal Quasi-Chemical)

Abrams e Prausnitz (1975) desenvolveram uma equação baseada no conceito de composição local que considera a teoria quase-química de Guggenheim (1952) para misturas de componentes de diferentes tamanhos. Essa extensão foi chamada de teoria quase-química Universal ou UNIQUAC (do inglês **UNI**versal **QUA**si-Chemical). Uma vantagem desse modelo é que ele, tal como a equação de Wilson, usa apenas dois parâmetros ajustáveis por par de componentes da mistura, mas é também aplicável para cálculos de ELL.

A equação UNIQUAC para $\underline{G}^E$ consiste em dois termos: (i) uma parte combinatorial descreve as contribuições geométricas de tamanho e forma das moléculas e necessita ape-

Equilíbrio de Fases para Sistemas Multicomponentes: Usando Modelos ...   capítulo 8

nas de dados do componente puro; (ii) uma parte residual que expressa as interações intermoleculares responsáveis pela entalpia de mistura e pela introdução de dois parâmetros ajustáveis para cada par de moléculas. Para um sistema multicomponente, as equações para a energia de Gibbs são as seguintes:

$$\underline{G}^E = \underline{G}^E_{(combinatorial)} + \underline{G}^E_{(residual)} \qquad (8.55)$$

com:

$$\frac{\underline{G}^E_{comb}}{RT} = \sum_i x_i \ln \frac{\Phi_i}{x_i} + \frac{z}{2}\sum_i x_i q_i \ln \frac{\theta_i}{\Phi_i} \qquad (8.56)$$

$$\frac{\underline{G}^E_{res}}{RT} = -\sum_i x_i q_i \ln \left(\sum_j \theta_j \tau_{ji}\right) \qquad (8.57)$$

em que q_i e r_i são os parâmetros de área superficial e volume para a espécie i pura, respectivamente, cujos valores podem ser encontrados na literatura (Sandler, 1999; Prausnitz et al., 1999).

O parâmetro z corresponde ao número de coordenação, ou seja, o número de moléculas que circundam uma molécula central, usualmente considerado igual a 10. As frações de segmentos ou volumes da espécie i, Φ_i, e as frações de área, θ_i, são dadas por:

$$\Phi_i = \frac{r_i x_i}{\sum_j r_j x_j} \quad ; \quad \theta_i = \frac{q_i x_i}{\sum_j q_j x_j} \qquad (8.58)$$

A influência da temperatura em $\underline{G}^E_{res}$ é contabilizada e incorporada nos parâmetros de interação τ_{ji} e é assim descrita:

$$\tau_{ij} = \exp \frac{-(u_{ij} - u_{jj})}{RT} \qquad (8.59)$$

em que u_{ij} é a energia de interação média entre as espécies i e j. Note que $\tau_{ij} \neq \tau_{ji}$; contudo, quando i = j, $\tau_{ii} = \tau_{jj} = 1$.

Os valores dos parâmetros ($u_{ij} - u_{jj}$) são obtidos através da regressão de dados de equilíbrio de fases para cada binário. Combinando-se as equações do modelo, chega-se às equações para os coeficientes de atividade, que são apresentadas a seguir:

$$\ln \gamma_i = \ln \gamma_{i(combinatorial)} + \ln \gamma_{i(residual)} \qquad (8.60)$$

com:

$$\ln \gamma_{i(combinatorial)} = \ln \frac{\Phi_i}{x_i} - \frac{z}{2} q_i \ln \frac{\Phi_i}{\theta_i} + l_i - \frac{\Phi_i}{x_i}\sum_j x_j l_j \qquad (8.61)$$

e

$$\ln \gamma_{i(residual)} = q_i \left[1 - \ln\left(\sum_j \theta_j \tau_{ji}\right) - \sum_j \frac{\theta_j \tau_{ij}}{\sum_k \theta_k \tau_{kj}} \right] \quad (8.62)$$

em que:

$$l_j = \frac{z}{2}(r_j - q_j) - (r_j - 1) \quad (8.63)$$

Fazendo-se uma comparação direta entre os modelos baseados no conceito de composição local (Wilson, NRTL e UNIQUAC), o modelo de Wilson é provavelmente mais útil que o NRTL, que apresenta três parâmetros. O modelo UNIQUAC, embora também apresente dois parâmetros ajustáveis, tem maior complexidade matemática. Os modelos NRTL e UNIQUAC, diferentemente do modelo de Wilson (inadequado para sistemas de miscibilidade parcial), são aplicáveis tanto em problemas de ELV quanto de ELL. Por outro lado, o modelo UNIQUAC apresenta ainda outra vantagem considerável: devido ao fato que as variáveis de concentração no modelo UNIQUAC são frações de volume e frações de área ao invés de frações molares, esse modelo é aplicável a uma vasta gama de sistemas, incluindo moléculas pequenas e grandes, como no caso de sistemas poliméricos.

O modelo UNIQUAC pode ser aplicável a uma ampla variedade de misturas líquidas não eletrolíticas, contendo componentes polares e apolares, incluindo sistemas de miscibilidade parcial. Apesar de sua ampla aplicabilidade, Le Maguer (1992) aponta para o fato que, em sua forma original, o modelo UNIQUAC falha na descrição de propriedades de misturas polares altamente não ideais, especialmente sistemas contendo água, de grande interesse para a área de alimentos. Apesar disso, talvez a maior importância do modelo UNIQUAC seja a de servir de base para o modelo UNIFAC, um método de contribuição de grupos discutido na próxima seção.

A importância do coeficiente de atividade pode ser avaliada comparando-se o ELV com o ELL. No ELV, o coeficiente de atividade contribui para a representação dos sistemas (binários ou multicomponentes) apenas como correção à Lei de Raoult, sendo o equilíbrio baseado particularmente na pressão de vapor das espécies na solução (Capítulo 7). Em contrapartida, no ELL, o efeito da pressão de vapor é desconsiderado e o equilíbrio é ditado primordialmente pelo coeficiente de atividade. Para a área de alimentos, exemplos da grande importância do ELL são a separação das frações aquosa e oleosa de processos, as operações de extração líquido-líquido, entre várias outras aplicações.

Modelos de Contribuição de Grupos

A ideia de contribuição de grupos não é nova na Engenharia e podem ser citados dois usos básicos para a ideia de *contribuição de grupos*. O primeiro e mais simples uso se relaciona com a estimativa de propriedades/parâmetros de substâncias puras, o que é útil, por exemplo, para caracterizar componentes em cálculos de equilíbrio de fases que utilizam EDEs. O segundo uso se baseia no desenvolvimento de modelos para a energia excedente baseados no conceito de *contribuição de grupos*.

Exemplos do primeiro são a obtenção de dados para fluidos puros, como ω, T_c, P_c, $\underline{V}_m$ e T_b, como descrito por Poling et al. (2000). Aqui, discute-se o segundo uso, no desenvolvimento de métodos de contribuição de grupos (MCG) para determinação do coeficiente de atividade, como os modelos ASOG e UNIFAC.

Os MCG estão fundamentados no conhecimento da forma estrutural das moléculas, ou seja, o comportamento da mistura é predito contabilizando as contribuições de cada grupo funcional que forma a molécula. Podemos fazer um paralelo com um "quebra-cabeça", onde cada peça representa uma unidade da molécula que contribui para a construção da estrutura completa.

Dessa forma, qualquer estrutura molecular complexa pode ser construída utilizando diversos grupos funcionais adequados. O conceito de contribuição de grupo admite que uma mistura não consista apenas em moléculas, mas em agregados de grupos funcionais que formam essas moléculas. Essa ideia é extremamente atrativa, pois com uma quantidade relativamente pequena de grupos é possível representar uma imensa variedade de componentes e, por consequência, de misturas, pois se admite que cada grupo contribua da mesma forma independentemente do composto onde ele ocorra. Essa hipótese de independência das contribuições é uma aproximação, pois a presença de um grupo afeta a influência específica de outro grupo.

A Figura 8.5 ilustra uma representação esquemática de MCG aplicado para determinação de um parâmetro de interação binária para uma importante mistura, ácido acético em solução etanólica, onde o etanol é um dos solventes mais comuns, juntamente com a água, encontrados na indústria de alimentos.

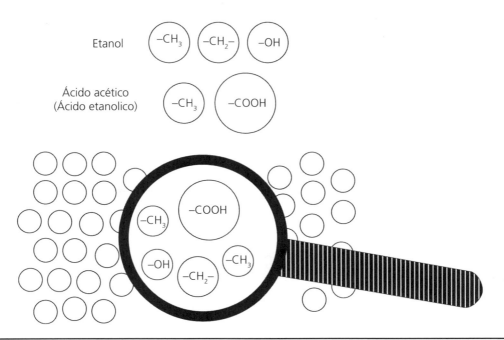

Figura 8.5 ▶ Representação gráfica do conceito de contribuição de grupos (adaptada de Gmehling, 2009) para a mistura ácido acético e etanol.

Os dados que correspondem às contribuições dos grupos funcionais que compõem os sistemas em análise estão tabelados de acordo com o método escolhido. Os modelos UNIFAC e ASOG, que são métodos de contribuição de grupos, são aplicados para a estimativa da energia de Gibbs excedente e do coeficiente de atividade. Esses modelos são brevemente discutidos a seguir.

Modelo ASOG

O modelo preditivo ASOG (do inglês **A**nalytical **S**olutions **O**f **G**roups) foi desenvolvido primeiramente por Derr e Deal (1969). Esse modelo, análogo ao modelo UNIQUAC, divide a energia de Gibbs excedente em duas contribuições, uma combinatorial, referente às informações geométricas dos componentes puros, e uma residual, que depende das interações intermoleculares, onde aparecem grupos funcionais e parâmetros ajustáveis. De acordo com Gmehling et al. (1993), o modelo UNIFAC é mais empregado que o ASOG e apresenta inúmeras modificações para diversas aplicações. Por esse motivo, o modelo de ASOG é somente mencionado devido à sua importância histórica. Na sequência, para representar os modelos de $\underline{G}^E$ baseados em MCG, é apresentado o modelo UNIFAC.

Modelo UNIFAC

O método UNIFAC (do inglês **UNI**QUAC **F**unctional-group **A**ctivity **C**oefficient) foi estabelecido a partir dos trabalhos de Fredenslund et al. (1975) e Fredenslund et al. (1977), como forma de atender à necessidade da predição de dados de ELV, especialmente para processos industriais de destilação.

O modelo, a exemplo do modelo UNIQUAC, também representa o coeficiente de atividade através da soma de contribuições combinatoriais e residuais. A ideia básica consiste em combinar a parte combinatorial descrita pelo modelo UNIQUAC com o conceito da contribuição de grupos para a parte residual. O coeficiente de atividade é representado por:

$$\ln \gamma_i = \ln \gamma_{i(combinatorial)} + \ln \gamma_{i(residual)} \qquad (8.64)$$

A parte combinatorial é obtida a partir de modificações do mesmo termo do modelo UNIQUAC:

$$\ln \gamma_{i(combinatorial)} = \ln \frac{\Phi_i}{x_i} - \frac{z}{2} q_i \ln \frac{\Phi_i}{\theta_i} + l_i - \frac{\Phi_i}{x_i} \sum_j x_j l_j \qquad (8.65)$$

em que:

$$\Phi_i = \frac{r_i x_i}{\sum_j r_j x_j} \quad ; \quad \theta_i = \frac{q_i x_i}{\sum_j q_j x_j} \quad e \quad l_i = \frac{z}{2}(r_i - q_i) - (r_i - 1) \qquad (8.66)$$

em que r_i e q_i são parâmetros de componentes puros relacionados com o volume molar de Van Der Waals e área superficial molecular, respectivamente. Esses parâmetros são calculados como a soma dos parâmetros de volume e de área de grupos, R_k e Q_k, respectivamente e obtidos por:

$$r_i = \sum_k v_k^{(i)} R_k \qquad q_i = \sum_k v_k^{(i)} Q_k \tag{8.67}$$

em que $v_k^{(i)}$ é sempre inteiro e representa o número de grupos do tipo k presentes na molécula i. Valores de R_k e Q_k para diversos grupos funcionais podem ser obtidos em Sandler, (1999) e Prausnitz et al. (1999).

A contribuição residual do logaritmo do coeficiente de atividade de um grupo químico na mistura é computada de maneira análoga à apresentada pelo modelo UNIQUAC (Equação 8.62):

$$\ln \gamma_{i(residual)} = q_i \left(1 - \ln s_i - \sum_j \theta_j \frac{\tau_{ij}}{s_j} \right) \tag{8.68}$$

em que:

$$s_i = \sum_l \theta_l \tau_{li} \tag{8.69}$$

em que τ_{ij} corresponde aos parâmetros de interação energética entre os grupos i e j.

Os parâmetros de interação de grupo a_{ij} devem ser estimados a partir de dados experimentais de equilíbrio de fases e têm sido reportados por diversos autores (Gmehling, 2009). O modelo UNIFAC, apesar de ser muito utilizado em diversas aplicações práticas, apresenta algumas limitações de uso que têm provocado diversas modificações, com a criação de novos modelos modificados baseados no modelo UNIFAC. Algumas dessas limitações estão relacionadas abaixo:

1. *Não consegue distinguir alguns tipos de isômeros.*
2. *Possui limitação de uso para pressões abaixo de 10 ou 15 atm ou fora da faixa de temperatura entre 275-425 K.*
3. *Efeitos de proximidade molecular não são levados em conta.*
4. *Os parâmetros do ELL são diferentes daqueles do ELV.*
5. *Os comportamentos de gases não condensáveis, componentes supercríticos, polímeros e eletrólitos não são bem descritos pelo modelo.*
6. *Resultados pouco acurados para γ^∞, $\underline{H}^E$ e para misturas formadas por compostos com grande diferença de tamanho.*

É notório o fato que o modelo UNIFAC vem constantemente sofrendo modificações. Há vários modelos decorrentes de aprimoramentos do modelo UNIFAC com a finalidade de superar algumas dessas limitações, mas sua discussão encontra-se além dos objetivos deste capítulo.

Modelos de Coeficiente de Atividade em Termos de Frações Mássicas

Na prática, muitas vezes é conveniente trabalhar com unidades de concentração diferentes de frações molares. Uma escolha usual consiste na utilização de frações mássicas, principalmente quando as misturas em análise são sistemas altamente assimétricos, onde os componentes da mistura líquida diferem entre si, consideravelmente, em tamanho e forma. Os exemplos variam desde misturas do tipo solvente-triacilglicerol, isto é, óleos vegetais e derivados, até soluções muito distintas do tipo polímero-solvente. Notadamente, muitas outras macromoléculas de interesse para a indústria de alimentos podem ser avaliadas deste modo. Nesses casos, a fração molar da macromolécula é consideravelmente menor que a do solvente (que, por sua vez, está muito próxima da unidade). Uma discussão com mais detalhes pode ser encontrada em Danielski & Stragevitch (2019).

Soluções Eletrolíticas

Apesar da grande aplicabilidade dos modelos de coeficiente de atividade apresentados até o momento, grandes modificações nos mesmos são necessárias para torná-los adequados para emprego em sistemas formados por soluções eletrolíticas.

Essas soluções são aquelas que conduzem corrente elétrica, ou seja, são soluções iônicas, podendo ser formadas por ácidos, bases ou sais. Soluções aquosas de substâncias como CO_2, NaCl, NaOH e H_2SO_4 são exemplos de soluções eletrolíticas.

Vários eletrólitos ou soluções eletrolíticas são comumente empregados em diversas áreas da Engenharia, incluindo indústrias alimentícias e de cosméticos, onde são utilizados como estabilizantes para sistemas coloidais, espessantes e agentes de gelificação, dentre outras aplicações. Exemplos na área de alimentos são bebidas energéticas e soluções proteicas, entre outros.

Os eletrólitos podem apresentar uma forte influência no equilíbrio de fases e não podem ser tratados através dos métodos convencionais citados anteriormente. Uma apresentação de modelos para soluções eletrolíticas aquosas e dados experimentais para diversos sistemas encontram-se no texto de Zemaitis Jr. et al. (1986).

Adicionalmente, salientamos a importância da atividade de água, apresentada no Capítulo 6 através do Exemplo 6.8, como uma das mais importantes propriedades de fluidos e sistemas para a área de alimentos. Destacam-se nessa área os processos de desidratação osmótica e impregnação de solutos em alimentos, operações amplamente utilizadas na indústria de alimentos. Sais inorgânicos e açúcares estão entre os solutos mais comuns nesses sistemas, que muitas vezes representam soluções eletrolíticas.

O coeficiente de atividade de soluções eletrolíticas depende basicamente da concentração do eletrólito (íon) na solução e de sua carga. O modelo de Debye-Hückel foi apresentado para expressar a dependência da força iônica, possibilitando a descrição de sistemas com contribuições em grande faixa de polaridade e de forças iônicas. Assim, de acordo com Sereno et al. (2001), existem basicamente três grupos para a avaliação da atividade de água de soluções: (1) o emprego de equações de estado; (2) o uso de métodos empíricos para γ_i (modelos moleculares descritos anteriormente) aplicados para água, i.e., γ_w; (3) modelos baseados na teoria de soluções, onde se enquadram a proposta de Debye-Hückel, os modelos baseados na teoria da composição local e os baseados na proposta de Flory-Huggins.

Determinação de Parâmetros de Modelos de $\underline{G}^E$ a partir de Dados de Diluição Infinita

Coeficientes de atividade de diluição infinita em misturas binárias, γ_1^∞ e γ_2^∞, são dados úteis na determinação de parâmetros dos modelos apresentados neste capítulo, com muitas aplicações na área de alimentos, especialmente na área de aromas e flavorizantes. Por caracterizarem o comportamento de um soluto qualquer completamente cercado por moléculas de solvente, coeficientes de atividade em diluição infinita abrangem informações extremas de não-idealidade de soluções líquidas. Assim, os coeficientes de atividade em diluição infinita podem ser importantes para o projeto de processos de separação e para a escolha de solventes seletivos para absorção, destilação azeotrópica e extração. Métodos experimentais relativamente simples são citados na literatura para a determinação rápida dos coeficientes de atividade em diluição infinita (Eckert & Sherman, 1996) e, como consequência, uma considerável quantidade de dados de coeficientes de atividade em diluição infinita encontra-se disponível na literatura (Kojima et al., 1997; Onken et al., 1989).

Quando um soluto puder ser considerado em diluição infinita, as expressões dos modelos para γ_1^∞ podem ser obtidas configurando-se $x_1 = 0$ e $x_2 = 1$ nas equações de γ_1; o mesmo pode ser considerado para as equações do modelo para γ_2^∞, assumindo agora que $x_2 = 0$ e $x_1 = 1$ quando usando as equações para o cálculo de γ_2. Como exemplo, para as equações de Margules com duas constantes, substituindo $x_2 = 1$ na Equação (8.26) e $x_1 = 1$ na Equação (8.27), obtemos:

$$\ln\gamma_1^\infty = A - B \tag{8.70}$$

$$\ln\gamma_2^\infty = A + B \tag{8.71}$$

A resolução desse sistema de equações permite determinar que:

$$A = (\ln\gamma_1^\infty + \ln\gamma_2^\infty) / 2 \tag{8.72}$$

$$B = (\ln\gamma_2^\infty - \ln\gamma_1^\infty) / 2 \tag{8.73}$$

Procedimento análogo pode ser aplicado para outros modelos, conforme apresentado por Danielski & Stragevitch (2019), embora a determinação dos parâmetros possa requerer a aplicação de métodos numéricos, dependendo da complexidade do modelo.

Formulação γ-ϕ para Cálculo do ELV

Para inúmeros processos de importância para a indústria de alimentos, como técnicas de separação tipo destilação, extração sólido-líquido ou líquido-líquido, entre outras, a estimativa das composições das fases no equilíbrio é fundamental. Nessas operações, o tipo mais comum de equilíbrio é o ELV, que pode servir de base para a interpretação de outros tipos de equilíbrio.

Vimos anteriormente que existem duas abordagens principais para a descrição do ELV. A primeira é a abordagem $\phi - \phi$, onde EDEs são utilizadas para descrever o ELV em ambas as fases, como apresentado no Capítulo 7. A outra abordagem, comum em cálculos de ELV a pressões baixas ou moderadas, tipicamente abaixo de 15 atm, é denominada $\gamma - \phi$. Ela utiliza o coeficiente de atividade para descrever a fase líquida, enquanto equações de estado são empregadas na modelagem da fase vapor.

Esses dois tipos de descrição representam diferentes análises de problemas de equilíbrio e são, usualmente, tratados separadamente. Entretanto, a base de aplicação é a mesma, ou seja, a consideração que a condição de equilíbrio de fases é representada pelo conceito de isofugacidade.

Para a abordagem $\gamma - \phi$, vimos que:

$$y_i \hat{\phi}_i P = x_i \gamma_i f_i \tag{6.206}$$

A abordagem $\gamma - \phi$ deve ser analisada em função dos limites de aplicabilidade de cada método em separado. Visto que as principais operações na indústria de alimentos são realizadas em pressões ambientes, a consideração de fase vapor ideal é aceitável para a descrição do ELV. Dessa forma, a Equação (6.206) pode ser empregada como:

$$y_i P = x_i \gamma_i f_i \tag{8.74}$$

Adicionalmente, para baixas pressões, f_i pode ser aproximado pelo produto da pressão de vapor do componente i (P_i^{sat}), do coeficiente de fugacidade de i de saturação ($\hat{\phi}_i^{sat}$) e de um termo chamado fator de Poynting que contabiliza o efeito da pressão no comportamento da fase líquida. Estes dois últimos tendem à unidade quando a pressão de vapor do componente e a pressão do sistema são relativamente baixas. Assim, podemos escrever que:

$$y_i P = x_i \gamma_i P_i^{sat} \tag{8.75}$$

Em que, aplicado para um sistema binário temos:

$$y_1 P = x_1 \gamma_1 P_1^{sat} \tag{8.76}$$

$$y_2 P = x_2 \gamma_2 P_2^{sat} \tag{8.77}$$

Exemplo 8.4

Cálculo do ELV Usando Modelo para $\underline{G}^E$

Considere que uma mistura líquida binária, em equilíbrio com uma mistura gasosa equimolar, pode ser adequadamente descrita pelo seguinte modelo de energia de Gibbs excedente, na temperatura de 300 K e 20 atm:

$$\frac{G^E}{RT} = 0,73 x_1 x_2 \qquad \text{(E8.4-1)}$$

Encontre a composição das fases líquida e vapor nas condições acima, sabendo-se que, para os componentes puros a 300 K, $P_1^{sat} = 71,5$ atm e $P_2^{sat} = 11,61$ atm. Para a condição de 20 atm assumimos que os coeficientes de fugacidade dos componentes na mistura são: $\hat{\phi}_1 = 0,890$ e $\hat{\phi}_2 = 0,710$.

Resolução

Pelas condições descritas no problema, a Equação (6.206) pode ser aplicada para representar o equilíbrio de fases. Assim:

$$y_1 \hat{\phi}_1 P = x_1 \gamma_1 P_1^{sat} \qquad \text{(E8.4-2)}$$

$$y_2 \hat{\phi}_2 P = x_2 \gamma_2 P_2^{sat} \qquad \text{(E8.4-3)}$$

Os coeficientes de atividade são determinados através do modelo das Equações (8.23) e (8.24), com base na constante apresentada na equação de Equação (E8.4-1):

$$\ln \gamma_1 = 0,73 x_2^2 \qquad \text{(E8.4-4)}$$

$$\gamma_1 = e^{0,73(1-x_1)^2} \qquad \text{(E8.4-5)}$$

Substituindo a Equação (8.4-5) na Equação (8.4-3), temos:

$$0,5 \times 0,890 \times 20 = 71,5 x_1 e^{0,73(1-x_1)^2} \qquad \text{(E8.4-6)}$$

Por tentativa e erro, obtemos a seguinte composição para a fase líquida: 5,7% molar de (1) e 94,3% molar de (2), ou seja, $x_1 = 0,057$ e $x_2 = 0,943$.
Assim, aplicando as Equações (E8.4-2) e (E8.4-3) obtemos os seguintes valores para a composição da fase vapor:

$$y_1 = 0,229 \qquad ; \qquad y_2 = 0,771$$

Comentários

O modelo empregado permite, de maneira simples, avaliar o equilíbrio de fases do sistema; entretanto, para verificar a adequação do modelo proposto seria necessária a comparação dos resultados com dados experimentais do comportamento ELV do binário. Apesar disso, podemos admitir que para a adequação do modelo, o sistema binário citado deveria apresentar moderados desvios em relação ao comportamento de solução ideal, ou seja, ser formado por substâncias com discretas diferenças moleculares, similarmente ao apresentado no exemplo anterior.

Aplicação do ELV para Sistemas Líquidos Não Ideais

Algumas soluções apresentam desvios positivo ou negativo em relação ao comportamento descrito pela Lei de Raoult. Grandes desvios são observados para sistemas que apresentam o fenômeno de azeotropia. No ponto azeotrópico de um sistema sem reações químicas, descobrimos que a composição das fases em contato é a mesma, ou seja, $y_i^{Az} = x_i^{Az}$, em que y_i^{Az} e x_i^{Az} representam as composições nas fases vapor e líquida, respectivamente, no ponto azeotrópico. Embora esse tipo de fenômeno ocorra em misturas com dois ou mais componentes, a discussão aqui é limitada a sistemas binários, por simplicidade.

Uma mistura azeotrópica apresenta ponto de ebulição mais baixo ou mais alto que ambos os componentes. Assim, essas misturas apresentam ponto de máximo ou de mínimo de pressão com a composição do sistema, ou seja, no azeótropo de uma mistura binária temos:

$$\left(\frac{\partial P}{\partial x_i}\right)_T^{AZ} = 0 \qquad (8.78)$$

Sistemas que apresentam ponto azeotrópico são altamente não ideais em relação ao comportamento descrito para "soluções ideais"; portanto, é essencial a avaliação do coeficiente de atividade.

Tipicamente, a mistura água e álcool forma ponto azeotrópico. Sua importância para a área de alimentos pode ser exemplificada pela fabricação de bebidas (vodca, gim, licores, etc.), vinagre e outros alimentos (precipitante, solvente, etc.). Além desses, o álcool é empregado como solvente de aromas (aromatizante), de corantes, entre outros usos.

A Figura 8.6 mostra o diagrama de equilíbrio de fases da mistura binária 2-propanol + água a 353,15 K. A curva superior representa a pressão do sistema em função da fração molar de 2-propanol na fase líquida, ou seja, a curva de pontos de bolha da mistura. A curva inferior representa a pressão em função da molar de 2-propanol na fase vapor (curva de pontos de orvalho). Observa-se que ambas as curvas apresentam o mesmo ponto de máximo que corresponde ao ponto de azeótropo dessa mistura a 353,15 K, que ocorre para uma fração molar de 2-propanol aproximadamente igual a 0,72.

Equilíbrio Líquido-Líquido (ELL)

Como já comentado, alguns compostos não são completamente miscíveis em outros, ou são praticamente insolúveis, dependendo das condições de temperatura e pressão em que a mistura é realizada. Em sistemas que formam duas fases líquidas, a condição de ELL é dada por:

$$\hat{f}_i^I\left(T, P, x^I\right) = \hat{f}_i^{II}\left(T, P, x^{II}\right) \qquad (8.79)$$

em que x^I e x^{II} representam as frações molares de todos os compostos nas fases líquidas I e II. Substituindo a Equação (8.62) na Equação (8.79), a condição para o ELL é dada por:

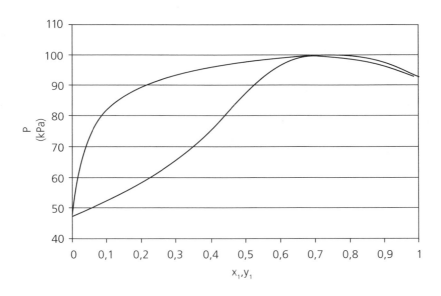

Figura 8.6 ▶ Diagrama de equilíbrio de fases da mistura binária 2-propanol + água a 353,15 K. x_1 e y_1 representam as frações molares de 2-propanol nas fases líquida e vapor, respectivamente.

$$x_i^I \gamma_i^I f_i = x_i^{II} \gamma_i^{II} f_i \tag{8.80}$$

$$x_i^I \gamma_i^I \left(T, P, x_i^I\right) = x_i^{II} \gamma_i^{II} \left(T, P, x_i^{II}\right) \tag{8.81}$$

em que os sobrescritos I e II se referem às duas fases líquidas em questão e as fugacidades dos componentes puros se cancelam.

A solubilidade mútua dos componentes do sistema varia grandemente, mas, para a maioria dos líquidos, a solubilidade mútua aumenta com o aumento da temperatura, embora exceções sejam encontradas.

Um importante exemplo de sistema que emprega os fundamentos do ELL é o refino de óleos vegetais através da desacidificação do óleo com o emprego de extração líquido-líquido.

Equilíbrio Sólido-Líquido (ESL)

Muitos processos de importância para a indústria de alimentos envolvem o contato entre uma fase sólida e uma fase líquida. A interpretação dessas operações requer o conhecimento do equilíbrio de fases envolvido, ou seja, o equilíbrio sólido-líquido (ESL). Assim, o ESL representa a base para avaliação de processos de separação, como extração sólido-líquido, lixiviação, entre outros, que envolvem condições com equilíbrio de fases sólido-sólido (S-S), sólido-líquido (S-L) e sólido-sólido-líquido (S-S-L).

De acordo com Matsuoka (1991), em uma avaliação da ocorrência de diferentes tipos de diagramas ESL para misturas orgânicas binárias, típicas na área de alimentos, mais de 80 % dos dados publicados na literatura envolvem a categoria do ponto eutético. Assim, devido à sua importância para o ESL, apresentamos o comportamento típico de um sistema binário cujos componentes na fase sólida são completamente imiscíveis. Esse tipo de sistema é representado pela Figura 8.7 para mistura de A e B nas fases sólidas (S_A e S_B) e líquida. Nesse diagrama podemos observar três regiões de coexistência de fases (L e S_A; L e S_B; S_A e S_B) e uma região apenas com a fase líquida. O ponto eutético (E) representa o único ponto trifásico do diagrama (L + S_A + S_B), como bem define a regra de fases, que indica que para um sistema binário sem reação química e existência de três fases ocorre apenas com um grau de liberdade (F = 1).

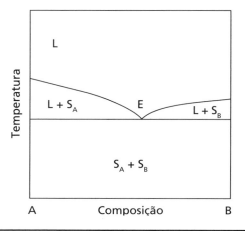

Figura 8.7 ▶ Diagrama de fase representando o ponto eutético no ESL.

A Figura 8.8 mostra exemplos de diagramas de fases para sistemas binários formados pelos componentes A e B e envolvendo fase sólida e fase líquida. A figura, adaptada de Hartel (2001), mostra dois diagramas de temperatura com a composição a uma pressão constante. O primeiro diagrama representa solução sólida contínua, enquanto o segundo apresenta o comportamento eutético para uma mistura com solubilidade limitada do componente A no componente B e vice-versa.

Nesses casos, o critério de equilíbrio também é baseado na isofugacidade, sendo descrito como:

$$\hat{f}_i^L(T,P,x^L) = \hat{f}_i^S(T,P,x^S) \tag{8.82}$$

Para escrever a Equação (8.82), admite-se que o componente *i* esteja presente nas fases líquida e sólida, denotadas pelos índices superiores L e S, respectivamente. Usando o coeficiente de atividade e fugacidade do componente puro em cada fase, a Equação (8.82) se torna:

$$x_i^L \gamma_i^L f_i^L = x_i^S \gamma_i^S f_i^S \tag{8.83}$$

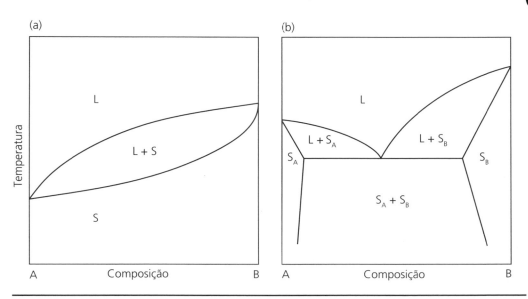

Figura 8.8 ▶ Diagrama de fases sólido-líquido. (a) solução sólida contínua e (b) mistura binária com solubilidade limitada (Hartel, 2001).

A partir da Equação (8.83), obtemos:

$$\ln x_i^L = \ln\left(x_i^S \gamma_i^S\right) - \ln \gamma_i^L + \ln\left(\frac{f_i^S}{f_i^L}\right) \tag{8.84}$$

Vamos admitir que o componente *i* possa existir em fase sólida pura na condição de temperatura e pressão do problema de equilíbrio de fases. Negligenciando o efeito da pressão, se a temperatura do problema coincidir com a temperatura de fusão, então $f_i^L = f_i^S$ e o último termo da Equação (8.84) se torna nulo. A situação mais comum, contudo, em um problema de ESL é que a temperatura seja menor que a temperatura de fusão do componente presente em ambas as fases (componente *i* na notação desse desenvolvimento). É necessário, portanto, calcular o valor do termo $\ln\left(\frac{f_i^S}{f_i^L}\right)$ para poder aplicar a Equação (8.84). Podemos mostrar que esse termo é dado por:

$$\ln\left(\frac{f_i^S}{f_i^L}\right) = \frac{\Delta \underline{H}_i^{fus}}{R}\left(\frac{1}{T} - \frac{1}{T_f}\right) + \int_{T_f}^{T} \frac{\Delta \underline{C}_{P,i}}{R}\left(\frac{1}{\tau} - \frac{1}{T}\right) d\tau \tag{8.85}$$

em que, $\Delta \underline{H}_i^{fus}$ é a entalpia molar de fusão do componente *i*, T_f é a sua temperatura de fusão e $\Delta \underline{C}_{P,i}$ é a diferença entre as capacidades caloríficas molares do componente *i* nas fases líquida e sólida. Há várias alternativas para estimar o valor de $\Delta \underline{C}_{P,i}$, mas, em muitos casos, a contribuição do último termo da Equação (8.85) é pequena e o termo é desprezado.

Combinando essa simplificação com a hipótese que a fase sólida formada contém o componente *i* puro, obtemos, a partir das Equações (8.84) e (8.85), que:

$$\ln x_i^L = -\ln \gamma_i^L - \frac{\Delta \underline{H}_i^{fus}}{R}\left(\frac{1}{T} - \frac{1}{T_f}\right) \qquad (8.86)$$

Na literatura, diversos trabalhos aplicaram o modelo NRTL, ou versões derivadas, para descrever o comportamento da fase líquida de produtos ou componentes típicos da área de alimentos, incluindo a deterpenação de óleos essenciais de eucalipto (Gonçalves et al., 2014), bergamota (Chiyoda et al., 2011) e limão (Koshima et al., 2012), assim como a produção de polifenóis a partir da polpa de zapote (*Matisia cordata*) (Cerón et al., 2014). Outros exemplos apresentam abordagens para a separação de componentes específicos de diferentes óleos vegetais (Oliveira et al., 2012; Rodrigues et al., 2005; Mohsen-Nia et al., 2008; May et al., 2016; Ferreira et al., 2015; Janković et al., 2010). Adicionalmente, trabalhos com sistemas aquosos envolvendo polímeros (Yan e Cao, 2014; Sadeghi e Zafarani-Moattar, 2015) também podem ser encontrados na literatura específica. Outro bom exemplo da aplicação das equações NRTL é seu uso na formulação de outros modelos, como a equação de estado (GC-EoS) apresentada por Skjold-Jørgensen (1984, 1988), que faz uso de uma combinação de quatro equações e princípios conhecidos na termodinâmica de equilíbrio de fases, incluindo a equação de estado de van der Waals, a equação NRTL, a expressão de Carnahan-Starling para esferas rígidas e o conceito de contribuição de grupos. Mais detalhes desse modelo (GC-EoS) podem ser encontrados nas publicações originais acima mencionadas.

Exemplos de Aplicações para a Engenharia de Alimentos

São inúmeras as possibilidades de aplicação dos modelos descritos neste capítulo nas indústrias de transformação em geral. Na sequência, são citados alguns trabalhos que mostram o emprego direto desses modelos de $\underline{G}^E$ no processamento e na formulação de alimentos.

Soluções de carboidratos, seus derivados e sais têm importante papel em sistemas biológicos e nas indústrias alimentícia, química e farmacêutica. Alguns exemplos de aplicação dos modelos de UNIQUAC e UNIFAC para a descrição do comportamento de soluções aquosas e não aquosas de carboidratos foram apresentadas por Le Maguer (1992), Catté et al. (1994), Peres e Macedo (1996), Peres e Macedo (1997), Spiliotis e Tassios (2000) e Ferreira et al. (2003).

No trabalho de Gros e Dussap (2003), um modelo UNIFAC modificado foi utilizado para estimar propriedades de equilíbrio (atividade de água, coeficientes de atividade de sais e açúcares e concentrações das misturas), necessárias para a modelagem da desidratação osmótica de alimentos e para a formulação e o controle de qualidade de alimentos como leite.

Trabalhos sobre a produção de vinhos no Chile envolvem dados de ELV dos sistemas binários e ternários envolvendo componentes do vinho (água, etanol, acetaldeído, furfural, acetato de etila entre outros). Nesses trabalhos a fase líquida foi descrita através de modelos de $\underline{G}^E$ como NRTL e UNIFAC (Faúndez e Valderrama, 2004; Faúndez et al., 2006).

Óleos animais e vegetais podem ser usados em indústrias de alimentos e também como precursores industriais em reações de epoxidação, ou na produção de biocombustíveis (biodiesel), dentre outras aplicações. Coniglio et al. (1995) aplicaram os modelos de van Laar, UNIQUAC e UNIFAC para a descrição de $\underline{G}^E$ de sistemas envolvendo óleo de peixe.

Rodis et al. (2002) estudaram os coeficientes de partição de compostos fenólicos (antioxidantes) do óleo de oliva usando o método UNIFAC. Esses antioxidantes apresentam um grande valor nutricional e são mais solúveis em água que no próprio óleo. Portanto, percebemos a importância de recuperar esses compostos, já que uma grande parte pode ser perdida através dos sistemas de efluentes durante o processo de produção do óleo.

Sinadinović-Fišer e Janković (2007) propuseram considerações analíticas para a predição dos coeficientes de partição de ácido acético em mistura com óleo de soja e água. Os modelos UNIFAC, assim como três de suas modificações, e UNIQUAC foram usados para representar dados de ELL para o sistema ternário. O método proposto para a predição dos coeficientes de partição do ácido acético ajustou corretamente os dados experimentais quando o modelo UNIQUAC foi usado. Adicionalmente, comparações com dados da literatura também foram feitas e os ajustes foram considerados satisfatórios.

RESUMO DO CAPÍTULO

Neste capítulo foi discutido o emprego de modelos de coeficiente de atividade no cálculo do equilíbrio de fases para sistemas complexos. Sua importância está justamente na importante aplicação em sistemas complexos como os verificados na área de alimentos.

PROBLEMAS PROPOSTOS

8.1. Para uma solução binária diluída, demonstre matematicamente através da relação de Gibbs-Dühem para temperatura e pressão constantes, que se o soluto é descrito pela Lei de Henry, o solvente é caracterizado pela regra de Lewis-Randall.

8.2. Soluções aquosas de sacarose são usadas no preparo de diversos tipos de alimentos. Como parâmetro de projeto, determine o coeficiente de atividade da água em uma solução de sacarose empregada no preparo de um determinado doce em calda. Para esse projeto devemos empregar uma solução aquosa com 60% (w/w) de sacarose, cuja temperatura normal de ebulição, isto é, na pressão de 1,0132 bar, é igual a 376 K. Além disso, como a sacarose é muito pouco volátil, podemos considerar sua pressão de vapor é igual a zero nas condições desse problema e que a pressão de vapor da água é dada por:

$$\log_{10} P^{sat}_{\text{água}}(\text{bar}) = 3{,}55959 - \frac{643{,}748}{T(K) - 198{,}043}$$

8.3. O ácido palmítico (ácido hexadecanoico) é um dos ácidos graxos saturados mais comuns em vegetais e animais. Admitindo a validade da Equação (8.74), calcule a solubilidade de ácido palmítico (1) em etanol (2) em temperatura de 321,05 K usando o modelo NRTL. Os seguintes dados encontram-se disponíveis:

Ácido palmítico:	$\Delta \underline{H}^{fus}$ (J/mol) =	53711
	T^f (K) =	335,8
	R (J/mol.K)	8,314
Volatilidade relativa:	$\alpha_{ij} = 0$ para $i = j$	$\alpha_{ij} = 0,3$ para $i \neq j$
Interação binária (J/mol):	$k_{12} = 6427,06$	$k_{21} = -2111,4$

Obs.: este problema deve ser resolvido empregando-se o programa XSEOS (Thermodynamic Properties Using Excess Gibbs Free Energy Models and Equations of State), disponível em https://bit.ly/2AWaEkl.

8.4. Medidas experimentais indicam que a solubilidade do dióxido de carbono em um hidrocarboneto não volátil é 0,005 (em fração molar) na pressão de 10^5 Pa e temperatura de 330 K. Com base nos dados experimentais, determine a solubilidade do CO_2 no mesmo hidrocarboneto para uma pressão 10 vezes superior e na mesma temperatura, sendo que para a nova condição podemos admitir a validade da equação do virial truncada no segundo termo para descrever a fase vapor. O valor do segundo coeficiente do virial (B), para o CO_2 a 330 K, foi determinado por Dadson et al. (1967), que encontraram o valor de $-95,94$ cm³/mol. Considere também que a constante de Henry independe da pressão.

8.5. Ácido acético (vinagre) é um importante aditivo para a indústria de alimentos, muito empregado na indústria de conservas de vegetais, normalmente em soluções aquosas. Considerando a validade do modelo de coeficiente de atividade descrito por Hansen et al. (1955) e representado pelas equações abaixo, construa um diagrama P-xy para a temperatura de 63 °C e pressão total de 1 bar. Sabemos que as pressões de vapor dos componentes puros nessa temperatura são: $P_A^{sat} = 0,1333$ bar (ácido acético) e $P_w^{sat} = 0,2286$ bar (água).

$$\log \gamma_A = (1 - x_A)^2 (0,683 x_A^2 + 0,08 x_A^3 + 0,505 e^{-2,5 x_A}) \quad \textbf{(P8.6-1)}$$

$$\log \gamma_w = x_A^2 \left[\frac{0,202}{x_A^2} - 0,455 x_A + 0,623 x_A^2 + 0,08 x_A^3 \atop -e^{-2,5 x_A} \left(\frac{0,202}{x_A^2} + \frac{0,505}{x_A} - 0,505 \right) \right] \quad \textbf{(P8.6-2)}$$

8.6. O ácido propiônico e seus sais podem ser empregados na indústria de alimentos, particularmente na indústria de panificação, em concentrações de 0,1% até 0,38%, como agentes conservantes contra bolores e bactérias esporuladas. Devido à pequena concentração aceitável do ácido propiônico em produtos alimentícios, o conhecimento do comportamento dessa substância em misturas aquosas é importante. Assim, descreva o comportamento do equilíbrio líquido-vapor de misturas binárias de ácido propiônico em água para todas as faixas de composição, para a temperatura de 372,15 K, considerando que nessa temperatura o sistema forma um azeótropo com 95,45% de água. Considere a validade do modelo de Margules de duas constantes e que a pressão de vapor do ácido propiônico é 0,004357 bar em 27,6 °C.

8.7. As misturas binárias de etanol (1) e acetona (2) em temperatura de 149,5 °C formam um azeótropo de pressão máxima. A essa temperatura a função de Gibbs excedente é dada pela equação:

$$\frac{G^E}{RT} = 0,25 x_1 x_2 \quad \text{(P8.8-1)}$$

Sabendo que as pressões de vapor dos componentes puros, na temperatura dada, são $P_1^{sat} = 960,1 \text{ kPa}$ e $P_2^{sat} = 1121,4 \text{ kPa}$, determine a pressão e a composição no ponto azeotrópico, supondo que a fase gasosa é uma mistura perfeita.

8.8. A 2,3-butanodiona é um flavorizante de bebidas lácteas e alcoólicas. A fim de projetar processos para a sua purificação, é importante conhecer seu equilíbrio líquido-vapor. Esse equilíbrio para a mistura acetona (1) + 2,3-butanodiona (2) é bem representado usando-se o modelo NRTL para calcular os coeficientes de atividade na fase líquida e admitindo comportamento ideal na fase vapor. Na temperatura de 323,15 K, determine a pressão e as frações molares na fase vapor em equilíbrio com uma fase líquida na qual a fração molar de acetona é igual a 0,754. Os seguintes dados encontram-se disponíveis:

	R (J/mol.K)	8,314
Volatilidade relativa:	$\alpha_{ij} = 0$ para $i = j$	$\alpha_{ij} = 0,3$ para $i \neq j$
Interação binária (J/mol):	$k_{12} = 3921,795$	$k_{21} = -2724,817$
Para T = 323,15 K	$x_1 = 0,754$	$x_1 = 0,246$
	$P_1^{sat}(kPa) = 81,65$	$P_1^{sat}(kPa) = 22,77$

Obs.: este problema deve ser resolvido empregando-se o programa XSEOS (Thermodynamic Properties Using Excess Gibbs Free Energy Models and Equations of State), disponível em https://bit.ly/2AWaEkl.

REFERÊNCIAS BIBLIOGRÁFICAS

1. Abbott MM, Prausnitz JM. "Modelling the excess Gibbs energy". In: Models for thermodynamic and phase equilibria calculation, Sandler SI. New York: Marcel Dekker, Inc.; 1994.
2. Abrams DS, Prausnitz JM. Statistical thermodynamics of liquid mixtures: a new expression for the excess Gibbs energy of partly or completely miscible systems. AIChE Journal 1975; 21: 116-128.
3. Catté M, Dussap CG, Archard C, Gros JB. Excess properties and solid-liquid equilibria for aqueous solutions of sugars using a UNIQUAC model. Fluid Phase Equilibria 1994; 96: 33-50.

4. Cerón IX, Ng RTL, El-Halwagi M, Cardona CA. Process synthesis for antioxidant polyphenolic compounds production from Matisia cordata Bonpl. (zapote) pulp. J Food Eng 2014; 134: 5-15.

5. Chiyoda C, Capellini MC, Geremias IM, Carvalho FH, Aracava KK, Bueno RS, Gonçalves CB, Rodrigues CEC. Deterpenation of bergamot essential oil using liquid-liquid extraction: Equilibrium data of model systems at 298.2 K. J Chem Eng Data 2011; 56: 2362-2370.

6. Coniglio L, Knudsen K, Gani R. Model prediction of supercritical fluid-liquid equilibria for carbon dioxide and fish oil related compounds. Ind. Eng. Chem. Res 1995; 34: 2473-2484.

7. Dadson RS, Evans EJ, King JH. The second virial coefficient of carbon dioxide. Proceedings of the Physical Society. 1967; 92(4): 1115-1121.

8. Dahl S, Michelsen M. High-pressure vapor-liquid equilibrium with a UNIFAC-based equation of state. AIChE. 1990; 36: 1829-1836.

9. Danielski L, Stragevitch L. Classical Models Part 2: Activity Coefficient Models and Applications. In: Camila Gambini Pereira. (Org.). Thermodynamics of Phase Equilibria in Food Engineering. Elsevier 2019; 103-162.

10. Derr EL, Deal CH. Analytical solution of groups: correlation of activity coefficients through structural group parameters, Inst. Chem. Eng. Symp Ser. 1969; 32: 44-51.

11. Eckert CA, Sherman SR. Measurement and prediction of limiting activity coefficients. Fluid Phase Equilibr 1996; 116: 333-342.

12. Faúndez CA, Alvarez VH, Valderrama JO. Predictive models to describe VLE in ternary mixtures water+ethanol+congener for wine distillation. Thermochimica Acta 2006; 450: 110-117.

13. Faúndez CA, Valderrama JO. Phase equilibrium modeling in binary mixtures found in wine and must distillation. Journal of Food Engineering 2004; 65: 577-583.

14. Ferreira MC, Bessa LCBA, Shiozawa S, Meirelles AJA, Batista EAC. Liquid–liquid equilibrium of systems containing triacylglycerols (canola and corn oils), diacylglycerols, monoacylglycerols, fatty acids, ester and ethanol at T/K = 303.15 and 318.15. Fluid Phase Equilibr 2015; 404: 32-41.

15. Ferreira O, Brignole EA, Macedo EA. Phase equilibria in sugar solutions using the A-UNIFAC model. Ind. Eng. Chem. Res 2003; 42: 6212-6222.

16. Flory PJ. Thermodynamics of high polymer solutions. J. Chem. Phys 1941; 10: 51-61.

17. Fredenslund A, Gmehling J, Rasmussen P. Vapor-liquid equilibrium using UNIFAC. Amsterdam: Elsevier; 1977.

18. Fredenslund A, Jones RL, Prusnitz JM. Group contribution estimation of activity coefficients in nonideal liquid mixtures. AIChE J 1975; 21(6): 1086–1099.

19. Freshwater DC, Pike KA. Vapor-liquid equilibrium data for system acetone – methanol – isopropanol. J. Chem. Eng. Data 1967; 12: 179-182.

20. Gmehling J, Li J, Schiller M. A modified UNIFAC model. 2 present parameter matrix and results for different thermodynamic properties. Ind. Eng. Chem. Res 1993; 32: 178-193.

21. Gmehling J. Present status and potential of group contribution methods for process development. The Journal of Chemical Thermodynamics 2009; 41(6): 731-747.

22. Gonçalves D, Koshima CC, Nakamoto KT, Umeda TK, Aracava KK, Gonçalves CB, Rodrigues CEC. Deterpenation of eucalyptus essential oil by liquid + liquid extraction: Phase equilibrium and physical properties for model systems at T = 298.2 K. J Chem Thermodyn 2014; 69: 66-72.

23. Gros JB, Dussap CG. Estimation of equilibrium properties in formulation or processing of liquid foods. Food Chemistry 2003; 82: 41-49.

24. Guggenheim EA. Mixtures. Oxford: Clarendon Press; 1952.

25. Hansen RS, Miller FA, Christian SD. Activity Coefficients of Components in the Systems Water-Acetic Acid, Water-Propionic Acid and Water–n-Butyric Acid at 25°. Phys. Chem. 1955; 59(5): 391-395.
26. Hartel RW. Crystallization in foods. 1st Ed. Germany: Springer; 2001.
27. Huggins ML. Solutions of long chain compounds. J. Chem. Phys 1941; 9:440.
28. Janković M, Sinadinović-Fišer S, Lamshoeft M. Liquid–liquid equilibrium constant for acetic acid in an epoxidized soybean oil-acetic acid–water system. J Am Oil Chem Soc 2010; 87: 591-600.
29. Kojima K, Zhang S, Hiaki T. Measuring methods of infinite dilution activity coefficients and a database for systems including water. Fluid Phase Equilibr 1997; 131: 145-179.
30. Koshima CC, Capellini MC, Geremias IM, Aracava KK, Gonçalves CB, Rodrigues CEC. Fractionation of lemon essential oil by solvent extraction: Phase equilibrium for model systems at T = 298.2 K. J Chem Thermodyn 2012; 54: 316-321.
31. Le Maguer M. In: H.G. Schwartzberg & R.W. Hartel (editores). Physical chemistry of foods: thermodynamics and vapor/liquid equilibria. New York: Marcel Dekker; 1992.
32. Matsuoka M. Recent Development of Melt Crystallization. Advances in Industrial Crystallization, Butterworth-Heinemann, London. 1991; 229-244.
33. Matsuoka M. Recent Development of Melt Crystallization. Advances in Industrial Crystallization, Butterworth-Heinemann, London. 1991; 229-244.
34. May CP, Homrich POB, Ceriani R. Pseudoternary liquid-liquid equilibria for refined sunflower seed oil + carboxylic acids + anhydrous ethanol at 298.15 K. Fluid Phase Equilibr 2016; 427: 297-302.
35. Mohsen-Nia M, Modarress H, Nabavi HR. Measuring and modeling liquid-liquid equilibria for a soybean oil, oleic acid, ethanol, and water system. J Am Oil Chem Soc 2008; 85: 973-978.
36. Oliveira CM, Garavazo BR, Rodrigues CEC. Liquid-liquid equilibria for systems composed of rice bran oil and alcohol-rich solvents: Application to extraction and deacidification of oil. J Food Eng 2012; 110: 418-427.
37. Onken U, Rarey-Nies J, Gmehling J. The Dortmund data bank: A computerized system for retrieval, correlation, and prediction of thermodynamic properties of mixtures. Int J Thermophys 1989; 10(3):739-747.
38. Orentlicher M, Prausnitz JM. Chem. Eng. Sci 1964; 19: 775.
39. Peres MA, Macedo EA. A modified UNIFAC model for the calculation of thermodynamic properties of aqueous and non-aqueous solutions containing sugars. Fluid Phase Equil 1997; 39: 47-74.
40. Peres MA, Macedo EA. Thermodynamic properties of sugars in aqueous solutions: correlation and prediction using a modified UNIQUAC model. Fluid Phase Equilib 1996; 123: 71-95.
41. Poling BE, Prausnitz JM, O'Connell JP. The properties of gases and liquids. 3rd Ed. New York: McGraw-Hill; 2000.
42. Prausnitz JM, Lichtenthaler RN, Azevedo EG. Molecular thermodynamics of fluid-phase equilibria. 3nd Ed. New Jersey: Prentice-Hall; 1999.
43. Renon H, Prausnitz JM. Local compositions in thermodynamic excess functions for liquid mixtures. AIChE J 1968; 14: 135-144.
44. Rodis OS, Karathanos VT, Mantzavinou A. Partitioning of olive oil antioxidants between oil and water phases. J. Agric. Food Chem 2002; 50: 596-601.
45. Rodrigues CEC, Silva FA, Marsaioli Jr A, Meirelles AJA. Deacidification of Brazil nut and macadamia nut oils by solvent extraction: liquid-liquid equilibrium data at 298.2 K. J Chem Eng Data 2005; 50: 517-523.
46. Sadeghi R, Zafarani-Moattar MT. Extension of the NRTL and NRF models to multicomponent polymer solutions: Applications to polymer–polymer aqueous two-phase systems. Fluid Phase Equilibr 2005; 231: 77-83.

47. Sandler SI. Chemical and engineering thermodynamics. 3rd Ed. New York: John Wiley & Sons; 1999.
48. Sereno AM, Hubinger MD, Comesaña JF, Correa A. Prediction of water activity of osmotic solutions. J. Food Engineering 2001; 49(2-3): 103-114.
49. Sinadinović-Fišer S, Janković M. Prediction of the partition coefficient for acetic acid in a two-phase system soybean oil-water. JAOCS 2007; 84: 669-674.
50. Skjold-Jørgensen S. Gas solubility calculations II. Application of a new group contribution equation of state. Fluid Phase Equilibr 1984; 16: 317-351.
51. Skjold-Jørgensen S. Group contribution equation of state (GC-EoS): a predictive method for phase equilibrium computations over wide ranges of temperatures and pressures up to 30 MPa. Ind Eng Chem Res 1988; 27: 110-118.
52. Smith JM, Van Ness HC, Abbott MM. Introdução à termodinâmica da engenharia química. 5ª Ed. Rio de Janeiro: LTC Editora; 2000.
53. Smith JM, Van Ness HC, Abbott MM. Introduction to chemical engineering thermodynamics. 7ª Ed. Nova York: McGraw Hill; 2005.
54. Spalding DB. Convective mass transfer. New York: McGraw-Hill; 1963.
55. Spiliotis N, Tassios D. A UNIFAC model for phase equilibrium calculations in aqueous and nonaqueous sugar solutions. Fluid Phase Equilibria 2000; 173: 39-55.
56. Wilson GM. Vapor-liquid equilibria. XI. a new expression for the excess free energy of mixing, J. Am. Chem. Soc 1964; 86: 127-130.
57. Wohl K. Thermodynamic evaluation of binary and ternary liquid systems. Trans. Am. Inst. Chem. Eng 1946; 42: 215-249.
58. Yan B, Cao X. Phase diagram of novel recycling aqueous two-phase systems composed of two pH-response polymers: Experiment and modeling. Fluid Phase Equilibr 2014; 364: 42-47.
59. Zemaitis JF, Clark DM, Rafal M, Scrivner NC. Handbook of aqueous electrolyte solutions: theory & application, DIPPR. New York: AIChE; 1986.

9 CAPÍTULO

Compilação de Propriedades Estimadas para Óleos Voláteis: Aplicação a um Estudo de Caso dos Conceitos Termodinâmicos

- M. Angela A. Meireles
- Camila Gambini Pereira
- Glaucia Helena Carvalho do Prado

CONTEÚDO

Objetivo do Capítulo	311
Introdução	311
Propriedades Críticas de Compostos Presentes em Óleos Voláteis	311
Exemplo 9.1 – Cálculo das Propriedades Críticas de Extratos Vegetais	344
Resolução	344
Comentários	345
Exemplo 9.2 – Construção das Tabelas de Propriedades Volumétricas	345
Sugestão	346
Resolução	346
Comentário 1	350
Comentário 2	350
Exemplo 9.3 – Construção de Diagramas Termodinâmicos	351
Resolução	351
Comentários	353
Exemplo 9.4 – Cálculo da Temperatura Final de Reservatório de Fluido	353
Resolução	353
Comentários	356

Exemplo 9.5 – Verificação de Relações Termodinâmicas..................................356

Resolução..356

Comentários..358

Exemplo 9.6 – Cálculo das Propriedades de Mistura Saturada..........................358

Resolução..358

Comentários..359

Exemplo 9.7 – Cálculo da Fugacidade do Vapor Superaquecido
do Extrato de Canela de Cunhã...359

Resolução..359

Comentários..361

Exemplo 9.8 – Novo Cálculo da Fugacidade do Vapor Superaquecido
do Extrato de Canela de Cunhã...361

Resolução..361

Comentários..362

Exemplo 9.9 – Cálculo da Fugacidade do Vapor Saturado................................363

Resolução..363

Comentários..364

Exemplo 9.10 – Cálculo da Fugacidade do Extrato de Canela de Cunhã........364

Resolução..364

Comentários..364

Exemplo 9.11 – Cálculo da Fugacidade do Extrato de Canela de Cunhã
Líquido..364

Resolução..365

Exemplo 9.12 – Cálculo da Fugacidade Usando Dados Volumétricos..............365

Resolução..365

Exemplo 9.13 – Cálculo do Calor Latente de Vaporização................................366

Resolução..366

Comentários..367

Exemplo 9.14 – Estudo do Equilíbrio de Fases de um Sistema Binário............367

Resolução..368

Comentários..372

Resumo do Capítulo..372

Problema Proposto..372

Referências Bibliográficas..373

> **OBJETIVO DO CAPÍTULO**
>
> O objetivo do capítulo é aplicar os conceitos termodinâmicos discutidos nos capítulos anteriores a um sistema encontrado no processamento de alimentos ou indústrias correlatas. Especificamente, usaremos todos os conceitos discutidos nos Capítulos de 5 a 8 para descrever o comportamento do sistema formado por um extrato vegetal (canela de cunhã) e um solvente GRAS, o etanol.

Introdução

Vimos nos últimos capítulos como podemos descrever e avaliar os diferentes sistemas, sejam eles puros ou multicomponentes, em diferentes estados de agregação. Estabelecido o equilíbrio de fases, partimos para o estudo ou a predição da condição de equilíbrio através de equações de estado e modelos de coeficiente de atividade. Neste capítulo, partindo do conhecimento obtido nos capítulos anteriores, estudaremos o comportamento volumétrico de substâncias puras e misturas em sistemas alimentícios. Na primeira etapa, usaremos uma equação de estado cúbica (EDE) para descrever as propriedades volumétricas do pseudo-composto puro denominado extrato volátil de canela de cunhã. Na segunda etapa, usaremos quatro modelos para descrever o equilíbrio de fases da mistura binária formada pelo extrato de canela de cunhã e pelo solvente etanol.

Propriedades Críticas de Compostos Presentes em Óleos Voláteis

Para a determinação do equilíbrio de fases precisamos das propriedades termofísicas dos compostos que formam o sistema. A Tabela 9.1 indica os símbolos empregados na Tabela 9.2 que mostra as propriedades críticas e termofísicas, calculadas empregando métodos de Contribuição de Grupos (Joback e Reid, 1987) aplicados a inúmeras substâncias encontradas em plantas aromatizantes, condimentares e medicinais.

Tabela 9.1 ▶ Símbolos e equações utilizados na Tabela 9.2.

Símbolo	Nome	Unidade	Equação	Referência
T_b	Ponto normal de ebulição	Kelvin	–	[1]
T_f	Ponto normal de fusão	Kelvin	–	[1]
T_c	Temperatura crítica	Kelvin	–	[1]
P_c	Pressão crítica	bar	–	[1]
$\underline{V}_c$	Volume crítico	cm³/mol	–	[1]
Z_c	Fator de compressibilidade crítica	–	$\dfrac{P_c \underline{V}_c}{RT_c}$	[2]
ω	Fator acêntrico	–	$\dfrac{-\ln P_c - 5{,}92714 + 6{,}09648\theta^{-1} + 1{,}28862\ln\theta - 0{,}169347\theta^6}{15{,}2518 - 15{,}6875\theta^{-1} - 13{,}4721\ln\theta + 0{,}43577\theta^6}$ $\theta = \dfrac{T_b}{T_c}$	[2]
A, B, C e D	Constantes para calcular a capacidade calorífica a pressão constante do gás ideal	–	$C_p = A + BT + CT^2 + DT^3$ $C_p\ [=]\ J/molK$ $T\ [=]\ Kelvin$	[1], [3]

[1] Joback e Reid (1987), [2] Reid et al (1987), [3] Sandler (1999).

Compilação de Propriedades Estimadas para Óleos Voláteis: Aplicação a um Estudo... capítulo 9

Tabela 9.2 ▶ Propriedades críticas e termofísicas de compostos puros.

Nome	CAS	Fórmula estrutural*	Fórmula molecular	Contribuição de grupos (Joback e Reid)	Contribuição de grupos (UNIFAC)	T_b (K)	T_f (K)	T_c (K)	P_c (bar)	V_c (cm³/mol)	Z_c	ω	A	B	C	D
1,10-Decanodiol Decanediol <1,10->	112-47-0		$C_{10}H_{22}O_2$	10 -CH_2- 2 -OH (álcool)	10 CH_2 2 OH	612,76	324,10	770,09	25,25	633,5	0,253	1,438	4,28	1,022	-7,0×10⁻⁴	1,0×10⁻⁷
1,1-Dimetoxioctano Octane <1,1-dimethoxy->	10022-28-3		$C_{10}H_{22}O_2$	3 -CH_3 6 -CH_2- 1 >CH- 2 -O-	2 CH_3O 1 CH_3 6 CH_2 1 CH	472,80	231,92	638,76	20,59	625,5	0,246	0,622	43,32	0,832	-3,0×10⁻⁴	4,0×10⁻⁹
1,2-Dimetoxi benzeno Veratrole	91-16-7		$C_8H_{10}O_2$	2 -CH_3 4 =CH- (Cic) 2 =C< (Cic) 2 -O-	2 CH_3O 4 ACH 2 AC	459,14	263,32	667,64	34,44	411,5	0,259	0,446	26,99	0,499	-2,0×10⁻⁴	-2,0×10⁻⁸
1,3,5-Trimetil-benzeno Mesitylene	108-67-8		C_9H_{12}	3 -CH_3 3 =CH- (Cic) 3 =C< (Cic)	3 $ACCH_3$ 3 ACH	442,16	242,65	652,25	31,53	431,5	0,254	0,346	-10,56	0,661	-4,0×10⁻⁴	7,0×10⁻⁸
1,4-Diclorobenzeno Dichlorobenzene <1,4->	106-46-7		$C_6H_4Cl_2$	4 =CH- (Cic) 2 =C< (Cic) 2 -Cl	4 ACH 2 ACCl	443,40	256,16	675,17	41,52	361,5	0,271	0,315	3,72	0,448	-3,0×10⁻⁴	8,0×10⁻⁸
1,4-Dimetoxi benzeno Dimethoxy benzene <1,4->	150-78-7		$C_8H_{10}O_2$	2 -CH_3 4 =CH- (Cic) 2 =C< (Cic) 2 -O-	2 CH_3O 4 ACH 2 AC	459,14	263,32	667,64	34,44	411,5	0,259	0,446	26,99	0,499	-2,0×10⁻⁴	2,0×10⁻⁸
1,8-Cineol 1,8-Cineole	470-82-6		$C_{10}H_{18}O$	3 -CH_3 4 -CH_2- (Cic) 1 >CH (Cic) 1 -O- (Cic)	1 CH_3CO 2 CH_3 4 CH_2 1 CH 1 C	473,18	301,43	695,80	30,19	509,5	0,270	0,343	-193,64	1,790	-1,9×10⁻³	8,0×10⁻⁷
1-Deceno Decene <1->	872-05-9		$C_{10}H_{20}$	1 -CH_3 7 -CH_2- 1 =CH_2 1 =CH-	1 $CH_2=CH$ 1 CH_3 7 CH_2	425,08	200,70	590,78	21,92	576,5	0,261	0,481	-9,33	0,935	-5,0×10⁻⁴	1,0×10⁻⁷

Continua

313

Fundamentos de Engenharia de Alimentos

Tabela 9.2 ▶ Propriedades críticas e termofísicas de compostos puros. (*Continuação*)

Nome	CAS	Fórmula estrutural*	Fórmula molecular	Contribuição de grupos (Joback e Reid)	Contribuição de grupos (UNIFAC)	T_b (K)	T_f (K)	T_c (K)	P_c (bar)	V_c (cm³/mol)	Z_c	ω	A	B	C	D
1-Docoseno Docosene <1->	1599-67-3	∿∿∿∿∿	$C_{22}H_{44}$	1 -CH_3 19 -CH_2- 1 =CH_2 1 =CH-	1 CH_2=CH 1 CH_3 19 CH_2	699,64	335,94	864,22	9,25	1248,5	0,163	0,813	-19,98	2,073	-1,0×10⁻³	3,0×10⁻⁷
1-Eicoseno Eicosene <1->	3452-07-1	∿∿∿∿∿	$C_{20}H_{40}$	1 -CH_3 17 -CH_2- 1 =CH_2 1 =CH-	1 CH_2=CH 1 CH_3 17 CH_2	653,88	313,40	815,61	10,43	1136,5	0,177	0,816	-18,11	1,882	-1,0×10⁻³	2,0×10⁻⁷
1-Feniletan-1-ol Styralyl alcohol	98-85-1		$C_8H_{10}O$	1 -CH_3 1 >CH- 5 =CH (Cic) 1 =C< (Cic) 1 OH (álcool)	3 ACCH 5 ACH 1 CH_3 1 OH	501,06	252,16	703,01	41,36	388,5	0,279	0,727	-34,66	0,725	-5,0×10⁻⁴	1,0×10⁻⁷
1-Hexadeceno Hexadecene <1->	629-73-2	∿∿∿∿∿	$C_{16}H_{32}$	1 -CH_3 13 -CH_2- 1 =CH_2 1 =CH-	1 CH_2=CH 1 CH_3 13 CH_2	562,36	268,32	723,38	13,60	912,5	0,209	0,734	-14,72	1,504	-7,0×10⁻⁴	2,0×10⁻⁷
1-Metil-2-fenil propano-2-ol Phenyl-tert-butanol	100-86-7		$C_{10}H_{14}O$	2 -CH_3 3 -CH_2- 1 >C< 5 =CH (Cic) 1 =C< (Cic) 1 -OH (álcool)	1 ACCH$_2$ 5 ACH 2 CH_3 1 C 1 OH	544,03	292,12	748,09	33,18	495,5	0,268	0,754	-59,36	1,035	-8,0×10⁻⁴	2,0×10⁻⁷
1-Metoxi-4-metilbenzeno Cresol, methyl ether <para->	104-93-8		$C_8H_{10}O$	2 -CH_3 4 =CH-(Cic) 2 =C< (Cic) 1 -O-	1 CH_3O 1 ACCH$_3$ 4 ACH 1 AC	436,72	241,09	646,65	35,14	393,5	0,261	0,371	1,63	0,562	-3,0×10⁻⁴	3,0×10⁻⁸
1-Metoxibutano Butyl methyl ether <n->	628-28-4		$C_5H_{12}O$	2 -CH_3 3 -CH_2- 1 -O-	1 CH_3O 1 CH_3 3 CH_2	336,42	168,34	500,78	34,00	333,5	0,276	0,336	23,83	0,416	-1,0×10⁻⁴	7,0×10⁻⁹
1-Octadeceno Octadecene <1->	112-88-9	∿∿∿∿∿	$C_{18}H_{36}$	1 -CH_3 15 -CH_2- 1 =CH_2 1 =CH-	1 CH_2=CH 1 CH_3 15 CH_2	608,12	290,86	768,82	11,86	1024,5	0,193	0,788	-16,61	1,694	-1,0×10⁻³	2,0×10⁻⁷

Continuação

Tabela 9.2 ▶ Propriedades críticas e termofísicas de compostos puros. (*Continuação*)

Nome	CAS	Fórmula estrutural *	Fórmula molecular	Contribuição de grupos (Joback e Reid)	Contribuição de grupos (UNIFAC)	T_b (K)	T_f (K)	T_c (K)	P_c (bar)	V_c (cm³/mol)	Z_c	ω	A	B	C	D
2,3,5,6-Tetrametil pirazina Pyrazine <tetramethyl->	1124-11-4		$C_8H_{12}N_2$	4 -CH₃ 4 =C< (Cic) 2 =N= (Cic)	2 CH₃CN 2 CH₃ 2 C	531,66	386,98	767,22	34,68	473,5	0,261	0,487	24,78	0,574	-3,0×10⁻⁴	4,0×10⁻⁸
2,3-Dietil pirazina Pyrazine <2,3-diethyl->	15707-24-1		$C_8H_{12}N_2$	2 -CH₃ 2 -CH₂- 2 =CH- (Cic) 2 =C< (Cic) 2 =N= (Cic)	2 CH₃CN 2 CH₂ 2 CH	521,70	361,94	754,84	35,94	473,5	0,275	0,488	-3,79	0,692	-4,0×10⁻⁴	9,0×10⁻⁸
2,5-Dimetilpirazina Pyrazine <2,5-dimethyl->	123-32-0		$C_6H_8N_2$	2 -CH₃ 2 =CH- (Cic) 2 =C< (Cic) 2 =N= (Cic)	2 CH₃CN 2 CH	475,94	339,40	717,96	45,90	361,5	0,282	0,388	-2,04	0,503	-3,0×10⁻⁴	6,0×10⁻⁸
2,5-Hexanodiona Acetonyl Acetone	110-13-4		$C_6H_{10}O_2$	2 -CH₃ 2 -CH₂- 2 >C=O	2 CH₃CO 2 CH₂	444,62	257,24	634,39	35,94	383,5	0,265	0,562	-2,11	0,609	-5,0×10⁻⁴	2,0×10⁻⁷
2,6-Dimetilanilina Dimethyl aniline <2,6->	87-62-7		$C_8H_{11}N$	2 -CH₃ 3 =CH- (Cic) 3 =C< (Cic) 1 -NH₂	2 ACCH₃ 1 ACNH₂ 3 ACH	491,81	238,80	717,55	37,73	404,5	0,259	0,467	-3,06	0,627	-3,0×10⁻⁴	7,0×10⁻⁸
2,6-Dimetilfenol Dimethyl phenol <2,6->	576-26-1		$C_8H_{10}O$	2 -CH₃ 3 =CH- (Cic) 3 =C< (Cic) 1 -OH	2 ACCH₃ 1 ACOH 3 ACH	494,92	330,58	722,32	43,23	341,5	0,249	0,519	-32,88	0,780	-6,0×10⁻⁴	2,0×10⁻⁷
2-Etil-3-metilpirazina Pyrazine <2-ethyl-3-methyl->	15707-23-0		$C_7H_{10}N_2$	2 -CH₃ 1 -CH₂- 2 =CH- (Cic) 2 =C< (Cic) 2 =N= (Cic)	1 CH₃CN 1 CH₃CN 1 CH₂ 2 CH	498,82	350,67	736,40	40,47	417,5	0,280	0,438	-2,90	0,598	-3,0×10⁻⁴	8,0×10⁻⁸
2-Fenilpropanal Phenyl propanal <2->	93-53-8		$C_9H_{10}O$	1 -CH₃ 1 >CH- 5 =CH- (Cic) 1 =C< (Cic) 1 O=CH- (aldeído)	1 CHO 1 ACCH 5 ACH 1 CH₃	480,42	244,61	698,22	35,90	442,5	0,277	0,466	-29,39	0,760	-5,0×10⁻⁴	1,0×10⁻⁷

Continuação

Fundamentos de Engenharia de Alimentos

Tabela 9.2 ▶ Propriedades críticas e termofísicas de compostos puros. *(Continuação)*

Nome	CAS	Fórmula estrutural*	Fórmula molecular	Contribuição de grupos (Joback e Reid)	Contribuição de grupos (UNIFAC)	T_b (K)	T_f (K)	T_c (K)	P_c (bar)	V_c (cm³/mol)	Z_c	ω	A	B	C	D
2-Hidroxi-4-metilvalerato de metila Methyl pentanoate <2-hydroxy-4-methyl->	40348-72-9		$C_6H_{14}O_3$	3 -CH₃ 1 -CH₂- 1 >CH- 1 -OH (álcool) 1 -COO- (éster)	1 CH₃COO 2 CH₃ 1 CH₂ 2 CH 1 OH	509,28	241,80	682,78	31,67	460,5	0,260	0,921	23,78	0,660	-3,0×10⁻⁴	2,0×10⁻⁸
2-Metoxi-4-metilfenol Cresol <2-methoxy-para->	93-51-6		$C_8H_{10}O_2$	2 -CH₃ 3 =CH-(Cic) 3 =C<(Cic) 1 -OH (fenol) 1 -O-	1 CH₃O 1 ACCH₃ 1 ACOH 3 ACH 1 AC	517,34	352,81	742,14	42,28	359,5	0,250	0,602	-7,33	0,716	-5,0×10⁻⁴	2,0×10⁻⁷
2-Metoxietil benzeno Benzene <2-methoxyethyl->	3558-60-9		$C_9H_{12}O$	1 -CH₃ 2 -CH₂- 5 =CH (Cic) 1 =C<(Cic) 1 -O-	1 CH₃O 3 ACCH₂ 5 ACH 1 CH₂	454,62	239,84	660,51	31,99	449,5	0,265	0,420	-13,50	0,715	-4,0×10⁻⁴	6,0×10⁻⁸
2-Nonanona Nonanone <2->	821-55-6		$C_9H_{18}O$	2 -CH₃ 6 -CH₂- 1 O=C<	1 CH₃CO 1 CH₃ 6 CH₂	459,39	241,12	633,59	24,53	545,5	0,258	0,582	1,88	0,832	-4,0×10⁻⁴	9,0×10⁻⁸
3,5-Dihidroxitolueno Orcinol	504-15-4		$C_7H_8O_2$	1 -CH₃ 3 =CH- (Cic) 3 =C<(Cic) 2 -OH (fenol)	1 ACCH₃ 2 ACOH 3 ACH	547,68	418,51	791,14	62,89	251,5	0,244	0,729	-55,23	0,899	-9,0×10⁻⁴	4,0×10⁻⁷
3-Metil-3-buten-1-ol Isoprenol	763-32-6		$C_5H_{10}O$	1 -CH₃ 2 -CH₂- 1 =CH₂ 1 =C< 1 OH	1 CH₂=C 1 CH₃ 1 CH₂ 1 OH	402,74	191,21	570,79	41,14	316,5	0,278	0,661	0,95	0,493	-3,0×10⁻⁴	8,0×10⁻⁸
3-metilbut-2-eno-1-ol Buten-1-ol <3-methyl-2->	556-82-1		$C_5H_{10}O$	2 -CH₃ 1 -CH₂- 1 =CH- 1 =C< 1 -OH (álcool)	1 CH=C 2 CH₃ 1 CH₂ 1 OH	410,22	187,89	583,16	41,68	315,5	0,275	0,649	-9,99	0,531	-4,0×10⁻⁴	1,0×10⁻⁷
3-Metilbutanoato de 2-propenila Allyl isovalerate	2835-39-4		$C_8H_{14}O_2$	2 -CH₃ 2 -CH₂- 1 =CH₂ 1 >CH- 1 =CH- 1 COO (éster)	1 CH₂=CH 1 CH₂COO 2 CH₃ 1 CH₂ 1 CH	437,10	205,49	616,19	26,82	484,5	0,257	0,498	16,316	0,695	-3,0×10⁻⁴	4,0×10⁻⁸

Continuação

Tabela 9.2 ▶ Propriedades críticas e termofísicas de compostos puros. (*Continuação*)

Nome	CAS	Fórmula estrutural*	Fórmula molecular	Contribuição de grupos (Joback e Reid)	Contribuição de grupos (UNIFAC)	T_b (K)	T_f (K)	T_c (K)	P_c (bar)	V_c (cm³/mol)	Z_c	ω	A	B	C	D
3-Metil ciclohexanona Cyclohexanone<3-methyl->	591-24-2		$C_7H_{12}O$	1 -CH_3 4 -CH_2-(Cic) 1 >CH-(Cic) 1 >C=O (Cic)	1 CH_3CO 1 CH_3 3 CH_2 1 CH	447,13	244,25	670,95	36,73	367,5	0,245	0,331	-32,60	0,622	-2,0×10⁻⁴	3,0×10⁻⁸
3-metilfenol Cresol <meta>	108-39-4		C_7H_8O	1 -CH_3 4 =CH-(Cic) 2 =C<(Cic) 1 -OH (fenol)	1 ACCH₃ 1 ACOH 4 ACH	467,06	306,79	696,98	50,30	285,5	0,251	0,469	-46,24	0,744	-6,0×10⁻⁴	2,0×10⁻⁷
3-Octanol Octanol <3->	589-98-0		$C_8H_{18}O$	2 -CH_3 5 -CH_2- 1 >CH- 1 -OH (álcool)	2 CH_3 5 CH_2 1 CH 1 OH	474,38	225,74	637,36	28,11	496,5	0,267	0,836	-0,59	0,802	-4,0×10⁻⁴	9,0×10⁻⁸
4(10)-Tujeno Sabinene	3387-41-5		$C_{10}H_{16}$	2 -CH_3 1 =CH_2 1 >CH- 3 -CH_2-(Cic) 1 >CH (Cic) 1 >C< (Cic) 1 =C< (Cic)	1 CH_2=C 2 CH_3 3 CH_2 2 CH 1 C	440,84	260,92	645,52	29,35	485,5	0,269	0,350	-136,06	1,436	-1,4×10⁻³	3,0×10⁻⁷
4-Alilfenol Chavicol	501-92-8		$C_9H_{10}O$	1 -CH_2- 1 =CH_2 1 =CH- 4 =CH-(Cic) 2 =C< (Cic) 1 -OH (fenol)	1 CH_2=CH 1 ACCH₂ 1 ACOH 4 ACH	509,50	327,57	736,81	41,09	378,5	0,257	0,546	-51,12	0,915	-8,0×10⁻⁴	3,0×10⁻⁷
4-Pentenoato de etila Ethyl pent-4-enoate	1968-40-7		$C_7H_{12}O_2$	1 -CH_3 3 -CH_2- 1 =CH_2 1 =CH- 1 -COO- (éster)	1 CH_3=CH 1 CH_3COO 1 CH_3 2 CH_2	414,66	209,22	591,01	29,44	434,5	0,264	0,481	18,93	0,594	-3,0×10⁻⁴	3,0×10⁻⁸
4-Terpineol Terpinen-4-ol	562-74-3		$C_{10}H_{18}O$	3 -CH_3 1 >CH- 3 -CH_2-(Cic) 1 =CH-(Cic) 1 >C< (Cic) 1 =C< (Cic) 1 -OH (álcool)	1 CH=C 3 CH_3 3 CH_2 1 CH 1 C 1 OH	544,07	292,84	744,33	30,63	525,5	0,264	0,749	-96,13	1,292	-1,1×10⁻³	4,0×10⁻⁷

Continuação

Tabela 9.2 ▶ Propriedades críticas e termofísicas de compostos puros. *(Continuação)*

Nome	CAS	Fórmula estrutural*	Fórmula molecular	Contribuição de grupos (Joback e Reid)	Contribuição de grupos (UNIFAC)	T_b (K)	T_f (K)	T_c (K)	P_c (bar)	V_c (cm³/mol)	Z_c	ω	A	B	C	D
5-metilheptano-3-ona Heptanone <5-methyl-3->	541-85-5		$C_8H_{16}O$	3 -CH₃ 3 -CH₂- 1 >CH- 1 >C=O	1 CH₃CO 3 CH₂ 2 CH₂ 1 CH	436,07	214,85	615,48	27,27	483,5	0,261	0,499	1,37	0,741	-4,0×10⁻⁴	7,0×10⁻⁸
6-metilhept-5-eno-2-ol Hepten-2-ol <6-methyl-5->	1569-60-4		$C_8H_{16}O$	3 -CH₃ 2 -CH₂- 1 >CH- 1 =CH- 1 =C< 1 -OH (álcool)	1 CH=C 3 CH₃ 2 CH₂ 1 CH 1 OH	478,42	206,70	651,56	29,89	477,5	0,267	0,768	-14,64	0,824	-5,0×10⁻⁴	1,0×10⁻⁷
Acetofenona Acetophenone	98-86-2		C_8H_8	1 -CH₃ 5 =CH- (Cic) 1 =C< (Cic) 1 >C=O	1 CH₃CO 5 ACH 1 AC	463,19	256,27	685,08	39,46	381,5	0,268	0,420	-30,87	0,657	-4,0×10⁻⁴	1,0×10⁻⁷
Ácido 3-metilvalérico Valeric acid <3-methyl->	105-43-1		$C_6H_{12}O_2$	2 -CH₃ 2 -CH₂- 1 >CH- 1 -COOH (ácido)	1 CH₃CO 2 CH₂ 1 CH₃ 1 CH 1 OH	481,95	302,98	675,22	34,72	389,5	0,244	0,654	8,40	0,586	-3,0×10⁻⁴	6,0×10⁻⁸
Ácido dodecanoico Dodecanoic acid	143-07-7		$C_{12}H_{24}O_2$	1 -CH₃ 10 -CH₂- 1 -COOH (ácido)	1 HCOO 10 CH₂	619,67	385,60	797,84	19,22	731,5	0,215	0,966	-3,47	1,195	-7,0×10⁻⁴	2,0×10⁻⁷
Ácido isopentanoico Isovaleric acid	503-74-2		$C_5H_{10}O_2$	2 -CH₃ 1 -CH₂- 1 >CH- 1 O=C< 1 -OH (álcool)	1 COOH 2 CH₃ 1 CH₂ 1 CH	459,61	291,71	636,03	39,01	333,5	0,249	0,791	9,49	0,490	-3,0×10⁻⁴	5,0×10⁻⁸
Álcool 4-isopropil benzílico Cymen-7-ol <para->	536-60-7		$C_{10}H_{14}O$	2 -CH₃ 1 -CH₂- 1 >CH- 4 =CH< (Cic) 2 =C< (Cic) 1 -OH (álcool)	1 ACCH₂ 1 ACCH 4 ACH 2 CH₃ 1 OH	551,80	287,22	749,29	32,21	500,5	0,262	0,830	-22,28	0,856	-5,0×10⁻⁴	1,0×10⁻⁷

Continuação

Compilação de Propriedades Estimadas para Óleos Voláteis: Aplicação a um Estudo... capítulo 9

Tabela 9.2 ▶ Propriedades críticas e termofísicas de compostos puros. (*Continuação*)

Nome	CAS	Fórmula estrutural*	Fórmula molecular	Contribuição de grupos (Joback e Reid)	Contribuição de grupos (UNIFAC)	T_b (K)	T_f (K)	T_c (K)	P_c (bar)	V_c (cm³/mol)	Z_c	ω	A	B	C	D
Álcool benzílico Benzil alcohol	100-51-6		C_7H_8O	1 -CH₂- 5 =CH-(Cic) 1 =C<(Cic) 1 -OH (álcool)	3 ACCH₂ 5 ACH 1 OH	478,62	255,89	678,78	46,47	338,5	0,283	0,712	-32,09	0,624	-4,0×10⁻⁴	1,0×10⁻⁷
Álcool cetílico Hexadecanol <n->	36653-82-4		$C_{16}H_{34}O$	1 -CH₃ 15 -CH₂- 1 -OH (álcool)	1 CH₃ 15 CH₂ 1 OH	657,86	330,90	817,70	14,11	950,5	0,200	1,103	-6,37	1,557	-7,0×10⁻⁴	2,0×10⁻⁷
Álcool de perila Perilla alcohol	536-59-4		$C_{10}H_{16}O$	1 -CH₃ 1 =CH₂- 1 =C< 3 -CH₂ (Cic) 1 >CH-(Cic) 1 =C<(Cic) 1 -OH (álcool)	1 CH₂=C 1 CH=C 1 CH₃ 4 CH₂ 1 CH 1 OH	540,83	268,22	736,79	30,42	515,5	0,260	0,775	-47,09	0,974	-6,0×10⁻⁴	1,0×10⁻⁷
Álcool fenetílico Phenyl ethyl alcohol	60-12-8		$C_8H_{10}O$	2 -CH₂- 5 =CH-(Cic) 1 =C<(Cic) 1 -OH (álcool)	1 ACCH₂ 5 ACH 1 CH₂ 1 OH	501,50	267,16	699,06	40,93	394,5	0,282	0,765	-33,05	0,719	-5,0×10⁻⁴	1,0×10⁻⁷
Amil-vinil-carbinol Octen-3-ol<1->	3391-86-4		$C_8H_{16}O$	1 -CH₃ 4 -CH₂- 1 >CH- 1 =CH- 1 -OH (álcool)	1 CH₂=C 1 CH₃ 4 CH₂ 1 CH 1 OH	471,06	223,98	637,03	29,41	477,5	0,269	0,811	-3,45	0,781	-5,0×10⁻⁴	1,0×10⁻⁷
Anetol (E) Anethole (E)	4180-23-8		$C_{10}H_{12}O$	2 -CH₃ 2 =CH- 4 =CH-(Cic) 2 =C<(Cic) 1 -O-	1 CH=CH 1 CH₃O 4 ACH 2 AC 1 CH₃	486,64	258,55	701,11	29,96	485,5	0,253	0,434	-14,582	0,773	-5,0×10⁻⁴	1,0×10⁻⁷
Anisol Anisole	100-66-3		C_7H_8O	1 -CH₃ 5 =CH-(Cic) 1 =C<(Cic) 1 -O-	1 CH₃O 5 ACH 1 AC	408,86	217,30	619,72	40,26	337,5	0,267	0,323	-11,95	0,527	-3,0×10⁻⁴	4,0×10⁻⁸

Continuação

319

Tabela 9.2 ▶ Propriedades críticas e termofísicas de compostos puros. (*Continuação*)

Nome	CAS	Fórmula estrutural*	Fórmula molecular	Contribuição de grupos (Joback e Reid)	Contribuição de grupos (UNIFAC)	T_b (K)	T_f (K)	T_c (K)	P_c (bar)	V_c (cm³/mol)	Z_c	ω	A	B	C	D
Antranilato de metila Butyl anthranilate	7756-96-9		$C_{11}H_{15}NO_2$	1 -CH$_3$ 3 -CH$_2$- 4 =CH-(Cic) 2 =C<(Cic) 1 COO (éster) 1 -NH$_2$-	1 CH$_3$COO 1 ACNH$_2$ 4 ACH 1 AC 1 CH$_3$ 2 CH$_2$	613,69	378,26	829,78	27,82	598,5	0,245	0,782	5,23	0,917	-7,0×10⁻⁴	7,0×10⁻⁷
Artemisinina Artemisinin	63968-64-9		$C_{15}H_{22}O_5$	3 -CH$_3$ 4 -CH$_2$- (Cic) 5 >CH- (Cic) 2 >C< (Cic) 4 -O- (Cic) 1 >C=O (Cic)	2 COO 1 CHO 3 CH$_3$ 4 CH$_2$ 4 CH 1 C	748,93	526,07	1001,8	23,80	755,5	0,219	0,775	-208,52	2,317	-2,1×10⁻³	8,0×10⁻⁷
Benzaldeído Benzaldehyde	100-52-7		C_7H_6O	5 =CH- (Cic) 1 =C< (Cic) 1 O=CH- (aldeído)	1 CHO 5 ACH 1 AC	435,10	237,07	654,04	45,35	336,5	0,285	0,399	-25,92	0,564	-4,0×10⁻⁴	9,0×10⁻⁸
Benzoato de 3-metil-butila Methyl butyl benzoate <2->	52513-03-8		$C_{12}H_{16}O_2$	2 -CH$_3$ 2 -CH$_2$- 1 =CH- 5 =CH- (Cic) 1 =C< (Cic) 1 -COO- (éster)	1 CH$_3$COO 5 ACH 1 AC 2 CH$_3$ 1 CH$_2$ 1 CH	561,84	274,84	773,15	23,75	624,5	0,234	0,579	-85,94	1,373	-1,0×10⁻³	4,0×10⁻⁷
Benzoato de amila Pentyl benzoate	2049-96-9		$C_{12}H_{16}O_2$	1 -CH$_3$ 4 -CH$_2$- 5 =CH- (Cic) 1 =C< (Cic) 1 -COO- (éster)	1 CH$_2$COO 1 CH$_3$ 3 CH$_2$ 5 ACH 1 AC	559,06	293,75	762,65	24,17	625,5	0,242	0,543	-16,97	1,053	-7,0×10⁻⁴	1,0×10⁻⁷
Benzoato de benzila Benzyl benzoate	120-51-4		$C_{14}H_{12}O_2$	1 -CH$_2$- 10 =CH- (Cic) 2 =C< (Cic) 1 -OH (álcool) 1 COO (éster)	1 CH$_2$COO 10 ACH 2 AC	631,50	342,71	872,43	27,85	629,5	0,245	0,635	-52,18	1,120	-7,0×10⁻⁴	1,0×10⁻⁷
Benzoato de hexila Hexyl benzoate <n->	6789-88-4		$C_{13}H_{18}O_2$	1 -CH$_3$ 5 -CH$_2$- 5 =CH- (Cic) 1 =C< (Cic) 1 -COO- (éster)	1 CH$_3$COO 5 ACH 1 AC 1 CH$_3$ 4 CH$_2$	581,94	305,02	782,56	22,04	681,5	0,234	0,692	-17,36	1,104	-7,0×10⁻⁴	1,0×10⁻⁷

Continuação

Compilação de Propriedades Estimadas para Óleos Voláteis: Aplicação a um Estudo... capítulo **9**

Tabela 9.2 ▶ Propriedades críticas e termofísicas de compostos puros. (*Continuação*)

Nome	CAS	Fórmula estrutural*	Fórmula molecular	Contribuição de grupos (Joback e Reid)	Contribuição de grupos (UNIFAC)	T_b (K)	T_f (K)	T_c (K)	P_c (bar)	V_c (cm³/mol)	Z_c	ω	A	B	C	D
Benzoato de isobutila Isobutyl benzoate	120-50-3		$C_{11}H_{14}O_2$	2 -CH$_3$ 1 -CH$_2$- 1 >CH- 5 =CH< (Cic) 1 =C< (Cic) 1 -COO- (éster)	1 CH$_3$COO 5 ACH 1 AC 2 CH$_3$ 1 CH	535,74	267,48	746,99	26,85	563,5	0,247	0,561	-17,33	0,921	-5,0×10^{-4}	9,0×10^{-8}
Benzoato de metila Methyl benzoate	93-58-3		$C_8H_8O_2$	1 -CH$_3$ 5 =CH- (Cic) 1 =C< (Cic) 1 -COO- (éster)	1 CH$_3$COO 5 ACH 1 AC	467,54	248,67	683,96	36,73	401,5	0,263	0,443	-12,96	0,631	-3,0×10^{-4}	5,0×10^{-8}
Bulnesol Bulnesol	22451-73-6		$C_{15}H_{26}O$	4 -CH$_3$ 1 >C< 5 -CH$_2$- (Cic) 3 >CH- (Cic) 2 =C< (Cic) 1 -OH (álcool)	1 C=C 4 CH$_3$ 5 CH$_2$ 3 CH 1 C 1 OH	669,83	379,13	878,23	20,74	750,5	0,216	0,853	-133,31	1,781	-1,3×10^{-3}	4,0×10^{-7}
Butirato de butila Butyl butanoate	109-21-7		$C_8H_{16}NO_2$	2 -CH$_3$ 5 -CH$_2$- 1 COO (éster)	1 CH$_3$COO 2 CH$_3$ 4 CH$_2$	440,86	225,25	612,60	25,48	509,5	0,258	0,555	21,14	0,708	-3,0×10^{-4}	3,0×10^{-8}
Butirato de etila Ethyl butanoate	105-54-4		$C_6H_{12}O_2$	2 -CH$_3$ 3 -CH$_2$- 1 -COO- (éster)	1 CH$_3$COO 2 CH$_3$ 2 CH$_2$	395,10	199,71	568,77	31,24	397,5	0,266	0,455	22,76	0,520	-2,0×10^{-4}	4,0×10^{-9}
Butirato de fenetila Phenyl ethyl butanoate <2->	103-52-6		$C_{12}H_{16}O_2$	1 -CH$_3$ 4 -CH$_2$- 5 =CH- (Cic) 1 =C< (Cic) 1 -COO- (éster)	1 CH$_3$COO 5 ACH 1 AC 1 CH$_3$ 3 CH$_2$	559,06	293,75	762,65	24,17	625,5	0,242	0,644	2,59	1,212	-7,0×10^{-4}	1,0×10^{-7}
Butirato de geranilo Geranyl butirate	106-29-6		$C_{14}H_{24}O_2$	4 -CH$_3$ 5 -CH$_2$- 2 =C< 2 =C< 1 -COO- (éster)	1 CH$_3$COO 2 CH=C 4 CH$_3$ 4 CH$_2$	586,22	251,79	769,41	16,76	807,5	0,215	0,710	-12,182	1,319	-8,0×10^{-4}	2,0×10^{-7}

Continuação

Fundamentos de Engenharia de Alimentos

Tabela 9.2 ▶ Propriedades críticas e termofísicas de compostos puros. (*Continuação*)

Nome	CAS	Fórmula estrutural*	Fórmula molecular	Contribuição de grupos (Joback e Reid)	Contribuição de grupos (UNIFAC)	T_b (K)	T_f (K)	T_c (K)	P_c (bar)	V_c (cm³/mol)	Z_c	ω	A	B	C	D
Butirato de hidratropila Phenyl propyl butanoate <2->	80866-83-7		$C_{13}H_{18}O_2$	2 -CH_3 3 -CH_2- 1 >CH- 5 =CH- (Cic) 1 =C< (Cic) 1 -COO- (éster)	1 CH_3COO 5 ACH 1 AC 2 CH_2 2 CH_2 1 CH	581,50	290,02	786,20	22,21	675,5	0,233	0,659	-16,97	1,053	-7,0×10⁻⁴	1,0×10⁻⁷
Butirato de isoamila Isopentyl butanoate	106-27-4		$C_9H_{18}O_2$	3 -CH_3 4 -CH_2- 1 >CH- 1 -COO- (éster)	1 CH_3COO 3 CH_3 3 CH_2 1 CH	463,30	218,52	637,50	23,36	559,5	0,250	0,571	18,39	0,810	-4,0×10⁻⁴	4,0×10⁻⁸
Butirato de isopropila Isopropyl butanoate	638-11-9		$C_7H_{14}O_2$	3 -CH_3 2 -CH_2- 1 >CH- 1 -COO- (éster)	1 CH_3COO 3 CH_3 1 CH_2 1 CH	417,54	195,98	594,25	28,38	447,5	0,261	0,472	20,27	0,620	-3,0×10⁻⁴	1,0×10⁻⁸
Butirofenona Butyrophenone	495-40-9		$C_{10}H_{12}O$	1 -CH_3 2 -CH_2- 5 =CH- (Cic) 1 =C< (Cic) 1 >C=O	1 CH_3CO 5 ACH 1 AC 1 CH_3 1 CH_2	508,95	278,81	723,93	31,42	493,5	0,261	0,520	-32,79	0,847	-5,0×10⁻⁴	1,0×10⁻⁷
Camazuleno Chamazulene	529-05-5		$C_{14}H_{16}$	3 -CH_3 1 -CH_2- 5 =CH- (Cic) 5 =C< (Cic)	2 CH=CH 1 CH=C 2 C=C 3 CH_3 1 CH_2	580,52	344,22	804,66	24,24	633,5	0,233	0,546	-32,35	1,073	-7,0×10⁻⁴	2,0×10⁻⁷
Caprilato de 2-alila Allyl Octanoate	4230-97-1		$C_{11}H_{20}O_2$	1 -CH_3 7 -CH_2- 1 =CH_2 1 =CH- 1 COO (éster)	1 CH_2=CH 1 CH_3COO 1 CH_3 6 CH_2	506,18	254,30	677,42	20,16	658,5	0,239	0,676	15,282	0,974	-5,0×10⁻⁴	8,0×10⁻⁸
Caproato de metila Methyl hexanoate	106-70-7		$C_7H_{14}O_2$	2 -CH_3 4 -CH_2- 1 -COO- (éster)	1 CH_3COO 1 CH_3 4 CH_2	417,98	210,98	590,78	28,14	453,5	0,263	0,505	21,91	0,614	-3,0×10⁻⁴	2,0×10⁻⁸

Continuação

322

Compilação de Propriedades Estimadas para Óleos Voláteis: Aplicação a um Estudo... capítulo 9

Tabela 9.2 ▶ Propriedades críticas e termofísicas de compostos puros. (*Continuação*)

Nome	CAS	Fórmula estrutural*	Fórmula molecular	Contribuição de grupos (Joback e Reid)	Contribuição de grupos (UNIFAC)	T_b (K)	T_f (K)	T_c (K)	P_c (bar)	V_c (cm³/mol)	Z_c	ω	A	B	C	D
Carvona Carvone	99-49-0		$C_{10}H_{14}O$	2 -CH₃ 1 =CH- 1 =C< 2 -CH₂- (Cic) 1 >CH- (Cic) 1 =CH- (Cic) 1 =C< (Cic) 1 >C=O (Cic)	1 CH₂=C 1 CH=C 1 CH₂CO 2 CH₃ 1 CH₂ 1 CH	516,47	275,62	742,52	28,60	503,5	0,237	0,425	-16,01	0,772	-3,0×10⁻⁴	3,0×10⁻⁹
Carvotanacetona Carvotanaceton	499-71-8		$C_{10}H_{16}O$	3 -CH₃ 1 >CH- 2 -CH₂- (Cic) 1 =CH- (Cic) 1 =C< (Cic) 1 >C=O (Cic)	1 CH=C 1 CH₂CO 3 CH₃ 1 CH₂ 2 CH	519,47	276,34	741,33	27,44	515,5	0,233	0,444	-15,07	0,799	-3,0×10⁻⁴	2,0×10⁻⁸
Ciclopentanol Cyclopentanol	96-41-3		$C_5H_{10}O$	4 -CH₂- (Cic) 1 >CH- (Cic) 1 -OH (álcool)	4 CH₂ 1 CH 1 OH	421,46	217,83	610,88	49,18	275,5	0,270	0,608	-56,77	0,644	-4,0×10⁻⁴	1,0×10⁻⁷
Cinamato de benzila Benzyl cinnamate	103-41-3		$C_{16}H_{14}O_2$	1 -CH₂- 2 =CH- (Cic) 10 =CH- (Cic) 2 =C< (Cic) 1 COO (éster)	1 CH=CH 1 CH₂COO 10 ACH 2 AC	681,42	360,17	922,20	24,15	721,5	0,230	0,698	-68,34	1,332	-7,0×10⁻⁴	2,0×10⁻⁷
Cinamato de fenetila Phenetyl cinnamate	103-53-7		$C_{17}H_{16}O_2$	2 -CH₂- 2 =CH- 10 =CH- (Cic) 2 =C< (Cic) 1 -COO- (éster)	1 CH=CH 1 CH₂COO 10 ACH 2 AC 1 CH₂	704,30	371,44	940,19	22,02	777,5	0,222	0,745	-69,08	1,425	-1,0×10⁻³	2,0×10⁻⁷
Citronelol Citronellol	106-22-9		$C_{10}H_{20}O$	3 -CH₃ 4 -CH₂- 1 =CH- 1 =C< 1 -OH (álcool)	1 CH=C 3 CH₃ 4 CH₂ 1 CH 1 OH	502,44	216,60	673,42	25,59	548,5	0,254	0,801	6,50	0,810	-4,0×10⁻⁴	5,0×10⁻⁸
Criptona Cryptone	500-02-7		$C_9H_{14}O$	2 -CH₃ 1 >CH- 2 -CH₂- (Cic) 1 >CH- (Cic) 2 =CH- (Cic) 1 >C=O (Cic)	1 CH=CH 1 CH₂CO 2 CH₃ 1 CH₂ 2 CH	491,61	252,55	716,05	30,93	459,5	0,242	0,395	-28,33	0,762	-3,0×10⁻⁴	4,0×10⁻⁹

Continuação

323

Fundamentos de Engenharia de Alimentos

Tabela 9.2 ▶ Propriedades críticas e termofísicas de compostos puros. (*Continuação*)

Nome	CAS	Fórmula estrutural*	Fórmula molecular	Contribuição de grupos (Joback e Reid)	Contribuição de grupos (UNIFAC)	T_b (K)	T_f (K)	T_c (K)	P_c (bar)	V_c (cm³/mol)	Z_c	ω	A	B	C	D
Crotonato de hexila Hexyl tiglate	16930-96-4		$C_{11}H_{20}O_2$	3 -CH₃ 5 -CH₂- 1 =CH< 1 =C< 1 -COO- (éster)	1 CH=C 1 CH₂COO 3 CH₃ 4 CH₂	513,54	237,02	691,84	20,44	658,5	0,237	0,637	4,43	1,014	-6,0×10⁻⁴	1,0×10⁻⁷
Cumeno Cumene	98-82-8		C_9H_{12}	2 -CH₃ 1 >CH- 5 =CH- (Cic) 1 =C< (Cic)	1 ACCH 5 ACH 2 CH₃	431,76	202,61	644,01	32,92	425,5	0,265	0,315	-40,76	0,785	-5,0×10⁻⁴	1,0×10⁻⁷
Cuminal Cumin aldehyde	122-03-2		$C_{10}H_{12}O$	2 -CH₃ 1 >CH- 4 =CH- (Cic) 2 =C< (Cic) 1 O=CH- (aldeído)	1 CHO 1 ACCH 4 ACH 1 AC 2 CH₃	508,28	268,40	723,88	31,56	498,5	0,265	0,516	-15,99	0,795	-5,0×10⁻⁴	1,0×10⁻⁷
D-Cânfora Camphor	76-22-2		$C_{10}H_{16}O$	3 -CH₃ 3 -CH₂- (Cic) 1 >CH- (Cic) 2 >C< (Cic) 1 >C=O (Cic)	1 CH₃CO 3 CH₂ 2 CH 1 C	509,78	346,60	742,75	30,83	503,5	0,255	0,392	-169,57	1,636	-1,7×10⁻³	7,0×10⁻⁷
9-Decenol Dec-9-en-1-ol	13019-22-2		$C_{10}H_{20}O$	8 -CH₂- 1 =CH₂ 1 =CH- 1 -OH (álcool)	1 CH₂=CH 8 CH₂ 1 OH	517,26	261,52	678,36	23,94	595,5	0,256	0,941	-3,95	0,968	-6,0×10⁻⁴	1,0×10⁻⁷
Decano-2-ona Decanone <2->	693-54-9		$C_{10}H_{20}O$	2 -CH₃ 7 -CH₂- 1 >C=O	1 CH₃CO 1 CH₃ 7 CH₂	482,27	252,39	655,12	22,36	601,5	0,250	0,631	1,41	0,924	-5,0×10⁻⁴	1,0×10⁻⁷
Dipropionil Hexanedione <3,4>	4437-51-8		$C_6H_{10}O_2$	2 -CH₃ 2 -CH₂- 2 >C=O	2 CH₂CO 2 CH₃	444,62	257,24	634,39	35,94	383,5	0,265	0,562	12,25	0,517	-3,0×10⁻⁴	4,0×10⁻⁸
Docosano Docosane <n->	629-97-0		$C_{22}H_{46}$	2 -CH₃ 20 -CH₂-	2 CH₃ 20 CH₂	702,96	337,70	866,80	9,02	1267,5	0,161	0,810	-16,96	2,092	-1,0×10⁻³	2,0×10⁻⁷
Dodecanal Dodecanal	112-54-9		$C_{12}H_{24}O$	1 -CH₃ 10 -CH₂- 1 O=CH- (aldeído)	1 CH₃ 10 CH₂ 1 CHO	522,82	267,00	689,30	18,97	724,5	0,243	0,752	3,38	1,118	-7,0×10⁻⁴	1,0×10⁻⁷

Continuação

Compilação de Propriedades Estimadas para Óleos Voláteis: Aplicação a um Estudo... capítulo 9

Tabela 9.2 ▶ Propriedades críticas e termofísicas de compostos puros. (*Continuação*)

Nome	CAS	Fórmula estrutural*	Fórmula molecular	Contribuição de grupos (Joback e Reid)	Contribuição de grupos (UNIFAC)	T_b (K)	T_f (K)	T_c (K)	P_c (bar)	V_c (cm³/mol)	Z_c	ω	A	B	C	D
Dodecano-1-ol Dodecanol-n	112-53-8		$C_{12}H_{26}O$	1 -CH_3 11 -CH_2- 1 -OH (álcool)	1 CH_3 11 CH_2 1 OH	566,34	285,82	724,16	19,27	726,5	0,236	1,036	-2,44	1,175	-7,0×10⁻⁴	1,0×10⁻⁷
Dodecanoato de butila Butyl dodecanoate	106-18-3		$C_{16}H_{32}O_2$	2 -CH_3 13 -CH_2- 1 COO (éster)	1 CH_3COO 2 CH_3 12 CH_2	623,90	312,41	788,70	13,23	957,5	0,196	0,872	13,89	1,467	-7,0×10⁻⁴	1,0×10⁻⁷
Dodecanoato de etila Ethyl dodecanoate	106-33-2		$C_{14}H_{28}O_2$	2 -CH_3 11 -CH_2- 1 -COO- (éster)	1 CH_3COO 2 CH_3 10 CH_2	578,14	289,87	743,60	15,29	845,5	0,212	0,817	15,43	1,280	-7,0×10⁻⁴	1,0×10⁻⁷
Eicosano Eicosane <n->	112-95-8		$C_{20}H_{42}$	2 -CH_3 18 -CH_2-	2 CH_3 18 CH_2	657,20	315,16	817,63	10,16	1155,5	0,175	0,820	-15,25	1,903	-1,0×10⁻³	2,0×10⁻⁷
Estearato de metila Methyl octadecanoate	112-61-8		$C_{19}H_{38}O_2$	2 -CH_3 16 -CH_2- 1 -COO- (éster)	1 CH_3COO 1 CH_3 16 CH_2	692,54	342,22	859,20	10,84	1125,5	0,173	0,903	10,99	1,754	-7,0×10⁻⁴	2,0×10⁻⁷
Estragol Methyl chavicol	140-67-0		$C_{10}H_{12}O$	1 -CH_3 1 -CH_2- 1 =CH_2 1 =CH- 4 =CH- (Cic) 2 =C< (Cic)	1 CH_2=CH 1 CH_3O 4 ACH 2 AC 1 CH_2	479,16	261,87	688,12	29,63	486,5	0,255	0,445	-3,193	0,731	-4,0×10⁻³	7,0×10⁻⁸
Eter timol-metílico Thymol, methyl ether	1076-56-8		$C_{11}H_{16}O$	4 -CH_3 1 >CH- 3 =CH- (Cic) 3 =C< (Cic) 1 -O-	1 CH_3O 1 ACCH$_3$ 1 ACCH 3 ACH 1 AC 2 CH_3	509,90	272,42	717,24	25,46	555,5	0,240	0,486	11,21	0,795	-4,0×10⁻⁴	4,0×10⁻⁸
Eugenol Eugenol	97-53-0		$C_{10}H_{12}O_2$	1 -CH_3 1 -CH_2- 1 =CH_2 1 =CH- 3 =CH- (Cic) 3 =C< (Cic) 1 -OH (fenol) 1 -O-	1 CH_3O 1 CH_2=CH 1 ACOH 3 ACH 2 AC 1 CH_2	559,78	373,59	781,47	35,10	452,5	0,248	0,681	-12,10	0,886	-7,0×10⁻³	2,0×10⁻⁷

Continuação

325

Fundamentos de Engenharia de Alimentos

Tabela 9.2 ▶ Propriedades críticas e termofísicas de compostos puros. (*Continuação*)

Nome	CAS	Fórmula estrutural*	Fórmula molecular	Contribuição de grupos (Joback e Reid)	Contribuição de grupos (UNIFAC)	T_b (K)	T_f (K)	T_c (K)	P_c (bar)	V_c (cm³/mol)	Z_c	ω	A	B	C	D
Farneseno α-Famesene	502-61-4		$C_{15}H_{24}$	4 -CH_3 3 -CH_2- 1 =CH_2 4 =CH- 3 =C<	1 CH_2=CH 3 CH=C 4 CH_3 3 CH_2	551,6	199,93	742,25	16,73	799,5	0,220	0,533	-55,549	1,470	-1,1×10⁻³	3,0×10⁻⁷
Fenchona Fenchone	1195-79-5		$C_{10}H_{16}O$	3 -CH_3 2 -CH_2- (Cic) 1 >CH- (Cic) 2 >C< (Cic) 1 >C=O (Cic)	1 CH_3CO 2 CH_3 2 CH_2 1 CH 2 C	482,63	338,85	710,78	33,41	455,5	0,261	0,375	-163,51	1,550	-1,7×10⁻³	8,0×10⁻⁷
Fenil acetaldeído Mephaneine	122-78-1		C_8H_8O	1 -CH_2- 5 =CH- (Cic) 1 =C< (Cic) 1 O=CH- (aldeído)	1 CHO 1 $ACCH_2$ 5 ACH	457,98	248,34	673,89	40,01	392,5	0,284	0,449	-26,89	0,659	-4,0×10⁻⁴	1,0×10⁻⁷
Fenilacetato de fenetila Phenyl ethyl phenyl acetate <2->	102-20-5		$C_{16}H_{16}O_2$	3 -CH_2- 10 =CH- (Cic) 2 =C< (Cic) 1 -COO- (éster)	1 CH_3COO 10 ACH 2 AC 2 CH_2	677,26	365,25	908,51	22,96	741,5	0,229	0,733	-54,07	1,311	-7,0×10⁻⁴	2,0×10⁻⁷
Fenilacetato de metila Benzene acetic acid, methyl ester	101-41-7		$C_9H_{10}O_2$	1 -CH_3 1 -CH_2- 5 =CH- (Cic) 1 =C< (Cic) 1 COO (éster)	1 CH_3COO 3 $ACCH_2$ 5 ACH	490,42	259,94	703,59	32,80	457,5	0,260	0,493	-13,78	0,725	-4,0×10⁻⁴	6,0×10⁻⁸
Formato de benzila Benzyl formate	104-57-4		$C_{16}H_{14}O_2$	1 -CH_2- 5 =CH- (Cic) 1 =C< (Cic) 1 O=CH- (aldeído) 1 -O-	1 $HCOO$ 1 $ACCH_2$ 5 ACH	480,40	270,57	694,45	39,16	410,5	0,282	0,528	-1,28	0,595	-3,0×10⁻⁴	5,0×10⁻⁸
Formato de ciclohexila Cyclohexyl formate	4351-54-6		$C_7H_{12}O_2$	1 -CH- 5 -CH_2- (Cic) 1 >CH- (Cic) 1 =O (outros) 1 -O-	1 $HCOO$ 5 CH_2 1 CH	392,61	214,17	581,47	40,93	395,5	0,340	0,427	-64,33	0,861	-6,0×10⁻⁴	1,0×10⁻⁷

Continuação

Compilação de Propriedades Estimadas para Óleos Voláteis: Aplicação a um Estudo... capítulo 9

Tabela 9.2 ▶ Propriedades críticas e termofísicas de compostos puros. (*Continuação*)

Nome	CAS	Fórmula estrutural*	Fórmula molecular	Contribuição de grupos (Joback e Reid)	Contribuição de grupos (UNIFAC)	T_b (K)	T_f (K)	T_c (K)	P_c (bar)	V_c (cm³/mol)	Z_c	ω	A	B	C	D
Formato de isoamila Isopentyl formate	110-45-2		$C_6H_{12}O_2$	2 -CH_3 2 -CH_2- 1 >CH- 1 O=CH- (aldeído) 1 -O-	1 HCOO 2 CH_3 2 CH_2 1 CH	407,52	206,61	584,25	33,45	400,5	0,280	0,505	32,65	0,491	-2,0×10⁻⁴	3,0×10⁻⁹
Germacreno D Germacrene D	23986-74-5		$C_{15}H_{24}$	3 -CH_3 1 =CH_2 1 >CH- 4 -CH_2- (Cic) 1 >CH- (Cic) 3 =CH- (Cic) 2 =C< (Cic)	1 CH=CH 1 CH_2=C 1 CH=C 3 CH_3 4 CH_2 2 CH	581,45	264,83	804,78	19,42	726,5	0,214	0,445	-46,266	1,229	-5,0×10⁻⁴	1,0×10⁻⁸
Germacreno D-4-ol Germacrene D-4-ol	74841-87-5		$C_{15}H_{26}O$	4 -CH_3 1 >CH- 4 -CH_2- (Cic) 3 =CH- (Cic) 1 >CH (Cic) 1 >C< (Cic) 1 =C< (Cic) 1 -OH (álcool)	1 CH=CH 1 CH=C 4 CH_3 4 CH_2 2 CH 1 C 1 OH	670,04	331,63	882,72	20,96	758,5	0,220	0,819	-107,34	1,646	-1,1×10⁻³	3,0×10⁻⁷
Guaiacol Guaiacol	90-05-1		$C_7H_8O_2$	1 -CH_3 4 =CH- (Cic) 2 =C< (Cic) 1 -OH (fenol) 1 -O-	1 C=C 4 CH_3 5 CH_2 3 CH 1 C 1 OH	489,48	329,02	716,97	49,11	303,5	0,254	0,551	-20,85	0,682	-5,0×10⁻⁴	2,0×10⁻⁷
Guaiol Guaiol	489-86-1		$C_{15}H_{26}O$	4 -CH_3 1 >C< 5 -CH_2- (Cic) 3 >CH- (Cic) 2 =C< (Cic) 1 -OH (álcool)	1 C=C 4 CH_3 5 CH_2 3 CH 1 C 1 OH	666,76	365,41	872,88	20,40	750,5	20,40	0,855	-108,50	1,65	-1,0×10⁻³	3,0×10⁻⁷
Heptadecano Heptadecane <n->	629-78-7		$C_{17}H_{36}$	2 -CH_3 15 -CH_2-	2 CH_3 15 CH_2	588,56	281,35	747,25	12,31	987,5	0,198	0,777	-12,50	1,618	-7,0×10⁻⁴	2,0×10⁻⁷
Heptanal Heptanal	111-71-7		$C_7H_{14}O$	1 -CH_3 5 -CH_2- 1 O=CH- (aldeído)	1 CHO 1 CH_3 5 CH_2	408,42	210,65	580,22	30,32	444,5	0,283	0,511	7,87	0,644	-4,0×10⁻⁴	7,0×10⁻⁸

Continuação

327

Fundamentos de Engenharia de Alimentos

Tabela 9.2 ▶ Propriedades críticas e termofísicas de compostos puros. (*Continuação*)

Nome	CAS	Fórmula estrutural*	Fórmula molecular	Contribuição de grupos (Joback e Reid)	Contribuição de grupos (UNIFAC)	T_b (K)	T_f (K)	T_c (K)	P_c (bar)	V_c (cm³/mol)	Z_c	ω	A	B	C	D
Heptano-1-ol Heptanol-<n->	111-70-6		$C_7H_{16}O$	2 -CH_3 4 -CH_2- 1 -OH (álcool)	1 CH_3 6 CH_2 1 OH	451,94	229,47	612,47	30,93	446,5	0,275	0,823	1,80	0,703	-4,0×10⁴	8,0×10⁻⁸
Heptano-2-ona Heptanone <2->	110-43-0		$C_7H_{14}O$	2 -CH_3 4 -CH_2- 1 >C=O	1 CH_3CO 1 CH_3 4 CH_2	413,63	218,58	590,28	29,96	433,5	0,268	0,482	3,77	0,642	-3,0×10⁴	6,0×10⁻⁸
Heptano-4-ol Heptanol <4->	589-55-9		$C_7H_{16}O$	2 -CH_3 4 -CH_2- 1 >CH 1 -OH (álcool)	2 CH_3 4 CH_2 1 CH 1 OH	451,5	214,47	615,33	31,21	440,5	0,272	0,786	0,41	0,707	-4,0×10⁴	8,0×10⁻⁸
Heptanoato de etila Ethyl heptanoate	106-30-9		$C_9H_{18}O_2$	2 -CH_3 6 -CH_2- 1 -COO- (éster)	1 CH_3COO 2 CH_3 5 CH_2	463,74	233,52	634,33	23,18	565,5	0,252	0,605	20,44	0,762	-4,0×10⁴	8,0×10⁻⁸
Heptanoate de metila Methyl heptanoate	106-73-0		$C_8H_{16}O_2$	2 -CH_3 5 -CH_2- 1 -COO- (éster)	1 CH_3COO 1 CH_3 5 CH_2	440,86	225,25	612,60	25,48	509,5	0,258	0,555	21,14	0,708	-3,0×10⁴	3,0×10⁻⁸
Hexadecano Hexadecane <n->	544-76-3		$C_{16}H_{34}$	2 -CH_3 14 -CH_2-	2 CH_3 14 CH_2	565,68	270,08	724,47	13,18	931,5	0,207	0,750	-11,72	1,524	-7,0×10⁴	2,0×10⁻⁷
hexadecanoate de etila Ethyl hexadecanoate	628-97-7		$C_{18}H_{36}O_2$	2 -CH_3 15 -CH_2- 1 -COO- (éster)	1 CH_2COO 2 CH_3 14 CH_2	669,66	334,95	835,25	11,56	1069,5	0,181	0,900	11,67	1,660	-7,0×10⁴	1,0×10⁻⁷
Hexanal Hexanal	66-25-1		$C_6H_{12}O$	1 -CH_3 4 -CH_2- 1 O=CH- (aldeído)	1 CHO 1 CH_3 4 CH_2	385,54	199,38	558,06	33,80	388,5	0,287	0,461	8,85	0,548	-3,0×10⁴	6,0×10⁻⁸
Hexanoato de 2-fenetila Phenyl ethyl hexanoate	6290-37-5		$C_{14}H_{20}O_2$	2 -CH_3 6 -CH_2- 5 =CH- (Cic) 1 =C< (Cic) 1 -COO- (éster)	1 CH_2COO 5 ACH 1 AC 1 CH_3 5 CH_2	628,40	311,19	826,41	17,86	802,5	0,212	0,734	1,01	1,193	-7,0×10⁴	3,0×10⁻⁸

Continuação

Compilação de Propriedades Estimadas para Óleos Voláteis: Aplicação a um Estudo... capítulo 9

Tabela 9.2 ▶ Propriedades críticas e termofísicas de compostos puros. (*Continuação*)

Nome	CAS	Fórmula estrutural*	Fórmula molecular	Contribuição de grupos (Joback e Reid)	Contribuição de grupos (UNIFAC)	T_b (K)	T_f (K)	T_c (K)	P_c (bar)	V_c (cm³/mol)	Z_c	ω	A	B	C	D
Hexanoato de alila Allyl hexanoate	123-68-2		$C_9H_{16}O_2$	1 -CH₃ 5 -CH₂- 1 =CH₂ 1 =CH- 1 COO (éster)	1 CH₂=CH 1 CH₂COO 1 CH₃ 4 CH₂	460,42	231,76	634,32	24,15	546,5	0,254	0,581	17,24	0,783	-4,0×10⁻¹	5,0×10⁻⁸
Hexanoato de butila Butyl hexanoate	626-82-4		$C_{10}H_{20}O_2$	2 -CH₃ 7 -CH₂- 1 COO (éster)	1 CH₃COO 2 CH₃ 6 CH₂	486,62	244,79	656,01	21,18	621,5	0,245	0,653	19,23	0,899	-4,0×10⁻¹	5,0×10⁻⁸
Hexanoato de etila Ethyl hexanoate	123-66-0		$C_8H_{16}O_2$	2 -CH₃ 5 -CH₂- 1 -COO- (éster)	1 CH₃COO 2 CH₃ 4 CH₂	440,86	225,25	612,60	25,48	509,5	0,258	0,555	21,14	0,708	-3,0×10⁻¹	3,0×10⁻⁸
Isobutirato de amila Pentyl isobutanoate	2445-72-9		$C_9H_{18}O_2$	3 -CH₃ 4 -CH₂- 3 >CH- 1 -COO- (éster)	1 CH₃COO 3 CH₃ 3 CH₂ 1 CH	463,30	218,52	637,50	23,36	559,5	0,250	0,571	18,39	0,810	-4,0×10⁻¹	4,0×10⁻⁸
Isopentanol Isopentyl alcohol	123-51-3		$C_5H_{12}O$	2 -CH₃ 2 -CH₂- 1 >CH- 1 -OH (álcool)	2 CH₃ 2 CH₂ 1 CH 1 OH	405,74	191,93	571,04	39,16	328,5	0,275	0,682	1,95	0,519	-3,0×10⁻¹	6,0×10⁻⁸
Isovalerato de etila Ethyl isovalerate	108-64-5		$C_7H_{14}O_2$	3 -CH₃ 2 -CH₂- 1 >CH- 1 -COO- (éster)	1 CH₃COO 3 CH₃ 1 CH₂ 1 CH	417,54	195,98	594,25	28,38	447,5	0,261	0,472	20,36	0,619	-3,0×10⁻¹	1,0×10⁻⁸
Laurato de isoamila Isoamyl dodecanoate	6309-51-9		$C_{17}H_{34}O_2$	3 -CH₃ 12 -CH₂- 1 >CH- 1 -COO- (éster)	1 CH₃COO 3 CH₃ 11 CH₂ 1 CH	646,34	308,68	813,38	12,42	1007,5	0,188	0,867	11,17	1,569	-7,0×10⁻¹	1,0×10⁻⁷
Laurato de metila Methyl dodecanoate	111-82-0		$C_{13}H_{26}O_2$	2 -CH₃ 10 -CH₂- 1 -COO- (éster)	1 CH₃COO 1 CH₃ 10 CH₂	555,26	278,60	721,46	16,51	789,5	0,220	0,781	16,25	1,185	-7,0×10⁻¹	9,0×10⁻⁸

Continuação

Fundamentos de Engenharia de Alimentos

Tabela 9.2 ▶ Propriedades críticas e termofísicas de compostos puros. (*Continuação*)

Nome	CAS	Fórmula estrutural*	Fórmula molecular	Contribuição de grupos (Joback e Reid)	Contribuição de grupos (UNIFAC)	T_b (K)	T_f (K)	T_c (K)	P_c (bar)	V_c (cm³/mol)	Z_c	ω	A	B	C	D
Limonen-10-ol Limonen-10-ol	3269-90-7		$C_{10}H_{16}O$	1 -CH₃ 1 -CH₂- 1 =CH₂ 1 =C< 3 -CH₂- (Cic) 1 >CH- (Cic) 1 =CH- (Cic) 1 =C< (Cic) 1 -OH (álcool)	1 CH₂=C 1 CH=C 1 CH₃ 4 CH₂ 1 CH 1 OH	540,83	268,22	736,79	30,42	515,5	0,260	0,775	-47,09	0,974	-6,0×10⁻⁴	1,0×10⁻⁷
Limoneno Limonene	138-86-3		$C_{10}H_{16}$	1 CH₂=C 1 =C 1 =C< 3 -CH₂- (Cic) 1 >CH- (Cic) 1 =CH- (Cic) 1 =C< (Cic)	1 CH₂=C 1 CH=C 2 CH₃ 3 CH₂ 1 CH	448,65	207,40	657,45	27,56	496,5	0,254	0,322	-52,33	0,940	-5,0×10⁻³	1,0×10⁻⁷
Linalol Linalool	78-70-6		$C_{10}H_{18}O$	3 -CH₃ 2 -CH₂- 1 =CH₂ 2 =CH- 1 >C< 1 =C< 1 -OH (álcool)	1 CH₂=CH 1 CH=C 3 CH₃ 2 CH₂ 1 C 1 OH	518,07	244,90	697,84	25,82	565,5	0,255	0,769	-42,17	1,113	-8,0×10⁻⁴	3,0×10⁻⁷
m-Acetanisol Acetanisole <meta->	586-37-8		$C_9H_{10}O_2$	2 -CH₃ 4 =CH- (Cic) 2 =C< (Cic) 1 >C=O 1 -O-	1 CH₃CO 1 CH₃O 4 ACH 2 AC	513,47	302,29	730,92	33,80	455,5	0,257	0,455,0	7,95	0,629	-3,0×10⁻⁴	3,0×10⁻⁸
m-Cimeneno Cymenene <meta>	1124-20-5		$C_{10}H_{12}$	2 -CH₃ 1 =CH₂ 1 =C< 4 =CH< (Cic) 2 =C< (Cic)	1 CH₂=C 1 ACCH₃ 4 ACH 1 AC 1 CH₃	456,62	225,68	671,52	30,36	469,5	0,259	0,344	-28,52	0,796	-5,0×10⁻⁴	1,0×10⁻⁷
Mirceno Myrcene	123-35-3		$C_{10}H_{16}$	2 -CH₃ 2 -CH₂- 1 =CH₂ 2 =CH- 2 =C<	1 CH₂=CH 1 CH₂=C 1 CH=C 2 CH₃ 2 CH₂	425,68	165,94	609,87	24,22	539,5	0,261	0,370	-25,575	0,933	-7,0×10⁻⁴	2,0×10⁻⁷

Continuação

Compilação de Propriedades Estimadas para Óleos Voláteis: Aplicação a um Estudo... capítulo 9

Tabela 9.2 ▶ Propriedades críticas e termofísicas de compostos puros. *(Continuação)*

Nome	CAS	Fórmula estrutural*	Fórmula molecular	Contribuição de grupos (Joback e Reid)	Contribuição de grupos (UNIFAC)	T_b (K)	T_f (K)	T_c (K)	P_c (bar)	V_c (cm³/mol)	Z_c	ω	A	B	C	D
Miristato de isopropila Isopropyl tetradecanoate	110-27-0		$C_{17}H_{34}O_2$	3 -CH₃ 12 -CH₂- 1 >CH- 1 -COO- (éster)	1 CH₃COO 3 CH₃ 11 CH₂ 1 CH	646,34	308,68	813,38	12,42	1007,5	0,188	0,867	11,17	1,569	-7,0×10⁻⁴	1,0×10⁻⁷
Miristato de metila Methyl tetradecanoate	124-10-7		$C_{15}H_{30}O_2$	2 -CH₃ 12 -CH₂- 1 -COO- (éster)	1 CH₃COO 1 CH₃ 12 CH₂	601,02	301,14	766,00	14,21	901,5	0,204	0,847	14,96	1,371	-7,0×10⁻⁴	1,0×10⁻⁷
n-Heneicosano Heneicosane <n->	629-94-7		$C_{21}H_{44}$	2 -CH₃ 19 -CH₂-	2 CH₃ 19 CH₂	680,08	326,43	841,95	10,37	1211,5	0,182	0,888	-16,31	1,999	-1,0×10⁻⁴	2,0×10⁻⁷
n-Nonadecano Nonadecane <n->	629-92-5		$C_{19}H_{40}$	2 -CH₃ 17 -CH₂-	2 CH₃ 17 CH₂	634,32	303,89	793,78	10,81	1099,5	0,183	0,813	-14,25	1,807	-1,0×10⁻³	2,0×10⁻⁷
n-Nonanol Nonanol <n->	143-08-8		$C_9H_{20}O$	1 -CH₃ 8 -CH₂- 1 -OH (álcool)	1 CH₃ 8 CH₂ 1 OH	497,70	252,01	656,85	25,25	558,5	0,262	0,919	0,09	0,893	-5,0×10⁻⁴	1,0×10⁻⁷
n-Octadecano Octadecane <n->	593-45-3		$C_{18}H_{38}$	2 -CH₃ 16 -CH₂-	2 CH₃ 16 CH₂	611,44	292,62	770,33	11,52	1043,5	0,190	0,798	-13,60	1,714	-1,0×10⁻³	2,0×10⁻⁷
n-Octadecanol Octadecanol <n->	112-92-5		$C_{18}H_{38}O$	1 -CH₃ 17 -CH₂- 1 -OH (álcool)	1 CH₃ 17 CH₂ 1 OH	703,62	353,44	867,09	12,28	1062,5	0,184	1,086	-8,20	1,748	-1,0×10⁻³	2,0×10⁻⁷
n-Octanol Octanol<n->	111-87-5		$C_8H_{18}O$	1 -CH₃ 7 -CH₂- 1 -OH (álcool)	1 CH₃ 7 CH₂ 1 OH	474,82	240,74	634,65	27,88	502,5	0,269	0,872	0,74	0,799	-4,0×10⁻⁴	1,0×10⁻⁷
o-Alilfenol Phenol <2-allyl->	1745-81-9		$C_9H_{10}O$	1 -CH₂- 1 =CH- 1 =CH₂ 4 =CH- (Cíc) 2 =C< (Cíc) 1 -OH (fenol)	1 CH₂=CH 1 ACCH₂ 4 ACH 1 ACOH	509,50	327,57	736,81	41,09	378,5	0,257	0,546	-51,12	0,915	-8,0×10⁻⁴	3,0×10⁻⁷

Continuação

Tabela 9.2 ▶ Propriedades críticas e termofísicas de compostos puros. (*Continuação*)

Nome	CAS	Fórmula estrutural*	Fórmula molecular	Contribuição de grupos (Joback e Reid)	Contribuição de grupos (UNIFAC)	T_b (K)	T_f (K)	T_c (K)	P_c (bar)	V_c (cm³/mol)	Z_c	ω	A	B	C	D
o-Anisaldeido o-Anisaldehyde	135-02-4		$C_8H_8O_2$	1 -CH₃ 2 =CH- 4 =CH- (Cic) 2 =C< (Cic) 1 -O- 1 O=CH- (aldeído)	1 CH₃O 1 CHO 4 ACH 2 AC	485,38	283,09	700,72	38,44	410,5	0,275	0,528	12,91	0,537	-3,0×10⁻⁴	3,0×10⁻⁸
Octadecanoato de etila Ethyl octadecanoate	111-61-5		$C_{20}H_{40}O_2$	2 -CH₃ 17 -CH₂- 1 -COO- (éster)	1 CH₃COO 2 CH₃ 16 CH₂	715,42	357,49	883,67	10,19	1181,5	0,166	0,897	10,21	1,848	-1,0×10⁻³	2,0×10⁻⁷
Octanoato de fenetila Phenyl ethyl octanoate	5457-70-5		$C_{16}H_{24}O_2$	1 -CH₃ 8 -CH₂- 5 =CH- (Cic) 1 =C< (Cic) 1 -COO- (éster)	1 CH₂COO 5 ACH 1 AC 1 CH₃ 7 CH₂	650,58	338,83	843,71	17,10	849,5	0,210	0,821	-20,25	1,390	-7,0×10⁻⁴	1,0×10⁻⁷
Octanoate de metila Methyl octanoate	111-11-5		$C_9H_{18}O_2$	2 -CH₃ 6 -CH₂- 1 -COO- (éster)	1 CH₃COO 1 CH₃ 6 CH₂	463,74	233,52	634,33	23,18	565,5	0,252	0,605	20,40	0,802	-4,0×10⁻⁴	4,0×10⁻⁸
Octanoato de p-tolila Cresol octanoate <para->	59558-23-5		$C_{15}H_{22}O_2$	1 -CH₃ 6 -CH₂- 5 =CH- (Cic) 1 =C< (Cic) 1 COO (éster)	1 CH₂COO 5 ACH 1 AC 1 CH₃ 5 CH₂	604,82	316,29	802,68	20,18	737,5	0,226	0,738	-18,21	1,199	-7,0×10⁻⁴	1,0×10⁻⁷
Óxido bisabolol A α-Bisabolol oxide A	22567-36-8		$C_{15}H_{26}O_2$	4 -CH₃ 5 -CH₂- (Cic) 2 >CH- (Cic) 1 =CH- (Cic) 2 >C< (Cic) 1 =C< (Cic) 1 -O- (Cic) 1 -OH (álcool)	1 CH=C 1 CH₃CO 3 CH₃ 5 CH₂ 2 CH 1 C 1 OH	696,31	413,56	915,37	22,25	761,5	0,226	0,874	-185,22	2,118	-1,8×10⁻³	7,0×10⁻⁷

Continuação

Compilação de Propriedades Estimadas para Óleos Voláteis: Aplicação a um Estudo... capítulo 9

Tabela 9.2 ▶ Propriedades críticas e termofísicas de compostos puros. (*Continuação*)

Nome	CAS	Fórmula estrutural*	Fórmula molecular	Contribuição de grupos (Joback e Reid)	Contribuição de grupos (UNIFAC)	T_b (K)	T_f (K)	T_c (K)	P_c (bar)	V_c (cm³/mol)	Z_c	ω	A	B	C	D
Óxido bisabolol II α-Bisabolol oxide B	26184-88-3		$C_{15}H_{26}O_2$	4 -CH_3 1 >C< 5 -CH_2- (Cic) 1 =CH- (Cic) 2 >CH- (Cic) 1 =C< (Cic) 1 >C< (Cic) 1 -O- (Cic) 1 -OH (álcool)	1 CH=C 1 CH_2CO 3 CH_3 5 CH_2 2 CH 1 C 1 OH	693,24	399,84	909,93	21,88	761,5	0,223	0,877	-160,69	1,989	-1,6×10⁻³	5,0×10⁻⁷
Palmitato de isoprobila Isopropyl hexadecanoate	142-91-6		$C_{19}H_{38}O_2$	3 -CH_3 14 -CH_2- 1 >CH- 1 -COO- (éster)	1 CH_3COO 3 CH_3 13 CH_2 1 CH	692,10	331,22	860,30	10,90	1119,5	0,173	0,887	-10,07	1,767	-1,0×10⁻³	3,0×10⁻⁷
Palmitato de metila Methyl hexadecanoate	112-39-0		$C_{17}H_{34}O_2$	2 -CH_3 14 -CH_2- 1 -COO- (éster)	1 CH_3COO 1 CH_3 14 CH_2	646,78	323,68	811,77	12,35	1013,5	0,188	0,890	12,74	1,564	-7,0×10⁻⁴	1,0×10⁻⁷
Pentacosano Pentacosane <n->	629-99-2		$C_{25}H_{52}$	2 -CH_3 23 -CH_2-	2 CH_3 23 CH_2	771,60	371,51	945,10	7,64	1435,5	0,142	0,730	-19,83	2,378	-1,0×10⁻³	3,0×10⁻⁷
Pentadecano Pentadecane <n->	629-62-9		$C_{15}H_{32}$	2 -CH_3 13 -CH_2-	2 CH_3 13 CH_2	542,80	258,81	701,93	14,15	875,5	0,215	0,718	-10,74	1,428	-7,0×10⁻⁴	2,0×10⁻⁷
Pentadecano-2-ona Pentadecanone <2->	2345-28-0		$C_{15}H_{30}O$	2 -CH_3 12 -CH_2- 1 O=C<	1 CH_3CO 1 CH_3 12 CH_2	596,67	308,74	764,08	14,85	881,5	0,209	0,836	-3,56	1,402	-7,0×10⁻⁴	2,0×10⁻⁷
Pentadecanol Pentadecanol <n->	629-76-5		$C_{15}H_{32}O$	1 -CH_3 14 -CH_2- 1 -OH	1 CH_3 14 CH_2 1 OH	634,98	319,63	793,74	15,19	894,5	0,209	1,098	-5,49	1,463	-7,0×10⁻⁴	2,0×10⁻⁷
Pentil-benzeno Benzene <pentyl->	538-68-1		$C_{11}H_{16}$	1 -CH_3 4 -CH_2- 5 =CH- (Cic) 1 =C< (Cic)	3 ACCH₂ 5 ACH 1 CH_3 3 CH_2	477,96	240,15	679,98	26,49	543,5	0,258	0,444	-41,08	0,970	-6,0×10⁻⁴	1,0×10⁻⁷

Continuação

333

Tabela 9.2 ▶ Propriedades críticas e termofísicas de compostos puros. (*Continuação*)

Nome	CAS	Fórmula estrutural*	Fórmula molecular	Contribuição de grupos (Joback e Reid)	Contribuição de grupos (UNIFAC)	T_b (K)	T_f (K)	T_c (K)	P_c (bar)	V_c (cm³/mol)	Z_c	ω	A	B	C	D
p-Etil-acetofenona Ethyl acetophenone <para>	937-30-4		$C_{10}H_{12}O$	2 -CH₃ 1 -CH₂- 4 =CH- (Cic) 2 =C< (Cic) 1 >C=O	1 CH₃CO 1 ACCH₂ 4 ACH 1 AC 1 CH₃	513,93	291,33	730,11	30,90	493,5	0,255	0,520	-18,43	0,787	-5,0×10⁻⁴	1,0×10⁻⁷
p-Ment-1-en-9-ol Menth-1-en-9-ol <para>	18479-68-0		$C_{10}H_{18}O$	2 -CH₃ 1 -CH₂- 1 >CH 3 -CH₂- (Cic) 1 >CH- (Cic) 1 =CH- (Cic) 1 =C< (Cic) 1 -OH (álcool)	1 CH=C 2 CH₃ 4 CH₂ 2 CH 1 OH	543,83	268,94	736,60	29,16	527,5	0,255	0,795	-46,13	1,000	-6,0×10⁻⁴	1,0×10⁻⁷
p-Menta-1(7),8-dieno Mentha-1(7),8-diene<para>	499-97-8		$C_{10}H_{16}$	1 -CH₃ 1 =CH₂ 1 =C< 4 -CH₂- (Cic) 1 >CH- (Cic) 1 =C< (Cic)	2 CH₂=C 1 CH₃ 4 CH₂ 1 CH	443,67	207,80	650,85	27,50	494,5	0,255	0,317	-52,29	0,939	-5,0×10⁻⁴	1,0×10⁻⁷
p-Menta-1,5-dien-8-ol Mentha-1,5-dien-8-ol<para>	1686-20-0		$C_{10}H_{16}O$	3 -CH₃ 1 >C< 1 -CH₂- (Cic) 1 >CH- (Cic) 3 =CH- (Cic) 1 =C< (Cic) 1 -OH (álcool)	1 CH=CH 1 CH=C 3 CH₃ 1 CH₂ 1 CH 1 C 1 OH	540,20	287,12	742,21	30,69	508,5	0,256	0,720	-61,03	1,064	-7,0×10⁻⁴	2,0×10⁻⁷
p-Metil-acetofenona Sweet clover	122-00-9		$C_9H_{10}O$	2 -CH₃ 4 =CH- (Cic) 2 =C< (Cic) 1 >C=O	1 CH₃CO 1 ACCH₃ 4 ACH 1 AC	491,05	280,06	710,79	34,48	437,50	0,259	0,469	-17,53	0,692	-4,0×10⁻⁴	9,0×10⁻⁸
p-Metil-anisol Anisole <para-methyl->	104-93-8		$C_8H_{10}O$	2 -CH₃ 4 =CH- (Cic) 2 =C< (Cic) 1 -O-	1 CH₃O 1 ACCH₃ 4 ACH 1 AC	436,72	241,09	646,65	35,14	393,5	0,261	0,371	1,54	0,562	-3,0×10⁻⁴	3,0×10⁻⁸
Propanoato de metila Methyl propanoate	554-12-1		$C_4H_8O_2$	2 -CH₃ 1 -CH₂- 1 -COO- (éster)	1 CH₃COO 1 CH₃ 1 CH₂	349,34	177,17	523,90	39,21	285,5	0,261	0,357	24,64	0,329	-1,0×10⁻⁴	2,0×10⁻⁸

Continuação

Compilação de Propriedades Estimadas para Óleos Voláteis: Aplicação a um Estudo... capítulo 9

Tabela 9.2 ▶ Propriedades críticas e termofísicas de compostos puros. *(Continuação)*

Nome	CAS	Fórmula estrutural*	Fórmula molecular	Contribuição de grupos (Joback e Reid)	Contribuição de grupos (UNIFAC)	T_b (K)	T_f (K)	T_c (K)	P_c (bar)	V_c (cm³/mol)	Z_c	ω	A	B	C	D
Propionato de benzila Benzyl propanoate	122-63-4		$C_{10}H_{12}O_2$	1 -CH₃- 2 -CH₂- 5 =CH-(Cic) 1 =C<(Cic) 1 COO (éster)	1 CH₂COO 1 ACCH₂ 5 ACH 1 CH₃	513,30	271,21	723,22	29,47	513,5	0,255	0,544	-14,71	0,820	-5,0×10⁻⁴	8,0×10⁻⁸
Propionato de butila Butyl propanoate	590-01-2		$C_7H_{14}O_2$	2 -CH₃ 4 -CH₂- 1 COO (éster)	1 CH₂COO 2 CH₃ 3 CH₂	417,98	210,98	590,78	28,14	453,5	0,263	0,505	21,91	0,614	-3,0×10⁻⁴	2,0×10⁻⁸
Propionato de ciclohexila Cyclohexyl propanoate	6222-35-1		$C_9H_{16}O_2$	1 -CH₃ 1 -CH₂- 5 -CH₂-(Cic) 1 >CH-(Cic) 1 -COO (éster)	1 CH₂COO 1 CH₃ 5 CH₂ 1 CH	483,29	240,90	688,69	28,54	498,5	0,252	0,468	-45,49	0,926	-5,0×10⁻⁴	5,0×10⁻⁸
Propionato de decila Decyl propanoate	5454-19-3		$C_{13}H_{26}O_2$	2 -CH₃ 10 -CH₂- 1 -COO- (éster)	1 CH₂COO 2 CH₃ 9 CH₂	555,26	278,60	721,46	16,51	789,5	0,220	0,781	16,25	1,185	-7,0×10⁻⁴	9,0×10⁻⁸
Propionato de fenetila Phenyl ethyl propanoate <2->	122-70-3		$C_{11}H_{14}O_2$	1 -CH₃ 3 -CH₂- 5 =CH-(Cic) 1 =C<(Cic) 1 -COO- (éster)	1 CH₂COO 5 ACH 1 AC 1 CH₃ 2 CH₂	536,18	282,48	742,88	26,63	569,5	0,249	0,595	-15,59	0,915	-5,0×10⁻⁴	9,0×10⁻⁸
Propionato de pentila Pentyl propanoate	624-54-4		$C_8H_{16}O_2$	2 -CH₃ 5 -CH₂- 1 -COO- (éster)	1 CH₂COO 2 CH₃ 4 CH₂	440,86	222,25	612,60	25,48	509,5	0,258	0,555	21,14	0,708	-3,0×10⁻⁴	3,0×10⁻⁸
Pseudocumeno Pseudocumene	95-63-6		C_9H_{12}	3 -CH₃ 3 =CH-(Cic) 3 =C<(Cic)	3 ACCH₃ 3 ACH	442,16	242,65	652,25	31,53	431,5	0,254	0,346	-10,56	0,661	-4,0×10⁻⁴	7,0×10⁻⁸

Continuação

Tabela 9.2 ▸ Propriedades críticas e termofísicas de compostos puros. *(Continuação)*

Nome	CAS	Fórmula estrutural*	Fórmula molecular	Contribuição de grupos (Joback e Reid)	Contribuição de grupos (UNIFAC)	T_b (K)	T_f (K)	T_c (K)	P_c (bar)	V_c (cm³/mol)	Z_c	ω	A	B	C	D
p-Tolualdeído Tolualdehyde <para>	104-87-0		C_8H_8O	1 -CH₃ 4 =CH- (Cic) 2 =C< (Cic) 1 O=CH- (aldeído)	1 CHO 1 ACCH₃ 4 ACH 1 AC	462,96	260,86	680,25	39,26	392,5	0,276	0,448	-12,67	0,601	-4,0×10⁻⁴	8,0×10⁻⁸
Salicilato de benzila Benzyl salicylate	118-58-1		$C_{14}H_{12}O_3$	1 -CH₃- 9 =CH- (Cic) 3 =C< (Cic) 1 -OH (fenol) 1 COO (éster)	1 CH₂COO 1 ACOH 9 ACH 2 AC	712,12	454,43	960,65	32,80	595,5	0,248	0,890	-60,97	1,274	-1,0×10⁻³	3,0×10⁻⁷
Salicilato de hexila Salicylic acid, hexyl ester	6259-76-3		$C_{13}H_{18}O_3$	1 -CH₃ 5 -CH₂- 4 =CH- (Cic) 2 =C< (Cic) 1 -COO- (éster)	1 CH₂COO 1 ACOH 4 ACH 1 AC 1 CH₃ 4 CH₂	586,22	333,91	784,87	22,65	672,5	0,237	0,740	-23,49	1,148	-7,0×10⁻⁴	2,0×10⁻⁷
Salicilato de isopentila Isopentyl salicylate	87-20-7		$C_{12}H_{16}O_3$	2 -CH₃ 2 -CH₂- 1 >CH- 4 =CH<Cic 2 =C< (Cic) 1 -OH (fenol) 1 -COO- (éster)	1 CH₂COO 1 ACOH 4 ACH 1 AC 2 CH₃ 1 CH₂ 1 CH	639,24	390,47	857,20	28,38	585,5	0,236	0,856	-27,18	1,171	-7,0×10⁻⁴	2,0×10⁻⁷
Silvestreno Sylvestrene	1461-27-4		$C_{10}H_{16}$	2 -CH₃ 1 =CH₂ 1 =C< 3 -CH₂- (Cic) 1 >CH (Cic) 1 =CH (Cic) 1 =C< (Cic)	1 CH₂=CH 1 CH=C 2 CH₃ 3 CH₂ 1 CH	448,65	207,40	657,45	27,56	496,5	0,254	0,322	-52,34	0,940	-5,0×10⁻⁴	1,0×10⁻⁷
Succinato de dietila Diethyl succinate	123-25-1		$C_8H_{14}O_4$	2 -CH₃ 4 -CH₂- 2 -COO- (éster)	2 CH₂COO 2 CH₃ 2 CH₂	499,08	264,58	677,18	25,61	535,5	0,247	0,712	46,48	0,654	-2,0×10⁻⁴	3,0×10⁻⁸
Tetradecanal Tetradecanal	124-25-4		$C_{14}H_{28}O$	1 -CH₃ 12 -CH₂- 1 O=CH- (aldeído)	1 CH₃ 12 CH₂ 1 CHO	568,58	289,54	733,36	16,15	836,5	0,225	0,830	16,15	1,306	-7,0×10⁻⁴	2,0×10⁻⁷

Continuação

Compilação de Propriedades Estimadas para Óleos Voláteis: Aplicação a um Estudo... capítulo 9

Tabela 9.2 ▶ Propriedades críticas e termofísicas de compostos puros. *(Continuação)*

Nome	CAS	Fórmula estrutural *	Fórmula molecular	Contribuição de grupos (Joback e Reid)	Contribuição de grupos (UNIFAC)	T_b (K)	T_f (K)	T_c (K)	P_c (bar)	V_c (cm³/mol)	Z_c	ω	A	B	C	D
Tetradecano Tetradecane <n->	629-59-4		$C_{14}H_{30}$	2 -CH₃ 12 -CH₂-	2 CH₃ 12 CH₂	519,92	247,54	679,59	15,23	819,5	0,224	0,681	-9,88	1,334	-7,0×10⁻⁴	2,0×10⁻⁷
Tetradecanoato de etila Ethyl tetradecanoate	124-06-1		$C_{16}H_{32}O_2$	2 -CH₃ 13 -CH₂- 1 -COO- (éster)	1 CH₃COO 2 CH₃ 12 CH₂	623,90	312,41	788,70	13,23	957,5	0,196	0,872	13,89	1,467	-7,0×10⁻⁴	1,0×10⁻⁷
Tetradecanol Tetradecanol	112-72-1		$C_{14}H_{30}O$	1 -CH₃ 13 -CH₂- 1 -OH (álcool)	1 CH₃ 13 CH₂ 1 OH	612,10	308,36	770,20	16,39	838,5	0,218	1,085	-4,67	1,368	-7,0×10⁻⁴	2,0×10⁻⁷
Tetra-hidro-lavandulol Lavandulol <tetrahydro>>	41884-28-0		$C_{10}H_{22}O$	4 -CH₃ 3 -CH₂- 3 >CH- 1 -OH (álcool)	4 CH₃ 3 CH₂ 3 CH 1 OH	519,26	218,28	686,63	23,52	596,5	0,249	0,859	-5,92	1,005	-6,0×10⁻⁴	1,0×10⁻⁷
Tiglato de isopropila Isopropyl tiglate	1733-25-1		$C_8H_{14}O_2$	4 -CH₃ 1 >CH- 1 =CH< 1 =C< 1 -COO- (éster)	1 CH=C 1 COO 4 CH₃ 1 CH	444,46	188,21	632,02	27,24	484,5	0,255	0,459	5,48	0,735	-4,0×10⁻⁴	8,0×10⁻⁸
Timohidro quinona Thymohydro quinone	2217-60-9		$C_{10}H_{14}O_3$	3 -CH₃ 1 >CH- 2 =CH- (Cic) 4 =C< (Cic) 2 -OH (fenol)	2 ACOH 2 ACH 2 AC 3 CH₃ 1 CH	620,86	449,84	855,79	38,10	413,5	0,225	0,807	-45,47	1,131	-1,0×10⁻³	4,0×10⁻⁷
Timol Thymol	89-83-8		$C_{10}H_{14}O$	3 -CH₃ 1 >CH- 3 =CH- (Cic) 3 =C< (Cic) 1 -OH (fenol)	1 ACCH₃ 1 ACCH 1 ACOH 3 ACH 2 CH₃	540,24	338,12	764,80	34,40	447,5	0,245	0,587	-36,41	0,976	-7,0×10⁻⁴	2,0×10⁻⁷
Trans-α-bergamoteno α-Trans-bergamotene	13474-59-4		$C_{15}H_{24}$	4 -CH₃ 2 -CH₂- 1 =CH< 1 =C< 2 -CH₂- (Cic) 2 >CH- (Cic) 1 =CH- (Cic) 1 >C< (Cic) 1 =C< (Cic)	2 CH=C 4 CH₃ 4 CH₂ 2 CH 1 C	564,3	305,07	771,75	19,19	745,5	0,226	0,507	-152,13	1,891	-1,7×10⁻³	6,0×10⁻⁷

Continuação

337

Tabela 9.2 ▶ Propriedades críticas e termofísicas de compostos puros. (*Continuação*)

Nome	CAS	Fórmula estrutural *	Fórmula molecular	Contribuição de grupos (Joback e Reid)	Contribuição de grupos (UNIFAC)	T_b (K)	T_f (K)	T_c (K)	P_c (bar)	V_c (cm³/mol)	Z_c	ω	A	B	C	D
Tricosano Tricosane <n->	638-67-5		$C_{23}H_{48}$	2 -CH$_3$ 21 -CH$_2$-	2 CH$_3$ 21 CH$_2$	725,84	348,97	892,23	8,52	1323,5	0,154	0,792	-18,00	2,188	-1,0×10⁻³	3,0×10⁻⁷
Tridecanal Tridecanal	10486-19-8		$C_{13}H_{26}O$	1 -CH$_3$ 11 -CH$_2$- 1 O=CH- (aldeído)	1 CHO 1 CH$_3$ 11 CH$_2$	545,70	278,27	711,24	17,48	780,5	0,234	0,793	2,59	1,212	-7,0×10⁻⁴	1,0×10⁻⁷
Undecanoate de metila Methyl undecanoate	1731-86-8		$C_{12}H_{24}O_2$	2 -CH$_3$ 9 -CH$_2$- 1 -COO- (éster)	1 CH$_3$COO 1 CH$_3$ 9 CH$_2$	532,38	267,33	699,52	17,88	733,5	0,229	0,742	17,50	1,088	-7,0×10⁻⁴	7,0×10⁻⁸
Valerato de butila Butyl pentanoate	591-68-4		$C_9H_{18}O_2$	2 -CH$_3$ 6 -CH$_2$- 1 COO (éster)	1 CH$_3$COO 2 CH$_3$ 5 CH$_2$	463,74	233,52	634,33	23,18	565,5	0,252	0,605	20,14	0,804	-4,0×10⁻⁴	4,0×10⁻⁸
Valerato de etila Ethyl pentanoate	539-82-2		$C_7H_{14}O_2$	2 -CH$_3$ 4 -CH$_2$- 1 -COO- (éster)	1 CH$_3$COO 2 CH$_3$ 3 CH$_2$	417,98	210,98	590,78	28,14	453,5	0,263	0,505	21,84	0,615	-3,0×10⁻⁴	2,0×10⁻⁸
Valerato de metila Methyl pentanoate	624-24-8		$C_6H_{12}O_2$	2 -CH$_3$ 3 -CH$_2$- 1 -COO- (éster)	1 CH$_3$COO 1 CH$_3$ 3 CH$_2$	395,10	199,71	568,77	31,24	397,5	0,266	0,455	22,76	0,520	-2,0×10⁻⁴	4,0×10⁻⁹
α-α-dimetoxitolueno Benzaldehyde, dimethyl acetal	1125-88-8		$C_9H_{12}O_2$	2 -CH$_3$ 1 >CH- 5 =CH (Cíc) 1 =C< (Cíc) 2 -O-	2 CH$_3$O 5 ACH 1 ACCH	476,6	247,07	685,75	31,67	461,5	0,260	0,464	10,14	0,659	-3,0×10⁻⁴	1,0×10⁻⁸
α-Copaeno α-Copaene	3856-25-5		$C_{15}H_{24}$	4 -CH$_3$ 1 >CH- 3 -CH$_2$- (Cíc) 1 =CH- (Cíc) 4 >CH- (Cíc) 1 =C< (Cíc) 1 >C< (Cíc)	1 CH=C 4 CH$_3$ 3 CH$_2$ 5 CH 1 C	561,89	322,81	775,80	20,02	714,5	0,225	0,474	-225,26	2,325	-2,1×10⁻³	8,0×10⁻⁷

Continuação

Tabela 9.2 ▶ Propriedades críticas e termofísicas de compostos puros. (*Continuação*)

Nome	CAS	Fórmula estrutural*	Fórmula molecular	Contribuição de grupos (Joback e Reid)	Contribuição de grupos (UNIFAC)	T_b (K)	T_f (K)	T_c (K)	P_c (bar)	V_c (cm³/mol)	Z_c	ω	A	B	C	D
α-Cubebene	17699-14-8		$C_{15}H_{24}$	4 -CH$_3$ 1 >CH- 3 -CH$_2$- (Cic) 1 =CH- (Cic) 4 >CH- (Cic) 1 =C< (Cic) 1 >C< (Cic)	1 CH=C 4 CH$_3$ 3 CH$_2$ 5 CH 1 C	561,89	322,81	775,80	20,02	714,5	0,225	0,474	-225,26	2,325	-2,1×10⁻³	8,0×10⁻⁷
α-Cubebene																
α-Felandreno	99-83-2		$C_{10}H_{16}$	3 -CH$_3$ 1 >CH- 1 -CH$_2$- (Cic) 3 =CH- (Cic) 1 >CH- (Cic) 2 =C< (Cic)	1 CH=CH 1 CH=C 3 CH$_3$ 1 CH$_2$ 2 CH	450,81	208,88	657,87	27,47	494,5	0,252	0,339	-43,508	0,910	-5,0×10⁻⁴	1,0×10⁻⁷
α-Phelandrene																
α-Muuroleno	31983-22-9		$C_{15}H_{24}$	4 -CH$_3$ 1 >CH- 2 -CH$_2$- (Cic) 2 =CH- (Cic) 3 >CH- (Cic) 2 =C< (Cic)	2 CH=C 4 CH$_3$ 3 CH$_2$ 4 CH	576,53	287,93	792,00	19,22	722,5	0,214	0,482	-83,181	1,440	-8,0×10⁻⁴	8,0×10⁻⁷
α-Muurolene																
α-Pineno	80-56-8		$C_{10}H_{16}$	3 -CH$_3$ 2 -CH$_2$- (Cic) 1 =CH- (Cic) 2 >CH- (Cic)1 >C< (Cic) 1 =C< (Cic)	1 CH$_2$=C 3 CH$_3$ 2 CH$_2$ 2 CH 1 C	445,86	267,76	655,13	28,91	484,5	0,261	0,329	-133,85	1,396	-1,3×10⁻³	5,0×10⁻⁷
α-Pinene																
α-Selineno	473-13-2		$C_{15}H_{24}$	3 -CH$_3$ 1 =CH$_2$ 1 =C< 5 -CH$_2$- (Cic) 2 >CH- (Cic) 1 =CH- (Cic) 1 >C< (cic) 1 =C< (Cic)	1 CH$_2$=C 1 CH=C 3 CH$_3$ 5 CH$_2$ 2 CH 1 C	569,63	297,83	794,59	20,33	722,5	0,225	0,425	-156,54	1,823	-1,5×10⁻³	5,0×10⁻⁷
α-Selinene																
α-Terpineno	99-86-5		$C_{10}H_{16}$	3 -CH$_3$ 1 >CH- 2 -CH$_2$- (Cic) 2 =CH- (Cic) 2 =C< (Cic)	2 CH=C 3 CH$_3$ 2 CH$_2$ 1 CH	460,46	225,64	669,21	27,99	495,5	0,253	0,365	-35,318	0,878	-5,0×10⁻⁴	1,0×10⁻⁷
α-Terpinene																

Continuação

Tabela 9.2 ▶ Propriedades críticas e termofísicas de compostos puros. (*Continuação*)

Nome	CAS	Fórmula estrutural *	Fórmula molecular	Contribuição de grupos (Joback e Reid)	Contribuição de grupos (UNIFAC)	T_b (K)	T_f (K)	T_c (K)	P_c (bar)	V_c (cm³/mol)	Z_c	ω	A	B	C	D
α-Terpineol α-Terpineol	98-55-5		$C_{10}H_{18}O$	3 -CH₃ 1 >C< 3 -CH₂- (Cic) 1 >CH- (Cic) 1 =C< (Cic) 1 -OH (álcool)	2 CH=C 3 CH₃ 3 CH₂ 1 C 1 OH	541,04	286,36	741,19	29,50	522,5	0,254	0,720	-68,858	1,120	-7,0×10⁻⁴	2,0×10⁻⁷
α-Terpinoleno α-Terpinolene	586-62-9		$C_{10}H_{16}$	3 -CH₃ 1 =C< 3 -CH₂- (Cic) 1 =CH- (Cic) 2 =C< (Cic)	1 CH=C 1 C=C 3 CH₃ 3 CH₂	463,28	223,76	675,36	28,14	499,5	0,254	0,353	-44,13	0,908	-5,0×10⁻⁴	1,0×10⁻⁷
α-Thujeno α-Thujene	2867-05-2		$C_{10}H_{16}$	3 -CH₃ 1 >CH- 2 -CH₂- (Cic) 1 >CH- (Cic) 1 =CH- (Cic) 1 >C< (Cic) 1 =C< (Cic)	1 CH=C 3 CH₃ 2 CH 2 CH 1 C	445,82	260,52	652,11	29,41	487,5	0,268	0,356	-136,25	1,438	-1,4×10⁻³	6,0×10⁻⁷
β-Bisaboleno β-Bisabolene	495-61-4		$C_{15}H_{24}$	3 -CH₃ 2 -CH₂- 1 -CH- 2 =C< 3 -CH₂- (Cic) 1 =C (Cic) 1 >CH- (Cic) 1 =C< (Cic)	1 CH₂=C 2 CH=C 3 CH₃ 5 CH₂ 1 CH	567,09	244,71	774,03	18,45	757,5	0,220	0,499	-70,728	1,435	-9,0×10⁻⁴	2,0×10⁻⁷
β-Bourboneno β-Bourbonene	5208-59-3		$C_{15}H_{24}$	3 -CH₃ 1 =CH₂ 1 >CH- 4 -CH₂- (Cic) 4 >CH- (Cic) 1 >C< (Cic) 1 =C< (Cic)	1 CH₂=C 3 CH₃ 4 CH₂ 5 CH 1 C	556,91	323,21	769,57	19,98	712,5	0,226	0,468	-184,06	1,999	-1,7×10⁻³	6,0×10⁻⁷

Continuação

Compilação de Propriedades Estimadas para Óleos Voláteis: Aplicação a um Estudo... capítulo **9**

Tabela 9.2 ▶ Propriedades críticas e termofísicas de compostos puros. (*Continuação*)

Nome	CAS	Fórmula estrutural*	Fórmula molecular	Contribuição de grupos (Joback e Reid)	Contribuição de grupos (UNIFAC)	T_b (K)	T_f (K)	T_c (K)	P_c (bar)	V_c (cm³/mol)	Z_c	ω	A	B	C	D
β-Cariofileno Trans-caryophylleno	87-44-5		$C_{15}H_{24}$	3 -CH₃ 1 =CH₂ 5 -CH₂- (Cic) 2 >CH- (Cic) 1 >C< (Cic) 2 =C< (Cic)	1 CH₂=C 1 CH=C 3 CH₃ 5 CH₂ 2 CH 1 C	576,50	323,71	802,34	20,27	716,5	0,221	0,436	-136,53	1,715	-1,3×10⁻³	4,0×10⁻⁷
β-Elemeno β-Elemene	515-13-9		$C_{15}H_{24}$	3 -CH₃ 3 =CH₂ 1 =CH- 2 =C< 3 -CH₂- (Cic) 2 >CH- (Cic) 1 >C< (Cic)	1 CH₂=CH 2 CH₂=C 3 CH₃ 2 CH 1 C	543,05	248,41	754,41	18,29	749,5	0,222	0,395	-122,83	1,730	-1,4×10⁻³	5,0×10⁻⁷
β-Farneseno (E) β-Farnesene (E)	18794-84-8		$C_{15}H_{24}$	3 -CH₃ 4 -CH₂- 2 =CH₂ 3 -CH= 2 =C<	1 CH₂=CH 1 CH₂=C 2 CH=C 3 CH₃ 4 CH₂ 2 CH	519,98	192,11	704,14	16,88	762,5	0,223	0,499	-16,06	1,221	-7,0×10⁻⁴	2,0×10⁻⁷
β-Phelandreno β-Phelandrene	555-10-2		$C_{10}H_{16}$	2 -CH₃ 1 =CH₂ 1 >CH- 2 -CH₂- (Cic) 1 >CH- (Cic) 2 =CH- (Cic) 1 =C< (Cic)	1 CH₂=C 1 CH=C 2 CH₃ 2 CH₂ 2 CH	445,83	209,28	651,29	27,41	492,5	0,253	0,333	-43,37	0,908	-5,0×10⁻⁴	9,0×10⁻⁸
β-Pineno β-Pinene	127-91-3		$C_{10}H_{16}$	2 -CH₃ 1 =CH₂ 3 -CH₂- (Cic) 2 >CH- (Cic) 1 >C< (Cic) 1 =C< (Cic)	1 CH₂=C 2 CH₃ 3 CH₂ 2 CH 1 C	440,88	268,16	648,51	28,84	482,5	0,262	0,324	-133,60	1,394	-1,3×10⁻³	5,0×10⁻⁷
β-Selineno β-Selinene	17066-67-0		$C_{15}H_{24}$	2 -CH₃ 2 =CH₂ 1 =C< 6 -CH₂- (Cic) 2 >CH- (Cic) 1 >C< (Cic) 1 =C< (Cic)	2 CH₂=C 2 CH₃ 6 CH₂ 2 CH 1 C	564,65	298,23	788,34	20,29	720,5	0,226	0,419	-156,05	1,819	-1,5×10⁻³	5,0×10⁻⁷

Continuação

Tabela 9.2 ▶ Propriedades críticas e termofísicas de compostos puros. (*Continuação*)

Nome	CAS	Fórmula estrutural*	Fórmula molecular	Contribuição de grupos (Joback e Reid)	Contribuição de grupos (UNIFAC)	T_b (K)	T_f (K)	T_c (K)	P_c (bar)	V_c (cm³/mol)	Z_c	ω	A	B	C	D
δ-3-careno Carene	13466-78-9		$C_{10}H_{16}$	3 -CH₃ 2 -CH₂- (Cic) 2 >CH- (Cic) 1 =CH (Cic) 1 =C< (Cic)	1 CH=C 3 CH₃ 2 CH₂ 2 CH 1 C	445,86	267,76	655,13	28,91	484,5	0,261	0,329	-133,85	1,396	-1,3×10⁻³	5×10⁻⁷
δ-Cadineno δ-Cadinene	483-76-1		$C_{15}H_{24}$	4 -CH₃ 1 >CH- 4 -CH₂- (Cic) 2 >CH- (Cic) 1 =CH- (Cic) 3 =C< (Cic)	1 CH=C 1 C=C 4 CH₃ 4 CH₂ 3 CH	586,18	304,69	802,71	19,53	723,5	0,215	0,509	-75,04	1,408	-8,0×10⁻⁴	2,0×10⁻⁷
δ-Elemeno δ-Elemene	20307-84-0		$C_{15}H_{24}$	4 -CH₃ 2 =CH₂ 1 =CH- 1 =C< 2 -CH₂- (Cic) 1 >CH- (Cic) 1 >C< (Cic) 1 =C< (Cic)	1 CH₂=CH 1 CH=CH 1 CH=C 4 CH₃ 4 CH₂ 2 CH	554,86	266,65	765,71	18,53	748,5	0,221	0,438	-105,68	1,667	-1,3×10⁻³	5,0×10⁻⁷
σ-Cimeno Cymene <ortho>	527-84-4		$C_{10}H_{14}$	3 -CH₃ 1 >CH- 4 =CH-Cic 2 =C<(Cic)	1 ACCH₃ 1 ACCH 4 ACH 2 CH₃	459,62	226,40	670,52	29,09	481,5	0,255	0,363	-27,55	0,822	-5,0×10⁻⁴	1,0×10⁻⁷
χ-Cadineno χ-Cadinene	39029-41-9		$C_{15}H_{24}$	3 -CH₃ 1 =CH₃ 1 >CH- 4 -CH₂- (Cic) 3 >CH- (Cic) 1 =CH- (Cic) 1 =C< (Cic)	1 CH=C 1 CH₂=C 3 CH₃ 4 CH₂ 4 CH	571,55	288,33	785,80	19,19	720,5	0,215	0,476	-83,145	1,439	-8,0×10⁻⁴	2,0×10⁻⁷
χ-Muuruleno χ-Muurulene	30021-74-0		$C_{15}H_{24}$	3 -CH₃ 1 =CH₂ 1 >CH- 4 -CH₂- (Cic) 3 >CH- (Cic) 1 =CH- (Cic) 2 =C< (Cic)	1 CH=C 1 CH₂=C 3 CH₃ 4 CH₂ 4 CH	571,55	288,33	785,80	19,19	720,5	0,215	0,476	-83,145	1,439	-8,0×10⁻⁴	2,0×10⁻⁷

Continuação

Compilação de Propriedades Estimadas para Óleos Voláteis: Aplicação a um Estudo... capítulo 9

Tabela 9.2 ▶ Propriedades críticas e termofísicas de compostos puros. (*Continuação*)

Nome	CAS	Fórmula estrutural*	Fórmula molecular	Contribuição de grupos (Joback e Reid)	Contribuição de grupos (UNIFAC)	T_b (K)	T_f (K)	T_c (K)	P_c (bar)	V_c (cm³/mol)	Z_c	ω	A	B	C	D
χ-terpineol Terpineol <gamma->	586-81-2		$C_{10}H_{18}O$	3 -CH₃ 1 =C< 4 -CH₂ (Cic) 1 >C< (Cic) 1 =C< (Cic) 1 -OH (álcool)	1 C=C 3 CH₃ 4 CH₂ 1 C 1 OH	546,89	290,96	749,94	30,80	529,5	0,265	0,735	-105,02	1,324	$-1,1 \times 10^{-3}$	$4,0 \times 10^{-7}$

* Definida pelo NIST (*National Institute for Standard Technology*): http://www.nist.gov/index.html).

Exemplo 9.1

Cálculo das Propriedades Críticas de Extratos Vegetais

A partir da composição dos extratos de *Artemisia annua L.* (artemísia) e *Croton zehntneri* Pax et Hoff (canela de cunhã), determine as propriedades críticas desses extratos vegetais.

Dados:

1) Composição molar do extrato de *Artemisia annua L.* obtido usando dióxido de carbono como solvente a 303 K e 150 bar (Quispe-Condori et al., 2005):
4,94% D-cânfora; 95,06% artemisinina

2) Composição molar do extrato de *Croton zehntneri* Pax et Hoff obtido usando dióxido de carbono como solvente a 288 K e 66,7 bar (Sousa et al., 2005):
0,64% mirceno; 0,47% 1,8-cineol; 2,41% estragol; 1,15% (Z) anetol; 92,77% (E) anetol; 0,84% β-cariofileno; 0,91% germacreno D; 0,73% α-muuroleno; 0,08% β-bisaboleno.

Resolução

As propriedades críticas de extratos vegetais podem ser estimadas através da consideração que o extrato se comporta como um composto pseudopuro.

A regra de Kays foi utilizada para calcular as propriedades críticas das misturas. Pela regra de Kays, as propriedades pseudocríticas de uma mistura são calculadas através da soma ponderada das propriedades críticas dos compostos que pertencem à mistura; assim, para a temperatura crítica da mistura, podemos escrever:

$$T_{c,m} = \sum_{i=1}^{n} y_i T_{ci} \tag{E9.1-1}$$

E, para o volume crítico, temos:

$$\underline{V}_{c,m} = \sum_{i=1}^{n} y_i \underline{V}_{ci} \tag{E9.1-2}$$

No caso da pressão crítica, quando os compostos que pertencem à mistura possuem pressões críticas muito distintas, a simples média ponderada das pressões críticas de cada componente não é satisfatória. Nesse caso, a regra de Prausnitz & Gunn é mais indicada:

$$P_{c,m} = \frac{Z_{c,m} R T_{c,m}}{\underline{V}_{c,m}} \tag{E9.1-3}$$

Utilizando as propriedades críticas dos componentes puros pertencentes a cada extrato (dispostos na Tabela 9.2) e as Equações (E9.1-1)-(E9.1-3), podemos então determinar as propriedades críticas dos extratos vegetais, conforme apresentado nas Tabelas 9.3 e 9.4 para os extratos de *Artemisia annua L.* (artemísia) e *Croton zehntneri* Pax et Hoff (canela de cunhã), respectivamente. Note que para os cálculos foi utilizado R = 0,082 bar.L/mol.K.

Compilação de Propriedades Estimadas para Óleos Voláteis: Aplicação a um Estudo... **capítulo 9**

Tabela 9.3 ▶ Propriedades críticas de cada composto presente no extrato de artemísia (*Artemisia annua L.*) e do pseudocomposto denominado extrato de artemísia.

Componente	Fração molar	T_b (K)	T_c (K)	$\frac{V_c}{(L/mol)}$	P_c (bar)	ω	Z_c	A	B	C	D
D-Cânfora	0,0494	509,78	742,75	0,5033	30,83	0,392	0,255	-169,57	1,636	$-1,7\times10^{-3}$	$7,0\times10^{-7}$
Artemisinina	0,9506	748,93	1001,80	0,7555	23,80	0,775	0,219	-208,52	2,317	$-2,1\times10^{-3}$	$8,0\times10^{-7}$
Extrato de *Artemisia*	**1**	**737,11**	**989,06**	**0,7430**	**24,10**	**0,756**	**0,221**	**-206,596**	**2,283**	**$-2,1\times10^{-3}$**	**$7,9\times10^{-7}$**

Tabela 9.4 ▶ Propriedades críticas de cada composto presente no extrato de canela de cunhã (*Croton zehntneri* Pax et Hoff) e do pseudocomposto denominado extrato de canela de cunhã.

Componente	Fração molar	T_b (K)	T_c (K)	$\frac{V_c}{(L/mol)}$	P_c (bar)	ω	Z_c	A	B	C	D
Mirceno	0,0064	425,68	609,87	0,5395	24,22	0,370	0,261	-25,575	0,933	$-7,0\times10^{-4}$	$2,0\times10^{-7}$
1,8 -Cineol	0,0047	473,18	695,80	0,5095	30,19	0,343	0,270	-193,64	1,790	$-1,9\times10^{-3}$	$8,0\times10^{-7}$
Estragol	0,0241	479,16	688,12	0,4865	29,63	0,445	0,255	-3,193	0,731	$-4,0\times10^{-3}$	$7,0\times10^{-8}$
(Z) Anetol	0,0115	486,64	701,11	0,5165	29,96	0,434	0,253	-14,582	0,773	$-5,0\times10^{-4}$	$1,0\times10^{-7}$
(E) Anetol	0,9277	486,64	701,11	0,5165	29,96	0,434	0,253	-14,582	0,773	$-5,0\times10^{-4}$	$1,0\times10^{-7}$
β-cariofileno	0,0084	576,50	802,34	0,7165	20,27	0,436	0,221	-136,53	1,715	$-1,3\times10^{-3}$	$4,0\times10^{-7}$
Germacreno D	0,0091	581,45	804,78	0,7265	19,42	0,445	0,214	-46,266	1,229	$-5,0\times10^{-4}$	$1,0\times10^{-8}$
α-Muuroleno	0,0073	576,53	792,00	0,7225	19,22	0,482	0,214	-83,181	1,440	$-8,0\times10^{-4}$	$8,0\times10^{-7}$
β-Bisaboleno	0,0008	567,09	774,03	0,7575	18,45	0,499	0,220	-70,728	1,435	$-9,0\times10^{-4}$	$2,0\times10^{-7}$
Extrato de canela de cunhã	**1**	**488,34**	**702,70**	**0,5210**	**27,89**	**0,434**	**0,252**	**-17,078**	**0,795**	**$-6,1\times10^{-4}$**	**$1,0\times10^{-7}$**

Comentários

Observe que apesar de a mistura multicomponente ser complexa, as propriedades críticas dos compostos puros variam pouco. Observe na Tabela 9.4 que as propriedades críticas dos compostos (Z)-Anetol e (E)-Anetol são iguais, pois estes compostos são isômeros. Isso acontece porque os compostos presentes nos extratos de artemísia e de canela de cunhã possuem propriedades críticas muito similares uma das outras.

Exemplo 9.2

Construção das Tabelas de Propriedades Volumétricas

Usando o software PR1[1] calcule as propriedades volumétricas do extrato de canela de cunhã (*Croton zehntneri* Pax et Hoff). Construa dois tipos de tabelas: (1) Tabela contendo os dados para isotermas (temperatura, pressão, fator de com-

---

[1] Sandler SI. Chemical and Engineering Thermodynamics. 3ª Ed. (1999). John Wiley & Sons. Com programas para cálculo de propriedades termodinamicas disponíveis em: http://www.che.udel.edu/thermo/basicprograms.htm.

345

pressibilidade, volume específico, entalpia, entropia e fugacidade) nas regiões monofásicas, isto é, na região de vapor superaquecido e líquido sub-resfriado. (2) Tabela contendo os dados referentes à linha de saturação (temperatura, pressão, fator de compressibilidade, volume específico, entalpia, entropia e fugacidade de ambas as fases). Compare os resultados para a pressão de vapor obtidos com a equação de Peng-Robinson com os dados de pressão de vapor experimentais (Reid et al., 1987; e NIST), se disponíveis.

Sugestão

Determine inicialmente a região de duas fases. Essa região pode ser determinada usando-se a opção 3 (pressão de vapor) do programa PR1. Calcule, usando o programa PR1, os valores de $\underline{V}^L$ e $\underline{V}^V$ para as isotermas necessárias para a construção das Tabelas 1 e 2 pedidas no exercício.

Resolução

Para a obtenção das propriedades termodinâmicas pelo programa PR1 deve-se utilizar como dados de entrada as propriedades críticas do extrato de canela de cunhã (Tabela 9.4). Para isso, foram utilizados como temperatura e pressão de referência os valores 298 K e 1 bar, respectivamente.

Para a construção da tabela com as isotermas para as regiões monofásicas (vapor superaquecido e líquido sub-resfriado), Tabela 9.5, foram selecionadas isotermas abaixo e acima da temperatura crítica. Esses dados foram obtidos pela opção 2 do programa PR1. Nesse caso, fixou-se o valor da temperatura e variou-se o valor da pressão. Na opção 2, foram necessários dois dados de entrada: pressão e temperatura.

A tabela com dados da região de duas fases (Tabela 9.6) foi elaborada com os valores das propriedades adquiridas com temperaturas de entrada menores que a temperatura crítica, já que a curva de saturação encontra-se localizada abaixo dessa temperatura. Para esse caso, foi considerada a opção 3 do software PR1.

Compilação de Propriedades Estimadas para Óleos Voláteis: Aplicação a um Estudo... capítulo 9

Tabela 9.5 ▶ Propriedades termodinâmicas do extrato de canela de cunhã. Propriedades calculadas usando a equação de estado de Peng-Robinson.

T (K)	450	500	550	600	650	702,5	750	800	850	900	950
P = 1 bar											
Z	0,0053	0,9594	0,9697	0,9769	0,9822	0,9863	0,9891	0,9914	0,9932	0,9946	0,9958
V	0,000199	0,039900	0,044300	0,0487	0,0531	0,0576	0,061676	0,065941	0,070190	0,074425	0,078649
H	-16.869,20	41.755,09	54.316,17	67.447,03	81.048,97	95.733,05	109.285,50	123.738,26	138.298,97	152.886,17	167.422,35
S	-14,59	105,91	129,85	152,69	174,46	196,18	214,85	233,50	251,16	267,83	283,55
f	0,345	0,961	0,97	0,977	0,982	0,986	0,989	0,991	0,993	0,995	0,996
P = 2 bar											
Z	0,0107	0,0102	0,9378	0,9531	0,9640	0,9724	0,9781	0,9828	0,9864	0,9893	0,9916
V	0,000199	0,000211	0,0214	0,0238	0,0260	0,0284	0,030496	0,032684	0,034855	0,037012	0,039159
H	-16.858,37	-2.039,59	53.874,58	67.072,22	80.726,40	95.454,46	109.039,69	123.521,51	138.106,93	152.715,37	167.269,99
S	-14,61	16,60	123,54	146,50	168,35	190,14	208,85	227,54	245,23	261,93	277,66
f	0,347	1,182	1,882	1,910	1,930	1,946	1,957	1,966	1,973	1,979	1,983
P = 5 bar											
Z	0,0266	0,0254	0,0250	0,8758	0,9067	0,9295	0,9447	0,9568	0,9661	0,9734	0,9791
V	0,000199	0,000211	0,000228	0,0087	0,0098	0,0109	0,011781	0,012728	0,013655	0,014567	0,015467
H	-16.825,74	-2.018,59	13.797,45	65.840,21	79.696,35	94.582,34	108.279,75	122.857,82	137.523,04	152.198,85	166.811,13
S	-14,67	16,52	46,65	137,43	159,61	181,63	200,49	219,31	237,09	253,87	269,67
f	0,353	1,200	3,053	4,441	4,567	4,666	4,734	4,789	4,833	4,868	4,896
P = 10 bar											
Z	0,0531	0,0506	0,0497	0,0511	0,7986	0,8531	0,8869	0,9129	0,9324	0,9473	0,9589
V	0,000199	0,000210	0,000227	0,000255	0,0043	0,0050	0,005530	0,006072	0,006589	0,007088	0,007574
H	-16.770,95	-1.982,62	13.795,23	30.772,74	77.687,03	92.979,00	106.927,15	121.703,14	136.523,24	151.324,52	166.041,04
S	-14,77	16,38	46,44	75,96	151,56	174,18	193,39	212,46	230,43	247,35	263,27
f	0,362	1,231	3,13	6,385	8,292	8,684	8,952	9,172	9,345	9,482	9,591
P = 20 bar											
Z	0,1060	0,1008	0,0987	0,1005	0,1112	0,6675	0,7616	0,8233	0,8660	0,8973	0,9210
V	0,000198	0,000210	0,000226	0,000251	0,000301	0,0019	0,002374	0,002738	0,003060	0,003357	0,003637
H	-16.659,89	-1.907,17	13.800,56	30.607,19	49.156,00	88.761,91	103.778,30	119.180,68	134.419,78	149.529,77	164.487,06
S	-14,96	16,11	46,03	75,27	104,93	163,71	184,39	204,28	222,75	240,03	256,20
f	0,382	1,295	3,289	6,717	11,513	14,868	15,944	16,804	17,472	18,001	18,424
P = 30 bar											
Z	0,1586	0,1506	0,1469	0,1487	0,1604	0,2309	0,6168	0,7324	0,8026	0,8513	0,8871
V	0,000198	0,000209	0,000224	0,000247	0,000289	0,0004	0,001282	0,001624	0,001891	0,002123	0,002336
H	-16.546,97	-1.827,42	13.817,39	30.482,72	48.559,96	72.364,06	99.609,94	116.313,19	132.181,09	147.688,67	162.929,52
S	-15,15	15,85	45,66	74,64	103,56	138,67	176,49	198,06	217,30	235,03	251,51
f	0,403	1,362	3,455	7,061	12,158	18,222	21,143	23,062	24,523	25,672	26,590

T (K)	450	500	550	600	650	702,5	750	800	850	900	950
P = 40 bar											
Z	0,2110	0,2001	0,1946	0,1957	0,2075	0,2527	0,4594	0,6458	0,7452	0,8108	0,8580
$\underline{V}$	0,000197	0,000208	0,000222	0,000244	0,000280	0,0004	0,000716	0,001074	0,001317	0,001517	0,001694
$\underline{H}$	-16.432,31	-1.743,75	13.844,19	30.390,10	48.138,90	69.185,44	93.595,06	113.079,03	129.841,94	145.833,04	161.391,69
$\underline{S}$	-15,34	15,60	45,30	74,08	102,48	133,58	167,18	192,37	212,70	230,98	247,81
f	0,424	1,432	3,628	7,417	12,815	19,510	24,698	28,129	30,644	32,609	34,180
P = 50 bar											
Z	0,2632	0,2492	0,2418	0,2419	0,2531	0,2908	0,3969	0,5773	0,6980	0,7777	0,8344
$\underline{V}$	0,000197	0,000207	0,000221	0,000241	0,000274	0,0003	0,000495	0,000768	0,000987	0,001164	0,001318
$\underline{H}$	-16.316,01	-1.656,47	13.879,75	30.322,99	47.824,99	67.884,74	88.646,97	109.721,15	127.495,36	144.011,47	159.901,43
$\underline{S}$	-15,52	15,36	44,96	73,56	101,57	131,23	159,80	187,04	208,60	227,48	244,67
f	0,447	1,505	3,808	7,787	13,489	20,725	27,119	32,235	35,996	38,932	41,283
P = 60 bar											
Z	0,3151	0,2980	0,2885	0,2873	0,2975	0,3305	0,4044	0,5414	0,6651	0,7532	0,8169
$\underline{V}$	0,000196	0,000206	0,000220	0,000239	0,000268	0,000322	0,000420	0,000600	0,000783	0,000939	0,001075
$\underline{H}$	-16.198,16	-1.565,89	13.923,04	30.276,79	47.584,28	67.068,12	86.257,37	106.822,15	125.289,10	142.282,74	158.487,47
$\underline{S}$	-15,69	15,13	44,64	73,09	100,78	129,59	156,01	182,57	204,97	224,40	241,93
f	0,471	1,582	3,996	8,171	14,182	21,930	29,160	35,681	40,753	44,759	47,987
P = 70 bar											
Z	0,3668	0,3464	0,3347	0,3320	0,3409	0,3703	0,4291	0,5344	0,6478	0,7378	0,8054
$\underline{V}$	0,000196	0,000206	0,000219	0,000237	0,000263	0,000309	0,000382	0,000508	0,000654	0,000789	0,000909
$\underline{H}$	-16.078,86	-1.472,25	13.973,22	30.248,08	47.397,08	66.489,20	84.858,51	104.677,76	123.358,89	140.700,40	157.174,35
$\underline{S}$	-15,86	14,90	44,33	72,64	100,09	128,32	153,62	179,20	201,86	221,69	239,51
f	0,497	1,662	4,192	8,570	14,896	23,145	31,090	38,755	45,086	50,205	54,376
P = 80 bar											
Z	0,4184	0,3946	0,3805	0,3761	0,3835	0,4097	0,4592	0,5443	0,6438	0,7310	0,7998
$\underline{V}$	0,000196	0,000205	0,000217	0,000235	0,000259	0,000299	0,000358	0,000453	0,000569	0,000684	0,000790
$\underline{H}$	-15.958,19	-1.375,80	14.029,59	30.234,23	47.250,86	66.053,91	83.910,33	103.142,34	121.757,67	139.297,36	155.978,30
$\underline{S}$	-16,03	14,68	44,04	72,23	99,46	127,27	151,86	176,68	199,26	219,32	237,36
f	0,524	1,746	4,397	8,984	15,633	24,381	32,986	41,643	49,140	55,373	60,524
P = 90 bar											
Z	0,4697	0,4426	0,4260	0,4197	0,4254	0,4487	0,4915	0,5629	0,6498	0,7315	0,7994
$\underline{V}$	0,000195	0,000204	0,000216	0,000233	0,000255	0,000291	0,000341	0,000416	0,000510	0,000608	0,000702
$\underline{H}$	-15.836,23	-1.276,72	14.091,53	30.233,17	47.137,11	65.715,53	83.215,23	102.012,32	120.461,29	138.081,20	154.905,73
$\underline{S}$	-16,19	14,47	43,76	71,84	98,89	126,37	150,47	174,73	197,10	217,25	235,45
f	0,552	1,835	4,611	9,415	16,395	25,645	34,884	44,445	53,025	60,350	66,497
P = 100 bar											
Z	0,5209	0,4903	0,4711	0,4628	0,4667	0,4872	0,5247	0,5863	0,6625	0,7380	0,8035
$\underline{V}$	0,000195	0,000204	0,000215	0,000231	0,000252	0,000285	0,000327	0,000390	0,000468	0,000552	0,000635
$\underline{H}$	-15.713,03	-1.175,20	14.158,52	30.243,24	47.049,77	65.447,22	82.681,54	101.150,65	119.414,97	137.040,46	153.954,54
$\underline{S}$	-16,35	14,27	43,48	71,47	98,36	125,58	149,31	173,15	195,30	215,45	233,74
f	0,581	1,927	4,834	9,862	17,183	26,940	36,801	47,216	56,817	65,205	72,353

Em que f = fugacidade; $\underline{V}$ [=] m³/mol; $\underline{H}$ [=] J/mol; $\underline{S}$ [=] J/molK; f [=] bar.

Tabela 9.6 ▶ Propriedades termodinâmicas do extrato de canela de cunhã ao longo da região líquido-vapor. Propriedades calculadas usando a equação de estado de Peng-Robinson.

T (K)		Vapor	Líquido
350	P = 0,01 bar f Z V H S	0,01 0,99900 3.977,66 9.371,80 69,84	0,01 0,00005 0,000184 -43.606,78 -81,53
400	P = 0,07 bar f Z V H S	0,07 0,99500 0,490002 19.409,34 78,17	0,07 0,00039 0,000191 -30.735,41 -47,19
450	P = 0,35 bar f Z V H S	0,34 0,98100 0,104746 30.250,51 90,15	0,34 0,00187 0,000199 -16.876,23 -14,57
500	P = 1,24 bar f Z V H S	1,18 0,94900 0,031889 41.633,03 103,98	1,18 0,00629 0,000211 -2.044,85 16,62
550	P = 3,36 bar f Z V H S	1,18 0,89200 0,012136 53.227,89 118,41	1,18 0,01679 0,000229 13.798,95 46,72
600	P = 7,59 bar f Z V H S	6,31 0,79900 0,005256 64.591,68 132,43	6,31 0,03893 0,000256 30.820,28 76,15
620	P = 10,11 bar f Z V H S	8,07 0,75000 0,003825 68.919,98 137,68	8,07 0,05339 0,000272 38.051,85 87,89
640	P = 13,22 bar f Z V H S	10,09 0,69100 0,002782 73.009,20 142,56	10,09 0,07310 0,000294 45.616,51 99,76
650	P = 15,03 bar f Z V H S	11,20 0,65767 0,0023647 74.920,01 144,80	11,20 0,085757 0,00030834 49.562,23 105,79
660	P = 17,02 bar f Z V H S	12,36 0,62000 0,001999 76.703,00 146,86	12,36 0,10107 0,000326 53.652,67 111,94
680	P = 21,60 bar f Z V H S	14,85 0,52900 0,001385 79.646,01 150,12	14,85 0,14467 0,000379 62.500,21 124,90
700	P = 27,09 bar f Z V H S	17,55 0,37600 0,000808 79.942,83 149,69	17,55 0,24314 0,000522 73.932,49 141,11

Em que f = fugacidade; V [=] m³/mol; H [=] J/mol; S [=] J/molK; f [=] bar.

Comentário 1

É importante ressaltar que para utilizar a opção 3 do programa PR1 foi necessário somente um dado de entrada: a temperatura. Através da regra das fases, Equação (9.1), podemos verificar que esse procedimento era esperado.

$$F = 2 - \pi + n \qquad (9.1)$$

em que
F = Graus de liberdade: número de variáveis termodinâmicas que podemos especificar
π = número de fases em equilíbrio
n = número de componentes do sistema

Aplicando a Equação (9.1) para a região de duas fases, teremos:
π = 2, pois há duas fases em equilíbrio (líquido e vapor)
n = 1, pois há somente um componente (extrato de canela de cunhã)
Sendo assim:

$$F = 2 - 2 + 1 = 1$$

Esse resultado indica que precisamos somente de uma variável termodinâmica, que nesse caso foi a temperatura, para podermos encontrar todas as outras variáveis (entalpia, volume específico, entropia, etc).

Aplicando a Equação (9.1) para as regiões monofásicas:
π = 1, pois há somente uma fase (líquido sub-resfriado ou vapor superaquecido)
n = 1, pois há somente um componente (extrato de canela de cunhã)

$$F = 2 - 1 + 1 = 2$$

Esse resultado indica que precisamos de duas variáveis termodinâmicas, que nesse caso foram a temperatura e a pressão, para podermos encontrar todas as outras variáveis.

Comentário 2

Note que, no caso da região de duas fases, as fugacidades calculadas pelo programa para as fases líquida e vapor (Tabela 9.6) foram iguais. Esse resultado era esperado, uma vez que estamos trabalhando na região de equilíbrio líquido-vapor e o critério de isofugacidade é estabelecido.

Exemplo 9.3

Construção de Diagramas Termodinâmicos

Construa os diagramas P *vs* V, P *vs* H e T *vs* S para o extrato de canela de cunhã.

Resolução

Para a construção dos diagramas utilizou-se os dados obtidos das Tabelas 9.5 e 9.6. Um fator relevante a ser observado na construção tanto dos diagramas quanto das tabelas é a seleção dos dados a serem utilizados na construção das isotermas abaixo da temperatura crítica, uma vez que para essas isotermas o software proporciona valores tanto de líquido quanto de vapor, o que nem sempre é verdadeiro. Para pressões abaixo da pressão de vapor existe somente vapor superaquecido e acima da pressão de vapor existe somente líquido sub-resfriado. Sendo assim, para a construção dessas isotermas nas Figuras 9.1 e 9.2 e da Tabela 9.5, foram utilizados os dados do vapor para pressões abaixo da pressão de vapor e os dados do líquido para as pressões acima da pressão de vapor.

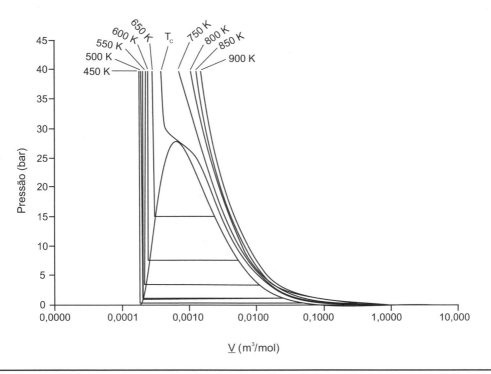

Figura 9.1 ▶ Diagrama pressão-volume para o extrato de canela de cunhã. Propriedades calculadas usando a equação de estado de Peng-Robinson.

Para a construção do diagrama T *vs* S (Figura 9.3) foram construídas isobáricas acima e abaixo da pressão crítica. Os dados foram obtidos também pela opção 2 do software PR1 e, nesse caso, fixou-se a pressão e variou-se a temperatura. Assim como na construção das isotermas abaixo da temperatura crítica das Figuras 9.1 e 9.2, é necessário atentar-se à construção das isobáricas abaixo da pressão crítica.

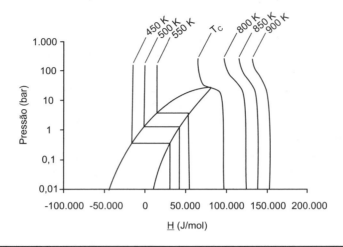

Figura 9.2 ▶ Diagrama pressão-entalpia para o extrato de canela de cunhã. Propriedades calculadas usando a equação de estado de Peng-Robinson.

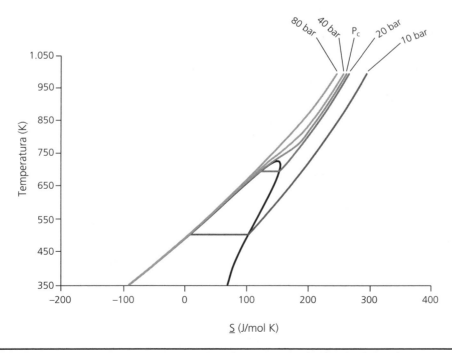

Figura 9.3 ▶ Diagrama temperatura-entropia para o extrato de canela de cunhã. Propriedades calculadas usando a equação de estado de Peng-Robinson.

Sendo assim, para a determinação dessas isobáricas na Figura 9.3 foram utilizados os dados de entropia do líquido para as temperaturas abaixo da temperatura de condensação e os dados de entropia do vapor para as temperaturas acima da temperatura de condensação.

Para as isotermas (Figuras 9.1 e 9.2) e isobáricas (Figura 9.3) acima do ponto crítico, não ocorre diferenciação entre as fases vapor e líquido. Os dados de entropia, entalpia, volume e fugacidade gerados pelo software na opção 2 são iguais para as fases líquido e vapor, devido à não diferenciação dessas fases. Sendo assim, para as isotermas e isobáricas acima do ponto crítico pode-se utilizar tanto os dados da fase vapor quanto os da fase líquida, uma vez que estes são iguais.

Comentários

Na construção de diagramas e tabelas com o uso do software PR1 é necessário possuir o conhecimento teórico que ocorre para as temperaturas e pressões abaixo do ponto crítico, visto que o programa possui uma falha na geração desses dados. Além disso, não há disponível na literatura valores da pressão de vapor experimentais para o extrato de canela de cunhã para que se possa fazer a comparação com os valores gerados pelo programa. Nesse caso, a experiência em se trabalhar com fluidos alimentícios conta muito.

Exemplo 9.4

Cálculo da Temperatura Final de Reservatório de Fluido

O extrato de canela de cunhã será retirado lentamente de um cilindro de 0,15 m³ a uma velocidade de 10 gmol/min. O cilindro inicialmente contém extrato a pressão de P_r = 2,87 e temperatura T_r = 1,28. Note que por estar acima do ponto crítico (acima de T_c e P_c), o extrato encontra-se no estado supercrítico, sendo então tratado como fluido supercrítico. O cilindro é isolado termicamente e a transferência de calor entre a parede do cilindro e o fluido é desprezível. Determine os moles de fluido no cilindro em função do tempo. Quais serão a temperatura e a pressão do fluido no cilindro após a remoção de 50% (mol) do gás? Considere que o composto obedece: (a) a lei dos gases ideais; (b) a equação de Peng-Robinson.

Resolução

A partir das propriedades reduzidas podemos determinar as condições iniciais de temperatura e pressão do fluido. Assim, sendo:

$$T_r = 1{,}28 \rightarrow T = T_r \times T_c \rightarrow T = 1{,}28 \times 702{,}7 = 899{,}46 \sim 900 \text{ K}$$

$$P_r = 2{,}87 \rightarrow P = P_r \times P_c \rightarrow P = 2{,}87 \times 27{,}89 = 80{,}04 \sim 80 \text{ bar}$$

Vamos considerar como sistema o fluido dentro do cilindro. Aplicando os balanços de massa e entropia para esse sistema, temos:

$$\frac{dN}{dt} = \dot{N} \quad \text{ou} \quad N(t) = N(t=0) + \dot{N}t \quad \text{(E9.4-1)}$$

Em que $\dot{N} = -10$ gmol/min

$$\theta = \frac{T_b}{T_c} \quad \text{ou} \quad S_f = S_i \quad \text{(E9.4-2)}$$

Como o volume do cilindro é rígido, então:

$$V = N \times \underline{V} \quad \text{ou} \quad \underline{V} = \frac{V}{N} \quad \text{(E9.4-3)}$$

Vamos então avaliar o sistema considerando duas situações:
a) Gás ideal:
Precisamos descobrir quantos moles de fluido o cilindro contém inicialmente; para isso utilizamos a equação dos gases ideais:

$$PV = NRT \rightarrow N = \frac{PV}{RT}$$

Assim, no instante t = 0, a quantidade de moles iniciais é:

$$N_i = \frac{P_i V}{RT_i}$$

$$N = \frac{80 \times 0,15}{8,314 \times 10^{-5} \times 900} = 160,4 \text{ mol}$$

Aplicando a Equação (E9.4-1), temos que:

$$N(t) = 160,4 - 10\,t$$

Pela Equação (E9.4-3), podemos determinar o volume ocupado pelo fluido nos instantes inicial e final; sendo assim:

$$\underline{V}_i = \frac{V}{N(t=0)} = \frac{0,15}{160,4} = 9,35 \times 10^{-4} \text{ m}^3/\text{mol}$$

$$\underline{V}_f = \frac{V}{N(t)/2} = \frac{0,15}{160,4/2} = 1,87 \times 10^{-3} \text{ m}^3/\text{mol}$$

Para sabermos as condições de temperatura e de pressão do sistema após a remoção de 50% do fluido, utilizamos o balanço de entropia através da Equação (E9.4-2): se $S_f = S_i$, então $\Delta S = 0$. Utilizando a Equação (5.74), temos:

$$d\underline{S} = \frac{C_V^*}{T}dT + \frac{R}{\underline{V}}d\underline{V} = 0 \qquad (5.74)$$

Para o gás ideal, sendo $C_P^* = C_V^* + R$, as Equações (5.76) e (5.77) são válidas:

$$C_P^* = A + BT + CT^2 + DT^3 \qquad (5.76)$$

Portanto:

$$C_V^* = (A - R) + BT + CT^2 + DT^3 \qquad (5.77)$$

Substituindo a Equação (5.77) na Equação (5.74) e integrando teremos:

$$\int_{T_i}^{T_f} C_V^* \frac{dT}{T} = -R \int_{\underline{V}_i}^{\underline{V}_f} \frac{d\underline{V}}{\underline{V}}$$

$$\int_{T_i}^{T_f} \left[\left(\frac{A-R}{T}\right) + B + CT + DT^2 \right] dT = -R \int_{\underline{V}_i}^{\underline{V}_f} \frac{d\underline{V}}{\underline{V}}$$

$$\left[(A-R)\ln\left(\frac{T_f}{T_i}\right) \right] + B(T_f - T_i) + \frac{C}{2}(T_f^2 - T_i^2) + \frac{D}{3}(T_f^3 - T_i^3) = -R\ln\left(\frac{\underline{V}_f}{\underline{V}_i}\right)$$

$$\left[(-17{,}078 - 8{,}314\times 10^{-5})\ln\left(\frac{T_f}{900}\right) \right] + 0{,}795(T_f - 900) - \frac{6{,}01\times 10^{-4}}{2}(T_f^2 - 900^2) +$$

$$+ \frac{1{,}1\times 10^{-7}}{3}(T_f^3 - 900^3) = -8{,}314\times 10^{-5} \ln\left(\frac{1{,}87\times 10^{-3}}{9{,}35\times 10^{-4}}\right)$$

$T_f = 899{,}2$ K

Aplicando a lei dos gases ideais, encontramos a pressão final:

$$P_f \underline{V}_f = N_f R T_f$$

$$P_f = \frac{N_f R T_f}{N_f \underline{V}_f} = \frac{8{,}314\times 10^{-5} \times 899{,}2}{1{,}87\times 10^{-3}}$$

$$P_f = 40 \text{ bar}$$

b) Fluido obedecendo a equação de Peng-Robinson:

Pela Tabela 9.5, encontramos:

$\underline{V}_i$ (900 K; 80 bar) = 0,000684 m³/mol

$\underline{S}_i$ (900 K; 80 bar) = 219,32 J/mol.K

Substituindo o valor de $\underline{V}_i$ na Equação (E9.4-3) para t=0:

$$N_i = \frac{V}{\underline{V}_i} = \frac{0,15}{0,000684} = 219 \text{ mol}$$

Aplicando a Equação (E9.4-1), temos que:

$$N(t) = 219 - 10t$$

E após remoção de 50% do gás, temos:

$$\underline{V}_f = \frac{V}{N(t)/2} = \frac{0,15}{219/2} = 1,37 \times 10^{-3} \text{ m}^3/\text{mol}$$

Fazendo o balanço de entropia: $\underline{S}_f = \underline{S}_i$. Portanto: $\underline{S}_f$ = 219,32 J/mol.K.

Através da opção 2 do PR1, variamos a temperatura e a pressão até encontrarmos $\underline{S}_f$ = 219,32 J/mol.K e $\underline{V}_f$ = 1,37 × 10⁻³ mol³/mol.

O resultado encontrado foi $T_f \cong$ 850 K e $Pf \cong$ 25 bar.

Comentários

Os resultados de temperatura e pressão final após a remoção de 50% do gás foram distintos para o gás ideal e para o fluido real que obedece a equação de Peng-Robinson, principalmente para a pressão. A disponibilidade de tabelas e diagramas para fluidos reais que obedecem a uma determinada equação de estado é uma maneira mais rápida de efetuar cálculos termodinâmicos.

Exemplo 9.5

Verificação de Relações Termodinâmicas

Mostre que as relações $C_V > 0$ e $(\partial P/\partial \underline{V})_T < 0$, ou seja, que $\kappa_T > 0$ são satisfeitas pelas propriedades volumétricas do extrato de canela de cunhã.

Resolução

Primeiro, vamos utilizar a definição de capacidade calorífica:

$$C_V = \left(\frac{\partial U}{\partial T}\right)_{\underline{V}} \qquad \text{(5.34)}$$

Da Tabela 9.5, devemos escolher valores de pressão e temperatura que possuam volume constante.

Para T = 650 K e P = 2 bar → $\underline{V}$ = 0,0260 m³/mol e $\underline{H}$ = 80.726,40 J/mol.
Para a pressão de 1 bar na Tabela 9.5, $\underline{V}$ = 0,0260 m³/mol se encontra entre as temperaturas de 450 e 500 K. Portanto, devemos realizar uma interpolação linear para encontrarmos a temperatura correspondente a esse volume:

$$\frac{0,0260 - 0,000199}{0,039900 - 0,000199} = \frac{T - 450}{500 - 450}$$

$$T = 482 \text{ K}$$

O próximo passo é encontrar as energias internas. Essa propriedade não é apresentada na Tabela 9.5. No entanto, sabemos que $\underline{U} = \underline{H} - P\underline{V}$. Sendo assim, precisamos encontrar as entalpias correspondentes a T = 482 K e P = 1 bar, e T = 482 K e P = 2 bar.

Para a entalpia a T = 482 K e P = 1 bar, podemos realizar interpolação na mesma faixa de temperatura feita no passo anterior (entre 450 K e 500 K):

$$\frac{\underline{H} - (-16.689,20)}{41.755,09 - (-16.689,20)} = \frac{482 - 450}{500 - 450}$$

$$\underline{H} = 20.715,14 \text{ J/mol}$$

Assim sendo, $\underline{U} = \underline{H} - P\underline{V}$; então:

$$\underline{U}(650 \text{ K}, 2 \text{ bar}) = 80.726,40 - (2 \times 10^5 \times 0,0260) = 75.526,4 \text{ J/mol}$$

$$\underline{U}(482 \text{ K}, 1 \text{ bar}) = 20.715,14 - (1 \times 10^5 \times 0,0260) = 18.115,14 \text{ J/mol}$$

Substituindo na Equação (5.34):

$$C_V = \left(\frac{75.526,40 - 18.115,14}{650 - 482}\right)_{\underline{V}} = 342 > 0 \qquad \text{c.q.d.}$$

Para a relação $\left(\frac{\partial P}{\partial \underline{V}}\right)_T < 0$, façamos a seguinte análise:

Para que essa expressão seja verdadeira é necessário que o volume decresça conforme aumente a pressão a uma temperatura constante. Da Tabela 9.5, pegaremos como exemplo a temperatura de 650 K:

P (bar)	1	2	5	10
$\underline{V}$ (m³/mol)	0,0531	0,0260	0,0098	0,0043

Fundamentos de Engenharia de Alimentos

Aplicando a variação $\left(\dfrac{\partial P}{\partial \underline{V}}\right)_T$ para um dos pontos:

$$\dfrac{5-2}{0{,}0098 - 0{,}0260} = -185 < 0 \qquad \text{c.q.d.}$$

Comentários

Os exercícios de verificação do comportamento volumétricos são importantes para comprovar a veracidade das equações e verificar se os dados gerados pelo software PR1 possuem boa estimativa.

Exemplo 9.6

Cálculo das Propriedades de Mistura Saturada

Calcule o volume total, a entalpia total e a entropia total de 1 kg de extrato de canela de cunhã na $T_r = 0{,}78$, sendo que 50% da massa total é vapor saturado e o restante é líquido saturado.

Resolução

Inicialmente, devemos encontrar a temperatura correspondente a $T_r = 0{,}78$.

$$T_r = 0{,}78 \rightarrow T = T_r \times T_c \rightarrow 0{,}78 \times 702{,}7 = 548\ K \sim 550\ K$$

Do enunciado, 50% da massa total é vapor e 50% é líquido; logo, temos 500 g de vapor e 500 g de líquido.

A próxima etapa é determinar a quantidade de mols de vapor e de líquido.

$N = \dfrac{\text{Massa}}{\text{MM}}$, sendo MM a massa molar do extrato de canela de cunhã.

Pela regra de Kays[5] vemos que MM = 149,38 g/mol

$$N = \dfrac{500}{149{,}38} = 3{,}35\ \text{mol}$$

Portanto:

$$N^V = 3{,}35\ \text{mol} \quad \text{e} \quad N^L = 3{,}35\ \text{mol}$$

Na Tabela 9.6, encontramos os valores do volume, da entalpia e da entropia tanto do líquido quanto do vapor na temperatura de 550 K. Logo,

$V_T = (N^V \times \underline{V}^V) + (N^L \times \underline{V}^L) = (3{,}35 \times 0{,}012136) + (3{,}35 \times 0{,}000229) = 0{,}04\ m^3$

$H_T = (N^V \times \underline{H}^V) + (N^L \times \underline{H}^L) = (3{,}35 \times 53.227{,}89) + (3{,}35 \times 13.798{,}95) = 224.539{,}9\ J$

$S_T = (N^V \times \underline{S}^V) + (N^L \times \underline{S}^L) = (3{,}35 \times 118{,}41) + (3{,}35 \times 46{,}72) = 553{,}18\ J/K$

Comentários

Para a obtenção das propriedades termodinâmicas em uma mistura saturada deve-se considerar a contribuição de cada fase (líquido e vapor).

Exemplo 9.7

Cálculo da Fugacidade do Vapor Superaquecido do Extrato de Canela de Cunhã

Calcule a fugacidade do vapor superaquecido do extrato de canela de cunhã a $T_r = 0,92$ e $P_r = 0,5$ utilizando as informações da Tabela 9.5 para o volume específico do vapor.

Resolução

Primeiro, vamos encontrar a condição correspondente a $T_r = 0,92$ e $P_r = 0,5$.

$$T_r = T/T_c \rightarrow T = 0,92 \times 702,7 = 646 \text{ K} \sim 650 \text{ K}$$

$$P_r = P/P_c \rightarrow P = 0,5 \times 27,89 = 13,95 \sim 14 \text{ bar}$$

A fugacidade do vapor superaquecido é calculada pela Equação (6.53):

$$f = P \exp\left[\frac{1}{RT} \int_0^P \left(\underline{V} - \frac{RT}{P}\right) dP\right]$$

Como dispomos de dados de $\underline{V}$ em função de P, podemos primeiramente resolver a integral $\int_0^P \left(\underline{V} - \frac{RT}{P}\right) dP$ através da Regra dos Trapézios (Tabela 9.7):

Regra dos Trapézios:

$$\int_a^b f(x) dx = \frac{\Delta x}{2}\left[f(x_0) + 2f(x_1) + 2f(x_2) + \ldots + 2f(x_{n-1}) + f(x_n)\right]$$

Aplicando a Regra dos Trapézios para cada intervalo de pressão, chegamos ao resultado da integral:

$$\int_0^{14} \left(\underline{V} - \frac{RT}{P}\right) dP = -0,01468 \frac{m^3 bar}{mol}$$

$$N = \frac{80 \times 0,15}{8,314 \times 10^{-5} \times 900} = 160,4 \text{ mol}$$

$$f = 10,67 \text{ bar}$$

Tabela 9.7 ▶ Dados calculados para aplicação da Regra dos Trapézios.

P (bar)	$\underline{V}$ (m³/mol)	$f(x) = [\underline{V}\text{-RT/P}]$ (m³/mol)
0,01	5,4031	−0,001000
0,02	2,7011	−0,000950
0,03	1,8004	−0,000967
0,04	1,3501	−0,000925
0,05	1,0799	−0,000920
0,06	0,8997	−0,000983
0,07	0,7711	−0,000914
0,08	0,6745	−0,001012
0,09	0,5995	−0,000956
0,10	0,5395	−0,000954
0,20	0,2693	−0,000955
0,30	0,1792	−0,000957
0,40	0,1341	−0,001002
0,60	0,0891	−0,000968
0,80	0,0666	−0,000961
1,00	0,0531	−0,000971
2,00	0,0261	−0,000970
3,00	0,0170	−0,000984
4,00	0,0125	−0,001000
6,00	0,0080	−0,001022
8,00	0,0057	−0,001052
10,00	0,0043	−0,001088
11,00	0,0038	−0,001110
12,00	0,0034	−0,001133
13,00	0,0030	−0,001161
14,00	0,0027	−0,001192
15,00	0,0024	−0,001230

O coeficiente de fugacidade nesse caso é igual a:

$$\phi = \frac{f}{P} = \frac{10,67}{14} = 0,762$$

Compilação de Propriedades Estimadas para Óleos Voláteis: Aplicação a um Estudo... capítulo 9

Comentários

Observamos que o valor do coeficiente de fugacidade é bem menor que a unidade, demonstrando assim que esse sistema para $T_r = 0{,}92$ e $P_r = 0{,}5$ não tem comportamento de gás ideal.

Exemplo 9.8

Novo Cálculo da Fugacidade do Vapor Superaquecido do Extrato de Canela de Cunhã

Use outros dados da Tabela 9.5, e a opção 2 do programa PR1, para recalcular a fugacidade do vapor superaquecido a $T_r = 0{,}92$ e $P_r = 0{,}5$; compare as respostas do Exemplo 9.7.

Resolução

A Tabela 9.5 nos fornece dados de entalpia e entropia. Assim, através da relação $\underline{G} = \underline{H} - T\underline{S}$, podemos obter valores de energia de Gibbs e, então, através da Equação (6.41), calcular a fugacidade.

$$N_i = \frac{V}{\underline{V}_i} = \frac{0{,}15}{0{,}000684} = 219 \text{ mol} \tag{6.41}$$

Assim, usando a opção 2 do programa PR1 obtemos a 650 K e 0,01 bar $\underline{H} = 81.359{,}56$ J/mol e $\underline{S} = 211{,}30$ J/mol.K. Logo,

$$\underline{G}(650\text{ K}, 0{,}01\text{ bar}) = 80.435{,}63 - (650 \times 211{,}30)$$

$$\underline{G}(650\text{ K}, 0{,}01\text{ bar}) = -56.909{,}37 \text{ J/mol}$$

A baixa pressão (0,01 bar) podemos assumir que o vapor é um gás ideal. Sendo assim: $\underline{G}(650\text{ K},\ 0{,}01\text{ bar}) = \underline{G}^{GI}(650\text{ K},\ 0{,}01\text{ bar}) = -56.909{,}37$ J/mol. No entanto, para o cálculo da fugacidade a 650 K e 14 bar, ambas as energias de Gibbs devem ser definidas a 650 K e 14 bar. Assim, para o cálculo da energia de Gibbs para o gás ideal a 650 K e 14 bar, $\underline{G}^{GI}(650\text{ K},\ 14\text{ bar})$, faremos:

$$\underline{G}^{GI}(650\text{ K}, 14\text{ bar}) - \underline{G}^{GI}(650\text{ K}, 0{,}01\text{ bar}) = \int_{0{,}01}^{14} \left(\frac{RT}{P}\right) dP$$

$$\underline{G}^{GI}(650\text{ K}, 14\text{ bar}) = \underline{G}^{GI}(650\text{ K}, 0{,}01\text{ bar}) + RT \ln\left(\frac{14}{0{,}01}\right)$$

$$\underline{G}^{GI}(650\,K, 14\,\text{bar}) = -56.909,37 + 8,314 \times 650 \ln\left(\frac{14}{0,01}\right)$$

$$\underline{G}^{GI}(650\,K, 14\,\text{bar}) = -17.760,84\,\text{J/mol}$$

Para o valor da energia de Gibbs do vapor a 650 K e 14 bar, podemos utilizar os dados da Tabela 9.5. Assim, por interpolação linear encontramos os seguintes dados para o vapor real:

$$\underline{H}(650\,K, 14\,\text{bar}) = 66.274,62\,\text{J/mol}$$

$$\underline{S}(650\,K, 14\,\text{bar}) = 132,91\,\text{J/mol.K}$$

Portanto:

$$\underline{G}(650\,K, 14\,\text{bar}) = 66.274,62 - (650 \times 132,91)$$

$$\underline{G}(650\,K, 14\,\text{bar}) = -20.116,88\,\text{J/mol}$$

Substituindo os dados encontrados acima na Equação (6.41), encontramos a fugacidade do vapor:

$$\ln \frac{f^V}{14} = \frac{-20.116,88 - (-17.760,84)}{8,314 \times 650}$$

$$f^V = 9,05\,\text{bar}$$

Comentários

O valor encontrado foi muito próximo do obtido pelo exemplo anterior. O que era de se esperar, uma vez que os dados da Tabela 9.5 são oriundos da equação de Peng-Robinson. Além disso, a Equação (6.41) está diretamente relacionada com a Equação (6.53) (utilizada no Exemplo 9.7) por meio da relação com a temperatura constante: $d\underline{G} = \underline{V}dP$, ou seja, o cálculo da fugacidade pode ser realizado pela equação geral:

$$\ln \phi = \ln \frac{f}{P} = \frac{\underline{G}(T,P) - \underline{G}^{GI}(T,P)}{RT} = \frac{1}{RT}\int_0^P \left(\underline{V} - \frac{RT}{P}\right)dP$$

Exemplo 9.9

Cálculo da Fugacidade do Vapor Saturado

Calcule a fugacidade do vapor saturado do extrato de canela de cunhã a $T_r = 0,92$. Qual seria a fugacidade do líquido saturado nessa mesma temperatura? Justifique.

Resolução

Lembrando que para o extrato de canela de cunhã, para $T_r = 0,92$, a temperatura de trabalho é 650 K. Pela Tabela 9.6, a pressão de vapor na temperatura de 650 K é 15,03 bar.

Do exemplo anterior, $\underline{G}^{GI}(650 \text{ K}, 0,01 \text{ bar}) = -57.142,44 \text{ J/mol}$.

Seguindo o procedimento do Exemplo 9.8:

$$\underline{G}^{GI}(650 \text{ K}, 15,03 \text{ bar}) = \underline{G}^{GI}(650 \text{ K}, 0,01 \text{ bar}) + RT \int_{0,01}^{15,03} \left(\frac{1}{P}\right) dP$$

$$\underline{G}^{GI}(650 \text{ K}, 15,03 \text{ bar}) = -57.142,44 + 8,314 \times 650 \ln\left(\frac{15,03}{0,01}\right)$$

$$\underline{G}^{GI}(650 \text{ K}, 15,03 \text{ bar}) = -17.610,27 \text{ J/mol}$$

Através da Tabela 9.6, podemos calcular a energia de Gibbs para o vapor saturado do extrato de canela de cunhã na temperatura de 650 K. Sendo:

$$\underline{H}(650 \text{ K}, 15,03 \text{ bar}) = 74.920,01 \text{ J/mol}$$

$$\underline{S}(650 \text{ K}, 15,03 \text{ bar}) = 144,80 \text{ J/molK}$$

Então:

$$\underline{G}(650 \text{ K}, 15,03 \text{ bar}) = 74.920,01 - (650 \times 144,80)$$

$$\underline{G}(650 \text{ K}, 15,03 \text{ bar}) = -19.199,99 \text{ J/mol}$$

Sendo assim, com os dados calculados acima, finalmente encontramos a fugacidade do vapor saturado:

$$\ln \frac{f^V}{P} = \frac{\underline{G}(T,P) - \underline{G}^{GI}(T,P)}{RT}$$

$$\ln \frac{f^V}{15,03} = \frac{-19.199,99 - (-17.610,27)}{8,314 \times 650}$$

$$f^V = 11,20 \text{ bar}$$

Fundamentos de Engenharia de Alimentos

Comentários

Lembre-se que no equilíbrio $f^V = f^L$, portanto f^L (650 K, 15,03 bar) = 11,20 bar.

Exemplo 9.10

Cálculo da Fugacidade do Extrato de Canela de Cunhã

Calcule as fugacidades do extrato de canela de cunhã puro a $T_r = 0,71$ e $P_r = 0,03$; 0,2 e 0,4 supondo que o gás tem comportamento descrito pela equação de Peng-Robinson.

Resolução

A fugacidade pode ser encontrada diretamente da opção 2 do PR1, uma vez que o programa obedece à EDE de Peng-Robinson:

$$T_r = T/T_C \rightarrow T = 0,71 \times 702,7 = 498 \text{ K} \sim 500 \text{ K}$$

Da Tabela 9.6, temos que $P^{vap} = 1,24$ bar na temperatura de 500 K.

Utilizando como dados de entrada na opção 2 do PR1 a temperatura de 500 K para cada pressão, encontramos a fugacidade:

$$P_r = P/P_C \rightarrow P = 0,03 \times 27,89 = 0,84 \text{ bar} < P^{vap} \therefore f^V = 0,812 \text{ bar}$$

$$P_r = P/P_C \rightarrow P = 0,2 \times 27,89 = 5,56 \text{ bar} > P^{vap} \therefore f^L = 1,204 \text{ bar}$$

$$P_r = P/P_C \rightarrow P = 0,4 \times 27,89 = 11,16 \text{ bar} > P^{vap} \therefore f^L = 1,238 \text{ bar}$$

Comentários

Note que o valor da fugacidade aumenta com o aumento da pressão para uma mesma temperatura.

Exemplo 9.11

Cálculo da Fugacidade do Extrato de Canela de Cunhã Líquido

Utilize as informações da Tabela 9.5 sobre o volume específico do extrato de canela de cunhã líquido para calcular a fugacidade do mesmo a $T_r = 0,71$ e $P_r = 1,1$ usando a Equação (6.71):

$$f^L = f^{V,sat} \exp\left[\int_{P^{vap}}^{P} \frac{V^L}{RT} dP\right] \quad (6.71)$$

Resolução

Novamente, determinamos a temperatura de interesse:

$$T_r = T/T_c \rightarrow T = 0{,}71 \times 702{,}7 = 498 \text{ K} \sim 500 \text{ K}$$

$$P_r = P/P_c \rightarrow P = 1{,}1 \times 27{,}89 = 30{,}6 \sim 30 \text{ bar}$$

Da Tabela 9.6, temos que para T = 500 K a pressão de vapor é $P^{vap} = 1{,}24$ bar.

Como a pressão de trabalho (30 bar) é maior que a pressão de vapor (1,24 bar), então existe somente líquido sub-resfriado nessa condição.

Da Tabela 9.5, temos que para T = 500 K e P = 30 bar: $\underline{V}^L = 0{,}000209$ m³/mol.

Da Tabela 9.6, temos que para T = 500 K: $f^{sat} = 1{,}18$ bar.

Sendo assim, considerando que $\underline{V}^L \neq f(P)$, e substituindo os valores na Equação (6.71), temos:

$$f^L = 1{,}18 \exp\left[\frac{1}{8{,}314 \times 10^{-5} \times 500} \times 0{,}000209 \times (30 - 1{,}24)\right]$$

$$f^L = 1{,}363 \text{ bar}$$

Exemplo 9.12

Cálculo da Fugacidade Usando Dados Volumétricos

Utilize informações sobre o volume específico do extrato de canela de cunhã líquido para calcular a fugacidade do mesmo a $T_r = 0{,}85$ e $P_r = 1{,}2$.

Resolução

Seguindo o procedimento do exemplo anterior:

$$T_r = T/T_c \rightarrow T = 0{,}85 \times 702{,}7 = 597 \text{ K} \sim 600 \text{ K}$$

$$P_r = P/P_c \rightarrow P = 1{,}2 \times 27{,}89 = 33 \text{ bar} \sim 30 \text{ bar}$$

Da Tabela 9.6, temos que para T = 600 K: $P^{vap} = 7{,}59$ bar.

Novamente, como a pressão de trabalho (30 bar) é maior que a pressão de vapor (7,59 bar), então existe somente líquido sub-resfriado nessa condição.

Da Tabela 9.5, temos que para T = 600 K e P = 30 bar: $\underline{V}^L = 0{,}000247$ m³/mol.

Da Tabela 9.6, temos que para T = 600 K: $f^{sat} = 6{,}31$ bar.

Então, substituindo na Equação (6.71), com $\underline{V}^L \neq f(P)$:

Fundamentos de Engenharia de Alimentos

$$f^L = 6,31 \exp\left[\frac{1}{8,314 \times 10^{-5} \times 600} \times 0,000247 \times (30 - 7,59)\right]$$

$$f^L = 7,05 \text{ bar}$$

Exemplo 9.13

Cálculo do Calor Latente de Vaporização

Utilize apenas os dados de pressão de vapor em várias temperaturas (Tabela 9.6) para estimar a entalpia de vaporização do extrato de canela de cunhã na temperatura $T_r = 0,6$. Justifique que considerações foram necessárias para esse cálculo. Construa o gráfico ln P^{vap} vs $1/T$.

Resolução

Com o valor da temperatura reduzida, temos:

$$T_r = T/T_c \rightarrow T = 0,6 \times 702,7 = 421,62 \text{ K}$$

Vimos no Capítulo 6 que o calor latente de vaporização pode ser estimado pela equação de Clausius-Clapeyron, aplicado ao equilíbrio líquido-vapor, através da Equação (6.92):

$$R \ln \frac{P_2}{P_1} = -\Delta \underline{H}^{vap}\left(\frac{1}{T_2} - \frac{1}{T_1}\right)$$

Ou ainda:

$$\frac{\Delta \underline{H}^{vap}}{R} = \frac{-\ln\left(P_2/P_1\right)}{\frac{1}{T_2} - \frac{1}{T_1}}$$

Para fazer a estimativa de $\Delta \underline{H}^{vap}$ a $T = 421,62$ K tomamos duas temperaturas da Tabela 9.6 e substituímos na equação acima:

T (K)	350	400	450	500
P^{vap} (bar)	0,01	0,07	0,35	1,24

$$\frac{\Delta \underline{H}^{vap}}{8,314} = \frac{-\ln\left(0,35/0,07\right)}{\dfrac{1}{450} - \dfrac{1}{400}} \rightarrow \Delta \underline{H}^{vap} = 48.171 \text{ J/mol}$$

E plotando ln P^{vap} vs 1/T, considerando os dados da Tabela 9.6, temos o seguinte comportamento, representado pela Figura 9.4:

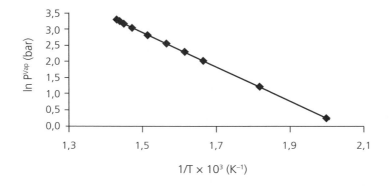

Figura 9.4 ▶ Pressão de vapor do extrato de canela de cunhã como função da temperatura.

 Comentários

Pode-se obter uma estimativa da variação da temperatura do calor latente de vaporização definindo-se a integração da equação de Clausius-Clayperon como uma integral indefinida. Nesse caso, nós teríamos:

$\ln P^{vap} = -\dfrac{\Delta \underline{H}^{vap}}{RT} + C$, em que C é uma constante. Portanto, se o gráfico for construído utilizando-se a relação $\ln P^{vap}$ vs $1/T$, obteremos uma reta com uma inclinação igual a $-\Delta \underline{H}^{vap}/R$, caso o calor latente de vaporização seja uma variável independente da temperatura, e uma curva caso $\Delta \underline{H}^{vap}$ varie com a temperatura. Portanto, como mostra o exemplo da Figura 9.4, onde temos uma equação linear, o calor latente de vaporização pode ser considerado constante em todo o intervalo de temperatura estudado.

Exemplo 9.14

 Estudo do Equilíbrio de Fases de um Sistema Binário

Considere o sistema extrato de canela de cunhã (1)/etanol(2). Determine o diagrama de equilíbrio líquido-vapor (P-xy) para a temperatura 400 K nas seguintes situações:

(a) Considere que o sistema pode ser tratado como uma mistura ideal; (b) Considere que o sistema pode ser descrito pela EDE de Peng-Robinson.

Resolução

Para a construção dos dois modelos é necessário obter a pressão de vapor dos dois constituintes da mistura (extrato de canela de cunhã e etanol) na temperatura de 400 K. A pressão de vapor é determinada pela opção 3 do software PR1. Para isso, deve-se determinar as propriedades críticas dos componentes que servirão como dados de entrada no PR1.

As propriedades críticas do extrato de canela de cunhã se encontram na Tabela 9.4.

As propriedades críticas do etanol foram calculadas usando Método de Contribuição de Grupos (Joback e Reid, 1987). Muito embora os valores experimentais das propriedades críticas do etanol estejam disponíveis, optamos por trabalhar com os valores preditos; os resultados estão na Tabela 9.8. (*Como os resultados da Tabela 9.8 se comparam com os valores divulgados pelo NIST: http://www.nist.gov/index.html?*)

Tabela 9.8 ▶ Propriedades críticas e termofísicas do etanol estimadas usando Método de Contribuição de Grupos (Joback e Reid, 1987).

$T_b = 337,54$ K
$T_c = 499,41$ K
$P_c = 57,57$ bar
$\omega_c = 0,561$
$C_p = 6,7174 + 0,2275 \times T - 0,0001 \times T^2 + 2 \times 10^{-8} \times T^3$

A partir das propriedades críticas e termofísicas de cada componente obteve-se a pressão de vapor de cada substância na temperatura de 400 K através da opção 3 do PR1:

$$P^{vap}_{extrato} = 0,0675 \text{ bar}$$

$$P^{vap}_{etanol} = 7,4862 \text{ bar}$$

Como $P^{vap}_{etanol} > P^{vap}_{extrato}$, o etanol é o componente mais volátil, portanto será denominado componente 1, enquanto o extrato será denominado componente 2.

a) Sistema considerado como uma mistura ideal:

Do Capítulo 6, sabemos que no equilíbrio $\hat{f}^L_i = \hat{f}^V_i$.

Utilizando a abordagem γ-φ, temos:

$$y_i \hat{\phi}_i^V P = x_i \gamma_i f_i \qquad (6.206)$$

Para baixas pressões $f^L \sim P^{vap}$ e para um sistema ideal $\hat{\phi}_i^V = 1$ e $\gamma_i = 1$. Sendo assim, concluímos que em uma mistura ideal binária a Equação (6.206) se reduz a:

$$\begin{array}{c} y_1 P = x_1 P_1^{vap} + \\ y_2 P = x_2 P_2^{vap} \\ \hline (y_1 + y_2) P = x_1 P_1^{vap} + x_2 P_2^{vap} \end{array}$$

Como $y_1 + y_2 = 1$ e substituindo as pressões de vapor dos componentes 1 e 2 na expressão acima, chegamos a:

$$P = x_1 7,4862 + x_2 0,0675 \qquad \text{(E9.14-1)}$$

e

$$y_1 = \frac{x_1 P_1^{vap}}{P} = \frac{x_1 7,4862}{P} \qquad \text{(E9.14-2)}$$

Através das Equações (E9.14.1) e (E9.14.2) e variando-se x_1 de 0,00 a 1,00 obtêm-se os dados de equilíbrio mostrados na Tabela 9.9 e na Figura 9.5 para a mistura ideal.

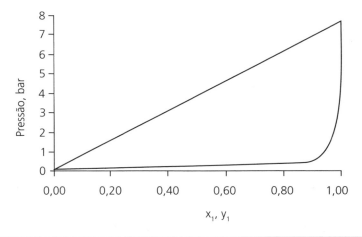

Figura 9.5 ▶ Diagrama de equilíbrio líquido-vapor para o sistema etanol (1) e extrato de canela de cunhã (2) a 400 K considerando uma mistura ideal.

Tabela 9.9 ▶ Frações molares e pressão total para a mistura ideal do extrato de canela de cunhã e etanol a 400 K.

x_1	x_2	P	y_1	y_2
0,00	1,00	0,068	0,00	1,00
0,05	0,95	0,438	0,85	0,15
0,10	0,90	0,809	0,92	0,08
0,15	0,85	1,180	0,95	0,05
0,20	0,80	1,551	0,97	0,03
0,25	0,75	1,922	0,97	0,03
0,30	0,70	2,293	0,98	0,02
0,35	0,65	2,664	0,98	0,02
0,40	0,60	3,035	0,99	0,01
0,45	0,55	3,406	0,99	0,01
0,50	0,50	3,777	0,99	0,01
0,55	0,45	4,148	0,99	0,01
0,60	0,40	4,519	0,99	0,01
0,65	0,35	4,890	1,00	0,00
0,70	0,30	5,261	1,00	0,00
0,75	0,25	5,632	1,00	0,00
0,80	0,20	6,002	1,00	0,00
0,85	0,15	6,373	1,00	0,00
0,90	0,10	6,744	1,00	0,00
0,95	0,05	7,115	1,00	0,00
1,00	0,00	7,486	1,00	0,00

P [=] bar; x_1=fração molar do etanol na fase líquida.

x_2= fração molar do extrato de canela de cunhã na fase líquida.

y_1= fração molar do etanol na fase vapor.

y_2= fração molar do extrato de canela de cunhã na fase vapor.

b) O sistema pode ser descrito pela EDE de Peng-Robinson
Nesse modelo, utilizou-se o software VLMU para realização dos cálculos. Os dados de entrada desse programa são a fração molar dos dois componentes na fase líquida (x_1 e x_2), as propriedades críticas dos dois componentes e a temperatura da mistura. Os parâmetros de interação binária foram considerados iguais a zero. A opção utilizada foi a "opção 5", obtendo-se como dados

de saída a pressão total do sistema e a fração molar dos dois componentes na fase gasosa (y_1 e y_2). Considerou-se que a pressão de saturação para o sistema para $x_1 = 1$ ou $x_2 = 1$ é igual à pressão de vapor do extrato de canela de cunhã ou pressão de vapor do etanol, respectivamente. A Tabela 9.10 e a Figura 9.6 mostram as composições nas fases líquida e vapor como função da pressão do sistema.

Tabela 9.10 ▶ Frações molares e pressão total para a mistura real do extrato de canela de cunhã e etanol a 400 K obtidos pela EDE de Peng-Robinson.

x_1	x_2	P	y_1	y_2
0,00	1,00	0,0675	0,0000	1,0000
0,05	0,95	0,4000	0,8415	0,1585
0,10	0,90	0,7500	0,9169	0,0831
0,15	0,85	1,1000	0,9452	0,0548
0,20	0,80	1,4600	0,9601	0,0399
0,25	0,75	1,8200	0,9692	0,0308
0,30	0,70	2,1700	0,9755	0,0245
0,35	0,65	2,5300	0,9801	0,0199
0,40	0,60	2,9000	0,9835	0,0165
0,45	0,55	3,2600	0,9863	0,0137
0,50	0,50	3,6300	0,9885	0,0115
0,55	0,45	4,0000	0,9904	0,0096
0,60	0,40	4,3700	0,9920	0,0080
0,65	0,35	4,7500	0,9934	0,0066
0,70	0,30	5,1200	0,9946	0,0054
0,75	0,25	5,5100	0,9957	0,0043
0,80	0,20	5,8900	0,9966	0,0034
0,85	0,15	6,2800	0,9975	0,0025
0,90	0,10	6,6700	0,9984	0,0016
0,95	0,05	7,0700	0,9992	0,0008
1,00	0,00	7,4862	1,0000	0,0000

P [=] bar.
x_1 = fração molar do etanol na fase líquida.
x_2 = fração molar do extrato de canela de cunhã na fase líquida.
y_1 = fração molar do etanol na fase vapor.
y_2 = fração molar do extrato de canela de cunhã na fase vapor.

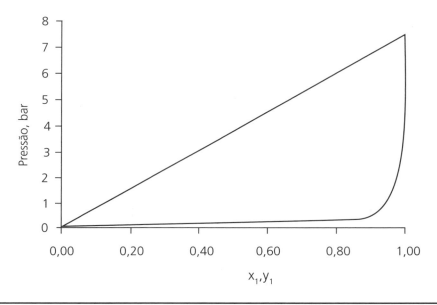

Figura 9.6 ▶ Diagrama de equilíbrio líquido-vapor para o sistema etanol (1) e extrato de canela de cunhã (2) a 400 K obtidos com a EDE de Peng-Robinson.

 Comentários

O sistema extrato de canela de cunhã + etanol é de grande assimetria como mostra a Figura 9.6. Para comprovar a eficácia do método, deve-se coletar dados experimentais do equilíbrio líquido-vapor nas mesmas condições de temperatura e pressão estudadas neste exercício.

RESUMO DO CAPÍTULO

Neste capítulo, os conceitos desenvolvidos nos capítulos anteriores foram utilizados para o cálculo das propriedades termodinâmicas de um sistema complexo: extrato de canela de cunhã e etanol. Algumas relações termodinâmicas foram verificadas usando-se as propriedades estimadas.

 PROBLEMA PROPOSTO

No início do capitulo, foi apresentada a composição do extrato de artemísia. Refaça os exemplos considerando esse novo pseudocomponente.

REFERÊNCIAS BIBLIOGRÁFICAS

1. Joback KG, Reid RC. Estimation of pure-component properties from group-contributions. Chem. Eng. Commun 1987; 57: 233-243.
2. NIST – National Institute for Standard and Technology. Disponível em NIST Chemistry WebBook: <http://webbook.nist.gov/chemistry/>. Acesso em: 30/11/2011.
3. Poling BE, Prausnitz JM, O'Connell JP. The properties of gases and liquids. 3rd Ed. New York: McGraw-Hill; 2000.
4. Quispe-Condori S, Sánchez D, Foglio MA, Rosa PTV, Zetzl C, Brunner G, Meireles MAA. Global yield isotherms and kinetic of artemisinin extraction from *Artemisia annua* L leaves using supercritical carbon dioxide. J. of Supercritical Fluids 2005; 36: 40-48.
5. Reid RC, Prausnitz JM, Poling BE. The properties of gases and liquids. New York: McGraw-Hill; 1987.
6. Sandler SI. Chemical and engineering thermodynamics. 3rd Ed. New York: John Wiley & Sons; 1998.
7. Sousa EMBD, Martínez J, Chiavone-Filho O, Rosa PTV, Domingos T, Meireles MAA. Extraction of volatile oil from *Croton zehntneri* Pax et Hoff with pressurized CO_2: solubility, composition and kinetics. J. of Food Engineering 2005; 69: 325-333.

PARTE 2

Fundamentos de Cálculos de Processos

CAPÍTULO 10

Unidades e Dimensões

- Camila Gambini Pereira
- M. Angela A. Meireles

CONTEÚDO

Objetivos do Capítulo 378
Introdução 378
Dimensões e Unidades 378
Sistemas de Unidades 380
Conversão de Unidades e Fatores de Conversão 382
Exemplo 10.1 – Conversão de in^3/s em L/min 382
Resolução 382
Comentários 382
Exemplo 10.2 – Conversão de ft^3/h para L/min 383
Resolução 383
Comentários 383
Exemplo 10.3 – Cálculo do Peso de Grãos de Café 384
Resolução 384
Consistência Dimensional 384
Algarismos Significativos e Incerteza 385
Resumo do Capítulo 387
Problemas Propostos 387
Referência Bibliográfica 388

> **OBJETIVOS DO CAPÍTULO**
>
> Neste capítulo, discutiremos as dimensões e unidades de grandezas físicas e termofísicas empregadas em cálculos de Engenharia; o Sistema Internacional (SI) de unidades e os métodos para conversão de unidades serão apresentados. Discutiremos a consistência dimensional, os números adimensionais frequentemente utilizados em Engenharia, algarismos significativos e incerteza.

Introdução

Na indústria, o controle de processos é feito tendo como base propriedades e parâmetros de processos. Os engenheiros estão sempre realizando cálculos e análises e, para efetuar cálculos, é primordial o conhecimento dos conceitos básicos relacionados à medição de variáveis de processos e, também, a familiarização com as unidades nas quais tais grandezas são expressas. A importância da capacidade de converter unidades de medida de um sistema para outro reside no fato que os equipamentos de processo usam diferentes sistemas de medição. Neste capítulo, apresentaremos as noções fundamentais de dimensões e unidades, fornecendo ferramentas que possibilitarão ao aluno exercitar seu raciocínio de maneira lógica em uma situação real dentro da Engenharia.

Dimensões e Unidades

Inicialmente, serão introduzidos alguns conceitos fundamentais sobre **dimensões e unidades**. **Dimensões** são definidas como sendo as quantidades de medida (grandezas físicas), como comprimento, tempo, massa, temperatura. **Unidades** são as formas de descrever as dimensões, como metros, pés ou milhas. As unidades fornecem magnitude e caracterizam a dimensão. Cada unidade está relacionada à outra através de fatores de conversão. Por exemplo, no caso de comprimento: 1 milha = 1.609,3 metros = 5.280,0 pés.

Quantidades de uma mesma dimensão podem ser diretamente somadas/subtraídas, desde que expressas nas mesmas unidades; quando são expressas em unidades diferentes deve-se realizar a conversão de modo a expressá-las em uma mesma unidade. No entanto, quantidades com dimensões diferentes não podem ser somadas/subtraídas. Por exemplo:

- 5 pés + 3 metros = 5 pés + 9,84 pés = 14,84 pés

    ou = 1,52 metros + 3 metros = 4,52 metros

- 5 pés + 3 segundos = ??? (não é possível)

Unidades e Dimensões

capítulo 10

Podemos ainda realizar operações de multiplicação/divisão entre quantidades de diferentes dimensões, podendo surgir novas dimensões. Por exemplo:

- 5 metros divididos por 2 segundos = 2,5 m/s (velocidade).

Observamos que a partir de determinadas grandezas é possível definir novas grandezas. É o que chamamos de grandezas primárias (fundamentais) e grandezas secundárias (derivadas). As unidades das grandezas primárias no Sistema Internacional (SI) e no Sistema Inglês são apresentadas na Tabela 10.1.

Tabela 10.1 ▶ Unidades de grandezas primárias no Sistema Internacional e no Sistema Inglês.

Grandeza (Dimensão)	Sistema Internacional (SI) Unidade	Sistema Internacional (SI) Símbolo	Sistema Inglês Unidade	Sistema Inglês Símbolo
Massa (M)	quilograma	kg	libra-massa	lbm
Comprimento (L)	metro	m	pé	ft
Tempo (T)	segundo	s	segundo	s
Temperatura (θ)	kelvin	K	rankine	ºR
Quantidade de matéria (N)	mole	mol	libramol	lbmol
Corrente elétrica (I)	ampére	A	–	–
Intensidade luminosa (J)	candela	cd	–	–

Observe na Tabela 10.1 que os símbolos das unidades são escritos em letras minúsculas e não são usados plurais; portanto, devemos usar "m" para representar metro ou metros. Mas existe uma exceção a essa regra: quando o nome da unidade é derivado do nome de um cientista o símbolo deverá ser escrito usando letra maiúscula: o símbolo da unidade "kelvin" é o "K", pois o nome da unidade deriva do nome do físico/engenheiro Lord Kelvin. O mol é a unidade base do SI, que indica a quantidade de matéria de um sistema que contém tantas entidades elementares (partículas que devem ser especificadas) quanto o número de átomos contidos em 0,012 kg de carbono 12. Os países de língua inglesa utilizam o libramol (lbmol) como sendo a unidade para definir a quantidade de matéria. A definição é semelhante: o libramol indica a quantidade de matéria que contém tantas entidades elementares quantos são os átomos contidos em 12 lb de carbono 12. Assim, a relação que existe entre o libramol e o quilomol é a mesma que existe entre a libra (libra-massa, lbm) e o quilograma, ou seja, se 1 kg = 2,2046 lbm, então 1 kmol = 2,2046 lbmol.

A partir das grandezas primárias, uma série de outras grandezas pode surgir; são as chamadas grandezas secundárias, por exemplo, área (comprimento quadrado), volume (comprimento cúbico), velocidade (comprimento/tempo), vazão mássica (massa/tempo), etc. Algumas unidades derivadas possuem nomes e símbolos específicos; alguns exemplos são apresentados na Tabela 10.2.

Tabela 10.2 ▶ Unidades derivadas de unidades primárias.

Grandeza	Unidade Nome	Unidade Símbolo	Relação com a unidade equivalente
Força	newton	N	1 N = 1 kg.m/s²
	dina	–	1 dina = 1 g.cm/s²
	poundal	–	1 poundal = 1 lbm.ft/s²
Pressão	pascal	Pa	1 Pa = 1 N/m²
	psi	–	1 psi = 1 lbf/in²
Energia	joule	J	1 J = 1 N.m
	erg	–	1 erg = 1 g.cm²/s²
Potência	watts	W	1 W = J/s
Frequência	hertz	Hz	1 Hz = 1/s
Viscosidade	poise	–	1 poise = 1 g/cm.s

Sistemas de Unidades

Os sistemas de unidades são grupos de unidades criados com o intuito de caracterizar as grandezas, unificando a forma como elas são apresentadas. Os sistemas são divididos em:

- Sistemas absolutos: as grandezas massa, comprimento e tempo são consideradas grandezas primárias. Os sistemas CGS, SI e o absoluto inglês fazem parte desse grupo. Nos sistemas absolutos, as unidades de força são derivadas das unidades básicas.
- Sistemas gravitacionais: nesses sistemas, a dimensão de força é considerada primária, em vez da massa. Os sistemas mais comuns são o Sistema Britânico de Engenharia e o Sistema Americano de Engenharia.

Em 1960,[1] para atender à necessidade de se definir um sistema de unidades uniformizado que fosse adotado internacionalmente, foi criado o **Sistema Internacional (SI)** de unidades. O SI é basicamente o antigo sistema MKS (metro, quilograma e segundo) considerando novas grandezas importantes por sua ampla aplicação. Para evitar a utilização de números multiplicadores nas unidades, foi definido o uso de prefixos que indicam múltiplos e submúltiplos das unidades fundamentais. A Tabela 10.3 apresenta os prefixos utilizados no SI.

---

[1] Aprovado na 11ª Conferência Geral de Pesos e Medidas (CGPM) realizada em Paris.

Unidades e Dimensões

Tabela 10.3 ▶ Prefixos utilizados no Sistema Internacional.

Múltiplo			Submúltiplo		
Fator	Prefixo	Símbolo	Fator	Prefixo	Símbolo
10^{18}	exa	E	10^{-18}	ato	a
10^{15}	peta	P	10^{-15}	fento	f
10^{12}	tera	T	10^{-12}	pico	p
10^{9}	giga	G	10^{-9}	nano	n
10^{6}	mega	M	10^{-6}	micro	µ
10^{3}	quilo	k	10^{-3}	mili	m
10^{2}	hecto	h	10^{-2}	centi	c
10	deca	Da	10^{-1}	deci	d

Além das unidades derivadas, existem as unidades que não pertencem ao SI, mas que são aceitas para uso junto ao SI. Essas unidades são apresentadas na Tabela 10.4.

Tabela 10.4 ▶ Unidades aceitas para uso com o SI.

Grandeza	Unidade		Relação com a unidade no SI
	Nome	Símbolo	
Volume	litro	L	$1\,dm^3$
Massa	tonelada	T	Mg
Ângulo plano	volta		2π rad
	grau	º	$(\pi/180)$ rad
	minuto	'	$(\pi/10.800)$ rad
	segundo	"	$(\pi/648.000)$ rad
Velocidade angular	rotação por minuto	rpm	$(\pi/30)$ rad s^{-1}
Tempo	minuto	min	60 s
	hora	h	3.600 s
	dia	d	86.400 s

Existem ainda unidades que estão aceitas temporariamente pelo SI devido a sua larga aplicação em setores específicos, como unidades de pressão: a atmosfera (atm), o bar (bar) e o milímetro de mercúrio (mmHg); ou ainda a unidade de energia: caloria (cal); ou potência: cavalo-vapor (cv).

Hoje, o SI é considerado um sistema padrão. No entanto, ainda se observa em muitos segmentos nos Estados Unidos a aplicação de outros sistemas, como o Sistema Americano de Engenharia ou o Sistema Inglês. Observa-se então a necessidade de se estar familiarizado com os diversos sistemas de unidades e de se entender como esses sistemas estão relacionados entre si. É o que veremos na seção seguinte.

Conversão de Unidades e Fatores de Conversão

Como discutido anteriormente, o propósito deste capítulo é apresentar as ferramentas para que cálculos mais complexos possam ser realizados com facilidade, coerência e exatidão. A conversão de qualquer unidade consiste na multiplicação dos fatores de conversão aplicados em uma determinada grandeza de dimensão similar. Para isso primeiramente é importante estar a par dos fatores equivalentes de conversão. Os fatores de conversão para as principais grandezas utilizadas podem ser encontradas encontradas ao final do livro (Fatores de Conversão). Uma vez familiarizados com esses fatores de conversão, tomemos alguns exemplos.

Exemplo 10.1

Conversão de in³/s em L/min

No processo de pasteurização, o controle das vazões das correntes de entrada do trocador de calor é essencial para a eficiência do mesmo. Se as especificações técnicas do equipamento indicarem limite de 150 in³/s, qual será a sua vazão limite em L/min?

Resolução

Nesse caso, aplicam-se dois fatores de conversão: um para o volume (in³→L) e outro para o tempo (s→min), que podem ser aplicados da seguinte forma:

$$\frac{150 \; in^3}{s} \cdot \frac{1 \, L}{61{,}03 \, in^3} \cdot \frac{60 \, s}{1 \, min} = 147{,}47 \; L/min$$

Comentários

Observe que da forma como é colocado, as unidades in³ e s se anulam, restando somente as unidades convertidas (L/min).

Unidades e Dimensões

capítulo 10

Exemplo 10.2

Conversão de ft³/h para L/min

O responsável pelo controle no laticínio que emprega o sistema de pasteurização apresentado no exemplo anterior está com dificuldades para verificar se o medidor de vazão está indicando um valor esperado. Pelo medidor de vazão, a quantidade de leite que passa pelo trocador de calor é 289 ft³/h. Esse valor está dentro do desejável?

Resolução

Novamente, utilizam-se dois fatores de conversão:

$$\frac{289 \mid ft^3 \mid 1{,}728\times 10^3\ in^3 \mid 1\ h \mid 1\ min}{\mid h \mid 1\ ft^3 \mid 60\ min \mid 60\ s} = 138{,}72\ L/min$$

Comentários

Fazendo as conversões necessárias, verifica-se que a vazão indicada no medidor de vazão está abaixo do limite permitido.

Outras grandezas derivadas também necessitam de conversões. Por meio da segunda Lei de Newton podemos definir *Força* como:

$$F = ma \qquad (10.1)$$

onde m é a massa do corpo e a é a aceleração da gravidade.

No Sistema Internacional, a unidade de força é definida em termos de newton (N), em que N [=] kg.m/s². No Sistema Inglês, a unidade de força é libra-força (lbf), em que 1 lbf é a força necessária para acelerar uma libra-massa a 32,174 ft/s², que é a aceleração da gravidade no Sistema Inglês. Substituindo na Equação (10.1):

$$1\ lbf = (1\ lbm)\times(32{,}174\ ft/s^2) = 32{,}174\ lbm.ft/s^2$$

Observe que libra-massa (lbm) é diferente de libra-força (lbf). As duas grandezas são diferentes, bem como suas unidades. Alguns autores utilizam simplesmente lb para definir as duas dimensões, mas essa forma pode causar confusão. Por esse motivo, trabalharemos neste livro com letras adicionais para caracterizar cada grandeza: "m" para massa e "f" para força.

Diferente do Sistema Internacional, no Sistema Americano de Engenharia a grandeza força é considerada uma grandeza primária. Sendo assim, é necessário considerar uma constante de proporcionalidade que nos permite obter a força em lbf por meio da equação:

383

Fundamentos de Engenharia de Alimentos

$$F = \frac{ma}{g_c} \qquad (10.2)$$

Em que $g_c = 32,1741 \text{ bm.ft/lbf.s}^2$
Dessa forma, temos:

$$F = \frac{ma}{g_c} = \frac{(1 \text{ lbm}) \times (32,174 \text{ ft/s}^2)}{\left(32,174 \,{}^{\text{lbm.ft}}\!/\!{}_{\text{lbf.s}^2}\right)} = 1 \text{ lbf}$$

É importante notar que a constante g_c não estará explícita nas equações subsequentes. Na realidade, depende da opção que se faz com relação à forma de se considerar a dimensão força, ou seja, como sendo uma dimensão primária ou secundária.

Outra observação importante é não confundir g (gravidade) com g_c (constante de proporcionalidade). Trata-se de grandezas fundamentalmente diferentes.

Exemplo 10.3

Cálculo do Peso de Grãos de Café

Determine o quanto pesa 1 tonelada de grãos de café em N e em lbf.

Resolução

Primeiramente devemos converter tonelada para kg e lbm. Considerando que 1 tonelada = 907,18 kg = 2.000 lbm, e aplicando as Equações (10.1) e (10.2), temos:

No Sistema SI:

$$F = ma = 1 \text{ ton} \times \frac{907,18 \text{ kg}}{1 \text{ ton}} \times 9,81 \text{ m/s}^2$$

$$F = 8.899,43 \text{ kg.m/s}^2 = 8.899,43 \text{ N}$$

No Sistema Americano de Engenharia:

$$F = \frac{ma}{g_c} = 1 \text{ ton} \times \frac{2.000 \text{ lbm}}{1 \text{ ton}} \times \frac{32,174 \text{ ft/s}^2}{32,174 \,{}^{\text{lbm.ft}}\!/\!{}_{\text{lbf.s}^2}}$$

$$F = 2.000 \text{ lbf}$$

Consistência Dimensional

A análise dimensional baseia-se no fundamento da **Homogeneidade dimensional** que estabelece que:

Unidades e Dimensões

capítulo 10

"qualquer expressão que represente um sistema físico só é verdadeira se esta for dimensionalmente consistente, ou seja, ambos os membros da equação deverão ter as mesmas dimensões e, no caso de haver soma ou diferença, cada termo deverá possuir as mesmas dimensões e unidades".

Por exemplo:

$$V = V_0 + at \quad \Rightarrow \quad [V] = [V_0] + [at] = \left(\frac{m}{s}\right) + \left(\frac{m}{s^2} \times s\right) = \frac{m}{s}$$

Observe que a recíproca não é verdadeira, isto é, uma equação dimensionalmente consistente não tem necessariamente um significado físico.

A importância da homogeneidade dimensional está atrelada a diversos pontos, como poder avaliar a grandeza de uma equação, evitar erros de dimensões e ainda estabelecer correlações empíricas entre grandezas físicas envolvidas em um determinado fenômeno. Esse último caso é muito empregado em Engenharia. Através de grandezas físicas conhecidas, é possível gerar grupos adimensionais que facilitam o entendimento físico e a resolução matemática de um determinado problema. Como, por exemplo, é o caso dos números de Reynolts (Re), Nusselt (Nu) e Schmidt (Sc) utilizados nos estudos de fenômenos de transporte de massa, calor e movimento:

- Número de Reynolds: $Re = \dfrac{\rho D v}{\mu}$ (também conhecido como N_{Re})

- Número de Nusselt: $Nu = \dfrac{hD}{k}$ (também conhecido como N_{Nu})

- Número de Schmidt: $Sc = \dfrac{\mu}{\rho D}$ (também conhecido como N_{Sc})

Algarismos Significativos e Incerteza

Em diversos momentos, você encontrará situações em que terá de decidir qual é a melhor maneira de expressar um determinado valor. Como agir então? Para responder essa questão precisamos do conceito de algarismos significativos e incerteza.

Os algarismos significativos de um número são os dígitos diferentes de zero, contados a partir da esquerda até o último dígito diferente de zero à direita, quando não há vírgula decimal, ou até o último dígito (zero ou não) caso haja uma vírgula decimal. Por exemplo:

3.500 ou $3,5 \times 10^3$ (2 algarismos significativos)

3.500, ou $3,500 \times 10^3$ (4 algarismos significativos)

3.500,0 ou $3,5000 \times 10^3$ (5 algarismos significativos)

35.050 ou $3,505 \times 10^4$ (4 algarismos significativos)

Fundamentos de Engenharia de Alimentos

0,035 ou 3,5 × 10^{-2} (2 algarismos significativos)
0,03500 ou 3,500 × 10^{-2} (4 algarismos significativos)

Observe que algarismos que iniciam com zero só são contabilizados a partir do primeiro número que segue o último zero da esquerda para a direita.

Muitas vezes, para facilitar a escrita de um número, emprega-se a técnica do arredondamento; por exemplo, o número 231.001.003 pode ser escrito como 2,31001003×10^8, sendo arredondado para 2,31×10^8. Mas vale lembrar que ao se efetuar uma série de cálculos intermediários ou conversões é importante ter em mente que o número de algarismos significativos não pode ser alterado, ou seja, o *arredondamento de um número não deve ser feito durante os cálculos, mas somente no final*. Esse tipo de erro pode causar sérios problemas. Por exemplo, o limite permitido na vazão em uma determinada tubulação é de 8,8 ×10^5 mL/min. Em seus cálculos aparece a seguinte conta:

exp[(1,37388×3,28487)^{1,7378}] = 908.295,112369 = 9,1×10^5

Arredondando o segundo algarismo de cada valor temos:

exp[(1,37×3,28)^{1,74}] = 857.691,544425 = 8,6 ×10^5

Observe que se as contas forem feitas com arredondamento em cada valor, uma decisão errada poderá ser tomada.

Paralelamente ao conceito de algarismos significativos temos o conceito de **incerteza**. A incerteza de um resultado pode estar vinculada a duas causas: incerteza instrumental e de cálculos. Instrumentos de medida por si só apresentam um erro que é devido a diversos fatores: sejam oscilações de energia, incerteza de escalas, folgas de engrenagens, etc. Normalmente, os fabricantes apresentam a incerteza daquela medida, que indica o erro máximo dela. Por exemplo, uma balança com incerteza de ±0,05 g. Quando o instrumento de medida não informa a incerteza, considera-se que esse valor corresponde à metade da menor divisão da escala do instrumento de medida. Por exemplo: quanto a uma régua graduada em mm, a incerteza é de ± 0,5 mm (± 0,0005 m). A incerteza nos cálculos está diretamente relacionada ao conceito de algarismos significativos. Por exemplo, a pressão em bar observada por um gás em uma tubulação é de 1,2 ± 0,1; ou 1,21 ± 0,01. Observe que o algarismo duvidoso está relacionado com o ponto de incerteza do resultado.

Quando se trabalha com dois ou mais valores que apresentam grau de incerteza, empregam-se as seguintes regras para se obter um valor final:

a) Para soma e subtração: os erros absolutos se somam.
b) Para produto e divisão: os erros relativos se somam.

Dessa forma, sendo $A = a \pm \Delta a$ e $B = b \pm \Delta b$, temos:

$$A + B = (a+b) \pm (\Delta a + \Delta b) \qquad (10.3)$$

$$A - B = (a-b) \pm (\Delta a + \Delta b) \qquad (10.4)$$

$$A \times B = (a \times b) \pm (|b|\Delta a + |a|\Delta b) \qquad (10.5)$$

Unidades e Dimensões

capítulo 10

$$A \div B = (a \div b) \pm \left(\frac{\Delta a}{a} + \frac{\Delta b}{b}\right)\left(\frac{a}{b}\right) = (a \div b) \pm (b\Delta a + a\Delta b)\left(\frac{1}{b^2}\right) \quad (10.6)$$

Assim, ao se calcular a área lateral de uma embalagem cuja altura medida foi de 7,0 ± 0,5 cm e largura medida de 20 ± 1 cm, tem-se:

$$A = (7,0) \times (20) \pm (|20|0,5 + |7,0|1) = 140 \pm 17 \text{ cm}$$

Em Engenharia, principalmente quando se trabalha com diversas variáveis, a aplicação dessas regras implica maior exatidão e garantia dos resultados.

RESUMO DO CAPÍTULO

Neste capítulo, discutimos:
- Dimensões e unidades.
- O Sistema Internacional de unidades.
- Consistência dimensional.
- Algarismos significativos e incertezas.

PROBLEMAS PROPOSTOS

10.1. Utilizando as tabelas de conversão de unidades, faça as seguintes conversões:
a) 490 L/h em m³/s
b) 2 in/s² em km/h²
c) 580 kg/m³ em lbm/ft³
d) 600 psi em kgf/cm²
e) 138 lbm.ft/h² em kg.cm/s²
f) 10,45 × 10⁵ kJ/min em hp
g) 200 kcal/h em W
h) 3,1 kWh em J

10.2. Astronautas estavam se preparando para uma nova viagem, e a equipe responsável por sua alimentação preparou o equivalente a 100 kg de comida. Qual é o peso, em N e lbf, dessa carga aqui na Terra e lá na Lua, sabendo que a gravidade da Lua é um sexto da gravidade da Terra?

10.3. Em um processo de extração de óleos voláteis, o manômetro que controla a pressão de entrada de fluido no extrator marca uma pressão de 1.900 psi. Qual é a pressão do fluido em MPa e em bar?

10.4. A medição da vazão de fluidos em tubulações pode ser feita com o uso de um medidor de orifício. Através dos valores da pressão, tem-se a vazão aplicando-se a equação abaixo:

$$u = k\sqrt{\frac{\Delta P}{\rho}}$$

Em que u é a velocidade, k a constante de proporcionalidade, ΔP pressão e ρ a densidade.
Se as unidades de cada termo forem apresentadas no sistema SI, qual será a unidade da constante k?

Fundamentos de Engenharia de Alimentos

10.5. A análise realizada no viscosímetro indicou que a viscosidade do óleo de oliva é 81×10^{-2} poise. Qual é o valor da viscosidade em Pa.s, g/cm.s; e em lbm/ft.s?

10.6. Demonstre a consistência adimensional nos números adimensionais de Fourier e o fator de atrito f, onde:

$$Fo = \frac{\alpha t}{L^2} \qquad e \qquad f = \frac{\Delta P}{(L/D)(\rho u_m^2 / 2)}$$

Em que α é a difusividade térmica[2], t é o tempo, L é o comprimento, ΔP é a queda de pressão, D é o diâmetro, ρ é a densidade, u_m é a velocidade média.

10.7. Em uma torre de adsorção para estudar transferência de amônia para a água o coeficiente global de transferência de massa da fase gasosa, K_G, foi estimado em $2,81 \times 10^{-9}$ kgmol/m².s.Pa. Qual é o valor dessa propriedade em lbmol/ft².min.psi?

10.8. Defina quantos algarismos significativos apresentam os números abaixo:
   a) 0,004185
   b) 32,050
   c) $4,15 \times 10^4$
   d) 0,015200

10.9. Efetue os seguintes cálculos considerando os algarismos significativos e o grau de incerteza; empregue as aproximações que achar conveniente:
   a) $(2,75 \pm 0,07 \text{ g}) + (1,3 \pm 0,1 \text{ g})$
   b) $(22,03 \pm 0,01 \text{ cm}) - (4,95 \pm 0,02 \text{ cm})$
   c) $(0,51 \pm 0,03 \text{ m}) \times (1,701 \pm 0,004 \text{ m})$
   d) $(3,15 \pm 0,11 \text{ m}) \div (1,2 \pm 0,3 \text{ s})$

10.10. No processo de secagem, 10 amostras foram feitas para se calcular a umidade contida no material. Foram obtidos os seguintes valores apresentados na tabela abaixo. Qual é o valor da umidade do material e qual é o grau de incerteza (desvio observado) dos resultados?

Matéria-prima *in natura* (g)	Matéria-prima seca (g)
10,5241	8,9458
9,9845	8,4768
10,3845	8,8357
11,1284	9,4681
9,5864	8,1480
10,3781	8,8312

---

[2] No SI, a difusividade térmica é dada em m²/s.

REFERÊNCIA BIBLIOGRÁFICA

Antunes AAN. Física escola nova, v. 3 (Som, luz e análise dimensional). São Paulo: Moderna; 1972.

CAPÍTULO 11

Grandezas Físicas e Termofísicas

- Camila Gambini Pereira
- M. Angela A. Meireles

CONTEÚDO

Objetivos do Capítulo 390

Introdução 391

Temperatura 391

Exemplo 11.1 – Conversão de Temperatura 393

Resolução 393

Comentários 393

Pressão 393

Exemplo 11.2 – Cálculo da Pressão Absoluta 395

Resolução 395

Comentários 392

Densidade 396

Exemplo 11.3 – Cálculo da Massa de Gás 396

Resolução 396

Comentários 397

Exemplo 11.4 – Cálculo da Porosidade do Leito de Soja 399

Resolução 399

Comentários 399

Volume Específico 399

Calor Específico 399

Condutividade Térmica 400

Difusividade Térmica 401

Exemplo 11.5 – Cálculo de Propriedades Termofísicas e de Transporte............. 401

Resolução 402

Comentários 402

Coeficiente de Expansão Térmica e Compressibilidade Isotérmica..................... 402

Propriedades Críticas 403

Exemplo 11.6 – Cálculo das Propriedades Críticas do Ácido Oleico 403

Resolução 404

Comentários 404

Outras Definições Importantes 404

Composição 404

Exemplo 11.7 – Cálculo das Propriedades Críticas do Ácido Oleico 406

Resolução 406

Comentários 407

Vazão Mássica e Vazão Volumétrica 407

Resumo do Capítulo 407

Problemas Propostos 407

Referências Bibliográficas 408

OBJETIVOS DO CAPÍTULO

Neste capítulo, serão discutidas as grandezas físicas e termofísicas utilizadas em cálculos de Engenharia de Alimentos como a temperatura, a pressão, o calor específico, entre outras.

Grandezas Físicas e Termofísicas

capítulo **11**

Introdução

Ao longo de todo o curso você irá se deparar com processos que alteram os alimentos em sua forma física ou estrutural. Essas alterações afetam direta ou indiretamente as propriedades dos alimentos. Por outro lado, sob a ótica industrial, o conhecimento das propriedades físicas e termofísicas de alimentos é fundamental para a análise das operações unitárias encontradas na indústria de alimentos como processos de secagem, evaporação, congelamento, tratamento térmico, entre outros. Muitas das equações de transferência de calor só podem ser resolvidas com o conhecimento das propriedades termofísicas dos materiais envolvidos. Outras propriedades físicas são essenciais em diversos processos, como temperatura e pressão. O controle da temperatura, por exemplo, é o ponto-chave em diferentes setores, desde o controle das propriedades relacionadas com o alimento e o ambiente durante o armazenamento desses alimentos, o controle microbiológico e até nos ajustes de parâmetros de um processo como na etapa de congelamento. Neste capítulo, será apresentado o conceito das principais propriedades físicas e termofísicas consideradas importantes na Engenharia de Alimentos.

Temperatura

A temperatura é definida como sendo uma grandeza física que está relacionada com o conteúdo de energia do sistema. É a propriedade que nos permite "quantificar" a sensação de calor e de frio. Na termodinâmica, essa propriedade é definida como sendo uma função de estado que está associada ao movimento aleatório de vibração das partículas que compõem um determinado sistema.

A temperatura pode ser medida por uma série de instrumentos, desde simples termômetros de mercúrio até sensores de temperatura, como os termopares. As medidas de temperatura podem ser expressas em diferentes escalas, sejam elas absolutas ou relativas. As escalas de temperatura absolutas têm seus pontos zeros na temperatura mais baixa que se acredita que possa existir. No sistema SI, a temperatura absoluta é dada em termos da escala *Kelvin*; no sistema inglês, na escala *Rankine*. As escalas ditas relativas, *Celsius* e *Fahrenheit*, estão relacionadas às escalas absolutas através de um ponto de associação. Em função de acordos internacionais, o ponto de associação padrão foi alocado no ponto triplo[1] da água. A relação entre as escalas pode ser observada na Figura 11.1. A temperatura absoluta nesse ponto fixo padrão foi definida em 273,15 K.

Na escala Celsius, o *zero* é colocado no ponto de gelo (ponto de congelação da água pura à pressão atmosférica), e o ponto de vapor (ponto de ebulição da água pura à pressão atmosférica) é tomado ao valor 100. Isso faz com que os intervalos de temperatura entre o ponto de gelo e o ponto de vapor nas duas escalas (Kelvin e Celsius) sejam iguais a 100.

A relação entre as escalas Kelvin e Celsius é dada pela equação:

$$T(K) = T(°C) + 273,15 \tag{11.1}$$

---

1 Ponto triplo é o ponto de coexistência entre as fases sólida, líquida e vapor, em equilíbrio. Para mais detalhes, leia o Capítulo 1 deste livro.

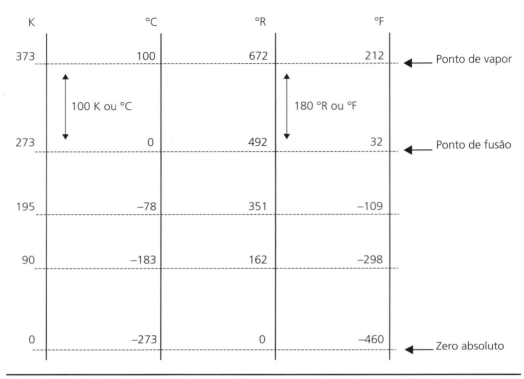

Figura 11.1 ▶ Relações entre as escalas de temperatura.

O ponto fixo padrão no sistema inglês é dado em 491,67 °R. Dessa forma, a relação entre as duas escalas absolutas é:

$$T(°R) = 1,8 T(K) \tag{11.2}$$

A escala Fahrenheit está relacionada com a escala Rankine de forma análoga à Equação (11.1):

$$T(°F) = T(°R) - 459,67 \tag{11.3}$$

Substituindo as Equações (11.2) e (11.2) na Equação (11.1), temos:

$$T(°F) = 1,8 T(°C) + 32 \tag{11.4}$$

Através dessas equações tem-se que na escala Fahrenheit o ponto de gelo é 32 °F e o ponto de vapor é 212 °F. A diferença de 100 graus entre as escalas Celsius e Kelvin é correspondente a 180 graus entre as escalas Fahrenheit e Rankine.

Exemplo 11.1

Conversão de Temperatura

No processo de fabricação de sorvetes, após a pasteurização da mistura-base, a calda deve ser resfriada até 4 °C para evitar a proliferação de microrganismos patógenos. Um novo termômetro foi acoplado ao tanque; no entanto, este marcava uma temperatura em outra unidade: Rankine. Qual deve ser o valor indicado no termômetro para que o processo seja realizado nas mesmas condições?

Resolução

Utilizando a Equação (11.1), podemos encontrar a temperatura em K:

$$T(K) = T(°C) + 273,15$$

$$T(K) = 4 + 273,15 = 277,15$$

$$T(K) = 277,06 \, K$$

Então, para converter a temperatura de K para °R, utilizamos a Equação (11.2):

$$T(°R) = 1,8 T(K) = 1,8 \times 277,15$$

$$T(°R) = 498,87 \, °R$$

Comentários

Vale ressaltar que embora em nosso dia a dia estejamos acostumados a trabalhar com a escala Celsius, os cálculos de processos em Engenharia serão realizados em sua grande parte empregando a escala Kelvin; daí a importância de nos familiarizarmos com essas conversões.

Pressão

Pressão é definida como sendo a força normal exercida por um fluído ou matéria por unidade de área da superfície, ou seja:

$$P = \frac{F}{A} \tag{11.5}$$

Quando a força é medida em Newton (N) e a área em m², a unidade de pressão é N/m², denominado Pascal (Pa), unidades do Sistema SI. Se forem empregadas as unidades do sistema inglês, a pressão é definida em termos de lbf por in², ou psi.

Imagine um fluido em uma coluna de altura h (Figura 11.2). A pressão exercida somente pelo fluido sobre a base da coluna é dada por:

$$\frac{F_{peso}}{A} = \frac{mg}{A} = \frac{\rho Vg}{A} = \rho gh \qquad (11.6)$$

Em que m é a massa do fluido, g é a aceleração da gravidade, ρ é a densidade do fluido, A é a área da base, V é o volume da coluna e h é a altura da coluna.

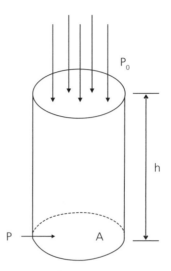

Figura 11.2 ▶ Representação da pressão exercida por um fluido em uma coluna de altura h.

Se considerarmos a pressão externa (P_0) agindo sobre o fluido, a pressão total sobre a placa será dada então pela Equação (11.6) acrescida da P_0:

$$P = P_0 + \rho gh \qquad (11.7)$$

Quando a coluna estiver aberta para o ambiente, a pressão externa será a própria pressão atmosférica. A medição da pressão atmosférica é feita por um instrumento denominado **barômetro**. Sabemos que a pressão atmosférica da Terra varia em função da localização; no entanto, um valor padrão de referência pode ser definido e utilizado para expressar outras pressões. A pressão definida como pressão padrão de referência possui o valor de **1 atm** **(1,01325 × 10⁵ N/m²)**, também chamada de **pressão atmosférica normal**.

De modo geral, o termo pressão refere-se à **pressão absoluta**, a não ser que seja explicitamente definido como sendo outra pressão. Acontece que muitos instrumentos de medição de pressão apresentam valores em termos relativos, em termos da **pressão manométrica** (se estiver acima da pressão atmosférica) ou **pressão de vácuo** (se estiver abaixo da pressão atmosférica). A maior parte dos manômetros faz a leitura em termos da diferença entre a pressão medida e a pressão atmosférica ambiente. Dessa forma, a pressão absoluta é calculada através das expressões:

Grandezas Físicas e Termofísicas

capítulo 11

$$P_{absoluta} = P_{manométrica} + P_{atmosférica} \quad (11.8)$$

$$P_{absoluta} = P_{manométrica} - P_{vácuo} \quad (11.9)$$

A relação entre as formas de descrever as medidas de pressão é apresentada na Figura 11.3.

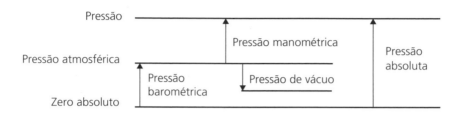

Figura 11.3 ▶ Relação entre as pressões absoluta, atmosférica, manométrica e de vácuo.

Em alguns lugares a pressão utilizada é expressa em **psia**; essa pressão é a pressão absoluta no sistema inglês. Quando aparecer **psig** significa que a pressão indicada se refere à pressão manométrica.[2]

Exemplo 11.2

Cálculo da Pressão Absoluta

O manômetro de um reator de fermentação indica uma pressão de 2.637,5 mmHg. Sabe-se que a pressão atmosférica nesse local é de 13,6 psi. Nessas condições, qual é a pressão absoluta observada no reator, em kPa?

Resolução

O primeiro passo é converter as unidades; assim temos:

$$P_{manométrica} = 2.637 \text{ mmHg} \times \frac{1 \text{ Pa}}{7,5 \times 10^{-3} \text{ mmHg}} \cong 351,6 \text{ kPa}$$

$$P_{atmosférica} = 13,6 \text{ psi} \times \frac{1 \text{ Pa}}{1,4504 \times 10^{-4} \text{ psi}} \cong 93,8 \text{ kPa}$$

Agora podemos utilizar a Equação (11.8) para determinar a pressão no reator de fermentação:

$$P_{absoluta} = P_{manométrica} + P_{atmosférica}$$
$$P_{absoluta} = 351,6 + 93,8 = 445,4 \text{ kPa}$$

---

2 A letra **g** vem da palavra inglesa *gage*, que em português significa manométrica.

Comentários

Note que o conhecimento da pressão atmosférica local, nesse caso 93,8 kPa, faz com que os resultados obtidos sejam mais precisos. Se tivéssemos utilizado a pressão atmosférica normal (101,3 kPa), a pressão absoluta obtida seria 452,9 kPa, cerca de 8% maior que a calculado no Exemplo 11.2. Vale saber se esse aumento é significativo ou não nos cálculos de processo.

Densidade

A densidade (ρ) é definida como a razão entre a massa e o volume ocupado por uma determinada substância. No SI, sua unidade é kg/m^3. Essa é uma propriedade que dá uma indicação do grau de distribuição de quantidade de matéria no corpo. Por exemplo, materiais com grande quantidade de matéria em um determinado volume possuem maior densidade se comparado a corpos de igual volume e menor massa.

A densidade de gases é função da pressão e da temperatura. Em líquidos e sólidos, essa propriedade também é função da temperatura e da pressão, porém em menor intensidade. Na prática é comum assumir que líquidos e sólidos são "*fluidos incompressíveis*"; sendo assim, a densidade de líquidos e sólidos é função somente da temperatura.

Exemplo 11.3

Cálculo da Massa de Gás

A densidade do nitrogênio nas condições normais de temperatura e pressão é igual a 1,24507 kg/m³. Qual é a massa de 200 cm³ de nitrogênio em lbm?

Resolução

Se a densidade é definida pela razão entre a massa e o volume:

$$\rho = \frac{m}{V}$$

Então, a massa de nitrogênio ocupado em 200 cm³ pode ser calculada por:

$$m = \rho \times V$$

$$m = 1,24507 \, kg/m^3 \times \left(200 \, cm^3 \times \frac{1 \, m^3}{10^6 \, cm^3} \right)$$

$$m = 2,5 \times 10^{-4} \, kg$$

Então, convertendo a unidade para lbm:

$$m = 2,5 \times 10^{-4} \text{ kg} \times \frac{1 \text{ kg}}{2,2046 \text{ lbm}} = 1,13 \times 10^{-4} \text{ lbm}$$

Comentários

Os valores de densidade de substâncias puras a determinada temperatura e pressão podem ser obtidos em diversas tabelas e handbooks através dos valores de volume específico. Isto é, basta lembrar que a densidade é o inverso do volume específico.

Uma outra forma de descrever a densidade de uma matéria é em termos da **densidade relativa**, definida como sendo a razão entre a densidade da substância e a densidade de referência a uma determinada condição de temperatura e pressão. Para líquidos e sólidos, a substância de referência é a água (4 °C); para gases, a referência é o ar:

$$\rho_{relativa} = \frac{\rho_{substância}}{\rho_{ref}} \qquad (11.10)$$

A densidade da água a 4 °C é 1×10^3 kg/m³ (ou 62,43 lbm/ft³).

Como a densidade de sólidos e líquidos varia com a temperatura, muitas vezes a densidade relativa é descrita indicando a temperatura utilizada para cada densidade, assim a representação:

$$\rho_{relativa} = 0,81 \frac{21\,°C}{4\,°C}$$

pode ser interpretada como o valor da densidade relativa (0,81) quando a substância encontra-se a 21 °C e a referência a 4 °C.

Tomando como base o caso acima, a densidade da substância é então obtida por:

$$\rho_{substância} = \rho_{relativa} \times \rho_{ref} = 0,81 \times \left(1 \times 10^3\right) = 810 \text{ kg/m}^3$$

Em alimentos, a porosidade é um fator importante e possui elevada influência no valor da densidade. Pelo efeito da porosidade, podemos dividir a densidade dos alimentos em três tipos:[3]

- Densidade real ou verdadeira (*true density*): é a densidade do material que foi moído ou triturado desconsiderando o efeito da porosidade.

---

[3] Lozano JE. Thermal properties of foods, in Food Engineering. Ed. Gustavo V. Barbosa-Cánovas & Pablo Juliano, EOLLS Publishers, Oxford, UK; 2005.

- Densidade aparente (*bulk density*): é a porosidade do material (sólido ou líquido), considerando a existência de todos os poros.
- Densidade da partícula: é a densidade de uma partícula ou material não modificado estruturalmente, mas que possui poros internos em sua estrutura.

A diferença entre os três tipos de densidade pode ser melhor entendida através da Figura 11.4.

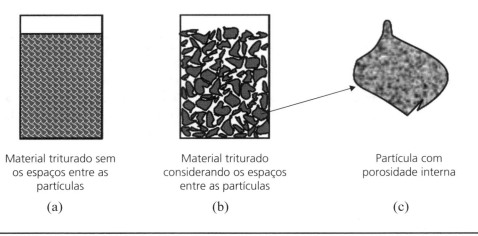

(a) Material triturado sem os espaços entre as partículas

(b) Material triturado considerando os espaços entre as partículas

(c) Partícula com porosidade interna

Figura 11.4 ▶ Representação do material considerado nas diferentes formas de definir a densidade: (a) densidade real ou verdadeira; (b) densidade aparente; (c) densidade da partícula.

Observe que a porosidade considerada na densidade da partícula está relacionada com os poros intrínsecos do próprio material.

A relação entre as densidades nos fornece o valor da **porosidade** (ε) do material. Sendo assim, a porosidade indica a fração volumétrica de ar (espaço vazio) no material, sendo expressa por:

$$\varepsilon = 1 - \frac{\rho_{aparente}}{\rho_{real}} \quad (11.11)$$

A porosidade interpartícula pode ser determinada pela relação:

$$\varepsilon_{inter-partícula} = 1 - \frac{\rho_{aparente}}{\rho_{partícula}} \quad (11.12)$$

Além da porosidade, outro fator que interfere na densidade de alimentos é a sua composição. Frutas e verduras que possuem cerca de 75-95% de água apresentam densidade próximas a 1 kg/m^3. Diversos modelos vêm sendo apresentados para correlacionar a densidade não somente com a água, mas também com o teor de carboidratos, fibras, proteínas, cinzas. Alguns desses modelos são apresentados no Capítulo 19.

Grandezas Físicas e Termofísicas   capítulo **11**

Exemplo 11.4

Cálculo da Porosidade do Leito de Soja

Trinta e oito quilogramas de grãos de soja foram colocados em um silo de armazenamento de 50 L. A densidade real desse material é 1.180 kg/m^3.[4] A partir dessas informações, qual é a porosidade do leito formado pelos grãos de soja?

Resolução

O primeiro passo é determinar a densidade dos grãos que se encontram armazenados nos silos; nesse caso, trata-se de uma densidade aparente, uma vez que os grãos encontram-se distribuídos de forma aleatória dentro do silo. Assim, tem-se:

$$\rho_{aparente,soja} = \frac{m}{V} = \frac{38,3 \text{ kg}}{50 \text{ L}} \times \frac{1 \text{ L}}{10^{-3} \text{ m}^3} = 766 \text{ kg/m}^3$$

Então, utilizando a Equação (11.11), tem-se a porosidade do leito de grãos de soja:

$$\varepsilon = 1 - \frac{766}{1.180} = 0,351$$

Comentários

Note que a densidade possui grande influência na porosidade do leito formado pelos grãos de soja; sendo assim, não pode ser desprezada.

Volume Específico

Em alguns momentos encontramos dados expressos em volume específico. Essa propriedade é definida como sendo o inverso da densidade:

$$\hat{V} = \frac{1}{\rho} \qquad (11.13)$$

No SI, o volume específico é dado em termos de m^3/kg.

Calor Específico

É a quantidade de calor que se ganha ou se perde por unidade de massa de produto, quando esse produto é acompanhado de uma unidade de mudança da temperatura, ou seja: é a quantidade de calor necessário para aumentar a temperatura de um material específico em 1 grau:

---

4 Dados da densidade real. Fonte: Ito AP. Determinação da condutividade e difusividade térmica de grãos de soja. Dissertação de Mestrado, Faculdade de Engenharia Agrícola, Unicamp; 2003.

$$C_P = \frac{Q}{m\Delta T} \qquad (11.14)$$

Em que Q é a quantidade de calor recebido ou perdido, m é a massa de produto, ΔT é a variação da temperatura. No SI, o calor específico é expresso em kJ/kg.K.

Por ser uma propriedade que é dependente da temperatura, em alimentos a composição tem grande influência sobre seu valor. O calor específico de diversos materiais é apresentado no Capítulo 19.

Para gás, o calor específico pode ser expresso a pressão constante (C_P ou $\overline{C}_P$) e a volume constante (C_V ou $\overline{C}_V$):

$$C_P = \left(\frac{\partial \underline{H}}{\partial T}\right)_P \qquad \text{ou} \qquad \overline{C}_P = \left(\frac{\partial \hat{H}}{\partial T}\right)_P \qquad (11.15)$$

$$C_V = \left(\frac{\partial \underline{U}}{\partial T}\right)_{\underline{V}} \qquad \text{ou} \qquad \overline{C}_V = \left(\frac{\partial \hat{U}}{\partial T}\right)_{\hat{V}} \qquad (11.16)$$

Em que $\underline{H}$ é a entalpia molar, $\hat{H}$ é a entalpia específica, $\underline{U}$ é a energia interna molar, e $\hat{U}$ é a energia interna específica definidas a uma dada temperatura T.

A diferença entre C_P e $\overline{C}_P$ é que o primeiro é definido em base molar e o segundo em base mássica. O mesmo ocorre para C_V e $\overline{C}_V$.

Em alimentos, pelo fato de a maioria dos processos ser efetuada a pressão constante, utiliza-se mais o valor de C_P para descrever essa propriedade. No Capítulo 19 você encontrará algumas correlações para o cálculo do calor específico de alimentos com alto teor de umidade.

Condutividade Térmica

É a propriedade que descreve a taxa de transferência de calor através de um material sob a influência de um gradiente térmico. Na indústria de alimentos, essa propriedade é de extrema importância em processos envolvendo o efeito da temperatura. Por exemplo, na secagem, na aeração e no resfriamento de grãos, no congelamento de alimentos, no armazenamento de frutas e legumes, outros. Diversos fatores afetam a condutividade térmica em um alimento, podendo ser citados composição, estrutura, porosidade, homogeneidade, orientação das fibras, ou qualquer outro fator que afete o fluxo de energia através do material.

A determinação da condutividade térmica se faz pela Lei de Fourier de condução de calor e pode ser expressa como:

$$\frac{Q}{A} = -k\frac{dT}{dx} \qquad (11.17)$$

em que Q é a quantidade de calor fornecido, A é a área de transferência de calor, k é a condutividade térmica, T é a temperatura e x é a distância. No SI, k é definido em termos de W/m.K.

Grandezas Físicas e Termofísicas

capítulo 11

Alimentos com elevada quantidade de água apresentam condutividade próxima à da água. Os meios multifásicos podem ser considerados contínuos e homogêneos; no entanto, alimentos em sua grande maioria são misturas heterogêneas. A condutividade de alimentos porosos, por exemplo, é influenciada pela presença de ar. Nestes casos, a condutividade térmica é dita efetiva.

A condutividade térmica da água e de alguns alimentos é apresentada no Capítulo 19.

Difusividade Térmica

Essa propriedade relaciona a habilidade do material em conduzir e estocar calor. É uma propriedade que é função de outras três propriedades, conforme apresentado pela Equação (11.2):

$$\alpha = \frac{k}{\rho C_p} \qquad (11.18)$$

em que α é a difusividade térmica, expressa no SI em m²/s.

Na Equação (11.18), o numerador expressa a capacidade do produto de *transferir calor*, enquanto o denominador indica a capacidade do produto de *absorver calor*.

Em situações em que a transferência de calor ocorre em regime transiente, a difusividade térmica é descrita pela 2ª Lei de Fourier, unidimensional:

$$\frac{\partial^2 T}{\partial x^2} = \frac{1}{\alpha}\frac{\partial T}{\partial t} \qquad (11.19)$$

A difusividade térmica, assim como as outras propriedades (k, ρ, C_P), também é função da temperatura, umidade, composição e porosidade do alimento.

Exemplo 11.5

Cálculo de Propriedades Termofísicas e de Transporte

A formulação de um alimento para fins especiais de dieta apresentou a seguinte composição: 35% de carboidrato, 25% de proteína, 10% de gordura, 5% de cinzas e 25% de umidade. Considerando as equações de Heldman e Singh (1981) e de Sweat (1986), determine o valor do calor específico, da condutividade térmica e da difusividade sabendo que o alimento possui uma densidade de 1.023,67 kg/m³.

Dados:

Heldman e Singh (1981):

$$C_P = 1{,}424 x_C + 1{,}549 x_P + 1{,}675 x_f + 0{,}837 x_A + 4{,}187 x_W$$

Sweat (1986):

$$k = 0{,}25 x_C + 1{,}555 x_P + 0{,}16 x_f + 0{,}135 x_A + 0{,}58 x_W$$

401

Em que c = carboidrato, p = proteína, f é gordura ("fat"), a = cinzas ("ash"), w = umidade ("water").

Resolução

De acordo com o enunciado, a composição em termo dos principais compostos é $x_C = 0,35$; $x_P = 0,25$; $x_f = 0,10$, $x_A = 0,05$, $x_W = 0,25$. Utilizando as equações de Heldman e Singh (1981) e Sweat (1986), temos:

$$C_P = 1,424 \times (0,35) + 1,549 \times (0,25) + 1,675 \times (0,10) + 0,837 \times (0,05) + 4,187 \times (0,25)$$
$$C_P = 2,142 \text{ kJ/kg.K}$$

e

$$k = 0,25 \times (0,35) + 1,555 \times (0,25) + 0,16 \times (0,10) + 0,135 \times (0,05) + 0,58 \times (0,25)$$
$$k = 0,644 \text{ W/m.k}$$

Assim, utilizando a Equação (11.18):

$$\alpha = \frac{k}{\rho C_P} = \frac{0,644 \text{ W/mK}}{1.023,67 \text{ kg/m}^3 \times 2,142 \text{ kJ/kgK}} = 2,93 \times 10^{-7} \text{ m}^2/\text{s}$$

Comentários

Em se tratando de alimentos, a composição é algo que varia fortemente; sendo assim, suas propriedades também variam. Em cálculos futuros, lembre-se disso e faça uso das diversas correlações que se têm disponível na literatura para dar maior fundamentação aos resultados obtidos.

Coeficiente de Expansão Térmica e Compressibilidade Isotérmica

O coeficiente de expansão térmica (α) e a compressibilidade isotérmica (κ_T) são propriedades importantes, principalmente em processos em que se verifica alteração do volume do material com o aumento ou a diminuição da temperatura ou pressão. Um exemplo de aplicação se dá no estudo das condições ideais de congelamento de alimentos, através da avaliação ponto de congelamento de sistemas vítreos, ou ainda o efeito da variação da temperatura e pressão na estabilidade estrutural das proteínas.[5]

O coeficiente de expansão térmica ou expansividade térmica (α) é descrito pela expressão:

$$\alpha = \frac{1}{\underline{V}} \left(\frac{\partial \underline{V}}{\partial T} \right)_P \quad \quad (11.20)$$

---

[5] Taulier N e Chalikian V. Compressibility of protein transitions. Biochimica et Biophysica Acta, 1595, 2002; 48-70.

Grandezas Físicas e Termofísicas

A compressibilidade isotérmica é descrita por:

$$\kappa_T = -\frac{1}{\underline{V}}\left(\frac{\partial \underline{V}}{\partial P}\right)_T \quad (11.21)$$

Para uma situação em que o fluido se encontra em uma região longe do ponto crítico, os termos $\left(\frac{\partial \underline{V}}{\partial T}\right)_P$ e $\left(\frac{\partial \underline{V}}{\partial P}\right)_T$ são pequenos; consequentemente, α e κ_T também o são. Essa condição sugere uma idealização que muitas vezes é referida para indicar um fluido incompressível, em que α e κ são nulos. Embora nenhum líquido seja totalmente incompressível, essa consideração é bem aceita e bastante útil nos cálculos práticos.

Propriedades Críticas

As propriedades críticas pressão crítica (P_c), temperatura crítica (T_c) e volume crítico ($\underline{V}_c$) definem o ponto crítico de uma substância.[6] Embora largamente utilizados em cálculos que definem o estado termodinâmico de uma substância, valores experimentais são pouco encontrados. Propriedades críticas de substâncias comuns podem ser encontradas na Tabela 5.7 (página 142), ou em Handbooks; cujos valores são comumente obtidos de forma experimental. Em alimentos, propriedades críticas de substâncias importantes como óleos voláteis, carotenoides, flavonoides não são observadas experimentalmente; isso ocorre muitas vezes devido à degradação do próprio componente antes de se atingir o estado crítico. Nesses casos, na falta de dados experimentais para essas propriedades, normalmente se empregam equações preditivas para se determinar tais propriedades. As equações mais utilizadas para propriedades críticas são descritas por métodos de Contribuição de Grupos.

Exemplo 11.6

Cálculo das Propriedades Críticas do Ácido Oleico

Utilizando o método o método de Joback e Reid (1987) como método de Contribuição de Grupos, determine a pressão crítica, a temperatura crítica e o volume crítico do ácido oleico, com estrutura molecular apresentada na Figura 11.5, considerando o Método de Joback e Reid (1987). Dados:

MM = 282,4614 g/mol; Fórmula molecular: $C_{18}H_{34}O_2$

---

[6] O ponto crítico representa o último ponto no qual se verifica a transição de fases entre a fase líquida e a fase vapor. A partir desse ponto somente se verifica o estado de fluido supercrítico. Veja o Capítulo 1.

Fundamentos de Engenharia de Alimentos

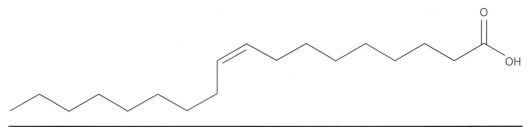

Figura 11.5 ▶ Estrutura molecular do ácido oleico.

Resolução

Utilizando a estrutura molecular do ácido oleico, temos:

Estrutura	Quantidade
CH_3	1
CH_2	14
CH	2
$COOH$	1

Assim, pelo método de Joback e Reid, têm-se as seguintes propriedades críticas: T_c= 933,58 K; P_c=13,19 bar, $\underline{V}_c$= 1037,50 cm³/mol.

Comentários

Não podemos comparar esses resultados com dados experimentais para julgarmos a qualidade do método, tendo em vista que os mesmos não existem na literatura. No entanto, essa técnica pode ser utilizada para o estudo de propriedades volumétricas de misturas complexas como demonstrado no Capítulo 9.

Outras Definições Importantes
Composição

Sabemos que os alimentos são constituídos por uma série de substâncias químicas distribuídas em diferentes classes de compostos. A composição de um determinado alimento nos dá a caracterização desse alimento em termos relativos de um determinado composto. Quando trabalhamos com processos envolvendo correntes de fluidos alimentícios, essas correntes normalmente são constituídas de mais de uma substância; é o que chamamos de misturas multicomponentes. É fundamental o conhecimento da composição a fim de avaliarmos as variáveis do processo. Dessa forma, a composição química é a medida da quantidade relativa de uma substância em um determinado volume. A composição pode ser expressa em termos mássicos ou molares. Se uma solução contém os componentes A e B, com números de moles n_A e n_B, a **fração molar** de A é dada por:

Grandezas Físicas e Termofísicas

capítulo **11**

$$x_A = \frac{n_A}{n_T} = \frac{n_A}{n_A + n_B} \tag{11.22}$$

em que x_A é a fração molar de A na solução.

A **fração mássica** é descrita de forma similar, considerando a massa de cada componente:

$$\overline{x}_A = \frac{m_A}{m_T} = \frac{m_A}{m_A + m_B} \tag{11.23}$$

em que $\overline{x}_A$ é a fração mássica de A na solução.

Os cálculos em processos podem ser realizados em termos de fração molar ou fração mássica. A conversão da fração molar em fração mássica é feita com o auxílio da massa molecular de cada componente. Considere novamente a solução contendo os componentes A e B, sendo a fração mássica de A dada pela Equação (11.23); a conversão para a fração molar é feita através da multiplicação de cada termo com as respectivas massas moleculares (MM_A e MM_B). Ou seja, pela Equação (11.22):

$$x_A = \frac{n_A}{n_A + n_B} = \frac{n_A/n_T}{n_A/n_T + n_B/n_T} = \frac{x_A}{x_A + x_B}$$

Multiplicando cada termo com suas respectivas massas moleculares:

$$\frac{(x_A \times MM_A)}{(x_A \times MM_A) + (x_B \times MM_B)} = \frac{\left(n_A/n_T \times MM_A\right)}{\left(n_A/n_T \times MM_A\right) + \left(n_B/n_T \times MM_B\right)} =$$

$$= \frac{(n_A \times MM_A)}{(n_A \times MM_A) + (n_B \times MM_B)} = \frac{\left(\frac{m_A}{MM_A} \times MM_A\right)}{\left(\frac{m_A}{MM_A} \times MM_A\right) + \left(\frac{m_B}{MM_B} \times MM_B\right)} =$$

$$= \frac{m_A}{m_A + m_B} = \overline{x}_A \tag{11.24}$$

Observe que quanto à fração molar e à fração mássica, por serem quantidades relativas de um todo, o somatório dessas quantidades deve ser igual a 1, ou seja, para um material contendo *n* constituintes, a soma das frações molares ou mássicas deve ser expressa por:

$$\sum_{i=1}^{n} x_i = 1 \quad \text{ou} \quad \sum_{i=1}^{n} \overline{x}_i = 1 \tag{11.25}$$

Exemplo 11.7

Teor Alcoólico de Licor

No processamento de licor de frutas, um dos parâmetros estabelecidos para o controle de qualidade do produto é o teor alcoólico da bebida. Este parâmetro é normalmente dado em termos do valor de °GL (graus Gay Lussac), no qual 1 °GL indica 1% em volume de etanol por volume de solução. Para a produção do licor, a legislação brasileira (Brasil, 2010) define para essa bebida os limites mínimo e máximo em 15 a 54 °GL, respectivamente, a 20 °C.

Durante o processamento do licor de cereja, o novo engenheiro contratado ficou na dúvida quanto à quantidade de álcool observado no relatório apresentado sobre o produto obtido ao final do dia. No relatório, constava que o licor produzido com 24 °GL, continha 7,8 % molar de etanol. Verifique se esta informação está correta.

Dados: a 20 °C, $\rho_{etanol} = 789{,}3 \text{ kg/m}^3$, $\rho_{solução,\, 24°GL} = 934{,}26 \text{ kg/m}^3$

Resolução

Para resolver esse problema, primeiramente precisamos transformar a informação °GL em uma unidade mássica. Para isso, podemos usar a seguinte equação:

$$\overline{x}_{etanol} = \frac{V_{etanol} \times \rho_{etanol}}{V_{solução} \times \rho_{solução}} \quad \text{(E11.7-1)}$$

Assim, utilizando as informações apresentadas, podemos calcular a fração mássica do etanol na mistura:

$$\overline{x}_{etanol} = \frac{24 \text{ m}^3 \times 789{,}3 \text{ kg/m}^3}{100 \text{ m}^3 \times 934{,}26 \text{ kg/m}^3} = 0{,}196$$

Para transformar fração mássica em fração molar, realizaremos o cálculo inverso da Equação (11.24), ou seja, dividindo cada termo de fração mássica pela massa molecular do componente, temos:

$$x_{etanol} = \frac{\left(\overline{x}_{etanol}\big/MM_{etanol}\right)}{\left(\overline{x}_{etanol}\big/MM_{etanol}\right) + \left(\overline{x}_{água}\big/MM_{água}\right)} \quad \text{(E11.7-2)}$$

$$x_{etanol} = \frac{0{,}196\big/46}{\left(0{,}196\big/46\right) + \left(0{,}804\big/18\right)}$$

$$x_{etanol} = 0{,}782$$

Comentários

Pelos cálculos realizados, foi possível verificar que o licor apresentava no fim, um teor de 7,82% molar em etanol, exatamente como constava no relatório, assegurando o protocolo utilizado no processamento da bebida avaliada.

Vazão Mássica e Vazão Volumétrica

Processos de escoamento envolvem a transferência e o movimento de materiais entre diferentes pontos de uma unidade de processo. A medida do transporte desse material em uma tubulação é dada em termos da vazão do material. A vazão de uma corrente de processo pode ser definida em termos de vazão mássica ($\dot{m}$), ou vazão volumétrica ($\dot{V}$); ambas propriedades são expressas em termos de quantidade (massa ou volume) por unidade de tempo:

$$\dot{m} = \frac{massa}{tempo} \qquad (11.26)$$

$$\dot{V} = \frac{volume}{tempo} \qquad (11.27)$$

A relação entre as duas propriedades se faz através da densidade do material:

$$\dot{m} = \rho \times \dot{V} \qquad (11.28)$$

RESUMO DO CAPÍTULO

- Grandezas físicas empregadas em cálculos de Engenharia.
- Grandezas termofísicas empregadas em cálculos de Engenharia.
- Composição, fração mássica, fração molar, vazão mássica e vazão volumétrica.

PROBLEMAS PROPOSTOS

11.1. Utilizando as tabelas de conversão de unidades, faça as seguintes conversões:
    a) 150 °R em K
    b) 235 °C em °F
    c) 293 °F em K
    d) 180 °C em °R

11.2. Para um fluido de densidade de 1,7 g/cm³ alocado em uma coluna de 7,3 ft de altura, qual é a pressão observada por esse fluido sobre a base da coluna em N/m², psi, bar, atm, mmHg? Considere aberto o topo da coluna.

11.3. Um manômetro calibrado para unidades inglesas indica uma pressão de 37,4 psig. Qual deve ser a pressão absoluta em Pa, se a pressão barométrica local for de 101,1 kPa?

11.4. Um cravo-da-índia triturado foi utilizado em um processo de extração para a obtenção de um extrato rico em eugenol. O leito de extração de 220 mL foi formado pelo material e constatou-se que a densidade aparente foi de 526 kg/m³ e a densidade real foi de 1393 kg/m³. A partir desses dados, qual é a quantidade de material utilizado no processo de extração? E qual foi a porosidade do leito?

11.5. Durante a aula no laboratório, o manômetro acoplado ao equipamento de análise indica um vácuo de 638 mmHg. Qual deve ser a pressão absoluta em kPa e psi, sabendo que a pressão barométrica local é de 101,3 kPa?

11.6. Uma solução binária (A+B) contém 27% em massa de A (MM = 237 g/mol). Para essa solução, determine:

a) a massa de A em 135 kg de solução

b) a vazão mássica de A em uma corrente que está fluindo a uma vazão de 38 lbm/h

c) a fração molar de B em 392,35 mol de solução

d) a massa molecular de B

e) a vazão molar de B em uma corrente de 700 mols de solução/min

f) a massa da solução que contém 183,6 lbm de A

11.7. No processamento de óleo de girassol foi realizada uma coleta de dados contendo a seguinte informação com relação à sua composição química:

Substância	Estrutura molecular	Fração mássica (%)
Ácido palmítico (C16:0)	$H_3C(CH_2)_{14}COOH$	6,66
Ácido esteárico (C18:0)	$H_3C(CH_2)_{16}COOH$	4,32
Ácido oleico (C18:1n9)	$H_3C(CH_2)_7CH=CH(CH_2)_7COOH$	21,09
Ácido linoleico (C16:2n6)	$H_3C(CH_2)_4CH=CHCH_2CH=CH(CH_2)_7COOH$	67,78
Ácido linolênico (C16:3n3)	$H_3C(CH_2)CH=CHCH_2CH=CHCH_2CH=CH(CH_2)_7COOH$	0,15

Qual é a composição em termos de fração molar de cada constituinte na mistura dos compostos graxos presentes no óleo de girassol?

11.8. Uma solução aquosa de ácido fórmico (CH_2O_2) 0,35 molar flui através de uma unidade de processo a uma solução de 2,7 m³/min. A densidade relativa da solução é 1,08. Calcular:

a) a fração mássica do CH_2O_2

b) a concentração mássica de CH_2O_2 em kg/m³

c) a vazão mássica de CH_2O_2 em kg/s

11.9. Suco de graviola de 1.030 kg/m³ está sendo concentrado para venda no exterior. O suco *in natura* contém a seguinte composição mássica: 91,7% de umidade; 7,7% de carboidratos; 0,98% de proteína; 0,20% de compostos graxos e 0,42% de cinzas. Com base nesses dados determine a condutividade térmica, a capacidade calorífica e a difusividade térmica do suco de graviola.

11.10. Determine as propriedades críticas dos seguintes compostos das substâncias que compõem o óleo volátil de cravo-da-índia: eugenol, acetato de eugenila, beta-cariofileno e humuleno. Use o método de Joback e Reid (1987), como método de Contribuição de Grupos.

REFERÊNCIAS BIBLIOGRÁFICAS

1. Himmelblau DH. Engenharia química: princípios e cálculos. 6ª Ed. São Paulo: Prentice-Hall; 1998.
2. Perry RH, Green DW. Perry's chemical engineers' handbook. 7th Ed. New York: McGraw-Hill; 1997.
3. Joback, KG, Reid, R. C 1987. Estimation of pure-component properties from group contributions, Chem Eng Comm, 57: 233-243.
4. Brasil, 2010. Instrução Normativa nº 35, de 16 de novembro de 2010. Anexo ao Decreto nº 6.871, de 4 de junho de 2009. Disponível em http://www.agricultura.gov.br/.

CAPÍTULO 12

Dados, Variação e Ciclo de Aprendizagem (PDSA)

- Ademir José Petenate
- M. Angela A. Meireles

CONTEÚDO

Objetivos do Capítulo 412
Dados e Variação 413
Formas de Análise dos Dados 414
Comportamento ao Longo do Tempo 415
Distribuição 416
Localização e Quantidade de Variação 417
Incerteza Sobre a Média 417
Processo de Medição 418
Definição Operacional 418
Exemplo 12.1 – Definição Operacional de "Extrator Limpo" 418
Comentários 418
Características de um Processo de Medição 419
Exemplo 12.2 – Avaliação de Viés 421
Componentes da Variação em um Processo de Medição 422
Repetitividade e Reprodutibilidade (Repê e Repró) 423
Estimativa dos Componentes da Variação 423
Atribuindo Incerteza a um Valor Medido 424
Intervalo de Tolerância 424

Processo de Aquisição de Conhecimento: Ciclo PDSA..........424

Fases do PDSA..........425

Plan (Planejar)..........425

Do (Fazer)..........425

Study (Estudar)..........426

Act (Agir)..........426

Sequenciamento de Ciclos PDSA..........427

Formulário para Uso do Ciclo PDSA..........427

Aplicação do Ciclo PDSA para a Resolução de Problemas de Engenharia..........428

Planejando (P) a Resolução do Problema..........428

Qual é a Substância de Interesse?..........429

A Definição do Sistema..........429

Resolvendo o Problema (D)..........429

Simplificações..........430

Cálculos..........430

Analisando os Resultados (S)..........430

Validando os Resultados (A)..........430

Resumo do Capítulo..........431

Referências Bibliográficas..........431

OBJETIVOS DO CAPÍTULO

Os objetivos deste capítulo estão dirigidos para o entendimento do processo de obtenção de dados e da variação a eles associada. A discussão será feita considerando-se a obtenção de dados que possibilitam o avanço da Engenharia de Processos.

Dados, Variação e Ciclo de Aprendizagem (PDSA)   capítulo **12**

Dados e Variação

A produção de conhecimento científico e tecnológico depende fundamentalmente de dados obtidos através de observação ou medição registrada utilizando um processo que geralmente faz uso de instrumentação. O dado pode ser: 1) uma categoria dentre um conjunto definido ou possível, por exemplo, "regular" como resposta a uma avaliação sensorial de um alimento; 2) um número inteiro resultado de um processo de contagem, por exemplo, número de partículas em um determinado volume; 3) um valor em uma escala contínua, por exemplo, pH de uma solução. Há outras possibilidades, mas essas são as mais comuns. Vamos considerar somente as situações em que os dados são numéricos.

É perceptível para quem lida com a aquisição de dados que:

1. A repetição da medição de uma característica em um mesmo objeto sob as mesmas condições não resulta necessariamente no mesmo valor.
2. A replicação de um experimento nas mesmas condições não resulta necessariamente no mesmo valor para a característica sendo medida.

A variabilidade é inerente aos processos e a análise da variabilidade é fundamental para o correto entendimento da característica.

O sistema de causas atuante que produz variação nos resultados é complexo, mas alguns elementos são claramente identificáveis. A variação apontada no item 1 está associada com o processo de medição utilizado. O item 2 está relacionado com a variabilidade presente na natureza: variabilidade do material sendo medido, fatores "ambientais", etc. Na Figura 12.1 encontra-se uma representação de um processo com a indicação das causas de variação.

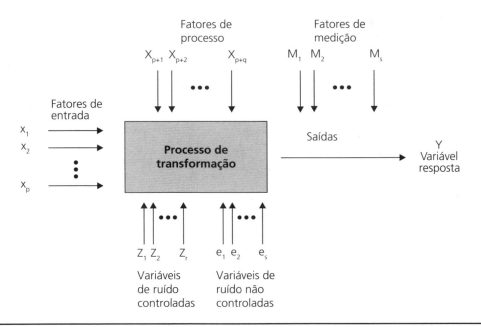

Figura 12.1 ▶ Representação de um sistema de causas de variação.

413

A combinação dessas duas fontes de variação introduz um grau de incerteza sobre o fenômeno sendo investigado.

De alguma forma, o conhecimento adquirido através dos dados deve vir acompanhado de uma medida de *incerteza*. Há uma confusão generalizada com respeito a esse assunto. A confusão se dá devido a pelo menos dois fatores: a) sobre que quantidade se deseja exprimir a incerteza e b) a forma de exprimir a incerteza.

Considere a seguinte situação: um processo produz um produto, por exemplo, iogurte. O processo utiliza matéria-prima (leite, fermento lácteo, açúcar, etc.), é produzido de acordo com uma "receita" que envolve temperatura e tempo de fermentação, tempo de agitação, etc. O iogurte produzido tem características de interesse, por exemplo, o pH. Essa característica pode ser medida em locais diferentes: na batelada produzida antes de embalar, em um pote já embalado, em um pote após dez dias de embalado, etc.

Suponha que estamos interessados no pH das bateladas produzidas. Há várias situações nas quais podemos estar interessados:

A. Avaliar se o processo de produção está **estável (sob controle estatístico)** com respeito ao pH.
B. Estimar a **distribuição** dos valores de pH.
C. Medir o pH em **uma determinada batelada** produzida e calcular a incerteza sobre o valor.
D. Estimar a **média** do pH a partir de uma amostra de bateladas produzidas e calcular a incerteza da estimativa.
E. Estimar o **desvio padrão** do pH a partir de uma amostra de bateladas produzidas e calcular a incerteza da estimativa.
F. Encontrar uma **faixa de valores** que contenha certa porcentagem dos pH ou pHs das soluções produzidas.

Formas de Análise dos Dados

Há três abordagens complementares para analisar uma característica de um processo:

- Comportamento ao longo do tempo.
- Distribuição.
- Localização e quantidade de variação.

Em geral, devem-se utilizar as três abordagens para melhor compreensão do processo. As abordagens utilizam técnicas gráficas ou numéricas.

Considere o exemplo a seguir. Vinte bateladas de iogurte foram produzidas, o pH foi medido em cada batelada, e os resultados obtidos encontram-se na Tabela 12.1, com gráficos de controle na Figura 12.2.

Dados, Variação e Ciclo de Aprendizagem (PDSA)

capítulo 12

Tabela 12.1 ▶ pH medido em diferentes bateladas de iogurte.

Batelada	pH	Batelada	pH
1	4,76	11	5,52
2	5,56	12	4,98
3	5,50	13	4,85
4	4,57	14	5,22
5	4,82	15	4,83
6	5,28	16	4,85
7	4,32	17	4,43
8	5,39	18	5,54
9	4,64	19	5,06
10	5,09	20	4,86

Comportamento ao Longo do Tempo

Se as bateladas foram produzidas ao longo do tempo, é importante avaliar a estabilidade do processo. Uma técnica de análise utilizada para avaliar a estabilidade do processo é o gráfico de controle (Montgomery e Runger, 2003). Um gráfico de controle representa a variação com o tempo de uma grandeza (ou propriedade) que se deseja controlar. Essa técnica pode ser utilizada para responder se um processo está sob controle estatístico.

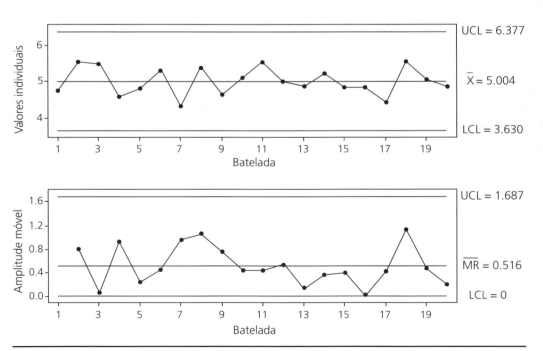

Figura 12.2 ▶ Gráfico de controle para o pH: UCL (limite de controle superior) e LCL (limite de controle inferior), $\overline{X}$ é a média e $\overline{MR}$ (amplitude móvel média).

Distribuição

Se o processo está estável, o próximo passo é verificar como os dados se distribuem. Uma técnica para mostrar a distribuição dos dados é o histograma (Figura 12.3).

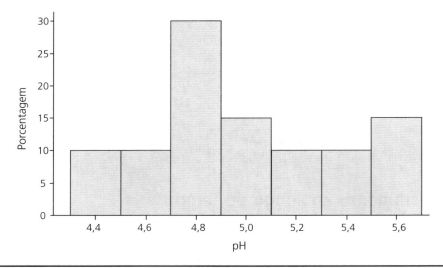

Figura 12.3 ▸ Histograma para o pH.

Há diversos modelos probabilísticos que podem ser utilizados para ajustar a distribuição dos dados. Um dos mais conhecidos é o modelo Normal ou Gaussiano. A avaliação se um determinado modelo probabilístico é adequado para ajustar os dados observados pode ser feita de diferentes formas. As mais comuns são o histograma com a curva ajustada e o gráfico probabilístico. O gráfico probabilístico é geralmente o mais adequado, principalmente se o tamanho da amostra é pequeno. Se uma determinada distribuição se ajusta aos dados observados, os pontos se alinham em torno de uma reta no gráfico correspondente (Montgomery, 2003). Na Figura 12.4 são apresentados o ajuste do histograma por uma distribuição normal e o respectivo gráfico probabilístico normal.

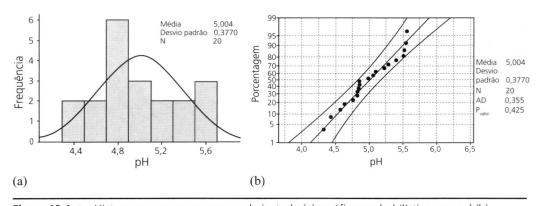

Figura 12.4 ▸ Histograma com curva normal ajustada (a); gráfico probabilístico normal (b).

Dados, Variação e Ciclo de Aprendizagem (PDSA) capítulo 12

Como se pode observar, principalmente pelo gráfico probabilístico normal (Figura 12.4 *a*), a distribuição normal é adequada para modelar a distribuição do pH. Essa técnica pode ser utilizada para analisar a distribuição dos dados (situação *b*).

Localização e Quantidade de Variação

Se o processo está estável, é útil estimar a média da distribuição e a quantidade de variação. Uma medida da quantidade de variação presente nos dados é o desvio padrão (d.p.).

$$\text{d.p.} = \sqrt{\frac{\sum_{i=1}^{n}(y_i - \overline{y})^2}{(n-1)}} \quad (12.1)$$

Em que, $\overline{y}$ é a média das observações e é calculado por:

$$\overline{y} = \frac{\sum_{i=1}^{n} y_i}{n} \quad (12.2)$$

O desvio padrão não é interpretável de forma absoluta. Há várias formas de compará-lo:

1. Comparar o desvio padrão de diferentes processos que produzem o mesmo produto.
2. Utilizar o coeficiente de variação, que é uma razão entre o desvio padrão e a média.
3. Comparar o desvio padrão antes e depois de uma alteração no processo.
4. Comparar o desvio padrão com a quantidade de variação aceitável (tolerância) para o processo.
5. Etc.

No exemplo anterior, a média é 5,0 e o desvio padrão é 0,4.

Incerteza sobre a Média

Uma medida de variação da média produzida por diferentes amostras é o *erro padrão da média*, e.p.($\overline{x}$), que é definido como:

$$\text{e.p.}(\overline{x}) = \frac{s}{\sqrt{n}} \quad (12.3)$$

Em que s é o desvio padrão da amostra e n o tamanho da amostra.

Há diferentes formas de exprimir a incerteza com respeito à média. Uma forma é o próprio erro padrão. Outra é multiplicar o erro padrão por um percentil $(1-\alpha/2) \times 100\%$ da distribuição t-Student com $(n-1)$ graus de liberdade, produzindo um *intervalo de confiança* de $(1-\alpha) \times 100\%$. É usual usar $\alpha = 0,05$. Essa técnica pode ser utilizada para responder a situação *d*.

No exemplo do pH, o intervalo de confiança de 95% para a média do pH é (4,8; 5).

É importante observar que nas situações em que os dados são produzidos ao longo do tempo, o gráfico da distribuição e o cálculo da média e do desvio padrão só fazem sentido se o processo está estável. Portanto, a primeira consideração a ser feita é sobre a estabilidade do processo.

Em todas as situações, será necessário utilizar um processo de medição, no exemplo, do pH da batelada. Vamos tratar primeiro do processo de medição.

Processo de Medição

Um dado pode ser gerado de uma forma "bruta", por exemplo, o pH de um produto, ou como função de outros dados, por exemplo, o IMC (índice de massa corporal). No primeiro caso, a preocupação primordial é com o processo utilizado para atribuir um valor (pH) a um objeto. No segundo caso, além da preocupação com o processo utilizado para atribuir um valor a cada um dos componentes da fórmula, há que se considerar como as "incertezas" de cada valor se propagam no valor resultante da função. Vamos considerar o primeiro caso. O processo de medição é o conjunto de procedimentos, operações, dispositivos e pessoas utilizado para atribuir um valor a uma característica. Um componente fundamental do processo de medição é a *definição operacional*.

Definição Operacional

A definição operacional especifica o objetivo da medição, a característica a ser medida (temperatura, pH, cor, etc.), os instrumentos que serão utilizados, o procedimento operacional e, se for o caso, os critérios de decisão.

Exemplo 12.1

Definição Operacional de "Extrator Limpo"

Objetivo: verificar se um extrator de 150 mL está limpo para ser utilizado em uma extração.

Característica de interesse: turbidez da solução de limpeza.

Instrumento de medição: espectrofotômetro UV-Vis.

Procedimento: realizar 3 lavagens com 100 mL de solução de limpeza (etanol 95%). Coletar uma amostra de 10 mL ao final da terceira lavagem e ler a turbidez da solução.

Critério: o extrator estará limpo se a turbidez for menor que 1,0.

Comentários

Caso a turbidez seja maior que 1,0, o procedimento de limpeza deverá ser repetido tantas vezes quantas forem necessárias.

Dados, Variação e Ciclo de Aprendizagem (PDSA) — capítulo 12

Características de um Processo de Medição

Quando estudamos os sistemas de medição, é útil pensarmos neles como "processos". Sistemas de medição consistem em unidades padrão de medidas (metro para comprimento, horas ou segundos para tempo, etc.) e procedimentos para produzir valores em termos dessas unidades. Os procedimentos podem incluir instrumentos físicos como um cromatográfico, um paquímetro, um voltímetro. Os procedimentos podem ser também determinações subjetivas de pessoas usando os sentidos. Na verdade, é uma combinação de instrumentação e pessoas.

Há muitas características de desempenho de um processo de medição. Algumas delas são: validade, estabilidade, precisão, viés, acurácia e linearidade.

- **Validade**: uma medida ou método de medição é *válido* se representa de forma útil ou apropriada a característica do objeto medido ou do fenômeno de interesse. Não é uma característica objetiva.
- **Estabilidade**: comportamento do viés e da precisão ao longo do tempo. O sistema de medição é estável se está sob controle estatístico. Um procedimento possível é medir um objeto de referência com uma frequência estabelecida (a frequência depende de cada caso) e fazer um gráfico de controle dos resultados. Considere que o pH de um iogurte de referência foi medido ao longo de 20 semanas. Os resultados encontram-se na Tabela 12.2. A Figura 12.5 mostra o gráfico de controle para o pH.

Tabela 12.2 ▶ pH de diferentes bateladas de iogurte produzidas ao longo de 20 semanas.

Data	Resultado	Data	Resultado
3-Ago	7,0081	12-Out	7,0022
10-Ago	7,0026	19-Out	6,9919
17-Ago	6,9949	26-Out	6,9943
24-Ago	7,0097	2-Nov	6,9886
31-Ago	7,0202	9-Nov	7,0025
7-Set	7,0057	16-Nov	6,9795
14-Set	7,0063	23-Nov	7,0029
21-Set	7,0055	30-Nov	6,9985
28-Set	6,9936	7-Dez	7,0093
5-Out	7,0153	14-Dez	7,0011

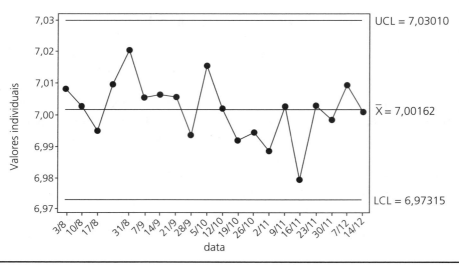

Figura 12.5 ▶ Gráfico de controle para o pH.

- **Precisão**: é o grau de concordância entre medidas repetidas de forma independente de uma quantidade sob condições específicas. Diz-se que um sistema de medição com um nível aceitável de precisão é *preciso*.
- **Viés**: diferença entre a média das medidas e o valor de referência. Para estimar o viés do sistema de medição, é necessário dispor de um objeto com valor de referência para a característica sendo medida. O objeto é medido n vezes e estima-se a média através de um intervalo de confiança. Se o valor de referência está dentro do intervalo, aceita-se o sistema de medição como não viesado. Considere uma característica sendo medida por quatro processos de medição, P1, P2, P3 e P4 e que o valor de referência é 10. Uma análise da Figura 12.6 mostra que: P1 e P2 são não viesados, P2 e P4 são viesados e P1 e P3 são mais precisos que P2 e P4.

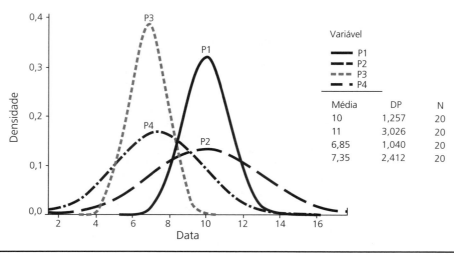

Figura 12.6 ▶ Relação para precisão e viés em quatro sistemas de medição: histogramas P1, P2, P3 e P4.

Dados, Variação e Ciclo de Aprendizagem (PDSA) capítulo **12**

Exemplo 12.2

Avaliação de Viés

Considere os dados da Tabela 12.2 em que um item com valor de referência igual a 7,00 foi medido vinte vezes e suponha que as medições foram realizadas em um determinado dia na ordem estabelecida na tabela. O gráfico de controle não indica a ocorrência de causas especiais durante as medições (o processo está sob controle estatístico – estável). Uma forma de avaliar se o viés é significante é construir um intervalo de confiança de 95% para a média dos dados. Se o intervalo contiver o valor de referência, o viés não é significante.

No exemplo, o intervalo de confiança de 95% para a média é (6,99; 7,01). Portanto, não há evidência de viés.

- **Acurácia**: é uma medida qualitativa de quão próxima a medida está do valor de referência, ou aceito como válido. Na Figura 12.6, P1 é o método mais acurado.
- **Linearidade**: avaliação de como a dimensão dos itens sendo medidos afeta o sistema de medição. Está relacionada com o comportamento do viés na faixa de operação. Um procedimento para avaliar a linearidade é dispor de itens referenciados na faixa de operação e avaliar o viés de cada item. Espera-se que o viés médio seja igual a zero para todos os itens. Na Tabela 12.3, encontram-se dados de referência e dados medidos. A análise dos dados (Figura 12.7) mostra que não há evidência que o sistema de medição não tenha linearidade.

Tabela 12.3 ▶ Estudo de linearidade.

Referência	1,00	1,00	1,00	1,00	1,00	2,00	2,00	2,00	2,00	2,00	3,00	3,00	3,00	3,00	3,00	4,00	4,00	4,00	4,00	4,00
Medida	0,95	1,05	1,04	0,97	1,11	1,83	2,16	1,91	1,99	2,10	2,96	2,99	2,85	2,99	3,13	4,17	4,12	3,98	4,06	4,01

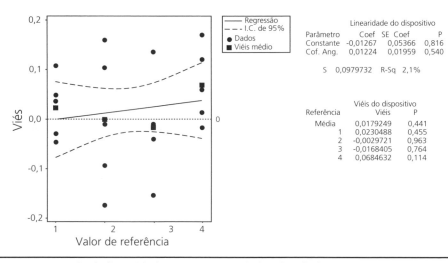

Figura 12.7 ▶ Estudo de linearidade e viés para os dados da Tabela 12.3.

Componentes da Variação em um Processo de Medição

A variação está presente em quase todos os processos. Variação é uma grandeza cuja forma comum de medir é o desvio padrão. O desvio padrão pode ser utilizado para exprimir *incerteza* e é usualmente representado pela letra grega σ.

Se uma quantidade x é medida com um grau de "incerteza", podemos representar o valor observado y como

$$y = x + \varepsilon \tag{12.4}$$

Em que ε é uma variável aleatória com média β e desvio padrão $\sigma_{medição}$.

Do modelo Equação (12.4), temos que a média do que é observado é $\mu_y + \beta = x + \beta$.

Se $\beta = 0$, a medição de x é realizada sem viés. Se β é diferente de zero, β é o viés de medição. O desvio padrão de y (para x fixo) é o desvio padrão de ε, $\sigma_{medição}$. Assim, $\sigma_{medição}$ quantifica a precisão da medição na Equação (12.4).

Em situações comuns, x é sujeito a uma variação, que é o caso, por exemplo, quando um experimento é replicado. Então, podemos modelar x como uma variável aleatória com média μ_x e desvio padrão σ_x. É razoável assumir que as variáveis aleatórias ε e x são não correlacionadas.

Assim, temos que y é uma variável aleatória com média:

$$\mu_y = \mu_x + \beta \tag{12.5}$$

e o desvio padrão do que é observado é:

$$\sigma = \sqrt{\sigma_x^2 + \sigma_{medição}^2} \tag{12.6}$$

Note que a Equação (12.6) implica que:

$$\sigma_x = \sqrt{\sigma_y^2 + \sigma_{medição}^2} \tag{12.7}$$

A Equação (12.7) permite que σ_x possa ser determinado desde que σ_y e $\sigma_{medição}$ sejam conhecidos. Os termos σ_y, σ_x e $\sigma_{medição}$ são chamados de *componentes da variação*.

Uma forma simples de estimar σ_y e $\sigma_{medição}$ é obter *n* replicações de y (medir *n* itens produzidos nas mesmas condições) e *m* repetições de um item (medir o mesmo item *m* vezes). Assim,

$$\sigma x = \sqrt{\max\left\{0, \left(\sigma_y^2 + \sigma_{medição}^2\right)\right\}} \tag{12.8}$$

Cabem aqui algumas observações. Se o objetivo é exprimir a incerteza associada com uma medida de um item produzido, por exemplo, o pH de uma batelada produzida, essa incerteza está somente associada à variação devido à medição, $\sigma_{medição}$. Se o objetivo é exprimir a incerteza quanto à média de uma quantidade de bateladas produzida, essa incerteza está associada a σ_y, e consequentemente a σ_x e $\sigma_{medição}$.

Repetitividade e Reprodutibilidade (Repê e Reprô)

As fontes de variação atuando em um sistema de medição podem ser divididas, em geral, em duas: repetitividade e reprodutibilidade.

- **Repetitividade** ("Repê"): variação nas medidas quando o mesmo operador mede o mesmo item, no mesmo período de tempo e utilizando a mesma definição operacional e o mesmo instrumento de medição.
- **Reprodutibilidade** ("Reprô"): variação nas medidas obtidas sob condições diferentes de controle: diferentes operadores, diferentes instrumentos ou até mesmo diferentes laboratórios. Vamos considerar aqui que o único fator de controle é operador. Nesse caso, a reprô é a variação devida a diferentes operadores utilizando o mesmo procedimento (definição operacional) e o mesmo instrumento. Vamos representar por $\sigma_{Repê}$ e $\sigma_{Reprô}$ os componentes de variação devido a essas duas fontes. A decomposição da variação pode ser representada esquematicamente como mostra a Figura 12.8.

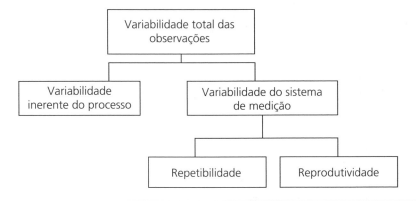

Figura 12.8 ▶ Decomposição dos componentes da variação.

Supondo que a repê e a reprô são variáveis não correlacionadas, podemos relacionar os componentes da variação da seguinte forma:

$$\sigma_y = \sqrt{\sigma_x^2 + \sigma_{medição}^2} = \sqrt{\sigma_x^2 + \sigma_{Repê}^2 + \sigma_{Reprô}^2} = \sqrt{\sigma_x^2 + \sigma_{R\&R}^2} \qquad (12.9)$$

Estimativa dos Componentes da Variação

Os componentes da variação podem ser estimados a partir de experimentos planejados conhecidos como estudos R&R (Vardeman; Jobe, 1999).

Atribuindo Incerteza a um Valor Medido

A incerteza sobre um valor medido envolve apenas os componentes da variação do sistema de medição, ou seja, $\sigma_{R\&R} = \sigma_{Repe} + \sigma_{Repro}$. Da mesma forma como foi feito na avaliação da incerteza sobre a média, podemos expressar a incerteza reportando o desvio padrão de R&R ($\sigma_{R\&R}$). Outra forma é utilizar a incerteza reportada pelo fabricante do instrumento utilizado para realizar a medição. Nesse caso, deve-se avaliar junto ao fabricante como o cálculo da incerteza foi feito. Se o operador for uma fonte de variação relevante, o valor reportado pelo fabricante pode não corresponder à variação real quando do uso do instrumento. Nesse caso, deve-se fazer um experimento para estimar esse componente da variação.

Intervalo de Tolerância

Em algumas situações, a preocupação é com as observações individuais e não com a estimativa da média (caso F). Mais especificamente, o objetivo pode ser calcular um *intervalo de tolerância* para uma proporção fixa das observações. Esse intervalo é expresso na formas LIT: limite inferior de tolerância e LST: limite superior de tolerância.

Considere a situação em que a distribuição dos dados pode ser aproximada pela distribuição normal. Considere $\bar{x}$ e s a média e o desvio padrão de uma amostra de n observações. Os limites de tolerância são dados por $\bar{x} \pm ks$ onde k é determinado de tal forma que o intervalo contenha pelo menos uma proporção p da distribuição com $100(1-\alpha)\%$ de confiança. O valor de k é função de α, p e n. Uma tabela com os valores de k em função de α, p e n pode ser encontrada em Montgomery e Runger (2003).

O reverso também pode ser de interesse. Estabelecidos os limites de tolerância para uma determinada característica (também chamados de limites de especificação), o objetivo é estimar, a partir de uma amostra, a proporção de valores que cai dentro das especificações. Nesse caso, calcula-se a área dentro dos limites de tolerância na distribuição normal com média $\bar{x}$ e desvio padrão s.

Caso a distribuição normal não se ajuste adequadamente aos dados, é necessário fazer os cálculos com a distribuição apropriada.

Processo de Aquisição de Conhecimento: Ciclo PDSA

O desenvolvimento do conhecimento depende fundamentalmente de um processo de aprendizado. O aprendizado é realizado de forma mais eficaz pelo uso do método científico. O tema é bastante abrangente e não é o objetivo deste texto entrar em detalhes. Mas alguns elementos básicos do método científico podem ser apontados. Nas ciências experimentais, certamente a observação é um ponto de partida a ser considerado. Se a observação se dá sempre a partir de uma teoria ou pergunta, por informal que seja, ou se pode ocorrer sem que haja necessariamente uma teoria ou pergunta é um ponto de debate, mas parece claro que observação sem registro e sem que motive alguma questão, mesmo que a posteriori, não produz conhecimento relevante.

Dados, Variação e Ciclo de Aprendizagem (PDSA)

Todo conhecimento científico e tecnológico se inicia com questões ou problemas (Hinkelmann e Kempthorne, 1994). Uma dinâmica básica do método científico é a iteração entre indução e dedução. A partir de observações deduz-se uma teoria. A teoria permite deduzir consequências (predições) e deve ser testada, muitas vezes através de experimentos. Os dados experimentais podem fornecer evidência que a teoria é falsa e que, portanto, deve ser modificada (indução) ou abandonada, ou que não há evidência para refutar a teoria. Box et al. (2005) apresentam de forma esquemática esse movimento. Um complicador nem sempre considerado com respeito à decisão (aceitar que a teoria passou no teste experimental – o que não significa que seja verdadeira, ou rejeitar a teoria) é a presença de variabilidade nos dados experimentais. Esse aspecto é também apresentado de forma esquemática em (Box et al., 2005).

Walter Shewhart e W. Edwards Deming desenvolveram um processo simplificado para aplicar o método científico que é o Ciclo PDSA (*Plan, Do, Study, Act*) (Langley et al., 2011).

Fases do PDSA

As quatro fases do ciclo PDSA são descritas a seguir (Veja Figura 12.9).

Plan (Planejar)

Nessa fase, descrevemos os objetivos específicos do ciclo em questão e um plano para atingi-los. Os elementos básicos dessa fase são:

- **Objetivo**: o conhecimento que se deseja obter.
- **Questões**: o objetivo é muitas vezes desdobrado em questões específicas.
- **Predições**: com base no conhecimento atual (antes de rodar o ciclo), respondem-se às questões formuladas.
- **Plano de coleta e análise de dados para responder às perguntas**: é planejado um experimento para coletar dados que permitam responder as questões formuladas (o quê, por quê, quem, quando, quanto, como e onde) e a forma como os dados serão analisados.

Do (Fazer)

Nessa fase, o experimento é realizado e os dados são coletados. Eventos não previstos que possam afetar a interpretação dos dados devem ser observados e registrados. Por exemplo, quebra de equipamento, necessidade de trocar de fornecedor de matéria-prima, perda de dados, etc. A análise dos dados tem início para responder às perguntas formuladas no *Plan*. A fase *DO* é um momento de muito aprendizado que não pode deixar de ser documentado.

Study (Estudar)

A terceira fase exige que seja dedicado um tempo para a análise dos dados. O conhecimento de técnicas básicas de experimentação e de análise de dados é desejável. Concluída a análise dos dados, é possível comparar os resultados obtidos com as predições; temos duas situações:

- Se não há contradição entre o predito e o observado, reforçam-se as teorias atuais.
- Diferenças entre os resultados obtidos e as predições obrigam a uma revisão do conhecimento atual levando ao abandono ou à reformulação de teorias presentes.

Deve-se considerar sob quais condições as conclusões poderiam ser diferentes. Fatores de escala (piloto para planta), efeitos sazonais, natureza do material experimental, etc.

Act (Agir)

Nessa fase, você decide o que fazer a seguir, com base nos aprendizados obtidos.

- Quais novas dúvidas foram levantadas?
- Quais são os próximos passos? É necessário executar um novo ciclo? Qual será o objetivo do seu próximo ciclo de PDSA?

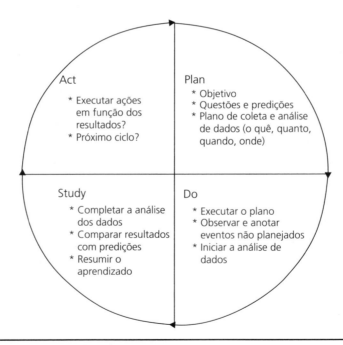

Figura 12.9 ▶ Representação do ciclo PDSA.

Sequenciamento de Ciclos PDSA

O conhecimento sobre um determinado assunto quase nunca é produzido de uma única vez. Na verdade, o conhecimento é aprimorado através de uma sequência interminável de ciclos. Os ciclos PDSA podem ser utilizados de forma sequencial (Veja Figura 12.10). Um ciclo quase sempre responde algumas questões e levanta outras que exigirão a realização de um novo ciclo. Em geral, quando uma pesquisa é iniciada, parte-se do conhecimento já adquirido no passado e durante o período da pesquisa procura-se aprimorar o conhecimento atual ou produzir novos conhecimentos. Durante esse período, diversos experimentos são realizados. O uso de ciclos PDSA encadeados estrutura o processo de aprendizado.

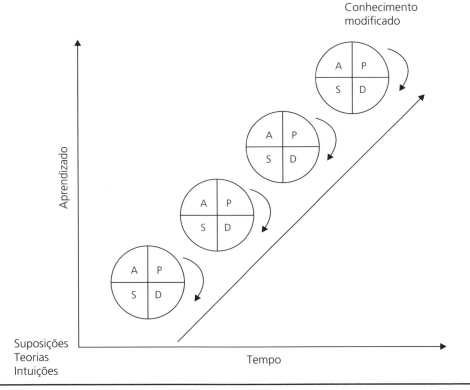

Figura 12.10 ▶ Sequência de ciclos PDSA usados em projetos de melhoria de processos.

Formulário para Uso do Ciclo PDSA

Na Figura 12.11 é mostrado um exemplo de formulário que pode ser utilizado na realização do ciclo PDSA.

Projeto:	PDSA #:	Data:
Objetivo:		

PLAN	
Questões	Predições

- Que dados serão coletados para responder às questões? Faça um plano de coleta de dados (Quem, O quê, Onde, Quando, Como).
- Como você vai registrar os dados? Construa um formulário de coleta de dados.
- Como os dados serão analisados? Antecipe os gráficos e as técnicas que serão usados para analisar os dados.
- O que pode sair errado na condução desse plano? Prepare-se para observar e anotar.

DO

Execute o que foi planejado. Dê início à análise dos dados assim que começar a coletá-los. Algo saiu errado? Ocorreu algo que não fazia parte do plano?

STUDY

Complete a análise dos dados. Foi possível responder às questões formuladas? Resuma o conhecimento obtido nesse ciclo. Inclua a comparação com o que foi previsto.

ACT

Que decisões (ações) serão tomadas com o que foi aprendido?

Qual será o objetivo do próximo ciclo PDSA?

Figura 12.11 ▶ Formulário do ciclo PDSA.

Aplicação do Ciclo PDSA para a Resolução de Problemas de Engenharia

A resolução de problemas de Engenharia, em geral, requer a seguinte sequência de etapas: Planejar, Fazer, Estudar/Analisar, Agir. Nesse sentido, podemos aplicar o ciclo de aprendizado denominado PDSA (P = Plan, D = Do, S = Study, A = Act) discutido anteriormente para resolver problemas específicos. A seguir, vamos discutir a aplicação de cada uma dessas etapas.

Planejando (P) a Resolução do Problema

Nesta etapa, devemos ler com muita atenção o enunciado do problema. A seguir devemos elaborar um fluxograma de processo. O fluxograma pode ser bem simples; por exemplo, podemos representar uma série de operações unitárias (ou atividades) usando um retângulo. Ou em algumas situações deveremos ou poderemos optar por uma representação detalhada do processo em estudo. Em seguida, devemos buscar as informações numéricas que estejam no enunciado do problema. Essas informações devem ser colocadas nos locais adequados do fluxograma, usando sempre a nomenclatura padrão definida (que poderá ter sido definida pela disciplina, pela empresa, pelo grupo de trabalho); usar a nomenclatura padrão facilitará a análise dos resultados por você e demais interessados. Assim, para determinado problema responda às seguintes perguntas:

Qual é a Substância de Interesse?

Trata-se de substância pura ou de mistura?
    As propriedades termofísicas estão disponíveis em tabelas ou modelos?
    Ocorrem variações da temperatura, pressão, etc.?

A Definição do Sistema

O próximo passo é a definição do sistema. Nessa etapa devemos entender as informações que vão permitir caracterizar as restrições às quais o sistema está sujeito, ou seja:

- O sistema é aberto ou fechado?
- Os limites do sistema são rígidos ou móveis?
- Os limites são adiabáticos ou diatérmicos?
- Para que grandezas os balanços devem ser escritos? Massa? Energia? Entropia? Quantidade de Movimento?
- Para a resolução do problema devo usar o balanço global ou balanço diferencial?

Ao final dessa etapa, devemos tentar responder à seguinte pergunta: qual é o resultado esperado?
    No início, com pouca experiência, a resposta a essa pergunta é muito difícil de ser dada, mas a experiência tornará essa pergunta cada vez mais fácil de ser respondida.

Resolvendo o Problema (D)

Agora que você já reuniu todas as informações e já está de posse de todos os dados disponíveis, é o momento de iniciarmos a resolução do problema. Esse é o momento de combinar as informações numéricas com as informações sobre as restrições impostas ao sistema. Considerando como exemplo a resolução de um problema envolvendo os balanços globais de massa e energia temos:

Simplificações

- do Balanço de Massa
- do Balanço de Energia
- do Balanço de Entropia

Cálculos

- Realizados com o uso de modelos
- Realizados com o uso de tabelas

Analisando os Resultados (S)

Nessa etapa, devemos estudar os resultados, ou seja, entender o significado da resposta final. Na sequência, devemos responder a perguntas tais como:

1. Essa resposta se aproxima da minha predição?
2. Em caso negativo, verifique se você fez uma boa predição, ou seja, quais conhecimentos foram utilizados para fazer a predição?
3. Em caso positivo, você fez uma predição boa baseando-se em dados ou simplesmente teve sorte?
4. Qual é o significado físico da resposta?
5. O que aprendi resolvendo esse problema?
6. Posso generalizar a resposta?
7. Minha resposta depende do sistema? Em caso afirmativo, você saberá que sua resposta esta errada, certo?
8. Por que não consegui chegar a uma resposta?
9. Se for necessário, reinicie a resolução do problema selecionando um novo sistema.

Validando os Resultados (A)

Nessa etapa, você ou você e seu grupo de trabalho irão decidir se a resposta final é satisfatória ou se um novo ciclo de aprendizagem deverá ser realizado. Caso a resposta seja satisfatória, o problema está resolvido; caso contrário, você deverá iniciar um novo PDSA. Em geral, esse processo iterativo é usado nos cálculos de projetos de processos. Inicia-se com uma predição fundamentada em resultados anteriores e prossegue-se por vários ciclos PDSA até obter uma resposta que seja considerada satisfatória.

Dados, Variação e Ciclo de Aprendizagem (PDSA) — capítulo 12

RESUMO DO CAPÍTULO

O número obtido ao final de um processo de medição contém uma incerteza derivada de diferentes fontes de variação: entradas (matéria-prima e insumos), processo, ambiente, pessoas, medição (incluindo definição operacional) e outras. Todos esses fatores contribuem para a variação final e sua contribuição pode ser medida através dos componentes da variação respectivos. Esses componentes podem, muitas vezes, ser estimados através de experimentos planejados. A forma de expressar a incerteza depende do objetivo e do critério adotado para medir a variação. Ao reportar um resultado, o autor deve deixar claro o objetivo e o critério adotado. Foi discutida também a estratégia de obtenção de dados através do ciclo de Aprendizado (PDSA) utilizado para projetos de melhoria de processos. Finalmente, foi discutida a aplicação do PDSA para a resolução de problemas de Engenharia.

REFERÊNCIAS BIBLIOGRÁFICAS

1. Box GEP, Hunter JS, Hunter WG. Statistics for experimenters: design, innovation and discovery. 2nd Ed. New York: Wiley-Interscience; 2005.
2. Hinkelmann K, Kempthorne O. Design and analysis of experiments: vol. 1. Introduction to experimental design. New York: John Wiley & Sons; 1994.
3. Langley JG, Moen RD, Nolan KM, Nolan TW, Norman CL, Provost LP. Modelo de melhoria. Mercado de Letras Edições e Livraria Ltda, Campinas, S.P, 2011.
4. Montgomery DC, Runger GC. Applied statistics and probability for engineers. 3rd Ed. New York: John Wiley & Sons; 2003.
5. Vardeman SB, Jobe JM. Statistical quality assurance methods for engineers. New York: John Wiley & Sons; 1999.

CAPÍTULO 13

Balanço de Massa em Processos

- Vivaldo Silveira Júnior
- Bruno Augusto Mattar Carciofi
- João Borges Laurindo

CONTEÚDO

Objetivos do Capítulo 435
Introdução 435
Definição de Balanço de Massa 435
Sistema Termodinâmico, Fronteira e Vizinhança 436
Processo e Variáveis de Processo 437
Classificação dos Processos 437
A Equação Geral do Balanço de Massa 438
Balanços de Massa para Processos em Regime Estacionário 442
Exemplo 13.1 – Mistura de Soluções 442
Resolução 442
Balanco de Massa Global no Misturador 444
Balanço de Massa para a Gordura no Misturador 444
Comentários 445
Exemplo 13.2 – Concentração de Suco de Fruta em Evaporador 446
Resolução 446
Balanço de Massa Global no Evaporador 447
Balanço de Massa de Sólidos no Evaporador 447
Balanço de Massa em Processos com Múltiplas Etapas 448
Exemplo 13.3 – Filtragem e Concentração de Suco de Fruta 448
Resolução 449

Balanço de Massa Global no Filtro..450
Balanço de Massa de Sólidos no Filtro..450
Balanço de Massa Global no Conjunto Filtro + Evaporador..............................450
Balanço de Massa de Sólidos no Conjunto Filtro + Evaporador........................451
Exemplo 13.4 – Extração de Óleo de Soja em Múltiplas Etapas......................451
Resolução...452
Balanço de Massa Global na Montagem/Prensagem......................................453
Balanço de Massa de Água na Montagem/Prensagem...................................453
Balanço de Massa de Óleo na Montagem/Prensagem....................................454
Balanço de Massa de Proteínas na Montagem/Prensagem.............................454
Balanço de Massa de Carboidratos na Montagem/Prensagem........................454
Balanço de Massa de Fibras na Moagem/Prensagem.....................................454
Balanço de Massa Global no Extrator..455
Balanço de Massa dos Componentes no Extrator..455
Balanço de Massa Global no Secador..455
Balanço de Massa dos Componentes no Secador..455
Balanço de Massa em Regime Transiente..455
Exemplo 13.5 – Esvaziamento de um Tanque com Água................................457
Resolução...457
Balanço de Massa Global..458
Comentários...459
Exemplo 13.6 – Transbordamento de um Tanque com Água..........................459
Resolução...459
Balanço de Massa Global..460
Comentários...460
Exemplo 13.7 – Secagem de Concentrado Proteico..460
Resolução...461
Resolução do Item (a)..461
Balanço de Massa de Sólidos Secos..462
Resolução do Item (b)..462
Balanço de Massa de Água...463
Resolução do Item (c)...463
Comentários...463
Etapas para Resolução de Problemas Envolvendo Balanços de Massa............464
Resumo do Capítulo...465
Problemas Propostos..465
Referências Bibliográficas...467

Balanço de Massa em Processos

capítulo 13

> **OBJETIVOS DO CAPÍTULO**
>
> Neste capítulo, são apresentados e discutidos os aspectos fundamentais relacionados aos balanços de massa em processos de transformação de alimentos.

Introdução

Nas indústrias de processamento de alimentos, os balanços de massa auxiliam diretamente no projeto, na avaliação econômica e no controle e melhoria dos processos. Por exemplo, na extração de óleo de soja (caracterizado por utilizar uma série de operações para retirar óleo contido no grão pelo uso de prensas e solventes orgânicos), os balanços de massa permitem calcular os rendimentos obtidos em cada etapa operacional, sendo essa informação imprescindível para uma avaliação econômica do processo global. Análises minuciosas de diversas alternativas para o processamento podem ajudar o projetista a selecionar pela melhor opção do ponto de vista técnico, legal, energético, ambiental e econômico. Todas essas análises não são factíveis sem a realização de balanços de massa. Em um processo industrial, necessita-se sempre saber "quanto entra, quanto sai e quanto é gerado, acumulado ou consumido".

Os balanços de material também podem ser usados como ferramentas importantes na tomada de decisões operacionais de rotina. Podem existir pontos no processo para os quais é muito difícil, ou financeiramente muito custosa, a obtenção de dados. Se existirem dados disponíveis de outros pontos do processo, esses últimos podem ser usados para, juntamente com um balanço de massa no sistema de interesse, determinar as informações sobre quantidades e composições nos locais inacessíveis. Os dados obtidos na indústria sobre as quantidades e composições das matérias-primas, produtos intermediários, produtos, subprodutos e efluentes podem ser analisados para fornecer panoramas setoriais e globais das operações da fábrica.

Assim, o balanço de massa é uma ferramenta de fato importante para dimensionar equipamentos, avaliar rendimentos, fazer mudanças na escala de produção e avaliar alternativas de processamento. O estudante que desenvolver habilidade com os balanços de material terá uma base sólida para o estudo dos Fenômenos de Transporte e das Operações Unitárias das Indústrias de Alimentos e Químicas.

Note que os balanços de material em processos industriais se assemelham aos balanços de outras espécies, como ao balanço de caixa no fim do dia (ou do mês) em uma empresa ou mesmo na sua própria conta bancária e suas aplicações financeiras.

Definição de Balanço de Massa

A denominação **balanço de massa** ou **balanço de material** é utilizada para definir os cálculos quantitativos em processos de transformação físicos e químicos da matéria, aplicando-se a **lei da conservação da massa**. Essa lei é resultado de observações experimentais que mostram que a massa total de um sistema permanece constante durante um processo de transformação (*Recorde-se do Fato Experimental Nº 1 do Capítulo 1. Nesse capítulo, será* *utilizado esse conhecimento para resolver problemas que ocorrem em indústrias alimentícias, químicas, etc.*). A validade da lei da conservação da massa está apoiada historicamente nas experiências de cientistas que estudaram essas transformações físicas e químicas e observaram que, invariavelmente, a soma das massas das substâncias (reagentes em geral), anteriormente às transformações, é igual à soma das massas dos produtos dessa transformação com as substâncias que permaneceram inalteradas. Esse resultado foi então denominado *lei da conservação da massa*. Nessa análise, não estão sendo incluídos os processos onde ocorrem reações nucleares. Para isso, seria necessário considerar uma lei mais global de conservação conjunta da matéria e da energia.

Assim, em Engenharia de Processos, entendemos balanço de massa como a verificação e a validação da lei da conservação da matéria.

Sistema Termodinâmico, Fronteira e Vizinhança

O conceito de sistema é essencial nas análises termodinâmicas dos processos de transformação. Entende-se por **sistema termodinâmico** qualquer porção do universo selecionada para análise. Essa porção pode ser uma unidade de processo, um conjunto de etapas de um processo ou todo o processo. Em todos esses casos, a lei da conservação da massa pode ser aplicada. O sistema é delimitado por suas **fronteiras**, que é uma linha imaginária que o separa da sua **vizinhança**. Assim, para a análise de um processo ou de uma operação, deve-se definir, antes de tudo, o sistema tomado para análise, através do delineamento das fronteiras do mesmo. O sistema e sua vizinhança compõem a totalidade do universo (*Novamente estão sendo utilizados os conceitos já desenvolvidos no Capítulo 1. Os conceitos fundamentais utilizados na termodinâmica e nos cálculos de processos são rigorosamente os mesmos*).

Um sistema se caracteriza como **sistema aberto** se houver fluxo de massa através de suas fronteiras no intervalo de tempo de análise do problema e como **sistema fechado** se não houver fluxo de massa. Na Figura 13.1, estão esquematizados um sistema aberto e um sistema fechado hipotéticos, com as fronteiras que os delimitam e os fluxos através das mesmas (*Se comparadas a Figura 13.1 com a Figura 2.3, observa-se que elas representam a mesma situação*).

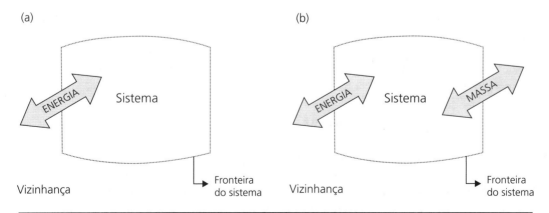

Figura 13.1 ▶ Representação esquemática de (a) um sistema fechado e de (b) um sistema aberto.

capítulo 13

Processo e Variáveis de Processo

Entende-se por **processo** uma operação ou uma série de operações que promovam modificações físicas ou químicas em uma substância ou em uma mistura de substâncias (todos os alimentos são misturas de substâncias). Na indústria de alimentos, as operações de separação, de mistura, de aquecimento, de resfriamento e de mudança de fase (congelamento, descongelamento, evaporação, condensação) estão presentes, individualmente ou em conjunto, em quase todos os processos de transformação.

A simples diluição de uma salmoura pela adição de água (processo de mistura) é considerada um processo de transformação. A produção de embutidos (salsichas, mortadelas e linguiças) a partir da mistura de ingredientes como carne, gordura suína, proteínas vegetais, água, aditivos e condimentos também é outro exemplo de processo de mistura. Por outro lado, na desidratação de alimentos separa-se parte da água do produto, obtendo-se um produto com menor peso e mais estável sob o ponto de vista bioquímico e microbiológico (maior tempo de vida útil), assim como na operação de centrifugação do leite cru, quando se separa parte da gordura, obtendo-se leite com baixo teor desse componente (leite desnatado) e uma porção rica em gordura (creme de leite). Em processos de separação mais complexos, como na produção de café solúvel e molho de tomate, sequências de operações de separação são utilizadas. Recomenda-se que o leitor pesquise sobre esses e outros processos de transformação de alimentos e identifique as operações de separação e de mistura presentes.

Os materiais que entram em um processo são denominados **alimentação do processo**, enquanto aqueles que deixam o processo são denominados **produtos do processo**. Denomina-se **unidade de processo** um equipamento (tanque de mistura, secador, centrífuga, filtro, trocador de calor, etc.) onde ocorre uma das operações que constituem o processo global. Para sistemas abertos, em cada unidade de processo têm-se **correntes** de entrada e de saída, as quais constituem a alimentação e o produto do processo, respectivamente. Uma corrente é a representação da troca de matéria entre o sistema e sua vizinhança. As correntes são caracterizadas por parâmetros denominados **variáveis de processo**. A temperatura, a massa específica, a pressão, a composição (em termos de concentrações e frações mássicas, molares ou volumétricas), a vazão (mássica, molar ou volumétrica), a massa molar média e grandezas físico-químicas são exemplos de variáveis de processo. Essas grandezas estão sujeitas a alterações durante o processamento da matéria.

No processo de secagem de uma fruta por exemplo, a massa de matéria-prima processada, a quantidade de fruta desidratada obtida e a umidade inicial e final das mesmas, assim como a umidade e temperatura do ar de secagem, são variáveis de processo importantes para essa operação. Na destilação de uma mistura álcool-água, as vazões e composições molares na entrada e na saída do destilador, bem como suas temperaturas, são as variáveis de interesse no processo.

Classificação dos Processos

Os processos de transformação podem ser classificados quanto à forma de alimentação ou retirada de material e quanto à dependência com o tempo.

Quanto à forma de alimentação ou retirada de material, os processos são classificados em:

I. Processos **descontínuos** ou em **batelada** (*batch* em inglês): quando não se faz alimentação e nem retirada de material durante o processamento. Essa característica implica que processos em batelada ocorrem em sistemas fechados.

II. Processos **contínuos**: quando há alimentação e retirada de produtos durante o processo. Os processos contínuos ocorrem em sistemas abertos.

III. Processos **semicontínuos** ou em **semibatelada** (*semibatch* em inglês): quando há alimentação sem retirada de material ou retirada sem alimentação de material.

A produção de doce de leite pode ser realizada em um tacho encamisado, promovendo-se o cozimento do leite previamente concentrado. As matérias-primas são colocadas no tacho, que é aquecido pela passagem de vapor no interior da camisa. Durante esse aquecimento, parte da água presente é evaporada e ocorrem transformações químicas na mistura. Ao final do processo, o doce de leite é descarregado. Assim, ocorre a saída da água evaporada durante todo o processo, não havendo alimentação ou retirada de produto, porém saída de um dos componentes, vapor d'água, caracterizando um processo em semi-batelada. Outro exemplo é o processo em batelada de emulsificação (por exemplo, a produção de maionese), em que se adicionam ao equipamento as substâncias a serem emulsionadas, obtendo-se o produto desejado apenas ao final do processo. Note que, se houver retirada de uma amostra durante o processo, as características (físico-químicas ou sensoriais) verificadas serão diferentes das desejadas para o produto final. Em outras palavras, o doce de leite não terá suas características desejadas, no primeiro caso, ou poderá ocorrer separação de fases na emulsão, no segundo caso.

Na indústria de alimentos, muitos processos ocorrem em batelada; no entanto, os processos contínuos são também bastante utilizados, como é o caso da produção de suco concentrado em evaporadores. O suco natural, alimentado continuamente, escoa nas superfícies de evaporadores de filme descendente, perdendo água por evaporação, saindo do evaporador com uma concentração (quantidade de sólidos solúveis ou °Brix) predeterminada.

Um exemplo de operação característica dos processos semicontínuos é a fermentação. Neste, o substrato (por exemplo, o açúcar invertido, que é uma mistura de glicose e frutose obtida a partir da sacarose) é alimentado continuamente, mantendo sua concentração próxima da concentração ideal para a obtenção de um produto desejado. Entretanto, o produto obtido é retirado ao final do processo, quando a quantidade de matéria-prima metabolizada pelos microrganismos conduzir às características desejadas para o mesmo.

Quanto à dependência com o tempo, os processos são classificados em:

I. Processos em **regime permanente** ou **estado estacionário**: quando as variáveis de processo não se alteram com o tempo (em um processo industrial, elas variam em torno de valores médios, sem, no entanto, apresentar tendência de aumento ou diminuição).

II. Processos em **regime transiente** ou **estado não estacionário**: quando há pelo menos uma das variáveis de processo variando com o tempo. O termo "transiente" é sinônimo de "transitório", indicando que o processo evolui para o regime estacionário.

Os processos contínuos, em geral, possuem uma etapa inicial transiente (partida ou *start-up* do processo), evoluindo para o regime estacionário. Quando esse estado é alcançado, é função do engenheiro supervisionar o processo através do acompanhamento e controle das propriedades (variáveis de processo) das correntes de entrada e de saída, com o objetivo de manter o processo em regime estacionário.

Por outro lado, os processos em batelada são inerentemente transientes. Já foi citado o caso da fabricação do doce de leite, no qual as características do material são modificadas ao longo do processo, sem jamais atingir o regime estacionário. Um famoso processo que ocorre em batelada é a fabricação de champanhe, que é um vinho frisante (gasoso) da região de Champagne, na França, cuja fermentação ocorre na garrafa durante vários meses (esse processo de fermentação na garrafa é conhecido como processo Charmat-Martinotti). A concentração de álcool e de gases dissolvidos aumenta com o tempo, até atingir os valores finais que caracterizam o produto. Da mesma maneira, os processos semicontínuos de interesse da indústria alimentícia também são transientes.

Um exemplo simples para ilustrar a diferença entre processos em regime transiente e estacionário é a operação de um chuveiro elétrico. Quando a válvula é aberta, o fluxo de água aciona a resistência elétrica do chuveiro e a água é aquecida a uma taxa que depende da sua vazão e temperatura inicial, bem como da potência dissipada pela resistência elétrica (*potência dissipada* = Ri^2, em que R é o valor da resistência elétrica e i é a intensidade da corrente elétrica). Pela observação cotidiana, sabe-se que a temperatura da água que sai do chuveiro aumenta gradativamente até atingir um valor constante. Em outras palavras, o processo de aquecimento da água no interior do chuveiro atinge o regime estacionário após passar por um período transiente. Se as variáveis de processo, tais como a vazão da água (controlada pela válvula) e a potência dissipada (controles tipo "verão" e "inverno" do chuveiro), não forem modificadas, a temperatura de saída da água permanecerá constante com o tempo. No entanto, aumentando-se a vazão da água, o sistema de aquecimento passará por um novo período em regime transiente e evoluirá para um novo regime estacionário, representado, nesse caso, pela diminuição da temperatura de saída da água.

A Equação Geral do Balanço de Massa

O balanço de uma propriedade ou grandeza é realizado avaliando-se a variação temporal dessa propriedade em um sistema, ou seja, o acúmulo dentro do sistema em análise. Esse acúmulo é resultado da diferença entre as contribuições positivas e negativas da quantidade avaliada. Compreende-se, nesse contexto, que o termo acúmulo se refere tanto ao aumento da propriedade dentro do sistema (acúmulo positivo) quanto à diminuição dessa propriedade no mesmo (acúmulo negativo). Assim, como primeiro resultado de um balanço, surge a chamada **equação do balanço**.

$$\{\text{Variação}\} = \left\{\begin{matrix}\text{Contribuições}\\ \text{positivas}\end{matrix}\right\} - \left\{\begin{matrix}\text{Contribuições}\\ \text{negativas}\end{matrix}\right\} \quad \textbf{(13.1)}$$

Similarmente, o balanço contábil (ou de capital) de uma empresa é um exemplo bastante difundindo entre contadores, economistas e administradores. De modo simplificado, esse balanço de capital é realizado somando-se os incrementos relativos ao faturamento e aos rendimentos financeiros, descontado dos custos, juros financeiros e impostos, resultando no lucro (ou seja, no acúmulo de capital) dentro do período de avaliação. Note que, nesse exemplo, o sistema definido é a empresa e a equação do balanço fica:

$$\begin{Bmatrix} \text{Lucro no} \\ \text{período} \end{Bmatrix} = \{\text{Faturamento}\} - \{\text{Custos}\} + \begin{Bmatrix} \text{Rendimentos} \\ \text{financeiros} \end{Bmatrix} - \begin{Bmatrix} \text{Juros financeiros} \\ \text{e impostos} \end{Bmatrix} \quad (13.2)$$

Na Equação (13.2), as contribuições positivas são o faturamento (que representa a alimentação) e os rendimentos financeiros (que representam a geração de capital), enquanto as contribuições negativas são os custos (que representam as retiradas) e os juros (que representam um consumo de capital).

Outro exemplo é o balanço populacional de um país. A taxa de variação da população (ou seja, o acúmulo de pessoas) é avaliada somando-se o número de pessoas que chegam ao país em um determinado período (taxa de imigração), ao número de pessoas que nascem no período (taxa de natalidade), e subtraindo as pessoas que deixam o país e as que morrem nesse mesmo período (taxas de emigração e de mortalidade, respectivamente). Assim, uma equação para o balanço populacional pode ser escrita da seguinte maneira:

$$\begin{Bmatrix} \text{Taxa de} \\ \text{variação} \\ \text{populacional} \end{Bmatrix} = \begin{Bmatrix} \text{Taxa de} \\ \text{imigração} \end{Bmatrix} - \begin{Bmatrix} \text{Taxa de} \\ \text{emigração} \end{Bmatrix} + \begin{Bmatrix} \text{Taxa de} \\ \text{natalidade} \end{Bmatrix} - \begin{Bmatrix} \text{Taxa de} \\ \text{mortalidade} \end{Bmatrix} \quad (13.3)$$

Por meio da Equação (13.3) para o balanço populacional, pode-se calcular o aumento anual da população de um país. Por exemplo, se em um dado país chegam 324 mil novos habitantes por ano, deixam o país 456 mil habitantes no mesmo período e se as taxas anuais de natalidade e de mortalidade forem de 715 mil e de 684 mil, respectivamente, então, para o sistema definido como o país em questão, a equação do balanço populacional é dada por:

$$\begin{Bmatrix} \text{Taxa de} \\ \text{variação} \\ \text{populacional} \end{Bmatrix} = 324.000 \, \frac{\text{hab}}{\text{ano}} - 456.000 \, \frac{\text{hab}}{\text{ano}} + 715.000 \, \frac{\text{hab}}{\text{ano}} - 684.000 \, \frac{\text{hab}}{\text{ano}} \quad (13.4)$$

Ou

$$\begin{Bmatrix} \text{Taxa de} \\ \text{variação} \\ \text{populacional} \end{Bmatrix} = -101.000 \, \frac{\text{hab}}{\text{ano}} \quad (13.5)$$

Como resultado, a taxa de variação populacional é de – 101 mil pessoas por ano. Esse valor negativo do acúmulo deve ser interpretado como um decréscimo da população do país.

Pelos exemplos citados e pela própria percepção do mundo, a quantidade de uma grandeza que entra só pode ser diferente da quantidade que sai de um determinado sistema se houver acúmulo ou se essa grandeza estiver aparecendo (geração) ou desaparecendo (consumo). No caso da matéria, ela "não aparece nem desaparece", mas se transforma (é gerada ou consumida) através das reações químicas. Assim, a **equação geral do balanço de massa** é escrita como:

Balanço de Massa em Processos — capítulo 13

$$\begin{Bmatrix} \text{Acumulo} \\ \text{de matéria} \end{Bmatrix} \Big|_{t}^{t+\Delta t} = \left(\text{taxa de alimentação}\big|_{t}^{t+\Delta t}\right)\Delta t - \left(\text{taxa de saída}\big|_{t}^{t+\Delta t}\right)\Delta t \;+$$
$$\left(\text{taxa de troca nos limites}\big|_{t}^{t+\Delta t}\right)\Delta t + \left(\text{taxa de geração}\big|_{t}^{t+\Delta t}\right)\Delta t \tag{13.6a}$$

Observe que a Equação (13.6a) é similar à Equação (2.1), podendo ser escrita, de modo simplificado por:

$$\begin{Bmatrix} \text{Acúmulo} \\ \text{de massa} \\ \text{no sistema} \end{Bmatrix} = \begin{Bmatrix} \text{Entrada de} \\ \text{massa pela} \\ \text{fronteira} \\ \text{do sistema} \end{Bmatrix} - \begin{Bmatrix} \text{Saída de} \\ \text{massa pela} \\ \text{fronteira} \\ \text{do sistema} \end{Bmatrix} + \begin{Bmatrix} \text{Geração de} \\ \text{massa e/ou} \\ \text{consumo no interior} \\ \text{do sistema} \end{Bmatrix} \tag{13.6b}$$

O termo de geração e/ou consumo presente na Equação (13.6) só faz sentido quando fazemos um balanço de massa de um determinado componente de uma mistura, sendo esses mesmos termos obrigatoriamente nulos quando realizamos um balanço da massa total do sistema. É isso o que é avaliado quando se determina os coeficientes estequiométricos de uma equação química. Como as massas atômicas dos elementos permanecem imutáveis nas reações químicas, garante-se que a quantidade de cada elemento químico presente nos reagentes seja igual à quantidade desses elementos químicos nos produtos. Assim, os coeficientes estequiométricos de uma equação química são calculados com base na lei da conservação da massa. Em outras palavras, a massa dos componentes poder variar, mas a soma das massas de todos eles é constante. Portanto, podemos dividir os balanços de massa em dois tipos: **balanço de massa por componente** (Equação 13.6) e **balanço de massa total** ou **global** (Equação 13.7).

$$\begin{Bmatrix} \text{Acúmulo} \\ \text{de massa} \\ \text{no sistema} \end{Bmatrix} = \begin{Bmatrix} \text{Entrada de} \\ \text{massa pela} \\ \text{fronteira} \\ \text{do sistema} \end{Bmatrix} - \begin{Bmatrix} \text{Saída de} \\ \text{massa pela} \\ \text{fronteira} \\ \text{do sistema} \end{Bmatrix} \tag{13.7}$$

As análises de balanço de massa podem ser divididas em dois tipos: **balanço de massa integral** e **balanço de massa diferencial**.

O balanço integral é aquele em que o interesse de análise é entre dois instantes de tempo definidos. Nesse caso, as correntes de entrada correspondem às massas (com suas respectivas variáveis de processo) existentes no instante inicial e as saídas correspondem às massas (com suas respectivas variáveis de processo) presentes ao final do processo. É um tipo de balanço normalmente aplicado aos processos em batelada. Cada termo da equação de balanço integral tem como unidade a da grandeza de interesse (massa, número de mols).

O balanço diferencial permite a definição do que ocorre num dado instante do processo, qualquer que seja ele, sendo amplamente aplicado em processos contínuos. Nesse tipo de balanço, cada termo da equação do balanço tem dimensão de taxa (grandeza de interesse por unidade de tempo: massa/tempo, mols/tempo); e o termo de acúmulo é representado pela taxa de variação instantânea da propriedade com o tempo, matematicamente descrito pela derivada total da propriedade em relação ao tempo.

Não existem balanços volumétricos, pois a lei da conservação é apenas para a massa. Exemplo típico é a mistura de 1 litro de água em 1 litro de álcool, cujo resultado não é 2 litros da mistura, pois haverá contração do volume devido às interações entre as moléculas das duas substâncias *"(Lembre-se da definição de Propriedade Parcial Molar apresentada no Capítulo 6. Naquele momento, foi possível explicar através de equações termodinâmicas por quê o volume final de uma mistura nem sempre é igual à soma direta dos volumes de cada componente)"*.

Balanços de Massa para Processos em Regime Estacionário

A aplicação das equações de balanço de massa deve ser feita usando-se os passos do ciclo de aprendizagem; assim podemos estabelecer alguns passos essenciais que ajudam a organizar a formulação do problema e os cálculos associados. Esses passos serão apresentados a partir do Exemplo 13.1.

Exemplo 13.1

 Mistura de Soluções

Uma indústria de laticínios recebe leite de diferentes produtores rurais e com diferentes frações de gordura. Antes do beneficiamento, realiza-se, em um grande tanque, um processo de mistura das matérias-primas oriundas dos diferentes produtores, visando obter-se um leite com uma composição definida. Considere um tanque de mistura que recebe 100 kg de leite do produtor A, com 3,6% de gordura, e 180 kg de leite do produtor B, com 3,2% de gordura. Determine qual é a teor de gordura da mistura.

 Resolução

Para facilitar a resolução, é fundamental a leitura atenta do enunciado. Deve-se construir um **diagrama de fluxo** (ou fluxograma) representativo do processo. Nesse diagrama, cada etapa (ou equipamento) do processo é representada por uma figura geométrica simplificada. As correntes de entrada e saída de matéria de cada etapa são representadas por setas, que indicam o sentido do fluxo. No exemplo em questão, o diagrama de fluxo possui duas correntes de entrada, representando os produtores A e B, e uma de saída, representando a mistura resultante, conforme ilustra a Figura 13.2. É necessária a diferenciação entre as linhas de corrente existentes e, para tal, é atribuída uma letra (maiúscula), associada a um valor de vazão (mássica ou molar), para cada uma delas. Desse modo, surge no fluxograma a primeira variável desconhecida, representada por M, que é o valor da corrente de saída.

É bastante útil que as informações referentes a cada uma das linhas de corrente sejam apresentadas nesse diagrama, juntamente com as variáveis desconhecidas. Uma correta definição das linhas de corrente e uma nomenclatura padrão para variáveis semelhantes facilitam a elaboração e a resolução dos balanços de massa.

Padronizando as unidades utilizadas para cada uma das variáveis e observando se todas as variáveis estão escritas em unidade compatíveis, tem-se um fluxograma com informações adicionais (Figura 13.3).

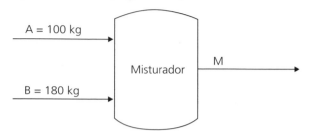

Figura 13.2 ▶ Representação esquemática do processo indicado no Exemplo 13.1.

Figura 13.3 ▶ Representação esquemática do processo indicado no Exemplo 13.1 com informações adicionais.

A fração mássica de um determinado componente ($\overline{x}_{i,K}$) possui dois índices, em que i indica o componente e K indica a corrente correspondente. Nesse caso, a letra g indica que a variável se refere à gordura e as letras A, B e M indicam a qual corrente corresponde a fração especificada.

Montado o diagrama, identificadas as variáveis conhecidas e as desconhecidas, o próximo passo é determinar a estratégia para resolução. Essa estratégia envolve: determinar o sistema e suas fronteiras; classificar os processos (quanto ao tempo e ao modo de operação); escolher o tipo de balanço a ser realizado (global ou por componente, integral ou diferencial) e avaliar todas as simplificações e considerações que podem ser adotadas sem comprometer a exatidão da resposta procurada.

Assim, o processo em estudo é classificado como um processo em batelada, onde as linhas de corrente de entrada representam o estado inicial (leite originário de cada produtor) e a linha de corrente de saída representa o estado final (leite misturado). A geração e o consumo de gordura são nulos, pois, no processo, não existem reações químicas relevantes. O sistema definido para análise é o próprio misturador.

A Figura 13.4 apresenta o diagrama de fluxo completo descritivo desse processo, incluindo as linhas de corrente, as variáveis de processo e as fronteiras do sistema. Convenciona-se que a fronteira do sistema seja representada por uma linha pontilhada.

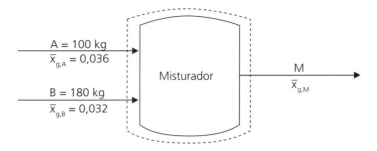

Figura 13.4 ▶ Representação esquemática completa do processo indicado no Exemplo 13.1.

Para a obtenção do valor desejado (teor de gordura da mistura), é necessária a realização do balanço de massa de gordura no misturador (balanço de massa por componente). Nesse processo de mistura em batelada, os balanços a serem realizados são do tipo integral.

Balanço de Massa Global no Misturador

Toda matéria que é adicionada ao sistema é retirada como mistura, ou seja, o processo ocorre em regime estacionário e o termo de acúmulo de massa é nulo. Com essa consideração, a Equação (13.6) é reescrita como:

$$\begin{Bmatrix} \text{Entrada de} \\ \text{massa} \\ \text{pela fronteira} \\ \text{do sistema} \end{Bmatrix} = \begin{Bmatrix} \text{Saída de} \\ \text{massa} \\ \text{pela fronteira} \\ \text{do sistema} \end{Bmatrix} \qquad \text{(E13.1-1)}$$

As correntes de entrada são A e B e a corrente de saída é M; logo, a equação para o balanço de massa global fica:

$$A + B = M \qquad \text{(E13.1-2)}$$

A equação para o Balanço de Massa Global Equação (E13.1-2) não é suficiente para resolver o problema. Assim, deve-se partir para o balanço de massa do componente de interesse, neste caso a gordura.

Balanço de Massa para a Gordura no Misturador

Toda matéria que é adicionada ao sistema é retirada como mistura, ou seja, o processo ocorre em regime estacionário e, consequentemente, não há acúmulo de gordura no sistema. Como dito anteriormente, não existem reações químicas relevantes e, assim, a Equação (13.6) é reescrita como:

$$\begin{Bmatrix} \text{Entrada de} \\ \text{massa de gordura} \\ \text{pela fronteira} \\ \text{do sistema} \end{Bmatrix} - \begin{Bmatrix} \text{Saída de} \\ \text{massa de gordura} \\ \text{pela fronteira} \\ \text{do sistema} \end{Bmatrix} = 0 \qquad \text{(E13.1-3)}$$

A massa de gordura que entra e que sai do sistema está associada às correntes de entrada e saída, logo:

$$\left\{\begin{array}{c}\text{Massa de}\\ \text{gordura em A}\end{array}\right\} + \left\{\begin{array}{c}\text{Massa de}\\ \text{gordura em B}\end{array}\right\} = \left\{\begin{array}{c}\text{Massa de}\\ \text{gordura em M}\end{array}\right\} \qquad \text{(E13.1-4)}$$

Partindo-se da definição da fração mássica de um componente (razão entre a massa do componente e a massa total da mistura que o contém), pode-se obter a massa desse componente em uma corrente de processo pelo produto entre: fração mássica do composto em uma determinada corrente e vazão total dessa mesma corrente. Desse modo, a equação do balanço de massa para a gordura fica:

$$A\overline{x}_{g,A} + B\overline{x}_{g,B} = M\overline{x}_{g,M} \qquad \text{(E13.1-5)}$$

Na Equação (E13.1-5), estão presentes seis variáveis de processo, das quais duas (M e $\overline{x}_{g,M}$) são desconhecidas, permitindo infinitas soluções (1 equação com 2 incógnitas). Para que seja possível a obtenção do valor desejado ($\overline{x}_{g,M}$), é necessária a obtenção de mais uma equação envolvendo essas mesmas incógnitas. Neste caso, o balanço de massa global no misturador permite a determinação da massa total da mistura.

Assim, as equações resultantes do balanço de massa global, Equação (E13.1-2), e do balanço de massa por componente, Equação (E13.1-5), compõem um sistema de 2 equações e 2 incógnitas, o qual pode ser resolvido através do método algébrico simples. Substituindo a Equação (E13.1-2) na Equação (E13.1-5), pode-se isolar a variável $\overline{x}_{g,M}$.

$$\overline{x}_{g,M} = \frac{(A\overline{x}_{g,A} + B\overline{x}_{g,B})}{(A + B)} = 0{,}0334 \qquad \text{(E13.1-6)}$$

Pela Equação (E13.1-2), obtêm-se:

$$M = A + B = 100 + 180 = 280 \text{ kg} \qquad \text{(E13.1-7)}$$

Pelos balanços de massa realizados, calculou-se o percentual final de gordura presente nos 280 kg de mistura como sendo 3,34%.

Comentários

Deve-se observar que, embora esse primeiro exemplo consista em um problema de baixa complexidade, neste capítulo e nos subsequentes, quando abordados processos mais complexos, a sistemática apresentada nessa resolução será fundamental para uma análise correta e eficaz.

Exemplo 13.2

Concentração de Suco de Fruta em Evaporador

Uma grande vantagem na distribuição de suco concentrado é a enorme redução na quantidade a ser transportada em relação ao mesmo produto pasteurizado ou esterilizado. Suco de fruta concentrado pode ser obtido através da remoção de água por evaporação. Para tal, é utilizado um equipamento denominado evaporador, o qual recebe o suco da fruta *in natura* e, através do fornecimento de calor, produz o suco concentrado. Para o processo citado determine: qual é o rendimento (razão entre suco concentrado produzido e suco *in natura* alimentado) de um processo onde o suco *in natura* possui 12% de sólidos totais (solúveis e insolúveis) e o suco concentrado 48% de sólidos totais? Se o evaporador é alimentado com 100 kg/h de suco *in natura*, qual é a quantidade de água que deverá ser evaporada para a obtenção desse suco concentrado?

Resolução

Inicia-se a resolução pela construção do diagrama de fluxo do processo, indicando as linhas de corrente e as variáveis do processo. O suco *in natura* é representado pela corrente S, a água evaporada é representada pela corrente V e o suco concentrado é representado pela corrente C. As composições das correntes são dadas pelo enunciado em termos de sólidos totais. O processo é contínuo (requer balanço de massa diferencial), operando em regime estacionário (o termo de acúmulo do balanço de massa é nulo) e não há reação química relevante no processo (os termos de geração e consumo do balanço de massa são nulos). O sistema delimitado para análise é o evaporador (etapa única do processo) esquematizado na Figura 13.5.

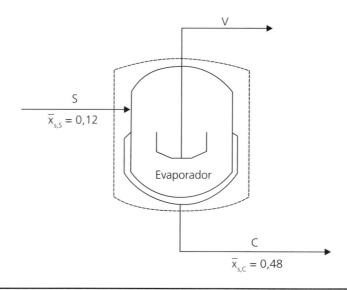

Figura 13.5 ▶ Representação esquemática completa do processo de evaporação (Exemplo 13.2).

A partir da Figura 13.5, os balanços de massa para a massa total e para os sólidos totais podem ser escritos pelas Equações (E13.2-1) e (E.13.2-3):

Balanço de Massa Global no Evaporador

$$\begin{Bmatrix} \text{Entrada de} \\ \text{massa} \\ \text{pela fronteira} \\ \text{do sistema} \end{Bmatrix} = \begin{Bmatrix} \text{Saída de} \\ \text{massa} \\ \text{pela fronteira} \\ \text{do sistema} \end{Bmatrix} \qquad \text{(E13.2-1)}$$

$$S = V + C \qquad \text{(E13.2-2)}$$

Balanço de Massa de Sólidos no Evaporador

$$\begin{Bmatrix} \text{Entrada de} \\ \text{massa de sólidos} \\ \text{pela fronteira} \\ \text{do sistema} \end{Bmatrix} = \begin{Bmatrix} \text{Saída de} \\ \text{massa de sólidos} \\ \text{pela fronteira} \\ \text{do sistema} \end{Bmatrix} \qquad \text{(E13.2-3)}$$

$$S\overline{x}_{s,S} = V\overline{x}_{s,V} + C\overline{x}_{s,C} \qquad \text{(E13.2-4)}$$

No sistema de equações resultante, as correntes S, C e V são incógnitas. Durante o processo de evaporação, água pura é removida na forma de vapor, representada pela corrente V. Sendo essa corrente composta apenas de água, $\overline{x}_{s,V} = 0$, a Equação (E13.2-4) pode ser então escrita como:

$$S\overline{x}_{s,S} = C\overline{x}_{s,C} \qquad \text{(E13.2-5)}$$

Resultando em:

$$\frac{C}{S} = \frac{\overline{x}_{s,S}}{\overline{x}_{s,C}} = \frac{0,12}{0,48} = 0,25 \qquad \text{(E13.2-6)}$$

Assim, o rendimento do processo (razão entre o produto obtido e o suco alimentado) é de 25%.

Isolando-se a variável C na Equação (E13.2-6) e substituindo na Equação (E13.2-2) pode-se obter o valor da corrente V correspondente à quantidade de água evaporada.

$$V = S - 0,25 \times S = 100 - 25 = 75 \text{ kg/h}$$

Balanço de Massa em Processos com Múltiplas Etapas

Unidades industriais são quase sempre compostas por mais de uma etapa de processo, caracterizando processos em múltiplas etapas. De acordo com o interesse da análise, vários sistemas termodinâmicos podem ser definidos, conforme ilustrado no fluxograma hipotético representado pela Figura 13.6: sistema englobando todas as etapas (sistema A), apenas uma etapa (sistema B) ou combinações entre duas ou mais etapas do processo (sistema C).

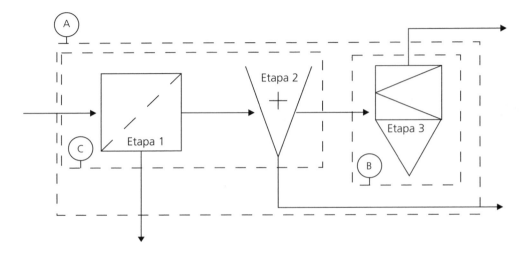

Figura 13.6 ▶ Representação esquemática de um processo de múltiplas etapas.

No Exemplo 13.3, vamos considerar um processo de concentração de suco, semelhante ao processo do Exemplo 13.2, porém com uma etapa adicional de filtragem anterior à etapa de evaporação da água.

Exemplo 13.3

Filtragem e Concentração de Suco de Fruta

O suco de fruta concentrado pode ser obtido através da remoção de água em um evaporador. Em alguns processos, antes da evaporação, realiza-se uma operação de filtração para remover parte dos sólidos presentes, dando origem a um suco filtrado (também chamado de suco clarificado). Sabendo que no filtro é retida uma polpa de fruta com 80% de sólidos e que o suco filtrado possui 8% de sólidos, determine: qual é o rendimento (razão entre suco concentrado produzido e suco *in natura* alimentado) de um processo no qual o suco *in natura* possui 12% de sólidos totais (solúveis e insolúveis) e o suco concentrado 48% de sólidos totais? Se o filtro é alimentado com 100 kg/h de suco *in natura*, qual é a quantidade de água que deverá ser evaporada para obtenção desse suco concentrado?

Balanço de Massa em Processos capítulo 13

Resolução

O fluxograma desse processo é composto de duas etapas, filtração e evaporação, como representado pela Figura 13.7:

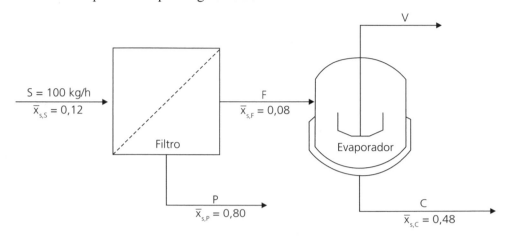

Figura 13.7 ▶ Representação esquemática da produção de suco concentrado em um processo de duas etapas (Exemplo 13.3).

Na primeira etapa, passagem pelo filtro, o suco *in natura* alimentado (com 12% de sólidos) é representado pela corrente S. As correntes de saída dessa etapa são P (polpa de fruta, com 80% de sólidos) e F (suco filtrado, com 8% de sólidos). Essa última é a corrente de alimentação da etapa seguinte (no evaporador), na qual as correntes de saída são V (água pura, $\bar{x}_{s,V} = 0$, na forma de vapor) e C (suco concentrado, com 48% de sólidos).

Nesse problema, deseja-se obter o rendimento (razão C/S) e V, sendo possível selecionar três diferentes sistemas, como mostrado pelas linhas pontilhadas da Figura 13.8:

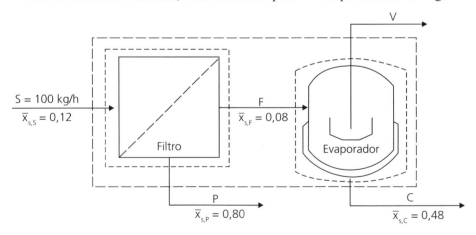

Figura 13.8 ▶ Representação esquemática da produção de suco concentrado em um processo de duas etapas, com diferentes sistemas termodinâmicos (Exemplo 13.3).

Fundamentos de Engenharia de Alimentos

O processo é contínuo (requer balanço de massa diferencial), operando em regime estacionário (o termo de acúmulo do balanço de massa é nulo) e não ocorre reação química relevante (os termos de geração e de consumo do balanço de massa são nulos). Para a resolução desse problema são realizados os balanços de massa apresentados a seguir.

Balanço de Massa Global no Filtro

$$\begin{Bmatrix} \text{Entrada de} \\ \text{massa} \\ \text{pela fronteira} \\ \text{do sistema} \end{Bmatrix} = \begin{Bmatrix} \text{Saída de} \\ \text{massa} \\ \text{pela fronteira} \\ \text{do sistema} \end{Bmatrix} \qquad \text{(E13.3-1)}$$

$$S = F + P \qquad \text{(E13.3-2)}$$

Substituindo o valor fornecido pelo enunciado:

$$100 = F + P \qquad \text{(E13.3-3)}$$

Balanço de Massa de Sólidos no Filtro

$$\begin{Bmatrix} \text{Entrada de} \\ \text{massa de sólidos} \\ \text{pela fronteira} \\ \text{do sistema} \end{Bmatrix} = \begin{Bmatrix} \text{Saída de} \\ \text{massa de sólidos} \\ \text{pela fronteira} \\ \text{do sistema} \end{Bmatrix} \qquad \text{(E13.3-4)}$$

$$S\overline{x}_{s,S} = F\overline{x}_{s,F} + P\overline{x}_{s,P} \qquad \text{(E13.3-5)}$$

Substituindo os valores fornecidos pelo enunciado:

$$F \times 0{,}08 + P \times 0{,}8 = 100 \times 0{,}12 \qquad \text{(E13.3-6)}$$

Através da resolução do sistema formado pelas Equações E13.3-3 e E13.3-6, obtemos:

$$F \times 0{,}08 + (100 - F) \times 0{,}8 = 100 \times 0{,}12 \;\Rightarrow\; F = 94{,}4 \text{ kg/h} \qquad \text{(E13.3-7)}$$

Portanto, P = 5,6 kg/h.

Uma vez obtidos os valores das variáveis F e P nesse primeiro sistema selecionado (Filtro), a determinação da razão C/S de V pode ser realizada pelos balanços de massa realizados no sistema composto pelo conjunto Filtro + Evaporador.

Balanço de Massa Global no Conjunto Filtro + Evaporador

$$\begin{Bmatrix} \text{Entrada de} \\ \text{massa} \\ \text{pela fronteira} \\ \text{do sistema} \end{Bmatrix} = \begin{Bmatrix} \text{Saída de} \\ \text{massa} \\ \text{pela fronteira} \\ \text{do sistema} \end{Bmatrix} \qquad \text{(E13.3-8)}$$

$$S = P + V + C \qquad \text{(E13.3-9)}$$

Substituindo os valores fornecidos pelo enunciado:

$$V + C = 100 - 5{,}6 \qquad \text{(E13.3-10)}$$

Nota-se que a corrente F, a qual não cruza a fronteira do sistema que engloba as duas etapas, não aparece no balanço de massa do conjunto Filtro + Evaporador.

Balanço de Massa de Sólidos no Conjunto Filtro + Evaporador

$$\left\{\begin{array}{c}\text{Entrada de}\\ \text{massa de sólidos}\\ \text{pela fronteira}\\ \text{do sistema}\end{array}\right\} = \left\{\begin{array}{c}\text{Saída de}\\ \text{massa de sólidos}\\ \text{pela fronteira}\\ \text{do sistema}\end{array}\right\} \qquad \text{(E13.3-11)}$$

$$S\overline{x}_{s,S} = P\overline{x}_{s,P} + V\overline{x}_{s,V} + C\overline{x}_{s,C} \qquad \text{(E13.3-12)}$$

Como a corrente V é composta de água pura, $\overline{x}_{s,V} = 0$, a Equação 13.3-12 fica:

$$100 \times 0{,}12 = 5{,}6 \times 0{,}8 + C \times 0{,}48 \implies C = 15{,}67 \text{ kg/h} \qquad \text{(E13.3-13)}$$

Logo, o rendimento é:

$$\frac{C}{S} = \frac{15{,}67 \text{ kg}}{100 \text{ kg}} = 0{,}1567 = 15{,}67\% \qquad \text{(E13.3-14)}$$

O valor da corrente V pode ser determinado pela Equação (E13.3-10), resultando em 78,73 kg/h de água evaporada.

Exemplo 13.4

Extração de Óleo de Soja em Múltiplas Etapas

Sementes de soja de composição inicial em massa de 18% de óleo, 35% de proteínas, 27% de carboidratos, 8% de fibras e 12% de água são submetidas às seguintes etapas de processamento: (1) Moagem e prensagem, separando óleo puro, reduzindo o conteúdo de óleo das sementes a 8% em massa; (2) Extração do óleo remanescente através de um solvente orgânico puro (hexano), produzindo uma torta contendo um resíduo de óleo igual a 0,5% em massa; (3) Secagem da torta até 7,5% de umidade em massa. Assumindo que não há perdas de proteínas e de água com o óleo, determine: a composição de cada corrente de produto e de subproduto do processamento de soja. As fibras, os carboidratos, a água e as proteínas podem ser considerados insolúveis no hexano.

Fundamentos de Engenharia de Alimentos

Resolução

O fluxograma representativo desse processo é apresentado na Figura 13.9.

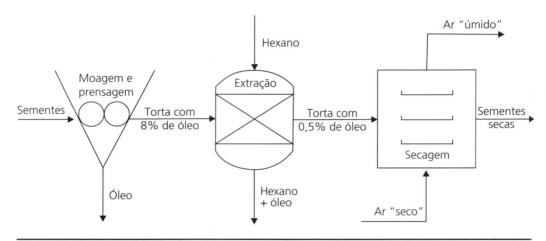

Figura 13.9 ▶ Fluxograma inicial do processamento de sementes de soja (Exemplo 13.4).

Inicialmente, devem-se nomear as respectivas correntes e atribuir os valores conhecidos às variáveis de processo. Nenhuma corrente foi quantificada quanto à sua grandeza no enunciado do problema. Assim, toma-se como referência um valor arbitrário, por exemplo, 1.000 kg para a corrente de sementes. Essa quantidade arbitrada é conhecida como **base de cálculo**. A escolha do valor da base de cálculo não altera a resposta do problema; entretanto, deve-se considerar que todos os valores obtidos para as correntes são relativos a essa base selecionada. Independentemente da base de cálculo selecionada, a composição de cada corrente, por ser um valor relativo (geralmente expresso como fração mássica), é mantida para qualquer base de cálculo arbitrada. O fluxograma detalhado, com a base de cálculo selecionada, pode ser observado na Figura 13.10:

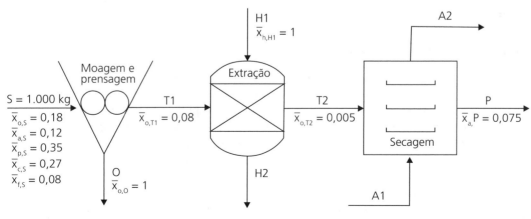

Figura 13.10 ▶ Fluxograma completo do processamento de sementes de soja (Exemplo 13.4).

Balanço de Massa em Processos   capítulo 13

As correntes S, O, T1, T2, H1, H2, A1, A2 e P são dadas em kg e $\bar{x}$ representa a fração mássica dos diferentes componentes, onde os subscritos em letras minúsculas o, a, p, c, f e h indicam as frações mássicas do óleo, da água, das proteínas, dos carboidratos, das fibras e do hexano, respectivamente. O processo opera em regime estacionário (o termo de acúmulo do balanço de massa é nulo) e não ocorre reação química relevante (os termos de geração e de consumo do balanço de massa são nulos).

Analisando a etapa 1 (moagem/prensagem), a composição das correntes S e O são dados do problema (em O existe apenas óleo, todas as demais frações são iguais a zero) e a composição da corrente T1 pode ser determinada pelos balanços de massa integrais, tomando como sistema a etapa representada na Figura 13.11.

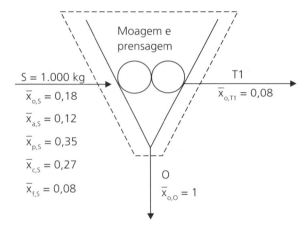

Figura 13.11 ▶ Representação da etapa de moagem/prensagem (Exemplo 13.4).

Sendo assim, os balanços de massa global e por componente nessa etapa são definidos pelas Equações (E13.4-1) e (E13.4-3):

Balanço de Massa Global na Moagem/Prensagem

$$\left\{\begin{array}{c} \text{Entrada de} \\ \text{massa} \\ \text{pela fronteira} \\ \text{do sistema} \end{array}\right\} = \left\{\begin{array}{c} \text{Saída de} \\ \text{massa} \\ \text{pela fronteira} \\ \text{do sistema} \end{array}\right\} \qquad \text{(E13.4-1)}$$

$$S = T1 + O \qquad \text{(E13.4-2)}$$

Balanço de Massa de Água na Moagem/Prensagem

$$\left\{\begin{array}{c} \text{Entrada de} \\ \text{massa de água} \\ \text{pela fronteira} \\ \text{do sistema} \end{array}\right\} = \left\{\begin{array}{c} \text{Saída de} \\ \text{massa de água} \\ \text{pela fronteira} \\ \text{do sistema} \end{array}\right\} \qquad \text{(E13.4-3)}$$

$$S\overline{x}_{a,S} = T1\overline{x}_{a,T1} + O\overline{x}_{a,O} \quad \text{(E13.4-4)}$$

Analogamente, os balanços de massa podem ser escritos para os demais componentes:

Balanço de Massa de Óleo na Moagem/Prensagem

$$S\overline{x}_{o,S} = T1\overline{x}_{o,T1} + O\overline{x}_{o,O} \quad \text{(E13.4-5)}$$

Balanço de Massa de Proteínas na Moagem/Prensagem

$$S\overline{x}_{p,S} = T1\overline{x}_{p,T1} + O\overline{x}_{p,O} \quad \text{(E13.4-6)}$$

Balanço de Massa de Carboidratos na Moagem/Prensagem

$$S\overline{x}_{c,S} = T1\overline{x}_{c,T1} + O\overline{x}_{c,O} \quad \text{(E13.4-7)}$$

Balanço de Massa de Fibras na Moagem/Prensagem

$$S\overline{x}_{f,S} = T1\overline{x}_{f,T1} + O\overline{x}_{f,O} \quad \text{(E13.4-8)}$$

Nesse sistema formado por 6 equações [Equações (E13.4-2), (E13.4-4) a (E13.4-8)], existem 6 incógnitas: as correntes O e T1 e as frações mássicas $\overline{x}_{a,T1}$, $\overline{x}_{p,T1}$, $\overline{x}_{c,T1}$ e $\overline{x}_{f,T1}$. A resolução do sistema de equações fornece:

$$O = 108{,}7 \text{ kg}$$
$$T1 = 891{,}3 \text{ kg}$$
$$\overline{x}_{a,T1} = 0{,}135$$
$$\overline{x}_{p,T1} = 0{,}393$$
$$\overline{x}_{c,T1} = 0{,}302$$
$$\overline{x}_{f,T1} = 0{,}090$$

Conhecida a composição da corrente T1, pode-se determinar a composição da corrente T2 por meio de um balanço integral no extrator (etapa 2), cuja fronteira do sistema e as correntes de entrada e saída estão representados na Figura 13.12.

Balanço de Massa em Processos   capítulo 13

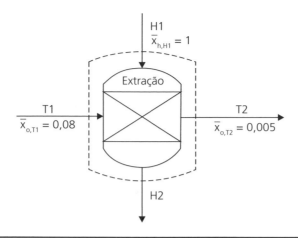

Figura 13.12 ▶ Representação da etapa do extrator (Exemplo 13.4).

Da mesma forma, pode-se escrever os balanços de massa global e por componente no extrator:

Balanço de Massa Global no Extrator

$$T1 + H1 = T2 + H2 \tag{E13.4-9}$$

Balanço de Massa dos Componentes no Extrator

$$T1\bar{x}_{i,T1} + H1\bar{x}_{i,H1} = T2\bar{x}_{i,T2} + H2\bar{x}_{i,H2} \tag{E13.4-10}$$

Na Equação (E13.4-10), *i* pode representar qualquer um dos 6 componentes: óleo, água, proteínas, carboidratos, fibras e hexano.

Conforme apresentado no enunciado do problema, o hexano solubiliza apenas o óleo; logo, a corrente H2 é formada apenas por óleo e hexano (as frações mássicas $\bar{x}_{a,H2}$, $\bar{x}_{p,H2}$, $\bar{x}_{c,H2}$ e $\bar{x}_{f,H2}$ são iguais a zero). Através da equação de balanço de massa global e das equações de balanço de massa por componente para o hexano e para o óleo, é possível encontrar o valor de T2, sendo esta igual a 823,8 kg. Conhecendo-se T2, pode-se calcular a composição obtida para essa corrente encontrando os seguintes valores:

$$\bar{x}_{a,T2} = 0{,}146$$
$$\bar{x}_{p,T2} = 0{,}425$$
$$\bar{x}_{c,T2} = 0{,}328$$
$$\bar{x}_{f,T2} = 0{,}097$$

Do mesmo modo como realizado para o extrator, porém, tomando-se a etapa 3 (secador) como o sistema de análise (Figura 13.13), é possível determinar a composição da corrente P.

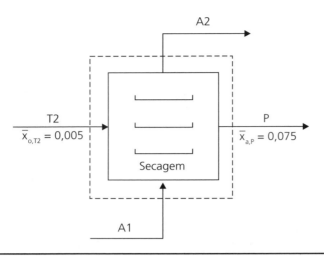

Figura 13.13 ▶ Representação da etapa do secador (Exemplo 13.4).

Balanço de Massa Global no Secador

$$T2 + A1 = P + A2 \tag{E13.4-11}$$

Balanço de Massa dos Componentes no Secador

$$T2\bar{x}_{i,T2} + A1\bar{x}_{i,A1} = P\bar{x}_{i,P} + A2\bar{x}_{i,A2} \tag{E13.4-12}$$

Na Equação (E13.4-12), *i* pode representar qualquer um dos 6 componentes presentes no sistema em análise. Dessa forma, podemos escrever os balanços de massa para o óleo, a água, as proteínas, os carboidratos, as fibras e o ar seco. Pelos balanços de massa global e por componente (para o ar seco, sólidos e para a água) pode-se determinar a corrente de produto P = 760,6 kg. Com essa informação e com as demais equações de balanço de massa, pode-se determinar a composição da corrente P, sendo esta dada por:

$$\bar{x}_{o,P} = 0{,}0054$$
$$\bar{x}_{p,P} = 0{,}4603$$
$$\bar{x}_{c,P} = 0{,}3542$$
$$\bar{x}_{f,P} = 0{,}1051$$

Balanço de Massa em Regime Transiente

Todo processo em batelada ou semicontínuo é inerentemente transiente, enquanto os processos contínuos podem operar em regime estacionário ou transiente. Para que um processo atinja o regime estacionário é necessário um período inicial de adaptação às condições de processo; ou seja, todo processo em regime estacionário esteve anteriormente em regime transiente. Assim, o estudo de processos transientes é imprescindível na análise dos processos de transformação da indústria de alimentos.

Em um processo em regime transiente, o **termo de acúmulo** existente no balanço de massa é diferente de zero (dM/dt ≠ 0). Esse termo se refere à **taxa de variação temporal** da massa (total ou de um componente) no sistema em análise. Todos os balanços de massa de processos em regime transiente são do tipo diferencial e, como consequência, todos os termos da equação do balanço possuem unidades de taxa. Assim, o balanço global de massa na forma diferencial pode ser escrito como:

$$\frac{d\left(\text{massa no sistema}\right)}{dt} = \left\{\begin{array}{c}\text{Taxa de}\\ \text{entrada de}\\ \text{massa no}\\ \text{sistema}\end{array}\right\} - \left\{\begin{array}{c}\text{Taxa de}\\ \text{saída de}\\ \text{massa do}\\ \text{sistema}\end{array}\right\} + \left\{\begin{array}{c}\text{Taxa de}\\ \text{geração}\\ \text{de massa}\\ \text{no sistema}\end{array}\right\} - \left\{\begin{array}{c}\text{Taxa de}\\ \text{consumo}\\ \text{de massa}\\ \text{no sistema}\end{array}\right\} \quad (13.8)$$

A Equação (13.8) pode ser reescrita em termos dos somatórios das correntes de entrada e de saída e das taxas de geração e de consumo de massa (esses dois últimos somatórios válidos apenas para balanços de massa por componente), resultando na Equação (13.9):

$$\frac{dM}{dt} = \sum \dot{M}_{entrada} - \sum \dot{M}_{saída} + \sum \dot{M}_{gerada} - \sum \dot{M}_{consumida} \quad (13.9)$$

A Equação (13.9) é uma **equação diferencial ordinária** (EDO) de primeira ordem, pois os sistemas sempre serão considerados como uniformemente misturados. Por exemplo, em um tanque completamente misturado, não há gradientes espaciais de concentração, ou seja, a concentração de um dado componente só varia com o tempo, mas não com a posição. A solução desse tipo de equação através da integração resulta em uma constante de integração, que precisa ser determinada. Para isso, é necessário conhecer o valor da variável dependente, M, para um dado tempo t (condição inicial, por exemplo). Assim, nos balanços de massa de interesse neste capítulo, as EDOs serão sempre de primeira ordem em relação ao tempo. Como visto no Capítulo 1, através do Fato Experimental nº 1, os termos $\dot{M}_{gerada}$ e $\dot{M}_{consumida}$ para o balanço de massa global de um sistema qualquer são iguais a zero, pois não existe geração e/ou consumo de massa total.

Exemplo 13.5

Esvaziamento de um Tanque com Água

Um tanque contém inicialmente 100 kg de água. Por meio de uma tubulação são admitidos 1,75 kg/min e, simultaneamente, uma válvula aberta permite a drenagem de 2,1 kg/min. Em quanto tempo o tanque irá esvaziar?

Resolução

O fluxograma representado na Figura 13.14 ilustra o processo em questão, em que F é a corrente de entrada, P é a corrente de saída de água do tanque e M representa a massa de água dentro do tanque.

Fundamentos de Engenharia de Alimentos

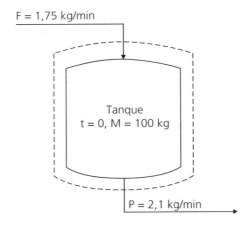

Figura 13.14 ▶ Fluxograma representativo do processo em regime transiente (Exemplo 13.5).

Esse processo é contínuo não há geração de massa, não existem reações químicas e a massa de água no interior do tanque varia ao longo do tempo. Assim, o processo em análise está operando em regime transiente e a equação do balanço de massa global do sistema é:

Balanço de Massa Global

$$\frac{dM}{dt} = \sum \dot{M}_{entrada} - \sum \dot{M}_{saída} \quad \text{(E13.5-1)}$$

Logo,

$$\frac{dM}{dt} = F - P = 1,75 - 2,1 = -0,35 \text{ kg/min} \quad \text{(E13.5-2)}$$

Observa-se que a Equação (E13.5-2) indica que a taxa de variação da massa é constante. O valor negativo mostra que, no interior do sistema em análise, a variável analisada (no caso a massa no interior do tanque) está diminuindo com o tempo. A equação diferencial Equação (E13.5-2) pode ser integrada pela técnica de separação de variáveis. Logo,

$$dM = -0,35 \, dt \Rightarrow \int dM = \int -0,35 \, dt \quad \text{(E13.5-3)}$$

Após a integração, é obtida a Equação (E13.5-4), na qual c é a constante de integração:

$$M = -0,35 \, t + c \quad \text{(E13.5-4)}$$

A condição conhecida para a função M(t) é no instante inicial, quando M(0) = 100 kg. Assim, chega-se à equação que relaciona a massa no interior do tanque ao longo do tempo:

Balanço de Massa em Processos   capítulo 13

$$M = -0,35\,t + 100 \quad \text{(E13.5-5)}$$

O tempo necessário para o tanque esvaziar pode ser obtido considerando que ao final do processo a massa M será igual a zero. Então, da Equação (E13.5-5), obtemos:

$$t = \frac{0 - 100}{-0,35} = 285,7\ \text{min} \quad \text{(E13.5-6)}$$

Comentários

Neste exemplo, os cálculos são bem simples, e a resposta final poderia ser obtida diretamente. Mas, o objetivo é aprender as etapas de cálculos que serão necessários em situações de processo mais complexas.

Exemplo 13.6

Transbordamento de um Tanque com Água

Um tanque, com capacidade de 1.000 litros, contém inicialmente 100 litros de água. Através de uma tubulação são admitidos 20 L/h. Em quanto tempo o tanque irá transbordar?

Resolução

O fluxograma desse processo está apresentado na Figura 13.15, em que A é a corrente de entrada de água do tanque e V representa o volume preenchido pela água no interior do tanque.

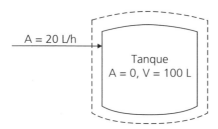

Figura 13.15 ▶ Fluxograma representativo do processo em regime transiente (Exemplo 13.6).

A massa ou o volume de líquido no interior do tanque irão variar com o tempo, caracterizando um processo transiente, sem geração ou consumo, com apenas uma corrente de entrada. Nesse problema, a vazão de entrada foi fornecida como vazão volumétrica, assim como a capacidade do tanque foi informada através do seu volume. Entretanto, existe a lei de conservação da massa e não a lei da conservação do volume (o volume é uma grandeza que dificilmente se conserva na natureza;

459

logo, é inviável a realização de balanço de volume). Assim, para a solução do problema, deve-se elaborar um balanço de massa e, a partir dele, relacionar a massa com o volume do líquido utilizando a massa específica (ρ) do fluido. É razoável que, nesse caso, o valor de ρ seja considerado constante ao longo do tempo, pois se trata da água líquida. Vale lembrar que os líquidos são fluidos considerados incompressíveis. Com essa informação e considerando que as variações na temperatura do sistema não são significativas, torna-se mais simples a resolução do problema.

Balanço de Massa Global

$$\frac{dM}{dt} = \sum \dot{M}_{entrada} - \sum \dot{M}_{saída} \qquad \text{(E13.6-1)}$$

Por definição, $M = V\rho$, e sabendo que $\dot{M} = A\rho$, podemos escrever:

$$\frac{d(V\rho)}{dt} = A\rho \qquad \text{(E13.6-2)}$$

Como ρ é considerado constante, ele pode ser simplificado nos lados da Equação (E13.6-2). Aplicando a técnica de separação de variáveis chega-se a:

$$dV = A\,dt \;\Rightarrow\; \int dV = \int A\,dt \;\Rightarrow\; V = At + c \qquad \text{(E13.6-3)}$$

Usando a condição inicial, V(0) = 100 litros, obtemos a equação que representa a variação temporal do volume de água no interior do tanque:

$$V = 20\,t + 100 \qquad \text{(E13.6-4)}$$

O tanque transbordará quando o volume de água no tanque for igual à capacidade máxima do tanque, ou seja, 1.000 litros. Então:

$$t = \frac{V - 100}{20} = \frac{1000 - 100}{20} = 45\ h \qquad \text{(E13.6-5)}$$

Comentários

Embora a Equação (E13.6-4) seja explícita em V, o balanço desenvolvido foi para a **massa** total de água.

Exemplo 13.7

Secagem de Concentrado Proteico

A produção de concentrado proteico de soja é composta de uma etapa de secagem em um leito fluidizado. Nesse tipo de secador, o produto a ser seco permanece dentro do equipamento e a água é removida pela passagem de ar. Uma fábrica

Balanço de Massa em Processos   capítulo **13**

produz 1 kg de concentrado proteico seco a partir de 6 kg de material proteico úmido (88% de umidade em massa). O concentrado é seco a uma taxa diretamente proporcional à razão entre a massa de água e a massa de sólidos secos contida no material proteico. Considere que dentro do secador o ar de secagem é completamente misturado, ou seja, a umidade em qualquer ponto do secador é a mesma. Se certo lote de material proteico perde metade de sua umidade inicial em 15 minutos, determine: (a) a quantidade de água no produto final (concentrado proteico seco); (b) o tempo necessário para remover 90% da água existente no material proteico úmido; (c) o tempo necessário para que o concentrado atinja a umidade desejada, determinada no item (a).

Resolução

A solução desse problema requer a realização de diferentes balanços de massa. A situação em questão não considera nenhum tipo de reação química; logo, os termos de geração e consumo são nulos. O processo é em batelada.

Resolução do Item (a)

Pode-se fazer a consideração que o concentrado proteico é composto de: água (a) e sólidos secos (ss); logo, $\bar{x}_a + \bar{x}_{ss} = 1$. Para o cálculo da quantidade de água no produto final, realiza-se um balanço de massa no material proteico entre o instante inicial e final, ou seja, um balanço integral de massa. O fluxograma dessa etapa de processo é representado na Figura 13.16, em que P representa o concentrado proteico úmido, S o concentrado proteico seco e A representa a corrente composta pela água que é removida junto ao ar de secagem. O sistema de análise é todo o secador.

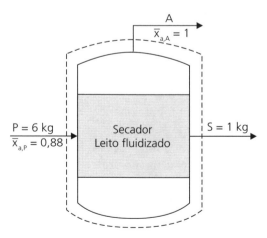

Figura 13.16 ▶ Fluxograma representativo da secagem de concentrado proteico em termos de taxa de evaporação da água (Exemplo 13.7).

A umidade na corrente S pode ser obtida pelo balanço de massa integral de sólidos secos (ss):

Balanço de Massa de Sólidos Secos

$$P\overline{x}_{ss,P} = A\overline{x}_{ss,A} + S\overline{x}_{ss,S} \quad \text{(E13.7-1)}$$

A água é evaporada pura, logo $\overline{x}_{ss,A} = 0$. Da Equação (E13.7-1), pode ser observado que toda a massa de sólidos solúveis alimentada no secador deixa o equipamento na corrente S. Usando os dados do problema temos:

$$\overline{x}_{ss,S} = \frac{P\overline{x}_{ss,P}}{S} = \frac{6 \times (1 - 0,88)}{1} = 0,72 \quad \text{(E13.7-2)}$$

Como a composição da corrente S foi separada em água e sólidos secos podemos escrever:

$$\overline{x}_{a,S} + \overline{x}_{ss,S} = 1 \Rightarrow \overline{x}_{a,S} = 1 - \overline{x}_{ss,S} \Rightarrow \overline{x}_{a,S} = 0,28 \quad \text{(E13.7-3)}$$

Assim, a quantidade de água é 28% da massa da corrente S, ou seja, 0,28 kg.

Resolução do Item (b)

A determinação do tempo deve sempre ser feita a partir de balanços de massa diferenciais, considerando o material proteico mantido dentro do secador enquanto a água é removida por evaporação. Assim, o cálculo solicitado no item (b) requer a realização de um balanço de massa diferencial no material proteico. O enunciado do problema relata que a taxa de secagem ($\dot{Y}_a$) é diretamente proporcional à razão entre a massa de água e a massa de sólidos secos; assim, podemos escrever essa taxa como:

$$\dot{Y}_a = k' \frac{M_a}{M_{ss}} \quad \text{(E13.7-4)}$$

Em que k' é a constante de proporcionalidade, M_a é a massa de água presente no material proteico e M_{ss} é a massa de sólidos secos presente no material proteico. Considerando que a secagem é um processo de separação através da remoção de água, a M_{ss} na corrente de concentrado proteico é um valor constante, então, pode-se incorporar esse valor ao valor da constante k', definindo um novo parâmetro, $k = k'/M_{ss}$. A Equação (E13.7-4) para a taxa de evaporação pode ser reescrita como:

$$\dot{Y}_a = kM_a \quad \text{(E13.7-5)}$$

O fluxograma do processo e a fronteira do sistema de análise estão apresentados na Figura 13.17.

Balanço de Massa em Processos   capítulo 13

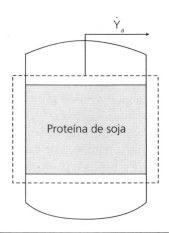

Figura 13.17 ▶ Fluxograma representativo da secagem do concentrado proteico de soja (Exemplo 13.7).

 Balanço de Massa de Água

$$\frac{dM_a}{dt} = -\left\{\begin{array}{c}\text{taxa de}\\ \text{secagem}\end{array}\right\} = -\dot{Y}_a \qquad \text{(E13.7-6)}$$

Substituindo a Equação (E13.7-5) na Equação (E13.7-6):

$$\frac{dM_a}{dt} = -kM_a \qquad \text{(E13.7-7)}$$

Resolvendo a EDO da Equação (E13.7-7) entre o instante inicial ($t = 0$, $M_a = M_{a0}$) e um instante qualquer (t, M_a) tem-se:

$$\ln\left(\frac{M_a}{M_{a0}}\right) = -kt \qquad \text{(E13.7-8)}$$

Em que M_{a0} representa a massa inicial de água no sistema.

Sabe-se, através do enunciado, que após 15 minutos a umidade do material proteico reduziu-se à metade, ou seja, em $t = 15$ min, tem-se $M_a = 0,5\, M_{a0}$. Substituindo esse binômio na equação integrada, encontramos $k = 0,0462$ min^{-1}. Se a umidade for reduzida em 90% do valor inicial, então no final dessa etapa haverá 10% do valor inicial. Sendo assim, substitui-se, na equação integrada, o valor obtido para k e o valor dado $M_a = 0,1\, M_{a0}$:

$$\ln\left(\frac{0,1\,M_{a0}}{M_{a0}}\right) = -0,0462t \Rightarrow t = \frac{\ln(0,1)}{-0,0462} = 49,84 \text{ min} \qquad \text{(E13.7-9)}$$

Para remover 90% da umidade inicial são requeridos 49,84 minutos.

Resolução do item (c)

O item (c) pode ser resolvido pelo mesmo balanço utilizado no item anterior. Entretanto, deve-se prestar atenção ao valor de umidade obtido no item (a). Diferentemente dos valores utilizados para a dedução da equação do item (b), a qual partiu da massa de água em relação à massa de sólidos secos (conhecida como umidade em base seca), a umidade obtida no item (a) (denominada umidade em base úmida) é calculada em relação à massa total do material proteico (água e sólidos secos). Assim, deve-se proceder a uma mudança de base.

A umidade final de 28% em base úmida [resposta do item (a)] pode ser interpretada como 28 kg de água em 100 kg da mistura (água e sólidos secos), ou seja, 28 kg de água para 72 kg de sólidos secos. Assim, ao final do processo existem 0,389 kg de água para cada kg de sólidos secos.

Analogamente, a umidade inicial de 88% em base úmida corresponde a 88 kg de água para 12 kg de sólidos secos. Ou seja, no início do processo existem 7,33 kg de água para cada kg de sólidos secos.

Obtidos os valores em base de massa seca, pode-se calcular a razão M_a/M_{a0} = 0,398/7,33 = 0,053. Agora, para determinar o tempo necessário para a secagem basta substituir o valor da razão M_a/M_{a0} na Equação (E13.7-8), e assim encontrar o tempo de 63,6 minutos.

 Comentários

O conceito de umidade em base seca e base úmida é muito utilizado no processamento de alimentos. Enquanto a umidade em base úmida é uma porcentagem, a umidade em base é uma razão entre duas massas, ou seja, razão mássica.

Etapas para Resolução de Problemas Envolvendo Balanços de Massa

De maneira geral, pode-se dizer que todas as análises de processo através dos balanços de massa seguem uma mesma linha de raciocínio. Para se obter as **variáveis de processo desconhecidas**, deve-se escrever um **sistema de equações algébricas**, baseado em balanços globais e de componentes e nas **variáveis de processo conhecidas**. Para isso, deve-se: I) construir o **diagrama de fluxo completo**, identificando as linhas de corrente e suas variáveis (conhecidas e desconhecidas); II) classificar o processo quanto ao modo de alimentação (**batelada, semicontínuo ou contínuo**) e quanto à dependência com o tempo (**estacionário ou transiente**); III) avaliar se os balanços a serem realizados serão do tipo **integral** ou **diferencial**; IV) definir o(s) sistema(s) de análise; V) escrever as equações de **balanço de massa global e de componentes** até que o número de equações independentes seja igual ao número de incógnitas (se isso não for possível, alguma consideração precisa ser feita, como, por exemplo, atribuir uma base de cálculo) e VI) resolver o sistema de equações.

Balanço de Massa em Processos

capítulo 13

RESUMO DO CAPÍTULO

Neste capítulo, foram apresentados os princípios de cálculo para resolução de problemas envolvendo balanços de massa em processos típicos da indústria de alimentos.

PROBLEMAS PROPOSTOS

13.1. Qual é a quantidade de água a ser removida de 100 kg de um material durante a secagem para reduzir o conteúdo de umidade do mesmo de 85% para 25%? Assuma que o conteúdo de umidade é expresso em base úmida (% em massa).

13.2. O leite recebido por um laticínio é centrifugado para a obtenção de creme de leite e de leite desnatado (0,05% de gordura). Que quantidade de creme de leite com 36% de gordura pode ser obtida a partir de 430 kg de leite integral contendo 3,8% de gordura?

13.3. A padronização é o processo da indústria de laticínios para a obtenção de um produto com uma composição desejada a partir de uma mistura de componentes. Qual é a quantidade de leite com 3,6% de gordura que deve ser misturada a um creme de leite contendo 35% de gordura para a obtenção de 13.000 kg de outro creme de leite com 18% de gordura?

13.4. A coluna de destilação é um equipamento industrial responsável pela separação de uma mistura devido à diferença entre a volatilidade relativa dos componentes dessa mistura. Considere que determinada coluna alimentada com a mistura água-etanol (40% etanol e 60% água) origina dois produtos: o destilado, rico no álcool (85% etanol) e o resíduo, rico em água (95% água). Se as concentrações de etanol e de água nas correntes de processo são dadas em porcentagens mássicas, calcule a massa de destilado por unidade de massa na alimentação e por unidade de massa no resíduo.

13.5. O bagaço de cana-de-açúcar, resíduo da indústria sucroalcooleira, com umidade inicial igual a 49% em base úmida, é desidratado em um secador operando com fluxos concorrentes de produto e de ar de secagem. A vazão mássica de ar seco que entra no secador é 100 kg ar seco/h, cuja umidade na entrada e na saída do secador é 0,08 e 0,17 (ambas em kg de água por kg de ar seco), respectivamente. Para uma alimentação de 50 kg/h de bagaço úmido, determine: (a) a produção de bagaço seco (em kg/h); (b) o conteúdo de umidade (em base úmida e em base seca) do bagaço seco na saída do secador.

13.6. O suco concentrado é preparado partindo do suco extraído da fruta. Em 100 kg desse suco recém-extraído encontram-se 4% em massa de sólidos solúveis e 10% em massa de sólidos insolúveis. Todos os sólidos insolúveis são retidos em um filtro (admita que o filtro retenha apenas os sólidos insolúveis) e o suco filtrado segue para um evaporador. Se a concentração final do suco concentrado deve ser de 20% em massa de sólidos solúveis, qual é a massa de água que deve ser evaporada?

13.7. Em um tanque perfeitamente agitado encontram-se inicialmente M_0 kg de uma solução aquosa contendo açúcar em uma concentração x_0. Deseja-se diluir em 3 vezes essa solução pela adição de água pura, admitida ao tanque por uma tubulação de 200 mm a uma velocidade de 8 cm/min^{-1}. Sabendo que a vazão mássica na entrada é a mesma da saída, estime o tempo necessário para essa diluição em função da massa inicial no interior do tanque. Apresente um gráfico desse tempo de diluição em função da massa inicial.

13.8. Refaça o problema 13.7 considerando que a vazão de saída é 80% da vazão de entrada. Discuta as diferenças observadas na resolução do problema.

13.9. A produção de molho pronto é realizada a partir da mistura de ingredientes. O suco de tomate é admitido ao misturador a uma vazão de 25 kg/min, onde o mesmo é salgado através da adição, a uma vazão constante, de uma solução aquosa saturada de NaCl (25% em massa de sal). A que taxa deve ser adicionada a solução salina para se obter um produto (suco de tomate) com 1,5% em massa de sal?

13.10. O óleo vegetal comestível pode ser obtido industrialmente pela prensagem das sementes. Alimentando-se o processo, a uma vazão constante, com sementes contendo 39% em massa de óleo, é produzido óleo vegetal com 6% em massa de sólidos, gerando como resíduo uma torta com 12% em massa de óleo. Encontre: (a) os balanços de massa global e para o componente óleo; (b) a quantidade de óleo produzido a partir de cada kg de sementes.

13.11. Um suco de laranja é diluído de uma concentração de sólidos solúveis inicial de 0,65 kg de sólidos por kg de suco para 0,30 kg de sólidos por kg de suco. Calcule a quantidade de suco que se pode obter a partir de 100 kg de concentrado e a quantidade de água adicionada.

13.12. Na fabricação de um doce de fruta, mistura-se o açúcar e a fruta (na proporção 1 kg de fruta para 1 kg de açúcar) e adiciona-se a pectina, 175 g para cada 100 kg de açúcar. A mistura segue para um evaporador até que a concentração de sólidos solúveis seja 60% em massa. A partir de uma fruta com 13,5% de sólidos solúveis, quantos kg de doce são obtidos por kg de fruta adicionado ao processo? Considere a pectina um sólido solúvel.

13.13. Chá solúvel pode ser obtido a partir de **folhas** de plantas, as quais são compostas em massa de 30% de umidade, 22% de sólidos solúveis e 48% de sólidos insolúveis. As **folhas** são trituradas e misturadas com água, formando uma **suspensão** que será filtrada, separando-se uma **solução** com 4% de sólidos solúveis e um **resíduo** sólido. Esse **resíduo** tem 82% de umidade e contém todos os insolúveis das **folhas** e os solúveis não extraídos da mesma. Após extração e filtração, a **solução**, que contém 90% dos sólidos solúveis da folha, é concentrada em um evaporador até um conteúdo de 45% de sólidos solúveis. Em seguida, o **concentrado** passa por um secador tipo "spray", removendo água até atingir 4% de umidade (base úmida), saindo na forma de **pó**. Determine: (a) a massa de **folhas** utilizada por unidade de massa de **pó** produzido; (b) a massa de água utilizada na etapa de extração por unidade de massa de **pó** produzido; (c) qual é a quantidade total de água evapora (no evaporador e no secador) por unidade de massa de **pó** produzido.

13.14. Um evaporador de capacidade de 2.000 kg é alimentado com 500 kg/h de uma solução 20% em massa de sacarose. Na saída, obtém-se uma solução concentrada com 50% em massa desse açúcar. Ao sistema, operando em regime estacionário, ligou-se outra alimentação de entrada de 280 kg/h e concentração de 10% em massa de sacarose. Sabendo-se que a taxa de evaporação e a capacidade do evaporador continuaram constantes, determine qual era a composição de sacarose na saída do evaporador após duas horas de operação. Considere que a mistura no interior do evaporador seja perfeita, isto é, as concentrações de sacarose na saída e no interior do evaporador são iguais.

13.15. Um tanque de estocagem de combustível, com capacidade igual a 125 m^3, contém butano puro que deve ser substituído por propano. O propano (gás) é alimentado no tanque à taxa de 3 m^3/min, sendo a mistura gasosa retirada do tanque na mesma taxa. Ambos os gases estão a 27 °C e 101,3 kPa. Qual é o tempo necessário para retirar-se 99% do butano presente inicialmente no tanque? Considere os gases completamente misturados durante toda a operação.

13.16. Em um tanque perfeitamente agitado existe inicialmente M_0 kg de uma solução aquosa contendo açúcar em uma concentração x_0. Deseja-se reduzir à metade essa concentração pela adição de uma solução com concentração x_e de açúcar, admitida ao tanque por uma tubulação de 100 mm de diâmetro, a uma velocidade de 0,05 m/min. Sabendo que a vazão mássica na entrada é a mesma da saída, estime o tempo, em horas, necessário para essa diluição em função da massa inicial no interior do tanque. Apresente um gráfico desse tempo de diluição em função da massa inicial. Existe um limite para o valor da concentração da solução na saída do tanque? Explique.

13.17. Um tanque de 5 m^3 de capacidade, contendo um líquido A, é esvaziado a uma taxa que aumenta linearmente com o tempo. No instante inicial, o tanque contém 820 kg de líquido A e a taxa de retirada é 750 kg/h. Passadas 5 horas, a taxa de retirada foi determinada como sendo 1.000 kg/h. O tanque é constantemente alimentado com a corrente A à taxa de 1.200 kg/h. Dado: massa específica do líquido A = 1.075 kg/m^3: (a) escreva uma expressão para a taxa de retirada de líquido do tanque; (b) após 5 horas, quanto de líquido resta no tanque?; (c) o tanque esvaziará? Se sim, qual é o tempo necessário?; (d) o nível do tanque alcançará seu valor máximo? Se sim, qual é o tempo necessário?

REFERÊNCIAS BIBLIOGRÁFICAS

1. Felder RM, Rousseau RW. Elementary principles processes. 2nd Ed. New York: John Wiley & Sons; 1999.
2. Himmelblau DV. Basic principles and calculations in chemical engineering. 6th Ed. New Jersey: Prentice Hall; 1996.
3. Laurindo JB. Apostila usada no curso de Introdução aos Processos Químicos do curso de Engenharia de Alimentos da Universidade Federal de Santa Catarina; 1998.
4. Toledo RT. Fundamentals of food process engineering. 3rd Ed. New York: Springer Publishers; 2006.

CAPÍTULO 14

Balanço de Massa em Sistemas Reativos

- Francisco Maugeri Filho
- Rosana Goldbeck
- Ana Paula Manera

CONTEÚDO

Objetivos do Capítulo	471
Introdução	471
Reatores de Mistura Perfeita	471
Reatores em Batelada	471
Balanço de Massa no Reator em Batelada Simples	472
Exemplo 14.1 – Produção de Ácido Cítrico em Reator em Batelada	475
Considerações	475
Resolução	475
Comentários	476
Balanço de Massa no Reator em Batelada Alimentada	476
Exemplo 14.2 – Produção de Ácido Clavulânico	479
Considerações	480
Resolução	480
Comentários	483
Reatores de Mistura Contínuos Ideais	483
Balanço de Massa no Reator Contínuo de Mistura Ideal	484
Exemplo 14.3 – Produção de Ácido Lático	486

Considerações 487
Resolução 487
Comentários 488
Balanço de Massa no Reator Contínuo de Múltiplos Estágios 488
Balanço de Massa no Primeiro Reator 489
Balanço de Massa no Segundo Reator 489
Exemplo 14.4 – Produção de Ácido Lático por Fermentação Contínua 491
Considerações 491
Resolução 491
Comentários 495
Balanço de Massa no Reator Contínuo com Reciclo de Células 495
Balanço de Massa na Junção 496
Balanço de Célula na Junção 496
Balanço de Substrato na Junção 497
Balanço de Produto na Junção 497
Balanço de Células no Reator 498
Balanço de Substrato no Reator 498
Balanço de Produto no Reator 498
Exemplo 14.5 – Produção de Etanol 498
Considerações 499
Resolução 499
Comentários 500
Reatores Enzimáticos 500
Reatores Enzimáticos em Batelada 501
Reatores Enzimáticos Tubulares 502
Exemplo 14.6 – Produção de Galacto-oligossacarídeos 503
Considerações 503
Resolução 504
Comentários 504
Reatores Enzimáticos de Mistura Contínuos 504
Resumo do Capítulo 505
Problemas Propostos 505
Referências Bibliográficas 508

Balanço de Massa em Sistemas Reativos

capítulo 14

OBJETIVOS DO CAPÍTULO

Neste capítulo vamos abordar o balanço de massa em sistemas reativos. Quando se tem sistemas reativos pensa-se imediatamente em reatores. Estes podem ser de diferentes tipos; entretanto, os de maior interesse são os químicos e os bioquímicos. Limitaremo-nos, neste capítulo, a estudar os reatores bioquímicos ideais, o que abrange os fermentadores do tipo reatores de mistura perfeita, nas suas diferentes formas de operação, tais como reatores em batelada, batelada alimentada; reatores de mistura contínuos, tais como, quimiostato, múltiplos estágios e reciclo de células; em seguida, veremos os reatores enzimáticos.

Introdução

Os reatores químicos e bioquímicos são muito parecidos no que tange à matemática do processo, porém podem ser muito diferentes em termos de condições de operação. Os químicos obedecem, às vezes, condições drásticas de temperatura e pressão, enquanto os bioquímicos são operados normalmente em condições mais amenas. Isso se deve ao fato que reatores bioquímicos possuem como catalisadores enzimas ou microrganismos, que têm em geral, como condições apropriadas de operação, temperaturas entre 25 °C e 40 °C e pressões vizinhas à atmosférica. Vamos dar ênfase especial neste capítulo aos reatores bioquímicos. Conhecidos também pela denominação de *biorreatores*, estes são o coração dos processos bioquímicos. São reatores nos quais uma dada reação bioquímica ocorre. Essa reação pode ser o resultado do crescimento de microrganismos ou uma reação catalisada por enzimas. No primeiro caso dizemos que o biorreator é um fermentador. O conceito de biorreatores pode ser também estendido para outros tipos de processos que envolvem microrganismos ou produtos de origem biológica como tanques para tratamento biológico de águas residuárias ou ainda colunas de purificação de bioprodutos (enzimas, vitaminas, aminoácidos, etc.). Os biorreatores podem ser divididos também nas formas clássicas dos reatores de mistura e tubulares. O estudo do comportamento, projeto e dimensionamento de cada biorreator pode ser efetuado pela combinação de conhecimentos de cinética das reações biológicas com balanços de massa.

Reatores de Mistura Perfeita

Reatores em Batelada

Existem, basicamente, três modos de operação de um sistema em batelada: processos em que o reator recebe um inóculo e meio de cultivo novo, denominando-se *batelada simples*; processos operando na forma de *batelada alimentada* e processos com *reciclo de microrganismo*.

No primeiro caso, o sistema oferece as melhores condições para uma boa fermentação, pois recebe o inóculo de células ativas e praticamente isenta de contaminantes. No segundo caso, temos o que se chama *pé de cuba,* em que existe um inóculo inicial ocupando uma fração do volume total do reator, e este é alimentado gradualmente com uma solução concentrada de substrato até atingir o nível máximo do reator. No último caso, que é uma forma de operação muito utilizada na batelada alimentada, o meio, uma vez fermentado, é centrifugado obtendo-se assim uma suspensão de microrganismos de elevada concentração. Esta suspensão é tratada (ou não) com o objetivo de minimizar células inativas e microrganismos contaminantes, e reutilizada então como inóculo do mesmo fermentador ou de um outro qualquer.

Um reator em batelada ideal é espacialmente homogêneo, de forma que as propriedades físicas e químicas do meio são iguais em todo o reator. Passemos aos balanços de massa:

Balanço de Massa no Reator em Batelada Simples

O esquema de um reator em batelada simples é apresentado na Figura 14.1.

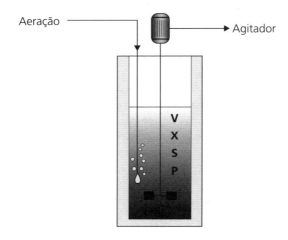

Figura 14.1 ▶ Esquema de um reator em batelada simples.

A forma matemática geral de balanço de massa para reatores em batelada simples pode ser escrita da seguinte forma:

Fluxo de entrada – Fluxo de saída + Velocidade de reação (consumo ou crescimento)
$$= \text{Acúmulo} \quad (14.1)$$

ou seja,

$$FC_a - FC_s + R_C V = \frac{d(CV)}{dt} \quad (14.2)$$

Em que:

F = vazão de meio

V = volume do reator

C_a = concentração de alimentação de substrato (S), de células (X) ou de produto (P)

C_s = concentração de saída de substrato (S), de células (X) ou de produto (P)

R_C = velocidade de formação ou consumo, sendo positiva quando houver formação e negativa quando houver consumo

Como não há alimentação nem retirada de meio durante o processo, os dois primeiros termos da Equação (14.2) são iguais a zero; logo:

$$\frac{d(CV)}{dt} = R_C V \qquad (14.3)$$

Pode-se escrever o balanço de massa global do sistema como sendo:

$$\frac{d(\rho V)}{dt} = 0 \qquad (14.4)$$

Isso implica que a massa total do sistema permanece constante; em outras palavras, tanto o volume (V) como a densidade do meio (ρ) permanecem constantes. Dessa forma, pode-se simplificar a Equação (14.3) para obter-se:

$$\frac{dC}{dt} = R_C \qquad (14.5)$$

Considerando a cinética de crescimento de microrganismos expressa pelo modelo de Monod [Equação (14.6)], e a definição de velocidade específica de crescimento [Equação (14.7)]; a Equação (14.5) pode ser reescrita para expressar a velocidade de crescimento celular [Equação (14.8)] e de consumo do substrato [Equação (14.10)].

$$\mu = \mu_{max} \frac{S}{K_s + S} \qquad (14.6)$$

Em que a velocidade específica de crescimento (μ) é expressa por:

$$\mu = \frac{1}{X}\frac{dX}{dt} \qquad (14.7)$$

Assim, para o balanço de massa de células obtemos:

$$\frac{dX}{dt} = \mu X = \frac{\mu_{max} S X}{K_s + S} \qquad (14.8)$$

A razão entre a quantidade de células formadas e a quantidade de substrato consumida ($Y_{x/s}$) pode ser escrita como:

$$Y_{x/s} = \frac{dX/dt}{-dS/dt} = \left(\frac{X - X_0}{S_0 - S}\right) \qquad (14.9)$$

Logo, o balanço de massa de substrato é dado por:

$$\frac{dS}{dt} = -\frac{1}{Y_{x/s}} \frac{\mu_{max} S X}{K_s + S} \qquad (14.10)$$

Em que:
 μ = velocidade específica de crescimento
 μ_{max} = velocidade específica máxima de crescimento
 S = concentração de substrato
 S_0 = concentração inicial de substrato
 X = concentração celular
 X_0 = concentração celular inicial
 K_s = constante de Monod
 $Y_{x/s}$ = fator de conversão de substrato em concentração celular

A partir da Equação (14.9) pode-se obter as Equações (14.11) e (14.12).

$$(X - X_0) + Y_{x/s}(S - S_0) = 0 \tag{14.11}$$

$$X = X_0 + Y_{x/s}(S_0 - S) \tag{14.12}$$

Substituindo a Equação (14.12) na Equação (14.10), obtemos:

$$\frac{dS}{dt} = -\frac{\mu_{max}}{Y_{x/s}} \frac{[X_0 + Y_{x/s}(S_0 - S)]S}{(K_s + S)} \tag{14.13}$$

Cuja integração analítica fornece:

$$[X_0 + Y_{x/s}(S_0 + K_s)]\ln\left(\frac{X_0 + Y_{x/s}(S_0 - S)}{X_0}\right) - K_s Y_{x/s} \ln\frac{S}{S_0} = \mu_{max}(X_0 + Y_{x/s}S_0)t \tag{14.14}$$

Essa equação é denominada equação de projeto do reator de mistura em batelada simples, implícita em S. É dita de projeto, pois sendo conhecidos os parâmetros cinéticos (μ_{max}, K_s) e de conversão ($Y_{x/s}$), obtidos experimentalmente é possível determinar:

- O tempo de operação para uma determinada conversão, sendo conhecidas as condições iniciais (X_0, S_0).
- As condições iniciais necessárias (X_0, S_0) para que uma dada conversão ocorra em um tempo predeterminado.

Se existir formação de produto, a conversão de substrato em produto é dada pela Equação (14.15):

$$Y_{p/s} = \frac{dP/dt}{-dS/dt} = \left(\frac{P - P_0}{S_0 - S}\right) \tag{14.15}$$

Em que:
 P_0 = concentração de produto inicial

Balanço de Massa em Sistemas Reativos

capítulo **14**

P = concentração de produto final

$Y_{p/s}$ = fator de conversão de substrato em produto

Logo:

$$P = P_0 + Y_{p/s}(S_0 - S) \qquad (14.16)$$

Na fermentação em batelada, salvo ocorra aporte de produto pelo inóculo, não há produto no tempo zero; logo, a concentração inicial de produto será zero ($P_0 = 0$).

Exemplo 14.1

Produção de Ácido Cítrico em Reator em Batelada

A *Candida lipolytica* é uma levedura utilizada para a produção de ácido cítrico quando cultivada em meio contendo glicose. Considere um processo fermentativo tipo batelada, onde a levedura cresce em meio contendo glicose, convertendo 99% do substrato. A cinética de crescimento da *Candida lipolytica* segue a Lei de Monod e apresenta uma velocidade máxima de crescimento de 0,25 h^{-1}. Calcule: (a) a concentração total do microrganismo e do produto no final da fermentação; (b) o tempo total de fermentação. Dados:

$X_0 = 1$ g/L $\qquad\qquad \mu_{máx} = 0,25$ h^{-1}

$S_0 = 100$ g/L $\qquad\qquad Y_{p/s} = 0,5$

$K_s = 5$ g/L $\qquad\qquad Y_{x/s} = 0,5$

Considerações

A concentração de produto inicial é igual a zero ($P_0 = 0$).

Tomando a conversão de substrato de 99%, logo, a concentração de substrato final será igual a 1% de sua concentração inicial ($S_f = 0,01.S_0 = 1$ g/L).

Resolução

a) Empregando a Equação (14.9) conseguimos obter a concentração celular final (X):

$$Y_{x/s} = \left(\frac{X_f - X_0}{S_0 - S_f}\right) \quad \therefore \quad 0,5 = \frac{X_f - 1 \text{ g/L}}{100 \text{ g/L} - 1 \text{ g/L}}$$

$$X_f = 50,5 \text{ g/L}$$

Logo, a concentração celular final, X_f, é igual a 50,5 g/L.

Para determinar a concentração do produto final utilizaremos a Equação (14.15):

$$Y_{p/s} = \frac{P_f - P_0}{S_0 - S_f} \quad \therefore \quad 0,5 = \frac{P_f - 0}{100 \text{ g/L} - 1 \text{ g/L}}$$

$$P_f = 49,5 \text{ g/L}$$

Logo, a concentração de produto final, P_f, é igual a 49,5 g/L.

b) Para determinar o tempo total da fermentação parte-se inicialmente do balanço de massa do substrato no reator em batelada e da equação de Monod (Equação 14.6) que resulta na (Equação 14.10), e efetuando as substituições obtemos uma equação análoga à Equação (14.13):

$$\frac{dS}{dt} = -\frac{\mu_{max}}{Y_{x/s}} \frac{\left[X_0 + Y_{x/s}(S_0 - S)\right]S}{(K_s + S)} \qquad \text{(E14.1-1)}$$

Essa equação é uma diferencial ordinária, explicitada em termos da variável S, cuja resolução analítica é feita da seguinte forma:

Separaremos a equação acima descrita em 3 integrais:

$$\int \frac{K_s}{\left[X_0 + Y_{x/s}(S_0 - S)\right]S} dS + \int \frac{S}{\left[X_0 + Y_{x/s}(S_0 - S)\right]S} dS = \int \frac{\mu_{max}}{Y_{x/s}} dt \qquad \text{(E14.1-2)}$$

Aplicando as integrais:

$$\int_{S_0}^{S_f} \frac{dS}{aS - bS^2} = \frac{\ln S - \ln(bS - a)}{a} \bigg|_{S_0}^{S_f} \quad e \quad \int_{S_0}^{S_f} \frac{dS}{a - bS} = \frac{-\ln(a - bS)}{b} \bigg|_{S_0}^{S_f} \qquad \text{(E14.1-3)}$$

Logo, obtemos uma equação análoga à Equação (14.14):

$$\left[X_0 + Y_{x/s}(S_0 + K_s)\right]\ln\left(\frac{X_0 + Y_{x/s}(S_0 - S_f)}{X_0}\right) - K_s Y_{x/s} \ln\frac{S_f}{S_0} = \mu_{max}\left(X_0 + Y_{x/s}S_0\right)t \qquad \text{(E14.1-4)}$$

Substituindo os valores dos parâmetros descritos no enunciado do problema na Equação (E14.1-4) encontramos o tempo total da fermentação (t):

t = 17,3 horas

Comentários

Neste problema, notamos que são necessárias 17,3 horas para que a concentração celular atinja o valor de 50,5 g/L e a concentração de produto seja igual a 49,5 g/L.

Balanço de Massa no Reator em Batelada Alimentada

A batelada alimentada é um tipo especial de processo em batelada em que o substrato é alimentado constantemente durante o processo fermentativo, de forma a manter essa concentração constante, ou aproximadamente constante, resultando num sistema com volume variável. A batelada alimentada é um processo de muito sucesso, pois elimina a inibição pelo substrato, resultando em altas produtividades, geralmente muito maiores que as obtidas na batelada simples. Os balanços são muito similares à batelada simples, exceto pelo fato que existe uma alimentação e, portanto, o volume do reator é variável.

A forma matemática geral de balanço de massa para reatores em batelada alimentada pode ser feita a partir da Equação (14.1). Assim temos:

$$FC_a - FC_s + R_C V = \frac{d(CV)}{dt} \tag{14.17}$$

Sabe-se que na batelada alimentada o termo de saída é igual a zero; logo:

$$\frac{d(CV)}{dt} = VR_C + FC_a \tag{14.18}$$

Pode-se escrever o balanço de massa global do sistema como sendo:

$$\frac{d(\rho V)}{dt} = \rho_a F \tag{14.19}$$

Considerando ρ (densidade do fluido no interior do reator) constante e igual a ρ_a (densidade do fluido de alimentação), então:

$$\frac{dV}{dt} = F \tag{14.20}$$

Para o balanço de massa de células não haverá os termos de entrada e saída, há, portanto, somente crescimento e acúmulo; logo:

$$\frac{d(XV)}{dt} = R_x V \tag{14.21}$$

Em que:
V = volume do reator num tempo t
F = vazão de alimentação
R_x = velocidade de crescimento do microrganismo

Sabendo que:

$$R_x = \frac{dX}{dt} = \mu X \tag{14.22}$$

Substituindo a Equação (14.22) na Equação (14.21), obtemos:

$$\frac{d(XV)}{dt} = \mu XV \tag{14.23}$$

Integrando a Equação (14.23) em função do tempo, em que XV no tempo zero é igual a $(XV)_0$ e, considerando S constante e que μ será constante e igual a μ^* (equação de Monod), temos:

$$XV = (XV)_0 \, e^{\mu^* t} \qquad (14.24)$$

Para o balanço de massa de substrato haverá os termos entrada, consumo de substrato e acúmulo; logo:

$$\frac{d(SV)}{dt} = FS_a - R_s V \qquad (14.25)$$

Em que:
S_a = concentração do substrato na alimentação
R_s = velocidade de consumo de substrato
Sabe-se que:

$$R_s = \frac{R_x}{Y_{x/s}} \qquad (14.26)$$

Substituindo a Equação (14.26) na Equação (14.25) seguida de substituições utilizando as Equações (14.21) e (14.23) e considerando S constante e igual a S^*, obtemos:

$$S^* \frac{dV}{dt} = FS_a - \frac{1}{Y_{x/s}} \mu^* XV \qquad (14.27)$$

Substituindo dV/dt pela Equação (14.20), e XV pela Equação (14.24), temos:

$$S^* F = FS_a - \frac{1}{Y_{x/s}} \mu^* (XV)_0 e^{\mu^* t} \qquad (14.28)$$

Isolando-se F, que é a vazão de alimentação necessária para manter S constante, obtemos:

$$F = \frac{\mu^* X_0 V_0 e^{\mu^* t}}{Y_{x/s}(S_a - S^*)} \qquad (14.29)$$

Para determinar a variação do volume, substitui-se F por dV/dt na Equação (14.29) e integra-se a variação do volume em função do tempo de fermentação logo:

$$V = V_0 \left[1 + \frac{X_0}{Y_{x/s}(S_a - S^*)} \left(e^{\mu^* t} - 1 \right) \right] \qquad (14.30)$$

E para se determinar a concentração de biomassa, substitui-se V pela Equação (14.24) e isola-se X:

$$X = \frac{X_0 \, e^{\mu^* t}}{\left[1 + \dfrac{X_0}{Y_{x/s}(S_a - S^*)}\left(e^{\mu^* t} - 1\right)\right]} \qquad (14.31)$$

Se existir formação de produto, a forma mais simples de se calcular sua concentração final é através do balanço de massa total, tanto de substrato quanto de produto, e o coeficiente de conversão de substrato em produto é dado pela Equação (14.32):

$$Y_{p/s} = \frac{\overline{P}_{ba} - \overline{P}_0}{\overline{S}_{conv}} \qquad (14.32)$$

Em que:

$\overline{P}_0$ = massa inicial de produto
$\overline{P}_{ba}$ = massa final de produto da batelada alimentada
$\overline{S}_{conv}$ = massa de substrato convertida
$Y_{p/s}$ = fator de conversão de substrato em produto

Sendo,

$$\overline{S}_{conv} = (\overline{S}_{add} + \overline{S}_0) - \overline{S}_{res} \qquad (14.33)$$

Em que:

$\overline{S}_{add}$ = massa de substrato adicionado
$\overline{S}_0$ = massa de substrato inicial
$\overline{S}_{res}$ = massa de substrato residual

É importante salientar que quando trabalhamos com batelada alimentada, alimentamos o reator com uma concentração conhecida de substrato até atingir o volume total do fermentador; nesse momento a alimentação é cortada e a fermentação torna-se batelada simples, até que o substrato seja esgotado.

Exemplo 14.2

Produção de Ácido Clavulânico

Um processo fermentativo do tipo batelada alimentada foi empregado para a produção de ácido clavulânico através da bactéria *Streptomyces*. A *Streptomyces* é uma bactéria empregada na produção de antibióticos, de grande importância para a in-

Fundamentos de Engenharia de Alimentos

dústria farmacêutica. No processo em batelada alimentada, a alimentação de substrato no reator ocorre até o momento em que a concentração média de substrato se mantenha constante e igual a 80 g/L. Considere que o microrganismo obedece a Lei de Monod e que a concentração do substrato no final da fermentação é 0,05 g/L. Calcule: (a) o tempo total de fermentação e a concentração total do microrganismo no final da fermentação; (b) a concentração total do produto no final da fermentação.
Dados:

$X_0 = 5$ g/L $\mu_{max} = 0{,}2$ h^{-1} $S_a = 100$ g/L
$S_0 = 10$ g/L $Y_{x/s} = 0{,}5$ $V_0 = 25$ L
$K_s = 45$ g/L $Y_{p/s} = 0{,}03$ $V_f = 75$ L

Considerações

É importante salientar que quando se opera em batelada alimentada, o processo fermentativo é alimentado até atingir a concentração média de substrato (S^*) e após o equilíbrio a fermentação passa a operar em batelada simples.

Sabe-se que a concentração média de substrato é mantida constante e igual a 80 g/L, ou seja, $S^* = 80$ g/L.

Resolução

a) Para calcular o tempo total de fermentação, primeiro calcularemos o tempo gasto na fase em que o fermentador opera em batelada alimentada e posteriormente o tempo gasto na fase de batelada simples. Sendo que o tempo total é a soma do tempo gasto em ambas as fases.

Partindo da Equação (14.30), calcularemos o tempo gasto na fermentação quando se opera em batelada alimentada:

$$V = V_0 \left[1 + \frac{X_0}{Y_{x/s}(S_a - S^*)} \left(e^{\mu^* t} - 1 \right) \right] \quad (14.30)$$

Isolando t (tempo) temos:

$$t = \frac{1}{\mu^*} \ln \left[\left(\frac{V}{V_0} - 1 \right) \cdot \left(\frac{Y_{x/s}(S_a - S^*)}{X_0} \right) + 1 \right] \quad (E14.2\text{-}1)$$

Sabendo que μ (velocidade específica de crescimento) é constante, logo $\mu = \mu^*$.

$$\mu^* = \mu_{max} \frac{S^*}{K_s + S^*} \quad \therefore \quad \mu^* = 0{,}2 \text{ h}^{-1} \times \frac{80 \text{ g/L}}{45 \text{ g/L} + 80 \text{ g/L}}$$

$$\mu^* = 0{,}128 \text{ h}^{-1}$$

Balanço de Massa em Sistemas Reativos   capítulo 14

Após calcular o μ^*, retomamos a equação que determina o tempo gasto na fermentação em batelada alimentada, Equação (E14.2-1), e substituímos os valores dos parâmetros descritos no enunciado do problema; logo:

$$t = t_1 = 12,6 \text{ horas}$$

Entretanto, esse t_1 corresponde somente ao tempo gasto na batelada alimentada. Para calcularmos o tempo gasto na fermentação quando a mesma é operada em batelada simples, tomamos como base o item (b) do Exemplo 14.1, que resulta na solução abaixo:

$$\left[X_0 + Y_{x/s}\left(S^* + K_s\right)\right] \ln\left(\frac{X_0 + Y_{x/s}\left(S^* - S_f\right)}{X_0}\right) - K_s Y_{x/s} \ln\frac{S_f}{S^*} = \mu_{max}\left(X_0 + Y_{x/s}S^*\right)t \quad \text{(E14.2-2)}$$

No entanto, vale lembrar que a batelada simples é a segunda fase de operação do fermentador e que se inicia com uma concentração de substrato igual a S^* e um X_0 igual à concentração celular final (X) da fase alimentada. Temos, portanto, que calcular o tempo necessário para que o microrganismo leve a concentração de substrato de S^* até S igual a 0,05 g/L.

Conhecendo o valor de μ^* e sabendo que t é o tempo gasto na batelada alimentada (t = 12,6 h) podemos agora calcular a concentração celular na batelada alimentada a partir da Equação (14.31):

$$X = \frac{X_0\, e^{\mu^* t}}{\left[1 + \dfrac{X_0}{Y_{x/s}\left(S_a - S^*\right)}\left(e^{\mu^* t} - 1\right)\right]} \quad \text{(14.31)}$$

Substituindo os valores dos parâmetros descritos no enunciado do problema conseguimos determinar a concentração celular (X) na batelada alimentada.

$$X = 8,3 \text{ g/L}$$

Substituindo os valores dos parâmetros descritos no enunciado do problema na Equação (E14.2-2), encontramos o tempo gasto na batelada simples:

$$t = t_2 = 30,0 \text{ horas}$$

Logo, o tempo total da fermentação será a soma de t_1 (tempo gasto na batelada alimentada) e t_2 (tempo gasto na batelada simples).

$$t = t_1 + t_2 \quad \therefore \quad t = 12,6 \text{ horas} + 30,0 \text{ horas}$$
$$t = 42,6 \text{ horas}$$

b) Para determinar a concentração total do microrganismo, determinaremos primeiro a concentração celular da fermentação em batelada alimentada e posteriormente a concentração celular da fermentação em batelada simples.

Para se determinar a concentração total do microrganismo (X_2) levamos em consideração que $X = X_1$ (concentração celular operando em batelada alimentada); logo, $X_1 = 8,3$ g/L.

$$Y_{x/s} = \left(\frac{X_2 - X_1}{S^* - S}\right) \quad \therefore \quad 0,5 = \frac{X_2 - 8,3 \text{ g/L}}{80 \text{ g/L} - 0,05 \text{ g/L}}$$

$$X_2 = 48,3 \text{ g/L}$$

Logo, X_2 corresponde à concentração total do microrganismo no final da fermentação.

c) Para se determinar a concentração total do produto, faz-se um balanço de massa global da fermentação, em termos do total de substrato alimentado, calcula-se o substrato convertido e, a partir do rendimento de produto ($Y_{p/s}$), determina-se a massa total de produto formado. Pode-se, em seguida, calcular a concentração deste, dividindo sua massa total pelo volume final de meio no reator.

O total de substrato convertido é dado pela Equação (14.33):

$$\overline{S}_{conv} = (\overline{S}_{add} + \overline{S}_0) - \overline{S}_{res} \tag{14.33}$$

Calculando $\overline{S}_{add}$:

$$\overline{S}_{add} = (V - V_0)S_a \quad \therefore \quad \overline{S}_{add} = (75 \text{ L} - 25 \text{ L}) \times 100 \text{ g/L}$$

$$\overline{S}_{add} = 5000 \text{ g}$$

Calculando $\overline{S}_0$:

$$\overline{S}_0 = V_0 S_0 \quad \therefore \quad \overline{S}_0 = 25 \text{ L} \times 10 \text{ g/L}$$

$$\overline{S}_0 = 250 \text{ g}$$

Calculando $\overline{S}_{res}$:

$$\overline{S}_{res} = VS_f \quad \therefore \quad \overline{S}_{res} = 75 \text{ L} \times 0,05 \text{ g/L}$$

$$\overline{S}_{res} = 3,75 \text{ g}$$

Logo, a quantidade de substrato convertido é:

$$\overline{S}_{conv} = (5000 \text{ g} + 250 \text{ g}) - 3,75 \text{ g}$$

$$\overline{S}_{conv} = 5.246,2 \text{ g}$$

Utilizando a Equação (14.32), calcula-se a massa de produto da batelada alimentada ($\overline{P}_{ba}$):

$$Y_{p/s} = \frac{\overline{P}_{ba} - \overline{P}_0}{\overline{S}_{conv}} \quad \therefore \quad 0,03 = \frac{\overline{P}_{ba} - 0}{5.246,2}$$

$$\overline{P}_{ba} = 157,4 \text{ g}$$

Transformando essa massa de produto ($\overline{P}_{ba}$) em concentração de produto (P), temos:

$$P \equiv \frac{\overline{P}_{ba}}{V} = \frac{157,4 \text{ g}}{75 \text{ L}}$$

$$P = 2,1 \text{ g/L}$$

Comentários

Neste problema, a concentração celular final foi de 48,3 g/L; já a concentração de produto final foi igual a 2,1 g/L, e o tempo total de fermentação correspondeu a 42,6 horas.

Reatores de Mistura Contínuos Ideais

O cultivo contínuo caracteriza-se por possuir uma vazão de alimentação contínua e constante de meio de cultura, sendo que o volume total de meio é mantido constante no biorreator através da retirada contínua de meio cultivado. Nessa operação, o biorreator atinge a condição de estado-estacionário ou regime permanente, no qual as variáveis de processo permanecem constantes ao longo do tempo. Além disso, considerando que o sistema é ideal, a mistura é perfeita, ou seja, as propriedades do fluido em seu interior são homogêneas em qualquer ponto do reator. Assim sendo, como as concentrações são, portanto, iguais em qualquer ponto do fermentador, as concentrações na corrente de saída são as mesmas que no seu interior.

Vantagens do processo contínuo em relação ao descontínuo: aumento da produtividade do processo devido à redução dos tempos não produtivos; o meio de saída do biorreator é uniforme, facilitando os processos de extração e recuperação de produto; manutenção das células num mesmo estado fisiológico; possibilidade de associação com outras operações contínuas da linha de produção; menor necessidade de mão de obra.

Desvantagens do processo contínuo: maior investimento inicial na planta; possibilidade de ocorrência de mutações genéticas espontâneas predominantes; maior possibilidade de ocorrência de contaminações; dificuldade de operação do estado estacionário.

Dentro dos reatores de mistura contínuos vamos estudar o quimiostato (reator de mistura ideal); reatores com sistema de múltiplos estágios e reatores com reciclo de células.

Balanço de Massa no Reator Contínuo de Mistura ideal

Os reatores contínuos de mistura ideal são chamados usualmente de *quimiostatos*. O nome "quimiostato" deriva das propriedades químicas do ambiente que são constantes quando o sistema funciona em regime permanente. No quimiostato o volume de suspensão celular será constante se mantidos iguais e constantes as vazões de entrada e saída, o tempo de residência médio será constante e atinge-se o estado estacionário por autoajuste da densidade celular. O esquema de um reator contínuo de mistura ideal é ilustrado na Figura 14.2.

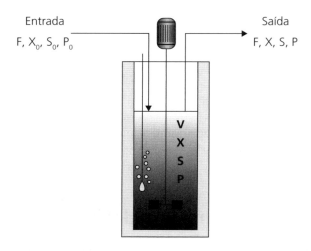

Figura 14.2 ▶ Esquema de um reator contínuo de mistura ideal (quimiostato).

A equação geral do balanço de massa pode ser feita a partir da Equação (14.1). Assim temos:

Para o balanço de células:

$$F_0 X_0 - FX + R_x V = \frac{d(XV)}{dt} \qquad (14.34)$$

Em que:
F = vazão de meio
X_0 = concentração celular inicial

Sabemos que $R_x = \mu X$ (Equação (14.22)) que V é constante, portanto:

$$\frac{d(X)}{dt} = \frac{F}{V}X_0 - \frac{F}{V}X + \mu X \tag{14.35}$$

Usualmente a alimentação é feita com meio estéril, portanto $X_0 = 0$, o que nos dá:

$$\frac{1}{X}\frac{dX}{dt} = \mu - \frac{F}{V} \tag{14.36}$$

Em regime permanente, o acúmulo é zero, portanto: $\frac{dX}{dt} = 0$, logo:

$$\mu = \frac{F}{V} \tag{14.37}$$

Chamando $\frac{F}{V}$ de taxa de diluição D, que é o inverso do tempo de residência (τ), temos:

$$\mu = D = \frac{1}{\tau} \tag{14.38}$$

Portanto, em regime estacionário, a taxa específica de crescimento será igual à taxa de diluição D.

Para o balanço de massa de substrato, temos:

$$FS_0 - FS - R_s V = \frac{d(VS)}{dt} \tag{14.39}$$

Em que:
S_0 = concentração de substrato inicial

Sabemos que $R_s = \frac{R_x}{Y_{x/s}}$ (Equação (14.26)) que V é constante e que o reator opera em regime estacionário $\frac{dS}{dt} = 0$, logo:

$$\frac{F}{V}S_0 - \frac{F}{V}S - \frac{1}{Y_{x/s}}\mu X = 0 \tag{14.40}$$

Substituindo $\frac{F}{V}$ pela taxa de diluição D:

Fundamentos de Engenharia de Alimentos

$$D(S_0 - S) = \frac{\mu X}{Y_{x/s}} \tag{14.41}$$

Como $\mu = D$ em regime estacionário, ou seja, a taxa específica de crescimento (μ) é igual à taxa de diluição (D), logo:

$$X = Y_{x/s}(S_0 - S) \tag{14.42}$$

É importante considerar que:

$Y_{x/s}$ independe de μ e D (o que nem sempre é verdadeiro).

X independe de todos os nutrientes, exceto o limitante.

$Y_{x/s}$ é afetado somente pelo tipo de substrato.

As duas últimas considerações são relativamente corretas em certas condições (temperatura, pH, O_2 constantes e excesso de todos os outros nutrientes).

E isolando S da equação de Monod, Equação (14.6), e substituindo na Equação (14.42), temos:

$$X = Y_{x/s}(S_0 - \frac{DK_s}{\mu_{max} - D}) \tag{14.43}$$

Enquanto para o substrato:

$$S = \frac{DK_s}{\mu_{max} - D} \tag{14.44}$$

Caso exista formação de produto, a concentração de produto final é dada pela Equação (14.45):

$$P = P_0 + Y_{p/s}(S_0 - S) \tag{14.45}$$

Exemplo 14.3

Produção de Ácido Lático

A produção de ácido lático por *Lactobacillus* sp. ocorre em um processo de fermentação contínua de mistura ideal (quimiostato). O produto obtido está associado à degradação de carboidratos e ao crescimento da bactéria, que segue a Lei de Monod. Calcule: (a) a conversão de substrato realizada pelo *Lactobacillus* sp. durante o processo fermentativo; (b) a vazão de alimentação necessária para que a conversão de substrato seja igual a 99%.

Balanço de Massa em Sistemas Reativos

capítulo **14**

Dados:

$\mu_{max} = 0{,}4 \text{ h}^{-1}$ $\qquad$ $V_f = 150 \text{ L}$
$S_0 = 100 \text{ g/L}$ $\qquad$ $Y_{x/s} = 0{,}5$
$K_s = 5 \text{ g/L}$ $\qquad$ $F = 30 \text{ L/h}$

Considerações

Considere que a concentração celular inicial seja igual a zero ($X_0 = 0$).

Resolução

a) Para o cálculo da conversão de substrato, primeiramente deveremos calcular a concentração de substrato final através da Equação (14.44):

$$S = \frac{DK_S}{\mu_{max} - D}$$

No entanto, precisamos determinar o valor de D; logo:

$$D = \frac{1}{\tau} \quad \therefore \quad D = \frac{F}{V}$$

$$D = \frac{30 \text{ L/h}}{150 \text{ L}}$$

$$D = 0{,}2 \text{ h}^{-1}$$

A partir do valor de D, conseguimos calcular S:

$$S = \frac{0{,}2 \text{ h}^{-1} \times 5 \text{ g/L}}{0{,}4 \text{ h}^{-1} - 0{,}2 \text{ h}^{-1}}$$

$$S = 5 \text{ g/L}$$

Conhecendo os valores das concentrações de substrato final e inicial, conseguimos então determinar a conversão de substrato (x) realizada:

$$x = \frac{S_0 - S}{S_0} \quad \therefore \quad x = \frac{100 \text{ g/L} - 5 \text{ g/L}}{100 \text{ g/L}}$$

$$x = 0{,}95 = 95\%$$

Logo, a conversão de substrato realizada pelo *Lactobacillus* sp. durante o processo fermentativo foi de 95%.

b) Para determinarmos a vazão de alimentação quando a conversão de substrato é de 99%, primeiramente deveremos calcular a concentração de substrato final:

$$x = \frac{S_0 - S}{S_0} \quad \therefore \quad 0,99 = \frac{100 \text{ g/L} - S}{100 \text{ g/L}}$$

$$S = 1 \text{ g/L}$$

Substituindo S na Equação (14.44), temos:

$$S = \frac{DK_s}{\mu_{max} - D} \quad \therefore \quad 1 \text{ g/L} = \frac{D \times 5 \text{ g/L}}{0,4 \text{ h}^{-1} - D}$$

$$D = 0,067 \text{ h}^{-1}$$

Conhecendo o valor de D, conseguimos determinar a vazão de alimentação:

$$D = \frac{F}{V} \quad \therefore \quad 0,067 \text{ h}^{-1} = \frac{F}{150 \text{ L}}$$

$$F = 10,05 \text{ L/h}$$

Comentários

Neste exercício, a conversão de substrato realizada pelo *Lactobacillus* sp. durante o processo fermentativo foi de 95%. Já a vazão de alimentação necessária para que ocorra 99% de conversão de substrato deverá ser igual a 10,05 L/h.

Balanço de Massa no Reator Contínuo de Múltiplos Estágios

De modo geral, os sistemas de múltiplos estágios são representados por reatores ligados em série, em forma de cascata, que proporcionam diferentes ambientes para o desenvolvimento de células, ao se mudar de um estágio para outro. Os reatores em série apresentam vantagens em relação aos reatores unitários por possibilitarem maiores conversões e produtividade, principalmente quando há produção de compostos tóxicos, como etanol, por exemplo.

O esquema de uma fermentação com reator contínuo de múltiplos estágios é apresentado na Figura 14.3.

Balanço de Massa em Sistemas Reativos   capítulo 14

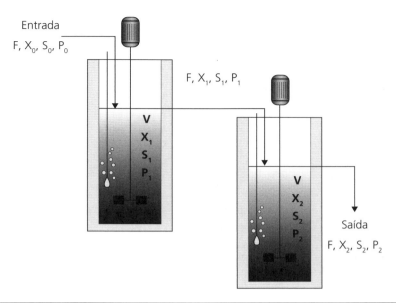

Figura 14.3 ▶ Esquema de um reator contínuo de múltiplos estágios.

A equação geral do balanço de massa pode ser escrita a partir da Equação (14.1). Assim, temos:

Balanço de Massa no Primeiro Reator

O balanço de massa (tanto o balanço de células como o balanço de substratos e o de produtos) no primeiro reator será exatamente igual ao de um quimiostato, se a alimentação for estéril, ou seja, $X_0 = 0$. Se todos os volumes forem iguais, temos que $D_1 = D_2 = ... = D_n = D$.

Balanço de Massa no Segundo Reator

No balanço de células do segundo reator temos:

$$FX_1 - FX_2 + R_x V = \frac{d(XV)}{dt} \qquad (14.46)$$

Em que:

F = vazão de meio
X_1 = concentração celular inicial do segundo reator
X_2 = concentração celular final do segundo reator

Sabemos que $R_x = \mu_2 X_2$, e que V é constante, portanto:

$$\frac{d(X)}{dt} = \frac{F}{V}X_1 - \frac{F}{V}X_2 + \mu_2 X_2 \qquad (14.47)$$

Substituindo $\frac{F}{V}$ pela taxa de diluição D e considerando estado estacionário $\frac{dX}{dt} = 0$, temos:

$$DX_1 - DX_2 + \mu_2 X_2 = 0 \qquad (14.48)$$

Isolando μ_2 temos:

$$\mu_2 = D\frac{X_2 - X_1}{X_2} \qquad (14.49)$$

No balanço de substrato do segundo reator temos:

$$FS_1 - FS_2 - R_s V = \frac{d(VS)}{dt} \qquad (14.50)$$

Em que:
S$_1$ = concentração de substrato inicial do segundo reator
S$_2$ = concentração de substrato final do segundo reator
Sabemos que $R_s = \frac{R_x}{Y_{x/s}}$, $F_1 = F_2 = F$, e que V é constante, portanto:

$$\frac{F}{V}S_1 - \frac{F}{V}S_2 - \frac{1}{Y_{x/s}}\mu_2 X_2 = \frac{dS}{dt} \qquad (14.51)$$

Substituindo $\frac{F}{V}$ pela taxa de diluição D e considerando estado estacionário $\frac{dS}{dt} = 0$, temos:

$$D(S_1 - S_2) = \frac{1}{Y_{x/s}}\mu_2 X_2 \qquad (14.52)$$

Substituindo-se a Equação (14.52) na Equação (14.49) temos:

$$X_2 = Y_{x/s}(S_1 - S_2) + X_1 \qquad (14.53)$$

Sabendo que $X_1 = Y_{x/s}(S_0 - S_1)$ conforme descrito no balanço de células no quimiostato, substitui-se X_1 na Equação (14.53) e obtemos a Equação (14.54):

$$X_2 = Y_{x/s}(S_0 - S_2) \qquad (14.54)$$

No balanço de produto do segundo reator temos:

$$P_2 = P_1 + Y_{p/s}(S_1 - S_2) \tag{14.55}$$

Em que:
P_1 = concentração de produto inicial do segundo reator
P_2 = concentração de produto final do segundo reator
S_1 = concentração de substrato inicial do segundo reator
S_2 = concentração de substrato final do segundo reator

Caso o sistema contenha mais de 2 reatores, procede-se de forma idêntica até o último reator.

Generalizando as equações podemos escrever:

Para a concentração celular:

$$\mu_n = D\frac{X_n - X_{n-1}}{X_n} \tag{14.56}$$

ou ainda:

$$X_{n-1} = \frac{DX_{n-2}}{D - \mu_{n-1}} \tag{14.57}$$

Em que:
n = número de reatores totais

Para a concentração do substrato:

$$D(S_{n-1} - S_n) = \frac{1}{Y_{x/s}}\mu_n X_n \tag{14.58}$$

ou ainda:

$$S_n = S_{n-1} - \frac{1}{D}\frac{1}{Y_{x/s}}\mu_n X_n \tag{14.59}$$

Para a concentração de produto:

$$P_n = P_{n-1} + Y_{p/s}(S_{n-1} - S_n) \tag{14.60}$$

Exemplo 14.4

Produção de Ácido Lático por Fermentação Contínua

Considere um processo de fermentação contínua de múltiplos estágios em regime permanente para produção de ácido lático por *Lactobacillus* sp. O produto obtido está associado à degradação de carboidratos e ao crescimento da bactéria, que segue a Lei de Monod. Suponha que o processo opere em um sistema com dois reatores acoplados em série e que a concentração de substrato no segundo reator (S_2) seja igual a 10% da concentração de substrato inicial (S_0). Calcule: (a) o tempo de residência necessário para que a concentração de células no segundo reator seja 20% superior a do primeiro reator; (b) o volume de cada reator se a vazão de alimentação for 100 L/h.

Dados:

$X_0 = 0$ $\mu_{max} = 0{,}4\ h^{-1}$
$S_0 = 100\ g/L$ $Y_{x/s} = 0{,}5$
$K_s = 50\ g/L$

Considerações

Sabendo que a concentração de substrato inicial (S_0) é igual a 100 g/L, e que a concentração de substrato no segundo reator (S_2) deve ser igual a 10% da concentração inicial de substrato, logo $S_2 = 10\ g/L$.

Resolução

a) Para determinar o tempo de residência total, deveremos calcular o tempo de residência de cada reator. Primeiramente calcularemos o tempo de residência no primeiro reator, a partir da Equação (14.34):

$$FX_0 - FX + R_x V = \frac{d(XV)}{dt} \qquad (14.34)$$

Sabendo que $X_0 = 0$ e que o reator trabalha em regime estacionário $d(XV)/dt = 0$, temos:

$$FX = R_x V$$

Considerando:

$$R_x = \mu X$$

Temos:

$$FX = \mu XV \quad \therefore \quad \frac{F}{V} = \mu \quad \therefore \quad D = \mu$$

A partir da equação de Monod, Equação (14.6), calcularemos o valor de μ:

$$\mu_1 = \mu_{max} \frac{S_1}{K_s + S_1}$$

Para o cálculo da concentração de substrato final no primeiro reator considera-se que os fatores de conversão de substrato em célula são iguais nos 2 reatores:

$$Y_{x/s_1} = Y_{x/s_2} \quad \therefore \quad \frac{X_1 - X_0}{S_0 - S_1} = \frac{X_2 - X_1}{S_1 - S_2}$$

Sabendo-se que a concentração de células no segundo reator (X_2) é igual a 20% superior a concentração de células no primeiro reator (X_1), logo, $X_2 = 1{,}2X_1$ e substituindo os valores de S_0 e S_2, temos:

$$\frac{X_1 - 0}{100 \text{ g/L} - S_1} = \frac{1{,}2X_1 - X_1}{S_1 - 10 \text{ g/L}}$$

Logo:

$$S_1 = 25 \text{ g/L}$$

Substituindo S_1 na equação de Monod, obtemos o valor de μ:

$$\mu_1 = \mu_{max} \frac{S_1}{K_s + S_1} \quad \therefore \quad \mu_1 = 0{,}4 \text{ h}^{-1} \times \frac{25 \text{ g/L}}{50 \text{ g/L} + 25 \text{ g/L}}$$

$$\mu_1 = 0{,}133 \text{ h}^{-1}$$

Considerando que o tempo de residência (τ) é o inverso da taxa de diluição (D), e que D é igual a μ, temos:

$$\tau = \frac{1}{D} \therefore \tau = \frac{1}{\mu} \therefore \tau = \frac{1}{0{,}133 \text{ h}^{-1}}$$

$$\tau = 7{,}52 \text{ horas} = \tau_1$$

Logo, 7,52 horas é o tempo de residência no primeiro reator.

Conhecendo o tempo de residência do primeiro reator, calcularemos agora o tempo de residência do segundo reator, a partir do balanço de células do segundo reator pela Equação (14.46):

$$FX_1 - FX_2 + R_x V = \frac{d(XV)}{dt}$$

Sabendo que o reator opera em regime estacionário, ou seja, $d(XV)/dt = 0$:

$$\frac{F}{V}(X_1 - X_2) = -R_x$$

Considerando que $R_x = \mu_2 X_2$, e $F/V = D$, temos:

$$D_2(X_2 - X_1) = \mu_2 X_2$$

A partir da equação de Monod calcula-se o valor de μ_2:

$$\mu_2 = \mu_{max} \frac{S_2}{K_s + S_2} \quad \therefore \quad \mu_2 = 0,4 \text{ h}^{-1} \times \frac{10 \text{ g/L}}{50 \text{ g/L} + 10 \text{ g/L}}$$

$$\mu_2 = 0,066 \text{ h}^{-1}$$

Substituindo o valor de μ_2 e considerando $X_2 = 1,2 X_1$ temos:

$$D_2(X_2 - X_1) = \mu_2 X_2 \quad \therefore \quad D_2(1,2X_1 - X_1) = 0,066 \text{ h}^{-1} \times 1,2 X_1$$

Assim, obtemos:

$$D_2 = 0,396 \text{ h}^{-1}$$

Logo:

$$\tau = \frac{1}{D} \quad \therefore \quad \tau = \frac{1}{0,396 \text{ h}^{-1}}$$

$$\tau = 2,52 \text{ horas} = \tau_2$$

Logo, 2,52 horas é o tempo de residência no segundo reator.
Portanto, o tempo de residência total é a soma do tempo de residência do primeiro reator (τ_1) com o tempo de residência do segundo reator (τ_2):

$$\tau = \tau_1 + \tau_2 \quad \therefore \quad \tau = 7,52 \text{ h} + 2,52 \text{ h}$$

$$\tau = 10,04 \text{ horas}$$

b) Para determinar o volume de cada reator, partiremos do seguinte princípio:

$$\tau = \frac{1}{D} \quad \therefore \quad D = \frac{F}{V} \quad \therefore \quad V = \tau F$$

Sabendo que o tempo de residência no primeiro reator é igual a 7,52 horas, e a vazão de alimentação é de 100 L/h, temos:

$$V = \tau F \quad \therefore \quad V = 7,52 \text{ h} \times 100 \text{ L/h}$$

$$V = 752 \text{ L}$$

Logo, o volume do primeiro reator é igual a 752 L.

Para calcular o volume do segundo reator, sabemos que o tempo de residência do mesmo é igual a 2,52 horas e sua vazão de alimentação é igual à vazão do primeiro reator. Assim, temos:

$$V = \tau F \quad \therefore \quad V = 2,52 \text{ h} \times 100 \text{ L/h}$$
$$V_2 = 252 \text{ L}$$

Comentários

O tempo de residência total necessário para que a concentração de células no segundo reator seja 20% superior à concentração celular do primeiro reator foi de 10,04 horas. O volume calculado do primeiro reator foi de 752 L enquanto o volume do segundo reator foi igual a 252 L.

Balanço de Massa no Reator Contínuo com Reciclo de Células

Sistemas com reciclo de células são muito comuns na indústria de fermentação. A principal função do reciclo de células é aumentar a concentração celular no interior do fermentador, tendo como consequência o aumento da velocidade de conversão do substrato. Industrialmente, esse reciclo é feito com centrífugas, normalmente quando o microrganismo é uma levedura, ou por microfiltração, quando o microrganismo é uma bactéria. Em ambos os casos, ocorre a concentração da massa celular ($X_r > X_1$) e não há concentração de compostos solúveis. O tratamento matemático leva em consideração, inicialmente, um balanço de massa na junção do fluxo de alimentação com o do reciclo, para se obter os valores de fluxo e concentrações na entrada do reator. Deve-se ter em conta também a eficiência da centrífuga e o valor da taxa de reciclo. O esquema de um reator contínuo com reciclo de células é apresentado na Figura 14.4.

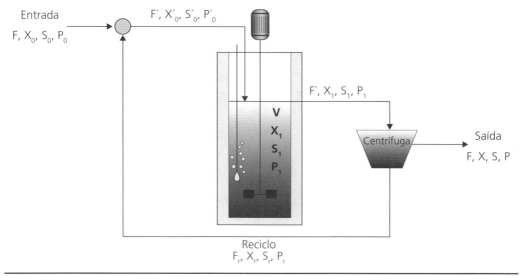

Figura 14.4 ▶ Esquema de um reator contínuo com reciclo de células.

Balanço de Massa na Junção

$$F\rho_a + F_r\rho_r = F'\rho' \qquad (14.61)$$

Em que:
F = vazão de alimentação
F_r = vazão de reciclo
F' = vazão após a junção
ρ_a = densidade do fluido de alimentação
ρ_r = densidade do fluido de reciclo
ρ' = densidade do fluido depois da junção

Para simplificar, consideremos as densidades dos diferentes fluxos iguais, de forma que teremos:

$$F + F_r = F' \qquad (14.62)$$

Levando em consideração que a taxa de reciclo (α) é dada pela Equação (14.63):

$$\alpha = F_r/F \qquad (14.63)$$

Logo:

$$F' = F(1+\alpha) \qquad (14.64)$$

Balanço de Células na Junção

$$F_r X_r + F X_0 = F' X'_0 \qquad (14.65)$$

Em que:
X_r = concentração celular no reciclo
X_0 = concentração celular na alimentação
X'_0 = concentração celular após a junção

Se a alimentação for estéril ($X_0 = 0$) então:

$$X'_0 = \frac{\alpha}{1+\alpha} X_r \qquad (14.66)$$

Balanço de Substrato na Junção

$$F_r S_r + F S_0 = F' S'_0 \qquad (14.67)$$

Em que:
S_0 = concentração de substrato na alimentação
S_r = concentração de substrato no reciclo
S'_0 = concentração de substrato após a junção

Substituindo a Equação (14.63) e a Equação (14.64) na Equação (14.67) e isolando a concentração de substrato na junção temos:

$$S'_0 = \frac{\alpha F S_r + F S_0}{F(1+\alpha)} \qquad (14.68)$$

Simplificando:

$$S'_0 = \frac{\alpha S_r + S_0}{1+\alpha} \qquad (14.69)$$

Como a concentração de reciclo S_r é praticamente igual à que sai do fermentador, têm-se:

$$S'_0 = \frac{\alpha S + S_0}{1+\alpha} \qquad (14.70)$$

Se a conversão do substrato é total temos $S \approx 0$, então:

$$S'_0 = \frac{S_0}{1+\alpha} \qquad (14.71)$$

Balanço de Produto na Junção

$$F_r P_r + F P_0 = F' P'_0 \qquad (14.72)$$

Em que:
P_0 = concentração de produto na alimentação
P_r = concentração de produto no reciclo
P'_0 = concentração de produto após a junção

Considerando $P_0 = 0$ e $P_r \approx P$ e por analogia ao balanço de substrato, temos:

$$P'_0 = \frac{\alpha}{1+\alpha} P \qquad (14.73)$$

Para o balanço de massa no reator segue-se os mesmos critérios do reator com inoculação constante (por exemplo, o segundo reator de um sistema múltiplo estágios), de forma que teremos para as diferentes variáveis:

Balanço de Células no Reator

$$\mu = D \frac{X_1 - X'_0}{X_1} \qquad (14.74)$$

Em que:

$$D = \frac{F'}{V} = \frac{F(1+\alpha)}{V} \qquad (14.75)$$

Substituindo a Equação (14.75) na Equação (14.74) e isolando X, temos:

$$X_1 = \frac{X'_0}{\left(1 - \dfrac{\mu V}{F(1+\alpha)}\right)} \qquad (14.76)$$

Balanço de Substrato no Reator

$$Y_{x/s} = \frac{(X_1 - X'_0)}{(S'_0 - S_1)} \qquad (14.77)$$

Logo:

$$S_1 = S'_0 - \frac{(X_1 - X'_0)}{Y_{x/s}} \qquad (14.78)$$

Balanço de Produto no Reator

$$P_1 = P'_0 + Y_{p/s}(S'_0 - S_1) \qquad (14.79)$$

Exemplo 14.5

Produção de Etanol

A produção em anaerobiose de etanol por *Saccharomyces cerevisiae* está associada ao crescimento da levedura. A cinética de crescimento desse microrganismo segue a Lei de Monod. Considere que a fermentação alcoólica ocorre em um reator com reciclo de células, em que a taxa de reciclo é de 30% e a concentração celular no reciclo é 4 vezes maior que a concentração celular na saída do reator. Calcule o tempo de residência necessário para que a taxa de conversão de substrato no reator seja de 99%.

Dados:

$X_0 = 0$ $\mu_{max} = 0{,}25\ h^{-1}$
$S_0 = 180\ g/L$ $Y_{x/s} = 0{,}015$
$K_s = 50\ g/L$ $Y_{p/s} = 0{,}45$

Considerações

Sabe-se que a concentração celular no reciclo (X_r) é 4 vezes maior que a concentração celular na saída do reator (X); logo, $X_r = 4X$.

Resolução

Partindo do balanço na junção do reciclo com a alimentação (Equação 14.61), temos:

$$F\rho_a + F_r\rho_r = F'\rho'$$

Supondo que a densidade mássica do fluido é constate, logo, $\rho_a = \rho_r = \rho'$, temos:

$$F' = F + F_r$$

Considerando a taxa de reciclo igual a 30% ($\alpha = 0{,}3$), logo:

$$F_r = 0{,}3\ F$$

Assim:

$$F' = F + 0{,}3\ F \quad \therefore \quad F' = 1{,}3\ F$$

Utilizando o balanço de substrato na junção do reciclo com a alimentação (Equação 14.67), temos:

$$F_r S_r + F S_0 = F' S'_0$$

Considere que no reciclo ocorre somente reciclo de células, portanto a concentração de substrato no reciclo será praticamente igual a zero ($S_r \cong 0$), assim:

$$FS_0 = 1{,}3\ FS'_0 \quad \therefore \quad S'_0 = \frac{180\ g/L}{1{,}3}$$

$$S'_0 = 138{,}5\ g/L$$

Sabendo que a concentração de substrato que entra no reator (S'_0) é igual a 138,5 g/L e que a conversão de substrato no reator é de 99%, logo, a concentração de substrato na saída do reator (S) será igual a 1,38 g/L.

Utilizando agora o balanço de células na junção do reciclo com a alimentação (Equação 14.65), temos:

$$F_r X_r + F X_0 = F' X'_0$$

Sabendo que $X_0 = 0$ e $X_r = 4X$, temos:

$$0,3\, F \times 4X = 1,3\, F \times X'_0 \quad \therefore \quad X'_0 = 0,92X$$

Após determinar as concentrações de substrato e célula na entrada do reator, partiremos agora para o balanço de células no reator (Equação 14.74):

$$\mu = D \frac{X - X'_0}{X} \quad \therefore \quad \mu = D \frac{X - 0,92X}{X}$$

$$\mu = 0,08\, D$$

No entanto, para conseguirmos calcular o tempo de residência (τ) precisamos determinar primeiramente o valor de μ, a partir da equação de Monod (Equação 14.6):

$$\mu = \mu_{max} \frac{S}{K_s + S} \quad \therefore \quad \mu = 0,25\ h^{-1} \times \frac{1,38\ g/L}{50\ g/L + 1,38\ g/L}$$

$$\mu = 0,0067\ h$$

Assim:

$$D = 0,084\ h^{-1}$$

Sabendo que:

$$D = \frac{1}{\tau} \quad \therefore \quad \tau = \frac{1}{0,084\ h^{-1}}$$

$$\tau = 11,90\ horas$$

Comentários

Portanto, o tempo de residência necessário para que ocorra 99% de conversão de substrato no reator é de 11,90 horas.

Reatores Enzimáticos

As conversões bioquímicas podem ser feitas em reatores usando microrganismos, ou enzimas isoladas como catalisadores. As enzimas produzidas extracelularmente pelos microrganismos são disponíveis em larga escala e são usadas em vários processos industriais:

panificação, cervejaria, alimentos, couro, têxtil, química, etc. No entanto, somente algumas enzimas produzidas intracelularmente por microrganismos estão disponíveis comercialmente.

As enzimas podem ser utilizadas na forma solúvel ou insolúvel (imobilizada) e a escolha entre um processo ou outro depende do tipo de reação na qual está envolvida ou do custo do processo. O mesmo pode se dizer entre a escolha do emprego de enzimas, microrganismos ou agentes químicos num dado processo industrial.

As reações catalisadas por enzimas são saturáveis e sua velocidade de catálise não obedece uma resposta linear face ao aumento de substrato. Se a velocidade inicial da reação é medida sobre uma escala de concentrações de substrato [S], a velocidade de reação (v) aumenta com o acréscimo de [S]. Todavia, à medida que [S] aumenta, a enzima satura-se e a velocidade atinge o valor máximo (v_{max}). A equação de Michaelis-Menten descreve como a velocidade de reação (v) depende da posição do equilíbrio ligado ao substrato (S) e da constante de velocidade. A constante de Michaelis-Menten (K_m) é definida como a concentração de substrato para a qual a velocidade da reação enzimática é metade de v_{max}.

Reatores Enzimáticos em Batelada

Consideremos a equação de Michaelis-Menten:

$$v = \frac{v_{max} S}{K_m + S} \tag{14.80}$$

A partir da equação de Michaelis-Menten e considerando que a atividade enzimática depende da quantidade de enzima que se coloca no reator, obtemos a Equação (14.81):

$$R_s = \frac{KE}{V} \frac{S}{(K_m + S)} \tag{14.81}$$

Em que:
R_s = velocidade da reação enzimática
KE = atividade da enzima
V = volume reacional enzimático

Sabendo que $R_s = -dS/dt$ e integrando a Equação (14.81) temos:

$$(S_0 - S) - K_m \ln\frac{S}{S_0} = \frac{KE}{V} t \tag{14.82}$$

Considerando x, a conversão, como sendo igual à relação $\frac{(S_0 - S)}{S_0}$, temos:

$$xS_0 - K_m \ln(1 - x) = \frac{KE}{V} t \tag{14.83}$$

Rearranjando a Equação (14.83) temos:

$$\ln(1-x) = \frac{1}{K_m} x S_0 - \frac{KE}{VK_m} t \tag{14.84}$$

Reatores Enzimáticos Tubulares

O esquema de um reator enzimático tubular é apresentado na Figura 14.5.

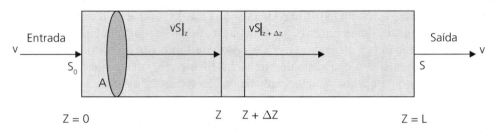

Figura 14.5 ► Esquema de um reator enzimático tubular.

O balanço na camada infinitesimal para um reator tubular pode ser feito a partir da Equação (14.1). Assim temos:

$$vAS|_z - vAS|_{z+\Delta z} - A\Delta Z R_s \bigg| z = \frac{dS}{dt}\bigg|_{A\Delta Z} \tag{14.85}$$

Em que:
  v = velocidade de escoamento do fluido
  A = área da seção transversal
  S = concentração de substrato
  Z = distribuição percorrida pelo fluido dentro do reator
  R_s = velocidade de reação enzimática

Em regime permanente o acúmulo é igual a zero, portanto $dS/dt = 0$.
Isolando R_s, para ΔZ tendendo a zero e v constante temos:

$$R_s = \frac{vS|_z - vS|_{z+\Delta z}}{\Delta z} = -\frac{d(vs)}{dz} = -v\frac{dS}{dz} \tag{14.86}$$

Sabendo-se que:

$$v = \frac{dz}{dt} \tag{14.87}$$

Logo:

$$R_s = -\frac{dS}{dt} \quad (14.88)$$

Esse resultado é o mesmo obtido do balanço de massa para um reator em batelada, embora seja o reator tubular um processo genuinamente contínuo. No entanto, no caso do reator tubular, o tempo de reação será igual ao tempo de retenção do fluido (τ) dentro do reator. Assim obtemos:

$$\tau = \frac{V}{F} \quad (14.89)$$

Em que:
τ = tempo de retenção
V = volume do reator
F = vazão do fluido

Portanto, a equação integrada de Michaelis-Menten para um reator tubular é dada pela Equação (14.90):

$$xS_o - K_m \ln(1-x) = \frac{KE}{F} = \frac{KE}{V}\tau \quad (14.90)$$

Exemplo 14.6

Produção de Galacto-oligossacarídeos

A enzima beta-galactosidase apresenta um papel importante na indústria de alimentos devido ao seu potencial para produção de galacto-oligossacarídeos, agregando propriedades funcionais aos alimentos. Considere um reator enzimático tubular que trabalha com a enzima beta-galactosidase imobilizada em alginato de sódio e que segue a cinética de Michaelis-Menten. Considere que a porosidade do suporte é igual a 100%. Calcule o volume do reator necessário para que a concentração de substrato final seja igual a 4,5 g/L.

Dados:

K_m = 36 g/L   KE/V = 3,2×10³ UI/L
F = 25 L/h   UI = 1 μmol$_{glicose}$/min
S_0 = 450 g/L   PM$_{glicose}$ = 180 g/mol

Considerações

Para a resolução do exercício é necessário primeiramente realizar a conversão da unidade de KE/V (atividade da enzima por volume) que é dada por UI/L em g/L.min; logo, KE/V é igual a 0,576 g/L.min.

Resolução

Partindo da equação integrada de Michaelis-Menten (Equação 14.90), temos:

$$xS_o - K_m \ln(1-x) = \frac{KE}{V}\tau$$

Sendo x igual à relação $\frac{(S_0 - S)}{S_0}$, logo:

$$x = \frac{(S_0 - S)}{S_0} \quad \therefore \quad x = \frac{(450 \text{ g/L} - 4,5 \text{ g/L})}{450 \text{ g/L}}$$

$$x = 0,99$$

Substituindo o valor de x e os parâmetros descritos no enunciado do problema na Equação (14.90), temos:

$$\tau = 17,6 \text{ horas}$$

Sabendo que:

$$\tau = \frac{V}{F} \quad \therefore \quad V = 25 \text{ L/h} \times 17,6 \text{ h}$$

$$V = 440 \text{ L}$$

Comentários

Portanto, será necessário um reator com um volume igual a 440 L para que a concentração de substrato final seja igual a 4,5 g/L.

Reatores Enzimáticos de Mistura Contínuos

O balanço para um reator enzimático de mistura contínuo em regime permanente pode ser feito a partir da Equação 14.1. Assim temos:

$$FS_0 - FS - R_s V = 0 \qquad (14.91)$$

Isolando R_s e substituindo $V/F = \tau$ temos:

$$R_s = \frac{F}{V}(S_0 - S) = \frac{S_0 - S}{\tau} \qquad (14.92)$$

Balanço de Massa em Sistemas Reativos   capítulo **14**

Substituindo R_s pela equação de Michaelis-Menten (Equação 14.81) descrita no reator enzimático de batelada, obtemos:

$$xS_0 + K_m \frac{x}{1-x} = \frac{KE}{V}\tau = \frac{KE}{F} \qquad (14.93)$$

RESUMO DO CAPÍTULO

Neste capítulo abordamos o balanço de massa em reatores bioquímicos. Dentre eles estudamos os reatores de mistura (batelada e batelada alimentada), os reatores contínuos (quimiostato, com reciclo de células e múltiplos estágios) e por fim os reatores enzimáticos (tubulares e de mistura). A partir do balanço de massa de cada reator foi possível determinar as condições operacionais do processo, como tempo de fermentação, vazão de alimentação e volume do reator. Também a partir do balanço de massa conseguimos definir as concentrações de biomassa, substrato e produto do processo fermentativo. A combinação dos parâmetros obtidos através do estudo do balanço de massa em reatores bioquímicos é de fundamental importância para compreender o comportamento e dimensionamento de cada biorreator estudado.

PROBLEMAS PROPOSTOS

14.1. Foi constatado que certos microrganismos têm a capacidade de degradar material orgânico em produtos gasosos como gás carbônico (CO_2) e metano (CH_4). Muitas bactérias e fungos filamentosos apresentam essa capacidade degradativa e representam um importante papel na reciclagem dos nutrientes no meio ambiente. Considerando uma fermentação que utiliza bactérias saprófitas, cuja concentração inicial de substrato é igual a 100 g/L e cuja conversão é de 95%, calcule a concentração total celular e de metano no final da fermentação.
Dados:

$X_0 = 1,5$ g/L $\qquad Y_{p/s} = 0,50$
$S_0 = 100$ g/L $\qquad Y_{x/s} = 0,35$

14.2. Dois microrganismos crescem em simbiose num meio de cultura. O microrganismo 1 transforma o substrato inicial em um produto, com 50% de rendimento. O microrganismo 2 não consome o substrato mas consome o produto (considerar uma concentração final de substrato e de produto igual a 0,1 g/L). Nessas condições calcule:

a) a massa total de cada microrganismo no final da fermentação;

b) o tempo de fermentação supondo que os microrganismos cresçam somente em fase exponencial.

Dados:

$X_{01} = X_{02} = 1$ g/L $\qquad \mu_{max1} = 0,8$ g/L.h
$S_0 = 100$ g/L $\qquad \mu_{max2} = 0,1$ g/L.h
$Y_{x1/s1} = 0,5$ $\qquad Y_{x2/s2} = 0,3$

14.3. Uma indústria de produção de biomassa celular utiliza como substrato em suas fermentações um subproduto obtido do processamento da cana de açúcar. Em um processo fermentativo em batelada foram empregados 80 kg de melaço contendo 55% (p/p) de açúcares redutores totais (ART) como substrato para a obtenção de biomassa. Empregou-se como inóculo 200 L de uma suspensão de células cuja concentração era de 3,8 g/L. Após a inoculação, o volume total contido no fermentador é de 2.200 L. A fermentação é interrompida no final da fase exponencial, que correspondeu a 24 horas de fermentação. Com base nesses dados calcule:

a) o fator de conversão $Y_{x/s}$ supondo o consumo total de substrato;
b) a conversão de substrato após 13 horas de processo.

Dados:

$\mu_{max} = 0,14$ h^{-1} $\qquad\qquad V_f = 2200$ L

14.4. Um processo fermentativo com *Kluyveromyces marxianus* é empregado para a produção de etanol e acetato a partir de soro de leite. Constata-se que até um determinado tempo (t_1) há consumo de substrato (S) e produção de etanol (E). A partir desse tempo, onde houve esgotamento do (S) a levedura começa a consumir o etanol (E) por ela produzido na primeira etapa, dando origem a um segundo produto, o acetato (A). Essa segunda etapa dura um tempo (t_2). Sabe-se que esse microrganismo se adapta rapidamente ao segundo substrato, ou seja, a fase *lag* da segunda etapa é praticamente inexistente, e que o processo apresenta conversões para a primeira e segunda etapas de 99% e 70%, respectivamente. Considerando a cinética de crescimento descrita pelo modelo de Monod e os parâmetros dados, calcule:

a) as concentrações de biomassa (X), etanol (E) e acetato (A) no final da primeira etapa e no fim da fermentação;
b) o tempo total da fermentação: $t_f = t_1 + t_2$.

Dados:

Primeira Fase	Segunda Fase
$E_0 = 0$	$A_0 = 0$
$X_0 = 1$ g/L	$\mu_{max2} = 0,4$ h^{-1}
$S_0 = 50$ g/L	$K_{s2} = 50$ g/L
$\mu_{max1} = 0,7$ h^{-1}	$Y_{x/s2} = 0,5$
$K_{s1} = 30$ g/L	$Y_{p/s2} = 0,3$
$Y_{x/s1} = 0,5$	
$Y_{p/s1} = 0,4$	

14.5. A penicilina é um antibiótico natural derivado do fungo *Penicillium chrysogenum*. Considere um processo fermentativo de produção de penicilina em um reator de batelada alimentada que se inicia com um volume de 100 L. Durante a fase de alimentação pretende-se manter a concentração média de substrato constante em 60 g/L. Calcule o tempo total de fermentação considerando que todo o substrato foi consumido.

Dados:

$X_0 = 20$ g/L $\qquad Y_{x/s} = 0,08$
$S_0 = 60$ g/L $\qquad Y_{p/s} = 0,47$
$S_a = 150$ g/L $\qquad K_s = 45$ g/L
$V_f = 300$ L $\qquad \mu_{max} = 0,045$ h^{-1}

14.6. Assumindo um processo fermentativo contínuo, que emprega a *Zymomonas mobilis* para conversão de glicose a etanol em condições anaeróbias. O primeiro fermentador opera com meio de cultivo contendo 150 g/L de glicose e vazão de alimentação de 2,5 L/h. Calcule o número

Balanço de Massa em Sistemas Reativos capítulo **14**

de reatores necessários para que a concentração de substrato seja menor que 1 g/L na saída do último reator, considerando que o volume de cada reator é igual a 10 litros.
Dados:

$X_0 = 0$ $\mu_{max} = 0{,}45\ h^{-1}$
$Y_{x/s} = 0{,}03$ $K_s = 35\ g/L$

14.7. A *Saccharomyces cerevisiae* é uma levedura que cresce num meio de cultura rico em sacarose transformando o substrato (sacarose) em um produto P (etanol), com 43% de rendimento. Sabe-se que concentrações elevadas de etanol podem inibir o crescimento da levedura; isso pode ser visualizado no modelo de inibição pelo produto proposto por Aiba. Calcule o tempo de fermentação considerando que a concentração final de substrato é aproximadamente 0,1 g/L nos seguintes modelos:

a) Modelo cinético de Monod: $\mu = \mu_{max} \dfrac{S}{K_s + S}$

b) Modelo cinético de inibição pelo produto: $\mu = \mu_{max} \dfrac{S}{K_s + S} \dfrac{K_p}{K_p + P}$
Dados:

$S_0 = 150\ g/L$ $\mu_{max} = 0{,}5\ h^{-1}$
$X_0 = 15\ g/L$ $K_s = 50\ g/L$
$Y_{x/s} = 0{,}5$ $K_p = 45\ g/L$

14.8. A enzima invertase é uma hidrolase que pode ser produzida pelo microrganismo *Alternaria* sp. Dentre as várias aplicações para a invertase se destaca a fabricação do açúcar invertido que tem grande importância industrial por ter poder adoçante superior ao da sacarose. Um reator contínuo foi empregado na produção de invertase utilizando a *Alternaria* sp., operando com uma taxa de reciclo de células de 25%. Nesse processo o microrganismo empregado segue a cinética de Monod. Calcule o tempo de residência desse sistema supondo que o mesmo opere com e sem reciclo de células. Considere que a concentração final de substrato é igual a 1% da concentração inicial empregada no processo.
Dados:

$S_0 = 150\ g/L$ $\mu_{max} = 0{,}5\ h^{-1}$
$X_r = 4X$ $Y_{x/s} = 0{,}015$
$K_s = 15\ g/L$ $Y_{p/s} = 0{,}45$

14.9. A enzima frutosiltransferase é empregada para a produção de fruto-oligossacarídeos. Os fruto-oligossacarídeos são considerados alimentos funcionais por apresentarem características prebióticas. Considere um processo enzimático que opera em um reator tubular com a enzima frutosiltransferase imobilizada em suporte esférico de carragena e que segue a cinética de Michaelis-Menten. Considere a porosidade do suporte igual a 100%. Calcule o volume do reator necessário para que a conversão de substrato seja de 95%.
Dados:

$S_0 = 200\ g/L$ $KE/V = 85\ g/L.h$
$K_m = 45\ g/L$ $F = 20\ L/h$

14.10. Uma indústria de bebidas processa sacarose em xarope de glicose e frutose (açúcar invertido) através de um processo enzimático. Esse processo pode ser realizado através da utilização da enzima inulinase obtida da levedura *Kluyvermyces* sp. As constantes cinéticas da enzima imobilizada em suporte esférico de alginato (100% de porosidade) foram determinadas experimentalmente a 45 °C e pH 5,0 conforme modelo proposto por Michaelis-Menten. Determine o tempo necessário para que 98% da sacarose seja invertida utilizando processo em batelada.

Dados:

$KE/V = 140$ g/L.h $\qquad K_m = 200$ g/L $\qquad S_0 = 100$ g/L

REFERÊNCIAS BIBLIOGRÁFICAS

1. Aiba S, Humphrey AE, Millis NF. Biochemical engineering. 2nd Ed. New York: Academic Press; 1973.
2. Bailey JE, Ollis DF. Biochemical engineering fundamentals. 2nd Ed. New York: McGraw-Hill; 1986.
3. Blanch HW, Clark DS. Biochemical engineering. New York: Marcel Dekker; 1996.
4. Doran PM. Bioprocess engineering principles. London: Academic Press; 1995.
5. Lee JM. Biochemical engineering. New Jersey: Prentice Hall; 1992.
6. Levenspiel O. Chemical reactions engineering. 2nd Ed. New York: John Wiley & Sons; 1974.
7. Schmidell W, Lima AU, Aquarone E, Borzani W. Biotecnologia industrial. São Paulo: Edgard Blucher; 2001.

CAPÍTULO 15

Balanço de Massa em Processos com Reciclo, Desvio e Purga de Material

- João Borges Laurindo
- Vivaldo Silveira Júnior
- Franciny Campos Schmidt

CONTEÚDO

Objetivo do Capítulo 511
Introdução 511
Reciclo de Material em Processos de Transformação 511
Operações de Secagem 512
Exemplo 15.1 – Secagem de Sementes de Soja 512
Resolução 513
Balanço de Massa no Secador 514
Balanço de Água 515
Balanços de Massa no Misturador de Ar (1) 515
Comentários 516
Operações de Destilação 516
Exemplo 15.2 – Fabricação de Vodca 516
Resolução 517
Balanços de Massa no Sistema Formado pelo Conjunto Coluna-Condesador 518
Balanço de Massa na Coluna de Destilação 518
Balanços de Massa no Misturador 518
Comentários 519
Processos de Separação Usando Membranas 519
Exemplo 15.3 – Concentração de Leite por Ultrafiltração 519
Resolução 520

Balanços de Massa na Unidade 2 520

Balanços de Massa no Misturador (1) 521

Balanços de Massa na Unidade 1 521

Comentários 522

Reatores Químicos e Bioquímicos 522

Exemplo 15.4 – Produção de Açúcar Invertido 522

Resolução 523

Balanço de Massa em Todo o Processo 523

Balanços de Massa no Misturador (1) 524

Balanço de Massa no Reator + Separador (2) 524

Comentários 525

Desvio de Material (*Bypass*) em Processos de Transformação 525

Exemplo 15.5 – Concentração de Suco de Laranja 526

Resolução 527

Balanços de Massa em Todo Processo 527

Balanço de Massa no Evaporador 528

Balanço de Massa no Misturador 528

Balanço de Massa no Filtro 528

Comentários 528

Exemplo 15.6 – Produção de Café Solúvel 528

Resolução 529

Balanços de Massa no Evaporador 530

Balanços de Massa no Misturador (2) 530

Balanços de Massa no Secador 531

Comentários 531

Balanço Global no Evaporador 531

Balanço Global no Secador 531

Purga de Material em Processos de Transformação 532

Exemplo 15.7 – Secagem de Maçãs 532

Resolução 533

Balanço de Massa no Misturador (1) 534

Balanço de Massa em Todo o Processo 535

Balanço de Massa no Secador 1 536

Comentários 536

Resumo do Capítulo 535

Problemas Propostos 537

Referências Bibliográficas 540

Balanço de Massa em Processos com Reciclo, Desvio e Purga de Material   capítulo 15

> **OBJETIVO DO CAPÍTULO**
>
> O objetivo deste capítulo é desenvolver a habilidade de efetuar cálculos de balanços de massa em processos de transformação com correntes de reciclo, desvio (*bypass*) e purga de material.

Introdução

A compreensão do conteúdo do capítulo permitirá:

- Entender as razões e necessidades de correntes de reciclo, de desvio (*bypass*) e de purga em determinados processos da indústria de alimentos.
- Apresentar processos de transformação com reciclo, desvio (*bypass*) e purga na forma de diagramas de fluxo (fluxogramas de processo).
- Aplicar o ciclo de aprendizagem para a resolução de problemas em estado estacionário (com ou sem reação química) que apresentem correntes de reciclo, desvio (*bypass*) e purga.

Reciclo de Material em Processos de Transformação

As matérias-primas e fluidos que alimentam um processo de transformação são muitas vezes reciclados, isto é, retornam para um dado processo e são processados novamente. Esse procedimento operacional possui muitas utilidades, sendo fundamental para a viabilidade técnica ou econômica de diversos processos. Deve-se considerar que todas as matérias-primas e fluidos (ar quente, ar frio, vapor de água) que alimentam um processo de transformação têm custos, que farão parte do custo final do produto processado. Assim, o aproveitamento máximo dos componentes valiosos de uma matéria-prima pode viabilizar um determinado processo de transformação. Do mesmo modo, o aproveitamento adequado da capacidade térmica de um fluido, como, por exemplo, o reciclo do ar quente usado em um secador, pode reduzir os custos operacionais do processo de secagem.

O procedimento chamado de *reciclo* é comumente utilizado em operações unitárias de secagem, de destilação, em reatores químicos e bioquímicos, em processos de separação por membranas e em processos de extração. O procedimento de reciclo também pode ser usado em diversas operações com o objetivo de controlar variáveis de processo, como a temperatura ou a concentração de uma determinada corrente. Nesses casos, a corrente de reciclo é parcial, isto é, somente uma parte da massa retorna a uma determinada unidade do processo. Há sistemas nos quais uma corrente de fluido opera em circuito fechado, como é o caso de ciclos de refrigeração utilizados em refrigeradores domésticos ou em grandes câmaras frigoríficas. Nesses equipamentos, um único fluido de trabalho (CFCs, hidrocarbonetos, dióxido de carbono, amônia) é recirculado indefinidamente, sendo necessária apenas a reposição das perdas devido a possíveis vazamentos.

Uma representação esquemática de uma corrente de reciclo é apresentada na Figura 15.1. A estratégia para a resolução de problemas com reciclo é a mesma apresentada em capítulos anteriores. Pode-se realizar balanço de massa total e para cada componente nos diversos sistemas, como para todo o processo, para o misturador (onde a alimentação fresca ou inicial é combinada com a corrente de reciclo), para a unidade de processo e para o separador (onde o produto bruto é separado em uma corrente de reciclo e produto líquido). Além disso, balanços de materiais podem ser feitos combinando-se subsistemas, como o misturador e a unidade de processo.

Apresenta-se a seguir uma breve discussão sobre os principais processos e operações unitárias que fazem uso do reciclo de material.

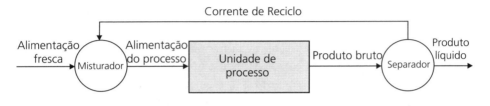

Figura 15.1 ▶ Representação esquemática de uma corrente de reciclo.

Operações de Secagem

Nas operações de secagem, o ar ambiente é aquecido em trocador de calor antes de entrar no secador. Na saída do secador, o ar está com uma umidade maior e com uma entalpia superior à entalpia do ar ambiente. O descarte desse ar na atmosfera representa um desperdício de energia, mas ele não pode ser totalmente reciclado, pois sua umidade relativa alcançará a saturação (UR = 100%) após algumas passagens seguidas pelo secador. No entanto, o reciclo (reuso) de uma fração desse ar, misturado com ar ambiente aquecido, é possível e pode ser utilizado para economizar energia e para controlar a umidade relativa do ar de secagem (ar que entra em contato com o produto no interior do secador).

Exemplo 15.1

Secagem de Sementes de Soja

A operação de secagem de sementes de soja logo após a colheita é de fundamental importância, pois a redução do teor de água permite a preservação da qualidade fisiológica das mesmas durante o armazenamento. Em uma unidade de armazenamento, sementes de soja contendo 20% de umidade são secas até 13% de umidade em um secador de fluxo contínuo. O ar de secagem (ar que entra diretamente em contato com o produto) é obtido após a mistura de ar ambiente ("ar novo") e do ar de reciclo utilizado no próprio processo de secagem. O ar novo possui umidade igual a 0,01 kg água/kg de ar seco e o ar de reciclo apresenta 0,12 kg água/kg de ar seco de modo a obter-se uma mistura (ar de secagem) com umidade igual a

Balanço de Massa em Processos com Reciclo, Desvio e Purga de Material   capítulo **15**

0,05 kg água/kg ar seco. Para uma alimentação de 1.000 kg de soja por hora no secador calcule:

a) a massa de produto obtido após o processo de secagem e a massa de água evaporada;
b) a alimentação de ar novo em [kg ar seco/h] e em [kg ar úmido/h];
c) a vazão de ar de secagem em [kg ar seco/h] e em [kg ar úmido/h];
d) a vazão de ar reciclada em [kg ar seco/h] e em [kg ar úmido/h].

Resolução

Utilizando o ciclo de aprendizagem, inicia-se a resolução pela representação do processo de secagem em questão, por meio de um fluxograma de processo, onde são representadas todas as correntes e composições que foram fornecidas juntamente com as correntes e composições a serem determinadas. Esse fluxograma está apresentado na Figura 15.2.

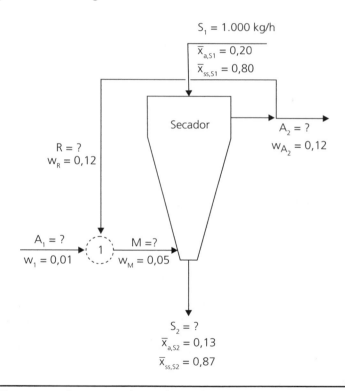

Figura 15.2 ▶ Fluxograma de processo (Exemplo 15.1).

Nesse fluxograma as correntes de entrada e saída são definidas como:

S_1 = vazão mássica de sementes de soja que entram no processo
R = vazão mássica de ar seco na corrente de reciclo
A_1 = vazão mássica de ar seco na corrente de ar novo

A_2 = vazão mássica de ar seco na corrente de ar que deixa o secador
M = vazão mássica de ar seco que entra no secador (mistura da corrente de ar novo com a corrente de ar de reciclo)
S_2 = vazão mássica das sementes de soja secas que deixam o processo (produto)

Sabe-se que o teor de umidade das sementes de soja na entrada do secador é de 20%. Desse modo, para cada 1.000 kg de sólidos, 200 kg são de água ($m_{a,S1}$) e 800 kg são de sólidos secos ($m_{ss,S1}$). Essa massa de sólidos secos não muda durante a operação de secagem, uma vez que ocorre somente a retirada de água contida inicialmente no material ($m_{ss,S1} = m_{ss,S2}$). Como as sementes de soja saem do secador com teor de umidade igual a 13%, a massa de água que sai com os sólidos na forma de umidade ($m_{a,S2}$) é dada por:

$$0,13 = \frac{m_{a,S_2}}{m_{a,S_2} + m_{ss,S_2}} = \frac{m_{a,S_2}}{m_{a,S_2} + 800} \rightarrow m_{a,S_2} = 119,54 \text{ kg de água}$$

Convém uniformizar as unidades e trabalhar com todas as umidades (no ar e nas sementes de soja) em base seca. Para isso, define-se w_{S1} e w_{S2} como as umidades em base seca das sementes de soja na entrada e na saída do secador, respectivamente:

$$w_{S_1} = \frac{m_{a,S_1}}{m_{ss,S_1}} = \frac{200}{800} = 0,25 \text{ kg de água/kg de sólido seco}$$

$$w_{S_2} = \frac{m_{a,S_2}}{m_{ss,S_2}} = \frac{119,54}{800} = 0,14942 \text{ kg de água/kg de sólido seco}$$

A massa de água evaporada no secador é dada por:

$$m_{a \text{ evaporada}} = m_{ss}\left(w_{S_1} - w_{S_2}\right) \rightarrow 800 \times (0,25 - 0,14942)$$

$$m_{a \text{ evaporada}} = 80,46 \text{ kg}$$

Considerando 1 hora de processo como base de cálculo, pode-se agora realizar os balanços de massa que permitirão determinar as correntes do processo.
O processo de secagem ocorre em estado estacionário, representado pelas equações de balanço a seguir.

Balanço de Massa no **Secador**

- Balanço de sólidos

$$S_1 \overline{x}_{ss,S_1} = S_2 \overline{x}_{ss,S_2} \tag{E15.1-1}$$

$$1000 \times 0,80 = S_2 \times 0,87$$

$$S_2 = 919,54 \text{ kg de produto/h}$$

Também se pode estimar diretamente a corrente total S_2, uma vez que já foi determidada a massa de água no produto que deixa o secador e a massa de sólidos secos é conhecida.

$$S_2 = m_{ss} + m_{2,a} = 800 + 119,54 = 919,54 \text{ kg de produto/h}$$

Balanço de Água

$$Mw_M + m_{ss}w_{S_1} = A_2 w_{A_2} + m_{ss}w_{S_2} \quad \text{(E15.1-2)}$$

Como se está trabalhando com vazão mássica de ar seco, tem-se que $M = A_2$, pois a massa de ar seco que entra no secador é igual a massa de ar seco que deixa o secador. Também, como ocorre apenas a divisão da corrente de ar na saída do secador em ar de reciclo e ar descartado, a umidade em base seca do ar nessas duas correntes é a mesma da corrente A_2 ($w_{A_2} = w_R$). Portanto, substituindo as variáveis conhecidas no balanço de água no secador (E 15.1-2), obtém-se:

$$M \times 0,05 + 800 \times 0,25 = M \times 0,12 + 800 \times 0,14942$$

$$M = 1.149,49 \text{ kg de ar seco/h}$$

Balanços de Massa no **Misturador de Ar (1)**

- Balanço de massa global

$$A_1 + R = M \quad \text{(E15.1-3)}$$

$$A_1 + R = 1149,49$$

- Balanço de água

$$A_1 w_{A_1} + R w_R = M w_M \quad \text{(E15.1-4)}$$

$$A_1 \times 0,01 + R \times 0,12 = 1.149,49 \times 0,05 \rightarrow A_1 \times 0,01 + R \times 0,12 = 57,47$$

Das equações anteriores obtém-se:

$$A_1 = 731,53 \text{ kg ar seco/h e } R = 417,96 \text{ kg ar seco/h}$$

Assim, podemos determinar as vazões de ar novo, ar de reciclo e ar de secagem (ar novo + ar de reciclo) em [kg ar úmido/h]:

$A_{1,total} = 731,53 + (731,53 \times 0,01) = 738,84$ kg ar úmido/h
$R_{total} = 417,96 + (417,96 \times 0,12) = 468,12$ kg ar úmido/h
$M_{total} = 1.149,49 + (1.149,46 \times 0,05) = 1.206,96$ kg ar úmido/h

Fundamentos de Engenharia de Alimentos

 Comentários

O leitor deve observar que a representação do teor de umidade dos sólidos e da umidade absoluta do ar de secagem em base seca auxilia a resolução do problema.

Operações de Destilação

A destilação é uma operação unitária utilizada na indústria química e de alimentos e tem como objetivo a separação dos componentes de uma fase líquida, baseada nas diferenças de volatilidade desses componentes. Os vapores produzidos durante a destilação são mais ricos nos componentes mais voláteis que a mistura líquida obtida como produto de fundo. Se os vapores produzidos entrarem em contato com uma corrente líquida rica no componente mais volátil (mistura líquida rica em etanol na destilação alcoólica), os mesmos terão a concentração desse componente aumentada. Isso é realizado através do reciclo (também chamado de refluxo nas operações de destilação) de parte do destilado, como ilustrado esquematicamente na Figura 15.3.

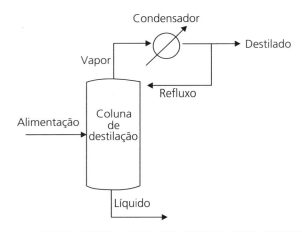

Figura 15.3 ▶ Representação esquemática de uma coluna de destilação com refluxo.

Exemplo 15.2

 Fabricação de Vodca

Durante a fabricação de vodca, 5.000 kg/h de mosto (líquido formado durante a fermentação de cereais e água) com concentração de álcool de 8% em massa são alimentados em uma coluna de destilação. O produto obtido no topo da coluna (condensador) contém 90% em massa de álcool, enquanto o resíduo, obtido na base do destilador, contém 95% em massa de água. A vazão de vapor (V) que sai pelo topo da coluna e entra no condensador é 250 kg/h. Uma porção do condensado é retornada para a coluna como refluxo (R) e o restante é recolhido como destilado (D). Esse destilado é destinado a ser diluído com água (A), a fim de se obter uma bebida com uma concentração de álcool desejada. Considerando que a quantidade de impurezas no mosto é desprezível, isto é, o mosto é basicamente uma mistura água-etanol, determine:

(a) a razão entre a vazão de refluxo (R) e a vazão de destilado (D);
(b) a massa de água (A) adicionada ao destilado para a obtenção de uma vodca com 37% em massa de etanol.

Resolução

A representação do processo na forma de um fluxograma, especificando todas as correntes do processo juntamente com suas composições, irá auxiliar na resolução do problema em questão. Esse fluxograma está apresentado na Figura 15.4.

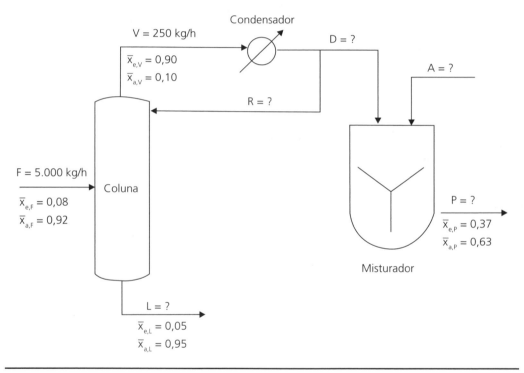

Figura 15.4 ▶ Fluxograma de processo (Exemplo 15.2).

O processo ocorre em estado estacionário, na ausência de reação química. Deve-se agora definir os sistemas de interesse e efetuar os balanços de massa que permitirão determinar a razão R/D e o valor da corrente A.

Supondo que a corrente V é totalmente condensada, as composições das correntes no topo da coluna (V), no destilado obtido (D) e no refluxo (R) são iguais:

$$\overline{x}_{e,V} = \overline{x}_{e,D} = \overline{x}_{e,R} \quad \text{ou} \quad \overline{x}_{a,V} = \overline{x}_{a,D} = \overline{x}_{a,R}$$

Considerando uma base de cálculo de 1 hora, pode-se iniciar a resolução do problema por um balanço de massa (global e de componente) no sistema formado pela coluna de destilação e pelo condensador, o que permite determinar o valor da corrente de destilado (D).

Balanços de Massa no Sistema Formado pelo **Conjunto Coluna-Condensador**

- Balanço de massa global

$$F = L + D \qquad (E15.2\text{-}1)$$

$$5.000 = L + D$$

- Balanço de massa para o componente etanol

$$F\overline{x}_{e,F} = L\overline{x}_{e,L} + D\overline{x}_{e,D} \qquad (E15.2\text{-}2)$$

$$5.000 \times 0,08 = L \times 0,05 + D \times 0,90$$

Das equações anteriores obtém-se:

$$D = 176,47 \text{ kg/h}$$

$$L = 4.823,53 \text{ kg/h}$$

Balanço de Massa na **Coluna de Destilação**

- Balanço de massa global

$$F + R = V + L \qquad (E15.2\text{-}3)$$

$$5.000 + R = 250 + 4.823,53$$
$$R = 73,53 \text{ kg/h}$$

$$\frac{R}{D} = \frac{73,53}{176,47} = 0,42$$

Por fim, através de um balanço de massa no misturador, pode-se calcular a massa de água que deve ser adicionada para se obter uma bebida com 37% em massa de etanol e a quantidade de produto obtido.

Balanços de Massa no **Misturador**

- Balanço de massa global

$$D + A = P \qquad (E15.2\text{-}4)$$

$$176,47 + A = P$$

- Balanço de massa para o componente etanol

$$D\overline{x}_{e,D} = P\overline{x}_{e,P} \qquad (E15.2\text{-}5)$$

$$176,47 \times 0,90 = P \times 0,37$$
$$P = 429,25 \text{ kg/h}$$

Balanço de Massa em Processos com Reciclo, Desvio e Purga de Material   capítulo 15

Retornando ao balanço de massa global no misturador (E15.2-4), pode-se obter a massa de água adicionada: A = 252,78 kg/h.

Comentários

O reciclo de destilado é prática comum nos processos de destilação, pois aumenta a concentração de álcool nos vapores que saem da coluna. O leitor pode obter mais informações sobre isso em livros-texto de Operações Unitárias.

Processos de Separação Usando Membranas

As operações de separação usando membranas são baseadas na permeação ou na retenção preferencial de várias moléculas de soluto em membranas poliméricas ou inorgânicas. A força motriz para a separação de determinados componentes de um fluido através do sistema semipermeável de uma membrana pode ser a diferença de pressão (ultrafiltração, microfiltração, nanofiltração, osmose inversa), a diferença de potencial químico (pervaporação, diálise) ou a diferença de potencial elétrico (eletrodiálise). Os processos de separação usando membranas possuem várias vantagens em relação a outros processos de separação, dentre as quais se destacam a possibilidade de separação de componentes a baixas temperaturas e sem mudanças de fase, gerando economia de energia.

Na indústria de laticínios, o processo de ultrafiltração tem sido utilizado para a concentração de leite e para a recuperação das proteínas presentes no soro de leite (produzido em fábricas de queijos). Esses processos de separação muitas vezes não permitem obter soluções concentradas em uma única operação. Uma alternativa é usar duas unidades de separação com membranas, realizando-se uma pré-concentração na primeira unidade e finalizando o processo de concentração em uma segunda unidade. Nessa segunda unidade, o permeado obtido geralmente retorna como reciclo ao primeiro estágio, como apresentado no Exemplo 15.3.

Exemplo 15.3

Concentração de Leite por Ultrafiltração

Em uma indústria de laticínios, um sistema de ultrafiltração é utilizado para a concentração de leite para a produção de queijo em dois estágios. No primeiro estágio (primeira unidade de separação por membrana), a corrente de alimentação (F) é forçada a passar pela membrana sob pressão, a qual é promovida por uma bomba centrífuga. Nesse estágio, obtém-se um permeado (P_1) com uma baixa concentração de sólidos [0,5% de sólidos totais (ST)] e um concentrado (C_1) com 25% de ST. No segundo estágio, obtém-se o leite concentrado (C_2) com uma concentração final de 35% de ST e um permeado (P_2) com 2% de ST. A corrente P_2 retorna ao primeiro estágio como reciclo, misturando-se com o leite integral (L) contendo 9% de sólidos totais, formando assim a corrente de alimentação da primeira membrana. Para a produção de 100 kg/min de leite concentrado (C_2), contendo 35% de sólidos totais, determine o valor das correntes de processo.

Resolução

Novamente, inicia-se a resolução pela representação do problema na forma de um fluxograma de processo, com todas as informações conhecidas juntamente com as correntes de processo e composições a serem determinadas. O fluxograma representativo do problema é apresentado na Figura 15.5.

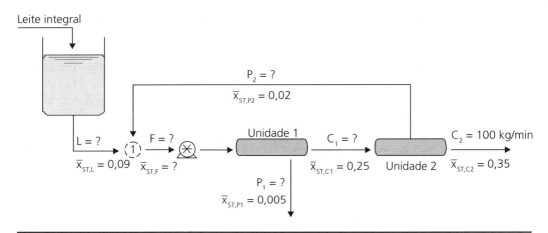

Figura 15.5 ▶ Fluxograma de processo (Exemplo 15.3).

O processo ocorre em regime estacionário, na ausência de reações químicas. Desse modo, a equação de conservação da massa se reduz a

[massa que entra no sistema] = [massa que sai do sistema]

Considerando que a vazão de produto é conhecida, inicia-se o equacionamento do problema por um balanço de massa no segundo estágio (unidade 2), usando uma base de cálculo de 1 minuto.

Balanços de Massa na **Unidade 2**

- Balanço de massa global

$$C_1 = C_2 + P_2 \qquad \text{(E15.3-1)}$$

$$C_1 = 100 + P_2$$

- Balanço de massa de sólidos totais

$$C_1 \overline{x}_{ST,C_1} = C_2 \overline{x}_{ST,C_2} + P_2 \overline{x}_{ST,P_2} \qquad \text{(E15.3-2)}$$

$$C_1 \times 0,25 = 100 \times 0,35 + P_2 \times 0,02$$

Resolvendo o sistema com as duas equações de balanço, obtém-se:

$$C_1 = 143,48 \text{ kg/min}$$
$$P_2 = 43,48 \text{ kg/min}$$

Balanços de Massa no **Misturador (1)**

- Balanço de massa global

$$L + P_2 = F \qquad \text{(E15.3-3)}$$
$$L + 43,48 = F$$

- Balanço para o componente sólidos totais

$$L\bar{x}_{ST,L} + P_2 \bar{x}_{ST,P_2} = F\bar{x}_{ST,F} \qquad \text{(E15.3-4)}$$
$$L \times 0,09 + (43,48 \times 0,02) = F\bar{x}_{ST,F}$$

Balanços de Massa na **Unidade 1**

- Balanço de massa global

$$F = C_1 + P_1 \qquad \text{(E15.3-5)}$$
$$L + 43,48 = 143,48 + P_1 \rightarrow L = 100 + P_1$$

- Balanço de massa para o componente sólidos totais

$$F\bar{x}_{ST,F} = C_1 \bar{x}_{ST,C_1} + P_1 \bar{x}_{ST,P_1} \qquad \text{(E15.3-6)}$$

$$L \times 0,09 + (43,48 \times 0,02) = (143,48 \times 0,25) + P_1 \times 0,005$$
$$(100 + P_1) \times 0,09 = 35,87 + (P_1 \times 0,005)$$
$$P_1 = 305,88 \text{ kg/min}$$

Para a resolução das equações do balanço de massa no primeiro estágio (*unidade 1*) foram utilizadas as equações do balanço de massa no misturador (mistura da corrente de leite integral com o permeado da *unidade 2*). Substituindo o valor encontrado para P_1 nas equações dos balanços de massa formuladas anteriormente, obtém-se:

$L = 405,88$ kg/min

$F = 449,36$ kg/min, $\bar{x}_{ST,F} = 0,083$ kg sólidos/kg de leite

Comentários

Pode-se verificar se os valores determinados para as correntes do processo estão corretos. Um modo de fazer isso é verificar se o balanço global do processo satisfaz a lei da conservação da massa, isto é, verificar se o balanço está consistente. Desse modo, considerando o sistema de interesse todo o processo, obtém-se:

$$L = P_1 + C_2 \tag{E15.3-7}$$

$$405{,}88 = 305{,}88 + 100$$
$$405{,}88 = 405{,}88 \text{ Ok!}$$

Reatores Químicos e Bioquímicos

No Capítulo 14, foram apresentados vários problemas encontrados na Engenharia de Alimentos relacionados a sistemas reativos. Será discutido a seguir o sistema reativo em presença de reciclo.

Não é comum que uma reação A → B seja totalmente completada em um reator químico contínuo. Se o reagente A está presente no produto que sai do reator, o mesmo deve ser separado e reciclado, se sua concentração na mistura de saída justificar os custos de um processo de separação. Além disso, há reatores que operam com catalisadores para acelerar as reações químicas. Os catalisadores são caros e também devem ser separados dos produtos e dos reagentes que sobraram na corrente de saída do reator, regenerados e reciclados, proporcionando redução nos custos do processo.

Nos reatores bioquímicos, o reciclo de células é comum em diversos processos fermentativos como, por exemplo, na fermentação alcoólica e no tratamento de efluentes. No processo de reciclo, a vazão de saída do reator passa por um separador e uma bomba promove o reenvio do líquido contendo as células para o reator.

Exemplo 15.4

Produção de Açúcar Invertido

A enzima invertase catalisa a hidrólise da sacarose, produzindo uma mistura equimolar de glicose e frutose denominada açúcar invertido. Esse açúcar possui capacidade adoçante superior à da sacarose e resistência à cristalização, propriedades interessantes para sua utilização na indústria de alimentos e bebidas. Na produção de xarope de açúcar invertido, uma indústria utiliza um reator de leito fixo isotérmico (operando a 40 °C), empacotado com sílica porosa contendo invertase imobilizada por ligação covalente. Em um único passe pelo reator consegue-se 90% de conversão da sacarose, de acordo com a reação

Balanço de Massa em Processos com Reciclo, Desvio e Purga de Material   capítulo **15**

$$C_{12}H_{22}O_{11} + H_2O \xrightarrow{\text{Invertase}} C_6H_{12}O_6 + C_6H_{12}O_6$$
$$\text{Sacarose} \qquad\qquad\qquad\qquad \text{d-Glicose} \quad \text{d-Frutose}$$

Para uma alimentação fresca de 100 kg/h de solução contendo 50% em massa de sacarose, e uma razão entre a corrente de saída (produto) e a corrente de reciclo de 5,25 (unidade de massa), determine a composição da alimentação do reator e do produto obtido. Considere que a corrente de alimentação do reator contém 7% em massa de açúcar invertido e as correntes de reciclo e de produto possuem a mesma composição.

Resolução

Inicia-se a solução do problema construindo um fluxograma de processo com as vazões e concentrações das correntes conhecidas e das correntes a serem calculadas. O fluxograma apresentado na Figura 15.6 representa um processo em estado estacionário, com reação química e reciclo. Os subscritos "s", "a" e "i" das frações mássicas representam a sacarose, a água e o açúcar invertido, respectivamente.

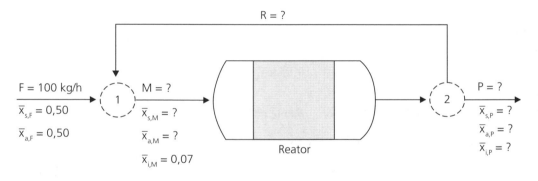

Figura 15.6 ▶ Fluxograma de processo (Exemplo 15.4).

Considerando uma base de cálculo de 1 hora, pode-se agora definir os sistemas de interesse e efetuar os balanços de massa que permitirão determinar os valores das variáveis desconhecidas.

Balanço de Massa em **Todo o Processo**

- Balanço de massa global

    [massa que entra no sistema] = [massa que sai do sistema]

$$F = P \qquad\qquad \text{(E15.4-1)}$$

$$P = 100 \text{ kg/h}$$

Sabendo que a razão entre a corrente de produto e a corrente de reciclo é igual a 5,25, obtém-se o valor da corrente R, ou seja:

$$\frac{P}{R} = 5,25 \quad \therefore \quad R = 19,05 \text{ kg/h}$$

Balanços de Massa no **Misturador (1)**

No misturador (1) não ocorre reação, portanto o balanço de massa em regime estacionário é dado por:

[massa que entra no sistema] = [massa que sai do sistema]

- Balanço de massa global

$$F + R = M \qquad \text{(E15.4-2)}$$
$$100 + 19,05 = M$$
$$M = 119,05 \text{ kg/h}$$

- Balanço de massa do componente sacarose

Lembrando que $\overline{x}_{s,R} = \overline{x}_{s,P}$, o balanço pode ser representado por:

$$F\overline{x}_{s,F} + R\overline{x}_{s,P} = M\overline{x}_{s,M} \qquad \text{(E15.4-3)}$$
$$100 \times 0,50 + 19,05 \times \overline{x}_{s,P} = 119,05 \times \overline{x}_{s,M}$$

- Balanço de massa do componente açúcar invertido

Como $\overline{x}_{i,R} = \overline{x}_{i,P}$, pode-se escrever que:

$$R\overline{x}_{P,i} = M\overline{x}_{M,i} \qquad \text{(E15.4-4)}$$
$$19,05 \times \overline{x}_{i,P} = 119,05 \times 0,07$$
$$\overline{x}_{i,P} = 0,44 \text{ kg de açúcar invertido/kg de produto}$$

Pode-se agora realizar um balanço de massa, considerando o sistema formado pela combinação do reator com o separador. Desse modo, evita-se calcular os valores associados com a corrente de saída do reator.

Balanço de Massa no Reator + Separador (2)

- Balanço de massa do componente sacarose

Nesse sistema [reator + separador (2)], como ocorre o consumo da sacarose, a equação da conservação da massa para esse componente pode ser expressa como:

[massa que entra] = [massa que sai] − [massa consumida]

$$M\overline{x}_{s,M} = (R + P)\overline{x}_{s,P} + M\overline{x}_{s,M}f \qquad \text{(E15.4-5)}$$

Balanço de Massa em Processos com Reciclo, Desvio e Purga de Material capítulo **15**

em que f é a fração de conversão em um único passe (única etapa), a qual foi fornecida e é igual a 0,90.

$$119,05\overline{x}_{s,M} = (100+19,05)\overline{x}_{s,P} + (119,05\times 0,9)\overline{x}_{s,M} = 10\overline{x}_{s,P}$$

Substituindo $\overline{x}_{s,M}$ na equação do balanço de sacarose no **misturador 1** (E15.4-3) obtém-se:

$$100\times 0,50 + 19,05\overline{x}_{s,P} = 119,05\times(10\overline{x}_{s,P})$$

$$\overline{x}_{s,P} = 0,043 \text{ kg de sacarose/kg de produto}$$

Portanto, $\overline{x}_{s,M}$ = 0,43 kg de sacarose/kg de solução.

Por fim, pode-se calcular a fração de água na corrente de alimentação do reator (M) e na corrente de produto (P), sabendo que a soma das frações dos componentes que compõem uma determinada corrente é igual a 1.

$$\overline{x}_{s,M} + \overline{x}_{i,M} + \overline{x}_{a,M} = 1 \quad \text{(E15.4-6)}$$

$$0,43 + 0,07 + \overline{x}_{a,M} = 1$$

$$\overline{x}_{a,M} = 0,50 \text{ kg de água/kg de solução}$$

$$\overline{x}_{P,s} + \overline{x}_{P,i} + \overline{x}_{P,a} = 1 \quad \text{(E15.4-7)}$$

$$0,043 + 0,44 + \overline{x}_{a,P} = 1$$

$$\overline{x}_{a,P} = 0,48 \text{ kg de água/kg de produto}$$

Comentários

Nesse caso, o reciclo é importante para garantir o consumo do substrato que não é consumido no reator em uma única passagem. Os resultados podem ser conferidos pelo leitor através de balanços de massa que não foram usados nos cálculos, como um balanço no reator, por exemplo.

Desvio de Material (*Bypass*) em Processos de Transformação

O desvio de uma corrente (*bypass*) é um recurso utilizado quando se deseja evitar que uma porção da corrente de alimentação passe por uma ou mais etapas do processo. Essa porção é então desviada de uma unidade de processo, sendo posteriormente misturada à corrente processada, conforme ilustrado esquematicamente na Figura 15.7. Desse modo, variando a fração desviada é possível variar a composição e certas propriedades do produto final. Na indústria de alimentos, o uso da corrente *bypass* é comum quando o processo ocasiona mudanças indesejáveis no produto, por exemplo, os processos de evaporação onde ocorrem perdas de aromas. Desse modo, o desvio de parte da corrente de alimentação do evaporador e sua posterior mistura ao produto concentrado pode minimizar as alterações organolépticas indesejadas no produto final. Evitar que a polpa de um suco sofra tratamento térmico também tem sido uma prática útil para preservar várias características do suco fresco, pois os sólidos provocam incrustações e podem gerar sabor de queimado no produto (caso estudado no Exemplo 15.5).

Os cálculos das correntes de *bypass* não apresentam princípios ou técnicas novas, além dos que já foram apresentados até agora. Os balanços de massa global e para os componentes podem ser realizados para diversos sistemas como, por exemplo, para o separador (onde uma fração da corrente de alimentação é desviada do processo), para a unidade de processo e para o misturador (onde as correntes se misturam para formar o produto). A seguir serão apresentados alguns exemplos que tornarão esse recurso mais claro.

Figura 15.7 ▶ Representação esquemática de uma corrente *bypass*.

Exemplo 15.5

Concentração de Suco de Laranja

Em uma indústria processadora de suco de laranja, 1.000 kg de suco são extraídos por hora, contendo uma concentração de sólidos totais (açúcares + polpa) de 12% em massa. Após o processo de extração, o suco de laranja é filtrado para a separação da polpa. Como resultado dessa operação, obtém-se 250 kg/h de polpa e 750 kg/h de suco clarificado. Esse suco é enviado para um evaporador a vácuo, onde o mesmo é concentrado até 55% em massa de sólidos totais. Toda polpa de fruta resultante do processo de filtração (250 kg/h) é desviada do evaporador (através de uma corrente *bypass*) e adicionada ao suco concentrado em um misturador. Esse processo tem por objetivo melhorar o sabor e o aroma do suco, além de evitar incrustações de sólidos no evaporador. Caso todo suco extraído fosse enviado ao evaporador, vários compostos voláteis responsáveis pelas características organolépticas do produto seriam perdidos durante o processo de evaporação e as incrustações de sólidos poderiam gerar sabor de queimado ao suco. Considerando que o produto final obtido contém 40% em massa de sólidos, calcule:

Balanço de Massa em Processos com Reciclo, Desvio e Purga de Material   capítulo 15

a) a concentração de sólidos no suco clarificado;
b) a vazão mássica de suco final concentrado;
c) a concentração de sólidos na polpa de fruta desviada (corrente *bypass*) do evaporador.

Resolução

Utilizando o ciclo de aprendizagem, inicia-se a solução do problema pela elaboração de um fluxograma de processo, onde são representadas todas as variáveis que foram fornecidas juntamente com as correntes e composições a serem determinadas. Esse fluxograma é apresentado na Figura 15.8.

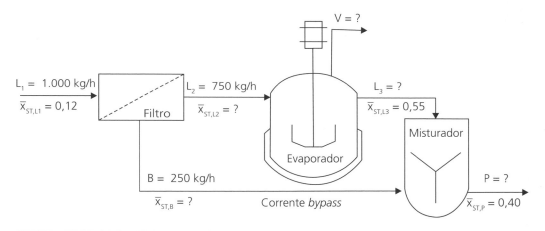

Figura 15.8 ▶ Fluxograma de processo (Exemplo 15.5).

Considerando uma base de cálculo de 1 hora, pode-se definir os sistemas de interesse e efetuar os balanços que permitirão determinar os valores das variáveis de processo desconhecidas.

Balanços de Massa em **Todo o Processo**

- Balaço de massa global

$$L_1 = V + P \qquad \text{(E15.5-1)}$$

$$1.000 = V + P$$

- Balanço de sólidos

Considerando que a corrente V não possui sólidos ($\bar{x}_{s,V} = 0$), pois é uma corrente de vapor de água, temos:

$$L_1 \bar{x}_{ST,L_1} = P \bar{x}_{ST,P} \qquad \text{(E15.5-2)}$$

$$1.000 \times 0,12 = P \times 0,40$$

$$P = 300 \text{ kg/h}$$

Substituindo a vazão mássica do produto final (P) no balanço global (E15.5-1), obtém-se a massa de água evaporada por hora no evaporador, isto é, V = 700 kg/h.

Balanço de Massa no **Evaporador**

- Balaço de massa global

$$L_2 = V + L_3 \qquad \text{(E15.5-3)}$$
$$750 = 700 + L_3$$
$$L_3 = 50 \text{ kg/h}$$

Balanço de Massa no **Misturador**

- Balanço de sólidos

$$B\overline{x}_{ST,B} + L_3 \overline{x}_{ST,L_3} = P \overline{x}_{ST,P} \qquad \text{(E15.5-4)}$$
$$250 \times \overline{x}_{ST,B} + 50 \times 0,55 = 300 \times 0,40$$
$$\overline{x}_{ST,B} = 0,37 \text{ kg sólidos/kg polpa}$$

Balanço de Massa no **Filtro**

- Balanço de sólidos

$$L_1 \overline{x}_{ST,L_1} = L_2 \overline{x}_{ST,L_2} + B \overline{x}_{ST,B} \qquad \text{(E15.5-5)}$$
$$1.000 \times 0,12 = 750 \overline{x}_{ST,L_2} + 250 \times 0,37$$
$$\overline{x}_{ST,L_2} = 0,037 \text{ kg sólidos/kg suco}$$

Comentários

Existem outras maneiras de resolver o problema: por exemplo, elegendo como ponto de partida um balanço de sólidos no filtro, o que não modifica os resultados apresentados nesta resolução.

Exemplo 15.6

Produção de Café Solúvel

Na fabricação de café solúvel, após a torrefação e a moagem do café, é preparado um xarope obtido a partir da mistura dos grãos moídos com água quente. Esse processo é chamado de extração. O extrato que sai do extrator contém 30% de sólidos. Após a extração, a solução obtida (extrato) é enviada para um evaporador, onde é concentrada. O extrato concentrado segue para um secador tipo "spray", onde se obtém grânulos de café solúvel com 5% de água. Como durante o processo de evaporação perde-se muito mais aroma que durante o processo de secagem, uma alternativa interessante é subdividir o extrato em duas correntes, na qual uma passa pelo evaporador e a outra é enviada diretamente ao secador. Desse modo, se 1/5 do extrato for desviado ao secador, determine:

(a) a quantidade de café e a concentração de sólidos na saída do evaporador, de forma que a alimentação do secador tenha 55% de sólidos;
(b) a quantidade de café alimentada no secador;
(c) a quantidade de café solúvel obtida após a secagem (produto).

Resolução

Inicia-se a resolução do problema pela representação do processo na forma de um fluxograma, o qual é apresentado na Figura 15.9.

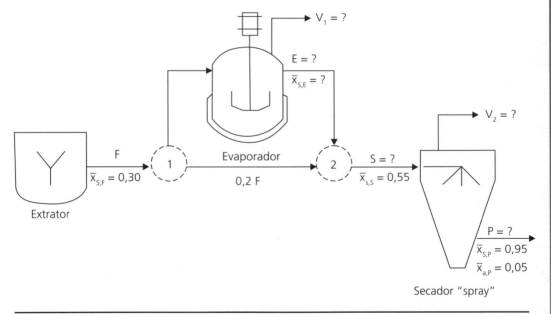

Figura 15.9 ▶ Fluxograma de processo (Exemplo 15.6).

Esse é um processo em estado estacionário, sem reação química. Desse modo, a equação de conservação da massa é dada por:

[massa que entra no sistema] = [massa que sai do sistema]

Adotando como base de cálculo para alimentação do processo (corrente F) uma vazão de 1.000 kg/h de extrato, pode-se agora elaborar os balanços de massa que fornecerão as respostas do problema. Sabe-se que 1/5 da corrente de alimentação é desviada do evaporador (0,2 F = 200 kg/h), portanto sabe-se também a quantidade de extrato enviada para o evaporador (0,8 F = 800 kg/h). Além disso, no separador

(1) ocorre somente uma subdivisão física da corrente F em duas frações de mesmas concentrações, ou seja, a concentração de sólidos nessas duas novas correntes é igual à concentração de sólidos na corrente original. Atribuindo-se como base de cálculo para o balanço de massa o tempo de 1 hora e considerando que a fração de sólidos é nula em ambas correntes V_1 e V_2, pois possuem apenas vapor de água, temos:

Balanços de Massa no **Evaporador**

- Balanço de massa global

$$0{,}8F = V_1 + E \qquad \text{(E15.6-1)}$$

$$800 = V_1 + E$$

- Balanço de sólidos

$$(0{,}8F)\overline{x}_{s,F} = E\overline{x}_{s,E} \qquad \text{(E15.6-2)}$$

$$800 \times 0{,}30 = E\overline{x}_{s,E} \rightarrow 240 = E\overline{x}_{s,E}$$

Balanços de Massa no **Misturador (2)**

- Balanço de massa global

$$0{,}2F + E = S \qquad \text{(E15.6-3)}$$

$$200 + E = S$$

- Balanço de sólidos

$$(0{,}2F)\overline{x}_{s,F} + E\overline{x}_{s,E} = S\overline{x}_{s,S} \qquad \text{(E15.6-4)}$$

$$200 \times 0{,}30 + E\overline{x}_{s,E} = S0{,}55$$

A partir do balanço de sólidos no **evaporador**, obteve-se que a massa de sólidos que entra no evaporador é igual a 240 kg (o produto $E\overline{x}_{s,E}$); dessa forma pode-se calcular a corrente S (corrente de alimentação do secador):

$$200 \times 0{,}30 + 240 = S \times 0{,}55$$

$$S = 545{,}45 \text{ kg/h}$$

Conhecendo o valor da corrente S, retorna-se às equações do balanço de massa global e do balanço de sólidos no **misturador 2** e determina-se a quantidade de extrato concentrado e a concentração de sólidos na saída do evaporador, respectivamente.

$$200 + E = 545,45$$
$$E = 345,45 \text{ kg/h}$$
$$200 \times 0,30 + 345,45 \overline{x}_{s,E} = 545,45 \times 0,55$$
$$\overline{x}_{s,E} = 0,69 \text{ kg de sólidos/kg de café}$$

Por meio de um balanço de massa no secador, determina-se a massa de café solúvel (produto) obtido:

Balanços de Massa no **Secador**

- Balanço de massa global

$$S = V_2 + P \qquad \text{(E15.6-5)}$$
$$545,45 = V_2 + P$$

- Balanço de sólidos

$$S\overline{x}_{s,S} = P\overline{x}_{s,P} \qquad \text{(E15.6-6)}$$
$$545,45 \times 0,55 = P \times 0,95$$
$$P = 315,79 \text{ kg/h}$$

Comentários

Pode-se conferir se os valores determinados para as correntes do processo estão corretos através de um balanço global em todo o processo. Antes, é necessário determinar os valores das correntes V_1 e V_2, utilizando os balanços de massa já realizados no evaporador e no secador, respectivamente.

Balanço Global no Evaporador

$$0,8F = V_1 + E \qquad \text{(E15.6-7)}$$
$$800 = V_1 + 345,45$$
$$V_1 = 454,55 \text{ kg de vapor/h}$$

Balanço Global no Secador

$$S = V_2 + P \qquad \text{(E15.6-8)}$$
$$545,45 = V_2 + 315,79$$
$$V_2 = 229,66 \text{ kg de vapor/h}$$

Assim, definindo todo o processo como o sistema de interesse e realizando um balanço global no mesmo, obtém-se:

$$F = V_1 + V_2 + P \qquad \text{(E15.6-9)}$$
$$1.000 = 454,55 + 229,66 + 315,79$$
$$1.000 = 1.000 \text{ Ok!}$$

Purga de Material em Processos de Transformação

A corrente de purga é um recurso utilizado quando se deseja excluir ou remover um acúmulo de materiais inertes ou indesejados que, caso contrário, se acumulariam na corrente de reciclo. Um esquema básico de uma corrente de purga é apresentado na Figura 15.10. Durante uma reação química quase sempre ocorre a formação de produtos secundários indesejados. Caso o processo de separação não seja capaz de separá-los da matéria-prima que não reagiu e que pode ser reciclada, ocasionará um acúmulo desse produto indesejado no sistema. Uma maneira de evitar esse acúmulo é a remoção do produto secundário da corrente de reciclo através de uma purga. Outra aplicação da corrente de purga ocorre nos processos de secagem, onde uma fração do ar quente utilizado no secador é reciclada e misturada com o ar ambiente aquecido, enquanto a outra fração desse ar é descartada por meio de uma corrente de purga (observe que não se pode reciclar todo o ar de secagem, pois o mesmo iria ficar saturado de vapor de água após algumas passagens pelo secador).

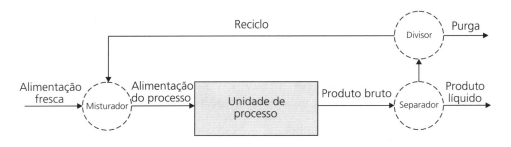

Figura 15.10 ▶ Representação esquemática de uma corrente de reciclo com purga.

Exemplo 15.7

Secagem de Maçãs

O fluxograma de um processo de secagem de maçãs em fatias é apresentado na Figura 15.11. No primeiro estágio, a operação de secagem é em cocorrente, ou seja, o ar de secagem e as fatias de maçãs entram no mesmo sentido. O segundo estágio de secagem opera em contracorrente, ou seja, o ar de secagem e as maçãs são alimentados no secador em sentidos opostos. Uma parte da corrente do ar de secagem que deixa o secador 2 é reciclada, sendo que metade dessa corrente retorna ao estágio 1 após mistura com o ar ambiente e a outra metade é descartada através de uma corrente de purga. Para esse processo, determine:

Balanço de Massa em Processos com Reciclo, Desvio e Purga de Material   capítulo 15

a) a umidade em base seca do ar de reciclo;
b) a umidade em base seca e em base úmida das fatias de maçãs que saem do primeiro estágio;
c) a umidade em base seca e em base úmida do ar que entra no secador 1;
d) a massa de produto obtido (corrente M_3).

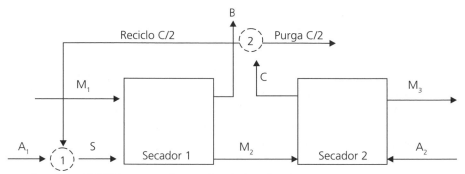

$A_1 = A_2 = 10.000$ kg ar seco/h com 9 g de água/kg de ar seco
B = ar com 65 g de água/kg de ar seco
M_1 = fatias de maçãs com 90% de umidade
M_3 = fatias de maçãs secas com 15% de umidade

Figura 15.11 ▶ Fluxograma de processo (Exemplo 15.7).

Resolução

Trata-se de um processo em estado estacionário, sem reação química.

[massa que entra no sistema] = [massa que sai do sistema]

Antes da definição dos sistemas de interesse e do equacionamento do problema, deve-se uniformizar as unidades das variáveis de processo conhecidas. Nos processos de secagem é mais conveniente trabalhar com as umidades em base seca, uma vez que a massa de ar seco e a massa de sólidos secos não mudam durante o processo (são componentes de amarração). Para isso, define-se: w_{A_1}, w_{A_2} e w_B como os teores de água nas correntes A_1, A_2 e B (correntes de ar seco), respectivamente; e w_{M_1} e w_{M_3} como as umidades em base seca das fatias de maçã na entrada do secador 1 e na saída do secador 2, respectivamente.

Padronizando as unidades dos teores de água nas correntes A_1, A_2 e B para [kg água/kg de ar seco], obtém-se:

$$w_{A_1} = w_{A_2} = \frac{9 \text{ g água}}{\text{kg ar seco}} \left| \frac{0,001 \text{ kg}}{1 \text{ g}} \right. = 0,009 \text{ kg água/kg ar seco}$$

$$w_B = \frac{65 \text{ g água}}{\text{kg ar seco}} \left| \frac{0,001 \text{ kg}}{1 \text{ g}} \right. = 0,065 \text{ kg água/kg ar seco}$$

533

Sabe-se que as umidades (base úmida) das fatias de maçã na entrada do secador 1 e na saída do secador 2 são iguais a 90% e 15%, respectivamente, de onde se pode calcular os teores de umidade em base seca:

$$w_{M_1} = \frac{90}{10} = 9 \text{ kg água/kg sólido seco}$$

$$w_{M_3} = \frac{15}{85} = 0{,}176 \text{ kg água/kg sólido seco}$$

Adotando 1.000 kg de fatias de maçãs como base de cálculo para alimentação do processo em 1 hora (M_1 = 1.000 kg/h), pode-se agora representar no fluxograma do processo (apresentado na Figura 15.12) todas as variáveis conhecidas juntamente com as variáveis a serem determinadas. Isso auxiliará na elaboração dos balanços de massa que fornecerão as respostas do problema.

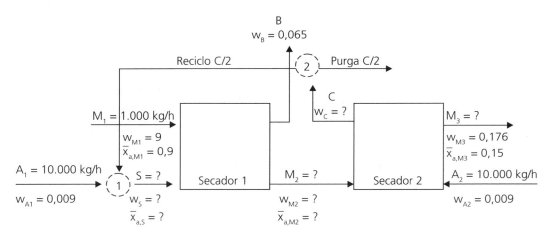

$A_1 = A_2 = 10.000$ kg ar seco/h
$M_1 = 1.000$ kg de maçã/h
w_{M1} e w_{M3} dados em kg água/kg de sólidos secos
w_{A1}, w_{A2} e w_B dados em kg água/kg de ar seco
$\bar{x}_{a_1M_1}$ e $\bar{x}_{a_1M_3}$ dados em kg água/kg de maçã

Figura 15.12 ▶ Fluxograma de processo com as variáveis a serem determinadas (Exemplo 15.7).

 ## Balanço de Massa no **Misturador (1)**

- Balanço de massa global

$$A_1 + \frac{C}{2} = S \qquad \text{(E15.7-1)}$$

Como se está trabalhando com vazão mássica de ar seco, sabe-se que a massa de ar seco que entra no secador 2 é igual à massa de ar seco que deixa o mesmo ($A_2 = C$), ocorrendo somente o aumento da massa de água no ar, devido à evaporação da água contida inicialmente no produto. Desse modo, obtém-se:

$$A_1 + \frac{C}{2} = S \rightarrow 10.000 + \frac{10.000}{2} = S$$

$$S = 15.000 \text{ kg ar seco/h}$$

- Balanço de água

$$A_1 w_{A_1} + \frac{C}{2} w_C = S w_S \tag{E15.7-2}$$

$$10.000 \times 0,009 + 5.000 w_C = 15.000 w_S$$

Balanço de Massa em Todo o Processo

- Balanço de água

$$m_{ss} w_{M_1} + A_1 w_{A_1} + A_2 w_{A_2} = m_{ss} w_{M_3} + B w_B + \frac{C}{2} w_C \tag{E15.7-3}$$

Como comentado anteriormente, a massa de ar seco que entra em um sistema é a mesma que deixa o mesmo. Analisando o **secador 1**, conclui-se que S = B. Além disso, sabe-se que o teor de umidade das fatias de maçãs alimentadas no **secador 1** é igual a 90% e que, desse modo, os 1.000 kg da corrente M_1 possuem 900 kg de água ($m_{a,M1}$) e 100 kg de sólidos secos (m_{ss}). Lembrando que essa massa de sólidos secos não muda durante a operação de secagem, ocorre apenas a retirada de água contida inicialmente no produto.

Substituindo as variáveis conhecidas no balanço de água para **todo o processo**, obtém-se:

$$100 \times 9 + 10.000 \times 0,009 + 10.000 \times 0,009 = 100 \times 0,176 + 15.000 \times 0,065 + 5.000 w_C$$
$$w_C = 0,0175 \text{ kg água/kg ar seco}$$

Conhecendo o valor de w_C (umidade em base seca do ar na corrente de saída do secador 2 e também das correntes de reciclo e purga), pode-se retornar à equação do balanço de água no **misturador 1** (E15.7-2) e determinar a umidade em base seca na corrente S (corrente de ar seco que entra no secador 1).

$$A_1 w_{A_1} + \frac{C}{2} w_C = S w_S \rightarrow 10.000 \times 0,009 + 5.000 \times 0,0175 = 15.000 w_S$$

$$w_S = 0,0118 \text{ kg água/kg ar seco}$$

Para determinar a umidade em base úmida do ar obtido pela mistura do ar ambiente e do ar de reciclo, deve-se primeiramente determinar a corrente de ar úmido que entra no **secador 1**.

$$S_{total} = S + m_{a,S} = 15.000 + (15.000 \times 0,0118) = 15.177 \text{ kg ar úmido}$$

$$\overline{x}_{S,a} = \frac{m_{a,S}}{S_{total}} = \frac{177}{15.177} = 0,0117 \text{ kg água/kg ar úmido}$$

Um balanço de água no **secador 1** permite obter a umidade das fatias de maçãs na corrente M_2.

Balanço de Massa no Secador 1

- Balanço de água

$$m_{ss}w_{M_1} + Sw_S = m_{ss}w_{M_2} + Bw_B \qquad \text{(E15.7-4)}$$

$$100 \times 9 + 15.000 \times 0,0118 = 100 w_{M_2} + 15.000 \times 0,065$$

$$w_{M_2} = 1,02 \text{ kg água/kg sólidos secos}$$

$$M_2 = m_{ss} + m_{a,M_2} = 100 + (100 \times 1,02) = 202 \text{ kg de maçã}$$

$$\overline{x}_{M_2,a} = \frac{m_{a,M_2}}{M_2} = \frac{102}{202} = 0,505 \text{ kg água/kg de maçã}$$

Assim, conhecendo a umidade do produto na saída do secador 2 ($w_{M3} = 0,176$ kg água/kg sólido seco), pode-se calcular M_3:

$$M_3 = m_{ss} + m_{a,M_3} = 100 + (100 \times 0,176)$$

$$M_3 = 117,6 \text{ kg de maçã}$$

Comentários

Este é mais um exemplo em que a representação dos teores de umidade em base seca facilita a resolução do problema.

RESUMO DO CAPÍTULO

Neste capítulo, foram apresentados vários exemplos de processos com reciclo, desvio (*bypass*) e purga de material encontrados na indústria de alimentos, assim como o modo de abordar os balanços de massa nesses processos. A partir dos exemplos apresentados, observa-se que os cálculos envolvendo essas correntes podem ser resolvidos da mesma forma que os exemplos apresentados nos capítulos precedentes, ou seja, realizando os balanços de massa global e de componentes para os diferentes sistemas que compõem o processo (misturador, separador, unidade de processo, todo o processo, combinação de subsistemas).

Balanço de Massa em Processos com Reciclo, Desvio e Purga de Material   capítulo **15**

PROBLEMAS PROPOSTOS

15.1. Em um processo de produção de NaCl na forma cristalizada, 1.000 kg/h de uma solução com concentração molar igual a 7,14% desse sal é alimentada em um evaporador, onde a mesma é concentrada até 50% em massa de sal. Essa solução concentrada segue para um cristalizador resfriado, no qual são obtidos cristais com 96% em massa de sal. A solução saturada que sai do cristalizador contém 26,5% em massa de sal, sendo reciclada para alimentar o evaporador após se misturar com a alimentação fresca. Calcule a quantidade de solução na corrente de reciclo (R) e a quantidade de cristais obtidos (P) em kg/h.

15.2. Sucos podem ser concentrados pelo processo de crioconcentração, que consiste em congelar parcialmente o suco e separar os cristais de água formados, resultando em uma solução mais concentrada. Um problema dessa técnica de separação é o arraste de parte do suco concentrado pelos cristais de gelo. Uma forma de recuperar esse suco é efetuar a lavagem dos cristais com água, a qual retorna ao crioconcentrador como reciclo. De acordo com a Figura P15.2, para uma alimentação fresca de suco (S) com 15% de sólidos totais, determine todas as correntes do processo com suas respectivas concentrações de sólidos e a porcentagem de sólidos perdidos da corrente (D), de forma a se obter 100 kg/h de produto (P) com 25% de sólidos totais.

Dados: (a) a água de lavagem adicionada (W) é 5 (cinco) vezes a quantidade de solução aderida (C), (b) cada 0,1 kg de solução C ou D fica aderida a 1 kg de gelo e (c) a vazão de gelo que entra é igual à vazão de gelo que sai da unidade 3.

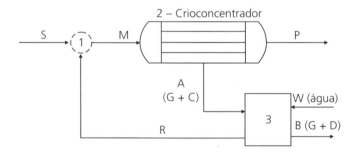

Figura P15.2 ▶ Sistema de crioconcentração de suco de frutas.

15.3. Um processo experimental de produção opera em cinco estágios, conforme o fluxograma de processo esquematizado na Figura P15.3. Nesse fluxograma são especificadas as correntes de processo e suas composições em termos das concentrações de sólidos totais (ST) e água. A corrente C é dividida igualmente nas correntes E e G. A corrente P é o produto pretendido ao final do processo, o qual deve conter 70% de sólidos totais. A corrente K descarta 370 kg/h de um subproduto contendo 25% de sólidos. Para uma alimentação de 1.000 kg/h contendo 12% de sólidos totais e 88% de água determine:
a) a vazão mássica de produto;
b) a vazão mássica da corrente de reciclo A;
c) a vazão mássica da corrente de reciclo R.

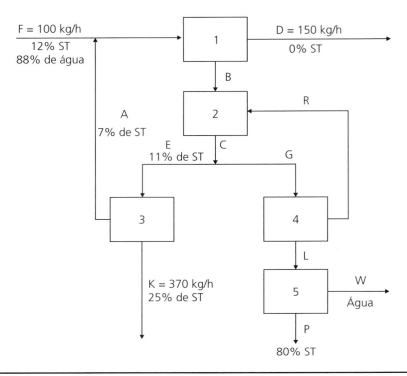

Figura P15.3 ▶ Fluxograma de processo em cinco estágios.

15.4. Na produção de óleo de soja, sementes contendo 19% em massa de óleo e 81% em massa de sólidos são laminadas e alimentadas em um extrator que usa *n*-hexano líquido como solvente, de forma a ocorrer transferência do óleo da fase sólida para a fase líquida (solvente). A relação de alimentação no extrator é de 5 kg de hexano/kg de soja. Após o processo de extração, a mistura óleo-hexano e sólidos é enviada para um filtro, resultando desse processo uma torta com 85% em massa de sólidos com uma fração de óleo-hexano (na mesma proporção na qual sai do extrator) e o líquido filtrado (óleo solubilizado no hexano). A torta é descartada e o líquido filtrado é enviado para um evaporador, onde o hexano é vaporizado e assim separado do óleo. O vapor de hexano é subsequentemente condensado e reciclado, retornando ao extrator após mistura com alimentação fresca de hexano. Considerando que todo o óleo contido nos flocos de soja é solubilizado no hexano, determine:

a) o rendimento do produto óleo de soja em [kg de óleo/kg de soja];

b) a alimentação fresca de hexano requerida em [kg de hexano/kg de soja];

c) a vazão da corrente de reciclo de hexano;

d) as composições da mistura que sai do extrator e do líquido filtrado.

15.5. Para muitos países, uma solução para a falta de água potável é a dessalinização da água salobra ou da água do mar através do processo de osmose reversa. Esse processo é realizado pela passagem da solução salina sob pressão (a uma pressão maior que seu potencial osmótico) através de uma membrana semipermeável. Desse modo, a água da solução salina atravessa a membrana, ficando retidos os íons dos sais nela dissolvidos. A solução mais concentrada retida pela membrana pode ser reciclada e novamente forçada a passar pela mesma. Avaliando o processo de dessalinização da água do mar apresentado no fluxograma a seguir (Figura

P15.5), determine as vazões mássicas desconhecidas. Considere que a composição mássica das correntes D, E e R são iguais.

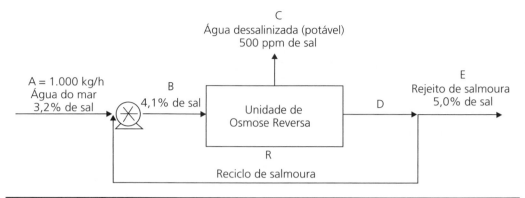

Figura P15.5 ▶ Fluxograma de processo da dessalinização da água do mar por osmose reversa.

15.6. Os monossacarídeos *d*-glicose e *d*-frutose possuem a mesma fórmula química ($C_6H_{12}O_6$), porém propriedades diferentes. A glicose pode ser convertida em frutose em um reator de leito fixo, na presença da enzima glicose isomerase como catalisadora da reação. Considerando o fluxograma apresentado na Figura P15.6, calcule a fração de conversão da glicose em um único passe pelo reator, sabendo que a razão entre a corrente de saída (P) e a corrente de reciclo (R) é igual a 7,9 (unidade de massa).

Observação: a composição da corrente *P* e da corrente *R* são iguais.

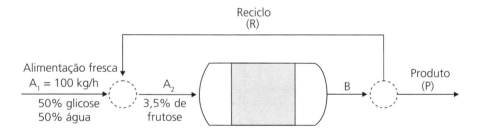

Figura P15.6 ▶ Fluxograma de processo de conversão da *d*-glicose em *d*-frutose.

15.7. Uma corrente de ar com umidade igual a 0,182 kg de água/kg de ar seco é desumidificada em uma coluna de sílica gel. Para se obter uma corrente de ar com umidade final igual a 0,0077 kg de água/kg de ar seco, parte do ar úmido inicial é desviada antes do desumidificador e misturada posteriormente com o ar desumidificado, em proporção definida. Calcule a porcentagem de ar úmido desviado, sabendo que a umidade do ar na saída da coluna é igual a 0,0020 kg de água/kg de ar seco.

15.8. Uma empresa vende suco de uva concentrado para ser reconstituído, misturando-se uma parte desse concentrado com 3 partes iguais de água. Desse modo, o volume de concentrado é um quarto (1/4) do volume do suco fresco (reconstituído). Entretanto, descobriu-se que seria possível obter um produto com sabor e aroma superiores, concentrando (em um evaporador) o suco fresco a um quinto (1/5) do seu volume e misturando a esse novo concentrado um certo volume de suco fresco (desviado do evaporador através de uma corrente *bypass*). Para uma alimentação de 500 litros/h de suco fresco, calcule quantos litros desse novo concentrado deve ser produzido para ser misturado ao suco fresco desviado do evaporador, de modo a se obter um produto com 1/4 do volume de suco fresco original (suco reconstituído). Desprezar a influência do volume de sólidos no volume de suco.

15.9. Para economizar energia, o ar quente proveniente de um forno é utilizado para secar arroz. O fluxograma de processo e os dados conhecidos são apresentados na Figura P15.9. Sabendo que a concentração de água na corrente de ar que entra no secador é de 5,0%, determine a quantidade de ar reciclado por 100 kg de produto (arroz seco) obtido.

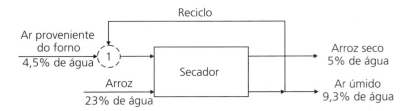

Figura P15.9 ▶ Fluxograma de processo com reciclo do ar de secagem.

15.10. Deseja-se produzir 1.000 kg/h de $Na_3PO_4 \cdot 12H_2O$ cristalizado a partir de uma solução contendo 5,5% em massa de Na_3PO_4 e traços de impurezas. Essa solução é inicialmente concentrada em um evaporador até 35,0% em massa de sal. Após essa etapa, a solução é enviada para um cristalizador, onde a mesma é resfriada até a temperatura de 293 K e os cristais hidratados e a solução saturada são separados. Um quilograma (1 kg) em cada 10 kg de solução saturada é descartado através de uma corrente de purga (rejeito com as impurezas) e o restante é reciclado retornando ao evaporador após se misturar com a corrente de alimentação fresca. Sabendo que a solubilidade do Na_3PO_4 a 293 K é igual a 9,91% (em massa), calcule os valores das correntes de alimentação fresca (inicial), de alimentação do evaporador, de água evaporada e de reciclo.

REFERÊNCIAS BIBLIOGRÁFICAS

1. Himmelblau DV. Basic principles and calculations in chemical engineering. 6th Ed. New Jersey: Prentice Hall; 1996.
2. Felder RM, Rousseau RW. Elementary principles processes. 2nd Ed. New York: John Wiley & Sons; 1999.
3. Laurindo JB. Apostila usada no curso de Introdução aos Processos Químicos do curso de Engenharia de Alimentos da Universidade Federal de Santa Catarina; 1998.
4. Toledo RT. Fundamentals of food process engineering. 3rd Ed. New York: Springer Publishers; 2006.

16 CAPÍTULO

Psicrometria para o Sistema Ar Úmido/Vapor d'Água

- Fernando Antonio Cabral
- M. Angela A. Meireles

CONTEÚDO

Objetivos do Capítulo	542
Introdução	542
Relações Psicrométricas para o Sistema Ar-Vapor d'Água	542
Diagrama Psicrométrico	544
Curvas de Saturação Adiabática	544
Operação Adiabática	545
Temperatura de Bulbo Úmido, T_w	546
Exemplos de Processos Envolvendo a Mistura Gasosa Ar Úmido + Vapor d'Água	549
Exemplo 16.1 – Aquecimento do Ar	549
Exemplo 16.2 – Resfriamento sem Condensação	549
Exemplo 16.3 – Mistura de Duas Correntes Gasosas em Estados Diferentes	550
Exemplo 16.4 – Resfriamento com Condensação de Vapor d'Água	550
Exemplo 16.5 – Umidificação Adiabática do Ar	551
Exemplo 16.6 – Secagem do Ar com Pulverização de Água Fria	551
Exemplo 16.7 – Umidificação do Ar por Introdução de Vapor	552
Torres de Resfriamento	553

Resumo do Capítulo 553

Problemas Propostos 553

OBJETIVOS DO CAPÍTULO

Neste capítulo serão introduzidos os conceitos de psicrometria. Os balanços de massa e energia com condensação e evaporação e sistemas bifásicos (psicrometria, torres de resfriamento, etc.) serão tratados.

Introdução

Nos Capítulos 6, 7 e 8, abordamos misturas gasosas e o caso de misturas de um gás e um vapor. Tomemos o caso particular da mistura *ar-vapor d'água* muito empregada em processos da indústria de alimentos, sendo as operações de aquecimento/resfriamento de ar, secagem de alimentos, torres de resfriamento de água, algumas das operações mais comumente encontradas. Como a pressão normalmente usada nesses processos é próxima à pressão atmosférica, a mistura de ar e vapor d'água pode ser tratada como sendo uma *mistura de gases ideais* (reveja os Capítulos 6 e 7); com isso, as propriedades das misturas podem ser facilmente estimadas.

Relações Psicrométricas para o Sistema Ar-Vapor d'Água

Para o estudo de psicrometria, algumas definições importantes serão apresentadas a seguir.

A **umidade absoluta** ($\overline{Y}$) é a razão entre a quantidade de vapor d'água na mistura gasosa e a quantidade de ar seco, ou seja, é a razão mássica de vapor d'água em base seca, expressa em massa de vapor d'água por massa de ar seco:

$$\overline{Y} = \frac{\text{massa de vapor d'água}}{\text{massa de ar seco}} = \frac{n_a MM_a}{n_{Ar} MM_{Ar}} = \frac{18,02 \times n_a}{28,97 \times n_{Ar}} = 0,622 \frac{n_a}{(n_t - n_{Ar})} = 0,622 \frac{P_{Vap-a}}{P_t - P_{Vap-a}}$$

(16.1)

A **umidade relativa** (UR) é a razão entre a pressão parcial do vapor d'água no ar e a pressão de vapor de água na temperatura do sistema, expressa em porcentagem:

Psicrometria para o Sistema Ar Úmido/Vapor d'Água — capítulo 16

$$\mathrm{UR} = 100 \times \frac{P_{Vap-a}}{P_a^{vap}} \tag{16.2}$$

Em que, o subscrito **a** refere-se à água e **Vap-a** refere-se ao vapor d'água.

A *temperatura de bulbo seco* (T) é a temperatura do ar medida com termômetro cujo bulbo está seco.

A *temperatura de bulbo úmido* (T_w) é a temperatura indicada por um termômetro cujo bulbo está recoberto com água e por onde escoa o ar com velocidade superior a 3 m/s.

O *ponto de orvalho* é a temperatura na qual uma mistura gás-vapor fica saturada quando é resfriada (veja os Capítulos 6, 7 e 8).

O *volume úmido* é o volume da mistura gasosa (ar seco + vapor d'água) por unidade de massa do gás (m³ da mistura/kg ar seco).

O *calor úmido* é o calor específico da mistura ar + vapor d'água expressa em base seca:

$$C_S = C_{p,Ar} + \overline{Y} C_{p,Vap-a} \tag{16.3}$$

No SI a unidade para o calor úmido é J da mistura/kg ar seco.

A *entalpia* avaliada será a da mistura formada pelo ar seco e o vapor d'água que, conforme discutido anteriormente, terá o comportamento de gases ideais. A entalpia da mistura será igual à soma das entalpias do ar seco e do vapor d'água:

- Entalpia do ar seco

$$\hat{H}_{Ar} = C_{p,Ar}(T - T_0) \tag{16.4}$$

- Entalpia do vapor d'água

$$\hat{H}_{Vap-a} = \lambda_0 + C_{p,Vap-a}(T - T_0) \tag{16.5}$$

Em que, T_0 é a temperatura de referência e λ_0 é o calor latente de vaporização da água na temperatura de referência.

A entalpia do ar úmido será igual à soma das entalpias do ar seco [Equação (16.4)] e do vapor d'água [Equação (16.5)]:

$$\hat{H}_{Ar-u} = C_{p,Ar}(T - T_0) + \overline{Y}[\lambda_0 + C_{p,Vap-a}(T - T_0)] \tag{16.6}$$

Substituindo a Equação (16.3) na Equação (16.6) obtemos:

$$\hat{H}_{Ar-u} = (C_{p,Ar} + \overline{Y} C_{p,Vap-a})(T - T_0) + \overline{Y}\lambda_0 \tag{16.7}$$

Ou

$$\hat{H}_{Ar-u} = C_S(T - T_0) + \overline{Y}\lambda_0 \qquad (16.8)$$

Note que na Equação (16.8) a entalpia da mistura está expressa em energia por massa de ar seco (para o SI as unidades seriam J/kg de ar seco). Em geral, a temperatura de referência, T_0, utilizada é 273,15 K.

Diagrama Psicrométrico

O diagrama psicrométrico é a representação gráfica das propriedades termodinâmicas do ar úmido, ou melhor, das propriedades da mistura gasosa ar + vapor d'água. Em geral, diagramas psicrométricos abrangem as propriedades do ar seco até o ar saturado com vapor d'água.

A uma pressão total do sistema (P_t) fixa, as propriedades do ar são determinadas e representadas no diagrama psicrométrico, como mostrado de forma esquematizada na Figura 16.1.

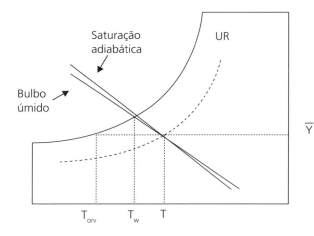

- Neste diagrama a pressão total, P_t, do sistema é pré-fixada.
- Representam-se também neste diagrama os valores de entalpia e de volume específico.

Figura 16.1 ▶ Esquema representativo de um diagrama psicrométrico.

Curvas de Saturação Adiabática

Quando introduzimos água líquida em uma corrente de ar não saturado, este ganha umidade e resfria-se. Supondo não haver troca de calor com as fronteiras do sistema (sistema adiabático), desejamos saber qual será a temperatura na qual o ar estará saturado ou simplesmente a temperatura de saturação do ar, considerando que a água entra no sistema nessa mesma temperatura de saturação.

Operação Adiabática

Considere o sistema mostrado na Figura 16.2. Assumindo operação em regime permanente e operação adiabática, os balanços de massa e energia para o sistema indicado pela linha pontilhada são:

Balanço de massa para a água

$$L = G(\overline{Y}_2 - \overline{Y}_1) \tag{16.9}$$

Balanço de energia

$$G\hat{H}_1 + L\hat{H}_L = G\hat{H}_2 \tag{16.10}$$

Substituindo a Equação (16.9) na Equação (16.10) obtemos:

$$\hat{H}_1 + (\overline{Y}_2 - \overline{Y}_1)\hat{H}_L = \hat{H}_2 \tag{16.11}$$

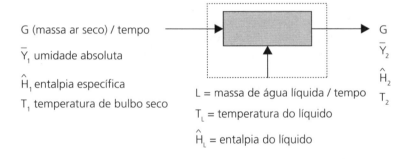

Figura 16.2 ▶ Esquema do processo de saturação adiabática.

Considerando a situação hipotética na qual o ar sai saturado do sistema (posição 2) e que a água líquida é introduzida em quantidade suficiente para saturação do ar e na temperatura de saturação, ou seja: $T_L = T_2 = T_{sat}$. Podemos demonstrar que:

$$\frac{\overline{Y}_{sat} - \overline{Y}_1}{T_{sat} - T_1} = \frac{-C_{S1}}{\lambda_{sat}} = \frac{-(1005 + 1884\overline{Y}_1)}{\lambda_{sat}} \tag{16.12}$$

Em que λ_{sat} = calor latente de vaporização da água na temperatura de saturação adiabática. Na Figura 16.3 encontra-se um esquema do processo de saturação adiabática.

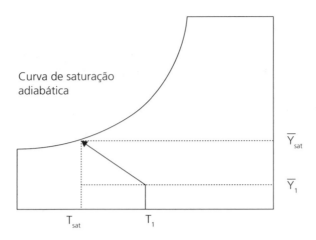

Figura 16.3 ▶ Esquema do processo de saturação adiabática.

Temperatura de Bulbo Úmido, T_w

A temperatura indicada por um termômetro cujo bulbo é coberto com água é denominada temperatura de bulbo úmido. Essa temperatura pode ser medida envolvendo-se o bulbo de um termômetro com água e forçando escoamento da mistura gasosa ar + vapor d'água a uma velocidade superior a 3 m/s. Quando o sistema entra em regime permanente, a temperatura medida no líquido será a temperatura de bulbo úmido, T_w. E a temperatura medida no ar será a temperatura de bulbo seco, T. Na Figura 16.4, encontra-se um esquema do sistema de medição da temperatura de bulbo úmido.

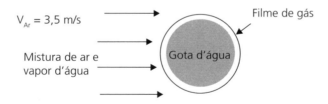

Figura 16.4 ▶ Esquema do sistema de medição da temperatura de bulbo úmido.

Note que, como o ar está a uma temperatura superior à da água, este transfere calor para a gota de água, entretanto a gota de água não se aquece, pois usa todo o calor recebido para evaporar parte da água. Portanto, esse é um processo de transferência simultânea de calor e de massa. Vamos analisar o processo considerando a transferência de massa e de calor na interface mistura gasosa/água líquida.

O fluxo mássico de transferência de vapor d'água da fase líquida para a mistura ar/vapor d'água $\left(\overline{N}_A = MM_A \times N_A\right)$ pode ser determinado:

$$\overline{N}_A = MM_A k_G (P_{vap-a} - P_a^{vap}) = k_{\overline{Y}}(\overline{Y}_w - \overline{Y}_{Ar}) \tag{16.13}$$

Psicrometria para o Sistema Ar Úmido/Vapor d'Água — capítulo 16

O fluxo de transferência de calor sensível da mistura gasosa para a gota de água é dado por:

$$q_S = h_G(T - T_w) \qquad (16.14)$$

onde h_G é o coeficiente de transferência convectiva de calor.

E, como todo calor sensível, Equação (16.14), é usado pela gota de água para evaporação parcial, temos que:

$$q_S = \lambda_w \overline{N}_A \qquad (16.15)$$

Em que, λ_w é o calor latente de vaporização da água na temperatura T_w.

A substituição das Equações (16.13) e (16.14) na Equação (16.15) resulta em:

$$h_G(T_{ar} - T_w) = \lambda_w k_{\overline{Y}}(\overline{Y}_w - \overline{Y}_{ar}) \qquad (16.16)$$

onde $k_{\overline{Y}}$ é o coeficiente de transferência de massa.

Ou

$$(T_{ar} - T_w) = \frac{\lambda_w(\overline{Y}_w - \overline{Y}_{ar})}{h_G / k_{\overline{Y}}} \qquad (16.17)$$

Para o sistema ar-vapor d'água $h_G/k_{\overline{Y}} = 950$ J/kg.K. O calor latente de vaporização, λ_w, deve ser expresso em J/kg. A Figura 16.5 ilustra o processo pela qual passa a mistura gasosa.

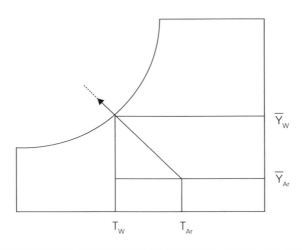

Figura 16.5 ▶ Esquema do processo de medição da temperatura de bulbo úmido.

Fundamentos de Engenharia de Alimentos

Se a umidade do ar for baixa, a inclinação da curva de saturação adiabática difere em aproximadamente 5% da inclinação da curva de bulbo úmido. Admite-se comumente que a temperatura de saturação adiabática é igual à de bulbo úmido. Convém ressaltar aqui que a proximidade das inclinações é coincidência, só podemos admiti-las iguais para o sistema ar-vapor d'água.

Na Tabela 16.1 encontram-se as relações psicrométricas para o sistema ar úmido + vapor d'água; as equações devem ser empregadas quando a pressão total do sistema é baixa.

Tabela 16.1 ▶ Relações psicrométricas para o sistema ar úmido (Ar) + vapor d'água ($Vap - a$).

Massas moleculares			
$MM_a = 18,02 \dfrac{g}{mol}$		$MM_{Ar} = 28,97 \dfrac{g}{mol}$	

Estado de referência: água líquida e ar úmido 273,15 K

Umidade Relativa

$$UR = 100 \times \dfrac{P_{Vap-a}}{P_a^{vap}}$$

Umidade Absoluta

$$\overline{Y} = 0,622 \dfrac{P_{Vap-a}}{P_t - P_{Vap-a}} \quad \dfrac{\text{kg de vapor d'água}}{\text{kg de ar seco}} \quad \dfrac{\text{lb de vapor d'água}}{\text{lb de ar seco}}$$

P_{Vap-a}: pressão parcial do vapor d'água
P_t: pressão total do sistema

Volume úmido

$$\hat{V}_H = (0,00283 + 0,00456\overline{Y}) \dfrac{T}{P_t} \quad \dfrac{m^3 \text{ mistura}}{\text{kg ar seco}} \quad \begin{array}{l} P \text{ em atm} \\ T \text{ em kelvin (K)} \end{array}$$

$$\hat{V}_H = (0,00252 + 0,004055\overline{Y}) \dfrac{T}{P_t} \quad \dfrac{pé^3 \text{ mistura}}{\text{lb ar seco}} \quad \begin{array}{l} P \text{ em atm} \\ T \text{ em rankine (R)} \end{array}$$

Calor úmido

$$C_S = C_{p,Ar} + \overline{Y}C_{p,Vap-a}$$
$$C_S = 1.005 + 1.884\overline{Y} \quad \dfrac{J_{mistura}}{\text{kg ar seco} \cdot K}$$
$$C_S = 0,240 + 0,450\overline{Y} \quad \dfrac{Btu_{mistura}}{\text{lb ar seco} \cdot R}$$

Calor latente de vaporização

$\lambda_{0,273,15K} = 2.502.300 \text{ J/kg}$ $\qquad$ $\lambda_{0,492R} = 1.075,8 \text{ Btu/lb}$

Entalpia específica

$$\hat{H} = (1.005 + 1.884\overline{Y})(T - 273,15) + 2.502.300\overline{Y} \quad \dfrac{J_{mistura}}{\text{kg ar seco}} \quad T \text{ em kelvin (K)}$$

$$\hat{H} = (0,240 + 0,450\overline{Y})(T - 460) + 1.075,8\overline{Y} \quad \dfrac{Btu_{mistura}}{\text{lb ar seco}} \quad T \text{ em rankine (R)}$$

Saturação adiabática

$$\dfrac{\overline{Y}_w - \overline{Y}_{Ar}}{T_{sat} - T_{Ar}} = -\dfrac{(1.005 + 1.884\overline{Y}_{Ar})}{\lambda_{sat}}$$

$\overline{Y}_{sat}$: Umidade absoluta do ar saturado na temperatura T_{sat}
T_{sat}: Temperatura de saturação adiabática
λ_{sat}: Calor latente de vaporização da água na temperatura T_{sat} em J/kg

Bulbo úmido

$$\dfrac{\overline{Y}_w - \overline{Y}_{Ar}}{T_{bu} - T_{Ar}} = -\dfrac{950}{\lambda_w}$$

$\overline{Y}_{sat}$: Umidade absoluta do ar saturado na temperatura T_{bu}
T_{bu}: Temperatura de bulbo úmido
λw: Calor latente de vaporização de água na temperatura T_{bu} em J/kg

Exemplos de Processos Envolvendo a Mistura Gasosa Ar Úmido + Vapor d'Água

Exemplo 16.1

Aquecimento do Ar

```
| 1 | A | 2 |
```

A: aquecedor

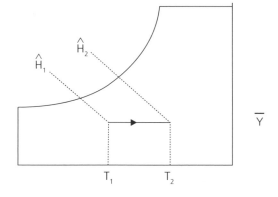

Figura 16.6 ▶ Aquecimento do ar a umidade constante.

Neste processo não há mudança de umidade; ocorre apenas a transferência de calor do aquecedor para o ar (calor sensível):

$$\dot{Q} = \dot{m}(\hat{H}_2 - \hat{H}_1) \tag{16.18}$$

Exemplo 16.2

Resfriamento sem Condensação

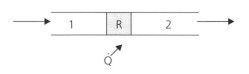

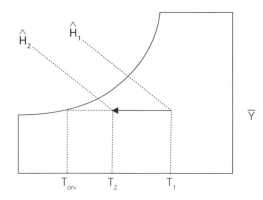

Figura 16.7 ▶ Resfriamento do ar sem condensação.

A temperatura da superfície de resfriamento, T_{sup}, deve ser maior que a temperatura do ponto de orvalho da mistura gasosa (ar úmido), para que não ocorra condensação de água. O calor trocado também pode ser calculado pela Equação (16.18).

Exemplo 16.3

Mistura de Duas Correntes Gasosas em Estados Diferentes

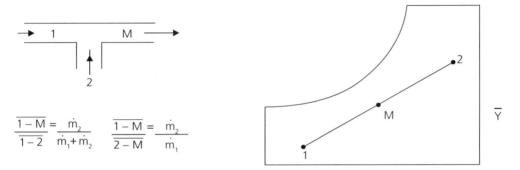

$$\frac{\overline{1-M}}{\overline{1-2}} = \frac{\dot{m}_2}{\dot{m}_1+\dot{m}_2} \qquad \frac{\overline{1-M}}{\overline{2-M}} = \frac{\dot{m}_2}{\dot{m}_1}$$

Figura 16.8 ▶ Esquema do processo de mistura de duas correntes gasosas.

Na Figura 16.8, o ponto M representa as condições da corrente resultante da mistura das duas correntes gasosas.

Exemplo 16.4

Resfriamento com Condensação de Vapor d'Água

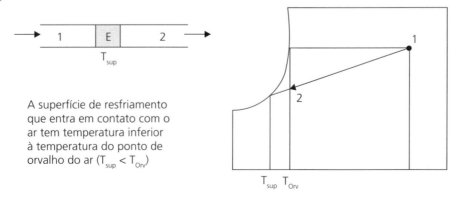

A superfície de resfriamento que entra em contato com o ar tem temperatura inferior à temperatura do ponto de orvalho do ar ($T_{sup} < T_{Orv}$)

Figura 16.9 ▶ Esquema do processo de resfriamento com condensação.

Psicrometria para o Sistema Ar Úmido/Vapor d'Água   capítulo 16

A localização do ponto (2) na Figura 16.9 depende da fração de ar que entra em contato com a superfície. O diagrama representa a mistura de duas correntes de ar em condições diferentes: A mistura gasosa na condição 1 entra em contato com a superfície na qual o ar está saturado na T_{sup}.

Exemplo 16.5

Umidificação Adiabática do Ar

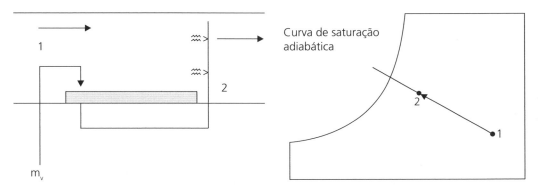

Figura 16.10 ▶ Esquema do processo de umidificação adiabática da mistura gasosa.

Este é também um processo que ocorre com o ar, quando é usado na secagem de alimentos. Quando se usa alimentos muito úmidos ($a_w \approx 1$), a temperatura do alimento tende à temperatura de bulbo úmido e o ar tende à temperatura de saturação adiabática.

Exemplo 16.6

Secagem do Ar com Pulverização de Água Fria

A temperatura da água é menor que a temperatura de orvalho da mistura gasosa (Figura 16.11).

Fundamentos de Engenharia de Alimentos

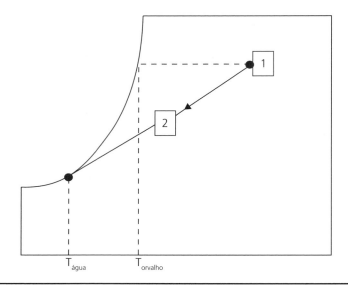

Figura 16.11 ▶ Esquema de secagem do ar com pulverização de água fria.

Exemplo 16.7

 Umidificação do Ar por Introdução de Vapor

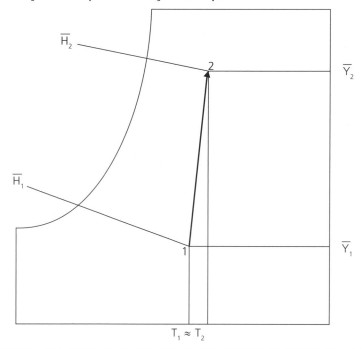

Figura 16.12 ▶ Esquema da umidificação da mistura gasosa pela adição de vapor d'água.

Psicrometria para o Sistema Ar Úmido/Vapor d'Água

capítulo **16**

Há situações em que se deseja aumentar a umidade absoluta e a umidade relativa do ar sem que haja alteração apreciável da sua temperatura. Essa situação se verifica com frequência em acondicionadores de ar no interior de câmaras frigoríficas ou em ambientes de trabalho. O processo pode ser considerado como isotérmico ($T_2 = T_1$), pois, apesar de o vapor possuir alta temperatura, o fluxo a ser introduzido é bem inferior ao fluxo da mistura gasosa (Figura 16.12).

Torres de Resfriamento

Quando se usa água em processos de resfriamento, e se o descarte da mesma representar alto custo, então, é interessante reutilizá-la. Para tanto, devemos resfriá-la para retornar ao processo.

Aproveitando-se dos efeitos de transferência de calor e de massa entre a mistura gasosa e água, são construídos equipamentos denominados Torres de Resfriamento. Nesses equipamentos promove-se o contato da mistura gasosa (ar úmido) e da água a ser resfriada de forma que a evaporação de parcela dessa água para a corrente gasosa provoca um resfriamento no restante da água. Nesses equipamentos circula-se água em contra-corrente ou em fluxo cruzado com a mistura gasosa.

RESUMO DO CAPÍTULO

Neste capítulo foram discutidos os conceitos envolvidos nos processos que ocorrem entre um líquido puro e uma mistura gasosa que contém os vapores do líquido. Como o sistema ar úmido + água é o de maior interesse para as indústrias de alimentos, a discussão foi realizada considerando-se esse sistema. Apesar disso, os conceitos podem ser empregados para outros sistemas envolvendo misturas gasosas e um líquido puro.

PROBLEMAS PROPOSTOS

16.1. Deseja-se aquecer 100 kg/h de ar ambiente saturado (25 °C, 1 atm) a 100 °C utilizando-se resistências elétricas.
   a) Qual é a umidade absoluta e qual é a taxa de ar seco?
   b) Qual será a potência necessária do aquecedor elétrico?
   c) Qual será a umidade relativa do ar aquecido?

16.2. Mediu-se a temperatura de bulbo seco e bulbo úmido de ar ambiente a 706 mmHg, obtendo-se 18 °C e 12 °C. Dar as características desse ar quanto a: umidade absoluta, pressão parcial do vapor d'água, umidade relativa, entalpia, volume úmido e temperatura de orvalho.

16.3. Dar as características da mistura adiabática em partes iguais (base seca) de duas amostras de ar a 706 mmHg.
   a) 50 °C e 10% UR
   b) 20 °C e 70% UR

Determinar umidade absoluta, entalpia, temperatura, umidade relativa e volume específico da mistura resultante.

16.4. Tem-se ar a 26 °C e 0,010 kg H$_2$O/kg ar seco (P = 706 mmHg).

a) Deseja-se resfriá-lo sem diminuir sua umidade absoluta, utilizando-se uma superfície fria. Qual deve ser a mínima temperatura da superfície para que não ocorra condensação?

b) Deseja-se resfriá-lo sem diminuir sua umidade com borrifos de água fria. Qual deve ser a temperatura da água?

c) Se a temperatura da água for maior ou menor que a temperatura obtida no item b, o que ocorre com o ar?

d) Deseja-se desumidificar e resfriar esse ar, tal que se obtenha 8,5 °C e 0,0065 kg H$_2$O/kg de ar seco. Qual deve ser a temperatura da superfície para que isso seja possível?

e) Se desejarmos umidificar esse ar para obtê-lo em umidade absoluta de 0,020 kg H$_2$O/kg ar seco utilizando vapor saturado a 100 °C. Qual será a nova temperatura do ar?

16.5. Deseja-se processar ar ambiente a 760 mmHg, 20 °C e 60% UR, para obtê-lo a 70 °C e com umidade absoluta de 0,006064 kg H$_2$O/kg ar seco. Para tanto secou-se o ar passando-o por uma superfície fria a 5 °C, condensando parte da água e em seguida aquecendo-o a 70 °C, como mostrado na Figura P16.5a.

G = 100 kg ar seco/h.

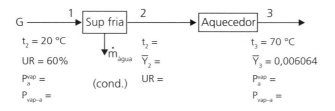

Figura P16.5a ▶ Fluxograma de processo.

A representação do processo em diagrama psicrométrico é mostrada na Figura P16.5b.

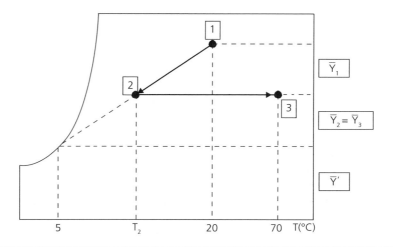

Figura P16.5b ▶ Diagrama psicrométrico esquemático.

Psicrometria para o Sistema Ar Úmido/Vapor d'Água — capítulo 16

Sugestão: use a semelhança de triângulos para determinar t_2

Y' = umidade que o ar teria se estivesse saturado e na temperatura da superfície fria (5 °C)

a) Calcule analiticamente os valores indicados no esquema do processo.

b) Qual deve ser a potência (kw) do aquecedor, considerando não haver perdas de calor para o ambiente?

16.6. O esquema abaixo (Figura P16.6) mostra um sistema em que se processa ar para utilizar em secagem de um alimento de alta umidade. Pede-se determinar as características do ar em cada etapa, para a fase inicial de secagem (o alimento pode ser considerado água pura).

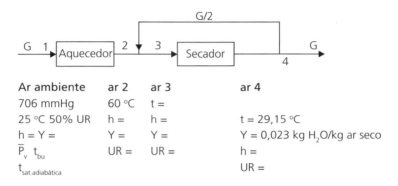

Figura P16.6 ▶ Fluxograma de processo.

16.7. Se no problema anterior, G = 100 kg ar seco/h.
   a) Quanto de água será evaporada na secagem?
   b) Qual será a potência mínima do aquecedor (kw)?

16.8. A Figura P16.7 mostra a secagem em batelada de um alimento de alta umidade na faixa de taxa de secagem constante (o alimento pode ser visto como se fosse água pura). P = 760 mmHg

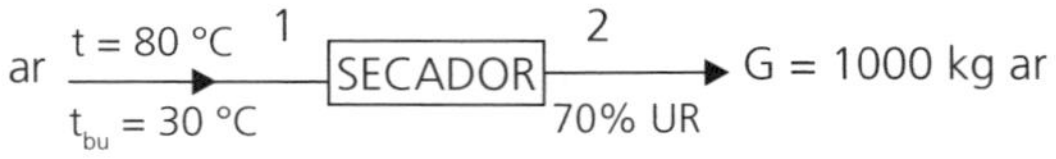

$$\text{ar} \xrightarrow[t_{bu} = 30\,°C]{t = 80\,°C} \boxed{\text{SECADOR}} \xrightarrow[70\% \text{ UR}]{2} G = 1000 \text{ kg ar}$$

Figura P16.7 ▶ Fluxograma de processo.

Nessas condições, pede-se:

a) Umidade absoluta do ar (1)

b) Temperatura e umidade absoluta do ar (2)

   Observação: representar os pontos em um diagrama psicrométrico esquemático; considerar que o ar (2) está contido na curva de saturação adiabática.

c) Qual é a mínima temperatura que o alimento pode atingir no processo?

d) Qual é a taxa de água que está sendo evaporada?

CAPÍTULO 17

Balanço de Energia em Sistemas Complexos

- Luis Antonio Minim
- Sérgio Henriques Saraiva

CONTEÚDO

Objetivos do Capítulo 558
Introdução 558
Conceitos Importantes 558
Capacidade Térmica e Calor Específico de Alimentos 558
Exemplo 17.1 – Cálculo do Calor Específico de Leite Integral 561
Resolução 561
Comentários 561
Entalpia e Misturas 561
Exemplo 17.2 – Cálculo da Variação de Entalpia de Suco de Limão 563
Resolução 563
Comentários 563
Entalpia de Vaporização ou Calor Latente de Vaporização 563
Exemplo 17.3 – Cálculo da Quantidade de Energia
para Aquecer Água 564
Resolução 564
Aplicações da Primeira Lei da Termodinâmica 565
Exemplo 17.4 – Cálculo da Energia a ser Removida do Fermentador 566
Comentários 567
Exemplo 17.5 – Aquecimento de um Fluido 568

Resolução 568
Operação de Troca de Calor 569
Exemplo 17.6 – Cálculo da Área de um Trocador de Calor 570
Resolução 571
Balanço de Energia 571
Cálculos das Temperaturas... 572
Cálculo das ΔT_{ML} 573
Regenerador de Correntes Opostas 574
Pasteurizador 575
Cálculo da Área do Trocador de Calor 575
Comentários 575
Um Caso Especial: Evaporadores 576
Exemplo 17.7 – Destilação de Água 576
Resolução 577
Elevação do Ponto de Ebulição 578
Exemplo 17.8 – Concentração de Suco de Uva 580
Resolução 580
Comentários 581
Diagrama Entalpia-Concentração 581
Exemplo 17.9 – Diagrama Entalpia-Concentração 581
Resolução 581
Comentários 582
Exemplo 17.10 – Concentração de Suco de Uva 583
Resolução 583
Resumo do Capítulo 585
Problemas Propostos 586
Referências Bibliográficas 587

OBJETIVOS DO CAPÍTULO

Neste capítulo, trataremos do balanço global de energia em sistemas que envolvem trocas de calor. Basicamente, trataremos de aplicações da primeira lei da termodinâmica em sistemas nos quais existem trocadores de calor e evaporadores. Alguns conceitos como capacidade calorífica, entalpia e calor latente de vaporização serão revisados.

Balanço de Energia em Sistemas Complexos — capítulo 17

Introdução

O balanço de energia é uma das ferramentas mais úteis nos processos de Engenharia. Ele é fundamental quando se projeta novos processos ou se analisa os resultados de testes-pilotos. Ele também é importante na análise econômica de tecnologias alternativas, na redução de perdas, no aperfeiçoamento e na seleção de processos com o objetivo de aumentar rendimentos. Por exemplo, se um engenheiro objetiva reduzir o consumo de energia em um determinado processo, ele precisa saber como, por que e onde a energia está sendo consumida e qual é o mínimo de energia requerido.

As operações de processamento de alimentos diferem do processamento de outros materiais, uma vez que a matéria-prima entrando no processo geralmente consiste em tecido vegetal ou animal, os quais incluem células vivas ou mortas. O processamento desses materiais pode resultar na perda simultânea de material celular solúvel e ganho de água, por exemplo, no processo de branqueamento de vegetais. Para que o projeto de uma planta de processo de alimentos tenha sucesso, é necessário efetuar, dentre outras coisas, o balanço de massa e energia dentro de cada operação unitária ou etapa do processamento. Assim, o engenheiro de alimentos tem que ser capaz de apresentar, em termos quantitativos, os fluxos de produto, subprodutos, resíduos, efluente e energia através de um volume de controle em cada operação unitária.

Conceitos Importantes

Neste capítulo, usaremos vários conceitos já discutidos em capítulos anteriores, mas agora aplicaremos esses conceitos em sistemas envolvendo o processamento de alimentos. Como em todos os capítulos anteriores, usaremos preferencialmente o Sistema Internacional (SI). Vamos a seguir discutir a capacidade térmica e o calor específico de alimentos.

Capacidade Térmica e Calor Específico de Alimentos

Nos Capítulos 3, 5 e 11, foram discutidos os conceitos de calor específico à pressão constante (C_P) e a volume constante (C_V). Com a definição de gás ideal, mostramos que para essa classe de substâncias como a energia interna e a entalpia são funções apenas da temperatura, então, o calor específico dos gases ideais depende apenas da temperatura. Aprendemos também que para fluidos incompressíveis (como os líquidos) e para sólidos, o calor específico à pressão constante e a volume constante são aproximadamente iguais:

$$C_P \approx C_V \quad (17.1)$$

Em alimentos, consideramos o fato que se trata de uma mistura que pode ser tão simples quanto a mistura binária de água e açúcar ou tão complexa quanto uma maionese. Dados de calor específico para diferentes tipos de alimentos em temperaturas abaixo e acima do ponto de congelamento são disponibilizados por Rahman (2009) e Singh (2014); no Capítulo 19 existem dados de outros autores. Quando não se conhece o calor específico de um determinado alimento, é possível estimar o seu valor, com boa precisão, a partir da composição desse alimento.

O calor específico de alimentos com alto teor de umidade é amplamente dominado pelo conteúdo de água. Siebel (1892) propôs a seguinte equação para alimentos com elevado teor de umidade, em temperaturas acima do ponto de congelamento:

$$\overline{C}_P = 0,837 + 3,349\overline{x}_w \tag{17.2}$$

em que $\overline{x}_w$ é a fração mássica de água no alimento e $\overline{C}_P$ é o calor específico, em kJ/kg.K.

Minim et al. (2002) propuseram uma correlação para estimar o calor específico de leite, acima do ponto de congelamento, em função da temperatura e da fração mássica de alguns de seus constituintes (água, proteína e lipídeos):

$$\overline{C}_P = 1,4017 + 0,0021T + 2,1816\overline{x}_w - 1,7430\overline{x}_f \tag{17.3}$$

em que T é a temperatura (K), $\overline{x}_w$ é a fração mássica de água, $\overline{x}_f$ é a fração mássica de gordura e $\overline{C}_P$ é o calor específico, em kJ/kg.K.

Choi e Okos (1986) sugerem a seguinte equação para produtos contendo *n* componentes:

$$\overline{C}_P = \sum_{i=1}^{n} \overline{x}_i \overline{C}_{Pi} \tag{17.4}$$

em que $\overline{x}_i$ é a fração mássica do componente *i* e $\overline{C}_{Pi}$ é o calor específico do componente *i*, em J/K.kg. A dependência do calor específico dos principais componentes do alimento com a temperatura pode ser expressa como segue:

$$\overline{C}_{P,w} = 4176,2 - 0,0909T + 5,4731 \times 10^{-3}T^2 \tag{17.5}$$

$$\overline{C}_{P,cb} = 1548,8 + 1,9625T - 5,9399 \times 10^{-3}T^2 \tag{17.6}$$

$$\overline{C}_{P,p} = 2008,2 + 1,2089T - 1,3129 \times 10^{-3}T^2 \tag{17.7}$$

$$\overline{C}_{P,l} = 1984,2 + 1,4373T - 4,8008 \times 10^{-3}T^2 \tag{17.8}$$

$$\overline{C}_{P,cz} = 1092,6 + 1,8896T - 3,6817 \times 10^{-3}T^2 \tag{17.9}$$

em que a temperatura T está em °C e $\overline{C}_P$ está em J/kg.K. $\overline{C}_{P,w}$ é o calor específico da água, $\overline{C}_{P,cb}$ é o calor específico dos carboidratos, $\overline{C}_{P,p}$ é o calor específico das proteínas, $\overline{C}_{P,l}$ é o calor específico da gordura e $\overline{C}_{P,cz}$ é o calor específico das cinzas.

Exemplo 17.1

Cálculo do Calor Específico de Leite Integral

Estimar o calor específico do leite integral, cuja composição é: 87% (m/m) de água, 4% de gordura, 3,5% de proteínas, 4,7% de carboidratos e 0,8% de cinzas a 4 °C e a 73 °C.

Resolução

A Tabela 17.1 mostra os resultados para o valor do $\overline{C}_P$ do leite, a partir das Equações (17.2) a (17.4).

Tabela 17.1 ▶ Valores do calor específico do leite em J/kg.K.

Equações	Temperatura (°C)	
	4,0	73,0
Equação (17.2)	3.750,63	3.750,63
Equação (17.3)	3.820,39	3.929,59
Equação (17.4)	3.865,78	3.887,34

Comentários

O calor específico médio do leite, avaliado segundo a Equação (17.3), quando sua temperatura varia de 4 °C a 73 °C, é de 3.875,00 J/kg.K, o que corresponderia a uma variação máxima de 1,4% em relação à média. Como essa variação é muito pequena, o calor específico poderia ser considerado independente da temperatura (dentro do intervalo avaliado) e igual ao valor médio para cálculos de Engenharia.

Entalpia de Misturas

A entalpia H foi definida pela função de estado, segundo Gibbs, de acordo com a equação:

$$H = U + PV \tag{17.10}$$

A entalpia é uma função de estado, que depende de temperatura, pressão e composição. Para um caso particular, em que a pressão (P) e a composição (C) do sistema não variam, a entalpia pode ser escrita como:

$$dH = \left(\frac{dH}{dT}\right)_{P,C} = C_P dT \tag{17.11}$$

Vimos no Capítulo 5, que a entalpia é uma função de estado que depende da temperatura e da pressão:

$$d\underline{H} = C_p dT + \left[\underline{V} - T\left(\frac{\partial \underline{V}}{\partial T}\right)_P\right] dP \qquad \text{(E.5.1-15)}$$

Em um caso particular em que a pressão do sistema não varia, a entalpia pode ser escrita como:

$$d\underline{H} = C_p dT \qquad \text{ou} \qquad d\hat{H} = \overline{C_P} dT \qquad \text{(17.11)}$$

Em que C_P e $\overline{C_P}$ são os calores específicos expressos em base molar e em base mássica, respectivamente.

Ou ainda:

$$dH = c_p dT \qquad \text{(17.12)}$$

Em que c_p é a capacidade calorífica dada por: $c_p = m\overline{C_P}$

Por outro lado, em um processo em que não há perdas de calor para o ambiente e que todo calor transferido para o sistema seja utilizado para aumentar ou diminuir a temperatura do material, então:

$$\delta Q = c_p dT = m\overline{C_P} dT \qquad \text{(17.13)}$$

Ou

$$Q = \int_{T_i}^{T_f} c_p dT = \int_{T_i}^{T_f} m\overline{C_P} dT \qquad \text{(17.14)}$$

Considerando que $\overline{C_P}$ não varia com a temperatura:

$$Q = c_p \Delta T = m\overline{C_P} \Delta T \qquad \text{(17.15)}$$

Sendo assim, para um sistema a pressão constante, em que $\overline{C_P}$ não varia com a temperatura, podemos escrever considerando as Equações (17.12) e (17.15):

$$Q = \Delta H = c_p \Delta T = m\overline{C_P} \Delta T \qquad \text{(17.16)}$$

A Equação (17.14) ou a Equação (17.16) mostra que, sob pressão e composição constantes, a variação de entalpia de um sistema que sofre uma determinada transformação é numericamente igual à quantidade de calor utilizado para alterar a temperatura desse sistema em uma quantidade ΔT, sendo dependente de sua capacidade calorífica. Esse calor é também chamado de *calor sensível*.

Exemplo 17.2

Cálculo da Variação de Entalpia de Suco de Limão

Estimar a variação de entalpia de uma massa de 1.000 kg de suco de limão, quando o mesmo sofre um resfriamento de 80 °C para 0,5 °C.

Resolução

Considerando um valor médio para o $\overline{C}_P$ de 3.651,4 J/kg.K (Minim et al., 2009) na faixa de temperatura do problema, então:

$$\Delta H = Q = m\overline{C}_P \Delta T = 1.000 \times 3.651,4 \times (0,5 - 80,0)$$
$$\Delta H = Q = -290.286,3 \text{ kJ} = -69.378,6 \text{ kcal}$$

Comentários

O valor negativo da variação da entalpia indica que o sistema cedeu calor para a vizinhança, durante o processo de resfriamento do suco de limão.

Entalpia de Vaporização ou Calor Latente de Vaporização

É a quantidade de energia necessária para que a massa de uma substância que se encontra em equilíbrio com o seu próprio vapor, a uma dada pressão e temperatura, passe completamente para o estado gasoso. No Sistema Internacional de Unidades (SI), sua unidade é J/kg. O vapor saturado é provavelmente o meio mais fácil de obter aquecimento em larga escala e é facilmente produzido por geradores de vapor ou caldeiras.

A Figura 17.1 apresenta parcialmente o diagrama temperatura *vs* entalpia para a água. As linhas horizontais são exemplos de linhas de temperatura constante. Podemos observar nessa figura o processo de aquecimento da água representado pela linha ABCD. Se a água inicialmente está no ponto A, quando passa para B o aquecimento eleva sua entalpia ($\hat{H}_B - \hat{H}_A$), equivalente ao *calor sensível* por unidade de massa, até o máximo possível do líquido para aquela pressão, nesse caso igual a 1.002 kPa. O ponto B marca o início da vaporização, ou seja, é a temperatura de saturação da água para a pressão considerada. Continuando o fornecimento de calor, a evaporação tem início e a temperatura se mantém constante até o ponto C, onde toda a água terá sido transformada em vapor saturado. A continuação do aquecimento (CD) resulta em *vapor superaquecido*. A diferença ($\hat{H}_C - \hat{H}_B$) é a *entalpia de vaporização* ou *calor latente* (λ) da água. Verifica-se que o calor latente é função da pressão e da temperatura. Portanto, essa dependência não deve ser desprezada. A variação de entalpia nos processos com mudança de fases é calculada como:

$$\Delta H = m\lambda \qquad (17.17)$$

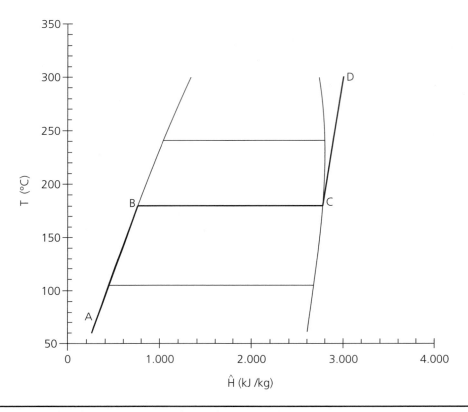

Figura 17.1 ▶ Diagrama temperatura *vs* entalpia para a água.

Exemplo 17.3

Cálculo da Quantidade de Energia para Aquecer Água

Calcular a quantidade de energia necessária para aquecer uma massa de 100 kg de água, quando a mesma sofre um aquecimento seguindo o processo ABCD da Figura 17.1.

Resolução

Os dados para esse cálculo podem ser obtidos a partir da Figura 17.1, bem como a partir da tabela de vapor (Capítulo 19):

Inicialmente, o fluido sofre um aquecimento com variação de temperatura (T_A até T_B), onde se tem água na condição de saturação. A variação de entalpia nesse processo é:

$$T_A = 60\ °C;\ T_B = 180\ °C;\ \Delta \hat{H}_{A-B} = 512{,}15\ kJ/kg$$

O processo B-C ocorre sob temperatura constante, onde a energia cedida para a água é usada para sua vaporização. No ponto C, teremos então vapor saturado e a variação de entalpia para esse processo é:

$$T_B = T_C = 180\ °C;\ \Delta \hat{H}_{B-C} = (2.777{,}82 - 763{,}28) = 2.014{,}54\ kJ/kg$$

Finalmente, o vapor saturado sofre um superaquecimento, através do processo C-D, e a variação de entalpia para esse processo é:

$$T_C = 180\ °C;\ T_D = 300\ °C;\ \Delta \hat{H}_{C-D} = 273{,}38\ kJ/kg$$

A variação de entalpia total é dada por:

$$\Delta \hat{H}_{A-D} = \Delta \hat{H}_{A-B} + \Delta \hat{H}_{B-C} + \Delta \hat{H}_{C-D} = 2.800{,}07\ kJ/kg$$

Para 100 kg de água, a energia necessária para seu aquecimento é:

$$Q = \Delta H = m\Delta \hat{H}$$

$$Q = (100 \times 2.800{,}07) = 2.800.070{,}0\ kJ = 66.923{,}3\ kcal$$

Aplicações da Primeira Lei da Termodinâmica

No Capítulo 3, o balanço de energia ou a primeira lei da termodinâmica foi escrito como:

$$\frac{d(U + E_c + E_p)}{dt} = \dot{Q} + \dot{W}_S - P\frac{dV}{dt} + \sum_{k_E}\left(\hat{H} + \hat{E}_c + \hat{E}_p\right)_E \dot{M}_E - \sum_{k_S}\left(\hat{H} + \hat{E}_c + \hat{E}_p\right)_S \dot{M}_S$$

(3.12)

O balanço de energia também pode ser escrito usando as vazões volumétricas das correntes de entrada e saída tal que:

$$\frac{d\left[\rho V \left(\hat{U} + \hat{E}_c + \hat{E}_p\right)\right]}{dt} = \dot{Q} + \dot{W}_S - P\frac{dV}{dt} + \sum_{k_E}\left(\hat{H} + \hat{E}_c + \hat{E}_p\right)_E \rho_E \dot{F}_E - \sum_{k_S}\left(\hat{H} + \hat{E}_c + \hat{E}_p\right)_S \rho_S \dot{F}_S$$

(17.18)

Em que:

$\dot{F}_E$ e $\dot{F}_S$ são as vazões volumétricas das correntes de entrada e saída, respectivamente.

Exemplo 17.4

Cálculo da Energia a Ser Removida do Fermentador

Calcular a quantidade de calor que deve ser removida de um fermentador do tipo tanque agitado, como mostrado na Figura 17.2.

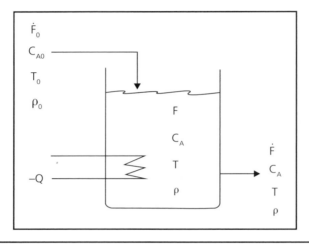

Figura 17.2 ▸ Fluxograma de processo.

A taxa de remoção de calor do sistema é $-\dot{Q}$ (energia/tempo). A produção de energia devido à reação exotérmica é dada por $-\dot{Q}_G$. A temperatura da corrente de entrada é T_0 e sua vazão é $\dot{F}_0$. A temperatura no fermentador é T. A temperatura e a vazão da corrente de saída são T e $\dot{F}$, respectivamente. Escrevendo o balanço de energia para esse sistema, temos:

$$\frac{d\left|\rho V\left(\hat{U}+\hat{E}_c+\hat{E}_p\right)\right|}{dt} = \rho_0 \dot{F}_0 \left(\hat{H}_0+\hat{E}_{C0}+\hat{E}_{p0}\right) - \rho \dot{F}\left(\hat{H}+\hat{E}_c+\hat{E}_p\right) - \dot{Q} - \dot{Q}_G + \dot{W}_s - P\frac{dV}{dt}$$
(E17.4-1a)

Ou ainda

$$\frac{d\left|\rho V\left(\hat{U}+\hat{E}_c+\hat{E}_p\right)\right|}{dt} = \rho_0 \dot{F}_0 \left(\hat{H}_0+\hat{E}_{C0}+\hat{E}_{p0}\right) - \rho \dot{F}\left(\hat{H}+\hat{E}_c+\hat{E}_p\right) - \dot{Q} - \dot{Q}_G + \dot{W}$$
(E17.4-1b)

Em que $\dot{W} = \dot{W}_s - P\dfrac{dV}{dt}$.

Balanço de Energia em Sistemas Complexos

capítulo **17**

Se H = U + PV, então:

$$\frac{d\left[\rho V\left(\hat{U}+\hat{E}_c+\hat{E}_p\right)\right]}{dt} = \rho_0 \dot{F}_0\left(\hat{U}_0+\hat{E}_{C0}+\hat{E}_{p0}\right) - \rho \dot{F}\left(\hat{U}+\hat{E}_c+\hat{E}_p\right) - \dot{Q} - \dot{Q}_G + \dot{W} + \left(\rho_0 \dot{F}_0 P_0 \hat{V}_0\right) - \left(\rho \dot{F} P \hat{V}\right)$$

(E17.4-2)

Em que $\hat{U}$ é a energia interna específica (energia/massa); $\hat{E}_C$ é a energia cinética específica (energia/massa); $\hat{E}_p$ é a energia potencial específica (energia/tempo); $\hat{V}$ é o volume específico (volume/massa); W é o trabalho total.

No sistema, considerando que não há trabalho de eixo (ou caso exista um agitador no fermentador, o trabalho de eixo é pequeno quando comparado a outros termos), e que não há trabalho de expansão, W pode ser desprezado. Usualmente, as velocidades das correntes de entrada e saída não forem suficientemente altas, a energia cinética pode ser considerada desprezível. Se a elevação das correntes de entrada e saída for igual, podemos desprezar também o termo de energia potencial. Considerando ainda o sistema em estado estacionário, então a Equação (E17.4-2) se reduz a:

$$\dot{Q} = \rho_0 \dot{F}_0\left(\hat{U}_0 + P_0 \hat{V}_0\right) - \rho \dot{F}\left(\hat{U} + P\hat{V}\right) - \dot{Q}_G$$

(E17.4-3)

Lembrando que o volume específico é o inverso da densidade.

Comentários

Evidentemente, essa última equação do balanço de energia tem pouca utilidade prática e, portanto, deve ser mais bem trabalhada.

De maneira generalizada, no sentido da Equação (2.7) (Capítulo 2), ao considerarmos um sistema com múltiplas entradas e múltiplas saídas temos:

$$\frac{d(\rho V \hat{U})}{dt} = \left(\sum_{k_E}\rho_E \dot{F}_E \hat{H}_E - \sum_{k_S}\rho_S \dot{F}_S \hat{H}_S\right) + \dot{Q} - \dot{Q}_G$$

(17.19)

em que $\rho_E \dot{F}_E$, $\rho_S \dot{F}_S$, $\hat{H}_E$ e $\hat{H}_S$ são todas as taxas de entrada e saída de massa e suas respectivas entalpias, para o sistema considerado.

O lado esquerdo do sinal de igualdade da Equação (17.19) representa a taxa de acúmulo de energia dentro do sistema considerado. Em condições de estado estacionário, esse termo é nulo. Do lado direito da equação, os termos dentro dos parênteses representam todas as taxas de entrada e saída de entalpia no sistema, $\dot{Q}$ representa todas as trocas térmicas do sistema com sua vizinhança e o termo $\dot{Q}_G$ representa a geração de calor devido a reações químicas no sistema.[1]

A Equação (17.19) é a forma final para o **Balanço de Energia** de um sistema genérico. Para fluidos incompressíveis, podemos assumir que o termo PV da Equação (17.10) é pequeno, tornando. Assim, a Equação (17.19) torna-se:

---

1 Lembre-se que não existe geração de energia total no sistema (Fato Experimental Nº 1; Capítulo 1). Aqui, a "geração de calor" é devido exclusivamente à reações químicas que possam existir no sistema estudado.

Fundamentos de Engenharia de Alimentos

$$\frac{d(\rho V \hat{H})}{dt} = \left(\sum_E \rho_E \dot{F}_E \hat{H}_E - \sum_S \rho_S \dot{F}_S \hat{H}_S \right) + \dot{Q} - \dot{Q}_G \qquad (17.20)$$

As Equações (17.16), (17.17) e (17.19) são muito úteis para o cálculo de equipamentos como trocadores de calor e evaporadores, amplamente utilizados na indústria de alimentos.

Exemplo 17.5

Aquecimento de um Fluido

A Figura 17.3 apresenta um exemplo bastante simplificado de aplicação do balanço de energia em um trocador de calor, que aquece um fluido com vapor de água saturado produzido por uma caldeira. O vapor sai da caldeira com uma pressão P_V e alimenta a serpentina do trocador. Nessa condição, o vapor tem uma temperatura T_V e seu fluxo de massa é $\dot{F}_V$. Ao passar pelo trocador, o vapor troca calor de forma indireta com o fluido e se condensa. Um dispositivo na saída, denominado purgador, evita a perda de vapor, permitindo somente a passagem do condensado. A água condensada é enviada novamente à caldeira. Qual é a massa de vapor necessária para aquecer o fluido?

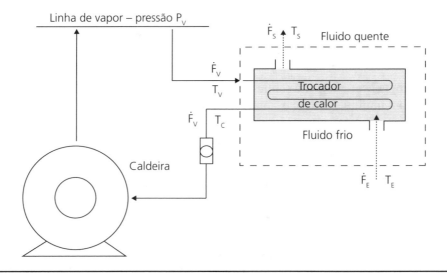

Figura 17.3 ▶ Trocador de calor.

Resolução

No trocador, o fluido que se deseja aquecer entra com uma temperatura T_E e sai com T_S, a uma vazão $\dot{F}_E = \dot{F}_S$ constante (seu calor específico é $C_{P,F}$ e sua densidade é ρ_F, constantes). Considerando que o sistema de interesse (o trocador de calor) está em estado estacionário, a aplicação do balanço de energia (Equação 17.19) resulta em:

$$0 = [(\rho_F \dot{F}_{F,E} \hat{H}_{F,E} + \rho_V \dot{F}_{V,E} \hat{H}_{V,E}) - (\rho_F \dot{F}_{F,S} \hat{H}_{F,S} + \rho_V \dot{F}_{V,S} \hat{H}_{V,S})] + \dot{Q} - \dot{Q}_G \quad \text{(E17.5-1)}$$

Considerações: o termo da reação $\dot{Q}_G$ é zero para esse caso, e o sistema é isolado, ou seja, $\dot{Q} = 0$. O termo $\rho_F \dot{F}$ é a vazão mássica $\dot{m}$(kg/h). Realocando os termos da equação, com as devidas substituições:

$$0 = [\dot{m}_F (\hat{H}_{F,S} - \hat{H}_{F,E}) + \dot{m}_V (\hat{H}_{V,S} - \hat{H}_{V,E})] \quad \text{(E17.5-2)}$$

O termo $(\hat{H}_{V,S} - \hat{H}_{V,E})$ é simplesmente a diferença de entalpia entre o vapor e o líquido saturados (calor latente de vaporização da água), $\lambda = \hat{H}_{V,S} - \hat{H}_{V,E}$. Para o fluido se aquecendo, onde não há mudança de fase, a entalpia $\hat{H}_F$ é dada segundo a Equação (17.14), ou seja, $(\hat{H}_{F,S} - \hat{H}_{F,E}) = \overline{C}_{PF}(T_S - T_E)$. Portanto, a vazão de vapor necessária para o aquecimento do fluido é:

$$\dot{m}_V = \frac{-\dot{m}_F \overline{C}_{P,F}(T_S - T_E)}{\lambda} \quad \text{(E17.5-3)}$$

Operação de Troca de Calor

A transferência de calor de um meio quente para um meio frio, ou vice-versa, é realizada por meio de trocadores de calor, podendo ser trocadores de calor a placas, tubulares (casco e tubo ou multitubulares) ou trocadores espirais. Relacionando-se a taxa total de transferência de calor $\dot{Q}$ à diferença de temperatura ΔT entre o fluido quente e frio (lei de Newton do resfriamento), temos:

$$\dot{Q} = UA\Delta T \quad \text{(17.21)}$$

em que $\dot{Q}$ é a taxa de transferência de calor (J/s), U é o coeficiente global de transferência de calor (J/s.°C.m²), A é a área disponível para a troca de calor (m²) e ΔT é a diferença de temperatura entre os fluidos quente e frio. O valor de U é inicialmente especificado para um dado equipamento, o valor de $\dot{Q}$ é determinado baseado nas correntes dos fluidos e o valor de C_P é calculado através de correlações matemáticas tendo como variáveis temperatura e composição. O projeto inicial do equipamento consiste em calcular a área de troca de calor A de forma que a temperatura do fluido a ser aquecido atinja um valor especificado a priori (McCabe et al., 2004).

A diferença de temperatura em trocadores de calores tubulares, espirais ou de placas varia ao longo do equipamento e, portanto, o valor de ΔT deve ser substituído por ΔT_{ML} (a diferença de temperatura média logarítmica), dado pela Equação (17.22):

$$\Delta T_{ML} = \frac{\Delta T_2 - \Delta T_1}{\ln(\Delta T_2 / \Delta T_1)} \quad \text{(17.22)}$$

em que ΔT_2 é a diferença de temperatura em um extremo do trocador e ΔT_1 é a diferença de temperatura no outro extremo. A Equação (17.22) é apropriada para o cálculo de ΔT_{ML} em trocadores de tubo duplo (Figura 17.4) ou trocadores de casco e tubos, com apenas um passe na carcaça e nos tubos (Figura 17.5). Nos casos de trocadores de múltiplos passes na carcaça e nos tubos, é necessário introduzir um fator de correção η para o valor de ΔT_{ML} (McCabe et al., 2004).

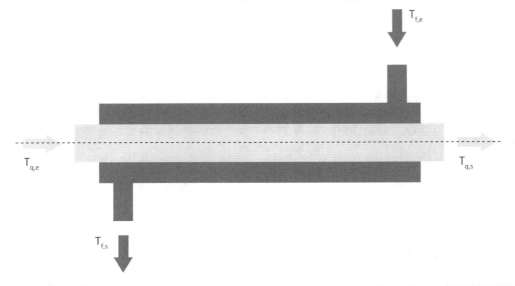

Figura 17.4 ▶ Esquema de um trocador de calor de tubo duplo mostrando o sentido das correntes dos fluidos quente e frio.

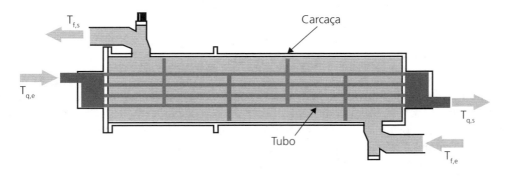

Figura 17.5 ▶ Esquema de um trocador de casco e tubos mostrando o sentido das correntes dos fluidos quente e frio.

Exemplo 17.6

Cálculo da Área de um Trocador de Calor

Suco de limão a 10 °C (T_1), contendo 10% de sólidos, deve ser pasteurizado sob temperatura de 90 °C (T_3) em um trocador de calor tubular e, em seguida, resfriado

Balanço de Energia em Sistemas Complexos   capítulo **17**

parcialmente, conforme mostra o esquema a seguir. A pasteurização é realizada usando como fonte de aquecimento vapor saturado seco a 198,0 kPa. O sistema é montado de tal forma que o suco frio troca calor no primeiro trocador com o suco pasteurizado quente para seu pré-aquecimento, ao mesmo tempo que resfria o suco pasteurizado. Determine a área de troca de calor necessária para pasteurizar e resfriar cerca de 3.630,0 kg/h de suco de limão, sabendo que o fluxo de massa disponível do vapor é igual a 300,0 kg/h. Compare as áreas considerando um regenerador de correntes paralelas e de correntes opostas. Os coeficientes globais de troca de calor de 1.135 W/m².K e 935 W/m².K podem ser considerados para o pasteurizador e o regenerador, respectivamente.

Dados:

Inicialmente, vamos listar as informações passadas pelo enunciado. Portanto:

- Temperatura do suco frio: $T_1 = 10,0\ °C$
- Temperatura do suco pasteurizado: $T_3 = 90,0\ °C$
- Vazão mássica do suco: $\dot{m}_S = 3.630,0\ kg/h$
- Vazão mássica do vapor: $\dot{m}_V = 300,0\ kg/h$
- Coeficiente global de transferência de calor $U_R = 935,0\ W/m^2.K$ e $U_P = 1.135,0\ W/m^2.K$
- Calor específico do suco constante: 3.651,4 J/kg.K
- Pressão do vapor: P = 198,0 kPa
- Escoamento: correntes paralelas e opostas no regenerador

Como teremos a condensação do vapor, no segundo trocador, precisamos obter dados de sua entalpia de condensação (ou vaporização), bem como sua temperatura. Consultando a tabela de vapor de água, obtemos:

- $\lambda = 2.202,4\ kJ/kg$
- $T_5 = 120,0\ °C$

Resolução

Balanço de Energia

Usaremos a Equação (17.19) para realizar o balanço de energia. Nesse caso, aplicaremos o balanço de energia separadamente para o fluido quente e frio.

Considerando o sistema em estado estacionário, sem reação química e o calor específico do suco constante, o balanço de energia para o suco frio resulta em:

$$0 = (\dot{m}_S \hat{H}_1 - \dot{m}_S \hat{H}_2) + \dot{Q}_1$$
$$\dot{Q}_1 = \dot{m}_S (\hat{H}_2 - \hat{H}_1) = \dot{m}_S \overline{C}_P (T_2 - T_1)$$

(E17.6-1)

Nesse caso, $\dot{Q}_1$ é o calor que o fluido frio troca com sua vizinhança, ou seja, é o calor cedido pelo suco pasteurizado.

Da mesma forma, um balanço de energia para o suco pasteurizado nesse mesmo trocador resulta em:

$$0 = (\dot{m}_S \hat{H}_3 - \dot{m}_S \hat{H}_4) + \dot{Q}_1$$
$$\dot{Q}_1 = \dot{m}_S (\hat{H}_4 - \hat{H}_3) = \dot{m}_S \overline{C}_P (T_4 - T_3)$$
(E17.6-2)

Evidentemente, o valor de $\dot{Q}_1$ para o suco pasteurizado é negativo, enquanto para o suco frio é positivo.

Faremos um balanço de energia no pasteurizador, primeiramente para o vapor.

$$0 = (\dot{m}_V \hat{H}_5 - \dot{m}_V \hat{H}_6) + \dot{Q}_2$$
$$-\dot{Q}_2 = \dot{m}_V (\hat{H}_5 - \hat{H}_6) = \dot{m}_V \lambda$$
(E17.6-3)

Nesse caso, o valor de $\dot{Q}_2$ é negativo, pois o vapor está cedendo energia. Agora faremos um balanço de energia para o suco que está sendo pasteurizado:

$$0 = (\dot{m}_S \hat{H}_2 - \dot{m}_S \hat{H}_3) + \dot{Q}_2$$
$$\dot{Q}_2 = \dot{m}_S (\hat{H}_3 - \hat{H}_2) = \dot{m}_S \overline{C}_P (T_3 - T_2)$$
(E17.6-4)

Cálculo das Temperaturas

Em função das informações disponíveis, o cálculo das temperaturas T_2 e T_4 segue na seguinte ordem:

A. Cálculo de $\dot{Q}_2$ cedido pelo vapor, Equação (E17.6-3):

$$-\dot{Q}_2 = \dot{m}_V \lambda = 300,0 \text{ kg/h} \times 2.202,4 \text{ kJ/kg} = 660.726,0 \text{ kJ/h}$$

B. Cálculo de T_2, Equação (E17.6-4):

$$T_2 = T_3 - \frac{\dot{Q}_2}{\dot{m}_S \overline{C}_P} = 90 - \frac{660.726,0 \frac{kJ}{h} \times \frac{1.000 \text{ J}}{kJ}}{3.630,0 \frac{kg}{h} \times \frac{3.651,4 \text{ J}}{kg.K}} = 40,1 \text{ °C}$$

C. Cálculo de $\dot{Q}_1$ recebido pelo suco frio, Equação (E17.6-1):

$$\dot{Q}_1 = \dot{m}_S \overline{C}_P (T_2 - T_1) = 3.630,0 \frac{kg}{h} \times \frac{3.651,4 \text{ J}}{kg.K} \times \frac{kJ}{1.000 \text{ J}} (40,1 - 10)$$
$$= 398.962,9 \text{ kJ/h}$$

Balanço de Energia em Sistemas Complexos — capítulo 17

D. Cálculo de T_4, Equação (E17.6-2):

$$T_4 = T_3 + \frac{(-\dot{Q}_1)}{\dot{m}_S \bar{C}_P} = 90 - \frac{398.962,9 \text{ kJ/h}}{3.630,0\frac{\text{kg}}{\text{h}} \times \frac{3.651,4 \text{ J}}{\text{kg.K}} \times \frac{\text{kJ}}{1.000 \text{ J}}} = 59,9 \text{ °C}$$

Cálculo das ΔT_{ML}

Regenerador de Correntes Paralelas (Figura 17.6)

$$\Delta T_2 = (T_4 - T_2) = 80,0 \text{ °C}$$
$$\Delta T_1 = (T_3 - T_1) = 19,8 \text{ °C}$$
$$\Delta T_{ML} = \frac{[\Delta T_2 - T_1]}{\ln\left[\frac{\Delta T_2}{\Delta T_1}\right]} = \frac{[80,0 - 19,8]}{\ln\left[\frac{80,0}{19,8}\right]} = 43,1 \text{ °C}$$

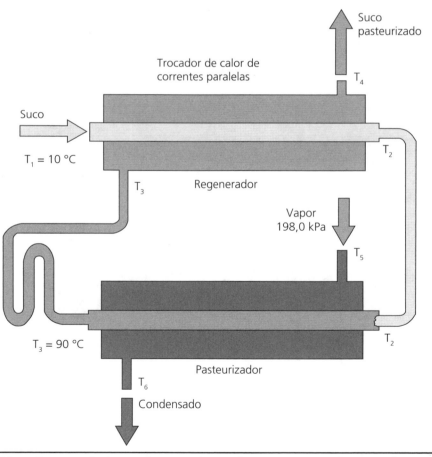

Figura 17.6 ► Esquema do sistema de pasteurização de suco com aproveitamento de energia pelo regenerador em configuração paralela.

Regenerador de Correntes Opostas (Figura 17.7)

$$\Delta T_2 = (T_4 - T_1) = 49,8\ °C$$
$$\Delta T_1 = (T_3 - T_2) = 49,8\ °C$$

Observa-se que os valores de ΔT_2 e ΔT_1 são iguais. Esse é um caso especial que aparece na análise de temperaturas de um trocador de calor de correntes opostas. Nesse caso, a diferença de temperatura entre as correntes é constante ao longo do trocador, ou seja, $\Delta T = 49,8\ °C$.

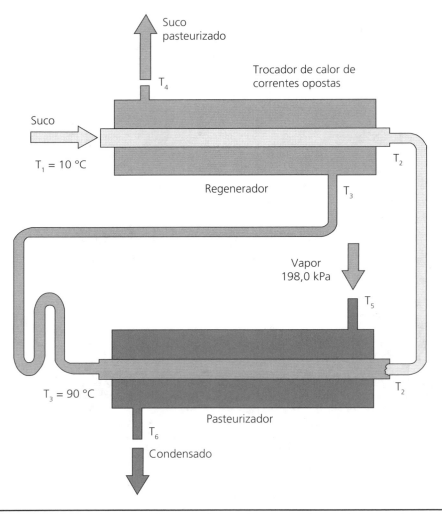

Figura 17.7 ▶ Esquema do sistema de pasteurização de suco com aproveitamento de energia pelo regenerador em configuração oposta.

Balanço de Energia em Sistemas Complexos — capítulo 17

Pasteurizador

Nesse caso, o vapor sofre apenas mudança de fase, com sua temperatura constante, ou seja, $T_5 = T_6$. A pressão do vapor é de 198 kPa, o que corresponde a uma temperatura de 120 °C.

$$\Delta T_2 = (T_5 - T_3) = 30,0\ °C$$
$$\Delta T_1 = (T_5 - T_2) = 19,8\ °C$$
$$\Delta T_{ML} = \frac{[\Delta T_2 - \Delta T_1]}{\ln\left[\dfrac{\Delta T_2}{\Delta T_1}\right]} = \frac{[30,0 - 19,8]}{\ln\left[\dfrac{30,0}{19,8}\right]} = 50,9\ °C$$

Cálculo da Área do Trocador de Calor

Com base na lei de Newton do resfriamento (Equação 17.21), as áreas de cada trocador podem ser então determinadas:

A. Regenerador de Correntes Paralelas

$$A_1 = \frac{\dot{Q}_1}{U_1 \Delta T_{ML}} = \frac{398.962,9\ kJ/h \times 1.000\ J/kJ}{935,0\ J/s.m^2.°C \times 43,1\ °C \times 3.600\ s/h} = 2,75\ m^2$$

B. Regenerador de Correntes Opostas

$$A_1 = \frac{\dot{Q}_1}{U_1 \Delta T} = \frac{398.962,9\ kJ/h \times 1.000\ J/kJ}{935,0\ J/s.m^2.°C \times 49,8\ °C \times 3.600\ s/h} = 2,38\ m^2$$

C. Pasteurizador

$$A_2 = \frac{\dot{Q}_2}{U_2 \Delta T_{ML}} = \frac{660.726,0\ kJ/h \times 1.000\ J/kJ}{1.135,0\ J/sm^2.°C \times 50,9\ °C \times 3.600\ s/h} = 3,18\ m^2$$

Comentários

Nota-se que a configuração do regenerador em correntes opostas é mais eficiente na troca de calor, necessitando de uma área 13,5% menor.

Um Caso Especial: Evaporadores

Em algumas situações, a transferência de calor em um trocador leva a uma vaporização parcial do fluido frio. Essa operação é denominada **Evaporação** e o equipamento é denominado evaporador. Exemplos típicos da aplicação dessa operação unitária é a destilação de água, concentração de caldo de cana, café, suco de frutas e leite. A transferência de calor é o fator mais importante em uma operação de evaporação, uma vez que a superfície de aquecimento representa a maior parte do custo do equipamento.

O balanço de energia aplicado para esse tipo de processo segue o modelo geral dado pelas Equações (17.19) e (17.21). Entretanto, não podemos ignorar o fato que há massa deixando o sistema devido à evaporação. Sendo assim, é necessário que seja aplicado simultaneamente o balanço de massa e de energia, sendo o balanço de massa dado pela Equação (2.7).

Exemplo 17.7

Destilação de Água

A Figura 17.8 mostra um esquema simplificado de um destilador de água de laboratório. O processo consiste em aquecer água fria, que entra no sistema a uma vazão $\dot{m}_F = 15$ L/h, e vaporizá-la parcialmente através de uma resistência elétrica instalada (Q = 7 kW). Determine a quantidade de vapor produzida $\dot{m}_V$ e a quantidade de água quente ($\dot{m}_Q$) rejeitada, sabendo que o sistema encontra-se à pressão atmosférica.

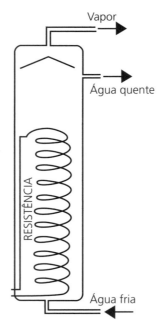

Figura 17.8 ▶ Destilador de água de laboratório.

Balanço de Energia em Sistemas Complexos   capítulo 17

 Resolução

A solução desse problema é obtida através de um balanço de massa (BM) e energia (BE) no sistema, considerando o destilador como volume de controle, operando em estado estacionário.
BM (Equação 2.7):

$$\dot{M}_F - \dot{M}_Q - \dot{M}_V = 0$$

BE (Equação 17.19):

$$\dot{m}_F \hat{H}_F - \dot{m}_Q \hat{H}_Q - \dot{m}_V \hat{H}_V + \dot{Q} = 0$$

Em que $\hat{H}_F, \hat{H}_Q$ e $\hat{H}_V$ são as entalpias da água fria, água quente e do vapor produzido. Estes podem ser calculados de acordo com as seguintes equações:

$$\hat{H}_F = \overline{C}_{P,F}(T_F - T_R)$$
$$\hat{H}_Q = \overline{C}_{P,Q}(T_Q - T_R)$$
$$\hat{H}_V = \overline{C}_{P,V}(T_V - T_R) + \lambda$$

sendo T_R a temperatura de referência para o cálculo da entalpia.
Supondo que o calor específico da água é constante e considerando T_R igual a T_Q, obtemos das relações anteriores:

$$\hat{H}_F = -\overline{C}_P(T_Q - T_F)$$
$$\hat{H}_Q = 0$$
$$\hat{H}_V = \lambda$$

Portanto, as equações para o BM e o BE ficam:

$$\dot{M}_Q = \dot{M}_F - \dot{M}_V$$
$$\dot{m}_V = \frac{\dot{Q} - \dot{m}_F \overline{C}_P(T_Q - T_F)}{\lambda}$$

Dados para o problema:

$\overline{C}_P = 4{,}18 \text{ kJ/kg} \cdot \text{K}; \quad \lambda = 2.257{,}0 \text{ kJ/kg}; \quad T_Q = 100{,}0 \,°\text{C}; \quad T_F = 25{,}0 \,°\text{C};$
$\dot{Q} = 7{,}0 \text{ kW};$
$\rho = 1{,}0 \text{ kg/L}$

577

Cálculos:

$$\dot{m}_V = \frac{7,0 \times 3.600 - 15,0 \times 4,18 \times (100,0 - 25,0)}{2.257,0} = 9,1 \text{ kg/h}$$

$$\dot{m}_Q = 15,0 - 9,1 = 5,9 \text{ kg/h}$$

Elevação do Ponto de Ebulição

A elevação do ponto de ebulição é uma propriedade coligativa, o que significa que é dependente da presença e concentração de solutos não voláteis no solvente.

A elevação do ponto de ebulição pode ser ilustrada no diagrama de fases da Figura 17.9. Quando se adiciona um soluto não volátil ao solvente líquido, a pressão de vapor da solução é abaixada em toda a faixa de temperatura, tal como do ponto *a* ao ponto *b*. Evidentemente, essa solução irá entrar em ebulição a uma temperatura superior, como dado pelo ponto *c*. Sendo assim, a adição de um soluto ao solvente faz com que haja uma elevação do ponto de ebulição (EPE = ($T'_b - T_b$)), e que é dependente da concentração do soluto.

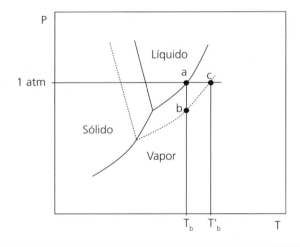

Figura 17.9 ▶ Diagrama de fases para substância pura (——) e para o solvente com adição de um soluto não volátil (- - -).

Na indústria de alimentos, esse problema aparece em muitos processos, como na produção de sucos concentrados; na produção de açúcar durante a concentração de caldo de cana para posterior cristalização; na produção de café solúvel ou leite em pó, quando a concentração é necessária antes de sua secagem. À medida que o produto é concentrado, a concentração de sólidos solúveis não voláteis cresce com consequente aumento no valor da EPE. A predição da EPE através de modelos termodinâmicos para misturas complexas como alimentos, onde uma série de moléculas não voláteis está presente, não é uma tarefa fácil. Capriste e Lozano (1988) propuseram uma correlação empírica que permite o cálculo da elevação do ponto de ebulição em função da concentração de sólidos e pressão, conforme apresentado pela Equação 17.23.

$$\Delta T_{EPE} = \alpha w^{\beta} \exp(\gamma w) P^{\delta} \qquad (17.23)$$

em que α, β, γ e δ são constantes ajustáveis, w (°Brix) é a concentração de sólidos na solução, P(mbar) é a pressão e ΔT_{EPE} é a elevação do ponto de ebulição.

Uma forma alternativa de se prever a EPE é a utilização do diagrama de Düring (Geankoplis, 2003; McCabe et al., 1993). Uma relação linear é obtida se a temperatura de ebulição (ou a EPE) de uma solução é traçada contra a temperatura de ebulição da água pura na mesma pressão, para uma dada concentração e sob diferentes pressões. Diferentes retas serão obtidas para diferentes concentrações da solução. A Figura 17.10 mostra o diagrama de Düring para o suco de uva obtido a partir dos dados de capacidade calorífica apresentados por Telis-Romero et al., (2007), indicando que a EPE pode alcançar valores de até 6,5 °C quando sua concentração atinge 60,6% em massa e sua temperatura atinge 90 °C.

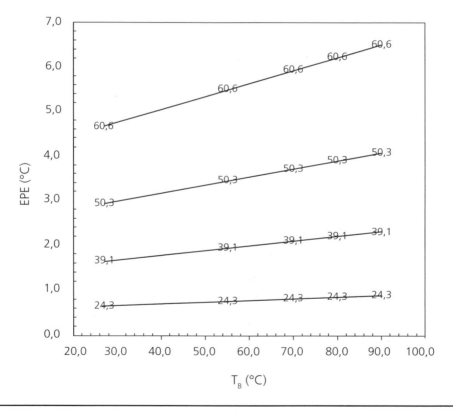

Figura 17.10 ▶ Diagrama de Düring para o suco de uva (Telis-Romero et al., 2007).

Em cálculos de evaporadores, a EPE, quando está presente, faz com que o gradiente de temperatura entre o meio quente e o meio em evaporação caia, diminuindo o fluxo de calor, conforme mostra a Equação 17.21. Consequentemente, a área de troca de calor se torna maior comparativamente a um processo no qual esse fenômeno não está presente. Por outro lado, a não consideração desse fato durante o projeto do equipamento torna sua eficiência diminuída.

Exemplo 17.8

Concentração de Suco de Uva

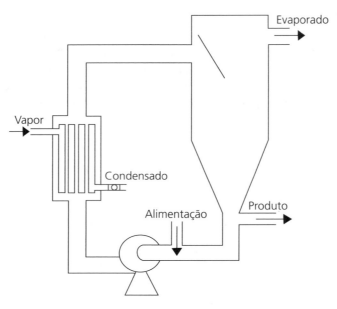

Figura 17.11 ▶ Concentração de suco de uva.

Em um evaporador, como o do esquema acima, suco de uva (50,3 °Brix) está em ebulição a uma pressão de 157,6 mbar. Considerando que está sendo usado vapor saturado seco (169,06 kPa) como fonte de calor, um coeficiente global de transferência de calor U = 1.560,0 W/m²K e uma área de troca de 20 m², determine:

a) A temperatura de ebulição e a elevação do ponto de ebulição do suco.
b) A taxa de transferência de energia $\dot{Q}$, sem e com a EPE.

Resolução

Dados obtidos da tabela de vapor (Capítulo 19):

- $P^{sat} = 169,06$ kPa → $T^{sat} = 115,0\ °C$
- $P_c = 15,76$ kPa → $T_c = 55,0\ °C$

Balanço de Energia em Sistemas Complexos — capítulo 17

Caso não houvesse EPE, o suco estaria fervendo a 55 °C. Entretanto, dados da Figura 17.10 indicam que, para um suco com concentração de 50,3 °Brix, a EPE será de 3,4 °C e, portanto, a temperatura de ebulição do suco será de 58,4 °C.

Sem EPE: $\dot{Q} = UA\Delta T = 1.560,0 \times 20,0 \times (115,0 - 55,0) = 1.872,0 \text{ kW}$

Com EPE: $\dot{Q} = UA\Delta T = 1.560,0 \times 20,0 \times (115,0 - 58,4) = 1.765,9 \text{ kW}$

Comentários

Ou seja, com a EPE há uma redução na eficiência de troca de calor de 5,7%, um valor bastante apreciável em se tratando de um processo industrial.

Diagrama Entalpia-Concentração

A entalpia H de soluções líquidas sob pressão constante pode ser calculada de acordo com a Equação (17.16). Em fluidos alimentícios, como sucos em geral, leite e caldo de cana, o calor específico varia em função da concentração de sólidos solúveis e da temperatura. Portanto, uma expressão, como dada pelas Equações (17.2) a (17.9), deve ser conhecida para que o valor de H possa ser calculado. No exemplo seguinte, iremos construir o diagrama entalpia-concentração para o suco de limão segundo Minim et al. (2009).

Exemplo 17.9

Diagrama Entalpia-Concentração

Construa o diagrama entalpia-concentração para o suco de limão, considerando que seu calor específico é dado pela equação abaixo:

$$\overline{C}_P (J/kg.K) = 1.415,65 + 2,45612T + 2.695,93 \, \overline{x}_w$$

Resolução

De acordo com a Equação (17.14) e considerando a temperatura de referência para o cálculo de H igual a 273,15 K, a função que expressa a entalpia em função da composição e da temperatura é obtida:

$$\Delta H = m \int_{273,15}^{T} 1.415,65 \, dT + \int_{273,15}^{T} 2,45612 T \, dT + \int_{273,15}^{T} 2.695,93 \, \overline{x}_w \, dT$$

Resolvendo a integral, temos:

$$\Delta \hat{H} = 1.415,65(T - 273,15) + 1,22806(T^2 - 74.610,92) + 2.695,93(T - 273,15)\overline{x}_w$$

Fundamentos de Engenharia de Alimentos

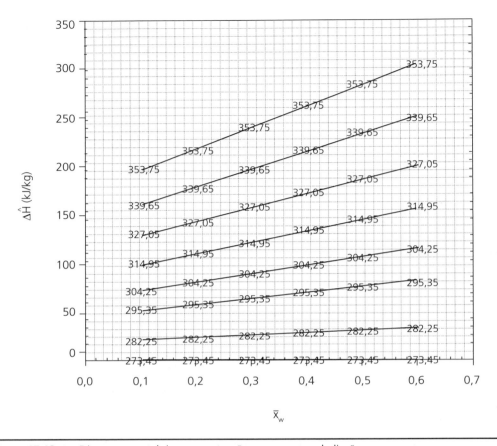

Figura 17.12 ▶ Diagrama entalpia-concentração para o suco de limão.

 Comentários

A equação anterior mostra que o valor de $\Delta \hat{H}$ depende dos valores de T e $\bar{x}_w$. Utilizando essa equação, o diagrama entalpia-concentração para o suco de limão pode ser construído como mostrado na Figura 17.12.

Em algumas situações, o calor de solução pode ser expressivo e, portanto, deve ser incluído no cálculo da entalpia de uma mistura. O calor de solução é dependente da concentração. É o calor liberado (ou consumido) no preparo da solução, a partir do solvente puro.

No exemplo 17.10, vamos analisar um problema de concentração de uma solução aquosa, onde faremos uso do diagrama de Düring devido à elevação do ponto de ebulição da solução por sua concentração. Além disso, as entalpias da solução sendo concentrada serão obtidas do diagrama entalpia-concentração.

Exemplo 17.10

Concentração de Suco de Uva

Um evaporador é usado para concentrar 1.000 kg/h de suco de uva com concentração de 10,0 °Brix e temperatura de 40 °C, para produzir suco concentrado com 50,0 °Brix. Vapor saturado seco a uma pressão de 172,4 kPa é usado como fonte de calor e a pressão na câmara de evaporação é 11,7 kPa. O coeficiente global de transferência de calor é 1.500,0 W/m².K. Calcular a quantidade de vapor necessária para efetuar o processo, a economia de vapor dada em kg de água evaporada/kg vapor e a área do trocador de calor em m².

Resolução

O diagrama de fluxo, juntamente com a designação das variáveis do processo, é apresentado na Figura 17.13. As variáveis são dadas a seguir:

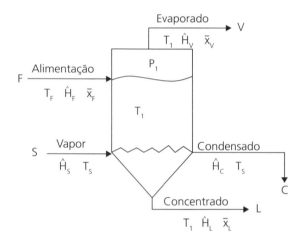

Figura 17.13 ▶ Fluxograma de processo.

Dados fornecidos:

$$\dot{m}_F = 1.000,0 \text{ kg/h}; \quad T_F = 40,0 \text{ °C}$$
$$P_1 = 11,7 \text{ kPa}; \quad P_S = 169,1 \text{ kPa}$$
$$\bar{x}_F = 0,1; \quad \bar{x}_L = 0,5$$
$$U = 1.500,0 \text{ W/m}^2.\text{K}$$

1. Inicialmente, faz-se um balanço de massa total no sistema, considerando estado estacionário:

$$\dot{m}_F + \dot{m}_S - \dot{m}_L - \dot{m}_V - \dot{m}_C = 0$$

Como o vapor não se mistura com o líquido evaporando, então $\dot{m}_S = \dot{m}_C$. Assim,

$$1.000,0 = \dot{m}_L + \dot{m}_V$$

2. Faremos em seguida um balanço de massa, apenas para os sólidos do suco, ou seja:

$$\dot{m}_F \overline{x}_F = \dot{m}_L \overline{x}_L$$

$$\dot{m}_L = \frac{\dot{m}_F \overline{x}_F}{\overline{x}_L} = \frac{1.000 \times 0,2}{0,5}$$

$$\dot{m}_L = 400,0 \text{ kg/h} \qquad \dot{m}_V = 600,0 \text{ kg/h}$$

3. Para determinar a temperatura T_1 em que o suco está evaporando, a uma concentração $\overline{x}_L = 50,0\%$, primeiramente determinamos a temperatura de ebulição da água pura a 11,7 kPa, usando a tabela de vapor da água. Esse valor é igual a 48,8 °C. Usando o diagrama de Düring para o suco de uva (Figura 17.10), na temperatura de ebulição da água de 48,8 °C e uma concentração do suco de 50,0%, a EPE é de 3,3 °C. Consequentemente, a temperatura do vapor superaquecido é $T_1 = 52,1$ °C.

4. Do diagrama entalpia-concentração para o suco de uva (Figura 17.14), determinamos a entalpia $\hat{H}_F$ a 10% e 40,0 °C igual a 145,9 kJ/kg. Da mesma forma, a entalpia do concentrado $\hat{H}_C$ a 50% e 52,1 °C é 136,9 kJ/kg.

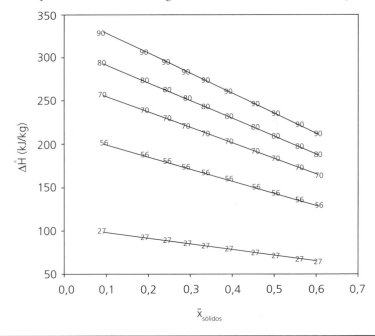

Figura 17.14 ▶ Diagrama entalpia-concentração para o suco de uva.

Balanço de Energia em Sistemas Complexos

capítulo 17

5. Podemos calcular a entalpia do vapor superaquecido $\hat{H}_V$, obtendo-se a entalpia do vapor saturado da tabela de vapor de água a 11,7 kPa (2.590,0 kJ/kg) e usando a capacidade calorífica do vapor superaquecido igual a 1,884 kJ/kgK. Assim, obtemos:

$$\hat{H}_V = 2.590,0 + 1,884 \times (52,1 - 48,8) = 2.596,2 \text{ kJ/kg}$$

Para o vapor saturado a 169,1 kPa, o valor de $\hat{H}_S$ é 2.699,0 kJ/kg, o valor de $\hat{H}_C$ é 482,48 kJ/kg e o valor de T_S é 115,0 °C. A diferença ($\hat{H}_S - \hat{H}_C$) é o calor latente λ igual a 2.216,52 kJ/kg.

6. Em seguida, faremos o balanço de energia para o sistema (o evaporador) isolado e em estado estacionário:

$$\dot{m}_F \hat{H}_F + \dot{m}_S \hat{H}_S = \dot{m}_L \hat{H}_L + \dot{m}_V \hat{H}_V + \dot{m}_C \hat{H}_C$$
$$\dot{m}_S (\hat{H}_S - \hat{H}_C) = \dot{m}_S \lambda = \dot{m}_L \hat{H}_L + \dot{m}_V \hat{H}_V - \dot{m}_F \hat{H}_F$$

O consumo de vapor é:

$$\dot{m}_S = \frac{\dot{m}_L \hat{H}_L + \dot{m}_V \hat{H}_V - \dot{m}_F \hat{H}_F}{\lambda} = \frac{400 \times 136,9 + 600 \times 2.596,2 - 1.000 \times 145,9}{2.216,52}$$
$$= 661,7 \text{ kg de vapor/h}$$

A economia ε de vapor é:

$$\varepsilon = \frac{600,0}{661,7} = 90,7\%$$

A área do trocador é determinada usando a Equação 17.21:

$$\dot{Q} = UA\Delta T$$
$$A = \frac{\dot{Q}}{U\Delta T} = \frac{\dot{m}_s \lambda}{U\Delta T} = \frac{661,7 \times 2.216,52}{1.500,0 \times (115,0 - 52,1)} = 15,5 \text{ m}^2$$

RESUMO DO CAPÍTULO

Neste capítulo, estudamos as aplicações dos balanços de massa e energia a sistemas complexos contendo trocadores de calor e demais dispositivos de troca térmica.

Fundamentos de Engenharia de Alimentos

 PROBLEMAS PROPOSTOS

17.1. Estimar o calor específico de um alimento cuja composição é: 65% (p/p) de água, 7% de gordura, 9% de proteínas, 18% de carboidratos e 1% de cinzas a 5 °C e a 60 °C.

17.2. Calcular a variação de entalpia de uma massa de 200 kg do alimento do Problema 1, quando o mesmo sofre um aquecimento de 5 °C para 60 °C. Use a Equação 17.4 para estimar o calor específico do alimento.

17.3. 1.000 kg de um alimento, inicialmente a 10 °C, é aquecido em um trocador de calor que fornece 243.000 kJ ao alimento. Calcule a temperatura de saída do alimento. Considere o calor específico do alimento constante e igual a 4,0 kJ/kg.K.

17.4. Usando as tabelas de vapor, calcule a variação da entalpia de 1 kg de água em cada uma das seguintes situações:
   a) Aquecer água líquida de 40 °C até 120 °C a 210 kPa de pressão.
   b) Condensar um vapor saturado seco a 180 °C e 1.002,1 kPa.
   c) Aquecer água líquida de 40 °C a 120 °C e vaporizá-la a 198,53 kPa.
   d) Condensar um vapor saturado seco a 180 °C e 1.002,1 kPa e resfriar o condensado a até 100 °C.

17.5. Água, a uma vazão de 200 kg/h a 20 °C é aquecida a até 120 °C a uma pressão de 232,1 kPa na primeira etapa de um processo. Na segunda etapa, à mesma pressão, a água é aquecida e toda ela vaporiza em seu ponto de ebulição. Calcule a variação de entalpia da água após as duas etapas.

17.6. Em um processo de resfriamento, 3.000 kg/h de um alimento são resfriados de 73 °C a 4 °C. Considerando o calor específico do alimento constante e igual a 3,7 kJ/kg.K, calcule o calor removido do alimento.

17.7. Um alimento líquido a 20 °C é bombeado a uma taxa de 5.000 kg/h para um trocador de calor no qual ele é aquecido a até 85 °C. A água quente usada para aquecer o alimento entra a 95 °C e sai a 60 °C. O calor específico médio do alimento é 4,06 kJ/kg.K. Calcule a vazão mássica de água e a quantidade de calor adicionado ao alimento. Despreze quaisquer perdas de calor para o ambiente.

17.8. 8.000 kg/h de leite é aquecido em um trocador de calor de 42 °C a 73 °C pelo contato indireto com água quente, que entra a 95 °C e sai a 60 °C. A perda de calor para o ambiente é de 1,5 kW. Calcule o consumo de água. Considere o calor específico médio do leite igual a 3,875 kJ/kg.K.

17.9. Um alimento enlatado deve ser resfriado de 90 °C para 30 °C antes da rotulagem. O peso das embalagens teve de ser medido, uma vez que suas especificações não foram fornecidas. A partir de medições experimentais, encontrou-se um peso médio de 40 g. O calor específico do material que constitui a embalagem é 0,46 J/g.K. O peso líquido do alimento registrado no rótulo é de 350 g. A composição do alimento registrada no rótulo, para os macronutrientes, é a seguinte: 20% (p/p) de carboidratos, 3% de lipídios, 4% de proteínas. A indústria processa 200 latas por minuto. Calcule a quantidade de calor que deve ser removida das latas.

17.10. Uma indústria de pescados que processa sardinha enlatada utiliza uma autoclave com capacidade para 2.500 latas na qual as sardinhas atingem a temperatura de 121 °C. Após o processamento térmico, as latas devem ser resfriadas para 35 °C antes que sejam retiradas da autoclave. Para o resfriamento utiliza-se água que entra na autoclave a 20 °C e sai a 30 °C. O calor específico médio da sardinha mais o molho é de 3,01 kJ/kg.K. O calor específico do material que compõe a lata é de 0,45 kJ/kg.K. O peso líquido de cada lata é de 250 g e o peso da embalagem é de 40 g. Ao ser resfriada, a autoclave libera 45.000 kJ para a água. Qual será o consumo de água por batelada? Despreze as trocas de calor com o ambiente.

17.11. 8.000 kg/h de leite padronizado a 3,1% (p/p) de gordura deve passar por um tratamento térmico UHT por meio de aquecimento indireto usando vapor saturado seco a 617,8 kPa. O leite deve ser aquecido até 142 °C. O leite entra no trocador de calor a 90 °C. O vapor que entra no trocador de calor se condensa e sai a 160 °C. O leite possui 3,6% (p/p) de proteínas, 4,8% de carboidratos e 0,8% de cinzas. Desprezando as perdas de calor para o ambiente, determine o consumo de vapor no processo.

17.12. Suco de laranja a 15 °C (T_1), contendo 12% de sólidos, deve ser pasteurizado sob temperatura de 90 °C(T_3) em um trocador de calor tubular e, em seguida, resfriado parcialmente. A pasteurização é realizada usando como fonte de aquecimento vapor saturado seco a 198,0 kPa. O sistema é montado de tal forma que o suco frio troca calor no primeiro trocador com o suco pasteurizado quente para seu pré-aquecimento, ao mesmo tempo que resfria o suco pasteurizado. Determine a área de troca de calor necessária para pasteurizar e resfriar 50,0 kg/h de suco de laranja, sabendo que o fluxo de massa disponível do vapor é igual a 510,0 kg/h. Compare as áreas considerando um regenerador de correntes paralelas e de correntes opostas. Os coeficientes globais de troca de calor de 1.200 W/m².K e 980 W/m².K podem ser considerados para o pasteurizador e o regenerador, respectivamente.

17.13. Em um evaporador, suco de uva (50,3 °Brix) está em ebulição a uma pressão de 12,35 kPa. Considerando que está sendo usado vapor saturado seco (143,27 kPa) como fonte de calor, um coeficiente global de transferência de calor U = 1.400,0 W/m².K e uma área de troca de 24 m², determine:

a) a temperatura de ebulição e a elevação do ponto de ebulição do suco;

b) a taxa de transferência de energia $\dot{Q}$, sem e com a EPE.

17.14. Um evaporador é usado para concentrar 1.000 kg/h de solução com concentração de 10,0% de sólidos solúveis e temperatura e 25 °C, para produzir solução concentrada com 50,0% de sólidos solúveis. Vapor saturado seco a uma pressão de 198,53 kPa é usado como fonte de calor e a pressão na câmara de evaporação é de 15,76 kPa. O coeficiente global de transferência de calor é de 1.800,0 W/m².K. A elevação no ponto de ebulição pode ser estimada pela equação: $\Delta T_{EPE} = 1{,}78\bar{x} + 6{,}22\bar{x}^2$, em que $\bar{x}$ é a fração mássica de açúcar na solução. O calor específico da solução, em kJ/kg.K, pode ser estimado pela equação: $C_p = 4{,}19 - 2{,}35\bar{x}$. Calcular a quantidade de vapor necessária para efetuar o processo, a economia de vapor dada em kg de água evaporada/kg vapor e a área do trocador de calor em m².

REFERÊNCIAS BIBLIOGRÁFICAS

1. Capriste GH, Lozano JE. Lozano. Effect of concentration and pressure on the boiling point rise of apple juice and related sugar solutions. Journal of Food Science 1988; 53(3): 865-895.

2. Castellan GW. Physical chemistry. 3rd Ed. New York: Addison Wesley Publishing Company; 1973. P. 1983.

3. Choy Y, Okos MR. Effects of temperature and composition on the thermal properties of foods. In: Le Maguer, M. & Jelen P (editors.). Food engineering and process applications, vol. 1: Transport phenomena. Londres: Elsevier; 1986. P. 93-101.

4. Farkas BE, Farkas DF. Material and energy balances. In: Rotstein E, Singh RP, Valentas KJ. Handbook of food engineering practice. New York: CRC Press; 1997. P. 259-295.

5. Geankoplis CJ. Transport processes and separation process principles. New York: Prentice Hall; 2003. P. 1026.

6. Green D W, Perry RH. Perry's chemical engineering handbook. 8th Ed. New York: McGraw-Hill; 2007.
7. Luyben WL. Process modeling, simulation, and control for chemical engineers. 2nd Ed. New York: McGraw Hill; 1989. P. 725.
8. McCabe WL, Smith JC, Harriot P. Unit operations of chemical engineering. 7th Ed. New York: McGraw Hill; 2004.
9. Minim LA, Coimbra JSR, Minim VPR, Telis-Romero J. Influence of temperature and water and fat contents on the thermophysical properties of milk. J. Chem. Eng. Data 2002; 47(2): 1488-1491.
10. Minim LA, Minim VRN, Telis VPR, Minim LA, Telis-Romero J. Properties of lemon juice as affected by temperature and water content. Chem. Eng. Data 2009; 54(8): 2269-2272.
11. Rahman MS. Food properties handbook. New York: CRC Press; 2009.
12. Siebel E. Specific heats of various products. Ice and Refrigeration 1992; 2: 256-257.
13. Singh RP. Thermal properties of frozen foods. In: Rao MA, Rizyi SS, Datta AK (editors). Engineering properties of foods. New York: Marcel Dekker; 2014. P. 139-167.
14. Telis-Romero J, Cantú-Lozano D, Telis VRN, Gabas AL. Thermal evaporation: representation of rise in boiling point of grapefruit juice. Food Science and Technology International 2007; 13: 225-229.

CAPÍTULO 18

Balanço de Energia Mecânica

- Rosiane Lopes da Cunha
- Ana Carla Kawazoe Sato

CONTEÚDO

Objetivos do Capítulo	590
Introdução	590
Os Termos do Balanço de Energia	590
Energias Cinética e Potencial	593
Os Termos do Balanço de Energia Mecânica	595
Exemplo 18.1 – Cálculo do Trabalho Necessário para Transporte de Leite	598
Resolução	598
Comentários	600
Sistemas Não Ideais	600
Perdas por Atrito em Tubulações	601
Exemplo 18.2 – Queda de Pressão em Tubo de Venturi	606
Resolução	606
Comentários	608
Perdas por Atrito nos Acessórios	608
Regime Turbulento	609
Regime Laminar	611

> Exemplo 18.3 – Escoamento de Leite em Tubo de Aço Inoxidável..............612
>
> Resolução..............612
>
> Comentários..............615
>
> Resumo do Capítulo..............615
>
> Problemas Propostos..............615
>
> Referências Bibliográficas..............619
>
> **OBJETIVOS DO CAPÍTULO**
>
> Neste capítulo, serão introduzidos os termos do Balanço de Energia Mecânica, a partir dos quais será possível a determinação do trabalho requerido para o deslocamento de fluidos, ou seja, o trabalho mecânico necessário para o dimensionamento de bombas.

Introdução

O Balanço de Energia Mecânica (BEM), um caso especial do balanço global de energia, é essencial na avaliação de processos que envolvem escoamento ou movimentação de fluidos. Dentro de uma planta de processamento de alimentos há o escoamento e a mistura de diversos materiais, sejam eles produtos principais de uma linha, como leite, bebidas e molhos, ou insumos, como água de processo, vapor ou outros gases. Esses fluidos escoam de um tanque para outro através de dutos e tubulações, sendo necessário mensurar as formas de energia associadas diretamente ao movimento e as que se opõem a ele, de modo a se calcular a energia mecânica necessária para um fluido se deslocar de um ponto até outro predeterminado.

Neste capítulo serão apresentadas as diferentes formas de energia mecânica e será mostrada a influência de cada uma delas no movimento dos fluidos, por meio do denominado Balanço de Energia Mecânica (BEM).

Os Termos do Balanço de Energia

A primeira lei da termodinâmica expressa a lei fundamental de conservação da energia, que diz que a energia não pode ser criada nem destruída [Equação (18.1)]. A energia acumulada ($\frac{dE}{dt}$) equivale à diferença entre o somatório de todas as formas de energia na entrada e saída do volume de controle, mais as formas de energia trocadas pelo sistema, nas fronteiras do volume de controle (Figura 18.1).

Balanço de Energia Mecânica   capítulo 18

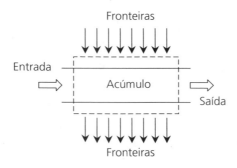

Figura 18.1 ▶ Volume de controle em uma seção tubular ao longo de uma linha de processo.

$$\frac{dE}{dt} = \sum \dot{E}_E - \sum \dot{E}_S + \sum \dot{E}_{lim} \qquad (18.1)$$

Em que:
$\dot{E}_E$ = fluxo de energia ou potência na entrada do volume de controle.
$\dot{E}_S$ = fluxo de energia ou potência na saída do volume de controle.
$\dot{E}_{lim}$ = fluxo de transferência de energia pelas fronteiras do volume de controle.

No escoamento de fluidos, o regime transiente é importante apenas em algumas situações particulares, como na entrada de tubulações ou se a tubulação é curta. Em geral, em plantas de processo, o estado estacionário é alcançado em uma pequena distância após a entrada na tubulação, ou seja, a quantidade de energia necessária ao escoamento não varia com o tempo na maior parte do caminho percorrido pelo fluido. Sendo assim, o escoamento ocorre predominantemente em estado estacionário (ou regime permanente) e, portanto, $\frac{dE}{dt} = 0$.

A troca de energia pelas fronteiras do sistema ($\dot{E}_{lim}$) pode se dar de diferentes formas como: calor ($\dot{Q}$), trabalho ($\dot{W}$) ou pelo fluxo de energia de escoamento ($\dot{E}_{escoamento}$), de modo que o balanço de energia pode ser reescrito como:

$$\left(\sum \dot{E}_S - \sum \dot{E}_E \right) + \left(\dot{E}_{escoamento\_saída} - \dot{E}_{escoamento\_entrada} \right) = \dot{Q} + \dot{W} \qquad (18.2)$$

Em que os termos entre parênteses equivalem à variação total de energia do sistema e à variação de energia relacionada ao escoamento, respectivamente, de modo que:

$$\Delta \dot{E}_{total} + \Delta \dot{E}_{escoamento} = \dot{Q} + \dot{W} \qquad (18.3)$$

Em que $\Delta \dot{E}_{total}$ = fluxo de energia total do sistema, que abrange as energias cinética, potencial e interna ($\Delta \dot{E}_{total} = \Delta \dot{E}_C + \Delta \dot{E}_p + \Delta \dot{U}$).

$\dot{Q}$ = calor recebido (+) ou perdido (–) pelo sistema.

$\dot{W}$ = trabalho realizado sobre (+) ou pelo (–) sistema.

$\Delta \dot{E}_{escoamento}$ = fluxo de energia transferido para introduzir ou retirar o fluido do volume de controle.

O calor ($\dot{Q}$) pode ser adicionado ou retirado do sistema com o auxílio de trocadores de calor, sendo bastante importante em sistemas de aquecimento ou refrigeração, nos quais a troca térmica é requerida. No entanto, a energia na forma de calor não é aproveitável ao movimento e, portanto, não contribui para o Balanço de Energia Mecânica. Por outro lado, o trabalho ($\dot{W}$), normalmente expresso como trabalho de eixo ($\dot{W}_s$), é essencial para o movimento dos fluidos na maior parte dos processos. Em geral, é atribuído a máquinas como bombas, agitadores e turbinas, que introduzem energia ao sistema.

As formas de energia de escoamento estão associadas às correntes de entrada e saída de um fluido, ou seja, às linhas de convecção do sistema que atravessam o volume de controle. Assim, essas formas de energia estão associadas ao trabalho efetuado pela e sobre a vizinhança para movimentar o fluido além do volume de controle, podendo ser expressas na forma de um trabalho associado ao escoamento, definido por:

$$\begin{pmatrix} \text{Trabalho associado ao} \\ \text{escoamento do fluido na entrada (+)} \\ \text{ou saída (–) do volume de controle} \end{pmatrix} = (\text{Força}) \times \left(\frac{\text{Deslocamento}}{\text{tempo}} \right) \quad (18.4)$$

Multiplicando e dividindo o termo de *Força* pela *área* (A) da seção de escoamento, temos que o termo de trabalho associado ao escoamento do fluido pode ser relacionado à pressão ($P = \frac{F}{A}$) de entrada ou saída do volume de controle, de modo que:

$$\begin{pmatrix} \text{Trabalho associado ao} \\ \text{escoamento do fluido na entrada (+)} \\ \text{ou saída (–) do volume de controle} \end{pmatrix} = \left[\left(\frac{\text{Força}}{\text{área}} \right) \times (\text{área}) \right] \times \left(\frac{\text{Deslocamento}}{\text{tempo}} \right) \quad (18.5)$$

Considerando que a razão $\left(\frac{\text{Deslocamento}}{\text{tempo}} \right)$ representa a velocidade ($\bar{v}$) e que, por definição, a vazão volumétrica equivale ao produto da área pela velocidade média de escoamento ($\dot{V} = A\bar{v}$), temos que as formas de energia de escoamento podem ser definidas por:

$$\begin{pmatrix} \text{Trabalho associado ao} \\ \text{escoamento do fluido na entrada (+)} \\ \text{ou saída (–) do volume de controle} \end{pmatrix} = P A \bar{v} = P \dot{V} \quad (18.6)$$

Portanto, a partir da definição de fluxo de energia total e de energia convectiva, o balanço (Equação 18.3) pode ser reescrito da seguinte forma:

Balanço de Energia Mecânica

$$\left(\Delta \dot{E}_C + \Delta \dot{E}_p + \Delta \dot{U}\right) + \Delta\left(P\dot{V}\right) = \dot{Q} + \dot{W}_s \qquad (18.7)$$

Em que:

$\Delta \dot{E}_C$ = variação do fluxo de energia cinética entre a saída e a entrada do volume de controle.

$\Delta \dot{E}_p$ = variação do fluxo de energia potencial entre a saída e a entrada do volume de controle.

$\Delta \dot{U}$ = variação da energia interna do fluido entre a saída e a entrada do volume de controle.

$\Delta\left(P\dot{V}\right)$ = variação do termo associado ao escoamento do fluido entre a saída e a entrada do volume de controle.

A associação do termo de trabalho realizado pelo escoamento do fluido (relacionado à energia convectiva) com a energia interna resulta na conhecida função termodinâmica de entalpia, definida por:

$$\dot{H} = \dot{U} + P\dot{V} \qquad \text{ou ainda} \qquad \Delta \dot{H} = \Delta \dot{U} + \Delta\left(P\dot{V}\right) \qquad (18.8)$$

Assim, a Equação (18.7) pode ser reescrita de modo que, em estado estacionário, o Balanço Macroscópico de Energia ficaria como:

$$\Delta \dot{E}_C + \Delta \dot{E}_p + \Delta \dot{H} = \dot{Q} + \dot{W}_s \qquad (18.9)$$

Em alguns sistemas, como trocadores de calor e reatores, os termos de energia cinética e potencial, além do trabalho realizado sobre o sistema, podem ser considerados desprezíveis ($\Delta \dot{E}_C \to \Delta \dot{E}_p \to 0, \Delta \dot{W} \to 0$), de modo que o balanço de energia do sistema pode ser representado somente pelos termos de entalpia (H) e quantidade de calor (Q):

$$\Delta \dot{H} = \dot{Q} \qquad (18.10)$$

Por outro lado, no escoamento em dutos e tubulações de sistemas fluidos (líquidos ou gases), as formas de energia associadas diretamente ao movimento se tornam bastante importantes. Nesse caso, as formas de energia mecânica passam a ser significativas.

Energias Cinética e Potencial

Além da entalpia do sistema e do trabalho introduzido por máquinas há ainda duas formas de energia que podem ser aproveitadas no movimento dos fluidos: as energias potencial e cinética.

A energia potencial é associada à posição de um material em um campo potencial e deve ser calculada em relação a um estado de referência (h_0). Em geral, costuma-se tomar como zero o referencial inferior. Considerando o campo gravitacional, a energia potencial pode ser relacionada à altura na qual o material se encontra. Quando um objeto está a uma determinada altura (h), ele possui energia armazenada, igual a:

$$\Delta \dot{E}_p = \dot{m}g(h - h_0) \tag{18.11}$$

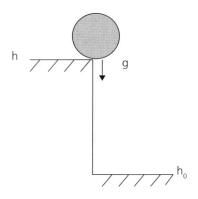

Figura 18.2 ▶ Energia armazenada na forma de energia potencial.

A energia cinética é a energia do movimento, podendo ser relacionada à velocidade na qual um sistema se move. Por definição, equivale ao trabalho necessário para colocar um corpo em movimento.

$$\Delta \dot{E}_C = \frac{\dot{m}\Delta v^2}{2} \tag{18.12}$$

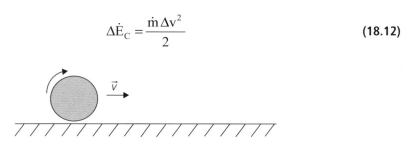

Figura 18.3 ▶ Energia cinética armazenada devido à velocidade do sistema.

No escoamento em tubulações, dependendo da vazão de processo e das propriedades do fluido, a velocidade desenvolvida pelo mesmo ao longo do raio do tubo não é constante (Figura 18.4). Essa variação nos perfis de velocidades está associada ao regime de escoamento expresso pelo denominado número de Reynolds (N_{Re}). O número de Reynolds é um adimensional que correlaciona as forças inerciais e viscosas no escoamento. Em tubulações, no escoamento de fluidos newtonianos, pode ser calculado de acordo com a Equação (18.13). Estudos experimentais mostram que o escoamento em tubulações com seção circular apresenta regime laminar para $N_{Re} < 2.100$ e regime turbulento para $N_{Re} > 4.000$. Para valores intermediários ($2.100 < N_{Re} < 4.000$), o regime é considerado transiente.

Balanço de Energia Mecânica

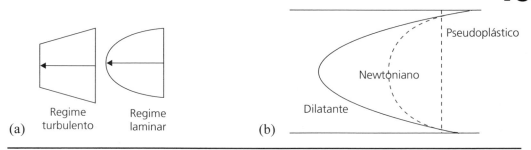

Figura 18.4 ▶ Perfil de velocidade para fluidos em diferentes (a) regimes de escoamento e (b) comportamentos reológicos.

$$N_{Re} = \frac{\text{forças inerciais}}{\text{forças viscosas}} = \frac{\rho \overline{v} D}{\mu} \qquad (18.13)$$

Em que:

ρ = densidade do fluido.

$\overline{v}$ = velocidade média desenvolvida pelo fluido dentro da tubulação.

D = diâmetro interno da tubulação.

μ = viscosidade do fluido.

Em regime turbulento, o perfil de velocidade é empistonado independente do comportamento reológico do fluido, de modo que a variação da velocidade ao longo do raio do tubo é pequena (Figura 18.4a). No entanto, em regime laminar, o perfil de escoamento depende do comportamento reológico do fluido e pode variar bastante ao longo do raio do tubo. Fluidos newtonianos apresentam perfil de velocidade parabólico, tendendo a ser mais afilado para fluidos dilatantes, e mais empistonado para fluidos pseudoplásticos (Figura 18.4b).

Desse modo, para contabilizar as variações de velocidade ao longo do diâmetro da tubulação e assim ser possível utilizar um valor de velocidade média no Balanço de Energia Mecânica, uma constante α é adicionada no denominador do termo de energia cinética:

$$\dot{E}_C = \frac{\dot{m} \overline{v}^2}{2\alpha} \qquad (18.14)$$

De maneira simplificada, vamos considerar o valor de α igual a 1 para escoamento em regime turbulento e aproximadamente igual a 0,5 para escoamento em regime laminar, independentemente do tipo de fluido.

Os Termos do Balanço de Energia Mecânica

Considere o bombeamento de um fluido que escoa em estado estacionário com uma vazão mássica $\dot{m}$ em um trecho de tubulação (Figura 18.5).

Fundamentos de Engenharia de Alimentos

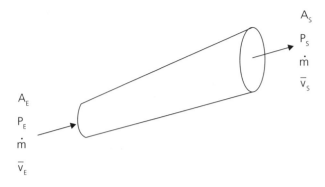

Figura 18.5 ▶ Escoamento de um fluido com vazão mássica ṁ em uma seção tubular. Os subíndices E e S indicam a entrada e a saída do volume de controle, respectivamente.

Apesar da forma como o balanço de energia é apresentado na Equação (18.9) ser bastante comum (potência ou energia por unidade de tempo), o Balanço de Energia Mecânica é usualmente expresso em unidades de energia por unidade de massa. Isso pode ser obtido pela divisão dos termos de fluxo de energia ($\dot{E}$) pela vazão mássica ($\dot{m}$). Levando isso em consideração, é possível analisar os termos do Balanço Macroscópico de Energia (Equação 18.9) separadamente, considerando o volume de controle da Figura 18.5.

a) Energia cinética:

$$\Delta \dot{E}_C = \dot{m}\left(\frac{\overline{v}_S^2}{2\alpha} - \frac{\overline{v}_E^2}{2\alpha}\right) \quad \overset{\div \dot{m}}{\Rightarrow} \quad \Delta \hat{E}_C = \left(\frac{\overline{v}_S^2}{2\alpha} - \frac{\overline{v}_E^2}{2\alpha}\right) \qquad (18.15)$$

em que:

$\overline{v}_S$ = velocidade de saída do fluido do volume de controle.

$\overline{v}_E$ = velocidade de entrada do fluido no volume de controle.

$\dot{m}$ = vazão mássica de fluido.

α = fator de correção da energia cinética que depende do regime de escoamento.

b) Energia potencial:

$$\Delta \dot{E}_P = \dot{m}g(h_S - h_E) \quad \overset{\div \dot{m}}{\Rightarrow} \quad \Delta \hat{E}_p = g(h_S - h_E) \qquad (18.16)$$

em que:
h_S = altura na saída do volume de controle.
h_E = altura na entrada do volume de controle.
g = aceleração da gravidade (9,81 m/s^2).

c) Entalpia:

$$\Delta \dot{H} = \left(\dot{U}_S - \dot{U}_E \right) + \left(P_S \dot{V}_S - P_E \dot{V}_E \right) \quad \overset{\div \dot{m}}{\Rightarrow} \quad \Delta \hat{H} = (\hat{U}_S - \hat{U}_E) + (P_S \hat{V}_S - P_E \hat{V}_E)$$

Como $\hat{V} = \dfrac{1}{\rho}$, temos então que:

$$\Delta \hat{H} = \left(\hat{U}_S - \hat{U}_E \right) + \left(\frac{P_S}{\rho_S} - \frac{P_E}{\rho_E} \right) \qquad (18.17)$$

em que:

$\hat{U}_S$ = energia interna específica do fluido na saída do volume de controle.

$\hat{U}_E$ = energia interna específica do fluido na entrada do volume de controle.

P_S = pressão na saída do volume de controle.

P_E = pressão na entrada do volume de controle.

ρ_S = densidade do fluido na saída do volume de controle.

ρ_E = densidade do fluido na entrada do volume de controle.

Substituindo as Equações (18.15), (18.16) e (18.17) no Balanço Macroscópico de Energia, Equação (18.9), e dividindo $\dot{Q}$ e $\dot{W}_s$ pela vazão mássica, temos que:

$$\left(\frac{\overline{v}_S^2}{2\alpha} - \frac{\overline{v}_E^2}{2\alpha} \right) + g(h_S - h_E) + \left(\hat{U}_S - \hat{U}_E \right) + \left(\frac{P_S}{\rho_S} - \frac{P_E}{\rho_E} \right) = \frac{\dot{Q}}{\dot{m}} + \frac{\dot{W}_s}{\dot{m}}$$

$$\frac{\Delta \overline{v}^2}{2\alpha} + g\Delta h + \Delta \hat{U} + \left(\frac{P_S}{\rho_S} - \frac{P_E}{\rho_E} \right) = \hat{Q} + \hat{W}_s \qquad (18.18)$$

Deve-se considerar que os líquidos são fluidos incompressíveis e portanto sua densidade é praticamente constante ($\rho_E \cong \rho_S$) em um sistema sem transferência de calor ($\dot{Q} = 0$). Além disso, a energia interna normalmente é desprezível ($\hat{U} \approx 0$) a não ser que existam mudanças de fase ou reações químicas. Considerando essas simplificações, tem-se que o balanço de energia mecânica pode ser descrito de acordo com a Equação (18.19).

$$\frac{\Delta \overline{v}^2}{2\alpha} + g\Delta h + \frac{\Delta P}{\rho} = \frac{\dot{W}_s}{\dot{m}} = \hat{W}_s \qquad (18.19)$$

Fundamentos de Engenharia de Alimentos

Exemplo 18.1

Cálculo do Trabalho Necessário para Transporte de Leite

O tanque da Figura 18.6 está cheio de leite a 15 °C, que deve percorrer a tubulação até a entrada de um evaporador, localizado no ponto B. O leite deve entrar no equipamento com vazão volumétrica igual a 1,2 m³/h e pressão atmosférica (P_{atm}). Desconsiderando o atrito ao longo da tubulação, qual é o trabalho necessário para que a bomba desloque o leite do ponto A ao B?

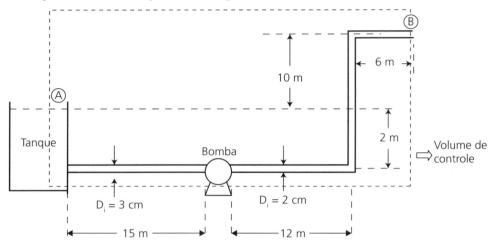

Figura 18.6 ▶ Escoamento de um fluido de um tanque aberto (pressão atmosférica) por uma tubulação. A linha ------- indica os limites do volume de controle, no qual a entrada é a superfície do tanque e a saída equivale ao final da tubulação, no ponto B.

Resolução

Para que o Balanço de Energia Mecânica, Equação (18.19), seja aplicado, temos de avaliar os dados necessários nos limites do volume de controle. Assim, definimos como os limites do volume de controle a parte superior do fluido no tanque (ponto A) e o último ponto da tubulação, antes da entrada no equipamento (ponto B), definidos na Figura 18.6:

Tabela 18.1 ▶ Dados de pressão, velocidade e altura para os limites do volume de controle do sistema da Figura 18.6.

	Ponto A	Ponto B
Pressão (P)	P_{atm} (tanque aberto)	P_{atm}
Velocidade (v)	~ 0 m/s (diâmetro grande do tanque)	?
Altura (h)	0* m	10 m

*O ponto A foi escolhido como o referencial de altura (h_0) para a determinação da energia potencial.

598

Balanço de Energia Mecânica

capítulo 18

A velocidade no ponto B pode ser determinada a partir dos dados de vazão volumétrica e do diâmetro interno da tubulação da linha após a bomba ($D_i = 2$ cm):

$$\dot{V} = v_B \frac{\pi D_B^2}{4} \quad \rightarrow \quad v_B = \frac{4\dot{V}}{\pi D_B^2} \quad \text{(E18.1-1)}$$

$$v_B = 4 \times \left(1,2 \frac{m^3}{h} \times \frac{h}{3.600\, s}\right) \times \left(\frac{1}{\pi \times (0,02\, m)^2}\right) = 1,06\, m/s$$

Substituindo então os valores da Tabela 18.1 no Balanço de Energia Mecânica, Equação (18.19), temos:

$$\left(\frac{\overline{v}_B^2}{2\alpha} - \frac{\overline{v}_A^2}{2\alpha}\right) + g(h_B - h_A) + \frac{(P_B - P_A)}{\rho} = \hat{W}_s \quad \text{(E18.1-2)}$$

$$\left(\frac{1,06^2}{2\alpha} - \frac{0^2}{2\alpha}\right) + 9,8 \times (10 - 0) + \frac{(P_{atm} - P_{atm})}{\rho} = \hat{W}_s$$

A vazão mássica $\dot{m}$ pode ser determinada através da vazão volumétrica, considerando que a densidade do leite a 15 °C é aproximadamente igual a 1032 kg/m³:

$$\dot{m} = \dot{V}\rho = 1,2\frac{m^3}{h} \times 1.032\frac{kg}{m^3} = 1.238,4\frac{kg}{h} \times \frac{h}{3.600\, s} \cong 0,34\frac{kg}{s}$$

Para se determinar o valor de α, deve-se conhecer o regime de escoamento em cada ponto utilizado no balanço. No entanto, como o termo de energia cinética no ponto A é igual a zero, calculamos o número de Reynolds apenas no ponto final da tubulação (ponto B). Assim, considerando que a viscosidade do leite a 15 °C é igual a 0,0025 Pa.s, temos:

$$N_{ReB} = \frac{\rho \overline{v}_B D_B}{\mu} = 1.032\left(\frac{kg}{m^3}\right) \times 1,06\frac{m}{s} \times 0,02\, m \times \frac{1}{0,0025}\left(\frac{m.s}{kg}\right) \cong 8.751$$

Como $N_{Re} > 4.000$ no final do trecho da tubulação, podemos admitir que $\alpha = 1$ para os cálculos. Assim, voltando ao balanço de energia mecânica, temos que o trabalho exercido pela bomba necessário para o leite percorrer o trajeto da Figura 18.6 deve ser igual a:

$$\left(\frac{1,06^2}{2} - \frac{0^2}{2\alpha}\right) + 9,8 \times (10 - 0) + \frac{(P_{atm} - P_{atm})}{1032} = \hat{W}_s$$

$$\hat{W}_s = 98,56\, J/kg \quad \rightarrow \quad \dot{W}_s = \hat{W}_s \dot{m} = 98,56 \times 0,34 \quad \rightarrow \quad \dot{W}_s = 33,51\, W$$

Comentários

O Balanço de Energia Mecânica é usualmente expresso em unidades de energia por massa (J/kg). No entanto, em motores elétricos, a energia é apresentada em unidades de potência ($\hat{W}_s \dot{m} = [W]$). Já os catálogos de bombas centrífugas utilizam unidades de comprimento ($\frac{\hat{W}_s}{g} = [J.\frac{s^2}{m}] = [m]$), enquanto as bombas de deslocamento positivo são expressas em unidades de pressão ($\hat{W}_s \rho = [J.\frac{kg}{m^3}] = [Pa]$).

Um caso especial a ser considerado é quando não há realização de trabalho sobre o sistema ($\dot{W} \to 0$). Nesse caso, o balanço de energia mecânica é simplificado e denominado equação de engenharia de Bernoulli, Equação (18.20), como a utilizada para a determinação da velocidade de escoamento em equipamentos como o Tubo de Venturi (ver Exemplo 18.2).

$$\frac{\Delta \overline{v}^2}{2\alpha} + g\Delta h + \frac{\Delta P}{\rho} = 0 \qquad (18.20)$$

Sistemas Não Ideais

Na maioria dos sistemas reais, o atrito, os efeitos da viscosidade e outros fenômenos dissipativos evitam que ocorra a conversão completa da energia na forma de energia mecânica útil ao movimento. Quando há variação no diâmetro da tubulação, presença de uniões ou válvulas ou ainda quando a linha de escoamento é longa, as perdas por atrito passam a ser bastante significativas, e parte da energia introduzida no sistema é dissipada na forma de calor. Assim, o termo de perda de energia ($\hat{E}_{atrito}$) deve ser contemplado no Balanço de Energia Mecânica, Equação (18.21) e, consequentemente, o trabalho de eixo ($\hat{W}_s$) tem de ser maior para superar essas perdas.

$$\frac{\Delta P}{\rho} + \frac{\Delta \overline{v}_2}{2\alpha} + g\Delta h + \Delta \hat{E}_{atrito} = \hat{W}_s \qquad (18.21)$$

Em que $\Delta \hat{E}_{atrito}$ equivale ao termo de energia dissipada, que corresponde ao somatório das perdas viscosas na parte reta da tubulação ($\Delta \hat{E}_{atrito\_tubulação}$) com as perdas nas válvulas e acessórios ($\Delta \hat{E}_{atrito\_acessórios}$), como pode ser observado mais detalhadamente nos itens *Perdas por atrito em tubulações* e *Perdas por atrito nos acessórios*.

$$\Delta \hat{E}_{atrito} = \Delta \hat{E}_{atrito\_tubulação} + \Delta \hat{E}_{atrito\_acessórios} \qquad (18.22)$$

Balanço de Energia Mecânica   capítulo **18**

Perdas por Atrito em Tubulações

Considere o escoamento em estado estacionário de um líquido em uma tubulação horizontal. Nesse volume de controle, não há bombas ou outros equipamentos que promovam trabalho ao sistema ($\hat{W}_s = 0$), a tubulação se encontra na horizontal ($h_1 = h_2 = 0$), a vazão de escoamento e a área da seção transversal são constantes ($\overline{v}_2 = \overline{v}_1 = 0$). Assim, a variação da pressão no sistema pode ser associada somente às perdas por atrito viscoso na tubulação (Figura 18.7).

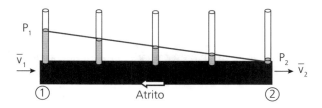

Figura 18.7 ▶ Perda de pressão no sistema por atrito nas paredes da tubulação.

$$\hat{E}_{Atrito} = -\frac{(P_S - P_E)}{\rho} = \frac{(P_E - P_S)}{\rho} \tag{18.23}$$

A Equação (18.23) representa a energia perdida pelo atrito durante o escoamento e também é chamada de *perda de carga*. Em sistemas mais complexos que o da Figura 18.7, a perda de carga é calculada a partir das propriedades do fluido e das características da tubulação através do chamado fator de atrito de Fanning. Esse fator de atrito (f_F) é um número adimensional, definido como a relação entre a tensão de cisalhamento exercida pelo fluido na parede da tubulação (σ_{Parede}) e a energia cinética por unidade de volume:

$$f_F = \frac{\sigma_{Parede}}{\frac{1}{V}\frac{m\overline{v}^2}{2}} \tag{18.24}$$

A aplicação do balanço de forças em uma tubulação reta (Figura 18.8), de comprimento L e raio R, resulta em:

$$F_{Entrada} = F_{Saída} + F_{Cisalhamento} \tag{18.25}$$

$$P_E A_{seção} = P_S A_{seção} + \sigma_{Parede} A_{longitudinal} \quad \rightarrow \quad \sigma_{Parede} = \frac{A_{seção}(P_E - P_S)}{A_{longitudinal}} \tag{18.26}$$

Em que:

$A_{seção} = \pi R^2$
$A_{longitudinal} = 2\pi RL$

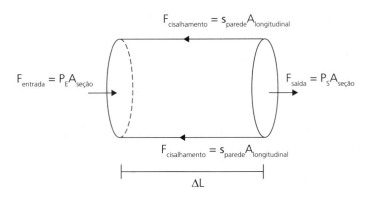

Figura 18.8 ▶ Balanço de forças durante o escoamento em um trecho de tubulação com raio R e comprimento ΔL.

Assim, substituindo a Equação (18.26) na Equação (18.24), e as correspondentes áreas, tem-se que o fator de atrito é igual a:

$$f_F = \frac{(P_E - P_S)\pi R^2}{(2\pi RL)\dfrac{1}{V}\dfrac{m\overline{v}^2}{2}} \quad (18.27)$$

Sabendo-se que $\rho = \dfrac{m}{V}$, temos que:

$$f_F = \frac{(P_E - P_S)R}{L\rho\overline{v}^2} \quad (18.28)$$

Ou ainda, em termos de diâmetro:

$$f_F = \frac{(P_E - P_S)D}{2L\rho\overline{v}^2} \quad (18.29)$$

Em que P_E e P_S são as pressões de entrada e saída do sistema, D equivale ao diâmetro interno e L ao comprimento da tubulação, ρ representa a densidade do fluido e $\overline{v}$ equivale à velocidade média do fluido dentro da tubulação.

Substituindo a Equação (18.23) na Equação (18.29), podemos definir a energia de atrito em tubulações retas, em função do fator de atrito de Fanning:

$$f_F = \frac{\hat{E}_{Atrito}D}{2L\overline{v}^2} \quad \rightarrow \quad \hat{E}_{Atrito\_tubulação} = \frac{2f_F L\overline{v}^2}{D} \quad (18.30)$$

O fator de atrito de Fanning depende do comportamento reológico do fluido, da rugosidade (ε) da tubulação e do número adimensional de Reynolds, Equação (18.13). Para tubos lisos, como os de vidro, plástico ou aço inoxidável, a rugosidade pode ser desprezada. Alguns valores de ε para diferentes materiais podem ser observados na Tabela 18.2.

Balanço de Energia Mecânica   capítulo **18**

Tabela 18.2 ▶ Rugosidade de alguns materiais de parede utilizados em tubulações.

Material	ε (mm)
Concreto	0,3–3
Ferro galvanizado	0,15
Ferro fundido	0,26
Aço comercial	0,046

Fonte: Tilton JN, 2008.

Em regime laminar, o fator de atrito de Fanning (f_F) decresce linearmente com o número de Reynolds, de acordo com:

$$f_F = \frac{16}{N_{Re}} \qquad (18.31)$$

No regime de transição e turbulento, no entanto, é necessário obter o fator de atrito de Fanning a partir do denominado Diagrama de Moody (Figura 18.9). Pode-se observar que, em regime turbulento ($N_{Re} > 4.000$), o fator de atrito passa variar pouco com o número de Reynolds. No entanto, f_F é fortemente dependente da rugosidade relativa da tubulação, ou seja, da razão entre a rugosidade do material e o diâmetro da tubulação (ε/D).

Além da análise gráfica, existem algumas equações que podem ser usadas para a determinação do valor de f_F em regime turbulento, como a fórmula de Colebrook, Equação (18.32). Essa equação fornece o f_F em função de Reynolds e da rugosidade (ε) da tubulação utilizada.

$$\frac{1}{\sqrt{f_F}} = -4\log\left(\frac{\varepsilon}{D} + \frac{4,67}{N_{Re}\sqrt{f_F}}\right) + 2,28 \qquad (18.32)$$

Em que:
ε = rugosidade da tubulação.
D = diâmetro interno da tubulação.
N_{Re} = o número de Reynolds referente ao trecho de tubulação avaliado.

Para tubos lisos, quando a rugosidade é igual a zero, o fator de atrito f_F passa a ser somente função do número de Reynolds. Nesse caso, as equações empíricas de Blasius, Equação (18.33), e de von Karman-Nikuradse, Equação (18.34), podem ser utilizadas para a determinação do valor de f_F para escoamento de fluidos newtonianos em regime turbulento.

$$f_F = 0,079 N_{Re}^{-0,25} \quad \text{para } 5\times10^3 < N_{Re} < 10^5 \qquad (18.33)$$

$$\frac{1}{\sqrt{f_F}} = 4\log_{10}\left(N_{Re}\sqrt{f_F}\right) - 0,4 \quad \text{para } 5\times10^3 < N_{Re} < 10^6 \qquad (18.34)$$

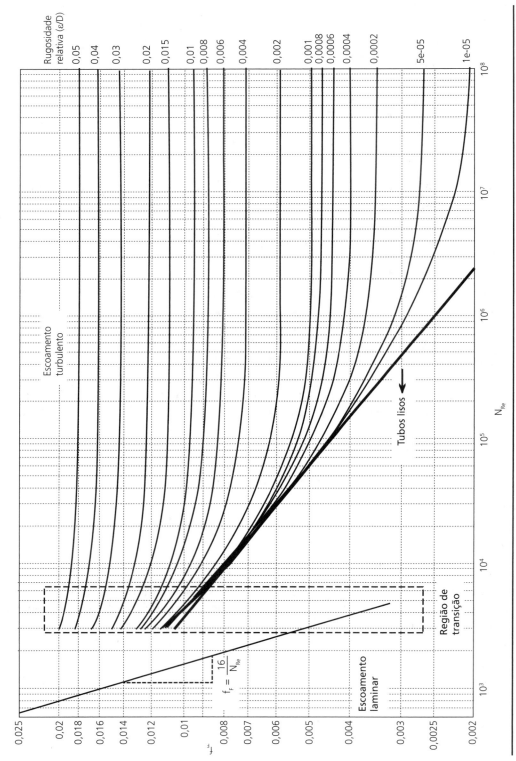

Figura 18.9 ▲ Diagrama de Moody para fluidos newtonianos.

Balanço de Energia Mecânica   capítulo **18**

A viscosidade de fluidos não newtonianos não depende somente da temperatura, mas também da velocidade de escoamento. Na maior parte dos casos, a viscosidade se correlaciona com a taxa de deformação de acordo com uma equação do tipo lei da potência, Equação (18.35), e o cálculo do número de Reynolds se torna mais complexo. Nesses casos, o número de Reynolds é chamado de Reynolds Generalizado (N_{ReG}), Equação (18.36), e passa a ser função do chamado índice de comportamento de escoamento (n), que indica o desvio do comportamento newtoniano (n = 1).

$$\mu = k\dot{\gamma}^{n-1} \quad (18.35)$$

Em que μ representa a viscosidade, k é o índice de consistência (Pa.s^n), $\dot{\gamma}$ é a taxa de deformação, que pode ser associada à velocidade de escoamento, e n representa o índice de comportamento de escoamento. Quando n < 1, o fluido é denominado pseudoplástico, enquanto para n > 1 o fluido é chamado de dilatante.

$$N_{ReG} = \frac{D^n \bar{v}^{2-n} \rho}{8^{n-1} k} \left(\frac{4n}{3n+1} \right) \quad (18.36)$$

Em que: D equivale ao diâmetro interno da tubulação, $\bar{v}$ à velocidade média desenvolvida, ρ à densidade do fluido, enquanto n e k correspondem aos parâmetros do modelo Lei da Potência, Equação (18.35). Deve-se ressaltar que para os fluidos newtonianos, o valor de n é igual a 1. Nesse caso, o k pode ser representado pela viscosidade μ, e a Equação (18.36) fica igual à Equação (18.13).

Deve-se ressaltar que grande parte dos fluidos alimentícios, como molhos de tomate, iogurtes e polpas concentradas de frutas, apresentam esse tipo de comportamento. Assim, nesses casos, o cálculo de f_F pode ser mais facilmente determinado a partir de gráficos, como pelo diagrama de Dodge-Metzner (Figura 18.10), desenvolvido para fluidos do tipo Lei da Potência.

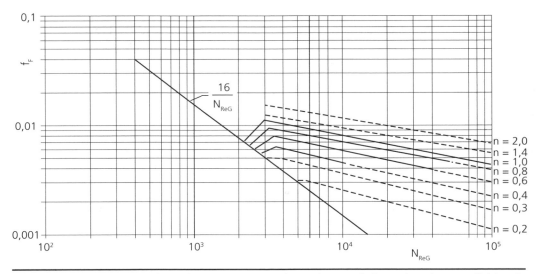

Figura 18.10 ▶ Diagrama de Dodge-Metzner para determinação do fator de atrito para fluidos do tipo Lei da Potência. Adaptada de Dodge e Metzner, 1959.

Exemplo 18.2

Queda de Pressão em Tubo de Venturi

O Tubo de Venturi é um dispositivo que permite determinar a velocidade (v) ou a vazão ($\dot{V}$) de um sistema por meio da queda de pressão de um fluido (determinada pela altura da coluna d'água, H) que ocorre quando há uma redução na área de escoamento. O dispositivo consiste em um tubo horizontal com um estrangulamento gradativo, para reduzir as perdas por atrito (Figura 18.11), de áreas A_1 e A_2 conhecidas. Determinar a relação entre a queda de pressão e a vazão de escoamento em um Tubo de Venturi.

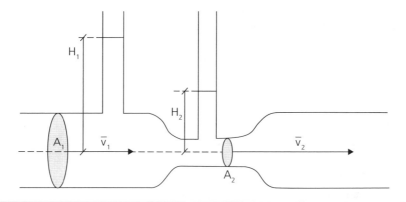

Figura 18.11 ▶ Tubo de Venturi.

Resolução

Tomando como base o balanço de energia mecânica, Equação (18.19), podemos desprezar o termo $\hat{W}_s$, uma vez que não são colocadas bombas nem outros equipamentos que podem realizar trabalho sobre o sistema. Assim, a resolução desse problema pode partir da equação de Bernoulli, Equação (18.20):

$$\frac{\Delta \bar{v}^2}{2\alpha} + g\Delta h + \frac{\Delta P}{\rho} = 0 \quad \rightarrow \quad \frac{\left(\bar{v}_2^{\,2} - \bar{v}_1^{\,2}\right)}{2\alpha} + g(h_2 - h_1) + \frac{(P_2 + P_1)}{\rho} = 0$$

Considerando que o Tubo de Venturi encontra-se na horizontal, temos que $h_2 = h_1 = 0$, de modo que a equação de Bernoulli pode ser simplificada, restando somente os termos de diferença de velocidade e de pressão:

$$\frac{\left(\bar{v}_2^{\,2} - \bar{v}_1^{\,2}\right)}{2\alpha} + \frac{(P_2 - P_1)}{\rho} = 0 \qquad \text{(E18.2-1)}$$

Balanço de Energia Mecânica

capítulo 18

As velocidades nos pontos 1 e 2 podem ser relacionadas pelo balanço de massa:

$$\dot{m}_1 = \dot{m}_2 \quad \rightarrow \quad \rho_1 \dot{V}_1 = \rho_2 \dot{V}_2 \quad \rightarrow \quad \rho_1 A_1 \overline{v}_1 = \rho_2 A_2 \overline{v}_2 \qquad \text{(E18.2-2)}$$

Assim, admitindo que o escoamento se dá em estado estacionário, que o fluido é incompressível (ρ = cte) e que o fluido escoa em um duto de seção circular ($A = \frac{\pi D^2}{4}$), as velocidades ao longo da tubulação podem ser relacionadas da seguinte forma:

$$\rho_1 \frac{\pi D_1^2}{4} \overline{v}_1 = \rho_2 \frac{\pi D_2^2}{4} \overline{v}_2 \quad \rightarrow \quad \overline{v}_1 D_1^2 = \overline{v}_2 D_2^2$$

$$\overline{v}_1 = \left(\frac{D_2}{D_1}\right)^2 \overline{v}_2 \qquad \text{(E18.2-3)}$$

Substituindo a Equação (E18.2-3) na equação simplificada de Bernoulli, Equação (18.20):

$$\frac{1}{2\alpha}\left[\overline{v}_2^2 - \left(\left(\frac{D_2}{D_1}\right)^2 \overline{v}_2\right)^2\right] + \frac{P_2 - P_1}{\rho} = 0 \quad \rightarrow \quad \frac{1}{2\alpha}\left[\overline{v}_2^2\left(1 - \left(\frac{D_2}{D_1}\right)^4\right)\right] + \frac{P_2 - P_1}{\rho} = 0$$

$$\overline{v}_2^2 = \frac{2\alpha \dfrac{P_1 - P_2}{\rho}}{\left[1 - \left(\dfrac{D_2}{D_1}\right)^4\right]} \quad \rightarrow \quad \overline{v}_2 = \sqrt{\frac{2\alpha \dfrac{P_1 - P_2}{\rho}}{\left[1 - \left(\dfrac{D_2}{D_1}\right)^4\right]}} \qquad \text{(E18.2-4)}$$

Lembrando que a vazão volumétrica equivale ao produto da velocidade de escoamento pela área da seção transversal, Equação (E18.2-5):

$$\dot{V} = v_2 \frac{\pi D_2^2}{4} \qquad \text{(E18.2-5)}$$

Podemos relacionar a vazão no Tubo de Venturi com a queda na pressão, substituindo a Equação (E18.2-4) na Equação (E18.2-5):

$$\dot{V} = \frac{\pi D_2^2}{4} \sqrt{\frac{2\alpha \dfrac{P_1 - P_2}{\rho}}{\left[1 - \left(\dfrac{D_2}{D_1}\right)^4\right]}} \qquad \text{(E18.2-6)}$$

Comentários

O Tubo de Venturi é um equipamento bastante simples, robusto e de custo reduzido utilizado para determinar a vazão de fluido em diversas aplicações como no transporte de misturas e no processamento de gás natural. Tal como ilustrado pela Equação (E18.2-6), a vazão de processo é calculada a partir da perda de carga observada na redução da área de escoamento de um trecho da tubulação.

Perdas por Atrito nos Acessórios

A Figura 18.12 representa o comportamento típico da perda de carga em acessórios de acordo com a velocidade de escoamento, e pode ser calculada pela Equação (18.37). Pode-se observar que em velocidades elevadas, quando o regime de escoamento é turbulento, a perda de carga ($\frac{\Delta P}{\rho}$) aumenta linearmente com o aumento da razão $\frac{\overline{v}^2}{2}$. O coeficiente angular dessa relação linear equivale ao coeficiente de perda de carga (k_{fr}) localizada nos acessórios. Em menores velocidades de escoamento, a relação entre $\frac{\Delta P}{\rho}$ e $\frac{\overline{v}^2}{2}$ se torna não linear, e portanto mais complexa, e o valor de k_{fr} passa a depender do número de Reynolds.

$$\hat{E}_{atrito\_acessórios} = \sum \frac{k_{fr}\overline{v}^2}{2} \quad (18.37)$$

Em que: k_{fr} representa o coeficiente de perda de carga localizada nos acessórios e $\overline{v}$ representa a velocidade média desenvolvida pelo fluido.

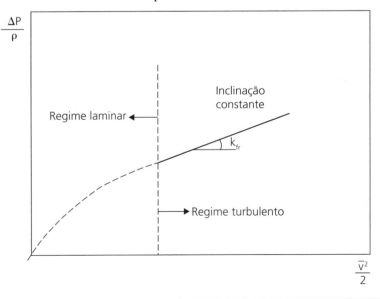

Figura 18.12 ▶ Comportamento da perda de carga em acessórios de acordo com a velocidade de escoamento.

Balanço de Energia Mecânica

capítulo 18

Em geral, a maior parte dos dados de k_{fr} tabelados foi obtida em regime turbulento, sendo que em regime laminar esses dados são bastante escassos, tendo sido obtidos somente para alguns valores de Reynolds.

Regime Turbulento

Como dito anteriormente, quando o regime é turbulento, o coeficiente de perda de carga localizada de válvulas e acessórios é praticamente constante e k_{fr} pode ser facilmente encontrado em tabelas, dependendo do acessório utilizado.

a. Válvulas e Acessórios

A Tabela 18.3 apresenta os valores de k_{fr} de alguns acessórios que foram obtidos para fluidos newtonianos, mas que também são utilizados para fluidos não newtonianos. Esses valores de k_{fr} foram obtidos em regime turbulento, mas podem ser usados para valores de número de Reynolds a partir de 500.

b. Contrações e Expansões

O valor de k_{fr} pode ser determinado através de equações empíricas, assumindo que as perdas são devidas aos turbilhões formados durante a contração ou expansão (Figura 18.13). Nesse caso, deve-se considerar os diâmetros envolvidos e a velocidade média do tubo de menor diâmetro.

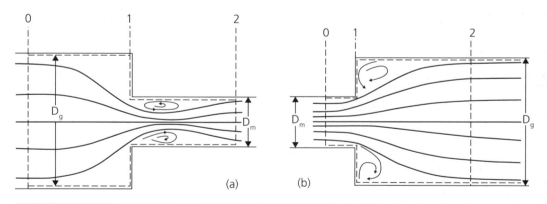

Figura 18.13 ▶ Comportamento das linhas de corrente frente a uma (a) contração súbita ou (b) expansão súbita.

Para contrações súbitas, o coeficiente de perda de carga é definido de acordo com a Equação (18.38). Em saídas de tanques e reservatórios, quando o diâmetro da tubulação é muito menor que o do tanque ($D_m \ll D_g$), pode-se considerar o valor de k_{fr} igual a 0,5.

$$k_{fr} = 0,5\left(1 - \frac{D_m^2}{D_g^2}\right) \tag{18.38}$$

Tabela 18.3 ▶ Coeficientes de perda de carga localizada em válvulas e acessórios.

Tipo de união ou válvula	k_{fr}
Joelho de 45°, padrão	0,35
Raio longo	0,20
Joelho de 90°, padrão	0,75
Raio longo	0,45
Canto vivo	1,30
Curva a 180°, volta fechada	1,50
Tê, padrão, ao longo do tubo principal, derivação fechada	0,40
Usada como joelho, entrada no tubo principal	1,00
Usada como joelho, entrada na derivação	1,00
Escoamento em derivação	1,00
Luva	0,04
União	0,04
Válvula gaveta, aberta	0,17
¾ aberta	0,90
½ aberta	4,50
¼ aberta	24,0
Válvula de diafragma, aberta	2,30
¾ aberta	2,60
½ aberta	4,30
¼ aberta	21,0
Válvula globo, sede chanfrada, aberta	6,00
½ aberta	9,50
Válvula globo, sede de material sintético, aberta	6,00
½ aberta	8,50
Válvula globo, disco tampão, aberta	9,00
¾ aberta	13,0
½ aberta	36,0
¼ aberta	112,0
Válvula angular, aberta	2,0
Válvula macho	
θ = 0° (aberta)	0,0
θ = 5°	0,05
θ = 10°	0,29
θ = 20°	1,56
θ = 40°	17,3
θ = 60°	206,0
Válvula borboleta	
θ = 0° (aberta)	0,0
θ = 5°	0,24
θ = 10°	0,52
θ = 20°	1,54
θ = 40°	10,8
θ = 60°	118,0
Válvula de retenção aberta	
Portinhola	2,0
Disco	10,0
Esfera	70,0

Fonte: Tilton, J. N. (2008).

Balanço de Energia Mecânica

capítulo 18

Em que D_m equivale ao diâmetro da tubulação menor (tubo de saída) e D_g ao diâmetro da tubulação maior (tubo de entrada).

Para expansões, k_{fr} é definido pela Equação (18.39).

$$k_{fr} = \left(1 - \frac{D_m^2}{D_g^2}\right) \qquad (18.39)$$

Quando se considera a entrada do fluido em grandes reservatórios ou tanques, temos que $D_g \gg D_m$, de modo que, pela Equação (18.39), k_{fr} é igual a 1. Nesse caso, após a saída da tubulação, a velocidade do fluido tende a zero e a energia perdida por atrito, representada pela Equação (18.37), é igual a $\hat{E}_{atrito} = \frac{\bar{v}^2}{2}$, indicando que a energia cinética é completamente perdida em casos de expansão total.

Regime Laminar

Os dados para os coeficientes de perda de carga localizada em regime laminar são bastante escassos e dependem do valor do Reynolds.

Na Tabela 18.4 podem ser observados alguns valores encontrados na literatura de k_{fr} de válvulas e acessórios para fluidos newtonianos em escoamento laminar.

Tabela 18.4 ▶ Coeficientes de perda de carga localizada (k_{fr}) para escoamento laminar de fluidos Newtonianos através de válvulas e acessórios.

Tipo de válvula ou acessório	N_{Re} = 1.000	N_{Re} = 500	N_{Re} = 100
Joelho 90°, raio curto	0,9	1,0	7,5
Tê, padrão, raio longo	0,4	0,5	2,5
Derivação para a linha	1,5	1,8	4,9
Válvula gaveta	1,2	1,7	9,9
Válvula globo, disco	11	12	20
Tampão	12	14	19
Válvula angular	8	8,5	11
Válvula de retenção, portinhola	4	4,5	17

Fonte: Tilton JN, 2008.

Fundamentos de Engenharia de Alimentos

Para fluidos não newtonianos em regime laminar (20 < N_{Re} < 500), o coeficiente de perda de carga nas válvulas e acessórios pode ser estimado a partir dos dados de k_{fr} encontrados para o escoamento em regime turbulento (Tabela 18.3). Nesse caso, o valor do coeficiente de perda de carga k_{fr} nos acessórios é dado pela relação:

$$k_{fr} = \frac{500(k_{fr})_{Turbulento}}{N_{Re}} \qquad (18.40)$$

Exemplo 18.3

Escoamento de Leite em Tubo de Aço Inoxidável

Considerando que a Figura 18.6 representa o escoamento de leite que percorre uma tubulação de aço inoxidável, recalcule a potência da bomba da Figura 18.6, levando em conta as perdas por atrito ao longo da linha. Determine a porcentagem de cada um dos termos do Balanço de Energia Mecânica no montante total de energia útil.

Resolução

Para a resolução desse problema, podemos nos basear no balanço de energia utilizado no Exemplo 18.1, com a adição da energia perdida por atrito ($\Delta \hat{E}_{atrito}$). Como há tubulações com diferentes diâmetros ao longo do escoamento, a velocidade nas diferentes seções deve ser levada em conta.

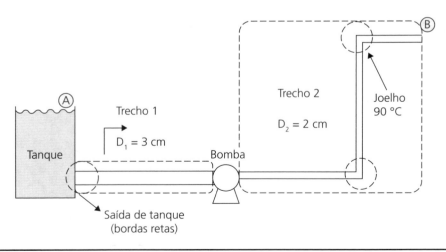

Figura 18.14 ▶ Escoamento de um fluido de um tanque aberto (pressão atmosférica) por uma tubulação.

Considerando então a perda de carga durante o escoamento ao longo da tubulação, temos:

$$\Delta \hat{E}_{atrito\_tubulação} = \frac{2f_F \bar{v}^2 L}{D}$$

A partir do Exemplo 18.1, temos o valor da velocidade no trecho da tubulação com 2 cm de diâmetro ($\bar{v}_2 = 1{,}06$ m/s). A velocidade no primeiro trecho poderá ser calculada a partir da Equação (E18.2-3), desenvolvida a partir da equação do balanço de massa, Equação (E18.2-2).

$$\bar{v}_1 = \left(\frac{D_2}{D_1}\right)^2 \bar{v}_2 \quad \rightarrow \quad \bar{v}_1 = \left(\frac{0{,}02}{0{,}03}\right)^2 \times 1{,}06 \cong 0{,}47 \, m/s$$

Para a determinação do fator de atrito de Fanning, é necessário se calcular o número de Reynolds para se determinar o regime de escoamento:

$$N_{Re3cm} = \frac{\rho \bar{v}_{3cm} D_{3cm}}{\mu} = 1.032\left(\frac{kg}{m^3}\right) \times 0{,}47 \frac{m}{s} \times 0{,}03 m \times \frac{1}{0{,}0025}\left(\frac{m.s}{kg}\right) \cong 5.820$$

Assim, como determinado para o trecho da tubulação com 2 cm de diâmetro (Exemplo 18.1), o regime de escoamento no primeiro trecho é turbulento ($N_{Re} > 4.000$).
Uma vez que os tubos são de PVC (plástico), pode-se considerar a rugosidade igual a *zero*, de modo que o fator de atrito de Fanning pode ser determinado pelas Equações (18.32), (18.33), (18.34) ou pelo gráfico de Moody (Tabela 18.5).

Tabela 18.5 ▶ Fator de atrito calculado por diferentes metodologias para os diferentes trechos de tubulação.

	1º trecho (D = 3cm)			2º trecho (D = 2 cm)		
	$\bar{v}$ (m/s)	N_{Re}	f_F	$\bar{v}$ (m/s)	N_{Re}	f_F
Colebrook	0,47	5.820	$8{,}96 \times 10^{-3}$	1,06	8.751	$8{,}00 \times 10^{-3}$
Blasius			$9{,}04 \times 10^{-3}$			$8{,}17 \times 10^{-3}$
Von Karman-Nikuradse			$8{,}96 \times 10^{-3}$			$8{,}00 \times 10^{-3}$
Moody (gráfico)			~0,0088			~0,0082

Considerando o fator de atrito de Fanning calculado pela relação de Colebrook, temos que a dissipação de energia por atrito nos diferentes trechos de tubulação pode ser calculada pela Equação (18.30) e os resultados podem ser observados na Tabela 18.6.

Tabela 18.6 ▶ Dissipação de energia por atrito nos diferentes trechos da tubulação.

	D (m)	$\overline{v}$ (m/s)	L (m)	f_F	$\Delta \hat{E}_{atrito\_tubulação}$
1º trecho	0,03	0,47	15	$8,96 \times 10^{-3}$	0,56
2º trecho	0,02	1,06	30	$8,00 \times 10^{-3}$	6,74
					7,26 J/kg

Dentro do volume de controle, devemos considerar a perda de carga nos 2 joelhos de 90°, na entrada da tubulação (contração da saída do tanque) e na contração da mudança de diâmetro da tubulação (de 3 cm para 2 cm). Para a determinação da perda por atrito nas contrações, utiliza-se a maior velocidade, ou seja, igual a 0,47 e 1,06 m/s para a saída do tanque e para a mudança de diâmetro da tubulação, respectivamente. Assim, as perdas por atrito nos acessórios podem ser calculadas:

$$\Delta \hat{E}_{atrito\_acessórios} = \sum \frac{k_{fr} \overline{v}^2}{2} = 2\Delta \hat{E}_{atrito\_joelhos} + \Delta \hat{E}_{atrito\_saída\,do\,tanque} + \Delta \hat{E}_{atrito\_contração\,tubulação}$$

$$\Delta \hat{E}_{atrito\_acessórios} = 2 \times \frac{0,75 \times 1,06^2}{2} + \frac{0,50 \times 0,47^2}{2} + \frac{\left(0,5 \times \left(1 - \frac{0,02^2}{0,03^2}\right)\right) \times 1,06^2}{2}$$

$$\Delta \hat{E}_{atrito\_acessórios} = 1,054 \text{ J/kg}$$

A perda total por atrito ao longo do escoamento na tubulação será igual a:

$$\Delta \hat{E}_{atrito} = \Delta \hat{E}_{atrito\_tubulação} + \Delta \hat{E}_{atrito\_acessórios} = 7,26 + 1,054 = 8,31 \text{ J/kg}$$

Adicionado o termo de energia dissipada por atrito ao balanço de energia mecânica do Exemplo 18.1, temos:

$$\left(\frac{1,06^2}{2} - \frac{0^2}{2\alpha}\right) + 9,8 \times (10-0) + \frac{(P_{atm} - P_{atm})}{1032} + \Delta \hat{E}_{atrito} = \hat{W}_s$$

$$0,56 + 98 + 8,31 = \hat{W}_s$$

$$\hat{W}_s = 106,87 \text{ J/kg} \rightarrow \dot{W}_s = \hat{W}_s \dot{m} = 106,87 \times 0,34 \rightarrow \dot{W}_s = 36,34 \text{ W}$$

A influência de cada um dos termos do balanço de energia mecânica pode ser observada na Tabela 18.7.

Balanço de Energia Mecânica

Tabela 18.7 ▶ Influência dos termos do balanço de energia mecânica no trabalho final necessário para o bombeamento no sistema.

$\Delta\hat{E}$	0,56 J/kg	0,52%
$\Delta\hat{E}_p$	98 J/kg	91,70%
$\Delta\hat{E}_{atrito}$	8,31 J/kg	7,78%

Comentários

Note que a comparação da influência dos diferentes termos de energia calculados no Exemplo 18.3 indica que a energia cinética é o termo que apresentou a menor contribuição no balanço de energia mecânica. Deve-se observar que, de um modo geral, o termo de energia cinética somente contribuirá de maneira significativa para o cômputo do Balanço de Energia Mecânica para sistemas sem elevação ($\Delta\hat{E}_p = 0$), com tubulações curtas e sem acessórios ($\hat{E}_{atrito} \to 0$) e em regime turbulento, quando a velocidade de escoamento é bastante elevada. O termo de energia de atrito, por outro lado, será mais significativo à medida que a viscosidade do fluido que está escoando aumenta.

RESUMO DO CAPÍTULO

Os termos do balanço de energia que contribuem para a movimentação dos fluidos foram introduzidos neste capítulo. O Balanço de Energia Mecânica foi apresentado em função dos termos de perda de carga, energias cinética e potencial, sendo que as perdas por atrito foram avaliadas para fluidos newtonianos e não newtonianos. Exemplos e problemas que mostram a aplicação em diferentes processos da área de alimentos são apresentados para a determinação do trabalho mecânico necessário para o dimensionamento de equipamentos usados no deslocamento de fluidos, como bombas e ventiladores.

PROBLEMAS PROPOSTOS

18.1 Uma empresa está desenvolvendo uma nova bebida à base de suco de frutas e precisa determinar a viscosidade desse novo produto. Para isso, há disponível um tanque com uma abertura na parte inferior, na qual se encontra conectado um capilar de vidro, com 20 cm de comprimento e 2 mm de diâmetro interno. Quando a altura de líquido no tanque é de 10 cm, a vazão na parte inferior do capilar é de 3 cm³/s. Determine a viscosidade do produto, sabendo-se que o fluido é newtoniano e a densidade dessa bebida é de 1.195 kg/m³. Considere que o diâmetro do tanque é muito maior que o do capilar, e que o escoamento é laminar.

18.2. Você está tomando uma vitamina usando um canudo de plástico de 22 cm de comprimento e 1 cm de diâmetro. Essa vitamina apresenta propriedades de um fluido do tipo Lei da Potência com $k = 9{,}2$ Pa.s^{0,55}, $n = 0{,}55$, e uma densidade de 1,1 g/cm³.

a) Quando você coloca o canudo 10 cm abaixo da superfície da vitamina, quanto você precisará succionar para que o fluido comece a escoar pelo canudinho? Lembre-se que a velocidade nesse caso é muito baixa.

b) Caso você coloque uma pressão absoluta de 0,05 atm, qual será a vazão do fluido?

18.3. Em uma planta de processamento de maionese (Figura P18.3), é necessário que o óleo percorra uma tubulação de aço inox até alcançar o tanque de mistura. Determine o trabalho que a bomba precisa exercer para que a vazão se mantenha em 4 l/s.

Dados do óleo: $\rho = 900$ kg/m³; $\mu = 0{,}05$ Pa.s

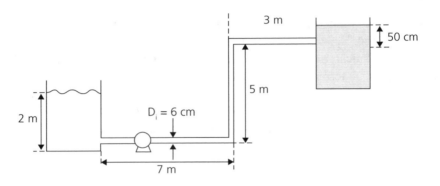

Figura P18.3 ▶ Fluxograma de processo.

18.4. Considerando que na mesma indústria do problema anterior há uma linha similar com tubulação de ferro fundido utilizada para a sanitização do tanque de processo, determine a potência da bomba colocada nessa linha de limpeza para a mesma vazão de 4 l/s, sabendo que o sanitizante apresenta densidade igual a 1.100 kg/m³ e viscosidade de 0,02 Pa.s.

18.5. Em uma indústria, o molho de salada escoa através do tanque até o setor de engarrafamento, como mostra a Figura P18.5. O diâmetro da tubulação é de 3,80 cm e o molho é descarregado a uma velocidade de 2 m/s. Sabendo que a bomba realiza um trabalho de 300 W, determine:

a) A vazão mássica do processo.

b) As perdas por atrito do sistema.

c) O comprimento total (L), em metros, da tubulação.

Dados do fluido	Dados da tubulação
$\rho = 1.100$ kg/m³	k_{fr} contração $= 0{,}5$
$\mu = 0{,}09$ Pa.s	k_{fr} joelho 90° $= 0{,}75$

Balanço de Energia Mecânica

capítulo 18

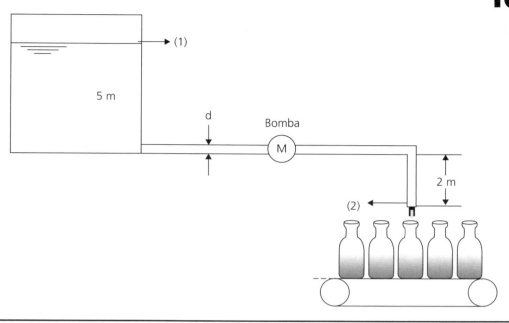

Figura P18.5 ▶ Fluxograma de processo.

18.6. No sistema mostrado na Figura P18.6 deve-se escoar polpa de tomate, que é um fluido do tipo Lei da Potência. Sabendo que o diâmetro do tubo e do tanque são iguais a 0,075 e 1 m, respectivamente, determine o volume inicial de polpa para que o fluido comece a escoar à velocidade de 3,5 m/s, quando a válvula borboleta é aberta em 5°. Despreze a rugosidade do tubo.

Dados do fluido: $\rho = 1.200$ kg/m^3, $k = 1{,}52$ Pa.s^n e $n = 0{,}4$

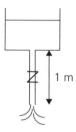

Figura P18.6 ▶ Fluxograma de processo.

18.7. Óleo de soja deve ser passado por um filtro (Figura P18.7) para retirada das impurezas provenientes da extração a uma vazão de 1.500 kg/h. O tanque pulmão mantém a altura de líquido constante, porque está sendo continuamente alimentado. Calcule o trabalho de eixo necessário para que o fluido atravesse o filtro. Considere que todas as válvulas são de retenção de portinhola, mas somente a que se localiza após a bomba está aberta e despreze as perdas por atrito na entrada e na saída da tubulação.

Dados: $\rho = 850$ kg/m^3
  $\mu = 50$ cP
  $D_i = 2''$

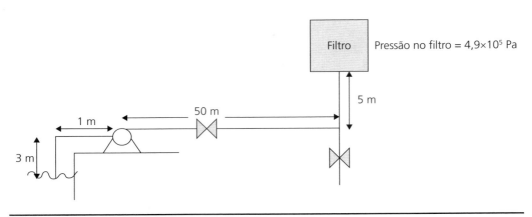

Figura P18.7 ▶ Fluxograma de processo.

18.8. Em uma fábrica de sucos concentrados bombeia-se do depósito A até o tanque de processamento B (Figura P18.8) um suco de laranja com as seguintes características:
$k = 8$ Pa.s^n $\qquad\qquad$ $n = 0,68$ $\qquad\qquad$ $\rho = 1.100$ kg/m³
Vazão = 10 m³/h
Determine o trabalho útil, por unidade de massa.

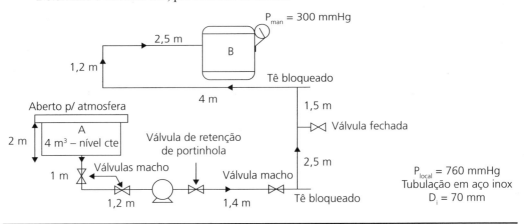

Figura P18.8 ▶ Fluxograma de processo.

18.9. A fábrica de uma bebida láctea fermentada vê a necessidade de substituir uma tubulação com 20 cm² de seção transversal por duas linhas de 10 cm² cada, conforme desenho esquemático representado pela Figura P18.9. Qual é a relação entre as pressões dos tanques 1 e 2 para que a vazão mássica se mantenha a mesma? Para facilitar os cálculos, admita o escoamento turbulento e utilize a equação de Blasius para a determinação do fator de atrito.

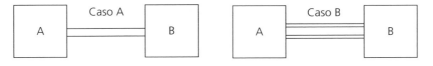

Figura P18.9 ▶ Fluxograma de processo.

Balanço de Energia Mecânica
capítulo 18

18.10. O tanque da Figura P18.10 esta cheio de suco de maçã e é constantemente abastecido. O suco passa pela tubulação conforme mostra a figura e é despejado na superfície de um grande tanque aberto para a próxima etapa de processo. Determine a vazão volumétrica na qual deve ser abastecido o tanque, para que ele não transborde.

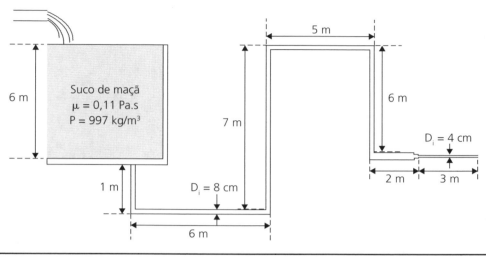

Figura P18.10 ▶ Fluxograma de processo.

REFERÊNCIAS BIBLIOGRÁFICAS

1. Bird RB, Stewart WE, Lightfoot EN. Transport phenomena. New York: John Wiley & Sons; 1960. P. 780.
2. Dodge DW, Metzner AB, AIChE 1959; 5:189-204.
3. Foust AS, Wenzel LA, Clump CW, Maus L, Andersen LB. Principles of unit operations. New York: John Wiley & Sons; 1980. P. 768.
4. Himmelblau DM. Engenharia química: princípios e cálculos. 6ª Ed. Rio de Janeiro: LTC Editora; 1999.
5. Ibarz A, Barbosa-Cánovas GV. Transport of fluids through pipes. In: Unit operations in food engineering. Boca Raton: CRC Press; 2003. P. 143-203.
6. King RP. Introduction to practical fluid flow. Burlington: Butterworth Heinemann; 2002. P. 198.
7. Morrison FA. Mechanical energy balance: intro and overview. 2005; P. 31.
8. Rao MA. Transport and storage of food products. In: Heldman DR & Lund DB. Handbook of food engineering. Boca Raton: CRC Press – Taylor & Francis Group; 2007. P. 353-395.
9. Steffe JF. Rheological methods in food process engineering. East Lansing: Freeman Press; 1992. P. 418.
10. Tilton N. Fluid and particle dynamics. In: Perry JH. Perry's chemical engineers' handbook. New York: McGraw-Hill; 2008. P. 6-1, 6-56.
11. Welty JR, Wicks CE, Wilson RE. Wilson. Fundamentals of momentum, heat and mass transfer. New York: John Wiley & Sons; 1984. P. 803.

CAPÍTULO 19

Propriedades Térmicas de Alimentos e Propriedades Termodinâmicas da Água

- Juliana Martin do Prado
- Priscilla Carvalho Veggi
- Camila Gambini Pereira
- M. Angela A. Meireles

CONTEÚDO

Objetivos do capítulo 622

Tabela 19.1. Densidade (ρ) de alimentos – equações preditivas 623

Tabela 19.2. Calor específico (C_p) de alimentos – equações preditivas 633

Tabela 19.3. Condutividade térmica (k) de alimentos – equações preditivas 646

Tabela 19.4. Difusividade térmica (α) de alimentos – equações preditivas 666

Tabela 19.5. Densidade (ρ) de alimentos – valores pontuais 671

Tabela 19.6. Calor específico (C_p) de alimentos – valores pontuais 688

Tabela 19.7. Condutividade térmica (k) de alimentos – valores pontuais 720

Tabela 19.8. Difusividade térmica (α) de alimentos – valores pontuais 752

Tabela 19.9. Propriedades termodinâmicas da água e do vapor 771

Resumo do Capítulo 791

Referências Bibliográficas 791

Fundamentos de Engenharia de Alimentos

OBJETIVOS DO CAPÍTULO

Na literatura, há vasta informação sobre propriedades térmicas de substâncias puras e soluções simples. No entanto, quando se trata de alimentos, sua composição complexa apresenta grande influência sobre estas propriedades. Neste capítulo encontram-se compilados dados de propriedades termofísicas de alimentos e propriedades termodinâmicas da água e do vapor de água.

Notação	
C	concentração de sólidos solúveis, °Brix
g	teor de gordura, %
H	umidade, % (b.u., exceto quando indicado o contrário)
p	teor de proteína, %
P	pressão, MPa
s	teor de sólidos totais, %
sng	teor de sólidos não gordurosos, %
T	temperatura, °C
T_f	ponto de fusão, °C
w	fração mássica de água (b.u., exceto quando indicado o contrário)
ε	porosidade
Φ	Fração volumétrica
ρ	densidade, kg/m³

Tabela 19.1. Densidade (ρ) de alimentos – equações preditivas.

Alimento	ρ[kg/m³]	Faixa de aplicação	Referências
	Equações gerais		
Água	$997{,}18 + 3{,}1439 \times 10^{-3}T - 3{,}7574 \times 10^{-3}T^2$	T = 0 a 150 °C	33
Ar	$1{,}2847 - 3{,}2358 \times 10^{-3}T$	T = -40 a 150 °C	33
Carboidratos	$15{,}991 - 0{,}31046T$	T = -40 a 150 °C	370
Cinzas	$2423{,}8 - 0{,}28063T$	T = -40 a 150 °C	33
Fibras	$1311{,}5 - 0{,}36589T$	T = -40 a 150 °C	33
Gelo	$916{,}89 - 0{,}1307T$	T = -40 a 0 °C	33
Gordura	$925{,}59 - 0{,}41757T$	T = -40 a 150 °C	370
Proteínas	$1329{,}9 - 0{,}5184T$	T = -40 a 150 °C	33
	Frutas, vegetais e cereais		
Abóbora Chiny, semente	$415{,}03 - 2{,}503H$	H = 5,18 a 42,76 % (b.s.)	206
Abóbora Gushty, semente	$508{,}5 - 2{,}499H$	H = 7,00 a 41,62 % (b.s.)	206
Abóbora Riz, semente	$589{,}85 - 6{,}646H$	H = 5,49 a 28,39 % (b.s.)	206
Abóbora, semente			
em casca	$379{,}3 + 5{,}86H - 0{,}09H^2$	H = 5,8 a 40,7 %	152
descascada	$471{,}8 + 3{,}20H - 0{,}03H^2$	H = 4,2 a 38,0 %	
Açaí, polpa	$1068{,}65 - 0{,}4579H - 0{,}3867T$	T = 10 a 50 °C, H = 85 a 90 %	247
Agreira	$619{,}06 - 1{,}6815H$	H = 15,25 a 50,42 %	86
Alcaparra			
fruto	$386{,}07 + 9{,}475H$	H = 71,85 a 82,93 %	287
semente	$457{,}9 - 3{,}70H$	H = 6,03 a 16,35 % (b.s.)	95
Amaranto, semente	$869 - 3{,}50H$	H = 7,7 a 43,9 % (b.s.)	1
Ameixa Angeleno	$933{,}9 - 274{,}4w$	w = 0,142 a 0,804	108

Continua

Tabela 19.1. Densidade (ρ) de alimentos – equações preditivas.   *(continuação)*

Alimento	ρ [kg/m³]	Faixa de aplicação	Referências
Frutas, vegetais e cereais			
Amêndoa Tasbadem			
em casca	$659{,}7 - 5{,}8175H$	H = 3 a 25 % (b.s.)	27
descascada	$603{,}12 - 5{,}40155H$	H = 3 a 25 % (b.s.)	
Amora, suco	$955{,}4 - 0{,}513T + 5{,}725C$	T = 0,5 a 80,8 °C, C = 9,4 a 58,4 °Brix	55
Arroz longo			
em casca	$508{,}5 + 2{,}0272H$	H = 7,19 a 27,86 % (b.s.)	270
parbolizado	$487{,}03 + 1{,}835H$	H = 12,24 a 43,53 % (b.s.)	
Arroz médio em casca	$560{,}16 + 1{,}7102H$	H = 14,9 a 16,6 % (b.s.)	139
Avelã			
em casca	$548{,}039 - 3{,}355H$	H = 6,19 a 28,71 %	251
descascada	$668{,}155 - 3{,}562H$	H = 6,19 a 28,71 %	
Avelã Tombul			
em casca	$426{,}68 - 42{,}477 \ln H$	H = 2,77 a 19,98 % (b.s.)	26
descascada	$585{,}5 - 44{,}018 \ln H$	H = 2,77 a 19,98 % (b.s.)	
Bacuri, polpa	$982{,}07 + 6{,}5493C - 0{,}1635C^2$	T = 25 °C, C = 5 a 20 °Brix	217
	$981{,}72 + 5{,}5170C - 0{,}1182C^2$	T = 30 °C, C = 5 a 20 °Brix	
Batata doce	$1491{,}5 - 0{,}4968w - 5{,}73 \times 10^{-4}T$	T = 20 a 60 °C, w = 0,45 a 0,75	101
purê	$716{,}60 - 2{,}749T$	T = 5 a 80 °C, H = 73,3 %	104
Borragem, semente	$457{,}5 - 0{,}86H + 4{,}43 \times 10^{-2}H^2$	T = 6 a 20 °C, H = 1,2 a 30,3 %	354
Cacau, categoria B	$589{,}65 - 3{,}733H$	H = 8,6 a 23,8 %	42
Café Caturra, pergaminho	$282{,}40 + 5{,}9993H$	T = 25 °C, H = 4 a 56 %	249
Café Colombiano, pó	$350 + 103{,}4H$	T = 45 a 150 °C, H = 4,8 a 9,8 % (b.s.)	301
Café Mexicano, pó	$496 + 84{,}8H$	T = 45 a 150 °C, H = 4,8 a 9,8 % (b.s.)	301

Propriedades Térmicas de Alimentos e Propriedades Termodinâmicas da Água — capítulo 19

Tabela 19.1. Densidade (ρ) de alimentos – equações preditivas. *(continuação)*

Alimento	ρ (kg/m³)	Faixa de aplicação	Referências
Frutas, vegetais e cereais			
Café, extrato	$1422,57 - 451,98w - 0,16T$	T = 30 a 82 °C, w = 0,5 a 0,9	323
Cajá, suco	$962,6 - 0,31T + 4,8C$	T = 0,4 a 77,1 °C, C = 8,8 a 49,4 °Brix	24
Caju			
castanha	$631,921 - 2,081H$	H = 3,15 a 20,06 % (b.s.)	37
suco	$995,62 + 4,12C$	T = 30 °C, C = 5,5 a 25,0 °Brix	31
Cana de açúcar, caldo	$997,39 + 4,46C$	T = 25 °C, C = 17,2 a 82,0 °Brix	264
Canola, semente	$616,74 - 1,4518H$	H = 4,70 a 23,96 % (b.s.)	58
Castanha de raposa			148
grande, > 10 mm	$369,2 + 12,9H - 0,102H^2$	T = 25 a 55 °C, H = 15 a 60 %	
média, 8 a 10 mm	$396,7 + 13,3H - 0,108H^2$	T = 25 a 55 °C, H = 15 a 60 %	
pequena, < 8 mm	$434,0 + 16,6H - 0,842H^2$	T = 25 a 55 °C, H = 15 a 60 %	
Cebola	$1192 - 412w + 1068w^2 - 1065w^3$	T = 20 °C, w = 0,054 a 0,800	266
Cebola Niz	$1322 - 715w + 1268w^2 - 1004w^3$	T = 25 °C, w = 0,1367 a 0,8134	2
Cebola Spirit	$1154 - 318w + 744w^2 - 656w^3$	T = 25 °C, w = 0,0167 a 0,8766	2
Cebola Sweet Vidalia	$1010 + 282w - 762w^2 + 399w^3$	T = 25 °C, w = 0,00 a 0,92	2
Cereja de Santa Lúcia, semente	$636,38 - 6,86H$	H = 2,9 a 10,2 % (b.s.)	28
Coco verde, água	$1023,4651 - 0,3416T$	T = 5 a 80 °C, H = 94 %, C = 5,7 °Brix	105
Coco, leite	$1018 - 0,317g - 0,465T$	T = 60 a 80 °C, g = 20 a 35 %	313
Coentro, semente	$242,56 - 1,1271H$	H = 7,10 a 18,94 % (b.s.)	80
Cupuaçu, polpa	$1039,5 - 0,6642\,9T + 0,01607T^2 - 2,5 \times 10^{-4}T^3$	T = −10 a 50 °C, C = 12 °Brix (integral)	21
	$1051,3 - 0,3157T - 0,0025T^2$	T = −10 a 50 °C, C = 12 °Brix (peneirada)	
	$1046,3 - 054833T - 0,023T^2 + 2,83 \times 10^{-4}T^3$	T = −10 a 50 °C, C = 9 °Brix	

Tabela 19.1. Densidade (ρ) de alimentos – equações preditivas.   (continuação)

Alimento	ρ[kg/m³]	Faixa de aplicação	Referências
Frutas, vegetais e cereais			
Damasco			
caroço	437 + 4,07H	H = 6,79 a 36,19 %	113
miolo do caroço	558 − 0,41H	H = 6,95 a 37,76 %	
Erva-mate, galho	558 + 4,469 × 10⁻²H²	H = 5,35 a 105,37 % (b.s.)	283
Ervilha	733,36 − 2,5823H	H = 10,06 a 35,08 % (b.s.)	352
Ervilhaca Küba, semente	899,77 − 3,67H	H = 10,57 a 20,63 % (b.s.)	351
Fava	430,44 − 12,606H	H = 9,98 a 25,08 % (b.s.)	15
Feijão Barbunia	714,1 − 4,2661H	H = 18,33 a 32,43 % (b.s.)	66
	749,02 − 8,6651H	H = 9,77 a 19,62 % (b.s.)	143
Feijão inhame africano TSs 137	769 − 1,5H	T = 20 °C, H = 4 a 16 %	142
Feijão inhame africano TSs 138	738 − 1,6H	T = 20 °C, H = 4 a 16 %	142
Feijão turco Göynük Bombay	770,2 − 9,2094H	H = 10,25 a 25,63 % (b.s.)	321
Feijão-da-china	843,8 − 4,17H	H = 8,39 a 33,40 % (b.s.)	231
Feijão-fradinho	655,58 − 1,6652H	H = 10,82 a 31,76 % (b.s.)	337
Feno grego, semente			
em casca	726,76 − 27,675H	H = 8,9 a 20,1 % (b.s.)	14
descascada	1275,8 − 37,555H	H = 8,9 a 20,1 % (b.s.)	
Figo da Índia	546,22 + 1,1255H	H = 44,76 a 89,91 %	155
Funcho, semente	431,82 − 15,621H	H = 7,78 a 21,67 % (b.s.)	4
Girassol, semente			
em casca	472,4 − 1,69H	H = 3,8 a 19,8 % (b.s.)	118
descascada	556,6 + 3,46H	H = 3,8 a 19,8 % (b.s.)	

Propriedades Térmicas de Alimentos e Propriedades Termodinâmicas da Água — capítulo 19

Tabela 19.1. Densidade (ρ) de alimentos – equações preditivas.   *(continuação)*

Alimento	ρ[kg/m³]	Faixa de aplicação	Referências
Frutas, vegetais e cereais			
Goiaba, suco	$1006,56 - 0,5155T + 4,1951C + 0,0135C^2$	$T = 30$ a $80\,°C$, $C = 10$ a $40\,°Brix$	289
	$1047 - 0,5293T$	$T = 65$ a $85\,°C$, $C = 9\,°Brix$	357
	$1047,9 - 0,45T$	$T = 65$ a $85\,°C$, $C = 11\,°Brix$	
	$1174,2 - 2,6 \times 10^{-3}T$	$T = 60$ a $90\,°C$, $C = 9\,°Brix$	356
	$1166,1 - 2,3 \times 10^{-3}T$	$T = 60$ a $90\,°C$, $C = 11\,°Brix$	
Grão de bico Desi	$712,25 + 18,11H - 1,16H^2$	$H = 7,59$ a $14,82\,\%$	203
Grão de bico Kabuli			
grande	$707,71 + 23,1H - 1,33H^2$	$H = 7,5$ a $13,42\,\%$	203
pequeno	$881,24 - 6,42H$	$H = 7,82$ a $13,67\,\%$	
Grão de bico Kocbasi	$889,8H^{-0,066}$	$H = 5,2$ a $16,5\,\%$ (b.s.)	166
Jaca, polpa	$1843,68 - 15,81w + 7,7 \times 10^{-2}w^2 - 0,09T - 0,01T^2$	$T = 5$ a $85\,°C$, $w = 0,65$ a $0,95$	302
Karitê	$536,963H^{-0,0225}$	$T = 30$ a $90\,°C$, $H = 3,32$ a $20,70\,\%$ (b.s.)	25
Kiwi Hayward			
descascado	$983,962 - 0,706026(T + 1,50) - \dfrac{85,8549}{T}$	$T = -70$ a $-1,50\,°C$, $H = 84,0\,\%$, $C = 12,5\,°Brix$	330
descascado desidratado	$1048,53 + 0,383813(T + 3,41) - \dfrac{277,4969}{T}$	$T = -70$ a $-3,41\,°C$, $H = 67,6\,\%$, $C = 26,0\,°Brix$	
osmoticamente	$1146,08 - 0,321857(T + 10,10) - \dfrac{317,0663}{T}$	$T = -70$ a $-10,10\,°C$, $H = 50,6\,\%$, $C = 44,0\,°Brix$	
Laranja, suco	$1025,42 - 0,3289T + 3,2819C + 0,0178C^2$	$T = 0$ a $80\,°C$, $C = 10$ a $60\,°Brix$	259
	$1043,672 - 0,229T - 1,0908 \times 10^{-3}T^2 - 1,1874 \times 10^{-5}T^3$	$T = 5$ a $80\,°C$, $C = 10,6\,°Brix$	64
	$1428,5 - 454,9w - 0,231T$	$T = 0,5$ a $62\,°C$, $w = 0,34$ a $0,73$	324
Lentilha	$889,90 - 5,961H$	$T = 20\,°C$, $H = 10,33$ a $21,00\,\%$	259
Lentilha Sultani	$1212 - 8,947H$	$H = 6,5$ a $32,6\,\%$ (b.s.)	63

Tabela 19.1. Densidade (ρ) de alimentos – equações preditivas.   (continuação)

Alimento	ρ(kg/m³)	Faixa de aplicação	Referências
Frutas, vegetais e cereais			
Linhaça, semente	$795{,}05 - 11{,}17H$	H = 8,25 a 22,25 % (b.s.)	286
	$822{,}43 - 15{,}308H$	H = 6,09 a 16,81 % (b.s.)	81
Maçã	$684 + 68{,}1\ln(H + 0{,}0054)$	H = 0 a 5 %	299
purê	$1056{,}53 - 0{,}3610T$	T = 5 a 70 °C, C = 12,3 °Brix	259
suco	$1059{,}549 - 0{,}818T + 1{,}6606 \times 10^{-2}T^2 - 1{,}7517 \times 10^{-4}T^3$	T = 5 a 60 °C, C = 10,8 °Brix	64
	$0{,}83 + 0{,}35\exp(0{,}01H) - 5{,}64 \times 10^{-4}T$	T = 20 a 80 °C, C = 14 a 39 °Brix	43
	$0{,}636 + 0{,}102\ln H$	T = 70 °C, H = 0 a 100 %	185
Malus floribunda, suco	$5{,}4C + 967{,}1$	T = 25 °C, C = 18 a 70 °Brix	65
Manga Tommy Atkins, polpa	$1417 - 453{,}2\dfrac{w}{1+w} - 0{,}1878T$	T = 20 a 80 °C, w = 1,1 a 9 (b.s.)	48
Manga			
néctar	$1057{,}804 - 0{,}391T + 7{,}6020 \times 10^{-4}T^2 - 1{,}3278 \times 10^{-5}T^3$	T = 5 a 80 °C, C = 12,0 °Brix	64
	$1056{,}262 - 7{,}2154 \times 10^{-2}T - 7{,}3747 \times 10^{-3}T^2 + 5{,}0592 \times 10^{-5}T^3$	T = 5 a 88 °C, C = 12,5 °Brix	
	$1057{,}709 - 0{,}183T - 8{,}4135 \times 10^{-4}T^2 - 1{,}3324 \times 10^{-5}T^3$	T = 5 a 80 °C, C = 13,0 °Brix	295
polpa integral	$1050{,}98 - 0{,}56T + 2 \times 10^{-3}T^2$	T = 10 a 50 °C, H = 87,03 %, C = 12,7 °Brix	
polpa peneirada	$1041{,}90 - 0{,}3113T - 2{,}71 \times 10^{-4}T^2$	T = 10 a 50 °C, H = 87,05 %, C = 12,7 °Brix	
polpa centrifugada	$1050{,}68 - 0{,}0994T - 1{,}43 \times 10^{-4}T^2$	T = 10 a 50 °C, H = 87,75 %, C = 12,7 °Brix	
polpa concentrada	$1108{,}91 - 0{,}1001T - 2{,}214 \times 10^{-3}T^2$	T = 10 a 50 °C, H = 68,38 %, C = 30 °Brix	
Maracujá, suco	$1053{,}807 - 0{,}103T - 4{,}591 \times 10^{-3}T^2 + 1{,}247 \times 10^{-5}T^3$	T = 5 a 70 °C, C = 14,4 °Brix	64
	$686 + 1008\exp(-1{,}2w) - 0{,}55T$	T = 0,4 a 68,8 °C, w = 0,506 a 0,902	116
Marmelo, purê	$1063{,}69 - 0{,}6773T$	T = 0 a 80 °C, C = 12,3 °Brix	259
Melancia Ghermez, semente	$278{,}32 + 3{,}510H$	H = 4,47 a 47,60 %	167
Melancia Kolaleh, semente	$457{,}33 + 1{,}852H$	H = 5,02 a 48,81 %	167

Propriedades Térmicas de Alimentos e Propriedades Termodinâmicas da Água   capítulo 19

Tabela 19.1. Densidade (ρ) de alimentos – equações preditivas.   *(continuação)*

Alimento	ρ(kg/m³)	Faixa de aplicação	Referências
Frutas, vegetais e cereais			
Melancia Sarakhsi, semente	$297,96 + 5,064H$	$H = 4,55$ a $45,22$ %	167
Melancia, semente			
em casca	$466 + 3,17H$	$H = 5$ a 40 % (b.s.)	304
descascada	$447 + 10,5H - 0,14H^2$	$H = 5$ a 40 % (b.s.)	
Milho de pipoca	$849 - 8,6H$	$H = 8,95$ a $17,12$ % (b.s.)	156
Milho doce	$492,62 - 0,894H$	$H = 11,54$ a $19,74$ % (b.s.)	79
Murta-comum			
fruto	$619,55 - 0,641H$	$H = 8,32$ a $74,44$ % (b.s.)	30
semente	$932,77 + 2,0066H$	$H = 8,32$ a $74,44$ % (b.s.)	
Orobô, semente	$571,46 + 3,04H$	$H = 39,79$ a $52,45$ %	138
Palmira, suco	$997,39 + 4,46C$	$T = 25$ °C, $C = 16$ a 81 °Brix	264
Pêssego, suco despectinizado e clarificado	$1006,56 - 0,5155T + 4,1951C + 0,0135C^2$	$T = 5$ a 70 °C, $C = 10$ a 60 °Brix	259
Pinhão manso, semente	$512 - 5,02H$	$H = 4,75$ a $19,57$ % (b.s.)	111
Pistache Akbari			
em casca	$544,88 + 1,62H$	$H = 5,77$ a $35,66$ %	268
descascado	$573,29 + 0,38H$	$H = 5,77$ a $35,66$ %	
Pistache Badami			
em casca	$547,90 + 1,51H$	$H = 3,11$ a $32,22$ %	268
descascado	$557,25 + 0,23H$	$H = 3,11$ a $32,22$ %	
Pistache Kalle-Ghuchi			
em casca	$489,52 + 1,91H$	$H = 5,11$ a $46,00$ %	268
descascado	$586,57 + 0,33H$	$H = 5,11$ a $46,00$ %	

Tabela 19.1. Densidade (ρ) de alimentos – equações preditivas.   *(continuação)*

Alimento	ρ [kg/m³]	Faixa de aplicação	Referências
Frutas, vegetais e cereais			
Pistache Momtaz			
em casca	$551,02 + 1,07H$	H = 4,11 a 36,89 %	268
descascado	$572,89 + 0,20H$	H = 4,11 a 36,89 %	268
Pistache Ohadi			
em casca	$551,38 + 2,56H$	H = 5,33 a 34,77 %	268
	$407,62 H^{0,0945}$	H = 4,10 a 38,10 %	158
descascado	$572,73 + 0,19H$	H = 5,33 a 34,77 %	268
	$494,27 + 6,6453H - 0,1383H^2$	H = 4,10 a 38,10 %	158
Pistache selvagem			
em casca	$515,81 + 0,9075H$	H = 5,83 a 31,15 %	110
descascado	$525,30 + 0,7393H$	H = 6,03 a 30,73 %	
Quiabo Amasya	$261,15 + 0,56H$	H = 13,7 a 50 % (b.s.)	6
Quiabo Sultani	$166,69 + 0,54H$	H = 11,3 a 50 % (b.s.)	6
Quiabo, semente	$590 + 0,4H - 8 \times 10^{-3} H^2$	H = 8,16 a 87,57 % (b.s.)	278
	$676,57 - 6,516H$	H = 6,35 a 15,22 % (b.s.)	59
Quinoa	$771,5 - 3,94H$	H = 4,6 a 25,8 % (b.s.)	341
Romã, semente	$454,80 + 7,71H$	H = 6 a 18,13 % (b.s.)	164
Soja	$748,9(1 - 0,222H)$	H = 8,7 a 25,0 % (b.s.)	90
Sorgo Kari-mtama, semente	$666,37 + 5,824H$	H = 13,64 a 21,95 % (b.s.)	226
Sorgo Seredo, semente	$865,77 + 7,924H$	H = 13,64 a 21,95 % (b.s.)	226
Sorgo Serena, semente	$780,28 + 7,173H$	H = 13,64 a 21,95 % (b.s.)	226
Tâmara, suco	$997,39 + 4,46C$	T = 25 °C, C = 12,9 a 81,0 °Brix	264

Tabela 19.1. Densidade (ρ) de alimentos – equações preditivas.   *(continuação)*

Alimento	ρ (kg/m³)	Faixa de aplicação	Referências
Frutas, vegetais e cereais			
Terebinto	$409{,}27 + 8{,}3155H$	$H = 6$ a $26\ \%$ (b.s.)	29
Tremoço Lolita			
em casca	$928 - 8{,}54H$	$H = 8{,}3$ a $19{,}2\ \%$ (b.s.)	234
descascado	$919 + 10{,}38H$	$H = 8{,}3$ a $19{,}2\ \%$ (b.s.)	
Trigo	$904{,}286(100H)^{-0{,}05683}$	$T = 35\ °C$, $H = 6$ a $40\ \%$	320
	$754{,}3 - 10{,}4H$	$H = 0$ a $22\ \%$ (b.s.)	309
Trigo Shiraz	$746{,}7 - 4{,}51H$	$H = 8$ a $18\ \%$	160
Umbu, polpa	$1002 + 4{,}61C - 0{,}460T + 7{,}001 \times 10^{-3}T^2 - 9{,}175 \times 10^{-5}T^3$	$T = 20$ a $40\ °C$, $C = 10$ a $30\ °Brix$	182
Uva, suco clarificado	$1046{,}2 + 0{,}1963(T + 273{,}15) + 3{,}8568C + 1{,}1973 \times 10^{-3}(T + 273{,}15)^2 + 1{,}6533 \times 10^{-2}C^2$	$T = 20$ a $80\ °C$, $C = 22{,}9$ a $70{,}6\ °Brix$	368
Carnes e derivados			
Camarão descascado empanado inteiro	$1558{,}4 - 601{,}3H$	$H = 22$ a $80\ \%$	230
Frango, coxinha da asa crua sem pele	$761 + 208w - 38w^2$	$T = 20\ °C$, $w = 0$ a $3{,}3$ (b.s.)	229
Lula crua	$1350 - 285\dfrac{w}{0{,}797} - 124\exp\left(-6{,}427\dfrac{w}{0{,}797}\right)$	$T = 20\ °C$, $w = 0$ a $0{,}797$	260
Presunto cozido	$1328 - 0{,}731T - 3{,}27H$	$T = 2$ a $74\ °C$, $H = 15{,}0$ a $72{,}4\ \%$	238
Laticínios			
Iogurte natural	$421 + 29125w - 28591w^{1{,}05}$	$w = 0{,}094$ a $0{,}845$	162
Leite	$1185{,}64 - 0{,}341(T + 273{,}15) - 58{,}239w - 58{,}107 \times 10^{-2}g$	$T = 2$ a $71\ °C$, $w = 0{,}72$ a $0{,}92$, $g = 0{,}44$ a $7{,}71\ \%$	207
	$1030{,}73 - 0{,}179T - 0{,}368g + 3{,}744sng$	$T = 0{,}95$ a $9{,}85\ °C$, $g = 3$ a $7\ \%$, $sng = 8{,}2$ a $10{,}3\ \%$	349

Tabela 19.1. Densidade (ρ) de alimentos – equações preditivas.   *(continuação)*

Alimento	ρ[kg/m³]	Faixa de aplicação	Referências
Laticínios			
Nata	$1033{,}31 - 6{,}26 \times 10^{-3} g$	T = 0,95 °C, g = 18 a 48,5 %	348
	$1031{,}23 - 7{,}70 \times 10^{-3} g$	T = 9,85 °C, g = 18 a 48,5 %	
Produtos de panificação			
Pão			358
casca	$895 - 9{,}0\varepsilon$	ε = 0 a 71 %	
miolo	$979 - 9{,}9\varepsilon$	ε = 0 a 79 %	
Outros			
Açúcar bruto de palmira	$410{,}33 + 78{,}75 H$	T = 30 °C, H = 2,1 a 10,2 % (b.s)	265
Açúcar bruto de tâmara	$310{,}96 + 64{,}73 H$	T = 30 °C, H = 2,9 a 14,3 % (b.s)	265
Açúcar mascavo	$426{,}92 + 61{,}99 H$	T = 30 °C, H = 2,0 a 11,6 % (b.s)	265
Amido de milho	$1442 + 873H - 3646H^2 + 4481H^3 - 1850H^4$	T = 25 °C, H = 0 a 100 %	199
Amido gelatinizado	$\dfrac{10^4}{6{,}487 + 3{,}507 w}$	T = 20 °C, w = 0,51 a 0,97	213
Amido granular	$1440 + 740H - 1940H^2$	T = 25 a 70 °C, H = 0 a 19 % (b.s)	195
Frikeh (trigo verde torrado)	$720{,}17 - 1{,}0574 H$	H = 9,3 a 41,5 %	9
Ovo líquido (clara + gema misturadas)	$1295{,}72 - 0{,}0559(T + 273{,}15) - 284{,}43w$	T = 0 a 38 °C, w = 0,518 a 0,882	76
Ovo, gema	$1132 - 0{,}057 T$	T = 0 a 61 °C, H = 54,04 %	120
Surimi, pasta	$1511{,}2 - 1{,}16 T - 5{,}4 H$	T = 30 a 80 °C, H = 74 a 84 %	3
Tofu	$1400 - 474 w$	w = 0,34 a 0,73	34

Tabela 19.2. Calor específico (C_p) de alimentos – equações preditivas.

Alimento	C_p [kJ/kg °C]	Faixa de aplicação	Referências
	Equações gerais		
Água	$4{,}1762 - 9{,}0864 \times 10^{-5}T + 5{,}473 \times 10^{-6}T^2$	T = 0 a 150 °C	33
Ar	$1{,}0104 - 4{,}2571 \times 10^{-3}T + 10^{-3}T^2$	T = -40 a 150 °C	33
Carboidratos	$1{,}5488 + 1{,}9625 \times 10^{-3}T - 5{,}9399 \times 10^{-6}T^2$	T = -40 a 150 °C	33
Cinzas	$1{,}0926 + 1{,}8896 \times 10^{-3}T - 3{,}6817 \times 10^{-6}T^2$	T = -40 a 150 °C	33
Fibras	$1{,}8459 + 1{,}8306 \times 10^{-3}T - 4{,}6509 \times 10^{-6}T^2$	T = -40 a 150 °C	33
Gelo	$2{,}0623 + 6{,}0769 \times 10^{-3}T$	T = -40 a 0 °C	33
Gordura	$1{,}9842 + 1{,}4733 \times 10^{-3}T - 4{,}8008 \times 10^{-6}T^2$	T = -40 a 150 °C	33
Proteínas	$2{,}0082 + 1{,}2089 \times 10^{-3}T - 1{,}3129 \times 10^{-6}T^2$	T = -40 a 150 °C	33
Cereais	$1{,}3564 + 3{,}555 \times 10^{-3}T + 2{,}6550H$	T = 0 a 90 °C, H = 0 a 75 %	339
Frutas	$1{,}3767 - 3{,}181 \times 10^{-3}T + 2{,}9293H$	T = 0 a 90 °C, H = 25 a 90 %	339
Frutas e vegetais	$1{,}3249 - 0{,}688 \times 10^{-3}T + 2{,}8681H$	T = 0 a 90 °C, H = 25 a 90 %	339
Peixes e frutos do mar	$1{,}5050 - 2{,}4 \times 10^{-3}T + 2{,}58 \times 10^{-2}g + 2{,}52 \times 10^{-2}H$	T = 5 a 30 °C, H = 60 a 86 %, g = 0 a 21%	255
Produtos cárneos	$-1{,}4824w - 0{,}0191g + \dfrac{(-94{,}8594 + 87{,}8803w)}{T} + \dfrac{2{,}3441}{T^2}$ $2{,}81 \times 10^{-3}T + 5{,}171132w + 2{,}87307g - 0{,}4615$	T = -60 a -4 °C, w = 0,53 a 0,70, g = 0,08 a 0,23 T = -2 a 40 °C, w = 0,53 a 0,70, g = 0,08 a 0,23	318
Sucos	$0{,}837 + 3{,}349w$	T = 50 °C, w = 0,7671 a 0,9241	214
Vegetais	$0{,}8691 + 1{,}934 \times 10^{-3}T + 1{,}4280H$ $1{,}2545 - 0{,}892 \times 10^{-3}T + 2{,}8521H$	T = -40 a -7 °C, H = 10 a 97 % T = 0 a 90 °C, H = 25 a 90 %	339
Vegetais congelados	$3{,}75 + 6{,}5 \times 10^{-2}T + 5{,}0 \times 10^{-4}T^2$	T = -90 a -13 °C	3
	Frutas, vegetais e cereais		
Abacaxi, suco	$3{,}883 + 9{,}788 \times 10^{-3}T - 2{,}743 \times 10^{-2}s$	T = 10 a 50 °C, s = 10 a 40 %	220
Abóbora, semente	$2{,}3279 + 3{,}37 \times 10^{-2}H$	H = 5,32 a 24,00 % (b.s.)	165
Abobrinha	$2{,}34 + 1 \times 10^{-2}T + 3 \times 10^{-5}T^2$ $4{,}24 - 1 \times 10^{-2}T + 7 \times 10^{-5}T^2$	T = -90 a -13 °C T = 20 a 80 °C	12

Continua

Tabela 19.2. Calor específico (C_p) de alimentos – equações preditivas. *(continuação)*

Alimento	C_p (kJ/kg °C)	Faixa de aplicação	Referências
Frutas, vegetais e cereais			
Alho	$2{,}3476 + 4{,}1 \times 10^{-3}(T + 273)$	$T = 10$ a 60 °C, $H = 17\%$	169
	$2{,}4111 + 3{,}7 \times 10^{-3}(T + 273)$	$T = 10$ a 60 °C, $H = 22\%$	
	$2{,}4430 + 3{,}2 \times 10^{-3}(T + 273)$	$T = 10$ a 60 °C, $H = 30\%$	
	$2{,}6201 + 2{,}8 \times 10^{-3}(T + 273)$	$T = 10$ a 60 °C, $H = 35\%$	
	$2{,}8484 + 2{,}3 \times 10^{-3}(T + 273)$	$T = 10$ a 60 °C, $H = 50\%$	
	$3{,}1861 + 1{,}7 \times 10^{-3}(T + 273)$	$T = 10$ a 60 °C, $H = 56\%$	
	$3{,}5130 + 2{,}0 \times 10^{-3}(T + 273)$	$T = 10$ a 60 °C, $H = 60\%$	
	$3{,}8246 + 2 \times 10^{-4}(T + 273)$	$T = 10$ a 60 °C, $H = 78\%$	
	$4{,}0444 + 1{,}0 \times 10^{-3}(T + 273)$	$T = 10$ a 60 °C, $H = 87\%$	
Amaranto	$9{,}1258 - 0{,}551627T + 9{,}78 \times 10^{-5}T^2$	$T = 5$ a 75 °C, $H = 5\%$ (b.s.)	342
	$1{,}6469 - 0{,}064432T + 2{,}31 \times 10^{-5}T^2$	$T = 5$ a 75 °C, $H = 20\%$ (b.s.)	
Ameixa Angeleno	$4{,}4622 - \dfrac{0{,}9592}{w} + \dfrac{0{,}0846}{w^2}$	$w = 0{,}142$ a $0{,}804$	108
Arroz beneficiado	$1{,}181 + 3{,}97 \times 10^{-2}H$	$H = 10{,}8$ a $17{,}4\%$	127
	$1{,}080 + 6{,}11 \times 10^{-2}H$	$T = 70$ °C, $H = 10$ a 20%	22
Arroz curto em casca	$1{,}269 + 3{,}49 \times 10^{-2}H$	$H = 11$ a 24%	22
Arroz em casca	$1{,}110 + 4{,}48 \times 10^{-2}H$	$H = 10{,}2$ a $17{,}0\%$	127
Arroz integral	$1{,}202 + 3{,}81 \times 10^{-2}H$	$H = 9{,}8$ a $17{,}6\%$	127
Arroz longo em casca	$12{,}85 - \dfrac{12{,}496}{1 + \exp\left(\dfrac{T - 135{,}73}{56{,}98}\right)}$	$T = -10$ a 90 °C	208
integral	$5{,}299 - \dfrac{4{,}188}{1 + \exp\left(\dfrac{T - 51{,}253}{15{,}266}\right)}$	$T = -10$ a 90 °C	
	$7{,}0205 - 2{,}5 \times 10^{-2}T$	$T = 90$ a 150 °C	
Arroz médio em casca	$1{,}1188 + 5{,}8362 \times 10^{-3}T + 3{,}4695 \times 10^{-2}H - 1{,}3432 \times 10^{-4}TH$ $- 2{,}4808 \times 10^{-4}H^2$	$T = 3$ a 41 °C, $H = 5{,}45$ a $24{,}4\%$ (b.s.)	139

Tabela 19.2. Calor específico (C_p) de alimentos – equações preditivas. *(continuação)*

Alimento	C_p [kJ/kg °C]	Faixa de aplicação	Referências
Frutas, vegetais e cereais			
Arroz semi-integral	$0,921 + 5,45 \times 10^{-2}H$	H = 10 a 20 %	22
Aveia	$1,277 + 3,27 \times 10^{-2}H$	H = 11,7 a 17,8 %	127
	$0,305 + 0,0078H$	H = 10 a 17 %	284
Bacuri, polpa	$4,0254 - 0,1158C + 3,4 \times 10^{-3}C^2$	C = 5 a 20 °Brix	217
Banana-da-terra	$1,676 + 0,022H$	T = 36 a 51 °C, H = 10 a 57 %	232
Batata	$0,406 + 0,00146T + 0,203H - 0,0249H^2$	T = 40 a 70 °C, H = 0 a 4,13 %	347
Batata doce	$1,3049 + 2,3004w + 2,4662 \times 10^{-2}T$	T = 20 a 60 °C, w = 0,45 a 0,75	101
purê	$3,717 + 6,15 \times 10^{-4}T$	T = 5 a 80 °C, H = 73,3 %	104
	$0,3536 - \dfrac{41,54}{T} + \dfrac{1073,8}{T^2} + \dfrac{1584,2}{T^3}$	T = -40 a -2,5 °C, H = 78,43 %	103
purê reestruturado	$0,5962 - \dfrac{9,503}{T} + \dfrac{1867,1}{T^2} + \dfrac{3669,1}{T^3}$	T = -40 a -3,2 °C, H = 73,34 %	
Berinjela	$2,85 + 3 \times 10^{-2}T + 2 \times 10^{-4}T^2$	T = -90 a -13 °C	12
	$3,95 - 1,3 \times 10^{-3}T - 9 \times 10^{-6}T^2$	T = 20 a 80 °C	
Borragem, semente	$0,5824 + 7,3597 \times 10^{-3}T - 4,1092 \times 10^{-5}T^2 + 3,0373 \times 10^{-2}H +$ $1,8079 \times 10^{-4}H^2 + 6,3995 \times 10^{-4}TH - 1,4940 \times 10^{-5}TH^2$	T = 0 a 80 °C, H = 0,47 a 30,3 %	353
Café Caturra, pergaminho	$1,6552 + 0,0535H$	T = 25 °C, H = 4 a 40 %	249
Café Colombiano, pó	$1,2729 + 6,459 \times 10^{-3}T$	T = 45 a 150 °C, H = 4,8 a 9,8 % (b.s.)	301
Café descascado despolpado	$0,6725 + 6,5656H - 6,0643H^2$ $0,5784 + 6,6729H - 6,6659H^2$	H = 11,1 a 59,7 % H = 11,1 a 62,1 %	153
Café Mexicano, pó	$0,9210 + 7,554 \times 10^{-3}T$	T = 45 a 150 °C, H = 4,8 a 9,8 % (b.s.)	301
Café, coco	$0,9448 + 3,6193H - 1,9918H^2$	H = 11,1 a 67,8 %	153
Café, extrato	$1,43965 + 2,63372w + 1,99 \times 10^{-3}T$	T = 30 a 82 °C, w = 0,5 a 0,9	323
Cana de açúcar, caldo	$4,149 - 2,46 \times 10^{-2}C$	T = 25 °C, C = 17,2 a 82,0 °Brix	264

Tabela 19.2. Calor específico (C_p) de alimentos – equações preditivas. *(continuação)*

Alimento	C_p [kJ/kg °C]	Faixa de aplicação	Referências
Frutas, vegetais e cereais			
Castanha de raposa			148
grande, > 10 mm	$1,95 - 3,2 \times 10^{-2}T + 2,3 \times 10^{-2}H + 6,3 \times 10^{-4}T^2$	T = 25 a 55 °C, H = 15 a 60 %	
média, 8 a 10 mm	$1,26 + 2,3 \times 10^{-2}T + 2,1 \times 10^{-4}T^2$	T = 25 a 55 °C, H = 15 a 60 %	
pequena, < 8 mm	$1,53 - 2,2 \times 10^{-2}T + 1,8 \times 10^{-2}H + 3,9 \times 10^{-4}T^2$	T = 25 a 55 °C, H = 15 a 60 %	
Cebola	$1,84 + 2,34w$	T = 20 °C, w = 0 a 0,692	266
	$0,9(1-w) + 4,18w$	T = 25 °C, w = 0,00 a 0,92	2
	$3,8027 + 2,059 \times 10^{-3}T + 9 \times 10^{-7}T^2$	T = 20 a 130 °C	173
Coco ralado	$1,264 + 0,0222H + 0,0305T$	T = 25 a 50 °C, H = 2 a 51 %	150
Coco verde, água	$1,465 + 2,721w$	w = 0,94, C = 5,7 °Brix	105
Coco, leite	$4,018 - 2,552 \times 10^{-2}g + 3 \times 10^{-3}T$	T = 60 a 80 °C, g = 20 a 35 %	313
Cogumelo	$1,5400 - 0,203 \times 10^{-3}T + 2,6270H$	T = 0 a 90 °C, H = 30 a 95 %	339
Cogumelo palha	$1,3078 + 2,6913w + 4,3 \times 10^{-3}T$	T = 50 a 80 °C, w = 0,3 a 0,9	314
Cogumelo Shimeji branco	$1,0217 + 2,47 \times 10^{-2}H + 9,2 \times 10^{-2}T$	T = 40 a 70 °C, H = 10,24 a 89,68 %	292
Colza	$1,328 + 2,80 \times 10^{-2}H$	T = -4 °C, H = 0,75 a 19,6 %	22
	$1,288 + 2,84 \times 10^{-2}H$	T = 2 °C, H = 0,75 a 19,6 %	
	$1,356 + 3,20 \times 10^{-2}H$	T = 20 °C, H = 0,75 a 19,6 %	
Cominho, semente	$1,525 + 3,136 \times 10^{-3}T + 8,366 \times 10^{-2}H - 2,38 \times 10^{-5}T^2 - 8 \times 10^{-4}H^2$	T = -70 a 50 °C, H = 1,8-20,5 % (b.s.)	296
Cupuaçu, polpa peneirada	$0,837 + 3,349w$	T = 25 a 60 °C, C = 9 a 12 °Brix	20
Erva-mate, galho	$1,79 + 2,36w$	w = 0,0429 a 0,5585	283
Feijão comum verde	$1,812 + 7,675T + \dfrac{0,2902}{(0,801-T)^2}$	T = -40 a -0,221 °C, H = 90,76 %	202
	$3,883 + 1,080 \times 10^{-2}(T + 0,221)$	T = -0,221 a 25°C, H = 90,76 %	
Feijão inhame africano TSs 137	$0,95 + 0,2356H$	H = 4 a 16 %	141
Feijão inhame africano TSs 138	$1,1265 + 0,1925H$	H = 4 a 16 %	141

Tabela 19.2. Calor específico (C_p) de alimentos – equações preditivas.   *(continuação)*

Alimento	C_p [kJ/kg °C]	Faixa de aplicação	Referências
Frutas, vegetais e cereais			
Feijão verde	$0,9634 + 1,38 \times 10^{-2}T + 1,8649H$	T = -40 a -10 °C, H = 10 a 90 %	339
Figo	$3,475 + 0,042T$	T = -40 a -20 °C, H = 90 %	298
Framboesa	$200 \exp(0,08T)$	T = -40 a -2 °C, H = 82,7 %	298
Gengibre	$2,54 + 2 \times 10^{-2}T + 1 \times 10^{-4}T^2$	T = -90 a -13 °C	12
	$3,67 - 1,9 \times 10^{-2}T + 2 \times 10^{-4}T^2$	T = 20 a 80 °C	
Goiaba, suco	$3,96 + 5,4 \times 10^{-4}T$	T = 30 a 80 °C, C = 10 °Brix	289
	$3,3661 + 2,5536 \times 10^{-3}T$	T = 65 a 85 °C, C = 9 °Brix	357
	$3,4732 + 8,07 \times 10^{-4}T$	T = 65 a 85 °C, C = 11 °Brix	
	$3,2292 + 9,8 \times 10^{-3}T$	T = 60 a 90 °C, C = 9 °Brix	356
	$3,3333 + 2,6 \times 10^{-3}T$	T = 60 a 90 °C, C = 11 °Brix	
Grão de bico Kabuli	$1,060073118 + 1,7232672 \times 10^{-2}H + 4,910467 \times 10^{-3}T$	T = 30 a 80 °C, H = 10 a 65 %	276
Grão de bico			
amido isolado	$0,775 + 5 \times 10^{-3}T + 2,4 \times 10^{-2}H$	T = -18 a 40 °C, H = 0,5 a 30 %	97
farinha	$1,131 + 3 \times 10^{-3}T + 1,6 \times 10^{-2}H$	T = -18 a 40 °C, H = 0,5 a 30 %	
proteína isolada	$0,975 + 5 \times 10^{-3}T + 3,2 \times 10^{-2}H$	T = -18 a 40 °C, H = 0,5 a 30 %	
Inhame	$1,606 + 0,024H$	T = 36 a 51 °C, H = 13 a 60 %	232
Jaca, polpa	$0,505 + 3,8 \times 10^{-2}H$	T = 45 °C, H = 65 a 95 %	302
Karité	$-14,294 + 0,3074481H + 5,11285 \times 10^{-2}(T + 273,15) - 8,68 \times 10^{-4}HT$	T = 30 a 90 °C, H = 3,32 a 20,70 % (b.s.)	25

Tabela 19.2. Calor específico (C_p) de alimentos – equações preditivas. *(continuação)*

Alimento	C_p [kJ/kg °C]	Faixa de aplicação	Referências
Frutas, vegetais e cereais			
Kiwi Hayward			
descascado	$-1{,}521 + \dfrac{58{,}216}{(-T)^{0{,}803}}$	$T = -70$ a $-1{,}50$ °C, H = 84,0 %, C = 12,5 °Brix	330
descascado desidratado osmoticamente	$-3{,}617 + \dfrac{41{,}159}{(-T)^{0{,}582}}$	$T = -40$ a $-2{,}18$ °C, H = 71,0 %, C = 17,5 °Brix	
	$-4{,}312 + \dfrac{51{,}901}{(-T)^{0{,}624}}$	$T = -40$ a $-3{,}41$ °C, H = 67,6 %, C = 26,0 °Brix	
	$-19{,}110 + \dfrac{56{,}968}{(-T)^{0{,}301}}$	$T = -40$ a $-6{,}08$ °C, H = 58,1 %, C = 36,0 °Brix	
Laranja	$3{,}6 + 0{,}042T$	$T = -40$ a -20 °C, H = 80,7 %	298
suco	$\dfrac{4{,}380501 - 0{,}125855\,T}{1 + 0{,}025657T - 0{,}002442T^2}$	$T = 5$ a 25 °C, C = 10,6 °Brix	64
	$26{,}99661 - 23{,}774831\exp[(-1{,}364644 \times 10^{10})(T^{-7{,}576368})]$	$T = 25$ a 80 °C, C = 10,6 °Brix	324
	$1{,}42434 + 2{,}67319w + 2{,}446 \times 10^{-3}T$	$T = 0{,}5$ a $62{,}0$ °C, w = 0,34 a 0,73	220
	$4{,}135 + 9{,}929 \times 10^{-3}T - 3{,}084 \times 10^{-2}s$	$T = 10$ a 50 °C, s = 10 a 50 %	298
	$5{,}945 + 0{,}987T$	$T = -30$ a -15 °C, C = 20 °C Brix	
	$10{,}424 + 0{,}209T$	$T = -30$ a -15 °C, C = 40 °C Brix	
	$8{,}373 + 0{,}126T$	$T = -30$ a -15 °C, C = 60 °C Brix	
Maçã	$1{,}8134 - 0{,}414 \times 10^{-3}T + 2{,}3900H$	$T = 0$ a 90 °C, H = 50 a 90 %	339
	$2{,}763 + 0{,}042T$	$T = -40$ a -20 °C, H = 83,7 %	298
	$3{,}433 + 0{,}042T$	$T = -40$ a -20 °C, H = 84,6 %	
	$2{,}84 + 0{,}0138T$	$T = -40$ a -1 °C, H = 87,4 %, C = 10,8 °Brix	
	$2{,}5 + 0{,}0118T$	$T = -40$ a -1 °C, H = 85,7 %, C = 12,15 °Brix	299
	$0{,}338 + 0{,}0065\left(\dfrac{H}{1+H}\right)$	H = 0 a 5 %	
suco	$\dfrac{3{,}293495 - 0{,}094661\,T}{1 - 0{,}014738T - 0{,}000783T^2}$	$T = 5$ a 25 °C, C = 10,8 °Brix	64
	$13{,}781569 - 10{,}601581\exp[(-2{,}779234 \times 10^{10})(T^{-7{,}801782})]$	$T = 25$ a 80 °C, C = 10,8 °Brix	

Tabela 19.2. Calor específico (C_p) de alimentos – equações preditivas.   *(continuação)*

Alimento	C_p [kJ/kg °C]	Faixa de aplicação	Referências
Frutas, vegetais e cereais			
Maçã Golden Delicious	$3,36 + 0,00075T$	$T = -1$ a $60\,°C$	261
	$2,18 - 1,48T$	$T = -10$ a $-1\,°C$	
	$24,4 + 0,791T$	$T = -25$ a $-10\,°C$	
	$2,89 + 0,0138T$	$T \leq -25\,°C$	
Maçã verde	$3,40 + 0,0049T$	$T = -1$ a $60\,°C$	261
	$2,65 - 1,42T$	$T = -10$ a $-1\,°C$	
	$2,49 + 0,760T$	$T = -25$ a $-10\,°C$	
	$2,50 + 0,0118T$	$T \leq -25\,°C$	
Mandioca	$2,47 + 2 \times 10^{-2}T + 9 \times 10^{-5}T^2$	$T = -90$ a $-13\,°C$	12
	$3,32 - 1 \times 10^{-2}T + 1 \times 10^{-4}T^2$	$T = 20$ a $80\,°C$	
	$1,577 + 0,025H$	$T = 36$ a $51\,°C$, $H = 10$ a 68%	232
Manga Kaew	$3,871 - 1,797 \times 10^{-2}T + 5,852 \times 10^{-3}H + 1,379 \times 10^{-4}T^2$	$T = 60$ a $100\,°C$; $H = 61$ a 81%	179
	$1,463 + 8,36 \times 10^{-3}T + 7,942 \times 10^{-3}H$	$T = -30$ a $-10\,°C$; $H = 61$ a 81%	
Manga Tommy Atkins, polpa	$1,119 + 3,274\,\dfrac{w}{1+w} - 1,52 \times 10^{-3}T$	$T = 20$ a $80\,°C$, $w = 1,1$ a 9 (b.s.)	48
Manga, néctar	$\dfrac{3,194220 - 0,083639\,T}{1 - 0,000218T - 0,001365T^2}$	$T = 5$ a $25\,°C$, $C = 12,0\,°Brix$	64
	$17,113637 - 13,958051\exp[(-1,032593 \times 10^{10})\,(T^{-7,473089})]$	$T = 25$ a $80\,°C$, $C = 12,0\,°Brix$	
	$\dfrac{3,349909 - 0,104781T}{1 - 0,0234627T - 0,000453T^2}$	$T = 5$ a $25\,°C$, $C = 12,5\,°Brix$	
	$10,261924 - 6,988298\exp[(-82962110)\,(T^{-5,971119})]$	$T = 25$ a $80\,°C$, $C = 12,5\,°Brix$	
	$\dfrac{3,459746 - 0,099708T}{1 - 0,010554T - 0,000976T^2}$	$T = 5$ a $25\,°C$, $C = 13,0\,°Brix$	
	$16,885276 - 13,726896\exp[(-1,341365 \times 10^{10})\,(T^{-7,555886})]$	$T = 25$ a $80\,°C$, $C = 13,0\,°Brix$	
Maracujá, suco	$\dfrac{3,584596 - 0,059949\,T}{1 + 0,013230T - 0,001784T^2}$	$T = 5$ a $25\,°C$, $C = 14,4\,°Brix$	64
	$\dfrac{3,239679}{1 - 60,957859e^{(-0,180697T)}}$	$T = 25$ a $80\,°C$, $C = 14,4\,°Brix$	
	$1,435 + 2,646w + 2,5 \times 10^{-3}T$	$T = 0,4$ a $68,8\,°C$, $w = 0,506$ a $0,902$	116

Tabela 19.2. Calor específico (C_p) de alimentos – equações preditivas.   *(continuação)*

Alimento	C_p [kJ/kg°C]	Faixa de aplicação	Referências
Frutas, vegetais e cereais			
Melão	$2,97 + 0,042T$	T = -40 a -20 °C, H = 92,6 %	298
Milho amarelo	$1,465 + 3,56 \times 10^{-2}H$	T = 20 °C, H = 0,9 a 30,2 %	22
Palmira, suco	$4,149 - 2,46 \times 10^{-2}C$	T = 25 °C, C = 16 a 81 °Brix	264
Pêra	$3,6 + 0,042T$	T = -40 a -20 °C, H = 79,4 %	298
Pêssego	$3,76 + 0,042T$	T = -40 a -20 °C, H = 89,6 %	298
Pimenta jalapeno	$3,8886 + 6,44 \times 10^{-4}T + 5,2 \times 10^{-6}T^2$	T = 20 a 130 °C	173
Pimentão	$3,922 + 1,017 \times 10^{-3}T + 2,6 \times 10^{-6}T^2$	T = 20 a 130 °C	173
Pimentão verde	$2,42 + 2 \times 10^{-2}T + 1 \times 10^{-4}T^2$	T = -90 a -13 °C	12
	$3,77 - 3,4 \times 10^{-3}T + 3 \times 10^{-5}T^2$	T = 20 a 80 °C	
Pistache Kalle-Ghochi	$-0,13005 + 1,286 \times 10^{-2}T + 0,11758H - 1,64 \times 10^{-3}H^2$	T = 25 a 70 °C, H = 5 a 45 %	269
Pistache Momtaz	$-7,293 \times 10^{-2} + 6,09 \times 10^{-3}T + 0,16265H - 2,66 \times 10^{-3}H^2$	T = 25 a 70 °C, H = 5 a 37 %	269
Pistache Ohadi	$-1,22357 + 9,47 \times 10^{-3}T + 0,93040 \ln H$	T = 25 a 70 °C, H = 5 a 34 %	269
Pistache Sefid	$-0,11279 + 6,80 \times 10^{-3}T + 0,13722H - 2,05 \times 10^{-3}H^2$	T = 25 a 70 °C, H = 5 a 34 %	269
Rabanete	$3,06 + 3 \times 10^{-2}T + 2 \times 10^{-4}T^2$	T = -90 a -13 °C	12
	$3,92 - 4 \times 10^{-3}T + 4 \times 10^{-5}T^2$	T = 20 a 80 °C	
Repolho	$-1,2880 - 1,088 \times 10^{-3}T + 5,7020H$	T = 0 a 90 °C, H = 80 a 90 %	339
Soja	$1,444(1 + 4,06 \times 10^{-2}H)$	T = 42 °C, H = 8,1 a 25,0 %	88
	$1,699 + 1,72 \times 10^{-2}H$	H = 9,5 a 37,9 %	22
farinha desengordurada	$1,748 + 3,36 \times 10^{-2}H$	T = 17 a 157 °C, H = 9,2 a 39,1 %	
Sorgo	$1,397 + 3,22 \times 10^{-2}H$	H = 2 a 30 %	22
Tâmara, suco	$4,149 - 2,46 \times 10^{-2}C$	T = 25 °C, C = 12,9 a 81,0 °Brix	264
Tamarindo, suco	$4,18(-5,03 \times 10^{-2}T + 6,839 \times 10^{-5})C$	T = 25 a 70 °C, C = 7 a 62 °Brix	194
Tomate	$3,9135 + 1,016 \times 10^{-3}T - 1,7 \times 10^{-6}T^2$	T = 20 a 130 °C	173
Trigo branco mole	$1,240 + 3,62 \times 10^{-2}H$	H = 0,1 a 33,6 %	22
	$1,398 + 4,09 \times 10^{-2}H$	T = 11 a 32 °C, H = 0,7 a 20,3 %	
Umbu, polpa	$0,837 + 3,349w$	T = 20 a 40 °C, w = 0,6789 a 0,8789, C = 10 a 30 °Brix	182
Uva	$4,396 + 0,042T$	T = -40 a -20 °C, H = 79,3 %	298
	$3,852 + 0,042T$	T = -40 a -20 °C, H = 82,7 %	
suco	$3,938 + 1,053 \times 10^{-2}T - 2,579 \times 10^{-2}s$	T = 10 a 50 °C, s = 10 a 50 %	220

Propriedades Térmicas de Alimentos e Propriedades Termodinâmicas da Água capítulo 19

Tabela 19.2. Calor específico (C_p) de alimentos – equações preditivas. *(continuação)*

Alimento	C_p [kJ/kg °C]	Faixa de aplicação	Referências
Carnes e derivados			
Bovina			
Carne	$-0,055 + 0,662w - \dfrac{233,883 - 2115,116w}{(T-1)^2} - \dfrac{72,500 - 4230,208w}{(T-1)^3}$ $1,920 + 1,433w$	$T = -40$ a -2 °C, $w = 0,487$ a $0,747$ $T = -2$ a 40 °C, $w = 0,487$ a $0,747$	329
Vitela	$2,017 + 0,0185H$ $3,3186 - 0,0294H + 0,0430T$	$T = 17$ a 40 °C, $H = 30$ a 75 % $T = -40$ a -15 °C, $H = 30$ a 75 %	131
Aves			
Frango, coxinha da asa crua sem pele	$1,4963 + 0,6396w - 0,0845w^2 + 0,0243T$ $2,8997 + 0,5772w - 0,0822w^2$ $3,2334 + 0,6240w - 0,0863w^2 - 0,0055T$	$T = 35$ a 55 °C, $w = 0,67$ a $4,0$ (b.s.) $T = 55$ a 85 °C, $w = 0,67$ a $4,0$ (b.s.) $T = 85$ a 125 °C, $w = 0,67$ a $4,0$ (b.s.)	229
Suína			
Carne	$-0,055 + 0,662w - \dfrac{233,883 - 2115,116w}{(T-1)^2} - \dfrac{72,500 - 4230,208w}{(T-1)^3}$ $1,920 + 1,433w$	$T = -40$ a -1 °C, $w = 0,563$ a $0,666$ $T = -1$ a 40 °C, $w = 0,563$ a $0,666$	329
Presunto cozido	$3,392 + 2,96 \times 10^{-3}T$	$T = 30$ a 75 °C, $H = 72,4$ %	238
Peixes			
Anchova	$1,5050 - 2,4 \times 10^{-3}T + 2,58 \times 10^{-2}g + 2,52 \times 10^{-2}H$	$T = 6,78$ a $29,15$ °C, $H = 71,74$ a $75,39$ %, $g = 1,83$ a $5,86$ %	255
Atum	$1,5050 - 2,4 \times 10^{-3}T + 2,58 \times 10^{-2}g + 2,52 \times 10^{-2}H$	$T = 5,52$ a $30,02$ °C, $H = 73$ %, $g = 0,002$ a $0,045$ %	255
Bagre	$1,4812 + \dfrac{33,86}{T} + \dfrac{623,29}{T^2} + \dfrac{876,39}{T^3}$	$T = -40,00$ a $-1,88$ °C	102
Cavala pintada	$1,5050 - 2,4 \times 10^{-3}T + 2,58 \times 10^{-2}g + 2,52 \times 10^{-2}H$	$T = 5,91$ a $30,03$ °C, $H = 70,94$ a $75,65$ %, $g = 6,69$ a $11,65$ %	255
Croaker	$1,5050 - 2,4 \times 10^{-3}T + 2,58 \times 10^{-2}g + 2,52 \times 10^{-2}H$	$T = 5,61$ a $29,16$ °C, $H = 80$ %, $g = 0,50$ a $1,23$ %	255
Peixe-vermelho	$2,1287 - 1,36 \times 10^{-2}T + 2,37 \times 10^{-2}H$	$T = 23$ a 80 °C, $H = 21$ a 77 %	39

Tabela 19.2. Calor específico (C_p) de alimentos – equações preditivas. *(continuação)*

Alimento	C_p [kJ/kg °C]	Faixa de aplicação	Referências
Peixes			
Salmão	$1,5050 - 2,4 \times 10^{-3}T + 2,58 \times 10^{-2}g + 2,52 \times 10^{-2}H$	$T = 5,14$ a $30,08$ °C; $H = 69,25$ a $76,35$ %, $g = 2,10$ a $6,72$ %	255
Seabass	$1,5050 - 2,4 \times 10^{-3}T + 2,58 \times 10^{-2}g + 2,52 \times 10^{-2}H$	$T = 5,67$ a $30,12$ °C; $H = 78,68$ a $81,03$ %, $g = 0,11$ a $0,33$ %	255
Spot	$1,5050 - 2,4 \times 10^{-3}T + 2,58 \times 10^{-2}g + 2,52 \times 10^{-2}H$	$T = 5,32$ a $30,09$ °C; $H = 60,24$ a $67,28$ %, $g = 11,72$ a $20,77$ %	255
Tilápia	$1,5050 - 2,4 \times 10^{-3}T + 2,58 \times 10^{-2}g + 2,52 \times 10^{-2}H$	$T = 6,09$ a $29,78$ °C, $H = 76,51$ a $78,62$ %, $g = 0,50$ a $0,95$ %	255
Truta	$1,5050 - 2,4 \times 10^{-3}T + 2,58 \times 10^{-2}g + 2,52 \times 10^{-2}H$	$T = 5,41$ a $31,40$ °C; $H = 76,73$ a $80,82$ %, $g = 1,98$ a $4,46$ %	255
Frutos do mar			
Camarão cru descascado	$1,5050 - 2,4 \times 10^{-3}T + 2,58 \times 10^{-2}g + 2,52 \times 10^{-2}H$	$T = 5,53$ a $30,12$ °C; $H = 84,12$ a $85,51$ %, $g = 0,02$ a $0,04$ %	255
descascado empanado	$0,8160 + 4,9 \times 10^{-3}T + 0,8780H - 0,0574H^2 + 3,8878g$	$T = 4$ a 130 °C; $H = 24,1$ a $87,4$ %, $g = 2,4$ a $27,6$ % (b.s.)	230
inteiro empanado	$2,7505 + 4,6 \times 10^{-3}T + 0,3232H - 0,0341H^2 - 4,6905g$	$T = 4$ a 130 °C; $H = 41,6$ a $75,0$ %, $g = 0,7$ a $12,9$ % (b.s.)	
empanado frito	$0,51H - 3,37g + \dfrac{(-60,18 + 42,53H)}{T} + \dfrac{133,85}{T^2}$ $-0,88 + 7 \times 10^{-3}T + 5,20H + 15,42g$	$T = -40$ a -1 °C; $H = 42$ a 75 %, $g = 0,9$ a $6,9$ % $T = -1$ a 30 °C; $H = 42$ a 75 %, $g = 0,9$ a $6,9$ %	228
Outras			
Cordeiro	$-0,055 + 0,662w - \dfrac{233,883 - 2115,116w}{(T-1)^2} - \dfrac{72,500 - 4230,208w}{(T-1)^3}$ $1,920 + 1,433w$	$T = -40$ a -1 °C, $w = 0,674$ a $0,776$ $T = -1$ a 40 °C, $w = 0,674$ a $0,776$	331
Hashii (camelo bebê)	$1,663 + 0,0278H$ $3,5900 + 0,0150H + 0,0492T$	$T = 17$ a 40 °C, $H = 30$ a 75 % $T = -40$ a -15 °C, $H = 30$ a 75 %	131
Najdii (cordeiro)	$2,446 + 0,01293H$ $3,7356 - 0,5987H + 0,0484T$	$T = 17$ a 40 °C, $H = 30$ a 75 % $T = -40$ a -15 °C, $H = 30$ a 75 %	131

Tabela 19.2. Calor específico (C_p) de alimentos – equações preditivas.   *(continuação)*

Alimento	C_p (kJ/kg °C)	Faixa de aplicação	Referências
Outras			
Noeimi (cordeiro)	$2{,}316 + 0{,}01926H$	T = 17 a 40 °C, H = 30 a 75 %	131
	$4{,}3094 - 0{,}6041H + 0{,}0555T$	T = -40 a -15 °C, H = 30 a 75 %	
Laticínios			
Creme de leite	$3{,}70 - 1{,}9 \times 10^{-2}T + 6{,}1 \times 10^{-2}T^2 - 3{,}1 \times 10^{-2}T^3 + 8{,}1 \times 10^{-3}T^4 - 1{,}2 \times 10^{-3}T^5 + 1{,}04 \times 10^{-4}T^6 - 5{,}21 \times 10^{-6}T^7 + 1{,}39 \times 10^{-7}T^8 - 1{,}52 \times 10^{-9}T^9$	T = 1 a 17 °C, g = 15 %	134
	$44{,}84 + 181{,}74T + 393{,}73T^2 - 162{,}37T^3 + 26{,}89T^4 - 2{,}44T^5 + 0{,}137T^6 - 4{,}3 \times 10^{-3}T^7 + 7{,}73 \times 10^{-5}T^8 - 5{,}97 \times 10^{-7}T^9$ $-81{,}97 - 255{,}89T + 73{,}34T^2 - 8{,}80T^3 + 0{,}59T^4 - 2{,}5 \times 10^{-2}T^5 + 6{,}52 \times 10^{-4}T^6 - 1{,}07 \times 10^{-5}T^7 + 9{,}89 \times 10^{-8}T^8 - 3{,}99 \times 10^{-10}T^9$	T = 17 a 20,5 °C, g = 15 %	
		T = 20,5 a 41 °C, g = 15 %	
	$3{,}53 + 0{,}15T - 3{,}8 \times 10^{-2}T^2 - 2{,}5 \times 10^{-3}T^3 + 4{,}3 \times 10^{-3}T^4 - 1{,}1 \times 10^{-3}T^5 + 1{,}31 \times 10^{-4}T^6 - 8{,}61 \times 10^{-6}T^7 + 2{,}93 \times 10^{-7}T^8 - 4{,}04 \times 10^{-9}T^9$	T = 1 a 17 °C, g = 25 %	
	$2678{,}26 + 5319{,}80T - 2299{,}11T^2 + 403{,}19T^3 - 39{,}60T^4 + 2{,}41T^5 - 9{,}3 \times 10^{-2}T^6 + 2{,}2 \times 10^{-3}T^7 - 3{,}045 \times 10^{-5}T^8 + 1{,}81 \times 10^{-7}T^9$	T = 17 a 22,3 °C, g = 25 %	
	$-116{,}24 - 379{,}17T + 101{,}69T^2 - 11{,}52T^3 + 0{,}74T^4 - 2{,}9 \times 10^{-2}T^5 + 7{,}44 \times 10^{-4}T^6 - 1{,}17 \times 10^{-5}T^7 + 1{,}05 \times 10^{-7}T^8 - 4{,}12 \times 10^{-10}T^9$	T = 22,3 a 41 °C, g = 25 %	
	$3{,}23 + 0{,}42T - 0{,}27T^2 + 0{,}11T^3 - 2{,}9 \times 10^{-2}T^4 + 4{,}8 \times 10^{-3}T^5 - 5{,}38 \times 10^{-4}T^6 + 3{,}73 \times 10^{-5}T^7 - 1{,}45 \times 10^{-6}T^8 + 2{,}39 \times 10^{-8}T^9$	T = 1 a 13 °C, g = 35 %	
	$-6830{,}20 + 4052{,}37T - 1049{,}85T^2 + 156{,}18T^3 - 14{,}72T^4 + 0{,}91T^5 - 3{,}7 \times 10^{-2}T^6 + 9{,}64 \times 10^{-4}T^7 - 1{,}44 \times 10^{-5}T^8 + 9{,}45 \times 10^{-8}T^9$	T = 13 a 20,5 °C, g = 35 %	
	$1{,}62 + 5{,}46T + 1{,}40T^2 - 0{,}51T^3 + 5{,}8 \times 10^{-2}T^4 - 3{,}4 \times 10^{-3}T^5 + 1{,}17 \times 10^{-4}T^6 - 2{,}34 \times 10^{-6}T^7 + 2{,}56 \times 10^{-8}T^8 - 1{,}18 \times 10^{-10}T^9$	T = 20,5 a 41 °C, g = 35 %	
Doce de leite	$4{,}421 - 0{,}0265s$	s = 40 a 70 %	133
Iogurte natural	$1{,}4694 + 2{,}5984w$	T = 40 °C, w = 0,050 a 0,706	162
Leite	$1{,}4017 + 2{,}1 \times 10^{-3}(T + 273{,}15) + 2{,}1816w - 1{,}743 \times 10^{-2}g$	T = 2 a 71 °C, w = 0,72 a 0,92, g = 0,44 a 7,71 %	207
	$4{,}18 - 7{,}23 \times 10^{-3}T - 1{,}68 \times 10^{-4}g - 1{,}6 \times 10^{-7}Tg + 8{,}375 \times 10^{-5}T^2 - 1{,}54 \times 10^{-2}g^2$	T = 41 a 59 °C, g = 0,1 a 35 %	134

Tabela 19.2. Calor específico (C_p) de alimentos – equações preditivas. *(continuação)*

Alimento	C_p (kJ/kg °C)	Faixa de aplicação	Referências
Laticínios			
Leite desnatado	$3,9814 + 8 \times 10^{-4}T$	T = 1 a 59 °C, g = 0,1 %	134
Leite em pó integral	$3833,1941 - 28,0083s - 1,7586T - 0,1098s^2 + 0,2341sT + 0,0504T^2$	T = 45 a 75 °C, s = 40 a 70 %, H = 3,5 %, g = 32 %	271
Leite integral	$3,56 + 1,17T - 1,22T^2 + 0,68T^3 - 0,23T^4 + 4,9 \times 10^{-2}T^5 - 6,7 \times 10^{-3}T^6 + 5,5 \times 10^{-4}T^7 - 2,58 \times 10^{-5}T^8 + 5,12 \times 10^{-7}T^9$ $-1499,70 + 941,44T - 260,43T^2 + 41,78T^3 - 4,28T^4 + 0,29T^5 - 1,3 \times 10^{-2}T^6 + 3,77 \times 10^{-4}T^7 - 6,30 \times 10^{-6}T^8 + 4,64 \times 10^{-8}T^9$ $-9,06 - 27,91T + 8,12T^2 - 0,98T^3 + 6,6 \times 10^{-2}T^4 - 2,8 \times 10^{-3}T^5 + 7,37 \times 10^{-5}T^6 - 1,22 \times 10^{-6}T^7 + 1,15 \times 10^{-8}T^8 - 4,69 \times 10^{-11}T^9$	T = 1 a 10 °C, g = 3,5 % T = 10 a 20 °C, g = 3,5 % T = 20 a 41 °C, g = 3,5 %	134
Leite, soro	$1,332 + 1,05 \times 10^{-2}T + 1,402 \times 10^{-4}T^2$	T = -50 a 60 °C, H = 7 %	180
Queijo Cheddar	$14,040 - 0,128H - 0,187g - 0,338p + 9,7 \times 10^{-4}Hg + 4,76 \times 10^{-3}Hp + 4,25 \times 10^{-3}gp$	H = 33,7 a 57,7 %, g = 7,8 a 36,7 %, p = 22,4 a 35,0 %	200
Produtos de panificação			
Biscoito	$1,17 + 0,0030T$ $0,8 + 0,0030T$	T = 30 a 58 °C T = 58 a 85 °C	74
Cupcake (bolinho decorado)	$0,0187T + 7,107w - 0,0453Tw$	T = 20 a 120 °C, w = 0,26 a 0,36	35
Farinha de rosca	$0,3073 + 5,3 \times 10^{-3}T + 4,0237H - 2,0150H^2 + 4,0616g$	T = 4 a 130 °C; H = 3,3 a 51,0 %, g = 0,5 a 44,4 % (b.s.)	230
Massas	$2,47656 + 0,02356H - 0,00379T$	T = 30 a 63 °C, H = 0,1 a 80 %	119
Muffin	$0,4 + 0,0039T$	T = 25 a 85 °C	74
Pão	$0,098 + 0,0049T$	T = 25 a 85 °C	74
casca	$2,62(1-w)T + w \times 4200 + 1263(1-w)$	T = 0 a 100 °C, w = 0 a 17 %	151
miolo	$1,60(1-w)T + w \times 4200 + 1373(1-w)$	T = 0 a 100 °C, w = 0 a 45 %	
Pão ázimo	$2,47656 + 0,02356H - 0,00379T$	T = 30 a 63 °C, H = 0,1 a 80 %	119
Rabanada	$2,5448 + 4,6 \times 10^{-3}T - 0,6872H + 0,4235H^2 - 1,0707g$	T = 4 a 130 °C; H = 4,4 a 43,7 %, g = 0,9 a 61,8 % (b.s.)	230

Propriedades Térmicas de Alimentos e Propriedades Termodinâmicas da Água — capítulo 19

Tabela 19.2. Calor específico (C_p) de alimentos – equações preditivas. *(continuação)*

Alimento	C_p [kJ/kg °C]	Faixa de aplicação	Referências
Outros			
Açúcar bruto de palmira	$0,562 + 0,325H - 0,008H^2$	T = 30 °C, H = 2,1 a 10,2 % (b.s.)	265
Açúcar bruto de tâmara	$0,195 + 0,387H - 0,014H^2$	T = 30 °C, H = 2,9 a 14,3 % (b.s.)	265
Açúcar mascavo	$0,491 + 0,501H - 0,025H^2$	T = 30 °C, H = 2,0 a 11,6 % (b.s.)	265
Farinha de trigo	$0,9152 + 4,160 \times 10^{-3}T + 3,9380H$	T = 0 a 90 °C, H = 0 a 40 %	339
	$2,47656 + 0,02356H - 0,00379T$	T = 30 a 63 °C, H = 0,1 a 80 %	119
Molho de queijo	$3,5292 + 3,91 \times 10^{-4}T + 7,1 \times 10^{-6}T^2$	T = 20 a 130 °C	173
Ovo líquido (clara + gema misturadas)	$0,668 + 2,5 \times 10^{-3}(T + 273,15) - 2,4429w$	T = 0 a 38 °C, w = 0,518 a 0,882	76
Ovo, gema	$2,6290 + 2,93 \times 10^{-3}T$	T = 0 a 61 °C, H = 54,04 %	120
Surimi, pasta	$2,33 + 6 \times 10^{-3}T + 1,49 \times 10^{-2}H$	T = 30 a 80 °C, H = 74 a 84 %	3
Tapioca, amido	$7,0277 \times 10^{-2} + 7,204 \times 10^{-3}(T + 273,15) + 1,0065 \times 10^{-2}H - 5,01 \times 10^{-5}(T + 273,15)^2 - 1,38 \times 10^{-4}H^2 + 1,4 \times 10^{-5}H(T + 273,15)$	T = 25 a 75 °C, H = 4 a 30 %	178
Tofu	$2,055 + 1,064w + 1,596w^2 + 1,06 \times 10^{-3}T$	T = 10 a 105 °C, w = 0,333 a 0,677	34

Tabela 19.3. Condutividade térmica (k) de alimentos – equações preditivas.

Alimento	k (W/m.°C)	Faixa de aplicação	Referências
	Equações gerais		
Água	$5{,}7109 \times 10^{-1} + 1{,}7625 \times 10^{-3}T - 6{,}7036 \times 10^{-6}T^2$	T = 0 a 150 °C	33
Ar	$2{,}382 \times 10^{-1} + 6{,}75 \times 10^{-5}T$	T = -40 a 150 °C	33
Carboidratos	$2{,}0141 \times 10^{-1} + 1{,}3874 \times 10^{-3}T - 4{,}3312 \times 10^{-6}T^2$	T = -40 a 150 °C	370
Cinzas	$3{,}2962 \times 10^{-1} + 1{,}4011 \times 10^{-3}T - 2{,}9069 \times 10^{-6}T^2$	T = -40 a 150 °C	33
Fibras	$1{,}8331 \times 10^{-1} + 1{,}2497 \times 10^{-3}T - 3{,}1683 \times 10^{-6}T^2$	T = -40 a 150 °C	33
Gelo	$2{,}22 - 6{,}25 \times 10^{-3}T + 1{,}015 \times 10^{-4}T^2$	T = -40 a 20 °C	272
	$2{,}2196 \times 10^{-1} + 6{,}248 \times 10^{-3}T + 1{,}0154 \times 10^{-4}T^2$	T = -40 a 0 °C	33
Gordura	$1{,}8071 \times 10^{-1} - 2{,}7604 \times 10^{-4}T - 1{,}7749 \times 10^{-7}T^2$	T = -40 a 150 °C	370
Proteínas	$1{,}788 \times 10^{-1} + 1{,}1958 \times 10^{-3}T - 2{,}7178 \times 10^{-6}T^2$	T = -40 a 150 °C	33
Cereais	$0{,}085 + 0{,}452 \times 10^{-3}T + 0{,}121H + 0{,}039 \times 10^{-4}\rho_{ap}$	T = 5 a 60 °C, H = 0 a 35 %	339
Frutas	$0{,}441 + 0{,}907 \times 10^{-3}T - 0{,}634 \exp(-w)$	T = 1 a 80 °C, w = 0 a 0,96	339
Frutas e vegetais	$-0{,}015 + 1{,}914 \times 10^{-3}T + 0{,}590w$	T = 1 a 80 °C, w = 0 a 0,96	339
Géis	$0{,}534 + 2{,}70 \times 10^{-4}T$	T = 0 a 30 °C, w = 0,79	18
	$0{,}468 + 6{,}17 \times 10^{-4}T$	T = 0 a 30 °C, w = 0,68	
	$0{,}402 + 6{,}91 \times 10^{-4}T$	T = 0 a 30 °C, w = 0,59	
Laticínios	$0{,}1696 + 4{,}88 \times 10^{-3}w$	T = 15 °C, w = 0,18 a 0,85	317
	$0{,}1729 + 4{,}91 \times 10^{-3}w$	T = 30 °C, w = 0,18 a 0,85	
Líquidos	$(0{,}486 + 0{,}00155T - 0{,}000005T^2)(1 - 0{,}0054s)$	T = 1,5 a 80 °C, s = 60 a 100 %	82
Peixes	$0{,}0324 + 0{,}329H$	H = 0 a 100 %	305
Peixes e frutos do mar	$0{,}2223 - 3{,}6 \times 10^{-3}g + 3{,}5 \times 10^{-3}H$	T = 5 a 30 °C, H = 60 a 86 %, g = 0 a 21 %	255
Sucos de frutas	$0{,}140 + 0{,}42H$	H = 0 a 100 %	305
Vegetais	$2{,}35 \times 10^{-3}T + 6{,}68 \times 10^{-4}\rho + 2{,}516 \times 10^{-5}H^2 + 0{,}145 \log H - 0{,}222 \log \rho$	T = 5 a 30 °C, H = 25 a 95 %, ρ = 571 a 1101 kg/m³	3
Vegetais congelados	$-0{,}024 - 0{,}398 \times 10^{-3}T + 0{,}526w$	T = -20 a -4 °C, w = 0,50 a 0,90	339

Continua

Tabela 19.3. Condutividade térmica (k) de alimentos – equações preditivas. *(continuação)*

Alimento	k [W/m.°C]	Faixa de aplicação	Referências
Frutas, vegetais e cereais			
Abacate			
fresco	$0,027 + 0,565w$	$w = 0,70$ a $0,90$	340
reconstituído	$0,044 + 0,553w$	$w = 0,70$ a $0,90$	
Abacaxi, suco	$0,5814 + 1,405 \times 10^{-3}T - 3,456 \times 10^{-3}s$	$T = 10$ a $50\,°C$, $s = 10$ a $40\,\%$	220
Abóbora, semente	$0,1108 + 1,2 \times 10^{-3}H$	$H = 5,32$ a $24,00\,\%$ (b.s.)	165
Abobrinha	$-30,87 \times 10^{-2} + 35,3 \times 10^{-4}T + 17,14 \times 10^{-3}H + 5809 \times 10^{-6}T^2 - 10,12 \times 10^{-5}H^2$	$T = 5$ a $30\,°C$, $H = 27$ a $95\,\%$	12
Açaí, suco	$0,140 + 0,42w$	$T = 10$ a $80\,°C$, $w = 0,8663$, $C = 11,9\,°Brix$	215
Alfafa	$-3,7 \times 10^{-3} + 4,88 \times 10^{-5}\rho + 0,192w$	$T = 20\,°C$, $w = 0,31$ a $0,80$, $\rho = 200$ a $500\,kg/m^3$	210
Algodão, óleo	$0,1653 - 3 \times 10^{-4}T$	$T = 21,7$ a $69,7\,°C$	51
Ameixa Angeleno	$0,414 + \dfrac{0,0404}{w} + 0,279 \ln w$	$w = 0,142$ a $0,804$	108
Ameixa, suco	$0,5905 - 5,6132 \times 10^{-3}C + 2,8382 \times 10^{-5}C^2 + (1,0869 \times 10^{-3} + 6,2466 \times 10^{-6}C - 5,1919 \times 10^{-8}C^2)T - (1,3729 \times 10^{-6} + 8,8027 \times 10^{-8}C - 1,0639 \times 10^{-9})T^2$	$T = 20$ a $120\,°C$, $C = 15,1$ a $60,0\,°Brix$	191
Amora, suco	$0,592 + 1,097 \times 10^{-3}T - 3,61 \times 10^{-3}C$	$T = 0,5$ a $80,8\,°C$, $C = 9,4$ a $58,4\,°Brix$	55
Arroz	$0,035 - 0,568 \times 10^{-3}T + 0,369H + 0,053 \times 10^{-3}\rho_{ap}$	$T = 26$ a $40\,°C$, $H = 9$ a $30\,\%$	339
Cozimento	$3,6909 - 4,47 \times 10^{-2}H - 6,6 \times 10^{-3}T - 10,9986\varepsilon + 2,7 \times 10^{-4}H^2 - 7 \times 10^{-5}HT + 6,2 \times 10^{-2}H\varepsilon + 1,9 \times 10^{-4}T^2 - 2,16 \times 10^{-2}T\varepsilon + 10,242\varepsilon^2$	$T = 50$ a $70\,°C$, $H = 30$ a $70\,\%$, $\varepsilon = 0,404$ a $0,495$	263
secagem	$0,877 + 4,24 \times 10^{-2}H + 3,31 \times 10^{-2}T - 1,2522\varepsilon - 2,41 \times 10^{-4}H^2 - 1,2 \times 10^{-4}HT - 3,762 \times 10^{-2}H\varepsilon - 1 \times 10^{-6}T^2 - 4,47 \times 10^{-2}T\varepsilon + 3,4491\varepsilon^2$	$T = 50$ a $70\,°C$, $H = 10$ a $70\,\%$, $\varepsilon = 0,386$ a $0,700$	

Tabela 19.3. Condutividade térmica (k) de alimentos – equações preditivas. *(continuação)*

Alimento	k (W/m.°C)	Faixa de aplicação	Referências
Frutas, vegetais e cereais			
Arroz beneficiado integral	$0{,}1057 + 1{,}8 \times 10^{-3} H$ $0{,}1387 + 9{,}481 \times 10^{-4} T$ $0{,}1242 + 9{,}029 \times 10^{-4} T$ $0{,}1243 + 1{,}166 \times 10^{-3} T$ $0{,}1103 + 1{,}276 \times 10^{-3} T$ $0{,}1073 + 1{,}438 \times 10^{-3} T$ $0{,}1073 + 1{,}180 \times 10^{-3} T$	$H = 10$ a 20% $T = 10$ a $50\,°C$, $H = 14{,}9\%$, $\rho = 910\ kg/m^3$ $T = 10$ a $50\,°C$, $H = 14{,}9\%$, $\rho = 840\ kg/m^3$ $T = 10$ a $50\,°C$, $H = 20{,}1\%$, $\rho = 835\ kg/m^3$ $T = 10$ a $50\,°C$, $H = 20{,}1\%$, $\rho = 788\ kg/m^3$ $T = 10$ a $50\,°C$, $H = 25{,}2\%$, $\rho = 795\ kg/m^3$ $T = 10$ a $50\,°C$, $H = 25{,}2\%$, $\rho = 753\ kg/m^3$	22 219
em casca	$0{,}1283 + 9{,}769 \times 10^{-4} T$ $0{,}1310 + 5{,}251 \times 10^{-4} T$ $8{,}523 \times 10^{-2} + 3{,}924 \times 10^{-4} T + 3{,}500 \times 10^{-7} T^2$ $8{,}820 \times 10^{-2} + 6{,}022 \times 10^{-4} T - 3{,}000 \times 10^{-6} T^2$ $9{,}367 \times 10^{-2} + 4{,}071 \times 10^{-4} T + 4{,}000 \times 10^{-8} T^2$ $9{,}177 \times 10^{-2} + 1{,}028 \times 10^{-3} T - 2{,}925 \times 10^{-6} T^2$ $8{,}181 \times 10^{-2} + 1{,}679 \times 10^{-3} T - 1{,}184 \times 10^{-5} T^2$ $9{,}104 \times 10^{-2} + 1{,}135 \times 10^{-3} T - 3{,}713 \times 10^{-6} T^2$ $1{,}084 \times 10^{-1} - 4{,}886 \times 10^{-5} T + 1{,}554 \times 10^{-5} T^2$ $1{,}139 \times 10^{-1} - 3{,}823 \times 10^{-4} T + 2{,}453 \times 10^{-5} T^2$ $1{,}118 \times 10^{-1} + 1{,}768 \times 10^{-4} T + 1{,}507 \times 10^{-5} T^2$ $1{,}003 \times 10^{-1} + 5{,}183 \times 10^{-4} T + 1{,}020 \times 10^{-5} T^2$	$T = 10$ a $50\,°C$, $H = 30{,}1\%$, $\rho = 775\ kg/m^3$ $T = 10$ a $50\,°C$, $H = 30{,}1\%$, $\rho = 717\ kg/m^3$ $T = 20$ a $50\,°C$, $H = 11{,}0\%$, $\rho = 600\ kg/m^3$ $T = 20$ a $50\,°C$, $H = 11{,}0\%$, $\rho = 640\ kg/m^3$ $T = 20$ a $50\,°C$, $H = 11{,}0\%$, $\rho = 680\ kg/m^3$ $T = 20$ a $50\,°C$, $H = 15{,}1\%$, $\rho = 630\ kg/m^3$ $T = 20$ a $50\,°C$, $H = 15{,}1\%$, $\rho = 653\ kg/m^3$ $T = 20$ a $50\,°C$, $H = 15{,}1\%$, $\rho = 685\ kg/m^3$ $T = 20$ a $50\,°C$, $H = 20{,}2\%$, $\rho = 645\ kg/m^3$ $T = 20$ a $50\,°C$, $H = 20{,}2\%$, $\rho = 668\ kg/m^3$ $T = 20$ a $50\,°C$, $H = 20{,}2\%$, $\rho = 690\ kg/m^3$ $T = 20$ a $50\,°C$, $H = 25{,}1\%$, $\rho = 650\ kg/m^3$	221
farinha	$1{,}234 \times 10^{-1} - 3{,}849 \times 10^{-5} T + 1{,}696 \times 10^{-5} T^2$ $1{,}167 \times 10^{-1} + 4{,}379 \times 10^{-4} T + 1{,}011 \times 10^{-5} T^2$ $5{,}650 \times 10^{-2} + 7{,}175 \times 10^{-5} T + 1{,}033 \times 10^{-3} H + 4{,}024 \times 10^{-5} TH$ $6{,}774 \times 10^{-2} - 4{,}710 \times 10^{-5} T + 8{,}073 \times 10^{-4} H + 5{,}124 \times 10^{-5} TH$ $7{,}730 \times 10^{-2} - 6{,}777 \times 10^{-5} T + 8{,}804 \times 10^{-4} H + 5{,}363 \times 10^{-5} TH$	$T = 20$ a $50\,°C$, $H = 25{,}1\%$, $\rho = 673\ kg/m^3$ $T = 20$ a $50\,°C$, $H = 25{,}1\%$, $\rho = 696\ kg/m^3$ $T = 10$ a $50\,°C$, $H = 8{,}8$ a $18{,}1\%$, $\rho = 650\ kg/m^3$ $T = 10$ a $50\,°C$, $H = 8{,}8$ a $18{,}1\%$, $\rho = 700\ kg/m^3$ $T = 10$ a $50\,°C$, $H = 8{,}8$ a $18{,}1\%$, $\rho = 750\ kg/m^3$	222
óleo do farelo	$9{,}022 \times 10^{-2} - 1{,}079 \times 10^{-4} T + 4{,}473 \times 10^{-4} H + 6{,}769 \times 10^{-5} TH$ $0{,}1678 - 3 \times 10^{-4} T$	$T = 10$ a $50\,°C$, $H = 8{,}8$ a $18{,}1\%$, $\rho = 800\ kg/m^3$ $T = 21{,}4$ a $69{,}5\,°C$	51
Arroz Bengal integral	$6{,}5335 \times 10^{-2} + 2{,}3835 \times 10^{-2} T + 9{,}9736 \times 10^{-4} H - 6{,}8155 \times 10^{-5} T^2 + 6{,}3510 \times 10^{-7} T^3$	$T = 6$ a $69\,°C$, $H = 9{,}2$ a $17{,}0\%$	354
Arroz curto em casca	$0{,}1000 + 1{,}1 \times 10^{-3} H$	$H = 11$ a 24%	22

Tabela 19.3. Condutividade térmica (k) de alimentos – equações preditivas. *(continuação)*

Alimento	k (W/m.°C)	Faixa de aplicação	Referências
Frutas, vegetais e cereais			
Arroz médio em casca	$0,0866 + 1,3 \times 10^{-3} H$	$H = 10$ a 20%	22
	$6,43944 \times 10^{-2} + 1,53515 \times 10^{-3} H + 4,000002 \times 10^{-5} TH$	$T = 3$ a $41\,°C$, $H = 8,25$ a $25,80\%$ (b.s.)	139
Azeite de oliva	$0,1698 - 3 \times 10^{-4} T$	$T = 21,8$ a $68,9\,°C$	51
Bacuri, polpa	$5,1261 \times 10^{-4} + 0,12702 \exp\left(\dfrac{-C}{4,49}\right)$	$C = 5$ a $20\,°Brix$	217
Banana-da-terra	$0,901 - 0,967 \exp(-0,014H)$	$T = 30\,°C$, $H = 14$ a 57%	232
Batata	$0,1445 + 0,389w$	$T = 30\,°C$, $w = 0$ a 1	91
	$0,567 + 3,76 \times 10^{-4} P - 1,83 \times 10^{-7} P^2$	$T = 5\,°C$, $H = 88\%$, $P = 0,1$ a 350 MPa	363
	$0,588 + 3,63 \times 10^{-4} P - 5,8 \times 10^{-8} P^2$	$T = 25\,°C$, $H = 88\%$, $P = 0,1$ a 350 MPa	364
	$0,566 + 3,68 \times 10^{-4} P - 1,78 \times 10^{-7} P^2$	$T = 5\,°C$, $H = 88\%$, $P = 0,1$ a 350 MPa	339
	$0,08 - 0,86 \times 10^{-3} T + 0,668 H$	$T = 0$ a $70\,°C$, $H = 0$ a 90%	56
	$1,05 - 1,96 \times 10^{-2} T + 1,90 \times 10^{-4} T^2$	$T = 50$ a $100\,°C$, $H = 80\%$	
grânulos	$0,0537 + 1,19 \times 10^{-3} T + 6,98 \times 10^{-3} H$	$T = 30$ a $120\,°C$, $H = 10$ a 60%	125
Batata doce	$0,0397 + 1,065w + 3 \times 10^{-3} T - 0,64w^2$	$T = 20$ a $60\,°C$, $w = 0,45$ a $0,75$	101
purê	$0,544 - 3,29 \times 10^{-3} T + 7,70 \times 10^{-5} T^2$	$T = 5$ a $80\,°C$, $H = 73,3\%$	104
Berinjela	$17,35 \times 10^{-2} + 13,47 \times 10^{-3} T - 14,55 \times 10^{-3} H - 2,51 \times 10^{-4} T^2 + 15,90 \times 10^{-5} H^2$	$T = 5$ a $30\,°C$, $H = 23$ a 93%	12
Beterraba	$0,7801 - 2,85 \times 10^{-2} T + 8 \times 10^{-4} T^2$	$T = -10$ a $33\,°C$, $H = 74,09\%$	310
Borragem, semente	$0,097 + 1,285 \times 10^{-4} T + 1,868 \times 10^{-3} H + 1,951 \times 10^{-4} TH$	$T = 6$ a $20\,°C$, $H = 1,2$ a $30,3\%$	354
Café Caturra, pergaminho	$8,7 \times 10^{-3} + 2 \times 10^{-5} H$	$T = 25\,°C$, $H = 11$ a 56%	249
Café			
coco	$0,0697 + 0,1828 H - 0,1173 H^2$	$H = 11,1$ a $67,8\%$	153
descascado	$0,0747 + 0,1983 H - 0,0558 H^2$	$H = 11,1$ a $59,7\%$	
despolpado	$0,0935 + 0,0976 H + 0,0524 H^2$	$H = 11,1$ a $62,1\%$	
Café, extrato	$0,154 + 0,319w + 1,48 \times 10^{-4} T$	$T = 30$ a $82\,°C$, $w = 0,5$ a $0,9$	323
Cajá, suco	$0,599 + 5,825 \times 10^{-4} T - 5,155 \times 10^{-3} C$	$T = 0,4$ a $77,1\,°C$, $C = 8,8$ a $49,4\,°Brix$	24

Tabela 19.3. Condutividade térmica (k) de alimentos – equações preditivas.   *(continuação)*

Alimento	k (W/m.°C)	Faixa de aplicação	Referências
Frutas, vegetais e cereais			
Caju	$0,0020T + 0,514$	$T = 25$ a $45\,°C$	175
suco	$0,5994 - 6,0527 \times 10^{-3}C$	$T = 30\,°C$, $C = 5,5$ a $25,0\,°Brix$	31
Cana de açúcar, caldo	$0,603 - 3,3 \times 10^{-3}C$	$T = 25\,°C$, $C = 17,2$ a $82,0\,°Brix$	264
Canola, óleo	$0,1556 - 2 \times 10^{-4}T$	$T = 20,3$ a $70,0\,°C$	51
	$0,1987 + 1,76 \times 10^{-4}P$	$T = 20\,°C$, $P = 0,01$ a $700\,MPa$	262
Castanha de raposa grande, > 10 mm	$5,9 \times 10^{-5} - 1,3 \times 10^{-6}T + 2,6 \times 10^{-6}H + 2 \times 10^{-8}T^2 - 8,4 \times 10^{-9}HT - 2 \times 10^{-8}H^2$	$T = 25$ a $55\,°C$, $H = 15$ a $60\,\%$	148
média, 8 a 10 mm	$6,5 \times 10^{-5} - 1,2 \times 10^{-6}T + 1,9 \times 10^{-6}H + 1,5 \times 10^{-8}T^2 - 6,6 \times 10^{-9}HT - 1,2 \times 10^{-8}H^2$	$T = 25$ a $55\,°C$, $H = 15$ a $60\,\%$	
pequena, < 8 mm	$6,5 \times 10^{-5} - 1,2 \times 10^{-6}T + 1,9 \times 10^{-6}H + 1,5 \times 10^{-8}T^2 - 6,6 \times 10^{-9}HT - 1,1 \times 10^{-8}H^2$	$T = 25$ a $55\,°C$, $H = 15$ a $60\,\%$	
Cebola	$0,18 + 0,41w$	$T = 30\,°C$, $w = 0,240$ a $0,806$	266
	$0,12(1 - w) + 0,6w$	$T = 25\,°C$, $w = 0,00$ a $0,92$	2
	$0,5450 - 4 \times 10^{-4}T + 5 \times 10^{-5}T^2$	$T = 20$ a $130\,°C$	173
Cenoura	$-0,092 + 1,654 \times 10^{-3}T + 1,763H$	$T = 20$ a $65\,°C$, $H = 68$ a $91\,\%$	339
Cereja, suco	$0,5468 - 3,3525 \times 10^{-3}C + (1,5230 \times 10^{-3} - 9,3931 \times 10^{-6}C)(T + 273,15) - (4,8318 \times 10^{-6} - 6,3587 \times 10^{-8}C)(T + 273,15)^2$	$T = 20$ a $120\,°C$, $C = 12,2$ a $50\,°Brix$	192
	$0,5601 - 4,4534 \times 10^{-3}C + 1,7796 \times 10^{-5}C^2 + (1,0573 \times 10^{-3} + 1,4187 \times 10^{-5}C - 1,9678 \times 10^{-7}C^2)T - (9,4700 \times 10^{-7} + 8,9423 \times 10^{-8}C - 9,1168 \times 10^{-10})T^2$	$T = 20$ a $120\,°C$, $C = 15,1$ a $60,0\,°Brix$	191
Cevada	$0,0835 + 1,3 \times 10^{-3}H + 1 \times 10^{-4}H^2 + 6 \times 10^{-7}H^3$	$H = 9,5$ a $29,7\,\%$	159
Coco ralado	$0,0578 + 0,0018H + 0,0009T$	$T = 25$ a $50\,°C$, $H = 2$ a $51\,\%$	150
Coco verde, água	$0,5581 + 1,08 \times 10^{-3}T$	$T = 5$ a $80\,°C$, $H = 94\,\%$, $C = 5,7\,°Brix$	105
Coco, leite	$0,654 - 9,42 \times 10^{-3}g + 2 \times 10^{-3}T$	$T = 60$ a $80\,°C$, $g = 20$ a $35\,\%$	313
Cogumelo palha	$0,0738 + 0,2571w^2 + 4,088 \times 10^{-3}wT + 1,64 \times 10^{-5}T^2$	$T = 50$ a $80\,°C$, $w = 0,3$ a $0,9$	314

Tabela 19.3. Condutividade térmica (k) de alimentos – equações preditivas.   *(continuação)*

Frutas, vegetais e cereais

Alimento	k (W/m.°C)	Faixa de aplicação	Referências
Cogumelo Shimeji branco	$0{,}151 + 3{,}7 \times 10^{-3}H + 3{,}971 \times 10^{-5}P + 2{,}348 \times 10^{-4}T$	T = 40 a 70 °C, H = 10,24 a 89,68 %, ρ = 111,06 a 655,86 kg/m³	292
Colza	$0{,}0907 + 1{,}3 \times 10^{-3}H$ $0{,}0941 + 1{,}5 \times 10^{-3}H$ $0{,}0957 + 1{,}7 \times 10^{-3}H$	T = -4 °C, H = 0,75 a 15,5 % T = 2 °C, H = 0,75 a 19,6 % T = 20 °C, H = 0,75 a 19,6 %	22
Cominho, semente	$9{,}16 \times 10^{-2} + 1 \times 10^{-3}T + 5{,}18 \times 10^{-3}H - 2{,}68 \times 10^{-6}T^2$ $+ 1{,}68 \times 10^{-5}TM - 8 \times 10^{-5}H^2$	T = -50 a 50 °C, H = 1,8 a 20,5 % (b.s.)	296
Damasco, suco	$0{,}5592 - 3{,}3103 \times 10^{-3}C + (1{,}4307 \times 10^{-3} - 1{,}0422 \times 10^{-5}C)(T+273{,}15) - (3{,}9099 \times 10^{-6} - 5{,}3053 \times 10^{-8}C)(T+273{,}15)^2$	T = 20 a 120 °C, C = 18,5 a 50 °Brix	192
Erva-mate, galho	$0{,}107557 + 0{,}543011w$	w = 0,0429 a 0,5968	283
Ervilha	$0{,}170 - 0{,}805 \times 10^{-3}T + 0{,}918H$	T = -20 a -6 °C, H = 60 a 80 %	339
Feijão	$0{,}1373 + 2{,}12 \times 10^{-3}H$	T = 30 °C, H = 7 a 19 %	326
Feijão comum verde	$1{,}389 - 0{,}765\dfrac{0{,}221}{(T+0{,}221)^2}$ $0{,}624 + 1{,}306 \times 10^{-2}(T+0{,}221)$	T = -5 a -0,4 °C, H = 90,76 % T = 6 a 14 °C, H = 90,76 %	202
Feijão inhame africano TSs 137	$0{,}1776 + 7{,}305 \times 10^{-3}H$ $0{,}1775 + 7{,}475 \times 10^{-3}H$ $0{,}1775 + 7{,}6375 \times 10^{-3}H$ $0{,}1786 + 7{,}6975 \times 10^{-3}H$	H = 4 a 16 %, aquecimento = 0,900 W H = 4 a 16 %, aquecimento = 2,025 W H = 4 a 16 %, aquecimento = 3,600 W H = 4 a 16 %, aquecimento = 5,625 W	140
Feijão inhame africano TSs 138	$0{,}18855 + 6{,}99 \times 10^{-3}H$ $0{,}1884 + 7{,}1475 \times 10^{-3}H$ $0{,}1896 + 7{,}1625 \times 10^{-3}H$ $0{,}191 + 7{,}2125 \times 10^{-3}H$	H = 4 a 16 %, aquecimento = 0,900 W H = 4 a 16 %, aquecimento = 2,025 W H = 4 a 16 %, aquecimento = 3,600 W H = 4 a 16 %, aquecimento = 5,625 W	140
Feijão verde	$0{,}039 - 6{,}898 \times 10^{-3}T + 0{,}487H$ $-1{,}032 - 0{,}608 \times 10^{-3}T + 0{,}816H$	T = 0 a 30 °C, H = 50 a 100 % T = -20 a -10 °C, H = 60 a 80 %	339

Tabela 19.3. Condutividade térmica (k) de alimentos – equações preditivas.   *(continuação)*

Alimento	k [W/m.°C]	Faixa de aplicação	Referências
Frutas, vegetais e cereais			
Framboesa, suco	$0,5835 - 6,0697 \times 10^{-3}C + 3,7629 \times 10^{-5}C^2 + (1,2492 \times 10^{-3} + 1,2418 \times 10^{-5}C - 2,323 \times 10^{-7}C^2)T - (2,4189 \times 10^{-6} + 1,1036 \times 10^{-7}C - 1,61845 \times 10^{-9})T^2$	T = 20 a 120 °C, C = 9,8 a 50,0 °Brix	191
Gengibre	$44,68 \times 10^{-2} + 23,70 \times 10^{-4}T - 34,60 \times 10^{-4}H - 17,41 \times 10^{-6}T^2 + 46,76 \times 10^{-6}H^2$	T = 6 a 31 °C, H = 61 a 91 %	12
Girassol			
semente	$0,0105 + 2,52 \times 10^{-2}H - 1,5 \times 10^{-3}H^2 + 3 \times 10^{-5}H^3$	H = 9,0 a 26,3 %	159
óleo	$0,1659 - 2 \times 10^{-4}T$	T = 21,0 a 68,7 °C	51
Goiaba, suco	$0,522 - 2 \times 10^{-5}T$	T = 65 a 85 °C, C = 9 °Brix	357
	$0,512 - 2 \times 10^{-5}T$	T = 65 a 85 °C, C = 11 °Brix	
	$0,52 - 3,8 \times 10^{-6}T$	T = 60 a 90 °C, C = 9 °Brix	356
	$0,51 - 4,2 \times 10^{-6}T$	T = 60 a 90 °C, C = 11 °Brix	
Grão de bico Kabuli	$0,102735615 + 5,687469 \times 10^{-3}H + 8,29257 \times 10^{-4}T$	T = 25 a 98 °C, H = 7,00 a 25,10 %	276
Grão de bico			
amido isolado	$0,0520 + 3,29 \times 10^{-4}T + 6,13 \times 10^{-5}P$	T = -18 a 40 °C, H = 7,8 %, ρ = 346,68 a 427,10 kg/m³	97
farinha	$0,0189 + 3,18 \times 10^{-4}T + 1,47 \times 10^{-4}P$	T = -18 a 40 °C, H = 9,6 %, ρ = 416,49 a 504,12 kg/m³	
proteína isolada	$0,0484 + 1,39 \times 10^{-4}T + 5,89 \times 10^{-5}P$	T = -18 a 40 °C, H = 2,2 %, ρ = 335,06 a 414,98 kg/m³	
Inhame	$0,690 - 0,953 \exp(-0,033H)$	T = 30 °C, H = 16 a 79 %	232
Jaca, polpa	$-1,050 - 1,17 \times 10^{-2}T + 2,02 \times 10^{-4}T^2 + 2,32 \times 10^{-2}w$	T = 5 a 85 °C, w = 0,65 a 0,95	302
Karité	$0,085 + 2,0124 \times 10^{-2}H$	T = 75 °C, H = 3,32 a 20,70 % (b.s.)	25
Laranja	$4,281 + 0,133T + 0,26H$	T = -30 a -10 °C, H = 40 a 80 %	339
suco	$0,0797 + 0,5238w + 5,80 \times 10^{-4}T$	T = 0,5 a 62,0 °C, w = 0,34 a 0,73	324
	$0,5778 + 1,337 \times 10^{-3}T - 3,244 \times 10^{-3}s$	T = 10 a 50 °C, s = 10 a 50 %	220
	$0,0797 + 0,5238w + 5,8 \times 10^{-4}T$	T = -18 a 0 °C, w = 0,328 a 0,528	109
	$0,234 + 1,717\left(1 + \dfrac{T_f}{T}\right)$	T = -26 a -12 °C, w = 0,328 a 0,528	
	$0,917 + 0,087T$		298
	$-0,571 + 0,069T$	T = -30 a -15 °C, C = 20 °Brix	

Tabela 19.3. Condutividade térmica (k) de alimentos – equações preditivas. *(continuação)*

Frutas, vegetais e cereais

Alimento	k (W/m.°C)	Faixa de aplicação	Referências
Maçã	$(60{,}36 - 2{,}31s + 0{,}041(s^2)) \times 10^{-2}$	$T = 20\,°C, s = 0$ a $30\,\%$	365
	$0{,}1263 + 0{,}322w$	$T = 30\,°C, w = 0{,}0$ a $1{,}0$	91
	$-0{,}026 + 1{,}880 \times 10^{-3}T + 0{,}618H$	$H = 5$ a $85\,\%, T = 0$ a $80\,°C$	339
	$1{,}289 + 0{,}0095T$	$T = -40$ a $-1\,°C, H = 87{,}4\,\%, C = 10{,}8\,°Brix$	298
	$1{,}066 + 0{,}0111T$	$T = -40$ a $-1\,°C, H = 85{,}7\,\%, C = 12{,}5\,°Brix$	
polpa	$0{,}548 + 4{,}18 \times 10^{-4}P$	$T = 30\,°C, P = 1$ a $400\,MPa$	87
	$0{,}605 + 3{,}94 \times 10^{-4}P$	$T = 65\,°C, P = 1$ a $400\,MPa$	
suco	$(60{,}97 - 0{,}1542s - 0{,}0028(s^2)) \times 10^{-2}$	$T = 20\,°C, s = 0$ a $30\,\%$	365
	$0{,}283 - 0{,}256\exp(-0{,}206H)$	$T = 22$ a $60\,°C, H = 0$ a $100\,\%$	185
suco filtrado	$0{,}6003 + 3{,}29 \times 10^{-4}P$	$T = 20\,°C, H = 88\,\%, P = 0{,}01$ a $700\,MPa$	262
Maçã Cox's Orange	$0{,}448 - 7{,}81(T + 1{,}27) + 0{,}995\left(\dfrac{1}{T} + \dfrac{1}{1{,}27}\right)$	$T = -39{,}00$ a $-1{,}27\,°C, H = 87{,}3\,\%$	350
	$0{,}448 + 0{,}69(T + 1{,}27)$	$T = -1{,}27$ a $26{,}00\,°C, H = 87{,}3\,\%$	
Maçã Fiesta	$0{,}427 - 6{,}20(T + 1{,}27) + 1{,}100\left(\dfrac{1}{T} + \dfrac{1}{1{,}27}\right)$	$T = -39{,}00$ a $-1{,}27\,°C, H = 87{,}1\,\%$	350
	$0{,}427 + 4{,}62(T + 1{,}27)$	$T = -1{,}27$ a $26{,}00\,°C, H = 87{,}1\,\%$	
Maçã Golden Delicious	$0{,}394 + 0{,}00212T$	$T > T_f$	261
	$1{,}29 - 0{,}0095T$	$T \leq T_f$	
Maçã Royal Gala	$0{,}457 - 7{,}43(T + 1{,}05) + 1{,}302\left(\dfrac{1}{T} + \dfrac{1}{1{,}05}\right)$	$T = -39{,}00$ a $-1{,}05\,°C, H = 87{,}6\,\%$	350
	$0{,}457 + 13{,}4(T + 1{,}05)$	$T = -1{,}05$ a $26{,}00\,°C, H = 87{,}6\,\%$	
Maçã verde	$0{,}367 + 0{,}00250T$	$T > T_f$	261
	$1{,}07 - 0{,}0111T$	$T \leq T_f$	
Mamão Papaia	$0{,}0024T + 0{,}523$	$T = 20$ a $40\,°C$	175
	$0{,}54 + 1{,}74 \times 10^{-3}T - 7{,}88 \times 10^{-6}T^2$	$T = -26{,}00$ a $-1{,}24\,°C, H = 84{,}4\,\%$	322
	$0{,}419 + 1{,}285\left(1 + \dfrac{1{,}24}{T}\right)$	$T = -1{,}24$ a $74{,}00\,°C, H = 84{,}4\,\%$	

Tabela 19.3. Condutividade térmica (k) de alimentos – equações preditivas. *(continuação)*

Alimento	k (W/m.°C)	Faixa de aplicação	Referências
Frutas, vegetais e cereais			
Mandioca	$21,75 \times 10^{-2} - 29,44 \times 10^{-4}T + 63,57 \times 10^{-4}H + 11,00 \times 10^{-5}T^2 - 34,15 \times 10^{-6}H^2$	T = 5 a 30 °C, H = 25 a 80 %	12
	$0,602 - 1,103\exp(-0,051H)$	T = 30 °C, H = 18 a 70 %	232
Manga Kaew	$0,459 - 7,2 \times 10^{-3}T - 2,5 \times 10^{-3}H + 1,7 \times 10^{-4}TH$	T = 60 a 100 °C; H = 61 a 81 %	179
	$0,099 + 9,0 \times 10^{-3}T + 1,0 \times 10^{-2}H + 4,9 \times 10^{-4}T^2$	T = -30 a -10 °C; H = 61 a 81 %	
Manga Keith	$0,53 + 1,90 \times 10^{-3}T - 6,89 \times 10^{-6}T^2$	T = -26,00 a -1,69 °C, H = 84,4 %	322
	$0,217 + 1,562\left(1 + \dfrac{1,69}{T}\right)$	T = -1,69 a 74,00 °C, H = 84,4 %	
Manga Tommy Atkins, polpa	$0,084 + 0,546\dfrac{w}{1+w} + 5,9 \times 10^{-3}T$	T = 20 a 80 °C, w = 1,1 a 9 (b.s.)	48
Maracujá, suco	$0,232 + 0,359w + 1,12 \times 10^{-3}T$	T = 0,4 a 68,8 °C, w = 0,506 a 0,902	116
Milho	$0,5979 - 6,87 \times 10^{-2}H + 3,4 \times 10^{-3}H^2 - 5 \times 10^{-5}H^3$	H = 14,8 a 27,8 %	159
	$0,152 - 7 \times 10^{-4}T + 0,187H$	T = 8 a 32 °C, H = 0 a 30 %	339
	$0,08 + 5,84 \times 10^{-3}H + 4,43 \times 10^{-3}T$	T = 20 °C, H = 0 a 60 %	176
óleo	$0,1569 - 1 \times 10^{-4}T$	T = 20,4 a 69,7 °C	51
sêmola	$-0,207 + 2,76 \times 10^{-3}T + 1,27 \times 10^{-2}H$	T = 30 a 100 °C, H = 13 a 38 %	125
xarope com alto teor de frutose	$0,3145 + 2,56 \times 10^{-4}P$	T = 20 °C, P = 0,01 a 700 MPa	262
Milho amarelo	$0,1409 + 1,12 \times 10^{-3}H$	T = 35 °C, H = 0,9 a 30,2 %	22
Milho refrigerado, lignina			327
alta maturidade	$0,0036 + 0,4200$	T ≥ 0,28 °C, H = 75,7 %	
	$-0,0255 + 1,6860$	T ≤ -1,11 °C, H = 75,7 %	
média maturidade	$0,0025T + 0,4508$	T ≥ 0,28 °C, H = 75,7 %	
	$-0,0227T + 1,7257$	T ≤ -1,11 °C, H = 75,7 %	
baixa maturidade	$0,0024T + 0,4789$	T ≥ 0,28 °C, H = 75,7 %	
	$-0,0248T + 1,7347$	T ≤ -1,11 °C, H = 75,7 %	

Tabela 19.3. Condutividade térmica (k) de alimentos – equações preditivas. *(continuação)*

Alimento	k [W/m.°C]	Faixa de aplicação	Referências
Frutas, vegetais e cereais			
Milho refrigerado, mesocarpo			327
alta maturidade	$0,0016T + 0,5022$	$T \geq 0,28$ °C, $H = 84,4\%$	
	$-0,0217T + 1,7509$	$T \leq -1,11$ °C, $H = 84,4\%$	
média maturidade	$0,0030T + 0,4605$	$T \geq 0,28$ °C, $H = 84,4\%$	
	$-0,0211T + 1,8179$	$T \leq -1,11$ °C, $H = 84,4\%$	
baixa maturidade	$0,0047T + 0,4066$	$T \geq 0,28$ °C, $H = 84,4\%$	
	$-0,0178T + 1,8772$	$T \leq -1,11$ °C, $H = 84,4\%$	
Milho refrigerado, semente			327
alta maturidade	$0,0025T + 0,4381$	$T \geq 0,28$ °C, $H = 73,1\%$	
	$-0,0242T + 1,5887$	$T \leq -1,11$ °C, $H = 73,1\%$	
média maturidade	$0,0016T + 0,4590$	$T \geq 0,28$ °C, $H = 73,1\%$	
	$-0,0229T + 1,6367$	$T \leq -1,11$ °C, $H = 73,1\%$	
baixa maturidade	$0,0030T + 0,4605$	$T \geq 0,28$ °C, $H = 73,1\%$	
	$-0,0205T + 1,6724$	$T \leq -1,11$ °C, $H = 73,1\%$	
Morango	$0,932 + 2,5 \times 10^{-3}T + 0,128H + 0,143 \times 10^{-3} \rho_{ap}$	$T = -20$ a -6 °C, $H = 80$ a 90%	339
Palmira, suco	$0,603 - 3,3 \times 10^{-3}C$	$T = 25$ °C, $C = 16$ a 81 °Brix	264
Pêra, suco	$0,5794 - 3,7520 \times 10^{-3}C + (9,6237 \times 10^{-4} - 7,5953 \times 10^{-7}C)(T + 273,15) - (2,7390 \times 10^{-6} - 2,2198 \times 10^{-8}C)(T + 273,15)^2$	$T = 20$ a 120 °C, $C = 14$ a 50 °Brix	192
Pêssego	$-0,145 + 4,090 \times 10^{-3}T + 0,409H$	$T = 25$ a 35 °C, $H = 5$ a 90%	339
suco	$0,5888 - 4,2108 \times 10^{-3}C + 6,7985 \times 10^{-6}C^2 + (1,9662 \times 10^{-3} - 8,1694 \times 10^{-5}C + 1,2627 \times 10^{-6}C^2)T - (4,8206 \times 10^{-7} + 7,3754 \times 10^{-8}C + 2,9782 \times 10^{-10})T^2$	$T = 20$ a 120 °C, $C = 14,8$ a $60,0$ °Brix	191
Pimenta jalapeno	$0,0374 - 9,2 \times 10^{-3}T + 1 \times 10^{-6}T^2$	$T = 20$ a 130 °C	173
Pimentão	$0,3955 - 1,2 \times 10^{-3}T + 5 \times 10^{-5}T^2$	$T = 20$ a 130 °C	173
Pimentão verde	$28,35 \times 10^{-2} + 25,29 \times 10^{-4}T + 21,50 \times 10^{-5}H - 11,73 \times 10^{-6}T^2 + 17,83 \times 10^{-6}H^2$	$T = 5$ a 36 °C, $H = 64$ a 94%	12

Tabela 19.3. Condutividade térmica (k) de alimentos – equações preditivas. *(continuação)*

Alimento	k [W/m.°C]	Faixa de aplicação	Referências
Frutas, vegetais e cereais			
Rabanete	$43,92 \times 10^{-2} + 79,29 \times 10^{-5}T - 69,30 \times 10^{-4}H + 11,81 \times 10^{-6}T^2 + 86,37 \times 10^{-6}H^2$	T = 5 a 40 °C, H = 40 a 94 %	12
Soja			
farinha desengordurada	$0,021 + 0,013H - 9,3 \times 10^{-5}H^2$	T = 130 °C, H = 9,2 a 39,1 %	22
óleo	$0,1925 - 5 \times 10^{-4}T$	T = 21,0 a 69,5 °C	51
Sorgo	$0,0976 + 1,5 \times 10^{-3}H$	H = 1 a 23 %	22
	$0,564 + 0,0858H$	H = 0 a 100 %	305
Tâmara, suco	$0,603 - 3,3 \times 10^{-3}C$	T = 25 °C, C = 12,9 a 81,0 °Brix	264
Tomate	$0,4655 - 1,5 \times 10^{-3}T + 1 \times 10^{-5}T^2$	T = 20 a 130 °C	173
	$0,123 + 1,07 \times 10^{-3}T - 9,250 \times 10^{-5}T^2 + 0,196H$	T = 15 a 70 °C, H = 50 a 96 %	339
pasta	$0,529 + 3,47 \times 10^{-4}P$	T = 30 °C, P = 1 a 400 MPa	87
	$0,595 + 3,34 \times 10^{-4}P$	T = 65 °C, P = 1 a 400 MPa	
Trigo	$0,1226 + 3,1 \times 10^{-3}H + 2 \times 10^{-4}H^2 - 4 \times 10^{-6}H^3$	H = 13,3 a 31,6 %	159
	$0,132 - 0,709 \times 10^{-4}T + 0,096H$	T = 20 a 35 °C, H = 0 a 20 %	339
Trigo branco mole	$0,1170 + 1,1 \times 10^{-3}H$	H = 0,7 a 20,3 %	22
Umbu, polpa	$(326,58 + 1,0412T - 0,0033T^2)(0,46 + 0,54w) \, 1,73 \times 10^{-3}$	T = 20 a 40 °C, w = 0,6789 a 0,8789, C = 10 a 30 °Brix	182
Uva, suco	$0,5796 + 1,471 \times 10^{-3}T - 3,328 \times 10^{-3}s$	T = 10 a 50 °C, s = 10 a 50 %	220
	$-0,241 + 1,700 \times 10^{-3}T + 0,271H$	T = 15 a 80 °C, H = 37 a 90 %	339
Carne e derivados			
Bovina			
Carne	$0,080 + 0,52H$	H = 0 a 100 %	305
Carne magra	$0,467 - 8,66(T + 0,7) + 0,556\left(\dfrac{1}{T} + \dfrac{1}{0,7}\right)$	T = -39,00 a -0,70 °C, H = 75,0 %	350
	$0,467 + 13,8(T + 0,7)$	T = -0,70 a 37,00 °C, H = 75,0 %	

Propriedades Térmicas de Alimentos e Propriedades Termodinâmicas da Água — capítulo 19

Tabela 19.3. Condutividade térmica (k) de alimentos – equações preditivas. *(continuação)*

Alimento	k (W/m.°C)	Faixa de aplicação	Referências
Bovina			
Carne moída	$0,395 - 4,61(T + 0,78) + 0,276\left(\dfrac{1}{T} + \dfrac{1}{0,78}\right)$	$T = -39,00$ a $-0,78$ °C, $H = 64,0$ %	350
	$0,395 - 10,8(T + 0,78)$	$T = -0,78$ a $38,00$ °C, $H = 64,0$ %	
Carne triturada	$0,096 + 0,34H$	$H = 0$ a 100 %	305
Gordura	$0,180 + 4,11 \times 10^{-5}T - 2,20 \times 10^{-5}T^2 - 1,6 \times 10^{-7}T^3$	$T = -38,00$ a $26,00$ °C, $H = 0,30$ %	350
Vitela	$-2,35 \times 10^{-2} + 5,7 \times 10^{-3}T + 0,5124H$	$T = 5$ a 40 °C, $H = 30$ a 70 %	96
Vitela moída	$0,423 - 7,19(T + 0,78) + 0,334\left(\dfrac{1}{T} + \dfrac{1}{0,78}\right)$	$T = -39,00$ a $-0,78$ °C, $H = 68,5$ %	350
	$0,423 - 12,0(T + 0,78)$	$T = -0,78$ a $37,00$ °C, $H = 68,5$ %	
Aves			
Frango, carne escura	$0,481 + 0,000865T$	$T = 0$ a 20 °C, $H = 76,3$ %	307
	$1,14 - 0,0146T - 0,986\,T \times 10^{-4}T^2$	$T = -75$ a -10 °C, $H = 76,3$ %	
Frango, carne branca	$0,476 + 0,000605T$	$T = 0$ a 20 °C, $H = 74,4$ %,	307
	$1,07 - 0,0149T - 1,04\,T \times 10^{-4}T^2$	$T = -75$ a -10 °C, $H = 74,4$ %,	
Frango, coxinha da asa crua sem pele	$8,07 \times 10^{-2} + 2,35 \times 10^{-3}T + 0,121w - 1,39 \times 10^{-2}w^2$	$T = 15$ a 105 °C, $w = 0,81$ a $3,0$ (b.s.)	229
Frango desossado	$0,477 - 8,3(T + 0,8) + 0,598\left(\dfrac{1}{T} + \dfrac{1}{0,8}\right)$	$T = -39,00$ a $-0,80$ °C, $H = 75,1$ %	350
	$0,477 - 13,7(T + 0,8)$	$T = -0,80$ a $16,00$ °C, $H = 75,1$ %	
Frango, peito	$0,477 + 4,66 \times 10^{-4}P - 4,50 \times 10^{-7}P^2$	$T = 5$ °C, $H = 73$ %, $P = 0,1$ a 350 MPa	363
	$0,522 + 3,78 \times 10^{-4}P - 3,47 \times 10^{-7}P^2$	$T = 25$ °C, $H = 73$ %, $P = 0,1$ a 350 MPa	
Hambúrguer de peito de frango	$0,537 - 1,8 \times 10^{-3}T + 1 \times 10^{-5}T^2$	$T = 23$ a 85 °C, $H = 72,9$ %	223
Suína			
Banha	$0,169 + 2,78 \times 10^{-4}T - 1,33 \times 10^{-6}T^2 - 7,9 \times 10^{-8}T^3$	$T = -38,00$ a $26,00$ °C, $H = 0,20$ %	350

Tabela 19.3. Condutividade térmica (k) de alimentos – equações preditivas. *(continuação)*

Alimento	k (W/m.°C)	Faixa de aplicação	Referências
Suína			
Gordura	$0{,}209 - 0{,}50(T + 1{,}87) + 0{,}060\left(\dfrac{1}{T} + \dfrac{1}{1{,}87}\right)$	T = -39,00 a -1,87 °C, H = 13,2 %	350
	$0{,}209 - 13{,}0(T + 1{,}87)$	T = -1,87 a 6,00 °C, H = 13,2 %	
Linguiça	$0{,}377 - 6{,}69(T + 2{,}23) + 1{,}209\left(\dfrac{1}{T} + \dfrac{1}{2{,}23}\right)$	T = -40,00 a -2,23 °C, H = 63,7 %	350
	$0{,}377 + 8{,}26(T + 2{,}23)$	T = -2,23 a 37,00 °C, H = 63,7 %	
	$0{,}216 + 0{,}0024H$	H = 27,7 a 62,4 %	366
Miúdos moídos (pé, orelha, rabo, etc.)	$0{,}425 - 6{,}71(T + 0{,}78) + 0{,}265\left(\dfrac{1}{T} + \dfrac{1}{0{,}78}\right)$	T = -39,00 a -0,78 °C, H = 71,6 %	350
	$0{,}425 - 13{,}7(T + 0{,}78)$	T = -0,78 a 42,00 °C, H = 71,6 %	
Peixes			
Anchova	$0{,}2223 - 3{,}6 \times 10^{-3}g + 3{,}5 \times 10^{-3}H$	T = 6,78 a 29,15 °C, H = 71,74 a 75,39 %, g = 1,83 a 5,86 %	255
Atum	$0{,}2223 - 3{,}6 \times 10^{-3}g + 3{,}5 \times 10^{-3}H$	T = 5,52 a 30,02 °C, H = 73 %, g = 0,002 a 0,045 %	255
Bacamarte, filé	$0{,}499 - 9{,}33(T + 0{,}76) + 0{,}686\left(\dfrac{1}{T} + \dfrac{1}{0{,}76}\right)$	T = -39,00 a -0,76 °C, H = 79,7 %	350
	$0{,}499 + 12{,}9(T + 0{,}76)$	T = -0,76 a 37,00 °C, H = 79,7 %	
Bijupirá, filé	$0{,}507 - 15{,}3(T + 0{,}68) + 0{,}345\left(\dfrac{1}{T} + \dfrac{1}{0{,}68}\right)$	T = -38,00 a -0,68 °C, H = 77,0 %	350
	$0{,}507 - 6{,}40(T + 0{,}68)$	T = -0,68 a 37,00 °C, H = 77,0 %	
Cavala pintada	$0{,}2223 - 3{,}6 \times 10^{-3}g + 3{,}5 \times 10^{-3}H$	T = 5,91 a 30,03 °C, H = 70,94 a 75,65 %, g = 6,69 a 11,65 %	255
Croaker	$0{,}2223 - 3{,}6 \times 10^{-3}g + 3{,}5 \times 10^{-3}H$	T = 5,61 a 29,16 °C, H = 80 %, g = 0,50 a 1,23 %	255
Luciano, filé	$0{,}460 - 8{,}99(T + 0{,}63) + 0{,}476\left(\dfrac{1}{T} + \dfrac{1}{0{,}63}\right)$	T = -40,00 a -0,63 °C, H = 78,2 %	350
	$0{,}460 + 10{,}8(T + 0{,}63)$	T = -0,63 a 37,00 °C, H = 78,2 %	

Propriedades Térmicas de Alimentos e Propriedades Termodinâmicas da Água — capítulo 19

Tabela 19.3. Condutividade térmica (k) de alimentos – equações preditivas. *(continuação)*

Alimento	k (W/m.°C)	Faixa de aplicação	Referências
Peixes			
Palombeta, filé	$0{,}455 - 14{,}1(T + 0{,}65) + 0{,}521\left(\dfrac{1}{T} + \dfrac{1}{0{,}65}\right)$	T = -37,00 a -0,65 °C, H = 77,7 %	350
	$0{,}455 + 21{,}9(T + 0{,}65)$	T = -0,65 a 39,00 °C, H = 77,7 %	
Peixe-bobo-taraki, filé	$0{,}461 - 6{,}53(T + 0{,}76) + 0{,}603\left(\dfrac{1}{T} + \dfrac{1}{0{,}76}\right)$	T = -39,00 a -0,76 °C, H = 77,9 %	350
	$0{,}461 + 7{,}03(T + 0{,}76)$	T = -0,76 a 37,00 °C, H = 77,9 %	
Peixe-vermelho	$0{,}268 + 1{,}97 \times 10^{-3}T + 3{,}41 \times 10^{-3}H$	T = 20 a 80 °C, H = 47 a 76 %	39
Salmão	$0{,}2223 - 3{,}6 \times 10^{-3}g + 3{,}5 \times 10^{-3}H$	T = 5,14 a 30,08 °C, H = 69,25 a 76,35 %, g = 2,10 a 6,72 %	255
filé	$0{,}418 + 3{,}27 \times 10^{-4}P - 1{,}47 \times 10^{-7}P^2$	T = 5 °C, H = 72 %, P = 0,1 a 350 MPa	363
	$0{,}438 + 3{,}23 \times 10^{-4}P - 1{,}41 \times 10^{-7}P^2$	T = 25 °C, H = 72 %, P = 0,1 a 350 MPa	
Seabass	$0{,}2223 - 3{,}6 \times 10^{-3}g + 3{,}5 \times 10^{-3}H$	T = 5,67 a 30,12 °C, H = 78,68 a 81,03 %, g = 0,11 a 0,33 %	255
Spot	$0{,}2223 - 3{,}6 \times 10^{-3}g + 3{,}5 \times 10^{-3}H$	T = 5,32 a 30,09 °C, H = 60,24 a 67,28 %, g = 11,72 a 20,77 %	255
Tilápia	$0{,}2223 - 3{,}6 \times 10^{-3}g + 3{,}5 \times 10^{-3}H$	T = 6,09 a 29,78 °C, H = 76,51 a 78,62 %, g = 0,50 a 0,95 %	255
Truta	$0{,}2223 - 3{,}6 \times 10^{-3}g + 3{,}5 \times 10^{-3}H$	T = 5,41 a 31,40 °C, H = 76,73 a 80,82 %, g = 1,98 a 4,46 %	255
Frutos do mar			
Camarão cru descascado	$-1{,}35 - \dfrac{0{,}271}{T} + 4{,}645w + \dfrac{0{,}5561}{T^2} + \dfrac{2{,}39w}{T} - 1{,}21w^2$	T = -30 a 30 °C, w = 0,7505 a 0,8081	157
	$0{,}2223 - 3{,}6 \times 10^{-3}g + 3{,}5 \times 10^{-3}H$	T = 5,53 a 30,12 °C, H = 84,12 a 85,51 %, g = 0,02 a 0,04 %	255
empanado descascado	$0{,}6093 + 1{,}0 \times 10^{-3}T + 0{,}1202H - 0{,}0194H^2 - 2{,}2582g$	T = 4 a 130 °C; H = 24,1 a 87,4 %, g = 2,4 a 27,6 % (b.s.)	230
empanado inteiro	$0{,}9876 + 9 \times 10^{-4}T - 0{,}6216H + 0{,}1521H^2 - 3{,}5682g$	T = 4 a 130 °C; H = 41,6 a 75,0 %, g = 0,7 a 12,9 % (b.s.)	
Ostra descascada	$2 \times 10^{-5}T^2 + 1{,}3 \times 10^{-3}T + 0{,}5769$	T = 0 a 50 °C	135

Tabela 19.3. Condutividade térmica (k) de alimentos – equações preditivas. *(continuação)*

Alimento	k (W/m.°C)	Faixa de aplicação	Referências
Carnes			
Carneiro	$1,1424 - 9,0178 \times 10^{-3}T + \dfrac{0,5993}{T}$	T = -40,3 a -0,9 °C, H = 74 %	331
	$1,920 + 1,433w$	T = -0,9 a 23,8 °C, H = 74 %	
Cordeiro			250
carne picada	$0,466 - 0,0043(T - T_f) + 0,71\left(\dfrac{1}{T} - \dfrac{1}{T_f}\right)$	$T \leq T_f$, H = 73,9 %	
	$0,466 + 0,0011(T - T_f)$	$T \geq T_f$, H = 73,9 %	
carne gorda	$0,219 - 0,0003(T - T_f) + 0,05\left(\dfrac{1}{T} - \dfrac{1}{T_f}\right)$	$T \leq T_f$, H = 13,3 %	
	$0,219 + 0,0005(T - T_f)$	$T \geq T_f$, H = 13,3 %	
carne gorda picada	$0,212 + 0,06\left(\dfrac{1}{T} - \dfrac{1}{T_f}\right)$	$T \leq T_f$, H = 11,1 %	
	$0,212 - 0,0004(T - T_f)$	$T \geq T_f$, H = 11,1 %	
pernil	$0,450 - 0,0063(T - T_f) + 0,69\left(\dfrac{1}{T} - \dfrac{1}{T_f}\right)$	$T \leq T_f$, H = 69,8 %	
	$0,450 + 0,0009(T - T_f)$	$T \geq T_f$, H = 69,8 %	
Cordeiro, miúdos			250
cérebro	$0,494 - 0,0039(T - T_f) + 0,84\left(\dfrac{1}{T} - \dfrac{1}{T_f}\right)$	$T \leq T_f$, H = 79 %	
	$0,494 + 0,0003(T - T_f)$	$T \geq T_f$, H = 79 %	
coração	$0,390 - 0,0046(T - T_f) + 0,71\left(\dfrac{1}{T} - \dfrac{1}{T_f}\right)$	$T \leq T_f$, H = 73,6 %	
	$0,390 + 0,0009(T - T_f)$	$T \geq T_f$, H = 73,6 %	
coração picado	$0,407 - 0,0065(T - T_f) + 0,68\left(\dfrac{1}{T} - \dfrac{1}{T_f}\right)$	$T \leq T_f$, H = 68,8 %	
	$0,407 + 0,0008(T - T_f)$	$T \geq T_f$, H = 68,8 %	
fígado	$0,417 - 0,0073(T - T_f) + 0,65\left(\dfrac{1}{T} - \dfrac{1}{T_f}\right)$	$T \leq T_f$, H = 68,9 %	
	$0,417 + 0,0006(T - T_f)$	$T \geq T_f$, H = 68,9 %	

Tabela 19.3. Condutividade térmica (k) de alimentos – equações preditivas. *(continuação)*

Alimento	k [W/m.°C]	Faixa de aplicação	Referências
Outras carnes			
fígado picado	$0{,}425 - 0{,}0067(T - T_f) + 0{,}67\left(\dfrac{1}{T} - \dfrac{1}{T_f}\right)$	$T \leq T_f$, H = 67,7 %	
	$0{,}425 + 0{,}0012(T - T_f)$	$T \geq T_f$, H = 67,7 %	
rim	$0{,}507 - 0{,}0075(T - T_f) + 0{,}78\left(\dfrac{1}{T} - \dfrac{1}{T_f}\right)$	$T \leq T_f$, H = 79,9 %	
	$0{,}507 + 0{,}0012(T - T_f)$	$T \geq T_f$, H = 79,9 %	
timo	$0{,}497 - 0{,}0047(T - T_f) + 0{,}91\left(\dfrac{1}{T} - \dfrac{1}{T_f}\right)$	$T \leq T_f$, H = 79,2 %	
	$0{,}497 + 0{,}0012(T - T_f)$	$T \geq T_f$, H = 79,2 %	
timo picado	$0{,}487 - 0{,}0053(T - T_f) + 0{,}85\left(\dfrac{1}{T} - \dfrac{1}{T_f}\right)$	$T \leq T_f$, H = 75,9 %	
	$0{,}487 + 0{,}0009(T - T_f)$	$T \geq T_f$, H = 75,9 %	
Hashi (camelo bebê)	$-3{,}16 \times 10^{-2} + 8{,}6 \times 10^{-3}T + 0{,}3973H$	T = 5 a 40 °C, H =30 a 70 %	96
Najdii (cordeiro)	$-1{,}44 \times 10^{-2} + 6{,}5 \times 10^{-3}T + 0{,}4669H$	T = 5 a 40 °C, H =30 a 70 %	96
Noeimi (cordeiro)	$-1{,}55 \times 10^{-2} + 6{,}2 \times 10^{-3}T + 0{,}4157H$	T = 5 a 40 °C, H =30 a 70 %	96
Sebo	$0{,}138 + 1{,}46 \times 10^{-3}T + 1{,}8 \times 10^{-7}T^2 - 1{,}4 \times 10^{-6}T^3$	T = -38,00 a 27,00 °C, H = 0,20 %	350
Veado	$0{,}458 - 6{,}25(T + 1{,}1) + 0{,}846\left(\dfrac{1}{T} + \dfrac{1}{1{,}1}\right)$	T = -33,00 a -1,1 °C, H = 75,4 %	350
	$0{,}458 + 1{,}86(T + 1{,}1)$	T = -1,1 a 36,00 °C, H = 75,4 %	
descongelado	$0{,}468 - 0{,}55(T + 1{,}1)$	T = 2,26 a 36,00 °C, H = 74,8 %	
Laticínios			
Iogurte natural	$0{,}371 + 0{,}126\ln w + 9{,}1 \times 10^{-4}T$	T = 25 a 55 °C, w = 0,05 a 5,44 (b.s.)	162
Leite	$-0{,}2154 + 1{,}4 \times 10^{-3}(T + 273{,}15) + 0{,}4171w - 9{,}42 \times 10^{-4}g$	T = 2 a 71 °C, w = 0,72 a 0,92, g = 0,44 a 7,71 %	207
	$(59{,}60 - 0{,}542\,s) \times 10^{-2}$	T = 20 °C, s = 0 a 30 %	365

Tabela 19.3. Condutividade térmica (k) de alimentos – equações preditivas. *(continuação)*

Alimento	k (W/m.°C)	Faixa de aplicação	Referências
Laticínios			
Leite desnatado em pó	$6{,}909 \times 10^{-2} + 7{,}503 \times 10^{-5}T + 1{,}094 \times 10^{-3}H + 5{,}486 \times 10^{-5}TH$	T = 10 a 50 °C, H = 2,3 a 7,6 %, ρ = 700 kg/m³	222
	$7{,}635 \times 10^{-2} + 1{,}343 \times 10^{-5}T + 9{,}335 \times 10^{-4}H + 6{,}974 \times 10^{-5}TH$	T = 10 a 50 °C, H = 2,3 a 7,6 %, ρ = 750 kg/m³	
	$8{,}383 \times 10^{-2} + 8{,}456 \times 10^{-6}T + 5{,}529 \times 10^{-4}H + 8{,}195 \times 10^{-5}TH$	T = 10 a 50 °C, H = 2,3 a 7,6 %, ρ = 800 kg/m³	
	$9{,}288 \times 10^{-2} - 7{,}348 \times 10^{-5}T + 4{,}518 \times 10^{-5}H + 1{,}062 \times 10^{-4}TH$	T = 10 a 50 °C, H = 2,3 a 7,6 %, ρ = 850 kg/m³	
	$(0{,}000751)T + 0{,}0281$	T = 11,9 a 41 °C, H = 1,4 %	188
	$(0{,}000580)T + 0{,}0519$	T = 14,8 a 49,7 °C, H = 4,2 %	
	$(0{,}000728)T + 0{,}0729$	T = 18 a 49,3 °C, H = 4,0 %	
Leite integral em pó	$5{,}247 \times 10^{-2} + 1{,}110 \times 10^{-4}T + 2{,}742 \times 10^{-3}H + 5{,}481 \times 10^{-5}TH$	T = 10 a 50 °C, H = 1,4 a 3,8 %, ρ = 550 kg/m³	222
	$6{,}046 \times 10^{-2} + 1{,}134 \times 10^{-4}T + 2{,}543 \times 10^{-3}H + 4{,}978 \times 10^{-5}TH$	T = 10 a 50 °C, H = 1,4 a 3,8 %, ρ = 600 kg/m³	
	$6{,}961 \times 10^{-2} + 1{,}046 \times 10^{-4}T + 1{,}606 \times 10^{-3}H + 5{,}736 \times 10^{-5}TH$	T = 10 a 50 °C, H = 1,4 a 3,8 %, ρ = 650 kg/m³	
	$7{,}616 \times 10^{-2} + 1{,}183 \times 10^{-4}T + 1{,}588 \times 10^{-3}H + 4{,}642 \times 10^{-5}TH$	T = 10 a 50 °C, H = 1,4 a 3,8 %, ρ = 700 kg/m³	
	$0{,}5656 - 0{,}2692 \times 10^{-2}s + 0{,}9122 \times 10^{-3}T - 0{,}2083 \times 10^{-4}s^2 + 0{,}79 \times 10^{-5}sT - 0{,}1417 \times 10^{-5}T^2$	T = 35 a 75 °C, s = 40 a 70 %, H = 3,5 %, g = 32 %	271
Manteiga			
Clarificada	$0{,}2356 + 2{,}93 \times 10^{-4}P$	T = 20 °C, P = 0,01 a 700 MPa	262
com sal	$0{,}195 + 1{,}42(T + 4{,}81) + 0{,}181\left(\dfrac{1}{T} + \dfrac{1}{4{,}81}\right)$	T = -39,00 a -4,81 °C, H = 14,6 %	350
	$0{,}195 + 9{,}74(T + 4{,}81)$	T = -4,81 a 20,00 °C, H = 14,6 %	
sem sal	$0{,}178 + 1{,}41(T + 1{,}94) + 0{,}092\left(\dfrac{1}{T} + \dfrac{1}{1{,}94}\right)$	T = -39,00 a -1,94 °C, H = 15,2 %	
	$0{,}178 + 12{,}5(T + 1{,}94)$	T = -1,94 a 20,00 °C, H = 15,2 %	

Propriedades Térmicas de Alimentos e Propriedades Termodinâmicas da Água — capítulo 19

Tabela 19.3. Condutividade térmica (k) de alimentos – equações preditivas. *(continuação)*

Alimento	k (W/m·°C)	Faixa de aplicação	Referências
Laticínios			
Queijo Cheddar	$0{,}350 - 0{,}91(T + 5{,}93) + 1{,}850\left(\dfrac{1}{T} + \dfrac{1}{5{,}93}\right)$	T = -39,00 a -5,93 °C, H = 36,3 %	350
	$0{,}350 - 10{,}83(T + 5{,}93)$	T = -5,93 a 26,00 °C, H = 36,3 %	363
	$0{,}316 + 2{,}08 \times 10^{-4}P - 6{,}1 \times 10^{-8}P^2$	T = 5 °C, H = 36 %, P = 0,1 a 350 MPa	
	$0{,}351 + 2{,}66 \times 10^{-4}P - 1{,}70 \times 10^{-7}P^2$	T = 25 °C, H = 36 %, P = 0,1 a 350 MPa	
	$0{,}319 + 2{,}07 \times 10^{-4}P - 7{,}4 \times 10^{-8}P^2$	T = 5 °C, H = 36 %, P = 0,1 a 350 MPa	364
	$0{,}445 - 4{,}15 \times 10^{-3}g - 1{,}16 \times 10^{-3}H + 3{,}95 \times 10^{-3}p$	H = 33,7 a 57,7 %, g = 7,8 a 36,7 %, p = 22,4 a 35,0 %	200
Queijo Edam	$0{,}350 - 2{,}61(T + 5{,}55) + 2{,}290\left(\dfrac{1}{T} + \dfrac{1}{5{,}55}\right)$	T = -38,00 a -5,55 °C, H = 40,1 %	350
	$0{,}350 - 10{,}8(T + 5{,}55)$	T = -5,55 a 26,00 °C, H = 40,1 %	
Queijo Mussarela	$0{,}354 - 2{,}32(T + 2{,}35) + 0{,}880\left(\dfrac{1}{T} + \dfrac{1}{2{,}35}\right)$	T = -39,00 a -2,35 °C, H = 43,7 %	350
	$0{,}354 + 14{,}7(T + 2{,}35)$	T = -2,35 a 22,00 °C, H = 43,7 %	
Produtos de panificação			
Cupcake (bolinho decorado)	$2{,}63 \times 10^{-3}T - 0{,}831w - 9{,}10 \times 10^{-4}P + 4{,}22 \times 10^{-3}wp$	T = 20 a 120 °C, w = 0,26 a 0,36, p = 200 a 800 kg/m³	35
Farinha	$-0{,}073 + 1{,}016 \times 10^{-3}T + 0{,}159H + 0{,}165 \times 10^{-3}\rho_{ap}$	T = 0 a 130 °C, H = 0 a 30 %	339
Farinha de rosca	$0{,}2643 + 1{,}1 \times 10^{-3}T + 0{,}4383H - 0{,}4468H^2 - 0{,}7594g$	T = 4 a 130 °C, H = 3,3 a 51,0 %, g = 0,5 a 44,4 % (b.s.)	230
Pão, sólidos (sem ar e sem água)	$0{,}212 + 6{,}12 \times 10^{-4}T$	T = 25 a 75 °C, H = 44 %, ε = 0,73	114
Pão de forma	$-0{,}1926 + 7{,}304 \times 10^{-4}(T + 273{,}15) - 1{,}3678w + 4{,}8382 \times 10^{-3}(T + 273{,}15)w$	T = 10 a 100 °C, w = 0,01 a 0,8 (b.s.)	209
Pão francês	$\exp\left[-0{,}134165H - 2{,}05149 \times 10^{-6}\rho_{ap} + 2{,}48243 \times 10^{-3}H^2 + 2{,}295917 \times 10^{-12}\rho_{ap}^2\right]$	H = 28,25 a 45,70 %, ρ_{ap} = 174 a 657 kg/m³	254
Tarhana	$0{,}1746 + 1{,}7765w - 1{,}39 \times 10^{-2}T$	T = -25 a -5 °C; w = 0,54 a 0,68	174
	$0{,}358 + 0{,}284w + 8{,}85 \times 10^{-4}T$	T = 3 a 50 °C; w = 0,54 a 0,68	

Tabela 19.3. Condutividade térmica (k) de alimentos – equações preditivas. *(continuação)*

Alimento	k [W/m.°C] Outros	Faixa de aplicação	Referências
Açúcar bruto de palmira	$4,4 \times 10^{-4} \rho - 0,179$	$T = 30\ °C$, $\rho = 590$ a $1230\ kg/m^3$	265
Açúcar bruto de tâmara	$3,9 \times 10^{-4} \rho - 0,122$	$T = 30\ °C$, $\rho = 510$ a $1310\ kg/m^3$	265
Açúcar mascavo	$4 \times 10^{-4} \rho - 0,123$	$T = 30\ °C$, $\rho = 570$ a $1220\ kg/m^3$	265
Amido	$0,478 - 6,90 \times 10^{-3} T$	$T = -40$ a $20\ °C$	272
Amido de arroz	$1,1158 - 5,9528 \times 10^{-3}(T + 273,15) - 4,9059 \times 10^{-3} H - 4,5151 \times 10^{-4} \rho + 7,75 \times 10^{-6}(T + 273,15)^2 + 5,469 \times 10^{-5} H^2 + 1,246 \times 10^{-5}(T + 273,15) H + 1,73 \times 10^{-6}(T + 273,15) \rho$	$T = 20$ a $80\ °C$, $H = 4$ a $40\ \%$, $\rho = 600$ a $800\ kg/m^3$	99
baixo teor de proteína	$-1,8655 \times 10^{-2} - 8,1294 \times 10^{-3} H + 1,04 \times 10^{-4} H^2 + 1,841 \times 10^{-5}(T + 273,15) H + 4,6 \times 10^{-6}(T + 273,15) \rho$	$T = 20$ a $80\ °C$, $H = 4$ a $40\ \%$, $\rho = 600$ a $800\ kg/m^3$	
ceroso	$-1,8655 \times 10^{-2} - 8,1294 \times 10^{-3} H + 1,04 \times 10^{-4} H^2 + 1,841 \times 10^{-5}(T + 273,15) H + 4,6 \times 10^{-6}(T + 273,15) \rho$	$T = 20$ a $80\ °C$, $H = 4$ a $40\ \%$, $\rho = 600$ a $800\ kg/m^3$	
ceroso com baixo teor de proteína	$1,1158 - 5,9528 \times 10^{-3}(T + 273,15) - 4,9059 \times 10^{-3} H - 4,5151 \times 10^{-4} \rho + 7,75 \times 10^{-6}(T + 273,15)^2 + 5,469 \times 10^{-5} H^2 + 1,246 \times 10^{-5}(T + 273,15) H + 1,73 \times 10^{-6}(T + 273,15) \rho$	$T = 20$ a $80\ °C$, $H = 4$ a $40\ \%$, $\rho = 600$ a $800\ kg/m^3$	
Amido de tapioca	$0,106031 - 1,1129 \times 10^{-3}(T + 273,15) - 2,321 \times 10^{-3} H + 7,734 \times 10^{-6}(T + 273,15)^2 + 4,422 \times 10^{-6} H^2 + 3,8 \times 10^{-5} H(T + 273)$	$T = 25$ a $75\ °C$, $H = 4$ a $30\ \%$	178
Amido gelatinizado	$0,210 + 0,410 \times 10^{-3} T$	$T = 30$ a $70\ °C$, $H = 50$ a $80\ \%$	198
	$0,41675 + 0,66375 \times 10^{-3} T + 0,36 \times 10^{-6} H^3 - 0,950 \times 10^{-5} H T$	$T = 80$ a $120\ °C$, $H = 60$ a $75\ \%$	346
Amido gelatinizado + sacarose	$0,41829 + 0,11312 \times 10^{-3} T - 0,1009 \times 10^{-4} H^2 + 0,43 \times 10^{-6} H^3$	$T = 80$ a $120\ °C$, $H = 57,28$ a $62,24\ \%$	346
Amido granular	$0,0976 + 0,167 \times 10^{-2} T$	$T = 25$ a $70\ °C$, $H = 0$ a $40\ \%$ (b.s), $\rho = 500$ a $800\ kg/m^3$	195
Amilopectina			
gelatinizada	$0,4115 + 7,5 \times 10^{-4} T$	$T = 120$ a $150\ °C$, $H = 50\ \%$	177
gelatinizada seca	$0,322 + 0,411 \times 10^{-3} T$	$T = 120$ a $150\ °C$	

Tabela 19.3. Condutividade térmica (k) de alimentos – equações preditivas. *(continuação)*

Alimento	k (W/m. °C)	Faixa de aplicação	Referências
Outros			
granular	$0,14284 + 9,3514 \times 10^{-4}T$	T = 120 a 150 °C, H = 23 %	
granular seca	$0,05238 + 5,9525 \times 10^{-4}T$	T = 120 a 150 °C	
Amilose			177
gelatinizada	$0,4115 + 7,5 \times 10^{-4}$	T = 120 a 150 °C, H = 50 %	
gelatinizada seca	$0,322 + 0,411 \times 10^{-3}T$	T = 120 a 150 °C	
granular	$0,14284 + 9,3514 \times 10^{-4}T$	T = 120 a 150 °C, H = 23 %	
granular seca	$0,05238 + 5,9525 \times 10^{-4}$	T = 120 a 150 °C	
Gelatina	$0,303 + 1,2 \times 10^{-3}T - 2,72 \times 10^{-6}T^2$	T = -40 a 20 °C	272
Mel	$0,3584 + 1,60 \times 10^{-4}P$	T = 20 °C, P = 0,01 a 700 MPa	262
Molho de queijo	$0,4067 - 3 \times 10^{-4}T + 1 \times 10^{-5}T^2$	T = 20 a 130 °C	173
Ovo			
líquido (clara + gema)	$0,276 - 4 \times 10^{-4}(T + 273,15) + 0,4302w$	T = 0 a 38 °C, w = 0,518 a 0,882	76
gema	$0,390 + 4,0 \times 10^{-4}T$	T = 0 a 61 °C, H = 54,04 %	120
Ovalbumina	$0,268 - 2,5 \times 10^{-3}T$	T = -40 a 20 °C	272
Sacarose	$0,304 + 9,93 \times 10^{-4}T$	T = -40 a 20 °C	272
Sorvete de baunilha	$0,250 - 3,76(T + 2,39) + 0,490\left(\dfrac{1}{T} + \dfrac{1}{2,39}\right)$	T = -38,00 a -5,00 °C, H = 62,6 %	350
Surimi, pasta	$1,33 - 4,82 \times 10^{-3}T + 5 \times 10^{-5}T^2 - 2,45 \times 10^{-2}H + 1,7 \times 10^{-4}H^2 + 2,4 \times 10^{-5}TH$	T = 30 a 80 °C, H = 74 a 84 %	3
Tofu	$0,2112 + 0,3077w^2 + 8,943 \times 10^{-4}wT$	T = 6,4 a 74,2 °C, w = 0,342 a 0,732	34

Tabela 19.4 Difusividade térmica (α) de alimentos – equações preditivas.

Alimento	α (m²/s)	Faixa de aplicação	Referências
Frutas, vegetais e cereais			
Abóbora, semente	$1{,}3043 \times 10^{-7} - 1{,}36 \times 10^{-9} H$	H = 5,32 a 24,00 % (b.s.)	165
Ameixa Angeleno	$1{,}643 \times 10^{-7} + \dfrac{6{,}5 \times 10^{-9}}{w} + 6{,}02 \times 10^{-8} \ln w$	w = 0,142 a 0,804	108
Amora, suco	$1{,}43 \times 10^{-7} + 1{,}63 \times 10^{-10} T - 2{,}31 \times 10^{-10} C$	T = 0,5 a 80,8 °C, C = 9,4 a 58,4 °Brix	55
Arroz beneficiado	$1{,}0991 \times 10^{-7} - 1{,}7722 \times 10^{-9} H$	H = 10 a 20 %	22
Arroz curto em casca	$1{,}2528 \times 10^{-7} - 1{,}625 \times 10^{-9} H$	H = 10 a 20 %	22
Arroz médio em casca	$1{,}35 \times 10^{-3} - 2{,}4917 \times 10^{-9} H$	H = 10 a 20 %	22
Aveia	$[0{,}104 + 2{,}21 \times 10^{-3} H + 1{,}82 \times 10^{-4} T] \times 10^{-6}$	T = 20 a 50 °C, H = 0 a 45 %	176
Bacuri, polpa	$1{,}8976 \times 10^{-7} - 2{,}40 \times 10^{-9} C + 6 \times 10^{-11} C^2$	C = 5 a 20 °Brix	217
Batata	$1{,}45 \times 10^{-7} + 8{,}21 \times 10^{-11} P - 2{,}55 \times 10^{-14} P^2$	T = 5 °C, H = 88 %, P = 0,1 a 350 MPa	364
Batata doce	$1{,}1033 \times 10^{-7} + 3{,}2572 \times 10^{-8} w - 3{,}8765 \times 10^{-10} T$	T = 20 a 60 °C, w = 0,45 a 0,75	101
Purê	$2{,}14 \times 10^{-7} - 1{,}62 \times 10^{-9} T + 5{,}18 \times 10^{-11} T^2$	T = 5 a 80 °C, H = 73,3 %	104
Borragem, semente	$(3{,}24 - 1{,}11 \times 10^{-2} T - 4{,}044 \times 10^{-2} H + 1{,}92 \times 10^{-3} TH) \times 10^{-7}$	T = 6 a 20 °C, H = 1,2 a 30,3 %	354
Café			
coco	$(1{,}6292 - 1{,}2748w + 0{,}6763w^2) \times 10^{-7}$	w = 0,111 a 0,678	153
descascado	$(1{,}8750 - 2{,}7650w + 3{,}2604w^2) \times 10^{-7}$	w = 0,111 a 0,597	
despolpado	$(2{,}3748 - 5{,}2221w + 5{,}8324w^2) \times 10^{-7}$	w = 0,111 a 0,621	
Café, extrato	$7{,}92 \times 10^{-8} + 5{,}93 \times 10^{-8} w + 2{,}12 \times 10^{-12} T$	T = 30 a 82 °C, w = 0,5 a 0,9	323
Cajá, suco	$1{,}377 \times 10^{-7} + 2{,}449 \times 10^{-10} T - 5{,}533 \times 10^{-10} C$	T = 0,4 a 77,1 °C, C = 8,8 a 49,4 °Brix	24
Caju	$(0{,}0053T + 0{,}9478) \times 10^{-7}$	T = 25 a 45 °C	175
suco	$1{,}45751 \times 10^{-7} - 5{,}58 \times 10^{-10} C$	T = 30 °C, C = 5,5 a 25,0 °Brix	31

Continua

Tabela 19.4 Difusividade térmica (α) de alimentos – equações preditivas.   *(continuação)*

Alimento	α (m^2/s)	Faixa de aplicação	Referências
Frutas, vegetais e cereais			
Castanha de raposa			
grande, > 10 mm	$3{,}1 \times 10^{-4} - 1{,}7 \times 10^{-6}H - 1{,}5 \times 10^{-6}T^2$	T = 25 a 55 °C, H = 15 a 60 %	148
média, 8 a 10 mm	$3{,}3 \times 10^{-3} - 1{,}3 \times 10^{-5}H - 1{,}6 \times 10^{-6}T - 5{,}8 \times 10^{-9}H^2$	T = 25 a 55 °C, H = 15 a 60 %	
pequena, < 8 mm	$3{,}5 \times 10^{-4} - 2{,}3 \times 10^{-6}H - 1{,}7 \times 10^{-6}T - 7{,}8 \times 10^{-9}H^2$	T = 25 a 55 °C, H = 15 a 60 %	
Cebola	$7 \times 10^{-7} + 7{,}5 \times 10^{-7}w$	T = 30 °C, w = 0,240 a 0,806	266
	$8{,}8 \times 10^{-8} + 5{,}7 \times 10^{-8}w$	T = 25 °C, w = 0,40 a 0,92	2
	$1{,}520 \times 10^{-7} + 6 \times 10^{-10}T + 2 \times 10^{-12}T^2$	T = 20 a 130 °C	173
Centeio	$[0{,}131 + 9{,}29 \times 10^{-3}H + 1{,}72 \times 10^{-4}T] \times 10^{-6}$	T = 20 a 50 °C, H = 0 a 45 %	176
Cevada	$[0{,}125 + 1{,}28 \times 10^{-3}H + 1{,}76 \times 10^{-4}T] \times 10^{-6}$	T = 20 a 50 °C, H = 0 a 45 %	176
Coco verde, água	$1{,}343 \times 10^{-7} + 3{,}119 \times 10^{-10}T$	T = 5 a 80 °C, H = 94 %, C = 5,7 °Brix	105
Coco, leite	$9{,}73 \times 10^{-8} + 7{,}59 \times 10^{-10}g + 1{,}3 \times 10^{-9}T - 3{,}6 \times 10^{-11}gT$	T = 60 a 80 °C, g = 20 a 35 %	313
Cogumelo palha	$3{,}152 \times 10^{-7} + 4{,}074 \times 10^{-8}w + 7{,}5 \times 10^{-10}wT + 9{,}2 \times 10^{-10}T$	T = 50 a 80 °C, w = 0,3 a 0,9	314
Colza	$9{,}5511 \times 10^{-8} - 3{,}1667 \times 10^{-10}H$	T = -4 °C, H = 0,75 a 15,5 %	22
	$1{,}0323 \times 10^{-7} - 7{,}7222 \times 10^{-10}H$	T = 2 °C, H = 0,75 a 19,6 %	
	$1{,}0012 \times 10^{-7} + 9{,}1944 \times 10^{-10}H$	T = 20 °C, H = 0,75 a 19,6 %	
	$[0{,}110 + 2{,}15 \times 10^{-3}H + 1{,}57 \times 10^{-4}T] \times 10^{-6}$	T = 20 a 50 °C, H = 0 a 45 %	176
Cominho, semente	$14{,}37 \times 10^{-8} + 10{,}89 \times 10^{-10}T - 4{,}08 \times 10^{-9}H - 2{,}55 \times 10^{-12}T^2 - 1{,}01 \times 10^{-12}TH + 16{,}87 \times 10^{-11}H^2$	T = -50 a 50 °C, H = 1,8 a 20,5 % (b.s.)	296
Feijão inhame africano TSs 137	$1{,}474 \times 10^{-7} - 4 \times 10^{-9}H$	H = 4 a 16 %	141
Feijão inhame africano TSs 138	$1{,}619 \times 10^{-7} - 3{,}92 \times 10^{-9}H$	H = 4 a 16 %	141

Tabela 19.4 Difusividade térmica (α) de alimentos – equações preditivas.   *(continuação)*

Alimento	α (m²/s)	Faixa de aplicação	Referências
Frutas, vegetais e cereais			
Grão de bico			
amido isolado	$3{,}346 \times 10^{-7} - 4{,}53 \times 10^{-11}T - 3{,}55 \times 10^{-10}\rho$	T = -18 a 40 °C, H = 7,8 %, ρ = 346,68 a 427,10 kg/m³	97
farinha	$1{,}845 \times 10^{-7} + 4{,}09 \times 10^{-10}T - 8{,}16 \times 10^{-11}\rho$	T = -18 a 40 °C, H = 9,6 %, ρ = 416,49 a 504,12 kg/m³	
proteína isolada	$2{,}570 \times 10^{-7} - 3{,}11 \times 10^{-10}T - 2{,}74 \times 10^{-10}\rho$	T = -18 a 40 °C, H = 2,2 %, ρ = 335,06 a 414,98 kg/m³	
Jaca, polpa	$7{,}92 \times 10^{-9} - 7{,}32 \times 10^{-9}T + 5{,}91 \times 10^{-11}T^2 + 2{,}73 \times 10^{-9}w + 4{,}77 \times 10^{-11}Tw$	T = 5 a 85 °C, w = 0,65 a 0,95	302
Karité	$6{,}7214 \times 10^{-8} + 6{,}64 \times 10^{-10}H$	T = 75 °C, H = 3,32 a 20,70 % (b.s.)	25
Laranja, suco	$1{,}4291 \times 10^{-7} - 4{,}5980 \times 10^{-10}T + 1{,}1016 \times 10^{-11}T^2 - 1{,}9857 \times 10^{-13}T^3$	T = 5 a 60 °C, C = 10,6 °Brix	64
	$7{,}9683 \times 10^{-8} + 5{,}9839 \times 10^{-8}w + 0{,}02510 \times 10^{-8}T$	T = 0,5 a 62,0 °C, w = 0,34 a 0,73	324
Maçã Golden Delicious	$(-0{,}187T - 1{,}22) \times 10^{-7}$	T = -25 a 10 °C	261
Maçã, suco	$1{,}4271 \times 10^{-7} - 4{,}4386 \times 10^{-10}T + 1{,}0626 \times 10^{-11}T^2 - 1{,}9572 \times 10^{-13}T^3$	T = 5 a 60 °C, C = 14,4 °Brix	64
Mamão Papaia	$(0{,}0062T + 1{,}0147) \times 10^{-7}$	T = 20 a 40 °C	175
Manga Kaew	$3{,}921 \times 10^{-7} - 5{,}8 \times 10^{-9}T - 2{,}4 \times 10^{-9}H + 4{,}7 \times 10^{-11}TH + 2{,}1 \times 10^{-11}T^2$	T = 60 a 100 °C; H = 61 a 81 %	179
	$2{,}6 \times 10^{-9} - 2{,}32 \times 10^{-8}T + 4{,}1 \times 10^{-9}H - 1{,}3 \times 10^{-11}TH - 5{,}3 \times 10^{-10}T^2$	T = -30 a -10 °C; H = 61 a 81 %	
Manga, néctar	$1{,}2781 \times 10^{-7} - 6{,}3429 \times 10^{-10}T + 5{,}0078 \times 10^{-13}T^2 - 4{,}8557 \times 10^{-15}T^3$	T = 5 a 60 °C, C = 12,0 °Brix	64
	$1{,}2902 \times 10^{-7} - 5{,}5978 \times 10^{-10}T - 5{,}9323 \times 10^{-12}T^2 + 7{,}2425 \times 10^{-14}T^3$	T = 5 a 60 °C, C = 12,5 °Brix	
	$1{,}3251 \times 10^{-7} - 7{,}4980 \times 10^{-10}T - 1{,}6149 \times 10^{-12}T^2 - 3{,}4387 \times 10^{-14}T^3$	T = 5 a 60 °C, C = 13,0 °Brix	

Tabela 19.4 Difusividade térmica (α) de alimentos – equações preditivas. *(continuação)*

Alimento	α (m²/s)	Faixa de aplicação	Referências
Frutas, vegetais e cereais			
Maracujá, suco	$1,4086 \times 10^{-7} - 2,9782 \times 10^{-10}T + 5,4112 \times 10^{-12}T^2 - 1,4012 \times 10^{-13}T^3$	T = 5 a 60 °C, C = 14,4 °Brix	64
Milho amarelo	$1,021 \times 10^{-7} - 7,944 \times 10^{-10}H$	T = 9 a 24 °C, H = 0,9 a 20,1 %	22
Pimenta jalapeno	$1,200 \times 10^{-7} + 6 \times 10^{-10}T + 7 \times 10^{-12}T^2$	T = 20 a 130 °C	173
Pimentão	$3,28 \times 10^{-8} + 2,1 \times 10^{-9}T - 3 \times 10^{-12}T^2$	T = 20 a 130 °C	173
Soja, farinha desengordurada	$2,6 \times 10^{-9} + 5,0639 \times 10^{-9}H + 6,6667 \times 10^{-14}H^2$	T = 130 °C, H = 9,2 a 39,1 %	22
Tomate	$1,273 \times 10^{-7} + 3 \times 10^{-10}T + 4 \times 10^{-12}T^2$	T = 20 a 130 °C	173
Trigo branco mole	$9,2778 \times 10^{-8} - 6,8056 \times 10^{-10}H$	T = 9 a 23 °C, H = 0,7 a 20,3 %	22
Carnes e derivados			
Carne bovina moída	$(0,53 + 1,23w) \times 10^{-7}$ $1,12448 \times 10^{-7} + 1,68493 \times 10^{-9}T$	T = 71,1; 82,2 e 93,3 °C, w = 0,15 a 0,35 T = -6,6 a 55,8 °C	274 36
Presunto cozido	$7,162 \times 10^{-8} + 7,437 \times 10^{-10}H$	T = 3 a 68 °C, H = 40,0 a 72,4 %	238
Laticínios			
Creme de leite	$1,646479 + 0,455378 \times \left(\frac{g-25}{10}\right) + 0,418480 \times \left(\frac{T-50}{10}\right)$ $+ 0,314633 \times \left(\frac{g-25}{10}\right) \times \left(\frac{T-50}{10}\right)$	T = 30 a 70 °C, g = 15 a 35 %	216
Produtos de panificação			
Queijo Cheddar	$1,17 \times 10^{-7} + 5,97 \times 10^{-11}P - 4,11 \times 10^{-14}P^2$ $-1,03 \times 10^{-6} + 1,55 \times 10^{-8}H + 1,77 \times 10^{-8}g + 4,53 \times 10^{-8}p +$ $6,1 \times 10^{-11}Hg - 6,34 \times 10^{-10}Hp - 7,6 \times 10^{-10}gp$	T = 5 °C, H = 36 %, P = 0,1 a 350 MPa H = 33,7 a 57,7 %, g = 7,8 a 36,7 %, p = 22,4 a 35,0 %	364 200
Cupcake (bolinho de chocolate)	$2,55 \times 10^{-8}w - 1,75 \times 10^{-10}\rho - 3,95 \times 10^{-10}T + 2,42 \times 10^{-7}$	T = 20 a 120 °C, w = 0,26 a 0,36, ρ = 200 a 800 kg/m³	35

Tabela 19.4 Difusividade térmica (α) de alimentos – equações preditivas. *(continuação)*

Alimento	α (m²/s)	Faixa de aplicação	Referências
Produtos de panificação			
Pão			
casca	$\exp(0{,}0062\varepsilon - 15{,}30)$	$\varepsilon = 0$ a 71%	358
	$0{,}000031\exp(-0{,}067383T)$	$T \geq 100\,°C$	151
miolo	$\exp(0{,}01\varepsilon - 15{,}25)$	$\varepsilon = 0$ a 79%	358
Outros			
Amido de tapioca	$4{,}8 \times 10^{-7} - 6{,}18828 \times 10^{-9}(T+273{,}15) - 1{,}57496 \times 10^{-8}H$ $+ 3{,}9111 \times 10^{-11}(T+273{,}15)^2 + 3{,}0070$ $\times 10^{-10}H^2 + 1{,}4214 \times 10^{-6}H(T+273{,}15)$	$T = 25$ a $75\,°C$, $H = 4$ a 30%	178
Molho de queijo	$1{,}248 \times 10^{-7} + 5 \times 10^{-10}T - 2 \times 10^{-13}T^2$	$T = 20$ a $130\,°C$	173
Tofu	$8{,}16 \times 10^{-8} - 5{,}682 \times 10^{-8}w + 1{,}164 \times 10^{-7}w^2 + 6{,}866$ $\times 10^{-10}w^2T - 5{,}17 \times 10^{-6}w^2T^2$	$T = 6{,}4$ a $74{,}2\,°C$, $w = 0{,}342$ a $0{,}732$	34

Propriedades Térmicas de Alimentos e Propriedades Termodinâmicas da Água — capítulo 19

Tabela 19.5 Densidade (ρ) de alimentos – valores pontuais.

Alimento	ρ (kg/m³)	T (°C)	H (%)	Outros	Referências
\multicolumn{6}{c}{**Frutas, vegetais e cereais**}					
Abacaxi Josapine, suco	1042,9	37	90,57	C = 15,5 °Brix	288
Abacaxi Smooth Cayenne, polpa	1060,9 1103,8	25 25	84,64 75,03	C = 15 °Brix C = 25 °Brix	294
Abóbora, casca da semente	75		10,5 (b.s.)		152
Abobrinha	922	25	94,6		12
Açafrão-bastardo	526		9,6		227
Alcaparra Canescens, botão floral	439,75		82,99 (b.s.)		242

Alfafa moída
  baixa qualidade
  média qualidade
  alta qualidade
	
	238
	263
	236
			
			5,3
			5,4
			6,2
					
					311

Alfafa Vernal	814		7,2		227
Alfarroba, semente	558,6 1150		10,25 (b.s.) 4,62 (b.s.)		233 235
Algodão, óleo	875	25			51
Alho	478,75		66,32 (b.s.)		123
Ameixa preta Frenze 90	572		87,00		98
Ameixa preta Stanley	642		89,00		98
Ameixa selvagem	515,12		20,65		57

Amêndoa Cakildak
  com casca
  descascada
	
	405,94
	585,88
			
			3,43 (b.s.)
			4,18 (b.s.)
					
					243

Amêndoa Kara
  com casca
  descascada
	
	402,27
	503,24
			
			3,43 (b.s.)
			4,18 (b.s.)
					
					243

Amêndoa Palaz
  com casca
  descascada
	
	438,85
	528,79
			
			3,43 (b.s.)
			4,18 (b.s.)
					
					243

Amêndoa Tombul
  com casca
  descascada
	
	437,98
	550,53
			
			3,43 (b.s.)
			4,18 (b.s.)
					
					243

Amendoim	479,28		7,6 (b.s.)		83
Amendoim Florunner	637		6,0		227

Continua

Tabela 19.5 Densidade (ρ) de alimentos – valores pontuais. (*continuação*)

Alimento	ρ (kg/m³)	T (°C)	H (%)	Outros	Referências
Arando, suco	1041			s = 10,5 %	205
Arroz Basmati-370 pálido translúcido	824 810				297
Arroz IR-8 pálido translúcido	865 850				297
Arroz longo Lebonnet com casca integral branco	660 716 773		15,7 11,5 15,4		227
Arroz longo Lemont, farelo	290				315
Arroz médio Nato, farelo	280				315
Arroz médio Pecos em casca integral branco	641 802 851		15,4 12,0 12,0		227
Arroz PR-106 pálido translúcido	885 880				297
Arroz, óleo do farelo	877	25			51
Aveia de inverno Chapman	419		10,7		227
Aveia de primavera Larry	454		10,6		227
Aveia em pó	513				205
Azeite de oliva	879	25			51
Azeitona Espanhola	1101,404	25	61,31		11
Azeitona Espanhola preta	1134,015	25	58,00		11
Azeitona Nabali Baladi	1198,679	25	45,33		11
Azeitona Nabali melhorada	1146,328	25	58,44		11
Banana-da-terra	810 920 1000	30 30 30	14 31 57		232
Batata	1116,3 1070 1110	40 a 50 50 a 100 20	74,9 80 82,4		53 56 190

Propriedades Térmicas de Alimentos e Propriedades Termodinâmicas da Água   capítulo 19

Tabela 19.5 Densidade (ρ) de alimentos – valores pontuais. *(continuação)*

Alimento	ρ (kg/m³)	T (°C)	H (%)	Outros	Referências
Batata Pampeana	1075				112
Cacau em pó	480				205
Café Arabica, grão inteiro	921		69,7		67
Café instantâneo	330				205
Café Robusta, grão inteiro	933		60,0		67
Café torrado e moído	330				205
Cajá	890	5		C = 14,72 °Brix	293
	891	10		C = 14,72 °Brix	
	890	15		C = 14,72 °Brix	
Canola	671		6,2		227
Canola, óleo	878	25			51
Casca cítrica fermentada	1030	23	80		362
Cebola	1068	22			173
Cenoura	1076,5	40 a 50	86,9		53
Cenoura branca	1024,6	40 a 50	82,7		53
Centeio Wrens Abruzzi	667		11,5		227
Cereja, suco	1053			s = 13,3 %	205
Cevada de inverno Dundy	624		11,1		227
Cevada de inverno Hitchcock	615		11,2		227
Cevada de inverno Kline	503		10,8		227
Cevada de inverno Volbar	554		11,0		227
Cevada de primavera Beacon	548		11,0		227
Cevada de primavera Bowers	610		11,1		227
Cevada de primavera Custer	566		11,2		227
Cevada de primavera Steptoe	549		10,9		227
Cominho negro	550,40	20	5,29		8
Damasco Çataloğlu	478,56		76,79		122

Tabela 19.5 Densidade (ρ) de alimentos – valores pontuais. *(continuação)*

Alimento	ρ (kg/m³)	T (°C)	H (%)	Outros	Referências
Damasco Djahangiri	457,47		81,73 (b.s.)		145
Damasco Gheysi-2	455,27		87,27 (b.s.)		145
Damasco Hacıhaliloğlu	472,49		82,10		122
Damasco Hasanbey	459,17		79,79		122
Damasco Kabaaşı	470,11		76,37		122
Damasco Nakhjavan	463		87,88 (b.s.)		145
Damasco Sefide Damavand	444,75		81,75 (b.s.)		145
Damasco Shahroud-8	431,57		85,05 (b.s.)		145
Damasco Shams	453,61		84,87 (b.s.)		145
Damasco Soğancı	446,47		82,31		122
Damasco Zerdali	468,61		82,27		122
Ervilha macia seca	833		11,5		227
Ervilhaca comum	785,92		10,3 (b.s.)		316
Ervilhaca Húngara	772,17		11,57 (b.s.)		316
Fava Sakız	608,17		10,90 (b.s.)		121

Feijão comum
  branqueado
  cozido
  hidratado
  seco
  verde
	
	1116
	1105
	1057
	1181
	1200
		
		2
		20
		20
		20
		
			62,0
			67,4
			53,2
			11,6
			90,76
					
					181
					
					202

Feijão vermelho claro	743		12,6		227
Feijão vermelho escuro	726		13,2		227
Feijão Fradinho	613 595 600 630 679 840		9,1 16,7 23,1 28,6 33,3 41,2		312
Feijão-de-corda	690		8,65		154
Feijão-fradinho Akidi	698				237
Feijão-fradinho Banjara	721		12,40		237
Feijão-fradinho Kananado Fari	692		12,50		237

Propriedades Térmicas de Alimentos e Propriedades Termodinâmicas da Água — capítulo 19

Tabela 19.5 Densidade (ρ) de alimentos – valores pontuais. (*continuação*)

Alimento	ρ (kg/m³)	T (°C)	H (%)	Outros	Referências
Feijão-fradinho Kananado Yar	712		11,40		237
Feijão-fradinho Karadua	705		12,55		237
Feijão-fradinho Manyan Fari	611		12,10		237
Feijão-fradinho Olo-1	648		12,30		237
Feijão-fradinho Olo-2	644		12,30		237
Figo Roxo de valinhos	815,6	5 a 21	84,3		281
Framboesa, suco	1046			s = 11,5 %	205
Fruta-pão-africana, semente	614		9,21		239
Gengibre	1029	25	79,0		12
Gergelim óleo	580 946 939 932 925 918 905 891 878	 -20 -10 0 10 20 40 60 80	3,4		335 205
Girassol para confeitaria	339		8,7		227
Girassol para produção de óleo	386		7,6		227
Girassol, óleo	877 944 937 930 923 916 903 899 876	25 -20 -10 0 10 20 40 60 80			51 205
Groselha preta, suco	1055			s = 13,5 %	205
Hibisco, semente	637,1		7,65		241
Inhame	1090 1140 1175	30 30 30	16 45 79		232

Tabela 19.5 Densidade (ρ) de alimentos – valores pontuais. (*continuação*)

Alimento	ρ (kg/m³)	T (°C)	H (%)	Outros	Referências
Iobó	488,76 429,4		4,93 (b.s.) 7,67		54 240
Karitê, castanha descascada	1170		4,35 % (b.s.)		236

Kiwi Hayward
  descascado
  descascado
  desidratado osmoticamente
	1043
	
	1119
	
	1195
		-1,50 a 30
		
		-3,41 a 30
		
		-10,10 a 30
			84,0
			67,6
			50,6
				C = 12,5 °Brix
				C = 26,0 °Brix
				C = 44,0 °Brix
					330

Laranja Alanya	527,80		89,00		333
Laranja Finike	515,27		87,18		333
Laranja Shamouti	526,85		87,80		333

Laranja Tompson
  grande
  média
  pequena
	367
	442
	435
					290

Laranja W. Navel	518,17		87,52		333
Laranja, suco	1042 1043			s = 10,8 % s = 11,0 %	205
Lentilha	748		10,5		227
Lima, suco	1035			s = 9,3 %	205
Limão, suco	1035			s = 10,0 %	205
Maçã Golab	742,7				204
Maçã Golden Delicious polpa	849,3 843 847 785 791 990	23 25 2 -20 -35 29			106 261 47
Maçã Red	918,9	23			106
Maçã Verde	837 820 789 787 848,9	25 2 -20 -35 40 a 50	 87,8		261 53

Propriedades Térmicas de Alimentos e Propriedades Termodinâmicas da Água

capítulo 19

Tabela 19.5 Densidade (ρ) de alimentos – valores pontuais. *(continuação)*

Alimento	ρ (kg/m³)	T (°C)	H (%)	Outros	Referências
Maçã, suco	1050	20		C = 13 °Brix	77
	1040	40		C = 13 °Brix	
	1030	60		C = 13 °Brix	
	1020	80		C = 13 °Brix	
	1090	20		C = 20 °Brix	
	1075	40		C = 20 °Brix	
	1070	60		C = 20 °Brix	
	1055	80		C = 20 °Brix	
	1130	20		C = 25 °Brix	
	1125	40		C = 25 °Brix	
	1115	60		C = 25 °Brix	
	1100	80		C = 25 °Brix	
	1190	20		C = 40 °Brix	
	1180	40		C = 40 °Brix	
	1170	60		C = 40 °Brix	
	1160	80		C = 40 °Brix	
	1237	20		C = 50 °Brix	
	1225	40		C = 50 °Brix	
	1212	60		C = 50 °Brix	
	1200	80		C = 50 °Brix	
	1300	20		C = 60 °Brix	
	1290	40		C = 60 °Brix	
	1280	60		C = 60 °Brix	
	1260	80		C = 60 °Brix	
	1375	20		C = 70 °Brix	
	1350	40		C = 70 °Brix	
	1332	60		C = 70 °Brix	
	1325	80		C = 70 °Brix	
	1227			s = 50,2 %	205
	1051			s = 12,8 %	
	1060			s = 13,0 %	
Mandioca	1060	30	18		232
	1110	30	47		
	1135	30	70		
	1101	25	80,0		12
Melancia Kolaleh	527,265		5,02 % (b.s.)		267
Melancia Red	451,616		4,75 % (b.s.)		267
Melancia Sarakhsy	416,333		4,55 % (b.s.)		267
Milheto Babapuri	830,3		7,4 % (b.s.)		144
Milheto Bajra 28-15	853,6		7,4 % (b.s.)		144
Milheto GHB 30	866,1		7,4 % (b.s.)		144
Milho	1452		11,8		68
	1266	50	11 (b.s.)		332
	1248	50	20 (b.s.)		

Tabela 19.5 Densidade (ρ) de alimentos – valores pontuais. *(continuação)*

Alimento	ρ (kg/m³)	T (°C)	H (%)	Outros	Referências
Milho					
farinha amarela	1150		48,9	g = 19,97 %	338
	1036	91	44,9	g = 18,71 %	
farinha branca	1070	109,1	44,2	g = 16,30 %	
	1150		49	g = 20 %	
	1055	91	44,1	g = 16,12 %	
	1081	109,4	43,4	g = 14,25 %	
óleo	875	25			51
	947	-20			205
	940	-10			
	933	0			
	927	10			
	920	20			
	906	40			
	893	60			
	879	80			
Milho amarelo híbrido Pioneer 3379	810		10,6		227
Morango	959	-40	89,3		130
	959	-30	89,3		
	961	-20	89,3		
	965	-10	89,3		
	1040	0	89,3		
suco	1033			s = 8,3 %	205
Muandim, semente	1140		8, 73 (b.s.)		23
Nabo	952,3	40 a 50	92,3		53
Nespera Europeia selvagem	1031,1		72,15 (b.s.)		124
Pau carvão, semente	899,67		11		5
Pimenta jalapeno	1060	22			173
Pimentão	1040	22			173
Pimentão verde	952	25	94,0		12
Pinhão-manso	619,85		5,48 (b.s.)		244
Pistache selvagem	550		0,45		129
Rabanete	969	24	94,0		12
	941,8	40 a 50	94,6		53
Romã Abdandan	940				7
Romã Alak	980				7
Romã Khazar-e-Bardeskan	930				7

Tabela 19.5 Densidade (ρ) de alimentos – valores pontuais. (*continuação*)

Alimento	ρ (kg/m³)	T (°C)	H (%)	Outros	Referências
Romã Lamsari-e-Beshahr	1040				7
Romã Malas-e-Saveh	960				7
Romã Malase-Torsh Saveh	982				161
Romã Malas-e-Yazd	970				7
Romã Naderi	940				7
Romã Rabbab	950				7
Romã Shishe-Kap	960				7
Romã Syah-e-Badrood	920				7
Romã Syah-e-Saveh	920				7
Romã Tabrizi	910				7

Romã Taifi
  verde
  semi-madura
  madura
	1290
	1200
	1380
					10

Rutabagas	1007,7	40 a 50	92,6		53
Soja Benning	723 712 705		10,0 13,4 16,7		227
Soja Bryan	753		8,2		227
Soja Burlison	747		8,3		227
Soja Colquitt	734		7,9		227
Soja Edison	761		8,3		227
Soja Gaysoy 17	739		8,1		227
Soja Hamilton	739		8,0		227
Soja Kenwood	718		7,9		227
Soja Kirby	774		8,5		227
Soja Pella 86	735		8,0		227
Soja Resnik	743 756		8,0 8,4		227
Soja Williams	769		8,2		227

Tabela 19.5 Densidade (ρ) de alimentos – valores pontuais.   (*continuação*)

Alimento	ρ (kg/m³)	T (°C)	H (%)	Outros	Referências
Soja					
leite	1010			s = 2 %	205
	1020			s = 4 %	
	1030			s = 6 %	
	1030			s = 8 %	
	1040			s = 10 %	
	1050			s = 11,6 %	
massa	1250		7 (b.s)	g = 1 %	49
óleo	883	25			51
	947	-20			205
	941	-10			
	934	0			
	927	10			
	920	20			
	907	40			
	893	60			
	879	80			
Sorgo	1471		12,7		68
Sorgo Moench	775		11,2		227
Tomate	1032	22			173
massa	1037	30 a 90		C = 18 °Brix	61
Tomate cereja, polpa	891,9	6			47
Toranja, suco	1040			s = 10,4 %	205
	1062			s = 15,3 %	
Trigo duro	1476		13,8		68
Trigo duro Bem	788		10,9		227
Trigo duro vermelho de inverno					
farelo	176	25	8		163
	169	25	12		
	162	25	16		
gérmen	340	25	8		
	325	25	12		
	303	25	16		
sêmea	362	25	8		
	346	25	12		
	329	25	16		
sêmea grosseira	288	25	8		
	279	25	12		
	275	25	16		
Trigo duro vermelho de inverno Araphoe	772		8,6		227
	722		16,9		

Propriedades Térmicas de Alimentos e Propriedades Termodinâmicas da Água   capítulo **19**

Tabela 19.5 Densidade (ρ) de alimentos – valores pontuais.   (*continuação*)

Alimento	ρ (kg/m³)	T (°C)	H (%)	Outros	Referências
Trigo duro vermelho de primavera					
farelo	190	25	8		163
	183	25	12		
	175	25	16		
gérmen	325	25	8		
	299	25	12		
	276	25	16		
sêmea	360	25	8		
	343	25	12		
	338	25	16		
sêmea grosseira	285	25	8		
	274	25	12		
	270	25	16		
Trigo duro vermelho de primavera Keene	763		12,1		227
Trigo Eregli	827	25	9,30		319
	675	25	37,89		
Trigo macio vermelho de inverno Gore	756		11,8		227
Trigo macio	1478		13,6		68
Trigo Saruhan	798	25	10,23		319
	698	25	38,65		
Trigo, farinha	784	20	12,7		190
Uva de Corinto	470		15		205
	490		20		
	470		40		
	450		50		
	430		60		
	410		65		
	370		75		
	460		80		
Carne e derivados					
Bovina					
Bife	1055	14 a 22,5	74,1		106
Carne magra	980		35,5		100

681

Tabela 19.5 Densidade (ρ) de alimentos – valores pontuais. (*continuação*)

Alimento	ρ (kg/m³)	T (°C)	H (%)	Outros	Referências
Carne moída + 1 % de sal	1023	25	71,48 a 75,48		334
+ 0,3 % de tripolifosfato	1027	35	71,48 a 75,48		
de sódio	1030	45	71,48 a 75,48		
	1024	55	71,48 a 75,48		
	1026	65	71,48 a 75,48		
+ 2 % de proteína isolada	1025	25	71,48 a 75,48		
de soja	1028	35	71,48 a 75,48		
	1033	45	71,48 a 75,48		
	1024	55	71,48 a 75,48		
	1021	65	71,48 a 75,48		
+ 3,5 % de caseinato de	1028	25	71,48 a 75,48		
sódio	1034	35	71,48 a 75,48		
	1032	45	71,48 a 75,48		
	1025	55	71,48 a 75,48		
	1024	65	71,48 a 75,48		
+ 2 % de amido de milho	1036	25	71,48 a 75,48		
ceroso modificado	1037	35	71,48 a 75,48		
	1034	45	71,48 a 75,48		
	1036	55	71,48 a 75,48		
	1030	65	71,48 a 75,48		
+ 0,5 % de goma	1030	25	71,48 a 75,48		
carragena	1032	35	71,48 a 75,48		
	1030	45	71,48 a 75,48		
	1017	55	71,48 a 75,48		
	1021	65	71,48 a 75,48		
+ 5 % de farinha de aveia	1042	25	71,48 a 75,48		
hidrolisada	1040	35	71,48 a 75,48		
	1045	45	71,48 a 75,48		
	1044	55	71,48 a 75,48		
	1037	65	71,48 a 75,48		
Suína					
Carne + casca de soja	1040	25	76,85		225
Peixes					
Peixe					
fresco	1056				205
congelado	967				
Peixe branco	1054				100
Frutos do mar					
Camarão Black Tiger					
cru	1081		76,2		218
branqueado 4 min	1080		71		
branqueado (10% sal) 4 min	1112		70,5		
cozido em sopa de creme de batata 30 min	1102		70,8		

Tabela 19.5 Densidade (ρ) de alimentos – valores pontuais. *(continuação)*

Alimento	ρ (kg/m³)	T (°C)	H (%)	Outros	Referências
enlatado sopa de creme de batata	1081 1042		74,1		
Lula fresca	1050	30	82,6	p = 15,46 %, g = 0,18 %	258
	1040	30	83,9	p = 13,08 %, g = 0,48 %	
	1050	30	83,8	p = 14,07 %, g = 0,26 %	
Lula seca	1040	30	80,9	p = 15 %, g = 0,2 %	258
	1000	30	79,6	p = 15 %, g = 0,2 %	
	1020	30	79,4	p = 15 %, g = 0,2 %	
	980	30	79,1	p = 15 %, g = 0,2 %	
	1050	30	78,2	p = 15 %, g = 0,2 %	
	1020	30	75,5	p = 15 %, g = 0,2 %	
	1050	30	74,1	p = 15 %, g = 0,2 %	
	1080	30	62,7	p = 15 %, g = 0,2 %	
	1060	30	58,1	p = 15 %, g = 0,2 %	
	1060	30	45,1	p = 15 %, g = 0,2 %	
	920	30	14,4	p = 15 %, g = 0,2 %	
	980	30	77,7	p = 13 %, g = 0,5 %	
	960	30	72,8	p = 13 %, g = 0,5 %	
	980	30	69,3	p = 13 %, g = 0,5 %	
	960	30	65,0	p = 13 %, g = 0,5 %	
	1070	30	62,9	p = 13 %, g = 0,5 %	
	910	30	58,7	p = 13 %, g = 0,5 %	
	1020	30	57,2	p = 13 %, g = 0,5 %	
	930	30	56,6	p = 13 %, g = 0,5 %	
	930	30	53,7	p = 13 %, g = 0,5 %	

Tabela 19.5 Densidade (ρ) de alimentos – valores pontuais. (*continuação*)

Alimento	ρ (kg/m³)	T (°C)	H (%)	Outros	Referências
	990	30	53,4	p = 13 %, g = 0,5 %	
	1040	30	52,7	p = 13 %, g = 0,5 %	
	970	30	43,4	p = 13 %, g = 0,5 %	
	1140	30	42,1	p = 13 %, g = 0,5 %	
	960	30	35,7	p = 13 %, g = 0,5 %	
	1190	30	30,5	p = 13 %, g = 0,5 %	
	1100	30	27,0	p = 13 %, g = 0,5 %	
	1030	30	26,4	p = 13 %, g = 0,5 %	
	690	30	20,9	p = 13 %, g = 0,5 %	
	980	30	69,2	p = 14 %, g = 0,3 %	
	980	30	55,1	p = 14 %, g = 0,3 %	
	1000	30	54,1	p = 14 %, g = 0,3 %	
	970	30	46,6	p = 14 %, g = 0,3 %	
	1010	30	41,8	p = 14 %, g = 0,3 %	
	1020	30	19,9	p = 14 %, g = 0,3 %	
	990	30	19,7	p = 14 %, g = 0,3 %	
	920	30	17,1	p = 14 %, g = 0,3 %	
	710	30	13,9	p = 14 %, g = 0,3 %	
	700	30	11,2	p = 14 %, g = 0,3 %	
	570	30	8,9	p = 14 %, g = 0,3 %	
Vieira					
fresca	1044		80		218
congelada	1065		86,3		
branqueada 5 min	1058		84,9		
branqueada (10 % sal) 5 min	1108		70,9		
enlatada (sopa de creme de batata) esterilizada 21,3 min	1102		77,7		
enlatada (sopa de creme de batata) esterilizada 3,5 min	1072		75,5		

Propriedades Térmicas de Alimentos e Propriedades Termodinâmicas da Água   capítulo 19

Tabela 19.5 Densidade (ρ) de alimentos – valores pontuais.   (*continuação*)

Alimento	ρ (kg/m³)	Faixa de aplicação T (°C)	H (%)	Outros	Referências
\multicolumn{6}{c}{Laticínios}					
Coalhada	972,1	20	74,23		317
Creme de leite	1019	20		g = 15 %	134
	1012	20		g = 25 %	
	1001	20		g = 35 %	
Iogurte					
light	1033,1	20	81,95		317
extra light	1024,5	20	86,81		
pasteurizado	1034,8	20	82,48		
Leite	1000			s = 2 %	205
	1010			s = 4 a 8 %	
	1020			s = 10 a 21,4 %	
Leite desnatado	1035	20		g = 0,1 %	134
Leite integral	1029	20		g = 3,5 %	134
	1034,463	0		g = 4 %, s = 13 %	275
	2034,12	4		g = 4 %, s = 13 %	
	1033,41	8		g = 4 %, s = 13 %	
	1030,71	18		g = 4 %, s = 13 %	
	1028,95	22,7		g = 4 %, s = 13 %	
	1026,60	29		g = 4 %, s = 13 %	
	1024,71	34		g = 4 %, s = 13 %	
	1022,81	39		g = 4 %, s = 13 %	
	1020,92	44		g = 4 %, s = 13 %	
Manteiga	942,3	20	15,11		317
Queijo Cheddar	1050	3	37,5		70
	1102	20	36,00		317
Queijo Cream Cheese Fresco	1014,1	20	56,32		317
Queijo de hambúrguer	1114	20	41,00		317
Queijo Kashkaval					
buffet	960,9	20	49,84		317
fresco	1181,7	20	43,79		
old	1117	20	41,00		
Queijo Labneh	1084,7	20	69,13		317
baixo teor de gordura	1085,2	20	74,65		
Queijo Mussarela	1062,4	20	44,35		317
Queijo Quartirolo Argentino	1060		55		186

685

Tabela 19.5 Densidade (ρ) de alimentos – valores pontuais. (*continuação*)

Alimento	ρ (kg/m³)	T (°C)	H (%)	Outros	Referências
Queijo Tulum	1110	20	41,00		317
Requeijão	823,8	20	60,60		317
Produtos de panificação					
Biscoito	4210	20 a 85	58,2		74
Bolo amarelo					33
massa	693,5		41,5		
exterior ¼ pronto	815		40		
centro ¼ pronto	815		40		
exterior ½ pronto	360		39		
centro ½ pronto	290		39		
exterior ¾ pronto	265		36,5		
centro ¾ pronto	265		37,5		
exterior pronto	285		34		
centro pronto	300		35,5		
Muffin	457,0	20 a 85	97		74
	441		17		33
Pão					33
massa	1100	-43,5 a 23,0	43,5 a 46,1		
	750		44,4		
	832		36,09		
casca	417		0		
miolo	450		44,4		
Pão assado 40 min	290				33
Pão branco	220	25			33
	218	60 a 70			
	217	70 a 80			
	217	80 a 90			
	210	90 a 100			
	1520	20 a 85	69,3		74
Pão branco assado					33
8 min	307,3				
16 min	284,5				
24 min	275,1				
32 min	263,6				
Pão de centeio assado 40 min	430				33
Pão de centeio					33
massa	820		45,9		
casca	443		0		
miolo	500		45,9		
Pão de malte	241	20	34,4		190

Propriedades Térmicas de Alimentos e Propriedades Termodinâmicas da Água — capítulo 19

Tabela 19.5 Densidade (ρ) de alimentos – valores pontuais. *(continuação)*

Alimento	ρ (kg/m³)	T (°C)	H (%)	Outros	Referências
Pão de forma	200	96	43,2		209
Pão francês	161,4	25	42,0		33
Pão francês parcialmente assado					
casca	332,8	20	27,3		126
miolo	181,7	20	45,29		
Pão assado					
5 min	202		33,4		33
10 min	181		26,9		
Tortilha de milho	1140	55	50		274
Mexicana assada 5 min	1170	65	50		
	1165	75	50		
	1130	55	55		
	1140	65	55		
	1140	75	55		
	1100	55	60		
	1105	65	60		
	1110	75	60		
Tortilha de milho nixtamalizado					
0 % cal	1025	0 a 50			13
0,10 % cal	1060	0 a 50			
0,20 % cal	1075	0 a 50			
Outros					
Açúcar					
granulado	800				205
pó	480				
Agar gel (2%)	1070				41
Amido de milho	560				205
Bulgur	765	25	9,17		319
Farinha de milho branca	1090		48,8	g = 20,13 %	338
+ fibra de soja	1054	92,1	43,7	g = 14,92 %	
	1079	109	43,3	g = 14,22 %	
Fermento biológico	520				205
Molho de queijo	1012	22			173
Ovo inteiro	340				205
Sacarose, solução	1058,7	25	84,81	C = 15 °Brix	294
	1101,9	25	74,56	C = 25 °Brix	
60%	1278,38	33			47

Tabela 19.5 Densidade (ρ) de alimentos – valores pontuais. *(continuação)*

Alimento	ρ (kg/m³)	T (°C)	H (%)	Outros	Referências
Sal granulado	960				205
Salgadinho de tortilha assado 60 s	1293	190	1,3 a 36,1		212
Salgadinho de tortilha frito					212
0 min	880		35,6		
5 min	880		16,4		
10 min	794		11,2		
15 min	646		8,1		
20 min	656		4,6		
25 min	637		3,7		
30 min	547		2,8		
45 min	520		2,0		
60 min	579		1,4		

Tabela 19.6 Calor específico (C_p) de alimentos – valores pontuais.

Alimento	C_p (kJ/kg.K)	T (°C)	H (%)	Outros	Referências
Geral					
Farinhas	1,591	≥ T_f	12 a 13,5		284
	1,172	≤ T_f	12 a 13,5		
Frutas frescas	3,350 a 3,770		75 a 92		284
Frutas secas	2,090		30		284
Grãos	1,880 a 2,010		15 a 20		284
Frutas, vegetais e cereais					
Abacate	3,810	≥ -2,66	94,0		284
	2,051	≤ -2,66	94,0		
Abacaxi maduro	3,684	≥ -1,44	85,3		284
	1,884	≤ -1,44	85,3		
Abacaxi Smooth Cayenne, polpa	1,55	-40	84,64	C = 15 °Brix	294
	1,62	-35	84,64	C = 15 °Brix	
	1,72	-30	84,64	C = 15 °Brix	
	1,88	-25	84,64	C = 15 °Brix	
	2,19	-20	84,64	C = 15 °Brix	
	2,85	-15	84,64	C = 15 °Brix	
	4,76	-10	84,64	C = 15 °Brix	
	15,1	-5	84,64	C = 15 °Brix	

Continua

Tabela 19.6 Calor específico (C_p) de alimentos – valores pontuais.   (*continuação*)

Alimento	C_p (kJ/kg.K)	T (°C)	H (%)	Outros	Referências
	3,78	0	84,64	C = 15 °Brix	
	3,78	20	84,64	C = 15 °Brix	
	2,71	-40	75,03	C = 25 °Brix	
	2,80	-35	75,03	C = 25 °Brix	
	2,94	-30	75,03	C = 25 °Brix	
	3,16	-25	75,03	C = 25 °Brix	
	3,57	-20	75,03	C = 25 °Brix	
	4,47	-15	75,03	C = 25 °Brix	
	7,04	-10	75,03	C = 25 °Brix	
	21,1	-5	75,03	C = 25 °Brix	
	2,18	0	75,03	C = 25 °Brix	
	2,18	20	75,03	C = 25 °Brix	
Abóbora	3,852	$\geq T_f$	90,5		284
	1,967	$\leq T_f$	90,5		
inverno	3,810	$\geq T_f$	88,6		
verão	4,020	$\geq T_f$	95		
Aipo	3,810		88,3		284
	1,926		88,3		
Alcachofra	3,642	$\geq -1,61$	83,7		284
	1,884	$\leq -1,61$	83,7		
	3,890		90		
Alface	4,019	$\geq -0,44$	94,8		284
	2,009	$\leq -0,44$	94,8		
Alfarroba, semente	1,4153		10,25 (b.s.)		233
Alho seco	3,307	$\geq -3,66$	74,2		284
	1,758	$\leq -3,66$	74,2		
Alho-poró verde	3,890		92		284
	3,768	$\geq -1,55$	88,2		
	1,926	$\leq -1,55$	88,2		
Ameixa fresca seca	3,520		75 a 78		284
	2,220 a 2,470		28 a 35		
	3,684	$\geq -2,22$	85,7		
	1,884	$\leq -2,22$	85,7		
Ameixa sem caroço	3,65	4 a 32	80,3		305
Amora	1,926		85		298
	3,684	$\geq -1,72$	85,3		284
	1,926	$\leq -1,72$	85,3		
	3,600		82,9		

Tabela 19.6 Calor específico (C_p) de alimentos – valores pontuais. *(continuação)*

Alimento	C_p (kJ/kg.K)	T (°C)	H (%)	Outros	Referências
suco	4,0525	0,5		C = 9,4 °Brix	55
	3,6652	0,5		C = 20,0 °Brix	
	3,4763	0,5		C = 25,2 °Brix	
	3,3237	0,5		C = 29,4 °Brix	
	3,2015	0,5		C = 33,0 °Brix	
	2,9728	0,5		C = 40,2 °Brix	
	2,7881	0,5		C = 46,1 °Brix	
	2,6173	0,5		C = 50,3 °Brix	
	2,5257	0,5		C = 54,6 °Brix	
	2,4309	0,5		C = 58,4 °Brix	
	4,0415	9,3		C = 9,4 °Brix	
	3,5742	9,3		C = 20,0 °Brix	
	3,5006	9,3		C = 25,2 °Brix	
	3,3587	9,3		C = 29,4 °Brix	
	3,1409	9,3		C = 33,0 °Brix	
	2,9817	9,3		C = 40,2 °Brix	
	2,7951	9,3		C = 46,1 °Brix	
	2,6520	9,3		C = 50,3 °Brix	
	2,4835	9,3		C = 54,6 °Brix	
	2,4162	9,3		C = 58,4 °Brix	
	3,9738	22,4		C = 9,4 °Brix	
	3,6812	22,4		C = 20,0 °Brix	
	3,5035	22,4		C = 25,2 °Brix	
	3,3119	22,4		C = 29,4 °Brix	
	3,2582	22,4		C = 33,0 °Brix	
	3,0165	22,4		C = 40,2 °Brix	
	2,8618	22,4		C = 46,1 °Brix	
	2,6965	22,4		C = 50,3 °Brix	
	2,5680	22,4		C = 54,6 °Brix	
	2,4591	22,4		C = 58,4 °Brix	
	4,0609	31,3		C = 9,4 °Brix	
	3,7086	31,3		C = 20,0 °Brix	
	3,5197	31,3		C = 25,2 °Brix	
	3,3856	31,3		C = 29,4 °Brix	
	3,2677	31,3		C = 33,0 °Brix	
	3,0737	31,3		C = 40,2 °Brix	
	2,8078	31,3		C = 46,1 °Brix	
	2,7572	31,3		C = 50,3 °Brix	
	2,6518	31,3		C = 54,6 °Brix	
	2,5081	31,3		C = 58,4 °Brix	
	4,0922	42,0		C = 9,4 °Brix	
	3,7328	42,0		C = 20,0 °Brix	
	3,5639	42,0		C = 25,2 °Brix	
	3,3584	42,0		C = 29,4 °Brix	
	3,3056	42,0		C = 33,0 °Brix	
	3,0332	42,0		C = 40,2 °Brix	
	2,9097	42,0		C = 46,1 °Brix	
	2,7628	42,0		C = 50,3 °Brix	
	2,6865	42,0		C = 54,6 °Brix	
	2,5678	42,0		C = 58,4 °Brix	
	4,1320	54,1		C = 9,4 °Brix	
	3,7190	54,1		C = 20,0 °Brix	

Tabela 19.6 Calor específico (C_p) de alimentos – valores pontuais. (*continuação*)

Alimento	C_p (kJ/kg.K)	T (°C)	H (%)	Outros	Referências
	3,5331	54,1		C = 25,2 °Brix	55
	3,4922	54,1		C = 29,4 °Brix	
	3,3408	54,1		C = 33,0 °Brix	
	3,1788	54,1		C = 40,2 °Brix	
	3,0353	54,1		C = 46,1 °Brix	
	2,8654	54,1		C = 50,3 °Brix	
	2,7714	54,1		C = 54,6 °Brix	
	2,6290	54,1		C = 58,4 °Brix	
	4,0906	66,7		C = 9,4 °Brix	
	3,8515	66,7		C = 20,0 °Brix	
	3,6918	66,7		C = 25,2 °Brix	
	3,5571	66,7		C = 29,4 °Brix	
	3,5020	66,7		C = 33,0 °Brix	
	3,1366	66,7		C = 40,2 °Brix	
	3,0340	66,7		C = 46,1 °Brix	
	2,9069	66,7		C = 50,3 °Brix	
	2,7574	66,7		C = 54,6 °Brix	
	2,7250	66,7		C = 58,4 °Brix	
	4,3003	80,8		C = 9,4 °Brix	
	3,9535	80,8		C = 20,0 °Brix	
	3,7656	80,8		C = 25,2 °Brix	
	3,6389	80,8		C = 29,4 °Brix	
	3,3855	80,8		C = 33,0 °Brix	
	3,2692	80,8		C = 40,2 °Brix	
	3,1021	80,8		C = 46,1 °Brix	
	3,0117	80,8		C = 50,3 °Brix	
	2,8987	80,8		C = 54,6 °Brix	
	2,7706	80,8		C = 58,4 °Brix	
suco	1,91	-78 a -38	55		184
concentrado	1,93	-8 a -2	55		
Arroz	1,760 a 1,840	0 a 100	10,5 a 13,5		284
Arroz longo em casca	4,021	90 a 150			208
Arroz longo Lemont, farelo	1,72				315
Arroz médio Nato, farelo	1,72				315
Aspargo	3,935	≥ -1,22	93,0		284
	2,009	≤ -1,22	93,0		
descascado	3,98	4 a 32	92,6		305
Azeitona Espanhola	3,275	25	61,31		11
Azeitona Espanhola preta	3,177	25	58,00		11

Tabela 19.6 Calor específico (C_p) de alimentos – valores pontuais. (*continuação*)

Alimento	C_p (kJ/kg.K)	Faixa de aplicação			Referências
		T (°C)	H (%)	Outros	
Azeitona fresca	3,349	≥ -1,94	75,2		284
	1,758	≤ -1,94	75,2		
Azeitona Nabali Baladi	2,490	25	45,33		11
Azeitona Nabali melhorada	3,235	25	58,44		11
Banana	3,349	≥ -2,22	74,8		284
	1,758	≤ -2,22	74,8		
Batata	3,520		75		284
cubos	1,714	26,67 a 65,55	3,3		
tiras	1,923	26,67 a 65,55	8,0		
cozida	3,642		80		
Batata branca	3,433	≥ -1,72	77,8		284
	1,800	≤ -1,72	77,8		
Batata doce	3,140	≥ -1,94	68,5		284
	1,674	≤ -1,94	68,5		
	2,043	26,67 a 65,55	7,6		
purê	3,70	0 a 20	78,43		103
purê reestruturado	3,40	0 a 20	73,34		
Berinjela	3,935	≥ -0,88	92,7		284
	2,009	≤ -0,88	92,7		
Beterraba	3,5464		74,09		310
	3,768	≥ -2,83	87,6		284
	1,926	≤ -2,83	87,6		
cubos	2,006	26,67 a 65,55	4,4		
Brócolis	3,852	≥ -1,55	89,9		284
	1,967	≤ -1,55	89,9		
	1,88	-40	91,1	g = 0,17 %	
	2,01	-34,4	91,1	g = 0,17 %	
	2,17	-28,8	91,1	g = 0,17 %	
	2,38	-23,3	91,1	g = 0,17 %	
	2,72	-17,7	91,1	g = 0,17 %	
	3,43	-12,2	91,1	g = 0,17 %	
	6,65	-6,67	91,1	g = 0,17 %	
	3,51	-1,11	91,1	g = 0,17 %	
	3,60	4,44	91,1	g = 0,17 %	
	3,64	10	91,1	g = 0,17 %	
	3,68	15,55	91,1	g = 0,17 %	
Café Arabica, pergaminho	1,04		9,9		67
	1,50		15,1		
	1,92		20,6		
	2,36		26,0		

Propriedades Térmicas de Alimentos e Propriedades Termodinâmicas da Água   capítulo 19

Tabela 19.6 Calor específico (C_p) de alimentos – valores pontuais.   (*continuação*)

Alimento	C_p (kJ/kg.K)	T (°C)	H (%)	Outros	Referências
Café Robusta, grão inteiro	0,78		10,6		67
	1,18		16,7		
	1,55		23,9		
	2,18		30,6		
Cajá	3,516	5		C = 14,72 °Brix	293
	3,516	10		C = 14,72 °Brix	
	3,516	15		C = 14,72 °Brix	
suco	4,0875	0,4		C = 8,8 °Brix	24
	3,7938	0,4		C = 17,6 °Brix	
	3,7193	0,4		C = 22,0 °Brix	
	3,4810	0,4		C = 27,4 °Brix	
	3,3298	0,4		C = 32,9 °Brix	
	2,9556	0,4		C = 38,9 °Brix	
	2,7202	0,4		C = 44,7 °Brix	
	2,5618	0,4		C = 49,4 °Brix	
	4,1090	9,3		C = 8,8 °Brix	
	3,6377	9,3		C = 17,6 °Brix	
	3,2993	9,3		C = 22,0 °Brix	
	3,4089	9,3		C = 27,4 °Brix	
	3,2313	9,3		C = 32,9 °Brix	
	2,9455	9,3		C = 38,9 °Brix	
	2,7791	9,3		C = 44,7 °Brix	
	2,5841	9,3		C = 49,4 °Brix	
	3,8551	22,1		C = 8,8 °Brix	
	3,7763	22,1		C = 17,6 °Brix	
	3,5929	22,1		C = 22,0 °Brix	
	3,2262	22,1		C = 27,4 °Brix	
	3,1607	22,1		C = 32,9 °Brix	
	2,9658	22,1		C = 38,9 °Brix	
	2,8175	22,1		C = 44,7 °Brix	
	2,6028	22,1		C = 49,4 °Brix	
	4,0895	31,8		C = 8,8 °Brix	
	3,7122	31,8		C = 17,6 °Brix	
	3,6411	31,8		C = 22,0 °Brix	
	3,5064	31,8		C = 27,4 °Brix	
	3,3541	31,8		C = 32,9 °Brix	
	3,0090	31,8		C = 38,9 °Brix	
	2,7817	31,8		C = 44,7 °Brix	
	2,6339	31,8		C = 49,4 °Brix	
	4,0665	42,3		C = 8,8 °Brix	
	3,8312	42,3		C = 17,6 °Brix	
	3,6034	42,3		C = 22,0 °Brix	
	3,2941	42,3		C = 27,4 °Brix	
	3,1657	42,3		C = 32,9 °Brix	
	2,8646	42,3		C = 38,9 °Brix	
	2,7622	42,3		C = 44,7 °Brix	
	2,6108	42,3		C = 49,4 °Brix	
	4,1708	54,0		C = 8,8 °Brix	
	3,4577	54,0		C = 17,6 °Brix	
	3,4934	54,0		C = 22,0 °Brix	

Tabela 19.6 Calor específico (C_p) de alimentos – valores pontuais. (*continuação*)

Alimento	C_p (kJ/kg.K)	T (°C)	H (%)	Outros	Referências
	3,3252	54,0		C = 27,4 °Brix	
	3,1918	54,0		C = 32,9 °Brix	
	2,9823	54,0		C = 38,9 °Brix	
	2,6797	54,0		C = 44,7 °Brix	
	2,5406	54,0		C = 49,4 °Brix	
	3,9092	66,3		C = 8,8 °Brix	
	3,7469	66,3		C = 17,6 °Brix	
	3,4728	66,3		C = 22,0 °Brix	
	3,3317	66,3		C = 27,4 °Brix	
	3,0843	66,3		C = 32,9 °Brix	
	2,9792	66,3		C = 38,9 °Brix	
	2,6889	66,3		C = 44,7 °Brix	
	2,6363	66,3		C = 49,4 °Brix	
	3,9501	77,1		C = 8,8 °Brix	
	3,6119	77,1		C = 17,6 °Brix	
	3,5709	77,1		C = 22,0 °Brix	
	3,3619	77,1		C = 27,4 °Brix	
	3,1779	77,1		C = 32,9 °Brix	
	2,9820	77,1		C = 38,9 °Brix	
	2,8208	77,1		C = 44,7 °Brix	
	2,4996	77,1		C = 49,4 °Brix	
Caqui	3,517	≥ -2,05	78,4		284
	1,800	≤ -2,05	78,4		
Casca cítrica fermentada	4,19	50 a 90		s = 0 %	362
	3,94	50 a 90		s = 2,5 %	
	3,84	50 a 90		s = 5 %	
	3,75	50 a 90		s = 7,5 %	
	2,53	50 a 90		s = 10 %	
Cebola	376,8	≥ -1,05	87,5		284
	1,926	≤ -1,05	87,5		
	3,600		80 a 90		
	3,890		80 a 90		
	3,81	4 a 32	85,5		305
Cebola, flocos	3,093	26,67 a 65,55	3,3		284
Cenoura	3,90	4 a 32	87,5		305
	3,768	≥ -1,33	88,2		284
	1,926	≤ -1,33	88,2		
	3,810 a 3,935		86 a 90		
	1,760	-40	90	g = 0,31 %	
	1,800	-34,4	90	g = 0,31 %	
	1,967	-28,8	90	g = 0,31 %	
	2,219	-23,3	90	g = 0,31 %	
	2,721	-17,7	90	g = 0,31 %	
	3,642	-12,2	90	g = 0,31 %	
	7,034	-6,67	90	g = 0,31 %	
	3,852	-1,11	90	g = 0,31 %	
	3,810	4,44	90	g = 0,31 %	

Propriedades Térmicas de Alimentos e Propriedades Termodinâmicas da Água   capítulo 19

Tabela 19.6 Calor específico (C_p) de alimentos – valores pontuais.   (*continuação*)

Alimento	C_p (kJ/kg.K)	T (°C)	H (%)	Outros	Referências
	2,554	15,55	90	g = 0,31 %	
	1,43792		0,15		
	1,50898		0,95		
	1,7347		1,85		
	1,72634		2,10		
	1,98132		3,50		
	2,04402		4,25		
	2,0691		6,80		
	2,14434		9,30		
	2,26974		14,50		
cozida	3,768	$\geq T_f$	92		
cubos	2,09	26,67 a 65,55	4,4		
flocos	2,173	26,67 a 65,55	6,0		
talo	3,893	$\geq T_f$	86 a 90		
feixe	3,890		86 a 90		252
Cereja	1,926		82		298
sem caroço	3,60	4 a 32	77,0		305
Cevada	2,810 a 2,850				284
Chirívia	3,517	$\geq -1,72$	78,6		284
	1,842	$\leq -1,72$	78,6		
Cocão	1,842	0 a 100			284
Cogumelo	3,893	≥ -1	91,1		284
	1,967	≤ -1	91,1		
	3,940		90		
seco	2,344	$\geq T_f$	30		
Cominho negro	1,852	80	5,29		8
Couve de Bruxelas	3,684	$\geq -0,55$	84,9		284
	1,926	$\leq -0,55$	84,9		
Couve-flor	3,893	$\geq -1,05$	91,7		284
	1,967	$\leq -1,05$			
	1,758	-40	90,7	g = 3 %	
	1,842	-34,4	90,7	g = 3 %	
	1,967	-28,8	90,7	g = 3 %	
	2,219	-23,3	90,7	g = 3 %	
	2,595	-17,7	90,7	g = 3 %	
	3,223	-12,2	90,7	g = 3 %	
	5,736	-6,67	90,7	g = 3 %	
	3,977	4,44	90,7	g = 3 %	
	3,852	10	90,7	g = 3 %	
	3,726	15,55	90,7	g = 3 %	

695

Tabela 19.6 Calor específico (C_p) de alimentos – valores pontuais. (*continuação*)

Alimento	C_p (kJ/kg.K)	Faixa de aplicação T (°C)	H (%)	Outros	Referências
Cupuaçu, polpa integral peneirada	3,24 3,18 3,71			C = 12 °Brix C = 12 °Brix C = 9 °Brix	1
Damasco	1,926 3,684 1,926	≥ -2,16 ≤ -2,16	85 85,4 85,4		298 284
Ervilha graúda	3,56	4 a 32	75,8		305
Ervilha seca	1,840	0 a 100	14		284
Escarola	3,935 2,009	≥ -0,61 ≤ -0,61	93,3 93,3		284
Espinafre folha	3,90 3,935 2,009 3,770 3,940 1,797	4 a 32 ≥ -0,94 ≤ -0,94 26,67 a 65,55	90,2 92,7 92,7 85 a 90 85 a 09 5,9		305 284
Feijão fresco seco	3,852 1,256	≥ T_f	90 12,5		284
Feijão comum branqueado cozido hidratado seco	3,147 3,300 2,893 1,731	20 20 20 20	62,0 67,4 53,2 11,6		181
Feijão Fradinho	3,59 3,82 3,96 3,88 3,42 3,74 3,53 3,67 3,87 3,99 3,83 3,73	50 60 70 75 80 80 80 80 80 80 80 80	16,7 16,7 16,7 16,7 9,1 16,7 16,7 23,1 28,6 33,7 37,0 41,2	ρ = 595 kg/m³ ρ = 595 kg/m³ ρ = 595 kg/m³ ρ = 595 kg/m³ ρ = 595 kg/m³	312
Feijão na vagem	1,758 1,842 1,926 2,093 2,386 3,056 4,438	-40 -34,4 -28,8 -23,3 -17,7 -12,2 -6,67	92,9 92,9 92,9 92,9 92,9 92,9 92,9	g =0,33 % g =0,33 % g =0,33 % g =0,33 % g =0,33 % g =0,33 % g =0,33 %	284

Propriedades Térmicas de Alimentos e Propriedades Termodinâmicas da Água

capítulo 19

Tabela 19.6 Calor específico (C_p) de alimentos – valores pontuais. *(continuação)*

Alimento	C_p (kJ/kg.K)	T (°C)	H (%)	Outros	Referências
	4,103	-1,11	92,9	g =0,33 %	
	3,935	4,44	92,9	g =0,33 %	
	3,893	10	92,9	g =0,33 %	
	3,893	15,55	92,9	g =0,33 %	
Feijão-de-corda	3,810	≥ -1,27	88,9		284
	1,967	≤ -1,27	88,9		
Figo					
fresco	3,433	≥ -2,72	78		284
	1,800	≤ -2,72	78		
seco	1,632		24		
Figo Roxo de Valinhos	4,07	5 a 21	84,3		281
Framboesa	3,558	≥ -1,05	82		284
	1,884	≤ -1,05	82		
	1,842		80,7		298
Framboesa preta	3,517	≥ -1,16	80,7		284
	1,842	≤ -1,16	80,7		
Framboesa vermelha	3,600	≥ -0,88	83,4		284
	1,884	≤ -0,88	83,4		
Groselha	3,768	≥ -1,72	88,3		284
	1,926	≤ -1,72	88,3		
Hibisco, semente	2,97	80	7,65		241
Kiwi Hayward					
descascado	2,679	-1,50 a 40	84,0	C = 12,5 °Brix	330
descascado	1,996	-2,18 a 40	71,0	C = 17,5 °Brix	
desidratado	0,876	-3,41 a 40	67,6	C = 26,0 °Brix	
osmoticamente	0,709	-6,08 a 40	58,1	C = 36,0 °Brix	
Laranja	3,768	≥ -2,22	87,2		284
	1,926	≤ -2,22	87,2		
suco	1,62	-73 a -43	70		184
parcialmente concentrado	2,67	7 a 15	70		
Lentilha	1,842	≥ T_f	12		284
Lima	3,852	≥ -2,16	89,3		284
	1,926	≤ -2,16	89,3		
Limão	3,726	≥ -1,66	86		284
	1,926	≤ -1,66	86		
Maçã	3,81	30			201
	3,86	40			
	3,85	50			

Tabela 19.6 Calor específico (C_p) de alimentos – valores pontuais. *(continuação)*

Alimento	C_p (kJ/kg.K)	T (°C)	H (%)	Outros	Referências
	1,884		84,1		298
	2,093		85		
	3,601	≥ -2	84,1		284
	1,884	≤ -2	84,1		
	3,730 a 4,020	0 a 100	75 a 85		252
compota	3,73	4 a 32	82,8		305
suco	1,97	-73 a -47	80		184
parcialmente concentrado	3,89	7 a 14	80		
Maçã Golden Delicious	3,812	23			106
	2,135	-40	84,6	g = 0,07 %	284
	2,177	-34,4	84,6	g = 0,07 %	
	2,344	-28,8	84,6	g = 0,07 %	
	2,721	-23,3	84,6	g = 0,07 %	
	3,517	-17,7	84,6	g = 0,07 %	
	5,108	-12,2	84,6	g = 0,07 %	
	12,60	-6,67	84,6	g = 0,07 %	
	3,684	-1,11	84,6	g = 0,07 %	
	3,684	4,44	84,6	g = 0,07 %	
	3,726	10	84,6	g = 0,07 %	
	3,726	15,55	84,6	g = 0,07 %	
	3,768	21,11	84,6	g = 0,07 %	
polpa	3,42	29			47
Maçã Red	3,734	23			106
Mamão Papaia	3,433	≥ T_f	90,8		284
	1,967	≤ T_f	90,8		
Manga	3,768	≥ 0	93		284
	1,926	≤ 0	93		
Manga, polpa					
integral	3,59	10 a 40	87,03	C = 12,7 °Brix	295
	2,25	-40 a 0	87,03	C = 12,7 °Brix	
peneirada	3,95	10 a 40	87,05	C = 12,7 °Brix	
	2,36	-40 a 0	87,05	C = 12,7 °Brix	
centrifugada	4,04	10 a 40	87,75	C = 12,7 °Brix	
	2,49	-40 a 0	87,75	C = 12,7 °Brix	
concentrada	3,69	10 a 40	68,38	C = 30 °Brix	
	2,47	-40 a 0	68,38	C = 30 °Brix	
Marmelo	3,684	≥ -2,16	85,3		284
	1,884	≤ -2,16	85,3		
Melancia	4,061	≥ -1,61	92,1		284
	2,009	≤ -1,61	92,1		
Melão	3,935	≥ -1,66	92,7		284
	2,009	≤ -1,66	92,7		
Milho					
verde	3,307	≥ -1,72	73,9		284
	1,758	≤ -1,72	73,9		
seco	1,172		10,5		

Propriedades Térmicas de Alimentos e Propriedades Termodinâmicas da Água — capítulo 19

Tabela 19.6 Calor específico (C_p) de alimentos – valores pontuais. *(continuação)*

Alimento	C_p (kJ/kg.K)	T (°C)	H (%)	Outros	Referências
Milho					
grão	1,255	50	11 (b.s)		332
	2,092	50	20 (b.s.)		
farinha amarela	3,590		48,9	g = 19,97 %	338
	3,017	91	44,9	g = 18,71 %	
	3,042	109,1	44,2	g = 16,30 %	
farinha branca	3,021		49	g = 20 %	
	2,944	91	44,1	g = 16,12 %	
	3,055	109,4	43,4	g = 14,25 %	
Milho de pipoca	1,297	$\geq T_f$	13,5		284
	1,004	$\leq T_f$	13,5		
Mirtilo	3,600	$\geq -1,88$	82,3		284
	1,884	$\leq -1,88$	82,3		
	3,77	4 a 32	85,1		305
Morango	3,852	$\geq -1,16$	90		284
	1,967	$\leq -1,16$	90		
	3,94	4 a 32	89,3		305
fresco	3,852	$\geq T_f$	89,9		284
	1,264	$\leq T_f$	89,9		
congelado	1,758	$\leq T_f$	72		
Morango Florida					
inteiro	2,10	-45	89	C = 5 °Brix	85
	2,12	-40	89	C = 5 °Brix	
	2,21	-35	89	C = 5 °Brix	
	2,43	-30	89	C = 5 °Brix	
	2,56	-25	89	C = 5 °Brix	
	2,82	-20	89	C = 5 °Brix	
	3,28	-15	89	C = 5 °Brix	
	4,41	-10	89	C = 5 °Brix	
	10,84	-5	89	C = 5 °Brix	
	50,49	-2	89	C = 5 °Brix	
	107,43	-1	89	C = 5 °Brix	
	3,84	1	89	C = 5 °Brix	
	3,64	5	89	C = 5 °Brix	
	3,61	10	89	C = 5 °Brix	
polpa	2,15	-45	89	C = 5 °Brix	
	2,14	-40	89	C = 5 °Brix	
	2,22	-35	89	C = 5 °Brix	
	2,43	-30	89	C = 5 °Brix	
	2,45	-25	89	C = 5 °Brix	
	2,71	-20	89	C = 5 °Brix	
	3,22	-15	89	C = 5 °Brix	
	4,73	-10	89	C = 5 °Brix	
	11,67	-5	89	C = 5 °Brix	
	55,08	-2	89	C = 5 °Brix	
	143,98	-1	89	C = 5 °Brix	
	3,60	1	89	C = 5 °Brix	
	3,72	5	89	C = 5 °Brix	
	3,56	10	89	C = 5 °Brix	

Tabela 19.6 Calor específico (C_p) de alimentos – valores pontuais.   (*continuação*)

Alimento	C_p (kJ/kg.K)	Faixa de aplicação			Referências
		T (°C)	H (%)	Outros	
Morango Tioga					
inteiro	2,05	-45	87	C = 5 °Brix	85
	2,11	-40	87	C = 5 °Brix	
	2,26	-35	87	C = 5 °Brix	
	2,51	-30	87	C = 5 °Brix	
	2,84	-25	87	C = 5 °Brix	
	3,23	-20	87	C = 5 °Brix	
	4,05	-15	87	C = 5 °Brix	
	6,53	-10	87	C = 5 °Brix	
	18,63	-5	87	C = 5 °Brix	
	97,79	-2	87	C = 5 °Brix	
	3,21	1	87	C = 5 °Brix	
	3,21	5	87	C = 5 °Brix	
	3,08	10	87	C = 5 °Brix	
polpa	2,06	-45	87	C = 5 °Brix	
	2,14	-40	87	C = 5 °Brix	
	2,42	-35	87	C = 5 °Brix	
	2,56	-30	87	C = 5 °Brix	
	2,80	-25	87	C = 5 °Brix	
	3,21	-20	87	C = 5 °Brix	
	3,93	-15	87	C = 5 °Brix	
	6,02	-10	87	C = 5 °Brix	
	17,58	-5	87	C = 5 °Brix	
	91,28	-2	87	C = 5 °Brix	
	3,82	1	87	C = 5 °Brix	
	3,75	5	87	C = 5 °Brix	
	3,46	10	87	C = 5 °Brix	
Nabo	3,893	≥ -0,83	90,9		284
	1,967	≤ -0,83	90,9		
	1,758	-40	94,1	g = 0,22 %	
	1,842	-34,4	94,1	g = 0,22 %	
	1,842	-28,8	94,1	g = 0,22 %	
	2,302	-23,3	94,1	g = 0,22 %	
	2,679	-17,7	94,1	g = 0,22 %	
	3,517	-12,2	94,1	g = 0,22 %	
	7,452	-6,67	94,1	g = 0,22 %	
	4,563	-1,11	94,1	g = 0,22 %	
	4,521	4,44	94,1	g = 0,22 %	
	4,438	10	94,1	g = 0,22 %	
	4,396	15,55	94,1	g = 0,22 %	
Nectarina	3,768	≥ -1,66	82,9		284
	2,051	≤ -1,66	82,9		
Pepino	4,02	4 a 32	95,4		305
	4,061	≥ -0,83	96,1		284
	2,051	≤ -0,83	96,1		
	4,103		97		
	1,884	-40	96,1	g = 0,07 %	
	2,009	-34,4	96,1	g = 0,07 %	
	2,051	-28,8	96,1	g = 0,07 %	

Propriedades Térmicas de Alimentos e Propriedades Termodinâmicas da Água   capítulo **19**

Tabela 19.6 Calor específico (C_p) de alimentos – valores pontuais. *(continuação)*

Alimento	C_p (kJ/kg.K)	T (°C)	H (%)	Outros	Referências
	2,219	-23,3	96,1	g = 0,07 %	
	2,428	-17,7	96,1	g = 0,07 %	
	2,930	-12,2	96,1	g = 0,07 %	
	5,694	-6,67	96,1	g = 0,07 %	
	3,852	-1,11	96,1	g = 0,07 %	
	3,852	4,44	96,1	g = 0,07 %	
	3,852	10	96,1	g = 0,07 %	
	3,852	15,55	96,1	g = 0,07 %	
Pêra	3,73	4 a 32	83,8		305
Pêra Bartlett	3,600	≥ -1,94	83,5		284
	1,884	≤ -1,94	83,5		
Pêra verde	3,307	≥ -1,11	74,3		284
	1,758	≤ -1,11	74,3		
Pêssego	3,768	≥ -1,44	86,9		284
	1,926	≤ -1,44	86,9		
sem caroço	3,77	4 a 32	85,1		305
Pimenta	3,935	≥ -1,05	92,4		284
	1,967	≤ -1,05	92,4		
Pimenta-caiena seca	1,260	≥ Tf	12		284
	1,010	≤ Tf	12		
Quiabo	3,852	≥ T_f	89,9		284
	1,926	≤ T_f	89,9		
Rabanete	3,977		93,6		284
Rabanete Couve	3,852	≥ -1,11	90,1		284
	1,967	≤ -1,11	90,1		
Rabanete Molho Primavera	3,980	≥ T_f	93,6		284
	2,010	≤ T_f	93,6		
Rabanete Primavera pré-embalado	3,980	≥ T_f	93,6		284
	2,010	≤ T_f	93,6		
Rabanete silvestre	3,265	≥ -3,11	73,4		284
	1,758	≤ -3,11	73,4		
Repolho	3,935	≥ -0,44	92,4		284
	1,967	≤ -0,44	92,4		
	2,173	26,67 a 65,55	5,4		
	3,890	0 a 100	90 a 92		252
cozido	4,103		97		284
sopa	3,100	0 a 100			252
Romã	3,642	≥ -2,22	77		284
	2,009	≤ -2,22	77		

Tabela 19.6 Calor específico (C_p) de alimentos – valores pontuais. (*continuação*)

Alimento	C_p (kJ/kg.K)	T (°C)	H (%)	Outros	Referências
Salsa	3,182 a 4,061	≥ T_f	65 a 95		284
Soja	1,97	24 a 54	19,7		22
	2,05	27 a 88	24,5		
	1,577		0 (b.s.)		284
	1,853		9,54 (b.s.)		
	2,00		17,71 (b.s.)		
	2,065		20,55 (b.s.)		
	2,170		26,88 (b.s.)		
	2,343		37,94 (b.s.)		
Tâmara fresca	3,433	≥ T_f	78		284
	1,800	≤ T_f	78		
Tangerina	3,893	≥ -2,22	87,3		284
	2,135	≤ -2,22	87,3		
Tomate	3,977	≥ -0,88	94,7		284
	2,009	≤ -0,88	94,7	C = 18 °Brix	
massa	3,680	30 a 90			61
molho	1,49	-68 a -43	82,7		284
polpa	4,02		92,9		305
Tomate Ace	3,989	> 100			284
Tomate cereja, polpa	4,212	26			284
Toranja	3,810	≥ -2	88,8		284
	1,926	≤ -2	88,8		
Trigo duro	1,549		9,2		22
Trigo duro vermelho	1,63	22 a 50	9,6		22
	2,14	22 a 51	21,3		
Trigo duro vermelho	1,63	22 a 50	9,6		22
	2,14	22 a 51	21,3		
farelo	1,29		8		163
	1,56		12		
	1,60		16		
gérmen	1,08		8		
	1,51		12		
	1,94		16		
sêmea	1,51		8		
	1,61		12		
	1,78		16		
sêmea grosseira	1,57		8		

Propriedades Térmicas de Alimentos e Propriedades Termodinâmicas da Água

capítulo 19

Tabela 19.6 Calor específico (C_p) de alimentos – valores pontuais. *(continuação)*

Alimento	C_p (kJ/kg.K)	T (°C)	H (%)	Outros	Referências
Trigo duro vermelho de inverno					
farelo	1,29		8 a 16		163
gérmen	1,51		8 a 16		
sêmea	1,54		8 a 16		
sêmea grosseira	1,57		8 a 16		
Trigo duro vermelho de primavera					
farelo	1,58		8 a 16		163
gérmen	1,51		8 a 16		
sêmea	1,78		8 a 16		
sêmea grosseira	1,49		8 a 16		
Trigo					
inteiro	2,68	4 a 32	42,4		305
farinha	1,716	> 100			137
Uva	2,01		89		298
Uva americana	3,600	≥ -2,5	81,9		284
	1,842	≤ -2,5	81,9		
Uva europeia	3,600	≥ -3,16	81,7		284
	1,842	≤ -3,16	81,7		
Uva passa	3,684	≥ -1	84,7		284
	1,884	≤ -1	84,7		
	1,970	0 a 100	24,5		
	1,8845		84,7		298
Carnes e derivados					
Bovina					
Bife	3,073	14	74,1		106
	3,041	20,5	74,1		
	2,202	22	74,1		
cozido	3,060		57		284
fresco sem gordura	3,52	4 a 32	74,5		305
gordo	2,890		51		284
magro	3,430		72		
	1,758	-40	76	g = 1,11 %	
	1,758	-34,4	76	g = 1,11 %	
	1,884	-28,8	76	g = 1,11 %	
	2,177	-23,3	76	g = 1,11 %	
	2,637	-17,7	76	g = 1,11 %	
	3,349	-12,2	76	g = 1,11 %	
	6,657	-6,67	76	g = 1,11 %	
	4,187	-1,11	76	g = 1,11 %	

Tabela 19.6 Calor específico (C_p) de alimentos – valores pontuais. (*continuação*)

Alimento	C_p (kJ/kg.K)	T (°C)	H (%)	Outros	Referências
	3,433	4,44	76	g = 1,11 %	
	3,182	10	76	g = 1,11 %	
	3,056	15,55	76	g = 1,11 %	
	3,433	21,11	76	g = 1,11 %	
picado	3,520		72		
seco	2,47	4 a 32	26,1		305
Carne					
fresca magra	3,223	≥ -1,66	68		284
	1,674	≤ -1,66	68		
fresca gorda	2,512	≥ -2,22			
	1,465	≤ -2,22			
magra	2,008	-40	35,5		100
	2,092	-30	35,5		
	2,720	-20	35,5		
	4,185	-15	35,5		
	5,400	-13	35,5		
	6,486	-11	35,5		
	6,905	-10	35,5		
	7,323	-7,5	35,5		
	2,929	-5	35,5		
	2,720	0	35,5		
	2,870	10	35,5		
	25,82	-1,5			284
	9,61	-2,5			
	5,14	-3,5			
	3,29	-4,5			
	2,37	-5,5			
	1,84	-6,5			
	1,50	-7,5			
	1,28	-8,5			
	1,12	-9,5			
	0,96	-11			
picada	2,199	-40	65,39	g = 16,18 %	318
	2,953	-20	65,39	g = 16,18 %	
	4,946	-10	65,39	g = 16,18 %	
	26,32	-2,37	65,39	g = 16,18 %	
	3,483	20	65,39	g = 16,18 %	
	3,517	≥ T_f			284
Carne moída + 1	3,50	25	71,48 a 75,48		334
% de sal + 0,3 %	3,39	35	71,48 a 75,48		
de tripolifosfato	3,39	45	71,48 a 75,48		
de sódio	3,45	55	71,48 a 75,48		
	3,44	65	71,48 a 75,48		
+ 2 % de	3,47	25	71,48 a 75,48		
proteína isolada	3,36	35	71,48 a 75,48		
de soja	3,45	45	71,48 a 75,48		
	3,42	55	71,48 a 75,48		
	3,37	65	71,48 a 75,48		
+ 3,5 % de	3,48	25	71,48 a 75,48		
caseinato de	3,37	35	71,48 a 75,48		
sódio	3,41	45	71,48 a 75,48		

Tabela 19.6 Calor específico (C_p) de alimentos – valores pontuais. *(continuação)*

Alimento	C_p (kJ/kg.K)	T (°C)	H (%)	Outros	Referências
	3,45	55	71,48 a 75,48		
	3,37	65	71,48 a 75,48		
+ 2 % de amido	3,43	25	71,48 a 75,48		
de milho ceroso	3,42	35	71,48 a 75,48		
modificado	3,46	45	71,48 a 75,48		
	3,42	55	71,48 a 75,48		
	3,46	65	71,48 a 75,48		
+ 0,5 % de	3,47	25	71,48 a 75,48		
goma carragena	3,40	35	71,48 a 75,48		
	3,45	45	71,48 a 75,48		
	3,46	55	71,48 a 75,48		
	3,42	65	71,48 a 75,48		
+ 5 % de	3,47	25	71,48 a 75,48		
farinha de aveia	3,37	35	71,48 a 75,48		
hidrolisada	3,33	45	71,48 a 75,48		
	3,45	55	71,48 a 75,48		
	3,44	65	71,48 a 75,48		
Fígado	3,014	≥ -1,66	65,5		284
	1,674	≤ -1,66	65,5		
Hambúrguer	2,228	-40	59,45	g = 18,36 %	318
	3,261	-20	59,45	g = 18,36 %	
	6,001	-10	59,45	g = 18,36 %	
	32,86	-2,69	59,45	g = 18,36 %	
	3,175	20	59,45	g = 18,36 %	
Hambúrguer					
cru	3,684	60	72,1		253
assado	3,810	60	66,2		
Hambúrguer de	3,1	16,9	57,6		187
carne magra frito	3,3	46,9	57,6		
	3,3	76,9	57,6		
+ 15 % de água	3,3	16,9	61,1		
	3,5	46,9	61,1		
	3,5	76,9	61,1		
+ 10 % de	3,0	16,9	56,3		
gordura	3,2	46,9	56,3		
	3,1	76,9	56,3		
+ 5 % de tosta	3,3	16,9	55,1		
	3,5	46,9	55,1		
	3,4	76,9	55,1		
+ 3 % de sal	3,1	16,9	56,8		
	3,3	46,9	56,8		
	3,3	76,9	56,8		
Osso	1,674	≥ T_f			284
	2,512				
Rim	3,60	≥ T_f			284

Tabela 19.6 Calor específico (C_p) de alimentos – valores pontuais. (*continuação*)

Alimento	C_p (kJ/kg.K)	T (°C)	H (%)	Outros	Referências
Soudjouk bovino	2,296	-40	52,99	g = 22,96 %	318
	3,557	-20	52,99	g = 22,96 %	
	6,177	-10	52,99	g = 22,96 %	
	20,13	-4,05	52,99	g = 22,96 %	
	3,011	20	52,99	g = 22,96 %	
Vitela	24,77	-1,11			284
	6,69	-2,22			
	3,25	-3,33			
	2,04	-4,44			
	1,19	-6,66			
	0,70	-12,22			
	0,59	-17,77			
	3,349		70 a 80		
	1,926		70 a 80		
	3,22	0 a 100	63		
costeletas	3,433	$\geq T_f$	72		
frita	3,098	$\geq T_f$	58		
Aves					
Ave					
fresca	3,307	$\geq -2,77$	74		284
	1,549	$\leq -2,77$	74		
congelada	3,307	$\geq -2,77$	74		
	1,549	$\leq -2,77$	74		
Ganso, víscera	2,930		52		284
Peru picado	1,984	-40	69,64	g = 7,93 %	318
	2,404	-20	69,64	g = 7,93 %	
	4,384	-10	69,64	g = 7,93 %	
	33,25	-2,35	69,64	g = 7,93 %	
	3,447	20	69,64	g = 7,93 %	
Peru, salsicha	2,194	-40	67,38	g = 12,20 %	318
	3,299	-20	67,38	g = 12,20 %	
	6,315	-10	67,38	g = 12,20 %	
	24,68	-2,62	67,38	g = 12,20 %	
	3,357	20	67,38	g = 12,20 %	
Soudjouk de peru	2,245	-40	54,40	g = 22,67 %	318
	3,331	-20	54,40	g = 22,67 %	
	6,174	-10	54,40	g = 22,67 %	
	19,55	-3,24	54,40	g = 22,67 %	
	3,048	20	54,40	g = 22,67 %	
Suína					
Bacon	2,010	$\geq T_f$	57		284
fresco	2,090	$\geq T_f$	20		
	1,260	$\leq T_f$	20		
defumado	1,26	$\geq T_f$	13 a 29		
	1,010	$\leq T_f$	13 a 29		

Tabela 19.6 Calor específico (C_p) de alimentos – valores pontuais. *(continuação)*

Alimento	C_p (kJ/kg.K)	T (°C)	H (%)	Outros	Referências
Carne					
congelada	2,512	≥ T_f	57		284
defumada	2,512	25	76,85		
fresca	2,847	≥ -2,22	60		
	1,339	≤ -2,22	60		
fresca gorda	2,595	≥ T_f	39		
fresca magra	3,056	≥ T_f	57		
Carne + casca de soja	3,42	25	76,85		284
Linguiça curada	3,726	≥ -3,33	65,5		284
	2,344	≤ -3,33	65,5		
Linguiça Franks	3,600	≥ -1,66	60		284
	2,344	≤ -1,66	60		
Luncheon roll	3,324	5	60,4	g = 15,1 %	359
	3,773	25	60,4	g = 15,1 %	
	3,336	45	60,4	g = 15,1 %	
	3,606	65	60,4	g = 15,1 %	
	3,335	85	60,4	g = 15,1 %	
Paleta e toucinho moídos + farinha de rosca + amido de batata + concentrado proteico + solução de cura	2,79			sal = 0,4 %	360
	2,92			sal = 1,4 %	
	2,79			sal = 2,4 %	
	3,08			g = 12,4 %	
	2,79			g = 22,0 %	
	2,75			g = 29,7 %	
	2,83		21		
	2,79		25		
	3,00		29		
Presunto + lombo	2,847	≥ -2,77	60		284
	1,591	≤ -2,77	60		
Presunto fresco	2,428 a 2,637	-2,22 a -1,66	47 a 54		284
	1,423 a 1,507	-2,22 a -1,66	47 a 57		
	3,430	72			
Salsicha defumada	3,600	≥ -3,88	60		284
	2,344	≤ -3,88	60		
Salsicha fresca	3,726	≥ -3,33	65		284
	2,344	≤ -3,33	65		
White pudding	2,956	5	61,2	g = 15,8 %	359
	3,331	25	61,2	g = 15,8 %	
	2,979	45	61,2	g = 15,8 %	
	3,003	65	61,2	g = 15,8 %	
	2,899	85	61,2	g = 15,8 %	

Tabela 19.6 Calor específico (C_p) de alimentos – valores pontuais. *(continuação)*

Alimento	C_p (kJ/kg.K)	T (°C)	H (%)	Outros	Referências
	**Peixes**				
Arenque					
aberto	3,182	$\geq T_f$	70		284
	1,716	$\leq T_f$	70		
defumado inteiro	2,972	$\geq T_f$	64		
	1,632	$\leq T_f$	64		
Arincas	3,73	4 a 32	83,6		305
Atum	3,182	$\geq T_f$	70		284
	1,716	$\leq T_f$	70		
Bacalhau	3,69	4 a 32	80,3		305
fresco	3,768	$\geq -2,22$			284
	2,051	$\leq -2,22$			
músculo	23,37	-1,5			
	8,74	-2,5			
	4,39	-3,5			
	2,57	-5			
	1,56	-7			
	1,14	-9			
	0,81	-13			
	0,67	-18			
	0,59	-25			
	0,55	-35			
filé	3,517	$\geq T_f$	80		
	1,842	$\leq T_f$	80		
Badejo, filé	3,600	$\geq T_f$	80		284
	1,842	$\leq T_f$	80		
Caviar	2,93	$\geq T_f$	50 a 56		284
	1,297	$\leq T_f$	50 a 56		
Haddock	3,433	$\geq T_f$	78		284
	1,800	$\leq T_f$	78		
Halibut	3,349	$\geq T_f$	75		284
	1,800	$\leq T_f$	75		
Mackarel, filé	2,763	$\geq T_f$	57		284
	1,549	$\leq T_f$	57		
Manhaden	2,930	$\geq T_f$	62		284
	3,684	$\leq T_f$	62		

Propriedades Térmicas de Alimentos e Propriedades Termodinâmicas da Água capítulo 19

Tabela 19.6 Calor específico (C$_p$) de alimentos – valores pontuais. *(continuação)*

Alimento	C$_p$ (kJ/kg.K)	Faixa de aplicação T (°C)	H (%)	Outros	Referências
Peixe branco	2,055	-30			100
	2,595	-20			
	4,227	-10			
	7,744	-6			
	15,111	-4			
	26,539	-3			
	65,636	-2			
	102,72	-1			
	4,144	0			
	3,641	5			
	3,683	10			
Peixe congelado	3,182	≥ -2,22	70		284
	1,716	≤ -2,22	70		
	3,182	≥ T$_f$			
	1,716	≤ T$_f$			
curado	3,182	≥ T$_f$	75 a 80		
	1,716	≤ T$_f$	75 a 80		
defumado	4,187	≥ T$_f$			
	1,632	≤ T$_f$			
fresco	3,600	0 a 100	80		
frito	3,014	0 a 100	60		
gordo	2,847	≥ T$_f$	60		
	1,591	≤ T$_f$	60		
magro	3,349	≥ T$_f$			
	1,800	≤ T$_f$			
em salmoura	3,182	≥ T$_f$			
	1,716	≤ T$_f$			
seco	3,182	≥ T$_f$	70		
	1,716	≤ T$_f$	70		
seco salgado	1,716 a 1,842	≥ T$_f$	16 a 20		
Peixe vermelho	1,716	-40	84,7	g = 1,06 %	284
	1,758	-34,4	84,7	g = 1,06 %	
	1,842	-28,8	84,7	g = 1,06 %	
	1,926	-23,3	84,7	g = 1,06 %	
	2,135	-17,7	84,7	g = 1,06 %	
	2,972	-12,2	84,7	g = 1,06 %	
	5,066	-6,67	84,7	g = 1,06 %	
	3,391	-1,11	84,7	g = 1,06 %	
	3,391	4,44	84,7	g = 1,06 %	
	3,391	10	84,7	g = 1,06 %	
	3,391	15,55	84,7	g = 1,06 %	
	3,391	21,11	84,7	g = 1,06 %	
Pollock, filé	3,475	≥ T$_f$	79		284
	1,842	≤ T$_f$	79		

Tabela 19.6 Calor específico (C_p) de alimentos – valores pontuais. (*continuação*)

Alimento	C_p (kJ/kg.K)	Faixa de aplicação T (°C)	Faixa de aplicação H (%)	Outros	Referências
Perca	3,60	4 a 32	79,1		305
Salmão	2,972	$\geq T_f$	64		284
	1,632	$\leq T_f$	64		
Frutos do mar					
Calamar	3,43	17	83,09	g = 3,03 %	257
	3,69	17	83,91	g = 2,93 %	
	3,41	17	80,02	g = 2,07 %	
	3,47	17	79,98	g = 2,13 %	
	3,35	17	81,59	g = 1,34 %	
	3,78	17	84,18	g = 0,98 %	
	3,79	17	83,38	g = 3,47 %	
Camarão	3,475	$\geq -2,22$	70,8		284
	1,884	$\leq -2,22$	70,8		
	1,674	-40	76,3	g = 0,51 %	
	1,800	-34,4	76,3	g = 0,51 %	
	1,926	-28,8	76,3	g = 0,51 %	
	2,135	-23,3	76,3	g = 0,51 %	
	2,512	-17,7	76,3	g = 0,51 %	
	3,642	-12,2	76,3	g = 0,51 %	
	6,741	-6,67	76,3	g = 0,51 %	
	3,642	-1,11	76,3	g = 0,51 %	
	3,600	4,44	76,3	g = 0,51 %	
	3,600	10	76,3	g = 0,51 %	
	3,558	15,55	76,3	g = 0,51 %	
	3,558	21,11	76,3	g = 0,51 %	
cru descascado	2,10	-30	75,05 a 80,81		157
	2,20	-25	75,05 a 80,81		
	2,38	-20	75,05 a 80,81		
	2,80	-15	75,05 a 80,81		
	3,88	-10	75,05 a 80,81		
	9,90	-5	75,05 a 80,81		
	53,42	-2	75,05 a 80,81		
	203,18	-1	75,05 a 80,81		
	3,63	10 a 30	75,05 a 80,81		
Camarão Rei	3,45	17	75,63	g = 1,48 %	257
	3,41	17	76,49	g = 1,18 %	
Choco	3,79	17	86,99	g = 1,56 %	257
	3,59	17	80,92	g = 2,07 %	

Tabela 19.6 Calor específico (C_p) de alimentos – valores pontuais. *(continuação)*

Alimento	C_p (kJ/kg.K)	T (°C)	H (%)	Outros	Referências
Lagosta	3,475	≥ T_f	79		284
	1,842	≤ T_f	79		
Lula	3,58	17	82,63	g = 2,44 %	257
	3,50	17	79,61	g = 1,65 %	
	3,53	17	83,02	g = 2,17 %	
Ostra	3,768	≥ -2,77	87		284
	1,926	≤ -2,77	87		
em casca	3,475	≥ -2,77	80,4		
	1,842	≤ -2,77	80,4		
Polvo	3,29	17	82,35	g = 1,65 %	257
Vieira	3,726	≥ -2,22	80,3		284
	2,009	≤ -2,22	80,3		
Outras carnes					
Carneiro	3,893	≥ T_f	90		284
Cordeiro	58,92	-1,11			284
	15,12	-2,22			
	7,01	-3,33			
	4,17	-4,44			
	2,14	-6,66			
	1,00	-12,22			
	0,74	-17,77			
	2,805	≥ -1,66	58		
	1,256	≤ -1,66	58		
fresco	2,847 a 3,182	-2,22 a -1,66	60 a 70		
	1,591 a 2,135	-2,22 a -1,66	60 a 70		
magro	9,00	-1,11			
	5,10	-2,22			
	2,60	-3,33			
	1,72	-4,44			
	1,10	-6,66			
	0,76	-12,22			
	0,67	-17,77			
Cordeiro, lombo	14,7	-1,11			284
	7,84	-2,22			
	3,73	-3,33			
	2,30	-4,44			
	1,27	-6,66			
	0,70	-12,22			
	0,52	-17,77			
magro	20,5	-1,11			
	10,8	-2,22			
	5,08	-3,33			
	3,03	-4,44			
	1,65	-6,66			
	0,85	-12,22			
	0,67	-17,77			
Veado	3,390	0 a 100	70		284

Tabela 19.6 Calor específico (C_p) de alimentos – valores pontuais. (*continuação*)

Alimento	C_p (kJ/kg.K)	T (°C)	H (%)	Outros	Referências
\multicolumn{6}{c}{**Laticínios**}
Cream cheese	2,930	≥ T_f	80		284
	1,884	≤ T_f	80		
Creme de leite					
adoçado	3,558	≥ T_f	70		284
	2,093	≤ T_f	70		
azedo	2,930	≥ T_f	57 a 73		
	1,256	≤ T_f	57 a 73		
Leite	3,893	≥ -0,55	87,5		284
	2,051	≤ -0,55	87,5		
Leite desnatado	3,977	≥ T_f	91		284
	2,512	≤ T_f	91		
Leite em pó	3,893	≥ T_f	12,5		284
	2,051	≤ T_f	12,5		
Manteiga	1,046	≤ T_f	16		284
	2,051 a 2,135	0 a 100	14 a 15,5		
	1,760 a 2,090	0 a 100	9 a 15		252
Margarina	1,758 a 2,093	0 a 100	9 a 15		284
Queijo	2,093	≥ -2,22	37 a 38		284
	1,297	≤ -2,22	37 a 38		
Queijo Cheddar	2,093	3	37,5		70
Queijo Cottage	3,270		60 a 70		284
Queijo Emmental industrializado					
fresco	3,330	0 a 40	36,4	g = 31,0 %	245
fresco, casca	3,080	0 a 40	33,0	g = 30,5 %	
curado, centro	3,180	0 a 40	35,9	g = 31,1 %	
curado, casca	2,650	0 a 40	16,6	g = 38,8 %	
Queijo magro	3,893	≥ T_f	50		284
	1,465	≤ T_f	50		
Queijo Quartirolo Argentino	3,3609		55		186
Queijo Roquefort	2,721	≥ -16,11	55		284
	1,339	≤ -16,11	55		
Queijo Suíço	2,679	≥ -9,44	55		284
	1,507	≤ -9,44	55		

Propriedades Térmicas de Alimentos e Propriedades Termodinâmicas da Água capítulo **19**

Tabela 19.6 Calor específico (C_p) de alimentos – valores pontuais. (*continuação*)

Alimento	C_p (kJ/kg.K)	Faixa de aplicação			Referências
		T (°C)	H (%)	Outros	
Produtos de panificação						

Alimento	C_p (kJ/kg.K)	T (°C)	H (%)	Outros	Referências
Biscoito	2,420	30	8,5	g = 9,98 %	171
	2,809	36,5	8,5	g = 9,98 %	
	3,182	39	8,5	g = 9,98 %	
	2,835	29,8	4,1	g = 13,5 %	
	2,841	35,5	4,1	g = 13,5%	
	3,128	37,9	4,1	g = 13,5 %	
Biscoito de açúcar	1,942	> 100	3,53		137
	1,934	> 100	3,87		
Biscoito de chocolate	1,875	> 100	3,15		137
Biscoito salgado	1,5701		2,55		137
	1,5952		2,72		
Bolo amarelo					
massa	2,95		41,5		33
centro pronto	2,80		35,5		
Muffin	2,779		17		33
Pão	1,546	1,27 a 22,2			284
	1,630	1,19 a 22,2			
	1,504	0,94 a 22,1			
	0,585	-69,4 a 23,2			
	0,710	-80,1 a 22,4			
	0,627	-97,5 a 22,2			
	0,752	-109,1 a 22,4			
	0,877	-130,7 a 22,2			
	0,543	-187,9 a 22,2			
	0,585	-195,1 a 22,1			
Pão					
casca	1,656	150	0		33
	1,68		0		
miolo	2,560	30	41		
	2,626	100	41		
	2,80		44,4		
massa	1,76	-43,5	43,5		
	1,94	-28,5	43,5		
	2,76	16,5	43,5		
	1,76	-38	46,1		
	1,88	-28	46,1		
	2,81	21	46,1		
	2,80		44,4		
sólidos	1,558	1 a 24	36,6		
	0,657	< 0	35,6 a 37,0		

Tabela 19.6 Calor específico (C_p) de alimentos – valores pontuais. (*continuação*)

Alimento	C_p (kJ/kg.K)	T (°C)	H (%)	Outros	Referências
Pão, massa					
seca	1,26	30	0		33
úmida	2,516	0 a 30	44,4		
Pão assado					
5 min	2,15142		33,4		33
10 min	1,95177		26,9		
Pão branco	2,60	4 a 32	37,3		305
	2,721 a 2,847	$\geq T_f$	44 a 45		284
	2,622	25			33
	2,633	60 a 70			
	2,648	70 a 80			
	2,671	80 a 90			
	2,675	90 a 100			
Pão de forma	2,640	96	43,2		209
Pão de centeio					
massa	3,00		45,9		33
casca	1,68		0		
miolo	3,00		45,9		
Pão marrom	2,847	$\geq T_f$	48,5		284
Tortilha de milho	0,307	55	50		274
Mexicana assada	0,298	65	50		
5 min	0,300	75	50		
	0,307	55	55		
	0,308	65	55		
	0,309	75	55		
	0,3135	55	60		
	0,314	65	60		
	0,317	75	60		
Outros					
Açúcar	1,260				284
Agar gel (2%)	4,200				41
Amido de trigo	1,34	22 a 50	8,6		22
	1,59	22 a 50	22,6		
Amido gelatinizado					94
10 %	3,919	20			
	3,921	25			
15 %	3,923	30			
	3,785	20			
	3,788	25			
20 %	3,791	30			
	3,651	20			
	3,655	25			
	3,659	30			

Tabela 19.6 Calor específico (C_p) de alimentos – valores pontuais. *(continuação)*

Alimento	C_p (kJ/kg.K)	Faixa de aplicação T (°C)	H (%)	Outros	Referências
Amilopectina Amioca	1,280 1,450 1,810 1,910	25 25 25 25	0,0 1,0 2,0 3,0	$\rho = 700$ kg/m³ $\rho = 700$ kg/m³ $\rho = 700$ kg/m³ $\rho = 700$ kg/m³	92
Amilose Hylon 7	1,280 1,450 1,690 1,910	25 25 25 25	0,1 1,0 2,0 3,0		92
Caldo de carne	3,100	0 a 100			252
Chocolate	1,256 2,302 2,637	≥ 35 ≤ 35 $\leq T_f$	55 55		284
Pastelão de milho	2,805		48,5		246
Farinha de milho branca + fibra de soja	3,687 2,970 3,010	92,1 109	48,8 43,7 43,3	g = 20,13 % g = 14,92 % g = 14,22 %	338
Fubá	1,845 1,930 2,013 2,123 2,260		15 18 21 25 30		172
Glicerina	2,384	30,6			47
Macarrão	1,842 a 1,884	$\geq T_f$	13		284
Molho bechamel	1,56	-76 a -43	72,2		184
Ovo	1,684 1,688 1,680 1,667 1,734 1,822 1,801 1,943 1,989 2,052 2,077 2,273		0,15 0,45 0,55 0,70 1,30 2,80 3,20 5,40 5,65 8,35 8,50 14,5		284
Ovo branco	3,810	4 a 32	86,5		305

Tabela 19.6 Calor específico (C_p) de alimentos – valores pontuais. (*continuação*)

Alimento	C_p (kJ/kg.K)	Faixa de aplicação T (°C)	H (%)	Outros	Referências
Ovo					
na casca	3,098	≥ -2,22	67		284
	1,674	≤ -2,22	67		
	3,310	4 a 32	66,4		305
clara	3,293	7,8			106
	3,594	19,4			
	3,446	31,3			
	3,850				284
gema	2,780	7,8			106
	2,660	19,4			
	2,815	31,3			
	3,100	4 a 32	50		305
	2,850	4 a 32	40		
	2,810		48		284
gema	0,921	≥ Tf	3		
desidratada	0,879	≤ Tf	3		
congelado	1,716	≤ -2,77			
Ovoalbumina + água	1,900	-42,5	86,5		78
	2,211	-26,0	86,5		
	3,226	-12,8	86,5		
	4,148	-3,3	86,5		
	3,900	0,0	86,5		
	3,754	10,0	86,5		
	1,885	-42,5	80,0		
	2,271	-26,0	80,0		
	3,829	-12,8	80,0		
	4,064	-3,3	80,0		
	3,882	0,0	80,0		
	4,035	10,0	80,0		
	3,885	20,0	80,0		
	2,450	-42,5	70,0		
	2,780	-26,0	70,0		
	4,810	-12,8	70,0		
	4,064	-3,3	70,0		
	3,367	0,0	70,0		
	3,422	10,0	70,0		
Pipoca					
verde	3,310	-1,7	73,9		252
	1,760	≥ T_f			
doce	3,320	≤ T_f			
	1,770				
Sacarose, solução	1,72	-40	84,81		294
	1,77	-35	84,81		
	1,86	-30	84,81		
	2,00	-25	84,81		
	2,26	-20	84,81		
	2,81	-15	84,81		
	4,42	-10	84,81		

Tabela 19.6 Calor específico (C_p) de alimentos – valores pontuais. (*continuação*)

Alimento	C_p (kJ/kg.K)	T (°C)	H (%)	Outros	Referências
	13,2	-5	84,81		
	3,22	0	84,81		
	3,22	20	84,81		
	3,25	-40	74,56		
	3,33	-35	74,56		
	3,45	-30	74,56		
	3,65	-25	74,56		
	4,02	-20	74,56		
	4,83	-15	74,56		
	7,14	-10	74,56		
	19,7	-5	74,56		
	2,88	0	74,56		
	2,88	20	74,56		
	2,845	33			47
Sopa, caldo	3,098	0 a 100			284
Sopa de batata	3,935	0 a 100	88		284
Sopa de ervilha	4,103	0 a 100			284
Sopa de repolho	3,768	0 a 100			284
Sorvete	3,265	≥ -2,77	58 a 66		284
	1,884	≤ -2,77	58 a 66		
Surimi					
0 % de crioprotetor	1,78	-40	10,6		344
	1,82	-35	10,7		
	1,90	-30	10,8		
	1,98	-25	11,1		
	2,14	-20	11,5		
	2,26	-15	12,1		
	3,56	-10	13,7		
	4,67	-8	15,1		
	6,79	-6	17,4		
	14,24	-4	22,3		
	57,77	-2	39,9		
	3,68	10			
	3,74	20			

Tabela 19.6 Calor específico (C_p) de alimentos – valores pontuais. (*continuação*)

Alimento	C_p (kJ/kg.K)	T (°C)	H (%)	Outros	Referências
4% de crioprotetor	1,52	-40	9,1		
	1,54	-35	9,1		
	1,60	-30	9,1		
	1,71	-25	9,2		
	1,97	-20	9,6		
	2,66	-15	10,7		
	4,49	-10	13,3		
	6,47	-8	15,5		
	11,33	-6	19,5		
	28,96	-4	29,8		
	81,41	-2	59,1		
	3,59	10			
	3,64	20			
6% de crioprotetor	1,60	-40	8,3		
	1,59	-35	8,3		
	1,63	-30	8,4		
	1,87	-25	8,6		
	2,19	-20	9,3		
	2,84	-15	10,7		
	4,52	-10	13,6		
	6,47	-8	15,9		
	11,09	-6	20,0		
	27,01	-4	29,6		
	79,65	-2	87,7		
	3,55	10			
	3,66	20			
8% de crioprotetor	1,70	-40	9,1		
	1,80	-35	9,1		
	1,89	-30	9,1		
	2,22	-25	9,6		
	2,58	-20	10,6		
	3,19	-15	12,4		
	5,82	-10	16,2		
	8,55	-8	19,3		
	15,37	-6	25,3		
	34,21	-4	38,5		
	81,74	-2	71,5		
	3,98	10			
	3,70	20			
12% de crioprotetor	1,62	-40	10,6		
	1,69	-35	10,7		
	2,03	-30	11,2		
	2,37	-25	12,1		
	2,91	-20	13,5		
	3,50	-15	16,0		
	6,78	-10	21,1		
	10,04	-8	25,2		
	17,64	-6	32,5		
	33,45	-4	46,7		
	59,03	-2	75,2		
	3,57	10			
	3,61	20			

Tabela 19.6 Calor específico (C_p) de alimentos – valores pontuais. *(continuação)*

Alimento	C_p (kJ/kg.K)	T (°C)	H (%)	Outros	Referências
Salgadinho de tortilha assado 60 s	2,56	190	1,3 a 36,1		212
Salgadinho de tortilha frito					212
0 min	3,36		36,1		
5 min	2,82		16,3		
10 min	2,60		9,7		
15 min	2,50		8,1		
20 min	2,51		4,2		
25 min	2,52		3,4		
30 min	2,27		2,9		
45 min	2,19		1,9		
60 min	2,31		1,3		

Tabela 19.7 Condutividade térmica (k) de alimentos – valores pontuais.

Alimento	k (W/m °C)	T (°C)	H (%)	Outros	Referências
Geral					
Frutas, solução modelo (0,5 % de carragenato de potássio + 10 % de sacarose, m/v)	1,96 1,91 1,85 1,70 1,605	-25,6 -20,4 -15,6 -10,4 -5,6			273
Frutas, vegetais e cereais					
Abacate	0,429	28	64,7		306
Abacaxi	0,5486 0,549	27	84,9		325 306
Abacaxi Josapine, suco	0,52	25	90,57	15,5	288
Abacaxi Smooth Cayenne, polpa	0,738 0,419	25 25	84,64 75,03	15 25	294
Ameixa	0,294 0,242 0,5504	-13 a 17 -14 a -19			298 325
Ameixa azul	0,551	26	88,6		306
Amendoim, óleo	0,1679	3,9			252
Arroz Lemont longo, farelo	0,067				315
Arroz Nato médio, farelo	0,064				315
Arroz, farinha	0,045 0,066 0,066 0,076 0,057 0,061 0,066 0,064 0,064 0,064 0,073 0,066 0,076 0,084 0,114	4,8 21,7 28,3 36,8	5,0 8,5 9,5 12,2 12,7 15,2 16,7	$\rho = 667$ kg/m³ $\rho = 720$ kg/m³ $\rho = 771$ kg/m³ $\rho = 834$ kg/m³	193
Aveia	0,1298 0,0640 0,0929	27 a 31	12,7 9,1 27,7		22
Azeite de oliva	0,1887 0,1627 0,1887	15,6 100 15,6			325
Azeitona Espanhola	2,620	25	61,31		11

Continua

Tabela 19.7 Condutividade térmica (k) de alimentos – valores pontuais.   (*continuação*)

Alimento	k (W/m °C)	T (°C)	H (%)	Outros	Referências
Azeitona Espanhola preta	2,494	25	58,00		11
Azeitona Nabali Baladi	1,946	25	45,33		11
Azeitona Nabali melhorada	2,509	25	58,44		11
Banana	0,48	17,0			107
	0,481	27			306
Batata	0,580	24	88		117
	0,595	40	88		
	0,600	42	88		
	0,615	60	88		
	0,620	63	88		
	0,623	80	88		
	0,640	100	88		
	0,645	120	88		
	0,552	40 a 50	74,9		53
	0,503	≥T_f	81,94		256
	0,54	20 a 60	81		301
Batata crua purê	0,554				325
	0,53	T≥ -0,6	71,85		136
	1,90	T≤ -0,6	71,85		
Batata frita a 150 °C					277
0 s	0,58	25	79,90	g = 0 %	
30 s	0,56	25	75,71	g = 2,17 %	
60 s	0,52	25	70,38	g = 3,60 %	
90 s	0,47	25	64,67	g = 3,98 %	
120 s	0,42	25	58,96	g = 5,04 %	
150 s	0,41	25	55,28	g = 5,12 %	
180 s	0,40	25	52,64	g = 6,00 %	
210 s	0,38	25	51,45	g = 6,48 %	
240 s	0,37	25	50,33	g = 6,50 %	
270 s	0,37	25	49,43	g = 6,53 %	
300 s	0,36	25	49,12	g = 6,56 %	
Batata Pampeana	0,50				112
Beterraba	0,601	28	89,5		306
	0,83	47	87		115
Brócolis	0,3808	-6,6			325
Café Arabica, pergaminho	0,10		9,9		67
	0,13		15,1		
	0,17		20,6		
	0,20		26,0		
Café Colombiano, pó	0,1308	20 a 60	5,20 a 9,50 (b.s.)		301
Café Mexicano, pó	0,1270	20 a 60	4,80 a 9,80 (b.s.)		301

Tabela 19.7 Condutividade térmica (k) de alimentos – valores pontuais. *(continuação)*

Alimento	k (W/m °C)	T (°C)	H (%)	Outros	Referências
Café Robusta, grão inteiro	0,07		10,6		67
	0,10		16,7		
	0,13		23,9		
	0,16		30,6		
Cajá	0,435	5		C = 14,72 °Brix	293
	0,431	10		C = 14,72 °Brix	
	0,406	15		C = 14,72 °Brix	
Cebola	0,5746	8,6			325
	0,5740	28	87,3		306
Cenoura	0,54	18,8			107
	0,52	20 a 60	89		301
	0,7	47	66		115
	0,564	40 a 50	86,9		53
	0,509	$\geq T_f$	89,91		256
	0,600	30	90,3		117
	0,610	40	90,3		
	0,622	50	90,3		
	0,632	60	90,3		
	0,640	70	90,3		
	0,650	80	90,3		
	0,653	90	90,3		
	0,660	100	90,3		
	0,662	110	90,3		
	0,663	120	90,3		
	0,664	130	90,3		
fresca	0,605	28			306
purê	1,263		86,7		325
Cenoura branca	0,392	40 a 50	82,7		53
Cereja	0,553		86,7		46
Coco ralado	0,115	26,5	16		73
	0,121	31,1	16		
	0,123	37,7	16		
	0,124	38,4	16		
	0,133	26,5	27		
	0,153	31,1	27		
	0,156	37,7	27		
	0,149	38,4	27		
	0,161	26,5	51		
	0,182	31,1	51		
	0,221	37,7	51		
	0,217	38,4	51		
Cominho negro	0,18	80	5,29		8
Cupuaçu, polpa integral peneirada	0,44			C = 12 °Brix	1
	0,42			C = 12 °Brix	
	0,50			C = 9 °Brix	

Tabela 19.7 Condutividade térmica (k) de alimentos – valores pontuais. (*continuação*)

Alimento	k (W/m °C)	T (°C)	H (%)	Outros	Referências
Ervilha preta	0,3115	16,7			325
Espinafre					
fresco	0,391083	-19,85	93,18		84
	0,100184	-15,03	93,18		
	0,366047	-9,87	93,18		
	0,361578	16,40	93,18		
	0,346833	21,06	93,18		
branqueado	0,433951	-20,20	89,3		
	0,399430	-9,40	89,3		
	0,388590	-5,76	89,3		
	0,357843	7,31	89,3		
	0,355587	16,11	89,3		
Feijão branco	0,206	40	8,0		52
	0,212	40	9,8		
	0,216	40	12,5		
	0,208	50	8,0		
	0,224	50	9,8		
Feijão comum					
branqueado	0,27	20	62,0		181
cozido	0,31	20	67,4		
hidratado	0,20	20	53,2		
Feijão Fradinho	0,129	30	28,6	$\rho = 606$ kg/m^3	312
	0,206	30	28,6	$\rho = 778$ kg/m^3	
	0,256	30	28,6	$\rho = 944$ kg/m^3	
	0,300	30	28,6	$\rho = 1.100$ kg/m^3	
	0,096	45	28,6	$\rho = 606$ kg/m^3	
	0,197	45	28,6	$\rho = 778$ kg/m^3	
	0,281	45	28,6	$\rho = 944$ kg/m^3	
	0,359	45	28,6	$\rho = 1.100$ kg/m^3	
	0,144	60	28,6	$\rho = 606$ kg/m^3	
	0,159	60	28,6	$\rho = 778$ kg/m^3	
	0,334	60	28,6	$\rho = 944$ kg/m^3	
	0,331	60	28,6	$\rho = 1.100$ kg/m^3	
	0,115	75	9,1	$\rho = 1.025$ kg/m^3	
	0,285	75	16,7	$\rho = 1.025$ kg/m^3	
	0,435	75	23,1	$\rho = 1.025$ kg/m^3	
	0,088	75	28,6	$\rho = 606$ kg/m^3	
	0,088	75	28,6	$\rho = 778$ kg/m^3	
	0,272	75	28,6	$\rho = 944$ kg/m^3	
	0,445	75	28,6	$\rho = 1.025$ kg/m^3	
	0,438	75	28,6	$\rho = 1.100$ kg/m^3	
	0,450	75	33,3	$\rho = 1.025$ kg/m^3	
	0,480	75	41,2	$\rho = 1.025$ kg/m^3	
	0,150	90	9,1	$\rho = 1.025$ kg/m^3	
	0,235	90	16,7	$\rho = 1.025$ kg/m^3	
	0,285	90	23,1	$\rho = 1.025$ kg/m^3	
	0,169	90	28,6	$\rho = 606$ kg/m^3	
	0,118	90	28,6	$\rho = 778$ kg/m^3	
	0,325	90	28,6	$\rho = 944$ kg/m^3	

Tabela 19.7 Condutividade térmica (k) de alimentos – valores pontuais. (*continuação*)

Alimento	k (W/m °C)	T (°C)	H (%)	Outros	Referências
	0,345	90	28,6	$\rho = 1025$ kg/m^3	
	0,334	90	28,6	$\rho = 1100$ kg/m^3	
	0,408	90	33,3	$\rho = 1025$ kg/m^3	
	0,525	90	41,2	$\rho = 1025$ kg/m^3	
Figo Roxo de Valinhos	0,52	5 a 21	84,3		281
Framboesa	0,558		88,5		46
Gergelim, óleo	0,1755				252
Goiaba, suco	0,56	30		C = 10 °Brix	289
	0,56	30		C = 15 °Brix	
	0,54	30		C = 20 °Brix	
	0,49	30		C = 25 °Brix	
	0,51	30		C = 30 °Brix	
	0,48	30		C = 35 °Brix	
	0,48	30		C = 40 °Brix	
	0,56	40		C = 10 °Brix	
	0,48	40		C = 15 °Brix	
	0,52	40		C = 20 °Brix	
	0,41	40		C = 25 °Brix	
	0,51	40		C = 30 °Brix	
	0,50	40		C = 35 °Brix	
	0,49	40		C = 40 °Brix	
	0,60	50		C = 10 °Brix	
	0,46	50		C = 15 °Brix	
	0,54	50		C = 20 °Brix	
	0,52	50		C = 25 °Brix	
	0,54	50		C = 30 °Brix	
	0,52	50		C = 35 °Brix	
	0,48	50		C = 40 °Brix	
	0,59	60		C = 10 °Brix	
	0,61	60		C = 15 °Brix	
	0,56	60		C = 20 °Brix	
	0,56	60		C = 25 °Brix	
	0,54	60		C = 30 °Brix	
	0,52	60		C = 35 °Brix	
	0,49	60		C = 40 °Brix	
	0,59	70		C = 10 °Brix	
	0,70	70		C = 15 °Brix	
	0,52	70		C = 20 °Brix	
	0,57	70		C = 25 °Brix	
	0,52	70		C = 30 °Brix	
	0,54	70		C = 35 °Brix	
	0,49	70		C = 40 °Brix	
	0,59	80		C = 10 °Brix	
	0,78	80		C = 15 °Brix	
	0,54	80		C = 20 °Brix	
	0,56	80		C = 25 °Brix	
	0,61	80		C = 30 °Brix	
	0,55	80		C = 35 °Brix	
	0,49	80		C = 40 °Brix	

Tabela 19.7 Condutividade térmica (k) de alimentos – valores pontuais.   (*continuação*)

Alimento	k (W/m °C)	Faixa de aplicação			Referências
		T (°C)	H (%)	Outros	
Groselha	0,3288				252
seca	0,2769				
congelada	0,02769				
Laranja	0,559		89,0		46
descascada	0,580	28	85,9		306
suco	0,49264	20		C = 10,8 °Brix	64
suco concentrado	0,448	32,93		s = 34,0 %	183
	0,489	42,87		s = 34,0 %	
	0,528	53,02		s = 34,0 %	
Lima					
inteira	0,49				325
descascada	0,490	28	89,9		306
Limão	1,817				325
descascado	0,525	28	91,8		306
Maçã	0,077	5	20		196
	0,088	15	30		
	0,105	25	40		
	0,123	35	50		
	0,154	45	60		
	0,080	5	20		
	0,094	15	30		
	0,110	25	40		
	0,132	35	50		
	0,163	45	60		
	0,086	5	20		
	0,100	15	30		
	0,115	25	40		
	0,138	35	50		
	0,176	45	60		
	0,089	5	20		
	0,105	15	30		
	0,120	25	40		
	0,147	35	50		
	0,186	45	60		
	0,095	5	20		
	0,107	15	30		
	0,127	25	40		
	0,156	35	50		
	0,200	45	60		
	0,42	30			201
	0,48	40			
	0,54	50			
	0,42	20 a 60	83		301
	0,6317	80			325
	0,549	29	78,7		306
	0,559	80	87,2		46
	2,27	-7	87,2		
	0,406	≥ T_f	83,01		256
compota	0,5846	29			325

Tabela 19.7 Condutividade térmica (k) de alimentos – valores pontuais.   (*continuação*)

Alimento	k (W/m °C)	T (°C)	H (%)	Outros	Referências
molho	0,5486	29			252
suco	0,51122	20		C = 10,8 °Brix	64
	0,6317	20	87,4		252
	0,3894	80	36		
	0,4361	80	36		
Maçã Golden Delicious polpa	0,43	23			106
	0,513	29			47
Maçã Red	0,46	23			106
Maçã Red Delicious	0,40	22,2			107
Maçã verde	0,405	40 a 50	87,8		53
	0,422	28	88,5		306
Maçã vermelha	0,513	28	84,9		306
Mamona, óleo	0,17	19,6			107
Mandioca	0,61	47	61		115
Manga					
néctar	0,40967	20		C = 12,0 °Brix	64
	0,43811	20		C = 12,5 °Brix	
	0,45176	20		C = 13,0 °Brix	
suco concentrado	0,499	32,77		s = 12,6 %	183
	0,546	43,05		s = 12,6 %	
	0,589	52,60		s = 12,6 %	
Manga, polpa					
integral	0,58	30	87,03	C = 12,7 °Brix	295
peneirada	0,58	30	87,05	C = 12,7 °Brix	
centrifugada	0,58	30	87,75	C = 12,7 °Brix	
concentrada	0,51	30	68,38	C = 30 °Brix	
Maracujá, suco	0,61803	20		C = 10,8 °Brix	64
Melão Cantaloupe	0,571	28	92,8		306
Milho					
grão	0,174	50	20 (b.s.)		332
	0,156	50	11 (b.s.)		
farinha	0,124	23	1,96	$\rho = 510$ kg/m^3	50
	0,130	23	3,85	$\rho = 510$ kg/m^3	
	0,136	23	5,66	$\rho = 510$ kg/m^3	
	0,093	23	6,10	$\rho = 475$ kg/m^3	
	0,097	23	6,10	$\rho = 483$ kg/m^3	
	0,100	23	6,10	$\rho = 491$ kg/m^3	
	0,102	23	6,10	$\rho = 497$ kg/m^3	
	0,103	23	6,10	$\rho = 520$ kg/m^3	
	0,105	23	6,10	$\rho = 540$ kg/m^3	
	0,106	23	6,10	$\rho = 555$ kg/m^3	
	0,106	23	6,10	$\rho = 563$ kg/m^3	
	0,139	23	7,41	$\rho = 510$ kg/m^3	
	0,147	23	9,09	$\rho = 510$ kg/m^3	

Propriedades Térmicas de Alimentos e Propriedades Termodinâmicas da Água

capítulo 19

Tabela 19.7 Condutividade térmica (k) de alimentos – valores pontuais. *(continuação)*

Alimento	k (W/m °C)	T (°C)	H (%)	Outros	Referências
	0,152	23	10,71	$\rho = 510$ kg/m^3	
	0,155	23	12,28	$\rho = 510$ kg/m^3	
	0,162	23	13,79	$\rho = 510$ kg/m^3	
	0,169	23	15,25	$\rho = 510$ kg/m^3	
farinha amarela	0,29		48,9	g = 19,97 %	338
	0,26	91	44,9	g = 18,71 %	
	0,38	109,1	44,2	g = 16,30 %	
farinha branca	0,37		49	g = 20 %	
	0,32	91	44,1	g = 16,12 %	
	0,30	109,4	43,4	g = 14,25 %	
farinha seca	0,6404				325
xarope	0,3574	27,3	26		261
Milho amarelo	0,1765	27 a 31	13,2		22
	0,1405				325
Mirtilo	0,561		86,7		46
Morango	0,934696	-15,09			84
	0,520120	20,00			
	0,556365	28,08			
	0,567		91,7		46
	1,0970	-12,2			325
	0,6750	13,3			
	0,462	28			306
grande	1,111	-6 a -17			
	1,089	-3 a -10			298
pequeno	0,537	-14 a -19			
	0,584	-15 a -21			
	1,073	-12			
tamanho variado	0,969	-13 a -17			
	0,537	-14 a -19			
xarope	1,123	-12 a -19			298
	1,097	-8 a -20			
Nabo	0,563	24	89,8		306
	0,480	40 a 50	92,3		53
Nectarina	0,585	28	89,8		306
Papoula, óleo	0,1693				252
Pepino	0,598	28	95,4		306
Pêra	0,5954	8,7			325
	0,595	28	86,8		306
suco	0,4760	20			325
	0,5365	80			
Pêssego	0,581	28	88,5		306
Rabanete	0,499	40 a 50	94,6		53
Rutabaga	0,447	40 a 50	92,6		53

727

Tabela 19.7 Condutividade térmica (k) de alimentos – valores pontuais. (*continuação*)

Alimento	k (W/m °C)	T (°C)	H (%)	Outros	Referências
Soja	0,215	40	8,7		52
	0,216	40	11,8		
	0,221	40	13,6		
	0,220	50	8,7		
	2,024		8,1		89
	2,153		10,15		
	2,277		12,03		
	2,425		15,31		
	2,629		18,07		
	2,724		20		
	2,873		22,02		
	3,072		25		
óleo	0,0692				252
Tomate cereja					
casca	0,527	28	92,3		306
miolo	0,462	28	92,3		
polpa	0,527	26			47
Tomate, massa	0,513	30 a 90		C = 18 °Brix	61
Toranja	1,350				252
Trigo duro	0,1402		9,2		22
Trigo duro vermelho de inverno					
farelo	0,051	25	8		163
	0,059	25	12		
	0,065	25	16		
gérmen	0,062	25	8		
	0,074	25	12		
	0,081	25	16		
sêmea	0,067	25	8		
	0,073	25	12		
	0,078	25	16		
sêmea grosseira	0,061	25	8		
	0,062	25	12		
	0,073	25	16		
Trigo duro vermelho de primavera					
farelo	0,050	25	8		163
	0,058	25	12		
	0,067	25	16		
gérmen	0,058	25	8		
	0,070	25	12		
	0,073	25	16		
sêmea	0,065	25	8		
	0,074	25	12		
	0,075	25	16		
sêmea grosseira	0,060	25	8		
	0,066	25	12		
	0,071	25	16		

Tabela 19.7 Condutividade térmica (k) de alimentos – valores pontuais. *(continuação)*

Alimento	k (W/m °C)	T (°C)	H (%)	Outros	Referências
Trigo Eregli	0,159	25	9,30		319
	0,182	25	37,89		
Trigo Saruhan	0,142	25	10,23		319
	0,201	25	38,65		
Trigo, farinha	0,098	23	1,96	$\rho = 530$ kg/m³	50
	0,106	23	3,85	$\rho = 530$ kg/m³	
	0,110	23	5,66	$\rho = 530$ kg/m³	
	0,143	23	6,10	$\rho = 484$ kg/m³	
	0,150	23	6,10	$\rho = 507$ kg/m³	
	0,155	23	6,10	$\rho = 510$ kg/m³	
	0,158	23	6,10	$\rho = 518$ kg/m³	
	0,161	23	6,10	$\rho = 537$ kg/m³	
	0,164	23	6,10	$\rho = 556$ kg/m³	
	0,167	23	6,10	$\rho = 576$ kg/m³	
	0,119	23	7,41	$\rho = 530$ kg/m³	
	0,125	23	9,09	$\rho = 530$ kg/m³	
	0,130	23	10,71	$\rho = 530$ kg/m³	
	0,140	23	12,28	$\rho = 530$ kg/m³	
	0,145	23	13,79	$\rho = 530$ kg/m³	
	0,153	23	15,25	$\rho = 530$ kg/m³	
	0,4500				252
Uva	0,548		84,7		46
descascada	0,549	26	90,4		306
triturada	1,3500				325
Uva-crispa	0,2769				325
seca	0,3288				
úmida	0,0277				

Carne e derivados
Bovina

Bife	0,278		14,11		256
	0,45	14	74,1		106
	0,48	20,5	74,1		
	0,47	22	74,1		
	0,47	22,5	74,1		
cru	0,45	11,6			107
	0,46	13,0			
magro	1,55	-35			130
	1,53	-30			
	1,51	-25			
	1,50	-20			
	1,45	-15			
	1,38	-10			
	1,12	-5			
	0,45	0			

Tabela 19.7 Condutividade térmica (k) de alimentos – valores pontuais.   (*continuação*)

Alimento	k (W/m °C)	T (°C)	H (%)	Outros	Referências
Carne					
magra	0,51	T ≥ -1	62,67		136
	1,55	T ≤ -1	62,67		
magra inteira	0,41	30			32
	0,44	66			
	0,38	87			
	0,43	120			
magra, pedaços	0,45	30			
	0,49	69			
	0,46	81			
	0,52	120			
moída	0,40	T ≥ -1,2	74,80		136
	1,62	T ≤ -1,2	74,80		
cozida	0,343		34,4		248
	0,336		35		
	0,347		35		
	0,333		35,5		
	0,367		39,4		
	0,372		42,7		
	0,352		42,3		
	0,378		44,5		
	0,422		50,2		
	0,410		52,5		
	0,419		52,7		
	0,444		54,1		
	0,420		54,7		
	0,426		56		
	0,434		56,1		
	0,424		57		
	0,455		58,1		
	0,449		58,5		
	0,444		60,9		
	0,489		61		
	0,472		70,6		
	0,49		74		
Carne moída + 1 % de sal	0,467	25	71,48 a 75,48		334
+ 0,3 % de tripolifosfato	0,460	35	71,48 a 75,48		
de sódio	0,453	45	71,48 a 75,48		
	0,463	55	71,48 a 75,48		
	0,459	65	71,48 a 75,48		
+ 2 % de proteína	0,450	25	71,48 a 75,48		
isolada de soja	0,450	35	71,48 a 75,48		
	0,446	45	71,48 a 75,48		
	0,456	55	71,48 a 75,48		
	0,454	65	71,48 a 75,48		
+ 3,5 % de caseinato	0,445	25	71,48 a 75,48		
de sódio	0,446	35	71,48 a 75,48		
	0,449	45	71,48 a 75,48		
	0,454	55	71,48 a 75,48		
	0,449	65	71,48 a 75,48		

Propriedades Térmicas de Alimentos e Propriedades Termodinâmicas da Água   capítulo 19

Tabela 19.7 Condutividade térmica (k) de alimentos – valores pontuais.   (*continuação*)

Alimento	k (W/m °C)	T (°C)	H (%)	Outros	Referências
+ 2 % de amido	0,470	25	71,48 a 75,48		334
de milho ceroso	0,461	35	71,48 a 75,48		
modificado	0,457	45	71,48 a 75,48		
	0,464	55	71,48 a 75,48		
	0,460	65	71,48 a 75,48		
+ 0,5 % de goma	0,463	25	71,48 a 75,48		
carragena	0,464	35	71,48 a 75,48		
	0,460	45	71,48 a 75,48		
	0,463	55	71,48 a 75,48		
	0,458	65	71,48 a 75,48		
+ 5 % de farinha de	0,458	25	71,48 a 75,48		
aveia hidrolisada	0,456	35	71,48 a 75,48		
	0,457	45	71,48 a 75,48		
	0,458	55	71,48 a 75,48		
	0,451	65	71,48 a 75,48		
Fígado	1,25	-30			40
	1,22	-24			
	1,30	-22			
	1,22	-20			
	1,22	-15			
	1,20	-10			
	1,12	-5			
	0,90	-2			
	0,43	12			
	0,44	20			
	0,44	25			
	0,44	30			
Hambúrguer					
cru	0,40	60	72,1		253
assado	0,47	60	66,2		
assado em forno seco	0,427	65	60,96	g = 9,8 %	147
(ar com 12 % de	0,434	70	56,76	g = 9,8 %	
umidade)	0,401	75	55,34	g = 9,8 %	
	0,457	65	62,69	g = 19,6 %	
	0,435	70	58,57	g = 19,6 %	
	0,426	75	58,64	g = 19,6 %	
assado em forno úmido	0,498	65	63,46	g = 9,8 %	
(ar com 90 % de	0,482	70	60,13	g = 9,8 %	
umidade)	0,443	75	56,62	g = 9,8 %	
	0,420	65	57,88	g = 19,6 %	
	0,438	70	55,52	g = 19,6 %	
	0,422	75	53,82	g = 19,6 %	
Hambúrguer de carne	0,458	20	57,6		187
magra frito	0,486	60	57,6		
+ 15 % de água	0,491	20	61,1		
	0,511	60	61,1		
+ 10 % de gordura	0,459	20	56,3		
	0,493	60	56,3		
+ 5 % de tosta	0,454	20	55,1		
	0,485	60	55,1		
+ 3 % de sal	0,471	20	56,8		
	0,499	60	56,8		

Tabela 19.7 Condutividade térmica (k) de alimentos – valores pontuais. (*continuação*)

Alimento	k (W/m °C)	T (°C)	H (%)	Outros	Referências
			Aves		
Ave grelhada	0,4119				325
Frango	1,268	≤ T_f	83,6		256
peito	0,47	14,6			107
Hambúrguer de peito de frango	1.077	23	72,9		223
	1.108	25	72,9		
	1.114	30	72,9		
	1.117	35	72,9		
	1.120	40	72,9		
	1.121	45	72,9		
	1.123	50	72,9		
	1.124	55	72,9		
	1.127	60	72,9		
	1.128	65	72,9		
	1.129	70	72,9		
	1.130	75	72,9		
	1.132	80	72,9		
	1.133	85	72,9		
Peru	1,675	-25			252
	0,5019	2,8			
	1,615	-20			
	1,461	-10			
	0,5227	0			
	0,464	0 a 80			69
escuro	1,445	-20			252
	1,319	-10			
	1,215	-5			
	0,5019	2,8			
light	1,276	-20			
	1,172	-10			
	1,122	-5			
	0,4898	0			
			Suína		
Carne	0,4881	6			252
	0,5400	59,3			
	0,4431	3,8			
	0,4898	60,7			
magra	0,4604	2,2	74	g = 3,4 %	
	1,109	-15	74	g = 3,4 %	
	1,215	-25	74	g = 3,4 %	
Carne + casca de soja	0,52	25	76,85		225

Tabela 19.7 Condutividade térmica (k) de alimentos – valores pontuais. *(continuação)*

Alimento	k (W/m °C)	T (°C)	H (%)	Outros	Referências
Linguiça Lyoner	0,507				197
Luncheon roll	0,35	5	60,4	g = 15,1 %	359
	0,36	25	60,4	g = 15,1 %	
	0,36	45	60,4	g = 15,1 %	
	0,38	65	60,4	g = 15,1 %	
	0,45	85	60,4	g = 15,1 %	
Paleta e toucinho moídos + farinha de rosca + amido de batata + concentrado proteico + solução de cura	0,368	23		sal = 0,4 %	360
	0,363			sal = 1,4 %	
	0,363			sal = 2,4 %	
	0,389			g = 12,4 %	
	0,363			g = 22,0 %	
	0,342			g = 29,7 %	
	0,379		21 a 29		
Pernil magro	0,4638	0	72	g = 6,1 %	252
	1,243	-5	72	g = 6,1 %	
	1,337	-10	72	g = 6,1 %	
	1,4541	-20	72	g = 6,1 %	
	0,5158	21,4	75,9	g = 6,7 %	
	0,5400	3,8	75,9	g = 6,7 %	
	0,4881	6	75,9	g = 6,7 %	
	1,277	-8,1	75,9	g = 6,7 %	
	0,4898	60,7	75,1	g = 7,8 %	
	0,4846	42,9	75,1	g = 7,8 %	
	0,4535	19	75,1	g = 7,8 %	
	0,4517	6,1	75,1	g = 7,8 %	
	0,4431	3,8	75,1	g = 7,8 %	
	1,263	-4,7	75,1	g = 7,8 %	
	1,289	-5,9	75,1	g = 7,8 %	
Presunto cozido	0,46	25	72,4		238
White pudding	0,34	5	61,2	g = 15,8 %	359
	0,35	25	61,2	g = 15,8 %	
	0,36	45	61,2	g = 15,8 %	
	0,41	65	61,2	g = 15,8 %	
	0,48	85	61,2	g = 15,8 %	
Peixes					
Bacalhau	1,2980	3,9			325
	0,5435	2,8			252
	0,5573	0			
	1,328	-5			
	1,497	-10			
	1,516	-20			

Tabela 19.7 Condutividade térmica (k) de alimentos – valores pontuais. (*continuação*)

Alimento	k (W/m °C)	T (°C)	H (%)	Outros	Referências
Bagre americano					
filé cru	0,48	20	78,6		361
	0,53	30	78,1		
	0,52	40	76,0		
	0,54	50	75,8		
	0,54	60	74,8		
	0,51	70	69,7		
filé marinado	0,49	20	78,0		
	0,52	30	78,5		
	0,56	40	77,3		
	0,52	50	77,1		
	0,54	60	76,5		
	0,53	70	70,8		
Carpa	0,70	$T \geq -0,8$	82,84		136
	1,72	$T \leq -0,8$	82,84		
Peixe, músculo	1,437	-3,9			252
	0,7270	-1,1			
Peixe branco	1,872	-30			100
	1,675	-20			
	1,479	-10			
	1,400	-6			
	1,361	-4			
	1,341	-3			
	1,322	-2			
	1,302	-1			
	0,430	0 a 10			
Salmão	1,2980	-2,5			325
	0,5019	3,9			252
Frutos do mar					
Camarão Black Tiger					
cru	0,515		76,2		218
branqueado 4 min	0,513		71		
branqueado (10% sal) 4 min	0,494		70,5		
cozido em sopa de creme de batata 30 min	0,480		70,8		
enlatado	0,498		74,1		
em sopa de creme de batata	0,57				

Tabela 19.7 Condutividade térmica (k) de alimentos – valores pontuais. *(continuação)*

Alimento	k (W/m °C)	T (°C)	H (%)	Outros	Referências
Camarão					
cru descascado	0,41	10	76,2		361
	0,44	20	74,9		
	0,48	30	76,0		
	0,48	40	75,9		
	0,48	50	74,6		
	0,49	60	74,2		
	0,50	70	73,7		
marinado	0,38	10	75,6		
	0,46	20	75,7		
	0,45	30	75,6		
	0,47	40	75,2		
	0,50	50	75,6		
	0,50	60	75,0		
	0,50	70	73,8		
tratado com 2 % de	0,47	10	80,1		
tripolifosfato de sódio	0,51	20	80,3		
	0,55	30	79,3		
	0,52	40	79,7		
	0,52	50	79,0		
	0,53	60	77,9		
	0,52	70	77,2		
Lula					
fresca	0,49	30	82,6	g = 0,18 %	257
	0,50	30	83,8	g = 0,26 %	
	0,50	30	83,9	g = 0,48 %	
seca	0,52	30	80,9	g = 0,18 %	
	0,49	30	79,6	g = 0,18 %	
	0,48	30	79,4	g = 0,18 %	
	0,50	30	79,1	g = 0,18 %	
	0,49	30	78,2	g = 0,18 %	
	0,51	30	75,5	g = 0,18 %	
	0,44	30	74,1	g = 0,18 %	
	0,46	30	62,7	g = 0,18 %	
	0,32	30	58,1	g = 0,18 %	
	0,33	30	45,1	g = 0,18 %	
	0,13	30	14,4	g = 0,18 %	
	0,47	30	69,2	g = 0,26 %	
	0,35	30	55,1	g = 0,26 %	
	0,35	30	54,1	g = 0,26 %	
	0,34	30	46,6	g = 0,26 %	
	0,33	30	41,8	g = 0,26 %	
	0,17	30	19,9	g = 0,26 %	
	0,11	30	19,7	g = 0,26 %	
	0,11	30	17,1	g = 0,26 %	
	0,04	30	13,9	g = 0,26 %	
	0,05	30	11,2	g = 0,26 %	
	0,04	30	8,9	g = 0,26 %	
	0,52	30	77,7	g = 0,48 %	
	0,44	30	72,8	g = 0,48 %	
	0,40	30	69,3	g = 0,48 %	

Fundamentos de Engenharia de Alimentos

Tabela 19.7 Condutividade térmica (k) de alimentos – valores pontuais. (*continuação*)

Alimento	k (W/m °C)	T (°C)	H (%)	Outros	Referências
	0,46	30	65,0	g = 0,48 %	
	0,40	30	62,9	g = 0,48 %	
	0,40	30	58,7	g = 0,48 %	
	0,36	30	57,2	g = 0,48 %	
	0,40	30	56,6	g = 0,48 %	
	0,35	30	53,7	g = 0,48 %	
	0,36	30	53,4	g = 0,48 %	
	0,33	30	52,7	g = 0,48 %	
	0,38	30	43,4	g = 0,48 %	
	0,30	30	42,1	g = 0,48 %	
	0,25	30	35,7	g = 0,48 %	
	0,32	30	30,5	g = 0,48 %	
	0,15	30	27,0	g = 0,48 %	
	0,20	30	26,4	g = 0,48 %	
	0,05	30	20,9	g = 0,48 %	
Vieira					
fresca	0,550		80		218
congelada	0,525		86,3		
branqueada 5 min	0,544		84,9		
branqueada (10 % sal) 5 min	0,515		70,9		
enlatada (sopa de creme de batata) esterilizada em 21,3 min	0,533		77,7		
enlatada (sopa de creme de batata) esterilizada em 3,5 min	0,535		75,5		
Outras carnes					
Cordeiro	0,477	5,5			325
	0,450	5,4			
	0,477	61,1			252
	0,4154	5,6			
	0,4223	61,4			
congelado	1,125				
Laticínios					
Coalhada	0,540	15	74,23		317
	0,539	30	74,23		
Coalhada de leite desnatado	0,6102	30	95		132
	0,5958		90		
	0,5730		85		
	0,5626		80		
	0,5406		75		
	0,5266		70		
	0,5040		65		
	0,4813		60		

Tabela 19.7 Condutividade térmica (k) de alimentos – valores pontuais. (*continuação*)

Alimento	k (W/m °C)	T (°C)	H (%)	Outros	Referências
Cream cheese	0,34	0	55,4	g = 32 %	308
	0,38	20	55,4	g = 32 %	
	0,36	40	55,4	g = 32 %	
fresco	0,433	15	56,32		317
	0,434	30	56,32		
com baixo teor de gordura	0,42	0	64,5	g = 22,9 %	308
	0,37	20	64,5	g = 22,9 %	
	0,40	40	64,5	g = 22,9 %	
Creme de leite	0,33	0	60,4	g = 16,7 %	308
	0,36	20	60,4	g = 16,7 %	
Iogurte					
light	0,571	15	81,95		317
	0,583	30	81,95		
extra light	0,584	15	86,81		
	0,596	30	86,81		
pasteurizado	0,571	15	82,48		
	0,593	30	82,48		
Leite	0,5711	24,2	90		252
	0,3288	26	50		
	0,3635	78,4	50		
	0,5365	26,7	80		
Leite concentrado	0,46	0	77,0	g = 7,7 %	308
	0,46	20	77,0	g = 7,7 %	
	0,45	40	77,0	g = 3,7 %	
	0,5296				252
Leite condensado	0,33	0	30,1	g = 11 %	308
	0,33	20	30,1	g = 11 %	
	0,32	40	30,1	g = 11 %	
	0,6404	78,2			252
Leite desnatado	0,6231	30	100		132
	0,6107	30	95		
	0,5959	30	90		
	0,5787	30	85		
	0,5667	30	80		
	0,5429	30	75		
	0,5275	30	70		
	0,5074	30	65		
	0,4888	30	60		
	0,5710	27,1	90		261
Leite integral	0,28	40	72,4		211
	0,29	58	72,4		
	0,30	70	72,4		
	0,305	78	72,4		
	0,305	88	72,4		
	0,33	34	59,6		
	0,348	52	59,6		

Tabela 19.7 Condutividade térmica (k) de alimentos – valores pontuais. *(continuação)*

Alimento	k (W/m °C)	T (°C)	H (%)	Outros	Referências
	0,35	62	59,6		
	0,36	72	59,6		
	0,37	85	59,6		
	0,38	38	49,5		
	0,39	54	49,5		
	0,40	68	49,5		
	0,40	89	49,5		
	0,405	90	49,5		
	0,44	39	37		
	0,45	43	37		
	0,465	69	37		
	0,475	85	37		
Leite em pó	0,5573	20	4,2		252
Leite em pó desnatado	0,4188	39,1	4,2		252
	0,5919	50		g = 2,5 %	308
Manteiga	0,227	15	15,11		317
	0,233	30	15,11		
	0,1972				325
	0,20	0	16,5	g = 80,6 %	308
	0,21	20	16,5	g = 80,6 %	
	0,2340	0 a 100	9 a 15		252
Margarina	0,20	0	16,0	g = 81,7 %	308
	0,19	20	16,0	g = 81,7 %	
diet	0,34	0	56,7	g = 40,1 %	
	0,36	20	56,7	g = 40,1 %	
batida	0,15	0	16,2	g = 81,6 %	
	0,17	20	16,2	g = 81,6 %	
Nata	0,47	0	75,0	g = 17,2 %	308
	0,46	20	75,0	g = 17,2 %	
	0,49	40	75,0	g = 17,2 %	
	0,1679	-10,6 a -10		g = 17,2 %	252
Queijo Brick	0,32	0	43,5	g = 29,9 %	308
	0,30	20	43,5	g = 29,9 %	
	0,30	40	43,5	g = 29,9 %	
Queijo Cheddar	0,32	3	37,5		70
	0,345	15	36,00		317
	0,351	30	36,00		
	0,31	15,3			107
	0,32	0	37,2	g = 32 %	308
	0,31	20	37,2	g = 32 %	
	0,30	40	37,2	g = 32 %	
Queijo Colby	0,32	0	37,3	g = 32 %	308
	0,31	20	37,3	g = 32 %	
	0,29	40	37,3	g = 30 %	
fatiado	0,31	0	37,8	g = 30 %	
	0,28	20	37,8	g = 30 %	
	0,27	40	37,8	g = 30 %	
Queijo defumado	0,32	0	45,1	g = 25,9 %	308
	0,32	20	45,1	g = 25,9 %	
	0,33	40	45,1	g = 25,9 %	

Propriedades Térmicas de Alimentos e Propriedades Termodinâmicas da Água   capítulo 19

Tabela 19.7 Condutividade térmica (k) de alimentos – valores pontuais.   (*continuação*)

Alimento	k (W/m °C)	T (°C)	H (%)	Outros	Referências
Queijo Emmental					245
artesanal fresco	0,308	4	39,0	g = 28,6 %	
artesanal curado, centro	0,315	24	39,0	g = 28,6 %	
	0,306	4	35,7	g = 29,5 %	
	0,315	24	35,7	g = 29,5 %	
industrializado fresco	0,304	4	36,4	g = 31,0 %	
	0,313	24	36,4	g = 31,0 %	
industrializado curado, centro	0,303	4	35,9	g = 31,1 %	
	0,309	24	35,9	g = 31,1 %	
Queijo de hambúrguer	0,381	15	41,00		317
	0,398	30	41,00		
Queijo Gjetost	0,32	0	19,1	g = 24,6 %	308
	0,33	20	19,1	g = 24,6 %	
	0,32	40	19,1	g = 24,6 %	
Queijo Kashkaval					317
buffet	0,406	15	49,84		
	0,409	30	49,84		
fresco	0,403	15	43,79		
	0,403	30	43,79		
old	0,368	15	41,00		
	0,384	30	41,00		
Queijo Labneh	0,486	15	69,13		317
	0,463	30	69,13		
com baixo teor de gordura	0,548	15	74,65		
	0,542	30	74,65		
Queijo Monterey Jack	0,33	0	39,5	g = 32 %	308
	0,32	20	39,5	g = 32 %	
	0,32	40	39,5	g = 32 %	
Queijo Muenster	0,34	0	44,3	g = 31,5 %	308
	0,34	20	44,3	g = 31,5 %	
	0,31	40	44,3	g = 31,5 %	
Queijo Mussarela	0,383	15	44,35		317
	0,380	30	44,35		
	0,34	0	45,5	g = 17 %	308
	0,37	20	45,5	g = 17 %	
	0,38	40	45,5	g = 17 %	
Queijo Neufchatel	0,42	0	65,2	g = 22 %	308
	0,40	20	65,2	g = 22 %	
	0,40	40	65,2	g = 22 %	
Queijo Port Salut	0,36	0	47,3	g = 24,5 %	308
	0,32	20	47,3	g = 24,5 %	
	0,34	40	47,3	g = 24,5 %	
Queijo Quartirolo Argentino	3,720		55		186
Queijo Romano	0,29	0	31,3	g = 27,3 %	308
	0,30	20	31,3	g = 27,3 %	
	0,29	40	31,3	g = 27,3 %	

Tabela 19.7 Condutividade térmica (k) de alimentos – valores pontuais.   *(continuação)*

Alimento	k (W/m °C)	T (°C)	H (%)	Outros	Referências
Queijo Spread	0,36	0	47,8	g = 19,5 %	308
	0,37	20	47,8	g = 19,5 %	
	0,38	40	47,8	g = 19,5 %	
Queijo Suíço sem furos	0,33	0	35,2	g = 32 %	308
	0,29	20	35,2	g = 32 %	
	0,34	40	35,2	g = 32 %	
Queijo Tulum	0,379	15	41,00		317
	0,377	30	41,00		
Requeijão	0,476	15	60,60		317
	0,494	30	60,60		
Produtos de panificação					
Biscoito	0,380	24,9	8,5	g = 9,9 %	171
	0,423	30,4	8,5	g = 9,9 %	
	0,414	33,1	8,5	g = 9,9 %	
	0,342	35,6	8,5	g = 9,9 %	
	0,304	41,6	8,5	g = 9,9 %	
	0,305	46,5	8,5	g = 9,9 %	
	0,302	52,8	8,5	g = 9,9 %	
	0,295	57,6	8,5	g = 9,9 %	
	0,325	64,3	8,5	g = 9,9 %	
	0,385	24,5	4,1	g = 13,5 %	
	0,400	26,4	4,1	g = 13,5 %	
	0,417	29,6	4,1	g = 13,5 %	
	0,439	31,9	4,1	g = 13,5 %	
	0,423	34,1	4,1	g = 13,5 %	
	0,394	40,5	4,1	g = 13,5 %	
	0,376	45,1	4,1	g = 13,5 %	
	0,311	52,5	4,1	g = 13,5 %	
	0,314	58,7	4,1	g = 13,5 %	
	0,305	63,9	4,1	g = 13,5 %	
Bolo amarelo					
massa	0,223		41,5		33
exterior ¼ pronto	0,239		40		
centro ¼ pronto	0,228		40		
exterior ½ pronto	0,147		39		
centro ½ pronto	0,195		39		
exterior ¾ pronto	0,321		36,5		
centro ¾ pronto	0,135		37,5		
exterior pronto	0,119		34		
centro pronto	0,121		35,5		
Muffin	0,70		17		33

Tabela 19.7 Condutividade térmica (k) de alimentos – valores pontuais. *(continuação)*

Alimento	k (W/m °C)	T (°C)	H (%)	Outros	Referências
Pão					
massa	0,92	-43,5	43,5		33
	0,88	-22,0	43,5		
	0,46	23,0	43,5		
	1,03	-38	46,1		
	0,98	-16	46,1		
	0,50	19	46,1		
	0,43 a 0,52		36,09		
	0,50		44,4		
massa sem ar	0,33		43,7		
casca	0,055		0		
miolo	0,30		44,4		
sólidos	0,309				
Pão assado					
5 min	0,101		33,4		33
10 min	0,09		26,9		
Pão branco	0,158	25			33
	0,304	60 a 70			
	0,340	70 a 80			
	0,353	80 a 90			
	0,341	90 a 100			
Pão branco assado					
8 min	0,72				33
16 min	0,67				
24 min	0,66				
32 min	0,64				
Pão francês	0,0989	25	42,0		33
Pão francês parcialmente assado					
casca	0,066	-35	27,3		126
	0,068	-30	27,3		
	0,071	-23	27,3		
	0,080	3	27,3		
	0,084	15	27,3		
	0,091	25	27,3		
miolo	0,060	-35	45,29		
	0,060	-30	45,29		
	0,061	-24	45,29		
	0,061	2	45,29		
	0,077	15	45,29		
	0,095	25	45,29		
Pão de centeio					
massa	0,6		45,9		33
casca	0,055		0		
miolo	0,36		45,9		
Pão indiano	0,124	150			282
	0,133	175			

Tabela 19.7 Condutividade térmica (k) de alimentos – valores pontuais.   (*continuação*)

Alimento	k (W/m °C)	Faixa de aplicação			Referências
		T (°C)	H (%)	Outros	
Rabanada	0,13	4 a 130	4,4 a 43,7	g = 0,9 a 61,8 % (b.s.)	230
Torrada	0,0760	93,33			303
	0,0675	96,11			
	0,0692	103,88			
	0,0588	108,33			
	0,1679	83,88			
	0,1488	86,11			
	0,1506	91,11			
	0,1298	93,88			
Tortilha de milho Mexicana assada					
5 min	0,037	55	50		274
	0,038	65	50		
	0,0385	75	50		
	0,0365	55	55		
	0,0330	65	55		
	0,0400	75	55		
	0,0370	55	60		
	0,0390	65	60		
	0,0390	75	60		
10 min	0,0455	55	50		
	0,0500	65	50		
	0,0505	75	50		
	0,0480	55	55		
	0,0430	65	55		
	0,0520	75	55		
	0,054	55	60		
	0,050	65	60		
	0,050	75	60		
15 min	0,0605	55	50		
	0,071	65	50		
	0,074	75	50		
	0,0640	55	55		
	0,0580	65	55		
	0,0740	75	55		
	0,067	55	60		
	0,070	65	60		
	0,069	75	60		
20 min	0,087	55	50		
	0,097	65	50		
	0,106	75	50		
	0,890	55	55		
	0,080	65	55		
	0,117	75	55		
	0,098	55	60		
	0,100	65	60		
	0,099	75	60		

Tabela 19.7 Condutividade térmica (k) de alimentos – valores pontuais. (*continuação*)

Alimento	k (W/m °C)	T (°C)	H (%)	Outros	Referências
Tortilha de milho nixtamalizado					
0 % cal	3,03	0 a 50			13
0,10 % cal	3,62	0 a 50			
0,20 % cal	3,82	0 a 50			
0,23 % cal	3,4	0 a 50			
Tortilha, massa					
com pericarpo	3,51	37,7 a 60,9		1,5 % (b.s.)	19
	2,06	37,7 a 60,9		3 % (b.s.)	
	1,00	37,7 a 60,9		4,5 % (b.s.)	
	071	37,7 a 60,9		6 % (b.s.)	
com lipídeos não polares	1,40	37,7 a 60,9		0,5 % (b.s.)	
	1,09	37,7 a 60,9		1 % (b.s.)	
	1,06	37,7 a 60,9		1,5 % (b.s.)	
com goma xantana	2,04	37,7 a 60,9		0,1 % (b.s.)	
	1,36	37,7 a 60,9		0,2 % (b.s.)	
	0,79	37,7 a 60,9		0,3 % (b.s.)	
Outros					
Açúcar					
cristal	0,159	17,2			189
	0,156	28,2			
	0,164	42			
	0,164	52			
	0,167	61,7			
refinado	0,139	18,2			
	0,140	29,2			
	0,145	42,4			
	0,144	42,6			
	0,141	53,1			
	0,141	53,5			
	0,139	62,9			
	0,137	62,9			
extrafino	0,144	19,2			
	0,144	31,5			
	0,148	42,3			
	0,148	52,3			
	0,151	63			
de confeiteiro	0,085	20,9			
	0,089	27			
	0,094	42,2			
	0,097	52,6			
	0,096	64,4			
Agar gel	0,6069	13		C = 0,5 °Brix	345
	0,6323	40		C = 0,5 °Brix	
	0,6520	60		C = 0,5 °Brix	
	0,6640	80		C = 0,5 °Brix	
2 %	0,60				41

Tabela 19.7 Condutividade térmica (k) de alimentos – valores pontuais.   (*continuação*)

Alimento	k (W/m °C)	T (°C)	H (%)	Outros	Referências
Amido gelatinizado	0,43 a 0,550	25 a 70	1 a 4 (b.s.)		280
10 %	0,559	20			94
	0,564	25			
	0,589	30			
15 %	0,540	20			
	0,544	25			
	0,574	30			
20 %	0,526	20			
	0,529	25			
	0,540	30			
Amido de batata, suspensão					
1 %	0,602	30		ρ = 997 kg/m³	285
	0,651	60		ρ = 989 kg/m³	
	0,700	90		ρ = 981 kg/m³	
2 %	0,599	30		ρ = 1.000 kg/m³	
	0,648	60		ρ = 993 kg/m³	
	0,697	90		ρ = 984 kg/m³	
3 %	0,597	30		ρ = 1.004 kg/m³	
	0,646	60		ρ = 996 kg/m³	
	0,695	90		ρ = 988 kg/m³	
4 %	0,595	30		ρ = 1.007 kg/m³	
	0,644	60		ρ = 999 kg/m³	
	0,692	90		ρ = 991 kg/m³	
5 %	0,592	30		ρ = 1.012 kg/m³	
	0,640	60		ρ = 1.004 kg/m³	
	0,688	90		ρ = 996 kg/m³	
6 %	0,591	30		ρ = 1.014 kg/m³	
	0,639	60		ρ = 1.006 kg/m³	
	0,687	90		ρ = 998 kg/m³	
Amido em pó Amioca	0,080	25	0	ρ = 560 kg/m³	93
	0,080	25	0	ρ = 580 kg/m³	
	0,087	25	0	ρ = 640 kg/m³	
	0,087	25	0	ρ = 655 kg/m³	
	0,090	25	0	ρ = 700 kg/m³	
	0,095	25	0	ρ = 780 kg/m³	
	0,085	50	0	ρ = 585 kg/m³	
	0,095	50	0	ρ = 650 kg/m³	
	0,098	50	0	ρ = 700 kg/m³	
	0,105	50	0	ρ = 780 kg/m³	
	0,095	70	0	ρ = 580 kg/m³	
	0,100	70	0	ρ = 650 kg/m³	
	0,105	70	0	ρ = 780 kg/m³	
	0,095	25	11,5	ρ = 560 kg/m³	
	0,120	25	11,5	ρ = 700 kg/m³	
	0,130	25	11,5	ρ = 760 kg/m³	
	0,110	50	11,5	ρ = 560 kg/m³	
	0,126	50	11,5	ρ = 700 kg/m³	

Propriedades Térmicas de Alimentos e Propriedades Termodinâmicas da Água capítulo 19

Tabela 19.7 Condutividade térmica (k) de alimentos – valores pontuais. (*continuação*)

Alimento	k (W/m °C)	Faixa de aplicação			Referências
		T (°C)	H (%)	Outros	
Hylon	0,135	50	11,5	$\rho = 760$ kg/m^3	
	0,130	70	11,5	$\rho = 560$ kg/m^3	
	0,160	70	11,5	$\rho = 700$ kg/m^3	
	0,165	70	11,5	$\rho = 760$ kg/m^3	
	0,092	25	15	$\rho = 555$ kg/m^3	
	0,110	25	15	$\rho = 640$ kg/m^3	
	0,128	25	15	$\rho = 730$ kg/m^3	
	0,100	50	15	$\rho = 555$ kg/m^3	
	0,128	50	15	$\rho = 640$ kg/m^3	
	0,150	50	15	$\rho = 730$ kg/m^3	
	0,128	70	15	$\rho = 555$ kg/m^3	
	0,165	70	15	$\rho = 640$ kg/m^3	
	0,200	70	15	$\rho = 730$ kg/m^3	
	0,095	25	20	$\rho = 530$ kg/m^3	
	0,131	25	20	$\rho = 650$ kg/m^3	
	0,138	25	20	$\rho = 730$ kg/m^3	
	0,100	50	20	$\rho = 530$ kg/m^3	
	0,150	50	20	$\rho = 650$ kg/m^3	
	0,165	50	20	$\rho = 730$ kg/m^3	
	0,127	70	20	$\rho = 530$ kg/m^3	
	0,198	70	20	$\rho = 650$ kg/m^3	
	0,225	70	20	$\rho = 730$ kg/m^3	
	0,065	25	0	$\rho = 530$ kg/m^3	
	0,080	25	0	$\rho = 660$ kg/m^3	
	0,095	25	0	$\rho = 810$ kg/m^3	
	0,072	50	0	$\rho = 530$ kg/m^3	
	0,090	50	0	$\rho = 660$ kg/m^3	
	0,090	50	0	$\rho = 810$ kg/m^3	
	0,080	70	0	$\rho = 530$ kg/m^3	
	0,095	70	0	$\rho = 660$ kg/m^3	
	0,111	70	0	$\rho = 810$ kg/m^3	
	0,090	25	11,5	$\rho = 560$ kg/m^3	
	0,100	25	11,5	$\rho = 660$ kg/m^3	
	0,111	25	11,5	$\rho = 700$ kg/m^3	
	0,123	25	11,5	$\rho = 760$ kg/m^3	
	0,090	50	11,5	$\rho = 560$ kg/m^3	
	0,120	50	11,5	$\rho = 660$ kg/m^3	
	0,125	50	11,5	$\rho = 700$ kg/m^3	
	0,140	50	11,5	$\rho = 760$ kg/m^3	
	0,090	70	11,5	$\rho = 560$ kg/m^3	
	0,130	70	11,5	$\rho = 660$ kg/m^3	
	0,170	70	11,5	$\rho = 700$ kg/m^3	
	0,100	25	15	$\rho = 510$ kg/m^3	
	0,120	25	15	$\rho = 640$ kg/m^3	
	0,138	25	15	$\rho = 700$ kg/m^3	
	0,125	50	15	$\rho = 510$ kg/m^3	
	0,139	50	15	$\rho = 640$ kg/m^3	
	0,160	50	15	$\rho = 700$ kg/m^3	
	0,145	70	15	$\rho = 510$ kg/m^3	
	0,152	70	15	$\rho = 640$ kg/m^3	
	0,182	70	15	$\rho = 700$ kg/m^3	
	0,095	25	20	$\rho = 480$ kg/m^3	

Tabela 19.7 Condutividade térmica (k) de alimentos – valores pontuais. (*continuação*)

Alimento	k (W/m °C)	T (°C)	H (%)	Outros	Referências
	0,111	25	20	$\rho = 540$ kg/m^3	
	0,111	25	20	$\rho = 570$ kg/m^3	
	0,122	25	20	$\rho = 700$ kg/m^3	
	0,118	50	20	$\rho = 480$ kg/m^3	
	0,129	50	20	$\rho = 540$ kg/m^3	
	0,131	50	20	$\rho = 570$ kg/m^3	
	0,150	50	20	$\rho = 700$ kg/m^3	
	0,152	70	20	$\rho = 480$ kg/m^3	
	0,170	70	20	$\rho = 540$ kg/m^3	
	0,187	70	20	$\rho = 570$ kg/m^3	
Amido granular	0,065	25	1,48	$\rho = 534$ kg/m^3	170
	0,068	25	1,48	$\rho = 543$ kg/m^3	
	0,072	25	1,48	$\rho = 557$ kg/m^3	
	0,084	25	1,48	$\rho = 563$ kg/m^3	
	0,083	25	1,48	$\rho = 571$ kg/m^3	
	0,084	25	1,48	$\rho = 583$ kg/m^3	
	0,088	25	1,48	$\rho = 649$ kg/m^3	
	0,084	25	1,48	$\rho = 651$ kg/m^3	
	0,096	25	1,48	$\rho = 777$ kg/m^3	
	0,098	25	1,48	$\rho = 800$ kg/m^3	
	0,085	25	11,11	$\rho = 534$ kg/m^3	
	0,094	25	11,11	$\rho = 540$ kg/m^3	
	0,092	25	11,11	$\rho = 545$ kg/m^3	
	0,098	25	11,11	$\rho = 550$ kg/m^3	
	0,093	25	11,11	$\rho = 560$ kg/m^3	
	0,087	25	11,11	$\rho = 563$ kg/m^3	
	0,089	25	11,11	$\rho = 574$ kg/m^3	
	0,096	25	11,11	$\rho = 580$ kg/m^3	
	0,097	25	11,11	$\rho = 589$ kg/m^3	
	0,118	25	11,11	$\rho = 640$ kg/m^3	
	0,108	25	11,11	$\rho = 643$ kg/m^3	
	0,102	25	11,11	$\rho = 663$ kg/m^3	
	0,100	25	11,11	$\rho = 671$ kg/m^3	
	0,115	25	11,11	$\rho = 689$ kg/m^3	
	0,119	25	11,11	$\rho = 694$ kg/m^3	
	0,120	25	11,11	$\rho = 706$ kg/m^3	
	0,131	25	11,11	$\rho = 716$ kg/m^3	
	0,113	25	11,11	$\rho = 740$ kg/m^3	
	0,124	25	11,11	$\rho = 749$ kg/m^3	
	0,123	25	11,11	$\rho = 757$ kg/m^3	
	0,094	25	18,70	$\rho = 489$ kg/m^3	
	0,092	25	18,70	$\rho = 529$ kg/m^3	
	0,105	25	18,70	$\rho = 543$ kg/m^3	
	0,101	25	18,70	$\rho = 574$ kg/m^3	
	0,131	25	18,70	$\rho = 650$ kg/m^3	
	0,124	25	18,70	$\rho = 700$ kg/m^3	
	0,136	25	18,70	$\rho = 729$ kg/m^3	
	0,073	50	1,48	$\rho = 532$ kg/m^3	
	0,100	50	1,48	$\rho = 553$ kg/m^3	
	0,107	50	1,48	$\rho = 574$ kg/m^3	
	0,087	50	1,48	$\rho = 582$ kg/m^3	

Propriedades Térmicas de Alimentos e Propriedades Termodinâmicas da Água

capítulo 19

Tabela 19.7 Condutividade térmica (k) de alimentos – valores pontuais. (*continuação*)

Alimento	k (W/m °C)	T (°C)	H (%)	Outros	Referências
	0,089	50	1,48	ρ = 588 kg/m^3	
	0,094	50	1,48	ρ = 650 kg/m^3	
	0,092	50	1,48	ρ = 652 kg/m^3	
	0,105	50	1,48	ρ = 771 kg/m^3	
	0,103	50	1,48	ρ = 800 kg/m^3	
	0,125	50	11,11	ρ = 547 kg/m^3	
	0,102	50	11,11	ρ = 550 kg/m^3	
	0,112	50	11,11	ρ = 556 kg/m^3	
	0,100	50	11,11	ρ = 568 kg/m^3	
	0,107	50	11,11	ρ = 579 kg/m^3	
	0,128	50	11,11	ρ = 636 kg/m^3	
	0,134	50	11,11	ρ = 642 kg/m^3	
	0,118	50	11,11	ρ = 661 kg/m^3	
	0,121	50	11,11	ρ = 697 kg/m^3	
	0,137	50	11,11	ρ = 700 kg/m^3	
	0,128	50	11,11	ρ = 703 kg/m^3	
	0,152	50	11,11	ρ = 730 kg/m^3	
	0,134	50	11,11	ρ = 758 kg/m^3	
	0,139	50	11,11	ρ = 761 kg/m^3	
	0,116	50	18,70	ρ = 485 kg/m^3	
	0,101	50	18,70	ρ = 530 kg/m^3	
	0,130	50	18,70	ρ = 539 kg/m^3	
	0,134	50	18,70	ρ = 576 kg/m^3	
	0,149	50	18,70	ρ = 652 kg/m^3	
	0,148	50	18,70	ρ = 700 kg/m^3	
	0,112	50	18,70	ρ = 730 kg/m^3	
	0,080	75	1,48	ρ = 532 kg/m^3	
	0,117	75	1,48	ρ = 551 kg/m^3	
	0,105	75	1,48	ρ = 554 kg/m^3	
	0,119	75	1,48	ρ = 570 kg/m^3	
	0,097	75	1,48	ρ = 581 kg/m^3	
	0,094	75	1,48	ρ = 650 kg/m^3	
	0,097	75	1,48	ρ = 656 kg/m^3	
	0,107	75	1,48	ρ = 675 kg/m^3	
	0,115	75	1,48	ρ = 800 kg/m^3	
	0,146	75	11,11	ρ = 546 kg/m^3	
	0,128	75	11,11	ρ = 550 kg/m^3	
	0,131	75	11,11	ρ = 557 kg/m^3	
	0,120	75	11,11	ρ = 568 kg/m^3	
	0,131	75	11,11	ρ = 581 kg/m^3	
	0,151	75	11,11	ρ = 639 kg/m^3	
	0,174	75	11,11	ρ = 642 kg/m^3	
	0,146	75	11,11	ρ = 697 kg/m^3	
	0,185	75	11,11	ρ = 700 kg/m^3	
	0,149	75	11,11	ρ = 705 kg/m^3	
	0,163	75	11,11	ρ = 759 kg/m^3	
	0,172	75	11,11	ρ = 762 kg/m^3	
	0,153	75	18,70	ρ = 486 kg/m^3	
	0,126	75	18,70	ρ = 530 kg/m^3	
	0,161	75	18,70	ρ = 543 kg/m^3	
	0,169	75	18,70	ρ = 576 kg/m^3	
	0,065 a 0,220	25 a 70	0 a 0,4 (b.s.)		

Tabela 19.7 Condutividade térmica (k) de alimentos – valores pontuais. *(continuação)*

Alimento	k (W/m °C)	T (°C)	H (%)	Outros	Referências
Amido solubilizado em					
água	0,6	10 a 60		$\Phi = 0$	279
	0,6	10 a 60		$\Phi = 0,1$	
	0,58	10 a 60		$\Phi = 0,2$	
	0,57	10 a 60		$\Phi = 0,3$	
	0,55	10 a 60		$\Phi = 0,4$	
etanol	0	10 a 60		$\Phi = 0,18$	
	0,1	10 a 60		$\Phi = 0,2$	
	0,2	10 a 60		$\Phi = 0,33$	
	0,3	10 a 60		$\Phi = 0,35$	
	0,4	10 a 60		$\Phi = 0,37$	
2-propanol (30 %)	0,5	10 a 60		$\Phi = 0,39$	
	0,4	10 a 60		$\Phi = 0$ a $0,4$	
Amilopectina (Amioca)	0,095	25	0,0	$\rho = 700$ kg/m^3	92
	0,11	25	1,0	$\rho = 700$ kg/m^3	
	0,14	25	2,0	$\rho = 700$ kg/m^3	
	0,16	25	3,0	$\rho = 700$ kg/m^3	
Amilose (Hylon 7)	0,1	25	0,1	$\rho = 700$ kg/m^3	92
	0,11	25	1,0	$\rho = 700$ kg/m^3	
	0,14	25	2,0	$\rho = 700$ kg/m^3	
	0,16	25	3,0	$\rho = 700$ kg/m^3	
Bulgur	0,164	25	9,17		319
Farinha de milho branca + fibra de soja	0,32		48,8	g = 20,13 %	338
	0,32	92,1	43,7	g = 14,92 %	
	0,39	109	43,3	g = 14,22 %	
Flan	0,50	0	72,4	g = 23,6 %	308
	0,53	20	72,4	g = 23,6 %	
	0,54	40	72,4	g = 23,6 %	
Fubá	0,27		15		172
	0,27		18		
	0,28		21		
	0,31		25		
	0,33		30		
Gelo	2,4230	-25			252
	2,3880	-20			
	2,3370	-15			
	2,3620	-10			
	2,2670	-5			
	2,2150	0			
Mel	0,5625	2	14,8		252
	0,5019	2	80		
	0,6230	69	14,8		
	0,4154	69	80		

Tabela 19.7 Condutividade térmica (k) de alimentos – valores pontuais. (*continuação*)

Alimento	k (W/m °C)	T (°C)	H (%)	Outros	Referências
Ovo					
inteiro congelado	0,9692	-8			252
clara	0,500	7,8			106
	0,583	19,4			
	0,577	31,3			
	0,338				325
gema	0,357	7,8			106
	0,337	19,4			
	0,383	31,3			
	0,5435	2,8			325
Sacarose	0,0116	-6,7			252
	0,0234	-12,2			
	0,0308	-17,8			
	0,0403	-23,3			
	0,0452	-28,9			
Sacarose, solução	0,447	25	84,81	15	294
	0,396	25	74,56	25	
	0,4153	27,7	40		261
	1,60	-30	75	25	75
	1,53	-20	75	25	
	1,42	-10	75	25	
	0,50	0	75	25	
	0,51	10	75	25	
	0,95	-30	50	50	
	0,96	-20	50	50	
	0,80	-10	50	50	
	0,40	0	50	50	
	0,47	10	50	50	
60 %	0,417	33			47
Salgadinho de tortilha frito					
0 min	0,23		35,6		212
5 min	0,20		16,4		
10 min	0,13		11,2		
15 min	0,12		8,1		
20 min	0,11		4,6		
25 min	0,11		3,7		
30 min	0,10		2,8		
45 min	0,10		2,0		
60 min	0,09		1,4		
Sorvete, mistura sem ar	1,15	-30	58,87		75
	1,11	-25	58,87		
	1,08	-20	58,87		
	1,04	-15	58,87		
	0,40	0	58,87		
	0,41	10	58,87		
	0,42	15	58,87		
	0,46	0	68,6	g = 5,6%	308
	0,49	20	68,6	g = 5,6%	
	0,47	40	68,6	g = 5,6%	

Tabela 19.7 Condutividade térmica (k) de alimentos – valores pontuais.   *(continuação)*

Alimento	k (W/m °C)	T (°C)	H (%)	Outros	Referências
Sorvete	1,149	-30	58,87	ε = 0 %	75
	1,117	-25	58,87	ε = 0 %	
	1,085	-20	58,87	ε = 0 %	
	1,011	-15	58,87	ε = 0 %	
	0,404	0	58,87	ε = 0 %	
	0,404	10	58,87	ε = 0 %	
	0,436	15	58,87	ε = 0 %	
	0,936	-30	58,87	ε = 13 %	
	0,904	-25	58,87	ε = 13 %	
	0,872	-20	58,87	ε = 13 %	
	0,862	-15	58,87	ε = 13 %	
	0,372	0	58,87	ε = 13 %	
	0,372	5	58,87	ε = 13 %	
	0,800	-30	58,87	ε = 23 %	
	0,702	-25	58,87	ε = 23 %	
	0,745	-20	58,87	ε = 23 %	
	0,277	10	58,87	ε = 23 %	
	0,638	-25	58,87	ε = 33 %	
	0,600	-20	58,87	ε = 33 %	
	0,564	-30	58,87	ε = 41 %	
	0,521	-20	58,87	ε = 41 %	
	0,213	10	58,87	ε = 41 %	
	0,511	-30	58,87	ε = 46 %	
	0,468	-25	58,87	ε = 46 %	
	0,478	-20	58,87	ε = 46 %	
	0,447	-15	58,87	ε = 46 %	
	0,200	10	58,87	ε = 46 %	
	0,319	-30	58,87	ε = 60 %	
	0,309	-25	58,87	ε = 60 %	
	0,298	-20	58,87	ε = 60 %	
	0,287	-15	58,87	ε = 60 %	
	0,160	0	58,87	ε = 60 %	
	0,117	5	58,87	ε = 60 %	
	0,128	10	58,87	ε = 60 %	
	0,266	-30	58,87	ε = 67 %	
	0,255	-25	58,87	ε = 67 %	
	0,245	-20	58,87	ε = 67 %	
	0,245	-15	58,87	ε = 67 %	
	0,106	0	58,87	ε = 67 %	
Surimi 0% de crioprotetor	1,473	-40	80,3		343
	1,425	-35	80,3		
	1,397	-30	80,3		
	1,333	-25	80,3		
	1,252	-20	80,3		
	1,227	-15	80,3		
	1,123	-10	80,3		
	1,031	-5	80,3		
	0,504	-0,35	80,3		
	0,487	10	80,3		

Tabela 19.7 Condutividade térmica (k) de alimentos – valores pontuais. (*continuação*)

Alimento	k (W/m °C)	T (°C)	H (%)	Outros	Referências
	0,521	20	80,3		
	0,516	30	80,3		
4 % de crioprotetor	1,429	-40	80,3		
	1,390	-35	80,3		
	1,362	-30	80,3		
	1,274	-25	80,3		
	1,263	-20	80,3		
	1,192	-15	80,3		
	1,152	-10	80,3		
	1,023	-5	80,3		
	0,465	-0,35	80,3		
	0,484	10	80,3		
	0,472	20	80,3		
	0,508	30	80,3		
6 % de crioprotetor	1,508	-40	80,3		
	1,434	-35	80,3		
	1,390	-30	80,3		
	1,373	-25	80,3		
	1,324	-20	80,3		
	1,252	-15	80,3		
	1,194	-10	80,3		
	1,056	-5	80,3		
	0,477	-0,35	80,3		
	0,489	10	80,3		
	1,509	20	80,3		
	0,506	30	80,3		
8% de crioprotetor	1,45	-40			344
	1,40	-35			
	1,37	-30			
	1,35	-25			
	1,31	-20			
	1,27	-15			
	1,18	-10			
	1,20	-5			
	0,50	-2			
	0,50	20			
	1,434	-40	80,3		343
	1,404	-35	80,3		
	1,373	-30	80,3		
	1,352	-25	80,3		
	1,307	-20	80,3		
	1,260	-15	80,3		
	1,176	-10	80,3		
	1,181	-5	80,3		
	0,492	-0,35	80,3		
	0,509	10	80,3		
	0,516	20	80,3		
12 % de crioprotetor	0,527	30	80,3		
	1,465	-40	80,3		
	1,422	-35	80,3		
	1,362	-30	80,3		

Tabela 19.7 Condutividade térmica (k) de alimentos – valores pontuais. *(continuação)*

Alimento	k (W/m °C)	T (°C)	H (%)	Outros	Referências
	1,349	-25	80,3		
	1,284	-20	80,3		
	1,276	-15	80,3		
	1,218	-10	80,3		
	1,230	-5	80,3		
	0,489	-0,35	80,3		
	0,505	10	80,3		
	0,498	20	80,3		
	0,508	30	80,3		
Salgadinho de tortilha assado 60 s	0,13		35,6 a 1,4		212

Tabela 19.8. Difusividade térmica (α) de alimentos – valores pontuais.

Alimento	α (m²/s)	T (°C)	H (%)	Outros	Referências
Geral					
Frutas, solução modelo (0,5 % de carragenato de potássio + 10 % de sacarose, m/v)	$7,55 \times 10^{-7}$	-25,6			273
	$7,01 \times 10^{-7}$	-20,4			
	$6,15 \times 10^{-7}$	-15,6			
	$1,33 \times 10^{-7}$	-10,4			
	$2,50 \times 10^{-7}$	-5,6			
Sucos	$9,7967 \times 10^{-8}$	50	76,71	C = 17,0 °Brix	214
	$1,0728 \times 10^{-7}$	50	78,07	C = 15,0 °Brix	
	$9,9478 \times 10^{-8}$	50	79,17	C = 15,5 °Brix	
	$1,2086 \times 10^{-7}$	50	82,87	C = 9,6 °Brix	
	$1,1186 \times 10^{-7}$	50	83,67	C = 9,0 °Brix	
	$7,9825 \times 10^{-8}$	50	84,48	C = 10,0 °Brix	
	$1,5348 \times 10^{-7}$	50	88,60	C = 4,5 °Brix	
	$1,4257 \times 10^{-7}$	50	91,81	C = 2,0 °Brix	
	$1,0567 \times 10^{-7}$	50	92,41	C = 5,0 °Brix	
Frutas, vegetais e cereais					
Abacate	$1,32 \times 10^{-7}$	20			17
	$1,54 \times 10^{-7}$	41			
semente	$1,29 \times 10^{-7}$	24			300
polpa	$1,24 \times 10^{-7}$	24			
óleo refinado	$6,73 \times 10^{-8}$				60
óleo tratado a 160 °C	$6,19 \times 10^{-8}$				
óleo tratado a 180 °C	$6,14 \times 10^{-8}$				
Abacaxi Smooth Cayenne, polpa	$1,84 \times 10^{-7}$	25	84,64	C = 15 °Brix	294
	$1,74 \times 10^{-7}$	25	75,03	C = 25 °Brix	
Abóbora, polpa	$1,47 \times 10^{-7}$				336

Continua

Tabela 19.8. Difusividade térmica (α) de alimentos – valores pontuais. *(continuação)*

Alimento	α (m²/s)	T (°C)	H (%)	Outros	Referências
Abobrinha	$4,59 \times 10^{-8}$	5	80		12
	$7,97 \times 10^{-8}$	10	80		
	$9,10 \times 10^{-8}$	15	80		
	$1,02 \times 10^{-7}$	20	80		
	$1,05 \times 10^{-7}$	25	80		
	$1,09 \times 10^{-7}$	30	80		
	$3,33 \times 10^{-8}$		40		
	$5,71 \times 10^{-8}$		45		
	$7,38 \times 10^{-8}$		50		
	$8,81 \times 10^{-8}$		55		
	$9,52 \times 10^{-8}$		60		
	$1,02 \times 10^{-7}$		65		
	$1,10 \times 10^{-7}$		70		
	$1,14 \times 10^{-7}$		75		
	$1,19 \times 10^{-7}$		80		
	$1,33 \times 10^{-7}$		85		
	$1,36 \times 10^{-7}$		90		
Alfafa	$1,31 \times 10^{-7}$	20	32		210
	$1,00 \times 10^{-7}$	20	32		
	$7,95 \times 10^{-8}$	20	32		
	$6,41 \times 10^{-8}$	20	32		
	$1,53 \times 10^{-7}$	20	46		
	$1,27 \times 10^{-7}$	20	46		
	$9,23 \times 10^{-8}$	20	46		
	$6,86 \times 10^{-8}$	20	46		
	$1,56 \times 10^{-7}$	20	57		
	$1,46 \times 10^{-7}$	20	57		
	$1,28 \times 10^{-7}$	20	57		
	$1,25 \times 10^{-7}$	20	57		
	$1,38 \times 10^{-7}$	20	65		
	$1,18 \times 10^{-7}$	20	65		
	$1,03 \times 10^{-7}$	20	65		
	$1,87 \times 10^{-7}$	20	80		
	$1,74 \times 10^{-7}$	20	80		
	$1,57 \times 10^{-7}$	20	80		
	$1,26 \times 10^{-7}$	20	80		
Amendoim, óleo	$9,00 \times 10^{-8}$	26			38
Amora preta	$1,27 \times 10^{-7}$				336
Arroz	$4,5 \times 10^{-8}$	20	1 (b.s.)	1 (b.s.)	168
	$4,2 \times 10^{-8}$	20	9 (b.s.)	9 (b.s.)	
	$0,67 \times 10^{-7}$				336

Tabela 19.8. Difusividade térmica (α) de alimentos – valores pontuais. (*continuação*)

Alimento	α (m²/s)	T (°C)	H (%)	Outros	Referências
farinha	$1,34 \times 10^{-7}$	5,2			193
	$1,10 \times 10^{-7}$	21,8			
	$1,13 \times 10^{-7}$	28,4			
	$1,03 \times 10^{-7}$	36,8			
	$1,19 \times 10^{-7}$		5,2		
	$1,19 \times 10^{-7}$		8,6		
	$1,25 \times 10^{-7}$		10,4		
	$1,13 \times 10^{-7}$		11,5		
	$1,16 \times 10^{-7}$		12,3		
	$1,06 \times 10^{-7}$		14,6		
	$1,06 \times 10^{-7}$		16,7		
proteína	$1,32 \times 10^{-7}$			$\rho = 535$ kg/m³	
	$1,22 \times 10^{-7}$			$\rho = 597$ kg/m³	
	$1,13 \times 10^{-7}$			$\rho = 639$ kg/m³	
	$1,03 \times 10^{-7}$			$\rho = 703$ kg/m³	
Arroz Lemont longo, farelo	$1,33 \times 10^{-7}$				315
Arroz Nato médio, farelo	$1,36 \times 10^{-7}$				315
Arroz Satuin	$1,05 \times 10^{-7}$		12		336
	$1,00 \times 10^{-7}$		14		
	$0,95 \times 10^{-7}$		16		
	$0,90 \times 10^{-7}$		18		
	$0,96 \times 10^{-7}$		20		
Azeite de oliva	$1,119 \times 10^{-7}$	30			36
	$7,96 \times 10^{-8}$				60
	$5,4 \times 10^{-8}$				44
extra virgem	$8,86 \times 10^{-8}$	26			38
Azeitona Espanhola	$7,789 \times 10^{-6}$	25	61,31		11
Azeitona Espanhola preta	$6,986 \times 10^{-6}$	25	58,00		11
Azeitona Nabali Baladi	$4,043 \times 10^{-6}$	25	45,33		11
Azeitona Nabali melhorada	$7,079 \times 10^{-6}$	25	58,44		11
Babaçu, óleo	$6,7 \times 10^{-8}$				44
Banana	$1,1 \times 10^{-7}$	17,0			107
	$1,37 \times 10^{-7}$	20			17
polpa	1,18	5	76		300
	1,42	65	76		
Banana-da-terra	$0,68 \times 10^{-7}$	36 a 51	14		232
	$1,32 \times 10^{-7}$	36 a 51	31		
	$1,61 \times 10^{-7}$	36 a 51	57		

Tabela 19.8. Difusividade térmica (α) de alimentos – valores pontuais. *(continuação)*

Alimento	α (m²/s)	T (°C)	H (%)	Outros	Referências
Batata	$1,30 \times 10^{-7}$	20			190
	$1,53 \times 10^{-7}$	20			17
	$1,39 \times 10^{-7}$	60	78		336
	$1,40 \times 10^{-7}$	70	78		
	$1,40 \times 10^{-7}$	80	78		
	$1,42 \times 10^{-7}$	90	78		
	$1,48 \times 10^{-7}$	100	78		
cozida	$1,23 \times 10^{-7}$	5	78		300
	$1,45 \times 10^{-7}$	65	78		
triturada	$0,083 \times 10^{-7}$		70		336
	$1,00 \times 10^{-7}$		75		
	$1,00 \times 10^{-7}$		80		
	$1,10 \times 10^{-7}$		85		
polpa	$1,70 \times 10^{-7}$	25			300
liofilizada	$1,36 \times 10^{-7}$	20	0 (b.s.)		168
	$1,39 \times 10^{-7}$	20	2 (b.s.)		
	$1,43 \times 10^{-7}$	20	4 (b.s.)		
	$1,39 \times 10^{-7}$	20	6 (b.s.)		
	$1,36 \times 10^{-7}$	20	8 (b.s.)		
	$1,32 \times 10^{-7}$	20	10 (b.s.)		
	$1,31 \times 10^{-7}$	20	12 (b.s.)		
Batata doce	$1,00 \times 10^{-7}$	33			336
	$1,40 \times 10^{-7}$	55			
	$1,90 \times 10^{-7}$	70			
	$1,06 \times 10^{-7}$	35			300
	$1,39 \times 10^{-7}$	55			
	$1,91 \times 10^{-7}$	70			
purê	$1,38 \times 10^{-7}$				336
Batata Pampeana	$1,62 \times 10^{-7}$				112
Berinjela	$3,61 \times 10^{-8}$	5	80		12
	$6,12 \times 10^{-8}$	10	80		
	$7,97 \times 10^{-8}$	15	80		
	$9,10 \times 10^{-8}$	20	80		
	$9,42 \times 10^{-8}$	25	80		
	$9,42 \times 10^{-8}$	30	80		
	$1,67 \times 10^{-8}$		40		
	$3,81 \times 10^{-8}$		45		
	$5,00 \times 10^{-8}$		50		
	$6,67 \times 10^{-8}$		55		
	$7,62 \times 10^{-8}$		60		
	$8,81 \times 10^{-8}$		65		
	$9,52 \times 10^{-8}$		70		
	$1,05 \times 10^{-7}$		75		
	$1,19 \times 10^{-7}$		80		
	$1,29 \times 10^{-7}$		85		
	$1,43 \times 10^{-7}$		90		
Beterraba	$1,26 \times 10^{-7}$	14 e 60			300
Buriti, óleo	$9,5 \times 10^{-8}$				44

Tabela 19.8. Difusividade térmica (α) de alimentos – valores pontuais. (*continuação*)

Alimento	α (m²/s)	T (°C)	H (%)	Outros	Referências
Café	$1,60 \times 10^{-7}$				336
liofilizado	$1,41 \times 10^{-7}$	20	0 (b.s.)		168
	$1,54 \times 10^{-7}$	20	2 (b.s.)		
	$1,61 \times 10^{-7}$	20	4 (b.s.)		
	$1,54 \times 10^{-7}$	20	6 (b.s.)		
	$1,45 \times 10^{-7}$	20	8 (b.s.)		
Café Arabica, pergaminho	$2,36 \times 10^{-7}$		9,9		67
	$2,03 \times 10^{-7}$		15,1		
	$1,89 \times 10^{-7}$		20,6		
	$1,69 \times 10^{-7}$		26,0		
Café Colombiano, pó	$6,16 \times 10^{-8}$	20 a 60	9,50 (b.s.)		301
	$6,55 \times 10^{-8}$	20 a 60	8,60 (b.s.)		
	$7,61 \times 10^{-8}$	20 a 60	7,20 (b.s.)		
	$8,50 \times 10^{-8}$	20 a 60	6,40 (b.s.)		
	$1,243 \times 10^{-7}$	20 a 60	5,80 (b.s.)		
	$1,061 \times 10^{-7}$	20 a 60	5,20 (b.s.)		
Café Mexicano, pó	$8,29 \times 10^{-8}$	20 a 60	9,80 (b.s.)		301
	$9,66 \times 10^{-8}$	20 a 60	7,40 (b.s.)		
	$9,66 \times 10^{-8}$	20 a 60	6,80 (b.s.)		
	$1,201 \times 10^{-7}$	20 a 60	4,80 (b.s.)		
Café Robusta, grão inteiro	$2,08 \times 10^{-7}$		10,6		67
	$1,83 \times 10^{-7}$		16,7		
	$1,69 \times 10^{-7}$		23,9		
	$1,44 \times 10^{-7}$		30,6		
Cajá	$1,3099 \times 10^{-7}$	5		C = 14,72 °Brix	293
	$1,3780 \times 10^{-7}$	10		C = 14,72 °Brix	
	$1,2971 \times 10^{-7}$	15		C = 14,72 °Brix	
Canola, óleo	$9,6 \times 10^{-8}$				149
	$8,97 \times 10^{-8}$	26			38
Cebola	$1,38 \times 10^{-7}$				328
Cenoura	$1,55 \times 10^{-7}$	20			17
	$1,70 \times 10^{-7}$				336
cubos esterilizados	$1,94 \times 10^{-7}$	21 a 130			71
Coco ralado	$1,20 \times 10^{-7}$	25 a 55	1 a 50		150
Cominho negro	$9,44 \times 10^{-8}$	80	5,29		8
Copaíba, óleo	$1,67 \times 10^{-7}$				44
Couve-nabo	$1,34 \times 10^{-7}$	48			300
Cupuaçu, polpa integral peneirada	$1,31 \times 10^{-7}$			C = 12 °Brix	1
	$1,27 \times 10^{-7}$			C = 12 °Brix	
	$1,32 \times 10^{-7}$			C = 9 °Brix	

Tabela 19.8. Difusividade térmica (α) de alimentos – valores pontuais. (*continuação*)

Alimento	α (m²/s)	T (°C)	H (%)	Outros	Referências
Damasco, geleia	1,22 × 10⁻⁷	80	49,38		45
Ervilha, purê	1,82 × 10⁻⁷	26 a 128			300
Fava, purê	1,8 × 10⁻⁷	26 a 122			300
Feijão cozido	1,30 × 10⁻⁷ 1,68 × 10⁻⁷	4 a 122			336 300

Feijão comum
  branqueado
  cozido
  hidratado
	7,4 × 10⁻⁸
	7,9 × 10⁻⁸
	6,1 × 10⁻⁸
		20
		20
		20
			62,0
			67,4
			53,2
					181

Feijão lima	1,24 × 10⁻⁷				336
Figo Roxo de Valinhos	1,56 × 10⁻⁷	5 a 21	84,3		281
Gengibre	4,26 × 10⁻⁸ 9,42 × 10⁻⁸ 1,23 × 10⁻⁷ 1,35 × 10⁻⁷ 1,35 × 10⁻⁷ 1,35 × 10⁻⁷ 3,57 × 10⁻⁸ 6,19 × 10⁻⁸ 1,05 × 10⁻⁷ 1,19 × 10⁻⁷ 1,26 × 10⁻⁷ 1,33 × 10⁻⁷ 1,38 × 10⁻⁷ 1,43 × 10⁻⁷ 1,52 × 10⁻⁷ 1,60 × 10⁻⁷ 1,69 × 10⁻⁷	5 10 15 20 25 30	80 80 80 80 80 80 40 45 50 55 60 65 70 75 80 85 90		12
Girassol, óleo	8,8 × 10⁻⁸ 8,99 × 10⁻⁸	26			149 38
Grão de bico Kabuli	1,041 × 10⁻⁷ 1,387 × 10⁻⁷ 1,515 × 10⁻⁷ 1,917 × 10⁻⁷ 2,245 × 10⁻⁷ 2,505 × 10⁻⁷ 9,95 × 10⁻⁸ 1,309 × 10⁻⁷ 1,491 × 10⁻⁷	30 30 30 30 30 30 40 40 40	9,86 18,17 26,54 37,89 55,97 65,24 9,86 18,17 26,54		276

Tabela 19.8. Difusividade térmica (α) de alimentos – valores pontuais. *(continuação)*

Alimento	α (m²/s)	T (°C)	H (%)	Outros	Referências
	$1,797 \times 10^{-7}$	40	37,89		
	$2,159 \times 10^{-7}$	40	55,97		
	$2,336 \times 10^{-7}$	40	65,24		
	$9,72 \times 10^{-8}$	50	9,86		
	$1,223 \times 10^{-7}$	50	18,17		
	$1,403 \times 10^{-7}$	50	26,54		
	$1,630 \times 10^{-7}$	50	37,89		
	$1,998 \times 10^{-7}$	50	55,97		
	$2,196 \times 10^{-7}$	50	65,24		
	$9,57 \times 10^{-8}$	60	9,86		
	$1,176 \times 10^{-7}$	60	18,17		
	$1,318 \times 10^{-7}$	60	26,54		
	$1,550 \times 10^{-7}$	60	37,89		
	$1,839 \times 10^{-7}$	60	55,97		
	$2,011 \times 10^{-7}$	60	65,24		
	$9,39 \times 10^{-8}$	70	9,86		
	$1,094 \times 10^{-7}$	70	18,17		
	$1,207 \times 10^{-7}$	70	26,54		
	$1,486 \times 10^{-7}$	70	37,89		
	$1,726 \times 10^{-7}$	70	55,97		
	$1,902 \times 10^{-7}$	70	65,24		
	$9,11 \times 10^{-8}$	80	9,86		
	$1,041 \times 10^{-7}$	80	18,17		
	$1,137 \times 10^{-7}$	80	26,54		
	$1,434 \times 10^{-7}$	80	37,89		
	$1,624 \times 10^{-7}$	80	55,97		
	$1,802 \times 10^{-7}$	80	65,24		
Graviola madura, polpa					
congelada	$1,53 \times 10^{-8}$	-11,8 a -0,8			146
natural	$1,86 \times 10^{-7}$	-0,8 a 23			
	$2,56 \times 10^{-7}$	35,6 a 88,6			
Graviola verde, polpa					
congelada	1×10^{-8}	-8,4 a -0,2			146
natural	$1,61 \times 10^{-7}$	-0,2 a 24,4			
	$2,28 \times 10^{-7}$	34,6 a 85,6			
Inhame	$0,61 \times 10^{-7}$	36 a 51	16		232
	$1,57 \times 10^{-7}$	36 a 51	45		
	$1,51 \times 10^{-7}$	36 a 51	79		
Kiwi					
miolo	$9,5 \times 10^{-8}$		83		72
pele	$7,8 \times 10^{-8}$		83		
polpa	$1,14 \times 10^{-7}$		65		
Laranja	$1,30 \times 10^{-7}$				336
Limão	$1,07 \times 10^{-7}$	40			300

Tabela 19.8. Difusividade térmica (α) de alimentos – valores pontuais. *(continuação)*

Alimento	α (m²/s)	T (°C)	H (%)	Outros	Referências
Maçã	$1,36 \times 10^{-7}$	30			201
	$1,51 \times 10^{-7}$	40			
	$1,72 \times 10^{-7}$	50			
	$1,30 \times 10^{-7}$				336
polpa	$1,50 \times 10^{-7}$				
compota	$1,10 \times 10^{-7}$				
Maçã Golden Delicious	$1,31 \times 10^{-6}$	23			106
	$1,37 \times 10^{-7}$	23			336
polpa	$1,6 \times 10^{-7}$	29			47
Maçã Red	$1,33 \times 10^{-6}$	23			106
Maçã Red Delicous	$9,1 \times 10^{-8}$	22,2			107
Mamão Papaia					
polpa	$1,52 \times 10^{-7}$		87,6		128
semente	$1,60 \times 10^{-7}$				
Mamona, óleo	9×10^{-8}	19,6			107
Mandioca	$0,79 \times 10^{-7}$	36 a 51	18		232
	$1,66 \times 10^{-7}$	36 a 51	47		
	$1,52 \times 10^{-7}$	36 a 51	70		
	$6,68 \times 10^{-8}$	5	80		12
	$1,10 \times 10^{-7}$	10	80		
	$1,35 \times 10^{-7}$	15	80		
	$1,43 \times 10^{-7}$	20	80		
	$1,46 \times 10^{-7}$	25	80		
	$1,46 \times 10^{-7}$	30	80		
	$5,24 \times 10^{-8}$		40		
	$8,81 \times 10^{-8}$		45		
	$1,14 \times 10^{-7}$		50		
	$1,29 \times 10^{-7}$		55		
	$1,36 \times 10^{-7}$		60		
	$1,43 \times 10^{-7}$		65		
	$1,50 \times 10^{-7}$		70		
	$1,55 \times 10^{-7}$		75		
	$1,62 \times 10^{-7}$		80		
	$1,69 \times 10^{-7}$		85		
	$1,76 \times 10^{-7}$		90		
Manga, polpa					
integral	$1,41 \times 10^{-7}$	25 a 50	87,03	C = 12,7 °Brix	295
peneirada	$1,39 \times 10^{-7}$	25 a 50	87,05	C = 12,7 °Brix	
centrifugada	$1,38 \times 10^{-7}$	25 a 50	87,75	C = 12,7 °Brix	
concentrada	$1,28 \times 10^{-7}$	25 a 50	68,38	C = 30 °Brix	
Milho					
grão	$0,66 \times 10^{-7}$	20	0 a 45		176
	$0,77 \times 10^{-7}$	20	0 a 45		
	$0,88 \times 10^{-7}$	20	0 a 45		
	$0,94 \times 10^{-7}$	20	0 a 45		

Tabela 19.8. Difusividade térmica (α) de alimentos – valores pontuais. *(continuação)*

Alimento	α (m²/s)	T (°C)	H (%)	Outros	Referências
	1,00 × 10⁻⁷	20	0 a 45		
	1,05 × 10⁻⁷	20	0 a 45		
	1,11 × 10⁻⁷	20	0 a 45		
	1,16 × 10⁻⁷	20	0 a 45		
	1,22 × 10⁻⁷	20	0 a 45		
	1,25 × 10⁻⁷	20	0 a 45		
farinha	1,510 × 10⁻⁷	23	1,96	ρ = 510 kg/m³	50
	1,520 × 10⁻⁷	23	3,85	ρ = 510 kg/m³	
	1,527 × 10⁻⁷	23	5,66	ρ = 510 kg/m³	
	1,65 × 10⁻⁷	23	6,10	ρ = 475 kg/m³	
	1,60 × 10⁻⁷	23	6,10	ρ = 483 kg/m³	
	1,53 × 10⁻⁷	23	6,10	ρ = 491 kg/m³	
	1,50 × 10⁻⁷	23	6,10	ρ = 497 kg/m³	
	1,47 × 10⁻⁷	23	6,10	ρ = 520 kg/m³	
	1,45 × 10⁻⁷	23	6,10	ρ = 540 kg/m³	
	1,45 × 10⁻⁷	23	6,10	ρ = 555 kg/m³	
	1,540 × 10⁻⁷	23	7,41	ρ = 510 kg/m³	
	1,540 × 10⁻⁷	23	9,09	ρ = 510 kg/m³	
	1,560 × 10⁻⁷	23	10,71	ρ = 510 kg/m³	
	1,562 × 10⁻⁷	23	12,28	ρ = 510 kg/m³	
	1,571 × 10⁻⁷	23	13,79	ρ = 510 kg/m³	
	1,574 × 10⁻⁷	23	15,25	ρ = 510 kg/m³	
farinha amarela	0,702 × 10⁻⁷		48,9	g = 19,97 %	338
	0,831 × 10⁻⁷	91	44,9	g = 18,71 %	
	1,167 × 10⁻⁷	109,1	44,2	g = 16,30 %	
farinha branca	1,065 × 10⁻⁷		49	g = 20 %	
	1,030 × 10⁻⁷	91	44,1	g = 16,12 %	
	0,900 × 10⁻⁷	109,4	43,4	g = 14,25 %	
óleo	8,2 × 10⁻⁸				149
	8,98 × 10⁻⁸	26			38
Milho amarelo	8,89 × 10⁻⁸	9 a 24	24,7		22
	9,25 × 10⁻⁸	9 a 24	30,2		
Morango	1,47 × 10⁻⁷				336
polpa	1,27 × 10⁻⁷	5	92		
Nabo	1,60 × 10⁻⁷				336
Pepino	1,41 × 10⁻⁷	20			17
Pequi, óleo	3,8 × 10⁻⁸				44
Pêssego fresco	1,20 × 10⁻⁷				336
	1,39 × 10⁻⁷				300
Pêssego inglês	1,24 × 10⁻⁷				336

Propriedades Térmicas de Alimentos e Propriedades Termodinâmicas da Água   capítulo 19

Tabela 19.8. Difusividade térmica (α) de alimentos – valores pontuais.   (*continuação*)

Alimento	α (m²/s)	Faixa de aplicação T (°C)	H (%)	Outros	Referências
Pimentão verde	$4{,}74 \times 10^{-8}$	5	80		12
	$7{,}81 \times 10^{-8}$	10	80		
	$1{,}01 \times 10^{-7}$	15	80		
	$1{,}15 \times 10^{-7}$	20	80		
	$1{,}17 \times 10^{-7}$	25	80		
	$1{,}18 \times 10^{-7}$	30	80		
	$3{,}81 \times 10^{-8}$		40		
	$7{,}38 \times 10^{-8}$		45		
	$8{,}33 \times 10^{-8}$		50		
	$1{,}02 \times 10^{-7}$		55		
	$1{,}05 \times 10^{-7}$		60		
	$1{,}14 \times 10^{-7}$		65		
	$1{,}19 \times 10^{-7}$		70		
	$1{,}29 \times 10^{-7}$		75		
	$1{,}33 \times 10^{-7}$		80		
	$1{,}43 \times 10^{-7}$		85		
	$1{,}50 \times 10^{-7}$		90		
Rabanete	$5{,}87 \times 10^{-8}$	5	80		12
	$8{,}13 \times 10^{-8}$	10	80		
	$1{,}01 \times 10^{-7}$	15	80		
	$1{,}14 \times 10^{-7}$	20	80		
	$1{,}14 \times 10^{-7}$	25	80		
	$1{,}14 \times 10^{-7}$	30	80		
	$4{,}29 \times 10^{-8}$		40		
	$6{,}43 \times 10^{-8}$		45		
	$8{,}33 \times 10^{-8}$		50		
	$1{,}00 \times 10^{-7}$		55		
	$1{,}02 \times 10^{-7}$		60		
	$1{,}10 \times 10^{-7}$		65		
	$1{,}14 \times 10^{-7}$		70		
	$1{,}19 \times 10^{-7}$		75		
	$1{,}29 \times 10^{-7}$		80		
	$1{,}36 \times 10^{-7}$		85		
	$1{,}43 \times 10^{-7}$		90		
Soja	$1{,}26 \times 10^{-7}$		2,024		336
	$8{,}167 \times 10^{-8}$		2,153		89
	$8{,}257 \times 10^{-8}$		2,277		
	$8{,}308 \times 10^{-8}$		2,425		
	$8{,}217 \times 10^{-8}$		2,629		
	$8{,}367 \times 10^{-8}$		2,724		
	$8{,}305 \times 10^{-8}$		2,873		
	$8{,}422 \times 10^{-8}$		3,072		
	$8{,}523 \times 10^{-8}$				
óleo	$5{,}0 \times 10^{-8}$	26			149
	$8{,}99 \times 10^{-8}$				38
Tomate	$1{,}30 \times 10^{-7}$				336
polpa	$1{,}17 \times 10^{-7}$		29,1		
	$1{,}33 \times 10^{-7}$		29,1		
	$1{,}46 \times 10^{-7}$		29,1		

761

Tabela 19.8. Difusividade térmica (α) de alimentos – valores pontuais. *(continuação)*

Alimento	α (m²/s)	T (°C)	H (%)	Outros	Referências
massa	$1{,}48 \times 10^{-7}$	4 a 26			300
molho	$1{,}52 \times 10^{-7}$	50 a 90		C = 18 °Brix	61
purê	$2{,}10 \times 10^{-7}$	119	90,4		45
	$1{,}54 \times 10^{-7}$	80	94,5		
Tomate cereja, polpa	$1{,}48 \times 10^{-7}$	26			47
Toranja Marsh					
albedo	$1{,}09 \times 10^{-7}$		72,2		300
polpa	$1{,}27 \times 10^{-7}$		88,8		
Trigo	$1{,}10 \times 10^{-7}$	23			336
farinha	$2{,}328 \times 10^{-7}$	23	1,96	$\rho = 530$ kg/m³	50
	$2{,}338 \times 10^{-7}$	23	3,85	$\rho = 530$ kg/m³	
	$2{,}447 \times 10^{-7}$	23	5,66	$\rho = 530$ kg/m³	
	$2{,}372 \times 10^{-7}$	23	6,10	$\rho = 484$ kg/m³	
	$2{,}350 \times 10^{-7}$	23	6,10	$\rho = 507$ kg/m³	
	$2{,}356 \times 10^{-7}$	23	6,10	$\rho = 510$ kg/m³	
	$2{,}347 \times 10^{-7}$	23	6,10	$\rho = 518$ kg/m³	
	$2{,}332 \times 10^{-7}$	23	6,10	$\rho = 537$ kg/m³	
	$2{,}334 \times 10^{-7}$	23	6,10	$\rho = 556$ kg/m³	
	$2{,}328 \times 10^{-7}$	23	6,10	$\rho = 576$ kg/m³	
	$2{,}358 \times 10^{-7}$	23	7,41	$\rho = 530$ kg/m³	
	$2{,}367 \times 10^{-7}$	23	9,09	$\rho = 530$ kg/m³	
	$2{,}376 \times 10^{-7}$	23	10,71	$\rho = 530$ kg/m³	
	$2{,}383 \times 10^{-7}$	23	12,28	$\rho = 530$ kg/m³	
	$2{,}390 \times 10^{-7}$	23	13,79	$\rho = 530$ kg/m³	
	$2{,}401 \times 10^{-7}$	23	15,25	$\rho = 530$ kg/m³	
	$1{,}22 \times 10^{-7}$	20	1,96		168
	$8{,}3 \times 10^{-8}$	20	6,54		
	$1{,}00 \times 10^{-7}$	20	12,7		190
Trigo duro	$1{,}15 \times 10^{-7}$		9,2		22
Trigo Eregli	$8{,}92 \times 10^{-8}$	35	5,9		320
	$9{,}00 \times 10^{-8}$	35	26,6		
	$9{,}08 \times 10^{-8}$	35	28,4		
	$1{,}143 \times 10^{-7}$	35	39,1		
Trigo Saruhan	$8{,}76 \times 10^{-8}$	35	5,9		320
	$9{,}54 \times 10^{-8}$	35	26,9		
	$9{,}00 \times 10^{-8}$	35	29,7		
	$1{,}078 \times 10^{-7}$	35	39,7		
Uva	$1{,}20 \times 10^{-7}$				336
Uva passa Sultana sem semente	$6{,}7 \times 10^{-8}$	20	7,0		168
	$6{,}2 \times 10^{-8}$	20	8,7		
Uva, suco	$1{,}23 \times 10^{-7}$				336

Tabela 19.8. Difusividade térmica (α) de alimentos – valores pontuais. *(continuação)*

Alimento	α (m²/s)	T (°C)	H (%)	Outros	Referências
\multicolumn{6}{c}{**Carnes e derivados**}					
\multicolumn{6}{c}{*Bovina*}					
Acém	$1,20 \times 10^{-7}$				336
bife	$1,23 \times 10^{-7}$	40 a 65	66		300
Bife	$1,39 \times 10^{-6}$	14	74,1		106
	$1,47 \times 10^{-6}$	20,5	74,1		
	$2,15 \times 10^{-6}$	22	74,1		
cru	$1,1 \times 10^{-7}$	12,3			107
grande	$1,33 \times 10^{-7}$	40 a 65	71		300
Carne moída + 1 % de sal	$1,31 \times 10^{-7}$	25	71,48 a 75,48		334
+ 0,3 % de tripolifosfato	$1,32 \times 10^{-7}$	35	71,48 a 75,48		
de sódio	$1,30 \times 10^{-7}$	45	71,48 a 75,48		
	$1,31 \times 10^{-7}$	55	71,48 a 75,48		
	$1,30 \times 10^{-7}$	65	71,48 a 75,48		
+ 2 % de proteína	$1,27 \times 10^{-7}$	25	71,48 a 75,48		
isolada de soja	$1,30 \times 10^{-7}$	35	71,48 a 75,48		
	$1,25 \times 10^{-7}$	45	71,48 a 75,48		
	$1,30 \times 10^{-7}$	55	71,48 a 75,48		
	$1,32 \times 10^{-7}$	65	71,48 a 75,48		
+ 3,5 % de caseinato	$1,25 \times 10^{-7}$	25	71,48 a 75,48		
de sódio	$1,28 \times 10^{-7}$	35	71,48 a 75,48		
	$1,27 \times 10^{-7}$	45	71,48 a 75,48		
	$1,29 \times 10^{-7}$	55	71,48 a 75,48		
	$1,30 \times 10^{-7}$	65	71,48 a 75,48		
+ 2 % de amido	$1,32 \times 10^{-7}$	25	71,48 a 75,48		
de milho ceroso	$1,30 \times 10^{-7}$	35	71,48 a 75,48		
modificado	$1,28 \times 10^{-7}$	45	71,48 a 75,48		
	$1,31 \times 10^{-7}$	55	71,48 a 75,48		
	$1,29 \times 10^{-7}$	65	71,48 a 75,48		
+ 0,5 % de goma	$1,30 \times 10^{-7}$	25	71,48 a 75,48		
carragena	$1,32 \times 10^{-7}$	35	71,48 a 75,48		
	$1,29 \times 10^{-7}$	45	71,48 a 75,48		
	$1,32 \times 10^{-7}$	55	71,48 a 75,48		
	$1,31 \times 10^{-7}$	65	71,48 a 75,48		
+ 5 % de farinha de	$1,27 \times 10^{-7}$	25	71,48 a 75,48		
aveia hidrolisada	$1,30 \times 10^{-7}$	35	71,48 a 75,48		
	$1,31 \times 10^{-7}$	45	71,48 a 75,48		
	$1,27 \times 10^{-7}$	55	71,48 a 75,48		
	$1,28 \times 10^{-7}$	65	71,48 a 75,48		
Carne enlatada	$1,32 \times 10^{-7}$	5	65		300
	$1,18 \times 10^{-7}$	65	66		
Coxão duro	$1,30 \times 10^{-7}$				336
Fraldinha	$1,10 \times 10^{-7}$				336

Tabela 19.8. Difusividade térmica (α) de alimentos – valores pontuais.   (*continuação*)

Alimento	α (m²/s)	T (°C)	H (%)	Outros	Referências
Hambúrguer de carne moída assado	$1{,}82 \times 10^{-7}$			g = 2 %	291
	$1{,}62 \times 10^{-7}$			g = 11 %	
	$1{,}38 \times 10^{-7}$			g = 18 %	
	$1{,}34 \times 10^{-7}$			g = 25 %	
	$1{,}22 \times 10^{-7}$			g = 30 %	
+ 10 % de gordura	$1{,}82 \times 10^{-7}$				
Hambúrguer de carne magra frito	$1{,}346 \times 10^{-7}$	50	57,6		187
+ 15 % de água	$1{,}360 \times 10^{-7}$	50	61,1		
+ 10 % de gordura	$1{,}310 \times 10^{-7}$	50	56,3		
+ 5 % de tosta	$1{,}325 \times 10^{-7}$	50	55,1		
+ 3 % de sal	$1{,}342 \times 10^{-7}$	50	56,8		
Língua, bife	$1{,}32 \times 10^{-7}$	40 a 65	68		300
Aves					
Frango	$1{,}10 \times 10^{-7}$				336
peito	$1{,}1 \times 10^{-7}$		14,6		107
Peru, peito	$1{,}40 \times 10^{-7}$				336
Suína					
Carne + casca de soja	$1{,}6 \times 10^{-7}$	25	76,85		225
Contra-filé liofilizado	$9{,}6 \times 10^{-8}$	20	0 (b.s.)		168
	$9{,}0 \times 10^{-8}$	20	2 (b.s.)		
	$8{,}8 \times 10^{-8}$	20	4 (b.s.)		
	$8{,}4 \times 10^{-8}$	20	6 (b.s.)		
	$7{,}6 \times 10^{-8}$	20	8 (b.s.)		
Linguiça Lyoner	$1{,}52 \times 10^{-7}$	80	72,0	g = 8,9 %	197
	$1{,}48 \times 10^{-7}$	80	69,5	g = 13,8 %	
	$1{,}44 \times 10^{-7}$	80	67,0	g = 17,5 %	
	$1{,}53 \times 10^{-7}$	80	66,9	g = 18,5 %	
	$1{,}39 \times 10^{-7}$	80	66,5	g = 22,1 %	
	$1{,}35 \times 10^{-7}$	80	66,0	g = 26,3 %	
Luncheon roll	$1{,}16 \times 10^{-7}$	5 a 25	60,4	g = 15,1 %	359
	$1{,}26 \times 10^{-7}$	25 a 45	60,4	g = 15,1 %	
	$1{,}41 \times 10^{-7}$	45 a 65	60,4	g = 15,1 %	
	$1{,}53 \times 10^{-7}$	65 a 85	60,4	g = 15,1 %	
Mortadela	1×10^{-7}	20 a 70			62
	2×10^{-7}	70 a 80			
Presunto defumado	$1{,}18 \times 10^{-7}$	5	64		300
	$1{,}38 \times 10^{-7}$	40 a 65	64		
	$1{,}40 \times 10^{-7}$				336

Propriedades Térmicas de Alimentos e Propriedades Termodinâmicas da Água capítulo **19**

Tabela 19.8. Difusividade térmica (α) de alimentos – valores pontuais.   (*continuação*)

Alimento	α (m²/s)	T (°C)	H (%)	Outros	Referências
White pudding	$1{,}18 \times 10^{-7}$	5 a 25	61,2	g = 15,8 %	359
	$1{,}28 \times 10^{-7}$	25 a 45	61,2	g = 15,8 %	
	$1{,}38 \times 10^{-7}$	45 a 65	61,2	g = 15,8 %	
	$1{,}53 \times 10^{-7}$	65 a 85	61,2	g = 15,8 %	
Peixes					
Alabote negro	$1{,}34 \times 10^{-7}$	0 a 60			336
Anchova	$1{,}4007 \times 10^{-7}$	5 a 30	78,125	g = 3,740 %	255
Atum	$1{,}5275 \times 10^{-7}$	5 a 30	78,125	g = 0,016 %	255
Bacalhau	$1{,}50 \times 10^{-7}$				336
	$1{,}22 \times 10^{-7}$	5	81		
	$1{,}42 \times 10^{-7}$	65	81		300
Cavala pintada	$1{,}5197 \times 10^{-7}$	5 a 30	73,081	g = 9,138 %	255
Croaker	$1{,}6155 \times 10^{-7}$	5 a 30	79,605	g = 0,915 %	255
Linguado	$1{,}47 \times 10^{-7}$	40 a 65	76		300
Peixe	$1{,}30 \times 10^{-7}$	0 a 60			336
Salmão	$1{,}3944 \times 10^{-7}$	5 a 30	72,513	g = 3,898 %	255
	$1{,}40 \times 10^{-7}$				336
Seabass	$1{,}5462 \times 10^{-7}$	5 a 30	79,800	g = 0,253 %	255
Spot	$1{,}5417 \times 10^{-7}$	5 a 30	63,737	g = 15,938 %	255
Tilápia	$1{,}5816 \times 10^{-7}$	5 a 30	77,712	g = 0,747 %	255
Truta	$1{,}4247 \times 10^{-7}$	5 a 30	79,080	g = 2,857 %	255
Frutos do mar					
Camarão cru descascado	$1{,}40 \times 10^{-7}$				336
	$1{,}5212 \times 10^{-7}$	5 a 30	84,655	g = 0,031 %	255
Outras carnes					
Carneiro	$1{,}26 \times 10^{-7}$	60	20		336
	$1{,}35 \times 10^{-7}$	70	20		
	$1{,}44 \times 10^{-7}$	80	20		
	$1{,}61 \times 10^{-7}$	90	20		
	$1{,}82 \times 10^{-7}$	100	20		
Laticínios					
Creme de leite	$0{,}97 \times 10^{-7}$	0 a 22			336
Leite	$1{,}30 \times 10^{-7}$	15 a 20			336
Manteiga	$0{,}67 \times 10^{-7}$	-5 a 17			336
Margarina	$0{,}69 \times 10^{-7}$				336
Queijo	$1{,}30 \times 10^{-7}$				336

Tabela 19.8. Difusividade térmica (α) de alimentos – valores pontuais.   (*continuação*)

Alimento	α (m²/s)	T (°C)	H (%)	Outros	Referências
Queijo Cheddar	1×10^{-7}	15,3			107
Queijo Emmental					
artesanal fresco	$1,08 \times 10^{-7}$	4	39,0	g = 28,6 %	245
	$1,13 \times 10^{-7}$	24	39,0	g = 28,6 %	
artesanal curado, centro	$1,05 \times 10^{-7}$	4	35,7	g = 29,5 %	
	$1,11 \times 10^{-7}$	24	35,7	g = 29,5 %	
artesanal curado, casca	$1,01 \times 10^{-7}$	4	17,7	g = 36,7 %	
	$1,03 \times 10^{-7}$	24	17,7	g = 36,7 %	
industrializado fresco	$1,06 \times 10^{-7}$	4	36,4	g = 31,0 %	
	$1,12 \times 10^{-7}$	24	36,4	g = 31,0 %	
industrializado curado, centro	$1,06 \times 10^{-7}$	4	35,9	g = 31,1 %	
	$1,11 \times 10^{-7}$	24	35,9	g = 31,1 %	
industrializado curado, casca	$1,02 \times 10^{-7}$	4	16,6	g = 38,8 %	
	$1,05 \times 10^{-7}$	24	16,6	g = 38,8 %	
Queijo Quartirolo Argentino	$1,015 \times 10^{-7}$	55			186
Produtos de panificação					
Bolo amarelo					
massa	$1,09 \times 10^{-7}$		41,5		33
exterior ¼ pronto	$8,6 \times 10^{-8}$		40		
centro ¼ pronto	$8,6 \times 10^{-8}$		40		
exterior ½ pronto	$2,14 \times 10^{-7}$		39		
centro ½ pronto	$1,61 \times 10^{-7}$		39		
exterior ¾ pronto	$1,85 \times 10^{-7}$		36,5		
centro ¾ pronto	$1,69 \times 10^{-7}$		37,5		
exterior pronto	$1,50 \times 10^{-7}$		34		
centro pronto	$1,43 \times 10^{-7}$		35,5		
Bolo madeira	$8,5 \times 10^{-6}$				328
Massa	$1,71 \times 10^{-7}$	47			300
Muffin	$5,76 \times 10^{-7}$		17		33
Pão	$1,70 \times 10^{-7}$				336
massa	$1,90 \times 10^{-7}$				
	$4,78 \times 10^{-7}$	-43,5	43,5		33
	$3,95 \times 10^{-7}$	-28,5	43,5		
	$1,45 \times 10^{-7}$	23,0	43,5		
	$5,30 \times 10^{-7}$	-38	46,1		
	$4,35 \times 10^{-7}$	-28	46,1		
	$1,63 \times 10^{-7}$	19	46,1		
	$1,18 \times 10^{-6}$	25	43,7		
massa sem ar	$1,0 \times 10^{-7}$		55,6		
casca	$3,67 \times 10^{-7}$	100	44,4		151
	$7,85 \times 10^{-8}$		34		33
miolo	$4,07 \times 10^{-7}$	30 a 60	44,4		151
	$2,22 \times 10^{-7}$				33

Tabela 19.8. Difusividade térmica (α) de alimentos – valores pontuais. *(continuação)*

Alimento	α (m²/s)	T (°C)	H (%)	Outros	Referências
Pão assado					
10 min	$4,3 \times 10^{-7}$				
40 min	$1,38 \times 10^{-6}$				33
Pão branco	$2,73 \times 10^{-7}$	25			33
	$5,29 \times 10^{-7}$	60 a 70			
	$5,91 \times 10^{-7}$	70 a 80			
	$6,09 \times 10^{-7}$	80 a 90			
	$6,07 \times 10^{-7}$	90 a 100			
Pão de centeio					
massa	$2,434 \times 10^{-7}$		45,9		33
casca	$7,39 \times 10^{-8}$		0		
miolo	$2,47 \times 10^{-8}$		45,9		
Pão de centeio assado					
10 min	$2,4 \times 10^{-7}$				
40 min	$5,2 \times 10^{-7}$				33
Pão de malte	$1,17 \times 10^{-7}$	20	34,4		190
Pão de trigo + centeio	$5,58 \times 10^{-7}$		46,7		33
Pão francês	$4,110 \times 10^{-7}$	87,48	37,3		254
Tortilha, massa					
com pericarpo	$4,312 \times 10^{-7}$	37,7 a 60,9		1,5 % (b.s.)	19
	$2,813 \times 10^{-7}$	37,7 a 60,9		3 % (b.s.)	
	$1,375 \times 10^{-7}$	37,7 a 60,9		4,5 % (b.s.)	
	$1,25 \times 10^{-8}$	37,7 a 60,9		6 % (b.s.)	
com lipídeos não polares	$1,700 \times 10^{-7}$	37,7 a 60,9		0,5 % (b.s.)	
	$1,443 \times 10^{-7}$	37,7 a 60,9		1 % (b.s.)	
	$1,300 \times 10^{-7}$	37,7 a 60,9		1,5 % (b.s.)	
com goma xantana	$2,469 \times 10^{-7}$	37,7 a 60,9		0,1 % (b.s.)	
	$1,643 \times 10^{-7}$	37,7 a 60,9		0,2 % (b.s.)	
	$1,000 \times 10^{-7}$	37,7 a 60,9		0,3 % (b.s.)	
Tortilha de milho Mexicana assada					
5 min	$4,16 \times 10^{-6}$	55	50		274
	$4,16 \times 10^{-6}$	65	50		
	$5,00 \times 10^{-6}$	75	50		
	$4,16 \times 10^{-6}$	55	55		
	$3,75 \times 10^{-6}$	65	55		
	$5,00 \times 10^{-6}$	75	55		
	$4,10 \times 10^{-6}$	55	60		

Tabela 19.8. Difusividade térmica (α) de alimentos – valores pontuais. *(continuação)*

Alimento	α (m²/s)	T (°C)	H (%)	Outros	Referências
10 min	$5,00 \times 10^{-6}$	65	60		
	$5,83 \times 10^{-6}$	75	60		
	$7,50 \times 10^{-6}$	55	50		
	$8,66 \times 10^{-6}$	65	50		
	$8,83 \times 10^{-6}$	75	50		
	$8,33 \times 10^{-6}$	55	55		
	$6,66 \times 10^{-6}$	65	55		
	$8,83 \times 10^{-6}$	75	55		
	$8,50 \times 10^{-6}$	55	60		
	$8,33 \times 10^{-6}$	65	60		
	$8,33 \times 10^{-6}$	75	60		
15 min	$1,00 \times 10^{-5}$	55	50		
	$1,25 \times 10^{-5}$	65	50		
	$1,33 \times 10^{-5}$	75	50		
	$1,11 \times 10^{-5}$	55	55		
	$1,03 \times 10^{-5}$	65	55		
	$1,28 \times 10^{-5}$	75	55		
	$1,16 \times 10^{-5}$	55	60		
	$1,25 \times 10^{-5}$	65	60		
	$1,20 \times 10^{-5}$	75	60		
20 min	$1,91 \times 10^{-5}$	55	50		
	$1,94 \times 10^{-5}$	65	50		
	$1,97 \times 10^{-5}$	75	50		
	$1,90 \times 10^{-5}$	55	55		
	$1,85 \times 10^{-5}$	65	55		
	$1,96 \times 10^{-5}$	75	55		
	$1,66 \times 10^{-5}$	55	60		
	$1,75 \times 10^{-5}$	65	60		
	$1,75 \times 10^{-5}$	75	60		
Tortilha de milho nixtamalizado					
0 % cal	$2,75 \times 10^{-6}$	0 a 50			13
0,10 % cal	$2,95 \times 10^{-6}$	0 a 50			
0,20 % cal	$3,3 \times 10^{-6}$	0 a 50			
0,23 % cal	$3,02 \times 10^{-6}$	0 a 50			
Outros					
Açúcar	$1,10 \times 10^{-7}$				336
	$1,21 \times 10^{-8}$	33			47
Açúcar bruto de palmira	$1,2 \times 10^{-7}$	30	2,1		265
	$1,0 \times 10^{-7}$	30	6,1 a 10,2		
Açúcar bruto de tâmara	$1,3 \times 10^{-7}$	30	2,9		265
	$1,1 \times 10^{-7}$	30	5,3		
	$1,0 \times 10^{-7}$	30	7,1 a 14,3		
Açúcar mascavo	$1,2 \times 10^{-7}$	30	2,0		265
	$1,1 \times 10^{-7}$	30	4,1		
	$1,0 \times 10^{-7}$	30	5,2 a 11,6		

Propriedades Térmicas de Alimentos e Propriedades Termodinâmicas da Água   capítulo 19

Tabela 19.8. Difusividade térmica (α) de alimentos – valores pontuais.   *(continuação)*

Alimento	α (m²/s)	T (°C)	H (%)	Outros	Referências
Amido gelatinizado					
10 %	$1,387 \times 10^{-7}$	20			94
	$1,398 \times 10^{-7}$	25			
	$1,461 \times 10^{-7}$	30			
15 %	$1,359 \times 10^{-7}$	20			
	$1,341 \times 10^{-7}$	25			
	$1,441 \times 10^{-7}$	30			
20 %	$1,388 \times 10^{-7}$	20			
	$1,345 \times 10^{-7}$	25			
	$1,371 \times 10^{-7}$	30			
Amido granular					
63 % amilose	$9,4 \times 10^{-8}$	20	0 (b.s.)		168
	$1,09 \times 10^{-7}$	20	5 (b.s.)		
	$1,27 \times 10^{-7}$	20	10 (b.s.)		
	$1,10 \times 10^{-7}$	20	15 (b.s.)		
	$1,09 \times 10^{-7}$	20	20 (b.s.)		
	$9,9 \times 10^{-8}$	20	25 (b.s.)		
	$1,09 \times 10^{-7}$	20	30 (b.s.)		
	$1,17 \times 10^{-7}$	20	35 (b.s.)		
	$1,24 \times 10^{-7}$	20	40 (b.s.)		
98 % amilopectina	$1,16 \times 10^{-7}$	20	0 (b.s.)		
	$1,16 \times 10^{-7}$	20	5 (b.s.)		
	$1,10 \times 10^{-7}$	20	10 (b.s.)		
	$1,06 \times 10^{-7}$	20	15 (b.s.)		
	$9,7 \times 10^{-8}$	20	20 (b.s.)		
	$9,9 \times 10^{-8}$	20	25 (b.s.)		
	$1,10 \times 10^{-7}$	20	30 (b.s.)		
	$1,17 \times 10^{-7}$	20	35 (b.s.)		
	$1,23 \times 10^{-7}$	20	40 (b.s.)		
Amido + água	$1,60 \times 10^{-7}$	80	80		45
Amilopectina (Amioca)	$0,9 \times 10^{-7}$	25	0	$\rho = 700$ kg/m³	92
	$0,95 \times 10^{-7}$	25	1,0	$\rho = 700$ kg/m³	
	$1,0 \times 10^{-7}$	25	2,0	$\rho = 700$ kg/m³	
	$0,95 \times 10^{-7}$	25	3,0	$\rho = 700$ kg/m³	
Amilose (Hylon 7)	$1,0 \times 10^{-7}$	25	0,1	$\rho = 700$ kg/m³	92
	$0,9 \times 10^{-7}$	25	1,0	$\rho = 700$ kg/m³	
	$0,8 \times 10^{-7}$	25	2,0	$\rho = 700$ kg/m³	
	$0,75 \times 10^{-7}$	25	3,0	$\rho = 700$ kg/m³	
Bulgur	$8,28 \times 10^{-8}$	35	8,8		320
Creme de confeiteiro	$1,36 \times 10^{-7}$	80	72,7		45
Farinha de milho branca + fibra de soja	$0,796 \times 10^{-7}$		48,8	g = 20,13 %	338
	$1,022 \times 10^{-7}$	92,1	43,7	g = 14,92 %	
	$1,200 \times 10^{-7}$	109	43,3	g = 14,22 %	
Glicerina	$0,097 \times 10^{-7}$	30,6			47
Idli, massa	$1,38 \times 10^{-7}$	98	70		224

Tabela 19.8. Difusividade térmica (α) de alimentos – valores pontuais.   (*continuação*)

Alimento	α (m²/s)	T (°C)	H (%)	Outros	Referências
Lasanha	$1,32 \times 10^{-7}$	60	73,6		336
	$1,30 \times 10^{-7}$	70	73,6		
	$1,34 \times 10^{-7}$	80	73,6		
	$1,42 \times 10^{-7}$	90	73,6		
	$1,70 \times 10^{-7}$	100	73,6		
Molho de bacon e ovo	$1,57 \times 10^{-7}$	90	86,7		45
Molho de champignon	$1,53 \times 10^{-7}$	90	89,3		45
Molho de maçã	$1,05 \times 10^{-7}$	5	37		300
	$1,12 \times 10^{-7}$	65	37		
	$1,22 \times 10^{-7}$	5	80		
	$1,40 \times 10^{-7}$	65	80		
	$1,67 \times 10^{-7}$	26 a 129			
Molho de queijo	$1,46 \times 10^{-7}$	90	88,9		45
Molho de trufa	$1,39 \times 10^{-7}$	119	53,06		45
Ovo	$1,40 \times 10^{-7}$	5 a 65			336
clara	$1,44 \times 10^{-6}$	7,8			106
	$1,54 \times 10^{-6}$	19,4			
	$1,58 \times 10^{-6}$	31,3			
gema	$1,24 \times 10^{-6}$	7,8			
	$1,22 \times 10^{-6}$	19,4			
	$1,31 \times 10^{-6}$	31,3			
Patê de azeitona	$1,16 \times 10^{-7}$	80	65,2		45
Salgadinho de tortilha assado 60 s	$9,11 \times 10^{-8}$	190	1,3 a 36,1		212
Salgadinho de tortilha frito					
0 min	$1,25 \times 10^{-7}$		35,6		212
5 min	$1,05 \times 10^{-7}$		16,4		
10 min	$8,23 \times 10^{-8}$		11,2		
15 min	$9,29 \times 10^{-8}$		8,1		
20 min	$7,90 \times 10^{-8}$		4,6		
25 min	$8,10 \times 10^{-8}$		3,7		
30 min	$8,86 \times 10^{-8}$		2,8		
45 min	$8,78 \times 10^{-8}$		2,0		
60 min	$8,22 \times 10^{-8}$		1,4		
Torta de cereja	$1,32 \times 10^{-7}$	30			300

Propriedades Térmicas de Alimentos e Propriedades Termodinâmicas da Água — capítulo 19

Tabela 19.9. Propriedades termodinâmicas da água e do vapor[1].

Vapor saturado: tabela de temperatura

Temp. °C T	Press. kPa P	Volume Específico Líquido Sat. $\hat{V}^L$	Volume Específico Vapor Sat. $\hat{V}^v$	Energia Interna Líquido Sat. $\hat{U}^L$	Energia Interna Evap. $\Delta \hat{U}$	Energia Interna Vapor Sat. $\hat{U}^v$	Entalpia Líquido Sat. $\hat{H}^L$	Entalpia Evap. $\Delta \hat{H}$	Entalpia Vapor Sat. $\hat{H}^v$	Entropia Líquido Sat. $\hat{S}^L$	Entropia Evap. $\Delta \hat{S}$	Entropia Vapor Sat. $\hat{S}^v$
0,01	0,6113	0,001 000	206,14	0,00	2375,3	2375,3	0,01	2501,3	2501,4	0,0000	9,1562	9,1562
5	0,8721	0,001 000	147,12	20,97	2361,3	2382,3	20,98	2489,6	2510,6	0,0761	8,9496	9,0257
10	1,2276	0,001 000	106,38	42,00	2347,2	2389,2	42,01	2477,7	2519,8	0,1510	8,7498	8,9008
15	1,7051	0,001 001	77,93	62,99	2333,1	2396,1	62,99	2465,9	2528,9	0,2245	8,5569	8,7814
20	2,339	0,001 002	57,79	83,95	2319,0	2402,9	83,96	2454,1	2538,1	0,2966	8,3706	8,6672
25	3,169	0,001 003	43,36	104,88	2304,9	2409,8	104,89	2442,3	2547,2	0,3674	8,1905	8,5580
30	4,246	0,001 004	32,89	125,78	2290,8	2416,6	125,79	2430,5	2556,3	0,4369	8,0164	8,4533
35	5,628	0,001 006	25,22	146,67	2276,7	2423,4	146,68	2418,6	2565,3	0,5053	7,8478	8,3531
40	7,384	0,001 008	19,52	167,56	2262,6	2430,1	167,57	2406,7	2574,3	0,5725	7,6845	8,2570
45	9,593	0,001 010	15,26	188,44	2248,4	2436,8	188,45	2394,8	2583,2	0,6387	7,5261	8,1648
50	12,349	0,001 012	12,03	209,32	2234,2	2443,5	209,33	2382,7	2592,1	0,7038	7,3725	8,0763
55	15,758	0,001 015	9,568	230,21	2219,9	2450,1	230,23	2370,7	2600,9	0,7679	7,2234	7,9913
60	19,940	0,001 017	7,671	251,11	2205,5	2456,6	251,13	2358,5	2609,6	0,8312	7,0784	7,9096
65	25,03	0,001 020	6,197	272,02	2191,1	2463,1	272,06	2346,2	2618,3	0,8935	6,9375	7,8310
70	31,19	0,001 023	5,042	292,95	2176,6	2469,6	292,98	2333,8	2626,8	0,9549	6,8004	7,7553
75	38,58	0,001 026	4,131	313,90	2162,0	2475,9	313,93	2321,4	2635,3	1,0155	6,6669	7,6824
80	47,39	0,001 029	3,407	334,86	2147,4	2482,2	334,91	2308,8	2643,7	1,0753	6,5369	7,6122
85	57,83	0,001 033	2,828	355,84	2132,6	2488,4	355,90	2296,0	2651,9	1,1343	6,4102	7,5445
90	70,14	0,001 036	2,361	376,85	2117,7	2494,5	376,92	2283,2	2660,1	1,1925	6,2866	7,4791
95	84,55	0,001 040	1,982	397,88	2102,7	2500,6	397,96	2270,2	2668,1	1,2500	6,1659	7,4159
MPa												
100	0,101 35	0,001 044	1,6729	418,94	2087,6	2506,5	419,04	2257,0	2676,1	1,3069	6,0480	7,3549

(continua)

$\hat{V}$ [=] m³/kg; $\hat{U}, \hat{H}$ [=] J/g = kJ/kg; $\hat{S}$ [=] kJ/kg K

[1]. De G. J. Van Wylen, R. E. Sonntag e C. Borgnakke, Fundamentals of Classical Thermodynamics, S. I. Version, 4ª ed., John Wiley & Sons, Nova Iorque, 1994. Reproduzido com permissão.

Tabela 19.9. Propriedades termodinâmicas da água e do vapor.   *(continuação)*

Vapor saturado: tabela de temperatura

Temp. °C T	Press. MPa P	Volume Específico Líquido Sat. $\hat{V}^L$	Volume Específico Vapor Sat. $\hat{V}^V$	Energia Interna Líquido Sat. $\hat{U}^L$	Energia Interna Evap. $\Delta\hat{U}$	Energia Interna Vapor Sat. $\hat{U}^V$	Entalpia Líquido Sat. $\hat{H}^L$	Entalpia Evap. $\Delta\hat{H}$	Entalpia Vapor Sat. $\hat{H}^V$	Entropia Líquido Sat. $\hat{S}^L$	Entropia Evap. $\Delta\hat{S}$	Entropia Vapor Sat. $\hat{S}^V$
105	0,120 82	0,001 048	1,4194	440,02	2072,3	2512,4	440,15	2243,7	2683,8	1,3630	5,9328	7,2958
110	0,143 27	0,001 052	1,2102	461,14	2057,0	2518,1	461,30	2230,2	2691,5	1,4185	5,8202	7,2387
115	0,169 06	0,001 056	1,0366	482,30	2041,4	2523,7	482,48	2216,5	2699,0	1,4734	5,7100	7,1833
120	0,198 53	0,001 060	0,8919	503,50	2025,8	2529,3	503,71	2202,6	2706,3	1,5276	5,6020	7,1296
125	0,2321	0,001 065	0,7706	524,74	2009,9	2534,6	524,99	2188,5	2713,5	1,5813	5,4962	7,0775
130	0,2701	0,001 070	0,6685	546,02	1993,9	2539,9	546,31	2174,2	2720,5	1,6344	5,3925	7,0269
135	0,3130	0,001 075	0,5822	567,35	1977,7	2545,0	567,69	2159,6	2727,3	1,6870	5,2907	6,9777
140	0,3613	0,001 080	0,5089	588,74	1961,3	2550,0	589,13	2144,7	2733,9	1,7391	5,1908	6,9299
145	0,4154	0,001 085	0,4463	610,18	1944,7	2554,9	610,63	2129,6	2740,3	1,7907	5,0926	6,8833
150	0,4758	0,001 091	0,3928	631,68	1927,9	2559,5	632,20	2114,3	2746,5	1,8418	4,9960	6,8379
155	0,5431	0,001 096	0,3468	653,24	1910,8	2564,1	653,84	2098,6	2752,4	1,8925	4,9010	6,7935
160	0,6178	0,001 102	0,3071	674,87	1893,5	2568,4	675,55	2082,6	2758,1	1,9427	4,8075	6,7502
165	0,7005	0,001 108	0,2727	696,56	1876,0	2572,5	697,34	2066,2	2763,5	1,9925	4,7153	6,7078
170	0,7917	0,001 114	0,2428	718,33	1858,1	2576,5	719,21	2049,5	2768,7	2,0419	4,6244	6,6663
175	0,8920	0,001 121	0,2168	740,17	1840,0	2580,2	741,17	2032,4	2773,6	2,0909	4,5347	6,6256
180	1,0021	0,001 127	0,194 05	762,09	1821,6	2583,7	763,22	2015,0	2778,2	2,1396	4,4461	6,5857
185	1,1227	0,001 134	0,174 09	784,10	1802,9	2587,0	785,37	1997,1	2782,4	2,1879	4,3586	6,5465

$\hat{V}$ [=] m³/kg; $\hat{U}$, $\hat{H}$ [=] J/g = kJ/kg; $\hat{S}$ [=] kJ/kg K

Tabela 19.9. Propriedades termodinâmicas da água e do vapor. *(continuação)*

Vapor saturado: tabela de temperatura

Temp. °C T	Press. MPa P	Volume Específico Líquido Sat. $\hat{V}^L$	Volume Específico Vapor Sat. $\hat{V}^V$	Energia Interna Líquido Sat. $\hat{U}^L$	Energia Interna Evap. $\Delta\hat{U}$	Energia Interna Vapor Sat. $\hat{U}^V$	Entalpia Líquido Sat. $\hat{H}^L$	Entalpia Evap. $\Delta\hat{H}$	Entalpia Vapor Sat. $\hat{H}^V$	Entropia Líquido Sat. $\hat{S}^L$	Entropia Evap. $\Delta\hat{S}$	Entropia Vapor Sat. $\hat{S}^V$
190	1,2544	0,001 141	0,156 54	806,19	1783,8	2590,0	807,62	1978,8	2786,4	2,2359	4,2720	6,5079
195	1,3978	0,001 149	0,141 05	828,37	1764,4	2592,8	829,98	1960,0	2790,0	2,2835	4,1863	6,4698
200	1,5538	0,001 157	0,127 36	850,65	1744,7	2595,3	852,45	1940,7	2793,2	2,3309	4,1014	6,4323
205	1,7230	0,001 164	0,115 21	873,04	1724,5	2597,5	875,04	1921,0	2796,0	2,3780	4,0172	6,3952
210	1,9062	0,001 173	0,104 41	895,53	1703,9	2599,5	897,76	1900,7	2798,5	2,4248	3,9337	6,3585
215	2,104	0,001 181	0,094 79	918,14	1682,9	2601,1	920,62	1879,9	2800,5	2,4714	3,8507	6,3221
220	2,318	0,001 190	0,086 19	940,87	1661,5	2602,4	943,62	1858,5	2802,1	2,5178	3,7683	6,2861
225	2,548	0,001 199	0,078 49	963,73	1639,6	2603,3	966,78	1836,5	2803,3	2,5639	3,6863	6,2503
230	2,795	0,001 209	0,071 58	986,74	1617,2	2603,9	990,12	1813,8	2804,0	2,6099	3,6047	6,2146
235	3,060	0,001 219	0,065 37	1009,89	1594,2	2604,1	1013,62	1790,5	2804,2	2,6558	3,5233	6,1791
240	3,344	0,001 229	0,059 76	1033,21	1570,8	2604,0	1037,32	1766,5	2803,8	2,7015	3,4422	6,1437
245	3,648	0,001 240	0,054 71	1056,71	1546,7	2603,4	1061,23	1741,7	2803,0	2,7472	3,3612	6,1083
250	3,973	0,001 251	0,050 13	1080,39	1522,0	2602,4	1085,36	1716,2	2801,5	2,7927	3,2802	6,0730
255	4,319	0,001 263	0,045 98	1104,28	1496,7	2600,9	1109,73	1689,8	2799,5	2,8383	3,1992	6,0375
260	4,688	0,001 276	0,042 21	1128,39	1470,6	2599,0	1134,37	1662,5	2796,9	2,8838	3,1181	6,0019
265	5,081	0,001 289	0,038 77	1152,74	1443,9	2596,6	1159,28	1634,4	2793,6	2,9294	3,0368	5,9662
270	5,499	0,001 302	0,035 64	1177,36	1416,3	2593,7	1184,51	1605,2	2789,7	2,9751	2,9551	5,9301
275	5,942	0,001 317	0,032 79	1202,25	1387,9	2590,2	1210,07	1574,9	2785,0	3,0208	2,8730	5,8938
280	6,412	0,001 332	0,030 17	1227,46	1358,7	2586,1	1235,99	1543,6	2779,6	3,0668	2,7903	5,8571
285	6,909	0,001 348	0,027 77	1253,00	1328,4	2581,4	1262,31	1511,0	2773,3	3,1130	2,7070	5,8199
290	7,436	0,001 366	0,025 57	1278,92	1297,1	2576,0	1289,07	1477,1	2766,2	3,1594	2,6227	5,7821
295	7,993	0,001 384	0,023 54	1305,2	1264,7	2569,9	1316,3	1441,8	2758,1	3,2062	2,5375	5,7437
300	8,581	0,001 404	0,021 67	1332,0	1231,0	2563,0	1344,0	1404,9	2749,0	3,2534	2,4511	5,7045

$\hat{V}$ [=] m³/kg; $\quad \hat{U}$, $\hat{H}$ [=] J/g = kJ/kg; $\quad \hat{S}$ [=] kJ/kg K

Tabela 19.9. Propriedades termodinâmicas da água e do vapor. *(continuação)*

		Vapor saturado: tabela de temperatura										
		Volume Específico		Energia Interna			Entalpia			Entropia		
Temp. °C T	Press. MPa P	Líquido Sat. $\hat{V}^L$	Vapor Sat. $\hat{V}^V$	Líquido Sat. $\hat{U}^L$	Evap. $\Delta\hat{U}$	Vapor Sat. $\hat{U}^V$	Líquido Sat. $\hat{H}^L$	Evap. $\Delta\hat{H}$	Vapor Sat. $\hat{H}^V$	Líquido Sat. $\hat{S}^L$	Evap. $\Delta\hat{S}$	Vapor Sat. $\hat{S}^V$
305	9,202	0,001 425	0,019 948	1359,3	1195,9	2555,2	1372,4	1366,4	2738,7	3,3010	2,3633	5,6643
310	9,856	0,001 447	0,018 350	1387,1	1159,4	2546,4	1401,3	1326,0	2727,3	3,3493	2,2737	5,6230
315	10,547	0,001 472	0,016 867	1415,5	1121,1	2536,6	1431,0	1283,5	2714,5	3,3982	2,1821	5,5804
320	11,274	0,001 499	0,015 488	1444,6	1080,9	2525,5	1461,5	1238,6	2700,1	3,4480	2,0882	5,5362
330	12,845	0,001 561	0,012 996	1505,3	993,7	2498,9	1525,3	1140,6	2665,9	3,5507	1,8909	5,4417
340	14,586	0,001 638	0,010 797	1570,3	894,3	2464,6	1594,2	1027,9	2622,0	3,6594	1,6763	5,3357
350	16,513	0,001 740	0,008 813	1641,9	776,6	2418,4	1670,6	893,4	2563,9	3,7777	1,4335	5,2112
360	18,651	0,001 893	0,006 945	1725,2	626,3	2351,5	1760,5	720,5	2481,0	3,9147	1,1379	5,0526
370	21,03	0,002 213	0,004 925	1844,0	384,5	2228,5	1890,5	441,6	2332,1	4,1106	0,6865	4,7971
374,14	22,09	0,003 155	0,003 155	2029,6	0	2029,6	2099,3	0	2099,3	4,4298	0	4,4298

$\hat{V}$ [=] m³/kg; $\hat{U}, \hat{H}$ [=] J/g = kJ/kg; $\hat{S}$ [=] kJ/kg K

Tabela 19.9. Propriedades termodinâmicas da água e do vapor. (*continuação*)

Press. kPa P	Temp. °C T	Volume Específico Líquido Sat. $\hat{V}^L$	Volume Específico Vapor Sat. $\hat{V}^V$	Energia Interna Líquido Sat. $\hat{U}^L$	Energia Interna Evap. $\Delta\hat{U}$	Energia Interna Vapor Sat. $\hat{U}^V$	Entalpia Líquido Sat. $\hat{H}^L$	Entalpia Evap. $\Delta\hat{H}$	Entalpia Vapor Sat. $\hat{H}^V$	Entropia Líquido Sat. $\hat{S}^L$	Entropia Evap. $\Delta\hat{S}$	Entropia Vapor Sat. $\hat{S}^V$
0,6113	0,01	0,001 000	206,14	0,00	2375,3	2375,3	0,01	2501,3	2501,4	0,0000	9,1562	9,1562
1,0	6,98	0,001 000	129,21	29,30	2355,7	2385,0	29,30	2484,9	2514,2	0,1059	8,8697	8,9756
1,5	13,03	0,001 001	87,98	54,71	2338,6	2393,3	54,71	2470,6	2525,3	0,1957	8,6322	8,8279
2,0	17,50	0,001 001	67,00	73,48	2326,0	2399,5	73,48	2460,0	2533,5	0,2607	8,4629	8,7237
2,5	21,08	0,001 002	54,25	88,48	2315,9	2404,4	88,49	2451,6	2540,0	0,3120	8,3311	8,6432
3,0	24,08	0,001 003	45,67	101,04	2307,5	2408,5	101,05	2444,5	2545,5	0,3545	8,2231	8,5776
4,0	28,96	0,001 004	34,80	121,45	2293,7	2415,2	121,46	2432,9	2554,4	0,4226	8,0520	8,4746
5,0	32,88	0,001 005	28,19	137,81	2282,7	2420,5	137,82	2423,7	2561,5	0,4764	7,9187	8,3951
7,5	40,29	0,001 008	19,24	168,78	2261,7	2430,5	168,79	2406,0	2574,8	0,5764	7,6750	8,2515
10	45,81	0,001 010	14,67	191,82	2246,1	2437,9	191,83	2392,8	2584,7	0,6493	7,5009	8,1502
15	53,97	0,001 014	10,02	225,92	2222,8	2448,7	225,94	2373,1	2599,1	0,7549	7,2536	8,0085
20	60,06	0,001 017	7,649	251,38	2205,4	2456,7	251,40	2358,3	2609,7	0,8320	7,0766	7,9085
25	64,97	0,001 020	6,204	271,90	2191,2	2463,1	271,93	2346,3	2618,2	0,8931	6,9383	7,8314
30	69,10	0,001 022	5,229	289,20	2179,2	2468,4	289,23	2336,1	2625,3	0,9439	6,8247	7,7686
40	75,87	0,001 027	3,993	317,53	2159,5	2477,0	317,58	2319,2	2636,8	1,0259	6,6441	7,6700
50	81,33	0,001 030	3,240	340,44	2143,4	2483,9	340,49	2305,4	2645,9	1,0910	6,5029	7,5939
75	91,78	0,001 037	2,217	384,31	2112,4	2496,7	384,39	2278,6	2663,0	1,2130	6,2434	7,4564
MPa												
0,100	99,63	0,001 043	1,6940	417,36	2088,7	2506,1	417,46	2258,0	2675,5	1,3026	6,0568	7,3594
0,125	105,99	0,001 048	1,3749	444,19	2069,3	2513,5	444,32	2241,0	2685,4	1,3740	5,9104	7,2844
0,150	111,37	0,001 053	1,1593	466,94	2052,7	2519,7	467,11	2226,5	2693,6	1,4336	5,7897	7,2233

$\hat{V}$ [=] m³/kg; $\hat{U}, \hat{H}$ [=] J/g = kJ/kg; $\hat{S}$ [=] kJ/kg K

Tabela 19.9. Propriedades termodinâmicas da água e do vapor. *(continuação)*

Vapor saturado: tabela de pressão

Press. MPa P	Temp. °C T	Volume Específico Líquido Sat. $\hat{V}^L$	Volume Específico Vapor Sat. $\hat{V}^V$	Energia Interna Líquido Sat. $\hat{U}^L$	Energia Interna Evap. $\Delta\hat{U}$	Energia Interna Vapor Sat. $\hat{U}^V$	Entalpia Líquido Sat. $\hat{H}^L$	Entalpia Evap. $\Delta\hat{H}$	Entalpia Vapor Sat. $\hat{H}^V$	Entropia Líquido Sat. $\hat{S}^L$	Entropia Evap. $\Delta\hat{S}$	Entropia Vapor Sat. $\hat{S}^V$
0,175	116,06	0,001 057	1,0036	486,80	2038,1	2524,9	486,99	2213,6	2700,6	1,4849	5,6868	7,1717
0,200	120,23	0,001 061	0,8857	504,49	2025,0	2529,5	504,70	2201,9	2706,7	1,5301	5,5970	7,1271
0,225	124,00	0,001 064	0,7933	520,47	2013,1	2533,6	520,72	2191,3	2712,1	1,5706	5,5173	7,0878
0,250	127,44	0,001 067	0,7187	535,10	2002,1	2537,2	535,37	2181,5	2716,9	1,6072	5,4455	7,0527
0,275	130,60	0,001 070	0,6573	548,59	1991,9	2540,5	548,89	2172,4	2721,3	1,6408	5,3801	7,0209
0,300	133,55	0,001 073	0,6058	561,15	1982,4	2543,6	561,47	2163,8	2725,3	1,6718	5,3201	6,9919
0,325	136,30	0,001 076	0,5620	572,90	1973,5	2546,4	573,25	2155,8	2729,0	1,7006	5,2646	6,9652
0,350	138,88	0,001 079	0,5243	583,95	1965,0	2548,9	584,33	2148,1	2732,4	1,7275	5,2130	6,9405
0,375	141,32	0,001 081	0,4914	594,40	1956,9	2551,3	594,81	2140,8	2735,6	1,7528	5,1647	6,9175
0,40	143,63	0,001 084	0,4625	604,31	1949,3	2553,6	604,74	2133,8	2738,6	1,7766	5,1193	6,8959
0,45	147,93	0,001 088	0,4140	622,77	1934,9	2557,6	623,25	2120,7	2743,9	1,8207	5,0359	6,8565
0,50	151,86	0,001 093	0,3749	639,68	1921,6	2561,2	640,23	2108,5	2748,7	1,8607	4,9606	6,8213
0,55	155,48	0,001 097	0,3427	655,32	1909,2	2564,5	655,93	2097,0	2753,0	1,8973	4,8920	6,7893
0,60	158,85	0,001 101	0,3157	669,90	1897,5	2567,4	670,56	2086,3	2756,8	1,9312	4,8288	6,7600
0,65	162,01	0,001 104	0,2927	683,56	1886,5	2570,1	684,28	2076,0	2760,3	1,9627	4,7703	6,7331
0,70	164,97	0,001 108	0,2729	696,44	1876,1	2572,5	697,22	2066,3	2763,5	1,9922	4,7158	6,7080
0,75	167,78	0,001 112	0,2556	708,64	1866,1	2574,7	709,47	2057,0	2766,4	2,0200	4,6647	6,6847
0,80	170,43	0,001 115	0,2404	720,22	1856,6	2576,8	721,11	2048,0	2769,1	2,0462	4,6166	6,6628
0,85	172,96	0,001 118	0,2270	731,27	1847,4	2578,7	732,22	2039,4	2771,6	2,0710	4,5711	6,6421
0,90	175,38	0,001 121	0,2150	741,83	1838,6	2580,5	742,83	2031,1	2773,9	2,0946	4,5280	6,6226
0,95	177,69	0,001 124	0,2042	751,95	1830,2	2582,1	753,02	2023,1	2776,1	2,1172	4,4869	6,6041

$\hat{V}$ [=] m³/kg; $\hat{U}, \hat{H}$ [=] J/g = kJ/kg; $\hat{S}$ [=] kJ/kg K

Propriedades Térmicas de Alimentos e Propriedades Termodinâmicas da Água — capítulo 19

Tabela 19.9. Propriedades termodinâmicas da água e do vapor. *(continuação)*

Vapor saturado: tabela de pressão

Press. MPa P	Temp. °C T	Volume Específico Líquido Sat. $\hat{V}^L$	Volume Específico Vapor Sat. $\hat{V}^V$	Energia Interna Líquido Sat. $\hat{U}^L$	Energia Interna Evap. $\Delta\hat{U}$	Energia Interna Vapor Sat. $\hat{U}^V$	Entalpia Líquido Sat. $\hat{H}^L$	Entalpia Evap. $\Delta\hat{H}$	Entalpia Vapor Sat. $\hat{H}^V$	Entropia Líquido Sat. $\hat{S}^L$	Entropia Evap. $\Delta\hat{S}$	Entropia Vapor Sat. $\hat{S}^V$
1,00	179,91	0,001 127	0,194 44	761,68	1822,0	2583,6	762,81	2015,3	2778,1	2,1387	4,4478	6,5865
1,10	184,09	0,001 133	0,177 53	780,09	1806,3	2586,4	781,34	2000,4	2781,7	2,1792	4,3744	6,5536
1,20	187,99	0,001 139	0,163 33	797,29	1791,5	2588,8	798,65	1986,2	2784,8	2,2166	4,3067	6,5233
1,30	191,64	0,001 144	0,151 25	813,44	1777,5	2591,0	814,93	1972,7	2787,6	2,2515	4,2438	6,4953
1,40	195,07	0,001 149	0,140 84	828,70	1764,1	2592,8	830,30	1959,7	2790,6	2,2842	4,1850	6,4693
1,50	198,32	0,001 154	0,131 77	843,16	1751,3	2594,5	844,89	1947,3	2792,2	2,3150	4,1298	6,4448
1,75	205,76	0,001 166	0,113 49	876,46	1721,4	2597,8	878,50	1917,9	2796,4	2,3851	4,0044	6,3896
2,00	212,42	0,001 177	0,099 63	906,44	1693,8	2600,3	908,79	1890,7	2799,5	2,4474	3,8935	6,3409
2,25	218,45	0,001 187	0,088 75	933,83	1668,2	2602,0	936,49	1865,2	2801,7	2,5035	3,7937	6,2972
2,5	223,99	0,001 197	0,079 98	959,11	1644,0	2603,1	962,11	1841,0	2803,1	2,5547	3,7028	6,2575
3,00	233,90	0,001 217	0,066 68	1004,78	1599,3	2604,1	1008,42	1795,7	2804,2	2,6457	3,5412	6,1869
3,5	242,60	0,001 235	0,057 07	1045,43	1558,3	2603,7	1049,75	1753,7	2803,4	2,7253	3,4000	6,1253
4	250,40	0,001 252	0,049 78	1082,31	1520,0	2602,3	1087,31	1714,1	2801,4	2,7964	3,2737	6,0701
5	263,99	0,001 286	0,039 44	1147,81	1449,3	2597,1	1154,23	1640,1	2794,3	2,9202	3,0532	5,9734
6	275,64	0,001 319	0,032 44	1205,44	1384,3	2589,7	1213,35	1571,0	2784,3	3,0267	2,8625	5,8892
7	285,88	0,001 351	0,027 37	1257,55	1323,0	2580,5	1267,00	1505,1	2772,1	3,1211	2,6922	5,8133
8	295,06	0,001 384	0,023 52	1305,57	1264,2	2569,8	1316,64	1441,3	2758,0	3,2068	2,5364	5,7432
9	303,40	0,001 418	0,020 48	1350,51	1207,3	2557,8	1363,26	1378,9	2742,1	3,2858	2,3915	5,6772
10	311,06	0,001 452	0,018 026	1393,04	1151,4	2544,4	1407,56	1317,1	2724,7	3,3596	2,2544	5,6141
11	318,15	0,001 489	0,015 987	1433,7	1096,0	2529,8	1450,1	1255,5	2705,6	3,4295	2,1233	5,5527
12	324,75	0,001 527	0,014 263	1473,0	1040,7	2513,7	1491,3	1193,6	2684,9	3,4962	1,9962	5,4924
13	330,93	0,001 567	0,012 780	1511,1	985,0	2496,1	1531,5	1130,7	2662,2	3,5606	1,8718	5,4323

$\hat{V}$ [=] m³/kg; $\hat{U}$, $\hat{H}$ [=] J/g = kJ/kg; $\hat{S}$ [=] kJ/kg K

Tabela 19.9. Propriedades termodinâmicas da água e do vapor. *(continuação)*

Vapor saturado: tabela de pressão

Press. MPa P	Temp. °C T	Volume Específico Líquido Sat. $\hat{V}^L$	Volume Específico Vapor Sat. $\hat{V}^V$	Energia Interna Líquido Sat. $\hat{U}^L$	Energia Interna Evap. $\Delta \hat{U}$	Energia Interna Vapor Sat. $\hat{U}^V$	Entalpia Líquido Sat. $\hat{H}^L$	Entalpia Evap. $\Delta \hat{H}$	Entalpia Vapor Sat. $\hat{H}^V$	Entropia Líquido Sat. $\hat{S}^L$	Entropia Evap. $\Delta \hat{S}$	Entropia Vapor Sat. $\hat{S}^V$
14	336,75	0,001 611	0,011 485	1548,6	928,2	2476,8	1571,1	1066,5	2637,6	3,6232	1,7485	5,3717
15	342,24	0,001 658	0,010 337	1585,6	869,8	2455,5	1610,5	1000,0	2610,5	3,6848	1,6249	5,3098
16	347,44	0,001 711	0,009 306	1622,7	809,0	2431,7	1650,1	930,6	2580,6	3,7461	1,4994	5,2455
17	352,37	0,001 770	0,008 364	1660,2	744,8	2405,0	1690,3	856,9	2547,2	3,8079	1,3698	5,1777
18	357,06	0,001 840	0,007 489	1698,9	675,4	2374,3	1732,0	777,1	2509,1	3,8715	1,2329	5,1044
19	361,54	0,001 924	0,006 657	1739,9	598,1	2338,1	1776,5	688,0	2464,5	3,9388	1,0839	5,0228
20	365,81	0,002 036	0,005 834	1785,6	507,5	2293,0	1826,3	583,4	2409,7	4,0139	0,9130	4,9269
21	369,89	0,002 207	0,004 952	1842,1	388,5	2230,6	1888,4	446,2	2334,6	4,1075	0,6938	4,8013
22	373,80	0,002 742	0,003 568	1961,9	125,2	2087,1	2022,2	143,4	2165,6	4,3110	0,2216	4,5327
22,09	374,14	0,003 155	0,003 155	2029,6	0,0	2029,6	2099,3	0,0	2099,3	4,4298	0,0	4,4298

$\hat{V}$ [=] m³/kg; $\hat{U}, \hat{H}$ [=] J/g = kJ/kg; $\hat{S}$ [=] kJ/kg K

Propriedades Térmicas de Alimentos e Propriedades Termodinâmicas da Água — capítulo 19

Tabela 19.9. Propriedades termodinâmicas da água e do vapor[1]. *(continuação)*

T °C	$\hat{V}$	$\hat{U}$	$\hat{H}$	$\hat{S}$	$\hat{V}$	$\hat{U}$	$\hat{H}$	$\hat{S}$	$\hat{V}$	$\hat{U}$	$\hat{H}$	$\hat{S}$
	\multicolumn{4}{c}{P = 0,010 MPa (45,81)}	\multicolumn{4}{c}{P = 0,050 MPa (81,33)}	\multicolumn{4}{c}{P = 0,10 MPa (99,63)}
Sat.	14,674	2437,9	2584,7	8,1502	3,240	2483,9	2645,9	7,5939	1,6940	2506,1	2675,5	7,3594
50	14,869	2443,9	2592,6	8,1749	-	-	-	-	-	-	-	-
100	17,196	2515,5	2687,5	8,4479	3,418	2511,6	2682,5	7,6947	1,6958	2506,7	2676,2	7,3614
150	19,512	2587,9	2783,0	8,6882	3,889	2585,6	2780,1	7,9401	1,9364	2582,8	2776,4	7,6134
200	21,825	2661,3	2879,5	8,9038	4,356	2659,9	2877,7	8,1580	2,172	2658,1	2875,3	7,8343
250	24,136	2736,0	2977,3	9,1002	4,820	2735,0	2976,0	8,3556	2,406	2733,7	2974,3	8,0333
300	26,445	2812,1	3076,5	9,2813	5,284	2811,3	3075,5	8,5373	2,639	2810,4	3074,3	8,2158
400	31,063	2968,9	3279,6	9,6077	6,209	2968,5	3278,9	8,8642	3,103	2967,9	3278,2	8,5435
500	35,679	3132,3	3489,1	9,8978	7,134	3132,0	3488,7	9,1546	3,565	3131,6	3488,1	8,8342
600	40,295	3302,5	3705,4	10,1608	8,057	3302,2	3705,1	9,4178	4,028	3301,9	3704,7	9,0976
700	44,911	3479,6	3928,7	10,4028	8,981	3479,4	3928,5	9,6599	4,490	3479,2	3928,2	9,3398
800	49,526	3663,8	4159,0	10,6281	9,904	3663,6	4158,9	9,8852	4,952	3663,5	4158,6	9,5652
900	54,141	3855,0	4396,4	10,8396	10,828	3854,9	4396,3	10,0967	5,414	3854,8	4396,1	9,7767
1000	58,757	4053,0	4640,6	11,0393	11,751	4052,9	4640,5	10,2964	5,875	4052,8	4640,3	9,9764
1100	63,372	4257,5	4891,2	11,2287	12,674	4257,4	4891,1	10,4859	6,337	4257,3	4891,0	10,1659
1200	67,987	4467,9	5147,8	11,4091	13,597	4467,8	5147,7	10,6662	6,799	4467,7	5147,6	10,3463
1300	72,602	4683,7	5409,7	11,5811	14,521	4683,6	5409,6	10,8382	7,260	4683,5	5409,5	10,5183
	\multicolumn{4}{c}{P = 0,20 MPa (120,23)}	\multicolumn{4}{c}{P = 0,30 MPa (133,55)}	\multicolumn{4}{c}{P = 0,40 MPa (143,63)}
Sat.	0,8857	2529,5	2706,7	7,1272	0,6058	2543,6	2725,3	6,9919	0,4625	2553,6	2738,6	6,8959
150	0,9596	2576,9	2768,8	7,2795	0,6339	2570,8	2761,0	7,0778	0,4708	2564,5	2752,8	6,9299
200	1,0803	2654,4	2870,5	7,5066	0,7163	2650,7	2865,6	7,3115	0,5342	2646,8	2860,5	7,1706
250	1,1988	2731,2	2971,0	7,7086	0,7964	2728,7	2967,6	7,5166	0,5951	2726,1	2964,2	7,3789
300	1,3162	2808,6	3071,8	7,8926	0,8753	2806,7	3069,3	7,7022	0,6548	2804,8	3066,8	7,5662

$\hat{V}$ [=] m³/kg; $\hat{U}$, $\hat{H}$ [=] J/g = kJ/kg; $\hat{S}$ [=] kJ/kg K

Nota: o número em parênteses refere-se à temperatura de vapor saturado na pressão especificada.

Tabela 19.9. Propriedades termodinâmicas da água e do vapor. (continuação)

Vapor superaquecido

T °C	$\hat{V}$	$\hat{U}$	$\hat{H}$	$\hat{S}$	$\hat{V}$	$\hat{U}$	$\hat{H}$	$\hat{S}$	$\hat{V}$	$\hat{U}$	$\hat{H}$	$\hat{S}$
		P = 0,20 MPa (120,23)				P = 0,30 MPa (133,55)				P = 0,40 MPa (143,63)		
400	1,5493	2966,7	3276,6	8,2218	1,0315	2965,6	3275,0	8,0330	0,7726	2964,4	3273,4	7,8985
500	1,7814	3130,8	3487,1	8,5133	1,1867	3130,0	3486,0	8,3251	0,8893	3129,2	3484,9	8,1913
600	2,013	3301,4	3704,0	8,7770	1,3414	3300,8	3703,2	8,5892	1,0055	3300,2	3702,4	8,4558
700	2,244	3478,8	3927,6	9,0194	1,4957	3478,1	3927,1	8,8319	1,1215	3477,9	3926,5	8,6987
800	2,475	3663,1	4158,2	9,2449	1,6499	3662,9	4157,8	9,0576	1,2372	3662,4	4157,3	8,9244
900	2,706	3854,5	4395,8	9,4566	1,8041	3854,2	4395,4	9,2692	1,3529	3853,9	4395,1	9,1362
1000	2,937	4052,5	4640,0	9,6563	1,9581	4052,3	4639,7	9,4690	1,4685	4052,0	4639,4	9,3360
1100	3,168	4257,0	4890,7	9,8458	2,1121	4256,8	4890,4	9,6585	1,5840	4256,5	4890,2	9,5256
1200	3,399	4467,5	5147,3	10,0262	2,2661	4467,2	5147,1	9,8389	1,6996	4467,0	5146,8	9,7060
1300	3,630	4683,2	5409,3	10,1982	2,4201	4683,0	5409,0	10,0110	1,8151	4682,8	5408,8	9,8780
		P = 0,50 MPa (151,86)				P = 0,60 MPa (158,85)				P = 0,80 MPa (170,43)		
Sat.	0,3749	2561,2	2748,7	6,8213	0,3157	2567,4	2756,8	6,7600	0,2404	2576,8	2769,1	6,6628
150	0,4249	2642,9	2855,4	7,0592	0,3520	2638,9	2850,1	6,9665	0,2608	2630,6	2839,3	6,8158
200	0,4744	2723,5	2960,7	7,2709	0,3938	2720,9	2957,2	7,1816	0,2931	2715,5	2950,0	7,0384
250	0,5226	2802,9	3064,2	7,4599	0,4344	2801,0	3061,6	7,3724	0,3241	2797,2	3056,5	7,2328
300	0,5701	2882,6	3167,7	7,6329	0,4742	2881,2	3165,7	7,5464	0,3544	2878,2	3161,7	7,4089
400	0,6173	2963,2	3271,9	7,7938	0,5137	2962,1	3270,3	7,7079	0,3843	2959,7	3267,1	7,5716
500	0,7109	3128,4	3483,9	8,0873	0,5920	3127,6	3482,8	8,0021	0,4433	3126,0	3480,6	7,8673
600	0,8041	3299,6	3701,7	8,3522	0,6697	3299,1	3700,9	8,2674	0,5018	3297,9	3699,4	8,1333
700	0,8969	3477,5	3925,9	8,5952	0,7472	3477,0	3925,3	8,5107	0,5601	3476,2	3924,2	8,3770
800	0,9896	3662,1	4156,9	8,8211	0,8245	3661,8	4156,5	8,7367	0,6181	3661,1	4155,6	8,6033
900	1,0822	3853,6	4394,7	9,0329	0,9017	3853,4	4394,4	8,9486	0,6761	3852,8	4393,7	8,8153
1000	1,1747	4051,8	4639,1	9,2328	0,9788	4051,5	4638,8	9,1485	0,7340	4051,0	4638,2	9,0153

$\hat{V}$ [=] m³/kg; $\quad \hat{U}, \hat{H}$ [=] J/g = kJ/kg; $\quad \hat{S}$ [=] kJ/kg K

Propriedades Térmicas de Alimentos e Propriedades Termodinâmicas da Água — capítulo 19

Tabela 19.9. Propriedades termodinâmicas da água e do vapor. *(continuação)*

Vapor superaquecido

T °C	$\hat{V}$	$\hat{U}$	$\hat{H}$	$\hat{S}$	$\hat{V}$	$\hat{U}$	$\hat{H}$	$\hat{S}$	$\hat{V}$	$\hat{U}$	$\hat{H}$	$\hat{S}$
	P = 0,50 MPa (151,86)				P = 0,60 MPa (158,85)				P = 0,80 MPa (170,43)			
1100	1,2672	4256,3	4889,9	9,4224	1,0559	4256,1	4889,6	9,3381	0,7919	4255,6	4889,1	9,2050
1200	1,3596	4466,8	5146,6	9,6029	1,1330	4466,5	5146,3	9,5185	0,8497	4466,1	5145,9	9,3855
1300	1,4521	4682,5	5408,6	9,7749	1,2101	4682,3	5408,3	9,6906	0,9076	4681,8	5407,9	9,5575
	P = 1,00 MPa (179,91)				P = 1,20 MPa (187,99)				P = 1,40 MPa (195,07)			
Sat.	0,19444	2583,6	2778,1	6,5865	0,16333	2588,8	2784,8	6,5233	0,14084	2592,8	2790,0	6,4693
200	0,2060	2621,9	2827,9	6,6940	0,16930	2612,8	2815,9	6,5898	0,14302	2603,1	2803,3	6,4975
250	0,2327	2709,9	2942,6	6,9247	0,19234	2704,2	2935,0	6,8294	0,16350	2698,3	2927,2	6,3467
300	0,2579	2793,2	3051,2	7,1229	0,2138	2789,2	3045,8	7,0317	0,18228	2785,2	3040,4	6,9534
350	0,2825	2875,2	3157,7	7,3011	0,2345	2872,2	3153,6	7,2121	0,2003	2869,2	3149,5	7,1360
400	0,3066	2957,3	3263,9	7,4651	0,2548	2954,9	3260,7	7,3774	0,2178	2952,5	3257,5	7,3026
500	0,3541	3124,4	3478,5	7,7622	0,2946	3122,8	3476,3	7,6759	0,2521	3121,1	3474,1	7,6027
600	0,4011	3296,8	3697,9	8,0290	0,3339	3295,6	3696,3	7,9435	0,2860	3294,4	3694,8	7,8710
700	0,4478	3475,3	3923,1	8,2731	0,3729	3474,4	3922,0	8,1881	0,3195	3473,6	3920,8	8,1160
800	0,4943	3660,4	4154,7	8,4996	0,4118	3659,7	4153,8	8,4148	0,3528	3659,0	4153,0	8,3431
900	0,5407	3852,2	4392,9	8,7118	0,4505	3851,6	4392,2	8,6272	0,3861	3851,1	4391,5	8,5556
1000	0,5871	4050,5	4637,6	8,9119	0,4892	4050,0	4637,0	8,8274	0,4192	4049,5	4636,4	8,7559
1100	0,6335	4255,1	4888,6	9,1017	0,5278	4254,6	4888,0	9,0172	0,4524	4254,1	4887,5	8,9457
1200	0,6798	4465,6	5145,4	9,2822	0,5665	4465,1	5144,9	9,1977	0,4855	4464,7	5144,4	9,1262
1300	0,7261	4681,3	5407,4	9,4543	0,6051	4680,9	5407,0	9,3698	0,5186	4680,4	5406,5	9,2984

$\hat{V}$ [=] m³/kg; $\hat{U}$, $\hat{H}$ [=] J/g = kJ/kg; $\hat{S}$ [=] kJ/kg K

Fundamentos de Engenharia de Alimentos

Tabela 19.9. Propriedades termodinâmicas da água e do vapor. *(continuação)*

Vapor superaquecido

T °C	$\hat{V}$	$\hat{U}$	$\hat{H}$	$\hat{S}$	$\hat{V}$	$\hat{U}$	$\hat{H}$	$\hat{S}$	$\hat{V}$	$\hat{U}$	$\hat{H}$	$\hat{S}$
	P = 1,60 MPa (201,41)				**P = 1,80 MPa (207,15)**				**P = 2,00 MPa (212,42)**			
Sat.	0,123 80	2596,0	2794,0	6,4218	0,110 42	2598,4	2797,1	6,3794	0,099 63	2600,3	2799,5	6,3409
225	0,132 87	2644,7	2857,3	6,5518	0,116 73	2636,6	2846,7	6,4808	0,103 77	2628,3	2835,8	6,4147
250	0,141 84	2692,3	2919,2	6,6732	0,124 97	2686,0	2911,0	6,6066	0,111 44	2679,6	2902,5	6,5453
300	0,158 62	2781,1	3034,8	6,8844	0,140 21	2776,9	3029,2	6,8226	0,125 47	2772,6	3023,5	6,7664
350	0,174 56	2866,1	3145,4	7,0694	0,154 57	2863,0	3141,2	7,0100	0,138 57	2859,8	3137,0	6,9563
400	0,190 05	2950,1	3254,2	7,2374	0,168 47	2947,7	3250,9	7,1794	0,151 20	2945,2	3247,6	7,1271
500	0,2203	3119,5	3472,0	7,5390	0,195 50	3117,9	3469,8	7,4825	0,175 68	3116,2	3467,6	7,4317
600	0,2500	3293,3	3693,2	7,8080	0,2220	3292,1	3691,7	7,7523	0,199 60	3290,9	3690,1	7,7024
700	0,2794	3472,7	3919,7	8,0535	0,2482	3471,8	3918,5	7,9983	0,2232	3470,9	3917,4	7,9487
800	0,3086	3658,3	4152,1	8,2808	0,2742	3657,6	4151,2	8,2258	0,2467	3657,0	4150,3	8,1765
900	0,3377	3850,5	4390,8	8,4935	0,3001	3849,9	4390,1	8,4386	0,2700	3849,3	4389,4	8,3895
1000	0,3668	4049,0	4635,8	8,6938	0,3260	4048,5	4635,2	8,6391	0,2933	4048,0	4634,6	8,5901
1100	0,3958	4253,7	4887,0	8,8837	0,3518	4253,2	4886,4	8,8290	0,3166	4252,7	4885,9	8,7800
1200	0,4248	4464,2	5143,9	9,0643	0,3776	4463,7	5143,4	9,0096	0,3398	4463,3	5142,9	8,9607
1300	0,4538	4679,9	5406,0	9,2364	0,4034	4679,5	5405,6	9,1818	0,3631	4679,0	5405,1	9,1329
	P = 2,50 MPa (223,99)				**P = 3,00 MPa (233,90)**				**P = 3,50 MPa (242,60)**			
Sat.	0,079 98	2603,1	2803,1	6,2575	0,066 68	2604,1	2804,2	6,1869	0,057 07	2603,7	2803,4	6,1253
225	0,080 27	2605,6	2806,3	6,2639	-	-	-	-	-	-	-	-
250	0,087 00	2662,6	2880,1	6,4085	0,070 58	2644,0	2855,8	6,2872	0,058 72	2623,7	2829,2	6,1749
300	0,098 90	2761,6	3008,8	6,6438	0,081 14	2750,1	2993,5	6,5390	0,068 42	2738,0	2977,5	6,4461
350	0,109 76	2851,9	3126,3	6,8403	0,090 53	2843,7	3115,3	6,7428	0,076 78	2835,3	3104,0	6,6579

$\hat{V}$ [=] m³/kg; $\hat{U}$, $\hat{H}$ [=] J/g = kJ/kg; $\hat{S}$ [=] kJ/kg K

Tabela 19.9. Propriedades termodinâmicas da água e do vapor. *(continuação)*

Vapor superaquecido

T°C	$\hat{V}$	$\hat{U}$	$\hat{H}$	$\hat{S}$	$\hat{V}$	$\hat{U}$	$\hat{H}$	$\hat{S}$	$\hat{V}$	$\hat{U}$	$\hat{H}$	$\hat{S}$
	P = 2,50 MPa (223,99)				**P = 3,00 MPa (233,90)**				**P = 3,50 MPa (242,60)**			
400	0,120 10	2939,1	3239,3	7,0148	0,099 36	2932,8	3230,9	6,9212	0,084 53	2926,4	3222,3	6,8405
450	0,130 14	3025,5	3350,8	7,1746	0,107 87	3020,4	3344,0	7,0834	0,091 96	3015,3	3337,2	7,0052
500	0,139 98	3112,1	3462,1	7,3234	0,116 19	3108,0	3456,5	7,2338	0,099 18	3103,0	3450,9	7,1572
600	0,159 30	3288,0	3686,3	7,5960	0,132 43	3285,0	3682,3	7,5085	0,113 24	3282,1	3678,4	7,4339
700	0,178 32	3468,7	3914,5	7,8435	0,148 38	3466,5	3911,7	7,7571	0,126 99	3464,3	3908,8	7,6837
800	0,197 16	3655,3	4148,2	8,0720	0,164 14	3653,5	4145,9	7,9862	0,140 56	3651,8	4143,7	7,9134
900	0,215 90	3847,9	4387,6	8,2853	0,179 80	3846,5	4385,9	8,1999	0,154 02	3845,0	4384,1	8,1276
1000	0,2346	4046,7	4633,1	8,4861	0,195 41	4045,4	4631,6	8,4009	0,167 43	4044,1	4630,1	8,3288
1100	0,2532	4251,5	4884,6	8,6762	0,210 98	4250,3	4883,3	8,5912	0,180 80	4249,2	4881,9	8,5192
1200	0,2718	4462,1	5141,7	8,8569	0,226 52	4460,9	5140,5	8,7720	0,194 15	4459,8	5139,3	8,7000
1300	0,2905	4677,8	5404,0	9,0291	0,242 06	4676,6	5402,8	8,9442	0,207 49	4675,5	5401,7	8,8723
	P = 4,0 MPa (250,40)				**P = 4,5 MPa (257,49)**				**P = 5,0 MPa (263,99)**			
Sat.	0,049 78	2602,3	2801,4	6,0701	0,044 06	2600,1	2798,3	6,0198	0,039 44	2597,1	2794,3	5,9734
275	0,054 57	2667,9	2886,2	6,2285	0,047 30	2650,3	2863,2	6,1401	0,041 41	2631,3	2838,3	6,0544
300	0,058 84	2725,3	2960,7	6,3615	0,051 35	2712,0	2943,1	6,2828	0,045 32	2698,0	2924,5	6,2084
350	0,066 45	2826,7	3092,5	6,5821	0,058 40	2817,8	3080,6	6,5131	0,051 94	2808,7	3068,4	6,4493
400	0,073 41	2919,9	3213,6	6,7690	0,064 75	2913,3	3204,7	6,7047	0,057 81	2906,6	3195,7	6,6459
450	0,080 02	3010,2	3330,3	6,9363	0,070 74	3005,0	3323,3	6,8746	0,063 30	2999,7	3316,2	6,8186
500	0,086 43	3099,5	3445,3	7,0901	0,076 51	3095,3	3439,6	7,0301	0,068 57	3091,0	3433,8	6,9759
600	0,098 85	3279,1	3674,4	7,3688	0,087 65	3276,0	3670,5	7,3110	0,078 69	3273,0	3666,5	7,2589
700	0,110 95	3462,1	3905,9	7,6198	0,098 47	3459,9	3903,0	7,5631	0,088 49	3457,6	3900,1	7,5122
800	0,122 87	3650,0	4141,5	7,8502	0,109 11	3648,3	4139,3	7,7942	0,098 11	3646,6	4137,1	7,7440

$\hat{V}$ [=] m³/kg; $\hat{U}$, $\hat{H}$ [=] J/g = kJ/kg; $\hat{S}$ [=] kJ/kg K

Tabela 19.9. Propriedades termodinâmicas da água e do vapor. (continuação)

Vapor superaquecido

T °C	$\hat{V}$	$\hat{U}$	$\hat{H}$	$\hat{S}$	$\hat{V}$	$\hat{U}$	$\hat{H}$	$\hat{S}$	$\hat{V}$	$\hat{U}$	$\hat{H}$	$\hat{S}$
	P = 4,0 MPa (250,40)				**P = 4,5 MPa (257,49)**				**P = 5,0 MPa (263,99)**			
900	0,134 69	3843,6	4382,3	8,0647	0,119 65	3842,2	4380,6	8,0091	0,107 62	3840,7	4378,8	7,9593
1000	0,146 45	4042,9	4628,7	8,2662	0,130 13	4041,6	4627,2	8,2108	0,11707	4040,4	4625,7	8,1612
1100	0,158 17	4248,0	4880,6	8,4567	0,140 56	4246,8	4879,3	8,4015	0,126 48	4245,6	4878,0	8,3520
1200	0,169 87	4458,6	5138,1	8,6376	0,150 98	4457,5	5136,9	8,5825	0,135 87	4456,3	5135,7	8,5331
1300	0,181 56	4674,3	5400,5	8,8100	0,161 39	4673,1	5399,4	8,7549	0,145 26	4672,0	5398,2	8,7055
	P = 6,0 MPa (275,64)				**P = 7,0 MPa (285,88)**				**P = 8,0 MPa (295,06)**			
Sat.	0,032 44	2589,7	2784,3	5,8892	0,027 37	2580,5	2772,1	5,8133	0,023 52	2569,8	2758,0	5,7432
300	0,036 16	2667,2	2884,2	6,0674	0,029 47	2632,2	2838,4	5,9305	0,024 26	2590,9	2785,0	5,7906
350	0,042 23	2789,6	3043,0	6,3335	0,035 24	2769,4	3016,0	6,2283	0,029 95	2747,7	2987,3	6,1301
400	0,047 39	2892,9	3177,2	6,5408	0,039 93	2878,6	3158,1	6,4478	0,034 32	2863,8	3138,3	6,3634
450	0,052 14	2988,9	3301,8	6,7193	0,044 16	2978,0	3287,1	6,6327	0,038 17	2966,7	3272,0	6,5551
500	0,056 65	3082,2	3422,2	6,8803	0,048 14	3073,4	3410,3	6,7975	0,041 75	3064,3	3398,3	6,7240
550	0,061 01	3174,6	3540,6	7,0288	0,051 95	3167,2	3530,9	6,9486	0,045 16	3159,8	3521,0	6,8778
600	0,065 25	3266,9	3658,4	7,1677	0,055 65	3260,7	3650,3	7,0894	0,048 45	3254,4	3642,0	7,0206
700	0,073 52	3453,1	3894,2	7,4234	0,062 83	3448,5	3883,3	7,3476	0,054 81	3443,9	3882,4	7,2812
800	0,081 60	3643,1	4132,7	7,6566	0,069 81	3639,5	4128,2	7,5822	0,060 97	3636,0	4123,8	7,5173
900	0,089 58	3837,8	4375,3	7,8727	0,076 69	3835,0	4371,8	7,7991	0,067 02	3832,1	4368,3	7,7351
1000	0,097 49	4037,8	4622,7	8,0751	0,083 50	4035,3	4619,8	8,0020	0,073 01	4032,8	4616,9	7,9384
1100	0,105 36	4243,8	4875,4	8,2661	0,090 27	4240,9	4872,8	8,1933	0,078 96	4238,6	4870,3	8,1300
1200	0,113 21	4454,0	5133,3	8,4474	0,097 03	4451,7	5130,9	8,3747	0,084 89	4449,5	5128,5	8,3115
1300	0,121 06	4669,6	5396,0	8,6199	0,103 77	4667,3	5393,7	8,5473	0,090 80	4665,0	5391,5	8,4842

$\hat{V}$ [=] m³/kg; $\hat{U}$, $\hat{H}$ [=] J/g = kJ/kg; $\hat{S}$ [=] kJ/kg K

Propriedades Térmicas de Alimentos e Propriedades Termodinâmicas da Água

capítulo 19

Tabela 19.9. Propriedades termodinâmicas da água e do vapor. *(continuação)*

Vapor superaquecido

T °C	$\hat{V}$	$\hat{U}$	$\hat{H}$	$\hat{S}$	$\hat{V}$	$\hat{U}$	$\hat{H}$	$\hat{S}$	$\hat{V}$	$\hat{U}$	$\hat{H}$	$\hat{S}$
	P = 2,50 MPa (223,99)				**P = 3,00 MPa (233,90)**				**P = 3,50 MPa (242,60)**			
	P = 9,0 MPa (303,40)				**P = 10,0 MPa (311,06)**				**P = 12,5 MPa (327,89)**			
Sat.	0,020 48	2557,8	2742,1	5,6772	0,018 026	2544,4	2724,7	5,6141	0,013 495	2505,1	2673,8	5,4624
325	0,023 27	2646,6	2856,0	5,8712	0,019 861	2610,4	2809,1	5,7568	—	—	—	—
350	0,025 80	2724,4	2956,6	6,0361	0,022 42	2699,2	2923,4	5,9443	0,016 126	2624,6	2826,2	5,7118
400	0,029 93	2848,4	3117,8	6,2854	0,026 41	2832,4	3096,5	6,2120	0,020 00	2789,3	3039,3	6,0417
450	0,033 50	2955,2	3256,6	6,4844	0,029 75	2943,4	3240,9	6,4190	0,022 99	2912,5	3199,8	6,2719
500	0,036 77	3055,2	3386,1	6,6576	0,032 79	3045,8	3373,7	6,5966	0,025 60	3021,7	3341,8	6,4618
550	0,039 87	3152,2	3511,0	6,8142	0,035 64	3144,6	3500,9	6,7561	0,028 01	3125,0	3475,2	6,6290
600	0,042 85	3248,1	3633,7	6,9589	0,038 37	3241,7	3625,3	6,9029	0,030 29	3225,4	3604,0	6,7810
650	0,045 74	3343,6	3755,3	7,0943	0,041 0l	3338,2	3748,2	7,0398	0,032 48	3324,4	3730,4	6,9218
700	0,048 57	3439,3	3876,5	7,2221	0,043 58	3434,7	3870,5	7,1687	0,034 60	3422,9	3855,3	7,0536
800	0,054 09	3632,5	4119,3	7,4596	0,048 59	3628,9	4114,8	7,4077	0,038 69	3620,0	4103,6	7,2965
900	0,059 50	3829,2	4364,8	7,6783	0,053 49	3826,3	4361,2	7,6272	0,042 67	3819,1	4352,5	7,5182
1000	0,064 85	4030,3	4614,0	7,8821	0,058 32	4027,8	4611,0	7,8315	0,046 58	4021,6	4603,8	7,7237
1100	0,070 16	4236,3	4867,7	8,0740	0,063 12	4234,0	4865,1	8,0237	0,050 45	4228,2	4858,8	7,9165
1200	0,075 44	4447,2	5126,2	8,2556	0,067 89	4444,9	5123,8	8,2055	0,054 30	4439,3	5118,0	8,0987
1300	0,080 72	4662,7	5389,2	8,4284	0,072 65	4460,5	5387,0	8,3783	0,058 13	4654,8	5381,4	8,2717
	P = 15,0 MPa (342,24)				**P = 17,5 MPa (345,75)**				**P = 20,0 MPa (365,81)**			
Sat.	0,010 337	2455,5	2610,5	5,3098	0,007 920	2390,2	2528,8	5,1419	0,005 834	2293,0	2409,7	4,9269
350	0,011 470	2520,4	2692,4	5,4421	—	—	—	—	—	—	—	—
400	0,015 649	2740,7	2975,5	5,8811	0,012 447	2685,0	2902,9	5,7213	0,009 942	2619,3	2818,1	5,5540
450	0,018 445	2879,5	3156,2	6,1404	0,015 174	2844,2	3109,7	6,0184	0,012 695	2806,2	3060,1	5,9017

$\hat{V}$ [=] m³/kg; $\hat{U}, \hat{H}$ [=] J/g = kJ/kg; $\hat{S}$ [=] kJ/kg K

Tabela 19.9. Propriedades termodinâmicas da água e do vapor.   (continuação)

Vapor superaquecido

T °C	$\hat{V}$	$\hat{U}$	$\hat{H}$	$\hat{S}$	$\hat{V}$	$\hat{U}$	$\hat{H}$	$\hat{S}$	$\hat{V}$	$\hat{U}$	$\hat{H}$	$\hat{S}$
	P = 15,0 MPa (342,24)				P = 17,5 MPa (345,75)				P = 20,0 MPa (365,81)			
500	0,020 80	2996,6	3308,6	6,3443	0,017 358	2970,3	3274,1	6,2383	0,014 768	2942,9	3238,2	6,1401
550	0,022 93	3104,7	3448,6	6,5199	0,019 288	3083,9	3421,4	6,4230	0,016 555	3062,4	3393,5	6,3348
600	0,024 91	3208,6	3582,3	6,6776	0,021 06	3191,5	3560,1	6,5866	0,018 178	3174,0	3537,6	6,5048
650	0,026 80	3310,3	3712,3	6,8224	0,022 74	3296,0	3693,9	6,7357	0,019 693	3281,4	3675,3	6,6582
700	0,028 61	3410,9	3840,1	6,9572	0,024 34	3398,7	3824,6	6,8736	0,021 13	3386,4	3809,0	6,7993
800	0,032 10	3610,9	4092,4	7,2040	0,027 38	3601,8	4081,1	7,1244	0,023 85	3592,7	4069,7	7,0544
900	0,035 46	3811,9	4343,8	7,4279	0,030 31	3804,7	4335,1	7,3507	0,026 45	3797,5	4326,4	7,2830
1000	0,038 75	4015,4	4596,6	7,6348	0,033 16	4009,3	4589,5	7,5589	0,028 97	4003,1	4582,5	7,4925
1100	0,042 00	4222,6	4852,6	7,8283	0,035 97	4216,9	4846,4	7,7531	0,031 45	4211,3	4840,2	7,6874
1200	0,045 23	4433,8	5112,3	8,0108	0,038 76	4428,3	5106,6	7,9360	0,033 91	4422,8	5101,0	7,8707
1300	0,048 45	4649,1	5376,0	8,1840	0,041 54	4643,5	5370,5	8,1093	0,036 36	4638,0	5365,1	8,0442
	P = 25,0 MPa				P = 30,0 MPa				P = 35,0 MPa			
375	0,001 973	1798,7	1848,0	4,0320	0,001 789	1737,8	1791,5	3,9305	0,001 700	1702,9	1762,4	3,8722
400	0,006 004	2430,1	2580,2	5,1418	0,002 790	2067,4	2151,1	4,4728	0,002 100	1914,1	1987,6	4,2126
425	0,007 881	2609,2	2806,3	5,4723	0,005 303	2455,1	2614,2	5,1504	0,003 428	2253,4	2373,4	4,7747
450	0,009 162	2720,7	2949,7	5,6744	0,006 735	2619,3	2821,4	5,4424	0,004 961	2498,7	2672,4	5,1962
500	0,011 123	2884,3	3162,4	5,9592	0,008 678	2820,7	3081,1	5,7905	0,006 927	2751,9	2994,4	5,6282
550	0,012 724	3017,5	3335,6	6,1765	0,010 168	2970,3	3275,4	6,0342	0,008 345	2921,0	3213,0	5,9026
600	0,014 137	3137,9	3491,4	6,3602	0,011 446	3100,5	3443,9	6,2331	0,009 527	3062,0	3395,5	6,1179
650	0,015 433	3251,6	3637,4	6,5229	0,012 596	3221,0	3598,9	6,4058	0,010 575	3189,8	3559,9	6,3010
700	0,016 646	3361,3	3777,5	6,6707	0,013 661	3335,8	3745,6	6,5606	0,011 533	3309,8	3713,5	6,4631
800	0,018 912	3574,3	4047,1	6,9345	0,015 623	3555,5	4024,2	6,8332	0,013 278	3536,7	4001,5	6,7450

$\hat{V}$ [=] m³/kg; $\hat{U}, \hat{H}$ [=] J/g = kJ/kg; $\hat{S}$ [=] kJ/kg K

Tabela 19.9. Propriedades termodinâmicas da água e do vapor.   *(continuação)*

Vapor superaquecido

T°C	$\hat{V}$	$\hat{U}$	$\hat{H}$	$\hat{S}$	$\hat{V}$	$\hat{U}$	$\hat{H}$	$\hat{S}$	$\hat{V}$	$\hat{U}$	$\hat{H}$	$\hat{S}$
	P = 25,0 MPa				P = 30,0 MPa				P = 35,0 MPa			
900	0,021 045	3783,0	4309,1	7,1680	0,017 448	3768,5	4291,9	7,0718	0,014 883	3754,0	4274,9	6,9886
1000	0,023 10	3990,9	4568,5	7,3802	0,019 196	3978,8	4554,7	7,2867	0,016 410	3966,7	4541,1	7,2064
1100	0,025 12	4200,2	4828,2	7,5765	0,020 903	4189,2	4816,3	7,4845	0,017 895	4178,3	4804,6	7,4057
1200	0,027 11	4412,0	5089,9	7,7605	0,022 589	4401,3	5079,0	7,6692	0,019 360	4390,7	5068,3	7,5910
1300	0,029 10	4626,9	5354,4	7,9342	0,024 266	4616,0	5344,0	7,8432	0,020 815	4605,1	5333,6	7,7653
	P = 40,0 MPa				P = 50,0 MPa				P = 60,0 MPa			
375	0,001 641	1677,1	1742,8	3,8290	0,001 559	1638,6	1716,6	3,7639	0,001 503	1609,4	1699,5	3,7141
400	0,001 908	1854,6	1930,9	4,1135	0,001 731	1788,1	1874,6	4,0031	0,001 634	1745,4	1843,4	3,9318
425	0,002 532	2096,9	2198,1	4,5029	0,002 007	1959,7	2060,0	4,2734	0,001 817	1892,7	2001,7	4,1626
450	0,003 693	2365,1	2512,8	4,9459	0,002 486	2159,6	2284,0	4,5884	0,002 085	2053,9	2179,0	4,4121
500	0,005 622	2678,4	2903,3	5,4700	0,003 892	2525,5	2720,1	5,1726	0,002 956	2390,6	2567,9	4,9321
550	0,006 984	2869,7	3149,1	5,7785	0,005 118	2763,6	3019,5	5,5485	0,003 956	2658,8	2896,2	5,3441
600	0,008 094	3022,6	3346,4	6,0114	0,006 112	2942,0	3247,6	5,8178	0,004 834	2861,1	3151,2	5,6452
650	0,009 063	3158,0	3520,6	6,2054	0,006 966	3093,5	3441,8	6,0342	0,005 595	3028,8	3364,5	5,8829
700	0,009 941	3283,6	3681,2	6,3750	0,007 727	3230,5	3616,8	6,2189	0,006 272	3177,2	3553,5	6,0824
800	0,011 523	3517,8	3978,7	6,6662	0,009 076	3479,8	3933,6	6,5290	0,007 459	3441,5	3889,1	6,4109
900	0,012 962	3739,4	4257,9	6,9150	0,010 283	3710,3	4224,4	6,7882	0,008 508	3681,0	4191,5	6,6805
1000	0,014 324	3954,6	4527,6	7,1356	0,011 411	3930,5	4501,1	7,0146	0,009 480	3906,4	4475,2	6,9127
1100	0,015 642	4167,4	4793,1	7,3364	0,012 496	4145,7	4770,5	7,2184	0,010 409	4124,1	4748,6	7,1195
1200	0,016 940	4380,1	5057,7	7,5224	0,013 561	4359,1	5037,2	7,4058	0,011 317	4338,2	5017,2	7,3083
1300	0,018 229	4594,3	5323,5	7,6969	0,014 616	4572,8	5303,6	7,5808	0,012 215	4551,4	5284,3	7,4837

$\hat{V}$ [=] m³/kg; $\hat{U}, \hat{H}$ [=] J/g = kJ/kg; $\hat{S}$ [=] kJ/kg K

Tabela 19.9. Propriedades termodinâmicas da água e do vapor. *(continuação)*

Líquido Comprimido

T °C	$\hat{V}$	$\hat{U}$	$\hat{H}$	$\hat{S}$	$\hat{V}$	$\hat{U}$	$\hat{H}$	$\hat{S}$	$\hat{V}$	$\hat{U}$	$\hat{H}$	$\hat{S}$
	P = 5 MPa (263,99)				P = 10 MPa (311,06)				P = 15 MPa (342,24)			
Sat.	0,001 285 9	1147,8	1154,2	2,9202	0,001 452 4	1393,0	1407,6	3,3596	0,001 658 1	1585,6	1610,5	3,6848
0	0,000 997 7	0,04	5,04	0,0001	0,000 995 2	0,09	10,04	0,0002	0,000 992 8	0,15	15,05	0,0004
20	0,000 999 5	83,65	88,65	0,2956	0,000 997 2	83,36	93,33	0,2945	0,000 995 0	83,06	97,99	0,2934
40	0,001 005 6	166,95	171,97	0,5705	0,001 003 4	166,35	176,38	0,5686	0,001 001 3	165,76	180,78	0,5666
60	0,001 014 9	250,23	25130	0,8285	0,001 012 7	249,36	259,49	0,82,58	0,001 010 5	248,51	263,67	0,8232
80	0,001 026 8	333,72	338,85	1,0720	0,001 024 5	332,59	342,83	1,0688	0,001 022 2	331,48	346,81	1,0656
100	0,001 041 0	417,52	422,72	1,3030	0,001 038 5	416,12	426,50	1,2992	0,001 036 1	414,74	430,28	1,2955
120	0,001 057 6	501,80	507,09	1,5233	0,001 054 9	500,08	510,64	1,5189	0,001 052 2	498,40	514,19	1,5145
140	0,001 076 8	586,76	592,15	1,7343	0,001 073 7	584,68	595,42	1,7292	0,001 070 7	582,66	598,72	1,7242
160	0,001 098 8	672,62	678,12	1,9375	0,001 095 3	670,13	681,08	1,9317	0,001 091 8	667,71	684,09	1,9260
180	0,001 124 0	759,63	765,25	2,1341	0,001 119 9	756,65	767,84	2,1275	0,001 115 9	753,76	770,50	2,1210
200	0,001 153 0	848,1	853,9	2,3255	0,001 148 0	844,5	856,0	2,3178	0,001 143 3	841,0	858,2	2,3104
220	0,001 186 6	938,4	944,4	2,5128	0,001 180 5	934,1	945,9	2,5039	0,001 174 8	929,9	947,5	2,4953
240	0,001 226 4	1031,4	1037,5	2,6979	0,001 218 7	1026,0	1038,1	2,6872	0,001 211 4	1020,8	1039,0	2,6771
260	0,001 274 9	1127,9	1134,3	2,8830	0,001 264 5	1121,1	1133,7	2,8699	0,001 255 0	1114,6	1133,4	2,8576
280					0,001 321 6	1220,9	1234,1	3,0548	0,001 308 4	1212,5	1232,1	3,0393
300					0,001 397 2	1328,4	1342,3	3,2469	0,001 377 0	1316,6	1337,3	3,2260
320									0,001 472 4	1431,1	1453,2	3,4247
340									0,001 631 1	1567,5	1591,9	3,6546

$\hat{V}$ [=] m³/kg; $\hat{U}, \hat{H}$ [=] J/g = kJ/kg; $\hat{S}$ [=] kJ/kg K

Tabela 19.9. Propriedades termodinâmicas da água e do vapor.   (continuação)

Líquido Comprimido

T°C	$\hat{V}$	$\hat{U}$	$\hat{H}$	$\hat{S}$	$\hat{V}$	$\hat{U}$	$\hat{H}$	$\hat{S}$	$\hat{V}$	$\hat{U}$	$\hat{H}$	$\hat{S}$
	P = 20 MPa (365,81)				P = 30 MPa				P = 50 MPa			
Sat.	0,002 036	1785,6	1826,3	4,0139								
0	0,000 990 4	0,19	20,01	0,0004	0,000 985 6	0,25	29,82	0,0001	0,000 976 6	0,20	49,03	0,0014
20	0,000 992 8	82,77	102,62	0,2923	0,000 988 6	82,17	111,84	0,2899	0,000 980 4	81,00	130,02	0,2848
40	0,000 999 2	165,17	185,16	0,5646	0,000 995 1	164,04	193,89	0,5607	0,000 987 2	161,86	211,21	0,5527
60	0,001 008 4	247,68	267,85	0,8206	0,001 004 2	246,06	276,19	0,8154	0,000 996 2	242,98	292,79	0,8502
80	0,001 019 9	330,40	350,80	1,0624	0,001 015 6	328,30	358,77	1,0561	0,001 007 3	324,34	374,70	1,0440
100	0,001 033 7	413,39	434,06	1,2917	0,001 029 0	410,78	441,66	1,2844	0,001 020 1	405,88	456,89	1,2703
120	0,001 049 6	496,76	517,76	1,5102	0,001 044 5	493,59	524,93	1,5018	0,001 034 8	487,65	539,39	1,4857
140	0,001 067 8	580,69	602,04	1,7193	0,001 062 1	576,88	608,75	1,7098	0,001 051 5	569,77	622,35	1,6915
160	0,001 088 5	665,35	687,12	1,9204	0,001 082 1	660,82	693,28	1,9096	0,001 070 3	652,41	705,92	1,8891
180	0,001 112 0	750,95	773,20	2,1147	0,001 104 7	745,59	778,73	2,1024	0,001 091 2	735,69	790,25	2,0794
200	0,001 138 8	837,7	860,5	2,3031	0,001 130 2	831,4	865,3	2,2893	0,001 114 6	819,7	875,5	2,2634
220	0,001 169 3	925,9	949,3	2,4870	0,001 159 0	918,3	953,1	2,4711	0,001 140 8	904,7	961,7	2,4419
240	0,001 204 6	1016,0	1040,0	2,6674	0,001 192 0	1006,9	1042,6	2,6490	0,001 107 2	990,7	1049,2	2,6158
260	0,001 246 2	1108,6	1133,5	2,8459	0,001 230 3	1097,4	1134,3	2,8243	0,001 203 4	1078,1	1138,2	2,7860
280	0,001 296 5	1204,7	1230,6	3,0248	0,001 275 5	1190,7	1229,0	2,9986	0,001 241 5	1167,2	1229,3	2,9537
300	0,001 359 6	1306,1	1333,3	3,2071	0,001 330 4	1287,9	1327,8	3,1741	0,001 286 0	1258,7	1323,0	3,1200
320	0,001 443 7	1415,7	1444,6	3,3979	0,001 399 7	1390,7	1432,7	3,3539	0,001 338 8	1353,3	1420,2	3,2868
340	0,001 568 4	1539,7	1571,0	3,6075	0,001 492 0	1501,7	1546,5	3,5426	0,001 403 2	1452,0	1522,1	3,4557
360	0,001 822 6	1702,8	1739,3	3,8772	0,001 626 5	1626,6	1675,4	3,7494	0,001 483 8	1556,0	1630,2	3,6291
380					0,001 869 1	1781,4	1837,5	4,0012	0,001 588 4	1667,2	1746,6	3,8101

$\hat{V}$ [=] m³/kg; $\hat{U}, \hat{H}$ [=] J/g = kJ/kg; $\hat{S}$ [=] kJ/kg K

Tabela 19.9. Propriedades termodinâmicas da água e do vapor. *(continuação)*

Sólido-vapor saturado

Temp. °C T	Press. kPa P	Volume Específico Sólido Sat. $\hat{V}^s$	Volume Específico Vapor Sat. $\hat{V}^v$	Energia Interna Sólido Sat. $\hat{U}^s$	Energia Interna Evap. $\Delta\hat{U}$	Energia Interna Vapor Sat. $\hat{U}^v$	Entalpia Sólido Sat. $\hat{H}^s$	Entalpia Evap. $\Delta\hat{H}$	Entalpia Vapor Sat. $\hat{H}^v$	Entropia Sólido Sat. $\hat{S}^s$	Entropia Evap. $\Delta\hat{S}$	Entropia Vapor Sat. $\hat{S}^v$
0,01	0,6113	1,0908	206,1	-331,40	2708,7	2375,3	-333,40	2834,8	2501,4	-1,221	10,378	9,156
0	0,6108	1,0908	206,3	-333,43	2708,8	2375,3	-333,43	2834,8	2501,3	-1,221	10,378	9,157
-2	0,5176	1,0904	241,7	-337,62	2710,2	2372,6	-337,62	2835,3	2497,7	-1,237	10,456	9,219
-4	0,4375	1,0901	283,8	-341,78	2711,6	2369,8	-341,78	2835,7	2494,0	-1,253	10,536	9,283
-6	0,3689	1,0898	334,2	-345,91	2712,9	2367,0	-345,91	2836,2	2490,3	-1,268	10,616	9,348
-8	0,3102	1,0894	394,4	-350,02	2714,2	2364,2	-350,02	2836,6	2486,6	-1,284	10,698	9,414
-10	0,2602	1,0891	466,7	-354,09	2715,5	2361,4	-354,09	2837,0	2482,9	-1,299	10,781	9,481
-12	0,2176	1,0888	553,7	-358,14	2716,8	2358,7	-358,14	2837,3	2479,2	-1,315	10,865	9,550
-14	0,1815	1,0884	658,8	-362,15	2718,0	2355,9	-362,15	2837,6	2475,5	-1,331	10,950	9,619
-16	0,1510	1,0881	786,0	-366,14	2719,2	2353,1	-366,14	2837,9	2471,8	-1,346	1,036	9,690
-18	0,1252	1,0878	940,5	-370,10	2720,4	2350,3	-370,10	2838,2	2468,1	-1,362	11,123	9,762
-20	0,1035	1,0874	1128,6	-374,03	2721,6	2347,5	-374,03	2838,4	2464,3	-1,377	11,212	9,835
-22	0,0853	1,0871	1358,4	-377,93	2722,7	2344,7	-377,93	2838,6	2460,6	-1,393	11,302	9,909
-24	0,0701	1,0868	1640,1	-381,80	2723,7	2342,0	-381,80	2838,7	2456,9	-1,408	11,394	9,985
-26	0,0574	1,0864	1986,4	-385,64	2724,8	2339,2	-385,64	2838,9	2453,2	-1,424	11,486	10,062
-28	0,0469	1,0861	2413,7	-389,45	2725,8	2336,4	-389,45	2839,0	2449,5	-1,439	11,580	10,141
-30	0,0381	1,0858	2943	-393,23	2726,8	2333,6	-393,23	2839,0	2445,8	-1,455	11,676	10,221
-32	0,0309	1,0854	3600	-396,98	2727,8	2330,8	-396,98	2839,1	2442,1	-1,471	11,773	10,303
-34	0,0250	1,0851	4419	-400,71	2728,7	2328,0	-400,71	2839,1	2438,4	-1,486	11,872	10,386
-36	0,0201	1,0848	5444	-404,40	2729,6	2325,2	-404,40	2839,1	2434,7	-1,501	1,972	10,470
-38	0,0161	1,0844	6731	-408,06	2730,5	2322,4	-408,06	2839,0	2430,9	-1,517	12,073	10,556
-40	0,0129	1,0841	8354	-411,70	2731,3	2319,6	-411,70	2838,9	2427,2	-1,532	12,176	10,644

$\hat{V}$ [=] m³/kg; $\hat{U}$, $\hat{H}$ [=] J/g = kJ/kg; $\hat{S}$ [=] kJ/kg K

Resumo do Capítulo

Os dados apresentados neste capítulo são úteis para os profissionais da indústria de alimentos, assim como pesquisadores da área. Trata-se de uma fonte de fácil acesso, reunindo informações importantes para o desenvolvimento de processos industriais relacionados à engenharia de alimentos.

REFERÊNCIAS BIBLIOGRÁFICAS

1. Abalone R, Cassinera A, Gastón A, Lara MA. Some physical properties of amaranth seeds. Biosystems Engineering 2004; 89(1): 109-17.
2. Abhayawick L, Laguerre JC, Tauzin T, Duquenoy A. Physical properties of three onion varieties as affected by the moisture content. Journal of Food Engineering 2002; 55: 253-62.
3. AbuDagga Y, Kolbe E. Thermophysical properties of surimi paste at cooking temperature. Journal of Food Engineering 1997; 32: 325-37.
4. Ahmadi H, Mollazade K, Khorshidi J, Mohtasebi SS, Rajabipour A. Some physical and mechanical properties of fennel seed (Foeniculum vulgare). Journal of Agricultural Science 2009; 1(1): 66-75.
5. Akaaimo DI, Raji AO. Some physical and engineering properties of Prosopis africana seed. Biosystems Engineering 2006; 95(2): 197-205.
6. Akar R, Aydin C. Some physical properties of gumbo fruit varieties. Journal of Food Engineering 2005; 66: 387-93.
7. Akbarpour V, Hemmati K, Sharifani M. Physical and chemical properties of pomegranate (Punica granatum L.) fruit in maturation stage. American-Eurasian Journal of Agricultural & Environmental Sciences 2009; 6(4): 411-6.
8. Al-Mahasneh MA, Rababah T. Effect of moisture content on some physical properties of green wheat. Journal of Food Engineering 2007; 79: 1467-73.
9. Al-Mahasneh MA, Ababneh HA, Rababah T. Some engineering and thermal properties of black cumin (Nigella sativa L.) seeds. International Journal of Food Science and Technology 2008; 43: 1047-52.
10. Al-Maiman SA, Ahmad D. Changes in physical and chemical properties during pomegranate (Punica granatum L.) fruit maturation. Food Chemistry 2002; 76: 437-41.
11. Al-Widyan MI, Rababah T, Mayyas A, Al-Shboo M, Yang W. Geometrical, thermal and mechanical properties of olive fruits. Journal of Food Process Engineering 2010; 33: 257-71.
12. Ali SD, Ramaswamy HS, Awuah GB. Thermo-physical properties of selected vegetables as influenced by temperature and moisture content. Journal of Food Process Engineering 2002; 25: 417-33.
13. Altuntas E, Özgöz E, Taşer ÖF. Some physical properties of fenugreek (Trigonella foenum-graecum L.) seeds. Journal of Food Engineering 2005; 71: 37-43.
14. Altuntas E, Yildiz M. Effect of moisture content on some physical and mechanical properties of of faba bean (Vicia faba L.) grains. Journal of Food Engineering 2007; 78: 174-83.
15. Alvarado JJ, Zelaya-Angel O, Sánchez-Sinencio F, Yañez-Limón M, Vargas H, Figueroa JDC, et al. Photoacoustic monitoring of processing conditions in cooked tortillas: measurement of thermal diffusivity. Journal of Food Science 1995; 60(3): 438-42.
16. Amin MN, Hossain MA, Roy KC. Effects of moisture content on some physical properties of lentil seeds. Journal of Food Engineering 2004; 65: 83-87.

17. Andrieu J, Gonnet E, Laurent M. Pulse method applied to foodstuffs: thermal diffusivity determination. In: Food engineering and process applications: transport phenomena. London: Elsevier; 1986. P. 103-22.

18. Andrieu J, Laurent M, Puaux JP, Oshita S. Thermal properties of unfrozen and frozen food gels determined by an autimatic flash method. In: Engineering and food: physical properties and process vontrol. London: Elsevier; 1990. P. 447-55.

19. Arámbula-Villa G, Gutiérrez-Árias E, Moreno-Martínez E. Thermal properties of maize masa and tortillas with different components from maize grains, and additives. Journal of Food Engineering 2007; 80: 55-60.

20. Araújo JL, Queiroz AJM, Figueiredo RMF. Massa específica de polpa de cupuaçu (Theobroma grandiflorum Schum.) sob diferentes temperaturas. Revista Brasileira de Produtos Agroindustriais 2002; 4(2): 127-34.

21. Araújo JL, Queiroz AJM, Figueiredo RMF. Propriedades termofísicas da polpa do cupuaçu com diferentes teores de sólidos. Ciência e Agrotecnologia 2004; 28(1): 126-34.

22. Asabe – American Society of Agricultural and Biological Engineers. Asabe standards 2008 – Thermal properties of grain and grain products. ASAE 2008; D243.4 MAY2003 (R2008): 1-3.

23. Asoegwu SN, Ohanyere SO, Kanu OP, Iwueke CN. Physical properties of African oil bean seed (Pentaclethra macrophylla). Agricultural Engineering International: the CIGR Ejournal. Manuscript FP 2006; (3): 05006.

24. Assis MMM, Lannes SCS, Tadini CC, Telis VRN, Telis-Romero J. Influence of temperature and concentration of thermophysical properties of yellow mombin (Spondias monbin, L.). European Food Research and Technology 2006; 223: 585-93.

25. Aviara NA, Haque MA. Moisture dependence of thermal properties of sheanut kernel. Journal of Food Engineering 2001; 47: 109-13.

26. Aydin C. Physical properties of hazel nuts. Biosystems Engineering 2002; 82(3): 297-303.

27. Aydin C. Physical properties of almond nut and kernel. Journal of Food Engineering 2003; 60: 315-20.

28. Aydin C, Öğüt H, Konak M. Some physical properties of Turkish mahaleb. Biosystems Engineering 2002; 82(2): 231-4.

29. Aydin C, Özcan M. Some physic-mechanic properties of terebinth (Pistacia terebinthus L.) fruits. Journal of Food Engineering 2002; 53: 97-101.

30. Aydin C, Özcan MM. Determination of nutritional and physical properties of myrtle (Myrtus communis L.) fruits growing wild in Turkey. Journal of Food Engineering 2007; 79: 453-8.

31. Azoubel PM, Cipriani DC, El-Aouar ÂA, Antonio GC, Murr FEX. Effect of concentration on the physical properties of cashew juice. Journal of Food Engineering 2005; 66: 413-7.

32. Baghe-Khandan MS, Okos MR. Effect of cooking on thermal conductivity of whole and ground lean beef. Journal of Food Science 1981; 46: 1302-5.

33. Baik OD, Marcotte M, Sablani SS, Castaigne F. Thermal and physical properties of bakery products. Critical Reviews in Food Science and Nutrition 2001; 41(3): 321-52.

34. Baik OD, Mittal GS. Determination and modeling of thermal properties of tofu. International Journal of Food Properties 2003; 6(1): 9-24.

35. Baik OD, Sablani SS, Marcotte M, Castaigne F. Modeling the thermal properties of a cup cake during baking. Journal of Food Science 1999; 64(2): 295-9.

36. Baïri A, Laraqi N, García de María JM. Determination of thermal diffusivity of foods using 1D Fourier cylindrical solution. Journal of Food Engineering 2007; 78: 669-75.

37. Balaban MO, Pigott GM. Thermal conductivity, heat capacity and moisture isotherm of Ocean Perch at different moisture levels and temperatures. Journal of Aquatic Food Product Technology 1993; 1(2): 57-74.

38. Balasubramanian D. Physical properties of raw cashew nut. Journal of Agricultural Engineering Research 2001; 78(3): 291-7.

39. Balderas-López JA, Mandelis A. Self-consistent photothermal techniques: application for measuring thermal diffusivity in vegetable oils. Review of Scientific Instruments 2003; 74(1): 700-2.

40. Barrera M, Zaritzky NE. Thermal conductivity of frozen beef liver. Journal of Food Science 1983; 48: 1779-82.

41. Barringer SA, Davis EA, Gordon J, Ayappa KG, Davis HT. Microwave-heating temperature profiles for thin slabs compared to Maxwell and Lambert Law predictions. Journal of Food Science 1995; 60(5): 1137-42.

42. Bart-Plange A, Baryeh EA. The physical properties of Category B cocoa beans. Journal of Food Engineering 2003; 60:219-27.

43. Bayindirli L. Mathematical analysis of variation of density and viscosity of Apple juice with temperature and concentration. Journal of Food Processing and Preservation 1992; 16(1): 23-28.

44. Bernal-Alvarado J, Mansanares AM, Silva EC, Moreira SGC. Thermal diffusivity measurements in vegetable oils with thermal lens technique. Review of Scientific Instruments 2003; 74(1): 697-9.

45. Betta G, Rinaldi M, Barbanti D, Massini R. A quick method for thermal diffusivity estimation: application to several foods. Journal of Food Engineering 2009; 91: 34-41.

46. Bhowmik SR, Hayakawa K. A new method for determining the apparent thermal diffusivity of thermally conductive food. Journal of Food Science 1979; 44(2): 469-74.

47. Bhumbla VK, Singh AK, Singh Y. Prediction of thermal conductivity of fruit juices by thermal resistance model. Journal of Food Science 1989; 54(4): 1007-12.

48. Bon J, Váquiro H, Benedito J, Telis-Romero J. Thermophysical properties of mango pulp (Mangifera indica L. cv. Tommy Atkins). Journal of Food Engineering 2010; 97: 563-8.

49. Bouvier JM, Fayard G, Clayton JT. Flow rate and heat transfer modeling in extrusion cooking of soy protein. Journal of Food Engineering 1987; 6(2): 123-41.

50. Božiková M. Thermophysical parameters of corn and wheat flour. Research in Agricultural Engineering 2003; 49(4): 157-60.

51. Brock J, Nogueira MR, Zakrzevski C, Corazza FC, Corazza ML, Oliveira JV. Determinação experimental da viscosidade e condutividade térmica de óleos vegetais. Ciência e Tecnologia de Alimentos 2008; 28(3): 564-70.

52. Brown RB, Otten L. Thermophysical properties of seeds from system response analysis. In: Engineering and food: physical properties and process control. 1st Ed. London, Elsevier; 1990. P. 441-6.

53. Buhri AB, Singh RP. Measurement of food thermal conductivity using different scanning calorimetry. Journal of Food Science 1993; 58(5): 1145-7.

54. Burubai W, Akor AJ, Igoni AH, Puyate YT. Some physical properties of African nutmeg (Monodora myristica). International Agrophysics 2007; 21: 123-6.

55. Cabral RAF, Orrego-Alzate CE, Gabas AL, Telis-Romero J. Rheological and thermophysical properties of blackberry juice. Ciência e Tecnologia de Alimentos 2007; 27(3): 589-96.

56. Califano AN, Calvelo A. Thermal conductivity of potato between 50 and 100 °C. Journal of Food Science 1991; 56(2): 586-7.

57. Çalışır S, Hacıseferoğulları H, Özcan M, Arslan D. Some nutritional and technological properties of wild plum (Prunus spp.) fruits in Turkey. Journal of Food Engineering 2005; 66: 233-7.

58. Çalışır S, Marakoğlu T, Öğüt H, Öztürk Ö. Physical properties of rapessed (Brassica napus oleifera L.). Journal of Food Engineering 2005; 69: 61-6.

59. Çalışır S, Özcan M, Hacıseferoğulları H, Yıldız MU. A study on some physical-chemical properties of Turkey okra (Hibiscus esculenta L.) seeds. Journal of Food Engineering 2005; 68: 73-8.

60. Carbajal-Valdez R, Jiménez-Pérez JL, Cruz-Orea A, San Martín-Martínez E. Thermal diffusivity measurements in edible oils using transient thermal lens. International Journal of Thermophysics 2006; 27(6): 1890-7.

61. Carbonera L, Carciofi BM, Huber E, Laurindo JB. Determinação experimental da difusividade térmica de uma massa de tomate comercial. Brazilian Journal of Food Technology 2003; 6(2): 285-90.
62. Carciofi BAM, Faistel J, Aragão GMF, Laurindo JB. Determination of thermal diffusivity of mortadella using actual cooking data. Journal of Food Engineering 2002; 55: 89-94.
63. Çarman K. Some physical properties of lentil seeds. Journal of Agricultural Engineering Research 1996; 63: 87-92.
64. Castillo Ordinola MC, Rojas Chavez PD. Determinación de las propiedades físicas en zumos y néctares empleando un programa en visual basic [tese de mestrado]. Nuovo Chimbote, Peru: Universidad Nacional del Santa, Facultad de Ingeniería; 2005. P. 291.
65. Cepeda E, Villarán MC. Density and viscosity of Malus floribunda juice as a function of concentration and temperature. Journal of Food Engineering 1999; 41: 103-7.
66. Cetin M. Physical properties of barbunia bean (Phaseolus vulgaris L. cv. 'Barbunia') seed. Journal of Food Engineering 2007; 80: 353-8.
67. Chandrasekar V, Viswanathan R. Physical and thermal properties of coffee. Journal of Agricultural Engineering Research 1999; 73: 227-34.
68. Chang, CS. Measuring density and porosity of grain kernels using a gas pycnometer. Cereal Chemistry 1988; 65 (1): 13-5.
69. Chang HC, Carpenter JA, Toledo RT. Modeling heat transfer during oven roasting of unstuffed turkeys. Journal of Food Science 1998; 63(2): 257-61.
70. Chang K, Ruan RR, Chen PL. Simultaneous heat and moisture transfer in cheddar cheese during cooling I. Numerical simulation. Drying Technology 1998; 16(7): 1447-58.
71. Chang SY, Toledo RT. Simultaneous determination of thermal diffusivity and heat transfer xcoefficient during sterilization of carrot dices in a packed bed. Journal of Food Science 1990; 55(1): 199-205.
72. Chen XD, McLellan DN, Rahman MS. Thermal diffusivity of kiwifruit skin, flesh and core measured by a modified Fitch method. International Journal of Food Properties 1998; 1(2): 113-9.
73. Chen XD, Xie GZ, Rahman MS. Application of the distribution factor concept in correlating thermal conductivity data for fruits and vegetables. International Journal of Food Properties 1998; 1(1): 35-44.
74. Christenson ME. Physical properties of baked products as functions of moisture and temperatures. Journal of Food Processing and Preservation 1989; 13(3): 201-17.
75. Cogné C, Andrieu J, Laurent P, Besson A, Nocquet J. Experimental data and modelling of thermal properties of ice creams. Journal of Food Engineering 2003; 58: 331-41.
76. Coimbra JSR, Gabas AL, Minim LA, Garcia Rojas EE, Telis VRN, Telis-Romero J. Density, heat capacity and thermal conductivity of liquid egg products. Journal of Food Engineering 2006; 74: 186-90.
77. Constenla DT, Lozano JE, Crapiste GH. Thermophysical properties of clarified apple juice as a function of concentration and temperature. Journal of Food Science 1989; 54(3): 663-8.
78. Cornillon P, Andrieu J. Use of nuclear magnetic resonance to model thermophysical properties of frozen and unfrozen model food gels. Journal of Food Engineering 1995; 25: 1-19.
79. Coşkun MB, Yalçın İ, Özarslan C. Physical properties of sweet corn seed (Zea mays saccharata Sturt.). Journal of Food Engineering 2006; 74: 523-8.
80. Coşkuner Y, Karababa E. Physical properties of coriander seeds (Coriandrum sativum L.). Journal of Food Engineering 2007; 80: 408-16.
81. Coşkuner Y, Karababa E. Some physical properties of flaxseed (Linum usitatissimum L.). Journal of Food Engineering 2007; 78: 1067-73.
82. Cuevas R, Cheryan M. Thermal conductivity of liquid foods — a review. Journal of Food Process Engineering 1978; 2: 283-306.

83. Davies RM. Some physical properties of groundnut grains. Research Journal of Applied Sciences, Engineering and Technology 2009; 1(2): 10-3.
84. Delgado AE, Gallo A, De Piante D, Rubiolo A. Thermal conductivity of unfrozen and frozen strawberry and spinach. Journal of Food Engineering 1997; 31: 137-46.
85. Delgado AE, Rubiolo AC, Gribaudo LM. Effective heat capacity for strawberry freezing and thawing calculations. Journal of Food Engineering 1990; 12: 165-75.
86. Demır F, Doğan H, Özcan M, Haciseferoğullari H. Nutritional and physical properties of hackberry (Celtis australis L.). Journal of Food Engineering 2002; 54: 241-7.
87. Denys S, Hendrickx ME. Measurement of the thermal conductivity of foods at high pressure. Journal of Food Science 1999; 64(4): 709-13.
88. Deshpande SD, Bal S. Specific heat of soybean. Journal of Food Process Engineering 1999; 2: 469-77.
89. Deshpande SD, Bal S, Ojha TP. Bulk thermal conductivity and diffusivity of soybean. Journal of Food Processing and Preservation 1996; 20(3): 177-89.
90. Deshpande SD, Bal S, Ojha TP. Physical properties of soybean. Journal of Agricultural Engineering Research 1993; 56: 89-98.
91. Donsì G, Ferrari G, Nigro R. Experimental determination of thermal conductivity of Apple and potato at different moisture contents. Journal of Food Engineering 1996; 30: 263-8.
92. Drouzas AE, Maroulis ZB, Karathanos VT, Saravacos GD. Direct and indirect determination of the effective thermal diffusivity of granular starch. Journal of Food Engineering 1991; 13: 91-101.
93. Drouzas AE, Saravacos GD. Effective thermal conductivity of granular starch materials. Journal of Food Science 1988; 53(6): 1795-9.
94. Drusas A, Tassopoulus M, Saravacos GD. Thermal conductivity of starch gels. In: Food engineering and process applications: transport phenomena. London, Elsevier; 1986. P. 141-9.
95. Dursun E, Dursun I. Some physical properties of caper seed. Biosystems Engineering 2005; 92(2): 237-45.
96. Elansari AM, Hobani AI. Effect of temperature and moisture content on thermal conductivity of four types of meat. International Journal of Food Properties 2009; 12: 308-15.
97. Emami S, Tabil LG, Tyler RT. Thermal properties of chickpea flour, isolated chickpea starch, and isolated chickpea protein. Transactions of the ASABE 2007; 50(2): 597-604.
98. Ertekin C, Gozlecki S, Kabas O, Sonmez S, Akinci I. Some physical, pomological and nutritional properties of two plum (Prunus domestica L.) cultivars. Journal of Food Engineering 2006; 75: 508-14.
99. Fang Q, Lan Y, Kocher MF, Hanna MA. Thermal conductivity of granular rice starches. International Journal of Food Properties 2000; 3(2): 283-93.
100. FAO. Freezing and refrigerates storage in fisheries. Fisheries technical paper 340 (ISSN 0429-9345), 1985, citado por Zueco J, Alhama F, González Fernández CF. Inverse determination of the specific heat of foods. Journal of Food Engineering 2004; 64: 347-53.
101. Farinu A, Baik O-D. Thermal properties of sweet potato with its moisture content and temperature. International Journal of Food Properties 2007; 10: 703-19.
102. Fasina O. Thermal properties of catfish at freezing temperatures. ASABE Annual International Meeting, paper number 083886, Providence, EUA; 2008.
103. Fasina OO. Thermophysical properties of sweetpotato puree at freezing and refrigeration temperatures. International Journal of Food Properties 2005; 8: 151-60.
104. Fasina OO, Farkas BE, Fleming HP. Thermal and dielectric properties of sweetpotato puree. International Journal of Food Properties 2003; 6(3): 461-72.
105. Fontan RCI, Santos LS, Bonomo RCF, Lemos AR, Ribeiro RP, Veloso CM. Thermophysical properties of coconut water

affected by temperature. Journal of Food Process Engineering 2009; 32: 382-97.

106. Fontana AJ, Varith J, Ikediala J, Reyes J, Wacker B. Thermal properties of selected foods using a dual needle heat-pulse sensor. ASAE/CSAE-SCGR. Toronto, Canadá: Annual International Meeting, paper number 996063; 1999.

107. Fontana AJ, Wacker B, Campbell CS, Campbell GS. Simultaneous thermal conductivity, thermal resistivity, and thermal diffusivity measurement of selected foods and soil. Sacramento, EUA: Annual International Meeting, paper number 016101; 2001.

108. Gabas AL, Marra-Júnior WD, Telis-Romero J, Telis VRN. Changes of density, thermal conductivity, thermal diffusivity, and specific heat of plums during drying. International Journal of Food Properties 2005; 8: 233-42.

109. Gabas AL, Telis-Romero J, Telis VRN. Influence of fluid concentration on freezing point depression and thermal conductivity of frozen orange juice. International Journal of Food Properties 2003; 6(3): 543-66.

110. Galedar MN, Jafari A, Tabatabaeefar A. Some physical properties of wild pistachio (Pistacia vera L.) nut and kernel as a function of moisture content. International Agrophysics 2008; 22: 117-24.

111. Garnayak DK, Pradhan RC, Naik SN, Bhatnagar N. Moisture-dependent physical properties of jatropha seed (Jatropha curcas L.). Industrial Crops and Products 2008; 7: 123-9.

112. Garrote RL, Silva ER, Bertone RA. Effect of thermal treatment on steam peeled potatoes. Journal of Food Engineering 2000; 45: 67-76.

113. Gezer İ, Haciseferoğulları H, Demir F. Some physical properties of Hacıhaliloğlu apricot pit and its kernel. Journal of Food Engineering 2002; 56: 49-57.

114. Goedeken DL, Shah KK, Tong CH. True thermal conductivity determination of moist porous food materials at elevated temperatures. Journal of Food Science 1998; 63(6): 1062-6.

115. González-Mendizabal D, Bortot P, López de Ramos AL. A thermal conductivity experimental method based on the Peltier effect. International Journal of Thermophysics 1998; 19(4): 1229-38.

116. Gratão ACA, Silveira Júnior V, Polizelli MA, Telis-Romero J. Thermal properties of passion fruit juice as affected by temperature and water content. Journal of Food Process Engineering 2005; 27: 413-31.

117. Gratzek JP, Toledo RT. Solid thermal conductivity determination at high temperature. Journal of Food Science 1993; 58(4): 908-13.

118. Gupta RK, Das SK. Physical properties of sunflower seeds. Journal of Agricultural Engineering Research 1997; 66: 1-8.

119. Gupta TR. Specific heat of Indian unleavened flat bread (chapatti) at various stages of cooking. Journal of Food Process Engineering 1990; 13: 217-27.

120. Gut JAW, Pinto JM, Gabas AL, Telis-Romero J. Continuous pasteurization of egg yolk: thermophysical properties and process simulation. Journal of Food Process Engineering 2005; 28: 181-203.

121. Hacıseferoğulları H, Gezer İ, Bahtiyarca Y, Menges HO. Determination of some chemical and physical properties of Sakız faba bean (Vicia faba L. Var. major). Journal of Food Engineering 2003; 60: 475-9.

122. Hacıseferoğulları H, Gezer İ, Özcan MM, MuratAsma B. Post-harvest chemical and physical-mechanical properties of some apricot varieties cultivated in Turkey. Journal of Food Engineering 2007; 79: 364-73.

123. Hacıseferoğulları H, Özcan M, Demir F, Çalışır S. Some nutritional and technological properties of garlic (Allium sativum L.). Journal of Food Engineering 2005; 68: 463-9.

124. Hacıseferoğulları H, Özcan M, Sonmete MH, Özbek O. Some physical and chemical parameters of wild medlar (Mespilus germanica L.) fruit grown in Turkey. Journal of Food Engineering 2005; 69: 1-7.

125. Halliday PJ, Parker R, Smith AC, Steer DC. The thermal conductivity of maize

grits and potato granules. Journal of Food Engineering 1995; 26: 273-88.

126. Hamdami N, Monteau J-Y, Le Bail A. Thermophysical properties evolution of French partly baked bread during freezing. Food Research International 2004; 37: 703-13.

127. Haswell GA. A note on the specific heat of rice, oats, and their products. Cereal Chemistry 1954; 31: 341-3.

128. Hayes CF. Thermal diffusivity of papaya fruit (Carica papaya L., Var. Solo). Journal of Food Science 1984; 49: 1219-21.

129. Heidarbeigi K, Ahmadi H, Kheiralipour K, Tabatabaeefar A. Some physical and mechanical properties of khinjuk. Pakistan Journal of Nutrition 2009; 8(1): 74-7.

130. Heldman DR. Food properties during freezing. Food Technology 1982; 36(2): 92-6.

131. Hobani AI, Elansari AM. Effect of temperature and moisture content on thermal properties of four types of meat part two: specific heat & enthalpy. International Journal of Food Properties 2008; 11: 571-84.

132. Hori T. Effects of rennet treatment and water content n thermal conductivity of skim Milk. Journal of Food Science 1985; 48: 1492-6.

133. Hough G, Moro O, Luna J. Thermal conductivity and heat capacity of dulce de leche, a typical Argentine dairy product. Journal of Dairy Science 1986; 69: 1518-22.

134. Hu J, Sari O, Eicher S, Rakotozanakajy AR. Determination of specific heat of milk at different fat content between 1 °C and 59 °C using micro DSC. Journal of Food Engineering 2009; 90: 395-9.

135. Hu X, Mallikarjunan P. Thermal and dielectric properties of shucked oysters. LWT – Food Science and Technology 2005; 38: 489-94.

136. Hung YC, Thompson DR. Freezing time prediction for slab shape foodstuffs by an improved analytical method. Journal of Food Science 1983; 48: 555-60.

137. Hwang MP, Hayakwa K. A specific heat calorimeter for foods. Journal of Food Science 1979; 44: 435-8.

138. Igbozulike AO, Aremu AK. Moisture dependent physical properties of Garcinia kola seeds. Journal of Agricultural Technology 2009; 5(2): 239-48.

139. Iguaz A, San Martín MB, Arroqui C, Fernández T, Maté JI, Vírseda P. Thermophysical properties of medium grain rough rice (LIDO cultivar) at medium and low temperatures. European Food Research and Technology 2003; 217: 224-9.

140. Irtwange SV, Igbeka JC. Effect of moisture content and power input on thermal conductivity of African yam bean (Sphenostylis stenocarpa). Transactions of the ASAE 2002; 45(5): 1475-8.

141. Irtwange SV, Igbeka JC. Influence of moisture content on thermal diffusivity and specific heat of African yam bean (Sphenostylis stenocarpa). Transactions of the ASAE 2003; 46(6): 1633-6.

142. Irtwange SV, Igbeka JC. Some physical properties of two African yam bean (Sphenostylis stenocarpa) accessions and their interrelations with moisture content. Applied Engineering in Agriculture 2002; 18(5): 567-76.

143. Işik E, Ünal H. Moisture-dependent physical properties of white speckled red kidney bean grains. Journal of Food Engineering 2007; 82: 209-16.

144. Jain RK, Bal S. Properties of pearl millet. Journal of Agricultural Engineering Research 1997; 66: 85-91.

145. Jannatizadeh A, Boldaji MN, Fatahi R, Varnamkhasti MG, Tabatabaeefar A. Some postharvest physical properties of Iranian apricots (Prunus armeniaca L.) fruit. International Agrophysics 2008; 22: 125-31.

146. Jaramillo-Flores ME, Hernandez-Sanchez H. Thermal diffusivity of soursop (Annona muricata L.) pulp. Journal of Food Engineering 2000; 46: 139-43.

147. Jeong S, Marks BP. Modeling thermal conductivity of meat patties as a function of porosity, temperature, and composition in high temperature and humidity processes. Las Vegas, EUA: ASAE Annual International Meeting, paper number 036105; 2003.

148. Jha SN, Prasad S. Physical and thermal properties of gorgon nut. Journal of Food Process Engineering 1993; 16: 237-45.

149. Jiménez-Pérez JL, Cruz-Orea A, Lomelí Mejia P, Gutierrez-Fuentes R. Monitoring the thermal parameters of different edible oils by using thermal lens spectrometry. International Journal of Thermophysics 2009; 30: 1396-9.

150. Jindal VK, Murakami. Thermal properties of shredded coconut. In: Engineering and food: engineering sciences in the food industry. London: Elsevier; 1984. P. 323-31.

151. Johnsson C, Skjoldebrand C. Thermal properties of bread during baking. In: Engineering and food: engineering sciences in the food industry. London: Elsevier; 1984. P. 333-41.

152. Joshi DC, Das SK, Mukherjee RK. Physical properties of pumpkin seeds. Journal of Agricultural Engineering Research 1993; 54: 219-29.

153. Júnior PCA, Corrêa PC, Pinto FAC, Nardelli PM. Propriedades termofísicas dos frutos e sementes de café: determinação e modelagem. Revista Brasileira de Armazenamento 2002; 4: 9-15.

154. Kabas O, Yilmaz E, Ozmerzi A, Akinci İ. Some physical and nutritional properties of cowpea seed (Vigna sinensis L.). Journal of Food Engineering 2007; 79: 1405-9.

155. Kabas O, Ozmerzi A, Akinci I. Physical properties of cactus pear (Opuntia ficus indica L.) grown wild in Turkey. Journal of Food Engineering 2006; 73: 198-202.

156. Karababa E. Physical properties of popcorn kernel. Journal of Food Engineering 2006; 72: 100-7.

157. Karunakar B, Mishra SK, Bandyopadhyay S. Specific heat and thermal conductivity of shrimp meat. Journal of Food Engineering 1998; 37: 345-51.

158. Kashaninejad M, Mortazavi A, Safekordi A, Tabil LG. Some physical properties of Pistachio (Pistacia vera L.) nut and its kernel. Journal of Food Engineering 2006; 72: 30-8.

159. Kayisoglu B, Kocabiyik H, Akdemir B. The effect of moisture content on the thermal conductivities of some cereal grains. Journal of Cereal Science 2004; 39: 147-50.

160. Kheiralipour K, Karimi M, Tabatabaeefar A, Naderi M, Khoubakht G, Heidarbeigi K. Moisture-depend physical properties of wheat (Triticum aestivum L.). Journal of Agricultural Technology 2008; 4(1): 53-64.

161. Khoshnam F, Tabataeefar A, Ghasemi Varnamkhasti M, Borghei A. Mass modeling of pomegranate (Punica granatum L.) fruit with some physical characteristics. Scientia Horticulturae 2007; 114: 21-6.

162. Kim SS, Bhowmik SR. Thermophysical properties of plain yogurt as functions of moisture content. Journal of Food Engineering 1997; 32: 109-24.

163. Kim YS, Flores RA, Chung OK, Bechtel DB. Physical, chemical, and thermal characterization of wheat flour milling coproducts. Journal of Food Process Engineering 2003; 26: 469-88.

164. Kingsly ARP, Singh DB, Manikantan MR, Jain RK. Moisture dependent physical properties of dried pomegranate seeds (Anardana). Journal of Food Engineering 2006; 75: 492-6.

165. Kocabiyik H, Kayisoglu B, Tezer D. Effect of moisture content on thermal properties of pumpkin seed. International Journal of Food Properties 2009; 12: 277-85.

166. Konak M, Çarman K, Aydin C. Phyical properties of chick pea seeds. Biosystems Engineering 2002; 82(1): 73-8.

167. Koocheki A, Razavi SMA, Milani E, Moghadam TM, Abedini M, Alamatiyan S, et al. Physical properties of watermelon seed as a function of moisture content and variety. International Agrophysics 2007; 21: 349-59.

168. Kostaropoulos AE, Saravacos GD. Thermal diffusivity of granular porous food at low moisture content. Journal of Food Engineering 1997; 33: 101-9.

170. Kramkowski R, Kamiński E, Serowik M. Effect of moisture and temperature of gar-

lic on its specific heat. Electronic Journal of Polish Agricultural Universities 2001; 4(2). Disponível em: http://www.ejpau.media.pl/volume4/issue2/engineering/art-06.html. Acesso em 14/12/2011.

171. Krokida MK, Maroulis ZB, Rahman MS. A structural generic model to predict the effective thermal conductivity of granular materials. Drying Technology 2001; 19(9): 2277-90.

172. Kulacki FA, Kennedy SC. Measurement of the thermo-physical properties of common cookie dough. Journal of Food Science 1978; 43: 380-4.

173. Kumar A, Bhattacharya M, Padmanabhan M. Modeling flow in cylindrical extruser dies. Journal of Food Science 1989; 54(6): 1584-9.

174. Kumar P, Coronel P, Simunovic J, Sandeep KP. Thermophysical and dielectric properties of salsa con queso and its vegetable ingredients at sterilization temperatures. International Journal of Food Properties 2008; 11: 112-26.

175. Kumcuoglu S, Tavman S, Nesvadba P, Tavman IH. Thermal conductivity measurements of a traditional fermented dough in the frozen state. Journal of Food Engineering 2007; 78: 1079-82.

176. Kurozawa LE, Park KJ, Hubinger MD, Murr FEX, Azoubel PM. Thermal conductivity and thermal diffusivity of papaya (Carica papaya L.) and cashew apple (Anacardium occidentale L.). Brazilian Journal of Food Technology 2008; 11(1): 78-85.

177. Kustermann M, Scherer R, Kutzbach HD. Thermal conductivity and diffusivity of shelled corn and grain. Journal of Food Process Engineering 1981; 4: 137-53.

178. Lai LS, Kokini JL. Estimation of viscous heat effects in slit flows of 98% Amylopectin (Amioca), 70% Amylose (Hylon 7) corn starches and corn meal during extrusion. Journal of Food Engineering 1992; 16: 309-18.

179. Lan Y, Fang Q, Kocher MF, Hanna MA. Thermal properties of tapioca starch. International Journal of Food Properties 2000; 3(1): 105-16.

180. Laohasongkram K, Chaiwanichsiri S, Thunpithayakul C, Ruedeesarnt W. Thermal properties of mangoes. J. Sci. Soc. Thailand 1995; 21: 63-74.

181. Le Maguer M, Bourgois J, Jelen P. Some engineering properties of whey. In: Food engineering and process applications: Transport phenomena. London: Elsevier; 1986. P. 161-9.

182. Legrand A, Leuliet J-C, Duquesne S, Kesteloot R, Winterton P, Fillaudeau L. Physical, mechanical, thermal and electrical properties of cooked red bean (Phaseolus vulgaris L.) for continuous ohmic heating process. Journal of Food Engineering 2007; 81: 447-58.

183. Lima IJE, Queiroz AJM, Figueiredo RMF. Propriedades termofísicas da polpa de umbu. Revista Brasileira de Produtos Agroindustriais 2003; 1: 31-42.

184. Lin SXQ, Chen XD, Chen ZD, Bandopadhayay P. Shear rate dependent thermal conductivity measurement of two fruit juice concentrates. Journal of Food Engineering 2003; 57: 217-224.

185. Lovrić T, Piližota V, Janeković A. DSC Study of the thermophysical properties of aqueous liquid and semi-liquid foodstuffs at freezing temperatures. Journal of Food Science 1987; 52(3): 772-6.

186. Lozano JE, Urbican MJ, Rotstein E. Thermal conductivity of apples as a function of moisture content. Journal of Food Science 1979; 44(1): 198-9.

187. Luna JA, Bressan JA. Heat transfer during brining of Cuartirolo Argentino cheese. Journal of Food Science 1985; 50: 858-61.

188. Lyng JG, Scully M, McKenna BM. The influence of compositional changes in beefburgers on their temperatures and their thermal and dielectric properties during microwave heating. Journal of Muscle Foods 2002; 13: 123-42.

189. MacCarthy D. The effective thermal conductivity of skim milk powder. In: Engineering and food: engineering sciences in

the food industry. London: Elsevier; 1984. P. 527-38.

190. Maccarthy DA, Fabre N. Thermal conductivity of sucrose. In: Food properties and computer-aided engineering of food processing systems. Dordrecht: Kluwer Academic Publishers; 1989. P. 105-11.

191. Magee TRA. Measurement of thermal diffusivity of potato, malt bread and wheat flour. Journal of Food Engineering 1995; 25: 223-32.

192. Magerramov MA, Abdulagatov AI, Abdulagatov IM, Azizov ND. Thermal conductivity of peach, raspberry, cherry and plum juices as a function of temperature and concentration. Journal of Food Process Engineering 2006; 29: 304-26.

193. Magerramov MA, Abdulagatov AI, Azizov ND, Abdulagatov IM. Thermal conductivity of pear, sweet-cherry, apricot, and cherry-plum juices as a function of temperature and concentration. Journal of Food Science 2006; 71(5): E238-44.

194. Mahapatra AK, Lan Y, Nguyen C. Thermal properties of rice flours. Portland, EUA: ASABE Annual International Meeting, paper number 066112; 2006.

195. Manohar B, Ramakrishna P, Udayasankar K. Some physical properties of tamarind (Tamarindus indica L.) juice concentrates. Journal of Food Engineering 1991; 13: 241-58.

196. Maroulis ZB, Drouzas AE, Saravacos GD. Modeling of thermal conductivity of granular starches. Journal of food engineering 1990; 11: 255-271.

197. Maroulis ZB, Krokida MK, Rahman MS. A structural generic model to predict the effective thermal conductivity of fruits and vegetables during drying. Journal of Food Engineering 2002; 52: 47-52.

198. Markowski M, Bialobrzewski I, Cierach M, Paulo A. Determination of thermal diffusivity of Lyoner type sausages during water bath cooking and cooling. Journal of Food Engineering 2004; 65: 591-8.

199. Maroulis ZB, Shah KK, Saravacos GD. Thermal conductivity of gelatinized starches. Journal of Food Science 1991; 56(3): 773-6.

200. Marousis SN, Saravacos GD. Density and porosity in drying starch materials. Journal of Food Science 1990; 55(5): 1367-72.

201. Marschoun LT, Muthukumarappan K, Gunasekaran S. Thermal properties of Cheddar cheese: experimental and modeling. International Journal of Food Properties 2001; 4(3): 383-403.

202. Martínez-Monzó J, Barat, JM González-Martínez C, Chiralt A, Fito P. Changes in thermal properties of Apple due to vacuum impregnation. Journal of Food Engineering 2000; 43: 213-8.

203. Martins RC, Silva CLM. Inverse problem methodology for thermal-physical properties estimation of frozen green beans. Journal of Food Engineering 2004; 63: 383-392.

204. Masoumi AA, Scholar V, Tabil L. Physical properties of chickpea (C. arietinum) cultivars. Las Vegas: ASAE Annual International Meeting, paper number 036058; 2003.

205. Meisami-asl E, Rafiee S, Keyhani A, Tabatabaeefar A. Some physical properties of apple cv. "Golab". Agricultural Engineering International: the CIGR Ejournal, manuscript 1124, vol. XI, 2009.

206. Michailidis PA, Krokida MK, Rahman MS. Data and models of density, shrinkage, and porosity. In: Food properties handbook, 2nd. Ed. Boca Raton: CRC Press. P. 417-500.

207. Milani E, Seyed M, Razavi A, Koocheki A, Nikzadeh V, Vahedi N, et al. Moisture dependent physical properties of cucurbit seeds. International Agrophysics 2007; 21: 157-68.

208. Minim LA, Coimbra JSR, Minim VPR, Telis-Romero J. Influence of temperature and water and fat contents on the thermophysical properties of milk. Journal of Chemical and Engineering Data 2002; 47(6): 1488-91.

209. Mohapatra D, Bal S. Determination of specific heat and gelatinization temperature of rice during differential scanning calorime-

try. Las Vegas: ASAE Annual International Meeting, paper number 036113; 2003.
210. Monteau J-Y. Estimation of thermal conductivity of sandwich bread using an inverse method. Journal of Food Engineering 2008; 85: 132-40.
211. Moore GA, Bilanski WK. Thermal properties of high moisture content alfalfa. Applied Engineering in Agriculture 8(1): 61-4.
212. More GR, Prasad S. Thermal conductivity of concentrated whole milk. Journal of Food Process Engineering 1988; 10: 105-12.
213. Moreira RG, Palau J, Sweat VE, Sun X. Thermal and physical properties of tortilla chips as a function of frying time. Journal of Food Processing and Preservation 1995; 19(3): 175-89.
214. Morley MJ, Miles CA. Modelling the thermal conductivity of starch-water gels. Journal of Food Engineering 1997; 33: 1-14.
215. Moura SCSR, França VCL, Leal AMCB. Propriedades termofísicas de soluções modelo similares a sucos – parte 1. Ciência e Tecnologia de Alimentos 2003; 23(1): 62-8.
216. Moura SCRL, Germer SPM, Jardim DCP, Sadahira MS. Thermophysical properties of tropical juices. Brazilian Journal of Food Technology 1998; 1(1,2): 70-6.
217. Moura SCRL, Vitali AA, França VCL. Propriedades termofísicas de soluções modelo similares a creme de leite. Ciência e Tecnologia de Alimentos 2001; 21(2): 209-15.
218. Muniz MB, Queiroz AJM, Figueirêdo RMF, Duarte MEM. Caracterização termofísica de polpas de bacuri. Ciência e Tecnologia de Alimentos 2006; 26(2): 360-8.
219. Murakami EG. Thermal processing affects properties of commercial shrimp and scallops. Journal of Food Science 1994; 59(2): 237-41.
220. Muramatsu Y, Tagawa A, Sakaguchi E, Kasai T. Prediction of thermal conductivity of kernels and a packed bed of brown rice. Journal of Food Engineering 2007; 80: 241-8.
221. Muramatsu Y, Sakaguchi E, Orikasa T, Tagawa A. Simultaneous estimation of the thermophysical properties of three kinds of fruit juices based on the measured result by a transient heat flow probe method. Journal of Food Engineering 2010; 96: 607-13.
222. Muramatsu Y, Tagawa A, Sakaguchi E, Kasai T. Prediction of effective thermal conductivity of rough rice. Transactions of the ASABE 2006; 49(3): 705-12.
223. Muramatsu Y, Tagawa A, Kasai T. Effective thermal conductivity of rice flour and whole and skim milk powder. Journal of Food Science 2005; 70(4): E279-87.
224. Murphy RY, Marks BP. Apparent thermal conductivity, water content, density, and porosity of thermally-processed ground chicken patties. Journal of Food Process Engineering 1999; 22: 129-40.
225. Murthy CT, Rao PNS. Thermal diffusivity of idli batter. Journal of Food Engineering 1997; 33: 299-304.
226. Muzilla M, Unklesbay N, Helsel Z. Effect of moisture content on density, heat capacity and conductivity of restructured pork/soy hull mixtures. Journal of Food Science 1990; 55(6): 1491-3.
227. Mwithiga G, Sifuna MM. Effect of moisture content on the physical properties of three varieties of sorghum seeds. Journal of Food Engineering 2006; 75: 480-6.
228. Nelson SO. Dimensional and density data for seeds of cereal grain and other crops. Transactions of the ASAE 2002; 45(1): 165-70.
229. Ngadi MO, Chinnan MS, Mallikarjunan P. Enthalpy and heat capacity of fried shrimp at freezing and refrigeration temperatures. LWT – Food Science and Technology 2003; 36: 75-81.
230. Ngadi MO, Ikediala JN. Heat transfer properties of chicken-drum muscle. Journal of the Science of Food and Agriculture 1998; 78: 12-8.
231. Ngadi MO, Mallikarjunan P, Chinnan MS, Radhakrishnan S, Hung Y-C. Thermal properties of shrimps, French toasts and

breading. Journal of Food Process Engineering 2000; 23: 73-87.
232. Nimkar PM, Chattopadhyay PK. Some physical properties of green gram. Journal of Agricultural Engineering Research 2001; 80(2): 183-9.
233. Njie DN, Rumsey TR, Singh RP. Thermal properties of cassava, yam and plantain. Journal of Food Engineering 1998; 37: 63-76.
234. Ogunjimi LAO, Aviara NA, Aregbesola OA. Some engineering properties of locust bean seed. Journal of Food Engineering 2002; 55: 95-9.
235. Öğut H. Some physical properties of white lupin. Journal of Agricultural Engineering Research 1998; 69: 273-7.
236. Olajide JO, Ade-Omowaye BIO. Some physical properties of locust bean seed. Journal of Agricultural Engineering Research 1999; 74: 213-5.
237. Olajide JO, Ade-Omowaye BIO, Otunola ET. Some physical properties of shea kernel. Journal of Agricultural Engineering Research 2000; 76: 419-21.
238. Olapade AA, Okafor GI, Ozumba AU, Olatunji O. Characterization of common Nigerian cowpea (Vigna unguiculata L. Walp) varieties. Journal of Food Engineering 2002; 55: 101-5.
239. Oliveira GS, Trivelin MO, Lopes Filho JF, Thoméo JC. Thermo-physical properties of cooked ham. International Journal of Food Properties 2005; 8: 387-94.
240. Omobuwajo TO, Akande EA, Sanni LA. Selected physical, mechanical and aerodynamic properties of African breadfruit (Treculia africana) seeds. Journal of Food Engineering 1999; 40: 241-4.
241. Omobuwajo TO, Omobuwajo OR, Sanni LA. Physical properties of calabash nutmeg (Monodora myristica) seeds. Journal of Food Engineering 2003; 57: 375-81.
242. Omobuwajo TO, Sanni LA, Balami YA. Physical properties of sorrel (Hibiscus sabdariffa) sseds. Journal of Food Engineering 2000; 45: 37-41.

243. Özcan M, Hacıseferoğulları H, Demir F. Some physic-mechanic and chemical properties of capers (Capparis ovate Desf. var. canescens (Coss.) Heywood) flower buds. Journal of Food Engineering 2004; 65: 151-5.
244. Ozdemir F, Akinci I. Physical and nutritional properties of four major commercial Turkish hazelnut varieties. Journal of Food Engineering 2004; 63: 341-7.
245. Özgüven F, Vursavuş K. Some physical, mechanical and aerodynamic properties of pine (Pinus pinea) nuts. Journal of Food Engineering 2005; 68: 191-6.
246. Pajonk AS, Saurel R, Andrieu J, Laurent P, Blanc D. Heat transfer study and modeling during Emmental ripening. Journal of Food Engineering 2003; 57: 249-55.
247. Peralta-Rodríguez RD, Rodrigo E M, Kelly P. A calorimetric method to determine specific heats of prepared foods. Journal of Food Engineering 1995; 26: 81-96.
248. Pereira EA, Queiroz AJM, Figueirêdo RMF. Massa específica de polpa de açaí em função do teor de sólidos totais e da temperatura. Revista Brasileira de Engenharia Agrícola e Ambiental 2002; 6(3): 526-30.
249. Perez MGR, Calvelo A. Modeling the thermal conductivity of cooked meat. Journal of Food Science 1984; 49: 152-6.
250. Pérez-Alegría LR, Ciro HJ, Abud LC. Physical and thermal properties of parchment coffee bean. Transactions of the ASAE 2001; 44(6):721-6.
251. Pham QT, Willix J. Thermal conductivity of fresh Lamb meat, offals and fat in the range -40 °C to +30 °C: Measurements and correlations. Journal of Food Science 1989; 54(3): 508-15.
252. Pliestic S, Dobricevic N, Filipovic D, Gospodaric Z. Physical properties of filbert nut and kernel. Biosystems Engineering 2006; 93(2): 173-8.
253. Polley SL, Synder OP, Kotnur P. A compilation of thermal properties of foods. Food Technology 1980; 4(11): 76-94.

254. Proud LMMC, Lund DB. Thermal properties of beef loaf produced in foodservice systems. Journal of Food Science 1983; 48: 677-80.
255. Queiroz GM. Determinação de propriedades termofísicas do pão tipo francês durante o processo de assamento [dissertação de mestrado]. São Paulo: Escola Politécnica da Universidade de São Paulo, Departamento de Engenharia Química; 2001. P. 152.
256. Radhakrishnan S. Measurement of thermal properties of seafood [dissertation]. Blacksburg, Virginia: Faculty of the Virginia Polytechnic Institute and State University; 1997.
257. Rahman MdS. Evaluation of the precision of the modified Fitch method for thermal conductivity measurement of foods. Journal of Food Engineering 1991; 14: 71-82.
258. Rahman MD S. Specific heat of selected fresh seafood. Journal of Food Science 1993; 58(3): 522-4.
259. Rahman MD S, Potluri PL. Thermal conductivity of fresh and dried squid meat by line source thermal conductivity probe. Journal of Food Science 1991; 56(2): 582-3.
260. Rahman MS, Perera CO, Chen XD, Driscoll RH, Lal Potluri P. Density, shrinkage ad porosity of calamari mantle meat during air drying in a cabinet dryer as a function of water content. Journal of Food Engineering 1996; 30: 135-45.
261. Ramaswamy HS, Tung MA. Thermophysical properties of apples in relation of freezing. Journal of Food Science 1981; 46: 724-8.
262. Ramaswamy R, Balasubramaniam VM, Sastry SK. Thermal conductivity of selected foods at elevated pressures up to 700 MPa. Journal of Food Engineering 2007; 83: 444-51.
263. Ramesh MN. Effect of cooking and drying on the thermal conductivity of rice. International Journal of Food Properties 2000; 3(1): 77-92.
264. Ramos AM, Ibarz A. Density of juice and fruit puree as a function of soluble solids content and temperature. Journal of Food Engineering 1998; 35: 57-63.
265. Rao PVKJ, Das M, Das SK. Changes in physical and thermo-physical properties of sugarcane, palmyra-palm and date-palm juices at different concentration of sugar. Journal of Food Engineering 2009; 90: 559-66.
266. Rao PVKJ, Das M, Das SK. Thermophysical properties of sugarcane, palmyra palm, and date-palm granular jaggery. International Journal of Food Properties 2008; 11: 876-86.
267. Rapusas RS, Driscoll RH. Thermophysical properties of fresh and dried white onion slices. Journal of Food Engineering 1995; 24: 149-64.
268. Razavi SMA, Milani E. Some physical properties of the watermelon seeds. African Journal of Agricultural Research 2006; 1(3): 65-9.
269. Razavi SMA, Rafe A, Moghaddam TM, Amini AM. Physical properties of pistachio nut and its kernel as a function of moisture content and variety. Part II. Gravimetrical properties. Journal of Food Engineering 2007; 81: 218-25.
270. Razavi SMA, Taghizadeh M. The specific heat of pistachio nuts as affected by moisture content, temperature, and variety. Journal of Food Engineering 2007; 79: 158-67.
271. Reddy BS, Chakraverty A. Physical properties of raw and parboiled paddy. Biosystems Engineering 2004; 88(4): 461-6.
272. Reddy Ch S, Datta AK. Thermophysical properties of concentrated reconstituted milk during processing. Journal of Food Engineering 1994; 21: 31-40.
273. Renaud T, Briery P, Andrieu J, Laurent M. Thermal properties of model food in the frozen state. Journal of Food Engineering 1992; 15: 83-97.
274. Resende JV, Silveira Jr V. Medidas da condutividade térmica efetiva de modelos de polpas de frutas no estado congelado. Ciência e Tecnologia de Alimentos 2002; 22(2): 177-83.

275. Rizvi SSH, Blaisdell JL, Harper WJ. Thermal difusivity of model meat analog systems. Journal of Food Science 1980; 45: 1727-31.
276. Rutz WD, Whitnah CH, Baetz GD. Some physical properties of milk. I. Density. Journal of Dairy Science 1955; 38: 1312-8.
277. Sabapathy ND, Tabil LG. Thermal properties of Kabuli type chickpea. Ottawa, Canada: ASAE/CSAE Annual International Meeting, paper number 046128; 2004.
278. Sahin S, Sastry SK, Bayindirli L. Effective thermal conductivity of potato during frying: measurement and modeling. International Journal of Food Properties 1999; 2(2): 151-61.
279. Sahoo PK, Srivastava AP. Physical properties of okra seed. Biosystems Engineering 2002; 83(4): 441-8.
280. Sakiyama T, Han S, Kincal NS, Yano T. Intrinsic thermal conductivity of starch: A model-independent determination. Journal of Food Science 1993; 58(2): 413-5.
281. Saravacos GD, Karathanos VT, Marousis SN, Drouzas AE, Marolis ZB. Effect of gelatinization on the heat and mass transport properties of starch materials. In: Engineering and food: physical properties and process control; 1st Ed. London: Elsevier; 1990. P. 390-8.
282. Sarria SD, Honório SL. Condutividade e difusividade térmica do figo (Ficus carica L.) "Roxo de valinhos". Engenharia Agrícola 2004; 21(1): 185-94.
283. Saxena DC, Rao PH, Rao KSMSR. Analysis of modes of heat transfer in tandoor oven. Journal of Food Engineering 1995; 26: 209-17.
284. Schmalko ME, Morawicki RO, Ramallo LA. Simultaneous determination of specific heat capacity and thermal conductivity using the finite-difference method. Journal of Food Engineering 1997; 31: 531-40.
285. Schwartzberg HG. Effective heat capacities for the freezing and thawing of food. Journal of Food Science 1976; 41: 152-6.
286. Self KP, Wilkins TJ, Bailey MC. Rheological and heat transfer characteristics of starch-water suspensions during cooking. Journal of Food Engineering 1990; 11: 291-316.
287. Selvi KÇ, Pınar Y, Yeşiloğlu E. Some physical properties of linseed. Biosystems Engineering 2006; 95(4): 607-12.
288. Sessiz A, Esgici R, Kızıl S. Moisture-dependent physical properties of caper (Capparis ssp.) fruit. Journal of Food Engineering 2007; 79: 1426-31.
289. Shamsudin R, Daud WRW, Takriff MS, Hassan O. Chemical composition and thermal properties of the Josapine variety of pineapple fruit (Ananas comosus L.) in different storage systems. Journal of Food Process Engineering, in press, DOI: 10.1111/j.1745-4530.2009.00510.x, 2010.
290. Shamsudin R, Mohamed IO, Yaman NKM. Thermophysical properties of Thai seedless guava juice as affected by temperature and concentration. Journal of Food Engineering 2005; 66: 395-9.
291. Sharifi M, Rafiee S, Keyhani A, Jafari A, Mobli H, Rajabipour A, et al. Some physical properties of orange (var. Tompson). International Agrophysics 2007; 21: 391-7.
292. Sheridan PS, Shilton NC. Determination of the thermal diffusivity of ground beef patties under infrared radiation oven-shelf cooking. Journal of Food Engineering 2002; 52: 39-45.
293. Shrivastava M, Datta AK. Determination of specific heat and thermal conductivity of mushrooms (Pleurotus florida). Journal of Food Engineering 1999; 39: 255-60.
294. Silva M, Mata MERMC, Duarte MEM, Pedroza JP, Nascimento JPT. Resfriamento e propriedades termofísicas do cajá (Spondias lutea L.). Revistra Brasileira de Produtos Agroindustriais 2002; 4(2): 175-85.
295. Silva SB. Propriedades termofísicas de polpa de abacaxi [dissertação de mestrado]. Campinas: Faculdade de Engenharia de Alimentos, Universidade Estadual de Campinas; 1997.
296. Simões MR. Propriedades termofísicas de polpa de manga. [dissertação de mestra-

do]. Campinas: Faculdade de Engenharia de Alimentos, Universidade Estadual de Campinas; 1997.
297. Singh KK, Goswami TK. Thermal properties of cumin seed. Journal of Food Engineering 2000; 45: 181-7.
298. Singh N, Sodhi NS, Kaur M, Saxena SK. Physico-chemical, morphological, thermal, cooking and textural properties of chalky and translucent rice kernels. Food Chemistry 2003; 82: 433-9.
299. Singh R. Thermal properties of frozen foods. In: Engineering properties and foods, 2nd Ed. New York, Marcel Dekker; 1995. P. 139-67.
300. Singh RK, Lund DB. Mathematical modeling of heat and moisture transfer-related properties of intermediate moisture apples. Journal of Food Processing and Preservation 2007; 8(3/4): 191-210.
301. Singh RP. Thermal diffusivity in food processing. Food Technology 1982; 36(2): 87-91.
302. Singh PC, Singh RK, Bhamidipati S, Singh SN, Barone P. Thermophysical properties of fresh and roasted coffee powders. Journal of Food Process Engineering 1997; 20: 31-50.
303. Souza MA, Bonomo RCF, Fontan RCI, Minim LA, Coimbra JSR. Thermophysical properties of jackfruit pulp affected by changes in moisture content and temperature. Journal of Food Process Egnineering, in press, DOI: 10.1111/j.1745-4530.2009.00402.x.
304. Standing CN. Individual heat transfer modes in band oven biscuit baking. Journal of Food Science 1974; 39: 267-71.
305. Suthar SH, Das SK. Some physical properties of karingda [Citrullus lanatus (Thumb) Mansf] seeds. Journal of Agricultural Engineering Research 1996; 65: 15-22.
306. Sweat VE. Thermal properties of foods. In: Engineering properties and foods. 2nd Ed. New York, Marcel Dekker; 1995. P. 99-138.
307. Sweat VE. Experimental values of thermal conductivity of selected fruits and vegetables. Journal of Food Science 1974; 39: 1080-3.
308. Sweat VE, Haugh CG, Stadelman WJ. Thermal conductivity of chicken meat at temperatures between -75 and 20°C. Journal of Food Science 1973; 38: 158-60.
309. Sweat VE, Parmelee CE. Measurement of thermal conductivity of dairy products and margarines. Journal of Food Process Engineering 1978; 2(4): 187-97.
310. Tabatabaeefar A. Moisture-dependent physical properties of wheat. International Agrophysics 2003; 17: 207-11.
311. Tabil Jr LG, Eliason MV, White RM, Qi H. Thermal properties of sugar beets. Sacramento, EUA: ASAE Annual International Meeting, paper number 016141; 2001.
312. Tabil Jr LG, Sokhansanj S. Bulk properties of alfalfa grin in relation to its compaction characteristics. Applied Engineering in Agriculture 1997; 13(4): 499-505.
313. Taiwo KA, Akanbi CT, Ajibola OO. Thermal properties of ground and hydrated cowpea. Journal of Food Engineering 1996; 29: 249-56.
314. Tansakul A, Chaisawang P. Thermophysical properties of coconut milk. Journal of Food Engineering 2006; 73: 276-80.
315. Tansakul A. Lumyong R. Thermal properties of straw mushroom. Journal of Food Engineering 2008; 87: 91-8.
316. Tao J, Rao RM, Liuzzo JA. Selected thermo-physical properties of rice bran. Applied Engineering in Agriculture 1994; 10(5): 709-11.
317. Taser OF, Altuntas E, Ozgoz E. Physical properties of Hungarian and common vetch seeds. Journal of Applied Sciences 2005; 5(2): 323-6.
318. Tavman IH, Tavman S. Measurement of thermal conductivity of dairy products. Journal of Food Engineering 1999; 41: 109-14.
319. Tavman S, Kumcuoglu S, Gaukel V. Apparent specific heat capacity of chilled and frozen meat products. International Journal of Food Properties 2007; 10: 103-12.

320. Tavman S, Tavman IH. Measurement of effective thermal conductivity of wheat as a function of moisture content. International Communications in Heat and Mass Transfer 1998; 25(5): 733-41.
321. Tavman S, Tavman IH, Evcin S. Measurement of thermal diffusivity of granular food materials. International Communications in Heat and Mass Transfer 1997; 24(7): 945-53.
322. Tekin Y, Işik E, Ünal H, Okursoy R. Physical and mechanical properties of Turkish göynük bombay beans (Phaseolus vulgaris L.). Pakistan Journal of Biological Sciences 2006; 9(12): 2229-35.
323. Telis VRN, Telis-Romero J, Sobral PJA, Gabas AL. Freezing point and thermal conductivity of tropical fruit pulps: mango and papaya. International Journal of Food Properties 2007; 10: 73-84.
324. Telis-Romero J, Gabas AL, Polizelli MA, Telis VRN. Temperature and water content influence on thermophysical properties of coffee extract. International Journal of Food Properties 2000; 3(3): 375-84.
325. Telis-Romero J, Telis VRN, Gabas AL, Yamashita F. Thermophysical properties of Brazilian Orange juice as affected by temperature and water content. Journal of Food Engineering 1998; 38: 27-40.
326. Thermal conductivity of foods. Fundamentals of food process engineering. 2nd Ed. New York: Chapmam & Hall; 1991. P. 582.
327. Thoméo JC, Costa MVA, Lopes Filho JF. Effective thermal conductivity of beans via a steady-state method. International Journal of Food Properties 2004; 7(1): 129-38.
328. Thompson DR, Hung YC, Norwin JF. The influence of raw material properties on the freezing of sweet corn. In: Engineering and food: engineering sciences in the food industry. London: Elsevier; 1984. P. 299-309.
329. Thorne S. Local measurement of thermal diffusivity of foodstuffs. In: Food properties and computer-aided engineering of food processing systems. Dordrecht: Kluwer Academic Publishers; 1989. P. 113-6.

330. Tocci AM, Mascheroni RH. Characteristics of differential scanning calorimetry determination of thermophysical properties of meats. LWT – Food Science and Technology 1998; 31: 418-26.
331. Tocci AM, Mascheroni RH. Some thermal properties of fresh and osmotically dehydrated Kiwifruit above and below the initial freezing temperature. Journal of Food Engineering 2008; 88: 20-7.
332. Tocci AM, Flores ESE, Mascheroni RH. Enthalphy, heat capacity and thermal conductivity of boneless mutton between -40 and +40 °C. LWT – Food Science and Technology 1997; 30: 184-91.
333. Tolaba MP, Viollaz PE, Suárez C. A mathematical model to predict the temperature of maize kernels during drying. Journal of Food Engineering 1988; 8(1): 1-16.
334. Topuz A, Topakci M, Canakci M, Akinci I, Ozdemir F. Physical and nutritional properties of four orange varieties. Journal of Food Engineering 2005; 66: 519-23.
335. Tsai S-J, Unklesbay N, Unklesbay K, Clarke A. Thermal properties of restructured beef products at different isothermal temperatures. Journal of Food Science 1998; 63(3): 481-4.
336. Tunde-Akintunde TY, Akintunde BO. Some physical properties of sesame seed. Biosystems Engineering 2004; 88(1): 127-9.
337. Tung MA, Morello GF, Ramaswy HS. Food properties, heat transfer conditions and sterilization considerations in retort processes. In: Food properties and computer-aided engineering of food processing systems. Dordrecht: Kluwer Academic Publishers; 1989. P. 49-71.
338. Ünal H, Işik E, Alpsoy HC. Some physical and mechanical properties of Black-eyed pea (Vigna unguiculata L.) grains. Pakistan Journal of Biological Sciences 2006; 9(9): 1799-806.
339. Unklesbay N, Unklesbay K, Sandik K. Thermophysical properties of extruded beef/corn flour blends. Journal of Food Science 1992; 57(6): 1282-4.

340. Vagenas GK, Drouzas AE, Marinos-Kouris Saravacos, GD. Predective equations for thermophysical properties of plant foods. In: Engineering and food: physical properties and process control. 1st. Ed. London: Elsevier; 1990. P. 399-407.
341. Valente M, Nicolas J. Thermal conductivity of avocado pulp. In: Engineering and food: physical properties and process control. 1st. Ed. London: Elsevier; 1990. P. 432-40.
342. Vilche C, Gely M, Santalla E. Physical properties of quinoa seeds. Biosystems Engineering 2003; 86(1): 59-65.
343. Vizcarra Mendoza MG, Martínez Vera C, Caballero Domínguez FV. Thermal and moisture diffusion properties of amaranth seeds. Biosystems Engineering 2003; 86(4): 441-6.
344. Wang D, Kolbe E. Thermal conductivity os Surimi-measurement and modeling. Journal of Food Science 1990; 55(5): 1217-21.
345. Wang DE Q, Kolbe E. Thermal properties of Surimi analyzed using DSC. Journal of Food Science 1991; 56(2): 302-8.
346. Wang J, Hayakama KI. Maximum slope method for evaluating thermal conductivity probe data. Journal of Food Science 1993; 58(6): 1340-5.
347. Wang J, Hayakawa KI. Thermal conductivities of starch gels at high temperatures influenced by moisture. Journal of Food Science 1993; 58(4): 884-7.
348. Wang N, Brennan JG. The influence of moisture content and temperature on the specific heat of potato measured by differential scanning calorimetry. Journal of Food Engineering 1993; 19: 303-10.
349. Watson PD, Tittsler RP. Density of cream at low temperatures. Journal of Dairy Science 1962; 45: 159-63.
350. Watson PD, Tittsler RP. The density of milk at low temperatures. Journal of Dairy Science 1961; 44(3): 416-24.
351. Willix J, Lovatt SJ, Amos ND. Additional thermal conductivity values of food measured by a guarded hot plate. Journal of Food Engineering 1998; 37: 159-74.
352. Yalçın İ, Özarslan C. Physical properties of vetch seed. Biosystems Engineering 2004; 88(4): 507-12.
353. Yalçın İ, Özarslan C, Akbaş T. Physical properties of pea (Pisum sativum) seed. Journal of Food Engineering 2007; 79: 731-5.
354. Yang W, Sokhansanj S, Tabil Jr L. Measurement of heat capacity for borage seeds by differential scanning calorimetry. Journal of Food Processing and Preservation 1997; 21: 395-407.
355. Yang W, Siebenmorgen TJ, Thielen TPH, Cnossen AG. Effect of glass transition on thermal conductivity of rough rice. Biosystems Engineering 2003; 84(2): 193-200.
356. Yang W, Sokhansanj S, Tang J, Winter P. Determination of thermal conductivity, specific heat and thermal diffusivity of borage seeds. Biosystems Engineering 2002; 82(2): 169-76.
357. Zainal BS, Abdul Rahman R, Ariff AB, Saari BN. Thermophysical properties of pink guava juice at 9 and 11 °Brix. Journal of Food Process Engineering 2001; 24: 87-100.
358. Zainal BS, Abdul Rahman R, Ariff AB, Saari BN, Asbi BA. Effects of temperature on the physical properties of pink guava juice at two different concentrations. Journal of Food Engineering 2000; 43: 55-9.
359. Zanoni B, Peri C, Ginotti R. Determination of the thermal diffusivity of bread as a function of porosity. Journal of Food Engineering 1995; 26: 497-510.
360. Zhang L, Lyng JG, Brunton N, Morgan D, McKenna B. Dielectric and thermophysical properties of meat batters over a temperature range of 5-85 °C. Meat Science 2004; 68: 173-84.
361. Zhang L, Lyng JG, Brunton NP. The effect of fat, water and salt on the thermal and dielectric properties of meat batter and its temperature following microwave or radio

frequency heating. Journal of Food Engineering 2007; 80: 142-51.

362. Zheng M, Huang YW, Nelson SO, Bartley PG, Gates KW. Dielectric properties and thermal conductivity of marinated shrimp and channel catfish. Journal of Food Science 1998; 63(4): 668-72.

363. Zhou W, Widmer WW, Grohmann K. Physical properties of fermented citrus peel. Providence, EUA: ASABE Annual International Meeting, paper number 084497; 2008.

364. Zhu S, Marcotte M, Ramaswamy H, Shao Y, Le-Bail A. Evaluation and comparison of thermal conductivity of food materials at high pressure. Food and Bioproducts Processing 2008; 86: 147-53.

365. Zhu S, Ramaswamy HS, Marcotte M, Chen C, Shao Y, Le Bail A. Evaluation of thermal properties of food materials at high pressures using a dual-needle line-heat-source method. Journal of Food Science 2007; 72(2): E49-56.

366. Ziegler GR, Rizvi SSH. Thermal conductivity of liquid foods by thermal comparator method. Journal of Food Science 1985; 50: 1458-62.

367. Ziegler GR, Rizvi SSH, Acton JC. Relationship of water to textural characteristics, water activity, and thermal conductivity of some commercial sausages. Journal of Food Science 1987; 52: 901-5.

368. Zueco J, Alhama F, González Fernández CF. Inverse determination of the specific heat of foods. Journal of Food Engineering 2004; 64: 347-53.

369. Zuritz CA, Puntes EM, Mathey HH, Pérez EH, Gascón A, Rubio LA, et al. Density, viscosity na coefficient of thermal expansion of clear grape juice at different soluble solid concentrations and temperatures. Journal of Food Engineering 2005; 71: 143-9.

370. Ramaswamy H, Marcotte M. Food Processing: Principles and Applications, Taylor & Francis, CRC Press, 2005.

Fatores de Conversão

Comprimento	1 cm = 0,0328 ft = 0,3937 in (polegadas) 1 m = 3,2808 ft = 39,37 in 1 km = 0,62 milhas	1 in = 2,54 cm = 0,0833 ft (pés) 1 ft = 0,3048 m = 12 in
Área	1 m^2 = 10,7639 ft^2 = 1.550 n^2	1 ft^2 = 929 cm^2 = 144 in^2

Volume	1 L = 10^{-3} m^3 = 1.000 cm^3 = 0,0353 ft^3
	     = 61,02 in^2
	1 cm^3 = 0,061024 in^3
	1 m^3 = 1.000 L = 35,315 ft^3
		1 in^3 = 16,387 cm^3 = 5,787 × 10^3 ft^3
		1 ft^3 = 2,832 × 10^{-2} m^3 = 28,32 L = 7,48 gal
		1 gal = 0,13368 ft^3 = 3,7854 × 10^{-3} m^3
		     = 3,7854 L = 231 in^3

Massa	1 kg = 2,2046 lb = 0,06852 slug = 35,27 ounce	1 lbm = 0,4536 kg = 0,03108 slug

Densidade	1 g/cm^3 = 10^3 kg/m^3 = 62,428 lb/ft^3
	     = 1,940 slug/ft^3
		1 lb/ft^3 = 1,6018 × 10^{-2} g/cm^3
		     = 16,018 kg/m^3
		1 slug/ft^2 = 0,5154 g/cm^3

Velocidade	1 km/h = 0,2778 m/s = 0,9113 ft/s
	     = 0,62137 milhas/h
	1 ft/s = 1,097 km/h = 0,3048 m/s
	     = 0,682 milhas/h
		1 miles/h = 1,6093 km/h = 0,447 m/s
		     = 1,4667 ft/s

Força	1 N = 1 kg.m/s^2 = 10^5 dyn = 0,22481 lbf 1 kgf = 2,205 lbf = 9,807 N	1 lbf = 32,174 lb ft/s^2 = 4,4482 N = 0,4536 kgf

Pressão	1 Pa = 1 N/m^2 = 1 J/m^3 = = 1 × 10^{-5} bar
	     = 1,450 × 10^{-4} lbf/in^2 (psi)
	     = 9,869 × 10^{-6} atm
	     = 2,089 × 10^{-2} lbf/ft^2
	1 bar = 0,1 MPa = 0,9869 atm
	1 kgf/cm^2 = 98,066 × 10^3 Pa
	1 torr = 1 mmHg = 133,3 Pa
	     = 1,3595 cmH$_2$O
	1 mmHg = 133,32 Pa = 1,33 × 10^{-3} bar
		1 lbf/in^2 (psi) = 6894,76 Pa = 0,068 atm
		     = 0,06895 bar = 144 lbf/ft^2
		     = 7,03 × 10^{-2} kgf/cm^2 = 51,71 mmHg
		     = 27,68 inH$_2$O = 70,309 cmH$_2$O
		1 atm = 1,01325 × 10^5 Pa
		     = 14,696 lbf/in^2 (psi) = 2.116,22 lbf/ft^2
		     = 760 mmHg (torr) = 1,01325 bar

Energia	1 J = 1 Nm = 1 Ws = 2,778 × 10^{-7} kWh
	     = 0,2389 cal = 0,73756 lbf.ft
	1 kJ = 737,56 lbf.ft = 0,9478 Btu
	1 cal = 4,186 J = 3,087 lbf.ft
	     = 3,968 × 10^{-3} Btu
	     = 1,162 × 10^{-6} kWh
		1 kW.h = 3,60 × 10^6 J = 860,4 cal
		     = 3.413 Btu
		1 lbf.ft = 1,35582 J = 3,776 × 10^{-7} kWh
		     = 0,3239 cal = 1,285 × 10^{-3} Btu
		1 Btu = 778,17 lbf.ft = 1,055 kJ
		     = 2,93 × 10^{-4} kWh

Potência	1 W = 1 J/s = 0,2389 cal/s
	     = 1,34 × 10^{-3} hp
	1 kW = 1,341 hp = 737,6 lbf.ft/s
	     = 0,9483 Btu/s
		1 hp = 550 lbf.ft/s = 745,7 W
		     = 0,7068 Btu/s
		1 Btu/s = 1055,06 W = 778,17 lbf.ft/s
		     = 1,4148 hp

Temperatura	K = °C + 273,15 °R = 1,8 K	°F = 1,8 °C + 32 °F = R − 459,67

Constante Universal dos Gases

R	Unidade
8,314	J/mol.K (= Nm/mol.K)
8,314 × 10^{-3}	kPa m^3/mol.K
8,314 × 10^{-5}	bar m^3/mol.K
8,314 × 10^{-6}	MPa m^3/mol.K
0,082	atm m^3/kmol.K

Abreviaturas e Nomenclaturas

Símbolo	Designação
$\hat{\theta}$	Grandeza por unidade de massa
$\underline{\theta}$	Grandeza por unidade de mol
$\overline{\theta}_i$	Grandeza parcial molar do componente *i* em mistura
θ°	Grandeza no estado padrão
A	Área, energia de Helmholtz, área da seção transversal
a	Aceleração da gravidade
a_i	Atividade da espécie *i*
a, b, c, ...	Constantes de equações da capacidade calorífica, equações de estado, etc.
B(T), C(T),...	Coeficientes do Virial
C	Número de componentes
°C	Graus Celsius
C_i	Concentração da espécie *i*
C_a	Concentração de alimentação de substrato, de células ou de produto
C_s	Concentração de saída de substrato, de células ou de produto
C_V, C_P	Capacidades caloríficas ou calor específico a volume ou a pressão constante
∂, d, D	Símbolos de derivada parcial, total e substancial
D	Diâmetro, coeficiente de difusão, corrente de destilado, taxa de diluição
E	Energia total
E_P	Energia potencial (campo gravitacional)
E_C	Energia cinética
F	Força, vazão do fluido, vazão de alimentação
F_1	Vazão na entrada no 1º reator
F_2	Vazão de saída do 2º reator
F_r	Vazão de reciclo
F'	Vazão após junção
F	Graus de liberdade

Símbolo	Designação
°F	Graus Fahrenheit
f_F	Fator de atrito
f	Fugacidade do componente i puro, fator de friccção
$\hat{f}_i$	Fugacidade do componente i na mistura
F_{fr}	Forças friccionais
g	Aceleração da gravidade
G	Energia de Gibbs
$\Delta G^{fus}, \Delta G_{rxn}, \Delta G_{mist}$	Variação da energia de Gibbs na fusão, de reação e de mistura
$\Delta G°_{f,i}$	Energia de Gibbs de formação da espécie i
H	Altura, coeficiente de transferência de calor por convecção
H	Entalpia
H	Umidade, massa de vapor d'água por massa de ar seco
H_i	Constante da Lei de Henry
$\Delta H^{vap}, \Delta H^{fus}, \Delta H^{subl}, \Delta G_{rxn}, \Delta G_{mist}$	Variação da entalpia de vaporização, fusão, sublimação de reação e de mistura
$\Delta H°_{C,i}$	Entalpia de combustão padrão da espécie i
$\Delta \underline{H}°_{f,i}$	Entalpia molar de formação da espécie i
$\Delta \underline{G}_s$	Calor molar integral de solução
I	Força iônica
I	Unidade tensora
J_0	Função de Bessel de ordem zero
J_1	Função de Bessel de primeira ordem
K	Número de correntes de alimentação e/ou descarga
k'_g	Coeficiente de transferência de massa
K	Condutividade térmica
K	Graus Kelvin, coeficiente de consistência
K, K_c, K_x	Coeficientes de distribuição
K_a	Constante de equilíbrio químico
K_c, K_p, K_x, K_y	Razão de equilíbrio químico
K_s	Constante de Monod
K_m	Constante de Michaelis-Menten
KE	Atividade da enzima

Símbolo	Designação
K_c°, K_s°	Produto da solução ideal de ionização e solubilidade
k_{fr}	Coeficiente de fricção
K_i	Razão de equilíbrio da espécie i
K_s	Produto de solubilidade
K_γ	Produto do coeficiente de atividade
K_v	Produto do coeficiente de fugacidade
L	Comprimento, moles na fase líquida
m, M	Massa
$\dot{m}$	Vazão mássica
$\dot{M}$	Massa por unidade de tempo
MM	Massa molecular
M	Número de reações químicas independentes
ΔM_k	Quantidade de massa que entra na corrente de fluxo k
M_1	Massa do sistema no estado 1 e massa da espécie 1
N	Número de moles
$N_{i,0}$	Número de moles iniciais da espécie i
N_{Re}	Número de Reynolds
P	Pressão
P	Tensor de pressão
P	Número de fases
$P^{vap}, P^{sub}, P^{sat}$	Pressão de vapor, de sublimação e de saturação
P_{atm}	Pressão atmosférica
$P_C, P_{C,m}$	Pressão crítica e pressão pseudocrítica de mistura
PT	Pressão no ponto triplo
P_i	Pressão parcial da espécie i
$P_r, P_{r,m}$	Pressão reduzida para o componente puro e para uma mistura
P_{rxn}	Pressão de reação
P, P_f	Concentração final de produto
P_0	Concentração inicial de produto, concentração de produto na alimentação
P'_0	Concentração de produto após a junção
$\overline{P}_0$	Massa inicial de produto

Símbolo	Designação
P_1	Concentração de produto no 1º reator
P_r	Concentração de produto no reciclo
$\overline{P}_{ba}$	Massa final de produto da batelada alimentada
$Q, \dot{Q}$	Calor e calor por unidade de tempo
Q	Vetor de fluxo de calor
Q	Taxa volumétrica de fluxo
R	Constante dos gases
R	Taxa específica de reação
R(C)	Taxa volumétrica ou velocidade de formação ou consumo
R_x	Velocidade de crescimento
R_s	Velocidade de consumo do substrato, velocidade da reação enzimática
UR	Umidade relativa
RS	Saturação relativa
S	Área transversal perpendicular ao fluxo de material
S, S_f	Concentração final de substrato
S_0	Concentração inicial de substrato, concentração de substrato na alimentação
S'_0	Concentração de substrato após a junção
S_1	Concentração de substrato inicial do 1º reator
S_2	Concentração de substrato final do 2º reator
S^*	Concentração de substrato constante
S_a	Concentração de substrato na alimentação
S_r	Concentração de substrato no reciclo
$\overline{S}_{add}$	Massa de substrato adicionada
$\overline{S}_{conv}$	Massa de substrato convertida
$\overline{S}_{res}$	Massa de substrato residual
$S_{gen}, \dot{S}_{gen}$	Entropia gerada e entropia gerada por unidade de tempo
T	Tempo
T	Temperatura
T_b	Temperatura de ebulição
T_{BS}	Temperatura de bulbo seco
T_{BU}	Temperatura de bulbo úmido
$T_C, T_{C,m}$	Temperatura crítica e temperatura pseudocrítica de mistura

Símbolo	Designação
T_f	Temperatura de fusão
T_{lc}, T_{uc}	Temperatura consoluta superior e inferior
$T_r, T_{r,m}$	Temperatura reduzida para o componente puro e para uma mistura
T_T	Temperatura no ponto triplo
t	tempo
U	Energia interna e energia interna da mistura
V	Volume e volume de mistura, volume do reator, volume reacional enzimático
V_f	Volume final
ΔV^{fus}	Variação de volume de fusão
V	Velocidade
$\vec{V}$	Vetor velocidade
v	Velocidade de reação, velocidade de escoamento do fluido
$v_{máx}$	Velocidade máxima de reação
$\underline{V}$	Volume molar
$\underline{V}_C$	Volume molar crítico
ΔV_{mist}	Variação de volume de mistura
V_r	Volume reduzido
w_i	Fração mássica
$W, \dot{W}$	Trabalho e trabalho por unidade de tempo aplicado ao sistema
$W_s, \dot{W}_s$	Trabalho de eixo e trabalho de eixo por unidade de tempo aplicado ao sistema
X	Coordenada de direção, concentração celular final
X_0	Concentração celular inicial, concentração celular na alimentação
X_f	Concentração celular final
X'_0	Concentração celular após a junção
X_1	Concentração celular no 1º reator
X_2	Concentração celular no 2º reator
X_r	Concentração celular no reciclo
x	Conversão de substrato
x^I, x^{II}	Fração molar em uma fase
x^L, x^V	Fração molar na fase líquida e fase vapor
$\overline{x}^I, \overline{x}^{II}$	Fração mássica em uma fase
$\overline{x}^L, \overline{x}^V$	Fração mássica na fase líquida e fase vapor

Símbolo	Designação
θ	Propriedade termodinâmica qualquer, ângulo
Y	Coordenada de direção
$Y_{x/s}$	Fator de conversão de substrato em células
$Y_{p/s}$	Fator de conversão de substrato em produto
y_i	Fração molar na fase vapor
Z, Z_m	Fator de compressibilidade de um fluido puro, e de mistura
Z	Coordenada de direção, distância percorrida pelo fluido dentro do reator
Z_C	Compressibilidade crítica
z_+, z_-	Valencia iônica

Letras Gregas

Símbolo	Designação
α	Coeficiente de expansão térmica, difusividade térmica, taxa de reciclo
α, β	Coeficientes das equações de Van Laar e Debye-Huckel
β	Coeficientes de expansão volumétrica
γ	Razão específica de calor
γ_i	Coeficiente de atividade das espécies i
δ	Parâmetro de solubilidade
δ_{ij}	Função delta de Kronecker
κ_S	Compressibilidade adiabática
κ_T	Compressibilidade isotérmica
λ	Comprimento de onda
μ	Viscosidade, coeficiente de Joule-Thomson, potencial químico, velocidade específica de crescimento
$\mu_{máx}$	Velocidade específica de crescimento máxima
ν	Coeficiente estequiométrico
ν_+, ν_-	Coeficiente iônico estequiométrico
ρ	Densidade mássica, densidade do fluido no interior do reator
ρ_a	Densidade do fluido de alimentação
ρ_r	Densidade do fluido de reciclo
ρ'	Densidade do fluido depois da junção
τ	Torque, tempo de retenção

Símbolo	Designação
$\tau_{x,y}$	Componente tensor do torque
ω	Fator acêntrico
ϕ	Fração de dissipação viscosa, absortividade
$\phi_i, \hat{\phi}_i$	Coeficiente de fugacidade da espécie *i* pura, e da espécie *i* em uma mistura
Φ	Fração volumétrica
σ	Constante de Stefan-Boltzmann
ψ	Energia potencial (Potencial genérico: gravitacional, magnético, químico, etc.)
π	Pressão osmótica

Subscritos

Símbolo	Designação
A, B, C...	Espécies
AB, D	Eletrólito AB dissociado
ad	Processo adiabático
conf	Configuracional
EOS	Equação de estado
eq	Estado de equilíbrio
i	i-ésima espécie, i= 1, ..., C
imp	Impurezas
j	Denota geralmente a j-ésima reação, j= 1, ...M
k	k-ésima corrente de alimentação e/ou descarga, k=1, ...K
m	Propriedade de mistura
R	Propriedade de referência
sat	Propriedade de saturação
x, y, z	Coordenadas de direção

Índice Remissivo

Obs.: números em *itálico* indicam figuras; números em **negrito** indicam tabelas.

A

Abreviaturas, 811
Acessórios, 609
Acetileno, constantes críticas e outras propriedades, **142**
Ácido
    cítrico, produção em reator de batelada, 475
    clavulânico, produção de, 479
    lático, produção por fermentação contínua, 491
    oleico, estrutura molecular do, 404
    palmítico, dados de pressão de vapor do, **185**
Aço comercial, rugosidade do, **603**
Água
    atividade de, 207
    constantes críticas e outras propriedades, **142**
    energia para aquecer, cálculo da quantidade de, 564
    propriedades térmicas de, 621
    propriedades termodinâmicas da, **771-790**
    subresfriada, propriedades termodinâmicas da, **125**
Algarismos significativos, 385
Alimento
    calor específico
        equações preditivas, **633-645**
        valores pontuais, **688-719**
    condutividade térmica
        equações preditivas, **646-665**
        valores pontuais, **720-752**
    densidade de
        equações preditivas, **623-632**
        valores pontuais, **671-688**
    difusidade térmica
        equações preditivas, **666-670**
        valores pontuais, **752-770**
    propriedades térmicas, 621
Amônia, constantes críticas e outras propriedades, **142**
Ângulo plano, 381

Aquecimento do ar, 549
    a umidade constante, *549*
Atividade, 203
    de água, 207
Autoclave, pressurização de uma com vapor, *56*

B

Balanço
    de células no reator, 498
    de diversas grandezas, 7
    de energia, 21
        em sistemas complexos, 557
        mecânica, 590
        simplicações do, 27, 31, 383
        termos do, 590
    de entropia, 63
    de massa
        de sólidos secos, 462
        definição, 435
        diferencial, 441
        em processos, 437
        em processos com múltiplas etapas, 448
        em regime transiente, 456
        em sistemas reativos, 469
            reatores de mistura contínuos ideais, 483
            reatores de mistura perfeita, 471
            reatores enzimáticos, 500
        etapas para resolução de problemas envolvendo, 464
        integral, 441
        no primeiro reator, 489
        no reator contínuo com reciclo de células, 495
        no reator contínuo de mistura ideal, 484
        no reator em batelada alimentada, 476
        no reator em batelada simples, 472
        no secador, 514
        no segundo reator, 489
        para processos em regime estacionário, 442
        por componente, 441
        simplicações do, 30, 41
    de massa global no misturador, 444
    de massa na junção, 496

de material, 435
de produto
   na junção, 497
   no reator, 498
de substrato na junção, 497
Balanço global
   de energia, 20
   de massa, 13
      aplicado a processos em batelada, 15
      aplicado a processos semicontínuos, 13
      aplicado ao regime estacionário, 13
      aplicado ao regime permanente, 13
      conceitos, 13
   para grandezas que se conservam, 9, 10
Barômetro, 394
Batelada, 7
Benzeno, constantes críticas e outras propriedades, **142**
Bypass corrente, 526

C

Café solúvel, produção de, 528
Caldeira
   geradora de vapor, *41*
   temperatura na válvula de alívio de uma, 41
Calor, 22
   específico, 399
      de alimentos, 559
      de leite integral, cálculo, 561
      para gases ideais, 35
   latente, 563
      de vaporização, 563
   sensível, 563
   úmido, 543
Capacidade térmica, 559
Ciclo
   de Carnot, 75
      em um diagrama PV, 75
   de processos reversíveis em um gás ideal, *78*
   de refrigeração, 94
      por compressão, *98*
   Rankine, 86
      com processos irreversíveis, 93
      em um diagrama TS, *91*
      fluxograma do, *87*
CO_2 em bebida gaseificada, cálculo da fração molar de, 269
Coeficiente
   de atividade, 203, 204, 272
   de expansão térmica, 402
   de fugacidade, 166, 168
      para componentes em uma mistura, 226

para o etileno, valores, **226**
   de Joule-Thomson, 44
   de perda de carga localizada em válvulas e acessórios, **610**
   de *performance,* cálculo, 94
Coluna de destilação, balanço de massa, 518
Componente puro, fugacidade para um, 169
Composição, 404
Composto puro, propriedades críticas e termofísicas de, **313-343**
Compressibilidade isotérmica, 402
Compressor para HFC-134a em câmara frigorífica, *84*
Comprimento, **379**
Concentração, suco de uva e, 583
Concreto, rugosidade do, **603**
Condutividade térmica, 400
Consistência dimensional, 384
Constante
   de Antoine para hexano e *n*-heptano, **213**
   de Henry do soluto *i* no solvente, valores da, **271**
   universal dos gases, 810
Contrações, 609
Contribuição de grupos, representação gráfica do conceito de, *291*
Conversão
   de calor em trabalho, cálculo da, 71
   de ft^3/h para L/min, 383
   de temperatura, 393
   de unidades, 382
   fatores de, 382, 809
   térmica, conversão da, 72
Correlação(ões)
   de Lee-Kester, uso das, 175
   específicas, 170
Corrente(s), 7
   de entrada, 437
   de matéria, energia contida em, 22
   elétrica, 379
Curva
   de fusão, 5
   de saturação adiabática, 544
   de sublimação, 5

D

Dados, 413
   formas de análise dos, 414
Definição operacional, 418
   de extrator limpo, 418
Densidade, 396
   aparente, 398

Índice Remissivo

da partícula, 398
de gases, 396
diferença entre os três tipos de, *398*
Derivada(s)
   do volume específico, **128**
   parciais, algumas propriedades de, 112
Destilação
   coluna com refluxo, representação esquemática de uma, *516*
   de água, 576
   flash, unidade de, *213*
   operações de, 516
Destilador de água de laboratório, *576*
Desvio
   de material em processos de transformação, 525
   de uma corrente, 525
Diagrama(s)
   de Dodge-Metzner para determinação do fator de atrito para fluidos do tipo Lei de Potência, *605*
   de fase, 240
      sólido-líquido, *301*
      entalpia-concentração, 581
         para o suco de limão, *582*
      para o equilíbrio líquido-vapor, *241*
      psicométrico, 544
         esquema, *544*
Difusividade térmica, 401
Dimensões, 378
Dióxido de carbono
   constantes críticas e outras propriedades, **142**
   pressurização de, 53

E

Energia, **380**
   a ser removida do fermentador, cálculo, 566
   armazenada na forma de energia potencial, 594
   cinética, 593
      armazenada devido à velocidade do sistema, *594*
   de Gibbs, 167, 204
      excedente, 270
   dissipação por atrito nos diferentes trechos da tubulação, 614
   interna, 20
      cálculo da, 123
      expressões para calcular, 122
      representação da, 105
   livre de Gibbs, equação fundamental na representação da, 108
   livre de Helmholtz, equação fundamental na representação da, 109
   o que é?, 20
   potencial, 593
   total, 21
   transferência de, 21
Entalpia, 25, 543
   de misturas, 561
   de suco de limão, cálculo da variação de, 563
   de uma mistura em função da concentração a 25 °C, *188*
   de vaporização, 563
   equação fundamental da representação da, 108
   parcial molar
      das espécies do sistema água, *195*
      em sistema binário, 194
   variações de
      cálculo usando a equação de estado de Peng-Robinson, 150
      expressões para cálculo, **151**
Entropia, 62
   cálculo da geração de, 65
   balanços de, 63
   em gases ideais
      cálculo, 77
      variação de, 76
   interna, expressões para calcular, 122
   variações de, cálculo usando a equação de estado de Peng-Robinson, 150
   expressões para cálculo, **151**
Equação(ões)
   cúbica
      diagrama PVT representando as raízes da, *143*
      do tipo Van Der Waals, 140
   de Antoine, 183
   de Clapeyron, 181
   de estado volumétricas, 136
   de estado cúbicas, 230, **234**
      regras de mistura para, 239
   de estado de Peng-Robinson
      cálculo das variações de entalpia e entropia usando, 150
      propriedades calculadas usando a, **347**
   de estado, 170
   de estado PVT, 229
   de estado PVT para misturas, 237
   de Gibbs-Duhem, 191
   de Harlecher-Braum, 184

de Margules
    coeficientes de atividade para, 279
    de uma constante, 278
de Peng-Robinson, esquema de diagramas PVT e PHT para etano obtidos pela, **121**
de Redlich-Kister, 282
de Reidel, 184
de Van der Waals, 230
de van Laar, 282
de Wagner, 184
de Wilson, 285
derivadas da termodinâmica estatística, 235
diferencial(is)
    ordinária, 457
    propriedade das, 111
do balanço, 439
do virial, 136
    regras de mistura para, 238
geral do balanço de massa, 439, 440
moleculares, 278
SAFT para misturas, extensão da, 240
Equilíbrio
    condição de, 159
    de fase(s), 157
        da mistura binária 2-propanol + água, diagrama, *299*
        em sistemas multicomponetes, 206
        para sistemas multicomponentes, 219, 263
            coeficiente de atividade, 272
            exemplos de aplicações para a engenharia de alimentos, 302
            grandezas excedentes, 270
            modelos para a energia de Gibbs excedente, 276
            solução ideal, 266
        princípio do, 159
        usando a formulação ϕ-ϕ, 243
    estabilidade e, 163
    estados de, *163*
    estável, 160, 163
    instável, 163
    líquido-líquido, 298
    líquido-vapor
        na destilação *flash*, 212
        tipos de problemas para o, **245**
    metaestável, 163
    neutro, 163
    sólido-líquido, 299
Equilíbrio e estabilidade
    critérios para diversos sistemas, **166**
    em sistemas termodinâmicos, 164
Erro padrão da média, 417

Escaldagem de aves
    tanque de, *45*
    vapor na, cálculo da quantidade, 145
Escoamento
    de leite em tubo de aço inoxidável, 612
    de um fluido com vazão mássica ṁ em uma seção tubular, 596
    de um fluido de um tanque aberto, *598, 612*
ESL, ver Equilíbrio sólido-líquido, 6
Estabilidade, 419
    equilíbrio e, 163
Estado
    de referência, 36
    estacionário, 438
    não estacionário, 438
Esterilização
    de latas de molho, 69
    transferência de calor em um processo de, *69*
Esvaziamento de um tanque com água, 457
Etano, constantes críticas e outras propriedades, **142**
Etanol
    diagrama de equilíbrio líquido-vapor para o sistema, *369, 372*
    produção de, 498
    propriedades críticas e termofísicas do, **368**
Etileno
    em diferentes condições de pressão, valores de coeficiente de fugacidade para o, 226
    fugacidade do, cálculo, 225
    na temperatura de 60 °C, valores do fator de compressibilidade para, **225**
Evaporação, 576
Evaporadores, 576
Expansões, 609
Extrato
    de artemísia, propriedades críticas de cada composto presente no, 345
    de canela de cunhã
        diagrama temperatura-entropia para o extrato de, *352*
        diagrama pressão-entalpia para o extrato de, *352*
        diagrama pressão-volume para o, *351*
        propriedades críticas de cada composto presente no, 345
        propriedades termodinâmicas do extrato, **347**
    vegetais, cálculo das propriedades críticas, 344
Extrator limpo, definição operacional de, 418

F

Fase
  equilíbrio de, 157
  mudanças de, propriedades termodinâmicas na, 180
Fatos experimentais, 6
Fator(es)
  de atrito calculado por diferentes metodologias para os diferentes trechos de tubulação, **613**
  de conversão, 809
  de correção de Poynting, 177
Ferro
  fundido, rugosidade do, **603**
  galvanizado, rugosidade do, **603**
Fluido(s), 116
  aquecimento de um, 568
  incompressíveis, 48, 396
  não newtonianos, viscosidades de, 605
  newtonianos, diagrama de Moody para, *604*
  supercríticos, 116
Força, **380**
  exercida sobre um gás no interior de um cilindro, *23*
Formulação
  γ-φ para cálculo do ELV, 295
  φ-φ para a indústria de alimentos, 250
Formulário para uso do ciclo PDSA, 427
Fração
  mássica, 405
  molar, 404
Frequência, **380**
Fronteira, 436
Fugacidade, 166
  coeficiente de, 166
  condições de equilíbrio e estabilidade em termos de, 168
  de um líquido, cálculo, 178
  do etileno, cálculo da, 225
  do vapor d'água, 171
  em misturas multicomponentes, 201
  para um componente puro, 169
  para uma substância gasosa pura, cálculo, 170
  para uma substância líquida pura, cálculo, 176
  para uma substância sólida pura, cálculo, 179

G

Galacto-oligossacarídeos, produção de, 503
Gás(es), 116
  constante universal dos, 810
  compressão de um através da adição de grãos de areia, *67*
  definição de, 5
  expansão de um no interior de um cilindro, *26*
  ideal
    calores específicos para, 35
    ciclo de processos reversíveis em um, *78*
    em tanque pulmão, cálculo da temperatura final de um, 37
    expansão de um no interior de um cilindro, *26*
    expansão e compressão isotérmica de um, representação gráfica, *68*
    propriedades de, relações importantes para o cálculo de, **118**
    propriedades termodinâmicas de, 116
  real, compressão irreversível de um, 82
Gráfico probabilístico normal, *416*
Grandeza(s)
  desvio, 133
  excedente, 200
  parciais molares, 186
  residual, 133
  termodinâmicas, valor das, 6

H

Hidrogênio, constantes críticas e outras propriedades, **142**
Histograma com curva normal ajustada, *416*
Homogeneidade dimensional, 384

I

Incerteza(s), 385, 386
  a um valor medido, atribuindo, 424
  físicas, 389
  sobre a média, 417
Integrais, transformação de, 134
Intensidade luminosa, 379
Intervalo
  de confiança, 417
  de tolerância, 424
Isoterma para substâncias puras, *141*

J

Joule-Thomson
  coeficiente de, 44
  efeito, 44

L

Lei(s)
  combinada de termodinâmica, 105
  da conservação da massa, 435
  de Henry, 267

de Monod, 499
de Raoult, 208
 aplicação da, 210
dos estados correspondentes, regras de misturas para, 237
naturais, 4
Leite
 concentração por ultrafiltração, 519
 pasteurização e armazenamento de, *30*
 UH
  produção de, 13
  resfriamento, pasteurização e envase, fluxograma de, *15*
Linearidade, estudo de, *421*
Linha de corrente, comportamento das, *609*
Líquido(s), 116
 incompressível, 120

M
Massa, **379, 381**
Matéria, quantidade de, 379
Medição, processo de, 418, 419
Meio ambiente, 5
Metano, constantes críticas e outras propriedades, **142**
Método de Joback, 119
Mistura(s)
 binária, efeito da composição na fugacidade parcial para o componente de uma, *268*
 de duas correntes gasosas
  em estados diferentes, 550
  processo de mistura de, esquema, *550*
 de gases de comportamento ideal, 221
 de gases ideais, 196
 ideal, 199
  de gases, 196
   grandezas parciais molares para, **198**
  propriedades parciais molares para a, **199**
 multicomponentes, fugacidade em, 201
 não simples, 277
 simples, 277
Modelo(s)
 ASOG (Analytical Solutions of Groups), 292
 de coeficiente de atividade em termos de frações mássicas, 294
 de contribuição de grupos, 290
 de GE, determinação de parâmetros a partir de dados de diluição infinita, 295
 de Margules
  cálculo do ELV usando, 296
  de duas constantes, 281
  de três constantes, 281

derivados da teoria de composição local, 285
moleculares, 278
NRTL (*Non-Random Two-Liquid*), 287
para a anergia de Gibbs excedente, 276
para ao excesso de energia de Gibbs, 263
para GE, cálculo do ELV usando, 296
UNIFAC (*Functional-group Activity Coefficient*), 292
UNIQUAC (*Universal Quasi-Chemical*), 288
Molécula, formação de uma no modelo SAFT, *236*

N
n-decano, constantes críticas e outras propriedades, **142**
n-hexano
 constantes críticas e outras propriedades, **142**
 diversos grupos que compõem o, **120**
Nitrogênio, constantes críticas e outras propriedades, **142**
n-pentano, constantes críticas e outras propriedades, **142**

O
Óleo
 de laranja
  propriedades de componentes puros presentes no, **254**
  solubilidade do, **255**
 de soja, extração em múltiplas etapas, 451
 essencial de laranja, composição molar do, **253**
 vegetal, fluxograma de uma coluna de desodorização de, *14*
 voláteis
  compilação de propriedades estimadas para, 309
  propriedades críticas de compostos em, 311
Operação
 adiabática, 545
 de secagem, 512
 de troca de calor, 569
Oxigênio, constantes críticas e outras propriedades, **142**

P
PDSA (*Plan, Do, Study, Act*)
 ciclo, 424
  aplicação, 428
  aplicação para resolução de problemas de Engenharia, 428
  formulário para uso do, 427, *428*
  representação do, *426*

sequência de, *427*
sequenciamento, 427
fases
   act (agir), 426
   do (fazer), 425
   plan (planejar), 425
   study (estudar), 426
Pé de cuba, 471
Perda
   de carga, 601
      em acessórios de acordo com a velocidade de escoamento, comportamento da, *608*
   por atrito
      em tubulações, 601
      nos acessórios, 608
pH
   controle de, *415*
   de diferentes bateladas de iogurte produzidas ao longo de 20 semanas, *419*
   gráfico de controle para o, *420*
   histograma para o, *416*
Ponto
   crítico, 5
   de ebulição, elevação do, 578
   de orvalho, 543
   eutético no ESL, diagrama de fase representando o, 300
   triplo, 5
Postulados, 6
Potência, **380**
   de uma bomba, cálculo, 29
Potencial químico, 166
Precisão, *420*
Precisão e viés em quatro sistemas de medição, relação para, *420*
Pressão, **380**, 393
   absoluta, 394
   absoluta, atmosférica, manométrica e de vácuo, relação entre, *395*
   atmosférica normal, 394
   de vácuo, 394
   de vapor
      cálculo, 184
      do ácido palmítico, dados de, **185**
      em função da temperatura para moléculas esféricas, representação esquemática da, *146*
   do ponto de bolha, algoritmo para o cálculo do problema de, 246
   exercida por um fluido em uma coluna de altura h, representação, *394*
   manométrica, 394

Primeira lei da termodinâmica, 17, 20, 21, 24
   aplicações da, 44, 565
   aplicada a sistemas reais, 40
   calor, 22
   calores específicos para gases ideais, 35
   energia, 20
   energia contida em correntes de matéria, 22
   energia externa, 21
   energia interna, 20
   processos adiabáticos, 35
   processos em regime estacionário, 35
   simplificações da, 33
   sistemas fechados, 34
   trabalho, 22
   transferência de energia, 21
Princípio dos estados correspondentes, 152
Problema de Engenharia, aplicação do ciclo PDSA para resolução de, 428
Processo(s)
   adiabáticos, 35
   alimentos do, 437
   balanço de massa em, 433
   Charmat-Martinotti, 439
   cíclico, eficiência de um, 73
   classificação dos, 437
   contínuos, 438
   de aquisição de conhecimento, 424
   de medição, 418
      características, 419
         acurácia, 321
         linearidade, 421
         precisão, 420
         viés, 420
      componentes da variação de um, 422
   de separação usando membranas, 519
   descontínuos, 437
   eficiência térmica de, 71
   em batelada, 12, 437
      balanço global de massa aplicada a, 15
   em regime estacionário, 35
   em semibatelada, 438
   envolvendo a mistura gasosa ar úmido + vapor d'água, exemplos
      aquecimento do ar, 549
      mistura de duas correntes gasosas em estados diferentes, 550
      resfriamento com condensação de vapor d'água, 550
      resfriamento sem condensação, 549
      secagem do ar com pulverização de água fria, 551

umidificação adiabática do ar, 551
umidificação do ar por introdução de vapor, 552
irreversível, 69
produtos do, 437
que ocorram em regime transiente, 12
que ocorrem em regime permanente, 12
semicontínuos, 12, 438
   balanço global de massa aplicado a, 13
unidade de, 437
variáveis de, 437

Propano
cálculo do ELV para, 244
constantes críticas e outras propriedades, **142**

Propriedade(s)
críticas, 403
parcial molar, 187
PVT experimentais do propano com valores calculados pela equação CCOR de Kim et al. e de Leet et al., comparação entre, *149*
residual(is), 223
   relação fundamental de, 226
termodinâmica
   na mudança de fase, 180
   procedimento para cálculo usando equações de estado e o gás ideal como referência, 151
   programa computacional para cálculo usando a equação de estado de Peng-Robinson, 152
   trajetória para calcular a variação nas, 130
   uso da lei combinada para cálculo de, 109

Psicrometria para o sistema ar úmido/vapor d'água, 541
Purga de material, em processos de transformação, 532

Q
Queda de pressão em tubo de Venturi, 606
Quimiostatos, 484

R
Reator(es)
bioquímicos, 522
contínuo de mistura ideal, esquema de, *484*
de mistura(s)
   contínuos ideais, 483
   perfeita, 471
em batelada, 471
   simples, esquema de um, *472*
enzimático(s), 500
   de mistura contínuos, 504
   em batelada, 501

esquema de um, *502*
tubulares, 502
químicos, 522

Reciclo
corrente de, representação esquemática de uma, 512
de material em processos de transformação, 511
de microrganismo, 471

Refrigeração por compressão, fluxograma de um ciclo de, *95*
Regeneradores de correntes opostas, 574

Regime
laminar, 611
permanente, 438
transiente, 438
turbulento, 609

Regra
de Lewis-Randall, 267
dos trapézios, dados calculados para aplicação da, **360**

Regra de mistura
para a equação do virial, 238
para equações de estado cúbicas, 239

Relação psicrométrica para o sistema ar úmido + vapor d'água, **548**
Repê, 423
Repetitividade, 423
Reprô, 423
Reprodutibilidade, 423

Resfriamento
com condensação
   de vapor d'água, 550
   processo de, esquema do, *550*
sem condensação, 549

S
SAFT (*Statistical Associating Fluid Theory*), modelo, 236

Secagem
de concentrado proteico, 460
de maçãs, 532
de sementes de soja, 512
do ar com pulverização de água fria, 551
esquema de, 552

Segunda lei da termodinâmica, 59, 66
aplicações da, 82
ciclo de Carnot, 75
ciclos de refrigeração, 94
eficiência da conversão térmica, consequência da, 72
eficiência técnica de processos, 71

entropia, 62
variação de entropia em gases ideais, 2, 76
Sistema(s), 5
   aberto, *436*
   absolutos, 380
   ar-vapor d'água, relações psicométricas para, 542
   binário, esquema de diagrama de fases líquido-vapor para, *276*
   CO_2, cálculo do ELV para, 244
   com escoamento de fluido na entrada e na saída, desenho esquemático de um, *23*
   complexos, balanço de energia em, 557
   critérios de equilíbrio e estabilidade para diferentes, **166**
   de equações algébricas, 464
   de pasteurização de suco, esquema, *573*
   de unidades, 380
   fechados, 7, 34, 436
   gravitacionais, 380
   heterogêneos, 48
   Internacional, 380
      prefixos utilizados no, **381**
      unidades aceitas para uso com o, **381**
   líquidos não ideais, aplicação do ELV para, 298
   não ideais, 600
   termodinâmico, 436
      critérios de equilíbrio e estabilidade em, 164
Sólido incompressível, 120
Solução(ões)
   aquosas formadas por proteínas na indústria de alimentos, 251
   eletrolíticas, 294
   ideal, 199, 266
Subscritos, 817
Substância(s)
   i em uma mistura, propriedades intensivas de uma, **189**
   pura
      constantes críticas e outras propriedades de algumas, **142**
      diagrama de fases PT de uma, *5*
      em sistemas fechados homogêneos, relações termodinâmicas para, **115**
Suco
   de laranja, concentração de, 526
   de uva
      concentração de, *580*
      diagrama de Düring para, *579*
      diagrama entalpia-concentração para o, *584*

T
Tabela(s)
   de propriedades volumétricas, construção das, 345
   hemodinâmicas, 170
Tanque
   de ar comprimido, enchimento de um, *38*
   de armazenamento de vapor, *49*
      temperatura constante em, cálculo do calor necessário para manter a, 38
Taxa de variação temporal, 457
Temperatura, **379**, 391
   conversão de, 393
   de bulbo seco, 543
   de bulbo úmido, 543, 546
      processo de medição da, esquema, *547*
      sistema de medição da, esquema, *546*
   final de um gás ideal em tanque pulmão, cálculo, 37
   relações entre as escalas de, *392*
   vs entalpia para a água, diagrama, *564*
Tempo, **379, 381**
Teoria de Flory-Huggins, 284
Termo de acúmulo, 457
Termodinâmica, 4
   de misturas, 186
   estatística, 235
Termofísicas, 389
Torre de resfriamento, 553
Trabalho, 22
   de eixo, 22
   de expansão, cálculo, 26
   equipamento para produzir a partir de calor, *71*
Trajetória
   composta por sucessivos estados de equilíbrio, cálculo do trabalho em, 67
   para calcular a variação nas propriedades termodinâmicas, 130
   termodinâmica
      para cálculo de variação de entalpia e de entropia, *132*
      para cálculo de variação de energia interna e de entropia, *133*
Transbordamento de um tanque com água, 459
Transporte de leite, cálculo do trabalho necessário para, 598
Trocador
   de calor, 568
      cálculo da área de um, 570
      de tubo duplo, esquema, *570*

operação de, 569
de casco e tubos, esquema, 570
Tubo de Venturi, *606*
queda de pressão em, 606

U
Ultrafiltração, concentração de leite por, 519
Umidade relativa, 542
Umidificação
adiabática
da mistura gasosa, esquema do processo de, 551
do ar, 551
do ar por introdução de vapor, 552
esquema, *552*
Unidade(s), 378
conversão de, 382
de grandezas primárias no Sistema Internacional e no Sistema Inglês, **379**
derivadas de unidades primárias, **380**

V
Validade, 419
Válvula, 609
de alívio
de uma caldeira, temperatura na, 41
expansão de vapor através de uma, 65
Vapor
na escaldagem de aves, cálculo da quantidade de, 45
propriedades termodinâmicas da, **771-790**
superaquecido, 563

Variação
componentes da
decomposição dos, 423
estimativa dos, 423
decomposição dos componentes da, *423*
quantidade de, 417
sistema de causas de, *413*
Variável(is)
de processo, 437
de processo conhecidas, 464
de processo desconhecidas, 464
extensiva, 4
intensiva, 5
Vazão
mássica, 407
volumétrica, 407
Velocidade
angular, **381**
para fluidos, perfil, *595*
Viés, 420
avaliação de, 421
Viscosidade, **380**
Vizinhança, 5, 436
Vodka, fabricação de, 516
Volume, **381**
controle em uma seção tubular ao longo de uma linha de processo, *591*
específico, 399
derivadas do, **128**
molar, cálculo, 138
úmido, 543